Naciye Akca

Auktionen zur nationalen Reallokation von Treibhausgas-Emissionsrechten und Treibhausgas-Emissionsgutschriften auf Unternehmensebene

GABLER EDITION WISSENSCHAFT

Information – Organisation – Produktion

Herausgegeben von Professor Dr. Hans Corsten,
Professor Dr. Michael Reiß, Professor Dr. Claus Steinle
und Professor Dr. Stephan Zelewski

Die Schriftenreihe präsentiert Konzepte, Modelle und Methoden zu drei zentralen Domänen der Unternehmensführung. Information, Organisation und Produktion werden als Bausteine eines integriert angelegten Managementsystems verstanden. Der Erforschung dieses Bereiches dienen sowohl theoretische als auch anwendungsorientierte Beiträge.

Naciye Akca

Auktionen zur nationalen Reallokation von Treibhausgas-Emissionsrechten und Treibhausgas-Emissionsgutschriften auf Unternehmensebene

Ein spieltheoretischer nicht-kooperativer Modellierungs- und Lösungsansatz für das Reallokationsproblem

Mit einem Geleitwort von Univ.-Prof. Dr. Stephan Zelewski

GABLER EDITION WISSENSCHAFT

Bibliografische Information der Deutschen Nationalbibliothek
Die Deutsche Nationalbibliothek verzeichnet diese Publikation in der Deutschen Nationalbibliografie; detaillierte bibliografische Daten sind im Internet über <http://dnb.d-nb.de> abrufbar.

Dissertation Universität Duisburg-Essen, Campus Essen, 2008

1. Auflage 2008

Lektorat: Frauke Schindler / Nicole Schweitzer

Gabler ist Teil der Fachverlagsgruppe Springer Science+Business Media.
www.gabler.de

Umschlaggestaltung: Regine Zimmer, Dipl.-Designerin, Frankfurt/Main
Gedruckt auf säurefreiem und chlorfrei gebleichtem Papier
Printed in Germany

ISBN 978-3-8349-1159-9

Geleitwort

Das Werk von Frau Dr. Akca befasst sich mit einem brisanten ökonomischen Problem. Es setzt sich mit dem Bestreben auseinander, umweltschädliche Emissionen von Treibhausgasen mittels ökonomischer Anreiz- und Koordinierungsmechanismen nachhaltig zu reduzieren. Diese Aufgabe trat erstmals im Jahr 1997 mit dem „Kyoto-Protokoll" in das Bewusstsein einer breiteren Öffentlichkeit. Seitdem dominiert die Thematik einer Reduzierung von Treibhausgasemissionen eine Vielzahl internationaler Konferenzen, wie den „Weltklimagipfel" im Dezember 2007 in Bali, und beschäftigt eine Schar von nationalen sowie supranationalen Gremien bis hin zur Klimarahmenkonvention UNFCCC der Vereinten Nationen. Diese Thematik beeinflusste sogar erheblich die Vergabe des jüngst verliehenen Friedens-NOBEL-Preises für das Jahr 2007 an den früheren US-amerikanischen Vizepräsidenten AL GORE sowie an den UN-Klimarat IPCC. Darüber hinaus bewegt diese Thematik auch im nationalen Kontext die Gemüter in vielerlei Hinsicht: angefangen von allgemeinen Zukunftsängsten hinsichtlich eines drohenden oder sogar schon „in statu nascendi" befindlichen Klimawandels über Initiativen zur Verhinderung von Investitionen in Kraftwerke, die mit fossilen Energieträgern arbeiten („Kohlendioxidschleudern"), bis hin zu weit verbreiteter Kritik an den Einpreisungen von unentgeltlich zugeteilten Emissionszertifikaten in die Stromtarife von Elektrizitätsversorgungsunternehmen, denen vorgehalten wird, mittels quasi-monopolistischer Verfügungsrechte an der Stromübertragungs- und -verteilungsinfrastruktur Marktmacht auszuspielen.

Vor diesem ebenso brisanten wie aktuellen Hintergrund wendet sich die Autorin einer speziellen Problemstellung mit interdisziplinärem Charakter zu: Sie befasst sich mit dem Realproblem, wie sich in Deutschland Emissionsrechte und Emissionsgutschriften für Treibhausgase mithilfe des ökonomischen Instruments von Auktionen einzelnen Unternehmen als Emittenten so zuordnen lassen, dass sowohl ökologische als auch wirtschaftliche Ziele möglichst effektiv erreicht werden. Damit bewegt sich die Autorin an der Nahtstelle zwischen Ökologie sowie Volks- und Betriebswirtschaftslehre, am Rande auch der Politischen Ökonomie.

Die Autorin argumentiert zwar vor dem Hintergrund der volkswirtschaftlich motivierten Primärallokation oder Erstausstattung von Produzenten mit Emissionsrechten, konzentriert sich jedoch auf das Problem der Reallokation von Emissionszertifikaten auf Unternehmensebene. Dieses primär betriebswirtschaftliche Problem betrifft den Handel mit Emissionszertifikaten zwischen Unternehmen, nachdem deutsche Unternehmen im Rahmen der Primärallokation des Nationalen Allokationsplans bereits Emissionsrechte zugeteilt erhalten haben. Durch diesen „sekundären" Handel soll mittels ökonomischer Anreiz- und Koordinierungsinstrumente eine Umverteilung (Reallokation) der Emissionszertifikate erreicht werden, welche die gehandelten Emissionszertifikate in jene Verwendungen leitet, in denen sie für die Erreichung von ökologischen und wirtschaftlichen Zielen am effektivsten eingesetzt werden können. Dieser Reallokation liegt eine „gesunde Skepsis" gegenüber der „Weisheit" einer staatlichen und zentral geplanten Primärallokation zugrunde. Die Reallokation stellt ein dezentral-marktwirtschaftliches Korrektiv gegenüber der zentral-planwirtschaftlich durchgeführten Zuordnung von Emissionsrechten dar, die sich im Nationalen Allokationsplan niederschlägt sowie von ebenso mannigfaltigen wie fragwürdigen politischen Prozessen „gefärbt" ist.

Die Autorin fokussiert sich auf Auktionen von Emissionszertifikaten auf elektronischen Märkten. Sie analysiert Auktionen vornehmlich aus der Perspektive derjenigen hoheitlichen Institutionen oder privatwirtschaftlichen Unternehmen, die beabsichtigen, im Rahmen einer Auktion Emissionszertifikate zu versteigern. Damit nimmt die Autorin eine dezidiert anbieterorientierte Perspektive ein, die bislang aus betriebswirtschaftlichem Blickwinkel noch kaum eingenommen wurde. Durch diesen innovativen Analyseansatz öffnet sie ihre Untersuchungen auch für die Interessen von hoheitlichen Institutionen, die Emissionszertifikate gegen Entgelt zu veräußern gedenken. Dies entspricht einer vornehmlich volkswirtschaftlichen oder auch politökonomischen Betrachtungsweise. Darüber hinaus erweist es sich als besonders reizvoll, das sich die Autorin nicht nur – wie sonst üblich – den Handel mit Emissionsrechten berücksichtigt, die zuvor im nationalen Rechtsraum mittels einer Primärallokation zugeteilt worden sind. Stattdessen befasst sie sich in einem abermals innovativen Ansatz mit dem Handel von Emissionszertifikaten, in den auch Emissionsgutschriften einbezogen sind. Sie stammen aus Klimaschutzprojekten vom Joint-Implementation- oder vom Clean-Development-Mechanism-Typ gemäß dem Kyoto-Protokoll.

Die Autorin analysiert das bislang skizzierte Realproblem, wie sich Emissionszertifikate für Treibhausgase im Rahmen der nationalen Reallokation mithilfe von Auktionen zwischen einzelnen Unternehmen auf elektronischen Märkten möglichst effektiv in Bezug auf vorgegebene ökologische und wirtschaftliche Ziele handeln lassen, in ein Formalproblem der nicht-kooperativen Spieltheorie. Diese Auswahl überzeugt. Denn die nicht-kooperative Spieltheorie eignet sich hervorragend, um das „strategische" Verhalten einzelner Akteure zu modellieren, die miteinander um knappe Güter konkurrieren und über das mutmaßliche Verhalten ihrer Konkurrenten reflektieren. Darüber hinaus gestattet sie auch, Problemlösungen in der Gestalt von „Gleichgewichten" zu ermitteln, in denen sich die Strategien der konkurrierenden Akteure als miteinander kompatibel erweisen. Zu diesem intendierten Anwendungsbereich der nicht-kooperativen Spieltheorie gehören u.a. die hier betrachteten Auktionen („Auktionsspiele"), in denen Unternehmen als kollektive Akteure um Emissionszertifikate als knappe Güter konkurrieren und in strategischer Absicht unterschiedliche Bietstrategien erwägen. Im Zentrum des Erkenntnisinteresses der Autorin steht kein Standardmodell der nicht-kooperativen Spieltheorie, wie etwa das viel zitierte Gefangenen-Dilemma oder ein „simples" NASH-Gleichgewicht. Damit hebt sie sich von zahlreichen anderen Dissertationen ab, die sich im zuvor umrissenen Standardrahmen bewegen. Stattdessen geht es ihr um eine komplexe, möglichst realitätsnahe Modellierung von Auktionen für Emissionszertifikate. Dazu gehören insbesondere die Modellierung von Matrix-Auktionen, die Modellierungskonzepte der sequenziellen Spiele und der Informationsmengen sowie das Lösungskonzept der Teilspielperfektheit.

Der Autorin ist es insgesamt gelungen, eine inhaltlich anspruchsvolle, formalsprachlich überaus sorgfältige und in vielfacher Hinsicht bemerkenswert realitätsnahe spieltheoretische Modellierung von Auktionen für Emissionszertifikate vorzulegen und entsprechende numerische Lösungsverfahren aufzuzeigen. Mit den beiden zentralen Konzepten, der Matrix-Auktion und der Teilspielperfektheit, geht die Autorin weit über das hinaus, was von einer betriebswirtschaftlichen Dissertation erwartet werden kann. Da diese beiden Konzepte bislang in keiner wirtschaftswissenschaftlichen Arbeit miteinander kombiniert wurden, zeichnen sich die Analysen der Autorin abermals durch ihren innovativen Charakter aus – auch wenn einschränkend anzumerken ist, dass die Teilspielperfektheit in den betrachteten Auktionsbeispielen nicht so prägnant herausgearbeitet werden konnte, wie es vielleicht wünschenswert gewesen wäre. Aus den vorgenannten Gründen ist den vielschichtigen und in vielerlei Hinsicht innovativen Ausführungen der Autorin eine möglichst breite Resonanz unter betriebswirtschaftlich interessierten Leserinnen und Lesern zu wünschen. Aber auch „Zaungäste" vor allem aus den Bereichen der Volkswirtschaftslehre und Politökonomie sollten sich eingeladen fühlen, in diesem Werk bemerkenswerte Ansätze für die Anwendung von formalsprachlichen

Modellen auf die Bearbeitung anspruchsvoller Realprobleme aus der ökonomischen Praxis zu finden.

Stephan Zelewski

Vorwort

Die vorliegende Arbeit entstand während meiner Zeit als wissenschaftliche und geschäftsführende Mitarbeiterin am Institut für Produktion und Industrielles Informationsmanagement an der Universität Duisburg-Essen, Campus Essen. Sie wurde im Mai 2008 vom Promotionsausschuss des Fachbereichs Wirtschaftswissenschaften als Dissertation angenommen.

Die Arbeit befasst sich mit der Lösung des Problems der Reallokation von Treibhausgas-Emissionsrechten und Treibhausgas-Emissionsgutschriften aus Joint Implementation sowie aus Clean Development Mechanism über elektronische Auktionen. Durch Ausdrucksmittel der Spieltheorie wird sowohl das Reallokationsproblem als auch das Problem der Implementierung der Matrix-Auktion zur auktionsbasierten nationalen Reallokation von Treibhausgas-Emissionsrechten und Treibhausgas-Emissionsgutschriften auf Unternehmensebene modelliert. Zum Einsatz kommen zum einen die Modellierungstechnik extensiver Spiele und zum anderen die Teilspielperfektheit als ein Lösungskonzept der nicht-kooperativen Spieltheorie für sequentielle Spiele.

Von den vielen, denen ich Dank schulde, möchte ich an erster Stelle meinen Doktorvater, Herrn Univ.-Prof. Dr. STEPHAN ZELEWSKI, Direktor des Instituts für Produktion und Industrielles Informationsmanagement an der Universität Duisburg-Essen, Campus Essen, nennen. Seinen zahlreichen und insbesondere spieltheoretischen Anregungen verdanke ich das Thema und deren umfangreiche Ausarbeitung. Ohne die umfangreiche fachliche und auch persönliche Unterstützung meines Doktorvaters wäre die Erstellung dieser Arbeit nicht möglich gewesen. Seine motivierende Betreuung war wie „Balsam" für viele verzweifelte Momente während der Erstellung dieser Arbeit.
Danke „Chef", dass du mich gefördert hast.

Herrn Univ.-Prof. Dr. STEFAN EICKER danke ich ganz herzlich für die Übernahme des Zweitgutachtens und Frau Univ.-Prof. Dr. UTE SCHMIEL danke ich ganz herzlich für die Übernahme der Prüfung meiner Disputation.

Ein weiterer Dank gilt an meinen Vater, ALIM AKCA, und an meine Mutter, RABIA AKCA, deren Beitrag unschätzbar ist und die unter meiner Arbeit stark „gelitten", aber mich immer liebevoll unterstützt und motiviert haben. Ebenso danke ich meinen beiden Schwestern AKCAN und AYCAN, die mich mit unerschütterlichem Vertrauen begleitet haben.

Weiterhin danke ich Margret Ciensky, Sekretärin des Instituts für Produktion und Industrielles Informationsmanagement an der Universität Duisburg-Essen, Campus Essen, und meinem Arbeitskollegen, Nazif Günes, für zahlreiche motivierende Momente und die freundschaftliche Begleitung dieser Arbeit sowie Jens Röper für seine fachlich wertvollen Anregungen und Alessa Münchow für die Unterstützung bei der Beschaffung zahlreicher Literaturquellen und bei der Fertigstellung des Manuskripts.

Schließlich danke ich den Herausgebern für die Aufnahme dieses Buches in die Reihe „Information – Organisation – Produktion" der Gabler Edition Wissenschaft.

Naciye Akca

Inhaltsverzeichnis

Abkürzungs- und Akronymverzeichnis

Abb.	Abbildung
AGE	Arbeitsgruppe Emissionshandel zur Bekämpfung des Treibhauseffektes
AGU	Arbeitsgemeinschaft für Umweltfragen e.V.
AHP	Analytic Hierarchy Process
Allo	Allowance
ANP	Analytic Network Process
ARIS	Architektur integrierter Informationssysteme
ARP	Acid Rain Program
Art.	Artikel
Aufl.	Auflage
BayLfU	Bayerisches Landesamt für Umweltschutz
BB	Betriebs-Berater
Bd.	Band
BMF	Bundesministerium der Finanzen
BMU	Bundesministerium für Umwelt, Naturschutz und Reaktorsicherheit
CCL	Climate Change Levy
CER	Certified Emission Reductions
CDM	Clean Development Mechanism
CDU	Christlich Demokratische Union Deutschlands
C.I.	Consistency Index
cm	Zentimeter
COP 3	3. Conference of the Parties

C.R.	Consistency Ratio
CSU	Christlich Soziale Union
DEHSt	Deutsche Emissionshandelsstelle
DBW	Die Betriebswirtschaft
dena	Deutsche Energie-Agentur GmbH
det	Determinante
d.h.	das heißt
DIW	Deutsches Institut für Wirtschaftsforschung
DKRZ	Deutsches Klimarechenzentrum
DtA	Deutsche Ausgleichsbank
ECCP	European Climate Change Program
EEX	European Energy Exchange
EGV	Vertrag zur Gründung der Europäischen Gemeinschaft
EHKostV	Emissionshandelskostenverordnung
einschl.	einschließlich
engl.	englisch
et al.	et alii
EPA	Environmental Protection Agency
ERU	Emission Reduction Units
EStG	Einkommensteuergesetz
EU	Europäische Union
exkl.	exlusive
f.	folgende (Seite)
F.A.Z.	Frankfurter Allgemeine Zeitung
ff.	fortfolgende (Seiten)
Fn.	Fußnote

griech.	Griechisch
H.	Heft
HGB	Handelsgesetzbuch
HHL	Handelshochschule Leipzig
HMD	Handbuch der modernen Datenverarbeitung
Hrsg.	Herausgeber
HTML	Hypertext Markup Language
HWWA	Hamburgisches Welt-Wirtschafts-Archiv
IAP	Internationales Aktionsprogramm
ICAM	Integrated Computer Aided Manufacturing
i.d.F.	in diesem Fall
i.d.R.	in der Regel
IEA	International Energy Agency
i.e.	id est
i.e.S.	im engeren Sinne
IET	International Emissions Trading
i.H.v.	in Höhe von
inkl.	inklusive
IPCC	Intergovernmental Panel on Climate Change
i.S.e.	im Sinne eines/einer
i.S.d.	im Sinne der
i.S.v.	im Sinne von
Fraunhofer ISI	Fraunhofer Institut für Systemtechnik und Innovationsforschung
i.H.v.	in Höhe von
i.w.S.	im weiteren Sinne

IW	Institut der deutschen Wirtschaft Köln
Jg.	Jahrgang
JI	Joint Implementation
KfW	Kreditanstalt für Wiederaufbau
KMU	kleine und mittlere Unternehmen
KWK	Kraft-Wärme-Kopplung
lat.	lateinisch
LI	Lahmeyer International
MAUT	Multi-Attributive Nutzentechnik
Mio.	Millionen
MOSYS	Modellierungs- und Simulationssystem
MPI-M	Max-Planck-Institut für Meteorologie
MW	Megawatt
MwSt	Mehrwertsteuer
NAP	Nationaler Allokationsplan
Nr.	Nummer
NTPC Ltd.	National Thermal Power Corporation Limited
o.a.	oben angeführt
o.ä.	oder ähnlich
OECD	Organization for Economic Cooperation and Development
OMG	Object Management Group
ÖPNV	Öffentlicher Personennahverkehr
o.Hrsg.	ohne Herausgeber
o.Jg.	ohne Jahrgangsangabe
o.O.	ohne Ortsangabe

o.V.	ohne Verfasser
PARTS	Players Added values Rules Tactics Scope
PASOR	Players Actions Scope Outcomes Rules
PCF	Prototype Carbon Fund
ProMechG	Projekt-Mechanismen-Gesetz
R.I.	Random Index
RECLAIM	Regional Clean Air Incentives Market
rd.	rund
RR	Research Report
S.	Seite
SCAQMD	South Coast Air Quality Management District
SPD	Sozialdemokratische Partei Deutschlands
SYCAT	Systematische CIM-Analyse-Tools
t	Tonne
TEHG	Treibhausgas-Emissionshandelsgesetz
TH	Techniche Hochschule
u.	und
u.a.	unter anderem
u.ä.	und ähnliche(s)
UML	Unified-Modeling-Language
UMTS	Universal Mobile Telecommunications System
UmweltHG	Umwelthaftungsgesetz
UNEP	United Nations Environment Programme
UNFCCC	United Nations Framework Convention on Climate Change

UPR	Umwelt- und Planungsrecht
URL	Uniform Resource Locator
USA	United States of America
USC	United States Congress
usw.	und so weiter
u.U.	unter Umständen
UV-Strahlung	Ultraviolett-Strahlung
VCG	VICKREY-CLARKE-GROVES
vgl.	vergleiche
VN	Vereinte Nationen
Vol.	Volume
vs.	versus
WiSt	Wirtschaftswissenschaftliches Studium
WMO	World Meteorological Organization
WTO	Word Trade Organization
WWF	World Wide Fund for Nature
z.B.	zum Beispiel
ZfB	Zeitschrift für Betriebswirtschaft
ZFO	Zeitschrift Führung und Organisation
ZfU	Zeitschrift für Umweltpolitik und Umweltrecht
ZiF	Zentrum für interdisziplinäre Forschung
ZuG 2007	Zuteilungsgesetz 2007
ZuV	Zuteilungsverordnung

Symbolverzeichnis

Im Symbolverzeichnis sind sämtliche Symbole aufgeführt, die in der vorliegenden Arbeit mehrfach verwendet werden. Die Bedeutung von Symbolen geht aus dem jeweiligen Argumentationskontext hervor. Die Differnzierung der Symbole in „Allgemeine Symbole", „Chemische Symbole", „AHP-basierte Symbole" und in „Spieltheoretische Symbole" zielt auf ein leserfreundliches Auffinden.

Allgemeine Symbole

§	Paragraph
%	Prozent
$	US-Dollar
€	Euro
$\in$	Element von
$\forall$	Allquantor („Für alle ...")
$\Rightarrow$	metasprachlicher Subjugatspfeil („Wenn, ... dann ...")
$\times$	kartesisches Produkt
$\cup$	Vereinigung
$\{...\}$	Menge
$\subseteq$	Teilmenge
$\lvert\{...\}\rvert$	Anzahl der Elemente einer Menge
Σ	Summenoperator
$=$	gleich
$>$	größer
$<$	kleiner
$\leq$	kleiner oder gleich
$\geq$	größer oder gleich

∞	unendlich
$\mathbb{R}$	Menge der reellen Zahlen
$\mathbb{R}_{\geq 0}$	Menge der nicht-negativen reellen Zahlen
$\mathbb{N}$	Menge der natürlichen Zahlen
$\mathbb{N}_{+}$	Menge der positiven natürlichen Zahlen
ac^{nat}	Vermeidungskosten pro unternehmensinterne Investition auf nationaler Ebene (avoidance costs national)
ac^{int}	Vermeidungskosten aus projektbezogenen Aktivitäten auf internationaler Ebene (avoidance costs international)
bin	Binärvariable (binary)
bc	fixe Basiskosten (basis costs)
cr	Kosten für die Teilnahme an einer Versteigerungsstufe (costs round)
gc	Güterbündel-Kombination
Gd	Gefangenendilemma
Hj	Hirschjagd
KdG	Kampf der Geschlechter
Me	Markteintritt
qr_i	Anzahl der Versteigerungsstufen für Spieler i (quantity round)
tc^{nat}	Transaktionskosten pro Transaktion auf nationaler Ebene (transaction costs national)

tc^{int}	Transaktionskosten pro Transaktion auf internationaler Ebene (transaction costs international)
Tf	Tausendfüßler

Chemische Symbole

°C	Grad Celsius
CH_4	Methan
CO_2	Kohlendioxyd
FCKW	vollhalogenierte Fluorchlorkohlenwasserstoffe
FCKWs	Fluorchlorkohlenwasserstoffe
FKW	perfluorierte Fluorkohlenwasserstoffe
H-FCKW	teilhalogenierte Fluorchlorkohlenwasserstoffe
H-FKW	wasserstoffhaltige Fluorkohlenwasserstoffe
H_2O	Wasserdampf
N_2O	Distickstoffoxid
NO_x	Stickstoffoxide
O_3	Ozon
SF_6	Schwefelhexafluorid
SO_2	Schwefeldioxid

AHP-basierte Symbole

$\underline{0}$	n-stelliger Null-Spaltenvektor
a_{ij}	mögliche Werte für Paarvergleichsurteile
a_{ii}	Reziprokwerte
A	Evaluationsmatrix

A_k^{crit}	Evaluationsmatrizen für die betriebswirtschaftlichen Eignungskriterien und Sub-Kriterien
A_l^{auc}	Evaluationsmatrizen für die Auktionsformen
E	Einheitsmatrix
λ	Eigenwert
λ_{max}	maximaler Eigenwert
n	Dimension
N	normierte Evaluationsmatrix
N_k^{crit}	normierte Evaluationsmatrizen für die betriebswirtschaftlichen Eignungskriterien und Sub-Kriterien
N_l^{auc}	normierte Evaluationsmatrizen für die Auktionsformen
P_q	Gesamtpriorität
$p_{l.q}^{dis}$	Prioritäten der Auktionsformen für die betriebswirtschaftlichen Eignungskriterium und Sub-Kriterien gemäß der Distributiven Mode
ν	Eigenvektor
ν_i	Bedeutungsurteile
$\nu_{k.i}$	Bedeutungsurteile für die betriebswirtschaftlichen Eignungskriterien und Sub-Kriterien der Evaluationsmatrix A_k^{crit}
w_i	aggregierte Bedeutungsurteile
$w_{k.i}$	aggregierte Bedeutungsurteile für die betriebswirtschaftlichen Eignungskriterien und Sub-Kriterien der Evaluationsmatrix A_k^{crit}

E	Menge der Endknoten eines Spielbaums (Set of End Nodes)
estim	Schätzung (estimate)
Gap	Gebotsaufforderungs- und Gebotsauswertungsprozess
G	Güter
I	Informationsraum für alle Spieler i aus der Spielermenge N (Information Scope)
I_i	Menge der Informationsmengen eines Spielers i aus der Spielermenge N
$IS_{i.l}$	Informationsmengen eines Spielers i aus der Spielermenge N (Information Set)
K	Anzahl aller Entscheidungssituationen des Spielers i
knock	Zuschlagpreis (knockdown price)
$M_i(t)$	finanzielle Mittel eines Akteurs i zum Zeitpunkt t (Money)
N	Menge der Spieler (Number of Players) des Spiels Γ
N_0	Auktionator des Spiels $\Gamma^{B2B\text{-}Au}$
N_1	Spieler 1 des Spiels $\Gamma^{B2B\text{-}Au}$
N_2	Spieler 2 des Spiels $\Gamma^{B2B\text{-}Au}$
N_3	Spieler 3 des Spiels $\Gamma^{B2B\text{-}Au}$
NS	Menge der Spieler (Number of Players Sets) des Spiels $\Gamma^{B2B\text{-}Au}$

NS^{auct}	Menge des Auktionators (auctioneer)
NS^{bidd}	Menge der Bieter (bidder)
O	Spielergebnisse (Outcomes)
$O_{i.h}$	Spielergebnis für den Spieler i
P	Preisgebote (Price of sale)
P_i^{Allo}	Preisgebote (Price of sale) eines Bieters für Treibhausgas-Emissionsrechte (Allowance)
P_i^{ERU}	Preisgebot (Price of sale) eines Bieters für Treibhausgas-Emissionsgutschriften (Emission Reduction Unit)
P_i^{CER}	Preisgebot (Price of sale) eines Bieters für Treibhausgas-Emissionsgutschriften (Certified Emission Reduction)
per	zulässige Preisgebote (permissibility)
Per	Raum der zulässigen Preisgebote aller Bieter aus der Bietermenge
Per_i	Menge der zulässigen Preisgebote eines Bieters i
perp	Kombination von zulässigen Preisgeboten für die angebotenen Güterbündel-Kombinationen (permitted profile)
Pg	Preisgebote
Proc	Spielergebnis für den Auktionator (Proceed of an auction)
prof	Spielergebnisse für die Bieter (profit)
quan	gehandelte Menge (unit of quantity)

$quan^{Allo}$	Menge (unit of quantity) an Treibhausgas-Emissionsrechten (Allowance)
$quan^{ERU}$	Menge (unit of quantity) an Treibhausgas-Emissionsgutschriften (Emission Reduction Unit)
$quan^{CER}$	Menge (unit of quantity) an Treibhausgas-Emissionsgutschriften (Certified Emission Reduction)
$quan^{gc}$	Menge (unit of quantity) der angebotenen Güterbündel-Kombinationen
R	Menge der Spielregeln (Rules of the game)
Res	Reservationspreis (Reserve Price of sale)
Res_0^{Allo}	Reservationspreis des Auktionators für Güterbündel-Kombination (1)
Res_0^{ERU}	Reservationspreis des Auktionators für Güterbündel-Kombination (2)
Res_0^{CER}	Reservationspreis des Auktionators für Güterbündel-Kombination (3)
$Res_0^{Allo.ERU}$	Reservationspreis des Auktionators für Güterbündel-Kombination (4)
$Res_0^{Allo.CER}$	Reservationspreis des Auktionators für Güterbündel-Kombination (5)
$Res_0^{ERU.CER}$	Reservationspreis des Auktionators für Güterbündel-Kombination (6)
$Res_0^{Allo.ERU.CER}$	Reservationspreis des Auktionators für Güterbündel-Kombination (7)

Rul	Spielregeln (Rules)
S	Strategieraum aller Spieler i aus der Spielermenge N
S_i	Menge aller Strategien des Spieles i
$s_{i.m}$	m-te Strategie des Spielers i (strategy)
sp_h	Stragiekombination h (strategy profile)
Sop	Spielregelnoffenlegungsprozess
t	Zeitpunkt (time)
value	Wert (value)
$value_i^{estim.Allo}$	Wertschätzung eines Bieters i für Güterbündel-Kombination (1)
$value_i^{estim.ERU}$	Wertschätzung eines Bieters i für Güterbündel-Kombination (2)
$value_i^{estim.CER}$	Wertschätzung eines Bieters i für Güterbündel-Kombination (3)
$value_i^{estim.Allo.ERU}$	Wertschätzung eines Bieters i für Güterbündel-Kombination (4)
$value_i^{estim.Allo.CER}$	Wertschätzung eines Bieters i für Güterbündel-Kombination (5)
$value_i^{estim.ERU.CER}$	Wertschätzung eines Bieters i für Güterbündel-Kombination (6)
$value_i^{estim.Allo.ERU.CER}$	Wertschätzung eines Bieters i für Güterbündel-Kombination (7)
$value_0^{estim.Allo}$	Wertschätzung des Auktionators für Güterbündel-Kombination (1)

$value_0^{estim.ERU}$	Wertschätzung des Auktionators für Güterbündel-Kombination (2)
$value_0^{estim.CER}$	Wertschätzung des Auktionators für Güterbündel-Kombination (3)
$value_0^{estim.Allo.ERU}$	Wertschätzung des Auktionators für Güterbündel-Kombination (4)
$value_0^{estim.Allo.CER}$	Wertschätzung des Auktionators für Güterbündel-Kombination (5)
$value_0^{estim.ERU.CER}$	Wertschätzung des Auktionators für Güterbündel-Kombination (6)
$value_0^{estim.Allo.ERU.CER}$	Wertschätzung des Auktionators für Güterbündel-Kombination (7)
Vep	Verkaufspreisermittlungsprozess
x_i	angebotene Menge eines Gutes
■	Startknoten und Entscheidungsknoten im Spielbaum
●	Endknoten im Spielbaum

Abbildungsverzeichnis

Tabellenverzeichnis

1 Einleitung in die auktionsbasierte nationale Reallokation von Treibhausgas-Emissionsrechten und Treibhausgas-Emissionsgutschriften auf Unternehmensebene

1.1 Wissenschaftliche Problemstellung der Arbeit

Die kostenfreie und unkontrollierte (Über-)Nutzung von Umweltressourcen als Produktionsfaktor und die unbeschränkte Ausdehnung der Treibhausgas-Emissionen[1)] in der Produktion führen zu verheerenden Umweltschäden und reichen bis zum Treibhauseffekt[2)]. Weiterhin resultieren negative externe Effekte[3)], die nicht nur die Emittenten von Treibhausgasen als deren Verursacher belasten, sondern sich auch bei Dritten niederschlagen[4)]. Auf der Basis des Verursacherprinzips[5)] sind diese externen Effekte den jeweiligen Emittenten von Treibhausgasen anzulasten, so dass ein Anreiz zur sparsamen

---

1) Mit Treibhausgasen werden neben Kohlendioxyd mit dem weitaus größten Anteil an den gesamten Treibhausgas-Emissionen auch Treibhausgase, wie Wasserdampf, Methan, Fluorchlorkohlenwasserstoffe, Distickstoffoxid, Ozon und Schwefelhexafluorid, bezeichnet. Vgl. BARTH (2002), S. 62 ff. und CESAR (1994), S. 21 f. Zu pysikalischen Aspeketen von Treibhausgasen vgl. z.B. BARTH (2002), S. 65 ff.; FABIAN (2002), S. 100 ff.; CUBASCH/KASANG (2000), S. 45 ff.; CESAR (1994), S. 22 f.; CLEMENS (1992), S. 7 ff.; SCHÖNWIESE (1991), S. 18 und KUHN (1990), S. 73 ff. Zur Umwelt als öffentliches Gut vgl. CANSIER (1996), S. 18 ff. und WICKE (1993), S. 41 ff. Um einen Vergleich und zudem eine Substitutionsmöglichkeit der verschiedenen Treibhausgase zu ermöglichen, erfolgt hinsichtlich ihres unterschiedlich hohen Erwärmungspotenzials eine Umrechnung in eine virtuelle Größe als CO_2-Äquivalente, so dass die Treibhausgase homogenisiert werden. Vgl. STORCH VON ET AL. (1999), S. 167 und SCHWARZE/ZAPFEL (1998), S. 502 f. Die Homogenität der Treibhausgase ist genau dann gegeben, wenn die Treibhausgase auf die gleiche Bemessungsgrundlage bezogen und frei handelbar sind. Vgl. WEIMANN (1998), S. 63. Als Bemessungsgrundlage kann die Menge der an die Umwelt abgegebenen Treibhausgase in Betracht kommen. Vgl. KEMPER (1989), S. 39.

2) Beispielsweise können Rohstoffe und Fischbestände der Weltmeere als Produktionsfaktoren eingesetzt werden. Unter der Übernutzung von Umweltressourcen sind u.a. die Übernutzung von nachwachsenden Rohstoffen, wie Holz, die Überfischung der Meere und die zunehmende Bebauung und Versiegelung von Flächen zu verstehen. Vgl. BRINGEZU (1997), S. 1.

3) *Negative externe Effekte* sind als Auswirkungen der Übernutzung von Umweltressourcen und der unbeschränkten Ausdehnung der Treibhausgas-Emissionen definiert, die zu Umweltkosten Dritter oder der Allgemeinheit führen, die sie nicht verursacht haben. Vgl. NEUS (2001), S. 531; ENDRES (2007), S. 19; CANSIER (1996), S. 24; KNÜPPEL (1989), S. 16 f. und LANGE (1978), S. 27.

4) Vgl. z.B. KEMPER (1989), S. 9.

5) Das Verursacherprinzip besagt, dass die Umweltkosten nicht unbeteiligten Dritten oder der Allgemeinheit, sondern den jeweiligen Emittenten von Treibhausgasen anzulasten sind. Vgl. RAHMEYER (1997), S. 17 und REHBINDER (1973), S. 37 ff. Zu Umweltkosten vgl. z.B. WICKE (1993), S. 21.

Nutzung von Umweltressourcen und zur Reduzierung von Treibhausgasen entsteht. Es erfolgt eine Internalisierung der negativen externen Effekte mittels fiskalischer und nicht-fiskalischer Instrumente, um einer „Fehlallokation" von Umweltressourcen entgegenzuwirken[1]. Eine Verstärkung der Anreizwirkung wird durch die umweltpolitische Innovation der *Treibhausgas-Emissionszertifikate* erzielt. Nur diejenigen Emittenten von Treibhausgasen, die über Treibhausgas-Emissionszertifikate verfügen, sind auch berechtigt, in der angegebenen Menge Treibhausgase zu emittieren.

Die Allokation[2] der Menge an Treibhausgas-Emissionszertifikaten für die erste Handelsperiode[3] ist bereits „gratis" nach einem nationalen Allokationsplan[4] (NAP) realisiert und ist somit nicht Untersuchungsgegenstand der vorliegenden Arbeit. Innerhalb der einzelnen Handelsperioden wird zwar die *Reallokation*, d.h. der *Handel* mit der Menge an Treibhausgas-Emissionszertifikaten auf *Unternehmensebene*[5] realisiert. Jedoch unterliegt die Reallokation derzeit sowohl einer *medialen* als auch einer *räumlichen* Restriktion.

Die *mediale* Restriktion basiert darauf, dass zunächst CO_2 und weitere Treibhausgase nicht einzeln, sondern zunächst nur als CO_2-Äquivalente betrachtet werden. Diese Um-

1) Vgl. BONUS/HÄDER (1998), S. 34; RAHMEYER (1997), S. 11 und LANGE (1978), S. 29. Im Rahmen der vorliegenden Arbeit wird unter Fehlallokation die „verschwenderische" Verteilung von Umweltressourcen verstanden.

2) Die prozentuale Allokation von Treibhausgas-Emissionszertifikaten wird in Kapitel 2 der vorliegenden Arbeit diskutiert.

3) Es werden zwei Handelsperioden mit einer Dreijahresdauer und Fünfjahresdauer betrachtet. Während die erste Handelsperiode auf den Zeitraum 2005 bis 2007 festgelegt ist, gilt die zweite Handelsperiode für den Zeitraum 2008 bis 2012. Vgl. PEREZ DOMÍNGUEZ (2006), S. 129; DÖRING/EWRINGMANN (2004), S. 29 und BMU (2004), S. 5 ff.

4) Zum Nationalen Allokationsplan vgl. http://www.bmu.de/files/pdfs/allgemein/application/pdf/nap_kabinettsbeschluss.pdf. Über eine Zentrale erfolgt eine hierarchische Allokation auf der Basis der historischen Durchschnittsemissionen („Grandfathering") oder auf der Basis von Benchmarks. Im Umweltbundesamt wurde die Deutsche Emissionshandelsstelle im Sinne einer Zentrale errichtet. Vgl. UMWELTBUNDESAMT (2005b). Die Emittenten von Treibhausgasen haben hinsichtlich beider Ansätze ein Wahlrecht. Vgl. O.V. (2005b), S. 93. Weitere Allokationsmechanismen stellen die Baden-Württemberg-Formel, die Klimaschutzvereinbarung (Berg-Modell) und die Quasi-Selbstverpflichtung dar. Im Rahmen der vorliegenden Arbeit finden diese Allokationsmechanismen jedoch keine Berücksichtigung, weil sie als Allokationsmechanismen für die erste Handelsperiode und nicht als langfristige Reallokationsmechanismen vorgegeben sind.

5) Die Unternehmensebene wird im Rahmen der vorliegenden Arbeit durch die Emittenten von Treibhausgasen als Teilnehmer des Handels mit Treibhausgas-Emissionsrechten spezifiziert.

rechnung über CO_2-Äquivalente weist den Vorteil auf, dass eine Substitutionsmöglichkeit innerhalb der Gruppe der Treibhausgase gewährleistet wird.

Hinsichtlich der *räumlichen* Restriktion haben die Emittenten von Treibhausgasen derzeit die Möglichkeit, Treibhausgas-Emissionszertifikate über den Börsenhandel zu erhalten. Im Rahmen der flexiblen projektbasierten Aktivitäten des Kyoto-Protokolls[1)] können zudem durch Klimaschutzprojekte, wie Joint Implementation (JI) und Clean Development Mechanism (CDM), Emission Reduction Units (ERU) bzw. Certified Emission Reductions (CER) oder auf Deutsch „Treibhausgas-Emissionsgutschriften" erworben werden[2)]. Unter Berücksichtigung dieser Klimaschutzprojekte werden Treibhausgas-Emissionsrechte aus der nationalen Reallokation von Treibhausgas-Emissionsrechten und Treibhausgas-Emissionsgutschriften aus Joint Implementation sowie Treibhausgas-Emissionsgutschriften aus Clean Development Mechanism unter dem Oberbegriff der Treibhausgas-Emissionszertifikate subsumiert.

Im Rahmen der vorliegenden Arbeit wird ein *Versuch* gestartet. Zum einen werden CO_2 und CO_2-Äquivalente fortlaufend in die Betrachtung einbezogen. Zum anderen wird ein Zusammenspiel der nationalen Reallokation von Treibhausgas-Emissionsrechten mit Joint Implementation *und* Clean Development Mechanism realisiert, den es

---

1) Das Kyoto-Protokoll wurde im Dezember 1997 in Kyoto, Japan, am Ende der 3. Vertragsstaatenkonferenz (3. Conference of the Parties, COP 3) der Vereinten Nationen zur Klimarahmenkonvention (United Nations Framework Convention on Climate Change, UNFCCC) verabschiedet. Mit diesem Kyoto-Protokoll wurden auf internationaler Ebene umweltpolitische Ziele zur Reduzierung von Treibhausgas-Emissionen vereinbart. Zum Kyoto-Protokoll vgl. http://www.bmu.de/klimaschutz/internationale_klimapolitik/kyoto_protokoll/doc/5802.php und FRAUNHOFER ISI ET AL. (2005), S. 9 ff.

2) Vgl. GRAWE (2004), S. 1 ff.; BRETON ET AL. (2004), S. 4; FUTURECAMP GMBH (2004), S. 81 ff.; HILLEBRAND ET AL. (2002), S. VI, 18 f. und 32; BODE ET AL. (2002), S. 111 ff.; GAMPERL ET AL. (2001), S. 1 ff.; BAYER/CANSIER (1999), S. 258 und FEESS/STOCKER (1998), S. 145 ff. Auf nationaler Ebene ist am 30.09.2005 das Projekt-Mechanismen-Gesetz (ProMechG) in Kraft getreten, das den Einsatz von Clean Development Mechanism ab 2006 und von Joint Implementation ab 2008 genehmigt. Vgl. O.V. (2005c). Zum Projekt-Mechanismen-Gesetz vgl. http://www.bmu.de/files/gesetze_verordnungen/bmu-downloads/application/pdf/promechg.pdf. Großbritannien hat bereits eine Integration des nationalen Handels mit Treibhausgas-Emissionsrechten mit Joint Implementation und Clean Development Mechanism vorgenommen. Vgl. CAMES ET AL. (2001), S. 32 und DUDEK/WIENER (1996), S. 1 ff. Auf internationaler Ebene werden sowohl der Handel mit Treibhausgas-Emissionsrechten als auch ein solches Zusammenspiel erst ab der zweiten Handelsperiode erwartet. Vgl. z.B. VIGUIER ET AL. (2006), S. 369 ff. und UMWELTBUNDESAMT (2005a).

hinsichtlich der derzeitigen räumlichen Restriktionen auf nationaler Ebene[1)] *so* noch nicht gibt.

Auf Unternehmensebene bleibt somit offen, *wie* unter Berücksichtigung dieses Zusammenspiels die nationale *Reallokation* von Treibhausgas-Emissionsrechten und Treibhausgas-Emissionsgutschriften auf Unternehmensebene zu erfolgen hat. Daraus resultiert ein *Reallokationsproblem* als *Real*problem der nationalen Reallokation von Treibhausgas-Emissionsrechten und Treibhausgas-Emissionsgutschriften auf Unternehmensebene, dem sich die Verfasserin im Rahmen der vorliegenden Arbeit zuwendet und das sie als Untersuchungsgegenstand spezifiziert.

Für die nationale Reallokation von Treibhausgas-Emissionsrechten und Treibhausgas-Emissionsgutschriften ist ein *dezentraler* Reallokationsmechanismus einzusetzen. Im Folgenden werden solche denkmögliche dezentrale Reallokationsmechanismen in die Betrachtung einbezogen, die auf einem *elektronischen*[2)] *Markt* i.w.S. existieren:

---

1) Zu Beginn der zweiten Handelsperiode erfolgt auf *nationaler Ebene* erneut eine Allokation von Treibhausgas-Emissionsrechten, d.h. die Reallokation von Treibhausgas-Emissionsrechten auf nationaler Ebene. Aus politischer Perspektive, wie insbesondere aus der Perspektive der SPD (Sozialdemokratische Partei Deutschlands), wird nun statt der bisher „gratis" durchgeführten Reallokation von Treibhausgas-Emissionsrechten vielmehr die Reallokation von Treibhausgas-Emissionsrechten über Auktionen präferiert. Die Umweltorganisation WWF (World Wide Fund For Nature) hat berechnet, dass deutsche Stromproduzenten über die Gratis-Allokation von Treibhausgas-Emissionsrechten 6 bis 8 Milliarden € an „Nettoprofit" erzielt haben, weil sie den „fiktiven Wert" der Treibhausgas-Emissionsrechte in den Strompreis eingerechnet haben. Vgl. FAZ (2007f), S. 13; FAZ (2006a), S. 13; FAZ (2006b), S. 15 und FAZ (2006d), S. 14. Der hessische Wirtschaftsminister RHIEL unterstreicht die Bedeutung der Reallokation von Treibhausgas-Emissionsrechten über Auktionen wie folgt: *„Diese Zusatzgewinne (die sich durch die Einrechnung des „fiktiven Wertes" der Treibhausgas-Emissionsrechte in den Strompreis etablieren) müssen möglichst vollständig abgeschöpft werden […] und das ideale Instrument dafür ist eine Versteigerung*". FAZ (2007f), S. 13 (Kursiv-Hervorhebung und Ergänzung in der runden Klammer durch die Verfasserin).

2) Im Rahmen der vorliegenden Arbeit werden solche denkmögliche Reallokationsmechanismen diskutiert, die auf *elektronischem* Weg realisiert werden können. Das Attribut „elektronisch" deutet darauf hin, dass mit einem Handel über einen elektronischen Markt Barrieren eines physischen Handels abgebaut und Reisekosten vermieden werden können, da keine physische Präsenz der Emittenten von Treibhausgasen erforderlich ist. Weiterhin ermöglicht der elektronische Handel die zeitgleiche Information und Kommunikation und zudem die Reduzierung von Kosten, wie Transaktionskosten, da beispielsweise Informationskosten bei der Suche nach Transaktionspartnern reduziert werden können. Vgl. PINKER ET AL. (2003), S. 1460; AMOR (2000), S. 23, 34, 47, 72 und 209 ff.; REICHWALD ET AL. (2000), S. 3 f.; MANELLI ET AL. (2000), S. 2; LUCKING-REILEY (1999), S. 1063 und ZELEWSKI (1998), S. 311.

- elektronischer bilateraler Handel,
- elektronische Ausschreibungen[1],
- elektronische Auktionen[2] und
- elektronischer Börsenhandel[3].

Der Einsatz des *elektronischen bilateralen Handels* wird als problematisch erachtet, da sich auf dem Markt für Treibhausgas-Emissionsrechte nicht zwei Akteure, also ein Anbieter und ein Nachfrager, sondern mehrere Akteure sowohl auf der Anbieterseite als auch auf der Nachfragerseite gegenüberstehen können.

Während Ausschreibungen aus der Perspektive der Nachfrager erfolgen, repräsentieren Auktionen die Perspektive der Anbieter[4]. Im Rahmen der vorliegenden Arbeit wird ausschließlich die Perspektive der Anbieter näher untersucht und in Modellen rekonstruiert, so dass Ausschreibungen ausgeklammert werden. Als Grund für diese Abgrenzung ist zu nennen, dass die Perspektive der Nachfrager sowohl nach Treibhausgas-Emissionsrechten als auch nach der Investition in Klimaschutzprojekte zur Erreichung von Treibhausgas-Emissionsgutschriften bereits sowohl in der Fachliteratur als auch in der Praxis diskutiert wird und die Perspektive der Anbieter im Schatten bleibt[5].

---

1) In der Fachliteratur werden Ausschreibungen auch als „buyer-driven auction“ oder „reverse auction“ bezeichnet. Vgl. z.B. MISHRA/VEERAMANI (2007), S. 617; STRECKER (2004), S. 53 ff.; VOIGT ET AL. (2003), S. 48 f. und REICHWALD ET AL. (2000), S. 3.

2) Der Begriff *Auktion* entstammt dem Lateinischen augere i.S.v. „vermehren“ oder „vergrößern“. Vgl. z.B. BERNINGHAUS ET AL. (2006), S. 223; OSBORNE (2004), S. 82; REICHWALD ET AL. (2000), S. 3. MCAFEE/MCMILLAN definieren Auktionen wie folgt: „*An auction is a market institution with an explicit set of rules determining resource allocation and prices on the basis of bids from the market participants*“ MCAFEE/MCMILLAN (1987), S. 701 (Kursiv-Hervorhebung durch die Verfasserin). In der Fachliteratur werden elektronische Auktionen auch als Online-Auktionen bezeichnet. Vgl. z.B. AMOR (2000), S. 23 ff. und REICHWALD ET AL. (2000), S. 7 f. Im Folgenden werden diese Begriffe synonym verwendet.

3) Der Börsenhandel wird in der Fachliteratur auch als zweiseitige Auktion, combinatorial auction und double auction bezeichnet. Vgl. z.B. ABRACHE ET AL. (2004), S. 1177 ff.; BETZ (2003), S. 53; KLEMPERER (2000), S. 35 ff. Im Folgenden werden diese Begriffe synonym verwendet.

4) Vgl. JIN ET AL. (2006), S. 817; PICOT ET AL. (2003), S. 347; REICHWALD ET AL. (2000), S. 3; GÜTH (1994), S. 205 und MILGROM (1989), S. 14.

5) Vgl. z.B. MICHAELOWA (2005), S. 137 ff.; FRAUNHOFER ISI ET AL. (2005), S. 333 ff. und 501 ff.; FUTURECAMP GMBH (2004), S. 25 f. und HILLEBRAND ET AL. (2002), S. 18 f.

Aus betriebswirtschaftlicher Perspektive gewinnen *Auktionen*[1] als ausgewählte marktliche Reallokationsmechanismen sowohl auf nationaler Ebene als auch auf Unternehmensebene angesichts des geringen administrativen Aufwands und der geringen Transaktionskosten an Bedeutung[2]. Auktionen können „mittelbar“ dazu führen, dass einerseits die Treibhausgas-Emissionsrechte und Treibhaugas-Emissionsgutschriften in jene betrieblichen Verwendungen gelenkt werden, in denen sie durch das Einsparen von höchsten Grenzvermeidungskosten die größte Wirkung erzielen. Diese Unternehmen treten als Nachfrager nach Treibhausgas-Emissionsrechten und Treibhaugas-Emissionsgutschriften auf und weisen die größte Zahlungsbereitschaft für das Ersteigern von Treibhausgas-Emissionsrechten und Treibhaugas-Emissionsgutschriften auf. Andererseits unterbleiben die Treibhausgas-Emissionen zunächst dort, wo dies mit den niedrigsten Grenzvermeidungskosten je eingesparter Tonne CO_2-Äquivalente möglich ist. Diese Unternehmen treten als Anbieter von Treibhausgas-Emissionsrechten und Treibhausgas-Emissionsgutschriften auf, weil sie aus dem Verkauf ihrer Treibhausgas-Emissionsrechte und Treibhaugas-Emissionsgutschriften mehr erlösen können, als bei ihnen Grenzvermeidungskosten durch das Vermeiden von Treibhausgas-Emissionen verursacht werden. Durch diesen letztgenannten Effekt führen Auktionen dazu, dass Treibhausgas-Emissionen tendenziell dort vermieden werden, wo es mit den geringstmöglichen Grenzvermeidungskosten je eingesparter Tonne CO_2-Äquivalente möglich ist.

Beispielsweise wurde bereits bei der Versteigerung der UMTS (Universal Mobile Telecommunications System)-Lizenzen die Allokation der knappen Ressource „Übertragungskapazität“ über Auktionen realisiert[3].

Der Fokussierung auf elektronische Auktionen könnte jedoch der Einwand entgegen gehalten werden, dass für die nationale Reallokation von Treibhausgas-Emissionsrech-

---

1) Im Folgenden wird der Zusatz „elektronisch“ nicht mehr explizit genannt, da sich die Betrachtungen der vorliegenden Arbeit ausschließlich auf elektronische Märkte konzentrieren.

2) Vgl. TEICH ET AL. (2006), S. 90; JIN ET AL. (2006), S. 816 f.; FAZ (2006e), S. 14; MENEZES/MONTEIRO (2005), S. 9 f.; TEICH ET AL. (2004), S. 13; PINKER ET al. (2003), S. 1460; CORSTEN/GÖSSINGER (2001), S. 64; CAMES ET AL. (2001), S. 36; DUTRA/MENEZES (2001b), S. 2; SCHMDIT ET AL. (1998), S. 450; RÖMHILD (1997), S. 21 und GOMBER ET AL. (1996), S. 300 f.

3) Vgl. BERNINGHAUS ET AL. (2006), S. 223; OSBORNE (2004), S. 80; EWERHART/MOLDOVANU (2002), S. 1 ff.; KLEMPERER (2002), S. 829 ff.; FAZ (2000), S. 15; KLEMPERER (2000), S. 149 ff. und MILGROM (1996), S. 312.

ten bereits der elektronische Börsenhandel eingesetzt wird[1)] und demzufolge Auktionen als *alternative* Reallokationsmechanismen nicht diskussionswürdig sind.

Beispielsweise sind Auktionen gegenüber dem Börsenhandel insbesondere aus folgenden Gründen überlegenswert: An der Handelsbörse erfolgt eine Reallokation von CO_2-Emissionsrechten[2)] unter mehreren Emittenten von Treibhausgasen, die entweder als Anbieter oder als Nachfrager von CO_2-Emissionsrechten aufeinander treffen. Der Börsenhandel unterliegt einer *standardisierten* Leistung, da sich der Preis zu bekannten Konditionen (Öffnungszeiten, Spielregeln i.S.v. Handelsregeln, Teilnehmern usw.) in Abhängigkeit von Angebot und Nachfrage nach CO_2-Emissionsrechten bildet[3)]. Eine solche standardisierte Leistung wirkt individuellen Anforderungen der Unternehmen entgegen.

Der Standardisierung beim Börsenhandel wirkt eine Unternehmensspezifität bei Auktionen entgegen, denn über eine Auktion kann eine *unternehmensspezifische* Leistung angeboten werden. Die unternehmensspezifische Leistung basiert darauf, dass ein Zusammenspiel, wie Joint Implementation und Clean Development Mechanism, Berück-

---

1) Vgl. FRIEDRICH (1992), S. 13. Der europäische Börsenhandel mit CO_2-Emissionsrechten erfolgt z.B. bereits in:

 a) *Graz* an der Energy Exchange Austria (vgl. http://www.exaa.at/cms),

 b) *Leipzig* an der European Energy Exchange (vgl. http://www.eex.de/),

 c) *London* an der European Climate Exchange (vgl. http://www.europeanclimateexchange.com/),

 d) *Niederlande* an der Climex (vgl. http://www.climex.com/),

 e) *Oslo* an der Nord Pool (vgl. http://www.nordpool.com/) und in

 f) *Paris* an der Powernext (vgl. http://www.powernext.fr/).

2) Zwar ist beim Börsenhandel immer von CO_2-Emissionsrechten die Rede, jedoch kann davon ausgegangen werden, dass auch weitere Treibhausgase Verwendung finden, da diese weiteren Treibhausgase in CO_2-Äquivalente umgerechnet werden und mit CO_2-Emissionsrechten zu emittieren sind. Um eine komplexe Betrachtung vorzunehmen, wird im Folgenden von dem Begriff „Treibhausgas-Emissionsrechte" ausgegangen, der sowohl die CO_2-Emissionsrechte als auch die Emissionsrechte für weitere Treibhausgase beinhaltet.

3) Vgl. FRAUNHOFER ISI ET AL. (2005), S. 270.

sichtigung finden kann. Diese Klimaschutzprojekte beruhen auf spezifischen Verträgen, die unter den jeweiligen Akteuren als Vertragspartner auszuhandeln sind. Ein solches Zusammenspiel ermöglicht über eine Auktion sowohl die nationale Reallokation von Treibhausgas-Emissionsrechten als auch die Reallokation der durch Klimaschutzprojekte generierten Treibhausgas-Emissionsgutschriften[1]. Dieses Zusammenspiel wird anhand der folgenden Abbildung beispielhaft konkretisiert.

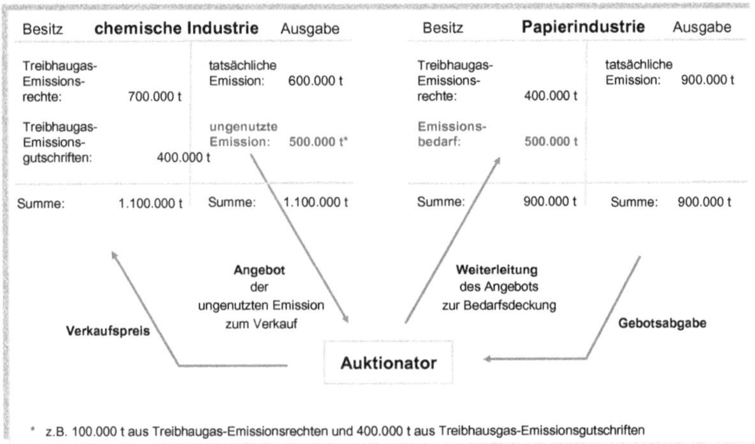

Abbildung 1: Beispielhaftes Zusammenspiel zwischen Treibhausgas-Emissionsrechten und Treibhausgas-Emissionsgutschriften in einer Auktion[2]

1) Die im Rahmen von Joint Implementation erreichten Treibhausgas-Emissionsgutschriften (Emission Reduction Units) und die im Rahmen von Clean Development Mechanism erreichten Treibhausgas-Emissionsgutschriften (Certified Emission Reductions) entsprechen jeweils einer Tonne CO_2-Äquivalente. Vgl. Teil 1 § 2 (20) und (21) ProMechG und zudem UMWELTBUNDESAMT (2005d), S. 12 sowie MÜLLER/ROTHE (2004), S. 9.

2) Das beispielhafte Zusammenspiel in Abbildung 1 basiert auf den Angaben gemäß § 14 (2) TEHG (Treibhausgas-Emissionshandelsgesetz), dass jeder Emittent von Treibhausgasen ein Konto erhält, in dem der Besitz, die Ausgabe, die Übertragung und die Abgabe von Berechtigungen verzeichnet werden. Zum Treibhausgas-Emissionshandelsgesetz vgl. http://www.bmu.de/emissionshandel/doc/4820.php.

Kleinemittenten[1)] befürchten, zusätzlich zu den bereits hohen fixen Kosten für die Zulassung zum Börsenhandel sowie den hohen variablen Transaktionskosten auch noch mit höheren Kosten als Resultat geringerer Handelsvolumen belastet zu werden. Die höheren Kosten resultieren daraus, dass die durchschnittlichen Gesamtkosten pro gehandelter Tonne CO_2-Äquivalente notwendig ansteigen, wenn relativ hohe fixe Kosten und ebenso relativ hohe losfixe Kosten, die für Börsen charakteristisch sind, auf eine kleine Anzahl gehandelter Tonne CO_2-Äquivalente bei Kleinemittenten umgelegt werden. Insbesondere Kleinemittenten bewerten den derzeitigen Handel mit Treibhausgas-Emissionsrechten als negativ. Das Fraunhofer Institut für Systemtechnik und Innovationsforschung (FRAUNHOFER ISI) betont:

„*Gerade für kleinere Emittenten ist es auf Grund der vergleichsweise hohen Transaktionskosten wenig sinnvoll, den Handel direkt über eine Börse abzuwickeln*“[2)].

In konkreten Zahlen ausgedrückt, lässt sich folgendes exemplarisch festhalten: Der European Energy Exchange (EEX) betreibt einen Spotmarkt (spot market) sowie einen Terminmarkt (derivatives market). An der European Energy Exchange fallen auf dem Spotmarkt[3)]

- eine einmalige Einrichtungsgebühr i.H.v. 7.500,00 €,
- fixe Kosten pro Jahr i.H.v. 5.000,00 €,
- variable Transaktionskosten i.H.v. 0,01 €/t CO_2,
- variable Kosten für die Auslieferung des Verkaufsobjekts aus der Treuhand der EEX i.H.v. 100,00 € pro Transaktion und
- Kosten für technische Dienste i.H.v. 7.800,00 € bis 57.600,00 €[4)] an.

---

1) *Kleinemittenten* sind Emittenten von Treibhausgasen, wie z.B. Wohnbaugesellschaften, mit einem relativ geringen jährlichen Handelsvolumen an Treibhausgas-Emissionsrechten und Treibhausgas-Emissionsgutschriften als Großemittenten, wie z.B. deutsche energieproduzierende und energieverbrauchende i.S.v. energieintensive gewerbliche Unternehmen.

2) FRAUNHOFER ISI ET AL. (2005), S. 271 (Kursiv-Hervorhebung durch die Verfasserin).

3) Vgl. EEX (2008), S. 8 ff. und ENERGIEAGENTUR NRW (2005), S. 1.

4) Die technischen Entgelte eines Börsenteilnehmers werden von der EEX AG jeweils für seine technischen Zugänge (Datenleitungen) zu den Märkten der EEX Group, wie Xetra, Intraday-Handelssystem oder Eurex, erhoben. Vgl. EEX (2008), S. 8.

Demgegenüber fallen bei Auktionen folgende variable und fixe Auktionskosten an, die als die Gebühr für den Auktionator definiert werden können: Die variablen Auktionskosten können entweder in den Verkaufspreis integriert oder separat berechnet werden[1]. Empirische Belege haben gezeigt, dass diese variablen Auktionskosten ca. 5% und maximal 20% vom Verkaufspreis betragen können[2]. Im Rahmen des *RECLAIM* (Regional Clean Air Incentives Market)-*Programs* der USA (United States of America) erhebt der Auktionator bei der Versteigerung von Treibhausgas-Emissionsrechten für SO_2-Emissionen und für NO_x-Emissionen von beiden Transaktionspartnern, d.h. sowohl vom jeweiligen Anbieter als auch vom jeweiligen Nachfrager, eine Gebühr i.H.v. jeweils 35,00 $ pro gehandelte Tonne NO_x zuzüglich eines Einheitspreises, also fixer Auktionskosten, i.H.v. jeweils 150,00 $ für jeden gebotenen Preis[3].

Auf der Basis dieser empirischen Belege werden exemplarisch folgende *zwei Szenarien* miteinander verglichen, um die durchschnittlichen Gesamtkosten pro Tonne CO_2-Äquivalente an der Börse und in der Auktion gegenüberzustellen: In einem ersten Szenario wird eine *relativ kleine* Anzahl gehandelter Tonnen CO_2-Äquivalente und in einem zweiten Szenario eine relativ große Anzahl gehandelter Tonnen CO_2-Äquivalente betrachtet. Beispielsweise wird angenommen, dass ein Kleinemittent im ersten Szenario 80 Tonnen CO_2-Äquivalente und im zweiten Szenario 800 Tonnen CO_2-Äquivalente erwirbt. Da die einmalige Einrichtungsgebühr an der Handelsbörse i.H.v. 7.500,00 € keine Jahreskosten, sondern vielmehr Lebenszykluskosten darstellt und die Jahresrechnung verzerrt, findet sie keine weitere Berücksichtigung.

Im ersten Szenario fallen für einen Kleinemittenten für den Erwerb von 80 Tonnen CO_2-Äquivalente in einem Jahr

(1) an der European Energy Exchange bei der Durchführung einer Transaktion

- fixe Kosten pro Jahr i.H.v. 5.000,00 €,
- variable Transaktionskosten i.H.v. $(0{,}01 \cdot 80) = 0{,}80$ €,

---

1) Vgl. WURMAN/WELLMANN (2001), S. 322 und CASSADY (1967), S. 93 und 108.

2) Vgl. MICHAELOWA/STRONZIK (2002), S. 23; LUCKING-REILEY (2000), S. 236 und CASSADY (1967), S. 108 ff.

3) Vgl. WURMAN/WELLMANN (2001), S. 322 und DUDEK/WIENER (1996), S. 35. Zum RECLAIM (Regional Clean Air Incentives Market)-Program vgl. Kapitel 2.3 der vorliegenden Arbeit.

- variable Kosten für die Auslieferung des Verkaufsobjekts aus der Treuhand der EEX i.H.v. $(100{,}00 \cdot 1) = 100{,}00$ € und
- Kosten für technische Dienste i.H.v. 7.800,00 €, also

Gesamtkosten i.H.v. $(5.000{,}00+0{,}80+100{,}00+7.800{,}00) = 12.900{,}80$ € (exkl. Einrichtungsgebühr) und durchschnittliche Gesamtkosten pro gehandelte Tonne CO_2-Äquivalente i.H.v. $(12.900{,}80/80) = 161{,}26$ €/t [CO_2-Äquivalente] (exkl. Einrichtungsgebühr) an.

(2) in der Auktion bei der Abgabe eines Gebots

- variable Auktionskosten i.H.v. $(35{,}00 \cdot 80) = 2.800{,}00$ \$ und
- fixe Auktionskosten i.H.v. $(150{,}00 \cdot 1) = 150{,}00$ \$, also

Gesamtkosten i.H.v. $(2.800{,}00+150{,}00) = 2.950{,}00$ \$ und durchschnittliche Gesamtkosten pro gehandelte Tonne CO_2-Äquivalente i.H.v. $(2.950{,}00/80) = 36{,}88$ \$/t [CO_2-Äquivalente] an.

Im zweiten Szenario fallen für einen Kleinemittenten für den Erwerb von nun 800 Tonnen CO_2-Äquivalente in einem Jahr

(1) an der European Energy Exchange bei der Durchführung einer Transaktion

- fixe Kosten pro Jahr i.H.v. 5.000,00 €,
- variable Transaktionskosten i.H.v. $(0{,}01 \cdot 800) = 8{,}00$ €,
- variable Kosten für die Auslieferung des Verkaufsobjekts aus der Treuhand der EEX i.H.v. $(100{,}00 \cdot 1) = 100{,}00$ € und
- Kosten für technische Dienste i.H.v. 7.800,00 €, also

Gesamtkosten i.H.v. $(5.000{,}00+8{,}00+100{,}00+7.800{,}00) = 12.908{,}00$ € (exkl. Einrichtungsgebühr) und durchschnittliche Gesamtkosten pro gehandelte Tonne CO_2-Äquivalente i.H.v. $(12.908{,}00/800) = 16{,}14$ €/t [CO_2-Äquivalente] (exkl. Einrichtungsgebühr) an.

(2) in der Auktion bei der Abgabe eines Gebots

- variable Auktionskosten i.H.v. $(35{,}00 \cdot 800) = 28.000{,}00$ \$ und
- fixe Auktionskosten i.H.v. $(150{,}00 \cdot 1) = 150{,}00$ \$, also

Gesamtkosten i.H.v. $(28.000{,}00 + 150{,}00) = 28.150{,}00$ \$ und durchschnittliche Gesamtkosten pro gehandelte Tonne CO_2-Äquivalente i.H.v. $(28.150{,}00 / 800) = 35{,}19$ \$/t [CO_2-Äquivalente] an.

Um die durchschnittlichen Gesamtkosten pro gehandelte Tonne CO_2-Äquivalente an der Börse mit den durchschnittlichen Gesamtkosten pro gehandelte Tonne CO_2-Äquivalente in der Auktion vergleichbar zu machen, wird ein Wechselkurs verwendet, für den am 24.03.2008 gilt:

$$1{,}00\ \$ \triangleq 0{,}64937\ €.$$

Im Hinblick auf diesen Wechselkurs kann festgehalten werden, dass der Erwerb von 80 Tonnen CO_2-Äquivalente in einem Jahr in der Auktion für einen Kleinemittenten durchschnittliche Gesamtkosten pro gehandelte Tonne CO_2-Äquivalente i.H.v. $(36{,}88 \cdot 0{,}64937) = 23{,}9488$ €/t [CO_2-Äquivalente] und der Erwerb von 800 Tonnen CO_2-Äquivalente in einem Jahr in der Auktion für einen Kleinemittenten durchschnittliche Gesamtkosten pro gehandelte Tonne CO_2-Äquivalente i.H.v. $(35{,}19 \cdot 0{,}64937) = 22{,}8513$ €/t [CO_2-Äquivalente] verursacht.

Beim Vergleich der durchschnittlichen Gesamtkosten pro gehandelte Tonne CO_2-Äquivalente für den Erwerb von 80 Tonnen CO_2-Äquivalente in einem Jahr stehen sich 161,26 €/t [CO_2-Äquivalente] (exkl. Einrichtungsgebühr) an der Börse und 23,9488 €/t [CO_2-Äquivalente] in der Auktion gegenüber.

Und beim Vergleich der durchschnittlichen Gesamtkosten pro gehandelte Tonne CO_2-Äquivalente für den Erwerb von 800 Tonnen CO_2-Äquivalente in einem Jahr stehen sich 16,14 €/t [CO_2-Äquivalente] (exkl. Einrichtungsgebühr) an der Börse und 22,8513 €/t [CO_2-Äquivalente] in der Auktion gegenüber.

Deshalb erweist sich die Börse erst bei einem hohen Handelsvolumen mit niedrigeren durchschnittlichen Gesamtkosten pro gehandelte Tonne CO_2-Äquivalente als wirtschaftlich vorteilhaft. Dagegen kann die Auktion bei einem geringen Handelsvolumen mit niedrigeren durchschnittlichen Gesamtkosten pro gehandelte Tonne CO_2-Äquivalente durchgeführt werden.

Insbesondere bei kleinen und mittleren Unternehmen (KMU), die eine geringe Menge an Treibhausgas-Emissionsrechten und Treibhausgas-Emissionsgutschriften nachfragen, um CO_2 und weitere Treibhausgase emittieren zu können, fallen die fixen Kosten an der Börse i.H.v. 5.000,00 € pro Jahr schwer ins Gewicht.

Da eine empirische Erhebung nicht Erkenntnisziel der vorliegenden Arbeit ist, werden diese empirischen Belege im Folgenden nicht weiter ausgeführt.

Des Weiteren erscheint der Börsenhandel zum einen im Hinblick auf den Angebotsüberschuss an CO_2-Emissionsrechten und zum anderen im Hinblick auf Preisschwankungen als diskussionswürdig[1)]. Durch den Börsenhandel wurden in der ersten Handelsperiode *„sehr viele“*[2)] CO_2-Emissionsrechte insbesondere an energieproduzierende Unternehmen alloziert, so dass das Angebot an CO_2-Emissionsrechten die Nachfrage nach CO_2-Emissionsrechten überstieg. Aufgrund eines solchen Angebotsüberschusses an CO_2-Emissionsrechten konnte der Markt für Treibhausgas-Emissionsrechte kein Knappheitsignal bezüglich der Umweltressourcen senden, die nicht mehr in unbegrenztem Umfang zur Verfügung stehen. Zudem wurden in der ersten Handelsperiode erhebliche Preisschwankungen am Börsenhandel beobachtet, da die Preise für CO_2-Emissionsrechte zwischen 0,60 € und 31,00 € pro gehandelte Tonne CO_2 schwankten[3)].

Wie im Laufe der vorliegenden Arbeit noch aufgezeigt wird, können das Angebot an Treibhausgas-Emissionsrechten und die Nachfrage nach Treibhausgas-Emissionsrechten über Auktionen besser aufeinander abgestimmt werden als es beim Börsenhandel bislang der Fall war. Darüber hinaus kann auch Preisschwankungen besser entgegengewirkt werden.

Über Auktionen können zudem Treibhausgas-Emissionsrechte und Treibhausgas-Emissionsgutschriften nicht nur in Abhängigkeit vom jeweils gebotenen Preis, sondern auch in Abhängigkeit von der bekundeten Bedarfsmenge an Treibhausgas-Emissionsrechten und Treibhausgas-Emissionsgutschriften sortiert und realloziiert werden[4)]. Bei Auktionen fällt demzufolge, im Gegensatz zum Börsenhandel, die Wahrscheinlichkeit, beliebig Treibhausgas-Emissionsrechte und Treibhausgas-Emissionsgutschriften anzukaufen,

---

1) Vgl. FAZ (2007c), S. 13.

2) FAZ (2007c), S. 13 (Kursiv-Hervorhebung durch die Verfasserin).

3) Vgl. FAZ (2007c), S. 13 und ENKVIST ET AL. (2007), S. 39.

4) Vgl. PINKER ET AL. (2003), S. 1461.

diese Treibhausgas-Emissionsrechte und Treibhausgas-Emissionsgutschriften für den eigenen späteren Gebrauch zu horten und sowohl das Handelsvolumen als auch die Marktliquidität zu reduzieren, geringer aus.

Aus u.a. diesen Gründen ist die nationale Reallokation von Treibhausgas-Emissionsrechten und Treibhausgas-Emissionsgutschriften über elektronische Auktionen, genauer über *Business-to-Business-Auktionen*[1)] als dezentralen Reallokationsmechanismus, dem Börsenhandel überlegen.

Hinsichtlich der Gestaltung von Auktionen auf elektronischen Märkten verfügen Betriebs- und Volkswirtschaftslehre über ein reichhaltiges Wissen sowohl theoretischer als auch empirischer Natur[2)]. Dieser *aktuelle Wissensstand* – als State-of-the-art oder „epistemischer Ist-Zustand" – erweist sich jedoch überwiegend als *unspezifisch*, weil Auktionen und elektronische Märkte *ohne spezifischen Kontextbezug* thematisiert werden. In den wenigen Fällen, die sich auf spezielle Anwendungskontexte für Auktionen auf elektronischen Märkten beziehen, werden keine Versteigerungen für Treibhausgas-Emissionsrechte und Treibhausgas-Emissionsgutschriften behandelt. Dagegen wäre es aus betriebswirtschaftlicher Perspektive *wünschenswert*, diejenige Auktionsform[3)] oder diejenigen Auktionsformen zu kennen, die nach Maßgabe eines Katalogs betriebswirtschaftlicher Eignungskriterien für den speziellen Anwendungskontext der Versteigerung von Treibhausgas-Emissionsrechten und Treibhausgas-Emissionsgutschriften im Rahmen einer nationalen Reallokation am besten geeignet ist bzw. sind. Weder ein solcher kontextspezifischer Kriterienkatalog noch (mindestens) eine in diesem Sinne bestgeeig-

---

1) Vgl. z.B. DANS (2002), S. 23 und 26. PINKER ET AL. gehen bei elektronischen Auktionen nicht von Business-to-Business-Auktionen, sondern vielmehr von Business-to-Consumer-Auktionen aus. Vgl. PINKER ET AL. (2003), S. 1462. Im Rahmen der vorliegenden Arbeit wird jedoch dem "Consumer" als Nachfrager nach Treibhausgas-Emissionsrechten und Treibhausgas-Emissionsgutschriften neben der Möglichkeit, die erworbenen Treibhausgas-Emissionsrechte und Treibhausgas-Emissionsgutschriften für den eigenen Gebrauch zu konsumieren, zudem die Möglichkeit offen gehalten, überschüssige Treibhausgas-Emissionsrechte und Treibhausgas-Emissionsgutschriften zum Verkauf anzubieten. Durch eine solche Möglichkeit des Verkaufes überschüssiger Treibhausgas-Emissionsrechte und Treibhausgas-Emissionsgutschriften nehmen die ehemaligen Nachfrager nach Treibhausgas-Emissionsrechten und Treibhausgas-Emissionsgutschriften die Rolle eines Anbieters ein, so dass nicht Business-to-Consumer-Auktionen, sondern vielmehr Business-to-Business-Auktionen Anwendung finden. Im Folgenden werden die Begriffe elektronische Auktionen und Business-to-Business-Auktionen der Einfachheit halber als Auktionen bezeichnet.

2) Vgl. Kapitel 3.3.1 der vorliegenden Arbeit.

3) Im Rahmen der vorliegenden Arbeit werden die Begriffe Auktion(en) und Auktionsform(en) synonym verwendet.

nete Auktionsform sind zurzeit bekannt. Es klafft also eine *zweifache Wissenslücke.* Daher stellt es ein *Desiderat* für die betriebswirtschaftliche Forschung – einen „epistemischen Soll-Zustand" – dar, zunächst einen Katalog betriebswirtschaftlicher Eignungskriterien zu entwickeln, die auf den speziellen Anwendungskontext der Versteigerung von Treibhausgas-Emissionsrechten und Treibhausgas-Emissionsgutschriften im Rahmen einer nationalen Reallokation zugeschnitten sind (*Entwicklungsdesiderat*). Alsdann gilt es, auf dieser Grundlage mindestens eine Auktionsform zu identifizieren, welche die kontextspezifischen Eignungskriterien bestmöglich erfüllt (*Identifizierungsdesiderat*). Die Einlösung des Entwicklungs- und des Identifizierungsdesiderats stellt keineswegs eine triviale Forschungsaufgabe dar, weil die Ermittlung der betriebswirtschaftlich wünschenswerten Auktionsform die Lösung eines komplexen i.S.e. *multi-kriteriellen Evaluationsproblems* erfordert. Aus diesem nicht-trivialen Entwicklungs- und Identifizierungsdesiderat resultiert ein *Erkenntnis*problem als *ein* wissenschaftliches Problem der vorliegenden Arbeit. Das multi-kriterielle Evaluationsproblem wird folgendermaßen definiert.

Das multi-kriterielle Evaluationsproblem stellt das
*Erkenntnis*problem der vorliegenden Arbeit dar und
besteht explizit darin zu prüfen, *welche*
Auktionsform oder Auktionsformen aus betriebswirtschaftlicher Perspektive
zur Lösung des Reallokationsproblems gemäß dem hier etablierten
Katalog betriebswirtschaftlicher Eignungskriterien *am besten* geeignet ist bzw. sind.

Zur Schließung der nicht-trivialen Diskrepanz und zur Lösung des Erkenntnisproblems erweisen sich als erforderlich:

- eine *Systematisierung* der betriebswirtschaftlichen Eignungskriterien[1],
- eine *Systematisierung* von Auktionsformen[2] und

1) Vgl. Kapitel 3.3.2.1 der vorliegenden Arbeit.

2) Vgl. Kapitel 3.3.2.2 der vorliegenden Arbeit.

- eine *Bewertung* der Eignung von Auktionsformen auf der Basis des Katalogs betriebswirtschaftlicher Eignungskriterien[1].

In der Fachliteratur werden grundsätzlich nur einzelne *ausgewählte* betriebswirtschaftliche Eignungskriterien betrachtet[2]. Ein komplexer Katalog i.S.e. Katalogs mit zahlreichen, hierarchisch systematisierten betriebswirtschaftlichen Eignungskriterien wurde in der Fachliteratur bislang noch nicht aufgegriffen[3]. Hinsichtlich dieses Systematisierungsdefektes erfolgen in der vorliegenden Arbeit zunächst eine „naive" Aufzählung zahlreicher denkmöglicher betriebswirtschaftlicher Eignungskriterien und die Herausarbeitung von Sub-Kriterien laut Fachliteratur. Einzelne betriebswirtschaftliche Eignungskriterien lassen sich nicht unabhängig voneinander betrachten. Vielmehr lassen sie sich unter übergeordnete betriebswirtschaftliche Eignungskriterien subsumieren, so dass sich eine hierarchische Systematisierung der betriebswirtschaftlichen Eignungskriterien etabliert, die es *so* in der Fachliteratur noch nicht gibt.

Aufgrund des Mangels an einer ebenso umfassenden wie übersichtlichen Systematisierung von Auktionsformen in der Fachliteratur nimmt die Verfasserin anschließend eine umfassende und übersichtliche Systematisierung von Auktionsformen vor[4].

Schließlich erfolgt die Bewertung der Eignung der Auktionsformen zur Lösung des Reallokationsproblems auf der Basis des Katalogs betriebswirtschaftlicher Eignungskriterien, um mindestens eine Auktionsform zu bestimmen, die den etablierten Katalog *bestmöglich* erfüllt.

---

1) Vgl. Kapitel 3.3.2.3 der vorliegenden Arbeit.

2) Vgl. DÖRING/WRINGMANN (2004), S. 35 f.; HANSJÜRGENS/GAGELMANN (2003), S. 2 ff.; AGE (2002a), S. 23; BROCKMANN ET AL. (2000), S. 3; VON SALDERN (1999), S. 25 f.; ZIMMERMANN/HANSJÜRGENS (1998), S. 47 ff. und 59; RAHMEYER (1997), S. 2 und 36 ff.; CANSIER (1996), S. 152 ff., 194 f. und 218; STEPHAN/AHLHEIM (1996), S. 86; HANSJÜRGENS/FROMM (1994), S. 475; WICKE (1993), S. 441 f.; FRIEDRICH (1992), S. 38; GAWEL (1991), S. 21; HEISTER ET AL. (1991), S. 67 f., 177 und 180 ff.; KEMPER (1989), S. 103, 128 ff. und 161 ff.; KNÜPPEL (1989), S. 80 ff.; SIEBET (1978), S. 94 ff.; SCHÜRMANN (1978), S. 311 und 459 f.

3) Zur „reinen" Aufzählung ausgewählter Eignungskriterien vgl. z.B. AGE (2002a), S. 23; WICKE (1993), S. 437 ff.; FRIEDRICH (1992), S. 19 ff.; KNÜPPEL (1989), S. 74 ff.; SCHÜRMANN (1978), S. 311 ff. und SIEBET (1978), S. 94 ff.

4) In der Fachliteratur lässt sich eine Klassifizierung von Auktionen in Standard-Auktionen und in Non-Standard-Auktionen finden. Vgl. z.B. TEICH ET AL. (2004), S. 2 und KLEMPERER (2000), S. 2 sowie 11.

Als *wissenschaftliche Arbeitstechnik* zur Lösung des Erkenntnisproblems und zugleich zur Bewertung der Eignung von Auktionsformen wird der *Analytic Hierarchy Process* (AHP) herangezogen. Diese Bewertungstechnik zielt auf die Bewertung von Auktionsformen im Hinblick auf ihre Eignung, einen vorgegebenen und hierarchisch strukturierten Katalog von Kriterien zu erfüllen.

Mit diesem ersten Teil der vorliegenden Arbeit lässt sich zwar die Erkenntnis mindestens einer *am besten geeigneten* Auktionsform zur Lösung des Reallokationsproblems gewinnen, jedoch unterliegt deren Implementierung einigen Barrieren[1)]. Das *Problem der Auktionsimplementierung* wird als ein weiteres wissenschaftliches Problem angesehen.

In der Praxis konnte bislang die Implementierung von Auktionen zur auktionsbasierten nationalen Reallokation von Treibhausgas-Emissionsrechten und Treibhausgas-Emissionsgutschriften auf Unternehmensebene im Allgemeinen nicht durchgesetzt werden. Diese aktuelle *Nichtimplementierung* von Auktionen ist durch *Implementierungsbarrieren*, wie Ressourcenbarrieren und politische Barrieren, charakterisiert. Diese und weitere denkmögliche Implementierungsbarrieren werden in der vorliegenden Arbeit systematisiert und die Systematik wird grafisch visualisiert, so dass sich eine systematische Hierarchie an Implementierungsbarrieren herauskristallisiert.

Aus betriebswirtschaftlicher Perspektive ist die *Implementierung* derjenigen Auktionsform wünschenswert, die aus der Lösung des Erkenntnisproblems als *bestgeeignet* erkannt wird.

Es liegt eine *nicht-triviale Diskrepanz* zwischen der Nichtimplementierung von Auktionen zur nationalen Reallokation von Treibhausgas-Emissionsrechten und Treibhausgas-Emissionsgutschriften im Allgemeinen und der betriebswirtschaftlich wünschenswerten Implementierung der als *bestgeeignet* erkannten Auktionsform im Besonderen vor. Die Diskrepanz ist nicht-trivial, weil die Implementierung von Auktionen weder für den speziellen Anwendungskontext der Versteigerung von Treibhausgas-Emissionsrechten und Treibhausgas-Emissionsgutschriften im Rahmen der nationalen Reallokation noch aus der Perspektive der Anbieter thematisiert wird.

---

1) Vgl. z.B. REICHWALD ET AL. (2000), S. 3; HANSJÜRGENS (1998), S. 381; GAWEL (1998), S. 125; FROMM/HANSJÜRGENS (1996), S. 370; ENDRES (1994), S. 17 und KEMPER (1989), S. 44 f.

Aus dieser nicht-trivialen Diskrepanz resultiert ein *Implementierungs*problem als ein *weiteres* wissenschaftliches Problem der vorliegenden Arbeit, das durch die folgende Fragestellung definiert ist:

> *Wie* hat die Implementierung der
> (praktisch noch nicht angewandten, jedoch
> „theoretisch" als *bestgeeignet* erkannten)
> Auktionsform in der betrieblichen Praxis zu erfolgen?

Zur Schließung der trivialen Diskrepanz und zur Lösung des Implementierungsproblems kommen die

- *nicht-kooperative spieltheoretische Modellierung* des Realproblems der auktionsbasierten nationalen Reallokation von Treibhausgas-Emissionsrechten und Treibhausgas-Emissionsgutschriften mit dem resultierenden Auktionsmodell als *Formal*problem[1)] und die
- Erstellung eines realproblembezogenen *Vorgehensmodells*

in Betracht.

Sowohl das Reallokationsproblem als auch das auf den Implementierungsbarrieren basierende Implementierungsproblem können durch Ausdrucksmittel der Spieltheorie *modelliert* werden. Zwar lässt sich die Spieltheorie traditionell auf der Basis der Zulässigkeit von Absprachen zwischen den Spielern in die „kooperative" und die "nicht-kooperative" Spieltheorie unterteilen[2)]. Jedoch wird im Rahmen der vorliegenden Arbeit von Absprachen und von bindenden Vereinbarungen über die Strategiewahl zwischen den Spielern angesichts der Gefahr „abgestimmten Verhaltens" zwischen den oligopolistischen Stromproduzenten in Deutschland, die sich in „Kooperationen" untereinander absprechen könnten, die Versteigerung von Treibhausgas-Emissionsrechten und Treibhausgas-Emissionsgutschriften zu unterlaufen, abstrahiert, so dass sich die Verfasserin

---

1) Vgl. Kapitel 4.2 der vorliegenden Arbeit.

2) Vgl. HARSANYI/SELTEN (1979), S. 7 ff. Zu bemerken ist, dass diese *Klassifizierung* der Spieltheorie nicht strikt ist, weil sich die Konzepte der kooperativen Spieltheorie auf die Konzepte der nichtkooperativen Spieltheorie zurückführen lassen. Vgl. FROMEN (2004), S. 73 ff.

auf die *nicht-kooperative Spieltheorie*[1)] beschränkt. Zudem wird mit dem Untertitel der vorliegenden Arbeit, einen „spieltheoretisch *nicht-kooperativen* Modellierungs- und Lösungsansatz für das Reallokationsproblem" auszuarbeiten, der kooperative Ansatz ausgegrenzt.

Die Gestaltung von Auktionen im Sinne der betriebswirtschaftlichen Eignungskriterien und die nicht-kooperative spieltheoretische Modellierung der auktionsbasierten nationalen Reallokation von Treibhausgas-Emissionsrechten und Treibhausgas-Emissionsgutschriften auf Unternehmensebene stellen das Formalproblem der vorliegenden Arbeit dar. Jede Lösung des Formalproblems stellt zugleich ein Lösungsangebot für das zugrunde liegende Realproblem dar, so dass das Formalproblem eine „dienende" Funktion erfüllt. Allerdings kann es bei der Überführung des Realproblems in ein Formalproblem mittels Modellierung zu Abstrahierungen, Idealisierungen und ähnlichen Problemverzerrungen gekommen sein, die dazu führen, dass die Lösung des Formalproblems nicht mehr als eine „angemessene" Lösung für das Realproblem empfunden wird. Daher bedarf es zur (Rück-)Übertragung der Lösung des Formalproblems auf das zugrunde liegende Realproblem einer sorgfältigen Beurteilung der Lösungsangemessenheit für das Realproblem.

1) Vgl. GRIMM/SCHMIDT (1999), S. 670; MYERSON (1981), S. 58 und NASH (1951), S. 286 ff. Zwar erfolgt im Rahmen der vorliegenden Arbeit eine Beschränkung auf die nicht-kooperative Spieltheorie und auf nicht-kooperative Spiele, jedoch wird in der Fachliteratur, insbesondere im Hinblick auf die konzeptionellen Grundlagen der Spieltheorie, nicht immer eine explizite Differenzierung in die nicht-kooperative Spieltheorie und in die kooperative Spieltheorie vorgenommen. Vielmehr werden des Öfteren die konzeptionellen Grundlagen der Spieltheorie im Allgemeinen, also sowohl für die nicht-kooperative Spieltheorie als auch für die kooperative Spieltheorie, aufgeführt. Im Rahmen der vorliegenden Arbeit erfasst die Verfasserin mit dem Begriff „Spiel" ausschließlich ein nicht-kooperatives Spiel und führt das Attribut „nicht-kooperativ" nicht mehr explizit auf, sofern nicht ausdrücklich darauf Bezug genommen wird.

Als *wissenschaftliche Arbeitstechniken* zur Lösung des Formalproblems werden zum einen die Modellierungstechnik *extensiver Spiele* und zum anderen die *Teilspielperfektheit* als ein Lösungskonzept der nicht-kooperativen Spieltheorie[1)] für sequentielle Spiele herangezogen.

Aus betriebswirtschaftlicher Perspektive ist die Teilspielperfektheit alternativen Lösungskonzepten der nicht-kooperativen Spieltheorie, wie dem NASH-Gleichgewicht, vorzuziehen, da die Teilspielperfektheit diejenigen NASH-Gleichgewichte eliminiert, bei denen die Spieler mit Zügen drohen, die nicht plausibel sind, d.h., deren Ausführung nicht wirklich im Interesse der Spieler liegt[2)]. Beispielsweise können durch eine solche Eliminierung unnötige Preisschwankungen vermieden werden, die sich dadurch herauskristallisieren, dass ein Spieler ein Gebot abgibt, obwohl er an dem tatsächlichen Erwerb von Treibhausgas-Emissionsrechten und Treibhausgas-Emissionsgutschriften nicht interessiert ist, oder für eine bestimmte Menge an Treibhausgas-Emissionsrechten und Treibhausgas-Emissionsgutschriften einen Preis angibt, den er i.d.R. nicht zu zahlen bereit ist. Mit der Teilspielperfektheit kann daher Preisschwankungen besser entgegengewirkt werden als beim Börsenhandel möglich, denn an der Börse können Preisschwankungen und Manipulationen des Handels mit Treibhausgas-Emissionsrechten und Treibhausgas-Emissionsgutschriften nicht unmittelbar vermieden werden.

Zudem wird zur Implementierung der als bestgeeignet erkannten Auktionsform zur Versteigerung von Treibhausgas-Emissionsrechten und Treibhausgas-Emissionsgutschriften ein realproblembezogenes Vorgehensmodell erstellt. Als *wissenschaftliche Arbeitstechnik* zur Erstellung eines realproblembezogenen Vorgehensmodells für die auktions-

---

1) Zu *Lösungskonzepten der kooperativen Spieltheorie*, wie z.B. *Kern* – core –, *Nucleolus* – nucleolus –, *τ (tau)-Wert* – τ (tau)-value – und *SHAPLEY-Wert* – SHAPLEY value –, die im Rahmen der vorliegenden Arbeit keine Berücksichtigung finden, vgl. z.B. ZELEWSKI (2007), S. 551 ff.; HOLLER/ ILLING (2006), S. 276 ff.; KRABS (2005), S. 88 ff.; FROMEN (2004), S. 180 ff.; BILBAO ET AL. (2002), S. 287 ff.; MYERSON (2001), S. 427 ff.; DRIESSEN/PAULUSMA (2001), S. 35 ff.; GÜTH (1999), S. 222 ff.; OWEN (1999), S. 1 ff.; BINMORE (1998), S. 68 und 174 ff.; DERKS/PETERS (1998), S. 175 ff.; OWEN (1995), S. 261 ff. und 313 ff.; MASCHLER/ POTTERS/TIJS (1993), S. 117 ff.; RELLSTAB (1992), S. 15; AUMANN (1990), S. 158 ff.; PELEG (1990), S. 176 ff.; HARSANYI/ SELTEN (1988), S. 8; ZELEWSKI (1987), S. 10 ff.; GÜTH/STEPHAN (1984), S. 269 f.; LUTZ (1984), S. 32 ff.; TIJS (1981), S. 123 ff.; HARSANYI/ SELTEN (1979), S. 9; OWEN (1971), S. 166 ff.; SCHMEIDLER (1969), S. 1163 ff.; SHUBIK (1965), S. 57 ff.; GILLIES (1959), S. 47 ff. und SHAPLEY (1953), S. 307 ff.

2) Vgl. BERNINGHAUS ET AL. (2006), S. 109; VARIAN (2001), S. 279; MYERSON (2001), S. 183 ff.; AMANN (1999), S. 17 ff.

basierte nationale Reallokation von Treibhausgas-Emissionsrechten und Treibhausgas-Emissionsgutschriften auf Unternehmensebene findet im Rahmen der vorliegenden Arbeit das *Unified-Modeling-Language* (UML)-*Aktivitätsdiagramm* Anwendung[1)].

1.2 Wissenschaftliche Ergebnisse der Arbeit

Als wissenschaftliche Ergebnisse des eingangs spezifizierten Erkenntnisproblems wird zum einen ein komplexer *Katalog* i.S.e. Katalogs mit zahlreichen, hierarchisch systematisierten betriebswirtschaftlichen Eignungskriterien für Auktionen als marktlicher Reallokationsmechanismus herausgearbeitet. Zum anderen wird dem Leser ein systematischer Überblick über vielfältige Auktionsformen ermöglicht. Gemäß diesem Katalog betriebswirtschaftlicher Eignungskriterien sind die Auktionsformen auf ihre Eignung zur Lösung des Reallokationsproblems zu prüfen und ist diejenige Auktionsform oder sind diejenigen Auktionsformen zu bestimmen, die diesen Katalog *bestmöglich* erfüllt bzw. erfüllen.

Schließlich erfolgt die *Darstellung* der bestmöglichen Auktionsform zur Lösung des Erkenntnisproblems.

Zur Lösung des Implementierungsproblems werden folgende wissenschaftliche Ergebnisse intendiert:

- das PASOR (Players Actions Scope Outcomes Rules)-*Implementierungskonzept zur* Rekonstruktion des Reallokationsproblems als Formalproblem der nicht-kooperativen Spieltheorie und
- ein realproblembezogenes *Vorgehensmodell* für die Auktionsimplementierung.

Das PASOR-Implementierungskonzept wird im Rahmen der vorliegenden Arbeit als eine Modifizierung des PARTS-Grundkonzepts nach NALEBUFF/BRANDENBURGER eingeführt. Während das PASOR-Grundkonzept die Grundelemente eines jeden Spiels beschreibt, beruht das PASOR-Implementierungskonzept auf der Rekonstruktion des Reallokationsproblems als Formalproblem der nicht-kooperativen Spieltheorie. Das PASOR-Implementierungskonzept spezifiziert die Grundelemente des PARTS-Grund-

1) Vgl. z.B. STAUD (2006), S. 5 ff.; SEIDLMEIER (2006), S. 21 ff. und JUNGINGER ET AL. (2000), S. 392 ff.

konzepts im Hinblick auf die auktionsbasierte nationale Reallokation von Treibhausgas-Emissionsrechten und Treibhausgas-Emissionsgutschriften auf Unternehmensebene.

Für die praktische Implementierung einer Auktionsform zur Versteigerung von Treibhausgas-Emissionsrechten und Treibhausgas-Emissionsgutschriften wird zudem ein realproblembezogenes Vorgehensmodell entwickelt. Es gestattet, Empfehlungen abzuleiten, wie die Auktionsimplementierung Erfolg versprechend erfolgen kann.

1.3 Argumentationsfluss und Aufbau der Arbeit

Dem Leser wird im Folgenden nicht nur der reine Aufbau der vorliegenden Arbeit veranschaulicht. Vielmehr wird der Argumentationsfluss sowohl zum Erkenntnisproblem als *einer* wissenschaftlichen Problemstellung als auch zum Implementierungsproblem als einer *weiteren* wissenschaftlichen Problemstellung explizit aufgezeigt, um dem Leser das Verständis zu erleichtern.

Der Argumentationsfluss zum *Erkenntnisproblem* wird durch die folgende Abbildung graphisch visualisiert.

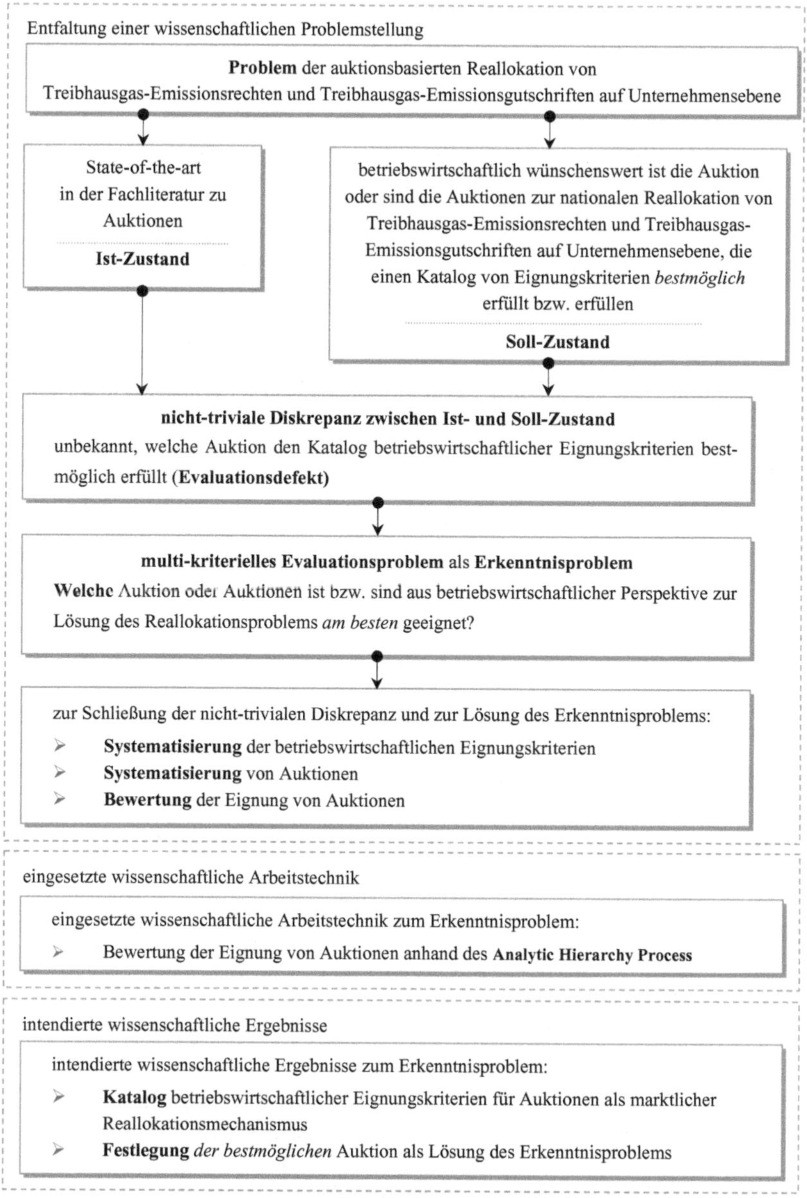

Abbildung 2: Argumentationsfluss zum Erkenntnisproblem

Der Argumentationsfluss zum *Implementierungsproblem* wird durch die folgende Abbildung veranschaulicht.

Entfaltung einer weiteren wissenschaftlichen Problemstellung

Problem der Auktionsimplementierung

Nichtimplementierung von Auktionen zur Reallokation von Treibhausgas-Emissionsrechten und Treibhausgas-Emissionsgutschriften auf Unternehmensebene

Ist-Zustand

Implemtierung der als *bestgeeignet* erkannten Auktionsform

Soll-Zustand

nicht-triviale Diskrepanz zwischen Ist- und Soll-Zustand

unbekannt, wie die Implementierung der als bestgeeignet erkannten Auktionsform zur Reallokation von Treibhausgas-Emissionsrechten und Treibhausgas-Emissionsgutschriften, die durch *Implementierungsbarrieren* behindert wird, in der betrieblichen Praxis zu erfolgen hat

Implementierungsproblem

Wie hat die Implementierung der (praktisch noch nicht angewandten, jedoch „theoretisch" als *bestgeeignet* erkannten) Auktion in der betrieblichen Praxis zu erfolgen?

zur Schließung der nicht-trivialen Diskrepanz und zur Lösung des Implementierungsproblems:

- **nicht-kooperative spieltheoretische Modellierung** des Reallokationsproblems mit dem resultierenden Auktionsmodell als Formalproblem
- Erstellung eines realproblembezogenen **Vorgehensmodells**

eingesetzte wissenschaftliche Arbeitstechniken

wissenschaftliche Arbeitstechniken zum Implementierungsproblem:

- **Modellierungstechnik extensiver Spiele**
- **Teilspielperfektheit** als ein Lösungskonzept der nicht-kooperativen Spieltheorie für sequentielle Spiele zur Lösung des Formalproblems
- **Unified-Modeling-Language-Aktivitätsdiagramm** als Arbeitstechnik für das realproblembezogene Vorgehensmodell

intendierte wissenschaftliche Ergebnisse

intendierte wissenschaftliche Ergebnisse zum Implementierungsproblem:

- **PASOR-Implementierungskonzept** zur Rekonstruktion des Reallokationsproblems
- **realproblembezogenes Vorgehensmodell** für die Auktionsimplementierung

Abbildung 3: Argumentationsfluss zum Implementierungsproblem

Die vorliegende Arbeit wird in 6 Kapitel zerlegt.

In Kapitel 1 erfolgt eine **Einleitung** in die auktionsbasierte nationale Reallokation von Treibhausgas-Emissionsrechten und Treibhausgas-Emissionsgutschriften auf Unternehmensebene. Die Verfasserin spezifiziert zunächst den Untersuchungsgegenstand der vorliegenden Arbeit und arbeitet die *wissenschaftliche Problemstellung* heraus. Neben dem multi-kriteriellen Evaluationsproblem als Erkenntnisproblem wird das durch Implementierungsbarrieren charakterisierte Implementierungsproblem explizit definiert. Anschließend werden die intendierten Ergebnisse als die *wissenschaftlichen Ergebnisse* der vorliegenden Arbeit erfasst. Um dem Leser sowohl die wissenschaftliche Problemstellung als auch die Argumentationsführung der Verfasserin zu verdeutlichen, werden sowohl das Erkenntnisproblem als auch das Implementierungsproblem jeweils anhand eines *Argumentationsfluss*es veranschaulicht.

Kapitel 2 erfasst den **Hintergrund** der Treibhausgas-Emissionsrechte und Treibhausgas-Emissionsgutschriften. Der Leser taucht zunächst in das Phänomen des Treibhauseffektes ein, das derzeit weltweit Interesse erweckt und ein globales Umweltproblem beleuchtet. Die differenzierte Betrachtung des natürlichen und des anthropogenen, d.h. vom Menschen verursachten zusätzlichen Treibhauseffektes reflektiert neben der *Entstehung des Treibhauseffektes* insbesondere die verheerenden *Wirkungen* i.S.d. globalen Umweltschäden des anthropogenen Treibhauseffektes. Reduzierungen von Treibhausgas-Emissionen wirken sich hinsichtlich der langen Lebensdauer von Treibhausgasen und der trägen Reaktion des Klimas erst stark verzögert auf die Erdatmosphäre aus. Zur *Eindämmunng des Treibhauseffektes* sind dringend *Aktivitäten* erforderlich. Im Rahmen der vorliegenden Arbeit stellt die Verfasserin diese Eindämmungsaktivitäten überblicksartig dar. Dabei gewinnen die *projektbasierten Aktivitäten im Rahmen des Kyoto-Protokolls* eine zentrale Bedeutung.

Die Emission von Treibhausgasen erfordert die Ausstattung der Emittenten von Treibhausgasen mit Treibhausgas-Emissionsrechten und Treibhausgas-Emissionsgutschriften. Die nationale Reallokation von Treibhausgas-Emissionsrechten und Treibhausgas-Emissionsgutschriften auf Unternehmensebene stellt das Realproblem der vorliegenden Arbeit dar. In Kapitel 3 beschäftigt sich die Verfasserin mit diesem *Reallokationsproblem* als **Realproblem** der nationalen Reallokation von Treibhausgas-Emissionsrechten und Treibhausgas-Emissionsgutschriften auf Unternehmensebene. Zur Lösung des Reallokationsproblems werden dezentrale Reallokationsmechanismen in die Betrachtung einbezogen, die sich auf einem elektronischen Markt anwenden lassen. Die

Verfasserin gibt zunächst einen *Überblick* über diese dezentralen Reallokationsmechanismen und führt anschließend Gründe auf, warum die Reallokation über *elektronische Auktionen*, genauer über Business-to-Business-Auktionen, den anderen Reallokationsmechanismen überlegen ist. Um die *Eignung* von Auktionsformen als speziellen Lösungsansatz zu prüfen, stellt die Verfasserin zunächst den *State-of-the-art* als den gegenwärtigen betriebswirtschaftlichen Kenntnisstand hinsichtlich der Gestaltung von Auktionsformen auf elektronischen Märkten dar. Fraglich ist, welche Auktionsform aus betriebswirtschaftlicher Perspektive zur Lösung des Reallokationsproblems *am besten* geeignet ist. Auf der Basis eines Katalogs betriebswirtschaftlicher Eignungskriterien erfolgt eine *Untersuchung* der Eignung von Auktionsformen zur Lösung des Reallokationsproblems.

Kapitel 4 beschäftigt sich mit der Frage der Implementierung der (praktisch noch nicht angewandten, jedoch „theoretisch" als bestgeeignet erkannten) Auktion in der betrieblichen Praxis. Zur Lösung des Implementierungsproblems kommt die **nicht-kooperative spieltheoretische Modellierung** des Reallokationsproblems in Betracht. Das Ergebnis der nicht-kooperativen spieltheoretischen Modellierung der auktionsbasierten nationalen Reallokation von Treibhausgas-Emissionsrechten und Treibhausgas-Emissionsgutschriften auf Unternehmensebene stellt das **Formalproblem** der vorliegenden Arbeit dar. Die Verfasserin beleuchtet zunächst die *konzeptionellen Grundlagen* und die *Gestaltungsoptionen* der nicht-kooperativen Spieltheorie für die Modellierung von Realproblemen. Da im Rahmen der vorliegenden Arbeit von Absprachen und von bindenden Vereinbarungen über die Strategiewahl zwischen den Spielern abstrahiert wird, beschränkt sich die Verfasserin auf die konzeptionellen Grundlagen und die Gestaltungsoptionen der nicht-kooperativen Spieltheorie. Weiterhin erfolgen die natürlichsprachige und zudem die formalsprachige Beschreibung des Grundkonzepts eines jeden Spiels durch ein so genanntes *PASOR-Grundkonzept.* Zum einen werden die Grundelemente eines jeden Spiels sowohl natürlichsprachig erläutert als auch formalsprachig aufgezeigt. Zum anderen werden die Grundelemente eines Spiels auf der Basis graphischer Darstellungen – anhand eines Spielbaums – modelliert. Des Weiteren wird die auktionsbasierte nationale Reallokation von Treibhausgas-Emissionsrechten und Treibhausgas-Emissionsgutschriften auf Unternehmensebene als Formalproblem der nicht-kooperativen Spieltheorie rekonstruiert.

Im Anschluss an die Realproblemrekonstruktion kommt zur Lösung des formalen auktionsbasierten nationalen Reallokationsproblems von Treibhausgas-Emissionsrechten und Treibhausgas-Emissionsgutschriften auf Unternehmensebene die *Teilspielperfektheit* als ein Lösungskonzept der nicht-kooperativen Spieltheorie für sequentielle Spiele zur Anwendung.

In Kapitel 5 wird der Leser anhand eines **realproblembezogenen Vorgehensmodells** für die auktionsbasierte nationale Reallokation von Treibhausgas-Emissionsrechten und Treibhausgas-Emissionsgutschriften auf Unternehmensebene ein Verständnis für die Auktionsimplementierung gewinnen.

Schließlich zieht die Verfasserin in Kapitel 6 ein kurzes **Fazit** über ihren Forschungsansatz und beleuchtet weitere Forschungsansätze im spieltheoretischen Rahmen.

2 Hintergrund der Treibhausgas-Emissionsrechte und Treibhausgas-Emissionsgutschriften

2.1 Entstehung des Treibhauseffektes

Der Treibhauseffekt ist ein Phänomen, das weltweit Interesse erweckt und ein globales Umweltproblem[1)] beleuchtet. Grundsätzlich ist der Treibhauseffekt wie folgt definiert:

„*Unter Treibhauseffekt versteht man die Erwärmung der Erdatmosphäre*“[2)].

Für eine genauere Erläuterung des Treibhauseffektes ist eine Unterscheidung des Treibhauseffektes in den natürlichen und den anthropogenen Treibhauseffekt vorzunehmen. Der *natürliche*, d.h. der vom Menschen unbeeinflusste Treibhauseffekt, wird durch natürlich vorkommende Treibhausgase, wie

- Wasserdampf,
- Kohlendioxid,
- Ozon,
- Distickstoffoxid und
- Methan

verursacht, die das Klima auf der Erde bestimmen[3)].

Das Klimasystem der Erde ist hoch komplex. Stark *vereinfacht* lässt sich der natürliche Treibhauseffekt wie folgt erläutern: Die Sonnenstrahlung ist die Energiequelle für das Wetter- und das Klimageschehen auf der Erde. Die durch diese Sonnenstrahlen erwärm-

---

1) Die Umweltschäden sind nicht regional oder zeitlich begrenzt, sondern haben eine globale Wirkung, so dass die Treibhausgas-Emissionen und die dadurch entstehenden Umweltschäden eine Gefahr für die gesamte Menschheit darstellen. Vgl. HILLEBRAND ET AL. (2002), S. 10 und ENQUETE-KOMMISSION (1992), S. 16.

2) CLEMENS (1992), S. 17 (Kursiv-Hervorhebung durch die Verfasserin). Die Atmosphäre (griechisch „Dampf, Luft, Druck“) der Erde stellt als die gasförmige Hülle um einen Himmelskörper den Träger der Klimaprozesse dar. Vgl. ENQUETE-KOMMISSION (1992), S. 193. Zur Gliederung der Erdatmosphäre vgl. SCHÖNWIESE (2003), S. 19 und 22.

3) Vgl. Anhang A des Kyoto-Protokolls und § 3 TEHG (Treibhausgas-Emissionshandelsgesetz). Die natürlichen Treibhausgase sind in der Reihenfolge ihrer Wichtigkeit für den natürlichen Treibhauseffekt aufgeführt. Vgl. FABIAN (2002), S. 44.

te Erdoberfläche gibt Wärmestrahlen (Infrarotstrahlen) ab. Diese Wärmestrahlen werden nicht ungehindert in den Weltraum emittiert, sondern von natürlichen Treibhausgasen in der Erdatmosphäre teilweise absorbiert und wieder auf die Erdoberfläche zurückgestrahlt. Daraus resultieren ein Wärmestau und eine zusätzliche Erwärmung der Erdoberfläche. Ohne die natürlichen Treibhausgase würde die mittlere Temperatur an der Erdoberfläche bei -18°C liegen[1)]. Durch die Treibhausgase wird sie jedoch auf erträgliche 15°C angehoben. Die Temperaturdifferenz von 33°C ist auf die natürlichen Treibhausgase zurückzuführen[2)].

Zusammenfassend kann festgehalten werden: *Wenn* die der Erdoberfläche zugefügte Menge an Sonnenstrahlen mit der von der Erde abgeführten Menge an Wärmestrahlen im Gleichgewicht steht, *dann* liegt ein natürlicher Treibhauseffekt vor.

Die folgende Tabelle[3)] hat eine reine Informationsfunktion. Sie zeigt neben den natürlichen Treibhausgasen deren Quellen und deren Anteile am natürlichen Treibhauseffekt überblicksartig auf.

---

1) Vgl. FRAUNHOFER ISI (1992), S. 2 f.

2) Vgl. UMWELTBUNDESAMT (2005c), S. 8; COMIN/RODRIGUEZ-ARIAS (2003), S. 4; CUBASCH/KASANG (2000), S. 39; CANSIER (1996), S. 343; RENTZ (1995), S. 21 und http://www.treibhauseffekt.com/.

3) Vgl. z.B. BAUER (1993), S. 9 f.; HEISTER/MICHAELIS (1991), S. 18 und HOLDGATE ET AL. (1989), S. 23 ff.

Treibhausgase		Quellen	Anteil am natürlichen Treibhauseffekt (gerundet, in %)
Wasserdampf	H_2O	➢ Einsatz künstlicher Dünger ➢ Verbrennung fossiler Brennstoffe	65
Kohlendioxid	CO_2	➢ Verbrennung fossiler Energieträger, wie Kohle, Erdöl, Erdgas, im Sektor aus energieproduzierenden Unternehmen und Verkehrssektor ➢ Rodung tropischer Regenwälder ➢ Abholzungen ➢ Waldschäden ➢ Wüstenbildung ➢ Trockenlegung von Sümpfen ➢ Verwendung von Mineraldünger ➢ Zementproduktion	15
Ozon	O_3	➢ Verbrennung fossiler Energieträger durch Verkehrsmittel	10
Distickstoffoxid	N_2O	➢ Einsatz künstlicher Dünger ➢ Verbrennung von Biomasse ➢ Verbrennung fossiler Brennstoffe	3
Methan	CH_4	➢ Reisanbau auf Nassfeldern ➢ Großviehzucht ➢ Verbrennung von Biomasse ➢ Mülldeponien ➢ Kohlebergbau ➢ Erdgas- und Erdöl-produktion	3

Tabelle 1: Treibhausgas-Anteile am natürlichen Treibhauseffekt

Die Klimaforscher des Max-Planck-Instituts für Meteorologie (MPI-M) haben mit Klimamodellen die Vermutungen bestätigt, dass „*[...] der Mensch einen großen und bislang nie da gewesenen Einfluss auf unser Klimageschehen hat [...]*“[1].

Durch Aktivitäten, wie insbesondere die Verbrennung fossiler Energieträger und die umweltschädigende Produktion, trägt der Mensch zur Erhöhung der atmosphärischen Konzentration der natürlich vorkommenden Treibhausgase bei. Dieser *anthropogene*, d.h. vom Menschen verursachte, zusätzliche Treibhauseffekt verstärkt zusammen mit der Emission weiterer Treibhausgase, wie Schwefelhexafluorid, die industriell produzierten FCKWs[2] und das photochemisch[3] gebildete troposphärische[4] Ozon, den natürlichen Treibhauseffekt[5]. Dadurch wird das Klimasystem der Erde destabilisiert[6].

Die folgende Abbildung veranschaulicht die Treibhausgas-Anteile am anthropogenen Treibhauseffekt und zeigt unmittelbar auf, dass hauptsächlich die Emission von Kohlendioxid den anthropogenen Treibhauseffekt auslöst[7].

---

1) MPI-M (2005) (Kursiv-Hervorhebung durch die Verfasserin).

2) Im Folgenden werden sowohl die voll- und teilhalogenierten Fluorchlorkohlenwasserstoffe als auch die perfluorierten und wasserstoffhaltigen Fluorkohlenwasserstoffe unter dem Symbol FCKWs verallgemeinert.

3) Unter *photochemisch* ist die unter Einwirkung von UV-Strahlung ablaufende chemische Reaktion zu verstehen. Vgl. ENQUETE-KOMMISSION (1992), S. 207.

4) Die *Troposphäre* (von griechisch tropos „Wendung, Kehre“) ist für Wetter- und Klimaprozesse von Interesse und bildet den untersten Bereich der Erdatmosphäre. Vgl. O.V. (2008f).

5) Vgl. Anhang A des Kyoto-Protokolls, § 3 TEHG (Treibhausgas-Emissionshandelsgesetz); BAYLFU (2004), S. 2 und SIMONIS (2000b), S. 88. Der natürliche Treibhauseffekt kann neben dem anthropogenen Treibhauseffekt zudem durch Schwankungen der Energieeinstrahlung oder durch vulkanisches Aerosol verstärkt werden. Vgl. z.B. SCHRÖDER ET AL. (2002), S. 10. Diese weiteren Einflüsse auf den natürlichen Treibhauseffekt werden jedoch nicht weiter ausgeführt, da sie einen natürlichen und keinen anthropogenen Ursprung aufweisen.

6) Vgl. SIMONIS (2000b), S. 85.

7) Vgl. RENTZ (1995), S. 25 und mit marginalen Abweichungen in den prozentualen Angaben zudem ROTTE (2001), S. 8; ENQUETE-KOMMISSION (1992), S. 23 und CLEMENS (1992), S. 17 f.

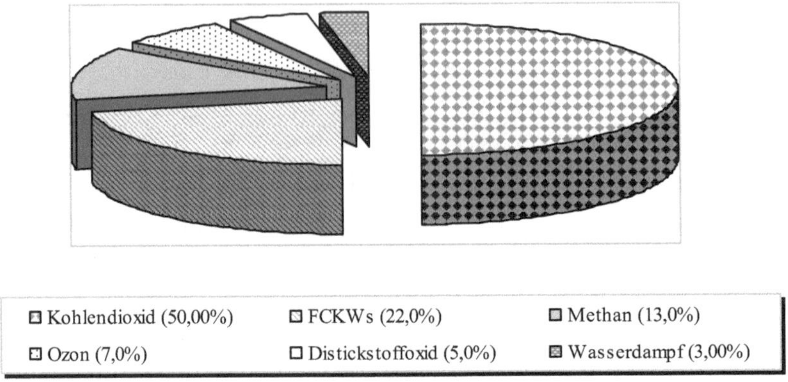

Abbildung 4: Anthropogene Treibhausgase

Aus dem anthropogenen Treibhauseffekt resultiert eine über das natürliche Maß hinausgehende Erwärmung der Erdoberfläche, die bereits ein bedrohliches Ausmaß angenommen hat[1]. Die Klimaforscher des Intergovernmental Panel on Climate Change (IPCC) heben explizit hervor:

„*The Earth's climate system has demonstrably changed on both global and regional scales since the pre-industrial era, with some of these changes attributable to human activities*“[2].

Welche globalen Umweltschäden der anthropogene Treibhauseffekt hervorruft, wird im folgenden Kapitel zusammengetragen.

1) Vgl. ENQUETE-KOMMISSION (1992), S. 11.

2) IPCC (2001), S. 4 (Kursiv-Hervorhebung durch die Verfasserin).

2.2 Wirkung des Treibhauseffektes

Hinsichtlich der langen Lebensdauer[1)] von Treibhausgasen und der trägen Reaktion des Klimas[2)] wirken sich Reduzierungen der Treibhausgas-Emissionen erst stark verzögert auf die Erdatmosphäre aus[3)]. Die (Aus-)Wirkung der Treibhausgas-Emissionen und des anthropogenen Treibhauseffektes auf das Klima lässt sich nicht direkt beobachten, sondern nur indirekt anhand von *Klimamodellen* ermitteln[4)].

Wenn „nichts geschieht", können nach Angaben der Klimaforscher des Max-Planck-Instituts für Meteorologie[5)] die globale Temperatur bis zum Ende des Jahrhunderts um

1) Zur Lebensdauer von Treibhausgasen vgl. VON MRASEK (2007) und CLEMENS (1992), S. 18 f.

2) Unter *Klima* werden die gemittelten Werte der Zustandsbeschreibung der physikalischen und chemischen Parameter der Atmosphäre über einen längeren Zeitraum von mindestens 30 Jahren und unter Berücksichtigung verschiedener statistischer Kenngrößen verstanden. Vgl. BARTH (2002), S. 14 und RENTZ (1995), S. 22.

3) Zur Entwicklung der Treibhausgas-Emissionen in Deutschland von 1990 bis 2002 vgl. BMU (2004), S. 15, dort Tabelle 1), und von 1990 bis 2003 vgl. UMWELTBUNDESAMT (2005c), S. 2-1.

4) Vgl. HILLEBRAND ET AL. (2002), S. 6 und CLEMENS (1992), S. 32. Zur quantitativen Prognose der Wirkung des anthropogenen Treibhauseffektes auf das Klima und zur Simulation zukünftiger Klimazustände dient u.a. das am Max-Planck-Institut für Meteorologie (MPI-M) entwickelte Klimamodell. Vgl. MPI-M (2001). Zu Klimamodellen als mathematische Modelle zur Beschreibung und näherungsweisen Erklärung des Ursache-Wirkungs-Zusammenhangs von Klimaänderungen vgl. BAYER (1991), S. 1 ff.; SCHÖNWIESE (1991), S. 30 ff.; WIPPERMANN (1988), S. 1 ff. und FRAEDRICH (1978), S. 461 ff. Zu Klimamodellen, welche die Interaktionen zwischen der Erdatmosphäre und anderen Komponenten des Klimasystems, wie dem Ozean und der Biosphäre, aufzeigen, vgl. COMIN/RODRIGUEZ-ARIAS (2003), S. 11 ff.; SCHRÖDER ET AL. (2002), S. 51 ff. und CUBASCH/KASANG (2000), S. 30 ff.

5) Zu MPI-M vgl. http://www.mpimet.mpg.de/.

4°C steigen und der Meeresspiegel durchschnittlich um bis zu 30 cm ansteigen[1].

Das Deutsche Klimarechenzentrum (DKRZ) fügt hinzu, dass als Folge der globalen Erwärmung die Abnahme der Eisdecke am Nordpol zwischen 30% und 50% liegen und die Arktis gegen Ende dieses Jahrhunderts im Spätsommer eisfrei sein könnte[2].

Im Folgenden wird, basierend auf den Ergebnissen der Klimaforscher des Max-Planck-Instituts für Meteorologie, des Bundesministeriums für Umwelt, Naturschutz und Reaktorsicherheit (BMU)[3] sowie der bisherigen Prognosen weiterer Klimaforscher und Institute, die Wirkung des Treibhauseffektes i.S.v. *globalen Umweltschäden* reflektiert[4].

Über die Akkumulation von Treibhausgasen in der Erdatmosphäre entstehen verheerende irreversible globale Umweltschäden, z.B. hinsichtlich der

➢ *(Über-)Nutzung* von *Umweltressourcen*

Die Übernachfrage[5] nach Umweltressourcen als Produktionsfaktoren sowie die

---

1) Vgl. MPI-M (2005) und zudem SANDHÖVEL (2003), S. 200; SIMONIS (2000b), S. 89 und CANSIER (1996), S. 343. Die Klimaforscher des Max-Planck-Instituts für Meteorologie haben in Kooperation mit der Gruppe „Modelle und Daten“ am Deutschen Klimarechenzentrum (DKRZ) die neuesten Klimamodellrechnungen für unterschiedliche Szenarien bis zum Jahr 2100 erfasst. Die ersten Ergebnisse wurden auf einem internationalen Workshop am 29. und 30. September 2005 präsentiert und fließen in den 4. Sachstandbericht des Intergovernmental Panel on Climate Change (IPCC) ein, der im Auftrag der World Meteorological Organization (WMO) und des United Nations Environment Programme (UNEP) den Regierungen präsentiert wird.
Zu IPCC vgl. http://www.ipcc.ch/. Zu WMO vgl. http://www.wmo.ch/index-en.html. Zu UNEP vgl. http://www.unep.org/. Zu den ersten Ergebnissen sowohl der simulierten Änderung der bodennahen Lufttemperatur als auch der zeitlichen Entwicklung der Meereis- und Schneebedeckung in Form von Filmen und Bildern vgl. http://www.dkrz.de/dkrz/science/IPCC_AR4. Zur Visualisierung der Erhöhung der globalen mittleren Temperatur der Erdoberfläche im Zeitraum von 1985 bis 2050 vgl. HOLDGATE ET AL. (1989), S. 31. Zu dem o.a. 4. Sachstandbericht des Intergovernmental Panel on Climate Change vgl. http://www.ipcc.ch/pdf/reports-nonUN-translations/deutch/IPCC 2007-Vorspann.pdf.

2) Vgl. DKRZ (2005).

3) Zum Bundesministerium für Umwelt, Naturschutz und Reaktorsicherheit vgl. http://www.bmu.de.

4) Vgl. BMU (2005), S. 7 ff.; MPI-M (2005); WEIL/GLATZEL (2002), S. 21 ff.; MPI-M (2001); ROGALL (2000), S. 39 ff.; CANSIER (1996), S. 343 ff.; RENTZ (1995), S. 33; BAUER (1993), S. 41 ff.; WICKE (1993), S. 645; ENQUETE-KOMMISSION (1992), S. 11 ff.; HEISTER/MICHAELIS (1991), S. 16 ff.; GRIEßHAMMER ET AL. (1990), S. 75 ff. und KNÜPPEL (1989), S. 13.

5) Bedingt durch die Industrialisierung, die daraus resultierende außerordentlich starke wirtschaftliche Expansion und den Anstieg der Weltbevölkerung, z.B. aufgrund des medizinischen Fortschritts, übertraf die Nachfrage nach Umweltressourcen das Angebot, so dass sich eine Übernachfrage nach Umweltressourcen herauskristallisierte. Vgl. z.B. KNÜPPEL (1989), S. 15.

kostenfreie und unkontrollierte *(Über-)Nutzung von Umweltressourcen* führen zu Fehlallokationen und zu globalen Umweltschäden, wie:

- Rückgang der Ernteerträge,
- Verlust der Urwälder und
- Verstärkung von Dürren und Überschwemmungen[1].

- *Abbau* der *Ozonschicht*

  Grundsätzlich wirkt das Ozon durch Absorption der UV-Strahlung wie ein Filter gegen die den Organismus schädigende ultraviolette (UV-B-)Strahlung der Sonne. Dieser Filter wird insbesondere durch Chlor- und Bromverbindungen zerstört. Insbesondere FCKWs, die z.B. als Treibmittel in Sprühdosen sowie als Kühl-, Reinigungs- und Lösungsmittel verwendet werden, führen zum Abbau der Ozonschicht[2].

- *Vergiftung* und *Verlärmung* der *Biosphäre*[3]

  Für den Menschen werden in einem solchen Fall gesundheitsschädliche Wirkungen, wie:

  - Krebserkrankungen,
  - Veränderungen des Hormonhaushalts und
  - Schwächung des Immunsystems.

  befürchtet[4].

- *Verlust landwirtschaftlicher Vielfalt.*

  Die Experten erwarten auch den *Verlust landwirtschaftlicher Vielfalt.* Laut Schätzungen existieren auf der Welt ca. 5 bis 30 Millionen Tier- und Pflanzenarten, wovon unter der Prämisse, dass weiterhin eine unkontrollierte (Über-)Nutzung von Umweltressourcen als Produktionsfaktor und eine unbeschränkte Ausdehnung

---

1) Vgl. ROGALL (2000), S. 41 f.

2) Vgl. ROGALL (2000), S. 40 und CANSIER (1996), S. 343.

3) Die *Biosphäre* (von griechisch „Leben“) ist Teil der Atmosphäre und bietet den lebenden Organismen einen Lebensraum. Vgl. ENQUETE-KOMMISSION (1992), S. 194.

4) Vgl. ROGALL (2000), S. 43.

der Treibhausgas-Emissionen erfolgen, in den nächsten 25 Jahren ca. 1,5 Millionen ausgestorben sein werden[1].

Grundsätzlich resultiert durch Nichthandeln, d.h. die:

- Beibehaltung des bisher gewohnten Lebensstandards,
- kostenfreie und unkontrollierte (Über-)Nutzung von Umweltressourcen als Produktionsfaktor und
- unbeschränkte Ausdehnung der Treibhausgas-Emissionen in der Produktion

zwar ein kurzfristiger Nutzen für die Emittenten von Treibhausgasen, der jedoch langfristig mit drastischen Kosten verbunden ist[2].

Im Rahmen eines vom BUNDESUMWELTMINISTERIUM initiierten Forschungsschwerpunktprogramms „*Kosten der Umweltverschmutzung / Nutzen des Umweltschutzes*" konnten nicht nur die Umweltschäden, sondern auch die Kosten der Umweltverschmutzung konkret geschätzt[3] werden. Zu solchen Kosten zählen u.a.[4]:

- luftverschmutzungsbedingte Kosten im Gesundheitswesen,
- umweltverschmutzungsbedingte Kosten durch Materialschäden,
- umweltbelastungsbedingte Einkommensverluste der Fischereiwirtschaft,
- Kosten durch Bodenbelastung,
- gewässerverschmutzungsbedingte Kosten,
- Kosten für den Arten- und Biotopschutz,
- Kosten des Lärms und
- psychosoziale Kosten der Umweltverschmutzung.

---

1) Vgl. ROGALL (2000), S. 44.

2) Vgl. ENQUETE-KOMMISSION (1992), S. 16.

3) Zur Monetarisierung von Umweltschäden vgl. FRITSCH ET AL. (2005), S. 157 ff.

4) Zu den Ergebnissen der Einzeluntersuchungen des Forschungsschwerpunktprogramms vgl. BUNDESUMWELTMINISTERIUM (1991), S. 8 ff.

Die Studie „The Costs of Climate Changes“ des Fraunhofer Instituts für Systemtechnik und Innovationsforschung (FRAUNHOFER ISI) deckt auf, dass die Emission von CO_2 und weiteren Treibhausgasen in die Erdatmosphäre bis zum Jahre 2030 Kosten für Klimaveränderungen i.H.v. insgesamt ca. 907 Trillionen $ verursachen kann[1)].

Die folgende Tabelle beleuchtet neben den Emittenten von Treibhausgasen als Verursacher anthropogener Treibhausgase sowohl deren Anteil am anthropogenen Treibhauseffekt und die Aufteilung auf die einzelnen Treibhausgase als auch die potentiellen Ursachen für den anthropogenen Treibhauseffekt[2)].

1) Vgl. FRAUNHOFER ISI (1992), S. 41 ff. und insbesondere dort in Tabelle 6 auf S. 43 sowie ANSCHOBER ET AL. (2007), S. 1 ff. und FAZ (2007g).

2) Zwar sind der *Luftverkehr* und der *Schiffverkehr* in dem Kyoto-Protokoll nicht erfasst, jedoch wird aus umweltpolitischer Perspektive im Hinblick auf die ansteigenden Treibhausgas-Emissionen eine nachträgliche Berücksichtigung des Luftverkehrs und des Schiffverkehrs als Verursacher drohender globaler Umweltschäden erwartet. Die Europäische Kommission diskutiert über den Beginn des Handels mit Treibhausgas-Emissionsrechten im Luftverkehr und im Schiffverkehr entweder im Jahr 2011 oder erst im Jahr 2013. Vgl. O.V. (2008d); O.V. (2008e); FAZ (2007a), S. 13; FAZ (2007d), S. 14 und FAZ (2006e), S. 14.

Verursacher anthropogener Treibhausgase	**Anteil am anthropogenen Treibhauseffekt** (gerundet, in %)	**Aufteilung der Prozentanteile auf die Treibhausgase**	**Ursachen**
energieproduzierende und energieverbrauchende Unternehmen	50	40 – CO_2 10 – CH_4, O_3	Nutzung fossiler Energieträger für z.B. ➢ Stromproduktion, ➢ Fernwärmeproduktion, ➢ Haushalte und ➢ Verkehr
Chemiesektor	20	FCKWs	direkte Emissionen
Landwirtschaft	15	CH_4, N_2O, CO_2	➢ Reisanbau auf Nassfeldern ➢ Großviehzucht ➢ Einsatz künstlicher Dünger ➢ Verbrennung von Biomasse
Waldgebiete	15	10 – CO_2, 5 – weitere Treibhausgase	➢ Verbrennung und Verrottung von Tropenwäldern
Luftverkehr	3	CO_2 und weitere Treibhausgase	direkte Emissionen
Schiffverkehr	3	CO_2 und weitere Treibhausgase	direkte Emissionen

Tabelle 2: Treibhausgas-Anteile am anthropogenen Treibhauseffekt[1)]

1) Vgl. o.V. (2008d); FAZ (2006e), S. 14; SCHÖNWIESE (2003), S. 325; RENTZ (1995), S. 25 f.; CLEMENS (1992), S. 19; HEISTER/MICHAELIS (1991), S. 17 und ENQUETE-KOMMISSION (1990), S. 389 ff.

Tabelle 2 hebt hervor, dass der anthropogene Treibhauseffekt wesentlich Folge der CO_2-Emissionen ist und der Sektor aus energieproduzierenden und energieverbrauchenden[1)] Unternehmen den Hauptverursacher drohender globaler Umweltschäden darstellt[2)]. Auf der Basis dieser Festlegung beschränkt sich der bisherige Einsatz von Eindämmungsaktivitäten zwar primär auf CO_2-Emissionen und auf den Hauptverursacher und berücksichtigt nur sekundär andere Treibhausgas-Emissionen sowie andere Verursacher anthropogener Treibhauseffekte. Im Rahmen der vorliegenden Arbeit werden jedoch, wie bereits ausgeführt, zum einen Kohlendioxyd und weitere Treibhausgase, wie Wasserdampf, Methan, Fluorchlorkohlenwasserstoffe, Distickstoffoxid, Ozon und Schwefelhexafluorid, umgerechnet über CO_2-Äquivalente fortlaufend in die Betrachtung einbezogen. Zum anderen wird der Kreis der Verursacher anthropogener Treibhauseffekte nicht auf den Hauptverursacher, also auf energieproduzierende und energieverbrauchende Unternehmen beschränkt, sondern auch andere Verursacher, wie Chemiesektor, Landwirtschaft, Luft- und Schiffverkehr berücksichtigt, so dass die bisherige Differenzierung in „primär" und „sekundär" hinfällig ist.

---

1) Zu *energieverbrauchenden* Unternehmen, deren Produktions- und Leistungskapazitäten die Grenzwerte der Richtlinie 2003/87/EG des Europäischen Parlaments und des Rates vom 13. Oktober 2003 über ein System für den Handel mit Treibhausgas-Emissionszertifikaten in der Gemeinschaft und zur Änderung der Richtlinie 96/61/EG des Rates – im Folgenden kurz EU-Richtlinie – übersteigen, zählen z.B.:

- Feuerungsanlagen, Mineralölraffinerien und Kokereien mit einer Feuerungswärmeleistung über 20 MW (Megawatt),
- Roheisen- und Stahl-Industrie mit einer Kapazität zur Eisenmetallerzeugung und Eisenmetallverarbeitung über 2,5 t pro Stunde,
- Zementindustrie mit einer Produktionskapazität zur Mineralverarbeitung über 500 t pro Tag,
- Glasindustrie mit einer Schmelzkapazität über 20 t pro Tag und
- Papierindustrie mit einer Produktionskapazität über 20 t pro Tag.

Vgl. Anhang I EU-Richtlinie und GAGELMANN/HANSJÜRGENS (2002), S. 190.

2) Vgl. CANSIER (1996), S. 182.

2.3 Aktivitäten zur Eindämmung des Treibhauseffektes

2.3.1 Überblick über Eindämmungsaktivitäten

Ausgangspunkt der Eindämmungsaktivitäten i.S.v. Klimaschutzmaßnahmen oder umweltpolitischen Instrumenten sind die globalen Umweltschäden. Zur Reduzierung der globalen Umweltschäden ist die Reduzierung der Treibhausgas-Emissionen erforderlich. Der Einsatz von Eindämmungsaktivitäten zielt darauf ab, den Verursachern anthropogener Treibhausgas-Emissionen alternative Aktivitäten zur

- Reduzierung der *anthropogenen Treibhausgas-Emissionen*,
- Erreichung der *umweltpolitischen Ziele* und
- Internalisierung der *negativen externen Effekte*

zur Verfügung zu stellen.

Grundsätzlich basiert das umweltpolitische Ziel darauf „*[...] die Stabilisierung der Treibhausgaskonzentrationen in der Atmosphäre auf einem Niveau zu erreichen, auf dem eine gefährliche anthropogene Störung des Klimasystems verhindert wird.*“[1)]

Welche umweltpolitischen Ziele auf nationaler Ebene politisch fixiert sind, stellt die folgende Tabelle überblicksartig zusammen[2)].

---

1) Artikel 2 des Rahmenübereinkommens der Vereinten Nationen über Klimaänderungen (Kursiv-Hervorhebung durch die Verfasserin). Vgl. zudem SIMONIS (2000a), S. 31. Zum Rahmenübereinkommen der Vereinten Nationen über Klimaänderungen vgl. http://unfccc.int/resource/docs/convkp/convger.pdf.

2) Vgl. z.B. BMU (2005), S. 5 ff.; SANDHÖVEL (2003), S. 201 und BRINGEZU (1997), S. 62. In Tabelle 3 der vorliegenden Arbeit werden die umweltpolitischen Ziele auf nationaler Ebene nach ihrer *Bedeutung* für die Reduzierung der Treibhausgas-Emissionen in *Primär*ziele und in *Sekundär*ziele differenziert. Zu weiteren alternativen Kriterien für die Unterteilung des Zielsystems und zu den durch die jeweilige Unterteilung des Zielsystems resultierenden Subsystemen vgl. z.B. GRÜNIG/KÜHN (2004), S. 22 ff.

umweltpolitische Ziele	
*Primär*ziele	Minderung der jährlichen Treibhausgas-Emissionen gemäß dem Kyoto-Protokoll im Durchschnitt um 21% bis zum Jahr 2012 bezogen auf das Jahr 1990.
	Realisierung der Emissionsziele auf nationaler Ebene[1].
	„Selbstverpflichtung der Bundesregierung" zur Minderung der CO_2-Emissionen um 25% bis zum Jahr 2005 *und* um 30% bis zum Jahr 2008, jeweils bezogen auf das Jahr 1990.
*Sekundär*ziele	Minderung der CO_2-Emissionen um 35% bis zum Jahr 2010 *und* um 80% bis 90% bis zum Jahr 2050, jeweils bezogen auf das Jahr 1990.
	Erhaltung, Modernisierung und Ausbau von Anlagen der Kraft-Wärme-Kopplung (KWK) mit dem Ziel der Reduzierung der CO_2-Emissionen um 10 Mio. t CO_2-Äquivalente pro Jahr bis 2005 *und* insgesamt möglichst 23 Mio. t CO_2-Äquivalente pro Jahr (mindestens 20 Mio. t CO_2-Äquivalente pro Jahr) bis zum Jahr 2010, bezogen auf das Jahr 1998.
	Erhöhung des Anteils der erneuerbaren Energien an der Stromversorgung auf mindestens 12,5% bis zum Jahr 2010 *und* auf mindestens 20% bis zum Jahr 2020, jeweils bezogen auf das Jahr 1990.
	Erhöhung des Anteils erneuerbarer Energien am Primärenergieverbrauch auf 3% bis 5% pro Jahr bis zum Jahr 2010.
	Erhöhung des Anteils der Energie- und Rohstoffproduktivität auf 3% bis 5% pro Jahr bis zum Jahr 2010.
	Orientierung an den umweltpolitischen Zielen auf internationaler (EU-)Ebene, wie z.B. der Absatzerhöhung von Biokraftstoffen, von 2% des Kraftstoffmarktes im Jahr 2005 auf 5,75% bis zum Jahr 2010.

Tabelle 3: Umweltpolitische Ziele

1) Vgl. Anhang A der vorliegenden Arbeit.

Die überblicksartig zusammengestellten nationalen umweltpolitischen Ziele werden nicht auf die Unternehmensebene, auf Haushalte und auf den Individualverkehr heruntergebrochen[1]. Vielmehr ist festzuhalten, dass die Unternehmen, Haushalte und Individuen als Mitverursacher anthropogener Treibhausgas-Emissionen hinsichtlich der Menge an emittierbaren Treibhausgasen einer quantitativen Restriktion hinsichtlich der Nutzung von Umweltressourcen unterliegen und durch die Einhaltung dieser quantitativen Restriktion zur Erreichung umweltpolitischer Ziele auf nationaler Ebene beitragen[2].

Um demjenigen Verursacher, der die Umweltressourcen nutzt und für die anthropogenen Treibhausgas-Emissionen verantwortlich ist, die dadurch entstehenden globalen Umweltschäden und externen Kosten in Rechnung zu stellen, ist die *Internalisierung* der negativen externen Effekte erforderlich[3].

An dieser Stelle scheint es geeignet, Umweltressourcen und negative externe Effekte zunächst zu definieren, um anschließend das Erfordernis, die negativen externen Effekte zu internalisieren, besser zu verstehen.

Die Umweltressourcen stellen ein „öffentliches Gut“ dar[4]. Öffentliche Güter sind dadurch charakterisiert, dass für ihre Nutzung weder ein Preis noch ein Markt existiert, so dass sie vielmehr kostenfrei zur Verfügung stehen[5]. Ein Ausschluss von der Nutzung öffentlicher Güter kann nicht durchgeführt werden, so dass *Nicht-Ausschließbarkeit* gilt. Zudem können die Umweltressourcen von allen Unternehmen, die ein Interesse an ihnen haben, in Anspruch genommen werden, so dass *Nichtrivalität* der Nutzung von Umweltressourcen besteht[6].

Angesichts der kostenfreien Übernutzung von Umweltressourcen als Produktionsfaktor und der unbeschränkten Ausdehnung der Treibhausgas-Emissionen in der Produktion erschöpfen sich nunmehr die Umweltressourcen[7]. Die dem *Knappheitsmerkmal* unter-

---

1) Zur Problematik des Herunterbrechens nationaler umweltpolitischer Ziele auf die Unternehmensebene vgl. STRÖBELE/MEYER (2001), S. 71 f.

2) Vgl. Anhang A der vorliegenden Arbeit.

3) Vgl. ENDRES (2007), S. 19 und 23 f.; FEESS (2007), S. 47 f. und DUDEK/WIENER (1996), S. 17.

4) Vgl. z.B. HILLEBRAND ET AL. (2002), S. 28.

5) Vgl. STEPHAN/AHLHEIM (1996), S. 10; CANSIER (1996), S. 13 und WICKE (1993), S. 41.

6) Vgl. KLEPPER (1998), S. 137; CANSIER (1996), S. 18 ff. und HOLZINGER (1987), S. 86.

7) Vgl. HOLZINGER (1987), S. 83.

liegenden Umweltressourcen stehen nicht mehr in unbegrenztem Umfang und kostenfrei zur Verfügung[1)].

Die Nutzung von Umweltressourcen in der Produktion kann zu *external diseconomies* oder auf Deutsch zu negativen externen Effekten[2)] führen. Zu umweltbezogenen negativen externen Effekten zählen u.a.:

- Gesundheitsgefährdungen durch Luftverschmutzungen,
- Verschlechterung der Trinkwasserqualität durch landwirtschaftliche Produktion,
- Verringerung der Fischfangergebnisse durch Abwässer und
- Reduzierung des Pflanzenwachstums durch Waldschäden[3)].

Negative externe Effekte verursachen bei Dritten oder der Allgemeinheit Schäden und Kosten, so genannte *externe Kosten*[4)], die sie nicht verursacht haben. Zwar gilt:

„Diejenigen, welche Dritten und der Allgemeinheit externe Kosten auferlegen, müssen auch die Konsequenzen für ihr Tun tagen“[5)].

---

1) Zum Knappheitsmerkmal von Umweltressourcen vgl. z.B. CANSIER (1996), S. 13 ff. und KEMPER (1989), S. 9.

2) Neben negativen externen Effekten können auch positive externe Effekte entstehen. Bei positiven externen Effekten, wie beispielsweise der Trinkwasserschonung oder der Erfindung einer neuen Technologie durch ein Unternehmen, können positive Umwelteffekte erzielt werden, wovon andere Unternehmen oder die Allgemeinheit profitieren, ohne etwas dafür zu zahlen. Vgl. NEUS (2005), S. 103; SCHEELE (1997), S. 43 ff.; LINTZ (1993), S. 15 f. und SCHÜRMANN (1978), S. 138.

3) Vgl. FRITSCH ET AL. (2005), S. 89; WICKE (1993), S. 44; FREY (1991), S. 46 und LANGE (1978), S. 27, dort in Fn. 30).

4) Externe Kosten sind ein Teil der Umweltkosten. Mit den Vermeidungskosten zusammen führen externe Kosten zu den Umweltkosten desjenigen Verursachers, der diese Umweltkosten hervorgerufen hat. Unter Vermeidungskosten sind die Kosten zur Vermeidung, Beseitigung und zum Ausgleich von Treibhausgas-Emissionen und von globalen Umweltschäden zu verstehen. Sofern Treibhausgas-Emissionen und die dadurch entstehenden globalen Umweltschäden nicht vermieden werden, entstehen bei Dritten oder der Allgemeinheit externe Kosten, die in der Fachliteratur auch als verbleibende Umweltbelastungen, soziale Zusatzkosten oder gesellschaftliche Folgelasten bezeichnet werden. Vgl. z.B. WICKE (1993), S. 44; LANGE (1978), S. 28 und OBERHAUSER (1974), S. 30. Zur Entwicklung der externen Kosten durch Waldschäden bis zum Jahr 2100 vgl. FRAUNHOFER ISI (1992), S. 45, dort in Abbildung 13. Zur Prognose der Vermeidungskosten pro Emission einer Tonne CO_2-Äquivalente bis zum Jahr 2030 vgl. ENKVIST ET AL. (2007), S. 35 ff. und bis zum Jahr 2040 FRAUNHOFER ISI (1992), S. 46 ff.

5) FREY (1991), S. 51 (Kursiv-Hervorhebung durch die Verfasserin).

Jedoch wird ein rational[1)] handelndes Unternehmen als Verursacher externer Kosten bestreiten, aus der Nutzung von Umweltressourcen einen Nutzen zu ziehen, um nicht an diesen externen Kosten beteiligt zu werden. Vielmehr wird das Unternehmen den Anreiz verspüren, sich als *free rider* oder auf Deutsch als Trittbrettfahrer zu verhalten[2)]. Hinsichtlich der Nicht-Ausschließbarkeit kommt es in den Genuss, die Umweltressourcen kostenfrei zu nutzen, während ein Dritter oder die Allgemeinheit die durch diese Nutzung entstehenden externen Kosten trägt.

Um Dritte oder die Allgemeinheit nicht mit Kosten, die sie nicht verursacht haben, zu belasten, ist die Internalisierung der negativen externen Effekte erforderlich[3)]. Als umweltpolitisches Prinzip für die Anlastung der externen Kosten beim Verursacher wird das „Verursacherprinzip" diskutiert[4)]. Durch das Verursacherprinzip wird ein Anreiz zur sparsamen Nutzung von Umweltressourcen geschaffen. Diejenigen Eindämmungsaktivitäten, die sich an dem Verursacherprinzip orientieren, haben die Aufgabe, die externen Kosten der Produktion möglichst in das Nutzen-Kosten-Kalkül des jeweiligen Ver-

---

1) Der Begriff *Rationalität* entstammt dem Lateinischen „rationalitas" i.S.v. Denkvermögen und bezeichnet im Allgemeinen die Vernunft, den Verstand oder das vernunftbegabte Handeln. Aus spieltheoretischer Perspektive deutet der Begriff Rationalität an, dass alle Spieler gleichermaßen vernünftige und konsistente, d.h. widerspruchsfreie Entscheidungen treffen, um ihre individuellen Ziele zu realisieren und insbesondere einen positiven erwarteten Nutzen zu erzielen. Vgl. BICHLER ET AL. (2005), S. 129; BAMBERG/COENENBERG (2004), S. 3 f.; MYERSON (2001), S. 2 und RIECK (1993), S. 33 und 219. Rationale Entscheidungen zeichnen sich dadurch aus, dass ein bestimmter Zweck mit dem geringsten Mitteleinsatz oder mit einem gegebenen Mitteleinsatz die beste Zweckerfüllung anzustreben ist. In der Fachliteratur findet auch die Bezeichnung „Mittel-Ziel-Relation" Anwendung. Vgl. z.B. EHRHARDT (2002), S. 95 und 98; WÜSTEHUBE (1999), S. 72 f.; KIRCHGÄSSNER (1991), S. 14 f. und HEINEN (1985), S. 39.

2) Vgl. z.B. HOLLER/ILLING (2006), S. 8 und WICKE (1993), S. 41.

3) Vgl. ENDRES (2007), S. 19 und NEUS (2005), S. 105 ff.

4) Vgl. RAHMEYER (1997), S. 17 f.; LINTZ (1993), S. 14 ff.; OPSCHOOR (1989), S. 27 ff.; KNÜPPEL (1989), S. 18 ff.; HOLZINGER (1987), S. 93 ff.; OBERHAUSER (1974a), S. 11 und REHBINDER (1973), S. 21 ff. Zu weiteren umweltpolitischen Prinzipien, wie das:

- *Gemeinlastprinzip* zur Übernahme der externen Kosten von der Allgemeinheit,
- *Vorsorgeprinzip* zur Verhinderung potentieller globaler Umweltschäden,
- *Nachsorgeprinzip* zur Beseitigung von bereits eingetretenen globalen Umweltschäden,
- *Kooperationsprinzip* zur Beteiligung potentieller Akteure an der Formulierung der umweltpolitischen Ziele und Implementierung der Eindämmungsaktivitäten sowie
- *Risikoprinzip* zur Belastung solcher Tätigkeiten in der Produktion, die ein bestimmtes Umweltrisiko mit sich bringen,

vgl. BRINGEZU (1997), S. 101 f.; CANSIER (1996), S. 64 f.; WICKE (1993), S. 150 ff.; KNÜPPEL (1989), S. 18 ff.; HOLZINGER (1987), S. 93 ff. und LANGE (1978), S. 57 ff.

ursachers einzubeziehen, d.h. die externen Kosten zu internalisieren. Obwohl das Verursacherprinzip mit Problemen, wie z.B.:

- keine eindeutige Identifizierung des Verursachers als „Schädiger" und des Betroffenen als „Geschädigtem" insbesondere bei komplexen Verursachungsketten,
- keine Anwendung bei Notfällen, wie akute Gesundheitsgefährdungen durch Gewässerverunreinigungen, und
- keine Berücksichtigung von globalen Umweltschäden, die in der Vergangenheit verursacht wurden,

behaftet ist, unterliegt ihm eine große Anzahl fiskalischer und nicht-fiskalischer Eindämmungsaktivitäten zur Internalisierung der negativen externen Effekte[1)].

Beispielsweise stellen *Umweltabgaben* eine fiskalische Eindämmungsaktivität dar, die auf dem Verursacherprinzip basiert. Bei *Umweltabgaben*[2)] handelt es sich um Abgaben, die der Staat in Form von Umweltsteuern, Umweltgebühren[3)] und Umweltbeiträgen erhebt, um umweltpolitische Ziele zu erreichen. Dazu gehören beispielsweise die Mineralölsteuer, Gebühren für die Abfallbeseitigung und Beiträge zur Finanzierung einer Kläranlage.

Als eine weitere fiskalische Eindämmungsaktivität auf der Basis des Verursacherprinzips ist die *Allokation von Treibhausgas-Emissionsrechten*[4)] zu nennen. Wenn der Staat, der das Recht zur Nutzung von Umweltressourcen für sich beansprucht, dieses Recht in Form von Treibhausgas-Emissionsrechten an die Verursacher weitergibt, dann liegt eine Allokation von Treibhausgas-Emissionsrechten vor. Nur diejenigen Verursacher, die über Treibhausgas-Emissionsrechte verfügen, sind auch berechtigt, in der angegebenen Menge Treibhausgase zu emittieren. Der Staat stellt durch Kontrollen sicher, dass die tatsächliche Emission das allozierte Treibhausgas-Emissionsrecht nicht übersteigt.

---

1) Vgl. z.B. RAHMEYER (1997), S. 18; WICKE (1993), S. 153 ff. und HOLZINGER (1987), S. 94 f.

2) Zu Umweltabgaben vgl. ENDRES (2007), S. 108 f.; WICKE (1993), S. 395 ff.; OPSCHOOR (1989), S. 14 f. und KNÜPPEL (1989), S. 40 ff.

3) Zu Umweltsteuern und Umweltgebühren vgl. FEESS (2007), S. 71 ff. und LANGE (1978), S. 37 ff.

4) Zur Allokation von Treibhausgas-Emissionsrechten vgl. z.B. BMU (2004), S. 32 ff.; RAHMEYER (1997), S. 35 ff.; WICKE (1993), S. 383 ff. und HOLZINGER (1987), S. 142 ff.

Zudem kann durch die *Umwelthaftung*[1] als eine fiskalische Eindämmungsaktivität das Risiko der Verursacher von globalen Umweltschäden, für die Folgen dieser globalen Umweltschäden finanziell einstehen zu müssen, erhöht werden. Eine wichtige Rolle kommt in diesem Zusammenhang dem Umwelthaftungsgesetz (UmweltHG)[2] als Haftungsrecht für globale Umweltschäden zu.

Weiterhin liegen *umweltpolitische Kooperationslösungen*[3] als eine fiskalische Eindämmungsaktivität vor, die dem Verursacherprinzip unterliegt. Eine umweltpolitische Kooperationslösung basiert auf Absprachen und Verträgen zwischen dem Staat und dem jeweiligen Verursacher zur Erreichung umweltpolitischer Ziele in einem fixierten Zeitraum.

Neben fiskalischen Eindämmungsaktivitäten existieren basierend auf dem Verursacherprinzip auch nicht-fiskalische Eindämmungsaktivitäten, wie *Umweltauflagen*[4], die sich als umweltbezogene Verhaltensvorschriften für Produzenten definieren lassen. Bei Treibhausgas-Emissionen können Umweltauflagen in Form von Reduzierungsverpflichtungen um einen bestimmten Prozentsatz festgelegt werden.

Weiterhin sind *zwangfreie nicht-fiskalische Eindämmungsaktivitäten*[5], wie z.B. die Nutzung der öffentlichen Personennahverkehrsmittel anstelle des privaten Kraftfahrzeuges oder die Verwendung von Einweg- statt Mehrwegflaschen, zu nennen, die auf dem freiwilligen umweltfreundlichen Handeln der Verursacher beruhen[6].

Während die Allokation von Treibhausgas-Emissionsrechten als eine fiskalische Eindämmungsaktivität bereits angeführt wurde, stellt die daran anschließende *Reallokation von Treibhausgas-Emissionsrechten*[7] eine nicht-fiskalische Eindämmungsaktivität auf

---

1) Zur Umwelthaftung vgl. z.B. BRINGEZU (1997), S. 104 f. und NICKLISCH (1991), S. 105 ff.

2) Zum Umwelthaftungsgesetz vgl. http://bundesrecht.juris.de/umwelthg/index.html.

3) Zu umweltpolitischen Kooperationslösungen vgl. z.B. WICKE (1993), S. 267 ff. und HOLZINGER (1987), S. 112 f.

4) Zu Umweltauflagen vgl. FEESS (2007), S. 59 ff.; ENDRES (2007), S. 107 f.; FRITSCH ET AL. (2005), S. 118; RAHMEYER (1997), S. 32 ff. und WICKE (1993), S. 195 ff.

5) Zu zwangfreien nicht-fiskalischen Eindämmungsaktivitäten vgl. z.B. WICKE (1993), S. 279 ff.

6) Vgl. z.B. WICKE (1993), S. 280.

7) Für die Reallokation von Treibhausgas-Emissionsrechten wird in der Fachliteratur der Begriff der *handelbaren Emissionsrechte* oder *Umweltlizenzen* verwendet. Vgl. z.B. WICKE (1993), S. 242; GAWEL (1991), S. 40 ff. und KNÜPPEL (1989), S. 58 f. Diese Begriffe und der Begriff der Treibhausgas-Emissionszertifikate werden im Folgenden synonym verwendet.

Unternehmensebene dar.

Um den Verursachern alternative Eindämmungsaktivitäten auch außerhalb des eigenen Landes anzubieten, kommen *projektbezogene Aktivitäten*, wie Joint Implementation und Clean Development Mechanism, zur Anwendung. In Kooperation[1)] mit Industrie- und Transformationsländern oder mit Entwicklungsländern können Treibhausgas-Emissionsgutschriften erworben werden[2)].

Die nachfolgend angeführten fiskalischen Eindämmungsaktivitäten können auch zur Erreichung umweltpolitischer Ziele beitragen, obwohl sie dem Verursacherprinzip nicht unterliegen.

Um ökonomische Anreize zur Erreichung umweltpolitischer Ziele zu schaffen, werden *Umweltsubventionen*[3)] in Form von Finanzhilfen, wie nicht rückzahlbaren Investitionszuschüssen, sowie Steuervergünstigungen, wie Investitionsprämien und Steuerbefreiungen, gewährt[4)]. Bei Umweltsubventionen wird der Verursacher von der Allgemeinheit dafür bezahlt, dass er eine umweltfreundliche Produktion durchführt.

Als eine weitere fiskalische Eindämmungsaktivität sind Förderungen von *umweltbedeutsamen Forschungs- und Entwicklungs-* (F&E-)Vorhaben[5)] zu nennen, die darauf abzielen, den umwelttechnischen Fortschritt zu beschleunigen.

---

1) Zum Kooperationsbegriff vgl. PICOT ET AL. (2003), S. 2 ff.; ZENTES ET AL. (2003), S. 5; MORSCHETT (2003), S. 402 ff.; WOHLGEMUTH (2002), S. 15 ff.; SYDOW (2001), S. 299; GASSMANN/FUCHS (2001), S. 346 ff.; CORSTEN (2001), S. 1 ff.; BALLING (1998), S. 13; WILDEMANN (1997), S. 417; FONTANARI (1996), S. 41 ff.; SYDOW (1992), S. 79.

2) Vgl. Kapitel 2.3 der vorliegenden Arbeit.

3) Zu Umweltsubventionen vgl. z.B. OPSCHOOR (1989), S. 15; KNÜPPEL (1989), S. 33 ff.; HOLZINGER (1987), S. 138 ff. und LANGE (1978), S. 44 ff.

4) Vgl. FRITSCH ET AL. (2005), S. 119 ff. und LANGE (1978), S. 46 ff. Finanzdienstleister, wie die Dresdner Bank, haben beispielsweise folgende strategische Aktivitäten ausgearbeitet, um ökonomische Anreize zur Erreichung umweltpolitischer Ziele zu schaffen:

- *Kundenberatung* für Unternehmen zu umwelt- und klimaschädlichen Emissionen,
- *Kreditvergabe* für Niedrigenergiehäuser und klimaschutzbezogene Maßnahmen im Baubereich sowie
- *Vermittlung* von verfügbaren öffentlichen *Finanzierungshilfen* im Klimaschutz- und Umweltbereich.

Vgl. SANDHÖVEL (2003), S. 200.

5) Zu umweltbedeutsamen F&E-Förderungen vgl. z.B. WICKE (1993), S. 377 ff.

Die Eindämmungsaktivitäten können auch in kombinierter Form angewendet werden, so dass in der Fachliteratur auch Bezeichnungen wie „Maßnahmenbündel" oder „Policy-Mix" Verwendung finden[1)]. Beispielsweise können bereits bestehende fiskalische Eindämmungsaktivitäten, wie z.B. die Umwelthaftung, i.d.R. durch den Handel mit Treibhausgas-Emissionsrechten als eine nicht-fiskalische Eindämmungsaktivität nicht ersetzt, sondern nur ergänzt werden[2)]. Zudem ist eine Ergänzung der Umweltabgaben durch Umweltsubventionen oder ein Zusammenspiel der Reallokation von Treibhausgas-Emissionsrechten mit den projektbezogenen Aktivitäten denkmöglich, um sowohl eine umfassende Kontrolle der Treibhausgas-Emissionen zu gewährleisten als auch den Verursachern alternative Eindämmungsaktivitäten zur Verfügung zu stellen[3)].

Die folgende Abbildung 5 gewährt zum einen einen Überblick über fiskalische und nicht-fiskalische Eindämmungsaktivitäten. Zum anderen werden diejenigen Eindämmungsaktivitäten, die dem Verursacherprinzip[4)] unterliegen, mit einem gestrichelten Hintergrund und diejenigen Eindämmungsaktivitäten, die dem Verursacherprinzip nicht unterliegen, mit einem gepunkteten Hintergrund hervorgehoben. Da sich die Verfasserin im Rahmen der vorliegenden Arbeit explizit auf die Unternehmensebene fokussiert, wird von fiskalischen Eindämmungsaktivitäten zwischen dem Staat und den Verursachern abstrahiert. Allerdings ist zu bemerken, dass auch nicht-fiskalische Eindämmungsaktivitäten keiner „lupenreinen" Betrachtung ohne Staatseinfluss unterliegen, da dem Staat als zentraler Koordinierungsinstanz für die Erreichung nationaler umweltpolitischer Ziele die Festlegung der umweltpolitischen Ziele, die Fixierung der zulässigen Gesamtmenge an Treibhausgas-Emissionen und zudem sowohl das Aufstellen als auch die Kontrolle von Spielregeln i.S.d. Rechtsordnung zugeordnet werden. Außerdem wer-

---

1) Vgl. HILLEBRAND ET AL. (2002), S. 1; AGE (2002b), S. 12 und FEESS/STOCKER (1998), S. 145 ff.

2) Vgl. BROCKMANN ET AL. (2000), S. 3 und HEISTER/MICHAELIS (1991), S. 69.

3) Vgl. z.B. CANSIER (1996), S. 222; OPSCHOOR (1989), S. 17 und § 6 (1) d) Kyoto-Protokoll. Jedoch unterliegen diejenigen Emittenten von Treibhausgasen, die beispielsweise sowohl eine Energiesteuer entrichten als auch am Handel mit Treibhausgas-Emissionsrechten teilnehmen, einer *Doppelbelastung*. Für die Befreiung von einer solchen Doppelbelastung könnte der Emittent von Treibhausgasen, anstatt die Energiesteuer zu entrichten, seiner Verpflichtung auch durch eine *gleichwertige Zusatzleistung*, wie z.B. eine freiwillig übernommene Verpflichtung zur Reduzierung von Treibhausgas-Emissionen oder den Kauf von Treibhausgas-Emissionsrechten, nachkommen. Vgl. REHBINDER/SCHMALHOLZ (2002), S. 9 f.

4) Zu Eindämmungsaktivitäten nach dem Verursacherprinzip vgl. z.B. RAHMEYER (1997), S. 21, dort in Abbildung 4; CANSIER (1996), S. 365; WICKE (1993), S. 150 und REHBINDER (1973), S. 134 ff.

den im Folgenden nicht alle nicht-fiskalischen Eindämmungsaktivitäten in die Betrachtung einbezogen. Vielmehr erfolgt eine Fokussierung auf die Reallokation von Treibhausgas-Emissionsrechten und von Treibhausgas-Emissionsgutschriften aus projektbezogenen Aktivitäten, die derzeit weltweit Interesse erwecken.

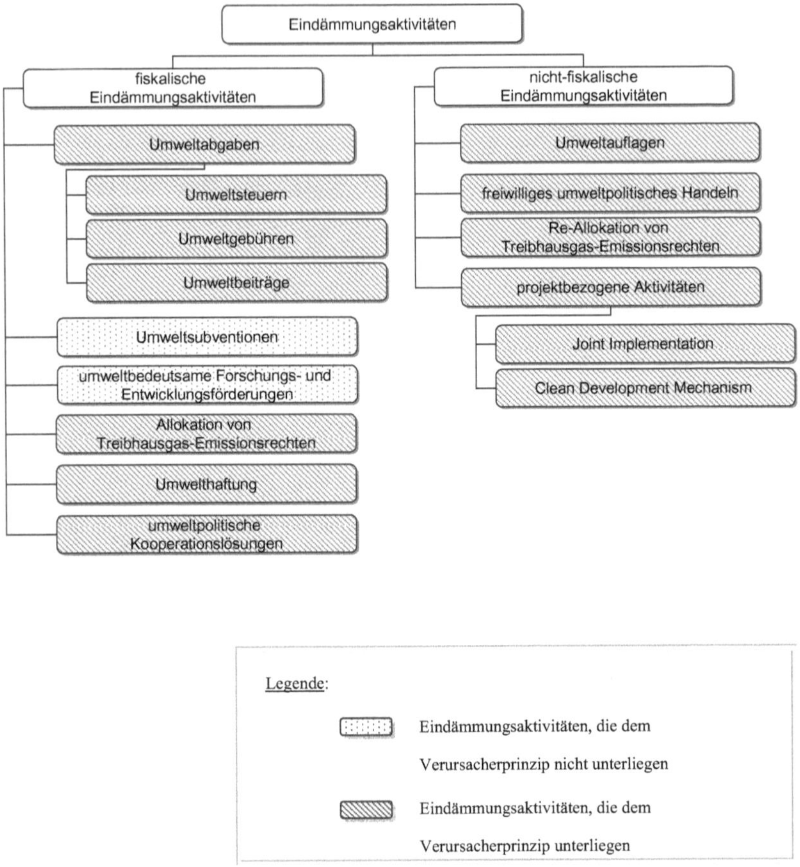

Abbildung 5: Überblick über Eindämmungsaktivitäten[1)]

---

1) Vgl. Hillebrand et al. (2002), S. 23 f.; Rahmeyer (1997), S. 20 ff.; Cansier (1996), S. 152 ff.; Wicke (1993), S. 194; Friedrich (1992), S. 5 ff.; Gawel (1991), S. 26 ff. und Knüppel (1989), S. 32 ff. Zu weiteren Eindämmungsaktivitäten vgl. z.B. Bringezu (1997), S. 103 und Wicke (1993), S. 194 ff. Zur Bewertung der Eindämmungsaktivitäten anhand ausgewählter betriebswirtschaftlicher Eignungskriterien vgl. Zimmermann/Hansjürgens (1998), S. 47 ff. und Knüppel (1989), S. 116 ff. Zur alternativen Systematisierung der Eindämmungsaktivitäten als Instrumente der Umweltpolitik nach nicht-fiskalischen Instrumenten, Umweltpolitik mit öffentlichen Ausgaben und Umweltpolitik mit öffentlichen Einnahmen vgl. Wicke (1993), S. 193 ff. Rahmeyer stellt Optionen der Systematisierung der Eindämmungsaktivitäten überblicksartig dar; vgl. Rahmeyer (1997), S. 19 f.

2.3.2 Projektbasierte Aktivitäten im Rahmen des Kyoto-Protokolls

Im Hinblick auf den globalen anthropogenen Treibhauseffekt und die globalen Umweltschäden gewinnt der Einsatz von Eindämmungsaktivitäten, die regional und zeitlich keiner Begrenzung unterliegen, an Bedeutung. Eindämmungsaktivitäten können nicht nur auf nationaler Ebene, sondern auch auf der Basis einer internationalen Kooperation über mehrere Perioden zur Anwendung kommen[1)]. Als solche Eindämmungsaktivitäten sind projektbezogene Aktivitäten sowohl für die Reduzierung von Treibhausgas-Emissionen als auch für die Erzielung umweltpolitischer Ziele nicht nur interessant, sondern auch „*wichtig*"[2)].

Für die Nutzung projektbezogener Aktivitäten lassen sich die folgenden Optionen als Kyoto-Mechanismen herauskristallisieren[3)]:

- *direkte* Investition in Klimaschutzprojekte, d.h. die eigenverantwortliche Durchführung projektbezogener Aktivitäten im Ausland, mit dem Ziel der Reduzierung der Treibhausgas-Emissionen *sowie* der Verfolgung der Unternehmensziele, wie die Kundengewinnung, und
- *indirekte* Investition in Klimaschutzprojekte, d.h. in Klimafonds, um lediglich Treibhausgas-Emissionsgutschriften zu generieren *ohne* selbst ein Auslandsengagement einzugehen.

1) Vgl. DUDEK/WIENER (1996), S. 10.

2) § 19 EU-Richtlinie (Kursiv-Hervorhebung durch die Verfasserin).

3) Vgl. FAURE ET AL. (2005), S. 1; FRAUNHOFER ISI ET AL. (2005), S. 15 ff. und FUTURECAMP GMBH (2004), S. 25 f. Zu beachten ist jedoch, dass Deutschland den Einsatz von Atomkraft und Projekte mit Nuklearanlagen sowie Senkenprojekte nicht genehmigt. Zu Senkenprojekten zählen Projekte, wie Aufforstungs- und Wiederaufforstungsprojekte, Bewirtschaftungsprojekte auf bestehenden Forst-, Acker- und Grünlandflächen sowie Projekte zur Begrünung von Ödland. Vgl. FRAUNHOFER ISI ET AL. (2005), S. 20, 30, 388 und 403. Zur Aufforstung und Wiederaufforstung vgl. FRAUNHOFER ISI ET AL. (2005), S. 404 f.

Auf der Basis direkter Investitionen in Klimaschutzprojekte beschreibt das Kyoto-Protokoll

- zum einen die Joint Implementation (JI)[1] und
- zum anderen den Clean Development Mechanism (CDM)[2].

Projektbezogene Aktivitäten[3], wie Joint Implementation und Clean Development Mechanism, bedeuten gegenüber alternativen Eindämmungsaktivitäten, wie Umweltabgaben, eine Flexibilisierung bei der Reduzierung der Treibhausgas-Emissionen sowie der Erreichung umweltpolitischer Ziele[4]. Auf der Basis einer internationalen Kooperation und der Investition in Klimaschutzprojekte haben die einzelnen Unternehmen[5] der Annex-I-Länder[6] oder der Nicht-Annex-I-Länder[7] die Möglichkeit, die in anderen Ländern erreichte Reduzierung der Treibhausgas-Emissionen im eigenen Land anrechnen und von den eigenen Treibhausgas-Emissionen abziehen zu lassen[8].

Neben der Flexibilität spielt auch der Kostenaspekt eine entscheidende Rolle für die Durchführung projektbezogener Aktivitäten. Das Ziel beider projektbezogener Aktivitäten ist es, in Ergänzung zu nationalen Eindämmungsaktivitäten auch dort Investitionen zu tätigen, wo die Reduzierung von Treibhausgas-Emissionen besonders kosteneffizient

---

1) Zu den gesetzlichen Regelungen von Joint Implementation vgl. § 6 Kyoto-Protokoll, Teil 1 § 2 (7) ProMechG und Teil 2 § 3 - § 7 ProMechG.

2) Zu den gesetzlichen Regelungen von Clean Development Mechanism vgl. § 12 Kyoto-Protokoll, Teil 1 § 2 (8) ProMechG und Teil 3 § 8 und § 9 ProMechG.

3) Zusätzlich zu diesen beiden projektbezogenen Aktivitäten im Rahmen des Kyoto-Protokolls ist zwischen den Ländern, die sich zur Reduzierung von Treibhausgas-Emissionen verpflichtet und das Kyoto-Protokoll ratifiziert haben, das International Emissions Trading möglich. Vgl. BRETON ET AL. (2006), S. 221. Zur übersichtlichen Gegenüberstellung der beiden projektbezogenen Aktivitäten und des International Emissions Trading vgl. CAMES ET AL. (2001), S. 147.

4) Vgl. RENTZ ET AL. (1998), S. 19 und DUDEK/WIENER (1996), S. 10.

5) Die Vertragsstaaten können gemäß § 6 (3) Kyoto-Protokoll Unternehmen ermächtigen unter ihrer Verantwortung an der Generierung, Übertragung oder am Erwerb von Emissionsminderungszertifikaten mitzuwirken.

6) Zu Annex-I-Ländern vgl. Anhang B der vorliegenden Arbeit.

7) Zu Nicht-Annex-I-Ländern vgl. Anhang C der vorliegenden Arbeit.

8) Vgl. FUTURECAMP GMBH (2004), S. 8; BRETON ET AL. (2004), S. 1 f. und SCHWARZE/ZAPFEL (1998), S. 495.

ist[1]. Die Vermeidungskosten, die sich aus projektbezogenen Aktivitäten ergeben, werden im Vergleich zu Eindämmungsaktivitäten auf nationaler Ebene und insbesondere zu unternehmensinternen Investitionen als geringer eingeschätzt[2]. Der Grund für diese Prognose könnte darauf beruhen, dass die Umweltgesetzgebung in Annex-I-Ländern und die eingesetzten Technologien sowie die festzulegende Baseline in Nicht-Annex-I-Ländern weniger anspruchsvoll beurteilt werden als in Deutschland[3].

Nicht nur der Handel mit Treibhausgas-Emissionsrechten, sondern auch die projektbezogenen Aktivitäten stellen *Transaktionen*[4] dar. Die im Rahmen einer Transaktion bei beiden Transaktionspartnern, d.h. sowohl beim Investor in Klimaschutzprojekte als auch beim Empfänger der Investition anfallenden Transaktionskosten sind so gering wie möglich zu halten[5], um die anthropogenen Treibhausgas-Emissionen mit geringstmöglichen Transaktionskosten zu reduzieren[6].

DUDEK/WIENER definieren Transaktionskosten wie folgt:

„*Transaction costs are the costs incurred by participants in an exchange, in order to initiate and complete the transaction*“[7].

---

1) Vgl. BRETON ET AL. (2006), S. 221 f.; LUCHT (2005), S. 9; FRAUNHOFER ISI ET AL. (2005), S. 3; GAMPERL ET AL. (2001), S. 4; DUDEK/WIENER (1996), S. 10 und JONES (1993), S. 2 ff.

2) Vgl. DUDEK/WIENER (1996), S. 12. ENKVIST ET AL. (2007) schätzen die Vermeidungskosten für Eindämmungsaktivitäten auf maximal 40,00 € pro Emission einer Tonne CO_2-Äquivalente. Vgl. ENKVIST ET AL. (2007), S. 36.

3) Vgl. FRAUNHOFER ISI ET AL. (2005), S. 52 f.

4) WILLIAMSON und PICOT/DIETL definieren eine Transaktion als die Bestimmung, Übertragung und Durchsetzung von Verfügungsrechten sowie deren Überwachung über eine technisch trennbare Schnittstelle hinweg. Vgl. WILLIAMSON (1990), S. 1 und 59 ff. sowie RENTZ ET AL. (1998), S. 21 und PICOT/DIETL (1990), S. 178. Im Rahmen der vorliegenden Arbeit werden die Begriffe Verfügungsrechte oder auch Property Rights und Treibhausgas-Emissionsrechte synonym verwendet.

5) Vgl. DUDEK/WIENER (1996), S. 15. Zur empirischen Erhebung der Transaktionskosten bei Joint Implementation vgl. MICHAELOWA/STRONZIK (2002), S. 22, dort in Tabelle 14, und RENTZ ET AL. (1998), S. 52 ff. und 65 ff. Zur empirischen Erhebung der Transaktionskosten bei Clean Development Mechanism vgl. KREY (2005), S. 2385 ff. und MICHAELOWA/STRONZIK (2002), S. 17, dort in Tabelle 7.

6) Vgl. BETZ (2003), S. 30.

7) DUDEK/WIENER (1996), S. 15 (Kursiv-Hervorhebung durch die Verfasserin).

Als Daumenregel für die Höhe der Transaktionskosten wird festgehalten:

„*[...] transaction costs should not be more than 25% of proceeds from permit sales in order to make a project viable[...]*"[1].

Da projektbezogene Aktivitäten grundsätzlich dort durchzuführen sind, wo sie zur kosteneffizienten Reduzierung von Treibhausgas-Emissionen beitragen, können aus der Perspektive des Investors in Klimaschutzprojekte, der zur Reduzierung von Treibhausgas-Emissionen verpflichtet ist, drei Fälle unterschieden werden[2]:

(1) Wenn die Vermeidungskosten ac^{int}[3] mit den Transaktionskosten tc^{int}[4] aus einer projektbezogenen Aktivität auf internationaler Ebene *geringer* sind als die Vermeidungskosten ac^{nat}[5] für eine alternative Eindämmungsaktivität oder eine unternehmensinterne Investition auf nationaler Ebene, d.h. wenn

$$\left(ac^{int} + tc^{int}\right) < ac^{nat}$$

gilt, dann hat der Investor einen Anreiz in die projektbezogene Aktivität zu investieren.

(2) Wenn die Vermeidungskosten ac^{int} mit den Transaktionskosten tc^{int} aus einer projektbezogenen Aktivität auf internationaler Ebene *höher* sind als die Vermeidungskosten ac^{nat} für eine alternative Eindämmungsaktivität oder eine unternehmensinterne Investition auf nationaler Ebene, d.h. wenn

$$\left(ac^{int} + tc^{int}\right) > ac^{nat}$$

gilt, dann kommt die alternative Eindämmungsaktivität oder die unternehmensinterne Investition zur Anwendung.

---

1) MICHAELOWA/STRONZIK (2002), S. 25 (Kursiv-Hervorhebung durch die Verfasserin).

2) Vgl. z.B. HILLEBRAND ET AL. (2002), S. 3 und 52 sowie DUDEK/WIENER (1996), S. 8 f.

3) Im Rahmen der vorliegenden Arbeit steht das Symbol ac^{int} für avoidance costs und der Symbolindex int für international.

4) Im Rahmen der vorliegenden Arbeit steht das Symbol tc^{int} für transaction costs und der Symbolindex int für international.

5) Im Rahmen der vorliegenden Arbeit steht das Symbol ac^{nat} für avoidance costs und der Symbolindex nat für national.

(3) Wenn die Vermeidungskosten ac^{int} mit den Transaktionskosten tc^{int} aus einer projektbezogenen Aktivitäten auf internationaler Ebene mit den Vermeidungskosten ac^{nat} für eine alternative Eindämmungsaktivität oder eine unternehmensinterne Investition auf nationaler Ebene *übereinstimmen*, also

$$\boxed{\left(ac^{int} + tc^{int}\right) = ac^{nat}}$$

gilt, dann ist der Investor in Klimaschutzprojekte indifferent zwischen den Aktivitäten zur Reduzierung der Treibhausgas-Emissionen.

Das Bundesministerium für Umwelt, Naturschutz und Reaktorsicherheit betont die Bedeutung projektbezogener Aktivitäten wie folgt:

„*JI und CDM ermöglichen deutschen Unternehmen die kostengünstige Erfüllung ihrer Klimaschutzverpflichtungen, erschließen Potentiale für verstärkten Transfer von Technologien mit deutscher Lieferkomponente und tragen in den Gastländern zu einer nachhaltigen Entwicklung bei*"[1)].

Joint Implementation oder auf Deutsch Gemeinsame Projektumsetzung umfasst jene Klimaschutzprojekte, bei denen einzelne Unternehmen der Annex-I-Länder durch die Reduzierung von Treibhausgas-Emissionen Treibhausgas-Emissionsgutschriften in anderen Annex-I-Ländern erwerben können[2)]. Auch Klimaschutzprojekte auf nationaler

---

1) BMU (2005), S. 37 (Kursiv-Hervorhebung durch die Verfasserin). Die nachhaltige Entwicklung wird definiert als ein *positiver Wandel* im sozialen, wirtschaftlichen und ökologischen Bereich, der *langfristig* aufrecht zu erhalten ist und auf eine *gerechte* Verteilung der Entwicklung abzielt. Die Entwicklung beinhaltet Komponenten wie die

- Verbesserung der medizinischen Bedingungen und der Ernährung,
- Verbesserung der Trinkwasserqualität,
- Zugänglichkeit von Umweltressourcen, wie Produktionsfaktoren,
- Fortschrittlichkeit im Bildungswesen,
- Erhöhung des Pro-Kopf-Einkommens,
- gerechte Einkommensverteilung und
- Schaffung von Arbeitsplätzen.

Vgl. z.B. FRAUNHOFER ISI ET AL. (2005), S. 344 ff.; BRINGEZU (1997), S. 56 ff.; AMELUNG (1997), S. 11 ff.; RENNINGS ET AL. (1996), S. 11 f.; RENTZ (1995), S. 50 ff. und PEARCE ET AL. (1990), S. 2 ff.

2) Zu diversen Typen von Klimaschutzprojekten, die als Klimaschutzprojekte im Rahmen von Joint Implementation grundsätzlich geeignet sind, vgl. LUHMANN ET AL. (1997), S. 71 f.

Ebene, d.h. in Kooperation mit deutschen Unternehmen, könnten zum Einsatz kommen[1]. In einem solchen Fall würde Deutschland einerseits als Investor in Klimaschutzprojekte und andererseits als Empfänger der Investition auftreten. Ein solcher Einsatz ist ab der zweiten Handelsperiode, also ab dem Jahr 2008 möglich.

Zu den Annex-I-Ländern zählen diejenigen Industrieländer und Transformationsländer, die sich im Kyoto-Protokoll zur Reduzierung der Treibhausgas-Emissionen verpflichtet *und* das Kyoto-Protokoll ratifiziert haben. Im Rahmen der Joint Implementation können zwar die Klimaschutzprojekte seit dem Jahr 2000 angemeldet werden. Jedoch genehmigt das Projekt-Mechanismen-Gesetz deren Einsatz in Deutschland erst ab dem Jahr 2008, so dass sich eine Anrechnung der erreichten Treibhausgas-Emissionsgutschriften auf das nationale Treibhausgas-Emissionskonto erst ab dem Jahr 2008 realisieren lässt[2]. Die Treibhausgas-Emissionsgutschriften aus Joint Implementation-Projekten sind handelbar und ergeben sich aus der Differenz der Treibhausgas-Emissionen nach Durchführung eines Joint Implementation-Projekts im Vergleich zu den Treibhausgas-Emissionen auf der Basis einer vorher festgelegten Baseline[3].

Folgende Prämissen liegen der Joint Implementation gemäß § 6 (1) Kyoto-Protokoll vor[4]:

- Bewilligung von Joint Implementation-Projekten,
- Reduzierung von Treibhausgas-Emissionen, die „zusätzlich" zu solchen Reduzierungen entsteht, die auch ohne Joint Implementation erfolgen würden,
- Erwerb von Treibhausgas-Emissionsgutschriften „ergänzend" zu Eindämmungsaktivitäten auf nationaler Ebene zur Erfüllung der Verpflichtungen gemäß § 3 Kyoto-Protokoll und

---

1) Vgl. z.B. FRAUNHOFER ISI ET AL. (2005), S. 507 ff. und DUDEK/WIENER (1996), S. 8.

2) Vgl. UMWELTBUNDESAMT (2005d), S. 12; FRAUNHOFER ISI ET AL. (2005), S. 27 und 501 sowie GAMPERL ET AL. (2001), S. 5.

3) Vgl. UMWELTBUNDESAMT (2005d), S. 5; CAMES ET AL. (2001), S. 82 und CANSIER (1996), S. 363. Treibhausgas-Emissionsgutschriften aus Joint Implementation-Projekten können dann erreicht werden, wenn die Treibhausgas-Emissionen nach Durchführung eines Joint Implementation-Projekts die Treibhausgas-Emissionen auf der Basis einer Baseline unterschreiten. Vgl. FRAUNHOFER ISI ET AL. (2005), S. 28.

4) Vgl. CAMES ET AL. (2001), S. 13 f.

- Erwerb von Treibhausgas-Emissionsgutschriften in Abhängigkeit von der Erfüllung der Verpflichtungen gemäß §§ 5 und 7 Kyoto-Protokoll.

Die folgende Abbildung 6 dient einer graphischen Veranschaulichung der vorgenannten Erläuterungen zu der Joint Implementation im Zeitablauf[1)].

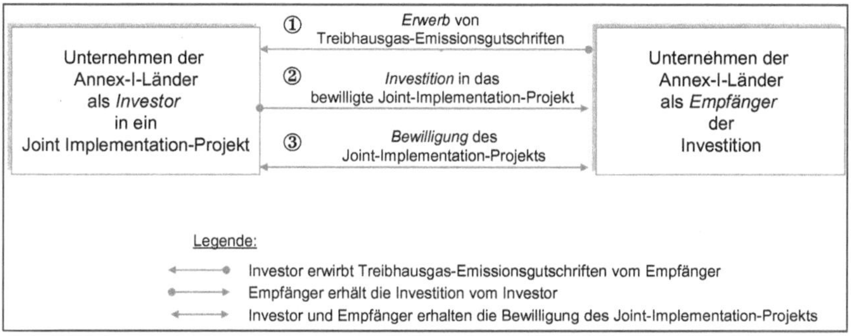

Abbildung 6: Joint Implementation

Clean Development Mechanism oder auf Deutsch Mechanismus für umweltverträgliche Entwicklung kann von Unternehmen aus Annex-I-Ländern nur mit Unternehmen aus *Nicht*-Annex-I-Ländern durchgeführt werden[2)]. Zu diesen Nicht-Annex-I-Ländern zählen diejenigen Entwicklungsländer und kleinen Inselstaaten, die sich zwar *nicht* im Kyoto-Protokoll zur Reduzierung von Treibhausgas-Emissionen verpflichtet, *aber* das Kyoto-Protokoll ratifiziert haben[3)]. Das Projekt-Mechanismen-Gesetz genehmigt den Einsatz von Clean Development Mechanism in Deutschland ab dem Jahr 2006 und die Anrechnung der erreichten Treibhausgas-Emissionsgutschriften auf das nationale Treibhausgas-Emissionskonto ab dem Jahr 2008[4)]. Auch die Treibhausgas-Emissionsgut-

---

1) Vgl. SCHWARZE/ZAPFEL (1998), S. 499, dort Abbildung 3. Zu einem überblicksartigen Prozessablauf bei Joint Implementation vgl. FRAUNHOFER ISI ET AL. (2005), S. 506, dort Abbildung III-2. und LUHMANN ET AL. (1997), S. 388, dort Abbildung IV-4.

2) Vgl. FRAUNHOFER ISI ET AL. (2005), S. 15 f. und 333 ff.

3) Vgl. FUTURECAMP GMBH (2004), S. 81 ff.

4) Vgl. UMWELTBUNDESAMT (2005d), S. 12; FRAUNHOFER ISI ET AL. (2005), S. 27 und GAMPERL ET AL. (2001), S. 5.

schriften aus Clean Development Mechanism-Projekten sind handelbar und ergeben sich aus der Differenz der Treibhausgas-Emissionen nach Durchführung eines Clean Development Mechanism-Projekts im Vergleich zu den Treibhausgas-Emissionen auf der Basis einer vorher festgelegten Baseline[1)].

Dem Clean Development Mechanism liegen folgende Prämissen gemäß § 12 (5) Kyoto-Protokoll zugrunde[2)]:

- Bewilligung von Clean Development Mechanism-Projekten,
- Erzielung realer, messbarer und langfristiger Vorteile in Bezug auf die Beseitigung oder zumindest die Reduzierung der globalen Umweltschäden und
- Reduzierung von Treibhausgas-Emissionen, die „zusätzlich" zu solchen Reduzierungen entsteht, die auch ohne Clean Development Mechanism erfolgen würden.

Der wesentliche Unterschied zwischen Clean Development Mechanism und Joint Implementation ist nicht nur im Hinblick auf die Akteure und den zeitlichen Horizont zu sehen. Vielmehr ist zu bemerken, dass das Clean Development Mechanism nicht nur auf die Reduzierung von Treibhausgas-Emissionen, sondern auch auf die Unterstützung der Nicht-Annex-I-Länder bei ihrer nachhaltigen Entwicklung und bei ihrer fortschreitenden Industrialisierung zielt. Mit dem Clean Development Mechanism werden daher nicht nur umweltpolitische, sondern gleichzeitig auch entwicklungspolitische Ziele verbunden.

Die ENQUETE-KOMMISSION „Schutz der Erdatmosphäre" hebt hervor:

„[…] Bevölkerungsexplosion, Unterentwicklung, Armut und Hunger eskalieren […] und finden ihren Ausdruck auch in einer wachsenden Umweltzerstörung"[3)].

Beispielsweise werden hinsichtlich der Armut und des Mangels an bezahlbaren Energieträgern Wälder abgeholzt, um Brennholz als Energiequelle zu erhalten.

Aus der Perspektive der Nicht-Annex-I-Länder wird jedoch die Befürchtung geäußert, dass Annex-I-Länder ein Interesse daran haben, möglichst kosteneffizient Projekte zur

---

1) Vgl. FRAUNHOFER ISI ET AL. (2005), S. 336.

2) Vgl. zudem UMWELTBUNDESAMT (2005d), S. 9 f. und CAMES ET AL. (2001), S. 15.

3) ENQUETE-KOMMISSION (1992), S. 20 (Kursiv-Hervorhebung durch die Verfasserin).

Reduzierung von Treibhausgas-Emissionen durchzuführen[1]. Dieses Interesse könnte für Nicht-Annex-I-Länder den Nachteil aufweisen, dass ihnen die Möglichkeit der kosteneffizienten Projektdurchführung nicht mehr oder nur noch in geringem Umfang zur Verfügung steht, wenn sie zu einem späteren Zeitpunkt selbst zur Reduzierung der Treibhausgas-Emissionen verpflichtet werden[2]. Als denkmögliche Lösungen für dieses Problem kommen in Betracht[3]:

- Verweigerung der Zustimmung zur Projektdurchführung, insbesondere bei solchen Projekte, bei denen beispielsweise lediglich das Management einer Anlage geändert wird, ohne dass hierzu Investitionen notwendig wären, oder
- Einfordern eines bestimmten Anteils der erreichten Treibhausgas-Emissionsgutschriften für den Eigenbedarf zu einem späteren Zeitpunkt.

Die folgende Abbildung 7 dient einer graphischen Veranschaulichung der vorgenannten Erläuterungen zum Clean Development Mechanism im Zeitablauf[4].

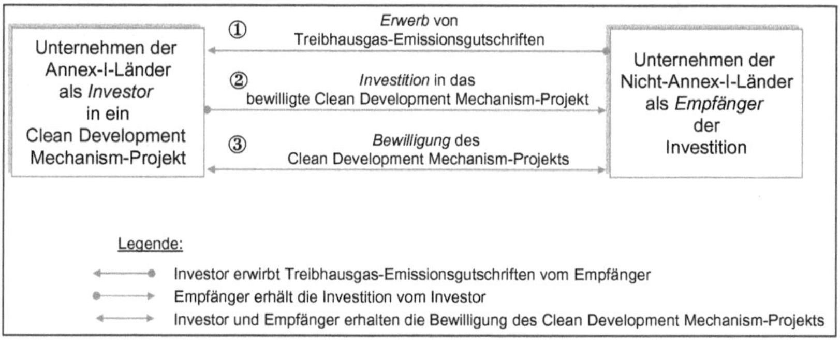

Abbildung 7: Clean Development Mechanism

1) Vgl. CAMES ET AL. (2001), S. 101 f.

2) Vgl. CANSIER (1996), S. 364.

3) Vgl. ZIMMERMANN (2000), S. 24.

4) Zu einem überblicksartigen Prozessablauf beim Clean Development Mechanism vgl. FRAUNHOFER ISI ET AL. (2005), S. 339, dort Abbildung II-1.

Schließlich zeigen die folgenden Beispiele, dass das Interesse in Deutschland für die Durchführung projektbezogener Aktivitäten zunimmt[1]:

(1) Joint Implementation zwischen deutschen und ukrainischen Unternehmen

Die *Deutsche Energie-Agentur GmbH* (dena)[2] baut einen Klimaschutz-Projektpool in der Ukraine auf. Der deutsch-ukrainische Klimaschutz-Projektpool zielt darauf ab, deutsch-ukrainische Kooperationen und einen Angebotsmarkt für Klimaschutzprojekte, wie Joint Implementation, aufzubauen[3]. Zusätzlich zur Reduzierung der Treibhausgas-Emissionen wird ein Technologieschub in der Ukraine mit innovativer Technik „Made in Germany" erwartet[4].

(2) Clean Development Mechanism zwischen deutschen und indischen Unternehmen

Ein weiteres Beispiel stellt das Vorhaben des *Essener Kraftwerksbetreibers RWE Power* dar, der Gespräche mit verschiedenen indischen Stromproduzenten, wie mit dem größten indischen Stromproduzenten National Thermal Power Corporation Limited (NTPC Ltd.)[5], aufgenommen hat, um Treibhausgas-Emissionsgutschriften zu erwerben. Der indische Stromproduzent untersucht bei Projekten zur Elektrifizierung ländlicher Gebiete und zur Nutzung erneuerbarer Energien mögliche Potenziale für Clean Development Mechanism. Denkmöglich ist die Beteiligung des Essener Kraftwerksbetreibers RWE

---

1) Vgl. z.B. FRAUNHOFER ISI ET AL. (2005), S. 35 ff.

2) Zur Deutschen Energie-Agentur GmbH vgl. www.dena.de.

3) Vgl. O.V. (2005e).

4) Obwohl Joint Implementation-Projekte erst ab dem Jahr 2008 genehmigt werden, sprechen folgende Gründe dafür, dass Annex-I-Länder oder einzelne Unternehmen der Annex-I-Länder dennoch vorzeitig in diese Klimaschutzprojekte investieren:

- Sammlung von praktischen Erfahrungen in einer „Pilotphase", die späteren Klimaschutzprojekten zugute kommen können,
- Verbesserung des Unternehmensimages durch die Profilierung mit „freiwillig" realisierten Klimaschutzprojekten und
- Erschließung neuer Partnerschaften für die Durchführung späterer Klimaschutzprojekte.

Vgl. FRAUNHOFER ISI ET AL. (2005), S. 17 f. und CAMES ET AL. (2001), S. 93.

5) Zur National Thermal Power Corporation Limited vgl. http://www.ntpc.co.in/home/index.shtml.

Power an solchen Projekten, um die dort eingesparten CO_2-Emissionen in Treibhaugas-Emissionsgutschriften in der Gestalt von so genannten Carbon Credits umzuwandeln und diese mit seinen Emissionen in Europa verrechnen zu lassen[1)].

(3) Clean Development Mechanism zwischen deutschen und mexikanischen Unternehmen

Deutschland hat mit Mexiko im Jahr 2005 das erste „*Memorandum of Understanding*“ unterzeichnet[2)]. Dieses Abkommen bildet die politische Grundlage für zukünftige Klimaschutzprojekte im Rahmen des Clean Development Mechanism, um die Entwicklung und Umsetzung von Clean Development Mechanism-Projekten zu erleichtern. Als ein Clean Development Mechanism-Projekt zwischen beiden Ländern kommen z.B. die Errichtung von Solarstromanlagen in Mexiko und Hilfen für energieeffiziente Industrieanlagen in Betracht.

---

1) Vgl. ENERGIE UND MANAGEMENT (2005).

2) Vgl. FAZ (2005a), S. 12; FRAUNHOFER ISI ET AL. (2005), S. 337 und Richtlinie 2004/101/EG des Europäischen Parlaments und des Rates vom 27. Oktober 2004 zur Änderung der Richtlinie 2003/87/EG über ein System für den Handel mit Treibhausgasemissionszertifikaten in der Gemeinschaft im Sinne der projektbezogenen Mechanismen des Kyoto-Protokolls.

3 Realproblem der Reallokation von Treibhausgas-Emissionsrechten und Treibhausgas-Emissionsgutschriften auf Unternehmensebene

3.1 Das Reallokationsproblem

In Anlehnung an die im vorangehenden Kapitel dargelegten isolierten Erläuterungen zu der nationalen Reallokation von Treibhausgas-Emissionsrechten, der Joint Implementation und dem Clean Development Mechanism, ist nun ein *Zusammenspiel* dieser Eindämmungsaktivitäten aufzuzeigen[1)]. Unter Berücksichtigung eines solchen Zusammenspiels, das es hinsichtlich der derzeitigen räumlichen Restriktion auf nationaler Ebene *so* noch nicht gibt, bleibt auf Unternehmensebene offen, *wie* die nationale Reallokation[2)] von

- Treibhausgas-Emissionsrechten aus der nationalen Primärallokation von Treibhausgas-Emissionsrechten,
- Treibhausgas-Emissionsgutschriften aus Joint Implementation und
- Treibhausgas-Emissionsgutschriften aus Clean Development Mechanism

zu erfolgen hat[3)].

Aus dieser Offenheit resultiert ein *Reallokationsproblem* als *Real*problem der nationalen Reallokation nicht nur von Treibhausgas-Emissionsrechten, sondern auch von Treibhausgas-Emissionsgutschriften auf Unternehmensebene, dem sich die Verfasserin im Rahmen der vorliegenden Arbeit zuwendet und das sie als Untersuchungsgegenstand spezifiziert.

Zudem ist im Rahmen der vorliegenden Arbeit grundsätzlich die Perspektive der *Anbieter* sowohl von Treibhausgas-Emissionsrechten als auch von Treibhausgas-Emissionsgutschriften zu berücksichtigen[4)]. Fraglich ist zunächst, *wer* Anbieter von Treibhausgas-Emissionsrechten und Treibhausgas-Emissionsgutschriften ist. Die Präzisierung der An-

---

1) Vgl. Kapitel 2.3.2 der vorliegenden Arbeit.

2) Im Rahmen der vorliegenden Arbeit ist mit den Begriff "Reallokation" der *Handel* mit Treibhausgas-Emissionsrechten und Treibhausgas-Emissionsgutschriften gemeint.

3) Vgl. Kapitel 1.1 der vorliegenden Arbeit.

4) Vgl. Kapitel 1.3 der vorliegenden Arbeit.

bieterperspektive erfordert die Differenzierung folgender zwei Optionen, die einem Unternehmen mit einem Überschuss an Treibhausgas-Emissionsrechten und Treibhausgas-Emissionsgutschriften zur Auswahl stehen:

(1) Diejenigen Unternehmen, die einen Überschuss an Treibhausgas-Emissionsrechten und Treibhausgas-Emissionsgutschriften aufweisen, können über die Möglichkeit des *Banking* diesen Überschuss als Guthaben für spätere Nutzungen ansparen[1)]. Grundsätzlich weist diese *unternehmensinterne* Strategie *Vorteile* auf, da ungenutzte Treibhausgas-Emissionsrechte und Treibhausgas-Emissionsgutschriften in nachfolgende Perioden übertragen werden können[2)]. Dies erhöht die zeitliche Flexibilität der Unternehmen. Zudem lassen sich positive Erfolgsbeiträge realisieren, wenn ein Unternehmen beispielsweise

  - als Anbieter von Treibhausgas-Emissionsrechten und Treibhausgas-Emissionsgutschriften mit höheren Verkaufspreisen in der Zukunft für diese Treibhausgas-Emissionsrechte und Treibhausgas-Emissionsgutschriften rechnet

  oder

  - bei unerwarteten Produktionssteigerungen auf ein Guthaben als Sicherheitsreserve zurückgreift, statt auf dem Markt für Treibhausgas-Emissionsrechte und Treibhausgas-Emissionsgutschriften die benötigte Menge an Treibhaus-

---

1) Vgl. z.B. SCHLEICH ET AL. (2004), S. 3 f.; GAGELMANN/HANSJÜRGENS (2002), S. 194. Jedoch ist zu beachten, dass auf nationaler Ebene beim Übergang von der ersten in die zweite Handelsperiode, d.h. von 2007 in 2008, die Möglichkeit des Banking nicht unbeschränkt möglich ist. Vgl. z.B. FRAUNHOFER ISI ET AL. (2005), S. 335 und 502 f. sowie SCHLEICH ET AL. (2004), S. 7. SCHLEICH ET AL. diskutieren und analysieren aus spieltheoretischer Perspektive die Möglichkeit und insbesondere das Verbot des Banking auf der Basis der Simulation eines Handels mit Treibhausgas-Emissionsrechten in der baden-württembergischen Unternehmenspraxis SET UP in Zusammenarbeit mit einer studentischen Gruppe des Instituts für Statistik und Mathematische Wirtschaftstheorie der Universität TH Karlsruhe. Vgl. SCHLEICH ET AL. (2004), S. 2 ff. Als Gegenstück zum Banking existiert das *Borrowing*, d.h. die Nutzung von Treibhausgas-Emissionsrechten des kommenden Jahres für Verpflichtungen im laufenden Jahr. Vgl. z.B. HEISTER/MICHAELIS (1991), S. 71 f. In diesem Fall haben die Treibhausgas-Emittenten jedoch ein Defizit in Treibhausgas-Emissionsrechten und werden nicht als Anbieter, sondern als Nachfrager nach Treibhausgas-Emissionsrechten auftreten. Da die Nachfragerperspektive im Rahmen der vorliegenden Arbeit keine Berücksichtigung findet, wird diese Option nicht weiter ausgeführt.

2) Vgl. FRAUNHOFER ISI ET AL. (2005), S. 152 f.; BMU (2004), S. 34 f. und SCHLEICH ET AL. (2004), S. 2.

gas-Emissionsrechten und Treibhausgas-Emissionsgutschriften zu einem höheren Preis zu kaufen, als die angesparten Treibhausgas-Emissionsrechte und Treibhausgas-Emissionsgutschriften erworben wurden.

Zu bemerken ist jedoch, dass dem Vorteil der erhöhten Flexibilität der *Nachteil* für die Markliquidität gegenübersteht. Durch das Banking ist zwar, insbesondere für risikoscheue Unternehmen, die Möglichkeit des Ansparens von Treibhausgas-Emissionsrechten und Treibhausgas-Emissionsgutschriften gegeben. Jedoch werden sie dem Markt für Treibhausgas-Emissionsrechte und Treibhausgas-Emissionsgutschriften entzogen und können dadurch die Marktliquidität reduzieren. Zudem können nur zeitlich unbefristete Treibhausgas-Emissionsrechte und Treibhausgas-Emissionsgutschriften für den späteren Gebrauch gehortet werden, da zeitlich befristete Treibhausgas-Emissionsrechte und Treibhausgas-Emissionsgutschriften das Banking nach § 20 Zuteilungsgesetz 2007 nicht erlauben[1].

(2) Neben der Möglichkeit des Banking steht den Unternehmen mit einem Überschuss an Treibhausgas-Emissionsrechten und Treibhausgas-Emissionsgutschriften eine *unternehmensexterne* Strategie zur Auswahl. In diesem Fall können Teile der überschüssigen Treibhausgas-Emissionsrechte und Treibhausgas-Emissionsgutschriften zum *Verkauf* angeboten werden. Als Gründe für ein solches Angebot finden beispielsweise

- zeitlich befristete Treibhausgas-Emissionsrechte und Treibhausgas-Emissionsgutschriften, die nach § 20 Zuteilungsgesetz 2007 das Banking nicht erlauben und zum Verkauf anzubieten sind, damit sie nicht verfallen,
- niedrige Verkaufspreise für Treibhausgas-Emissionsrechte und Treibhausgas-Emissionsgutschriften, die für die Zukunft prognostiziert[2] werden, und

1) Vgl. ENDRES (2000), S. 128 f. und FEESS/STOCKER (1998), S. 152.

2) Für 2010 wird der Preis für Treibhausgas-Emissionsrechte auf 10,50 €/t CO_2-Äquivalente prognostiziert, wenn Treibhausgas-Emissionsgutschriften unbeschränkt einsetzbar sind. Vgl. FRAUNHOFER ISI ET AL. (2005), S. 57. Wenn jedoch Treibhausgas-Emissionsgutschriften nicht erlaubt sind, könnte der Preis für Treibhausgas-Emissionsrechte auf 26,00 €/t CO_2-Äquivalente ansteigen.

- Banking, das beim Übergang von der ersten Handelsperiode in die zweite Handelsperiode nicht unbeschränkt möglich ist[1),]

Erwähnung.

Diejenigen Unternehmen, die Teile der überschüssigen Treibhausgas-Emissionsrechte und Treibhausgas-Emissionsgutschriften zum Verkauf anbieten, repräsentieren die Perspektive der Anbieter von Treibhausgas-Emissionsrechten und Treibhausgas-Emissionsgutschriften.

Die Entscheidung für das Banking oder für den Verkauf von überschüssigen Treibhausgas-Emissionsrechten und Treibhausgas-Emissionsgutschriften erfolgt in Abhängigkeit von allen Kosten und allen positiven Erfolgsbeiträgen bzw. Erlösen, die beim Banking bzw. beim Verkauf anfallen.

Grundsätzlich unterliegen sowohl die nationale Reallokation von Treibhausgas-Emissionsrechten als auch die auf der Basis einer internationalen Kooperation realisierten projektbezogenen Aktivitäten einer Berichtspflicht. In diesem Bericht sind die Unternehmen verpflichtet, die erworbenen Treibhausgas-Emissionsrechte sowie die erworbenen Treibhausgas-Emissionsgutschriften quantitativ zu erfassen und anschließend die Veränderungen des nationalen Budgets an Treibhausgas-Emissionen aufzuzeigen[2)]. Für die Registrierung der Treibhausgas-Emissionsrechte und Treibhausgas-Emissionsgutschriften wird die Etablierung eines *nationalen Registers*[3)] erwartet[4)]. Ein solches nationales Register enthält Treibhausgas-Emissionskonten für die erreichten Treibhausgas-Emissionsrechte und Treibhausgas-Emissionsgutschriften, die durch ein Unternehmen

---

1) Vgl. z.B. FRAUNHOFER ISI ET AL. (2005), S. 335 und 502 f. sowie SCHLEICH ET AL. (2004), S. 7.

2) Vgl. SCHWARZE/ZAPFEL (1998), S. 505.

3) Ein Register ist ein elektronisches Buchführungssystem zur Verwaltung von Treibhausgas-Emissionsrechten, jedoch kein Handelsplatz. Die Treibhausgas-Emissionsrechte existieren nicht in Papierform, sondern nur auf Online-Konten. Für die einzelnen am Handel teilnehmenden Unternehmen werden im Register getrennte Konten geführt. Jedes Treibhausgas-Emissionsrecht verfügt über eine eindeutige Signatur, so dass die Authentizität einzelner Treibhausgas-Emissionsrechte kontrolliert werden kann. Im Register wird vermerkt, wer zu welchem Zeitpunkt in Besitz welcher Treibhausgas-Emissionsrechte ist und wer an wen Treibhausgas-Emissionsrechte verkauft. Um die nationalen Transfers von Treibhausgas-Emissionsrechten sowie von Treibhausgas-Emissionsgutschriften durchführen und dokumentieren zu können, sind die Register miteinander zu vernetzen. Vgl. FRAUNHOFER ISI ET AL. (2005), S. 138 ff.

4) Vgl. FRAUNHOFER ISI ET AL. (2005), S. 33.

gehalten werden[1]. Da die Treibhausgas-Emissionsrechte und Treibhausgas-Emissionsgutschriften nur in elektronischer Form vorliegen, d.h. nicht in physischer Form ausgegeben werden, sind sie elektronisch zu verwalten[2].

Das folgende *Beispiel* zielt darauf ab, das Zusammenspiel der nationalen Reallokation von Treibhausgas-Emissionsrechten mit Joint Implementation und Clean Development Mechanism *vereinfacht* darzustellen. Ein solches Zusammenspiel der nationalen Reallokation von Treibhausgas-Emissionsrechten mit Joint Implementation und Clean Development Mechanism könnte ab der zweiten Handelsperiode, d.h. ab dem Jahr 2008, Anwendung finden, da sich eine Anrechnung der erworbenen Treibhausgas-Emissionsgutschriften aus Joint Implementation und der erworbenen Treibhausgas-Emissionsgutschriften aus Clean Development Mechanism auf das nationale Treibhausgas-Emissionskonto erst ab dem Jahr 2008 realisieren lässt.

Die Perspektive der Anbieter wird von einem deutschen energieproduzierenden und energieverbrauchenden Unternehmen repräsentiert. Es wird angenommen, dass dieses Unternehmen sowohl über die Prmärallokation von Treibhausgas-Emissionsrechten als auch über die Durchführung projektbezogener Aktivitäten im Zeitablauf, d.h. über mehrere Perioden, Treibhausgas-Emissionsrechte bzw. Treibhausgas-Emissionsgutschriften erwerben kann.

Das Unternehmen könnte als ein Unternehmen der Annex-I-Länder[3] beispielsweise einerseits auf einer deutsch-ukrainischen Kooperation basierend ein Klimaschutzprojekt im Rahmen der Joint Implementation durchführen. Andererseits wären Kooperationen mit indischen Stromproduzenten oder mexikanischen Unternehmen als Unternehmen der Nicht-Annex-I-Länder zur Durchführung von Klimaschutzprojekten im Rahmen des Clean Development Mechanism[4] denkmöglich.

Unter der Annahme, dass das Unternehmen seinen eigenen Verpflichtungen zur Reduzierung von Treibhausgas-Emissionen nachkommt und dennoch im Besitz ungenutzter Treibhausgas-Emissionsrechte und Treibhausgas-Emissionsgutschriften ist, bestehen für das Unternehmen grundsätzlich die beiden o.a. Optionen: Es kann die überschüssigen

1) Vgl. z.B. FRAUNHOFER ISI ET AL. (2005), S. 505.

2) Vgl. FRAUNHOFER ISI ET AL. (2005), S. 34.

3) Vgl. Anhang B der vorliegenden Arbeit.

4) Vgl. Kapitel 2.3 der vorliegenden Arbeit.

Treibhausgas-Emissionsrechte und Treibhausgas-Emissionsgutschriften entweder im Rahmen des Banking auf spätere Perioden übertragen oder es kann die überschüssigen Treibhausgas-Emissionsrechte und Treibhausgas-Emissionsgutschriften am Markt für Treibhausgas-Emissionsrechte und Treibhausgas-Emissionsgutschriften verkaufen. Darüber hinaus kann es die beiden vorgenannten Optionen miteinander kombinieren, indem es einen Teil der überschüssigen Treibhausgas-Emissionsrechte und Treibhausgas-Emissionsgutschriften auf spätere Perioden überträgt und den übrigen Teil der überschüssigen Treibhausgas-Emissionsrechte und Treibhausgas-Emissionsgutschriften verkauft.

Als Nachfrager nach Treibhausgas-Emissionsrechten und Treibhausgas-Emissionsgutschriften kommen neben deutschen energieproduzierenden und energieverbrauchenden Unternehmen auch Wohnbaugesellschaften sowie der Öffentliche Personennahverkehr (ÖPNV) in Betracht.

Es wird angenommen, dass sich *ein* Anbieter und *mehrere* Nachfrager im Verhältnis (1:n) auf dem Markt für Treibhausgas-Emissionsrechte und Treibhausgas-Emissionsgutschriften gegenüberstehen[1)]. Im Hinblick auf das beispielhafte Zusammenspiel der nationalen Reallokation von Treibhausgas-Emissionsrechten mit Joint Implementation und Clean Development Mechanism stehen sich ein Anbieter und mehrere Nachfrager im Verhältnis (1:3) gegenüber.

Die folgende Abbildung 8 stellt das Zusammenspiel der nationalen Reallokation von Treibhausgas-Emissionsrechten mit Joint Implementation und Clean Development Mechanism vereinfacht graphisch dar.

1) Vgl. STRECKER (2004), S. 53 und REICHWALD ET AL. (2000), S. 5.

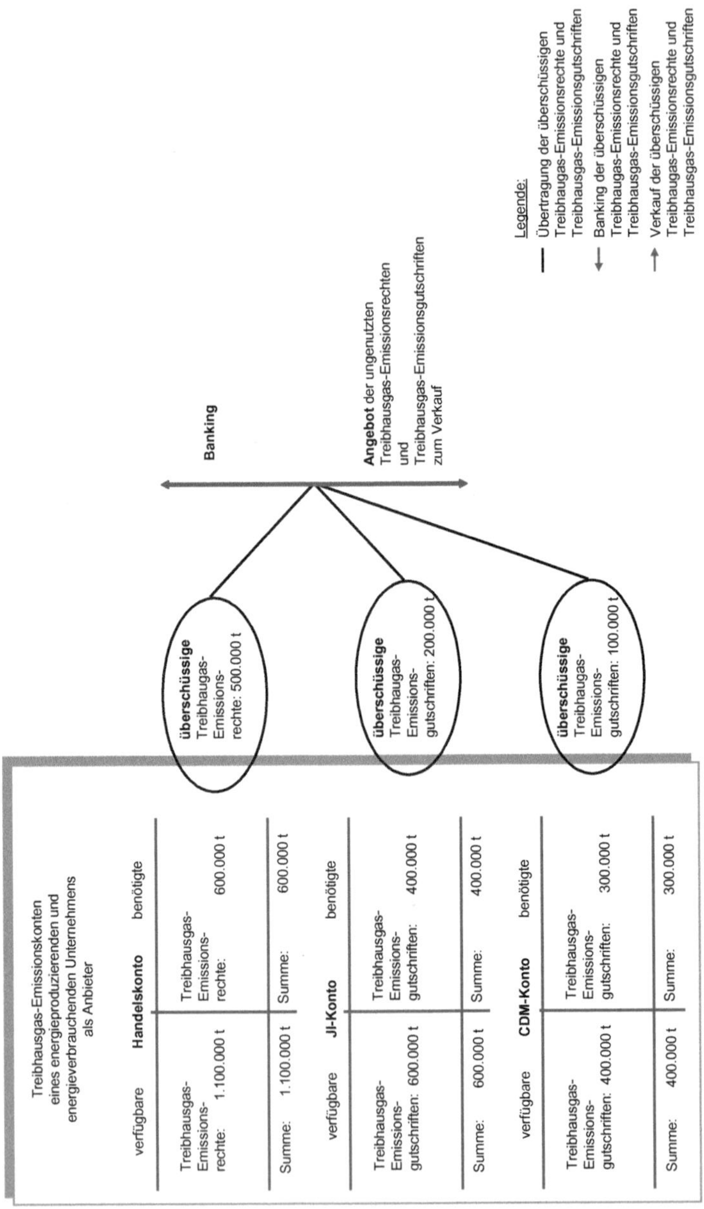

Abbildung 8: Zusammenspiel der Reallokation von Treibhausgas-Emissionsrechten und Treibhausgas-Emissionsgutschriften mit Joint Implementation und Clean Development Mechanism

3.2 Eignung elektronischer Auktionen zur Lösung des Reallokationsproblems

3.2.1 State-of-the-art zu Auktionen

3.2.1.1 Standard-Auktionen

Im Hinblick auf die Frage, *wie* die nationale Reallokation von Treibhausgas-Emissionsrechten und Treibhausgas-Emissionsgutschriften auf Unternehmensebene bestmöglich realisiert werden kann, gewinnen aus betriebswirtschaftlicher Perspektive *elektronische Auktionen* als ausgewählte marktliche Reallokationsmechanismen an Bedeutung[1)]. Dieses Kapitel nimmt auf der Basis einer Analyse der Eignung von Auktionen zur Lösung des Reallokationsproblems eine Präzisierung vor.

Der State-of-the-art zu (elektronischen) Auktionen in der Fachliteratur[2)] stellt den gegenwärtigen betriebswirtschaftlichen Kenntnisstand hinsichtlich der Gestaltung von Auktionen auf elektronischen Märkten dar. Standard-Auktionen repräsentieren diejenigen Auktionen, die zu den laut State-of-the-art in der Fachliteratur diskutierten 1-dimensionalen Auktionen zählen. 1-dimensionale Auktionen sind dadurch gekennzeich-

---

1) Vgl. Kapitel 1.1 der vorliegenden Arbeit.

2) Vgl. z.B. BERNINGHAUS ET AL. (2006), S. 225 ff.; GARRATT/TRÖGER (2006), S. 753 ff.; TEICH ET AL. (2006), S. 91; TEICH ET AL. (2004), S. 2; PINKER ET AL. (2003), S. 1462; NIEMEIER (2002), S. 29 ff.; DUTRA/MENEZES (2001b), S. 2; KLEMPERER (2000), S. 2 und 11 f.; AMOR (2000), S. 47; GRIMM/SCHMIDT (1999), S. 670; SCHIMMEL/ZELEWSKI (1996), S. 7 ff.; AMANN/LEININGER (1995), S. 273; KAGEL (1995), S. 503; WOLF (1994), S. 99; MILGROM (1989), S. 3 f.; MCAFEE/MCMILLAN (1987), S. 702 f.; ENGELBRECHT-WIGGANS (1983), S. 61 ff.; MILGROM/WEBER (1982a), S. 1089 f. und CASSADY (1967), S. 56 ff. Zu einem Vergleich der Standard-Auktionen vgl. z.B. BERNINGHAUS ET AL. (2006), S. 239 ff.; KRISHNA (2002), S. 13 ff.; LUCKING-REILEY (1999), S. 1063 ff. und MCAFEE/MCMILLAN (1987), S. 707 ff. Als Ergebnis wird das „Revenue Equivalence Theorem“ erzielt, das MCAFEE/MCMILLAN folgendermaßen spezifizieren: „*[...] each of the English auction, the Dutch auction, the first-price sealed-bid auction, and the second-price sealed-bid auction yields the same price on average*“. MCAFEE/MCMILLAN (1987), S. 710 (Kursiv-Hervorhebung durch die Verfasserin). Jedoch ist beispielsweise unter der Annahme risikoaverser Bieter das Revenue Equivalence Theorem von MCAFEE/MCMILLAN nicht standfest. Zu solchen und weiteren Ausnahmefällen vgl. z.B. BERNINGHAUS ET AL. (2006), S. 248 f.; CHENG (2006), S. 471 ff.; LUCKING-REILEY (1999), S. 1064 f.; KAGEL (1995), S. 506 ff. und MASKIN/RILEY (1989), S. 312. Wenn die Standard-Auktionen nicht nur zum gleichen Verkaufspreis für den Auktionator führen, sondern zudem die gleiche Menge an Strategien für die Bieter zur Verfügung stellen, dann können die Standard-Auktionen als „strategisch äquivalent“ angesehen werden. Vgl. LUCKING-REILEY (1999), S. 1064 und MILGROM/WEBER (1982a), S. 1090 f.

net, dass das angebotene Gut ausschließlich unter Berücksichtigung des abgegebenen Preisgebots versteigert wird[1]. Im Rahmen von Standard-Auktionen wird entweder eine Einheit eines Gutes angeboten oder es wird eine *nicht zerlegbare* Menge aus mehreren Einheiten desselben Gutes zum Verkauf angeboten[2]. Im Hinblick auf dieses Angebot finden die Bezeichnungen „Eingutauktion", „single auction" oder „single-unit auction" Anwendung[3]. Im Falle einer Einheit des angebotenen Gutes gewinnt die Eingutauktion insbesondere beim Verkauf von Einzelstücken, wie Kunstgegenständen und Antiquitäten, an Bedeutung[4]. Im Falle einer nicht zerlegbaren Menge des angebotenen Gutes erfolgt unter der Bezeichnung „package auction" der Verkauf aller zugehörigen Einheiten *gemeinsam*, d.h. in Form *eines* Pakets oder *eines* Güterbündels[5]. AVENALI/BASSANINI definieren ein Güterbündel wie folgt:

„*A* ***bundle*** *is a set of items and may contain multiple copies of a certain item.*"[6]

VICKREY-Auktion

Die VICKREY-Auktion[7] hat ihren Namen von WILLIAM SPENCER VICKREY, der im Jahr

1) Vgl. TEICH ET AL. (2004), S. 1 und 12.

2) Vgl. TEICH ET AL. (2004), S. 12 und STRECKER (2004), S. 53. Im Rahmen der vorliegenden Arbeit ist grundsätzlich die Perspektive der *Anbieter* sowohl von Treibhausgas-Emissionsrechten als auch von Treibhausgas-Emissionsgutschriften zu berücksichtigen, so dass grundsätzlich von einer so genannten „Verkaufsauktion" ausgegangen wird. Vgl. z.B. BERNINGHAUS ET AL. (2006), S. 226. Daher rücken im Folgenden so genannte „Einkaufsauktionen" in den Hintergrund. Zu *Einkaufsauktionen* vgl. z.B. BERNINGHAUS ET AL. (2006), S. 226.

3) Vgl. BERNINGHAUS ET AL. (2006), S. 226 und WILSON (1979), S. 675.

4) Vgl. BIERMANN/FERNANDEZ (1998), S. 293.

5) Vgl. KRISHNA (2002), S. 165; AUSUBEL/MILGROM (2002), S. 392 und MCCABE ET AL. (1990), S. 1276.

6) AVENALI/BASSANINI (2007), S. 214 (Kursiv-Hervorhebung durch die Verfasserin, Fett-Hervorhebung im Original als Kursiv-Hervorhebung).

7) Vgl. TEICH ET AL. (2006), S. 91; MENEZES/MONTEIRO (2005), S. 11; MILGROM (2004), S. 9; OSBORNE (2004), S. 82 ff.; ROTHKOPF (2002), S. 3; WIESE (2002), S. 124; CORSTEN/GÖSSINGER (2001), S. 65; KLEMPERER (2000), S. 12; GRIMM/SCHMIDT (1999), S. 670; BIERMANN/FERNANDEZ (1998), S. 293 und WOLF (1994), S. 99. Die Begriffe „VICKREY-Auktion", „Zweitpreis-Auktion" und „second-price sealed-bid auction" werden im Folgenden synonym verwendet.

1996 einen Nobelpreis[1)] für Wirtschaftswissenschaft erhalten hat. In der Fachliteratur wird die VICKREY-Auktion auch als Zweitpreis-Auktion oder als second-price sealed-bid auction bezeichnet.

Die VICKREY-Auktion stellt eine *verdeckte* Auktion dar[2)]. Der Auktionator[3)], der die Anbieterperspektive repräsentiert oder der vom Anbieter einen Versteigerungsauftrag erhält und dann im eigenen Interesse die Auktion gestaltet, bietet eine Einheit des angebotenen Gutes oder ein Güterbündel an[4)]. Im Rahmen der VICKREY-Auktion legt der Auktionator für das angebotene Gut oder für das angebotene Güterbündel einen Reservationspreis[5)] fest. Dieser Reservationspreis wird definiert als der geringste Preis, zu dem der Auktionator bereit ist, das angebotene Gut oder das angebotene Güterbündel zu verkaufen[6)].

Die Nachfrager, die als Bieter auftreten, geben ihre Preisgebote ab. Vor der Abgabe der Preisgebote ist den Bietern nicht bekannt, ob eine kooperative Abgabe der Preisgebote gegenüber einer alleinigen Abgabe der Preisgebote vorteilhafter ist. Im Hinblick auf

---

1) WILLIAM SPENCER VICKREY und JAMES ALEXANDER MIRRLESS haben im Jahr 1996 den Nobelpreis für Wirtschaftswissenschaften für ihre grundlegenden Beiträge zur ökonomischen Theorie der Anreize bei asymmetrischen Informationen der Akteure erhalten. Vgl. GRÜSKE (1999), S. 13 f.; MIRRLEES (1996), S. 278 ff. und MILGROM (1996), S. 310 ff.

2) Vgl. BERNINGHAUS ET AL. (2006), S. 229; STRECKER (2004), S. 53; SCHIMMEL/ZELEWSKI (1996), S. 18 und PALFREY (1983), S. 465.

3) In der Fachliteratur wird der *Auktionator* auch als koordinierende Einheit, Agent oder Koordinationsagent, Broker, Intermediär oder auction organizer bezeichnet. Vgl. ESO (2002), S. 49; CORSTEN/GÖSSINGER (2001), S. 61; SCHIMMEL/ZELEWSKI (1996), S. 3 und CASSADY (1967), S. 92 ff. Während der Auktionator der „Ausrichter" der Auktion ist und die Regeln für die Durchführung einer Auktion – Auktionsregeln i.S.v. Spielregeln – festlegt, können die *Bieter* als Teilnehmer der Auktion definiert werden. Vgl. BERNINGHAUS ET AL. (2006), S. 223.

4) Vgl. AUSUBEL/MILGROM (2002), S. 392, dort in Fn. 1); SCHMIDT (1999), S. 43; LEVIN/SMITH (1996), S. 1273; WEINHARDT/GOMBER (1996), S. 11; BACK/ZENDER (1993), S. 734, dort in Fn. 5) und WEBER (1983), S. 168.

5) In der Fachliteratur finden für den Reservationspreis auch die Bezeichnungen „Limitpreis" und „Mindestverkaufspreis" Anwendung. Vgl. z.B. BERNINGHAUS ET AL. (2006), S. 243. Diese Begriffe werden im Rahmen der vorliegenden Arbeit synonym verwendet.

6) Vgl. BIERMANN/FERNANDEZ (1998), S. 292, LEVIN/SMITH (1996), S. 1271 ff.; GÜTH (1994), S. 208; MASKIN/RILEY (1989), S. 313; BULOW/ROBERTS (1989), S. 1063 und CASSADY (1967), S. 226 ff. CASSADY definiert den Begriff „reserve" wie folgt: *„The term „reserve" as applied to auction prices refers to a vendor's right to bid on his own property or, more often, to a price determined by the vendor or his agent, the auctioneer, below which the property is not sold.*" CASSADY (1967), S. 226 (Kursiv-Hervorhebung durch die Verfasserin).

diese Unkenntnis kann davon ausgegangen werden, dass unter den oder einzelnen Bietern kein Anreiz zu einem kooperativen Agieren besteht[1]. Jeder Bieter gibt unabhängig von allen anderen Bietern nur genau ein verdecktes Preisgebot ab, das mindestens so hoch wie der zuvor bekannt gegebene Reservationspreis sein muss[2]. Sind die für das angebotene Gut oder das angebotene Güterbündel abgegebenen Preisgebote geringer als der Reservationspreis des Auktionators, so hat der Auktionator das Recht, das angebotene Gut oder das angebotene Güterbündel vom Verkauf zurückzuziehen[3]. Liegen die abgegebenen Preisgebote jedoch über dem Reservationspreis, so kann derjenige Bieter, der das angebotene Gut oder das angebotene Güterbündel erhalten wird, ermittelt werden.

Im Hinblick auf die Abgabe der Preisgebote stellt die VICKREY-Auktion eine *simultane* Auktion dar, wobei die Simultanität die in einem vom Auktionator determinierten Zeitraum[4] zeitgleich abgegebenen Preisgebote der Bieter meint[5]. Die Abgabe der Preisgebote kann zu unterschiedlichen Zeit*punkten* innerhalb des determinierten Zeit*raums* erfolgen[6]. Der vom Auktionator determinierte Zeitraum gewährt den Bietern innerhalb dieses Zeitraums die Möglichkeit zum Überdenken ihrer jeweiligen Preisgebote, jedoch keine Informationen bezüglich der Zahlungsbereitschaft[7] und des Verhaltens der anderen Bieter[8]. Da die VICKREY-Auktion eine *statische* Auktion darstellt, die über eine

1) Vgl. SCHMIDT (1999), S. 53 f.

2) Vgl. AUSUBEL/CRAMTON (2004), S. 497; PICOT ET AL. (2003), S. 346; WIESE (2002), S. 124; CORSTEN/GÖSSINGER (2001), S. 65; AMOR (2000), S. 52 f.; REICHWALD ET AL. (2000), S. 6; PALFREY (1983), S. 465 und WEBER (1983), S. 168.

3) Vgl. PINKER ET AL. (2003), S. 1467; KRISHNA (2002), S. 24 und CASSADY (1967), S. 227.

4) Im Hinblick auf einen solchen Zeitraum oder ein solches Zeitintervall findet auch die Bezeichnung „time-interval auction“ Anwendung. Vgl. CASSADY (1967), S. 75.

5) Vgl. MENEZES/MONTEIRO (2005), S. 124 und VAN DAMME (2002), S. 69.

6) Vgl. BERNINGHAUS ET AL. (2006), S. 12 und JOST (2001a), S. 15.

7) Die *Zahlungsbereitschaft* eines jeden Bieters beziffert den höchsten Geldbetrag, den dieser Bieter jeweils für das angebotene Gut oder das angebotene Güterbündel zu bezahlen bereit ist. Vgl. z.B. SCHREIER/WERFER (2007), S. 23 und BERNINGHAUS ET AL. (2006), S. 226. Zu einer *empirischen Untersuchung zur Messung der Zahlungsbereitschaften* im Rahmen von Auktionen und insbesondere der VICKREY-Auktion auf der Basis so genannter „induced-value“-Studien und „homegrown-value“-Studien vgl. SCHREIER/WERFER (2007), S. 22 ff.

8) Vgl. JOST (2001a), S. 15.

Auktionsstufe durchgeführt wird, ist eine nachträgliche Änderung des jeweiligen Preisgebots nicht möglich[1].

Die VICKREY-Auktion erscheint im Hinblick auf ihre „gespaltene Auktionsregel"[2] als besonders interessant. Im Rahmen der VICKREY-Auktion weichen die Auktionsregel zur Erteilung des Zuschlags für das angebotene Gut oder das angebotene Güterbündel – Zuschlagsregel – und die Auktionsregel zur Festlegung des zu zahlenden Preises – Zahlungsregel[3] – voneinander ab. Die Zuschlagserteilung und die Zahlungsfestlegung sind wie folgt zu differenzieren[4]:

- Im Normalfall, in dem in der Menge aller Bieter nur ein Bieter den höchsten Preis geboten hat, erhält dieser Bieter den *Zuschlag* für das angebotene Gut oder das angebotene Güterbündel. Im Sonderfall[5], in dem mehrere Bieter aus der Menge aller Bieter denselben höchsten Preis geboten haben, wird eine eindeutigkeitsstiftende, im Rahmen der VICKREY-Auktion nicht verbindlich fixierte Zusatzregel

---

1) Vgl. WILSON (1992), S. 229.

2) Vgl. ZELEWSKI (1998), S. 307.

3) In der Fachliteratur findet sich bei der gespaltenen Auktionsregel statt der Bezeichnung „Zahlungsregel" auch die Bezeichnung „Entgeltregel". Vgl. z.B. CORSTEN/GÖSSINGER (2001), S. 65. Diese unterschiedliche Bezeichnung resultiert im Hinblick auf die Betrachtung folgender Perspektiven: In einem Unternehmensnetzwerk erhält ein Kooperationspartner, der einen Auftrag nachgefragt hat, aus der Nachfragerperspektive eine Entgeltung für die erbrachte Leistung, d.h. für die Erfüllung des Auftrags. Aus der Anbieterperspektive, auf die sich die Verfasserin der vorliegenden Arbeit beschränkt, bietet der Anbieter oder der Auktionator – als Repräsentant des Anbieters – Treibhausgas-Emissionsrechte und Treibhausgas-Emissionsgutschriften zum Verkauf an und erhält für die versteigerten Treibhausgas-Emissionsrechte und Treibhausgas-Emissionsgutschriften den zu zahlenden Verkaufspreis.

4) Vgl. BERNINGHAUS ET AL. (2006), S. 228; PINKER ET AL. (2003), S. 1462, dort in Fn. 4); ROTHKOPF (2002), S. 2; CHAKRAVARTI ET AL. (2002), S. 283; KRISHNA (2002), S. 3 und 14; NIEMEIER (2002), S. 32; VAN DAMME (2002), S. 69; CORSTEN/GÖSSINGER (2001), S. 64; RASMUSEN (2004), S. 327; DASGUPTA/MASKIN (2000), S. 342; SCHMIDT (1999), S. 21; LUCKING-REILEY (1999), S. 1064; KLEMPERER (1999), S. 229; BIERMANN/FERNANDEZ (1998), S. 292; GOMBER ET AL. (1997), S. 140; MILGROM (1989), S. 8; BULOW/ROBERTS (1989), S. 1061; ZELEWSKI (1988), S. 410 f.; MCAFEE/ MCMILLAN (1987), S. 702; LENZ (1986), S. 509; ROBINSON (1985), S. 142, dort in Fn. 2); ENGELBRECHT-WIGGANS (1983), S. 61 f. und MILGROM/WEBER (1982a), S. 1090, dort in Fn. 7).

5) Vgl. ZELEWSKI (1988), S. 411. Die Verfasserin möchte darauf aufmerksam machen, dass in der Fachliteratur solche *Sonderfälle* für die im Rahmen der vorliegenden Arbeit präsentierten Auktionsformen nicht immer explizit dargelegt werden. Um keine Behauptungen im Hinblick auf Sonderfälle aufzuführen, hat die Verfasserin daher davon abgesehen, bei denjenigen Auktionsformen auf Sonderfälle einzugehen, die nicht belegbar waren.

angenommen. Auf der Basis dieser Zusatzregel kann der Auktionator beispielsweise aus der Menge derjenigen Bieter mit demselben höchsten Preis einen Bieter *zufällig* auswählen und diesem Bieter den *Zuschlag* erteilen.

- Der Bieter, der den Zuschlag erhalten hat, muss denjenigen Preis für das angebotene Gut oder das angebotene Güterbündel *bezahlen*, der in der Restmenge aller anderen Bieter – also ohne den Bieter, der den Zuschlag erhalten hat – am höchsten geboten wurde. Im Normalfall, in dem in der Menge aller Bieter nur ein Bieter den höchsten Preis geboten hat, fällt dieser Preis, der in der Restmenge aller anderen Bieter am höchsten geboten wurde, mit dem zweithöchsten gebotenen Preis zusammen. Im Sonderfall[1)], in dem mehrere Bieter aus der Menge aller Bieter denselben höchsten Preis geboten haben, stimmt der Preis, der in der Restmenge aller anderen Bieter am höchsten geboten wurde, mit dem Preis überein, den der Bieter, der den Zuschlag *zufällig* erhalten hat, selbst geboten hat.

Auf einem nicht-kooperativen Verhalten der Bieter basierend, können die Bieter selbst keinen Einfluss auf den zu zahlenden Preis ausüben[2)]. Jedoch haben die Bieter einen Anreiz, einen Preis zu bieten, der größer oder gleich ihren individuellen Wertschätzungen für das angebotene Gut oder das angebotene Güterbündel ist, da jeder Bieter davon ausgeht, dass er, wenn er gewinnt, einen niedrigeren Preis oder, falls zufällig mehrere Bieter denselben höchsten Preis geboten haben, einen gleich hohen Preis zu zahlen hat[3)].

„Aus dieser gespaltenen Versteigerungsregel resultiert die sogenannte „Anreizkompatibilität“ oder „Betrugssicherheit“ der Vickrey-Auktion [...]“[4)].

---

1) Vgl. MANELLI ET AL. (2000), S. 3 und ZELEWSKI (1988), S. 410, dort in Fn. 6).

2) Vgl. SCHIMMEL/ZELEWSKI (1996), S. 18.

3) Vgl. MENEZES/MONTEIRO (2005), S. 11; AMOR (2000), S. 52 und ZELEWSKI (1998), S. 321.

4) ZELEWSKI (1998), S. 321 (Kursiv-Hervorhebung durch die Verfasserin). Im Rahmen der vorliegenden Arbeit werden die Begriffe Anreizkompatibilität und Betrugssicherheit synonym verwendet. MCAFEE/MCMILLAN definieren die Anreizkompatibilität wie folgt: *„A mechanism is incentive compatible if the mechanism is structured such that each bidder finds it in his interest to report his valuation honestly“*. MCAFEE/MCMILLAN (1987), S. 712 (Kursiv-Hervorhebung durch die Verfasserin).

Die Anreizkompatibilität oder Betrugssicherheit der VICKREY-Auktion setzt unbeschränkt rationales Verhalten[1)] der Bieter voraus[2)]. Die an der VICKREY-Auktion teilnehmenden Bieter haben keinen Anreiz, ihre „wahren" individuellen Wertschätzungen für das angebotene Gut oder das angebotene Güterbündel zu verschweigen und „strategisch" verfälschte individuelle Wertschätzungen zu melden, weil sie die Zuschlags- und die Zahlungsregel voneinander trennt[3)]. Vielmehr sind die Bieter daran interessiert, ihre wahren individuellen Wertschätzungen offen zu legen und ein ehrliches Preisgebot abzugeben[4)]. Durch diese Offenbarung der individuellen Wertschätzungen können andere Bieter nicht nur Zeit, sondern zudem auch Aufwand für die Beschaffung und Verarbeitung von Informationen über individuelle Wertschätzungen anderer Bieter und deren mutmaßlichen Bietstrategien einsparen[5)]. Zwar erhalten die Bieter im Hinblick auf die verdeckte und simultane Gebotsabgabe keine Informationen bezüglich der Zahlungsbereitschaft und des Verhaltens der anderen Bieter. Jedoch führt die Anreizkompatibilität, die von der VICKREY-Auktion „garantiert" wird, zur Irrelevanz dieser Informationslücke[6)].

---

1) Aus spieltheoretischer Perspektive besagt die *unbeschränkte Rationalität*, dass die Akteure als ökonomische Entscheidungsträger über unbegrenzte Ressourcen verfügen und dass ihre Fähigkeiten, Informationen zu beschaffen, zu speichern und zu verarbeiten, unbegrenzt sind. Als rational denkende und handelnde Menschen – als *homo oeconomicus* – stellen sie die Träger individueller Präferenzen dar und treffen unter Ausnutzung aller verfügbaren Informationen ihre individuellen Entscheidungen. Jede Handlung des homo oeconomicus wird allein durch die Maximierung des individuellen Nutzens auf der Basis individuell rationaler Überlegungen und individuell rationalen Handelns determiniert. Vgl. RIECK (2006), S. 41; FRIEDRICH (2005), S. 11 ff.; BICHLER ET AL. (2005), S. 129; SELTEN (2002), S. 14; SELTEN (2000), S. 129 f.; GÜTH (1994), S. 1 f. und MORGENSTERN (1966), S. 72.

2) Vgl. ZELEWSKI (1998), S. 331, dort in Fn. 40), und ZELEWSKI (1988), S. 411 f.

3) Vgl. BICHLER/PIKOVSKY (2005), S. 332; GÜTH (1994), S. 212 und HAUSCH (1986), S. 1603.

4) Vgl. BICHLER ET AL. (2005), S. 128 f.; TEICH ET AL. (2004), S. 12 f.; CORSTEN/GÖSSINGER (2001), S. 65; SCHIMMEL/ZELEWSKI (1996), S. 18; BULOW/ROBERTS (1989), S. 1061; MILGROM (1989), S. 8 und MYERSON (1983), S. 154.

5) Vgl. ZELEWSKI (1998), S. 322.

6) Vgl. ZELEWSKI (1986), S. 412. Zu einem Beweis der Anreizkompatibilität oder Betrugssicherheit im Rahmen der VICKREY-Auktion vgl. ZELEWSKI (1986), S. 412 f.

Höchstpreis-Auktion

In der Fachliteratur wird die Höchstpreis-Auktion[1)] auch als first-price sealed-bid auction und non-published auction bezeichnet[2)]. Prinzipiell weisen die Höchstpreis-Auktion und die VICKREY-Auktion Gemeinsamkeiten auf. Die Höchstpreis-Auktion stellt, wie die VICKREY-Auktion, eine *verdeckte* Auktion dar, in der der Auktionator einen Reservationspreis für eine Einheit des angebotenen Gutes oder für ein Güterbündel festlegt[3)]. Hinsichtlich der verdeckten Abgabe der Preisgebote der Bieter wird von einer nichtkooperativen Abgabe der Preisgebote der Bieter ausgegangen. Innerhalb eines determinierten Zeitraums gibt jeder Bieter verdeckt und *simultan* nur ein einziges Preisgebot für das angebotene Gut oder das Güterbündel ab[4)]. Unter der Höchstpreis-Auktion ist eine *statische* Auktion zu verstehen, so dass eine nachträgliche Reaktion auf die Preisgebote der anderen Bieter nicht möglich ist[5)]. Die Bieter erhalten keine Informationen bezüglich der Zahlungsbereitschaft der anderen Bieter. Im Gegensatz zur VICKREY-Auktion haben die Bieter keinen Anreiz zur ehrlichen Abgabe der Preisgebote. Vielmehr geben sie ein Preisgebot ab, das unter ihrer individuellen Wertschätzung liegt, um bei Zuschlagserteilung einen geringeren Preis zu zahlen[6)]. Die Abgabe der Preisgebote erfolgt meist in schriftlicher Form[7)]. Alle Preisgebote werden gesammelt und simultan

1) Vgl. BERNINGHAUS ET AL. (2006), S. 228; OSBORNE (2004), S. 86 ff.; AMOR (2000), S. 51 und WOLF (1994), S. 99.

2) Vgl. OSBORNE (2004), S. 86 ff.; RASMUSEN (2004), S. 325 ff.; AMOR (2000), S. 51; SCHIMMEL/ZELEWSKI (1996), S. 16 und WOLF (1994), S. 99. Im Folgenden werden diese Begriffe synonym verwendet.

3) Vgl. BERNINGHAUS ET AL. (2006), S. 228; STRECKER (2004), S. 53; PINKER ET AL. (2003), S. 1462, dort in Fn. 4); NIEMEIER (2002), S. 31; KLEMPERER (2000), S. 12; GRIMM/SCHMIDT (1999), S. 670; LUCKING-REILEY (1999), S. 1064; GOMBER ET AL. (1997), S. 140; LEVIN/SMITH (1996), S. 1280 f.; BULOW/ROBERTS (1989), S. 1063; MCAFEE/MCMILLAN (1987), S. 702; ROBINSON (1985), S. 142, dort in Fn. 2); PALFREY (1983), S. 465 und MILGROM/WEBER (1982a), S. 1090, dort in Fn. 6).

4) Vgl. BERNINGHAUS ET AL. (2006), S. 228; PICOT ET AL. (2003), S. 346; VAN DAMME (2002), S. 69; AMOR (2000), S. 51; REICHWALD ET AL. (2000), S. 6; MCAFEE/ MCMILLAN (1987), S. 702; MILGROM (1985), S. 2 f.; PALFREY (1983), S. 465 und WEBER (1983), S. 168.

5) Vgl. AMOR (2000), S. 51.

6) Vgl. LUCKING-REILEY (1999), S. 1064; BULOW/ROBERTS (1989), S. 1062 und MYERSON (1983), S. 154.

7) Vgl. SCHIMMEL/ZELEWSKI (1996), S. 16.

veröffentlicht[1]. Ein Unterschied zwischen der Höchstpreis-Auktion und der VICKREY-Auktion liegt in der Auktionsregel[2]. Während die VICKREY-Auktion auf einer gespaltenen Auktionsregel basiert, wird bei der Höchstpreis-Auktion keine Differenzierung zwischen der Zuschlagserteilung und der Zahlungsfestlegung vorgenommen. Derjenige Bieter, der nach Ablauf des determinierten Zeitraums den höchsten Preis bietet, erhält den Zuschlag für das angebotene Gut oder das Güterbündel zum höchsten, von ihm selbst gebotenene Preis[3].

Englische Auktion

Die Englische Auktion[4], auch ascending-price auction, open ascending-price auction oder ascending-bid auction genannt, kommt auf elektronischen Märkten öfters zur Anwendung und stellt eine *offene* Auktion[5] dar, in der die gebotenen Preise offen zu legen sind[6]. Wie die VICKREY-Auktion und die Höchstpreis-Auktion basiert auch die Englische Auktion auf einer nicht-kooperativen Abgabe der Preisgebote der Bieter. Zudem beginnt auch die Englische Auktion mit einem Reservationspreis, den der Auktionator für eine Einheit des angebotenen Gutes oder für ein Güterbündel pro Auktionsstufe festlegt[7]. Im Gegensatz zur VICKREY-Auktion und zur Höchstpreis-Auktion können die Bieter nun mehrere Preisgebote abgeben. Der Auktionator erhöht den Reservationspreis *sukzessiv*, d.h. Schritt für Schritt von Auktionsstufe zu Auktionsstufe um ein – z.B. fest

---

1) Vgl. NIEMEIER (2002), S. 31.

2) Vgl. SCHIMMEL/ZELEWSKI (1996), S. 18.

3) Vgl. BERNINGHAUS ET AL. (2006), S. 228; KRISHNA (2002), S. 2 und 14; SCHMIDT (1999), S. 21; LUCKING-REILEY (1999), S. 1064; KAGEL (1995), S. 503; BACK/ZENDER (1993), S. 734, dort in Fn. 5); MILGROM (1989), S. 3 und 6; BULOW/ROBERTS (1989), S. 1061; MCAFEE/MCMILLAN (1987), S. 702 und ENGELBRECHT-WIGGANS (1983), S. 61.

4) Vgl. TEICH ET AL. (2006), S. 91; BERNINGHAUS ET AL. (2006), S. 228; MENEZES/MONTEIRO (2005), S. 10; STRECKER (2004), S. 53; PICOT ET AL. (2003), S. 345; PINKER ET AL. (2003), S. 1462, dort in Fn. 4); CHAKRAVARTI ET AL. (2002), S. 282 f.; KRISHNA (2002), S. 90; NIEMEIER (2002), S. 30; VAN DAMME (2002), S. 69; GRIMM/SCHMIDT (1999), S. 670; ZELEWSKI (1998), S. 321; GOMBER ET AL. (1997), S. 140; SCHIMMEL/ZELEWSKI (1996), S. 9; WOLF (1994), S. 99; MILGROM (1985), S. 2 und MILGROM/WEBER (1982a), S. 1089, dort in Fn. 4).

5) Vgl. BERNINGHAUS ET AL. (2006), S. 228; MENEZES/MONTEIRO (2005), S. 10; STRECKER (2004), S. 53 und PICOT ET AL. (2003), S. 345.

6) Vgl. KRISHNA (2002), S. 90.

7) Vgl. BERNINGHAUS ET AL. (2006), S. 228; KRISHNA (2002), S. 2 und 172 f.; AUSUBEL/MILGROM (2002), S. 394; REICHWALD ET AL. (2000), S. 5; SCHIMMEL/ZELEWSKI (1996), S. 8; BULOW/ROBERTS (1989), S. 1063 und MILGROM (1989), S. 7.

vorgegebenes – Inkrement[1]. Im Hinblick auf die Abgabe der Preisgebote pro Auktionsstufe ist die Englische Auktion, im Gegensatz zu der VICKREY-Auktion und zu der Höchstpreis-Auktion, durch eine *sequentielle* Abgabe der Preisgebote gekennzeichnet. In jeder Auktionsstufe können die Bieter für das angebotene Gut oder das angebotene Güterbündel simultan ihre Preisgebote abgeben. Beim Übergehen zu einer jeweils nächsten Auktionsstufe können durch die Abgabe der Preisgebote Informationen über die Zahlungsbereitschaft der anderen Bieter offenbart werden[2]. Im Anschluss an jede Auktionsstufe werden nicht erfolgreiche Preisgebote, wie die unter dem Reservationspreis liegende Preisgebote und die unter dem höchsten Preisgebot liegende Preisgebote, gelöscht. Zugleich werden alle Bieter, die von der Löschung der jeweiligen Preisgebote betroffen sind, über diese Löschung informiert. Mit diesem Informationstransfer wird den Bietern zudem die Möglichkeit zur erneuten Abgabe der Preisgebote gegeben[3].

Die Englische Auktion ist beendet, wenn auf der letzten Auktionsstufe kein Bieter zum Reservationspreis des Auktionators bietet und auf der vorletzten Auktionsstufe mindestens ein Bieter dem Reservationspreis zugestimmt hat[4]. Derjenige Bieter, der schließlich die höchste Zahlungsbereitschaft aufweist und den höchsten Preis bietet, erhält den Zuschlag für das angebotene Gut oder das angebotene Güterbündel[5]. In der Englischen Auktion erfolgen sowohl die Zuschlagserteilung als auch die Zahlungsfestlegung des jeweiligen Bieters entsprechend dem höchsten gebotenen Preis[6]. Für jeden Bieter besteht ein Anreiz, seine wahre individuelle Wertschätzung nicht offenzulegen, sondern systematisch nach unten zu verzerren[7].

---

1) Vgl. BERNINGHAUS ET AL. (2006), S. 228.

2) Vgl. MENEZES/MONTEIRO (2005), S. 122; AMOR (2000), S. 47; MANELLI ET AL. (2000), S. 3; JEITSCHKO (1998), S. 98; WILSON (1992), S. 229 f.; MCAFEE/MCMILLAN (1987), S. 702; HAUSCH (1986), S. 1599 f. und OREN/ROTHKOPF (1975), S. 1081.

3) Vgl. SCHIMMEL/ZELEWSKI (1996), S. 10.

4) Vgl. BERNINGHAUS ET AL. (2006), S. 228; PICOT ET AL. (2003), S. 345; RASMUSEN (2004), S. 325; KLEMPERER (2000), S. 11; LUCKING-REILEY (1999), S. 1064; SCHIMMEL/ZELEWSKI (1996), S. 8; KAGEL (1995), S. 503; MCAFEE/MCMILLAN (1987), S. 702; ENGELBRECHT-WIGGANS (1983), S. 62 und CASSADY (1967), S. 56 f.

5) Vgl. REICHWALD ET AL. (2000), S. 5 und SCHMIDT (1999), S. 21.

6) Vgl. BERNINGHAUS ET AL. (2006), S. 228; VAN DAMME (2002), S. 69 und SCHIMMEL/ZELEWSKI (1996), S. 8 f.

7) Vgl. MANELLI ET AL. (2000), S. 3 und LUCKING-REILEY (1999), S. 1064.

Als eine *dynamische* Auktion, die in mehreren Auktionsstufen realisiert wird, stellt die Englische Auktion ein multi-stage game oder ein wiederholtes Spiel dar[1].

Holländische Auktion

Ihren Namen hat die Holländische Auktion[2] oder Dutch auction im Hinblick auf die ersten Kunstauktionen Ende des 16. Jahrhunderts und die Auktion von Gemälden im 17. Jahrhundert in Holland erhalten[3]. Derzeit beschränkt sich die Holländische Auktion insbesondere auf *nicht-standardisierte* Güter, wie Blumen und Wochenendreisen, bei denen das Verfallsdatum von großer Wichtigkeit ist[4]. Zudem kann die Holländische Auktion wie die Englische Auktion nur *live* durchgeführt werden und erfordert eine Anwesenheit der Akteure, d.h. des Auktionators und der Bieter, zumindest in einem virtuellen Raum.

Die Holländische Auktion ist konträr zur Englischen Auktion und wird auch als „Rückwärtsauktion" bezeichnet[5]. Bei dieser *offenen* Auktion setzt der Auktionator für eine Einheit des angebotenen Gutes oder für ein Güterbündel[6] einen Höchstpreis fest, also einen Verkaufspreis, den voraussichtlich kein Bieter bereit ist zu bezahlen[7]. Auch im Rahmen der Holländischen Auktion besteht für einen Bieter kein Anreiz für ein kooperatives Agieren. Hinsichtlich der offenen Abgabe der Preisgebote kann jeder Bieter die Anzahl der an der Holländischen Auktion teilnehmenden Bieter verfolgen[8]. Zwar wird

---

1) Vgl. ENGELBRECHT-WIGGANS (1983), S. 64 und OREN/ROTHKOPF (1975), S. 1081.

2) Vgl. TEICH ET AL. (2006), S. 91; MENEZES/MONTEIRO (2005), S. 10 f.; PICOT ET AL. (2003), S. 346; AMOR (2000), S. 49 ff.; REICHWALD ET AL. (2000), S. 6; GRIMM/SCHMIDT (1999), S. 670; SCHIMMEL/ZELEWSKI (1996), S. 12; KAGEL (1995), S. 503 und VICKREY (1961), S. 14 f.

3) Vgl. AMOR (2000), S. 21.

4) Vgl. PICOT ET AL. (2003), S. 346; NIEMEIER (2002), S. 32 und CASSADY (1967), S. 63.

5) Vgl. KLEMPERER (1999), S. 229 und MCAFEE/MCMILLAN (1987), S. 702.

6) Da aus der Fachliteratur nicht explizit erkennbar ist, ob homogene oder heterogene Güter zum Verkauf angeboten werden, wird im Rahmen der vorliegenden Arbeit davon ausgegangen, dass sowohl homogene als auch heterogene Güter angeboten werden können. Auf der Basis dieser Unkenntnis werden sowohl homogene als auch heterogene Güter mit dem Begriff *angebotenes Gut* erfasst.

7) Vgl. BERNINGHAUS ET AL. (2006), S. 228; STRECKER (2004), S. 53; KRISHNA (2002), S. 2; KLEMPERER (2000), S. 12; LUCKING-REILEY (2000), S. 229; MILGROM (1989), S. 3 f. und 6 f. sowie CASSADY (1967), S. 60.

8) Vgl. SCHIMMEL/ZELEWSKI (1996), S. 12.

in der Fachliteratur nicht explizit deutlich, ob die Holländische Auktion im Hinblick auf die Abgabe der Preisgebote durch eine simultane Abgabe der Preisgebote gekennzeichnet ist, jedoch wird im Rahmen der vorliegenden Arbeit davon ausgegangen, dass die Bieter für das angebotene Gut oder für das angebotene Güterbündel *sequentiell* jeweils ihr Preisgebot abgeben. Wie bei der Höchstpreis-Auktion haben die Bieter auch bei der Holländischen Auktion keinen Anreiz zur ehrlichen Abgabe der Preisgebote und geben vielmehr Preisgebote ab, die unter ihrer jeweiligen individuellen Wertschätzung liegen[1)]. Der Auktionator gibt seinen Reservationspreis bekannt, den er *sukzessiv*, d.h. Schritt für Schritt von Auktionsstufe zu Auktionsstufe reduziert[2)]. Jeder Bieter gibt nur höchstens ein Preisgebot pro Auktionsstufe ab. Sobald ein erster Bieter den zuletzt vom Auktionator genannten Reservationspreis akzeptiert, erhält dieser eine Bieter den Zuschlag für das angebotene Gut oder das angebotene Güterbündel[3)]. Dieser Bieter muss den Preis bezahlen, bei dem er seine Zustimmung signalisiert hat[4)].

Für die Holländische Auktion als eine *dynamische* Auktion findet auch die Bezeichnung „descending-bid auction" oder „open descending-price auction" Berücksichtigung[5)].

3.2.1.2 Non-Standard-Auktionen

Neben Standard-Auktionen existieren vielfältige Auktionen, die nicht zu den laut State-of-the-art in der Fachliteratur diskutierten Standard-Auktionen zählen. Sie fallen im Rahmen der vorliegenden Arbeit in die Kategorie der Non-Standard-Auktionen[6)]. Zum einen sind Non-Standard-Auktionen durch die Modifizierung von Standard-Auktionen gekennzeichnet. Als *Modifizierungsoperationen* kommen im Rahmen der vorliegenden Arbeit die Modifizierung hinsichtlich

---

1) Vgl. LUCKING-REILEY (1999), S. 1064.

2) Vgl. BERNINGHAUS ET AL. (2006), S. 228; PINKER ET AL. (2003), S. 1462, dort in Fn. 4); VAN DAMME (2002), S. 69; SCHMIDT (1999), S. 21; GOMBER ET AL. (1997), S. 140, TURBAN (1997), S. 7 f.; MILGROM/WEBER (1982a), S. 1089, dort in Fn. 5) und VICKREY (1961), S. 14.

3) Vgl. BERNINGHAUS ET AL. (2006), S. 228; RASMUSEN (2004), S. 327; LUCKING-REILEY (1999), S. 1064; ROBINSON (1985), S. 142, dort in Fn. 2); ENGELBRECHT-WIGGANS (1983), S. 62 f. und VICKREY (1961), S. 14.

4) Vgl. BERNINGHAUS ET AL. (2006), S. 228 und RASMUSEN (2004), S. 327.

5) Vgl. z.B. CHAKRAVARTI ET AL. (2002), S. 283; KRISHNA (2002), S. 172 und GRIMM/SCHMIDT (1999), S. 670.

6) Vgl. TEICH ET AL. (2004), S. 2 ff.; KRISHNA (2002), S. 29 f.; AMANN/LEININGER (1996), S. 1 und AMANN/LEININGER (1995), S. 273.

- der *Struktur* der *Auktionsregel*,
- des *Zeitpunktes* der *Abgabe der Preisgebote*,
- der *Auktionsstufen* und
- der *Kooperation*

zur Anwendung.

Zum anderen repräsentieren Non-Standard-Auktionen diejenigen Auktionen, die zu den laut State-of-the-art in der Fachliteratur diskutierten 2-dimensionalen oder multi-dimensionalen Auktionen zählen[1)].

Wenn neben dem gebotenen Preis zusätzlich eine Menge aus *mehreren* voneinander unabhängigen („zerlegbaren“) Einheiten des angebotenen Gutes berücksichtigt werden, so ist von einer *2-dimensionalen Auktion* oder einer *Mehrgüterauktion*[2)] die Rede. In der Fachliteratur wird die Mehrgüterauktion auch als multiple auction oder multiple-unit auction bezeichnet[3)]. Grundsätzlich basiert die Mehrgüterauktion darauf, dass mehrere Einheiten des angebotenen Gutes nicht mehr als Paket gemeinsam, sondern vielmehr *separat* versteigert werden[4)]. Die Entscheidung des Auktionators, mehrere Einheiten des Gutes separat zum Verkauf anzubieten, kann in Abhängigkeit von der Anzahl der Bieter erfolgen[5)]. Bei einer geringen Bieteranzahl tendiert der Auktionator dazu, mehrere Einheiten des angebotenen Gutes zu einem Paket zusammenzufassen und nur gemeinsam zu versteigern. Demgegenüber hat der Auktionator bei einer großen Bieteranzahl keinen Anreiz zur Güterbündelung und ermöglicht mehreren Bietern den Kauf mindestens einer Einheit des angebotenen Gutes. Durch den Verkauf mindestens einer Einheit des angebotenen Gutes erhält der Auktionator viel mehr Preisgebote zum Vergleich als

---

1) Vgl. TEICH ET AL. (2004), S. 5.

2) Vgl. BERNINGHAUS ET AL. (2006), S. 226 und 258 ff.

3) Vgl. OSBORNE (2004), S. 89; PINKER ET AL. (2003), S. 1462, dort in Fn. 5); KRISHNA (2002), S. 165; KLEMPERER (2000), S. 29 und VICKREY (1961), S. 24. Diese Begriffe werden im Folgenden synonym verwendet.

4) Vgl. OSBORNE (2004), S. 89; KRISHNA (2002), S. 165; TURBAN (1997), S. 7 und MASKIN/RILEY (1989), S. 312 ff.

5) Vgl. PALFREY (1983), S. 464. Zu einer formalsprachigen Darstellung der Mehrgüterauktion aus Nachfragerperspektive zum einen mit einer geringen Bieteranzahl, d.h. mit zwei Bietern, und zum anderen mit einer großen Bieteranzahl, also mehr als zwei Bietern, vgl. PALFREY (1983), S. 469 ff.

beim Verkauf eines Pakets, so dass er unter mehreren Preisgeboten eine Auswahl treffen kann.

CORSTEN/GÖSSINGER diskutieren Auktionsformen im Rahmen „*problemadäquater*“ Auktionen[1]. Grundsätzlich können sich problemadäquate Auktionen im Hinblick auf die Einheit des angebotenen Gutes – eine Einheit oder mehrere Einheiten – und der Zerlegbarkeit der Einheiten des angebotenen Gutes – zerlegbare und nicht zerlegbare Einheiten – herausbilden[2]. Auf der Basis folgender Problemklassen ordnen CORSTEN/ GÖSSINGER Auktionsformen ein[3]:

(1) *Nicht-Zerlegbarkeit* einer Einheit eines Gutes,

(2) *Nicht-Zerlegbarkeit* einer Menge aus mehreren Einheiten desselben Gutes (homogene Gütereinheiten),

(3) *Nicht-Zerlegbarkeit* einer Menge aus mehreren Einheiten von verschiedenartigen Gütern (heterogene Gütereinheiten) und

(4) *Zerlegbarkeit* einer Menge aus mehreren Einheiten eines Gutes.

Während Standard-Auktionen und Non-Standard-Auktionen die Problemklasse (1) – (3) erfassen, in der eine Einheit eines Gutes oder eine Menge aus mehreren Einheiten desselben Gutes oder von verschiedenartigen Gütern in der Gestalt eines Güterbündels gemeinsam versteigert werden, sind der Problemklasse (4) ausschließlich Non-Standard-Auktionen einzuordnen, in der eine Menge aus mehreren Einheiten eines Gutes separat versteigert werden.

Während 2-dimensionale Auktionen neben dem gebotenen Preis zusätzlich mehrere Einheiten des angebotenen Gutes berücksichtigen, spielen bei multi-dimensionalen Auktionen zudem weitere Aspekte, wie die Qualität, die Liefer- oder Übertragungszeit

---

1) Vgl. CORSTEN/GÖSSINGER (2001), S. 63 ff. CORSTEN/GÖSSINGER gehen auf Kundenaufträge in Unternehmensnetzwerken und deren Allokation auf die Kooperationspartner in Unternehmensnetzwerken ein. Vgl. CORSTEN/GÖSSINGER (2001), S. 61 ff. Auf diese Spezifizierung wird jedoch im Folgenden nicht näher eingegangen, da sie die Nachfragerperspektive beleuchtet und das Thema der vorliegenden Arbeit nicht widerspiegelt.

2) Vgl. SCHMIDT (1999), S. 36 ff.

3) Vgl. CORSTEN/GÖSSINGER (2001), S. 63, dort in Abbildung 2 und zudem SCHMIDT (1999), S. 61, dort in Tabelle 3.10, sowie GOMBER ET AL. (1997), S. 139 ff. und 140, dort in Abbildung 2.

und die Liefer- oder Übertragungsgarantie, eine Rolle[1]. In der Fachliteratur finden für die letztgenannte Auktion auch die Bezeichnungen „mutiple-attribute auction“ und „multiple-issue auction“ Verwendung[2].

Hinsichtlich der Struktur der Auktionsregel und insbesondere hinsichtlich der Zahlungsfestlegung, d.h. der Festlegung des zu zahlenden Verkaufspreises, können die folgenden zwei Auktionsformen als eine Modifizierung der first-price sealed-bid auction und der second-price sealed-bid auction angesehen werden:

- first-price all-pay auction bzw.
- second-price all-pay auction.

Die *first-price all-pay auction*[3] stellt eine Modifizierung der Höchstpreis-Auktion oder der first-price sealed-bid auction hinsichtlich der Zahlungsfestlegung dar[4]. Bei der Höchstpreis-Auktion erhält derjenige Bieter mit dem höchsten gebotenen Preis den Zuschlag für das angebotene Gut oder das angebotene Güterbündel zum höchsten Preis. Die anderen Bieter mit geringeren gebotenen Preisen gehen leer aus, d.h., sie erhalten das angebotene Gut oder das angebotene Güterbündel nicht und haben auch keine Zahlung zu erbringen. Demgegenüber fordert die first-price all-pay auction, dass *alle* Bieter jeweils ihre gebotenen Preise zahlen, obwohl ausschließlich derjenige Bieter mit dem höchsten gebotenen Preis das gebotene Gut oder das angebotene Güterbündel erhält[5].

Die first-price all-pay auction ist insbesondere bei Spenden-Aktivitäten wieder zu finden, wenn mehrere interessierte Akteure über ihre Preisgebote in Form von finanziellen Spenden versuchen, einen politischen Einfluss zu äußern oder zu stärken[6]. Derjenige

---

1) Vgl. TEICH ET AL. (2006), S. 92; TEICH ET AL. (2004), S. 1 und 5 sowie CHE (1993), S. 668.

2) Vgl. TEICH ET AL. (2006), S. 92 und TEICH ET AL. (2004), S. 3.

3) Vgl. KRISHNA/MORGAN (1997), S. 343 ff. und AMANN/LEININGER (1995), S. 274 ff.

4) Zu einem Vergleich der first-price all-pay auction und der Höchstpreis-Auktion vgl. AMANN/LEININGER (1995), S. 274 ff. Als Ergebnis halten AMANN/LEININGER fest: „*[...] the all-pay first-price auction yields strictly higher revenue than the standard first-price auction.*“ AMANN/LEININGER (1995), S. 277 (Kursiv-Hervorhebung durch die Verfasserin).

5) Vgl. KRISHNA (2002), S. 31 f. und AMANN/LEININGER (1996), S. 1.

6) Vgl. KLEMPERER (1999), S. 232 und BULOW/ROBERTS (1989), S. 1063, dort in Fn. 2). Zu Anwendungsbeispielen für die first-price all-pay auction und die second-price all-pay auction vgl. KLEMPERER (1999), S. 268, dort in Fn. 31).

Akteur mit der höchsten Spende, d.h. mit dem höchsten Preisgebot, gewinnt die first-price all-pay-auction und kann die jeweilige politische Entscheidung in die von ihm präferierte Richtung lenken[1)]. Andere Akteure haben zwar keinen oder nur einen geringeren politischen Einfluss. Jedoch erfolgt keine Rückerstattung der geleisteten finanziellen Spenden an diese Akteure.

Die *second-price all-pay auction*[2)] stellt eine Modifizierung der VICKREY-Auktion oder der second-price sealed-bid auction hinsichtlich der Zahlungsfestlegung dar. Wie die first-price all-pay auction ist auch die second-price all-pay auction dadurch gekennzeichnet, dass diejenigen Bieter, die jeweils ein geringeres Preisgebot als das höchste Preisgebot abgegeben haben, zwar das angebotene Gut oder das angebotene Güterbündel nicht erhalten, jedoch eine Zahlung zu erbringen haben. Die second-price all-pay-auction fordert, dass derjenige Bieter, der den Zuschlag für das angebotene Gut oder das angebotene Güterbündel erhält, denjenigen Preis bezahlt, der in der Restmenge aller anderen Bieter am höchsten geboten wurde, und *alle* anderen Bieter jeweils ihre gebotenen Preise zahlen[3)].

Drittpreis-Auktion

Weiterhin existiert in der Fachliteratur die Drittpreis-Auktion[4)] oder third-price auction. Während bei der Höchstpreis-Auktion und der VICKREY-Auktion der Bieter mit dem höchsten gebotenen Preis den Zuschlag für das angebotene Gut oder für das angebotene Güterbündel zum höchsten gebotenen Preis bzw. zu demjenigen Preis, der in der Restmenge alle anderen Bieter am höchsten geboten wurde, erhält, erteilt die Drittpreis-Auktion zwar demjenigen Bieter mit dem höchsten gebotenen Preis den Zuschlag, jedoch zum Verkaufspreis des dritthöchsten Preisgebots. Hinsichtlich dieser Zahlungsfestlegung kann davon ausgegangen werden, dass auch die Drittpreis-Auktion, wie die VICKREY-Auktion, die Anreizkompatibilität gewährleistet.

---

1) Vgl. KRISHNA (2002), S. 32.

2) Vgl. KRISHNA/MORGAN (1997), S. 343 ff. und AMANN/LEININGER (1996), S. 1 ff.

3) Vgl. AMANN/LEININGER (1996), S. 1.

4) Vgl. KRISHNA (2002), S. 6 und 29 f.

Hinsichtlich der Struktur der Auktionsregel, also der Festlegung des zu zahlenden Verkaufspreises für eine Einheit oder mehrere zerlegbare Einheiten des angebotenen Gutes, sind folgende zwei Non-Standard-Auktionen zu unterscheiden[1)]:

- Einheitspreis-Auktion und
- Preisdiskriminierende Auktion.

Grundsätzlich basiert die *Einheitspreis-Auktion*[2)] oder uniform-price auction auf einem einheitlichen, d.h. homogenen Verkaufspreis, den alle Bieter für jede ihrer ersteigerten Einheiten des angebotenen Gutes zu zahlen haben[3)]. Ein Bieter kann für jede Einheit des angebotenen Gutes einen anderen Preis bieten. Daher reicht jeder Bieter einen Preisgebotsvektor ein, der für jede Einheit des angebotenen Gutes, auf die der Bieter bieten möchte, ein Preisgebot beinhaltet[4)]. In der Einheitspreis-Auktion sind folgende zwei Optionen zur Einheitspreisregel zu beachten[5)]: Zum einen determiniert das *letzte bediente* Preisgebot, also das *niedrigste* Preisgebot, für das einer der Bieter eine Einheit des angebotenen Gutes erhalten hat, den einheitlichen Verkaufspreis. Zum anderen ist das *höchste nicht bediente* Preisgebot preisbestimmend.

Wenn die Nachfrage der Bieter größer ist als die Angebotsmenge, dann gehen einzelne Bieter „leer" aus und haben keine Zahlung zu erbringen. Ist dagegen das Angebot größer als die Nachfrage der Bieter, dann bestimmt der Reservationspreis des Auktionators den Verkaufspreis[6)].

Hinsichtlich dieser Zahlungsfestlegung kann die Einheitspreis-Auktion als eine Modifizierung der VICKREY-Auktion angesehen werden, da die VICKREY-Auktion auf der gespaltenen Auktionsregel basiert und denjenigen Preis, der in der Restmenge alle anderen Bieter am höchsten geboten wurde, als den Verkaufspreis festlegt. Zudem kann hinsichtlich dieser gespaltenen Auktionsregel, wie bei der VICKREY-Auktion, auch bei der

---

1) Vgl. KRISHNA (2002), S. 168 und MILGROM/WEBER (1982b), S. 180 f.

2) Vgl. BERNINGHAUS ET AL. (2006), S. 261; MILGROM (2004), S. 255; OSBORNE (2004), S. 89; KRISHNA (2002), S. 169 f.; LEDYARD/SZAKALY-MOORE (1994), S. 172 und WILSON (1992), S. 229.

3) Vgl. BERNINGHAUS ET AL. (2006), S. 261.

4) Vgl. BERNINGHAUS ET AL. (2006), S. 260.

5) Vgl. BERNINGHAUS ET AL. (2006), S. 261.

6) Vgl. BERNINGHAUS ET AL. (2006), S. 261.

Einheitspreis-Auktion davon ausgegangen werden, dass die Bieter zur Abgabe ehrlicher Gebote tendieren und dadurch die Anreizkompatibilität gewährleistet wird.

Demgegenüber wird bei der *Preisdiskriminierenden Auktion*[1)], auch discriminatory auction oder pay-your-bid auction genannt, jede ersteigerte Einheit des angebotenen Gutes mit unterschiedlichen, d.h. heterogenen Verkaufspreisen versteigert. In der Preisdiskriminierenden Auktion hat jeder Bieter für jedes *bediente Preisgebot* den Verkaufspreis zu bezahlen, den er geboten hat[2)].

Wenn die Einheit des angebotenen Gutes ausreicht, dann wird nicht nur der Bieter mit dem höchsten Preisgebot bedient, sondern es können auch mehrere Bieter bedient werden.

Hinsichtlich dieser Zahlungsfestlegung könnten die Bieter einen Anreiz zur Abgabe geringerer Preisgebote als ihre jeweils individuelle Wertschätzung für eine Einheit des angebotenen Gutes verspüren[3)].

Matrix-Auktion

Die Matrix-Auktion[4)] kann als eine Modifizierung der VICKREY-Auktion interpretiert werden, in der die VICKREY-Auktion um das Angebot einer Menge aus mehreren Einheiten desselben Gutes oder von verschiedenartigen Gütern erweitert wird. Die Matrix-Auktion ist eine Auktionsform für die Problemklassen (2) und (3), also für die Nicht-Zerlegbarkeit einer Menge aus mehreren Einheiten desselben Gutes bzw. die Nicht-Zerlegbarkeit einer Menge aus mehreren Einheiten von verschiedenartigen Gütern[5)]. Da alle Gebote, die von jedem Bieter *verdeckt* und *simultan* abgegeben werden, in einer

---

1) Vgl. MENEZES/MONTEIRO (2005), S. 125; TEICH ET AL. (2004), S. 4; OSBORNE (2004), S. 89; KRISHNA (2002), S. 168 f.; LUCKING-REILEY (2000), S. 241 und WILSON (1992), S. 229.

2) Vgl. BERNINGHAUS ET AL. (2006), S. 261.

3) Vgl. TEICH ET AL. (2004), S. 6; LUCKING-REILEY (2000), S. 241; KLEMPERER (1999), S. 232; MCAFEE/MCMILLAN (1987), S. 724; WEBER (1983), S. 168 und HARRIS/RAVIV (1981), S. 1478.

4) Vgl. BERNINGHAUS ET AL. (2006), S. 262 ff. und CORSTEN/GÖSSINGER (2001), S. 67. Zu einer experimentellen Untersuchung der Matrix-Auktion und der Mehrgüter-Englische Auktion vgl. MANELLI ET AL. (2000), S. 7 ff.

5) Vgl. CORSTEN/GÖSSINGER (2001), S. 67.

Matrix erfasst werden, hat sich die Bezeichnung „Matrix-Auktion“ durchgesetzt[1]. Wird eine Menge aus mehreren Einheiten von verschiedenartigen Gütern versteigert, so findet in der Fachliteratur auch die Bezeichnung Kombinatorische Auktion oder combinatorial auction Verwendung[2].

Im Rahmen der Matrix-Auktion haben die Bieter die Möglichkeit, „Kombinationsgebote“, d.h. ein Preisgebot für jeweils ein nicht weiter zerlegbares Güterbündel abzugeben[3]. Bei mehreren Einheiten eines homogenen Gutes lassen sich insgesamt $2^{G_i} - 1$ Güterbündel-Kombinationen bilden. Entsprechend existieren für mehrere Einheiten heterogener Güter, von denen jeweils ein nicht weiter zerlegbares Güterbündel angeboten wird, insgesamt $2^{G_i} - 1$[4] Güterbündel-Kombinationen[5]. Im Folgenden werden der Einfachheit halber nur noch Güterbündel-Kombinationen für heterogene Güter explizit thematisiert, da nur solche Güterbündel-Kombinationen für die Auktion von Treibhausgas-Emissionsrechten und Treibhausgas-Emissionsgutschriften aus unterschiedlichen Quellen eine Rolle spielen. Darauf wird später ausführlich eingegangen.

In die Spalten der Matrix notiert der Auktionator die verschiedenen möglichen Güterbündel-Kombinationen und trägt in deren Zeilen die einzelnen Bieter ein[6]. Die von den Bietern abgegebenen Preisgebote füllen schließlich den Kern der Matrix[7].

Beispielsweise bietet der Auktionator drei heterogene Güter zum Verkauf an. Bei drei heterogenen Gütern G_i mit $i \in \{a, b, c\}$ und $|\{a, b, c\}| = 3$ gibt es $2^3 - 1 = 7$ Güter-

---

1) Vgl. CORSTEN/GÖSSINGER (2001), S. 67 und RUẞ/VIERKE (1999), S. 2. Zu einer *beispielhaften* Matrix mit realen Zahlen vgl. CORSTEN/GÖSSINGER (2001), S. 68 und SCHMIDT (1999), S. 45, dort in Tabelle 3.3.

2) Vgl. AVENALI/BASSANINI (2007), S. 212 ff.; LESKELÄ ET AL. (2007), S. 420 ff.; TEICH ET AL. (2006), S. 92; BICHLER ET AL. (2005), S. 127; TEICH ET AL. (2004), S. 3; ABRACHE ET AL. (2004), S. 1178; CONEN/SANDHOLM (2003), S. 196; AUSUBEL/MILGROM (2002), S. 392; CONEN/SANDHOLM (2001), S. 256 und ROTHKOPF ET AL. (1998), S. 1131 ff.

3) Vgl. BICHLER/PIKOVSKY (2005), S. 330; BICHLER ET AL. (2005), S. 127 und ABRACHE ET AL. (2004), S. 1178.

4) Im Rahmen der vorliegenden Arbeit steht das Symbol G für Güter und der Symbolindex i für das jeweils betroffene Gut.

5) Vgl. BICHLER ET AL. (2005), S. 127; ABRACHE ET AL. (2004), S. 1178; AUSUBEL/MILGROM (2002), S. 392; DIETRICH/FORREST (2002), S. 15 f.; RUẞ/VIERKE (1999), S. 2 und ROTHKOPF ET AL. (1998), S. 1132.

6) Vgl. SCHMIDT (1999), S. 44 und GOMBER ET AL. (1997), S. 142.

7) Vgl. GOMBER ET AL. (1997), S. 144, dort in Tabelle 3.

bündel-Kombinationen gc[1]. Von jedem Gut G_i wird die Menge x_i angeboten, die nur als Gesamtmenge – „Güterbündel“ – versteigert werden kann, so dass die angebotene Menge x_i eines Gutes G_i nicht zerlegbar ist.

In Anlehnung an die VICKREY-Auktion findet auch im Rahmen der Matrix-Auktion die gespaltene Auktionsregel Anwendung[2]. Im Anschluss an die Matrixerstellung sucht der Auktionator nach der Güterbündel-Kombination, die mit der *höchsten Summe* der Preisgebote verbunden ist[3]. Die Bieter dieser Preisgebote erhalten dann den Zuschlag für die Güterbündel-Kombination. Für die Festlegung des zu zahlenden Verkaufspreises liegen zwei Optionen vor[4]:

- *Pricing-per-column-Regel*

Der zu zahlende Verkaufspreis desjenigen Bieters, der den Zuschlag für eine Güterbündel-Kombination erhalten hat, entspricht demjenigen Preis für diese Güterbündel-Kombination, der in der Restmenge aller anderen Bieter am höchsten geboten wurde.

- *Zahlungsregel der Generalized VICKREY-Auktion*

Der zu zahlende Verkaufspreis desjenigen Bieters, der den Zuschlag für eine Güterbündel-Kombination erhalten hat, ergibt sich durch die Subtraktion der Summe der Preisgebote aller anderen Bieter, die in der erlösmaximierenden Auktion den Zuschlag für andere Güterbündel-Kombinationen als der betrachtete Bieter erhalten, von der Summe der Preisgebote der Bieter, die den Zuschlag für eine andere erlösmaximierende Auktion erhalten hätten, wenn der betrachtete Bieter nicht an der Matrix-Auktion teilgenommen hätte[5].

Hinsichtlich der gespaltenen Auktionsregel wird davon ausgegangen, dass auch die Matrix-Auktion die Anreizkompatibilität garantiert[6]. Daher haben die Bieter, die an der Matrix-Auktion teilnehmen, keinen Anreiz, ihre „wahren“ Informationen über ihre indi-

---

1) Im Rahmen der vorliegenden Arbeit steht das Symbol gc für goods combination.

2) Vgl. CORSTEN/GÖSSINGER (2001), S. 67.

3) Vgl. CORSTEN/GÖSSINGER (2001), S. 67.

4) Vgl. CORSTEN/GÖSSINGER (2001), S. 67 f. und SCHMIDT (1999), S. 45 f.

5) Vgl. SCHMIDT (1999), S. 51.

6) Vgl. CORSTEN/GÖSSINGER (2001), S. 69 und dort in Fn. 2).

viduellen Wertschätzungen zu verschweigen und „strategisch“ verfälschte Informationen zu melden[1].

Mehrstufige erweiterte VICKREY-Auktion

Auch die mehrstufige erweiterte VICKREY-Auktion[2] kann als eine Modifizierung der VICKREY-Auktion hinsichtlich der Güterstruktur interpretiert werden. Die mehrstufige erweiterte VICKREY-Auktion stellt eine Auktionsform dar, die die Problemklasse (4) erfasst. D.h., bei der mehrstufigen erweiterten VICKREY-Auktion wird eine Menge aus mehreren Einheiten eines Gutes zum Verkauf angeboten. Die Menge aus mehreren Einheiten eines Gutes wird in mehrere jeweils nicht (weiter) zerlegbare Güterbündel zerlegt. Zudem wird die VICKREY-Auktion hinsichtlich der Kooperation, also um die Möglichkeit der *kooperativen* Abgabe der Preisgebote für die Bieter erweitert[3].

Die mehrstufige erweiterte VICKREY-Auktion ist durch mehrere Auktionsstufen gekennzeichnet. In mehreren Auktionsstufen geben die Bieter sowohl einzelne als auch bilaterale und multilaterale Preisgebote für die Güterbündel ab[4]. Auf der 1. Auktionsstufe dürfen die Bieter keine „echten“ Kooperationen aus mindestens zwei Bietern bilden, sondern dürfen nur isoliert bieten. Die Größe der Kooperationen, zu denen sich die Bieter im Anschluss an die 1. Auktionsstufe auf jeder Auktionsstufe zusammenschließen dürfen, wird in jeder Auktionsstufe – bei der Kooperationsgröße eins beginnend – *sukzessiv* um jeweils das Inkrement eins erhöht, bis die maximal mögliche Kooperationsgröße der „großen Koalition“ erreicht ist, in der alle Bieter miteinander kooperieren[5]. In einer Auktionsstufe sind dabei nur solche Bietergruppen als Bieter zugelassen, deren Anzahl der Auktionsstufennummer entspricht[6].

Beispielsweise nehmen fünf Unternehmen als Bieter an der mehrstufigen erweiterten VICKREY-Auktion teil. Da die Anzahl der Bieter der jeweiligen Auktionsstufennummer entspricht, werden bei fünf Unternehmen als Bieter fünf Auktionsstufen festgelegt. In der ersten Auktionsstufe geben diese Bieter jeweils einzeln ein Preisgebot für die Gü-

1) Vgl. RUß/VIERKE (1999), S. 2 und 8.

2) Vgl. CORSTEN/GÖSSINGER (2001), S. 71 ff. und SCHMIDT (1999), S. 54 ff.

3) Vgl. SCHMIDT (1999), S. 53 und GOMBER ET AL. (1997), S. 142.

4) Vgl. CORSTEN/GÖSSINGER (2001), S. 72 und SCHMIDT (1999), S. 54.

5) Vgl. CORSTEN/GÖSSINGER (2001), S. 72.

6) Vgl. CORSTEN/GÖSSINGER (2001), S. 72.

terbündel ab. Während sie in der zweiten Auktionsstufe – über 2-er-Kooperationen – bilateral agieren können, können sie in der dritten Auktionsstufe – über 3-er-Kooperationen –, in der vierten Auktionsstufe – über 4-er-Kooperationen – und in der fünften Auktionsstufe – über 5-er-Kooperationen – multilaterale Preisgebote für die Güterbündel abgeben, wenn eine kooperative Abgabe der Preisgebote gegenüber einer alleinigen Abgabe der Preisgebote vorteilhafter ist. Ab der zweiten Auktionsstufe können sich die Bieter daher zu „Bietergruppen" zusammenschließen und als eine Einheit auftreten[1)].

Im Gegensatz zur VICKREY-Auktion und zur Matrix-Auktion ist zu bemerken, dass, basierend auf mehreren Auktionsstufen, die Preisgebote für die Güterbündel nicht simultan, sondern *sequentiell* abgegeben werden. Auf jeder Auktionsstufe geben die Bieter und die Bietergruppen jedoch weiterhin simultan ihre Preisgebote für die Güterbündel ab. Zudem ist festzuhalten, dass durch die sukzessive Erhöhung der Anzahl der Bieter, die an einer Kooperation teilnehmen können, und die Bildung von Bietergruppen ab der zweiten Auktionsstufe *keine* vollständig verdeckte Gebotsabgabe vorliegt[2)].

Der Auktionator speichert die gebotenen Preise für die Güterbündel der 1. Auktionsstufe, ohne sie zu offenbaren, und fordert die Bieter nun zur kooperativen Abgabe der Preisgebote auf. Ab der 2. Auktionsstufe sind die Bieter über die Preisgebote der jeweiligen Vorrunde, an denen sie beteiligt waren, informiert. Im Anschluss an alle Auktionsstufen wird schließlich jeweils das höchste Preisgebot aller Preisgebote für jedes Güterbündel ermittelt.

Den Zuschlag für ein Güterbündel erhält schließlich derjenige Bieter oder diejenige Bietergruppe mit dem höchsten Preisgebot aller Auktionsstufen[3)]. In Anlehnung an die VICKREY-Auktion muss derjenige Bieter, der den Zuschlag für ein Güterbündel erhalten hat, denjenigen Preis für dieses Güterbündel bezahlen, der in der Restmenge aller anderen Bieter am höchsten geboten wurde. Für eine Bietergruppe, die den Zuschlag für ein Güterbündel erhalten hat, wird der zu zahlende Verkaufspreis in Höhe des Preisgebots festgelegt, das den Zuschlag erhalten hätte, wenn sich die Bieter der Bietergruppe nicht

---

1) Vgl. CORSTEN/GÖSSINGER (2001), S. 72.

2) Vgl. CORSTEN/GÖSSINGER (2001), S. 74.

3) Vgl. SCHMIDT (1999), S. 54.

an der mehrstufigen erweiterten VICKREY-Auktion beteiligt hätten[1]. Hinsichtlich dieser gespaltenen Auktionsregel wird eine Anreizkompatibilität angestrebt[2].

Die Modifizierung der Englischen und der Holländischen Auktion um das Angebot mehrerer Güter und um Auktionsstufen führt zu folgenden Non-Standard-Auktionen[3]:

- Englische Mehrgüterauktion und
- Holländische Mehrgüterauktion.

Im Gegensatz zur Englischen Auktion werden bei der *Englischen Mehrgüterauktion*[4], auch ascending-bid multi-unit auction oder multi-unit ascending auction genannt, nicht mehr eine Einheit des angebotenen Gutes oder ein Güterbündel, sondern eine zerlegbare Menge aus mehreren Gütern versteigert. Die Englische Mehrgüterauktion stellt eine *dynamische* Auktion dar, in der mehrere Güter nacheinander in mehreren Auktionsstufen versteigert werden[5]. Der Auktionator legt für jedes Gut einen Reservationspreis fest. In jeder Auktionsstufe geben die Bieter *simultan* ihre Preisgebote für die Güter ab. Aus den abgegebenen Preisgeboten wird dann für jedes Gut das höchste Preisgebot ermittelt. In einer nächsten Auktionsstufe haben die Bieter die Möglichkeit, neue Preisgebote abzugeben und das höchste Preisgebot der ersten Auktionsstufe – z.B nach einem vom Auktionator fest vorgegebenen Inkrement – zu überbieten[6]. Aus diesen neuen Preisgeboten der 2. Auktionsstufe wird für jedes Gut das höchste Preisgebot ermittelt. Die Englische Mehrgüterauktion ist beendet, wenn auf der letzten Auktionsstufe kein Bieter zum Reservationspreis des Auktionators bietet und auf der vorletzten Auktionsstufe mindestens ein Bieter existiert, der dem Reservationspreis zugestimmt hat. Die Güter werden demjenigen Bieter oder denjenigen Bietern mit dem jeweils höchsten Preisgebot

1) Vgl. CORSTEN/GÖSSINGER (2001), S. 74.

2) Vgl. CORSTEN/GÖSSINGER (2001), S. 74.

3) Vgl. AUSUBEL (2004), S. 1452 ff.; KRISHNA (2002), S. 172 f.; LUCKING-REILEY (2000), S. 241 und MCCABE ET AL. (1990), S. 1276 ff. Zu einer experimentellen Untersuchung der Englischen Mehrgüterauktion und der Holländischen Mehrgüterauktion vgl. MCCABE ET AL. (1990), S. 1278 ff.

4) Vgl. BERNINGHAUS ET AL. (2006), S. 265 und LUCKING-REILEY (2000), S. 241 sowie dort in Fn. 36).

5) Vgl. BERNINGHAUS ET AL. (2006), S. 265; PERRY/RENY (2005), S. 571 und AUSUBEL (2004), S. 1452.

6) Vgl. BERNINGHAUS ET AL. (2006), S. 265.

der letzten Auktionsstufe zugeschlagen[1]. Im Sonderfall[2], in dem mehrere Bieter aus der Menge aller Bieter denselben höchsten Preis für dasselbe Gut geboten haben, erhält derjenige Bieter den Zuschlag für dieses Gut, der sein Preisgebot in der letzten Auktionsstufe als erster eingereicht hat.

Die *Holländische Mehrgüterauktion*[3] ist durch das Angebot einer zerlegbaren Menge aus mehreren Einheiten eines Gutes in mehreren Auktionsstufen gekennzeichnet. Der Auktionator fixiert für sein Angebot einen Verkaufspreis, den voraussichtlich kein Bieter bereit ist zu bezahlen. Schritt für Schritt reduziert der Auktionator diesen Verkaufspreis, bis ein Bieter den vom Auktionator genannten Verkaufspreis akzeptiert und die Einheit angibt, die er bereit ist zum fixierten Verkaufspreis zu kaufen. Dieser Bieter erhält den Zuschlag für diese Einheit des angebotenen Gutes und muss den Preis bezahlen, bei dem er seine Zustimmung signalisiert hat. Der Übergang von einer Auktionsstufe zur nächsten Auktionsstufe erfolgt jeweils mit dem Verkauf einer oder mehrerer Einheiten des angebotenen Gutes. In jeder Auktionsstufe hat ein Bieter die Möglichkeit, eine oder mehrere Einheiten des angebotenen Gutes zum – in dieser Auktionsstufe – letztgenannten Verkaufspreis zu erhalten[4]. Die Holländische Mehrgüterauktion endet dann, wenn alle Einheiten des angebotenen Gutes verkauft sind.

Sequentielle Auktion

Die sequentielle Auktion[5] kommt zur Versteigerung mehrerer Gütereinheiten zum Einsatz, wobei sowohl homogene als auch heterogene Güter vesteigert werden können[6]. Die Versteigerung der angebotenen Güter wird in voneinander unabhängigen Einegutauktionen durchgeführt, so dass die zum Verkauf stehenden Güter nacheinander, d.h. *zeitlich versetzt* versteigert werden[7]. Daher können die Bieter zeitlich versetzt ihre jeweiligen Preisgebote abgeben. Hinsichtlich einer solchen sequentiellen Abgabe der

1) Vgl. BERNINGHAUS ET AL. (2006), S. 265 und AUSUBEL/MILGROM (2002), S. 394.

2) Vgl. BERNINGHAUS ET AL. (2006), S. 265.

3) Vgl. KRISHNA (2002), S. 172.

4) Vgl. KRISHNA (2002), S. 172.

5) Vgl. BERNINGHAUS ET AL. (2006), S. 259; TEICH ET AL. (2004), S. 1 und 3; ENGELBRECHT-WIGGANS/MENEZES (2000), S. 2 und 7 sowie GÜTH (1994), S. 208.

6) Vgl. BERNINGHAUS ET AL. (2006), S. 259.

7) Vgl. BERNINGHAUS ET AL. (2006), S. 259.

Preisgebote kennt ein nachgelagerter Bieter das abgegebene Preisgebot eines vorgelagerten Bieters und kann folglich sein Handeln von dessen Verhalten abhängig machen[1].

Für die Versteigerung der angebotenen Güter können die Standard-Auktionen angewendet werden[2]. MILGROM/WEBER heben hervor, dass Standard-Auktionen, wie die VICKREY-Auktion und die Höchstpreis-Auktion, hinsichtlich des Zeitpunktes der Abgabe der Preisgebote – von der simultanen Auktion zur sequentiellen Auktion – und der Auktionsstufen – von der single-round auction zur multiple-round auction – modifiziert werden können[3]. Als Standard-Auktionen stellen die VICKREY-Auktion und die Höchstpreis-Auktion jeweils eine statische Auktion mit simultaner Abgabe der Preisgebote dar. Denkmöglich ist jedoch ihre Modifizierung in jeweils eine dynamische Auktion mit sequentiell abgegebenen Preisgeboten.

Unter Berücksichtigung dieser Modifizierung lassen sich folgende zwei sequentielle Auktionen festhalten:

- sequentielle VICKREY-Auktion und
- sequentielle Höchstpreis-Auktion.

Grundsätzlich stellt die sequentielle Auktion eine multiple-round auction, ein multistage game oder ein wiederholtes Spiel dar, bei der die Bieter in mehreren Auktionsstufen insgesamt eine Einheit des angebotenen Gutes ersteigern können[4]. NEUGEBAUER/PEZANIS-CHRISTOU sind folgender Ansicht:

„*Bidders have unit demands: each of them desires only one unit of the items for sale.*“[5]

In jeder Auktionsstufe geben die Bieter *verdeckt* für eine Einheit des angebotenen Gutes ihre Preisgebote ab[6]. Beim Übergang von einer Auktionsstufe zu einer jeweils nächsten

1) Vgl. JOST (2001a), S. 14.

2) Vgl. BERNINGHAUS ET AL. (2006), S. 259.

3) Vgl. MILGROM/WEBER (1982b), S. 181 und zudem JIN ET AL. (2006), S. 817 sowie WEBER (1983), S. 170 f. und 181 f.

4) Vgl. NEUGEBAUER/PEZANIS-CHRISTOU (2007), S. 57; JIN ET AL. (2006), S. 817; CHAKRAVARTI ET AL. (2002), S. 292; ENGELBRECHT-WIGGANS (1983), S. 64; WEBER (1983), S. 170 und OREN/ROTHKOPF (1975), S. 1081. Zu einer formalsprachigen Darstellung sequentieller Auktionen mit dynamischer Abgabe der Preisgebote vgl. OREN/ROTHKOPF (1975), S. 1081 ff.

5) NEUGEBAUER/PEZANIS-CHRISTOU (2007), S. 57 (Kursiv-Hervorhebung durch die Verfasserin).

6) Vgl. WEBER (1983), S. 170.

Auktionsstufe können durch die Abgabe der Preisgebote Informationen über das Verhalten der anderen Bieter gewonnen werden[1]. Da durch solche Informationen die in der nächsten Auktionsstufe gebotenen Preise beeinflusst werden können, ergibt sich ein Anreiz zur Abgabe unwahrer Informationen über die individuellen Wertschätzungen[2]. HAUSCH unterstreicht wie folgt:

„*In a sequential game where a player's actions reveal information about the player or the game, there is an incentive to feint*"[3].

Am Ende einer jeden Auktionsstufe steigt derjenige Bieter, der den Zuschlag für das angebotene Gut erhalten hat, aus der sequentiellen Auktion aus[4]. Die anderen Bieter haben die Option, entweder auch aus der sequentiellen Auktion auszusteigen oder aber in der nächsten Auktionsstufe weiterhin an der sequentiellen Auktion teilzunehmen. Die weitere Teilnahme an der sequentiellen Auktion ist insbesondere vom Reservationspreis in dieser Auktionsstufe und vom nun angebotenen Gut abhängig[5].

Japanische Auktion

Die Japanische Auktion hat ihre Bekanntheit durch den Fischverkauf in Japan erhalten[6]. Die Besonderheit der Japanischen Auktion basiert darauf, dass der Auktionator einen fixen Verkaufspreis für das angebotene Gut aufstellt. Da der Verkaufspreis für das angebotene Gut vorgegeben ist, geben die Bieter nun *simultan* die Mengen an, die sie jeweils bereit sind zum fixierten Verkaufspreis zu kaufen[7].

Liegen die Mengengebote aller Bieter vor, erfolgt ein Vergleich der kumulierten Nachfragemenge mit dem Angebot. Wenn die kumulierte Nachfragemenge höher ist als die Angebotsmenge, dann geht die Japanische Auktion in die nächste Auktionsstufe über. Die Japanische Auktion wird daher in mehreren Auktionsstufen realisiert und stellt eine *dynamische* Auktion dar. Beim Übergehen von einer Auktionsstufe zu einer jeweils

---

1) Vgl. MENEZES/MONTEIRO (2005), S. 122; JEITSCHKO (1998), S. 98 und HAUSCH (1986), S. 1599 f.

2) Vgl. JEITSCHKO (1998), S. 99 und 104 sowie OREN/ROTHKOPF (1975), S. 1081.

3) HAUSCH (1986), S. 1600 (Kursiv-Hervorhebung durch die Verfasserin).

4) Vgl. ENGELBRECHT-WIGGANS/MENEZES (2000), S. 7 ff.

5) Vgl. ENGELBRECHT-WIGGANS/MENEZES (2000), S. 2 und 4.

6) Vgl. CASSADY (1967), S. 63.

7) Vgl. CASSADY (1967), S. 63 f.

nächsten Auktionsstufe erhöht der Auktionator den Verkaufspreis sukzessiv. Während diejenigen Bieter, deren Verkaufspreislimit überschritten wird, die Japanische Auktion verlassen, geben die anderen Bieter neue Mengengebote ab[1]. Die Japanische Auktion erfolgt so lange, bis die kumulierte Nachfragemenge die Angebotsmenge nicht übersteigt. Wenn die kumulierte Nachfragemenge geringer ist als das Angebot, dann ist eine nachträgliche Korrektur der Nachfragemengen erforderlich, um möglichst viele Mengen des angebotenen Gutes zu versteigern. Die nachträgliche Korrektur der Nachfragemenge erfolgt bei jedem Bieter, indem die Nachfragemenge jeweils um die Nachfragemenge der Vorrunde aufgestockt wird. Jeder Bieter erhält den Zuschlag für die jeweils korrigierte nachgefragte Menge des angebotenen Gutes und zahlt für die zugeteilte korrigierte Nachfragemenge den Verkaufspreis der vorletzten Auktionsstufe[2].

WALRAS-Auktion

Als eine weitere *2-dimensionale Auktion* ist die WALRAS-Auktion[3], die ihren Namen von LÉON WALRAS hat, zu nennen. Im Rahmen der WALRAS-Auktion werden mehrere heterogene Güter zum Verkauf angeboten. Die WALRAS-Auktion beginnt damit, dass der Auktionator für jedes Gut *zufällig* einen spezifischen Verkaufspreis ausruft[4]. Die Bieter kalkulieren in Abhängigkeit von diesen Verkaufspreisen ihre Nachfragemengen. Im Falle der Übereinstimmung der Nachfragemengen und der Angebotsmenge ist der Verkaufspreis, zu dem das Angebot zu verkaufen ist, gefunden. Im Falle der Nichtübereinstimmung ruft der Auktionator für jedes Gut *zufällig* jeweils einen neuen Verkaufspreis aus und die Bieter geben erneut ihre präferierten Nachfragemengen ab[5]. Schritt für Schritt, d.h. in mehreren Auktionsstufen, kommt der Auktionator schließlich zu dem Verkaufspreis, zu dem die preisabhängige Angebotsmenge mit der preisabhängigen Nachfragemenge übereinstimmt. Auf mehreren Auktionsstufen basierend, kann die WALRAS-Auktion als eine *dynamische* Auktion angesehen werden.

---

1) Vgl. KLEMPERER (2000), S. 11.

2) Vgl. SCHLEICH ET AL. (2002), dort in Anhang B.3.2, A7.

3) WALRAS analysiert die Preisgenerierung in Abhängigkeit von den kumulierten Nachfragemengen und den kumulierten Angebotsmengen. Vgl. WALRAS (1972), S. 9 ff.

4) Vgl. NEUS (2005), S. 83 und CANSIER (1996), S. 188.

5) Vgl. NEUS (2005), S. 83 und CANSIER (1996), S. 188.

Yankee-Auktion

Bei der Yankee-Auktion spielt neben den abgegebenen Preisgeboten und einer Menge aus mehreren Einheiten eines angebotenen Gutes zudem die Übertragungszeit, d.h. der Zeitpunkt, zu dem das Preisgebot beim Auktionator eingeht, eine Rolle. Daher kann die Yankee-Auktion als eine *multi-dimensionale Auktion* interpretiert werden. Im Rahmen der Yankee-Auktion wird in einer *offenen* Auktion eine *zerlegbare* Menge aus mehreren Einheiten eines angebotenen Gutes angeboten[1)]. Die Besonderheit dieser Auktion beruht darauf, dass die Bieter *simultan* neben dem gebotenen Preis pro Einheit des angebotenen Gutes auch die Einheit angeben, die sie jeweils bereit sind zu diesem gebotenen Preis zu kaufen[2)]. Hinsichtlich der Zerlegbarkeit der Menge aus mehreren Einheiten des angebotenen Gutes haben mehrere Bieter die Möglichkeit, die Auktion zu gewinnen und den Zuschlag für die präferierten Einheiten des angebotenen Gutes zu erhalten[3)]. Derjenige Bieter, der das höchste Preisgebot angibt, erhält zu seinem gebotenen Preis die nachgefragte Einheit des angebotenen Gutes. Die übrig gebliebenen Einheiten des angebotenen Gutes werden demjenigen Bieter mit dem zweithöchsten Preisgebot zugeteilt. Haben mehrere Bieter das gleiche höchste Preisgebot angegeben, so erhält derjenige Bieter den Zuschlag, der die größere Einheit zu diesem höchsten Preisgebot nachgefragt hat. Wenn mehrere Bieter nicht nur das gleiche höchste Preisgebot angeben, sondern zudem die gleiche Einheit nachfragen, dann erfolgt schließlich die Zuschlagserteilung in Abhängigkeit von dem Zeitpunkt, zu dem das Preisgebot beim Auktionator einging.

Schließlich existieren in der Fachliteratur folgende zwei Non-Standard-Auktionen, die entweder auf der Basis von Absprachen, d.h. der *kooperativen* Gebotsabgabe für die Bieter erfolgen, wie das

- Power-Group Buying,

oder das Feilschen ermöglichen, wie der

- Basar-Stil.

---

1) Vgl. PINKER ET AL. (2003), S. 1470.

2) Vgl. BICHLER ET AL. (2005), S. 127; PINKER ET AL. (2003), S. 1462, dort in Fn. 5), und 1470; BIERMANN/FERNANDEZ (1998), S. 293 und TURBAN (1997), S. 7.

3) Vgl. MILGROM (2004), S. 251.

Das *Power-Group Buying*[1)] kommt auf elektronischen Märkten öfters zur Anwendung und ermöglicht „*Einkaufsgemeinschaften*". Diejenigen Bieter, die zwar ein bestimmtes Gut kaufen, aber nicht mehr einzeln agieren möchten, haben über das Power-Group Buying die Möglichkeit, sich mit anderen Interessenten zusammenzuschließen[2)]. Das Power-Group Buying lässt die Anbieterperspektive im Hintergrund und konzentriert sich auf die Bieter- oder Käufergruppe, d.h. die Perspektive der Nachfrager. Auf der Basis von *Absprachen* können die Bieter ihre einzelnen Bestellungen zusammenfassen und diese Bestellungen als kumulierte Nachfragemenge weiterleiten. Bei der Auktionsabwicklung treten sie als eine Bietergruppe auf und können durch die größere Bestellmenge Kostenvorteile in Form eines Mengenrabatts erzielen[3)].

Auch der *Basar-Stil* findet des Öfteren Anwendung auf elektronischen Märkten. Zu einem determinierten Zeitpunkt treffen sich Anbieter oder Auktionator und Nachfrager an einem virtuellen Ort, um über das angebotene Gut zu handeln. Der Basar-Stil weist eine Besonderheit auf, da er nicht nur das Bieten, sondern zudem das „Feilschen" erlaubt[4)]. Der Auktionator stellt zunächst das angebotene Gut vor und nennt seinen Wunsch-Verkaufspreis. Der Bieter versucht nun, diesen Wunsch-Verkaufspreis zu reduzieren. Zwischen dem Auktionator und dem Bieter wird in einem virtuellen Basar eine Diskussion eröffnet. Neben der Möglichkeit des Feilschens weist der Basar-Stil die Besonderheit auf, dass zusätzlich zu den gebotenen Preisen auch die Sympathien oder Antipathien zwischen dem Auktionator und dem Bieter von Wichtigkeit sein können[5)].

3.2.1.3 Hybrid-Auktionen

In der Fachliteratur gewinnen die Kombination ausgewählter Standard-Auktionen zu Hybrid-Auktionen an Interesse[6)]. Ein Grund für die Entwicklung von Hybrid-Auktionen kann darin gesehen werden, dass Hybrid-Auktionen den Verkaufspreis für den Auktio-

1) Vgl. AMOR (2000), S. 53.

2) Vgl. AMOR (2000), S. 53.

3) Vgl. AMOR (2000), S. 53.

4) Vgl. AMOR (2000), S. 54.

5) Vgl. AMOR (2000), S. 54.

6) Vgl. DUTRA/MENEZES (2002), S. 301 ff.; DUTRA/MENEZES (2001a), S. 2 und KLEMPERER (2000), S. 4 und 103 f.

nator erhöhen können[1]. Als *Kombinierungsoperationen* kommen im Rahmen der vorliegenden Arbeit die

- Kombination hinsichtlich der *Struktur* der *Auktionsregel* und
- Kombination hinsichtlich der *Auktionsstufen*

zur Anwendung.

Höchstpreis-Englische-Auktion

Die Kombination der Höchstpreis-Auktion und der Englischen Auktion hinsichtlich der Struktur der Auktionsregel und hinsichtlich der Auktionsstufen führt zu einer Hybrid-Auktion, die von DUTRA/MENEZES entwickelt wurde[2]. Da sich in der Fachliteratur für diese Hybrid-Auktion keine explizite Bezeichnung finden lässt, wird sie im Rahmen der vorliegenden Arbeit als Höchstpreis-Englische-Auktion bezeichnet. In der Höchstpreis-Englische-Auktion wird eine Einheit des angebotenen Gutes oder ein Güterbündel zum Verkauf angeboten[3]. Während in der 1. Auktionsstufe die Höchstpreis-Auktion durchgeführt wird, wird in der 2. Auktionsstufe die Englische Auktion angewendet. Der Auktionator legt für die Einheit des angebotenen Gutes oder für das Güterbündel einen Reservationspreis fest. In der 1. Auktionsstufe gibt jeder Bieter für die Einheit des angebotenen Gutes oder für das Güterbündel zunächst ein *verdecktes* Preisgebot ab. Nach der Abgabe der Preisgebote aller Bieter wird der höchste gebotene Preis ermittelt und offenbart. Im Gegensatz zur Höchstpreis-Auktion erhält nicht mehr derjenige Bieter, der diesen höchsten Preis für die Einheit des angebotenen Gutes oder für das Güterbündel abgegeben hat, auf jeden Fall den Zuschlag. Vielmehr erhält derjenige Bieter mit dem höchsten gebotenen Preis nur dann den Zuschlag für die Einheit des angebotenen Gutes

---

1) Beispielsweise führen zum einen DUTRA/MENEZES einen formalsprachigen Beweis durch und zeigen, dass mit der Höchstpreis-Englische-Auktion im Gegensatz zu den Standard-Auktionen, also der Höchstpreis-Auktion und der Englischen Auktion, ein höherer Verkaufspreis erzielt werden kann. Vgl. DUTRA/MENEZES (2001a), S. 7 ff. Zum anderen führen DUTRA/MENEZES einen experimentellen Beweis durch und zeigen, dass die Holländisch-VICKREY-Auktion im Gegensatz zu den Standard-Auktionen, also der Holländischen Auktion und der VICKREY-Auktion, zu einem höheren Verkaufspreis führen kann. Vgl. DUTRA/MENEZES (2001b), S. 1 ff. Zu weiteren Gründen für die Entwicklung von Hybrid-Auktionen vgl. DUTRA/MENEZES (2001b), S. 2; KLEMPERER (2000), S. 4 und CASSADY (1967), S. 77.

2) Vgl. DUTRA/MENEZES (2001a), S. 7 ff.

3) Vgl. DUTRA/MENEZES (2001a), S. 3.

oder für das Güterbündel, wenn sein höchster gebotener Preis um den vom Auktionator festgelegten Reservationspreis höher ist als derjenige Preis, der in der Restmenge aller anderen Bieter am höchsten geboten wurde[1)]. Wenn sein höchster gebotener Preis nicht um den Reservationspreis des Auktionators höher ist als der Preis, der in der Restmenge aller anderen Bieter am höchsten geboten wurde, dann geht die Höchstpreis-Englische-Auktion in die 2. Auktionsstufe über. In der 2. Auktionsstufe legt der Auktionator als Reservationspreis den höchsten gebotenen Preis der unmittelbar vorangehenden Auktionsstufe fest[2)]. Die Bieter werden im Rahmen der Englischen Auktion zur erneuten Abgabe der Preisgebote aufgefordert und geben offen ihre Preisgebote ab. Schließlich erhält derjenige Bieter, der auf dieser 2. Auktionsstufe den höchsten Preis für die Einheit des angebotenen Gutes oder für das Güterbündel bietet, den Zuschlag zum höchsten Preis.

Beispielsweise nehmen fünf Unternehmen an der Höchstpreis-Englische-Auktion teil. Der Auktionator bietet ein Güterbündel aus Treibhausgas-Emissionsrechten zum Verkauf an. In der ersten Auktionsstufe geben diese Unternehmen als Bieter jeweils ein verdecktes Gebot für dieses angebotene Güterbündel ab. Im Folgenden gilt:

Bieter	*Preisgebote* (in €)
Unternehmen (1)	11
Unternehmen (2)	5
Unternehmen (3)	9
Unternehmen (4)	7
Unternehmen (5)	6

Angenommen, der vom Auktionator festgelegte Reservationspreis liegt bei 4 € für das angebotene Güterbündel. Das Preisgebot des Unternehmens (1) i.H.v. 11 € stellt den

1) Vgl. DUTRA/MENEZES (2001a), S. 2.

2) Vgl. DUTRA/MENEZES (2001a), S. 2.

höchsten Preis und das Preisgebot i.H.v. 9 € denjenigen Preis dar, der in der Restmenge aller anderen Bieter am höchsten geboten wurde. Das Unternehmen (1) erhält den Zuschlag für das angebotene Güterbündel jedoch nicht, da die Differenz zwischen seinem höchsten gebotenen Preis und demjenigen Preis, der in der Restmenge aller anderen Bieter am höchsten geboten wurde, nicht um den vom Auktionator festgelegten Reservationspreis höher ist. In Zahlen ausgedrückt, ist die Differenz zwischen 11 € und 9 € mit 2 € nicht höher als der Reservationspreis des Auktionators i.H.v. 4 €. Daher kann der Auktionator den Zuschlag für das angebotene Güterbündel noch nicht erteilen.

Englisch-Holländische-Auktion

Die Enlisch-Holländische-Auktion – auch Anglo-Dutch aution genannt – wird als eine Kombination der Englischen Auktion und der Holländischen Auktion hinsichtlich der Struktur der Auktionsregel und hinsichtlich der Auktionsstufen angesehen[1)]. In der Enlisch-Holländische-Auktion wird eine Einheit des angebotenen Gutes oder ein Güterbündel zum Verkauf angeboten. In der 1. Auktionsstufe wird eine Englische Auktion durchgeführt, in der der Auktionator seinen Reservationspreis für eine Einheit des angebotenen Gutes oder für das Güterbündel so lange erhöht, bis nur noch zwei Bieter übrig bleiben, die zum Zahlen des vom Auktionator geforderten Preises bereit sind[2)]. In einer 2. Auktionsstufe wird eine Holländische Auktion durchgeführt, in der der höchste gebotene Preis der unmittelbar vorangehenden Auktionsstufe den Reservationspreis des Auktionators angibt. Beide Bieter geben erneut offen jeweils ihr Preisgebot für eine Einheit des angebotenen Gutes oder für das Güterbündel ab, welches nicht niedriger sein darf als der höchste gebotene Preis der 1. Auktionsstufe. Derjenige Bieter, der in dieser 2. Auktionsstufe das höchste Preisgebot für eine Einheit des angebotenen Gutes oder für das Güterbündel abgibt, erhält den Zuschlag und zahlt den Verkaufspreis in Höhe seines abgegebenen Preisgebots[3)].

---

1) Vgl. KLEMPERER (2007), S. 30 f. und DUTRA/MENEZES (2001a), S. 2.

2) Vgl. KLEMPERER (2007), S. 30.

3) Vgl. KLEMPERER (2007), S. 30.

Höchstpreis-VICKREY-Auktion

Als eine weitere Hybrid-Auktion diskutieren DUTRA/MENEZES die Kombination der Höchstpreis-Auktion und der VICKREY-Auktion[1)] hinsichtlich der Struktur der Auktionsregel und hinsichtlich der Auktionsstufen. In der Höchstpreis-VICKREY-Auktion wird eine Einheit des angebotenen Gutes oder ein Güterbündel zum Verkauf angeboten. Der Auktionator legt zunächst seinen Reservationspreis für eine Einheit des angebotenen Gutes oder für das Güterbündel fest. In der 1. Auktionsstufe wird eine Höchstpreis-Auktion durchgeführt[2)], in der die Bieter ihre Preisgebote für eine Einheit des angebotenen Gutes oder für das Güterbündel abgeben. Der Auktionator ermittelt anschließend den höchsten gebotenen Preis für eine Einheit des angebotenen Gutes oder für das Güterbündel. Wie in der Höchstpreis-Englische-Auktion erhält auch in der Höchstpreis-VICKREY-Auktion nicht derjenige Bieter, der diesen höchsten Preis für eine Einheit des angebotenen Gutes oder für das Güterbündel abgegeben hat, auf jeden Fall den Zuschlag. Vielmehr erhält in der Höchstpreis-VICKREY-Auktion derjenige Bieter mit dem höchsten gebotenen Preis nur dann den Zuschlag für eine Einheit des angebotenen Gutes oder für das Güterbündel, wenn sein höchster gebotener Preis um den vom Auktionator festgelegten Reservationspreis höher ist als derjenige Preis, der in der Restmenge aller anderen Bieter am höchsten geboten wurde[3)]. Für den Fall, dass sein höchster gebotener Preis nicht um den Reservationspreis des Auktionators höher ist als der Preis, der in der Restmenge aller anderen Bieter am höchsten geboten wurde, geht die Höchstpreis-VICKREY-Auktion in die nächste Auktionsstufe über[4)]. In einer 2. Auktionsstufe wird eine VICKREY-Auktion durchgeführt[5)], in der der höchste gebotene Preis der unmittelbar vorangehenden Auktionsstufe den Reservationspreis des Auktionators angibt[6)]. Die Bieter geben erneut jeweils ihr Preisgebot für eine Einheit des angebotenen Gutes oder für das Güterbündel ab, welches nicht niedriger sein darf als der höchste gebotene Preis der 1. Auktionsstufe. Derjenige Bieter, der in dieser 2. Auktionsstufe das höchste Preisgebot für eine Einheit des angebotenen Gutes oder für das Güterbündel

1) Vgl. DUTRA/MENEZES (2002), S. 301 ff. und DUTRA/MENEZES (2001b), S. 1 ff.

2) Vgl. DUTRA/MENEZES (2001b), S. 3.

3) Vgl. DUTRA/MENEZES (2002), S. 302.

4) Vgl. DUTRA/MENEZES (2002), S. 302.

5) Vgl. DUTRA/MENEZES (2001b), S. 3.

6) Vgl. DUTRA/MENEZES (2002), S. 302.

abgibt, erhält den Zuschlag. Als Verkaufspreis muss dieser Bieter denjenigen Preis für eine Einheit des angebotenen Gutes oder das angebotene Güterbündel bezahlen, der in der Restmenge aller anderen Bieter am höchsten geboten wurde[1)].

3.2.2 Untersuchung der Eignung von Auktionen zur Lösung des Realproblems

3.2.2.1 Systematisierung von Auktionen

Auf der Basis der in Kapitel 3.2.1 laut State-of-the-art in der Fachliteratur diskutierten Auktionen wird eine Systematisierung von Auktionen vorgenommen, um dem Leser einen systematischen Überblick über vielfältige Auktionen zu ermöglichen. Die Systematisierung von Auktionen erfolgt zum einen in Anlehnung an die in Kapitel 3.2.1.1-3.2.1.3 bereits erfolgte Kategorisierung der Auktionen in

- Standard-Auktionen,
- Non-Standard-Auktionen und in
- Hybrid-Auktionen.

Zum anderen basiert die Systematisierung von Auktionen auf den in Kapitel 3.2.1.2 aufgeführten Modifizierungsoperationen und zudem auf den in Kapitel 3.2.1.3 dargelegten Kombinierungsoperationen. Hinsichtlich dieser Modifizierungsoperationen und hinsichtlich dieser Kombinierungsoperationen kann der Herleitungszusammenhang zwischen den Auktionen reflektiert werden.

Die folgende Abbildung präsentiert zunächst Standard-Auktionen und Non-Standard-Auktionen. Non-Standard-Auktionen sind zum einen durch die Modifizierung von Standard-Auktionen gekennzeichnet. Die zur Anwendung kommenden Modifizierungsoperationen werden in der folgenden Abbildung mit „Modifizierung hinsichtlich der / des …“ aufgeführt. Zum anderen repräsentieren Non-Standard-Auktionen diejenigen Auktionen, die zu den laut State-of-the-art in der Fachliteratur diskutierten 2-dimensionalen oder multi-dimensionalen Auktionen zählen. Diese letztgenannten Non-Standard-Auktionen, die *keine* Modifizierung von Standard-Auktionen darstellen, werden in der folgenden Abbildung unter „weitere Non-Standard-Auktionen“ aufgelistet.

---

1) Vgl. DUTRA/MENEZES (2002), S. 302 f.

Im Anschluss an diese erste Abbildung wird eine zweite Abbildung zur Systematisierung von Auktionen dargestellt. Diese zweite Abbildung präsentiert die Kombination ausgewählter Standard-Auktionen zu Hybrid-Auktionen. Da diejenigen Non-Standard-Auktionen, die durch die Modifizierung von Standard-Auktionen gekennzeichnet sind, für eine solche Kombination zu Hybrid-Auktionen *keine* Anwendung finden, werden sie in der Abbildung als „modifizierte Standard-Auktionen" erfasst. Auch weitere Non-Standard-Auktionen, wie die WALRAS-Auktion, Yankee-Auktion, Power-Group Buying und Basar-Stil, kommen für die Kombination zu Hybrid-Auktionen *nicht* zur Anwendung und werden als „weitere Non-Standard-Auktionen" erfasst. Die zur Anwendung kommenden Kombinierungsoperationen werden in der Abbildung mit „Kombination hinsichtlich der …" aufgeführt.

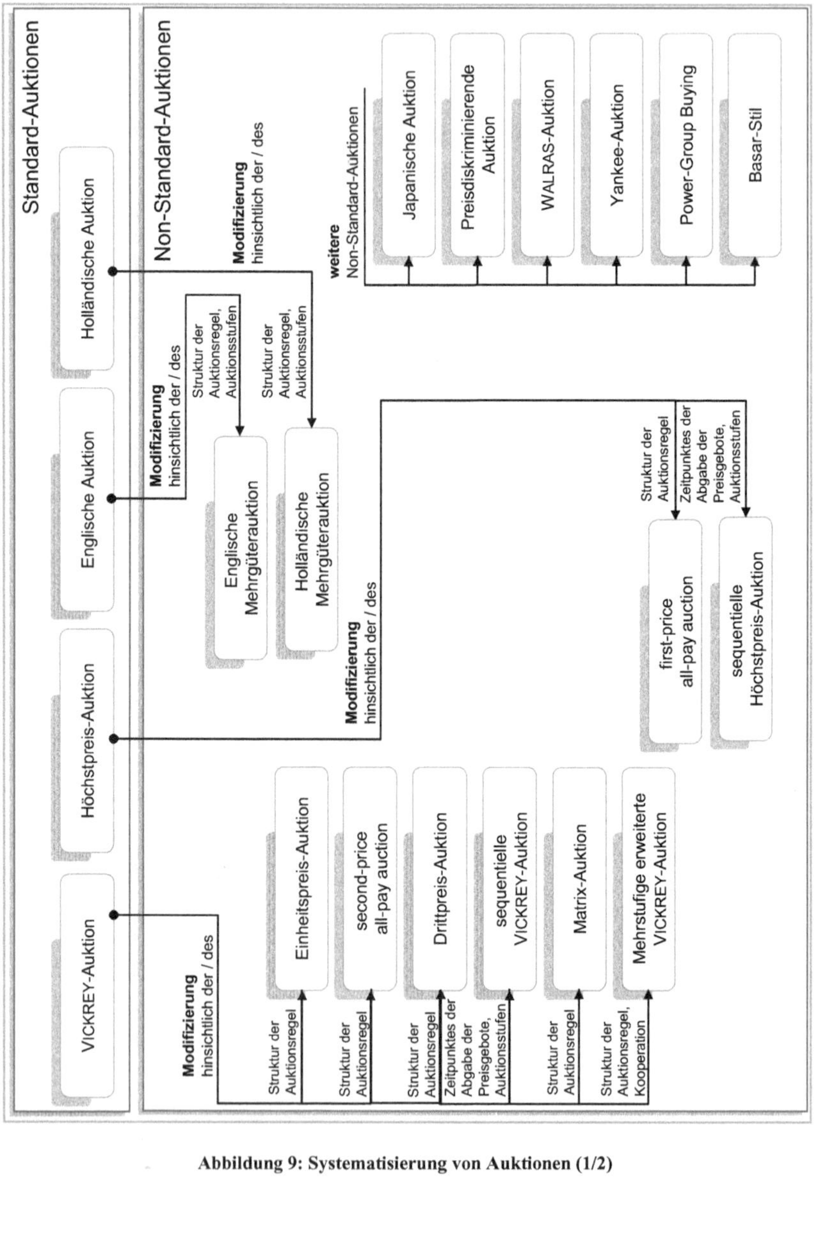

Abbildung 9: Systematisierung von Auktionen (1/2)

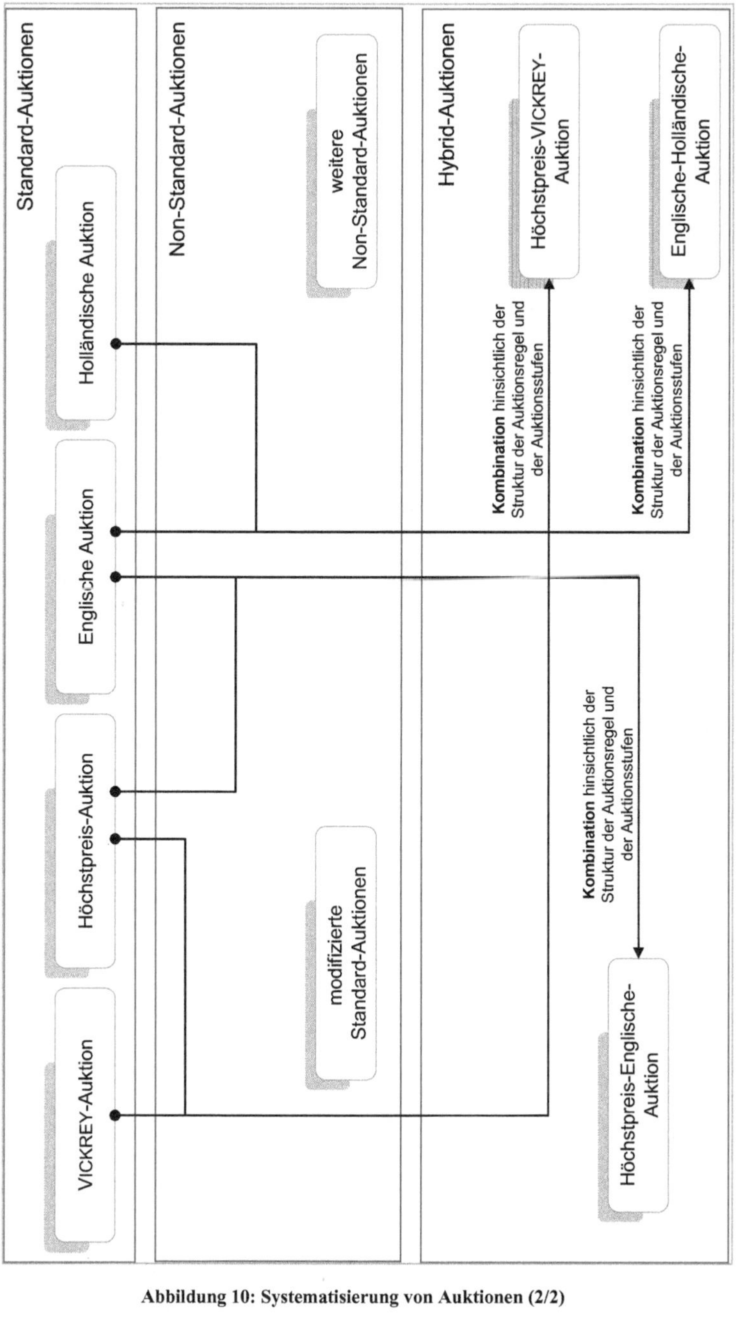

Abbildung 10: Systematisierung von Auktionen (2/2)

3.2.2.2. Systematisierung der betriebswirtschaftlichen Eignungskriterien

Wie bereits in Kapitel 1.1 angemerkt, ist es aus betriebswirtschaftlicher Perspektive wünschenswert, die Auktion für Treibhausgas-Emissionsrechte und Treibhausgas-Emissionsgutschriften zu kennen, welche einen *Katalog betriebswirtschaftlicher Eignungskriterien* bestmöglich erfüllt[1]. Um diesen betriebswirtschaftlich wünschenswerten Zustand erreichen zu können, ist zunächst ein Katalog betriebswirtschaftlicher Eignungskriterien zu erstellen.

Da in der Fachliteratur grundsätzlich nur einzelne *ausgewählte* betriebswirtschaftliche Eignungskriterien betrachtet werden, wurde ein komplexer Katalog i.S.e. Katalogs mit zahlreichen hierarchisch systematisierten betriebswirtschaftlichen Eignungskriterien bislang noch nicht vorgelegt[2]. Zudem ist zu bemerken, dass diese „eklektisch" ausgewählten betriebswirtschaftlichen Eignungskriterien in der Fachliteratur nicht oder nicht explizit zur Bewertung der Eignung von Auktionen eingesetzt werden. Vielmehr finden sie im Rahmen der Bewertung umweltpolitischer Eindämmungsaktivitäten, wie Umweltauflagen, Umweltabgaben und Allokation von Treibhausgas-Emissionsrechten, Anwendung[3]. Da sie jedoch auch zur Bewertung der Eignung von Auktionen in Frage kommen, wird im Rahmen der vorliegenden Arbeit auf sie zurückgegriffen.

Hinsichtlich des Systematisierungsdefektes in der Fachliteratur erfolgt im Folgenden zunächst eine „naive" Aufzählung zahlreicher denkmöglicher betriebswirtschaftlicher Eignungskriterien. Zu bemerken ist, dass einzelne betriebswirtschaftliche Eignungskriterien sich nicht unabhängig voneinander betrachten lassen. Vielmehr lassen sie sich un-

---

1) Vgl. Kapitel 1.1 der vorliegenden Arbeit.

2) Zur „reinen" Aufzählung ausgewählter betriebswirtschaftlicher Eignungskriterien vgl. z.B. AGE (2002a), S. 23; ENDRES (2000), S. 142 ff.; WICKE (1993), S. 437 ff.; FRIEDRICH (1992), S. 19 ff.; KNÜPPEL (1989), S. 74 ff.; SCHÜRMANN (1978), S. 305 ff.; SIEBERT (1978), S. 94 ff. und STAMER (1976), S. 25 ff.

3) Vgl. DÖRING/WRINGMANN (2004), S. 35 f.; HANSJÜRGENS/GAGELMANN (2003), S. 2 ff.; AGE (2002a), S. 23; CAMES ET AL. (2001), S. 62 f.; BROCKMANN ET AL. (2000), S. 3; ENDRES (2000), S. 142 ff. und 171 ff.; ZIMMERMANN/HANSJÜRGENS (1998), S. 47 ff. und 59; FEESS (1998), S. 90 f.; RAHMEYER (1997), S. 2 und 36 ff.; CANSIER (1996), S. 152 ff., 194 ff. und 214 ff.; STEPHAN/AHLHEIM (1996), S. 85 ff.; HANSJÜRGENS/FROMM (1994), S. 475; WICKE (1993), S. 437 ff.; FRIEDRICH (1992), S. 38; GAWEL (1991), S. 21; HEISTER ET AL. (1991), S. 67 f., 177 und 180 ff.; KEMPER (1989), S. 103 und 161 ff.; KNÜPPEL (1989), S. 80 ff.; SIEBERT (1978), S. 94 ff. und SCHÜRMANN (1978), S. 305 ff. sowie 458 ff.

ter übergeordnete betriebswirtschaftliche Eignungskriterien subsumieren. Im Anschluss an die „naive" Aufzählung zahlreicher denkmöglicher betriebswirtschaftlicher Eignungskriterien wird sodann eine hierarchische Systematisierung der betriebswirtschaftlichen Eignungskriterien, also eine systematische *Kriterien-Hierarchie*, etabliert, die es *so* in der Fachliteratur noch nicht gibt. Der *Analytic Hierarchy Process*, der im Rahmen der vorliegenden Arbeit zur Bewertung der Eignung von Auktionsformen angewendet wird, setzt diese systematische Kriterien-Hierarchie voraus.

Ein Katalog betriebswirtschaftlicher Eignungskriterien kann folgende denkmögliche betriebswirtschaftliche Eignungskriterien und folgende denkmögliche betriebswirtschaftliche Sub-Kriterien erfassen:

- *Geschwindigkeit* der *Auktionsdurchführung*

  Die Geschwindigkeit der Auktionsdurchführung kann als ein wichtiges betriebswirtschaftliches Eignungskriterium angesehen werden. Im Falle der „schnellen" Auktionsdurchführung, d.h. der Auktionsdurchführung über eine kurze Zeitdauer (z.B. über eine Auktionsstufe), kann ein „schneller" Handel mit Treibhausgas-Emissionsrechten und Treibhausgas-Emissionsgutschriften erfolgen. Die Emittenten von Treibhausgasen verfügen nach Handelsende über Treibhausgas-Emissionsrechte und Treibhausgas-Emissionsgutschriften und sind auch berechtigt, in der angegebenen Menge Treibhausgase zu emittieren.

- *ökologische Verträglichkeit*

  Ökologische[1)] Kriterien kommen insbesondere dann zum Tragen, wenn umweltpolitische Ziele auf nationaler Ebene politisch fixiert sind[2)]. Folgende betriebswirtschaftliche Eignungskriterien können als ökologische Sub-Kriterien zum Kriterium „ökologische Verträglichkeit" definiert werden:

---

1) Der Begriff *Ökologie* entstammt dem Griechischen oikos i.S.v. das Haus oder der Haushalt und logos i.S.v. die Lehre und ist eine Teildisziplin der Naturwissenschaften. Die Ökologie befasst sich mit den Wechselbeziehungen der Organismen untereinander und mit ihrer Umwelt. Vgl. z.B. WICKE (1993), S. 700 und BRANDT (1988), S. 11.

2) Vgl. Kapitel 2.3.1 der vorliegenden Arbeit.

- *ökologische Effektivität*[1)]

  Das Sub-Kriterium *der ökologischen Effektivität* wird auch unter den Kriterien der Realisierung umweltpolitischer Ziele und der Gewährleistung der ökologischen Treffsicherheit erfasst. Die ökologische Effektivität fordert, dass durch die auktionsbasierte nationale Reallokation von Treibhausgas-Emissionsrechten und Treibhausgas-Emissionsgutschriften auf Unternehmensebene die auf nationaler Ebene politisch fixierten umweltpolitischen Ziele mit möglichst hoher Sicherheit und Präzision erreicht werden.

- *Geschwindigkeit der umweltpolitischen Zielerreichung*[2)]

  Neben der Realisierung umweltpolitischer Ziele ist zudem die Geschwindigkeit der umweltpolitischen Zielerreichung von großer Bedeutung, um irreversible, d.h. nicht umkehrbare, oder drohende globale Umweltschäden des anthropogenen Treibhauseffektes zu reduzieren oder zu kompensieren.

- *Planungssicherheit*

  Fraglich ist, ob und in welchem Umfang die Planungssicherheit durch die Auktion gewährleistet werden kann. Zum einen bedeutet Planungssicherheit die Sicherheit, auf dem Markt für Treibhausgas-Emissionsrechte und Treibhausgas-Emissionsgutschriften jederzeit (z.B. periodisch) zusätzliche Treibhausgas-Emissionsrechte und Treibhausgas-Emissionsgutschriften zum Marktpreis kaufen oder verkaufen zu können. Zum anderen ist unter Planungssicherheit die Preissicherheit zu verstehen, die die Möglichkeit einräumt, die im Planungszeitraum benötigte oder nicht benötigte Menge an Treibhausgas-Emissionsrechten und Treibhausgas-Emissionsgutschriften zum heutigen Preis zu kaufen bzw. zu verkaufen. Es besteht keine Notwen-

---

1) Vgl. CAMES ET AL. (2001), S. 62; ENDRES (2000), S. 171; ZIMMERMANN/HANSJÜRGENS (1998), S. 47; CANSIER (1996), S. 152 und 194 f.; HANSJÜRGENS/FROMM (1994), S. 475; FRIEDRICH (1992), S. 21; GAWEL (1991), S. 21; HEISTER ET AL. (1991), S. 177; KEMPER (1989), S. 103 ff. und KNÜPPEL (1989), S. 80.

2) Vgl. STEPHAN/AHLHEIM (1996), S. 86; WICKE (1993), S. 438 und KNÜPPEL (1989), S. 80 f. SIEBERT spricht das Sub-Kriterium der Geschwindigkeit der umweltpolitischen Zielerreichung unter dem Kriterium der „Wirkungsverzögerung“ an und führt die Frage auf, mit welcher zeitlichen Verzögerung eine umweltpolitische Eindämmungsaktivität die Umweltqualität verbessert. Vgl. SIEBERT (1978), S. 96.

digkeit dafür, aus Sicherheitsgründen Treibhausgas-Emissionsrechte und Treibhausgas-Emissionsgutschriften zu horten und sie durch das Horten anderen potentiellen Emittenten von Treibhausgasen zu entziehen[1].

- *umweltökonomische Effizienz*

Unter der umweltökonomischen Effizienz einer Auktion ist ihre Eignung zu verstehen, die Akteure, d.h. sowohl die Unternehmen als Emittenten von Treibhausgasen als auch den Auktionator am Markt für Treibhausgas-Emissionsrechte und Treibhausgas-Emissionsgutschriften, zur Einhaltung politisch fixierter umweltpolitischer Ziele mit den geringsten Transaktionskosten und den geringsten Produktionskosten zu veranlassen[2]. Die Unternehmen, die am Markt für Treibhausgas-Emissionsrechte und Treibhausgas-Emissionsgutschriften als Nachfrager nach Treibhausgas-Emissionsrechten und Treibhausgas-Emissionsgutschriften auftreten, werden versuchen, sich einzelwirtschaftlich effizient zu verhalten, um mit den geringsten Transaktionskosten und einem geringen Kaufpreis die jeweils nachgefragte Menge an Treibhausgas-Emissionsrechten und Treibhausgas-Emissionsgutschriften zu kaufen[3]. Als Repräsentant der Anbieterperspektive wird der Auktionator darauf abzielen, den Verkauf mit den geringsten Transaktionskosten und einem hohen Verkaufspreis durchzuführen[4]. In diesem Zusammenhang ist die *budgetäre Ausgeglichenheit* zu berücksichtigen, die verlangt, dass neben den Nachfragern nach Treibhausgas-Emissionsrechten und Treibhausgas-Emissionsgutschriften auch der Auktionator und der Anbieter keine Verluste zu erleiden haben[5].

---

1) Vgl. HEISTER ET AL. (1991), S. 67 f. und 177 sowie STAMER (1976), S. 29.

2) Vgl. CAMES ET AL. (2001), S. 62; ENDRES (2000), S. 142; ZIMMERMANN/HANSJÜRGENS (1998), S. 47; RAHMEYER (1997), S. 36 und 39 f.; STEPHAN/AHLHEIM (1996), S. 85 ff.; HANSJÜRGENS/FROMM (1994), S. 475; WICKE (1993), S. 440; FRIEDRICH (1992), S. 21; GAWEL (1991), S. 21; KNÜPPEL (1989), S. 78; SIEBERT (1978), S. 94 f. und STAMER (1976), S. 31.

3) Vgl. TEICH ET AL. (2004), S. 12 und ENDRES (2000), S. 144.

4) Vgl. BICHLER/PIKOVSKY (2005), S. 331; BICHLER ET AL. (2005), S. 128; TEICH ET AL. (2004), S. 12 und ENDRES (2000), S. 144.

5) Vgl. BICHLER ET AL. (2005), S. 129.

Das Effizienzkriterium ist in die statische und die dynamische Effizienz zu differenzieren[1]. Der umweltökonomischen Effizienz haftet insofern ein *statischer* Charakter an, als dass die zur Erreichung der politisch fixierten umweltpolitischen Ziele erforderliche Reduzierung von Treibhausgas-Emissionen zu einem bestimmten *Zeitpunkt* mit den geringsten Transaktionskosten und Produktionskosten verbunden ist. Demgegenüber fordert die umweltökonomische Effizienz mit *dynamischem* Charakter die Reduzierung von Treibhausgas-Emissionen mit den geringsten Transaktionskosten und Produktionskosten im *Zeitablauf*.

Zusammenfassend kann festgehalten werden: Je geringer die Transaktionskosten und die Produktionskosten beim Kauf oder Verkauf von Treibhausgas-Emissionsrechten und Treibhausgas-Emissionsgutschriften zur Emission von Treibhausgasen unter Einhaltung der politisch fixierten umweltpolitischen Ziele sind, desto effizienter ist der Umgang mit Umweltressourcen[2].

- *ordnungspolitische Verträglichkeit*

  Unter die ordnungspolitische Verträglichkeit[3] werden im Rahmen der vorliegenden Arbeit sowohl folgende marktkonforme Sub-Kriterien als auch die politische Durchsetzbarkeit und die Kompatibilität mit bisherigen nationalen Eindämmungsaktivitäten als betriebswirtschaftliche Eignungskriterien subsumiert.

---

1) Vgl. FRAUNHOFER ISI ET AL. (2005), S. 68 f.; BROCKMANN ET AL. (1999), S. 31 und GAWEL (1991), S. 21.

2) Vgl. SCHALTEGGER/STURM (1994), S. 30 ff. und Kapitel 2.3.1 der vorliegenden Arbeit.

3) Kriterien der ordnungspolitischen Verträglichkeit werden in der Fachliteratur zum Vergleich umweltpolitischer Eindämmungsaktivitäten diskutiert. Vgl. z.B. ZIMMERMANN/HANSJÜRGENS (1998), S. 49 ff.

- *marktkonforme Sub-Kriterien*[1)]

  - *Vermeidung von Wettbewerbsverzerrungen*[2)]

    Das marktkonforme Sub-Kriterium fordert die Vermeidung von Wettbewerbsverzerrungen. Die Emittenten von Treibhausgasen unterliegen den gleichen Spielregeln und den gleichen Umweltstrategien, so dass keine oder keine unmittelbare Diskriminierung zu befürchten ist.

  - *problemloser Marktzugang und Marktabgang*[3)]

    Es wird ein problemloser Zugang von Neuemittenten von Treibhausgasen in den Markt für Treibhausgas-Emissionsrechte und Treibhausgas-Emissionsgutschriften und ein problemloser Abgang von Altemittenten von Treibhausgasen vom Markt für Treibhausgas-Emissionsrechte und Treibhausgas-Emissionsgutschriften erwartet, um den Neuemittenten von Treibhausgasen und den Altemittenten von Treibhausgasen den Marktzugang bzw. den Marktabgang zu erleichtern.

  - *Generierung von Preisinformationen*[4)]

    Aus dezentralen Entscheidungen der Anbieter und Nachfrager wird die Verkaufsmenge an Treibhausgas-Emissionsrechten und Treibhausgas-Emissionsgutschriften abgeleitet. Durch Angebot und Nachfrage auf dem Markt für Treibhausgas-Emissionsrechte und Treibhausgas-Emissionsgutschriften bildet sich der Preis für Treibhausgas-Emissionsrechte und Treibhausgas-Emissionsgutschriften. Die Generierung von Preisinformationen fordert, dass die Auktion, die zur nationalen Reallokation von Treibhausgas-Emissionsrechten und Treibhausgas-Emis-

---

1) Vgl. SCHÜRMANN (1978), S. 311.

2) Vgl. BROCKMANN ET AL. (2000), S. 3 und WICKE (1993), S. 440. Das Sub-Kriterium „Wettbewerbsverzerrungen" wird innerhalb der Arbeitsgruppe „Emissionshandel zur Bekämpfung des Treibhauseffektes“ (AGE) zur Bewertung der Eignung von Allokationsmechanismen zur Primärallokation von Treibhausgas-Emissionsrechten diskutiert. Vgl. AGE (2002a), S. 23.

3) Vgl. HANSJÜRGENS/GAGELMANN (2003), S. 5; REHBINDER/SCHMALHOLZ (2002), S. 3 und CAMES ET AL. (2001), S. 63.

4) Vgl. HANSJÜRGENS/GAGELMANN (2003), S. 5; ZIMMERMANN/HANSJÜRGENS (1998), S. 50 und SCHÜRMANN (1978), S. 311.

sionsgutschriften zur Anwendung kommt, Informationen über den Preis für Treibhausgas-Emissionsrechte und Treibhausgas-Emissionsgutschriften generiert.

- *Internalisierung externer Effekte*[1)]

  Um eine Fehlallokation von Umweltressourcen zu verhindern und Dritte oder die Allgemeinheit nicht mit Kosten zu belasten, die sie nicht verursacht haben, ist die Internalisierung externer Effekte auf der Basis des Verursacherprinzips erforderlich.

- *Vermeidung von Marktmacht*[2)]

  Durch den Kauf und eine mögliche Monopolisierung von Treibhausgas-Emissionsrechten und Treibhausgas-Emissionsgutschriften können finanzstarke Unternehmen anderen potentiellen Emittenten von Treibhausgasen die Möglichkeit des Kaufes von Treibhausgas-Emissionsrechten und Treibhausgas-Emissionsgutschriften entziehen und sie vom Markt verdrängen. Die Marktmacht ist zu vermeiden, um allen Unternehmen, also auch nicht finanzstarken Unternehmen, den Kauf von Treibhausgas-Emissionsrechten und Treibhausgas-Emissionsgutschriften zu ermöglichen.

- *stabile Preisentwicklung*[3)]

  Es wird eine stabile Preisentwicklung erwartet, um starke Preisschwankungen, wie an der European Energy Exchange (EEX) insbesondere im Jahr 2006 beobachtet wurde, grundsätzlich zu vermeiden.

---

1) Vgl. Kapitel 2.3.1 der vorliegenden Arbeit.

2) Vgl. FRAUNHOFER ISI ET AL. (2005), S. 101; ZIMMERMANN/HANSJÜRGENS (1998), S. 51 und SCHÜRMANN (1978), S. 311.

3) Vgl. FAZ (2006c), S. 13; HANSJÜRGENS/GAGELMANN (2003), S. 5; ZIMMERMANN/HANSJÜRGENS (1998), S. 50 und SCHÜRMANN (1978), S. 311.

- *Marktliquidität*[1)]

  Ein funktionsfähiger Markt für Treibhausgas-Emissionsrechte und Treibhausgas-Emissionsgutschriften setzt zum einen die Existenz einer ausreichend großen Anzahl an Marktteilnehmern, also an Anbietern von Treibhausgas-Emissionsrechten und Treibhausgas-Emissionsgutschriften und Nachfragern nach Treibhausgas-Emissionsrechten und Treibhausgas-Emissionsgutschriften, voraus. Es gilt: Je mehr Marktteilnehmer an einem Markt partizipieren, desto liquider ist er tendenziell. Zum anderen wird die Existenz einer ausreichend großen Handelsmenge i.S.v. mehreren Mengen an Treibhausgas-Emissionsrechten und Treibhausgas-Emissionsgutschriften erwartet, um die Marktliquidität zu gewährleisten.

- *Markttransparenz*[2)]

  Da sich die Kauf- und Verkaufsentscheidungen der Marktteilnehmer im Hinblick auf Treibhausgas-Emissionsrechte und Treibhausgas-Emissionsgutschriften an dem erwarteten Marktpreis orientieren, ist eine ausreichende Markttransparenz für alle Marktteilnehmer bedeutsam[3)]. Durch die Markttransparenz werden insbesondere Informationen über die am Markt für Treibhausgas-Emissionsrechte und Treibhausgas-Emissionsgutschriften gehandelten Mengen an Treibhausgas-Emissionsrechten und Treibhausgas-Emissionsgutschriften sowie deren Preise offenbart.

- *politische Durchsetzbarkeit*[4)]

  Zwar gewinnen Auktionen als ausgewählter marktlicher Reallokationsmechanismus aus betriebswirtschaftlicher Perspektive an Bedeutung. Jedoch

---

1) Vgl. HANSJÜRGENS/GAGELMANN (2003), S. 3.

2) Vgl. HANSJÜRGENS/GAGELMANN (2003), S. 5 und SCHÜRMANN (1978), S. 312.

3) Vgl. HANSJÜRGENS/GAGELMANN (2003), S. 4.

4) Vgl. CAMES ET AL. (2001), S. 63; ZIMMERMANN/HANSJÜRGENS (1998), S. 47; KNÜPPEL (1989), S. 110 ff.; SIEBERT (1978), S. 95 f. und STAMER (1976), S. 33. Zur politischen Durchsetzbarkeit als einem „wichtigen" Eignungskriterium umweltpolitischer Eindämmungsaktivitäten vgl. CANSIER (1996), S. 152 ff. und WICKE (1993), S. 441 f.

bleibt deren politische Durchsetzbarkeit fraglich, da deren Implementierung wegen politischer Barrieren bislang nicht durchgesetzt werden konnte. Der praktische Einsatz derjenigen Auktion, die zur auktionsbasierten nationalen Reallokation von Treibhausgas-Emissionsrechten und Treibhausgas-Emissionsgutschriften auf Unternehmensebene zur Anwendung kommt, erfordert die Durchführung eines politischen Prozesses. In einem solchen Prozess werden alternative Auktionen interessenpolitisch gewogen und es wird diejenige Auktion selektiert, die eine größere politische Akzeptanz gewinnt oder erwarten lässt.

- *Kompatibilität mit bisherigen nationalen Eindämmungsaktivitäten*[1)]

Grundsätzlich sollen bisherige, d.h. bereits bestehende, nationale Eindämmungsaktivitäten, wie die Umwelthaftung, durch den Handel mit Treibhausgas-Emissionsrechten und Treibhausgas-Emissionsgutschriften nicht ersetzt, sondern nur ergänzt werden. Die Kompatibilität mit bisherigen nationalen Eindämmungsaktivitäten fordert die Kompatibilität der Auktion als ausgewählter marktlicher Reallokationsmechanismus zur auktionsbasierten nationalen Reallokation von Treibhausgas-Emissionsrechten und Treibhausgas-Emissionsgutschriften auf Unternehmensebene mit bisherigen nationalen Eindämmungsaktivitäten. Durch eine solche Kompatibilität können den Verursachern alternative Eindämmungsaktivitäten zur Reduzierung von Treibhausgas-Emissionen zur Verfügung gestellt werden.

1) Vgl. z.B. BROCKMANN ET AL. (2000), S. 3.

- *Parktikabilität*[1]

  - *administrative Praktikabilität*[2]

    Die administrative Praktikabilität fordert eine problemlose administrative Handhabung derjenigen Auktion, die zur nationalen Reallokation von Treibhausgas-Emissionsrechten und Treibhausgas-Emissionsgutschriften auf Unternehmensebene zur Anwendung kommt. Im Hinblick auf die administrative Praktikabilität ist zu prüfen, ob:

    - mit geringen Informationen oder mit geringen Kosten der Informationsbeschaffung eine Auktionsdurchführung gewährleistet wird und

    - die Auktion einen geringen administrativen Aufwand für *alle* Akteure, d.h. sowohl für die Emittenten von Treibhausgasen als auch für den Auktionator und für den Anbieter, gewährleistet.

  - *rechtliche Praktikabilität*[3]

    Die rechtliche Praktikabilität fordert, Auktionen daraufhin zu prüfen, ob sie mit dem nationalen und dem internationalen Recht, wie dem EU-Recht und dem Recht der WTO (Word Trade Organization), kompatibel sind. Eine umfassende Prüfung dieses betriebswirtschaftlichen Eignungskriteriums würde

---

1) Der Differenzierung zwischen praktikabilitätsbezogenen Sub-Kriterien und anwendungsbezogenen Sub-Kriterien könnte der Einwand entgegengehalten werden, dass beide Gruppen von Sub-Kriterien den praktischen Einsatz (von Auktionen) widerspiegeln und deshalb nicht zu differenzieren sind. Im Rahmen der vorliegenden Arbeit werden jedoch unter praktikabilitätsbezogenen Sub-Kriterien verwaltungstechnische, bürokratische oder behördliche und rechtliche Kriterien erfasst und unter anwendungsbezogene Sub-Kriterien Kriterien der Auktionsdurchführung subsumiert, die über verwaltungstechnische Kriterien hinausgehen und andere Aspekte, wie beispielsweise die faire nationale Reallokation von Treibhausgas-Emissionsrechten und Treibhausgas-Emissionsgutschriften an die Unternehmen, berücksichtigen.

2) Vgl. BICHLER ET AL. (2005), S. 131; ZIMMERMANN/HANSJÜRGENS (1998), S. 55; RAHMEYER (1997), S. 36; GAWEL (1991), S. 23; SCHÜRMANN (1978), S. 459 und STAMER (1976), S. 34 f. Zu „Praktikabilität" als einem „wichtigen" Eignungskriterium umweltpolitischer Eindämmungsaktivitäten vgl. CANSIER (1996), S. 152 ff. und WICKE (1993), S. 441 ff.

3) Vgl. FAZ (2006d), S. 14; DÖRING/WRINGMANN (2004), S. 35 f.; BROCKMANN ET AL. (2000), S. 3 und WICKE (1993), S. 441. Beispielsweise ist Art. 87 EGV (Vertrag zur Gründung der Europäischen Gemeinschaft) zu berücksichtigen, um eine Diskriminierung der Emittenten von Treibhausgasen und eine Verfälschung des Wettbewerbs durch die staatliche Beihilfe zu verhindern.

den Rahmen der vorliegenden Arbeit sprengen. Jedoch wird darauf hingewiesen, wenn der Verdacht besteht, dass eine Auktion gegen das nationale oder gegen das internationale Recht verstößt.

➢ *umwelttechnologische Auktionsimplementierung*

Die umwelttechnologische Auktionsimplementierung fordert die Berücksichtigung der Entwicklung und die Einführung umwelttechnologischer Potenziale. Im Hinblick auf umwelttechnologische Potenziale gewinnen *Innovationsanreize*, d.h. Anreize zur Entwicklung und Einführung umwelttechnologischer Potenziale, als betriebswirtschaftliches Eignungskriterium an Bedeutung[1)]. In diesem Zusammenhang stellt sich die Frage, ob eine Auktion dazu geeignet ist, die aktuellen umwelttechnologischen Potenziale zur Reduzierung von Treibhausgas-Emissionen zu berücksichtigen – statischer Innovationsanreiz – oder zudem dazu geeignet ist, einen Anreiz zur Entdeckung neuer umwelttechnologischer Potenziale, wie Potenziale einer umweltverträglichen, d.h. einer weniger emissionsintensiven Produktion oder einer weniger emissionsintensiven Technik, die derzeit noch nicht überschaubar sind, zu schaffen – dynamischer Innovationsanreiz[2)]. Unter Wettbewerbsbedingungen haben alle Treibhausgas-Emittenten, die zum Erwerb von Treibhausgas-Emissionsrechten und Treibhausgas-Emissionsgutschriften gezwungen sind, einen „natürlichen" Anreiz, alle aktuellen und auch zukünftigen umwelttechnologischen Potenziale zur Verringerung von Treibhausgas-Emissionen auszuschöpfen, um ihre Produktionskosten zu senken, sofern folgende Bedingungen erfüllt sind:

➢ Die Verringerung der Produktionskosten durch eingesparte Kosten für den Erwerb von Treibhausgas-Emissionsrechten und Treibhausgas-Emissionsgutschriften ist größer als der Betrag der Investitionskosten in die Implementierung neuer weniger emissionsintensiver Techniken.

---

1) Vgl. ENDRES (2000). S. 155 f.; FEESS (1998), S. 90 f. und HEISTER ET AL. (1991), S. 177. Zur Förderung des umweltfreundlichen technologischen Fortschritts als einem wichtigen Eignungskriterium umweltpolitischer Eindämmungsaktivitäten vgl. CANSIER (1996), S. 152 und 196 sowie KEMPER (1989), S. 161 ff.

2) Vgl. ZIMMERMANN/HANSJÜRGENS (1998), S. 56; CANSIER (1996), S. 217 und HEISTER ET AL. (1991), S. 177.

- Die Produzenten können die Kosten für den Erwerb von Treibhausgas-Emissionsrechten und Treibhausgas-Emissionsgutschriften nicht vollständig auf ihre Kunden abwälzen.

- Die Produzenten erhalten Treibhausgas-Emissionsrechte und Treibhausgas-Emissionsgutschriften nicht – wie nach dem nationalen Allokationsplan – kostenlos zugeteilt.

Für Treibhausgas-Emittenten entstehen dadurch besondere Anreize zur dynamischen Innovation, dass Treibhausgas-Emissionsrechte und Treibhausgas-Emissionsgutschriften in voraussehbarer Weise „abdiskontiert" werden, da der Staat ankündigt, von Handelsperiode zu Handelsperiode weniger Treibhausgas-Emissionsrechte und Treibhausgas-Emissionsgutschriften zum Handel freizugeben[1)].

- *verhaltenspolitisches Kriterium: beschränkte Rationalität*

Die Akteure, d.h. sowohl die Unternehmen als Emittenten von Treibhausgasen als auch der Auktionator, sind auf dem Markt für Treibhausgas-Emissionsrechte und Treibhausgas-Emissionsgutschriften dem Wettbewerb ausgesetzt und können ihr unternehmensspezifisches Handeln nicht oder nicht ausschließlich durch Umweltmoral[2)], d.h. durch umweltbewusstes Handeln, bestimmen, solange ihr Handeln mit Wettbewerbsnachteilen verbunden ist[3)]. Vielmehr wird angenommen, dass ihr unternehmensspezifisches Handeln an ihrem individuellen i.S.v. unternehmerischen Verhalten[4)] ansetzt, das ausschließlich durch ihre individuellen Ziele bestimmt wird.

Die Unternehmen als Nachfrager nach Treibhausgas-Emissionsrechten und Treibhausgas-Emissionsgutschriften zielen darauf ab, mit den geringsten Transaktionskosten und einem geringen Kaufpreis die jeweils nachgefragte Menge an Treibhausgas-Emissionsrechten und Treibhausgas-Emissionsgutschriften zu erhalten.

---

1) Vgl. Anhang A der vorliegenden Arbeit.

2) Zum *Umweltmoral* vgl. FREY (1990), S. 37 ff. und 125 ff.

3) Vgl. STEPHAN/AHLHEIM (1996), S. 11.

4) Während mit dem Begriff *Verhalten* alle, d.h. sowohl bewusste als auch unbewusste Aktivitäten eines Akteurs erfasst werden, sind mit dem Begriff *Handeln* vielmehr Aktivitäten zu verbinden, die bei vollem Bewusstsein erfolgen. Vgl. z.B. HILL (2002), S. 10; GIL (2000), S. 34 und WERBIK (1978), S. 18.

Der Auktionator strebt den Verkauf mit den geringsten Transaktionskosten und einem hohen Verkaufspreis an. Im Hinblick auf diese individuellen Ziele entscheiden sich beide Akteure für das Verhalten, das ihnen die umfassendste Erreichung ihrer individuellen Ziele verspricht.

Nach SIMON verhalten sich Akteure nicht rational im strengen Sinne, sondern vielmehr eingeschränkt rational[1)]. Daher wird angenommen, dass das unternehmensspezifische Handeln der Akteure durch die *beschränkte* oder eingeschränkte *Rationalität* gekennzeichnet ist[2)]. Während die individuellen Ziele die Auswahl der Handlungsalternativen[3)] bestimmen, ist der Handlungsspielraum der Akteure durch Restriktionen gegeben[4)]. Als ökonomische Entscheidungsträger unterliegen die Akteure i.d.R. Restriktionen, wie begrenzten kognitiven Fähigkeiten zur Informationsverarbeitung, begrenzten finanziellen Ressourcen zur Informationsbe-

1) Vgl. SIMON (1993), S. 29 ff.

2) Vgl. MIEBACH (2006), S. 399; BICHLER ET AL. (2005), S. 129; SELTEN (2000), S. 129 f. und KIRCHGÄSSNER (1991), S. 27 f. und 31.

3) Der Begriff *Handlung* wird in Anlehnung an KESTING definiert als ein Tripel, der aus einer bestimmten Intention, aus allen Denkprozessen und allen Tätigkeiten besteht, die zur Erreichung dieser bestimmten Intention durchgeführt werden. Vgl. KESTING (2003), S. 42. Bei *Handlungsalternativen* handelt es sich um Möglichkeiten zur Ausführung einer bestimmten Handlung, die der Akteur in seine Entscheidung einbezieht, über die er also tatsächlich seine Entscheidung trifft. Vgl. KESTING (2003), S. 52 und 71; EISENFÜHR/WEBER (2003), S. 17 ff.; JOST (2001a), S. 15; KESTING (2001), S. 17 und RIECK (1993), S. 123. Zum Begriff *Möglichkeit* vgl. z.B. KESTING (2003), S. 72 ff. und KESTING (2001), S. 2 ff. Zu unterscheiden sind nach KESTING zum einen „objektiv reale Handlungsmöglichkeiten" und zum anderen „subjektiv reale Handlungsmöglichkeiten". Vgl. KESTING (2001), S. 13. Während *objektiv reale Handlungsmöglichkeiten* diejenigen Möglichkeiten zur Ausführung einer Handlung erfassen, die ein Akteur, unabhängig von seinen Kenntnissen, tatsächlich hat, sind unter *subjektiv reale Handlungsmöglichkeiten* diejenigen Möglichkeiten zur Ausführung einer Handlung zu verstehen, die sich aus den Kenntnissen eines Akteurs ergeben. Vgl. KESTING (2001), S. 13 und 15. Solche *Kenntnisse* eines Akteurs können sich aus seinen Kenntnissen über den Zustand der Welt, aus den Kenntnissen bezüglich der Konsequenzen seines individuellen Handelns und des Weiteren aus den Kenntnissen bezüglich seiner individuellen Einschätzung der Wahrscheinlichkeit des Vorliegens einer bestimmten Situation ergeben. Vgl. KESTING (2001), S. 13. Im Rahmen der vorliegenden Arbeit werden die Begriffe *Kenntnisse* und *Informationen* synonym verwendet. In der Fachliteratur finden für Handlungsalternativen auch die Bezeichnungen „Entscheidungsalternativen", „Alternativen", „Aktionen" und „Optionen" Anwendung. Vgl. z.B. EISENFÜHR/WEBER (2003), S. 16; KESTING (2003), S. 29 und JOST (2001a), S. 15. Diese Begriffe werden im Rahmen der vorliegenden Arbeit synonym verwendet.

4) Vgl. JOST (2001a), S. 12 und HEINEN (1985), S. 46.

schaffung und begrenzten zeitlichen Ressourcen[1]. Aufgrund dieser Restriktionen können die Akteure nicht alle ihre Bedürfnisse (gleichzeitig) befriedigen. Innerhalb dieses Handlungsspielraums stehen den Akteuren einzelne Handlungsalternativen zur Verfügung, aus denen sie auszuwählen haben, um dann entsprechend zu handeln[2]. Zudem können durch die falsche Einschätzung der Umwelt, die Unkenntnis oder die teilweise Kenntnis von Sachverhalten sowie durch die Beeinflussung oder Bestimmung ihres Handelns und ihrer Entscheidungen von anderen Akteuren oder vom Zufall dazu führen, dass die Akteure den Ansprüchen der individuellen (unbeschränkten oder uneingeschränkten) Rationalität nicht genügen[3]. Aus den vorgenannten Gründen wird davon ausgegangen, dass die Akteure ihre Präferenzen nur unter Berücksichtigung solcher Restriktionen und Einflüsse verwirklichen. Allerdings wird unterstellt, dass die Akteure ihr individuelles Verhalten zumindest in ähnlicher Form gestalten können, wie es die unbeschränkte Rationalität impliziert[4].

Im Hinblick auf die beschränkte Rationalität suchen die Akteure unter den ihnen zugänglichen Handlungsalternativen so lange, bis sie auf eine akzeptable Handlungsalternative stoßen und entscheiden sich dann für diese Handlungsalternative. Die Emittenten von Treibhausgasen geben denjenigen Preis an, mit dem sie zu akzeptablen, also zu hinreichend niedrigen Transaktionskosten die jeweils nachgefragte Menge an Treibhausgas-Emissionsrechten und Treibhausgas-Emissionsgutschriften erhalten können. Dagegen akzeptiert der Auktionator denjenigen gebotenen Preis, mit dem er zu akzeptablen, d.h. zu hinreichend niedrigen Transaktionskosten einen akzeptablen, also hinreichend hohen Verkaufspreis für seine angebotene Menge an Treibhausgas-Emissionsrechten und Treibhausgas-Emissionsgutschriften erzielen kann. Wenn die Akteure jedoch nach längerem Suchen keine solche Handlungsalternative finden, dann bleibt ihnen die Möglichkeit jeweils ihr Anspruchsniveau zu senken und anschließend nach einer im Hinblick auf dieses

---

1) Vgl. FRIEDRICH (2005), S. 14 f.; PICOT ET AL. (2003), S. 45; SELTEN (2002), S. 14; JOST (2001a), S. 12; SELTEN (2000), S. 130; WÜSTEHUBE (1999), S. 80; KIRCHGÄSSNER (1991), S. 17; FREY (1990), S. 25 f. und SIMON (1979), S. 502.

2) Vgl. KIRCHGÄSSNER (1991), S. 12 f.

3) Vgl. SELTEN (2002), S. 14; MYERSON (2001), S. 5 und SHUBIK (1964), S. 39.

4) Vgl. SELTEN (2002), S. 14 und MCKENZIE/TULLOCK (1984), S. 29.

tiefere Anspruchsniveau nun akzeptablen Handlungsalternative zu suchen[1]. Darüber hinaus können die Emittenten von Treibhausgasen ihre Nachfrage nach Treibhausgas-Emissionsrechten und Treibhausgas-Emissionsgutschriften reduzieren, um den Kaufpreis zu senken, und der Auktionator kann den Reservationspreis für die angebotene Menge an Treibhausgas-Emissionsrechten und Treibhausgas-Emissionsgutschriften reduzieren, um die Nachfragemenge zu erhöhen.

➢ *Anwendbarkeit*

- *fristenkongruente Anwendbarkeit*[2]

  Die fristenkongruente Anwendbarkeit fordert, dass der zeitliche Raum der Anwendbarkeit einer Auktionsform nicht kleiner sein soll als die Zeitspanne, während derer die Auktionsform angewendet werden soll.

- *flexible Anwendbarkeit*[3]

  Die flexible Anwendbarkeit fordert, dass sich eine Auktion durch Reversibilität i.S.v. Flexibilität in der Anwendung bei sich ändernden Rahmenbedingungen, wie der Änderung von Spielregeln oder der Änderung von umweltpolitischen Zielen, auszeichnet, so dass eine Korrektur bereits festgelegter Spielregeln und ergriffener Umweltstrategien möglich ist.

- *EU-weite Anwendbarkeit*

  Mit der vorliegenden Arbeit fokussiert sich die Verfasserin mit Auktionen auf die *nationale* Reallokation von Treibhausgas-Emissionsrechten und Treibhausgas-Emissionsgutschriften auf Unternehmensebene. Jedoch fordert das Sub-Kriterium der EU-weiten Anwendbarkeit eine zukünftige Anwen-

1) Vgl. KIRCHGÄSSNER (1991), S. 31.

2) Vgl. HANSJÜRGENS/GAGELMANN (2003), S. 3 und RAHMEYER (1997), S. 36.

3) Vgl. ENDRES (2000), S. 155; FRIEDRICH (1992), S. 38 und SCHÜRMANN (1978), S. 459 f. Bereits festgelegte Spielregeln können im Zeitablauf eine Korrektur erfordern, wenn sich beispielsweise die Bewertung der globalen Umweltschäden ändert, die durch den anthropogenen Treibhauseffekt hervorgerufen werden. Eine solche Änderung in der Bewertung der globalen Umweltschäden ist dadurch möglich, dass sich neue, bisher nicht bekannte Erkenntnisse über die globalen Umweltschäden herauskristallisieren. Vgl. FRIEDRICH (1992), S. 21. Durch die Änderung in der Bewertung der globalen Umweltschäden kann sich folglich auch der Wert der Treibhausgas-Emissionsrechte und Treibhausgas-Emissionsgutschriften ändern.

dung der Auktion zur Reallokation von Treibhausgas-Emissionsrechten und Treibhausgas-Emissionsgutschriften auf internationaler Ebene. Eine solche Erweiterung ist bereits im Kyoto-Protokoll zusätzlich zu den beiden projektbezogenen Aktivitäten mit dem „International Emissions-Trading“ aufgeführt[1]. Durch die EU-weite Anwendbarkeit der Auktion kann eine internationale Harmonisierung erzielt werden.

- *Berücksichtigung von ‚early actions‘*[2]

  Um Anstrengungen der Emittenten von Treibhausgasen in der Vergangenheit zur Reduzierung ihrer Treibhausgas-Emissionen zu berücksichtigen, wird die Berücksichtigung von ‚early actions‘ vorausgesetzt.

Im Anschluss an diese „naive“ Aufzählung zahlreicher denkmöglicher betriebswirtschaftlicher Eignungskriterien und die Herausarbeitung denkmöglicher betriebswirtschaftlicher Sub-Kriterien wird anhand der folgenden Abbildung eine hierarchische Systematisierung der betriebswirtschaftlichen Eignungskriterien etabliert. Mit dieser hierarchischen Systematisierung der betriebswirtschaftlichen Eignungskriterien soll die Systematisierungsprämisse des Analytic Hierarchy Process erfüllt werden.

---

1) Vgl. BROCKMANN ET AL. (2000), S. 3 und SIEBERT (1978), S. 96.

2) Das Sub-Kriterium der Berücksichtigung von ‚early actions‘ ist ein innerhalb der AGE erarbeitetes Kriterium zur Berücksichtigung der Anstrengungen der Emittenten von Treibhausgasen in der Vergangenheit, um ihre Treibhausgas-Emissionen zu reduzieren. Vgl. AGE (2002), S. 23.

Abbildung 11: Systematisierung der betriebswirtschaftlichen Eignungskriterien

3.2.2.3 Bewertung der Eignung von Auktionsformen

3.2.2.3.1 Einführung in die Bewertung der Eignung von Auktionsformen

Aus betriebswirtschaftlicher Perspektive ist es wünschenswert, diejenige Auktionsform oder diejenigen Auktionsformen als marktlichen Reallokationsmechanismus für Treibhausgas-Emissionsrechte und Treibhausgas-Emissionsgutschriften auszuwählen, welche einen Katalog betriebswirtschaftlicher Eignungskriterien bestmöglich erfüllt bzw. erfüllen. Die Ermittlung der betriebswirtschaftlich wünschenswerten Auktionsform erfordert die Lösung eines komplexen i.S.e. *multi-kriteriellen Evaluationsproblems*. Wie bereits in Kapitel 1.1 aufgezeigt, stellt das multi-kriterielle Evaluationsproblem das *Erkenntnis*problem der vorliegenden Arbeit dar und besteht explizit darin zu prüfen, *welche* Auktionsform(en) aus betriebswirtschaftlicher Perspektive zur Lösung des Reallokationsproblems gemäß dem in Kapitel 3.2.2.2 entwickelten (komplexen) Katalog betriebswirtschaftlicher Eignungskriterien *am besten* geeignet ist (sind)[1).]

Im Rahmen der vorliegenden Arbeit erfolgt auf der Basis eines *zweistufigen* Bewertungsansatzes die Bewertung der Eignung von Auktionsformen zur Lösung des Reallokationsproblems.

3.2.2.3.2 Mindestanforderungen an die Eignung von Auktionsformen

Auf einer *ersten* Stufe werden zunächst *Mindestanforderungen* i.S.v. Knock-out-Kriterien an die Eignung von Auktionsformen zur Lösung des Reallokationsproblems gestellt. Als solche Mindestanforderungen zählen im Folgenden:

➢ *Einschränkung auf die Anbieterperspektive*

Im Rahmen der vorliegenden Arbeit wird grundsätzlich die Anbieterperspektive näher untersucht und in Modellen rekonstruiert. Denn die Nachfragerperspektive nach Treibhausgas-Emissionsrechten und nach Investitionen in Klimaschutzprojekte zur Erreichung von Treibhausgas-Emissionsgutschriften wird bereits sowohl in der Fachliteratur

---

1) Vgl. Kapitel 1.1 und Kapitel 3.2.2.2 der vorliegenden Arbeit.

als auch in der Praxis diskutiert, während die Anbieterperspektive im Schatten bleibt[1]. Diese Mindestanforderung führt jedoch zu keiner Eliminierung von Auktionsformen, da die vorgestellten Auktionen sowohl aus Nachfragerperspektive als auch aus Anbieterperspektive angewendet werden können.

Beispielsweise stellt KRABS im Hinblick auf die Reduzierung von Treibhausgas-Emissionen eine nicht-kooperative spieltheoretische Modellierung i.S.e. *formal* vereinfachten Rekonstruktion der „Reduktion der CO_2-Emissionen" vor, indem er die Größe der Reduktion der CO_2-Emissionen und zudem die finanziellen Mittel $M_i(t)$[2], die von einem Akteur $i \in N$ mit $N = \{1,...,i,...,n\}$ und $N \in \mathbb{N}$ zum Zeitpunkt t aufgewendet werden, berücksichtigt[3].

BRETON ET AL. und SCHEFFRAN/PICKL beleuchten nicht nur konzeptionelle Grundlagen zum Joint Implementation als eine projektbezogene Aktivität, sondern erarbeiten zudem eine nicht-kooperative spieltheoretische Modellierung von Joint Implementation als ein 2-Personen-Spiel, bei denen einzelne Unternehmen der Annex-I-Länder als ein Spieler i Treibhausgas-Emissionsgutschriften durch die Reduzierung der Treibhausgas-Emissionen in anderen Annex-I-Ländern als einem anderen Spieler j mit $j \in N \setminus \{i\}$ erwerben können[4].

➢ *nicht-kooperative Spieltheorie*

Mit der vorliegenden Arbeit beschränkt sich die Verfasserin auf die Modellierung des Realproblems der Reallokation von Treibhausgas-Emissionsrechten und Treibhausgas-Emissionsgutschriften auf Unternehmensebene mit Ausdrucksmitteln der nicht-kooperativen Spieltheorie, so dass von Absprachen und von bindenden Vereinbarungen über die Strategiewahl zwischen den Spielern abstrahiert wird. Unter Berücksichtigung dieser Mindestanforderung sind Auktionen, wie einerseits die mehrstufige erweiterte VICKREY-Auktion und das Power-Group Buying, die eine kooperative Gebotsabgabe zwischen den Bietern ermöglichen, und andererseits der Basar-Stil, der eine Kooperati-

1) Vgl. z.B. MICHAELOWA (2005), S. 137 ff.; FRAUNHOFER ISI ET AL. (2005), S. 333 ff. und 501 ff.; FUTURECAMP GMBH (2004), S. 25 f. und HILLEBRAND ET AL. (2002), S. 18 f.

2) Im Rahmen der vorliegenden Arbeit steht das Symbol M_i für Money eines Spielers i und das Symbol t für time.

3) Vgl. KRABS (2005), S. 135 ff.

4) Vgl. BRETON ET AL. (2006), S. 221 ff. und SCHEFFRAN/PICKL (2000), S. 203 ff.

on zwischen dem Auktionator und den Bietern in Form des Feilschens gestattet, zu eliminieren.

KRABS/PICKL präsentieren im spieltheoretischen Rahmen – zur Implementierung von Joint Implementation – ein so genanntes TEM [Technology-Emissions-Means]-Modell, das die Interaktion zwischen mehreren Akteuren i.S.v. mehreren Spielern beschreibt. In einem solchen Modell beabsichtigen die Spieler, zum einen in einem nich-kooperativen Spiel und zum anderen in einem kooperativen Spiel die „Minimierung" ihrer Treibhausgas-Emissionen unter Berücksichtigung der eingesetzten Technologie und der aufgewendeten finanziellen Mittel[1)].

- *dynamische Spiele*

Die Rekonstruktion einer Auktionsform als Auktionsspiel kann als statisches oder als dynamisches Spiel erfolgen. Einstufige Auktionsformen können sowohl als statische als auch als dynamische Auktionensspiele rekonstruiert werden, je nachdem, ob die Abgabe der Preisgebote der Bieter auf der einen Auktionsstufe als simultan rekonstruiert oder in eine „artifizielle" Sequenz zerlegt wird. Demgegenüber müssen mehrstufige Auktionsformen als dynamische Auktionsspiele rekonstruiert werden, weil die Abfolge der Auktionsstufen eine „natürliche" Sequenz der Abgabe der Preisgebote darstellt.

Die vorliegende Arbeit betrachtet insbesondere dynamische Spiele, um die Abgabe der Preisgebote der Bieter auf mehreren Auktionsstufen zu rekonstruieren[2)]. Im Hinblick auf diese Mindestanforderung sind einstufige Auktionsformen, die die Abgabe der Preisgebote der Bieter auf nur einer Auktionsstufe als simultan rekonstuieren, zu eliminieren. Daher sind die VICKREY-Auktion, die Höchstpreis-Auktion und die Drittpreis-Auktion zu eliminieren. Demgegenüber können alle anderen Auktionsformen, wie z.B. die Holländische Auktion, Englische Auktion, Einheitspreis-Auktion, Preisdiskriminierende Auktion und die Matrix-Auktion jeweils als ein statisches Auktionsspiel oder jeweils als ein dynamisches Auktionsspiel rekonstruiert werden.

---

1) Vgl. KRABS/PICKL (2004), S. 21 ff.

2) Vgl. z.B. WIESE (2002), S. 310 ff.; JOST (2001a), S. 21 ff. und 64 ff.; KLEMPERER (2000), S. 27 ff.; BIERMAN/FERNANDEZ (1998), S. 133 ff. und SELTEN (1988), S. 1 ff.

➢ *Anreizkompatibilität*[1)]

Die Mindestanforderung der Anreizkompatibilität fordert, dass die an der Auktion teilnehmenden Bieter keinen Anreiz haben, ihre „wahren" Informationen zu verschweigen und „strategisch" verfälschte Informationen zu melden. Während beispielsweise die VICKREY-Auktion, Drittpreis-Auktion, Einheitspreis-Auktion, Matrix-Auktion und die mehrstufige erweiterte VICKREY-Auktion die Anreizkompatibilität „garantieren" und die Bieter zur Offenlegung ihrer wahren Informationen motivieren, werden die Höchstpreis-Auktion, die Holländische Auktion, die Preisdiskriminierende Auktion und die sequentielle VICKREY-Auktion sowie die sequentielle Höchstpreis-Auktion ausgeschlossen, da die Bieter keinen Anreiz zur Abgabe ehrlicher Preisgebote verspüren und deshalb die Anreizkompatibilität nicht gewährleistet wird.

➢ *ein* Anbieter versus *mehrere* Nachfrager

Auf dem Markt für Treibhausgas-Emissionsrechte und Treibhausgas-Emissionsgutschriften stehen ein Anbieter und mehrere Nachfrager im Verhältnis (1:n) gegenüber.

Im Rahmen der vorliegenden Arbeit repräsentiert ein Auktionator die Anbieterperspektive. Der Auktionator kann als ein „reiner" Auktionator zum Einsatz kommen, der nicht als ein Bieter agiert, weil er an dem Erwerb von Treibhausgas-Emissionsrechten und Treibhausgas-Emissionsgutschriften nicht interessiert ist. In der Fachliteratur wird ein Auktionator, der Anbietern die Möglichkeit zum Verkauf und Bietern die Möglichkeit zum Kauf von Treibhausgas-Emissionsrechten und Treibhausgas-Emissionsgutschriften gibt, auch als „listing agent" bezeichnet. Demgegenüber kann der Auktionator auch als Bieter agieren und Preisgebote zum Kauf von Treibhausgas-Emissionsrechten und Treibhausgas-Emissionsgutschriften abgeben. Durch das Auftreten als ein so genannter „merchant agent" kann er den Auktionsverlauf beeinflussen[2)]. Im Rahmen der vorliegenden Arbeit wird von einem Auktionator i.S.e. „listing agent" ausgegangen.

Die Nachfrager nach Treibhausgas-Emissionsrechten und Treibhausgas-Emissionsgutschriften werden im Rahmen von Auktionen auch als Bieter und im Rahmen der Spiel-

---

1) BLÜMEL betrachtet das Kriterium der Anreizkompatibilität zur Bewertung alternativer „Allokationsverfahren" für öffentliche Güter. Vgl. BLÜMEL (1987), S. 24 f. SEIDL bezeichnet ein Allokationsverfahren, in dem jedes Wirtschaftssubjekt wahre Angaben macht, sofern auch alle anderen Wirtschaftssubjekte wahre Angaben machen, als „incentive-kompatibel". Vgl. SEIDL (1978), S. 142.

2) Vgl. z.B. LUCKING-REILEY (2000), S. 234 f. und BERNHEIM/WHINSTON (1986), S. 4.

theorie auch als Spieler bezeichnet. Im Rahmen der vorliegenden Arbeit stellen die Nachfrager neben deutschen energieproduzierenden und energieverbrauchenden Unternehmen zudem Wohnbaugesellschaften sowie den Öffentlichen Personennahverkehr (ÖPNV) dar.

Da sich die Anbieter und Nachfrager bei allen vorgestellten Auktionsformen im Verhältnis (1:n) gegenüberstehen, führt diese Mindestanforderung zu keiner Eliminierung von Auktionen.

➢ *Angebot* mehrerer nicht zerlegbarer Mengen heterogener Güter als Pakete

Auf dem Markt für Treibhausgas-Emissionsrechte und Treibhausgas-Emissionsgutschriften können neben Treibhausgas-Emissionsrechten zudem Treibhausgas-Emissionsgutschriften über mehrere Perioden zum Verkauf angeboten werden. Während Treibhausgas-Emissionsrechte über die Reallokation von Treibhausgas-Emissionsrechten zu erhalten sind, können Treibhausgas-Emissionsgutschriften über die Durchführung projektbezogener Aktivitäten generiert werden[1)]. Bei der Reallokation von Treibhausgas-Emissionsrechten und bei projektbezogenen Aktivitäten handelt es sich um zwei separate nicht-fiskalische Eindämmungsaktivitäten, die auf unterschiedlichen Prämissen und unterschiedlichen Quellen der Generierung basieren. Zudem gilt, dass, während Treibhausgas-Emissionsrechte mit der „Kyoto-Einheit"[2)] „Allo" angegeben werden, Treibhausgas-Emissionsgutschriften aus Joint Implementation mit der Kyoto-Einheit „ERU" und Treibhausgas-Emissionsgutschriften aus Clean Development Mechanism mit der Kyoto-Einheit „CER" angeführt werden. Demnach sind Treibhausgas-Emissionsrechte und Treibhausgas-Emissionsgutschriften aus Joint Implementation sowie aus Clean Development Mechanism erst durch ihre Umwandlung in eine einheitliche Kyoto-Einheit handelbar. Die Umwandlung ist nicht unmittelbar realisierbar. Denn beispielsweise schließt die Umwandlung von Treibhausgas-Emissionsgutschriften aus Joint Implementation und aus Clean Development Mechanism in Treibhausgas-Emissionsrechte diejenigen Projekte aus, die keine dauerhaften Emissionsreduzierungen herbeiführen und erhebliche Folgen für die landwirtschaftliche Vielfalt haben können[3)].

1) Vgl. Kapitel 2.3.1 der vorliegenden Arbeit.

2) Eine *Kyoto-Einheit* ist gemäß der Verordnung Nr. 2216/2004 der Kommission der Europäischen Gemeinschaften vom 21. Dezember 2004, Kapitel 1, Artikel 2, n) entweder eine ERU (Emission Reduction Unit) oder eine CER (Certified Emission Reduction) oder eine Allo (Allowance).

3) Vgl. o.V. (2003).

Zudem ist die Umwandlung von Treibhausgas-Emissionsgutschriften aus Joint Implementation in Treibhausgas-Emissionsrechte derzeit deshalb nicht möglich, weil vor 2008 keine Treibhausgas-Emissionsgutschriften erworben werden können, sodass der Handel mit diesen Treibhausgas-Emissionsgutschriften erst nach dem Jahr 2008 möglich ist. Die Treibhausgas-Emissionsrechte und die Treibhausgas-Emissionsgutschriften aus Joint Implementation sowie aus Clean Development Mechanism werden im Rahmen der vorliegenden Arbeit daher als *heterogene* Güter interpretiert.

Zudem wird im Rahmen der vorliegenden Arbeit davon ausgegangen, dass mehrere Mengen von diesen heterogenen Gütern – gemessen in Tonnen CO_2-Äquivalente – als *Güterbündel* verkauft werden. Jedes Güterbündel ist eine nicht zerlegbare Menge an Treibhausgas-Emissionsrechten oder eine nicht zerlegbare Menge an Treibhausgas-Emissionsgutschriften[1)]. Demnach werden mehrere Güterbündel angeboten. Das Angebot an mehreren und zudem nicht zerlegbaren Güterbündeln führt zur Eliminierung von Auktionen, die sich ausschließlich auf homogene Güter beschränken. Zu solchen Auktionen zählen die:

- VICKREY-Auktion,
- Höchstpreis-Auktion,
- Englische Auktion,
- Drittpreis-Auktion,
- first-price all-pay auction,
- second-price all-pay auction,
- sequentielle VICKREY-Auktion,
- sequentielle Höchstpreis-Auktion,
- mehrstufige erweiterte VICKREY-Auktion,

---

1) Im Folgenden verwendet die Verfasserin statt dem Ausdruck „nicht zerlegbare Mengen an Treibhausgas-Emissionsrechten und nicht zerlegbare Mengen an Treibhausgas-Emissionsgutschriften" den Ausdruck „nicht zerlegbare Mengen an Treibhausgas-Emissionsrechten und Treibhausgas-Emissionsgutschriften", um lediglich mit dieser verkürzten Schreibweise die Ausführungen nicht „aufzublächen" und das Verständnis für Dritte zu erleichtern. Inhaltlich sind beide Ausdrücke synonym zu verstehen, sofern nicht ausdrücklich darauf Bezug genommen wird. Der Ausdruck „zeitlich unbefristet" wird im Folgenden nicht mehr explizit aufgeführt, sofern nicht ausdrücklich darauf Bezug genommen wird, weil sich die vorliegende Arbeit auf einen Zeitraum, wie die zweite Handelsperiode, bezieht und dieser Ausdruck keine weitere Rolle spielt.

- Englische Mehrgüterauktion,
- Holländische Mehrgüterauktion,
- Japanische Auktion,
- Yankee-Auktion,
- Höchstpreis-Englische-Auktion,
- Höchstpreis-VICKREY-Auktion und die
- Englisch-Holländische-Auktion.

In Anlehnung an diese erste Stufe der Bewertung der Eignung von Auktionen zur Lösung des Reallokationsproblems lassen sich folgende Auktionen herauskristallisieren, die alle im Rahmen der vorliegenden Arbeit gestellten Mindestanforderungen an die Eignung von Auktionen zur Lösung des Reallokationsproblems erfüllen:

- Einheitspreis-Auktion,
- WALRAS-Auktion und die
- Matrix-Auktion,

3.2.2.3.3 Bewertung von Auktionsformen mittels Analytic Hierarchy Process

3.2.2.3.3.1 Grundlagen zum Analytic Hierarchy Process

Der ersten Stufe der Bewertung der Eignung von Auktionsformen zur Lösung des Reallokationsproblems folgt nun die *zweite* Stufe der Bewertung der Eignung von Auktionsformen auf der Basis des Katalogs betriebswirtschaftlicher Eignungskriterien, um diejenige Auktionsform oder diejenigen Auktionsformen zu bestimmen, die den etablierten Katalog betriebswirtschaftlicher Eignungskriterien *bestmöglich* erfüllt bzw. erfüllen.

Als *wissenschaftliche Arbeitstechnik* zur Lösung des multi-kriteriellen Evaluationsproblems als Erkenntnisproblem der vorliegenden Arbeit und zugleich zur Bewertung der Eignung von Auktionsformen zur Lösung des Reallokationsproblems auf der Basis des Katalogs betriebswirtschaftlicher Eignungskriterien wird der *Analytic Hierarchy*

Process (AHP)[1] herangezogen. Der Analytic Hierarchy Process ist eine von SAATY entwickelte Bewertungstechnik zur Lösung komplexer Entscheidungsprobleme[2]. SAATY definiert den Analytic Hierarchy Process wie folgt:

„*AHP is about breaking a problem down and then aggregating the solutions of all the subproblems into a conclusion*"[3].

Gemäß dieser Definition von SAATY wird beim Analytic Hierarchy Process ein komplexes Entscheidungsproblem – hier: ein *multi-kriterielles Evaluationsproblem* – zunächst in Teilprobleme dekomponiert. Anschließend werden diese Teilprobleme sukzessiv gelöst. Um das ursprüngliche multi-kriterielle Evaluationsproblem zu lösen, werden die Lösungen der Teilprobleme schließlich zu einer Gesamtlösung aggregiert.

Im Rahmen der vorliegenden Arbeit wird das Vorgehen beim AHP-*Basisverfahren* dargestellt. Denkmögliche Modifikationen dieses AHP-Basisverfahrens werden weitgehend unberücksichtigt gelassen.

Die manuelle Implementierung des AHP-Basisverfahrens ist mit einem hohen Arbeitsaufwand verbunden. Im Hinblick auf begrenzte kognitive Fähigkeiten der Akteure als Entscheidungsträger kommt aus arbeitsökonomischer Perspektive für eine solche Implementierung des AHP-Basisverfahrens die AHP-Software „Expert Choice" zum Einsatz[4]. Expert Choice ist die von SAATY und FORMAN entwickelte Software zur „*einfa-*

---

1) Während der Analytic Hierarchy Process durch eine *Hierarchie* mit Über- und Unterordnungsbeziehungen zwischen den Kriterien gekennzeichnet ist, sind die Kriterien beim *Analytic Network Process* (ANP) als einer weiteren Bewertungstechnik in einem durch Verbundbeziehungen gekennzeichneten *Netzwerk* darzustellen. Im Rahmen der vorliegenden Arbeit bleibt der Analytic Network Process unberücksichtigt, da eine hierarchische Strukturierung der Kriterien – betriebswirtschaftlichen Eignungskriterien – herangezogen wird und von Interdependenzen zwischen den Kriterien sowie einer netzwerkartigen Darstellung der Kriterien abgesehen wird. Zum Analytic Network Process vgl. z.B. PETERS (2008), S. 478 ff.; SAATY (2001b), S. 179 ff. und DELLMANN/GRÜNIG (1999), S. 33 ff.

2) Vgl. PETERS ET AL. (2007), S. 659 ff.; ZELEWSKI/PETERS (2007), S. 349 ff.; PETERS/ZELEWSKI (2007), S. 86 f.; WANG/ELHAG (2007), S. 458 ff.; HAFEEZ ET AL. (2007), S. 3592 ff.; SRDJEVIC (2007), S. 2261; BRENT ET AL. (2007), S. 403 ff.; COX (2007), S. 957 ff.; PETERS/ZELEWSKI (2003), S. 1210; BODIN/GASS (2003), S. 1989; SAATY (2001a), S. 1 ff.; SAATY (2001b), S. 23; SAATY/VARGAS (2001), S. 3; BADRI (1999), S. 237 ff.; SAATY/VARGAS (1994), S. 3; WEBER (1993), S. 73 ff. und SAATY (1986), S. 841.

3) SAATY (1994), S. 21 (Kursiv-Hervorhebung durch die Verfasserin).

4) Vgl. PETERS/ZELEWSKI (2003), S. 1218; MEIXNER/HAAS (2002), S. 23; MILLET/SAATY (2000), S. 206 ff. und WEBER (1993), S. 136 ff. Zu Expert Choice vgl. http://www.expertchoice.com/.

chen"[1] Implementierung des AHP-Basisverfahrens[2]. Mit Expert Choice können softwaregestützt die einzelnen Stufen des *fünf*-stufigen AHP-Vorgehensmodells unterstützt werden und es kann ein Entscheidungs*modell* für ein multi-kriterielles Evaluationsproblem angefertigt werden[3]. Ein solches Entscheidungsmodell kann zur Veranschaulichung eines multi-kriteriellen Evaluationsproblems herangezogen werden, d.h. es „löst" das multi-kriterielle Evaluationsproblem nicht, sondern hilft die „richtige" Entscheidung zu erkennen[4]. Das Prädikat „richtig" deutet im Rahmen der vorliegenden Arbeit darauf, dass diejenige Auktionsform oder diejenigen Auktionsformen als marktlicher Reallokationsmechanismus auszuwählen ist, die gemäß dem Katalog betriebswirtschaftlicher Eignungskriterien zur Lösung des Reallokationsproblems *am besten* geeignet ist bzw. sind.

Die begriffliche Zerlegung des Analytic Hierarchy Process führt zur folgenden Definition: Als *analytisch* wird der Analytic Hierarchy Process hinsichtlich seines Vermögens, ein multi-kriterielles Evaluationsproblem umfassend zu analysieren, bezeichnet[5]. *Hierarchisch* ist der Analytic Hierarchy Process im Hinblick auf die Formulierung und die anschließende hierarchische Strukturierung der Kriterien – betriebswirtschaftlichen Eignungskriterien –, die zur Lösung des multi-kriteriellen Evaluationsproblems herangezogen werden[6]. Zusätzlich zu diesen Kriterien werden Alternativen – alternative Auktionsformen – vorausgesetzt, die für die Lösung des multi-kriteriellen Evaluationsproblems in Frage kommen. Der Analytic Hierarchy Process ist eine mathematische Technik, auf deren Basis die Auktionsform oder die Auktionsformen ermittelt wird, die den Katalog betriebswirtschaftlicher Eignungskriterien bestmöglich erfüllt bzw. erfüllen und deshalb zur Lösung des multi-kriteriellen Evaluationsproblems am besten geeignet ist bzw. sind. Die Bezeichnung des Analytic Hierarchy Process als *Prozess* gibt ein Vorgehen vor, wie multi-kriterielle Entscheidungen hierarchisch strukturiert und analysiert

1) MEIXNER/HAAS (2002), S. 21 (Kursiv-Hervorhebung durch die Verfasserin).

2) Vgl. MEIXNER/HAAS (2002), S. 13 und dort in Fn. 1).

3) Vgl. MEIXNER/HAAS (2002), S. 21 und AL-HARBI (2001), S. 21.

4) Vgl. MEIXNER/HAAS (2002), S. 30 und 110.

5) Vgl. MEIXNER/HAAS (2002), S. 114 und DELLMANN/GRÜNIG (1999), S. 34.

6) Vgl. MEIXNER/HAAS (2002), S. 114; SAATY (2001a), S. 26 und 30 ff.; AL-HARBI (2001), S. 21; DELLMANN/GRÜNIG (1999), S. 34 und WEBER (1993), S. 73.

werden[1]. Zur Unterstützung dieses Vorgehens wird ein *fünf*-stufiges AHP-Vorgehensmodell empfohlen. In Anlehnung an SAATY gliedert sich dieses fünf-stufige AHP-Vorgehensmodell in die[2]:

(1) *Konstruktion* des multi-kriteriellen Evaluationsproblems,

(2) *Festlegung* und *Beschreibung* der betriebswirtschaftlichen Eignungskriterien,

(3) *Festlegung* von alternativen Auktionsformen,

(4) *Bewertung* der alternativen Auktionsformen und die

(5) *Selektion* derjenigen Auktionsform oder Auktionsformen, die den etablierten Katalog betriebswirtschaftlicher Eignungskriterien bestmöglich erfüllt bzw. erfüllen.

Um ein besseres Verständnis für die Bewertung der Eignung von Auktionsformen zur Lösung des Reallokationsproblems mittels des AHP-Basisverfahrens zu schaffen, werden im Folgenden die einzelnen Stufen dieses Vorgehensmodells spezifiziert[3]:

3.2.2.3.3.2 Konstruktion des multi-kriteriellen Evaluationsproblems

Das multi-kriterielle Evaluationsproblem ist bereits in Kapitel 1.1 als Erkenntnisproblem der vorliegenden Arbeit konstruiert. Im Folgenden ist das multi-kriterielle Evaluationsproblem als *Evaluationsziel* zu interpretieren. Es besteht explizit darin zu prüfen, *welche* Auktionsform oder Auktionsformen aus betriebswirtschaftlicher Perspektive zur Lösung des Reallokationsproblems gemäß einem Katalog betriebswirtschaftlicher Eignungskriterien *am besten* geeignet ist bzw. sind.

---

1) Vgl. MEIXNER/HAAS (2002), S. 114; SAATY (2001a), S. 26 und DELLMANN/GRÜNIG (1999), S. 34.

2) Vgl. SAATY (1994), S. 21 und zudem PETERS (2008), S. 465; MEIXNER/HAAS (2002), S. 33 und 124 f.; AL-HARBI (2001), S. 20; LAI ET AL. (1999), S. 223; DELLMANN/GRÜNIG (1999), S. 35 ff.; WEBER (1993), S. 74 und 76 ff. und HEINEN (1985), S. 52. Zu einem *fünf*-stufigen (AHP-)Vorgehensmodell in Form eines Struktogramms vgl. PETERS/ZELEWSKI (2002), S. 2 und MEIXNER/HAAS (2002), S. 134, dort in Abbildung 32.

3) Vgl. PETERS/ZELEWSKI (2002), S. 1 ff.

3.2.2.3.3.3 Festlegung und Beschreibung der betriebswirtschaftlichen Eignungskriterien

Beim Analytic Hierarchy Process wird ein multi-kriterielles Evaluationsproblem in Teilprobleme dekomponiert und hierarchisch strukturiert[1]. Eine solche Dekomposition des multi-kriteriellen Evaluationsproblems in Teilprobleme ermöglicht eine Reduzierung der durch die Vielschichtigkeit des multi-kriteriellen Evaluationsproblems bedingten Komplexität[2]. Ein Teilproblem besteht darin, mindestens zwei Evaluationsobjekte – entweder alternative Auktionsformen oder Sub-Kriterien – im Hinblick auf ein unmittelbar übergeordnetes Kriterium – betriebswirtschaftliches Eignungskriterium – oder ein unmittelbar übergeordnetes Sub-Kriterium – betriebswirtschaftliches Sub-Kriterium – zu beurteilen. Diese Teilprobleme werden dann sukzessiv gelöst. Durch die Aggregation der Lösungen der Teilprobleme zu einer Gesamtlösung wird das ursprüngliche multi-kriterielle Evaluationsproblem gelöst[3].

Üblich ist eine Dekomposition des Evaluationsproblems in eine Hierarchie. Eine Hierarchie repräsentiert ein multi-kriterielles Evaluationsproblem in einer „*multilevel structure*“[4] oder einer „*three level hierarchy*“[5], bestehend aus folgenden Hierarchieebenen:

- einer *Ziel*ebene,
- mindestens einer *Kriterien*ebene und
- einer *Alternativ*ebene[6].

Die höchste Hierarchieebene stellt die *Ziel*ebene dar, die das Ziel vermerkt, aus betriebswirtschaftlicher Perspektive diejenige Auktionsform oder diejenigen Auktionsformen als marktlichen Reallokationsmechanismus auszuwählen, die gemäß einem Kata-

---

1) Vgl. PETERS (2008), S. 467; SAATY (2000), S. 34; SAATY (1994), S. 22 und SAATY (1986), S. 841.

2) Vgl. EISENFÜHR/WEBER (2003), S. 9; PETERS/ZELEWSKI (2002), S. 5; MEIXNER/HAAS (2002), S. 22; LAI ET AL. (1999), S. 222 und SAATY (1986), S. 841.

3) Vgl. PETERS/ZELEWSKI (2003), S. 1210 und SAATY (1994), S. 20.

4) SAATY (2000), S. 94 (Kursiv-Hervorhebung durch die Verfasserin).

5) SAATY (2000), S. 94 (Kursiv-Hervorhebung durch die Verfasserin).

6) Vgl. MEIXNER/HAAS (2002), S. 34, 116 und 124 f.; SAATY/VARGAS (2001), S. 3; AL-HARBI (2001), S. 20; SAATY (2000), S. 10 und 94 ff.; BADRI (1999), S. 240; DELLMANN/GRÜNIG (1999), S. 36; SAATY/VARGAS (1994), S. 1; WEBER (1993), S. 80 und SAATY (1986), S. 841 f.

log betriebswirtschaftlicher Eignungskriterien zur Lösung des Reallokationsproblems *am besten* geeignet ist bzw. sind.

Auf der mittleren Hierarchieebene, d.h. der *Kriterien*ebene, werden die betriebswirtschaftlichen Eignungskriterien aufgeführt, die für die Zielerreichung als relevant angesehen werden. Grundsätzlich können die Kriterien in Sub-Kriterien ausdifferenziert werden, so dass eine Hierarchie in Form einer AHP-Baumstruktur mit mehreren Sub-Kriterienebenen entsteht[1)]. In Kapitel 3.2.2.2 hat die Verfasserin nicht nur betriebswirtschaftliche Eignungskriterien festgelegt und beschrieben, sondern einen Katalog betriebswirtschaftlicher Eignungskriterien erstellt und zudem eine hierarchische Systematisierung der betriebswirtschaftlichen Eignungskriterien etabliert. Daher sind im Rahmen der vorliegenden Arbeit mehrere Sub-Kriterienebenen zu berücksichtigen. Die hierarchische Systematisierung der betriebswirtschaftlichen Eignungskriterien berücksichtigt, dass die betriebswirtschaftlichen Sub-Kriterien auf einer Sub-Kriterienebene Ausdifferenzierungen des ihnen übergeordneten Kriteriums auf der unmittelbar darüber liegenden Kriterienebene darstellen[2)].

Die unterste Hierarchieebene ist die *Alternativen*ebene mit alternativen Auktionsformen, zwischen denen die Auswahl zu erfolgen hat, um das o.a. Ziel zu erreichen. Im Anschluss an die erste Stufe der Bewertung der Eignung von Auktionsformen zur Lösung des Reallokationsproblems haben sich folgende Auktionsformen herauskristallisiert, die alle im Rahmen der vorliegenden Arbeit gestellten Mindestanforderungen an die Eignung von Auktionsformen zur Lösung des Reallokationsproblems erfüllen:

- Einheitspreis-Auktion,
- WALRAS-Auktion und die
- Matrix-Auktion.

Die in Kapitel 3.2.2.1 vorgenommene Klassifizierung von Auktionsformen in Standard-Auktionen, Non-Standard-Auktionen und in Hybrid-Auktionen zur Systematisierung von Auktionsformen wird im Folgenden nicht beibehalten, da eine solche Klassifizie-

1) Vgl. SAATY (2001a), S. 32 ff.; SAATY (1994), S. 22 und WEBER (1993), S. 77 ff.

2) Vgl. SAATY (2001a), S. 39 und 120; SAATY/VARGAS (2001), S. 2; SAATY (2000), S. 105 f. und SAATY (1986), S. 841.

rung von Auktionsformen für die folgende Bewertung der Eignung von Auktionsformen zur Lösung des Reallokationsproblems uninteressant erscheint.

Die folgende Abbildung zeigt eine denkmögliche Hierarchie aus Evaluationsobjekten des multi-kriteriellen Evaluationsproblems.

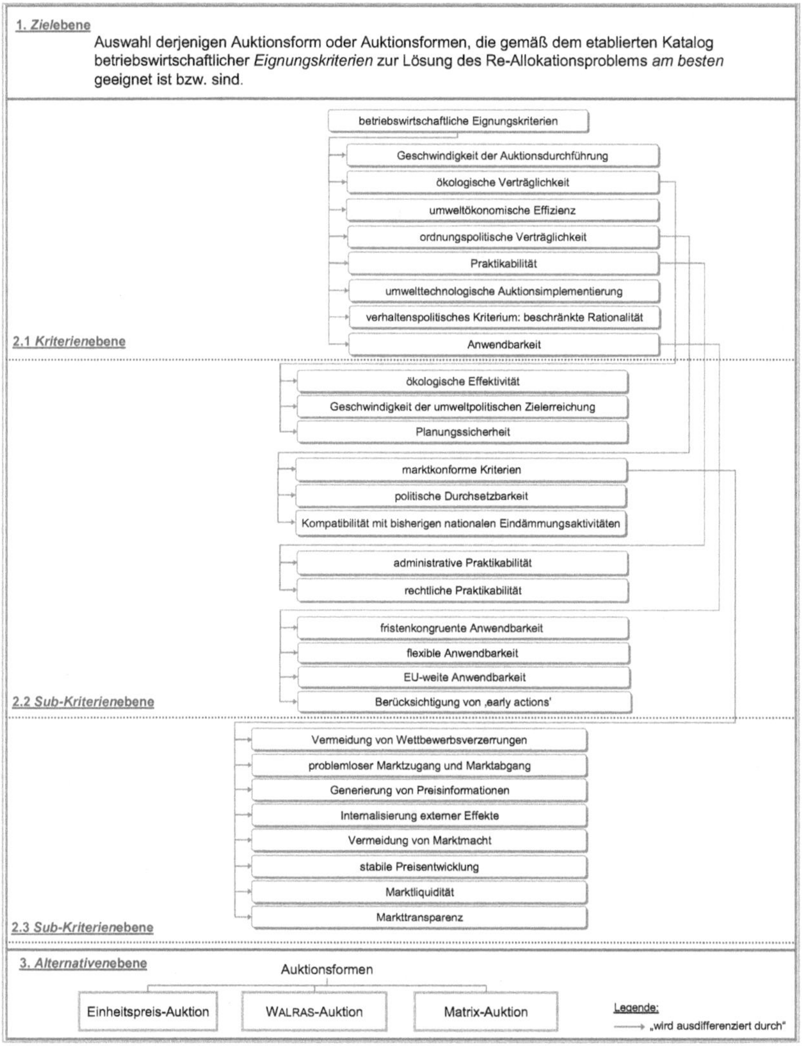

Abbildung 12: Hierarchie des multi-kriteriellen Evaluationsproblems

Im Anschluss an die Dekomposition des multi-kriteriellen Evaluationsproblems in Teilprobleme erfolgt beim AHP-Basisverfahren eine *Beurteilungen der relativen*[1] *Bedeutung der betriebswirtschaftlichen Eignungskriterien*. Die betriebswirtschaftlichen Eignungskriterien und die betriebswirtschaftlichen Sub-Kriterien werden im Hinblick auf ihre relativen Bedeutungen für ein jeweils unmittelbar übergeordnetes Element *paarweise* miteinander verglichen[2]. Ein übergeordnetes Element kann das übergeordnete Ziel, ein übergeordnetes betriebswirtschaftliches Eignungskriterium oder ein übergeordnetes betriebswirtschaftliches Sub-Kriterium sein[3]. Die paarweisen Vergleiche erfolgen jeweils für die betriebswirtschaftlichen Eignungskriterien oder die betriebswirtschaftlichen Sub-Kriterien auf einer gleichen Ebene der Hierarchie des multi-kriteriellen Evaluationsproblems, denen ein gemeinsames Element übergeordnet ist[4]. Da das multikriterielle Evaluationsproblem in mehrere Ebenen dekomponiert ist, erfolgen die Paarvergleiche zunächst auf der Kriterienebene und werden anschließend sukzessive für die weiteren Sub-Kriterienebenen fortgeführt[5]. Schließlich werden die Ergebnisse aller paarweisen Vergleiche, d.h. die Paarvergleichsurteile a_{ij}, in einer Evaluationsmatrix A abgelegt[6].

Jedes Paarvergleichsurteil a_{ij} gibt die relative Bedeutung eines betriebswirtschaftlichen Sub-Kriteriums i für ein übergeordnetes betriebswirtschaftliches Eignungskriterium oder ein übergeordnetes betriebswirtschaftliches Sub-Kriterium im Vergleich zu einem anderen betriebswirtschaftlichen Sub-Kriterium j an[7].

---

1) Die Bedeutungen zweier miteinander verglichener (Sub-)Kriterien sind *relativ* in Bezug zu demjenigen unmittelbar übergeordneten (Sub-)Kriterium, hinsichtlich dessen sie miteinander verglichen werden.

2) Vgl. PETERS (2008), S. 472; BODIN/GASS (2003), S. 1989; MEIXNER/HAAS (2002), S. 25 und 117; AL-HARBI (2001), S. 20; SAATY (2000), S. 34; DELLMANN/GRÜNIG (1999), S. 38; SAATY (1994), S. 25; SAATY/VARGAS (1994), S. 2 und WEBER (1993), S. 80 ff.

3) Vgl. PETERS/ZELEWSKI (2002), S. 8; SAATY (1994), S. 23 und WEBER (1993), S. 80 f.

4) Vgl. PETERS (2008), S. 472; SAATY (2001a), S. 71 f. und LAI ET AL. (1999), S. 222.

5) Zu bemerken ist, dass diese Reihenfolge nicht zwingend ist. D.h., die Paarvergleiche können auch auf der Sub-Kriterienebene 2.3 beginnend sukzessive bis zur Kriterienebene 2.1 erfolgen.

6) Vgl. SAATY (2001a), S. 72 und SAATY (1986), S. 842.

7) Vgl. PETERS ET AL. (2006), S. 4 f.; PETERS/ZELEWSKI (2003), S. 1211 und SAATY/VARGAS (1994), S. 5.

Die Evaluationsmatrix A kann wie folgt formal dargestellt werden[1].

(2.1)

$$A = \begin{pmatrix} a_{11} & \cdots & a_{1j} & \cdots & a_{1n} \\ \cdots & \cdots & \cdots & \cdots & \cdots \\ a_{i1} & \cdots & a_{ij} & \cdots & a_{in} \\ \cdots & \cdots & \cdots & \cdots & \cdots \\ a_{n1} & \cdots & a_{nj} & \cdots & a_{nn} \end{pmatrix} \quad \text{mit} \quad \begin{array}{l} \forall i = 1,\dots,n \;\; \forall j = 1,\dots,n: \;\; a_{ij} > 0 \\ \forall i = j: \;\; a_{ij} = 1 \\ \forall i = 1,\dots,n \;\; \forall j = 1,\dots,n: \;\; a_{ij} = a_{ji}^{-1} \\ n \in \mathbb{N}_+ \end{array}$$

Auf der Hauptdiagonalen der Evaluationsmatrix A sind alle Werte gleich „Eins"[2]. Für einen Wert oberhalb (unterhalb) der Hauptdiagonalen ist der bei einer Spiegelung entlang der Hauptdiagonalen korrespondierende Wert unterhalb (oberhalb) der Hauptdiagonalen der Reziprokwert des ursprünglichen Wertes. Jedes Ergebnis eines paarweisen Vergleichs von zwei Elementen zeigt auf, um wie viel ein Element im Hinblick auf das Element der unmittelbar darüber liegenden Ebene bedeutender ist[3].

Für die paarweisen Vergleiche wird grundsätzlich auf die AHP-Skala für Paarvergleichsurteile zurückgegriffen[4]. Gemäß dieser AHP-Skala für Paarvergleichsurteile können Paarvergleichsurteile auf einer Ordinalskala numerisch quantifiziert werden[5]. In der AHP-Praxis ist die AHP-Skala für Paarvergleichsurteile auf Werte zwischen 1 und 9 begrenzt, so dass auch die Bezeichnung (1-9)-Skala Anwendung findet[6]. Zudem ist zu

---

1) Vgl. PETERS/ZELEWSKI (2004), S. 299; PETERS/ZELEWSKI (2003), S. 1211; EISENFÜHR/WEBER (2003), S. 36; SAATY (2001a), S. 74; LAI ET AL. (1999), S. 227 und WEBER (1993), S. 82.

2) Vgl. SAATY (1994), S. 42.

3) Vgl. SAATY (1994), S. 26.

4) Vgl. WEBER (1993), S. 85 f.

5) Vgl. PETERS/ZELEWSKI (2004), S. 299 und 303; SAATY (2001a), S. 72 f.; SAATY (2001b), S. 26, dort in Tabelle 2-1; AL-HARBI (2001), S. 19; SAATY (2000), S. 34 und 73, dort in Tabelle 3.1; SAATY (1994), S. 26, dort in Tabelle 1; SAATY/VARGAS (1994), S. 6, dort in Tabelle 1, und SAATY (1986), S. 843, dort in Tabelle 1. Zu *Zwischenwerten* in der AHP-Skala für Paarvergleichsurteile vgl. insbesondere SAATY (2001b), S. 26, dort in Tabelle 2-1.

6) Vgl. PETERS/ZELEWSKI (2004), S. 299; BODIN/GASS (2003), S. 1989; MEIXNER/HAAS (2002), S. 25; SAATY (1994), S. 26 und SAATY/VARGAS (1994), S. 6.

bemerken, dass die (meisten) AHP-Softwarepakete auf diese (1-9)-Skala eingestellt sind[1)].

Die folgende Tabelle gibt die AHP-Skala für Paarvergleichsurteile mit den möglichen Werten für Paarvergleichsurteile a_{ij} und die Bedeutung der möglichen Werte für Paarvergleichsurteile a_{ij} im Überblick wieder.

mögliche *Werte* für Paarvergleichsurteile a_{ij}	*Bedeutung* der möglichen Werte für Paarvergleichsurteile a_{ij}
1	gleiche Bedeutung der beiden Elemente i und j
2	*zwischen* gleicher und etwas höherer Bedeutung des ersten Elements i
3	etwas höhere Bedeutung des ersten Elements i
4	*zwischen* etwas höherer und deutlich höherer Bedeutung des ersten Elements i
5	deutlich höhere Bedeutung des ersten Elements i
6	*zwischen* deutlich höherer und viel höherer Bedeutung des ersten Elements i
7	viel höhere Bedeutung des ersten Elements i
8	*zwischen* viel höherer und sehr viel höherer Bedeutung des ersten Elements i
9	sehr viel höhere Bedeutung des ersten Elements i
$\frac{1}{2}, \frac{1}{3}, \frac{1}{4}, \frac{1}{5}, \frac{1}{6}, \frac{1}{7}, \frac{1}{8}, \frac{1}{9}$	*Reziprok*werte

Tabelle 4: AHP-Skala für Paarvergleichsurteile

1) Vgl. SAATY (2001a), S. 73, dort in Tabelle 5-1; LAI ET AL. (1999), S. 222; SAATY/VARGAS (1994), S. 6, dort in Tabelle 1 und WEBER (1993), S. 85 und 87.

Der Analytic Hierarchy Process setzt voraus, dass sich Vergleichsurteile für die gleichen Paare aus (Sub-)Kriterien i und j reziprok zueinander verhalten. D.h., wenn a_{ij} einen der Werte von 1 bis 9 annimmt, dann ist a_{ji} der Reziprokwert von a_{ij}. Es gilt[1]:

(2.2)

$$a_{ji} = a_{ij}^{-1} \quad \text{mit } \forall j = 1,\ldots,n \quad \forall i = 1,\ldots,n$$

$$\Leftrightarrow a_{ji} = \frac{1}{a_{ij}}$$

Wenn alle Paarvergleichsurteile in der Evaluationsmatrix A konsistent im Sinne der Transitivität von verketteten Paarvergleichsurteilen sind, dann resultiert eine reziproke Evaluationsmatrix[2].

Über die relativen Bedeutungen der betriebswirtschaftlichen Eignungskriterien und der betriebswirtschaftlichen Sub-Kriterien in einer Evaluationsmatrix A können *Inkonsistenzen*, d.h. Widersprüchlichkeiten, zwischen den Paarvergleichsurteilen festgestellt werden. Um solche Inkonsistenzen zwischen den Paarvergleichsurteilen feststellen zu können, hat SAATY

- einen *Konsistenzwert* C.R.[3] und
- einen *Konsistenzindex* C.I.[4] entwickelt[5].

Bei *Konsistenz*, d.h. Transitivität der Paarvergleichsurteile in der Evaluationsmatrix A, entspricht der Konsistenzwert dem Wert „Null“[6].

---

1) Vgl. PETERS/ZELEWSKI (2003), S. 1211; MEIXNER/HAAS (2002), S. 117; SAATY (2001a), S. 74; SAATY/VARGAS (2001), S. 4; SAATY (2000), S. 13; SAATY/VARGAS (1994), S. 4 und WEBER (1993), S. 82.

2) Vgl. PETERS/ZELEWSKI (2003), S. 1211.

3) Das Symbol C.R. steht für Consistency Ratio.

4) Das Symbol C.I. steht für Consistency Index.

5) Vgl. PETERS ET AL. (2006), S. 6; EISENFÜHR/WEBER (2003), S. 110 f.; SAATY (2001a), S. 80 f.; SAATY (2000), S. 47 ff. und SAATY (1994), S. 28.

6) Vgl. SAATY (1994), S. 28.

Wenn jedoch eine „zu starke"[1] *Inkonsistenz* der Paarvergleichsurteile in der Evaluationsmatrix A existiert, dann gilt für den Konsistenzwert C.R.[2]:

(2.3)

$$\begin{aligned} &C.R. \geq 0{,}05 && \text{bei } n = 3 \\ &C.R. \geq 0{,}08 && \text{bei } n = 4 \\ &C.R. \geq 0{,}10 && \text{bei } n > 4 \end{aligned}$$

Ob die Paarvergleichsurteile in der Evaluationsmatrix A konsistent oder inkonsistent sind, wird anhand der Erfüllung bzw. Nicht-Erfüllung einer *Konsistenzbedingung* geprüft. Diese Konsistenzbedingung ist für alle „transitiv verketteten" Paarvergleichsurteile a_{ik}, a_{kj} und a_{ij} einer Evaluationsmatrix wie folgt definiert[3]:

(2.4)

$$a_{ik} \cdot a_{kj} = a_{ij} \qquad \text{mit} \qquad \begin{aligned} &\forall i = 1,\ldots,n \\ &\forall j = 1,\ldots,n \\ &\forall k = 1,\ldots,n \end{aligned}$$

Bei Nicht-Erfüllung dieser Konsistenzbedingung existiert eine *Inkonsistenz* der Paarvergleichsurteile in der Evaluationsmatrix A. Wenn sich die Inkonsistenzen der Paarvergleichsurteile so stark anhäufen, dass die in (2.3) angegebenen Grenzwerte für C.R. erreicht oder überschritten werden, dann wird eine Überarbeitung der Evaluationsmatrix A empfohlen[4].

---

1) Was als eine „zu starke" Inkonsistenz angesehen wird, stellt eine Frage subjektiven Ermessens dar. Die Fachliteratur vertritt diesbezüglich aber weitgehend übereinstimmende Ansichten in Anlehnung an die subjektiven Vorgaben von SAATY.

2) Vgl. SAATY (2001a), S. 81; SAATY (2000), S. 84 f. und SAATY (1994), S. 28.

3) Vgl. PETERS/ZELEWSKI (2003), S. 1211; SAATY (2000), S. 48 und 84 f.; SAATY (1994), S. 41 und WEBER (1993), S. 84.

4) Vgl. EISENFÜHR/WEBER (2003), S. 110 und WEBER (1993), S. 95.

Der Konsistenzwert C.R. gibt das Verhältnis zwischen dem Konsistenzindex C.I. und dem so genannten Random Index R.I. an und kann mit der folgenden Formel berechnet werden[1]:

$$(2.6) \qquad \text{C.R.} = \frac{\text{C.I.}}{\text{R.I.}} \qquad \text{für } n \geq 3$$

Der *Konsistenzindex* C.I. wird auf der Basis des maximalen Eigenwertes λ_{max} und der Dimension n der Evaluationsmatrix A gebildet und kann mit der folgenden Formel berechnet werden[2]:

$$(2.7) \qquad \text{C.I.} = \frac{\lambda_{max} - n}{n - 1}$$

Bei vollkommener *Konsistenz* der Paarvergleichsurteile in der Evaluationsmatrix A ist der maximale Eigenwert λ_{max} der Evaluationsmatrix A *gleich* der Dimension n dieser Evaluationsmatrix A[3]. Dagegen ist bei *Inkonsistenz* der Paarvergleichsurteile in der Evaluationsmatrix A der maximale Eigenwert λ_{max} der Evaluationsmatrix A *größer* als die Dimension n dieser Evaluationsmatrix A[4].

Zur Bestimmung des maximalen Eigenwertes λ_{max} der Evaluationsmatrix A sind zunächst die Eigenwerte λ der Evaluationsmatrix A zu berechnen. Der größte Eigenwert

1) Vgl. SAATY (1994), S. 42 und WEBER (1993), S. 95.

2) Vgl. SAATY (2001a), S. 83; SAATY/VARGAS (2001), S. 9; AL-HARBI (2001), S. 20; SAATY (2000), S. 84; SAATY (1994), S. 41; SAATY/VARGAS (1994), S. 9 und WEBER (1993), S. 95.

3) Vgl. PETERS ET AL. (2006), S. 6; SAATY/VARGAS (2001), S. 9; SAATY (2000), S. 54; SAATY (1994), S. 41; SAATY/VARGAS (1994), S. 8 und KAMRAN/ZAHEDI (1993), S. 112.

4) Vgl. SAATY/VARGAS (1994), S. 8 und KAMRAN/ZAHEDI (1993), S. 112.

der Evaluationsmatrix A stellt den maximalen Eigenwert λ_{max} dar. Für jeden Eigenwert λ der Evaluationsmatrix A mit ν als zugehörigem Eigenvektor gilt[1]:

$$(2.9) \qquad A \cdot \nu = \lambda \cdot \nu \qquad \text{mit } \lambda \in \mathbb{R} \text{ und } \nu \in \mathbb{R}^n \setminus \{\underline{0}\}$$ [2]

Werden die Paarvergleichsurteile in der Evaluationsmatrix A durch die Elemente des Eigenvektors ν dargestellt, so gilt bei vollständiger Konsistenz aller Paarvergleichsurteile, also für $\lambda_{max} = n$[3]:

$$(2.10) \qquad A \cdot \nu = \lambda \cdot \nu \qquad \text{mit } \lambda \in \mathbb{R}$$

$$\Leftrightarrow \begin{pmatrix} \frac{\nu_1}{\nu_1} & \cdots & \frac{\nu_1}{\nu_j} & \cdots & \frac{\nu_1}{\nu_n} \\ \cdots & \cdots & \cdots & \cdots & \cdots \\ \frac{\nu_i}{\nu_1} & \cdots & \frac{\nu_i}{\nu_j} & \cdots & \frac{\nu_i}{\nu_n} \\ \cdots & \cdots & \cdots & \cdots & \cdots \\ \frac{\nu_n}{\nu_1} & \cdots & \frac{\nu_n}{\nu_j} & \cdots & \frac{\nu_n}{\nu_n} \end{pmatrix} \cdot \begin{pmatrix} \nu_1 \\ \cdots \\ \nu_n \end{pmatrix} = \lambda \cdot \begin{pmatrix} \nu_1 \\ \cdots \\ \nu_n \end{pmatrix} \qquad \text{mit } a_{ij} = \frac{\nu_i}{\nu_j}$$

Wenn die Paarvergleichsurteile in der Evaluationsmatrix A vollkommen *konsistent* angegeben sind, dann ist die folgende *Konsistenzbedingung* erfüllt und eine Überarbeitung der Evaluationsmatrix A ist nicht vorzunehmen[4]:

---

1) Vgl. SAATY/VARGAS (2001), S. 8; KARMANN (2000), S. 97 f.; SAATY (2000), S. 49 und 77; SAATY (1994), S. 41; SAATY/VARGAS (1994), S. 8 und WEBER (1993), S. 83.

2) Das Symbol $\underline{0}$ stellt einen n-stelligen Null-Spaltenvektor dar.

3) Vgl. SAATY/VARGAS (2001), S. 8; SAATY/VARGAS (1994), S. 7; SAATY (1994), S. 41 und WEBER (1993), S. 83.

4) Vgl. KWIESIELEWICZ/UDEN (2004), S. 714; SAATY/VARGAS (2001), S. 8; SAATY/VARGAS (1994), S. 7 und WEBER (1993), S. 84.

(2.11)

$$a_{ik} \cdot a_{kj} = a_{ij} \qquad \forall i = 1,...,n$$
$$\Leftrightarrow \frac{v_i}{v_k} \cdot \frac{v_k}{v_j} = \frac{v_i}{v_j} \qquad \text{mit} \quad \forall j = 1,...,n \quad \forall k = 1,...,n$$

Um die Elemente des Eigenvektors v zu bestimmen, wird zunächst die Gleichung (2.10) mit E als Einheitsmatrix wie folgt umgestellt[1]:

(2.12)

$$A \cdot \nu = \lambda \cdot \nu \qquad \text{mit } \lambda \in \mathbb{R} \text{ und } \nu \in \mathbb{R}^n \setminus \{\underline{0}\}$$
$$\Leftrightarrow A \cdot \nu - \lambda \cdot \nu = \underline{0}$$
$$\Leftrightarrow (A - \lambda \cdot E) \cdot \nu = \underline{0}$$

Zur Bestimmung der Elemente des Eigenvektors v existieren

- die *triviale* Linearkombination und
- die *nicht-triviale* Linearkombination[2].

Während bei der *trivialen* Linearkombination die Zeilen und die Spalten der Matrix $(A - \lambda \cdot E)$ linear unabhängig sind und alle Elemente des Eigenvektors v den Wert „Null“ annehmen, sind bei der *nicht-trivialen* Linearkombination die Zeilen und die Spalten der Matrix $(A - \lambda \cdot E)$ linear abhängig und mindestens ein Element v_i des Eigenvektors v ist ungleich dem Wert „Null“. Der Eigenvektor v ist definiert als ein von „Null“ verschiedener Vektor. Auf der Basis dieser Definition ist mindestens ein Element des Eigenvektors v ein von „Null“ verschiedener (skalarer) Wert.

Daher werden im Folgenden nur noch die nicht-trivialen Linearkombinationen betrachtet, wogegen die triviale Linearkombination ausgeklammert wird.

---

1) Vgl. SAATY (1994), S. 41 und WEBER (1993), S. 89.

2) Vgl. KARMANN (2000), S. 69 f. und 98.

Die Zeilen und die Spalten der Matrix $(A-\lambda \cdot E)$ erweisen sich als linear abhängig und lassen daher nur eine nicht-triviale Linearkombination zu genau dann, wenn die Determinante dieser Matrix den Wert „Null“ annimmt, wenn also gilt[1)]:

$$\det(A-\lambda \cdot E)=0 \qquad (2.13)$$

Die Bestimmung der Eigenwerte der Evaluationsmatrix A führt daher zur Nullstellenberechnung der Determinantengleichung (2.13) und deshalb zur Auflösung dieser Determinantengleichung nach λ. Die Determinantengleichung (2.13) kann im Allgemeinen Fall mehrere Eigenwerte λ als Nullstellen aufweisen. Sind die Eigenwerte λ der Evaluationsmatrix A bestimmt, so kann auch der maximale Eigenwert λ_{max} dieser Evaluationsmatrix A ermittelt werden.

Sobald der maximale Eigenwert λ_{max} aus der Bestimmung alle Nullstellen der Determinantengleichung (2.13) ermittelt wurde, kann er in die Gleichung (2.12) mit $\lambda := \lambda_{max}$ eingesetzt werden. Die Gleichung (2.12) stellt dann ein Gleichungssystem mit n Gleichungen und n Unbekannten – die Komponenten v_i des Eigenvektors v mit $i = 1,...,n$ – dar. Dieses Gleichungssystem lässt sich im Regelfall – d.h. im Falle seiner Widerspruchsfreiheit im mathematischen Sinne – eindeutig lösen. Die eindeutige Lösung stellt den Eigenvektor v dar, der zum maximalen Eigenwert λ_{max} gehört.

Zur Berechnung der Eigenvektoren v kann auch die „Power-Methode“ herangezogen werden[2)]. Die Power-Methode ermöglicht die Berechnung eines Näherungswertes für einen Eigenvektor, der von der „richtigen“ Lösung nicht zu stark abweicht. Zunächst erfolgt eine Quadrierung der Evaluationsmatrix. Daran anschließend werden die Zeilensummen gebildet und normalisiert. Eine solche Normalisierung erfolgt durch die Teilung jeder Zeilensumme durch die Summe der Zeilensummen. Als Ergebnis wird ein Näherungswert für einen Eigenvektor berechnet. Diese iterative Prozedur wird so lange wiederholt, bis der Unterschied zwischen zwei aufeinander folgenden Näherungswerten für einen Eigenvektor eine „gewünschte“ Grenze *unter*schreitet. Eine solche gewünschte Grenze kann anhand subjektiver Kriterien festgelegt werden und ist möglichst klein

1) Vgl. PETERS/ZELEWSKI (2004), S. 300; KARMANN (2000), S. 98 und WEBER (1993), S. 90.

2) Vgl. SAATY (2001), S. 55.

zu fixieren. Durch Subtraktion des einen Näherungswerts vom darauf folgenden anderen Näherungswert können Unterschiede berechnet werden.

Als Näherungsverfahren zur Ermittlung des Eigenvektors ν zum maximalen Eigenwert λ_{max} wird jedes Paarvergleichsurteil durch seine jeweilige Spaltensumme dividiert, so dass eine *Normierung* der Evaluationsmatrix A erfolgt. Eine solche normierte Evaluationsmatrix N kann formal wie folgt dargestellt werden[1]:

(2.14)

$$N = \begin{vmatrix} \frac{a_{11}}{\sum_{i=1}^{n} a_{i1}} & \cdots & \frac{a_{1j}}{\sum_{i=1}^{n} a_{ij}} & \cdots & \frac{a_{1n}}{\sum_{i=1}^{n} a_{in}} \\ \cdots & \cdots & \cdots & \cdots & \cdots \\ \frac{a_{i1}}{\sum_{i=1}^{n} a_{i1}} & \cdots & \frac{a_{ij}}{\sum_{i=1}^{n} a_{ij}} & \cdots & \frac{a_{in}}{\sum_{i=1}^{n} a_{in}} \\ \cdots & \cdots & \cdots & \cdots & \cdots \\ \frac{a_{n1}}{\sum_{i=1}^{n} a_{i1}} & \cdots & \frac{a_{nj}}{\sum_{i=1}^{n} a_{ij}} & \cdots & \frac{a_{nn}}{\sum_{i=1}^{n} a_{in}} \end{vmatrix}$$

$$\Leftrightarrow N = \begin{vmatrix} a_{11}^{nor} & \cdots & a_{1j}^{nor} & \cdots & a_{1n}^{nor} \\ \cdots & \cdots & \cdots & \cdots & \cdots \\ a_{i1}^{nor} & \cdots & a_{ij}^{nor} & \cdots & a_{in}^{nor} \\ \cdots & \cdots & \cdots & \cdots & \cdots \\ a_{n1}^{nor} & \cdots & a_{nj}^{nor} & \cdots & a_{nn}^{nor} \end{vmatrix}$$ [2]

Anschließend werden die Zeilensummen dieser normierten Evaluationsmatrix N gebildet. Jede Zeilensumme wird durch n dividiert, so dass sich für jedes betriebswirtschaftliche Eignungskriterium und für jedes betriebswirtschaftliche Sub-Kriterium ein relatives Bedeutungsurteil ν_i ergibt. Diese relativen Bedeutungsurteile entsprechen näherungsweise dem normierten Eigenvektor der Evaluationsmatrix A, der zum maximalen

---

1) Vgl. PETERS/ZELEWSKI (2002), S. 19.

2) Der Symbolindex nor steht für <u>nor</u>miert.

– hier aber nicht konkret berechneten – Eigenvektor gehört. Formalsprachig ausgedrückt gilt daher:

(2.15)

$$v_i = \frac{\sum_{j=1}^{n} a_{ij}^{nor}}{n} \qquad \forall i = 1,...,n$$

Weiterhin ist zur Bestimmung des Konsistenzwertes der Random Index R.I. zu ermitteln. Dieser Random Index ist ein aus zufällig generierten, reziproken Matrizen gebildeter durchschnittlicher Konsistenzindex[1]. In einer reziproken Evaluationsmatrix A mit der Dimension $n = 2$ sind die Paarvergleichsurteile notwendig vollkommen *konsistent*, so dass für den Random Index $R.I. = 0$ für $n = 2$ gilt.

Die folgende Tabelle gibt für Evaluationsmatrizen bis zu einer Dimension von $n = 10$, d.h. für $n \in \{3,...,10\}$, die jeweils zugehörigen Werte für den Random Index R.I. an[2]:

n	R.I.
3	0,52
4	0,89
5	1,11
6	1,25
7	1,35
8	1,40
9	1,45
10	1,49

Tabelle 5: Random Index

1) Vgl. PETERS/ZELEWSKI (2004), S. 301 und SAATY (1994), S. 41.

2) Vgl. SAATY (2001a), S. 83; SAATY (2001b), S. 57, dort in Tabelle 2-12; SAATY (2000), S. 65 und 84; SAATY (1994), S. 42, dort in Tabelle 11 und SAATY/VARGAS (1994), S. 9.

Auf eine detaillierte Darstellung der Eigenvektor-Berechnungen und der Eigenwert-Berechnungen wird im Rahmen der vorliegenden Arbeit verzichtet, da die Berechnung durch die AHP-Software „Expert Choice" übernommen wird.

Ist die Evaluationsmatrix A aufgestellt, so müssen die Paarvergleichsurteile über die Bedeutungen der Kriterien in der Evaluationsmatrix A zu relativen Bedeutungsurteilen für jedes (Sub-)Kriterium im Hinblick auf ein übergeordnetes (Sub-)Kriterium aggregiert werden[1].

Die Beurteilung der relativen Bedeutungen der betriebswirtschaftlichen Eignungskriterien und der betriebswirtschaftlichen Sub-Kriterien wird im Folgenden für die Kriterienebene und für die erste und zweite Sub-Kriterienebene durchgeführt. Im Hinblick auf die Berücksichtigung zahlreicher denkmöglicher betriebswirtschaftlicher Eignungskriterien sowohl auf der Kriterienebene als auch auf den Sub-Kriterienebenen erfolgt im Folgenden zunächst eine Aufstellung der Evaluationsmatrizen A_k^{crit} mit $k = 1,...,6$ [2].

Das Superskript crit repräsentiert die Zuordnung der Evaluationsmatrizen A_k^{crit} zu den *Krit*erien, also sowohl zu den betriebswirtschaftlichen Eignungskriterien als auch zu den betriebswirtschaftlichen Sub-Kriterien.

Auf der Basis der in Abbildung 12 aufgezeigten Hierarchie des multi-kriteriellen Evaluationsproblems stellt die folgende Abbildung graphisch die Zuordnung der Evaluationsmatrizen A_k^{crit} zu den betriebswirtschaftlichen Eignungskriterien und den betriebswirtschaftlichen Sub-Kriterien zum einen auf der Kriterienebene und zum anderen auf den Sub-Kriterienebenen dar.

1) Vgl. PETERS/ZELEWSKI (2004), S. 300; SAATY (2000), S. 11 und LAI ET AL. (1999), S. 229.

2) Das Superskript crit steht für <u>crit</u>eria.

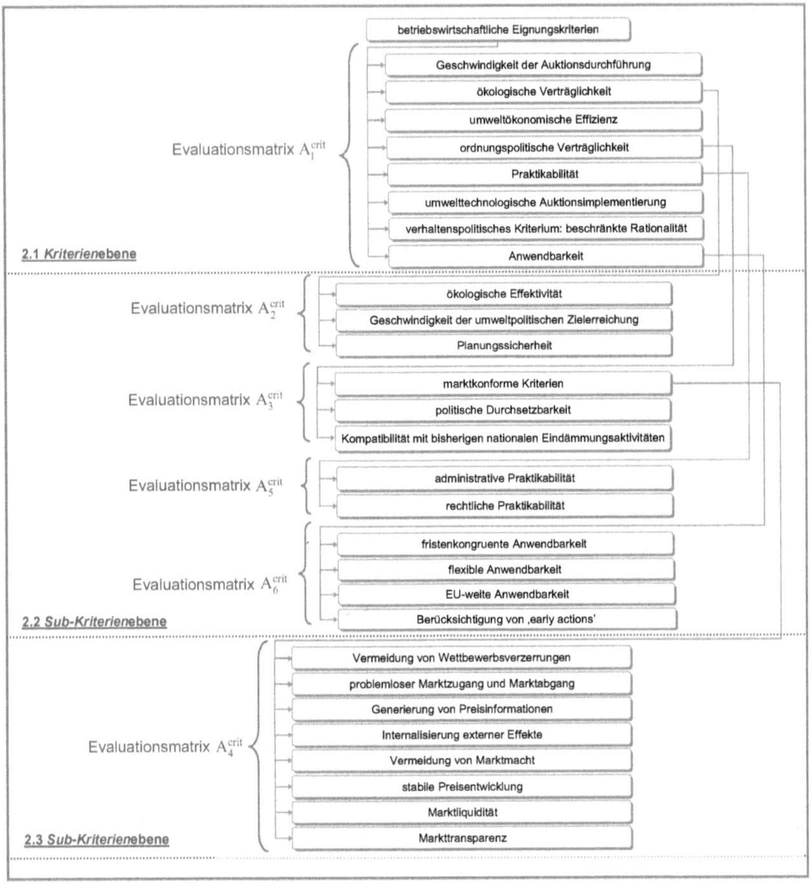

Abbildung 13: Evaluationsmatrix A_k^{crit}

Für jede Evaluationsmatrix A_k^{crit} ist ihr Konsistenzwert $C.R._k^{crit}$ zu ermitteln. Falls $C.R._k^{crit}$ die in (2.3) angegebenen Grenzwerte für „zu starke" Inkonsistenz erreicht oder überschreitet, werden die Paarvergleichsurteile, die der Evaluationsmatrix A_k^{crit} zugrunde liegen, so lange wiederholt, bis die Grenzwerte aus (2.3) unterschritten werden. Andernfalls wird die Evaluationsmatrix A_k^{crit} als „hinreichend konsistent" – oder semantisch „sauber": als konsistent oder noch akzeptabel inkonsistent – eingestuft und nicht weiter überarbeitet.

Die Elemente auf der Hauptdiagonalen einer jeden Evaluationsmatrix sind gleich „Eins" und werden in den folgenden Tabellen grau hinterlegt. Zudem werden die Reziprokwerte in einer jeden Evaluationsmatrix farblich hervorgehoben. Die folgenden Erläuterungen fokussieren sich auf die Paarvergleichsurteile in der jeweiligen Evaluationsmatrix. Die Elemente auf den Hauptdiagonalen einer jeden Evaluationsmatrix A_k^{crit} und die Reziprokwerte in einer jeden Evaluationsmatrix werden in den folgenden Ausführungen nicht weiter berücksichtigt.

Kriterium i \ Kriterium j	Geschwindigkeit der Auktionsdurchführung	ökologische Verträglichkeit	Umwelt-ökonomische Effizienz	ordnungspolitische Verträglichkeit	Praktikabilität	umwelt-technologische Auktionsimplementierung	verhaltenspolitisches Kriterium: beschränkte Rationalität	Anwendbarkeit
Geschwindigkeit der Auktionsdurchführung	1	1/7	1/9	1/3	1/5	2	1/2	1/3
ökologische Verträglichkeit	7	1	1/3	2	4	7	4	4
Umwelt-ökonomische Effizienz	9	3	1	4	5	6	4	4
ordnungspolitische Verträglichkeit	3	1/2	1/4	1	1	3	3	3
Praktikabilität	5	1/4	1/5	1	1	3	1	1
umwelt-technologische Auktionsimplementierung	1/2	1/7	1/6	1/3	1/3	1	1/2	1/2
verhaltenspolitisches Kriterium: beschränkte Rationalität	2	1/4	1/4	1/3	1	2	1	1
Anwendbarkeit	3	1/4	1/4	1/3	1	2	1	1

Tabelle 6: Evaluationsmatrix A_1^{crit} für die relativen Bedeutungen der betriebswirtschaftlichen Eignungskriterien auf der Kriterienebene

Tabelle 6 gibt die Beurteilung der relativen Bedeutungen der betriebswirtschaftlichen Eignungskriterien auf der Kriterienebene wieder. Die Paarvergleichsurteile in der Evaluationsmatrix A_1^{crit} aus Tabelle 6 sind für $n = 8$ mit dem Konsistenzwert $C.R. = 0,04$ gemäß (2.3) wegen $0,04 < 0,10$ hinreichend konsistent[1]. Zu den Werten in der Evaluationsmatrix A_1^{crit} aus Tabelle 6 gilt[2]:

Der Wert 2 in der 6. Spalte der 1. Zeile für das Paarvergleichsurteil a_{16} bedeutet, dass dem betriebswirtschaftlichen Eignungskriterium „Geschwindigkeit der Auktionsdurchführung" eine gleiche bis etwas höhere Bedeutung als dem betriebswirtschaftlichen Eignungskriterium „umwelttechnologische Auktionsimplementierung" zugeordnet wird. Die gleich höhere bis etwas höhere Bedeutung des betriebswirtschaftlichen Eignungskriteriums „Geschwindigkeit der Auktionsdurchführung" resultiert daraus, dass im Falle der Auktionsdurchführung über eine kurze Zeitdauer (z.B. in einer Auktionsstufe) ein „schneller" Handel mit Treibhausgas-Emissionsrechten und Treibhausgas-Emissionsgutschriften erfolgen kann. Ein solcher „schneller" Handel mit Treibhausgas-Emissionsrechten und Treibhausgas-Emissionsgutschriften gewinnt an Bedeutung, da nur diejenigen Emittenten von Treibhausgasen, die über Treibhausgas-Emissionsrechte und Treibhausgas-Emissionsgutschriften verfügen, zur Emission von Treibhausgasen beispielsweise in der Produktion berechtigt sind. Daher ist von der Geschwindigkeit der Auktionsdurchführung nicht nur der „reine" Handel mit Treibhausgas-Emissionsrechten und Treibhausgas-Emissionsgutschriften abhängig, sondern auch und insbesondere die Produktion. Ein Emittent von Treibhausgasen, der nicht zum Zeitpunkt seines Bedarfs, sondern verspätet Treibhausgas-Emissionsrechte und Treibhausgas-Emissionsgutschriften erwirbt oder erwerben kann, könnte Barrieren in der Produktion, wie einer schwankenden Energieproduktion im energieproduzierenden Sektor, einer verspäteten Energieversorgung der Energieabnehmer und Kosten für die Schäden, welche durch die schwankende oder verspätete Energieproduktion entstehen, gegenüberstehen. Demgegenüber besitzt die umwelt-technologische Auktionsimplementierung, die nach Innovationsanreizen in der Auktionsimplementierung fordert, eine etwas geringere Bedeutung, da sie grundsätzlich nicht „zeitkritisch" zu sehen ist. Innovationsanreize, die aktuelle

1) Die Konsistenzwerte für die Evaluationsmatrizen in den Tabellen 6 bis 11 wurden mithilfe der AHP-Software Expert Choice ermittelt.

2) Die Beurteilung der relativen Bedeutungen der betriebswirtschaftlichen Eignungskriterien sowohl auf der Kriterienebene als auch auf den Sub-Kriterienebene basiert im Rahmen der vorliegenden Arbeit auf subjektiven Bewertungsspielräumen.

umwelttechnologische Potenziale und einen Anreiz zur Entdeckung neuer umwelttechnologischer Potenziale erfassen, können dann zeitunkritisch zur Verbesserung oder Erweiterung der (bestehenden) Auktionsimplementierung und zur (weiteren) Reduzierung von Treibhausgas-Emissionen, berücksichtigt werden.

Der Wert 7 in der 1. Spalte der 2. Zeile für das Paarvergleichsurteil a_{21} und in der 6. Spalte der 2. Zeile für das Paarvergleichsurteil a_{26} bedeutet, dass dem betriebswirtschaftlichen Eignungskriterium „ökologische Verträglichkeit" eine viel höhere Bedeutung als den betriebswirtschaftlichen Eignungskriterien „Geschwindigkeit der Auktionsdurchführung" und „umwelttechnologische Auktionsimplementierung" zugeordnet wird. Die viel höhere Bedeutung des betriebswirtschaftlichen Eignungskriteriums „ökologische Verträglichkeit" resultiert daraus, dass durch die auktionsbasierte nationale Reallokation von Treibhausgas-Emissionsrechten und Treibhausgas-Emissionsgutschriften auf Unternehmensebene die auf nationaler Ebene politisch fixierten umweltpolitischen Ziele mit möglichst hoher Sicherheit und Präzision zu erreichen sind. Zudem ist nicht die Geschwindigkeit der Auktionsdurchführung, sondern vielmehr die Geschwindigkeit der umweltpolitischen Zielerreichung von großer Bedeutung, um irreversible oder drohende globale Umweltschäden des anthropogenen Treibhauseffektes zu reduzieren bzw. zu verhindern. Investitionen in eine umweltverträgliche Produktion oder in eine umweltverträgliche Technologie können vorgenommen werden, wenn der Einsatz der Auktion die ökologische Sicherheit gewährleistet und keine oder keine weiteren globalen Umweltschäden des anthropogenen Treibhauseffektes hervorruft. Fraglich ist jedoch, ob ein neues umwelttechnologisches Potenzial eine solche ökologische Sicherheit gewährleistet und die umweltpolitische Zielerreichung unterstützt oder unterstützen kann. Im Hinblick auf diese Unkenntnis und insbesondere die Wichtigkeit der umweltpolitischen Zielerreichung für die Reduzierung der globalen Umweltschäden des anthropogenen Treibhauseffektes wird das betriebswirtschaftliche Eignungskriterium „ökologische Verträglichkeit" dem betriebswirtschaftlichen Eignungskriterium „umwelttechnologische Auktionsimplementierung" übergeordnet.

Der Wert 4 sowohl in der 5. Spalte der 2. Zeile für das Paarvergleichsurteil a_{25} als auch in der 7. Spalte der 2. Zeile für das Paarvergleichsurteil a_{27} und in der 8. Spalte der 2. Zeile für das Paarvergleichsurteil a_{28} bedeutet, dass dem betriebswirtschaftlichen Eignungskriterium „ökologische Verträglichkeit" eine etwas höhere bis deutlich höhere Bedeutung als den betriebswirtschaftlichen Eignungskriterien „Praktikabilität", „verhaltenspolitisches Kriterium: beschränkte Rationalität" und „Anwendbarkeit" zugeordnet wird. Die etwas höhere bis deutlich höhere Bedeutung des betriebswirtschaftlichen Eignungskriteriums „ökologische Verträglichkeit" resultiert daraus, dass auch im Hinblick auf andere betriebswirtschaftliche Eignungskriterien insbesondere die umweltpolitische Zielerreichung im Vordergrund steht, da zunächst die globalen Umweltschäden des anthropogenen Treibhauseffektes zu reduzieren sind, um die Treibhausgaskonzentrationen in der Atmosphäre zu stabilisieren.

Der Wert 2 in der 4. Spalte der 2. Zeile für das Paarvergleichsurteil a_{24} bedeutet, dass dem betriebswirtschaftlichen Eignungskriterium „ökologische Verträglichkeit" eine gleiche bis etwas höhere Bedeutung als dem betriebswirtschaftlichen Eignungskriterium „ordnungspolitische Verträglichkeit" zugeordnet wird. Zwar wird primär die umweltpolitische Zielerreichung angestrebt, jedoch hat der Markt für Treibhausgas-Emissionsrechte und Treibhausgas-Emissionsgutschriften für die auktionsbasierte nationale Reallokation von Treibhausgas-Emissionsrechten und Treibhausgas-Emissionsgutschriften auf Unternehmensebene zu funktionieren. Da Unternehmen zur Emission von Treibhausgasen Treibhausgas-Emissionsrechte und Treibhausgas-Emissionsgutschriften benötigen, kann der Markt für Treibhausgas-Emissionsrechte und Treibhausgas-Emissionsgutschriften langfristig beispielsweise ohne eine oder ohne eine unmittelbare Diskriminierung der Emittenten von Treibhausgasen funktionieren.

Der Wert 9 in der 1. Spalte der 3. Zeile für das Paarvergleichsurteil a_{31} bedeutet, dass dem betriebswirtschaftlichen Eignungskriterium „umweltökonomische Effizienz" eine sehr viel höhere Bedeutung als dem betriebswirtschaftlichen Eignungskriterium „Geschwindigkeit der Auktionsdurchführung" zugeordnet wird. Die sehr viel höhere Bedeutung des betriebswirtschaftlichen Eignungskriteriums „umweltökonomische Effizienz" resultiert daraus, dass die umweltpolitische Zielerreichung mit den geringsten Transaktionskosten und den geringsten Produktionskosten unter Berücksichtigung der budgetären Ausgeglichenheit zwischen den Nachfragern nach Treibhausgas-Emissionsrechten und Treibhausgas-Emissionsgutschriften sowie dem Auktionator und dem Anbieter eine viel größere Rolle spielt als ein „schneller" Handel mit Treibhausgas-Emissionsrechten und Treibhausgas-Emissionsgutschriften.

Der Wert 3 in der 2. Spalte der 3. Zeile für das Paarvergleichsurteil a_{32} bedeutet, dass dem betriebswirtschaftlichen Eignungskriterium „umweltökonomische Effizienz" eine etwas höhere Bedeutung als den betriebswirtschaftlichen Eignungskriterien „ökologische Verträglichkeit“ zugeordnet wird. Die umweltökonomische Effizienz gewinnt eine etwas höhere Bedeutung, da sie im Gegensatz zu dem o.a. Sicherheitsaspekt den Kostenaspekt und die budgetäre Ausgeglichenheit zwischen den Nachfragern nach Treibhausgas-Emissionsrechten und Treibhausgas-Emissionsgutschriften sowie dem Auktionator und dem Anbiete berücksichtigt. Die geringen oder geringsten Transaktionskosten beim Handel mit Treibhausgas-Emissionsrechten und Treibhausgas-Emissionsgutschriften ermöglichen einen kosteneffizienten Umgang mit Umweltressourcen, die dem Knappheitsmerkmal unterliegen. Somit spielt der Kostenaspekt nicht nur aus betriebswirtschaftlicher Perspektive, sondern zudem aus umweltpolitischer Perspektive eine etwas größere Rolle.

Der Wert 4 in der 4. Spalte der 3. Zeile für das Paarvergleichsurteil a_{34} und in der 7. Spalte der 3. Zeile für das Paarvergleichsurteil a_{37} sowie in der 8. Spalte der 3. Zeile für das Paarvergleichsurteil a_{38} bedeutet, dass dem betriebswirtschaftlichen Eignungskriterium „umweltökonomische Effizienz“ eine etwas höhere bis deutlich höhere Bedeutung als den betriebswirtschaftlichen Eignungskriterien „ordnungspolitische Verträglichkeit“, „verhaltenspolitisches Kriterium: beschränkte Rationalität“ und „Anwendbarkeit“ zugeordnet wird. Die etwas höhere bis deutlich höhere Bedeutung des betriebswirtschaftlichen Eignungskriteriums „umweltökonomische Effizienz“ resultiert daraus, dass auch im paarweisen Vergleich mit diesen betriebswirtschaftliche Eignungskriterien insbesondere die umweltpolitische Zielerreichung mit den geringsten Transaktionskosten und den geringsten Produktionskosten sowie die budgetäre Ausgeglichenheit zwischen den Nachfragern nach Treibhausgas-Emissionsrechten und Treibhausgas-Emissionsgutschriften sowie dem Auktionator und dem Anbieter eine größere Rolle spielen. Um die Treibhausgas-Emissionsrechte und Treibhausgas-Emissionsgutschriften jedoch reallozieren zu können und die Akteure zur Einhaltung politisch fixierter umweltpolitischer Ziele mit den geringsten Transaktionskosten und den geringsten Produktionskosten zu veranlassen, ist ein funktionierender Markt für Treibhausgas-Emissionsrechte und Treibhausgas-Emissionsgutschriften sicherzustellen. Die ordnungspolitische Verträglichkeit, die einen solchen funktionierenden Markt für Treibhausgas-Emissionsrechte und Treibhausgas-Emissionsgutschriften gewährleistet, um die umweltpolitische Zielerreichung mit geringen oder den geringsten Transaktionskosten und Produktionskosten zu unterstützen, gewinnt deshalb an Bedeutung. Im Hinblick auf das beschränkt rationale Verhalten der Akteure wird jedoch deutlich, dass die Akteure ihr unternehmensspezifisches Handeln nicht oder nicht ausschließlich durch Umweltmoral, d.h. durch umweltbewusstes Handeln bestimmen. Unter Berücksichtigung denkmöglicher Restriktionen entscheiden sich die Akteure vielmehr für das Verhalten, das ihnen die umfassendste Erreichung ihrer individuellen Ziele verspricht. Auch im Hinblick auf die Anwendbarkeit bleibt die umweltpolitische Zielerreichung im Vordergrund, da zunächst der anthropogene Treibhauseffekt zu reduzieren ist. Eine Verbesserung oder Erweiterung der Anwendbarkeit der auktionsbasierten nationalen Reallokation von Treibhausgas-Emissionsrechten und Treibhausgas-Emissionsgutschriften auf Unternehmensebene ist jedoch auf langfristiger Ebene zusätzlich zu berücksichtigen.

Der Wert 5 in der 5. Spalte der 3. Zeile für das Paarvergleichsurteil a_{35} bedeutet, dass dem betriebswirtschaftlichen Eignungskriterium „umweltökonomische Effizienz" eine deutlich höhere Bedeutung als dem betriebswirtschaftlichen Eignungskriterium „Praktikabilität" zugeordnet wird. Die Praktikabilität spiegelt eine problemlose Handhabung der auktionsbasierten nationalen Reallokation von Treibhausgas-Emissionsrechten und Treibhausgas-Emissionsgutschriften auf Unternehmensebene wider. Zwar werden im Rahmen der Praktikabilität beispielsweise Kosten der Informationsbeschaffung als *ex-ante* anfallende Transaktionskosten[1)] berücksichtigt, jedoch findet im Hinblick auf die Praktikabilität die umweltpolitische Zielerreichung mit geringen oder den geringsten Transaktionskosten und Produktionskosten sowie die budgetäre Ausgeglichenheit zwischen den Nachfragern nach Treibhausgas-Emissionsrechten und Treibhausgas-Emissionsgutschriften sowie dem Auktionator und dem Anbieter keine unmittelbare Berücksichtigung. Da das betriebswirtschaftliche Eignungskriterium „umweltökonomische Effizienz" nicht nur aus betriebswirtschaftlicher Perspektive, sondern zudem aus umweltpolitischer Perspektive eine größere Rolle spielt, steht sie weiterhin im Vordergrund.

Der Wert 6 in der 6. Spalte der 3. Zeile für das Paarvergleichsurteil a_{36} bedeutet, dass dem betriebswirtschaftlichen Eignungskriterium „umweltökonomische Effizienz" eine deutlich höhere bis viel höhere Bedeutung als dem betriebswirtschaftlichen Eignungskriterium „umwelttechnologische Auktionsimplementierung" zugeordnet wird. Die deutlich höhere bis viel höhere Bedeutung des betriebswirtschaftlichen Eignungskriteriums „umweltökonomische Effizienz" resultiert daraus, dass die umweltpolitische Ziel-

---

1) Zur Differenzierung der Transaktionskosten in Ex-ante- und Ex-post-Transaktionskosten vgl. WILLIAMSON (1990), S. 22 ff. Ein Überblick zur alternativen Differenzierung der Transaktionskosten vgl. z.B. BETZ (2003), S. 35. Zur empirischen Erhebung der Transaktionskosten beim Handel mit Treibhausgas-Emissionsrechten vgl. BETZ (2003), S. 111 ff. und 157 ff. sowie ERM-LI (2001), S. 82 ff.

erreichung mit geringen oder den geringsten Transaktionskosten und Produktionskosten sowie die budgetäre Ausgeglichenheit zwischen den Nachfragern nach Treibhausgas-Emissionsrechten und Treibhausgas-Emissionsgutschriften sowie dem Auktionator und dem Anbieter den Anreizen zur Entwicklung und Einführung umwelttechnologischer Potenziale vorzuziehen sind. Daher wird insbesondere der dynamische Innovationsanreiz der umweltpolitischen Zielerreichung untergeordnet. Zur Verbesserung oder Erweiterung der Auktionsimplementierung und zur (weiteren) Reduzierung von Treibhausgas-Emissionen gewinnt insbesondere der dynamische Innovationsanreiz auf langfristiger Ebene an Bedeutung, da er nicht als „zeitkritisch" anzusehen ist. Demgegenüber spielt für die Reduzierung der globalen Umweltschäden des anthropogenen Treibhauseffektes die umweltökonomische Effizienz eine größere Rolle.

Der Wert 3 in der 1. Spalte der 4. Zeile für das Paarvergleichsurteil a_{41} und in der 6. Spalte der 4. Zeile für das Paarvergleichsurteil a_{46}, in der 7. Spalte der 4. Zeile für das Paarvergleichsurteil a_{47} sowie in der 8. Spalte der 4. Zeile für das Paarvergleichsurteil a_{48} bedeutet, dass dem betriebswirtschaftlichen Eignungskriterium „ordnungspolitische Verträglichkeit" eine etwas höhere Bedeutung als die betriebswirtschaftlichen Eignungskriterien „Geschwindigkeit der Auktionsdurchführung", „umwelttechnologische Auktionsimplementierung", „verhaltenspolitisches Kriterium: beschränkte Rationalität" und „Anwendbarkeit" zugeordnet wird. Wie bereits aufgeführt, gewährleistet die ordnungspolitische Verträglichkeit einen funktionierenden Markt für Treibhausgas-Emissionsrechte und Treibhausgas-Emissionsgutschriften und etabliert deshalb die Basis für die auktionsbasierte nationale Reallokation von Treibhausgas-Emissionsrechten und Treibhausgas-Emissionsgutschriften auf Unternehmensebene. Die Gewährleistung beispielsweise eines Marktes für Treibhausgas-Emissionsrechte und Treibhausgas-Emissionsgutschriften ohne eine oder ohne eine unmittelbare Diskriminierung der Emittenten von Treibhausgasen ermöglicht die auktionsbasierte nationale Reallokation von Treibhausgas-Emissionsrechten und Treibhausgas-Emissionsgutschriften auf Unternehmensebene u.a. nach gleichen Spielregeln und den gleichen Umweltstrategien. Über einen funktionierenden Markt für Treibhausgas-Emissionsrechte und Treibhausgas-Emissionsgutschriften lässt sich der Handel mit Treibhausgas-Emissionsrechten und Treibhausgas-Emissionsgutschriften realisieren. Um die Emittenten von Treibhausgasen zum Zeitpunkt ihres jeweiligen Bedarfs mit Treibhausgas-Emissionsrechten und Treibhausgas-Emissionsgutschriften versorgen zu können, ist zwar die Auktionsdurchführung über eine kurze Zeitdauer zu gewährleisten. Jedoch spielt die ordnungspolitische

Verträglichkeit eine etwas größere Rolle, da davon ausgegangen wird, dass beispielsweise die auktionsbasierte nationale Reallokation von Treibhausgas-Emissionsrechten und Treibhausgas-Emissionsgutschriften auf Unternehmensebene ohne eine oder ohne eine unmittelbare Diskriminierung der Emittenten von Treibhausgasen der „schnellen" Auktionsdurchführung sowohl aus Nachfragerperspektive als auch aus Anbieterperspektive vorgezogen wird. Die Entwicklung und Einführung neuer umwelttechnologischer Potenziale sowie die beispielsweise geographische und / oder zeitliche Erweiterung der Anwendbarkeit der auktionsbasierten nationalen Reallokation von Treibhausgas-Emissionsrechten und Treibhausgas-Emissionsgutschriften auf Unternehmensebene stellen eine optionale Erweiterung und Verbesserung des Marktes für Treibhausgas-Emissionsrechte und Treibhausgas-Emissionsgutschriften dar und sind auf langfristiger Ebene denkmöglich. Auch in diesem Zusammenhang ist jedoch zunächst die ordnungspolitische Verträglichkeit eine größere Rolle zuzuordnen, da zunächst das Funktionieren des „reinen" Handels mit Treibhausgas-Emissionsrechten und Treibhausgas-Emissionsgutschriften an Bedeutung gewinnt. Auf dem funktionierenden Markt für Treibhausgas-Emissionsrechte und Treibhausgas-Emissionsgutschriften handeln die Akteure mit Treibhausgas-Emissionsrechten und Treibhausgas-Emissionsgutschriften unter Berücksichtigung ihrer individuellen Präferenzen und ihrer individuellen Ziele. Der Effekt des beschränkt rationalen Verhaltens der Akteure ist auf dem Markt für Treibhausgas-Emissionsrechte und Treibhausgas-Emissionsgutschriften nicht zu unterschätzen. Jedoch fällt die Entlastung Dritter oder der Allgemeinheit von Kosten, die sie nicht verursacht haben, schwerer ins Gewicht als die Berücksichtigung der individuellen Präferenzen und der individuellen Ziele der handelnden Akteure. Deshalb ist auch das betriebswirtschaftliche Eignungskriterium „verhaltenspolitisches Kriterium: beschränkte Rationalität" dem betriebswirtschaftlichen Eignungskriterium „ordnungspolitische Verträglichkeit" unterzuordnen.

Der Wert 1 in der 5. Spalte der 4. Zeile für das Paarvergleichsurteil a_{45} bedeutet, dass dem betriebswirtschaftlichen Eignungskriterium „ordnungspolitische Verträglichkeit" eine gleiche Bedeutung wie dem betriebswirtschaftlichen Eignungskriterium „Praktikabilität" zugeordnet wird. Im paarweisen Vergleich der ordnungspolitischen Verträglichkeit mit der Praktikabilität erfolgt also keine Priorisierung. Beispielsweise fordern beide betriebswirtschaftliche Eignungskriterien eine „Gleichbehandlung" der Akteure. Während die ordnungspolitische Verträglichkeit u.a. einen Markt für Treibhausgas-Emissionsrechte und Treibhausgas-Emissionsgutschriften ohne eine oder ohne eine unmittelbare Diskriminierung der Emittenten von Treibhausgasen als Akteure gewährleistet, setzt die Praktikabilität u.a. einen reibungslosen Handel für alle Akteure, also sowohl für Emittenten von Treibhausgasen als auch für den Auktionator und den Anbieter, voraus.

Der Wert 5 in der 1. Spalte der 5. Zeile für das Paarvergleichsurteil a_{51} bedeutet, dass dem betriebswirtschaftlichen Eignungskriterium „Praktikabilität" eine deutlich höhere Bedeutung als dem betriebswirtschaftlichen Eignungskriterium „Geschwindigkeit der Auktionsdurchführung" zugeordnet wird. Die deutlich höhere Bedeutung des betriebswirtschaftlichen Eignungskriteriums „Praktikabilität" resultiert daraus, dass davon ausgegangen wird, dass eine problemlose Handhabung der auktionsbasierten nationalen Reallokation von Treibhausgas-Emissionsrechten und Treibhausgas-Emissionsgutschriften auf Unternehmensebene einer „schnellen" Auktionsdurchführung (z.B. über eine Auktionsstufe) sowohl aus Nachfragerperspektive als auch aus Anbieterperspektive vorgezogen wird.

Der Wert 3 in der 6. Spalte der 5. Zeile für das Paarvergleichsurteil a_{56} bedeutet, dass dem betriebswirtschaftlichen Eignungskriterium „Praktikabilität" eine etwas höhere Bedeutung als dem betriebswirtschaftlichen Eignungskriterium „umwelttechnologische Auktionsimplementierung" zugeordnet wird. Die Gewährleistung der Praktikabilität spielt weiterhin eine große Rolle. Grundsätzlich kann davon ausgegangen werden, dass eine problemlose Handhabung der auktionsbasierten nationalen Reallokation von Treibhausgas-Emissionsrechten und Treibhausgas-Emissionsgutschriften auf Unternehmensebene sowohl aus Nachfragerperspektive als auch aus Anbieterperspektive größere Akzeptanz und Interesse finden wird als die Aussicht, einen Innovationsanreiz auszulösen und beispielsweise einen Spielraum zur Entdeckung neuer umwelttechnologischer Potenziale zur Reduzierung von Treibhausgas-Emissionen zu suchen oder einen solchen Spielraum zu betreten. Erst wenn die auktionsbasierte nationale Reallokation von Treibhausgas-Emissionsrechten und Treibhausgas-Emissionsgutschriften auf Unternehmensebene zur „Routine" wird und sich der Markt für Treibhaugas-Emissionsrechte und Treibhausgas-Emissionsgutschriften als funktionsfähig etabliert, kristallisieren sich sowohl das Interesse als auch die Bereitschaft, einem Innovationsanreiz nachzugehen, stärker heraus.

Der Wert 1 in der 7. Spalte der 5. Zeile für das Paarvergleichsurteil a_{57} und in der 8. Spalte der 5. Zeile für das Paarvergleichsurteil a_{58} bedeutet, dass dem betriebswirtschaftlichen Eignungskriterium „Praktikabilität" eine gleiche Bedeutung wie den betriebswirtschaftlichen Eignungskriterien „verhaltenspolitisches Kriterium: beschränkte Rationalität" und „Anwendbarkeit" zugeordnet wird. Die Praktikabilität spiegelt eine problemlose Handhabung der auktionsbasierten nationalen Reallokation von Treibhausgas-Emissionsrechten und Treibhausgas-Emissionsgutschriften auf Unternehmensebene mit beispielsweise geringen Kosten der Informationsbeschaffung und mit einem geringen Aufwand für alle Akteure wider. Eine gleiche Bedeutung gewinnt das beschränkt rationale Verhalten der Akteure, die sich unter Berücksichtigung denkmöglicher Restriktionen für das Verhalten entscheiden, das ihnen die umfassendste Erreichung ihrer individuellen Ziele verspricht. Beide betriebswirtschaftliche Eignungskriterien können die Auktionsdurchführung beeinflussen, jedoch aus unterschiedlichen Perspektiven. D.h. während die Praktikabilität die verwaltungstechnische und die juristische Perspektive beleuchten, spielt das beschränkt rationale Verhalten der Akteure aus verhaltenspolitischer Perspektive eine große Rolle. Auch im paarweisen Vergleich der Praktikabilität mit der Anwendbarkeit kann keine Priorisierung erfolgen, da beide betriebswirtschaftliche Eignungskriterien bei der Auktionsdurchführung eine gleich große Rolle spielen.

Der Wert 2 in der 1. Spalte der 7. Zeile für das Paarvergleichsurteil a_{71} und in der 6. Spalte der 7. Zeile für das Paarvergleichsurteil a_{76} bedeutet, dass dem betriebswirtschaftlichen Eignungskriterium „verhaltenspolitisches Kriterium: beschränkte Rationalität" eine gleiche bis etwas höhere Bedeutung als den betriebswirtschaftlichen Eignungskriterien „Geschwindigkeit der Auktionsdurchführung" und „umwelttechnologische Auktionsimplementierung" zugeordnet wird. Im Falle der Auktionsdurchführung über eine kurze Zeitdauer (z.B. in einer Auktionsstufe) kann ein „schneller" Handel mit Treibhausgas-Emissionsrechten und Treibhausgas-Emissionsgutschriften erfolgen, so dass die Emittenten von Treibhausgasen mit Treibhausgas-Emissionsrechten und Treibhausgas-Emissionsgutschriften „schneller" versorgt werden können. Jedoch kann die Auktionsdurchführung dem beschränkt rationalen Verhalten der Akteure unterliegen. Im Hinblick auf die beschränkte Rationalität suchen die Akteure unter den ihnen zugänglichen Handlungsalternativen so lange, bis sie auf eine hinreichend akzeptable Handlungsalternative stoßen, und entscheiden sich dann für diese Handlungsalternative. Eine solche Suche kann sich auch über eine längere Zeitdauer (z.B. über mehrere Auktionsstufen) hinauszögern. Da ohne die Entscheidung für eine Handlungsalternative und das entsprechend dieser Entscheidung denkmögliche Handeln der Akteure keine auktionsbasierte nationale Reallokation von Treibhausgas-Emissionsrechten und Treibhausgas-Emissionsgutschriften auf Unternehmensebene realisiert werden kann, spielt das betriebswirtschaftliche Eignungskriterium „verhaltenspolitisches Kriterium: beschränkte Rationalität" eine größere Rolle als das betriebswirtschaftliche Eignungskriterium „Geschwindigkeit der Auktionsdurchführung". Auch im Hinblick auf das betriebswirtschaftliche Eignungskriterium „umwelttechnologische Auktionsimplementierung" ist das beschränkt rationale Verhalten der Akteure gleich bis etwas höher bedeutend einzustufen. Zwar können neue umwelttechnologische Potenziale zur Reduzierung von Treibhausgas-Emissionen, wie Potenziale einer umweltverträglichen, d.h. einer weniger emissionsintensiven Produktion oder einer weniger emissionsintensiven Technologie, die Aufmerksamkeit der Akteure erwecken. Jedoch unterliegen die Akteure i.d.R. Restriktionen, wie begrenzten kognitiven Fähigkeiten und begrenzten finanziellen Ressourcen. Im Hinblick auf solche Restriktionen könnte das Interesse oder der Anreiz der Akteure zur Investition in neue umweltverträgliche Potenziale geringer ausfallen. Daher gewinnt das betriebswirtschaftliche Eignungskriterium „verhaltenspolitisches Kriterium: beschränkte Rationalität" auch eine größere Rolle als das betriebswirtschaftliche Eignungskriterium „umwelttechnologische Auktionsimplementierung".

Der Wert 1 in der 8. Spalte der 7. Zeile für das Paarvergleichsurteil a_{78} bedeutet, dass dem betriebswirtschaftlichen Eignungskriterium „verhaltenspolitisches Kriterium: beschränkte Rationalität" eine gleiche Bedeutung wie dem betriebswirtschaftlichen Eignungskriterium „Anwendbarkeit" zugeordnet wird. Sowohl das beschränkt rationale Verhalten der Akteure als auch die optionale Erweiterung und Verbesserung des Marktes für Treibhausgas-Emissionsrechte und Treibhausgas-Emissionsgutschriften können die Auktionsdurchführung beeinflussen bzw. erweitern und verbessern. Eine Priorisierung der betriebswirtschaftlichen Eignungskriterien wird unterlassen, da sowohl aus der Perspektive der Akteure als auch aus betriebswirtschaftlicher Perspektive beide betriebswirtschaftliche Eignungskriterien eine gleich große Rolle spielen.

Der Wert 3 in der 1. Spalte der 8. Zeile für das Paarvergleichsurteil a_{81} bedeutet, dass dem betriebswirtschaftlichen Eignungskriterium „Anwendbarkeit" eine etwas höhere Bedeutung als dem betriebswirtschaftlichen Eignungskriterium „Geschwindigkeit der Auktionsdurchführung" zugeordnet wird. Beispielsweise wird davon ausgegangen, dass eine Verbesserung oder Erweiterung der Anwendbarkeit der auktionsbasierten nationalen Reallokation von Treibhausgas-Emissionsrechten und Treibhausgas-Emissionsgutschriften auf Unternehmensebene einer Auktionsdurchführung über eine kurze Zeitdauer (z.B. über eine Auktionsstufe) vorzuziehen ist, wenn eine eine problemlose Versteigerung von Treibhausgas-Emissionsrechten und Treibhausgas-Emissionsgutschriften erfolgt oder erfolgen kann.

Der Wert 2 in der 6. Spalte der 8. Zeile für das Paarvergleichsurteil a_{86} bedeutet, dass dem betriebswirtschaftlichen Eignungskriterium „Anwendbarkeit“ eine gleiche bis etwas höhere Bedeutung als dem betriebswirtschaftlichen Eignungskriterium „umwelttechnologische Auktionsimplementierung“ zugeordnet wird. Im paarweisen Vergleich dieser betriebswirtschaftlichen Eignungskriterien lässt sich herauskristallisieren, dass beide betriebswirtschaftliche Eignungskriterien zur Verbesserung oder Erweiterung der auktionsbasierten nationalen Reallokation von Treibhausgas-Emissionsrechten und Treibhausgas-Emissionsgutschriften auf Unternehmensebene abzielen. Jedoch ist die beispielsweise geographische und / oder zeitliche Erweiterung der Anwendbarkeit der auktionsbasierten nationalen Reallokation von Treibhausgas-Emissionsrechten und Treibhausgas-Emissionsgutschriften auf Unternehmensebene denkmöglichen umwelttechnologischen Potenzialen, d.h. einer weniger emissionsintensiven Produktion oder einer weniger emissionsintensiven Technologie, die aber derzeit noch nicht überschaubar sind, vorzuziehen.

Im Folgenden erfolgt die Beurteilung der relativen Bedeutung der betriebswirtschaftlichen Sub-Kriterien auf der ersten und der zweiten Sub-Kriterienebene ausschließlich tabellarisch, da ausführliche Erläuterungen zu keinen grundsätzlich neuartigen Erkenntnisen führen würden. Für die paarweisen Vergleiche wird weiterhin grundsätzlich auf die (Paar-)Vergleichsskala oder AHP-Skala für Paarvergleichsurteile zurückgegriffen.

Kriterium j / Kriterium i	ökologische Effektivität	Geschwindigkeit der umwelt-politischen Zielerreichung	Planungssicherheit
ökologische Effektivität	1	1/2	5
Geschwindigkeit der umwelt-politischen Zielerreichung	2	1	7
Planungssicherheit	1/5	1/7	1

Tabelle 7: Evaluationsmatrix A_2^{crit} für die relativen Bedeutungen der betriebswirtschaftlichen Sub-Kriterien des Kriteriums „ökologische Verträglichkeit"

Tabelle 7 gibt die Beurteilung der relativen Bedeutungen für die betriebswirtschaftlichen Sub-Kriterien des Kriteriums „ökologische Verträglichkeit" auf der ersten Sub-Kriterienebene wieder. Die Paarvergleichsurteile in der Evaluationsmatrix A_2^{crit} aus Tabelle 7 sind für $n = 3$ mit dem Konsistenzwert $C.R. = 0{,}01$ gemäß (2.3) wegen $0{,}01 < 0{,}05$ hinreichend konsistent.

Kriterium i \ Kriterium j	marktkonforme Kriterien	politische Durchsetzbarkeit	Kompatibilität mit bisherigen nationalen Eindämmungsaktivitäten
marktkonforme Kriterien	1	1/2	1/3
politische Durchsetzbarkeit	2	1	1/2
Kompatibilität mit bisherigen nationalen Eindämmungsaktivitäten	3	2	1

Tabelle 8: Evaluationsmatrix A_3^{crit} für die relativen Bedeutungen der betriebswirtschaftlichen Sub-Kriterien des Kriteriums „ordnungspolitische Verträglichkeit"

Tabelle 8 gibt die Beurteilung der relativen Bedeutungen für die betriebswirtschaftlichen Sub-Kriterien des Kriteriums „ordnungspolitische Verträglichkeit" auf der ersten Sub-Kriterienebene wieder. Die Paarvergleichsurteile in der Evaluationsmatrix A_3^{crit} aus Tabelle 8 sind für $n = 3$ mit dem Konsistenzwert $C.R. = 0{,}01$ gemäß (2.3) wegen $0{,}01 < 0{,}05$ hinreichend konsistent.

Kriterium j / Kriterium i	Vermeidung von Wettbewerbs-verzerrungen	problemloser Marktzugang und Marktabgang	Generierung von Preis-informationen	Internalisie-rung externer Effekte	Vermeidung von Marktmacht	stabile Preis-entwicklung	Markt-liquidität	Markt-transparenz
Vermeidung von Wettbewerbs-verzerrungen	1	3	3	1/2	1	2	2	2
problemloser Marktzugang und Marktabgang	1/3	1	1/2	1/4	1/5	1/2	1	1
Generierung von Preis-informationen	1/3	2	1	1/5	1/5	1/2	1/3	1/3
Internalisie-rung externer Effekte	2	4	5	1	1	2	3	3
Vermeidung von Marktmacht	1	5	5	1	1	2	4	4
stabile Preis-entwicklung	1/2	2	2	1/2	1/2	1	2	2
Markt-liquidität	1/2	1	3	1/3	1/4	1/2	1	1
Markt-transparenz	1/2	1	3	1/3	1/4	1/2	1	1

Tabelle 9: Evaluationsmatrix A_4^{crit} für die relativen Bedeutungen der betriebswirtschaftlichen Sub-Kriterien des Kriteriums „marktkonforme Kriterien

Tabelle 9 gibt die Beurteilung der relativen Bedeutungen für die betriebswirtschaftlichen Sub-Kriterien des Kriteriums „marktkonforme Kriterien“ auf der zweiten Sub-Kriterienebene wieder. Die Paarvergleichsurteile in der Evaluationsmatrix A_4^{crit} aus Tabelle 9 sind für $n = 8$ mit dem Konsistenzwert $C.R. = 0,03$ gemäß (2.3) wegen $0,03 < 0,10$ hinreichend konsistent.

Kriterium i \ Kriterium j	administrative Praktikabilität	rechtliche Praktikabilität
administrative Praktikabilität	1	2
rechtliche Praktikabilität	1/2	1

Tabelle 10: Evaluationsmatrix A_5^{crit} für die relativen Bedeutungen der betriebswirtschaftlichen Sub-Kriterien des Kriteriums „Praktikabilität“

Tabelle 10 gibt die Beurteilung der relativen Bedeutungen für die betriebswirtschaftlichen Sub-Kriterien des Kriteriums „Praktikabilität“ auf der ersten Sub-Kriterienebene wieder. Die Paarvergleichsurteile in der Evaluationsmatrix A_5^{crit} aus Tabelle 10 sind für $n = 2$ mit dem Konsistenzwert $C.R. = 0,00$ hinreichend konsistent.

Kriterium i \ Kriterium j	fristenkongruente Anwendbarkeit	flexible Anwendbarkeit	EU-weite Anwendbarkeit	Berücksichtigung von ‚early actions'
fristenkongruente Anwendbarkeit	1	1/9	1/2	1/8
flexible Anwendbarkeit	9	1	8	2
EU-weite Anwendbarkeit	2	1/8	1	1/8
Berücksichtigung von ‚early actions'	8	1/2	8	1

Tabelle 11: Evaluationsmatrix A_6^{crit} für die relativen Bedeutungen der betriebswirtschaftlichen Sub-Kriterien des Kriteriums „Anwendbarkeit"

Tabelle 11 gibt die Beurteilung der relativen Bedeutungen für die betriebswirtschaftlichen Sub-Kriterien des Kriteriums „Anwendbarkeit" auf der ersten Sub-Kriterienebene wieder. Die Paarvergleichsurteile in der Evaluationsmatrix A_6^{crit} aus Tabelle 11 sind für $n = 4$ mit dem Konsistenzwert $C.R. = 0,04$ gemäß (2.3) wegen $0,04 < 0,08$ hinreichend konsistent.

Im Anschluss an die Beurteilung der relativen Bedeutungen der betriebswirtschaftlichen Eignungskriterien und der betriebswirtschaftlichen Sub-Kriterien erfolgt die *Aggregation der relativen Bedeutungsurteile* zu globalen Bedeutungsurteilen für die Sub-Kriterien auf der untersten, d.h. hier zweiten Sub-Kriterienebene im Hinblick auf das (Gesamt-)Ziel der betriebswirtschaftlichen Eignungsbeurteilung.

Zur Ermittlung des gesuchten Eigenvektors für die relativen Bedeutungsurteile aus einer Evaluationsmatrix A_k^{crit} ist zunächst die Summe jeder Spalte der jeweiligen Evaluationsmatrix A_k^{crit} zu berechnen. Dann wird jedes Paarvergleichsurteil durch die jeweilige Spaltensumme dividiert, so dass eine *Normierung* der jeweiligen Evaluationsmatrix A_k^{crit} nach Gleichung (2.14) erfolgt. Anschließend werden die Zeilensummen dieser jeweils normierten Evaluationsmatrix N_l^{crit} mit $l = 1,...,6$ gebildet. Jede Zeilensumme wird durch die jeweilige Dimension n dividiert, so dass sich für jedes betriebswirtschaftliche Eignungskriterium oder für jedes betriebswirtschaftliche Sub-Kriterium ein relatives Bedeutungsurteil v_i ergibt. Diese relativen Bedeutungsurteile entsprechen näherungsweise dem Eigenvektor der jeweiligen normierten Evaluationsmatrix A_k^{crit}.

Auf der Basis der in Abbildung 12 aufgezeigten Kriterien-Hierarchie des multikriteriellen Evaluationsproblems präsentiert die folgende Abbildung 14 die Zuordnung jeweils eines relativen Bedeutungsurteils $v_{k,i}$ zu den betriebswirtschaftlichen Eignungskriterien und den betriebswirtschaftlichen Sub-Kriterien einer jeden Evaluationsmatrix A_k^{crit}. Im Hinblick auf die Berücksichtigung zahlreicher betriebswirtschaftlicher Eignungskriterien und zahlreicher betriebswirtschaftlicher Sub-Kriterien sowohl auf der Kriterienebene als auch auf den Sub-Kriterienebenen sowie im Hinblick auf die Aufstellung der Evaluationsmatrix A_k^{crit} werden die Bedeutungsurteile im Rahmen der vorliegenden Arbeit mit zwei Indizes versehen. Während der erste Index die jeweilige Evaluationsmatrix A_k^{crit} angibt, repräsentiert der zweite Index das jeweilige betriebswirtschaftliche Eignungskriterium oder das jeweilige betriebswirtschaftliche Sub-Kriterium auf der Kriterienebene bzw. auf den Sub-Kriterienebenen.

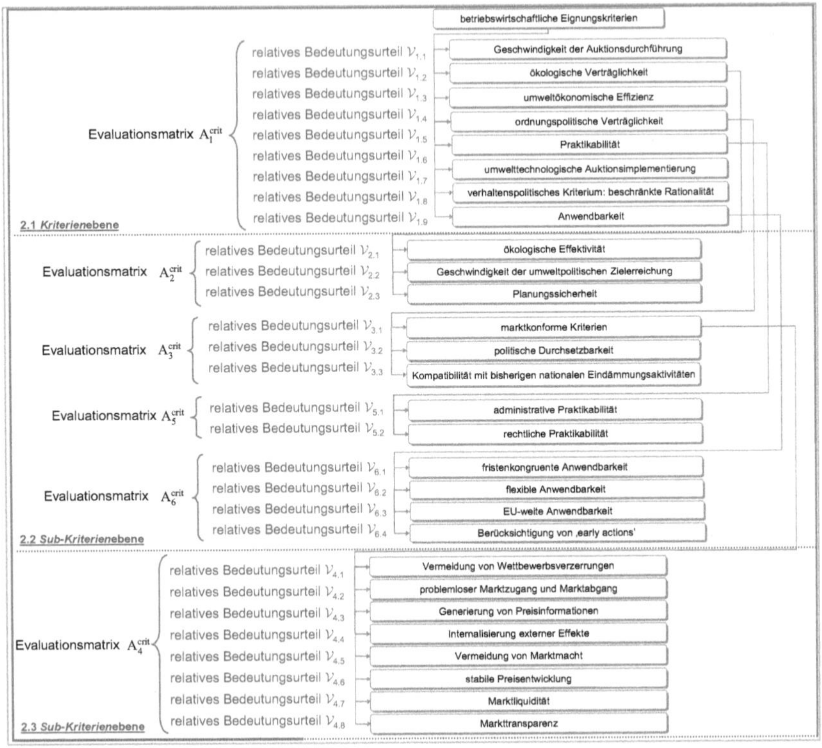

Abbildung 14: Relative Bedeutungsurteile $\mathcal{V}_{k.i}$

Die Ableitung relativer Bedeutungsurteile für die betriebswirtschaftlichen Kriterien und die betriebswirtschaftlichen Sub-Kriterien aus den Paarvergleichsurteilen der Evaluationsmatrizen ist in den folgenden Tabellen für die normierten Evaluationsmatrizen N_k^{crit} dargestellt.

Spaltensummen der Evaluationsmatrix A_1^{crit}	30,5000	5,5358	2,5611	9,3332	13,5333	26,0000	15,0000	14,8333		
betriebswirtschaftliche Eignungskriterien	normierte Evaluationsmatrix N_1^{crit}								Zeilen-summen	relative Bedeutungs-urteile $v_{1.1} - v_{1.8}$
Geschwindigkeit der Auktionsdurchführung	0,0328	0,0258	0,0434	0,0357	0,0148	0,0769	0,0333	0,0225	0,2852	0,0357
ökologische Verträglichkeit	0,2295	0,1806	0,1301	0,2143	0,2956	0,2692	0,2667	0,2697	1,8557	0,2320
umweltökonomische Effizienz	0,2951	0,5419	0,3905	0,4286	0,3695	0,2308	0,2667	0,2697	2,7928	0,3491
ordnungspolitische Verträglichkeit	0,0984	0,0903	0,0976	0,1071	0,0739	0,1154	0,2000	0,2022	0,9849	0,1231
Praktikabilität	0,1639	0,0452	0,0781	0,1071	0,0739	0,1154	0,0667	0,0674	0,7177	0,0897
umwelttechnologische Auktionsimplementierung	0,0164	0,0258	0,0651	0,0357	0,0246	0,0385	0,0333	0,0337	0,2731	0,0341
verhaltenspolitisches Kriterium: beschränkte Rationalität	0,0656	0,0452	0,0976	0,0357	0,0739	0,0769	0,0667	0,0674	0,5290	0,0661
Anwendbarkeit	0,0984	0,0452	0,0976	0,0357	0,0739	0,0769	0,0667	0,0674	0,5618	0,0702
Spaltensummen	1,0001	1,0000	1,0000	0,9999	1,0001	1,0000	1,0001	1,0000	8,0002	1,0000

Tabelle 12: Berechnung der relativen Bedeutungsurteile für die betriebswirtschaftlichen Eignungskriterien der Evaluationsmatrix aus Tabelle 6

Spaltensummen der Evaluations-matrix A_2^{crit}	3,2000	1,6429	13,0000		
betriebswirtschaft-liche Sub-Kriterien	normierte Evaluationsmatrix N_2^{crit}			Zeilen-summen	relative Bedeutungs-urteile $\nu_{2.1} - \nu_{2.3}$
ökologische Effektivität	0,3125	0,3043	0,3846	1,0014	0,3338
Geschwindigkeit der umweltpolitischen Zielerreichung	0,6250	0,6087	0,5385	1,7722	0,5907
Planungssicherheit	0,0625	0,0870	0,0769	0,2264	0,0755
Spaltensummen	1,0000	1,0000	1,0000	3,0000	1,0000

Tabelle 13: Berechnung der relativen Bedeutungsurteile für die betriebswirtschaftlichen Sub-Kriterien der Evaluationsmatrix A_2^{crit} aus Tabelle 7

Spaltensummen der Evaluationsmatrix A_3^{crit}	6,0000	3,5000	1,8333		
betriebswirtschaftliche Sub-Kriterien	normierte Evaluationsmatrix N_3^{crit}			Zeilensummen	relative Bedeutungsurteile $v_{3.1} - v_{3.3}$
marktkonforme Kriterien	0,1667	0,1429	0,1818	0,4914	0,1638
politische Durchsetzbarkeit	0,3333	0,2857	0,2727	0,8917	0,2972
Kompatibilität mit bisherigen nationalen Eindämmungsaktivitäten	0,5000	0,5714	0,5455	1,6169	0,5390
Spaltensummen	1,0000	1,0000	1,0000	3,0000	1,0000

Tabelle 14: Berechnung der relativen Bedeutungsurteile für die betriebswirtschaftlichen Sub-Kriterien der Evaluationsmatrix A_3^{crit} aus Tabelle 8

Spaltensummen der Evaluationsmatrix A_4^{crit}	6,1666	19,0000	22,5000	4,1166	4,4000	9,0000	14,3333	14,3333		
betriebswirtschaftliche Sub-Kriterien	normierte Evaluationsmatrix N_4^{crit}								Zeilen-summen	relative Bedeutungsurteile $v_{4.1} - v_{4.8}$
Vermeidung von Wettbewerbs-verzerrungen	0,1622	0,1579	0,1333	0,1215	0,2273	0,2222	0,1395	0,1395	1,3034	0,1629
problemloser Marktzugang und Marktabgang	0,0540	0,0526	0,0222	0,0607	0,0455	0,0556	0,0698	0,0698	0,4302	0,0538
Generierung von Preisinformationen	0,0540	0,1053	0,0444	0,0486	0,0455	0,0556	0,0233	0,0233	0,4000	0,0500
Internalisierung externer Effekte	0,3243	0,2105	0,2222	0,2429	0,2273	0,2222	0,2093	0,2093	1,8680	0,2335
Vermeidung von Marktmacht	0,1622	0,2632	0,2222	0,2429	0,2273	0,2222	0,2791	0,2791	1,8982	0,2373
stabile Preisentwicklung	0,0811	0,1053	0,0889	0,1215	0,1136	0,1111	0,1395	0,1395	0,9005	0,1126
Marktliquidität	0,0811	0,0526	0,1333	0,0810	0,0568	0,0556	0,0698	0,0698	0,6000	0,0750
Markttransparenz	0,0811	0,0526	0,1333	0,0810	0,0568	0,0556	0,0698	0,0698	0,6000	0,0750
Spaltensummen	1,0000	1,0000	0,9998	1,0001	1,0001	1,0001	1,0001	1,0001	8,0003	1,0001

Tabelle 15: Berechnung der relativen Bedeutungsurteile für die betriebswirtschaftlichen Sub-Kriterien der Evaluationsmatrix aus Tabelle 9

Spaltensummen der Evaluationsmatrix A_5^{crit}	1,5000	3,0000		
betriebswirtschaftliche Sub-Kriterien	normierte Evaluationsmatrix N_5^{crit}		Zeilen-summen	relative Bedeutungsurteile $v_{5.1} - v_{5.2}$
administrative Praktikabilität	0,6667	0,6667	1,3334	0,6667
rechtliche Praktikabilität	0,3333	0,3333	0,6666	0,3333
Spaltensummen	1,0000	1,0000	2,0000	1,0000

Tabelle 16: Berechnung der relativen Bedeutungsurteile für die betriebswirtschaftlichen Sub-Kriterien der Evaluationsmatrix A_5^{crit} aus Tabelle 10

Spaltensummen der Evaluationsmatrix A_6^{crit}	20,0000	1,7361	17,5000	3,2500		
betriebswirtschaft-liche Sub-Kriterien	normierte Evaluationsmatrix N_6^{crit}				Zeilen-summen	relative Bedeutungs-urteile $v_{6.1} - v_{6.4}$
fristenkongruente Anwendbarkeit	0,0500	0,0640	0,0286	0,0385	0,1811	0,0453
flexible Anwendbarkeit	0,4500	0,5760	0,4571	0,6154	2,0985	0,5246
EU-weite Anwendbarkeit	0,1000	0,0720	0,0571	0,0385	0,2676	0,0669
Berücksichtigung von ‚early actions'	0,4000	0,2880	0,4571	0,3077	1,4528	0,3632
Spaltensummen	1,0000	1,0000	0,9999	1,0001	4,0000	1,0000

Tabelle 17: Berechnung der relativen Bedeutungsurteile für die betriebswirtschaftlichen Sub-Kriterien der Evaluationsmatrix aus Tabelle 11

Im Anschluss an die Ableitung relativer Bedeutungsurteile für die betriebswirtschaftlichen Kriterien und die betriebswirtschaftlichen Sub-Kriterien aus den Paarvergleichsurteilen der Evaluationsmatrizen erfolgt die *Aggregation der relativen Bedeutungsurteile* zu globalen Bedeutungsurteilen. Zu diesem Zweck ist für jedes betriebswirtschaftliche Sub-Kriterium auf der untersten Sub-Kriterienebene ein *aggregiertes globales Bedeutungsurteil* $w_{k.i}$ zu bestimmen. D.h. in der Hierarchie des multi-kriteriellen Evaluationsproblems werden die relativen Bedeutungsurteile $v_{k.i}$ entlang desjenigen Pfades von der obersten Kriterienebene bis zur jeweils untersten Kriterienebene oder Sub-Kriterienebene miteinander multipliziert, der von der Spitze der Kriterien-Hierarchie zum jeweils betrachteten Sub-Kriterium auf der untersten Hierarchieebene führt. Wie die Bedeutungsurteile $v_{k.i}$ werden im Rahmen der vorliegenden Arbeit auch die aggregierten Bedeutungsurteile mit zwei Indizes versehen. Während der erste Index die jeweilige Evaluationsmatrix A_k^{crit} angibt, repräsentiert der zweite Index das jeweilige betriebswirtschaftliche Eignungskriterium oder das jeweilige betriebswirtschaftliche Sub-Kriterium auf der untersten Kriterienebene oder Sub-Kriterienebene.

Auf der Basis der in Abbildung 12 aufgezeigten Kriterien-Hierarchie des multi-kriteriellen Evaluationsproblems präsentiert die folgende Abbildung 15 die Zuordnung jeweils eines aggregierten Bedeutungsurteils $w_{k.i}$ zu den betriebswirtschaftlichen Eignungskriterien und den betriebswirtschaftlichen Sub-Kriterien auf der untersten Hierarchieebene einer jeden Evaluationsmatrix A_k^{crit}.

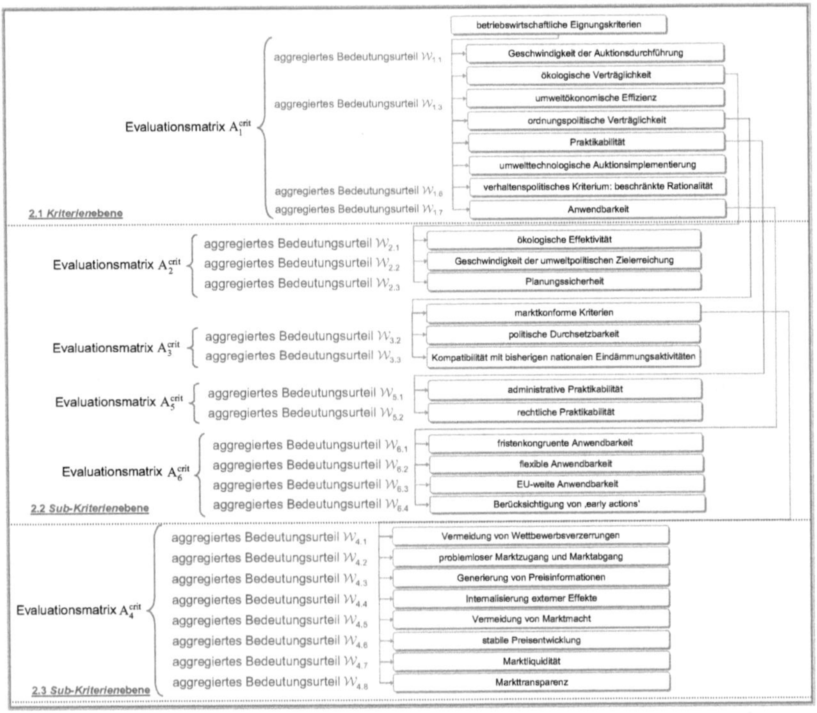

Abbildung 15: Aggregierte Bedeutungsurteile $w_{k.i}$

Die ersten fünf „aggregierten" Bedeutungsurteile $w_{k.i}$ aus Abbildung 15 fallen mit den relativen Bedeutungsurteilen $v_{k.i}$ der betriebswirtschaftlichen Kriterien zusammen, weil diese betriebswirtschaftlichen Kriterien nicht in Sub-Kriterien ausdifferenziert werden und daher bei diesen betriebswirtschaftlichen Kriterien die unterste Hierarchieebene bereits erreicht ist. Zu diesen betriebswirtschaftlichen Eignungskriterien zählen

- Geschwindigkeit der Auktionsdurchführung mit $v_{1.1} = 0{,}0357 = w_{1.1}$,
- umweltökonomische Effizienz mit $v_{1.3} = 0{,}3491 = w_{1.3}$,
- umwelttechnologische Auktionsimplementierung mit $v_{1.6} = 0{,}0341 = w_{1.6}$ und
- verhaltenspolitisches Kriterium: beschränkte Rationalität mit $v_{1.7} = 0{,}0661 = w_{1.7}$.

Die Aggregation der relativen Bedeutungsurteile der Kriterienebene und der Sub-Kriterienebenen ist in den folgenden Tabellen für die Evaluationsmatrizen A_k^{crit} aus Tabelle 12 bis Tabelle 17 jeweils dargestellt.

betriebswirtschaftliches Eignungskriterium	betriebswirtschaftliches Sub-Kriterium	aggregiertes Bedeutungsurteil für das Sub-Kriterium „ökologische Effektivität" $w_{2.1}$
ökologische Verträglichkeit	ökologische Effektivität	
0,2320	0,3338	0,0774

Tabelle 18: Berechnung des aggregierten Bedeutungsurteils für das betriebswirtschaftliche Sub-Kriterium „ökologische Effektivität"

betriebswirtschaftliches Eignungskriterium	betriebswirtschaftliches Sub-Kriterium	aggregiertes Bedeutungsurteil für das Sub-Kriterium „Geschwindigkeit der umweltpolitischen Zielerreichung“ $w_{2.2}$
ökologische Verträglichkeit	Geschwindigkeit der umweltpolitischen Zielerreichung	
0,2320	0,5907	0,1370

Tabelle 19: Berechnung des aggregierten Bedeutungsurteils für das betriebswirtschaftliche Sub-Kriterium „Geschwindigkeit der umweltpolitischen Zielerreichung“

betriebswirtschaftliches Eignungskriterium	betriebswirtschaftliches Sub-Kriterium	aggregiertes Bedeutungsurteil für das Sub-Kriterium „Planungssicherheit“ $w_{2.3}$
ökologische Verträglichkeit	Planungssicherheit	
0,2320	0,0755	0,0175

Tabelle 20: Berechnung des aggregierten Bedeutungsurteils für das betriebswirtschaftliche Sub-Kriterium „Planungssicherheit“

betriebswirtschaftliches Eignungskriterium	betriebswirtschaftliche Sub-Kriterien		aggregiertes Bedeutungsurteil für das Sub-Kriterium „Vermeidung von Wettbewerbsverzerrungen“ $w_{4.1}$
ordnungspolitische Verträglichkeit	marktkonforme Kriterien	Vermeidung von Wettbewerbsverzerrungen	
0,1231	0,1638	0,1629	0,0033

Tabelle 21: Berechnung des aggregierten Bedeutungsurteils für das betriebswirtschaftliche Sub-Kriterium „Vermeidung von Wettbewerbsverzerrungen“

betriebswirtschaftliches Eignungskriterium	betriebswirtschaftliche Sub-Kriterien		aggregiertes Bedeutungsurteil für das Sub-Kriterium „problemloser Marktzugang und Marktabgang“ $w_{4.2}$
ordnungspolitische Verträglichkeit	marktkonforme Kriterien	problemloser Marktzugang und Marktabgang	
0,1231	0,1638	0,0538	0,0011

Tabelle 22: Berechnung des aggregierten Bedeutungsurteils für das betriebswirtschaftliche Sub-Kriterium „problemloser Marktzugang und Marktabgang“

betriebswirtschaftliches Eignungskriterium	betriebswirtschaftliche Sub-Kriterien		aggregiertes Bedeutungsurteil für das Sub-Kriterium „Generierung von Preisinformationen“ $w_{4.3}$
ordnungspolitische Verträglichkeit	marktkonforme Kriterien	Generierung von Preisinformationen	
0,1231	0,1638	0,0500	0,0010

Tabelle 23: Berechnung des aggregierten Bedeutungsurteils für das betriebswirtschaftliche Sub-Kriterium „Generierung von Preisinformationen“

betriebswirtschaftliches Eignungskriterium	betriebswirtschaftliche Sub-Kriterien		aggregiertes Bedeutungsurteil für das Sub-Kriterium „Internalisierung externer Effekte“ $w_{4.4}$
ordnungspolitische Verträglichkeit	marktkonforme Kriterien	Internalisierung externer Effekte	
0,1231	0,1638	0,2335	0,0047

Tabelle 24: Berechnung des aggregierten Bedeutungsurteils für das betriebswirtschaftliche Sub-Kriterium „Internalisierung externer Effekte“

betriebswirtschaftliches Eignungskriterium	betriebswirtschaftliche Sub-Kriterien		aggregiertes Bedeutungsurteil für das Sub-Kriterium „Vermeidung von Marktmacht“ $w_{4.5}$
ordnungspolitische Verträglichkeit	marktkonforme Kriterien	Vermeidung von Marktmacht	
0,1231	0,1638	0,2373	0,0048

Tabelle 25: Berechnung des aggregierten Bedeutungsurteils für das betriebswirtschaftliche Sub-Kriterium „Vermeidung von Marktmacht“

betriebswirtschaftliches Eignungskriterium	betriebswirtschaftliche Sub-Kriterien		aggregiertes Bedeutungsurteil für das Sub-Kriterium „stabile Preisentwicklung“ $w_{4.6}$
ordnungspolitische Verträglichkeit	marktkonforme Kriterien	stabile Preisentwicklung	
0,1231	0,1638	0,1126	0,0023

Tabelle 26: Berechnung des aggregierten Bedeutungsurteils für das betriebswirtschaftliche Sub-Kriterium „stabile Preisentwicklung“

betriebswirtschaftliches Eignungskriterium	betriebswirtschaftliche Sub-Kriterien		aggregiertes Bedeutungsurteil für das Sub-Kriterium „Marktliquidität“ $w_{4.7}$
ordnungspolitische Verträglichkeit	marktkonforme Kriterien	Marktliquidität	
0,1231	0,1638	0,0750	0,0015

Tabelle 27: Berechnung des aggregierten Bedeutungsurteils für das betriebswirtschaftliche Sub-Kriterium „Marktliquidität“

betriebswirtschaftliches Eignungskriterium	betriebswirtschaftliche Sub-Kriterien		aggregiertes Bedeutungsurteil für das Sub-Kriterium „Markttransparenz“ $w_{4.8}$
ordnungspolitische Verträglichkeit	marktkonforme Kriterien	Markttransparenz	
0,1231	0,1638	0,0750	0,0015

Tabelle 28: Berechnung des aggregierten Bedeutungsurteils für das betriebswirtschaftliche Sub-Kriterium „Markttransparenz“

betriebswirtschaftliches Eignungskriterium	betriebswirtschaftliches Sub-Kriterium	aggregiertes Bedeutungsurteil für das Sub-Kriterium „politische Durchsetzbarkeit“ $w_{3.2}$
ordnungspolitische Verträglichkeit	politische Durchsetzbarkeit	
0,1231	0,2972	0,0366

Tabelle 29: Berechnung des aggregierten Bedeutungsurteils für das betriebswirtschaftliche Sub-Kriterium „politische Durchsetzbarkeit“

betriebswirtschaftliches Eignungskriterium	betriebswirtschaftliches Sub-Kriterium	aggregiertes Bedeutungsurteil für das Sub-Kriterium „Kompatibilität mit bisherigen nationalen Eindämmungsaktivitäten“ $w_{3.3}$
ordnungspolitische Verträglichkeit	Kompatibilität mit bisherigen nationalen Eindämmungsaktivitäten	
0,1231	0,5390	0,0664

Tabelle 30: Berechnung des aggregierten Bedeutungsurteils für das betriebswirtschaftliche Sub-Kriterium „Kompatibilität mit bisherigen nationalen Eindämmungsaktivitäten“

betriebswirtschaft-liches Eignungskriterium	betriebswirtschaftliches Sub-Kriterium	aggregiertes Bedeutungsurteil für das Sub-Kriterium „administrative Praktikabilität“ $w_{5.1}$
Praktikabilität	administrative Praktikabilität	
0,0897	0,6667	0,0598

Tabelle 31: Berechnung des aggregierten Bedeutungsurteils für das betriebswirtschaftliche Sub-Kriterium „administrative Praktikabilität“

betriebswirtschaft-liches Eignungskriterium	betriebswirtschaftliches Sub-Kriterium	aggregiertes Bedeutungsurteil für das Sub-Kriterium „rechtliche Praktikabilität“ $w_{5.2}$
Praktikabilität	rechtliche Praktikabilität	
0,0897	0,3333	0,0299

Tabelle 32: Berechnung des aggregierten Bedeutungsurteils für das betriebswirtschaftliche Sub-Kriterium „rechtliche Praktikabilität“

betriebswirtschaftliches Eignungskriterium	betriebswirtschaftliches Sub-Kriterium	aggregiertes Bedeutungsurteil für das Sub-Kriterium „fristenkongruente Anwendbarkeit“ $w_{6.1}$
Anwendbarkeit	fristenkongruente Anwendbarkeit	
0,0702	0,0453	0,0032

Tabelle 33: Berechnung des aggregierten Bedeutungsurteils für das betriebswirtschaftliche Sub-Kriterium „fristenkongruente Anwendbarkeit“

betriebswirtschaftliches Eignungskriterium	betriebswirtschaftliches Sub-Kriterium	aggregiertes Bedeutungsurteil für das Sub-Kriterium „flexible Anwendbarkeit“ $w_{6.2}$
Anwendbarkeit	flexible Anwendbarkeit	
0,0702	0,5246	0,0368

Tabelle 34: Berechnung des aggregierten Bedeutungsurteils für das betriebswirtschaftliche Sub-Kriterium „flexible Anwendbarkeit“

betriebswirtschaft-liches Eignungskriterium	betriebswirtschaftliches Sub-Kriterium	aggregiertes Bedeutungsurteil für das Sub-Kriterium „EU-weite Anwendbarkeit“ $w_{6.3}$
Anwendbarkeit	EU-weite Anwendbarkeit	
0,0702	0,0669	0,0047

Tabelle 35: Berechnung des aggregierten Bedeutungsurteils für das betriebswirtschaftliche Sub-Kriterium „EU-weite Anwendbarkeit“

betriebswirtschaft-liches Eignungskriterium	betriebswirtschaftliches Sub-Kriterium	aggregiertes Bedeutungsurteil für das Sub-Kriterium „Berücksichtigung von ‚early actions‘ “ $w_{6.4}$
Anwendbarkeit	Berücksichtigung von ‚early actions‘	
0,0702	0,3632	0,0255

Tabelle 36: Berechnung des aggregierten Bedeutungsurteils für das betriebswirtschaftliche Sub-Kriterium „Berücksichtigung von ‚early actions‘ “

3.2.2.3.3.3 Festlegung von alternativen Auktionsformen

Für die Festlegung von alternativen Auktionsformen mittels des AHP-Basisverfahrens wurden die in Kapitel 3.2.1 vorgestellten Auktionsformen bereits – im Rahmen der *ersten* Stufe der Bewertung der Eignung von Auktionsformen zur Lösung des Reallokationsproblems – vorselektiert. Diese Vorselektion wurde mittels Mindestanforderungen realisiert. D.h., dass diejenigen Auktionsformen, die die im Rahmen der vorliegenden Arbeit gestellten Mindestanforderungen an die Eignung von Auktionsformen zur Lösung des Reallokationsproblems nicht erfüllen, ausgeklammert wurden. Deshalb wird ausschließlich den folgenden Auktionsformen der Eintritt in die *zweite* Stufe der Bewertung der Eignung von Auktionsformen zur Lösung des Reallokationsproblems mittels des AHP-Basisverfahrens gewährt:

- Einheitspreis-Auktion,
- WALRAS-Auktion und die
- Matrix-Auktion.

3.2.2.3.3.5 Bewertung der alternativen Auktionsformen

Bei der Bewertung der alternativen Auktionsformen sind die alternativen Auktionsformen paarweise jeweils im Hinblick auf ihre relativen Bedeutungen für ein betriebswirtschaftliches Kriterium oder Sub-Kriterium auf der untersten Hierarchieebene miteinander zu vergleichen. Die folgenden Tabellen zeigen die relativen Bedeutungen der Auktionsformen für die betriebswirtschaftlichen Kriterien und Sub-Kriterien auf.

Auktionsform j / Auktionsform i	Einheitspreis-Auktion	WALRAS-Auktion	Matrix-Auktion
Einheitspreis-Auktion	1	5	1
WALRAS-Auktion	1/5	1	1/3
Matrix-Auktion	1	3	1

Tabelle 37: Relative Bedeutungen der Auktionsformen im Hinblick auf das betriebswirtschaftliche Eignungskriterium „Geschwindigkeit der Auktionsdurchführung"

Tabelle 37 gibt die relativen Bewertungen der alternativen Auktionsformen für das betriebswirtschaftliche Eignungskriterium „Geschwindigkeit der Auktionsdurchführung" wieder. Die Paarvergleichsurteile in der Evaluationsmatrix aus Tabelle 37 sind für $n = 3$ mit dem Konsistenzwert $C.R. = 0{,}03$ gemäß (2.3) wegen $0{,}03 < 0{,}05$ hinreichend konsistent[1)].

Der Wert 5 in der 2. Spalte der 1. Zeile für das Paarvergleichsurteil a_{12} bedeutet, dass im Hinblick auf das betriebswirtschaftliche Eignungskriterium „Geschwindigkeit der Auktionsdurchführung" der Einheitspreis-Auktion bei der Bewertung im Vergleich zu der WALRAS-Auktion eine deutlich höhere Bedeutung zugeordnet wird. Die deutlich höhere Bedeutung der Einheitspreis-Auktion resultiert daraus, dass die Einheitspreis-Auktion über eine Auktionsstufe realisiert wird und eine „schnelle" Auktionsdurchführung, d.h. eine Auktionsdurchführung über eine Auktionsstufe gewährleisten kann. Die

1) Die relative Bewertung der alternativen Auktionsformen sowohl für die betriebswirtschaftlichen Eignungskriterien als auch für die betriebswirtschaftlichen Sub-Kriterien basiert im Rahmen der vorliegenden Arbeit auf subjektiven Bewertungsspielräumen.

Einheitspreis-Auktion stellt eine verdeckte und eine simultane Auktionsvariante dar, die für jede ihrer ersteigerten Mengen des angebotenen Gutes von jedem Bieter, der an der Einheitspreis-Auktion teilgenommen hat, einen einheitlichen, d.h. homogenen Verkaufspreis fordert. Die Simultanität betrifft die in einem vom Auktionator determinierten Zeitraum zeitgleich abgegebenen Preisgebote der Bieter. Die Abgabe der Preisgebote erfolgt zu unterschiedlichen Zeit*punkten* innerhalb des determinierten Zeit*raums*. Im Gegensatz zu der Einheitspreis-Auktion kann die WALRAS-Auktion als eine dynamische Auktion angesehen werden, die in mehreren Auktionsstufen zu realisieren ist. Im Rahmen der WALRAS-Auktion werden mehrere heterogene Güter angeboten, für die der Auktionator zufällige Verkaufspreise ausruft. Schritt für Schritt, d.h. in mehreren Auktionsstufen, kommt der Auktionator schließlich zu dem Verkaufspreis, zu dem die Nachfragemenge und die Angebotsmenge übereinstimmen. Im Hinblick auf eine Auktionsdurchführung über mehrere Auktionsstufen kann eine „schnelle" Auktionsdurchführung nicht gewährleistet werden. Dahr wird die WALRAS-Auktion im Hinblick auf das betriebswirtschaftliche Eignungskriterium „Geschwindigkeit der Auktionsdurchführung" der Einheitspreis-Auktion untergeordnet.

Der Wert 1 in der 3. Spalte der 1. Zeile für das Paarvergleichsurteil a_{13} bedeutet, dass im Hinblick auf das betriebswirtschaftliche Eignungskriterium „Geschwindigkeit der Auktionsdurchführung" der Einheitspreis-Auktion bei der Bewertung im Vergleich zu der Matrix-Auktion eine gleiche Bedeutung zugeordnet wird. Die gleiche Bedeutung der Auktionsformen resultiert daraus, dass sowohl die Einheitspreis-Auktion als auch die Matrix-Auktion jeweils über eine Auktionsstufe durchgeführt wird. Für die kurze Zeitdauer, d.h. in einer Auktionsstufe, fordert der Auktionator im Rahmen der Einheitspreis-Auktion für jede ihrer ersteigerten Mengen des angebotenen Gutes einen einheitlichen, d.h. einen homogenen Verkaufspreis. Auch die Matrix-Auktion, in der mehrere Güterbündel-Kombinationen zum Verkauf angeboten werden, kann in einer Auktionsstufe durchgeführt werden. Beide Auktionsvarianten ermöglichen daher eine „schnelle" Auktionsdurchführung, so dass die Versorgung der Emittenten von Treibhausgasen mit Treibhausgas-Emissionsrechten und Treibhausgas-Emissionsgutschriften zum Zeitpunkt ihres jeweiligen Bedarfs gewährleistet ist.

Der Wert 3 in der 2. Spalte der 3. Zeile für das Paarvergleichsurteil a_{32} bedeutet, dass im Hinblick auf das betriebswirtschaftliche Eignungskriterium „Geschwindigkeit der Auktionsdurchführung" der Matrix-Auktion bei der Bewertung im Vergleich zu der

WALRAS-Auktion eine etwas höhere Bedeutung zugeordnet wird. Während die Matrix-Auktion eine „schnelle“ Auktionsdurchführung ermöglicht, sind bei der WALRAS-Auktion mehrere Auktionsstufen bei der Auktionsdurchführung einzukalkulieren, so dass eine „schnelle“ Auktionsdurchführung nicht gewährleistet ist. Bis zur Übereinstimmung der Nachfragemenge und der Angebotsmenge kann der Verkaufspreis nicht bestimmt werden. Da der Auktionator für dieses Angebot zufällige Verkaufspreise ausruft, liegt eine Unkenntnis hinsichtlich der Zeitdauer der Auktionsdurchführung vor. Auf der Basis dieser Unkenntnis wird die Matrix-Auktion gegenüber der WALRAS-Auktion nicht deutlich, sondern nur etwas höher bedeutend eingestuft.

Auktionsform j / Auktionsform i	Einheitspreis-Auktion	WALRAS-Auktion	Matrix-Auktion
Einheitspreis-Auktion	1	1	1
WALRAS-Auktion	1	1	1
Matrix-Auktion	1	1	1

Tabelle 38: Relative Bedeutungen der Auktionsformen im Hinblick auf das betriebswirtschaftliche Sub-Kriterium „ökologische Effektivität“

Tabelle 38 gibt die relativen Bewertungen der alternativen Auktionsformen für das betriebswirtschaftliche Sub-Kriterium „ökologische Effektivität“ wieder. Die Paarvergleichsurteile in der Evaluationsmatrix aus Tabelle 38 sind für $n = 3$ mit dem Konsistenzwert $C.R. = 0{,}00$ hinreichend konsistent.

Bei den relativen Bewertungen der alternativen Auktionsformen im Hinblick auf das betriebswirtschaftliche Sub-Kriterium „ökologische Effektivität" wird im Rahmen der vorliegenden Arbeit davon ausgegangen, dass allen Auktionsformen eine gleiche Bedeutung zugeordnet werden kann. Die gleichen relativen Bedeutungen der Auktionsformen resultiert daraus, dass keine Gründe bestehen anzunehmen, dass die Auktionsformen durch die auktionsbasierte nationale Reallokation von Treibhausgas-Emissionsrechten und Treibhausgas-Emissionsgutschriften die auf nationaler Ebene politisch fixierten umweltpolitischen Ziele nicht mit möglichst hoher Sicherheit und Präzision oder zumindest annäherungsweise erreichen können. Deshalb lässt sich in der Evaluationsmatrix aus Tabelle 38 jedem Matrixfeld der Wert 1 zuordnen.

Auktionsform i \ Auktionsform j	Einheitspreis-Auktion	WALRAS-Auktion	Matrix-Auktion
Einheitspreis-Auktion	1	1	1
WALRAS-Auktion	1	1	1
Matrix-Auktion	1	1	1

Tabelle 39: Relative Bedeutungen der Auktionsformen im Hinblick auf das betriebswirtschaftliche Sub-Kriterium „Geschwindigkeit der umweltpolitischen Zielerreichung"

Tabelle 39 gibt die relativen Bewertungen der alternativen Auktionsformen für das betriebswirtschaftliche Sub-Kriterium „Geschwindigkeit der umweltpolitischen Zielerreichung" wieder. Die Paarvergleichsurteile in der Evaluationsmatrix aus Tabelle 39 sind für $n = 3$ mit dem Konsistenzwert $C.R. = 0,00$ hinreichend konsistent.

Bei den relativen Bewertungen der alternativen Auktionsformen im Hinblick auf das betriebswirtschaftliche Sub-Kriterium „Geschwindigkeit der umweltpolitischen Zielerreichung" wird im Rahmen der vorliegenden Arbeit davon ausgegangen, dass allen Auktionsformen eine gleiche Bedeutung zugeordnet werden kann. Neben der Realisierung umweltpolitischer Ziele ist zudem die Geschwindigkeit der umweltpolitischen Zielerreichung von großer Bedeutung, um irreversible, d.h. nicht umkehrbare, oder drohende globale Umweltschäden des anthropogenen Treibhauseffektes zu reduzieren bzw. zu vermeiden. Die gleiche Bedeutung der Auktionsformen resultiert daraus, dass auch im Hinblick auf dieses betriebswirtschaftliche Sub-Kriterium keine Gründe bestehen anzunehmen, dass die Auktionsformen irreversible oder globale Umweltschäden des anthropogenen Treibhauseffektes nicht reduzieren oder diesen nicht entgegenwirken können. Deshalb lässt sich in der Evaluationsmatrix aus Tabelle 39 jedem Matrixfeld der Wert 1 zuordnen.

Auktionsform i \ Auktionsform j	Einheitspreis-Auktion	WALRAS-Auktion	Matrix-Auktion
Einheitspreis-Auktion	1	1/5	1
WALRAS-Auktion	5	1	5
Matrix-Auktion	1	1/5	1

Tabelle 40: Relative Bedeutungen der Auktionsformen im Hinblick auf das betriebswirtschaftliche Sub-Kriterium „Planungssicherheit"

Tabelle 40 gibt die relativen Bewertungen der alternativen Auktionsformen für das betriebswirtschaftliche Sub-Kriterium „Planungssicherheit" wieder. Die Paarvergleichsurteile in der Evaluationsmatrix aus Tabelle 40 sind für $n = 3$ mit dem Konsistenzwert $C.R. = 0{,}00$ hinreichend konsistent.

Der Wert 1 in der 3. Spalte der 1. Zeile für das Paarvergleichsurteil a_{13} bedeutet, dass im Hinblick auf das betriebswirtschaftliche Eignungskriterium „Planungssicherheit" der Einheitspreis-Auktion bei der Bewertung im Vergleich zu der Matrix-Auktion eine gleiche Bedeutung zugeordnet wird. Zum einen bedeutet Planungssicherheit die Sicherheit, auf dem Markt für Treibhausgas-Emissionsrechte jederzeit zusätzliche Treibhausgas-Emissionsrechte und Treibhausgas-Emissionsgutschriften zum Marktpreis kaufen oder verkaufen zu können. Im paarweisen Vergleich der Einheitspreis-Auktion mit der Matrix-Auktion lässt sich feststellen, dass eine solche Planungssicherheit dadurch gewährleistet werden kann, dass auf dem Markt für Treibhausgas-Emissionsrechte und Treibhausgas-Emissionsgutschriften jederzeit, z.B. einem vom Auktionator determinierten

Zeitraum, mit Treibhausgas-Emissionsrechten und Treibhausgas-Emissionsgutschriften gehandelt werden kann. Zum anderen ist unter Planungssicherheit die Preissicherheit zu verstehen, die die Möglichkeit einräumt, die im Planungszeitraum benötigte oder nicht benötigte Menge an Treibhausgas-Emissionsrechten und Treibhausgas-Emissionsgutschriften zum heutigen Preis zu kaufen bzw. zu verkaufen. Fraglich ist zunächst, wie ein solcher Planungszeitraum zu definieren ist. Einerseits kann der Planungszeitraum die zweite Handelsperiode, d.h. von 2008 bis 2012, erfassen. Andererseits kann der Planungszeitraum als der vom Auktionator determinierte Zeitraum definiert werden. Im ersten Fall kann die Planungssicherheit i.S.v. Preissicherheit nicht sichergestellt werden. Da *eine* Auktion über die zweite Handelsperiode, d.h. über 5 Jahre, der Verfasserin nicht plausibel erscheint, wird davon ausgegangen, dass der Auktionator innerhalb der zweiten Handelsperiode quartalsmäßig *mehrere* Auktionen durchführt und der Verkaufspreis für Treibhausgas-Emissionsrechte und Treibhausgas-Emissionsgutschriften von einem Quartal – z.B. I. Quartal 2009 – zum nächsten Quartal – z.B. II. Quartal 2009 – variiert oder variieren kann. Beispielsweise kann die im II. Quartal 2009 benötigte oder nicht benötigte Menge an Treibhausgas-Emissionsrechten und Treibhausgas-Emissionsgutschriften nicht zum heutigen Preis, also zum Preis im I. Quartal 2009, gekauft oder verkauft werden. Auch im zweiten Fall kann die Planungssicherheit i.S.v. Preissicherheit nicht sichergestellt werden, da in einem vom Auktionator determinierten Zeitraum – z.B. III. Quartal 2009 – nur *eine* Auktion durchgeführt wird und sich *ein* Verkaufspreis für das angebotene Gut am Ende der Auktion herauskristallisiert.

Der Wert 5 in der 1. Spalte der 2. Zeile für das Paarvergleichsurteil a_{21} und in der 3. Spalte der 2. Zeile für das Paarvergleichsurteil a_{23} bedeutet, dass im Hinblick auf das betriebswirtschaftliche Eignungskriterium „Planungssicherheit“ der WALRAS-Auktion bei der Bewertung im Vergleich zu der Einheitspreis-Auktion und zu der Matrix-Auktion eine deutlich höhere Bedeutung zugeordnet wird. Im paarweisen Vergleich der WALRAS-Auktion mit der Einheitspreis-Auktion und der Matrix-Auktion wird davon ausgegangen, dass die Planungssicherheit i.S.d. Sicherheit, auf dem Markt für Treibhausgas-Emissionsrechte und Treibhausgas-Emissionsgutschriften zu einem jedem vom Auktionator determinierten Zeitraum zusätzliche Treibhausgas-Emissionsrechte und Treibhausgas-Emissionsgutschriften zum Marktpreis kaufen oder verkaufen zu können, gewährleistet wird. Die Planungssicherheit i.S.d. Preissicherheit ist auch bei dieser Auktionsform nicht sicherzustellen, da sich in einem vom Auktionator determinierten Zeitraum nur eine Auktion mit nur einem Verkaufspreis für das angebotene Gut durchführen lässt. Die deutlich höhere Bedeutung der WALRAS-Auktion im paarweisen Vergleich zu den o.g. Auktionsformen resultiert nun daraus, dass die WALRAS-Auktion die Planungssicherheit in einem stärkeren Maß gewährleisten kann, da sie sowohl die Nachfragerperspektive als auch die Anbieterperspektive berücksichtigt und im Falle der Übereinstimmung der Nachfragemenge mit der Angebotsmenge den Verkaufspreis bestimmt.

Auktionsform j / Auktionsform i	Einheitspreis-Auktion	WALRAS-Auktion	Matrix-Auktion
Einheitspreis-Auktion	1	1	1
WALRAS-Auktion	1	1	1
Matrix-Auktion	1	1	1

Tabelle 41: Relative Bedeutungen der Auktionsformen im Hinblick auf das betriebswirtschaftliche Eignungskriterium „umweltökonomische Effizienz"

Tabelle 41 gibt die relativen Bewertungen der alternativen Auktionsformen für das betriebswirtschaftliche Eignungskriterium „umweltökonomische Effizienz" wieder. Die Paarvergleichsurteile in der Evaluationsmatrix aus Tabelle 41 sind für $n = 3$ mit dem Konsistenzwert $C.R. = 0{,}00$ hinreichend konsistent.

Bei den relativen Bewertungen der alternativen Auktionsformen im Hinblick auf das betriebswirtschaftliche Eignungskriterium „umweltökonomische Effizienz" wird im Rahmen der vorliegenden Arbeit davon ausgegangen, dass allen Auktionsformen eine gleiche Bedeutung zugeordnet werden kann. Die gleiche Bedeutung der Auktionsformen resultiert daraus, dass die Auktionsformen die umweltpolitische Zielerreichung mit geringen oder den geringsten Transaktionskosten und Produktionskosten unter Berücksichtigung der budgetären Ausgeglichenheit zwischen den Nachfragern nach Treibhausgas-Emissionsrechten und Treibhausgas-Emissionsgutschriften sowie dem Auktionator und dem Anbieter realisieren können. Daher lässt sich in der Evaluationsmatrix aus Tabelle 41 jedem Matrixfeld der Wert 1 zuordnen.

Auktionsform j / Auktionsform i	Einheitspreis-Auktion	WALRAS-Auktion	Matrix-Auktion
Einheitspreis-Auktion	1	1	1
WALRAS-Auktion	1	1	1
Matrix-Auktion	1	1	1

Tabelle 42: Relative Bedeutungen der Auktionsformen im Hinblick auf das betriebswirtschaftliche Sub-Kriterium „Vermeidung von Wettbewerbsverzerrungen"

Tabelle 42 gibt die relativen Bewertungen der alternativen Auktionsformen für das betriebswirtschaftliche Sub-Kriterium „Vermeidung von Wettbewerbsverzerrungen" wieder. Die Paarvergleichsurteile in der Evaluationsmatrix aus Tabelle 42 sind für $n = 3$ mit dem Konsistenzwert $C.R. = 0,00$ hinreichend konsistent.

Bei den relativen Bewertungen der alternativen Auktionsformen im Hinblick auf das betriebswirtschaftliche Sub-Kriterium „Vermeidung von Wettbewerbsverzerrungen“ wird im Rahmen der vorliegenden Arbeit davon ausgegangen, dass allen Auktionsformen eine gleiche Bedeutung zugeordnet werden kann. Bei der Auktionsdurchführung unterliegen die Emittenten von Treibhausgasen den gleichen Spielregeln und den gleichen Umweltstrategien, so dass keine oder keine unmittelbare Diskriminierung zu befürchten ist. Im paarweisen Vergleich der Einheitspreis-Auktion mit den anderen alternativen Auktionsformen könnte im Hinblick auf die Zahlungsfestlegung bei der Einheitspreis-Auktion der Einwand entgegen gehalten werden, dass eine Diskriminierung der Emittenten von Treibhausgasen vorliegt. Diese Zahlungsfestlegung fordert, dass entweder das *letzte bediente* Preisgebot oder das *höchste nicht bediente* Preisgebot, für das einer der Bieter eine Menge des angebotenen Gutes erhalten hat, den einheitlichen Verkaufspreis determiniert. Jedoch ist ein solcher Einwand unberechtigt, da die Spielregeln und die Zahlungsfestlegung als ein Teil dieser Spielregeln den Akteuren der Einheitspreis-Auktion von Anfang an bekannt sind, so dass diesbezüglich keine oder keine unmittelbare Diskriminierung zu erwarten ist. Daher lässt sich in der Evaluationsmatrix aus Tabelle 42 jedem Matrixfeld der Wert 1 zuordnen.

Auktionsform j / Auktionsform i	Einheitspreis-Auktion	WALRAS-Auktion	Matrix-Auktion
Einheitspreis-Auktion	1	1	1
WALRAS-Auktion	1	1	1
Matrix-Auktion	1	1	1

Tabelle 43: Relative Bedeutungen der Auktionsformen im Hinblick auf das betriebswirtschaftliche Sub-Kriterium „problemloser Marktzugang und Marktabgang"

Tabelle 43 gibt die relativen Bewertungen der alternativen Auktionsformen für das betriebswirtschaftliche Sub-Kriterium „problemloser Marktzugang und Marktabgang" wieder. Die Paarvergleichsurteile in der Evaluationsmatrix aus Tabelle 43 sind für $n = 3$ mit dem Konsistenzwert $C.R. = 0,00$ hinreichend konsistent.

Bei den relativen Bewertungen der alternativen Auktionsformen im Hinblick auf das betriebswirtschaftliche Sub-Kriterium „problemloser Marktzugang und Marktabgang" wird im Rahmen der vorliegenden Arbeit davon ausgegangen, dass allen Auktionsformen eine gleiche Bedeutung zugeordnet werden kann. Die gleiche Bedeutung der Auktionsformen resultiert daraus, dass keine Anhaltspunkte dafür vorliegen, dass der Marktzugang für Neuemittenten von Treibhausgasen oder der Marktabgang für Altemittenten von Treibhaugasen erschwert wird. In der Evaluationsmatrix aus Tabelle 43 lässt sich daher jedem Matrixfeld der Wert 1 zuordnen.

Auktionsform j / Auktionsform i	Einheitspreis-Auktion	WALRAS-Auktion	Matrix-Auktion
Einheitspreis-Auktion	1	1/5	1
WALRAS-Auktion	5	1	5
Matrix-Auktion	1	1/5	1

Tabelle 44: Relative Bedeutungen der Auktionsformen im Hinblick auf das betriebswirtschaftliche Sub-Kriterium „Generierung von Preisinformationen"

Tabelle 44 gibt die relativen Bewertungen der alternativen Auktionsformen für das betriebswirtschaftliche Sub-Kriterium „Generierung von Preisinformationen" wieder. Die Paarvergleichsurteile in der Evaluationsmatrix aus Tabelle 44 sind für $n = 3$ mit dem Konsistenzwert $C.R. = 0,00$ hinreichend konsistent.

Der Wert 1 in der 3. Spalte der 1. Zeile für das Paarvergleichsurteil a_{13} bedeutet, dass im Hinblick auf das betriebswirtschaftliche Sub-Kriterium „Generierung von Preisinformationen" der Einheitspreis-Auktion bei der Bewertung im Vergleich zu der Matrix-Auktion eine gleiche Bedeutung zugeordnet wird. Die Generierung von Preisinformationen fordert, dass die Auktion, die zur nationalen Reallokation von Treibhausgas-Emissionsrechten und Treibhausgas-Emissionsgutschriften auf Unternehmensebene zur Anwendung kommt, Informationen über den Verkaufspreis für Treibhausgas-Emissionsrechte und Treibhausgas-Emissionsgutschriften generiert. Im Rahmen der vorliegenden Arbeit wird davon ausgegangen, dass dynamische Auktionen, die über mehrere Auktionsstufen realisiert werden, im Gegensatz zu statischen Auktionen mit nur einer Auktionsstufe beim Übergehen von einer Auktionsstufe zu einer jeweils nächsten Auktionsstufe zum einen Informationen über die Zahlungsbereitschaft der anderen Bieter und Informationen über das Verhalten der anderen Bieter offenbaren können und zum anderen Informationen über den Verkaufspreis für Treibhausgas-Emissionsrechte und Treibhausgas-Emissionsgutschriften genieren können. Sowohl die Einheitspreis-Auktion als auch die Matrix-Auktion werden über jeweils eine Auktionsstufe durchgeführt. Im Hinblick auf die Auktionsdurchführung über nur jeweils eine Auktionsstufe kann die Informationsgenierung in einem geringen Maß Berücksichtigung finden. Deshalb sind beide Auktionsformen im paarweisen Vergleich gleich bedeutend einzustufen.

Der Wert 5 in der 1. Spalte der 2. Zeile für das Paarvergleichsurteil a_{21} und in der 3. Spalte der 2. Zeile für das Paarvergleichsurteil a_{23} bedeutet, dass im Hinblick auf das betriebswirtschaftliche Sub-Kriterium „Generierung von Preisinformationen" der WALRAS-Auktion bei der Bewertung im Vergleich zu der Einheitspreis-Auktion und zu der Matrix-Auktion eine deutlich höhere Bedeutung zugeordnet wird. Die deutlich höhere Bedeutung der WALRAS-Auktion resultiert daraus, dass die WALRAS-Auktion im Gegensatz zu der Einheitspreis-Auktion und zu der Matrix-Auktion über mehrere Auktionsstufen durchgeführt wird. Hinsichtlich der Auktionsdurchführung über mehrere Auktionsstufen, können in der WALRAS-Auktion Informationen über die Zahlungsbereitschaft der anderen Bieter und über das Verhalten der anderen Bieter offenbart sowie Informationen über den Verkaufspreis für Treibhausgas-Emissionsrechte und Treibhausgas-Emissionsgutschriften geniert werden. Im paarweisen Vergleich mit der Einheitspreis-Auktion und mit der Matrix-Auktion gewinnt die WALRAS-Auktion deshalb eine deutlich höhere Bedeutung.

Auktionsform j / Auktionsform i	Einheitspreis-Auktion	WALRAS-Auktion	Matrix-Auktion
Einheitspreis-Auktion	1	1	1
WALRAS-Auktion	1	1	1
Matrix-Auktion	1	1	1

Tabelle 45: Relative Bedeutungen der Auktionsformen im Hinblick auf das betriebswirtschaftliche Sub-Kriterium „Internalisierung externer Effekte"

Tabelle 45 gibt die relativen Bewertungen der alternativen Auktionsformen für das betriebswirtschaftliche Sub-Kriterium „Internalisierung externer Effekte" wieder. Die Paarvergleichsurteile in der Evaluationsmatrix aus Tabelle 45 sind für $n = 3$ mit dem Konsistenzwert $C.R. = 0{,}00$ hinreichend konsistent.

Bei den relativen Bewertungen der alternativen Auktionsformen im Hinblick auf das betriebswirtschaftliche Sub-Kriterium „Internalisierung externer Effekte" wird im Rahmen der vorliegenden Arbeit davon ausgegangen, dass allen Auktionsformen eine gleiche Bedeutung zugeordnet werden kann. Die gleiche Bedeutung der Auktionsformen resultiert daraus, dass keine Gründe bestehen anzunehmen, dass beim Einsatz der Auktionsformen eine Fehlallokation von Umweltressourcen und die Belastung Dritter oder der Allgemeinheit mit Kosten, die sie nicht verursacht haben, vorliegen. Daher lässt sich in der Evaluationsmatrix aus Tabelle 45 jedem Matrixfeld der Wert 1 zuordnen.

Auktionsform j / Auktionsform i	Einheitspreis-Auktion	WALRAS-Auktion	Matrix-Auktion
Einheitspreis-Auktion	1	1	1
WALRAS-Auktion	1	1	1
Matrix-Auktion	1	1	1

Tabelle 46: Relative Bedeutungen der Auktionsformen im Hinblick auf das betriebswirtschaftliche Sub-Kriterium „Vermeidung von Marktmacht“

Tabelle 46 gibt die relativen Bewertungen der alternativen Auktionsformen für das betriebswirtschaftliche Sub-Kriterium „Vermeidung von Marktmacht“ wieder. Die Paarvergleichsurteile in der Evaluationsmatrix aus Tabelle 46 sind für $n = 3$ mit dem Konsistenzwert $C.R. = 0,00$ hinreichend konsistent.

Bei den relativen Bewertungen der alternativen Auktionsformen im Hinblick auf das betriebswirtschaftliche Sub-Kriterium „Vermeidung von Marktmacht“ wird im Rahmen der vorliegenden Arbeit davon ausgegangen, dass allen Auktionsformen eine gleiche Bedeutung zugeordnet werden kann. Die gleiche Bedeutung der Auktionsformen resultiert daraus, dass keine Gründe bestehen anzunehmen, dass die Auktionsformen der Forderung nach der Vermeidung von Markmacht nicht nachkommen und finanzstarken Unternehmen die Möglichkeit einräumen, durch beispielsweise eine mögliche Monopolisierung von Treibhausgas-Emissionsrechten und Treibhausgas-Emissionsgutschriften potentielle Emittenten von Treibhausgasen vom Markt zu verdrängen. Deshalb lässt sich in der Evaluationsmatrix aus Tabelle 46 jedem Matrixfeld der Wert 1 zuordnen.

Auktionsform j / Auktionsform i	Einheitspreis-Auktion	WALRAS-Auktion	Matrix-Auktion
Einheitspreis-Auktion	1	1/4	1
WALRAS-Auktion	4	1	4
Matrix-Auktion	1	1/4	1

Tabelle 47: Relative Bedeutungen der Auktionsformen im Hinblick auf das betriebswirtschaftliche Sub-Kriterium „stabile Preisentwicklung“

Tabelle 47 gibt die relativen Bewertungen der alternativen Auktionsformen für das betriebswirtschaftliche Sub-Kriterium „stabile Preisentwicklung“ wieder. Die Paarvergleichsurteile in der Evaluationsmatrix aus Tabelle 47 sind für $n = 3$ mit dem Konsistenzwert $C.R. = 0,00$ hinreichend konsistent.

Der Wert 1 in der 3. Spalte der 1. Zeile für das Paarvergleichsurteil a_{13} bedeutet, dass im Hinblick auf das betriebswirtschaftliche Sub-Kriterium „stabile Preisentwicklung“ der Einheitspreis-Auktion bei der Bewertung im Vergleich zu der Matrix-Auktion eine gleiche Bedeutung zugeordnet wird. Um starke Preisschwankungen zu hemmen, liegt die Forderung nach einer stabilen Preisentwicklung zugrunde. Sowohl die Einheitspreis-Auktion als auch die Matrix-Auktion werden über jeweils nur eine Auktionsstufe durchgeführt. Im Hinblick auf eine einmalige Auktionsdurchführung kann davon ausgegangen werden, dass weder die Einheitspreis-Auktion noch die Matrix-Auktion Angaben über die Preisentwicklung im Zeitablauf machen. Daher wird im paarweisen Vergleich der Auktionsformen im Hinblick auf das betriebswirtschaftliche Sub-Kriterium

„stabile Preisentwicklung" von einer Überordnung oder von einer Unterordnung der Auktionsformen im Rahmen der vorliegenden Arbeit abgesehen.

Der Wert 4 in der 1. Spalte der 2. Zeile für das Paarvergleichsurteil a_{21} und in der 3. Spalte der 2. Zeile für das Paarvergleichsurteil a_{23} bedeutet, dass im Hinblick auf das betriebswirtschaftliche Sub-Kriterium „stabile Preisentwicklung" der WALRAS-Auktion bei der Bewertung im Vergleich zu der Einheitspreis-Auktion und der Matrix-Auktion eine etwas bis deutlich höhere Bedeutung zugeordnet wird. Die deutlich höhere Bedeutung der WALRAS-Auktion resultiert daraus, dass der Auktionator bei der WALRAS-Auktion den Verkaufspreis in Abhängigkeit von der Nachfragemenge und der Angebotsmenge über mehrere Auktionsstufen kalkuliert. D.h., nur im Falle der Übereinstimmung der Nachfragemenge und der Angebotsmenge ist der Verkaufspreis, zu dem das Angebot zu verkaufen ist, gefunden. Die WALRAS-Auktion betrachtet daher Preisgebote bei mehrmaliger Auktionsdurchführung und macht Angaben über die Preisentwicklung im Zeitablauf. Demgegenüber werden im Rahmen der Einheitspreis-Auktion und der Matrix-Auktion bei jeweils einer einmaligen Auktionsdurchführung die Preisgebote im Zeitablauf nicht erfasst.

Auktionsform i \ Auktionsform j	Einheitspreis-Auktion	WALRAS-Auktion	Matrix-Auktion
Einheitspreis-Auktion	1	1	1
WALRAS-Auktion	1	1	1
Matrix-Auktion	1	1	1

Tabelle 48: Relative Bedeutungen der Auktionsformen im Hinblick auf das betriebswirtschaftliche Sub-Kriterium „Marktliquidität"

Tabelle 48 gibt die relativen Bewertungen der alternativen Auktionsformen für das betriebswirtschaftliche Sub-Kriterium „Marktliquidität" wieder. Die Paarvergleichsurteile in der Evaluationsmatrix aus Tabelle 48 sind für $n = 3$ mit dem Konsistenzwert $C.R. = 0,00$ hinreichend konsistent.

Bei den relativen Bewertungen der alternativen Auktionsformen im Hinblick auf das betriebswirtschaftliche Sub-Kriterium „Marktliquidität" wird im Rahmen der vorliegenden Arbeit davon ausgegangen, dass allen Auktionsformen eine gleiche Bedeutung zugeordnet werden kann. Wie bereits aufgezeigt, kann die Marktliquidität gewährleistet werden, wenn zum einen eine ausreichend große Anzahl an Marktteilnehmern i.S.v. Akteuren und zum anderen eine ausreichend große Handelsmenge i.S.v. mehreren Mengen an Treibhausgas-Emissionsrechten und Treibhausgas-Emissionsgutschriften existieren. Die gleiche Bedeutung der Auktionsformen resultiert nun daraus, dass die Auktionsformen zum einen der Forderung nach der Existenz einer ausreichend großen Anzahl an Marktteilnehmern nachkommen, da auf dem Markt für Treibhausgas-Emissionsrechte und Treibhausgas-Emissionsgutschriften ein Anbieter und mehrere Nachfrager gegenüberstehen. Zum anderen können bei jeder Auktionsform mehreren Mengen an Treibhausgas-Emissionsrechte und Treibhausgas-Emissionsgutschriften angeboten oder nachgefragt werden, so dass sie die Forderung nach einer ausreichend großen Handelsmenge erfüllen. In der Evaluationsmatrix aus Tabelle 48 lässt sich daher jedem Matrixfeld der Wert 1 zuordnen.

Auktionsform j / Auktionsform i	Einheitspreis-Auktion	WALRAS-Auktion	Matrix-Auktion
Einheitspreis-Auktion	1	1/5	1
WALRAS-Auktion	5	1	5
Matrix-Auktion	1	1/5	1

Tabelle 49: Relative Bedeutungen der Auktionsformen im Hinblick auf das betriebswirtschaftliche Sub-Kriterium „Markttransparenz"

Tabelle 49 gibt die relativen Bewertungen der alternativen Auktionsformen für das betriebswirtschaftliche Sub-Kriterium „Markttransparenz" wieder. Die Paarvergleichsurteile in der Evaluationsmatrix aus Tabelle 49 sind für $n = 3$ mit dem Konsistenzwert $C.R. = 0,00$ hinreichend konsistent.

Der Wert 1 in der 3. Spalte der 1. Zeile für das Paarvergleichsurteil a_{13} bedeutet, dass im Hinblick auf das betriebswirtschaftliche Sub-Kriterium „Markttransparenz" der Einheitspreis-Auktion bei der Bewertung im Vergleich zu der Matrix-Auktion eine gleiche Bedeutung zugeordnet wird. Durch die Markttransparenz werden insbesondere Informationen über die am Markt für Treibhausgas-Emissionsrechte und Treibhausgas-Emissionsgutschriften gehandelten Mengen an Treibhausgas-Emissionsrechten und Treibhausgas-Emissionsgutschriften und deren Verkaufspreis offenbart. Sowohl bei der Einheitspreis-Auktion als auch bei der Matrix-Auktion handelt es sich um jeweils eine Auktionsform, die über eine Auktionsstufe durchgeführt wird. Zudem sind beide Auktionsformen durch eine verdeckte Abgabe der Preisgebote der Bieter gekennzeichnet. Im Hinblick auf die einmalige Auktionsdurchführung mit verdeckten Preisgeboten der Bieter können zwar Informationen über die am Markt für Treibhausgas-Emissionsrechte und Treibhausgas-Emissionsgutschriften gehandelten Mengen an Treibhausgas-Emissionsrechten und Treibhausgas-Emissionsgutschriften, jedoch keine oder nur geringfügige Informationen über deren Verkaufspreise offenbart werden. Deshalb können beide Auktionsformen gleich bedeutend eingestuft werden.

Der Wert 5 in der 1. Spalte der 2. Zeile für das Paarvergleichsurteil a_{21} und in der 3. Spalte der 2. Zeile für das Paarvergleichsurteil a_{23} bedeutet, dass im Hinblick auf das betriebswirtschaftliche Sub-Kriterium „Markttransparenz" der WALRAS-Auktion bei der Bewertung im Vergleich zu der Einheitspreis-Auktion und zu der Matrix-Auktion eine deutlich höhere Bedeutung zugeordnet wird. Zwar liegen laut State-of-the-art in der Fachliteratur keine Angaben darüber vor, ob die Abgabe der Preisgebote der Bieter bei der WALRAS-Auktion verdeckt oder offen erfolgt, jedoch wird im Rahmen der vorliegenden Arbeit davon ausgegangen, dass die WALRAS-Auktion die Markttransparenz gewährleisten kann. Da die WALRAS-Auktion eine dynamische Auktion repräsentiert, können sowohl Informationen über die am Markt für Treibhausgas-Emissionsrechte und Treibhausgas-Emissionsgutschriften gehandelten Mengen an Treibhausgas-Emissionsrechten und Treibhausgas-Emissionsgutschriften als auch Informationen über deren Verkaufspreise beim Übergang von einer Auktionsstufe in die nächste Auktionsstufe offenbart werden. Demgegenüber können bei der Einheitspreis-Auktion und bei der Matrix-Auktion hinsichtlich der jeweils einmaligen Auktionsdurchführung zwar Informationen über die am Markt für Treibhausgas-Emissionsrechte und Treibhausgas-Emissionsgutschriften gehandelten Mengen an Treibhausgas-Emissionsrechten und Treibhausgas-Emissionsgutschriften, jedoch keine oder nur geringfügige Informationen über deren Verkaufspreise offenbart werden. Im Hinblick auf diese Informationsoffenbarung wird die WALRAS-Auktion gegenüber der Einheitspreis-Auktion und der Matrix-Auktion in einem stärkeren Maß bewertet.

Auktionsform i \ Auktionsform j	Einheitspreis-Auktion	WALRAS-Auktion	Matrix-Auktion
Einheitspreis-Auktion	1	3	1
WALRAS-Auktion	1/3	1	1/4
Matrix-Auktion	1	4	1

Tabelle 50: Relative Bedeutungen der Auktionsformen im Hinblick auf das betriebswirtschaftliche Sub-Kriterium „politische Durchsetzbarkeit"

Tabelle 50 gibt die relativen Bewertungen der alternativen Auktionsformen für das betriebswirtschaftliche Sub-Kriterium „politische Durchsetzbarkeit" wieder. Die Paarvergleichsurteile in der Evaluationsmatrix aus Tabelle 50 sind für $n = 3$ mit dem Konsistenzwert $C.R. = 0,01$ gemäß (2.3) wegen $0,01 < 0,05$ hinreichend konsistent.

Der Wert 3 in der 2. Spalte der 1. Zeile für das Paarvergleichsurteil a_{12} bedeutet, dass im Hinblick auf das betriebswirtschaftliche Sub-Kriterium „politische Durchsetzbarkeit" der Einheitspreis-Auktion bei der Bewertung im Vergleich zu der WALRAS-Auktion eine etwas höhere Bedeutung zugeordnet wird. Die politische Durchsetzbarkeit i.S.v. praktischem Einsatz der jeweiligen Auktionsform erfordert die Durchführung eines politischen Prozesses. In einem solchen Prozess werden alternative Auktionsformen interessenpolitisch diskutiert und es wird diejenige Auktionsform selektiert, die eine größere politische Akzeptanz gewinnt oder gewinnen könnte. Im paarweisen Vergleich der Einheitspreis-Auktion mit der WALRAS-Auktion wird im Rahmen der vorliegenden Arbeit davon ausgegangen, dass die WALRAS-Auktion einer politischen Barriere begegnen kann. Eine politische Barriere könnte beispielsweise die Abneigung der Bieter gegenüber einer dynamischen Auktion widerspiegeln, die über mehrere Auktionsstufen durchgeführt wird und insbesondere bei einem „schnellen" Bedarf an Treibhausgas-Emissionsrechten und Treibhausgas-Emissionsgutschriften keine „schnelle" Auktionsdurchführung sicherstellt. Im Hinblick auf diese politische Barriere kann die Einheitspreis-Auktion gegenüber der WALRAS-Auktion politisch eher akzeptiert werden.

Der Wert 1 in der 1. Spalte der 3. Zeile für das Paarvergleichsurteil a_{31} bedeutete, dass im Hinblick auf das betriebswirtschaftliche Sub-Kriterium „politische Durchsetzbarkeit" der Matrix-Auktion bei der Bewertung im Vergleich zu der Einheitspreis-Auktion eine gleiche Bedeutung zugeordnet wird. Die gleiche relative Bedeutung der alternativen Auktionsformen resultiert daraus, dass es sich sowohl bei der Matrix-Auktion als auch bei der Einheitspreis-Auktion um jeweils eine Auktionsform mit nur einer Auktionsstufe und um jeweils eine verdeckte Auktion handelt, die eine „schnelle" Auktionsdurchführung bzw. eine verdeckte Abgabe der Preisgebote ohne Informationsoffenbarung gewährleisten kann. Daher wird davon ausgegangen, dass beide Auktionsformen politisch durchsetzbar sind.

Der Wert 4 in der 2. Spalte der 3. Zeile für das Paarvergleichsurteil a_{32} bedeutet, dass im Hinblick auf das betriebswirtschaftliche Sub-Kriterium „politische Durchsetzbarkeit" der Matrix-Auktion bei der Bewertung im Vergleich zu der WALRAS-Auktion eine deutlich höhere Bedeutung zugeordnet wird. Diese relativen Bewertungen der alternativen Auktionsformen wird damit begründet, dass die Matrix-Auktion im Gegensatz zu der WALRAS-Auktion eine einmalige und daher eine „schnelle" Auktionsdurchführung ermöglichen kann. Die WALRAS-Auktion könnte im Hinblick auf ihre Auktionsdurchführung über mehrere Auktionsstufen politisch schwieriger durchsetzbar sein als die Matrix-Auktion.

Auktionsform i \ Auktionsform j	Einheitspreis-Auktion	WALRAS-Auktion	Matrix-Auktion
Einheitspreis-Auktion	1	1	1
WALRAS-Auktion	1	1	1
Matrix-Auktion	1	1	1

Tabelle 51: Relative Bedeutungen der Auktionsformen im Hinblick auf das betriebswirtschaftliche Sub-Kriterium „Kompatibilität mit bisherigen nationalen Eindämmungsaktivitäten"

Tabelle 51 gibt die relativen Bewertungen der alternativen Auktionsformen für das betriebswirtschaftliche Sub-Kriterium „Kompatibilität mit bisherigen nationalen Eindämmungsaktivitäten" wieder. Die Paarvergleichsurteile in der Evaluationsmatrix aus Tabelle 51 sind für $n = 3$ mit dem Konsistenzwert $C.R. = 0,00$ hinreichend konsistent.

Bei den relativen Bewertungen der alternativen Auktionsformen im Hinblick auf das betriebswirtschaftliche Sub-Kriterium „Kompatibilität mit bisherigen nationalen Eindämmungsaktivitäten" wird angenommen, dass allen Auktionsformen eine gleiche Bedeutung zugeordnet werden kann. Die Kompatibilität mit bisherigen nationalen Eindämmungsaktivitäten fordert die Kompatibilität der Auktion als marktlicher Reallokationsmechanismus zur nationalen Reallokation von Treibhausgas-Emissionsrechten und Treibhausgas-Emissionsgutschriften auf Unternehmensebene mit bisherigen nationalen Eindämmungsaktivitäten. Durch eine solche Kompatibilität können sowohl umfassende Kontrollen der Treibhausgas-Emissionen gewährleistet als auch den Verursachern Alternativen zur Reduzierung von Treibhausgas-Emissionen zur Verfügung gestellt werden. Da keine Anhaltspunkte dafür vorliegen, dass im paarweisen Vergleich der Auktionsformen die Kompatibilität mit bisherigen nationalen Eindämmungsaktivitäten nicht gewährleistet werden kann, wird im Rahmen der vorliegenden Arbeit von einer Überordnung oder einer Unterordnung abgesehen.

Auktionsform j / Auktionsform i	Einheitspreis-Auktion	WALRAS-Auktion	Matrix-Auktion
Einheitspreis-Auktion	1	5	1
WALRAS-Auktion	1/5	1	1/7
Matrix-Auktion	1	7	1

Tabelle 52: Relative Bedeutungen der Auktionsformen im Hinblick auf das betriebswirtschaftliche Sub-Kriterium „administrative Praktikabilität"

Tabelle 52 gibt die relativen Bewertungen der alternativen Auktionsformen für das betriebswirtschaftliche Sub-Kriterium „administrative Praktikabilität" wieder. Die Paarvergleichsurteile in der Evaluationsmatrix aus Tabelle 52 sind für $n = 3$ mit dem Konsistenzwert $C.R. = 0,01$ gemäß (2.3) wegen $0,01 < 0,05$ hinreichend konsistent.

Der Wert 5 in der 2. Spalte der 1. Zeile für das Paarvergleichsurteil a_{12} bedeutet, dass im Hinblick auf das betriebswirtschaftliche Sub-Kriterium „administrative Praktikabilität" der Einheitspreis-Auktion bei der Bewertung im Vergleich zu der WALRAS-Auktion eine deutlich höhere Bedeutung zugeordnet wird. Die administrative Praktikabilität fordert eine problemlose administrative Handhabung der Auktion, die zur nationalen Reallokation von Treibhausgas-Emissionsrechten und Treibhausgas-Emissionsgutschriften auf Unternehmensebene zur Anwendung kommt. Zum einen ist mittels geringer Informationen einerseits über die Anzahl und das Verhalten der anderen Bieter und andererseits über den Verkaufspreis für das angebotene Gut eine zielgerichtete Auktionsdurchführung zu gewährleisten. Zum anderen fordert die administrative Praktikabilität einen geringen administrativen Aufwand sowohl für die Emittenten von Treibhausgasen als auch einen geringen administrativen Aufwand für den Auktionator. Während mit der Einheitspreis-Auktion eine Auktionsform mit einer Auktionsstufe vorliegt, stellt die WALRAS-Auktion eine dynamische Auktion über mehrere Auktionsstufen dar. Auf der Basis des dynamischen Charakters der WALRAS-Auktion kann davon ausgegangen werden, dass eine Auktionsdurchführung mittels geringer Informationen einerseits über das Verhalten der anderen Bieter und andererseits über den Verkaufspreis für das angebotene Gut nicht gewährleistet werden kann. Zudem kann hinsichtlich der wiederholten Abgabe der Preisgebote insbesondere der administrative Aufwand zum einen für die Emittenten von Treibhausgasen und zum anderen für den Auktionator bei dynamischen Auktionen höher ausfallen als bei einer einmaligen Auktionsdurchführung. Weiterhin ist zu beachten, dass die WALRAS-Auktion eine offene Auktion mit einer offenen Abgabe der Preisgebote darstellt, während die Einheitspreis-Auktion eine verdeckte Auktion repräsentiert und eine Auktionsdurchführung mittels geringer Informationen zum einen über das Verhalten der anderen Bieter und zum anderen über den Verkaufspreis für das angebotene Gut gestattet.

Der Wert 1 in der 3. Spalte der 1. Zeile für das Paarvergleichsurteil a_{13} bedeutet, dass im Hinblick auf das betriebswirtschaftliche Sub-Kriterium „administrative Praktikabilität" der Einheitspreis-Auktion bei der Bewertung im Vergleich zu der Matrix-Auktion eine gleiche Bedeutung zugeordnet wird. Die gleiche Bedeutung der Auktionsvarianten basiert darauf, dass sowohl die Einheitspreis-Auktion als auch die Matrix-Auktion jeweils eine Auktionsform mit einer Auktionsstufe repräsentieren. Im Hinblick auf die Auktionsdurchführung über eine Auktionsstufe kann die administrative Praktikabilität in gleichem Maß berücksichtigt werden. D.h. beide Auktionsformen ermöglichen eine Auktionsdurchführung zum einen mittels geringer Informationen einerseits über das Verhalten der anderen Bieter und andererseits über den Verkaufspreis für das angebotene Gut und zum anderen mittels eines geringen administrativen Aufwands für alle Akteure.

Der Wert 7 in der 2. Spalte der 3. Zeile für das Paarvergleichsurteil a_{32} bedeutet, dass im Hinblick auf das betriebswirtschaftliche Sub-Kriterium „administrative Praktikabilität" der Matrix-Auktion bei der Bewertung im Vergleich zu der WALRAS-Auktion eine viel höhere Bedeutung zugeordnet wird. Während die Matrix-Auktion über eine Auktionsstufe durchgeführt wird, kann die WALRAS-Auktion über mehrere Auktionsstufen erfolgen. Wie bereits aufgezeigt, tendiert eine dynamische Auktion zur Auktionsdurchführung mittels erhöhter Informationen einerseits über das Verhalten der anderen Bieter und andererseits über den Verkaufspreis für das angebotene Gut. Zudem kann eine dynamische Auktion die Kosten der Informationsbeschaffung erhöhen, da die nationale Reallokation von Treibhausgas-Emissionsrechten und Treibhausgas-Emissionsgutschriften auf Unternehmensebene über mehrere Auktionsstufen erfolgt und die Bieter wiederholt Preisgebote abgeben, die den administrativen Aufwand für alle Akteure erhöhen können. Demgegenüber kann eine Auktionsdurchführung über eine Auktionsstufe zum einen mittels geringer Informationen über das Verhalten der anderen Bieter sowie über den Verkaufspreis für das angebotene Gut und zum anderen mittels eines geringen Aufwands für alle Akteure gewährleistet werden.

Auktionsform j / Auktionsform i	Einheitspreis-Auktion	WALRAS-Auktion	Matrix-Auktion
Einheitspreis-Auktion	1	1	1
WALRAS-Auktion	1	1	1
Matrix-Auktion	1	1	1

Tabelle 53: Relative Bedeutungen der Auktionsformen im Hinblick auf das betriebswirtschaftliche Sub-Kriterium „rechtliche Praktikabilität"

Tabelle 53 gibt die relativen Bewertungen der alternativen Auktionsformen für das betriebswirtschaftliche Sub-Kriterium „rechtliche Praktikabilität" wieder. Die Paarvergleichsurteile in der Evaluationsmatrix aus Tabelle 53 sind für $n = 3$ mit dem Konsistenzwert $C.R. = 0,00$ hinreichend konsistent.

Bei den relativen Bewertungen der alternativen Auktionsformen im Hinblick auf das betriebswirtschaftliche Eignungskriterium „rechtliche Praktikabilität" wird im Rahmen der vorliegenden Arbeit davon ausgegangen, dass allen Auktionsformen eine gleiche Bedeutung zugeordnet werden kann. Die gleiche Bedeutung der Auktionsformen resultiert daraus, dass kein Verdacht besteht, dass die Auktionsformen gegen das nationale oder gegen das internationale Recht verstoßen könnten. Daher lässt sich in der Evaluationsmatrix aus Tabelle 53 jedem Matrixfeld der Wert 1 zuordnen.

Auktionsform j / Auktionsform i	Einheitspreis-Auktion	WALRAS-Auktion	Matrix-Auktion
Einheitspreis-Auktion	1	1	1
WALRAS-Auktion	1	1	1
Matrix-Auktion	1	1	1

Tabelle 54: Relative Bedeutungen der Auktionsformen im Hinblick auf das betriebswirtschaftliche Eignungskriterium „umwelttechnologische Auktionsimplementierung"

Tabelle 54 gibt die relativen Bewertungen der alternativen Auktionsformen für das betriebswirtschaftliche Eignungskriterium „umwelttechnologische Auktionsimplementierung" wieder. Die Paarvergleichsurteile in der Evaluationsmatrix aus Tabelle 54 sind für $n = 3$ mit dem Konsistenzwert $C.R. = 0,00$ hinreichend konsistent.

Auch bei den relativen Bewertungen der alternativen Auktionsformen im Hinblick auf das betriebswirtschaftliche Eignungskriterium „umwelttechnologische Auktionsimplementierung" wird im Rahmen der vorliegenden Arbeit davon ausgegangen, dass allen Auktionsformen eine gleiche Bedeutung zugeordnet werden kann. Wie bereits aufgezeigt, erfasst die umwelttechnologische Auktionsimplementierung einen statischen und einen dynamischen Innovationsanreiz. Zum einen existieren keine Anhaltspunkte dafür, dass die Auktionsformen nicht dazu geeignet sind, einen statischen Innovationsanreiz, d.h. die bestehenden umwelttechnologischen Potenziale zur Reduzierung von Treibhausgas-Emissionen, zu berücksichtigen. Zum anderen liegen bei den Auktionsformen auch keine Anhaltspunkte für das Unterdrücken oder das Ignorieren eines dynamischen

Innovationsanreizes vor, der einen Anreiz zur Entdeckung neuer umwelttechnologischer Potenziale widerspiegelt. Deshalb lässt sich in der Evaluationsmatrix aus Tabelle 54 jedem Matrixfeld der Wert 1 zuordnen.

Auktionsform j / Auktionsform i	Einheitspreis-Auktion	WALRAS-Auktion	Matrix-Auktion
Einheitspreis-Auktion	1	1	1
WALRAS-Auktion	1	1	1
Matrix-Auktion	1	1	1

Tabelle 55: Relative Bedeutungen der Auktionsformen im Hinblick auf das betriebswirtschaftliche Eignungskriterium „verhaltenspolitisches Kriterium: beschränkte Rationalität"

Tabelle 55 gibt die relativen Bewertungen der alternativen Auktionsformen für das betriebswirtschaftliche Eignungskriterium „verhaltenspolitisches Kriterium: beschränkte Rationalität" wieder. Die Paarvergleichsurteile in der Evaluationsmatrix aus Tabelle 55 sind für $n = 3$ mit dem Konsistenzwert $C.R. = 0,00$ hinreichend konsistent.

Eine gleiche Bedeutung gewinnen die alternativen Auktionsformen im Rahmen der vorliegenden Arbeit auch im Hinblick auf das betriebswirtschaftliche Eignungskriterium „verhaltenspolitisches Kriterium: beschränkte Rationalität". Aus verhaltenspolitischer Perspektive ist das Verhalten der Akteure grundsätzlich durch die beschränkte Rationalität gekennzeichnet. Bei allen Auktionsformen kann davon ausgegangen werden, dass sich die Akteure unter Berücksichtigung ihrer individuellen Präferenzen und ihrer denkmöglichen Restriktionen für das Verhalten entscheiden werden, das ihnen die umfassendste Erreichung ihrer individuellen Ziele verspricht. In der Evaluationsmatrix aus Tabelle 55 lässt sich deshalb jedem Matrixfeld der Wert 1 zuordnen.

Auktionsform j / Auktionsform i	Einheitspreis-Auktion	WALRAS-Auktion	Matrix-Auktion
Einheitspreis-Auktion	1	1	1
WALRAS-Auktion	1	1	1
Matrix-Auktion	1	1	1

Tabelle 56: Relative Bedeutungen der Auktionsformen im Hinblick auf das betriebswirtschaftliche Sub-Kriterium „fristenkongruente Anwendbarkeit"

Tabelle 56 gibt die relativen Bewertungen der alternativen Auktionsformen für das betriebswirtschaftliche Sub-Kriterium „fristenkongruente Anwendbarkeit" wieder. Die Paarvergleichsurteile in der Evaluationsmatrix aus Tabelle 56 sind für $n = 3$ mit dem Konsistenzwert $C.R. = 0,00$ hinreichend konsistent.

Auch bei den relativen Bewertungen der alternativen Auktionsformen im Hinblick auf das betriebswirtschaftliche Sub-Kriterium „fristenkongruente Anwendbarkeit" kann allen Auktionsformen eine gleiche Bedeutung zugeordnet werden. Die fristenkongruente Anwendbarkeit fordert die Anwendung der Auktion zur nationalen Reallokation von Treibhausgas-Emissionsrechten und Treibhausgas-Emissionsgutschriften auf Unternehmensebene über mehrere Perioden. Im Rahmen der vorliegenden Arbeit wird davon ausgegangen, dass die Auktionsformen diese Forderung erfüllen, so dass beispielsweise eine Anwendung der jeweiligen Auktionsform innerhalb der zweiten Handelsperiode, d.h. von 2008 bis 2012, über 5 Jahre denkmöglich ist. Daher lässt sich in der Evaluationsmatrix aus Tabelle 56 jedem Matrixfeld der Wert 1 zuordnen.

Auktionsform j / Auktionsform i	Einheitspreis-Auktion	WALRAS-Auktion	Matrix-Auktion
Einheitspreis-Auktion	1	1	1
WALRAS-Auktion	1	1	1
Matrix-Auktion	1	1	1

Tabelle 57: Relative Bedeutungen der Auktionsformen im Hinblick auf das betriebswirtschaftliche Sub-Kriterium „flexible Anwendbarkeit"

Tabelle 57 gibt die relativen Bewertungen der alternativen Auktionsformen für das betriebswirtschaftliche Sub-Kriterium „flexible Anwendbarkeit" wieder. Die Paarvergleichsurteile in der Evaluationsmatrix aus Tabelle 57 sind für $n = 3$ mit dem Konsistenzwert $C.R. = 0{,}00$ hinreichend konsistent.

Bei den relativen Bewertungen der alternativen Auktionsformen im Hinblick auf das betriebswirtschaftliche Sub-Kriterium „flexible Anwendbarkeit" kann allen Auktionsformen eine gleiche Bedeutung zugeordnet werden. Die flexible Anwendbarkeit fordert, dass sich eine Auktion durch Flexibilität in der Anwendung bei sich ändernden Rahmenbedingungen, wie der Änderung von Spielregeln oder der Änderung von umweltpolitischen Zielen, auszeichnet. Im Rahmen der vorliegenden Arbeit wird davon ausgegangen, dass die Auktionsformen diese Flexibilität erfüllen, sofern sich diese Flexibilität nicht auf die Änderung der Spielregeln, wie das angebotene Auktionsobjekt und die Zuschlags- und Zahlungsregel, bezieht. Solche Spielregeln sind auktionsspezifisch und demnach nicht unmittebar zu verändern. In der Evaluationsmatrix aus Tabelle 57 lässt sich deshalb jedem Matrixfeld der Wert 1 zuordnen.

Auktionsform j / Auktionsform i	Einheitspreis-Auktion	WALRAS-Auktion	Matrix-Auktion
Einheitspreis-Auktion	1	1	1
WALRAS-Auktion	1	1	1
Matrix-Auktion	1	1	1

Tabelle 58: Relative Bedeutungen der Auktionsformen im Hinblick auf das betriebswirtschaftliche Sub-Kriterium „EU-weite Anwendbarkeit"

Tabelle 58 gibt die relativen Bewertungen der alternativen Auktionsformen für das betriebswirtschaftliche Sub-Kriterium „EU-weite Anwendbarkeit" wieder. Die Paarvergleichsurteile in der Evaluationsmatrix aus Tabelle 58 sind für $n = 3$ mit dem Konsistenzwert $C.R. = 0,00$ hinreichend konsistent.

Im Hinblick auf das betriebswirtschaftliche Sub-Kriterium „EU-weite Anwendbarkeit" kann bei den relativen Bewertungen der alternativen Auktionsformen allen Auktionsformen eine gleiche Bedeutung zugeordnet werden. Das betriebswirtschaftliche Sub-Kriterium „EU-weite Anwendbarkeit“ fordert eine zukünftige Erweiterung der Anwendbarkeit der nationalen Reallokation von Treibhausgas-Emissionsrechten und Treibhausgas-Emissionsgutschriften auf Unternehmensebene von der nationalen Ebene auf die internationale Ebene. Eine solche Erweiterung ist bereits im Kyoto-Protokoll zusätzlich zu den beiden projektbezogenen Aktivitäten mit dem „International Emissions-Trading“ aufgeführt. Im Rahmen der vorliegenden Arbeit wird davon ausgegangen, dass die Auktionsformen eine EU-weite Anwendbarkeit nicht ausschließen, um schließlich eine internationale Harmonisierung zu erzielen. Daher lässt sich in der Evaluationsmatrix aus Tabelle 58 jedem Matrixfeld der Wert 1 zuordnen.

Auktionsform j / Auktionsform i	Einheitspreis-Auktion	WALRAS-Auktion	Matrix-Auktion
Einheitspreis-Auktion	1	1	1
WALRAS-Auktion	1	1	1
Matrix-Auktion	1	1	1

Tabelle 59: Relative Bedeutungen der Auktionsformen im Hinblick auf das betriebswirtschaftliche Sub-Kriterium „Berücksichtigung von ‚early actions‘ “

Tabelle 59 gibt die relativen Bewertungen der alternativen Auktionsformen für das betriebswirtschaftliche Sub-Kriterium „Berücksichtigung von ‚early actions‘ “ wieder. Die Paarvergleichsurteile in der Evaluationsmatrix aus Tabelle 59 sind für $n = 3$ mit dem Konsistenzwert $C.R. = 0{,}00$ hinreichend konsistent.

Schließlich kann auch bei den relativen Bewertungen der alternativen Auktionsformen im Hinblick auf das betriebswirtschaftliche Sub-Kriterium „Berücksichtigung von ‚early actions' " allen Auktionsformen eine gleiche Bedeutung zugeordnet werden. Um Anstrengungen der Emittenten von Treibhausgasen in der Vergangenheit zur Reduzierung ihrer Treibhausgas-Emissionen zu berücksichtigen, wird die Berücksichtigung von ‚early actions' vorausgesetzt. Solche ‚early actions' können in die nationale Reallokation von Treibhausgas-Emissionsrechten und Treibhausgas-Emissionsgutschriften auf Unternehmensebene einbezogen werden, indem sich der Auktionator beispielsweise einen Überblick über die Treibhausgas-Emissionskonten eines jeweiligen Bieters über mehrere Perioden verschafft. Die Treibhausgas-Emissionskonten eines jeden Bieters geben Auskunft über die Treibhausgas-Emissionsrechte und Treibhausgas-Emissionsgutschriften, die der Bieter entweder über den Handel mit Treibhausgas-Emissionsrechten und Treibhausgas-Emissionsgutschriften – Handelskonto – oder über die Durchführung projektbezogener Aktivitäten, wie Joint Implementation und Clean Development Mechanism, – JI (Joint Implementation)-Konto bzw. CDM (Clean Development Mechanism)-Konto – erworben hat. Der Auktionator kann die Anstrengungen der Emittenten von Treibhausgasen in der Vergangenheit in die Zuschlags- und Zahlungsregel integrieren, wenn er über einen Zugang zu diesen Konten verfügt. Eine unbeschränkte, jedoch eine ungenaue Berücksichtigung der Anstrengungen der Emittenten von Treibhausgasen in der Vergangenheit ist dem Auktionator über Eigenrecherchen über potenzielle Interessenten als Bieter möglich. Im Rahmen der vorliegenden Arbeit wird davon ausgegangen, dass die Auktionsformen Anstrengungen der Emittenten von Treibhausgasen in der Vergangenheit berücksichtigen können. In der Evaluationsmatrix aus Tabelle 59 lässt sich demnach jedem Matrixfeld der Wert 1 zuordnen.

In der 4. Stufe des AHP-Vorgehensmodells werden aus den Paarvergleichsurteilen der Evaluationsmatrizen zur Bewertung der alternativen Auktionsformen relative Bedeutungen abgeleitet. Diese relativen Bedeutungen werden als *Prioritäten* bezeichnet. Die Bestimmung der Prioritäten erfolgt in Anlehnung an SAATY nach dem *Distributive Mode*[1]. Zur Bestimmung der Prioritäten ist zunächst die Summe jeder Spalte der jeweiligen Evaluationsmatrix A_l^{auc} mit $l = 1,...,23$ zu berechnen. Das Superskript auc repräsentiert die Zuordnung der Evaluationsmatrix zu den alternativen Auktionsformen, die im Hinblick auf die betriebswirtschaftlichen Eignungskriterien der untersten Ebene der Kritierien-Hierarchie evaluiert werden. Die Prioritäten werden im Rahmen der vorliegenden Arbeit mit zwei Indizes versehen. Der erste Index l repräsentiert das betriebswirtschaftlichen Eignungskriterium oder Sub-Kriterium auf der untersten Ebene der Kriterien-Hierarchie, in Bezug auf das die drei Auktionsformen auf der zweiten Bewertungsstufe miteinander paarweise verglichen werden. Die Vergleichsresultate schlagen sich in der Evaluationsmatrix A_l^{auc} als Paarvergleichsurteile für jeweils zwei miteinander verglichene Auktionsformen nieder. Der zweite Index q bezeichnet die Auktionsform, für die eine relative Bedeutung im Hinblick auf das betriebswirtschaftlichen Eignungskriterium oder Sub-Kriterium l auf der untersten Ebene der Kriterien-Hierarchie bestimmt wird. Folglich werden die Prioritäten im Folgenden formal wie folgt dargestellt:

$$p_{l.q}^{dis} \quad \text{mit } l = 1,...,23 \text{ und } q = 1,...,3$$ [2]

---

1) Vgl. SAATY (2001a), S. 130; MILLET/SAATY (2000), S. 206 ff.; SAATY (1994), S. 38 und SAATY/VARGAS (1994), S. 17. Zu alternativen Vorgehensweisen zur Bestimmung der Prioritäten, wie dem „Ideal Mode“, vgl. PETERS (2008), S. 477; PETERS/ZELEWSKI (2002), S. 24 ff.; SAATY (2001a), S. 130 und SAATY/VARGAS (1994), S. 17. MILLET/SAATY beleuchten den Unterschied zwischen Distributive Mode und Ideal Mode wie folgt: “*The main difference between the two synthesis modes (distributive mode and ideal mode) is that with the distributive mode the preference for an alternative under each criterion depends on its performance when compared with all other alternatives. [...] In contrast, the ideal mode determines the preference for an alternative under each criterion by comparing its performance to a fixed benchmark.*” MILLET/SAATY (2000), S. 207 (Kursiv-Hervorhebung und Ergänzung in der runden Klammer durch die Verfasserin).

2) Im Rahmen der vorliegenden Arbeit steht das Symbol p für Prioritäten und der Symbolindex dis für Distributive Mode.

Im Anschluss an die Berechnung der Summe jeder Spalte der jeweiligen Evaluationsmatrix A_l^{auc} wird jedes Paarvergleichsurteil durch die jeweilige Spaltensumme der Evaluationsmatrix dividiert, sodass eine *Normierung* der jeweiligen Evaluationsmatrix A_l^{auc} erfolgt. Anschließend werden die Zeilensummen dieser jeweils normierten Evaluationsmatrix N_l^{auc} mit $l = 1,...,23$ gebildet. Jede Zeilensumme wird durch die Dimension $n = 3$ dividiert, sodass sich für jede der drei Auktionsformen eine Priorität $p_{l.q}^{dis}$ ergibt.

Auf der Basis der in Abbildung 12 aufgezeigten Kriterien- und Alternativen-Hierarchie des multi-kriteriellen Evaluationsproblems präsentiert die folgende Abbildung 16 die Zuordnung jeweils einer Priorität $p_{l.q}^{dis}$ mit $l = 1,...,23$ und $q = 1,...,3$ zu den Auktionsformen einer jeden Evaluationsmatrix A_l^{auc} mit $l = 1,...,23$.

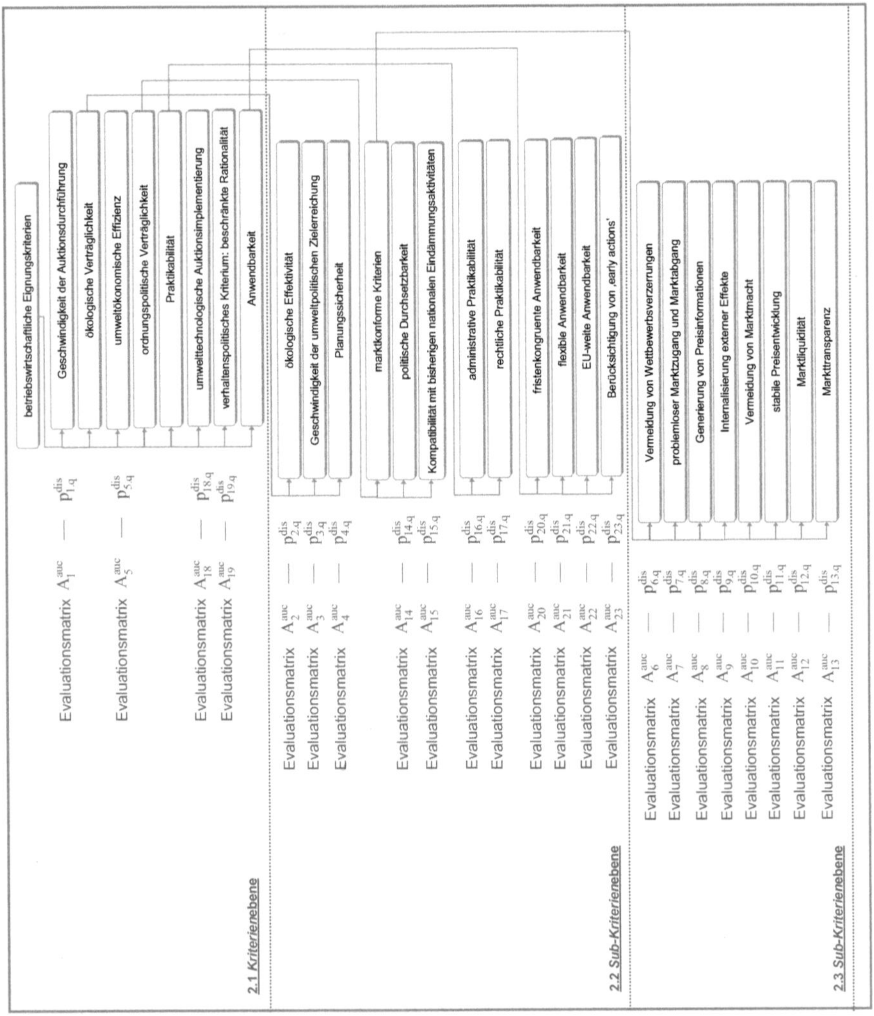

Abbildung 16: Prioritäten

Die Ableitung der Prioritäten aus den Paarvergleichsurteilen ist in den folgenden Tabellen für die Evaluationsmatrizen aus Tabelle 37 bis Tabelle 59 dargestellt. Neben den Prioritäten der Auktionsformen wird in der jeweils letzten Spalte einer jeden Tabelle zudem der *Rang* der Auktionsformen aufgezeigt.

Im Anschluss an eine jede Tabelle ist zudem eine Abbildung in Form eines *Screenshots* der AHP-Software „Expert Choice" beigefügt, die unter Berücksichtigung der Zielebene die Prioritäten der Auktionsformen („Priorities with respect to Goal: ...") präsentiert.

Die Verfasserin macht darauf aufmerksam, dass beim Vergleich der Werte in den Tabellen und der Werte in den Abbildungen geringfügige Abweichungen beobachtet werden können. Diese Abweichungen sind eingetreten, weil die Verfasserin auf *vier* Dezimalstellen (*mit* Rundungen) genau gerechnet hat und in „Expert Choice" die Ergebnisse nur auf *drei* oder *fünf* Dezimalstellen (*ohne* Rundungen) basieren.

Spaltensummen der Evaluationsmatrix A_1^{auc}	2,2000	9,0000	2,3333			
Auktionsformen	normierte Evaluationsmatrix N_1^{auc}			Zeilensummen	Prioritäten $p_{1.q}^{dis}$	Rang
Einheitspreis-Auktion	0,4545	0,5556	0,4286	1,4387	0,4796	1
WALRAS-Auktion	0,0909	0,1111	0,1428	0,3448	0,1149	3
Matrix-Auktion	0,4545	0,3333	0,4286	1,2164	0,4055	2
Spaltensummen	0,9999	1,0000	1,0000	2,9999	1,0000	

Tabelle 60: Prioritäten der Auktionsformen im Hinblick auf das betriebswirtschaftliche Eignungskriterium „Geschwindigkeit der Auktionsdurchführung"

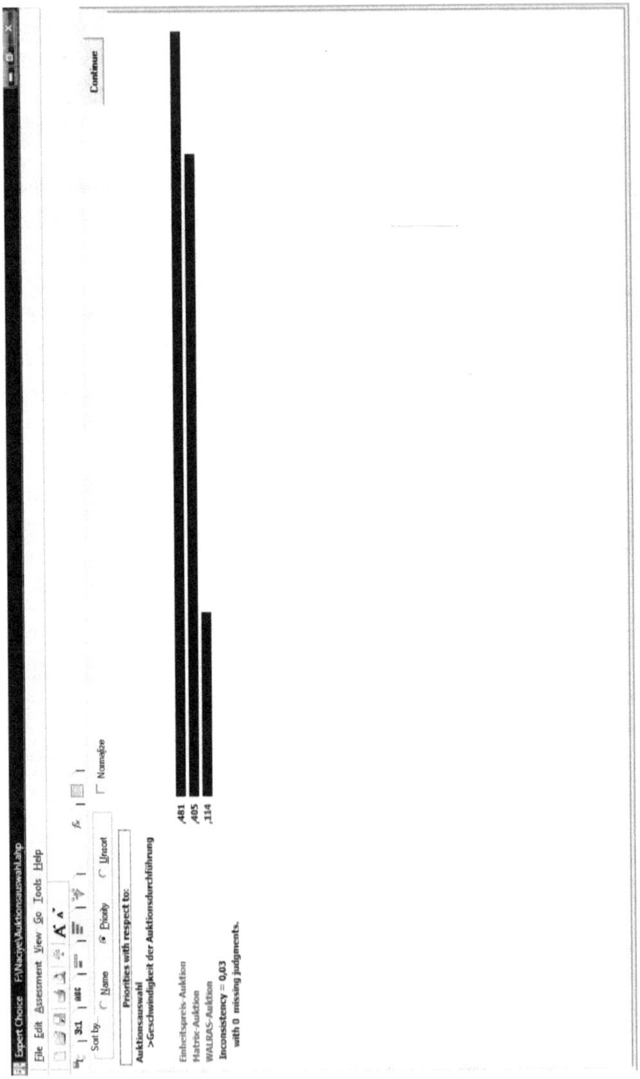

Abbildung 17: Prioritäten der Auktionsformen im Hinblick auf das betriebswirtschaftliche Kriterium „Geschwindigkeit der Auktionsdurchführung“

Die Evaluationsmatrix ist für $n = 3$ mit dem Konsistenzwert $C.R. = 0,03$ gemäß (2.3) wegen $0,03 < 0,05$ hinreichend konsistent.

Spaltensummen der Evaluationsmatrix A_2^{auc}	3,0000	3,0000	3,0000			
Auktionsformen	normierte Evaluationsmatrix N_2^{auc}			Zeilensummen	Prioritäten $p_{2.q}^{dis}$	Rang
Einheitspreis-Auktion	0,3333	0,3333	0,3333	0,9999	0,3333	1
WALRAS-Auktion	0,3333	0,3333	0,3333	0,9999	0,3333	1
Matrix-Auktion	0,3333	0,3333	0,3333	0,9999	0,3333	1
Spaltensummen	0,9999	0,9999	0,9999	2,9997	0,9999	

Tabelle 61: Prioritäten der Auktionsformen im Hinblick auf das betriebswirtschaftliche Sub-Kriterium „ökologische Effektivität"

Abbildung 18: Prioritäten der Auktionsformen im Hinblick auf das betriebswirtschaftliche Sub-Kriterium „ökologische Effektivität"

Die Evaluationsmatrix ist für $n = 3$ mit dem Konsistenzwert $C.R. = 0,00$ hinreichend konsistent.

Spaltensummen der Evaluationsmatrix A_3^{auc}	3,0000	3,0000	3,0000			
Auktionsformen	normierte Evaluationsmatrix N_3^{auc}			Zeilensummen	Prioritäten $p_{3.q}^{dis}$	Rang
Einheitspreis-Auktion	0,3333	0,3333	0,3333	0,9999	0,3333	1
WALRAS-Auktion	0,3333	0,3333	0,3333	0,9999	0,3333	1
Matrix-Auktion	0,3333	0,3333	0,3333	0,9999	0,3333	1
Spaltensummen	0,9999	0,9999	0,9999	2,9997	0,9999	

Tabelle 62: Prioritäten der Auktionsformen im Hinblick auf das betriebswirtschaftliche Sub-Kriterium „Geschwindigkeit der umweltpolitischen Zielerreichung“

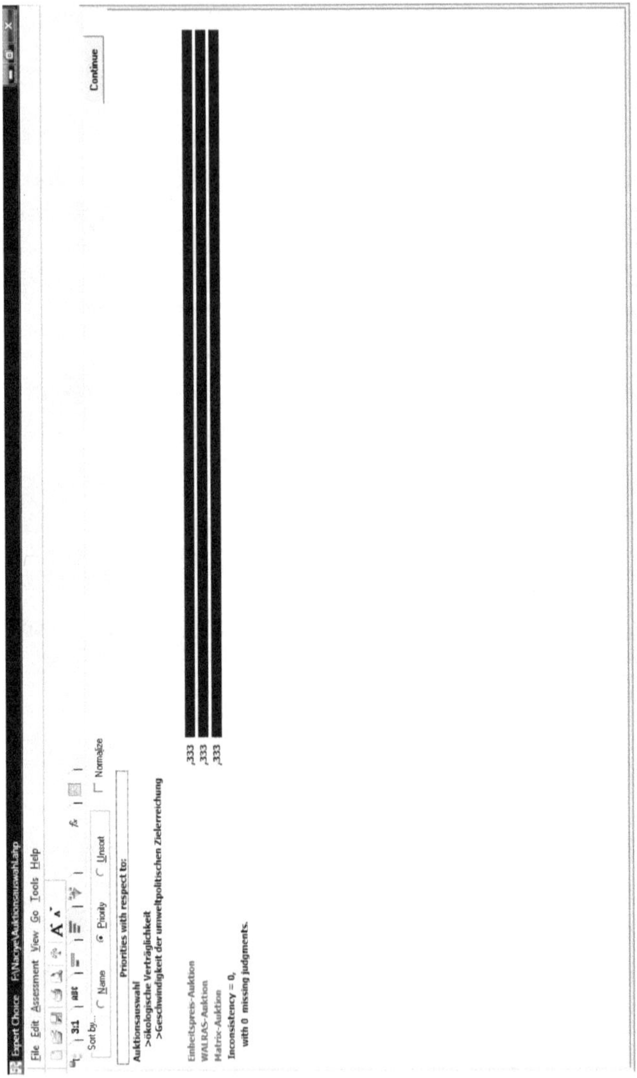

Abbildung 19: Prioritäten der Auktionsformen im Hinblick auf das betriebswirtschaftliche Sub-Kriterium „Geschwindigkeit der umweltpolitischen Zielerreichung"

Die Evaluationsmatrix ist für $n = 3$ mit dem Konsistenzwert $C.R. = 0,00$ hinreichend konsistent.

Spaltensummen der Evaluationsmatrix A_4^{auc}	7,0000	1,4000	7,0000			
Auktionsformen	normierte Evaluationsmatrix N_4^{auc}			Zeilensummen	Prioritäten $p_{4.q}^{dis}$	Rang
Einheitspreis-Auktion	0,1429	0,1429	0,1429	0,4287	0,1429	2
WALRAS-Auktion	0,7143	0,7143	0,7143	2,1429	0,7143	1
Matrix-Auktion	0,1429	0,1429	0,1429	0,4287	0,1429	2
Spaltensummen	1,0001	1,0001	1,0001	3,0003	1,0001	

Tabelle 63: Prioritäten der Auktionsformen im Hinblick auf das betriebswirtschaftliche Sub-Kriterium „Planungssicherheit“

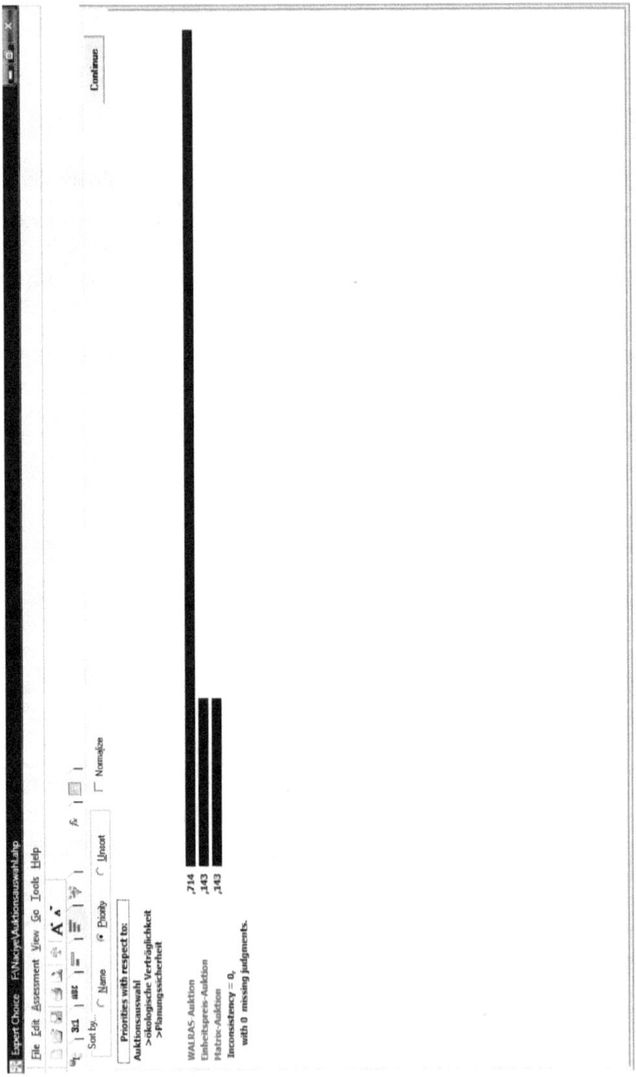

Abbildung 20: Prioritäten der Auktionsformen im Hinblick auf das betriebswirtschaftliche Sub-Kriterium „Planungssicherheit“

Die Evaluationsmatrix ist für $n = 3$ mit dem Konsistenzwert $C.R. = 0,00$ hinreichend konsistent.

Spaltensummen der Evaluationsmatrix A_5^{auc}	3,0000	3,0000	3,0000			
Auktionsformen	normierte Evaluationsmatrix N_5^{auc}			Zeilensummen	Prioritäten $p_{5.q}^{dis}$	Rang
Einheitspreis-Auktion	0,3333	0,3333	0,3333	0,9999	0,3333	1
WALRAS-Auktion	0,3333	0,3333	0,3333	0,9999	0,3333	1
Matrix-Auktion	0,3333	0,3333	0,3333	0,9999	0,3333	1
Spaltensummen	0,9999	0,9999	0,9999	2,9997	0,9999	

Tabelle 64: Prioritäten der Auktionsformen im Hinblick auf das betriebswirtschaftliche Eignungskriterium „umweltökonomische Effizienz“

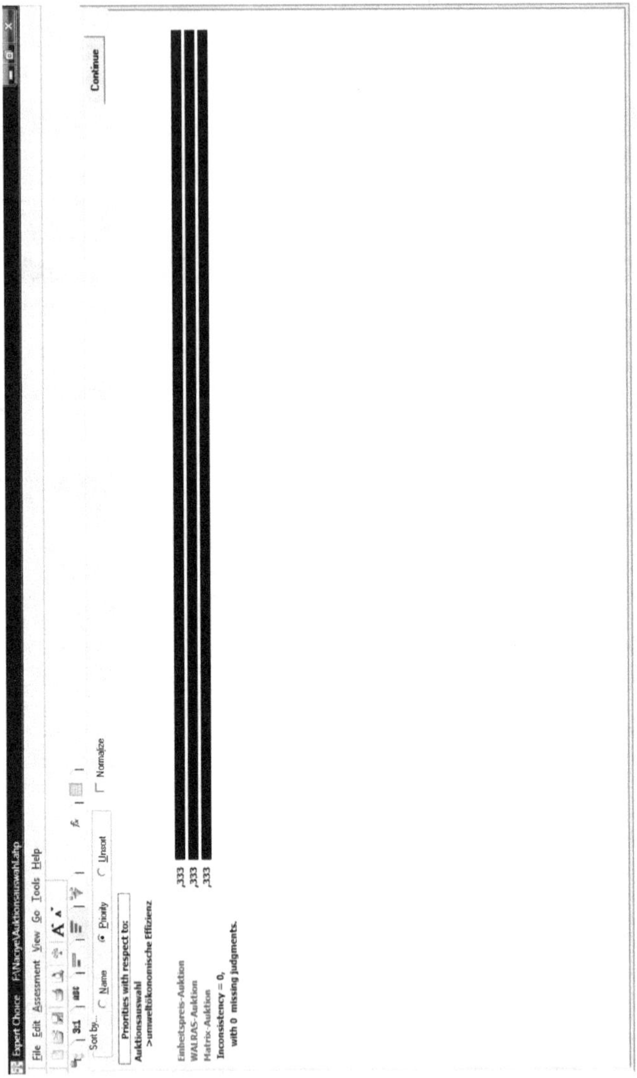

Abbildung 21: Prioritäten der Auktionsformen im Hinblick auf das betriebswirtschaftliche Kriterium „umweltökonomische Effizienz“

Die Evaluationsmatrix ist für $n = 3$ mit dem Konsistenzwert $C.R. = 0,00$ hinreichend konsistent.

Spaltensummen der Evaluationsmatrix A_6^{auc}	3,0000	3,0000	3,0000			
Auktions-formen	normierte Evaluationsmatrix N_6^{auc}			Zeilen-summen	Prioritäten $p_{6.q}^{dis}$	Rang
Einheitspreis-Auktion	0,3333	0,3333	0,3333	0,9999	0,3333	1
WALRAS-Auktion	0,3333	0,3333	0,3333	0,9999	0,3333	1
Matrix-Auktion	0,3333	0,3333	0,3333	0,9999	0,3333	1
Spaltensummen	0,9999	0,9999	0,9999	2,9997	0,9999	

Tabelle 65: Prioritäten der Auktionsformen im Hinblick auf das betriebswirtschaftliche Sub-Kriterium „Vermeidung von Wettbewerbsverzerrungen“

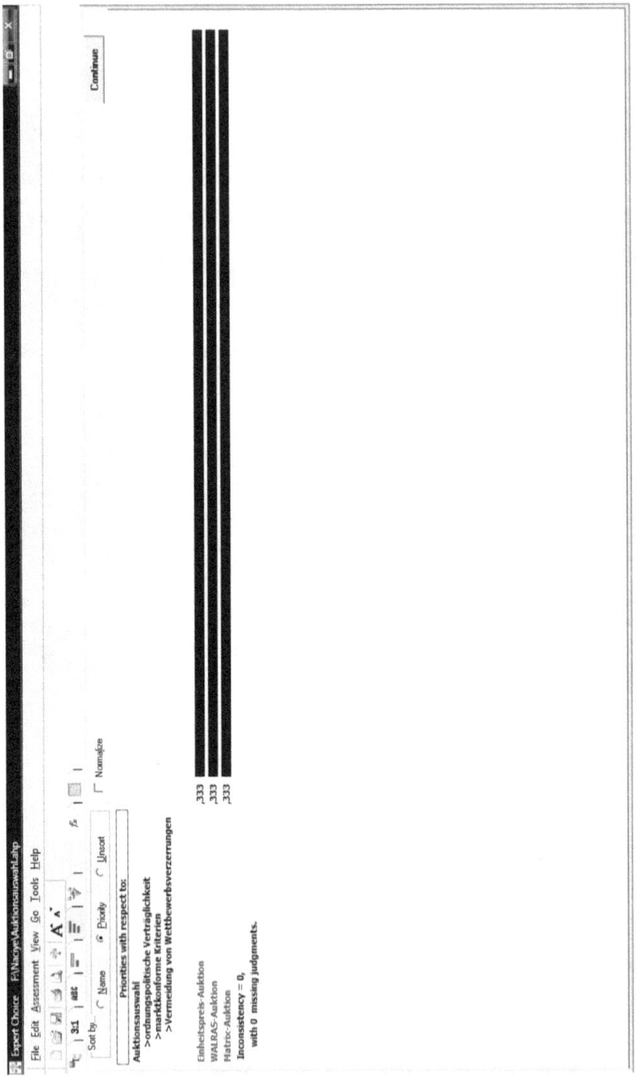

Abbildung 22: Prioritäten der Auktionsformen im Hinblick auf das betriebswirtschaftliche Sub-Kriterium „Vermeidung von Wettbewerbsverzerrungen“

Die Evaluationsmatrix ist für $n = 3$ mit dem Konsistenzwert $C.R. = 0,00$ hinreichend konsistent.

Spaltensummen der Evaluationsmatrix A_7^{auc}	3,0000	3,0000	3,0000			
Auktionsformen	normierte Evaluationsmatrix N_7^{auc}			Zeilensummen	Prioritäten $p_{7.q}^{dis}$	Rang
Einheitspreis-Auktion	0,3333	0,3333	0,3333	0,9999	0,3333	1
WALRAS-Auktion	0,3333	0,3333	0,3333	0,9999	0,3333	1
Matrix-Auktion	0,3333	0,3333	0,3333	0,9999	0,3333	1
Spaltensummen	0,9999	0,9999	0,9999	2,9997	0,9999	

Tabelle 66: Prioritäten der Auktionsformen im Hinblick auf das betriebswirtschaftliche Sub-Kriterium „problemloser Marktzugang und Marktabgang“

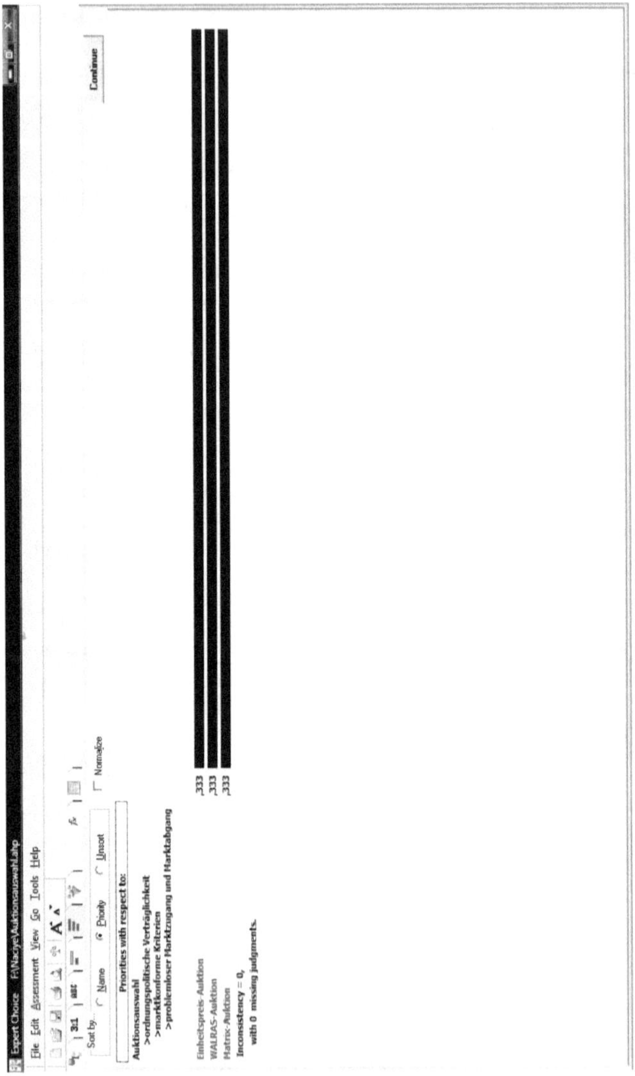

Abbildung 23: Prioritäten der Auktionsformen im Hinblick auf das betriebswirtschaftliche Sub-Kriterium „problemloser Marktzugang und Marktabgang“

Die Evaluationsmatrix ist für $n = 3$ mit dem Konsistenzwert $C.R. = 0,00$ hinreichend konsistent.

Spaltensummen der Evaluationsmatrix A_8^{auc}	7,0000	1,4000	7,0000			
Auktionsformen	normierte Evaluationsmatrix N_8^{auc}			Zeilensummen	Prioritäten $p_{8.q}^{dis}$	Rang
Einheitspreis-Auktion	0,1429	0,1429	0,1429	0,4287	0,1429	2
WALRAS-Auktion	0,7143	0,7143	0,7143	2,1429	0,7143	1
Matrix-Auktion	0,1429	0,1429	0,1429	0,4287	0,1429	2
Spaltensummen	1,0001	1,0001	1,0001	3,0003	1,0001	

Tabelle 67: Prioritäten der Auktionsformen im Hinblick auf das betriebswirtschaftliche Sub-Kriterium „Generierung von Preisinformationen"

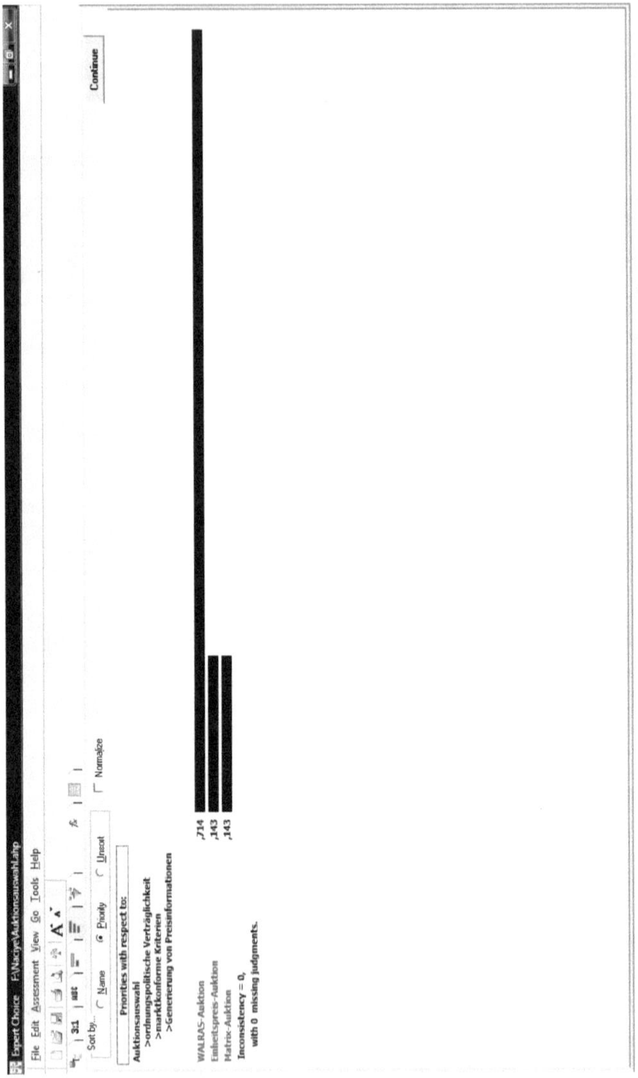

Abbildung 24: Prioritäten der Auktionsformen im Hinblick auf das betriebswirtschaftliche Sub-Kriterium „Generierung von Preisinformationen"

Die Evaluationsmatrix ist für $n = 3$ mit dem Konsistenzwert $C.R. = 0{,}00$ hinreichend konsistent.

Spaltensummen der Evaluationsmatrix A_9^{auc}	3,0000	3,0000	3,0000			
Auktionsformen	normierte Evaluationsmatrix N_9^{auc}			Zeilensummen	Prioritäten $p_{9.q}^{dis}$	Rang
Einheitspreis-Auktion	0,3333	0,3333	0,3333	0,9999	0,3333	1
WALRAS-Auktion	0,3333	0,3333	0,3333	0,9999	0,3333	1
Matrix-Auktion	0,3333	0,3333	0,3333	0,9999	0,3333	1
Spaltensummen	0,9999	0,9999	0,9999	2,9997	0,9999	

Tabelle 68: Prioritäten der Auktionsformen im Hinblick auf das betriebswirtschaftliche Sub-Kriterium „Internalisierung externer Effekte“

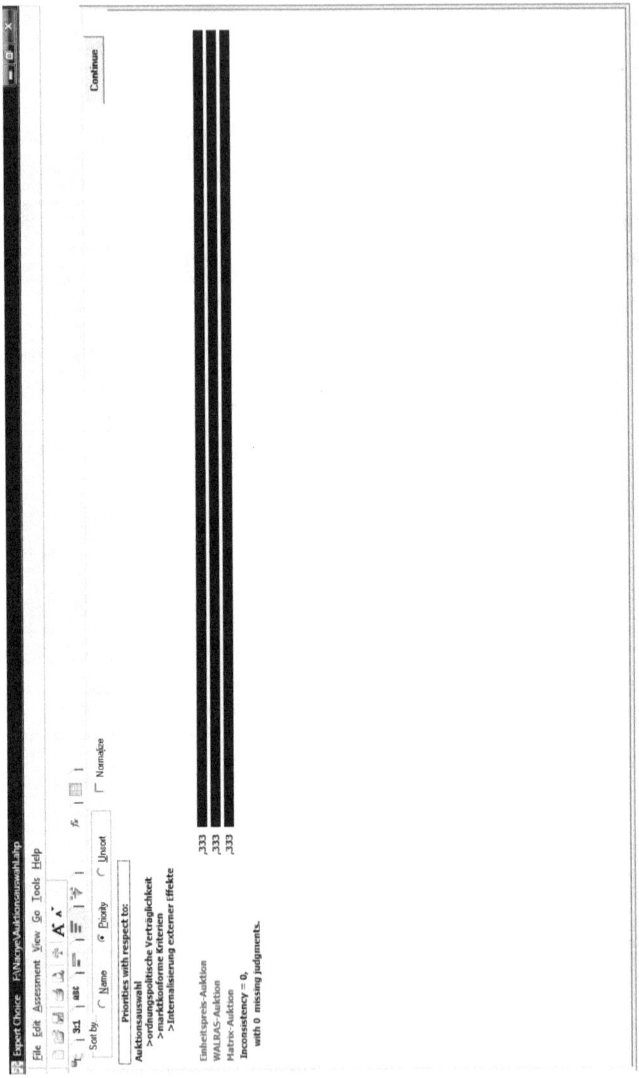

Abbildung 25: Prioritäten der Auktionsformen im Hinblick auf das betriebswirtschaftliche Sub-Kriterium „Internalisierung externer Effekte"

Die Evaluationsmatrix ist für $n = 3$ mit dem Konsistenzwert $C.R. = 0,00$ hinreichend konsistent.

Spaltensummen der Evaluationsmatrix A_{10}^{auc}	3,0000	3,0000	3,0000			
Auktionsformen	normierte Evaluationsmatrix N_{10}^{auc}			Zeilensummen	Prioritäten $p_{10.q}^{dis}$	Rang
Einheitspreis-Auktion	0,3333	0,3333	0,3333	0,9999	0,3333	1
WALRAS-Auktion	0,3333	0,3333	0,3333	0,9999	0,3333	1
Matrix-Auktion	0,3333	0,3333	0,3333	0,9999	0,3333	1
Spaltensummen	0,9999	0,9999	0,9999	2,9997	0,9999	

Tabelle 69: Prioritäten der Auktionsformen im Hinblick auf das betriebswirtschaftliche Sub-Kriterium „Vermeidung von Marktmacht"

Abbildung 26: Prioritäten der Auktionsformen im Hinblick auf das betriebswirtschaftliche Sub-Kriterium „Vermeidung von Marktmacht"

Die Evaluationsmatrix ist für $n = 3$ mit dem Konsistenzwert $C.R. = 0,00$ hinreichend konsistent.

Spaltensummen der Evaluationsmatrix A_{11}^{auc}	6,0000	1,5000	6,0000			
Auktionsformen	normierte Evaluationsmatrix N_{11}^{auc}			Zeilensummen	Prioritäten $p_{11.q}^{dis}$	Rang
Einheitspreis-Auktion	0,1667	0,1667	0,1667	0,5001	0,1667	2
WALRAS-Auktion	0,6667	0,6667	0,6667	2,0001	0,6667	1
Matrix-Auktion	0,1667	0,1667	0,1667	0,5001	0,1667	2
Spaltensummen	1,0001	1,0001	1,0001	3,0003	1,0001	

Tabelle 70: Prioritäten der Auktionsformen im Hinblick auf das betriebswirtschaftliche Sub-Kriterium „stabile Preisentwicklung"

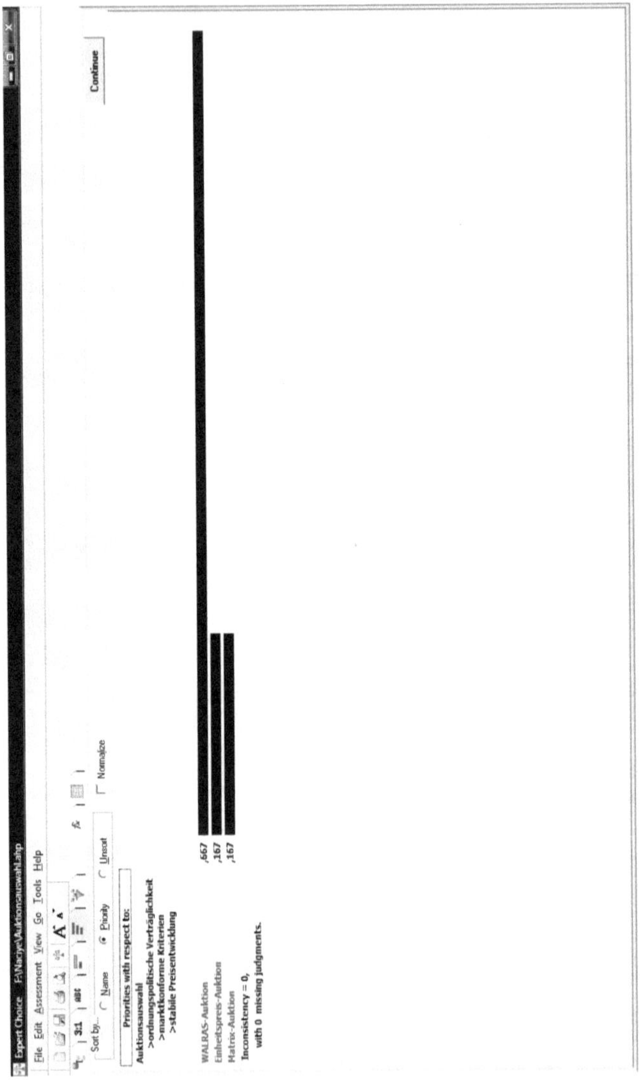

Abbildung 27: Prioritäten der Auktionsformen im Hinblick auf das betriebswirtschaftliche Sub-Kriterium „stabile Preisentwicklung“

Die Evaluationsmatrix ist für $n = 3$ mit dem Konsistenzwert $C.R. = 0,00$ hinreichend konsistent.

Spaltensummen der Evaluationsmatrix A_{12}^{auc}	3,0000	3,0000	3,0000			
Auktionsformen	normierte Evaluationsmatrix N_{12}^{auc}			Zeilensummen	Prioritäten $p_{12.q}^{dis}$	Rang
Einheitspreis-Auktion	0,3333	0,3333	0,3333	0,9999	0,3333	1
WALRAS-Auktion	0,3333	0,3333	0,3333	0,9999	0,3333	1
Matrix-Auktion	0,3333	0,3333	0,3333	0,9999	0,3333	1
Spaltensummen	0,9999	0,9999	0,9999	2,9997	0,9999	

Tabelle 71: Prioritäten der Auktionsformen im Hinblick auf das betriebswirtschaftliche Sub-Kriterium „Marktliquidität“

Abbildung 28: Prioritäten der Auktionsformen im Hinblick auf das betriebswirtschaftliche Sub-Kriterium „Marktliquidität"

Die Evaluationsmatrix ist für $n = 3$ mit dem Konsistenzwert $C.R. = 0{,}00$ hinreichend konsistent.

Spaltensummen der Evaluationsmatrix A_{13}^{auc}	7,0000	1,4000	7,0000			
Auktionsformen	normierte Evaluationsmatrix N_{13}^{auc}			Zeilensummen	Prioritäten $p_{13.q}^{dis}$	Rang
Einheitspreis-Auktion	0,1429	0,1429	0,1429	0,4287	0,1429	2
WALRAS-Auktion	0,7143	0,7143	0,7143	2,1429	0,7143	1
Matrix-Auktion	0,1429	0,1429	0,1429	0,4287	0,1429	2
Spaltensummen	1,0001	1,0001	1,0001	3,0003	1,0001	

Tabelle 72: Prioritäten der Auktionsformen im Hinblick auf das betriebswirtschaftliche Sub-Kriterium „Markttransparenz“

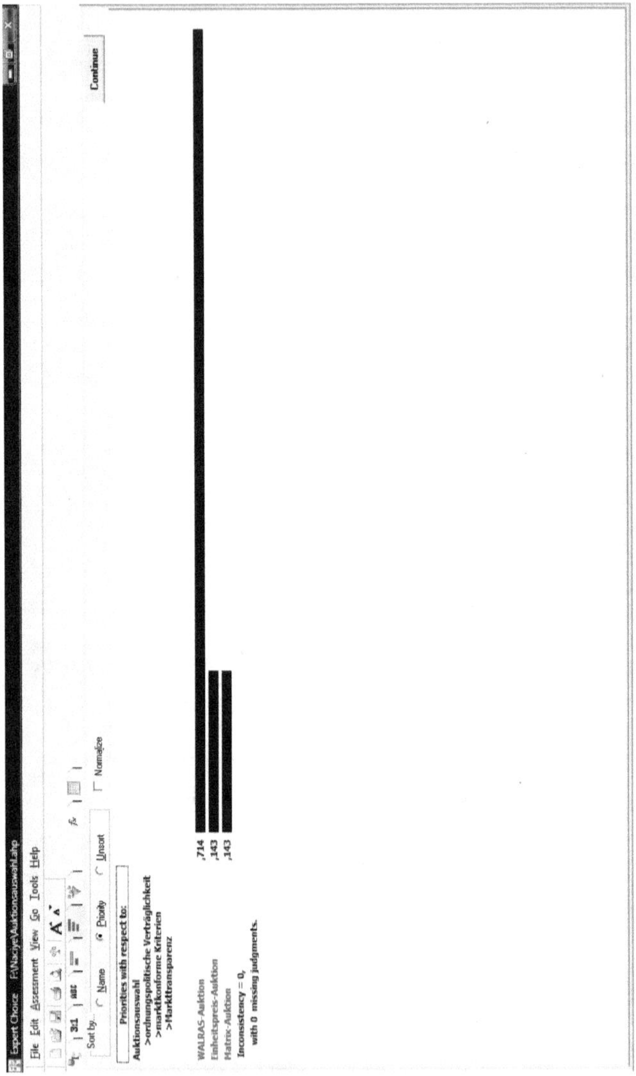

Abbildung 29: Prioritäten der Auktionsformen im Hinblick auf das betriebswirtschaftliche Sub-Kriterium „Markttransparenz“

Die Evaluationsmatrix ist für $n = 3$ mit dem Konsistenzwert $C.R. = 0,00$ hinreichend konsistent.

Spaltensummen der Evaluationsmatrix A_{14}^{auc}	2,3333	8,0000	2,2500			
Auktionsformen	normierte Evaluationsmatrix N_{14}^{auc}			Zeilensummen	Prioritäten $p_{14.q}^{dis}$	Rang
Einheitspreis-Auktion	0,4286	0,3750	0,4444	1,2480	0,4160	2
WALRAS-Auktion	0,1428	0,1250	0,1111	0,3789	0,1263	3
Matrix-Auktion	0,4286	0,5000	0,4444	1,3730	0,4577	1
Spaltensummen	1,0000	1,0000	0,9999	2,9999	1,0000	

Tabelle 73: Prioritäten der Auktionsformen im Hinblick auf das betriebswirtschaftliche Sub-Kriterium „politische Durchsetzbarkeit“

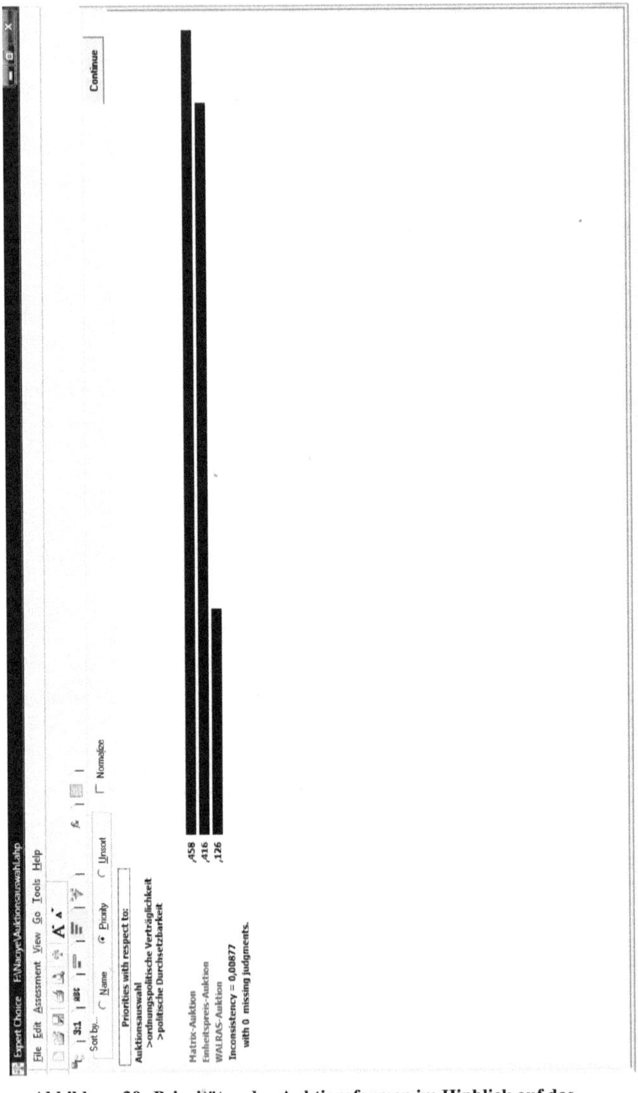

Abbildung 30: Prioritäten der Auktionsformen im Hinblick auf das betriebswirtschaftliche Sub-Kriterium „politische Durchsetzbarkeit"

Die Evaluationsmatrix ist für $n = 3$ mit dem Konsistenzwert $C.R. = 0,00877$ (oder aufgerundet: mit $C.R. = 0,01$) gemäß (2.3) wegen $0,00877 < 0,05$ (oder wegen $0,01 < 0,05$) hinreichend konsistent.

Spaltensummen der Evaluationsmatrix A_{15}^{auc}	3,0000	3,0000	3,0000			
Auktionsformen	normierte Evaluationsmatrix N_{15}^{auc}			Zeilensummen	Prioritäten $p_{15.q}^{dis}$	Rang
Einheitspreis-Auktion	0,3333	0,3333	0,3333	0,9999	0,3333	1
WALRAS-Auktion	0,3333	0,3333	0,3333	0,9999	0,3333	1
Matrix-Auktion	0,3333	0,3333	0,3333	0,9999	0,3333	1
Spaltensummen	0,9999	0,9999	0,9999	2,9997	0,9999	

Tabelle 74: Prioritäten der Auktionsformen im Hinblick auf das betriebswirtschaftliche Sub-Kriterium „Kompatibilität mit bisherigen nationalen Eindämmungsaktivitäten“

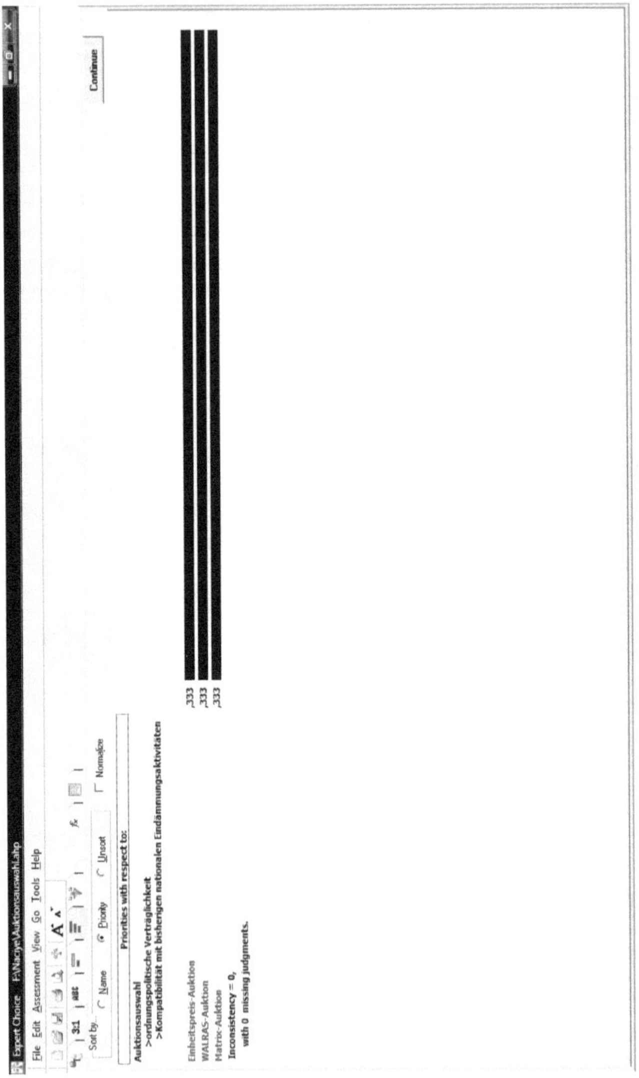

Abbildung 31: Prioritäten der Auktionsformen im Hinblick auf das betriebswirtschaftliche Sub-Kriterium „Kompatibilität mit bisherigen nationalen Eindämmungsaktivitäten"

Die Evaluationsmatrix ist für $n = 3$ mit dem Konsistenzwert $C.R. = 0,00$ hinreichend konsistent.

Spaltensummen der Evaluationsmatrix A_{16}^{auc}	2,2000	13,0000	2,1429			
Auktionsformen	normierte Evaluationsmatrix N_{16}^{auc}			Zeilensummen	Prioritäten $p_{16.q}^{dis}$	Rang
Einheitspreis-Auktion	0,4545	0,3846	0,4667	1,3058	0,4353	2
WALRAS-Auktion	0,0909	0,0769	0,0667	0,2345	0,0782	3
Matrix-Auktion	0,4545	0,5385	0,4667	1,4597	0,4866	1
Spaltensummen	0,9999	1,0000	1,0001	3,0000	1,0001	

Tabelle 75: Prioritäten der Auktionsformen im Hinblick auf das betriebswirtschaftliche Sub-Kriterium „administrative Praktikabilität"

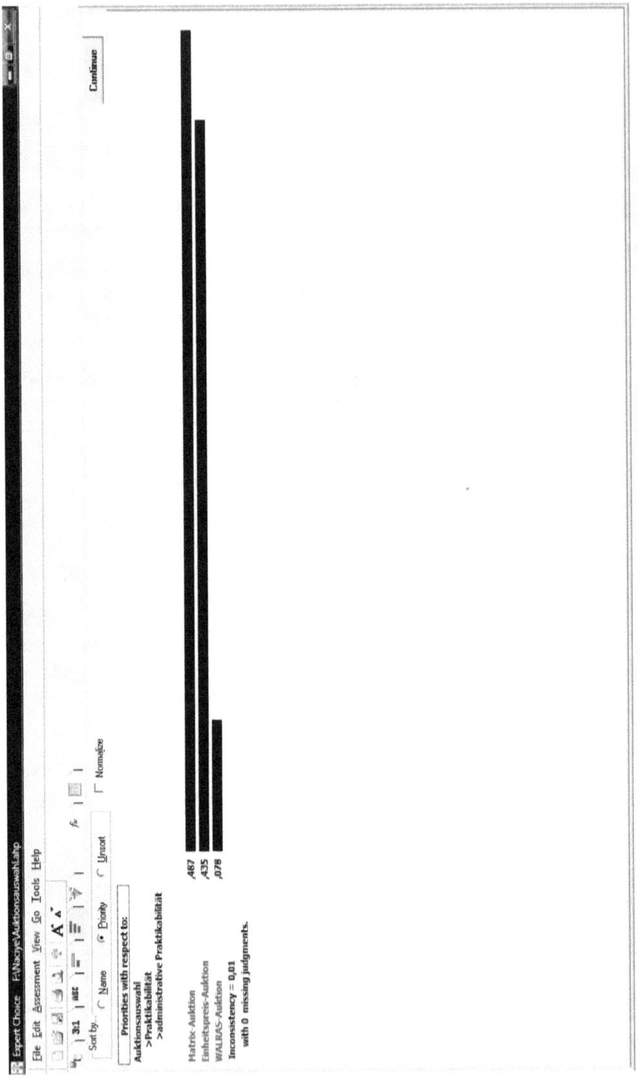

Abbildung 32: Prioritäten der Auktionsformen im Hinblick auf das betriebswirtschaftliche Sub-Kriterium „administrative Praktikabilität"

Die Evaluationsmatrix ist für $n = 3$ mit dem Konsistenzwert $C.R. = 0{,}01$ gemäß (2.3) wegen $0{,}01 < 0{,}05$ hinreichend konsistent.

Spaltensummen der Evaluations-matrix A_{17}^{auc}	3,0000	3,0000	3,0000			
Auktions-formen	normierte Evaluationsmatrix N_{17}^{auc}			Zeilen-summen	Prioritä-ten $p_{17.q}^{dis}$	Rang
Einheitspreis-Auktion	0,3333	0,3333	0,3333	0,9999	0,3333	1
WALRAS-Auktion	0,3333	0,3333	0,3333	0,9999	0,3333	1
Matrix-Auktion	0,3333	0,3333	0,3333	0,9999	0,3333	1
Spaltensummen	0,9999	0,9999	0,9999	2,9997	0,9999	

Tabelle 76: Prioritäten der Auktionsformen im Hinblick auf das betriebswirtschaftliche Sub-Kriterium „rechtliche Praktikabilität“

Abbildung 33: Prioritäten der Auktionsformen im Hinblick auf das betriebswirtschaftliche Sub-Kriterium „rechtliche Praktikabilität“

Die Evaluationsmatrix ist für $n = 3$ mit dem Konsistenzwert $C.R. = 0{,}00$ hinreichend konsistent.

Spaltensummen der Evaluationsmatrix A_{18}^{auc}	3,0000	3,0000	3,0000			
Auktionsformen	normierte Evaluationsmatrix N_{18}^{auc}			Zeilensummen	Prioritäten $p_{18.q}^{dis}$	Rang
Einheitspreis-Auktion	0,3333	0,3333	0,3333	0,9999	0,3333	1
WALRAS-Auktion	0,3333	0,3333	0,3333	0,9999	0,3333	1
Matrix-Auktion	0,3333	0,3333	0,3333	0,9999	0,3333	1
Spaltensummen	0,9999	0,9999	0,9999	2,9997	0,9999	

Tabelle 77: Prioritäten der Auktionsformen im Hinblick auf das betriebswirtschaftliche Eignungskriterium „umwelttechnologische Auktionsimplementierung“

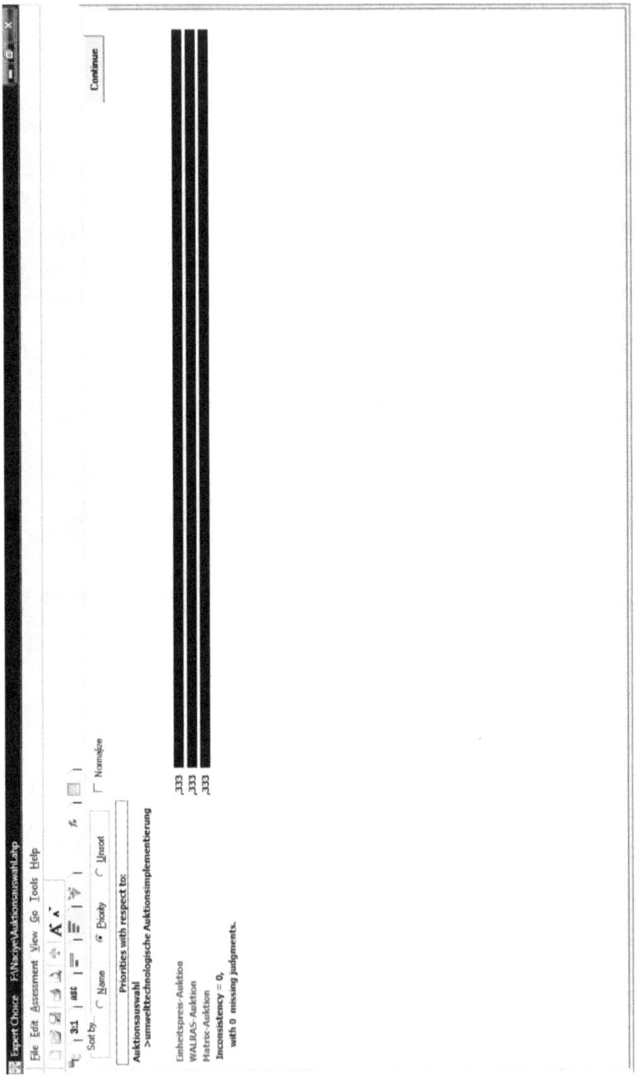

Abbildung 34: Prioritäten der Auktionsformen im Hinblick auf das betriebswirtschaftliche Eignungskriterium „umwelttechnologische Auktionsimplementierung“

Die Evaluationsmatrix ist für $n = 3$ mit dem Konsistenzwert $C.R. = 0,00$ hinreichend konsistent.

Spaltensummen der Evaluationsmatrix A_{19}^{auc}	3,0000	3,0000	3,0000			
Auktionsformen	normierte Evaluationsmatrix N_{19}^{auc}			Zeilensummen	Prioritäten $p_{19.q}^{dis}$	Rang
Einheitspreis-Auktion	0,3333	0,3333	0,3333	0,9999	0,3333	1
WALRAS-Auktion	0,3333	0,3333	0,3333	0,9999	0,3333	1
Matrix-Auktion	0,3333	0,3333	0,3333	0,9999	0,3333	1
Spaltensummen	0,9999	0,9999	0,9999	2,9997	0,9999	

Tabelle 78: Prioritäten der Auktionsformen im Hinblick auf das betriebswirtschaftliche Eignungskriterium „verhaltenspolitisches Kriterium: beschränkte Rationalität“

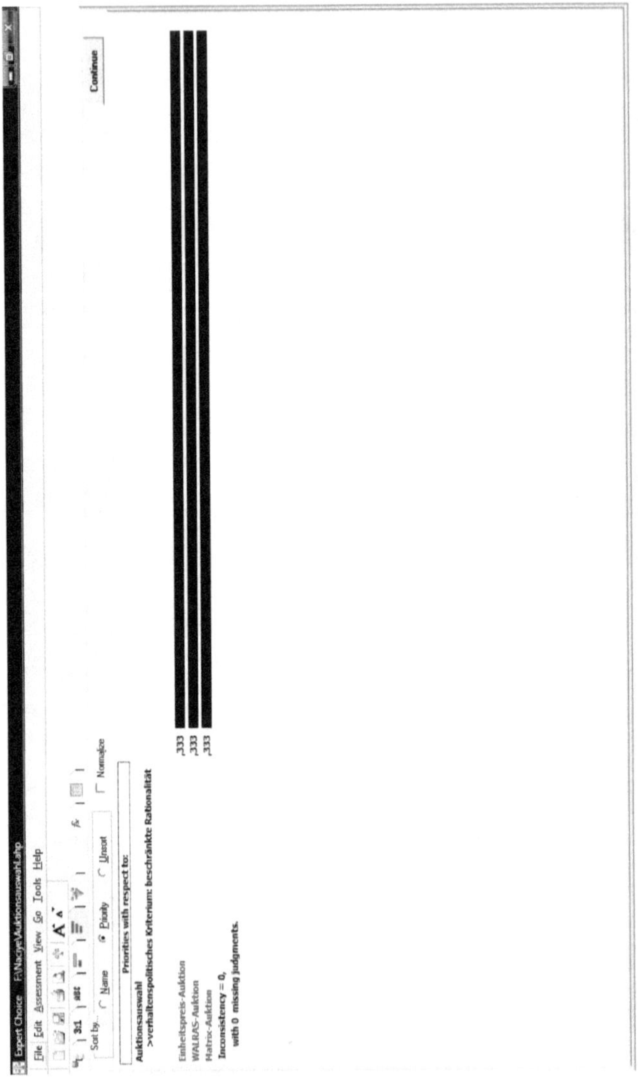

Abbildung 35: Prioritäten der Auktionsformen im Hinblick auf das betriebswirtschaftliche Eignungskriterium „verhaltenspolitisches Kriterium: beschränkte Rationalität"

Die Evaluationsmatrix ist für $n = 3$ mit dem Konsistenzwert $C.R. = 0,00$ hinreichend konsistent.

Spaltensummen der Evaluationsmatrix A_{20}^{auc}	3,0000	3,0000	3,0000			
Auktionsformen	normierte Evaluationsmatrix N_{20}^{auc}			Zeilensummen	Prioritäten $p_{20.q}^{dis}$	Rang
Einheitspreis-Auktion	0,3333	0,3333	0,3333	0,9999	0,3333	1
WALRAS-Auktion	0,3333	0,3333	0,3333	0,9999	0,3333	1
Matrix-Auktion	0,3333	0,3333	0,3333	0,9999	0,3333	1
Spaltensummen	0,9999	0,9999	0,9999	2,9997	0,9999	

Tabelle 79: Prioritäten der Auktionsformen im Hinblick auf das betriebswirtschaftliche Sub-Kriterium „fristenkongruente Anwendbarkeit“

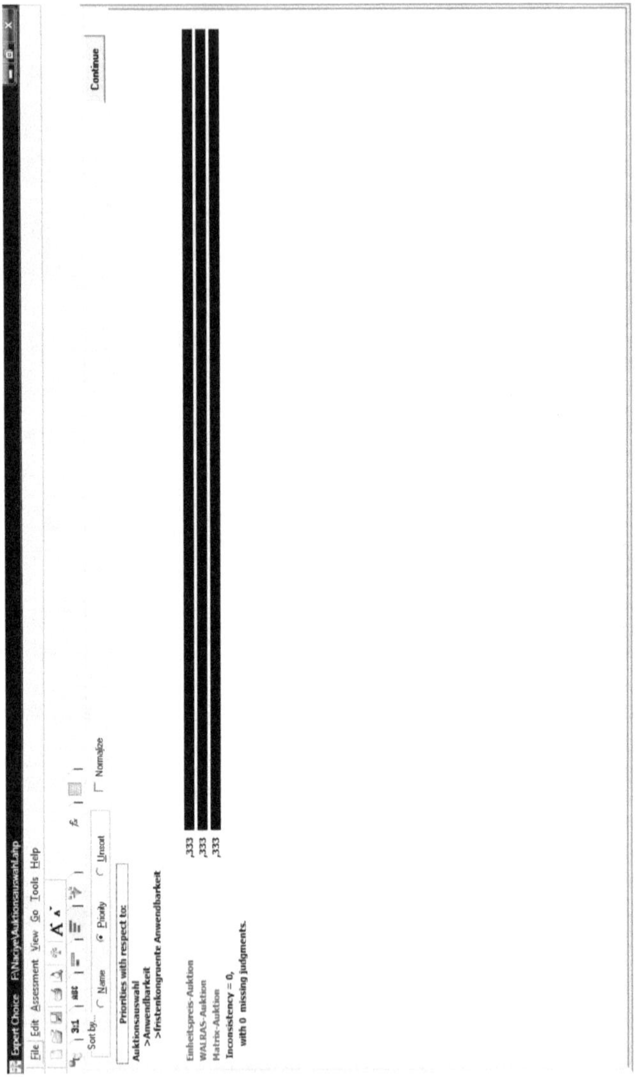

Abbildung 36: Prioritäten der Auktionsformen im Hinblick auf das betriebswirtschaftliche Sub-Kriterium „fristenkongruente Anwendbarkeit“

Die Evaluationsmatrix ist für $n = 3$ mit dem Konsistenzwert $C.R. = 0{,}00$ hinreichend konsistent.

Spaltensummen der Evaluationsmatrix A_{21}^{auc}	3,0000	3,0000	3,0000			
Auktionsformen	normierte Evaluationsmatrix N_{21}^{auc}			Zeilensummen	Prioritäten $p_{21.q}^{dis}$	Rang
Einheitspreis-Auktion	0,3333	0,3333	0,3333	0,9999	0,3333	1
WALRAS-Auktion	0,3333	0,3333	0,3333	0,9999	0,3333	1
Matrix-Auktion	0,3333	0,3333	0,3333	0,9999	0,3333	1
Spaltensummen	0,9999	0,9999	0,9999	2,9997	0,9999	

Tabelle 80: Prioritäten der Auktionsformen im Hinblick auf das betriebswirtschaftliche Sub-Kriterium „flexible Anwendbarkeit“

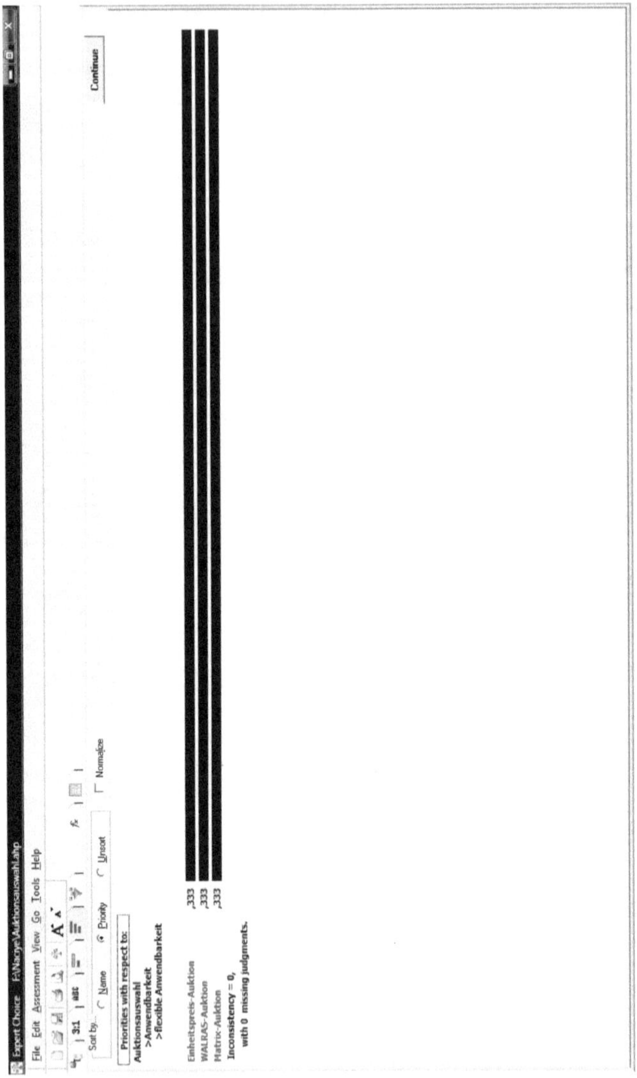

Abbildung 37: Prioritäten der Auktionsformen im Hinblick auf das betriebswirtschaftliche Sub-Kriterium „flexible Anwendbarkeit"

Die Evaluationsmatrix ist für $n = 3$ mit dem Konsistenzwert $C.R. = 0{,}00$ hinreichend konsistent.

Spaltensummen der Evaluationsmatrix A_{22}^{auc}	3,0000	3,0000	3,0000			
Auktionsformen	normierte Evaluationsmatrix N_{22}^{auc}			Zeilensummen	Prioritäten $p_{22.q}^{dis}$	Rang
Einheitspreis-Auktion	0,3333	0,3333	0,3333	0,9999	0,3333	1
WALRAS-Auktion	0,3333	0,3333	0,3333	0,9999	0,3333	1
Matrix-Auktion	0,3333	0,3333	0,3333	0,9999	0,3333	1
Spaltensummen	0,9999	0,9999	0,9999	2,9997	0,9999	

Tabelle 81: Prioritäten der Auktionsformen im Hinblick auf das betriebswirtschaftliche Sub-Kriterium „EU-weite Anwendbarkeit“

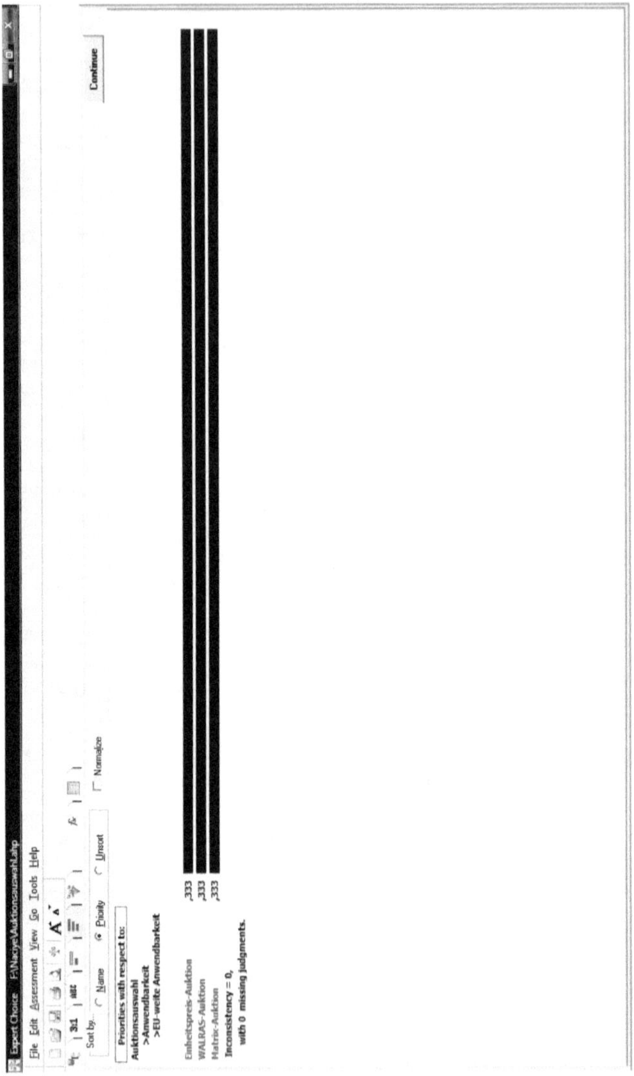

Abbildung 38: Prioritäten der Auktionsformen im Hinblick auf das betriebswirtschaftliche Sub-Kriterium „EU-weite Anwendbarkeit"

Die Evaluationsmatrix ist für $n = 3$ mit dem Konsistenzwert $C.R. = 0,00$ hinreichend konsistent.

Spaltensummen der Evaluationsmatrix A_{23}^{auc}	3,0000	3,0000	3,0000			
Auktions-formen	normierte Evaluationsmatrix N_{23}^{auc}			Zeilen-summen	Prioritäten $p_{23.q}^{dis}$	Rang
Einheitspreis-Auktion	0,3333	0,3333	0,3333	0,9999	0,3333	1
WALRAS-Auktion	0,3333	0,3333	0,3333	0,9999	0,3333	1
Matrix-Auktion	0,3333	0,3333	0,3333	0,9999	0,3333	1
Spaltensummen	0,9999	0,9999	0,9999	2,9997	0,9999	

Tabelle 82: Prioritäten der Auktionsformen im Hinblick auf das betriebswirtschaftliche Sub-Kriterium „Berücksichtigung von ‚early actions' "

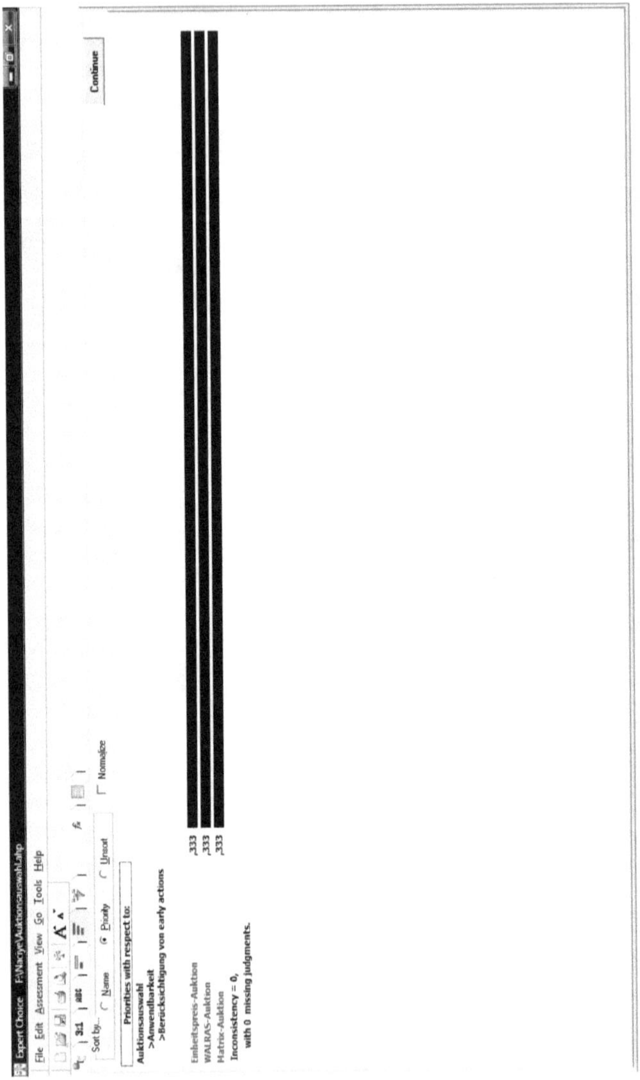

Abbildung 39: Prioritäten der Auktionsformen im Hinblick auf das betriebswirtschaftliche Sub-Kriterium „Berücksichtigung von ‚early actions' "

Die Evaluationsmatrix ist für $n = 3$ mit dem Konsistenzwert $C.R. = 0{,}00$ hinreichend konsistent.

3.2.2.3.3.6 Selektion einer bestgeeigneten Auktionsform

Zum Abschluss der 4. Stufe des AHP-Vorgehensmodells sind die drei Auktionsformen, die auf der zweiten Bewertungsstufe miteinander verglichen wurden, im Hinblick auf alle betriebswirtschaftlichen Eignungskriterien und alle betriebswirtschaftlichen Sub-Kriterien bewertet. Dadurch sind alle Teilprobleme des multi-kriteriellen Evaluationsproblems gelöst.

In der nun 5. und letzten Stufe des AHP-Vorgehensmodells sind die kriterienspezifischen Bewertungen – d.h. die Prioritäten $p_{l.q}^{dis}$ mit $l = 1,...,23$ und $q = 1,...,3$ – der drei Auktionsformen q mit $q = 1,...,3$, die in Bezug auf die betriebswirtschaftliche Kriterien und Sub-Kriterien der untersten Ebene der Kriterien-Hierarchie mit $l = 1,...,23$ ermittelt wurden, zu einer *Gesamtpriorität*[1)] P_q für jede Auktionsform q zu aggregieren, um schließlich die Auktionsform zu selektieren, die den Katalog betriebswirtschaftlicher Eignungskriterien bestmöglich erfüllt. Zur Bestimmung der Gesamtpriorität P_q sind zunächst die *gewichteten Prioritäten* $\left(w_l \cdot p_{l.q}^{dis}\right)$ der Auktionsformen für das jeweilige betriebswirtschaftliche Kriterium und Sub-Kriterium zu ermitteln. Die gewichteten Prioritäten ergeben sich durch das Multiplizieren der aggregierten Bedeutungsurteile w_l [2)] mit den Prioritäten $p_{l.q}^{dis}$ für das jeweilige betriebswirtschaftliche Kriterium oder Sub-Kriterium[3)]. Anschließend werden die gewichteten Prioritäten über alle betriebswirtschaftlichen Kriterien und Sub-Kriterien auf der untersten Ebene der Kriterien-Hierarchie zu einer Gesamtpriorität P_q summiert.

---

1) In der Fachliteratur findet für die *Gesamtpriorität* auch die Bezeichnung „Overall-Priorität" Anwendung. Vgl. z.B. DELLMANN/GRÜNIG (1999), S. 39. Diese Begriffe werden im Rahmen der vorliegenden Arbeit synonym verwendet.

2) Die aggregierten Bedeutungsurteile $w_{k.i}$ mit $k = 1,...,6$, die bisher verwendet wurden, werden jetzt zwecks Vereinfachung der Darstellungsweise reindiziert. Statt des früheren doppelten Index „k.i" mit Bezug auf den Index k der Evaluationsmatrizen A_k^{crit} mit $k = 1,...,6$ für die relativen Bedeutungen von betriebswirtschaftlichen Kriterien und Sub-Kriterien wird jetzt der neu interpretierte einfache Index „l" mit Bezug auf den Index l der Evaluationsmatrizen A_l^{auc} mit $l = 1,...,23$ für die relativen Bedeutungen von Auktionsformen verwendet.

3) Vgl. PETERS (2008), S. 476 und PETERS/ZELEWSKI (2003), S. 1216.

Mit der folgenden Formel wird das *gewogene arithmetische Mittel* bestimmt:

(5)

$$P_q = \sum_{l=1}^{23} w_l \cdot p_{l,q}^{dis} \qquad \forall q = 1,\dots,3$$

In den folgenden Tabellen werden die aggregierten Bedeutungsurteile für die betriebswirtschaftlichen Kriterien und Sub-Kriterien auf der untersten Ebene der Kriterien-Hierarchie, die kriterienspezifischen Prioritäten der Auktionsformen in Bezug auf diese betriebswirtschaftlichen (Sub-)Kriterien sowie die jeweils betroffenen betriebswirtschaftlichen (Sub-)Kriterien dargestellt.

Auktionsformen	aggregiertes Bedeutungsurteil für das betriebswirtschaftliche Kriterium „Geschwindigkeit der Auktionsdurchführung“ w_l	Prioritäten $p_{l,q}^{dis}$ Geschwindigkeit der Auktionsdurchführung	gewichtete Prioritäten $w_l \cdot p_{l,q}^{dis}$
Einheitspreis-Auktion	0,0357	0,4796	0,0171
WALRAS-Auktion		0,1149	0,0041
Matrix-Auktion		0,4055	0,0145

Tabelle 83: Gewichtete Prioritäten der Auktionsformen im Hinblick auf das betriebswirtschaftliche Eignungskriterium „Geschwindigkeit der Auktionsdurchführung“

Auktionsformen	aggregiertes Bedeutungsurteil für das betriebswirtschaftliche Sub-Kriterium „ökologische Effektivität“ w_2	Prioritäten $p_{2.q}^{dis}$ ökologische Effektivität	gewichtete Prioritäten $w_2 \cdot p_{2.q}^{dis}$
Einheitspreis-Auktion	0,0774	0,3333	0,0258
WALRAS-Auktion		0,3333	0,0258
Matrix-Auktion		0,3333	0,0258

Tabelle 84: Gewichtete Prioritäten der Auktionsformen im Hinblick auf das betriebswirtschaftliche Sub-Kriterium „ökologische Effektivität“

Auktionsformen	aggregiertes Bedeutungsurteil für das betriebswirtschaftliche Sub-Kriterium „Geschwindigkeit der umweltpolitischen Zielerreichung“ w_3	Prioritäten $p_{3.q}^{dis}$ Geschwindigkeit der umweltpolitischen Zielerreichung	gewichtete Prioritäten $w_3 \cdot p_{3.q}^{dis}$
Einheitspreis-Auktion	0,1370	0,3333	0,0457
WALRAS-Auktion		0,3333	0,0457
Matrix-Auktion		0,3333	0,0457

Tabelle 85: Gewichtete Prioritäten der Auktionsformen im Hinblick auf das betriebswirtschaftliche Sub-Kriterium „Geschwindigkeit der umweltpolitischen Zielerreichung“

Auktions-formen	aggregiertes Bedeutungsurteil für das betriebswirtschaftliche Sub-Kriterium „Planungssicherheit" w_4	Prioritäten $p_{4.q}^{dis}$ Planungs-sicherheit	gewichtete Prioritäten $w_4 \cdot p_{4.q}^{dis}$
Einheitspreis-Auktion	0,0175	0,1429	0,0025
WALRAS-Auktion		0,7143	0,0125
Matrix-Auktion		0,1429	0,0025

Tabelle 86: Gewichtete Prioritäten der Auktionsformen im Hinblick auf das betriebswirtschaftliche Sub-Kriterium „Planungssicherheit"

Auktions-formen	aggregiertes Bedeutungsurteil für das betriebswirtschaftliche Kriterium „umweltökonomische Effizienz" w_5	Prioritäten $p_{5.q}^{dis}$ umweltökonomische Effizienz	gewichtete Prioritäten $w_5 \cdot p_{5.q}^{dis}$
Einheitspreis-Auktion	0,3491	0,3333	0,1164
WALRAS-Auktion		0,3333	0,1164
Matrix-Auktion		0,3333	0,1164

Tabelle 87: Gewichtete Prioritäten der Auktionsformen im Hinblick auf das betriebswirtschaftliche Eignungskriterium „umweltökonomische Effizienz"

Auktionsformen	aggregiertes Bedeutungsurteil für das betriebswirtschaftliche Sub-Kriterium „Vermeidung von Wettbewerbsverzerrungen" w_6	Prioritäten $p_{6.q}^{dis}$ Vermeidung von Wettbewerbsverzerrungen	gewichtete Prioritäten $w_6 \cdot p_{6.q}^{dis}$
Einheitspreis-Auktion	0,0033	0,3333	0,0011
WALRAS-Auktion		0,3333	0,0011
Matrix-Auktion		0,3333	0,0011

Tabelle 88: Gewichtete Prioritäten der Auktionsformen im Hinblick auf das betriebswirtschaftliche Sub-Kriterium „Vermeidung von Wettbewerbsverzerrungen"

Auktionsformen	aggregiertes Bedeutungsurteil für das betriebswirtschaftliche Sub-Kriterium „problemloser Marktzugang und Marktabgang" w_7	Prioritäten $p_{7.q}^{dis}$ problemloser Marktzugang und Marktabgang	gewichtete Prioritäten $w_7 \cdot p_{7.q}^{dis}$
Einheitspreis-Auktion	0,0011	0,3333	0,0004
WALRAS-Auktion		0,3333	0,0004
Matrix-Auktion		0,3333	0,0004

Tabelle 89: Gewichtete Prioritäten der Auktionsformen im Hinblick auf das betriebswirtschaftliche Sub-Kriterium „problemloser Marktzugang und Marktabgang"

Auktionsformen	aggregiertes Bedeutungsurteil für das betriebswirtschaftliche Sub-Kriterium „Generierung von Preisinformationen“ w_8	Prioritäten $p_{8.q}^{dis}$ Generierung von Preisinformationen	gewichtete Prioritäten $w_8 \cdot p_{8.q}^{dis}$
Einheitspreis-Auktion	0,0010	0,1429	0,0001
WALRAS-Auktion		0,7143	0,0007
Matrix-Auktion		0,1429	0,0001

Tabelle 90: Gewichtete Prioritäten der Auktionsformen im Hinblick auf das betriebswirtschaftliche Sub-Kriterium „Generierung von Preisinformationen“

Auktionsformen	aggregiertes Bedeutungsurteil für das betriebswirtschaftliche Sub-Kriterium „Internalisierung externer Effekte“ w_9	Prioritäten $p_{9.q}^{dis}$ Internalisierung externer Effekte	gewichtete Prioritäten $w_9 \cdot p_{9.q}^{dis}$
Einheitspreis-Auktion	0,0047	0,3333	0,0016
WALRAS-Auktion		0,3333	0,0016
Matrix-Auktion		0,3333	0,0016

Tabelle 91: Gewichtete Prioritäten der Auktionsformen im Hinblick auf das betriebswirtschaftliche Sub-Kriterium „Internalisierung externer Effekte“

Auktionsformen	aggregiertes Bedeutungsurteil für das betriebswirtschaftliche Sub-Kriterium „Vermeidung von Marktmacht" w_{10}	Prioritäten $p_{10.q}^{dis}$ Vermeidung von Marktmacht	gewichtete Prioritäten $w_{10} \cdot p_{10.q}^{dis}$
Einheitspreis-Auktion	0,0048	0,3333	0,0016
WALRAS-Auktion		0,3333	0,0016
Matrix-Auktion		0,3333	0,0016

Tabelle 92: Gewichtete Prioritäten der Auktionsformen im Hinblick auf das betriebswirtschaftliche Sub-Kriterium „Vermeidung von Marktmacht"

Auktionsformen	aggregiertes Bedeutungsurteil für das betriebswirtschaftliche Sub-Kriterium „stabile Preisentwicklung" w_{11}	Prioritäten $p_{11.q}^{dis}$ stabile Preisentwicklung	gewichtete Prioritäten $w_{11} \cdot p_{11.q}^{dis}$
Einheitspreis-Auktion	0,0023	0,1667	0,0004
WALRAS-Auktion		0,6667	0,0015
Matrix-Auktion		0,1667	0,0004

Tabelle 93: Gewichtete Prioritäten der Auktionsformen im Hinblick auf das betriebswirtschaftliche Sub-Kriterium „stabile Preisentwicklung"

Auktions-formen	aggregiertes Bedeutungsurteil für das betriebswirtschaftliche Sub-Kriterium „Marktliquidität“ w_{12}	Prioritäten $p^{dis}_{12.q}$ Marktliquidität	gewichtete Prioritäten $w_{12} \cdot p^{dis}_{12.q}$
Einheitspreis-Auktion	0,0015	0,3333	0,0005
WALRAS-Auktion		0,3333	0,0005
Matrix-Auktion		0,3333	0,0005

Tabelle 94: Gewichtete Prioritäten der Auktionsformen im Hinblick auf das betriebswirtschaftliche Sub-Kriterium „Marktliquidität“

Auktions-formen	aggregiertes Bedeutungsurteil für das betriebswirtschaftliche Sub-Kriterium „Markttransparenz“ w_{13}	Prioritäten $p^{dis}_{13.q}$ Markttranspa-renz	gewichtete Prioritäten $w_{13} \cdot p^{dis}_{13.q}$
Einheitspreis-Auktion	0,0015	0,1429	0,0002
WALRAS-Auktion		0,7143	0,0011
Matrix-Auktion		0,1429	0,0002

Tabelle 95: Gewichtete Prioritäten der Auktionsformen im Hinblick auf das betriebswirtschaftliche Sub-Kriterium „Markttransparenz“

Auktionsformen	aggregiertes Bedeutungsurteil für das betriebswirtschaftliche Sub-Kriterium „politische Durchsetzbarkeit“ w_{14}	Prioritäten $p^{dis}_{14.q}$ politische Durchsetzbarkeit	gewichtete Prioritäten $w_{14} \cdot p^{dis}_{14.q}$
Einheitspreis-Auktion	0,0366	0,4160	0,0152
WALRAS-Auktion		0,1263	0,0046
Matrix-Auktion		0,4577	0,0168

Tabelle 96: Gewichtete Prioritäten der Auktionsformen im Hinblick auf das betriebswirtschaftliche Sub-Kriterium „politische Durchsetzbarkeit“

Auktionsformen	aggregiertes Bedeutungsurteil für das betriebswirtschaftliche Sub-Kriterium „Kompatibilität mit bisherigen nationalen Eindämmungsaktivitäten“ w_{15}	Prioritäten $p^{dis}_{15.q}$ Kompatibilität mit bisherigen nationalen Eindämmungsaktivitäten	gewichtete Prioritäten $w_{15} \cdot p^{dis}_{15.q}$
Einheitspreis-Auktion	0,0664	0,3333	0,0221
WALRAS-Auktion		0,3333	0,0221
Matrix-Auktion		0,3333	0,0221

Tabelle 97: Gewichtete Prioritäten der Auktionsformen im Hinblick auf das betriebswirtschaftliche Sub-Kriterium „Kompatibilität mit bisherigen nationalen Eindämmungsaktivitäten“

Auktionsformen	aggregiertes Bedeutungsurteil für das betriebswirtschaftliche Sub-Kriterium „administrative Praktikabilität“ w_{16}	Prioritäten $p_{16.q}^{dis}$ administrative Praktikabilität	gewichtete Prioritäten $w_{16} \cdot p_{16.q}^{dis}$
Einheitspreis-Auktion	0,0598	0,4353	0,0260
WALRAS-Auktion		0,0782	0,0047
Matrix-Auktion		0,4866	0,0291

Tabelle 98: Gewichtete Prioritäten der Auktionsformen im Hinblick auf das betriebswirtschaftliche Sub-Kriterium „administrative Praktikabilität“

Auktionsformen	aggregiertes Bedeutungsurteil für das betriebswirtschaftliche Sub-Kriterium „rechtliche Praktikabilität“ w_{17}	Prioritäten $p_{17.q}^{dis}$ rechtliche Praktikabilität	gewichtete Prioritäten $w_{17} \cdot p_{17.q}^{dis}$
Einheitspreis-Auktion	0,0299	0,3333	0,0100
WALRAS-Auktion		0,3333	0,0100
Matrix-Auktion		0,3333	0,0100

Tabelle 99: Gewichtete Prioritäten der Auktionsformen im Hinblick auf das betriebswirtschaftliche Sub-Kriterium „rechtliche Praktikabilität“

Auktionsformen	aggregiertes Bedeutungsurteil für das betriebswirtschaftliche Kriterium „umwelttechnologische Auktionsimplementierung“ w_{18}	Prioritäten $p^{dis}_{18.q}$ umwelttechnologische Auktionsimplementierung	gewichtete Prioritäten $w_{18} \cdot p^{dis}_{18.q}$
Einheitspreis-Auktion	0,0341	0,3333	0,0114
WALRAS-Auktion		0,3333	0,0114
Matrix-Auktion		0,3333	0,0114

Tabelle 100: Gewichtete Prioritäten der Auktionsformen im Hinblick auf das betriebswirtschaftliche Eignungskriterium „umwelttechnologische Auktionsimplementierung“

Auktionsformen	aggregiertes Bedeutungsurteil für das betriebswirtschaftliche Kriterium „verhaltenspolitisches Kriterium: beschränkte Rationalität“ w_{19}	Prioritäten $p^{dis}_{19.q}$ verhaltenspolitisches Kriterium: beschränkte Rationalität	gewichtete Prioritäten $w_{19} \cdot p^{dis}_{19.q}$
Einheitspreis-Auktion	0,0661	0,3333	0,0220
WALRAS-Auktion		0,3333	0,0220
Matrix-Auktion		0,3333	0,0220

Tabelle 101: Gewichtete Prioritäten der Auktionsformen im Hinblick auf das betriebswirtschaftliche Eignungskriterium „verhaltenspolitisches Kriterium: beschränkte Rationalität“

Auktionsformen	aggregiertes Bedeutungsurteil für das betriebswirtschaftliche Sub-Kriterium „fristenkongruente Anwendbarkeit“ w_{20}	Prioritäten $p_{20.q}^{dis}$ fristenkongruente Anwendbarkeit	gewichtete Prioritäten $w_{20} \cdot p_{20.q}^{dis}$
Einheitspreis-Auktion	0,0032	0,3333	0,0011
WALRAS-Auktion		0,3333	0,0011
Matrix-Auktion		0,3333	0,0011

Tabelle 102: Gewichtete Prioritäten der Auktionsformen im Hinblick auf das betriebswirtschaftliche Sub-Kriterium „fristenkongruente Anwendbarkeit“

Auktionsformen	aggregiertes Bedeutungsurteil für das betriebswirtschaftliche Sub-Kriterium „flexible Anwendbarkeit“ w_{21}	Prioritäten $p_{21.q}^{dis}$ flexible Anwendbarkeit	gewichtete Prioritäten $w_{21} \cdot p_{21.q}^{dis}$
Einheitspreis-Auktion	0,0368	0,3333	0,0123
WALRAS-Auktion		0,3333	0,0123
Matrix-Auktion		0,3333	0,0123

Tabelle 103: Gewichtete Prioritäten der Auktionsformen im Hinblick auf das betriebswirtschaftliche Sub-Kriterium „flexible Anwendbarkeit“

Auktionsformen	aggregiertes Bedeutungsurteil für das betriebswirtschaftliche Sub-Kriterium „EU-weite Anwendbarkeit" w_{22}	Prioritäten $p^{dis}_{22.q}$ EU-weite Anwendbarkeit	gewichtete Prioritäten $w_{22} \cdot p^{dis}_{22.q}$
Einheitspreis-Auktion	0,0047	0,3333	0,0016
WALRAS-Auktion		0,3333	0,0016
Matrix-Auktion		0,3333	0,0016

Tabelle 104: Gewichtete Prioritäten der Auktionsformen im Hinblick auf das betriebswirtschaftliche Sub-Kriterium „EU-weite Anwendbarkeit"

Auktionsformen	aggregiertes Bedeutungsurteil für das betriebswirtschaftliche Sub-Kriterium „Berücksichtigung von ‚early actions' " w_{23}	Prioritäten $p^{dis}_{23.q}$ Berücksichtigung von ‚early actions'	gewichtete Prioritäten $w_{23} \cdot p^{dis}_{23.q}$
Einheitspreis-Auktion	0,0255	0,3333	0,0085
WALRAS-Auktion		0,3333	0,0085
Matrix-Auktion		0,3333	0,0085

Tabelle 105: Gewichtete Prioritäten der Auktionsformen im Hinblick auf das betriebswirtschaftliche Sub-Kriterium „Berücksichtigung von ‚early actions' "

Die folgende Tabelle stellt schließlich die Gesamtprioritäten der Auktionsformen als die Summe der gewichteten Prioritäten für die betriebswirtschaftlichen Kriterien und Sub-Kriterien auf der untersten Ebene der Kriterien-Hierarchie dar.

Auktions-formen	Gesamtprioritäten P_q der **Auktionsformen** q mit $q = 1,...,3$	Rang
Einheitspreis-Auktion	0,3436	2
WALRAS-Auktion	0,3113	3
Matrix-Auktion	**0,3457**	1

Tabelle 106: Gesamtprioritäten der Auktionsformen

Unter Berücksichtigung dieser Gesamtprioritäten der Auktionsformen ist aufgrund der Bewertung der Eignung von alternativen Auktionsformen mittels des AHP-Basisverfahrens die Matrix-Auktion auszuwählen. Denn die Matrix-Auktion ist diejenige Auktionsform, die als marktlicher Reallokationsmechanismus gemäß dem Katalog betriebswirtschaftlicher Eignungskriterien zur Lösung des Reallokationsproblems *am besten* geeignet ist.

Dieses Ergebnis der besten Eignung der Matrix-Auktion kann nun zur Schließung der nicht-trivialen Diskrepanz zwischen dem State-of-the-art zu Auktionen in der Fachliteratur und der betriebswirtschaftlich wünschenswerten Auktion als marktlicher Reallokationsmechanismus zur nationalen Reallokation von Treibhausgas-Emissionsrechten und Treibhausgas-Emissionsgutschriften auf Unternehmensebene, die den Katalog betriebswirtschaftlicher Eignungskriterien bestmöglich erfüllt, und zur Lösung des Erkenntnisproblems herangezogen werden.

Die folgende Abbildung stellt dieses Ergebnis der Eignung der Matrix-Auktion in Form eines Screenshots der AHP-Software „Expert Choice" anschaulich dar. Einerseits werden in der linken Spalte die hierarchisch systematisierten betriebswirtschaftlichen Eignungskriterien und andererseits in der rechten Spalte die drei Auktionsformen aufgezeigt, die alle Mindestanforderungen der ersten Bewertungsstufe erfüllen. Unter Berücksichtigung der Zielebene („Goal") werden die betriebswirtschaftlichen Kriterien und Sub-Kriterien mit den jeweiligen aggregierten Bedeutungsurteilen („G: Global") sowie die Gesamtprioritäten für die drei Auktionsformen präsentiert.

Da die Matrix-Auktion den Katalog betriebswirtschaftlicher Eignungskriterien zur Lösung des Reallokationsproblems *am besten* erfüllt, wird sie in der folgenden Abbildung farblich hervorgehoben.

Die Verfasserin macht darauf aufmerksam, dass beim Vergleich der aggregierten Bedeutungsurteile und der Gesamtprioritäten für die drei Auktionsformen in den Tabellen und in den Abbildungen geringfügige Abweichungen beobachtet werden können. Diese Abweichungen sind eingetreten, weil die Verfasserin auf *vier* Dezimalstellen (*mit* Rundungen) genau gerechnet hat und in „Expert Choice" die Ergebnisse nur auf *drei* Dezimalstellen (*ohne* Rundungen) basieren.

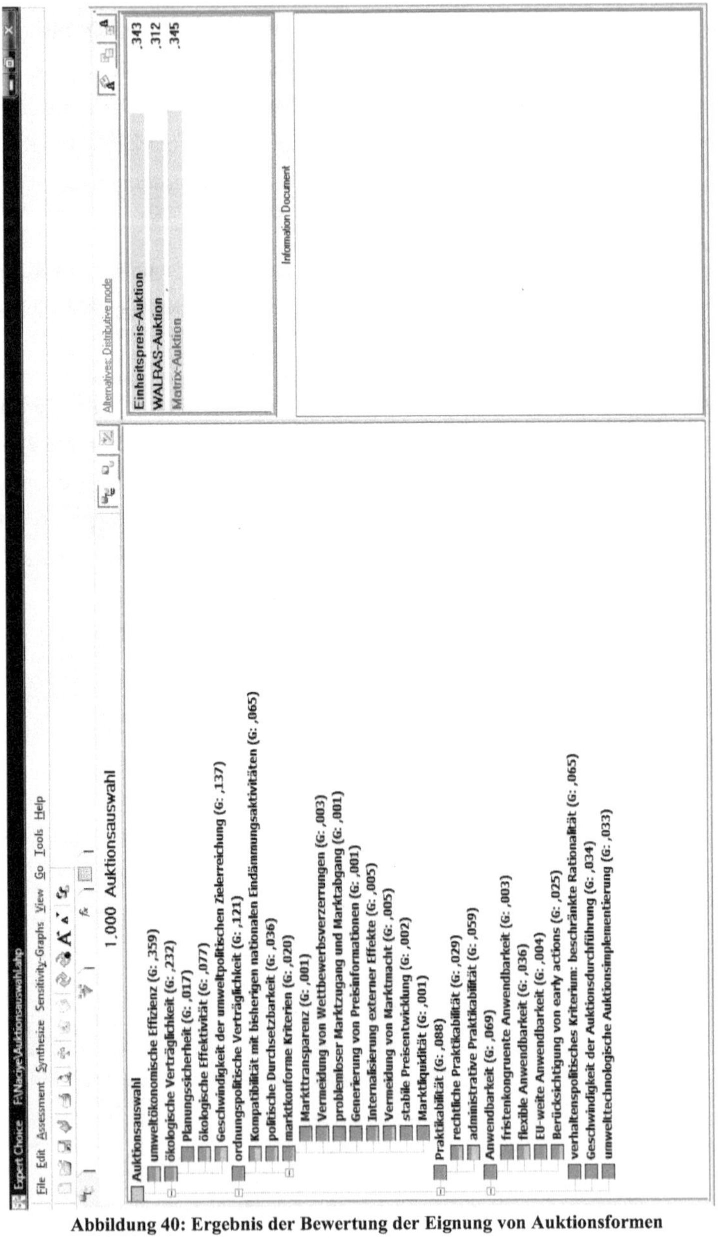

Abbildung 40: Ergebnis der Bewertung der Eignung von Auktionsformen auf der Basis des Katalogs betriebswirtschaftlicher Eignungskriterien mittels des AHP-Basisverfahrens (1/2)

Die folgende zweite Abbildung gibt erneut das Ergebnis der Bewertung der Eignung von Auktionsformen auf der Basis des Katalogs betriebswirtschaftlicher Eignungskriterien mittels des AHP-Basisverfahrens in Form eines Screenshots der AHP-Software „Expert Choice" wieder. Jedoch erfolgen sowohl prozentuale Angaben der Gesamtbedeutungen der betriebswirtschaftlichen Eignungskriterien auf der Kriterienebene als auch prozentuale Angaben der Gesamtprioritäten der Auktionsformen, um das Ergebnis der Bewertung der Eignung von Auktionsformen zur Lösung des Reallokationsproblems zu veranschaulichen.

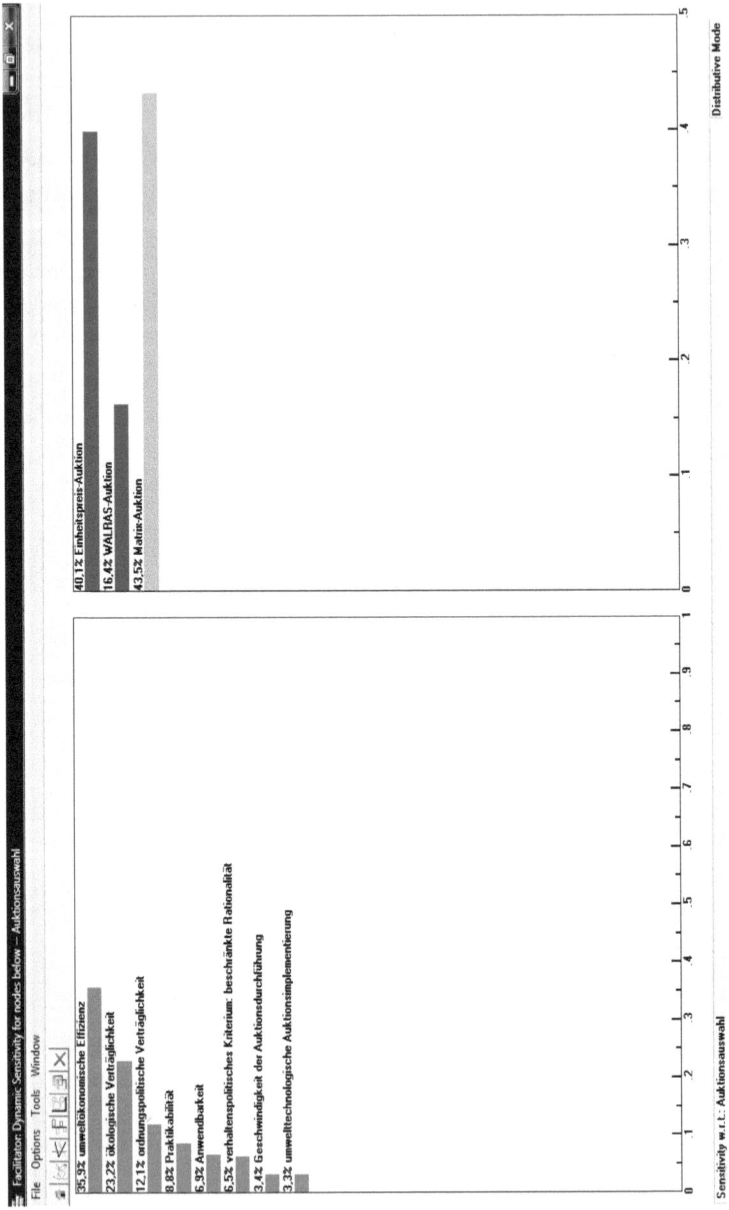

Abbildung 41: Ergebnis der Bewertung der Eignung von Auktionsformen auf der Basis des Katalogs betriebswirtschaftlicher Eignungskriterien mittels des AHP-Basisverfahrens (2/2)

4 Formalproblem der auktionsbasierten Reallokation von Treibhausgas-Emissionsrechten und Treibhausgas-Emissionsgutschriften auf Unternehmensebene

4.1 Die nicht-kooperative Spieltheorie als formaler Rahmen zur Problemrekonstruktion

4.1.1 Konzeptionelle Grundlagen

4.1.1.1 Implementierungsbarrieren

Im voranstehenden Kapitel wurde die Erkenntnis gewonnen, dass die Matrix-Auktion die zur Lösung des Reallokationsproblems *am besten geeignete* Auktionsform repräsentiert. Aus betriebswirtschaftlicher Perspektive kann die Implementierung der Matrix-Auktion deshalb als wünschenswert angesehen werden. Jedoch unterliegt nicht nur die *Implementierung* der Matrix-Auktion im Besonderen, sondern auch die Implementierung von Auktionen zur nationalen Reallokation von Treibhausgas-Emissionsrechten und Treibhausgas-Emissionsgutschriften auf Unternehmensebene im Allgemeinen einigen Implementierungsbarrieren. Im Rahmen der vorliegenden Arbeit wird das Problem der Auktionsimplementierung als ein weiteres *Real*problem der nationalen Reallokation von Treibhausgas-Emissionsrechten und Treibhausgas-Emissionsgutschriften auf Unternehmensebene angesehen.

In der Praxis konnte sich die Implementierung von Auktionen zur nationalen Reallokation von Treibhausgas-Emissionsrechten und Treibhausgas-Emissionsgutschriften auf Unternehmensebene im Allgemeinen bislang noch nicht durchsetzen. Es liegt eine *nicht-triviale Diskrepanz* zwischen der *Nichtimplementierung* von Auktionen im Allgemeinen zur nationalen Reallokation von Treibhausgas-Emissionsrechten und Treibhausgas-Emissionsgutschriften auf Unternehmensebene und der betriebswirtschaftlich wünschenswerten *Implementierung* der als *bestgeeignet* erkannten Matrix-Auktion im Besonderen vor. Aus dieser nicht-trivialen Diskrepanz resultiert ein *Implementierungs*problem als ein *weiteres* wissenschaftliches Problem der vorliegenden Arbeit. Dieses Implementierungsproblem kann durch die Fragestellung definiert werden, *wie* die Implementierung der praktisch noch nicht angewandten, „theoretisch“ aber bereits als *bestgeeignet* erkannten Matrix-Auktion in der betrieblichen Praxis zu erfolgen hat.

Zur Lösung dieses *Implementierungs*problems werden in Kapitel 4.2 das PASOR-Implementierungskonzept, in Kapitel 4.4 die Anwendung der Teilspielperfektheit und in Kapitel 5 ein realproblembezogenes Vorgehensmodell für die Auktionsimplementierung intendiert.

Die *Nichtimplementierung* von Auktionen kann durch *Implementierungsbarrieren*[1)] charakterisiert werden. Sowohl in der Praxis als auch in der Fachliteratur liegt im Hinblick auf denkmögliche Implementierungsbarrieren ein Systematisierungsdefekt vor. Hinsichtlich eines solchen Systematisierungsdefektes erfolgt im Folgenden zunächst eine „naive" Aufzählung denkmöglicher Implementierungsbarrieren. Zu bemerken ist, dass einzelne Implementierungsbarrieren sich nicht unabhängig voneinander betrachten lassen. Vielmehr lassen sie sich unter übergeordnete Implementierungsbarrieren subsumieren. Im Anschluss an die „naive" Aufzählung denkmöglicher Implementierungsbarrieren wird eine hierarchische Systematisierung der Implementierungsbarrieren, also eine systematische *Hierarchie der Implementierungsbarrieren* etabliert, die es *so* in der Fachliteratur noch nicht gibt.

Folgende Barrieren zur Implementierung von Auktionen zur nationalen Reallokation von Treibhausgas-Emissionsrechten und Treibhausgas-Emissionsgutschriften auf Unternehmensebene sind denkmöglich:

- Unkenntnis über die Eignung von Auktionen zur Lösung des Reallokationsproblems,
- finanzielle Belastung der Emittenten von Treibhausgasen,
- mangelndes Know-how hinsichtlich des Einsatzes von Auktionen,
- mangelndes Know-how hinsichtlich der PARTS[2)] eines Auktionsspiels,

---

1) Vgl. z.B. REHBINDER/SCHMALHOLZ (2002), S. 3; CAMES ET AL. (2001), S. 63; BROCKMANN ET AL. (2000), S. 10; REICHWALD ET AL. (2000), S. 3; HANSJÜRGENS (1998), S. 381; CANSIER (1998), S. 100; FROMM/HANSJÜRGENS (1998), S. 159; FEESS (1998), S. 74; FROMM/HANSJÜRGENS (1996), S. 370; HANSJÜRGENS/FROMM (1994), S. 481; ENDRES (1994), S. 17; WICKE (1993), S. 441 f. und KEMPER (1989), S. 44 f.

2) Ein jedes Spiel kann in Anlehnung an NALEBUFF/BRANDENBURGER in *PARTS*, wie deutsch „TEILE", i.S.v. Grundelementen zerlegt und untersucht werden. Vgl. NALEBUFF/BRANDENBURGER (1996), S. 21 ff. und zudem FROMEN (2004), S. 227 ff. Zu PARTS vgl. Kapitel 4.1.1.2.3 der vorliegenden Arbeit.

- zeitliche Unsicherheit,
- quantitative Unsicherheit,
- mangelndes Vertrauen und
- politische Barrieren.

Eine denkmögliche Barriere zur Implementierung von Auktionen basiert auf der *Unkenntnis* über die Eignung von Auktionen zur Lösung des Reallokationsproblems. Eine solche Unkenntnis über die Eignung von Auktionen zur Lösung des Reallokationsproblems verweist auf das eingangs entfaltete multi-kriterielle Evaluationsproblem als Erkenntnisproblem der vorliegenden Arbeit[1)]. Dieses multi-kriterielle Evaluationsproblem als Erkenntnisproblem der vorliegenden Arbeit besteht explizit darin zu prüfen, *welche* Auktion aus betriebswirtschaftlicher Perspektive zur Lösung des Reallokationsproblems gemäß dem etablierten Katalog betriebswirtschaftlicher Eignungskriterien *am besten* geeignet ist[2)].

In Kapitel 1.1 wurde gezeigt, dass die durchschnittlichen Gesamtkosten pro gehandelter Menge (CO_2-Äquivalente) an der Handelsbörse (exkl. Einrichtungsgebühr) höher ausfallen können als die durchschnittlichen Gesamtkosten pro gehandelter Menge (CO_2-Äquivalente) über Auktionen (exkl. Einrichtungsgebühr). Deshalb kann die auktionsbasierte nationale Reallokation von Treibhausgas-Emissionsrechten und Treibhausgas-Emissionsgutschriften auf Unternehmensebene mit niedrigeren durchschnittlichen Gesamtkosten pro gehandelter Menge (CO_2-Äquivalente) als an einer Handelsbörse realisiert werden[3)]. Dennoch wird in der Praxis eine *finanzielle* Belastung derjenigen Emittenten von Treibhausgasen befürchtet, die ihren Bedarf an Treibhausgas-Emissionsrechten und Treibhausgas-Emissionsgutschriften über eine Auktion zu erfüllen gedenken[4)]. Eine solche finanzielle Belastung der Emittenten von Treibhausgasen würde sich dann herauskristallisieren, wenn beispielsweise die Transaktions-

---

1) Vgl. Kapitel 1.1 und Kapitel 3 der vorliegenden Arbeit.

2) Aus der Lösung dieses Erkenntnisproblems lässt sich die Erkenntnis gewinnen, dass die Matrix-Auktion die zur Lösung des Reallokationsproblems am besten geeignete Auktion darstellt. Vgl. Kapitel 3.2.2.2 der vorliegenden Arbeit.

3) Vgl. Kapitel 1.1 der vorliegenden Arbeit.

4) Vgl. z.B. REICHWALD ET AL. (2000), S. 3; HANSJÜRGENS (1998), S. 381; FROMM/HANSJÜRGENS (1998), S. 159; FEESS (1998), S. 74; FROMM/HANSJÜRGENS (1996), S. 370; HANSJÜRGENS/FROMM (1994), S. 481 und KEMPER (1989), S. 44 f.

kosten tc^{nat} [1], die für die auktionsbasierte nationale Reallokation von Treibhausgas-Emissionsrechten und Treibhausgas-Emissionsgutschriften auf Unternehmensebene pro Transaktion anfallen, höher eingeschätzt werden als die Vermeidungskosten ac^{int} pro Investition auf internationaler Ebene, d.h. wenn gilt[2]:

$$\boxed{tc^{nat} > ac^{int}}$$

Unter der Annahme, dass die auktionsbasierte nationale Reallokation von Treibhausgas-Emissionsrechten und Treibhausgas-Emissionsgutschriften auf Unternehmensebene auf der Basis mehrerer Auktionsstufen erfolgt, setzen sich die Transaktionskosten tc^{nat} pro Transaktion eines Spielers i mit $i \in N$ [3], $N = \{1,...,n\}$, $n \geq 2$ und $n \in \mathbb{N}$ allgemein wie folgt zusammen:

$$\boxed{tc^{nat} = bc + qr_i \cdot cr \cdot quan}\ ^{4)} \qquad \text{mit}$$

bc	als fixe Basiskosten, wie z.B. Registrierungskosten,
qr_i	als die Anzahl der Auktionsstufen für Spieler i
cr	als die Kosten für die Teilnahme an einer Auktionsstufe und
quan	als die gehandelte Menge.

---

1) Im Rahmen der vorliegenden Arbeit steht das Symbol tc^{nat} für transaction costs und der Symbolindex nat für national.

2) Vgl. z.B. ENDRES (1994), S. 6 ff. Dieser Befürchtung kann entgegengehalten werden, dass den Emittenten von Treibhausgasen ein „Wahlrecht" gelassen wird, ob sie zur Vermeidung von Treibhausgas-Emissionen unternehmensinterne Aktivitäten ergreifen oder ob sie die Treibhausgase weiterhin emittieren und für die Treibhausgas-Emission auf dem Markt für Treibhausgas-Emissionsrechte zusätzliche Treibhausgas-Emissionsrechte und Treibhausgas-Emissionsgutschriften zur Abdeckung ihrer Treibhausgas-Emissionen kaufen. Im Hinblick auf ein solches Wahlrecht und auf das im Rahmen der vorliegenden Arbeit aufgezeigte Zusammenspiel der Eindämmungsaktivitäten kann die finanzielle Belastung der Emittenten von Treibhausgasen abgeschwächt werden. Vgl. HANSJÜRGENS/GAGELMANN (2003), S. 2 und Kapitel 2.3.1 der vorliegenden Arbeit.

3) Im Rahmen der vorliegenden Arbeit steht das Symbol N für Number of Players.

4) Im Rahmen der vorliegenden Arbeit steht das Symbol bc für basis costs, qr_i für quantity round, das Symbol cr für costs round und das Symbol quan für quantity.

Bereits in Kapitel 1.1 hat die Verfasserin auf das RECLAIM-Program der USA verwiesen, in dem bei der Versteigerung von Treibhausgas-Emissionsrechten für SO_2-Emissionen und für NO_x-Emissionen von beiden Transaktionspartnern, d.h. sowohl vom jeweiligen Anbieter als auch vom jeweiligen Nachfrager, eine Gebühr i.H.v. jeweils 35,00 \$ pro gehandelte Menge NO_x zuzüglich eines Einheitspreises i.H.v. jeweils 150,00 \$ für jeden gebotenen Preis erhoben wird[1)]. Unter der Annahme, dass CO_2 und weitere Treibhausgase, wie SO_2 und NO_x, als CO_2-Äquivalente betrachtet werden und diese variablen Auktionskosten sowie dieser Einheitspreis, also diese fixen Auktionskosten, als Transaktionskosten tc^{nat} pro Transaktion angesehen werden, könnten die o.a. allgemein zusammengestellten Transaktionskosten tc^{nat} pro Transaktion wie folgt präzisiert werden:

$$tc^{nat} = bc + qr_i \cdot cr \cdot quan$$
$$\Rightarrow tc^{nat} = 150,00 + qr_i \cdot 35,00 \cdot 2.053$$

Wenn beispielsweise für Spieler i zwei Auktionsstufen festgelegt werden, so ergeben sich Transaktionskosten tc^{nat} pro Transaktion i.H.v. 143.860,00 \$ für 2.053 gehandelte Mengen an CO_2. Unter Berücksichtigung des Wechselkurses, für den am 24.03.2008 galt: 1,00 \$ = $\triangleq$ 0,64937 €, können Transaktionskosten tc^{nat} pro Transaktion i.H.v. $(143.860,00 \cdot 0,64937) = 93.418,37$ € festgehalten werden.

Demgegenüber umfassen die Vermeidungskosten ac^{int} pro Investition auf internationaler Ebene die Transaktionskosten pro projektbezogene Aktivität zur Reduzierung, Beseitigung oder zum Ausgleich von Treibhausgas-Emissionen. Im Folgenden werden die Transaktionskosten tc^{nat} pro Transaktion den Transaktionskosten ac^{int} pro Joint Implementation als eine projektbezogene Aktivität gegenübergestellt[2)]. In Anlehnung an MICHAELOWA ET AL. setzen sich die Transaktionskosten pro Joint Implementation im Rahmen des Prototype Carbon Fund (PCF) Programme aus den

- *Such*kosten, also den Kosten für die Suche z.B. nach Projektpartnern und Investoren,
- *Verhandlung*skosten, d.h. den Kosten für Verhandlungen z.B. mit den Projekt-

1) Vgl. Kapitel 1.1 der vorliegenden Arbeit.

2) Zu Transaktionskosten pro *Clean Development Mechanism* als eine weitere projektbezogene Aktivität vgl. z.B. Krey (2005), S. 2385 ff. und MICHAELOWA ET AL. (2005), S. 511 ff.

partnern und Investoren,

- *Erstellungs*kosten für ein Project Design Document zur Beschreibung des Projekts,
- *Ermittlungs*kosten des Business-as-usual, d.h. eines definierten Normalfalls oder einer Baseline[1)],
- *Genehmigungs*kosten, also den Kosten, die beim Durchlaufen des Projektgenehmigungsprozesses entstehen,
- *Validierungs*kosten zur Überprüfung des Project Design Document auf seine Übereinstimmung mit den Anforderungen an Joint Implementation Projekte durch eine unabhängige Prüfstelle,
- *Registrierungs*kosten zur formalen Registrierung durch das Joint Implementation Supervisory Committee,
- *Monitoring*kosten für das Monitoring der Treibhausgas-Emissionen und für die Erstellung des Monitoring-Berichts,
- *Verifizierungs*- und *Zertifizierungs*kosten, also den Kosten, die bei der Verifizierung und Zertifizierung der vermiedenen Treibhausgas-Emissionen auftreten und der
- *Gebühr* zur Deckung der administrativen Kosten des Joint Implementation Supervisory Committee

zusammen[2)].

Bei einer Projektlaufzeit von 25 Jahren belaufen sich die Transaktionskosten pro Joint Implementation gemäß den Kalkulationen von MICHAELOWA ET AL. auf 815,00 € für 2.053 gehandelte Mengen an CO_2 und pro gehandelte Menge CO_2-Äquivalente auf 0,40 €[3)].

---

1) WOERDMAN definiert eine Baseline wie folgt: „*A baseline attempts to estimate future emissions at the project location in the absence of the project.*" WOERDMAN (2001), S. 294 (Kursiv-Hervorhebung durch die Verfasserin). Vgl. zudem FRAUNHOFER ISI ET AL. (2005), S. 388 ff.; BODE ET AL. (2002), S. 112 f.; GAMPERL ET AL. (2001), S. 5; CAMES ET AL. (2001), S. 81 und RENTZ ET AL. (1998), S. 23 ff.

2) Vgl. MICHAELOWA ET AL. (2003), S. 263 ff. und zudem WOERDMAN (2001), S. 295.

3) Vgl. MICHAELOWA ET AL. (2003), S. 268, dort in Tabelle 5).

Den Transaktionskosten tc^{nat} pro Transaktion i.H.v. $(93.418{,}37 \div 2.053) = 45{,}50$ € stehen Transaktionskosten pro Joint Implementation i.H.v. 0,40 € gegenüber. Demnach kann die o.a. Befürchtung in der Praxis im Hinblick auf die finanzielle Belastung bei der Deckung des Bedarfs an Treibhausgas-Emissionsrechten und Treibhausgas-Emissionsgutschriften über eine Auktion bejaht werden.

Während für die erste Handelsperiode[1)] die Allokation von Treibhausgas-Emissionsrechten nach einem nationalen Allokationsplan (NAP) „gratis" realisiert ist, erfolgt eine Reallokation von CO_2-Emissionsrechten[2)] unter mehreren Emittenten von Treibhausgasen, die entweder als Anbieter von oder als Nachfrager nach CO_2-Emissionsrechten aufeinander treffen, über einen elektronischen Börsenhandel. Im Hinblick auf die Ausgestaltung des Allokationsmechanismus – „Grandfathering" – bzw. des Reallokationsmechanismus – elektronischer Börsenhandel – sind bislang auf Unternehmensebene keine Erfahrungen mit dem Verkauf von überschüssigen Treibhausgas-Emissionsrechten und Treibhausgas-Emissionsgutschriften über Auktionen als marktlicher Reallokationsmechanismus gesammelt worden. Deshalb lässt sich zum einen ein *mangelndes Know-how* hinsichtlich des Einsatzes von Auktionen im Allgemeinen beleuchten. Zum anderen bleiben für die praktische Implementierung der auktionsbasierten nationalen Reallokation von Treibhausgas-Emissionsrechten und Treibhausgas-Emissionsgutschriften die PARTS, wie deutsch „TEILE", i.S.d. Grundelemente[3)] eines jeden Spiels, wie beispielsweise die Spieler, unbekannt.

---

1) Es werden zwei Handelsperioden im Dreijahresrhythmus und Fünfjahresrhythmus betrachtet. Während die erste Handelsperiode auf den Zeitraum 2005 bis 2007 festgelegt ist, gilt die zweite Handelsperiode für den Zeitraum 2008 bis 2012. Vgl. DÖRING/EWRINGMANN (2004), S. 29 und BMU (2004), S. 5 ff.

2) Zwar ist beim Börsenhandel immer von CO_2-Emissionsrechten die Rede, jedoch kann davon ausgegangen werden, dass auch weitere Treibhausgase Verwendung finden, da diese weiteren Treibhausgase in CO_2-Äquivalente umgerechnet werden und mit CO_2-Emissionsrechten zu vergleichen sind. Um eine komplexe Betrachtung vorzunehmen, wird im Folgenden von dem Begriff „Treibhausgas-Emissionsrechte" ausgegangen, der sowohl die CO_2-Emissionsrechte als auch die Emissionsrechte für weitere Treibhausgase beinhaltet.

3) Die Grundelemente eines jeden Spiels, die im Rahmen der vorliegenden Arbeit zur Anwendung kommen, werden in den folgenden Ausführungen sowohl natürlichsprachig als auch formalsprachig präzisiert.

Weiterhin kann die auktionsbasierte nationale Reallokation von Treibhausgas-Emissionsrechten und Treibhausgas-Emissionsgutschriften mit *Unsicherheiten* behaftet sein[1]. Zum einen kann eine Unsicherheit darauf basieren, dass diejenigen Emittenten von Treibhausgasen, die entweder einen Bedarf an Treibhausgas-Emissionsrechten und Treibhausgas-Emissionsgutschriften signalisieren oder einen Überschuss an Treibhausgas-Emissionsrechten und Treibhausgas-Emissionsgutschriften aufweisen, befürchten, auf dem Markt für Treibhausgas-Emissionsrechte nicht jederzeit (z.B. periodisch) zusätzliche Treibhausgas-Emissionsrechte und Treibhausgas-Emissionsgutschriften zum Marktpreis kaufen oder überschüssige Treibhausgas-Emissionsrechte und Treibhausgas-Emissionsgutschriften verkaufen zu können. Eine solche Unsicherheit wird im Rahmen der vorliegenden Arbeit unter dem Begriff *zeitliche Unsicherheit* erfasst. Zum anderen kann sich eine Unsicherheit der Emittenten von Treibhausgasen im Hinblick auf die Menge an Treibhausgas-Emissionsrechten und Treibhausgas-Emissionsgutschriften etablieren, da die Emittenten von Treibhausgasen nicht sicher sein können, die für ihre Produktion ausreichende Menge an Treibhausgas-Emissionsrechten und Treibhausgas-Emissionsgutschriften tatsächlich ersteigern zu können. Im Hinblick auf eine solche Unsicherheit findet im Rahmen der vorliegenden Arbeit die Bezeichnung *quantitative Unsicherheit* Anwendung.

---

1) Vgl. z.B. REHBINDER/SCHMALHOLZ (2002), S. 3; BROCKMANN ET AL. (2000), S. 10 und CANSIER (1998), S. 100.

Als eine weitere Barriere zur Implementierung von Auktionen zur nationalen Reallokation von Treibhausgas-Emissionsrechten und Treibhausgas-Emissionsgutschriften auf Unternehmensebene ist ein *mangelndes Vertrauen*[1] in die auktionsbasierte nationale Reallokation von Treibhausgas-Emissionsrechten und Treibhausgas-Emissionsgutschriften denkmöglich. Aus psychologischer Perspektive könnten die Investition von Vertrauen oder ein vertrauenswürdiges Verhalten im Hinblick auf die Implementierung von Auktionen zur nationalen Reallokation von Treibhausgas-Emissionsrechten und Treibhausgas-Emissionsgutschriften auf Unternehmensebene und die Zuverlässigkeit der Transaktionsabwicklung fraglich sein, da keine Vertrautheit[2] der Akteure mit Auktionen zur Lösung des Reallokationsproblems vorliegt.

---

1) *Vertrauen* kann Sicherheit geben und zum einen der Reduzierung der Komplexität von strategischen Entscheidungssituationen dienen und zum anderen die Durchführung von Transaktionen erleichtern. Vgl. FRIEDRICH (2005), S. 86 ff.; LUHMANN (2000), S. 18 und 22 sowie NIEDER (1997), S. 25 f. Eine Klassifizierung des Vertrauens kann sich beispielsweise auf folgende Aspekt erstrecken:

- Informationen,
- Erwartungen,
- Erfahrungen,
- Normen,
- Vertrautheit und
- Emotionen, wie Sympathie und Impulsivität.

Vgl. FRIEDRICH (2005), S. 130 ff. Beispielsweise kann sich Vertrauen im Hinblick auf den *Informations*aspekt auf der Basis von möglichst umfassenden und verlässlichen Informationen entwickeln, die dem jeweiligen Akteur bei einer Entscheidung zur Verfügung stehen. Vgl. z.B. LAHNO (2002), S. 111 ff. und 132 ff. sowie LUHMANN (2000), S. 38 ff. Im Hinblick auf den *Erfahrungs*aspekt kann sich Vertrauen zum einen als positive Erwartungshaltung gegenüber Handlungsintentionen entwickeln, die von opportunistischen Handlungsintentionen absehen und vielmehr Handlungsintentionen an Spielregeln orientieren – „goodwill trust". Zum anderen kann sich Vertrauen als positive Erwartungshaltung gegenüber der Kompetenz, gemäß den Vereinbarungen zu agieren – „competence trust" –, etablieren. Vgl. z.B. FRIEDRICH (2005), S. 139 f.; LAHNO (2002), S. 277 f.; DAS/TENG (2001), S. 255 ff.; NOOTEBOOM (1996), S. 990 ff. und BARBER (1983), S. 14. Zum Begriff *Vertrauen* vgl. z.B. PETERS (2008), S. 60 ff.; NEUBAUER/ROSEMANN (2006), S. 117 ff.; SCHWEER/THIES (2005), S. 47 ff.; LAHNO (2002), S. 103 ff.; RIPPERGER (1998), S. 11; SJURTS (1998), S. 285 f. und NIEDER (1997), S. 24 ff.

2) Eine solche *Vertrautheit* als eine Grundlage des Vertrauens kann sich beispielsweise über die Zeit und auf der Basis gemeinsamer Erfahrungen etablieren. Vgl. z.B. LAHNO (2002), S. 302 und LUHMANN (2000), S. 22 f. Zum Begriff *Vertrautheit* vgl. z.B. LAHNO (2002), S. 302 ff. und LUHMANN (2000), S. 20 ff.

In der Praxis ist die *politische* Durchsetzbarkeit von Auktionen zur nationalen Reallokation von Treibhausgas-Emissionsrechten und Treibhausgas-Emissionsgutschriften auf Unternehmensebene fraglich[1]. Aus politischer Perspektive wurden Auktionen im Vergleich zum „Grandfathering" bereits in der ersten Handelsperiode zur Allokation von Treibhausgas-Emissionsrechten diskutiert. Insbesondere im Hinblick auf die Möglichkeit, im Rahmen des „Grandfathering" Treibhausgas-Emissionsrechte „gratis" zu erhalten, fand die Allokation von Treibhausgas-Emissionsrechten über eine Auktion jedoch kein weiteres Interesse[2].

In der zweiten Handelsperiode ist eine erneute Ablehnung von Auktionen zur nationalen Reallokation von Treibhausgas-Emissionsrechten und Treibhausgas-Emissionsgutschriften auf Unternehmensebene denkmöglich, da einerseits der Handel mit Treibhausgas-Emissionsrechten und Treibhausgas-Emissionsgutschriften bereits über die Börse erfolgt. Zwar wurden in Kapitel 1.1 Gründe aufgeführt, warum Auktionen aus betriebswirtschaftlicher Perspektive gegenüber dem Börsenhandel überlegenswert sein können, jedoch bleibt offen, ob diese Gründe aus politischer Perspektive überzeugen. Andererseits wird sowohl auf nationaler Ebene als auch auf internationaler Ebene noch um die Ausgestaltungsoptionen von Auktionen zur nationalen Reallokation von Treibhausgas-Emissionsrechten und Treibhausgas-Emissionsgutschriften auf Unternehmensebene gerungen, die zwar aus einer theoretischen Perspektive vorteilhaft sein mögen, aber gegenwärtig keine politische Unterstützung im nationalen oder internationalen Raum erfahren[3]. Ein solcher Mangel an politischer Unterstützung kann auf auseinander fallende Interessen der verschiedenen politischen Parteien und der

1) Vgl. z.B. FROMM/HANSJÜRGENS (1998), S. 159 und HANSJÜRGENS/FROMM (1994), S. 481.

2) Diskussionen hinsichtlich der Allokation von Treibhausgas-Emissionsrechten über eine Auktion gewinnen jedoch aktuell an Bedeutung. Beispielsweise denken das Deutsche Institut für Wirtschaftsforschung, EU-Umweltkommissar STAVROS DIMAS und Bundeswirtschaftsminister MICHAEL GLOS über die Ausweitung der Versteigerung von Treibhausgas-Emissionsrechten bis zum Jahr 2020 nach. Diese Ausweitung könnte stufenweise, d.h. nach anfangs 10% im Jahr 2013 jährlich um 5 Prozentpunkte, ausgedehnt werden. Vgl. FAZ (2008a), S. 12; FAZ (2008b), S. 13; O.V. (2008a); O.V. (2008b) und O.V. (2008c).

3) Über die politische Umsetzung von Auktionen zur Reallokation von Treibhausgas-Emissionsrechten und Treibhausgas-Emissionsgutschriften im nationalen oder internationalen Raum wird zwar nicht gegenwärtig, jedoch im Anschluss an die zweite Handelsperiode, d.h. ab dem Jahr 2013 nachgedacht. Vgl. z.B. FAZ (2008b), S. 13 und O.V. (2008b).

verschiedenen Gebietskörperschaften beruhen[1].

Anhand der folgenden Abbildung 42 wird schließlich eine systematische Hierarchie der Implementierungsbarrieren grafisch visualisiert.

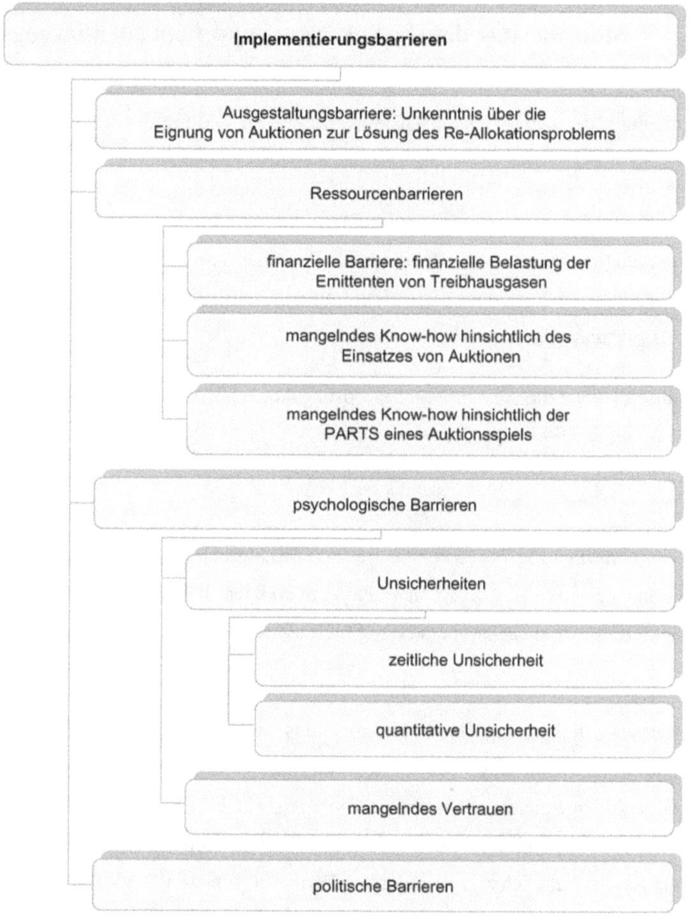

Abbildung 42: Systematisierung der Implementierungsbarrieren

1) Vgl. z.B. WICKE (1993), S. 441 f.

4.1.1.2 Spieltheoretische Grundlagen

4.1.1.2.1 Einführung in die nicht-kooperative spieltheoretische Modellierung des Reallokations- und Implementierungsproblems

Zur Schließung der nicht-trivialen Diskrepanz und zur Lösung des Implementierungsproblems kommen

- zunächst die *nicht-kooperative spieltheoretische Modellierung* des Realproblems der auktionsbasierten Reallokation von Treibhausgas-Emissionsrechten und Treibhausgas-Emissionsgutschriften mit dem resultierenden Auktionsmodell als *Formal*problem und
- anschließend die Anwendung des Lösungskonzepts der *Teilspielperfektheit* zur Lösung des Formalproblems[1)]

in Betracht.

Als *wissenschaftliche Arbeitstechniken* zum Formalproblem werden zum einen die Modellierungstechnik *extensiver Spiele* und zum anderen die *Teilspielperfektheit* als ein Lösungskonzept der nicht-kooperativen Spieltheorie für sequentielle Spiele herangezogen.

Sowohl das Reallokationsproblem als auch das auf den Implementierungsbarrieren basierende Implementierungsproblem können durch Konzepte und Konstrukte der nicht-kooperativen Spieltheorie *modelliert* werden. Nach WATSON und ILLING besteht die Kunst der Konstruktion eines spieltheoretischen Modells darin, den Kern der Spielsituation in möglichst vereinfachter Form zu erfassen[2)]. MORGENSTERN fasst folgende Aspekte unter die „Rolle eines Modells“[3)]:

- Realitätsbezug,
- vereinfachte Rekonstruktion und

---

1) Vgl. Kapitel 4.4 der vorliegenden Arbeit.

2) Vgl. WATSON (2002), S. 90 und ILLING (1997), S. 317.

3) Vgl. MORGENSTERN (1966), S. 77.

- formalsprachige Rekonstruktion.

Grundsätzlich kann eine *Vereinfachung* als ein durch Abstraktion und Idealisierung[1] entstandenes reduziertes Abbild der Realität interpretiert werden[2]. Ein solches Abbild *muss nicht* in jeder Hinsicht und in allen Aspekten mit der Realität übereinstimmen. BAIRD/ GERTNER/PICKER betonen in diesem Zusammenhang die Bedeutung der Vereinfachung in der Spieltheorie wie folgt:

„*Game theory, like all economic modeling, works by simplifying a given social situation and stepping back from the many details that are irrelevant to the problem at hand.*“[3]

In Anlehnung an diese Ausführungen zur nicht-kooperativen spieltheoretischen Modellierung wird im Rahmen der vorliegenden Arbeit ein *Modell* sowohl als eine *formal* vereinfachte Rekonstruktion als auch als eine *graphisch* vereinfachte Darstellung von strategischen Entscheidungssituationen[4] verstanden. Der Aspekt des *Realitätsbezugs* findet insbesondere in Kapitel 4.2 und in Kapitel 5 Berücksichtigung[5].

---

1) Nach SCHMIDT sind bei der Konstruktion eines Modells *Abstraktion* und *Idealisierung* beteiligt. Beide Aspekte sorgen dafür, dass im Modell nicht die ganze Vielgestaltigkeit der Realität erscheint, sondern nur wenige, ausgezeichnete Zustandsvariablen und nur wenige, ausgezeichnete Verhaltensweisen auftauchen. Während die Abstraktion als das Absehen von als unwesentlich erachteten Aspekten definiert werden kann, lässt sich die Idealisierung als das Ersetzen von realen und schwer zu handhabenden, z.B. nicht-linearen, Sachverhalten durch idealisierte und leichter zu handhabende, z.B. lineare, Sachverhalte interpretieren. Vgl. z.B. SCHMIDT (2000), S. 11.

2) Vgl. z.B. BAMBERG/COENENBERG (2006), S. 13 ff.; HITZ ET AL. (2005), S. 5 und SCHMIDT (2000), S. 11 sowie 20.

3) BAIRD/GERTNER/PICKER (1998), S. 7 (Kursiv-Hervorhebung durch die Verfasserin).

4) Im Rahmen der vorliegenden Arbeit wird davon ausgegangen, dass eine Entscheidungssituation einen Entscheidungsknoten repräsentiert.

5) Vgl. Kapitel 4.2 und Kapitel 5 der vorliegenden Arbeit.

Die Spieltheorie[1)] hat insbesondere durch die Zusprechung des Nobelpreises für die ökonomische Wissenschaft an die Spieltheoretiker JOHN F. NASH, JOHN C. HARSANYI und REINHARD SELTEN im Jahr 1994 und an die Spieltheoretiker ROBERT J. AUMANN und THOMAS C. SCHELLING im Jahr 2005 den Weg in die breitere Öffentlichkeit

1) Im Rahmen der vorliegenden Arbeit findet grundsätzlich die Spieltheorie mit einem *präskriptiven* Anspruch Berücksichtigung. Beispielsweise werden weder Normen gesetzt, die Handlungsmaßstäbe enthalten – Spieltheorie mit einem *normativen* Anspruch –, noch werden Aussagen darüber getroffen, wie sich Spieler als Akteure tatsächlich verhalten – Spieltheorie mit einem *deskriptiven* Anspruch. Bei der präskriptiven Spieltheorie werden auf der Basis spieltheoretischer Modelle Verhaltensempfehlungen und Orientierungshilfen bei Entscheidungen der Spieler gegeben. Vgl. RIECK (1993), S. 76 ff. Beispielsweise können in solche spieltheoretischen Modelle Zielsetzungen eines jeden Spielers i und Informationen eines jeden Spielers i über andere Spieler eingehen. Statt empirischer Beobachtungen basieren die spieltheoretischen Modelle im Rahmen der vorliegenden Arbeit auf theoretischen Überlegungen.
Zur Spieltheorie mit einem *normativen* Anspruch, mit einem *deskriptiven* Anspruch und einem *explikativen* Anspruch, die im Folgenden keine weitere Berücksichtigung finden, vgl. RIECK (2006), S. 102 ff.; RIECK (1993), S. 75 ff.; LUTZ (1984), S. 13 und VAN DAMME (1983), S. 2.

Zudem ist zu bemerken, dass die *Spieltheorie* und die *Entscheidungstheorie* nicht synonym zu verwenden sind. Zwar beschäftigen sich sowohl die Spieltheorie als auch die Entscheidungstheorie zum einen mit der Beschreibung und der Modellierung von Entscheidungen und zum anderen mit der Lösung von Entscheidungsproblemen, jedoch vertritt WIESE die Ansicht, dass die Spieltheorie *„[...] etwas gänzlich anderes [...]“* ist als die Entscheidungstheorie; WIESE (2002), S. VII (Kursiv-Hervorhebung durch die Verfasserin). Beim Vergleich der Spieltheorie mit der Entscheidungstheorie kann grundsätzlich festgehalten werden, dass die Spieltheorie eine *„[...] Theorie sozialer Interaktionen [...]“* ist und mit interaktiven Entscheidungssituationen zu tun hat, in denen das Spielergebnis für einen Spieler auch vom Verhalten der anderen Spieler abhängt. Vgl. RIECK (2006), S. 21. Demgegenüber untersucht die Entscheidungstheorie Entscheidungssituationen, in denen sich ein einzelner Spieler zum Zeitpunkt der Entscheidungsfindung einer unsicheren Umwelt gegenübersteht und eine Aktion zu wählen hat. Vgl. RIECK (2006), S. 20; FRIEDRICH (2005), S. 41 ff.; BAMBERG/COENENBERG (2006), S. 187; RASMUSEN (2004), S. 12; WIESE (2002), S. 1; SIMON (1979), S. 505 f. und SIMON (1977), S. 619. VON HAYEK verdeutlicht den Unterschied zwischen der Spieltheorie und der Entscheidungstheorie, indem er die Spieltheorie als *„[...] interactions of a number of different individuals [...]“* und die Entscheidungstheorie als *„[...] action of a single person [...]“* wiedergibt; VON HAYEK (1937), S. 35 (Kursiv-Hervorhebung durch die Verfasserin). MYERSON betrachtet die Spieltheorie als eine Erweiterung der Entscheidungstheorie und verdeutlicht den Unterschied zwischen der Spieltheorie und der Entscheidungstheorie wie folgt: *„Indeed, game theory can be viewed as an extension of decision theory (to the case of two or more decision-makers), [...]”* MYERSON (2001), S. 5 (Kursiv-Hervorhebung durch die Verfasserin).

gefunden[1]. Zwar lässt sich die Spieltheorie traditionell auf der Basis der Zulässigkeit von Vereinbarungen zwischen den Spielern in die „kooperative“ und die „nicht-kooperative“ Spieltheorie klassifizieren[2]. Jedoch klammert die Verfasserin im Folgen-

1) Vgl. MIEBACH (2006), S. 404; FAZ (2005c); NOBELPRIZE (2005); HARGREAVES HEAP/ VAROUFAKIS (2004), S. 92; GRÜSKE (1999), S. 11 f. und AMANN (1999), S. 4. Zur Begründung, Entwicklung und Weiterentwicklung der *Spieltheorie* vgl. z.B. BERNINGHAUS ET AL. (2006), S. 1 ff.; OSBORNE (2004), S. 1 ff.; RASMUSEN (2004), S. 1 f.; FROMEN (2004), S. 55 ff.; WATSON (2002), S. 1 ff.; LANGERFELDT (2001), S. 1619 f.; DUTTA (1999), S. 7 f.; RELLSTAB (1992), S. 9 ff.; VON NEUMANN/MORGENSTERN (1973), S. 46 ff.; MORGENSTERN (1966), S. 77, dort in Fn. 4) und LUCE/RAIFFA (1957), S. 2 ff.

2) Vgl. RIECK (2006), S. 36; LANGERFELDT (2001), S. 1620; SCHNEIDER (1997), S. 135 f.; RIECK (1993), S. 30; EICHBERGER (1993), S. 31 ff.; VAN DAMME (1991), S. 2; BINMORE (1987), S. 186; SELTEN (1981), S. 82; HARSANYI/SELTEN (1979), S. 7 ff.; HARSANYI (1977), S. 110 ff.; BORCH (1969), S. 204 und BURGER (1966), S. 29.

den die *kooperative Spieltheorie*[1)] aus und beschränkt sich ausschließlich auf die *nicht-kooperative Spieltheorie*, da davon ausgegangen wird, dass Auktionen aus spieltheoretischer Perspektive als nicht-kooperative Spiele zwischen den Spielern modelliert werden können. Die Beschränkung auf nicht-kooperative Spiele führt zu einer Vereinfachung des ausgewählten auktionsbasierten Reallokationsmechanismus, weil von allen Problemen der Bildung und Stabilisierung von Koalitionen aus mehreren Spielern sowie der Vereinbarungen oder Seitenzahlungen zwischen Spielern aus einer Koalition

---

1) Die *kooperative Spieltheorie* untersucht strategische Entscheidungssituationen, in denen die Spieler sich miteinander verständigen und darüber verhandeln können, welches Spielergebnis sie gemeinsam realisieren möchten. Weiterhin können die Spieler eine Vereinbarung treffen, die sie dann verpflichtet, sich so zu verhalten, wie im Rahmen dieser Vereinbarung abgesprochen. NASH definiert die kooperative Spieltheorie wie folgt: „*By a cooperative game we mean a situation [...] with the assumption that the players can and will collaborate [...]. This means the players may communicate and form coalitions which will be enforced [...].*" NASH (1951), S. 295 (Kursiv-Hervorhebung durch die Verfasserin).
HARSANYI/SELTEN verdeutlichen den Unterschied zwischen der kooperativen Spieltheorie und der nicht-kooperativen Spieltheorie im Hinblick auf Vereinbarungen und zudem auf der Basis der spieltheoretischen Modellierung wie folgt: „*A* ***non-cooperative*** *game is a game modeled by making the assumption that the players are* ***unable*** *to make enforceable agreements [...], except insofar as the* ***extensive form of the game explicitly gives them an ability to do so****. In contrast, a* ***cooperative*** *game is a game modeled by making the assumption that the players are* ***able*** *to make enforceable agreements [...] even if their ability to do so is not shown explicitly by the extensive form of the game.*" HARSANYI/SELTEN (1988), S. 3 f. (Kursiv-Hervorhebung durch die Verfasserin, Fett-Hervorhebung im Original als Kursiv-Hervorhebung). Vgl. zudem VAN DAMME (1987), S. 1 und BINMORE (1987), S. 186.
Nach HARSANYI/SELTEN und NASH nach kann ein kooperatives Spiel – durch Zurückführung kooperativer Spiele auf nicht-kooperative Verhandlungsspiele – auf ein nicht-kooperatives Spiel „reduziert" werden, so dass die kooperative Spieltheorie und die nicht-kooperative Spieltheorie zu *einer* (Spiel-) Theorie vereinigt werden können. Vgl. FROMEN (2004), S. 73; WIESE (2005), S. 10; HARSANYI/ SELTEN (1988), S. 1 und 21 ff. sowie NASH (1953), S. 129. Im Rahmen der vorliegenden Arbeit finden jedoch die kooperative Spieltheorie und nicht-kooperative Verhandlungsspiele keine weitere Berücksichtigung.
Zur *kooperativen Spieltheorie* vgl. z.B. HOLLER/ILLING (2006), S. 23 ff. und 189 ff.; RIECK (2006), S. 34 ff.; KRABS (2005), S. 65 ff.; WIESE (2005), S. 5 ff.; CARMICHAEL (2005), S. 16 f.; RASMUSEN (2004), S. 21 f.; FROMEN (2004), S. 73, dort in Fn. 107); BAMBERG/COENENBERG (2006), S. 224 ff.; FROMEN (2004), S. 80 ff.; OSBORNE (2004), S. 239 ff.; WATSON (2002), S. 4 ff.; MYERSON (2001), S. 370 ff.; GÜTH (1999), S. 215 ff.; OWEN (1999), S. 1 ff.; BINMORE (1998), S. 38 ff.; CURIEL (1997), S. 1 ff.; OWEN (1995), S. 190 ff.; RIECK (1993), S. 27 ff.; EICHBERGER (1993), S. 267 ff.; HOLLER (1992), S. 20 ff.; SCHWÖDIAUER (1992), S. 11 und 33 ff.; HARSANYI/SELTEN (1988), S. 1 ff. und 21 ff.; LUTZ (1984), S. 29 ff.; HARSANYI/SELTEN (1979), S. 9 f.; HARSANYI (1977), S. 110 ff. und 167 ff.; OWEN (1971), S. 159 ff.; BURGER (1966), S. 129 ff.; SHUBIK (1965), S. 53 ff.; LUCE/RAIFFA (1957), S. 89 und 114 ff. sowie NASH (1953), S. 128 ff. Zu *Verhandlungsspielen* vgl. z.B. HARGREAVES HEAP/VAROUFAKIS (2004), S. 127 ff.; VAN DAMME (2002), S. 57 ff.; EICHBERGER (1993), S. 233 ff.; HARSANYI/SELTEN (1988), S. 285 ff.; HARSANYI (1982a), S. 179 ff. und HARSANYI (1982b), S. 259 ff.

abgesehen werden kann. VAN DAMME definiert die nicht-kooperative Spieltheorie wie folgt:

„*A* ***noncooperative game*** *is a game in which there are no possibilities for communication, correlation or (pre) commitment, expect for those that are explicitly allowed by the rules.*"[1)]

Definitionsgemäß sind die Spieler vollkommen voneinander getrennt und haben nicht die Möglichkeit miteinander zu kommunizieren[2)]. Zudem wird von bindenden Vereinbarungen[3)] über die Strategiewahl zwischen den Spielern abstrahiert, so dass tatsächlich voneinander unabhängige Gebote der Spieler zu erwarten sind[4)].

Im Hinblick auf das Verhalten der Spieler in strategischen Entscheidungssituationen legt die Spieltheorie folgende *Modellannahmen* zugrunde[5)]:

- *zielorientiertes* Verhalten der Spieler

Die spieltheoretische Analyse und Beschreibung des strategischen Entscheidungsverhaltens der Spieler in strategischen Entscheidungssituationen setzt am individuellen Spieler i an und geht davon aus, dass sich ein Spieler i in solchen strategischen Entscheidungssituationen für das Verhalten entscheidet, das ihm die *beste* Erreichung seiner individuellen Ziele verspricht[6)]. Alle Ziele eines jeden Spielers i lassen sich auf die ihm zugewiesenen Spielergebnisse zurückführen. Da jeder Spieler an den Spielergebnissen interessiert ist, ist sein Verhalten weder aus psychologischer noch aus soziologischer Perspektive zu analysieren[7)].

---

1) VAN DAMME (1991), S. 2 (Kursiv-Hervorhebung durch die Verfasserin, Fett-Hervorhebung im Original als Kursiv-Hervorhebung).

2) Vgl. RIECK (2006), S. 35; BICCHIERI (1989), S. 71 und NASH (1953), S. 128 f.

3) Eine *bindende Vereinbarung* wird in der Fachliteratur als eine Vereinbarung interpretiert, deren Einhaltung „garantiert" ist, wogegen im Allgemeinen Vereinbarungen auch verletzt werden können. Vgl. z.B. RIECK (2006), S. 35, dort in Fn. 11).

4) Vgl. SCHIMMEL/ZELEWSKI (1996), S. 5.

5) Vgl. JOST (2001a), S. 12 f.

6) Im Hinblick auf das Verhalten eines jeden Spielers geht MYERSON von folgender Annahme aus: „*[...] each player's objective is to maximize the expected value of his own payoff, [...].*" MYERSON (2001), S. 2 (Kursiv-Hervorhebung durch die Verfasserin).

7) Vgl. JOST (2001a), S. 11.

➢ *konsequenzorientiertes* Verhalten der Spieler

In strategischen Entscheidungssituationen entscheidet sich ein Spieler i für ein bestimmtes Verhalten im Hinblick auf die damit verbundenen Konsequenzen i.S.d. Spielergebnisses[1)] und somit indirekt auch der Zielerreichung.

➢ *zeitkonsistentes* Verhalten der Spieler

Das strategische Entscheidungsverhalten eines jeden Spielers i stellt im Folgenden ein „zeitkonsistentes" Verhalten der Spieler in strategischen Entscheidungssituationen dar. Ein zeitkonsistentes Verhalten der Spieler in strategischen Entscheidungssituationen liegt genau dann vor, wenn zum einen eine *Konsistenz* i.S.d. Widerspruchsfreiheit zwischen einer in einer strategischen Entscheidungssituation *tatsächlich* gewählten und der in dieser strategischen Entscheidungssituation *geplanten* Entscheidung existiert[2)]. Zum anderen fordert ein zeitkonsistentes Verhalten der Spieler in strategischen Entscheidungssituationen nicht nur die Berücksichtigung der Auswirkungen *gegenwärtiger* Entscheidungen auf *zukünftige* strategische Entscheidungssituationen, sondern zudem die Berücksichtigung der in *zukünftigen* strategischen Entscheidungssituationen gewählten Entscheidungen bei der Ableitung der *gegenwärtigen* Entscheidungen[3)].

---

1) Die Definition des Begriffs *Spielergebnis* ist kontextabhängig. D.h. während das Spielergebnis aus der Perspektive der persönlichen Spieler, die die Nachfragerperspektive repräsentieren, als (Netto-)Auszahlung interpretiert werden kann, kann sie aus der Perspektive eines Auktionators, der die Anbieterperspektive verkörpert, als (Netto-)Einzahlung definiert werden. Während eine ausführliche Präzisierung des Spielergebnisses aus der Perspektive der persönlichen Spieler später in diesem Kapitel 4.1.1.2.2 gezeigt wird, erfolgt eine ausführliche Präzisierung des Spielergebnisses aus der Perspektive des Auktionators erst in Kapitel 4.2.

2) Vgl. KOBOLDT (1993), S. 384. Zu einem konträren *„zeitinkonsistenten" Verhalten* der Spieler in einer strategischen Entscheidungssituation vgl. z.B. KOBOLDT (1993), S. 384 ff.

3) Vgl. KOBOLDT (1993), S. 390.

➢ *unbeschränkt rationales* Verhalten der Spieler

Die spieltheoretische Analyse und Beschreibung des strategischen Entscheidungsverhaltens präsupponiert im Rahmen der präskriptiven Spieltheorie die Modellannahme der *unbeschränkten* oder perfekten *Rationalität* der Spieler im Hinblick auf die Wahl der Handlungsalternativen[1)]. Die Spieler treffen ihre Entscheidung im Hinblick die auf die ihnen jeweils zur Verfügung stehenden Handlungsalternativen unter Ausnutzung aller ihnen unbegrenzt verfügbaren Ressourcen.

Eine solche Modellannahme wird jedoch der Konzeptualisierung des Realproblems der nationalen Reallokation von Treibhausgas-Emissionsrechten und Treibhausgas-Emissionsgutschriften auf Unternehmensebene nicht gerecht, da sie in Anlehnung an MYERSON als realitätsfern angesehen wird[2)]. Wie bereits in Kapitel 3.2.2.2 erläutert, wäre unter Berücksichtigung des Realproblems vielmehr anzunehmen, dass die Wahl der Handlungsalternativen eines jeden Spielers i durch die *beschränkte* oder eingeschränkte *Rationalität* gekennzeichnet ist, um eine realitätsnahe Modellannahme festzulegen[3)]. Im Hinblick auf die beschränkte Rationalität hätte ein Spieler i unter den ihm zur Verfügung stehenden Handlungsalternativen dann so lange zu suchen, bis er auf eine akzeptable Handlungsalternative stößt, und sich dann für diese Handlungsalternative entschieden.

Deshalb kristallisiert sich eine Diskrepanz zwischen der Modellannahme im Rahmen der präskriptiven Spieltheorie und der Konzeptualisierung des Realproblems heraus. Denkmöglich wäre zwar die Einbeziehung des beschränkt rationalen Verhaltens der Spieler im Hinblick auf die Wahl der Handlungsalternativen, jedoch verfügt die präskriptive Spieltheorie über keinen formalsprachigen Ansatz unter Berücksichtigung dieser Modellannahme. Um der präskriptiven Spieltheorie gerecht zu werden, wird im Rahmen der vorliegenden Arbeit von einem unbeschränkt rationalen Verhalten der Spieler ausgegangen.

---

1) Vgl. RIECK (2006), S. 41; FRIEDRICH (2005), S. 11 ff.; BICHLER ET AL. (2005), S. 129; SELTEN (2002), S. 14; SELTEN (2000), S. 129 f.; GÜTH (1996), S. 1 und MORGENSTERN (1966), S. 72.

2) Vgl. MYERSON (2001), S. 5.

3) Vgl. Kapitel 3.2.2.2 der vorliegenden Arbeit.

Im Folgenden repräsentiert die Verfasserin zunächst die *konzeptionellen Grundlagen zur nicht-kooperativen Spieltheorie* und zeigt anschließend die Grundelemente eines jeden Spiels im Rahmen des so genannten *PASOR* (Players Actions Scope Outcomes Rules)-*Grundkonzepts* auf.

Zum einen werden diese Grundelemente eines jeden Spiels sowohl natürlichsprachig erläutert als auch formalsprachig aufgezeigt. Zum anderen werden die Grundelemente eines jeden Spiels Γ auf der Basis graphischer Darstellungen, d.h. anhand jeweils eines *Spielbaums*[1] modelliert[2]. Anschließend werden *Gestaltungsoptionen der nicht-kooperativen Spieltheorie* für die Modellierung von Realproblemen aufgeführt.

Für die graphische Darstellung der Grundelemente eines jeden Spiels Γ anhand jeweils eines Spielbaums ist eine *softwaregestützte* Modellierung beispielsweise mit der *GAMBIT-Software*[3] denkmöglich. Jedoch entscheidet sich die Verfasserin gegen eine solche softwaregestützte Modellierung mit der GAMBIT-Software und für eine *manuelle* Modellierung. Als Grund für eine solche manuelle Modellierung kann dargelegt werden, dass die Verfasserin die Integration des PASOR-Grundkonzepts und der dort eingeführten *formal* vereinfachten Konstruktion der Grundelemente eines jeden Spiels Γ präferiert, die im Folgenden vorgestellt werden. Die GAMBIT-Software ermöglicht zwar eine natürlichsprachige Integration des PASOR-Grundkonzepts, jedoch *keine* Unterstützung der formal vereinfachten Konstruktion der Grundelemente eines jeden Spiels Γ.

1) In der Fachliteratur finden für *Spielbäume* auch die Bezeichnungen „Ereignisbäume" und „Entscheidungsbäume" Anwendung. Vgl. z.B. EISENFÜHR/WEBER (2003), S. 24 und 38. Diese Begriffe werden im Rahmen der vorliegenden Arbeit synonym verwendet.

2) Die graphische Darstellung eines Spiels Γ anhand eines Spielbaums basiert auf der folgenden Definition von KUHN: „*[...] a game tree is introduced as a natural geometric model of the essential character of a game as a successive presentation of alternatives.*" KUHN (1953), S. 194.

3) Vgl. z.B. O.V. (2007a).

4.1.1.2.2 Spieltheoretische Basiskonstrukte

Gegenstand der Spieltheorie sind die Analyse und Modellierung von *strategischen Entscheidungssituationen*[1] sowie die Analyse und Beschreibung des *strategischen Entscheidungsverhaltens*[2]. Während strategische Entscheidungssituationen Spielsituationen widerspiegeln, in denen das Spielergebnis von den Entscheidungen mehrerer, d.h. mindestens zweier Entscheidungsträger abhängt, ist das strategische Entscheidungsverhalten als das individuelle Verhalten eines jeden Entscheidungsträgers definiert, welches in strategischen Entscheidungssituationen das Verhalten anderer Entscheidungsträger ins Kalkül einbezieht[3]. Ausschließlich vom Zufall bestimmte strategische Entscheidungssituationen werden ausgeschlossen[4].

MYERSON definiert die Spieltheorie als eine Studie mathematischer Modelle von strategischen Entscheidungssituationen zwischen mindestens zwei Spielern und definiert wie folgt:

„*Game theory provides general mathematical techniques for analyzing situations in which two or more individuals make decisions that will influence one another's welfare.*"[5]

---

1) Zu Beispielen für *strategische Entscheidungssituationen* vgl. z.B. CARMICHAEL (2005), S. 4 und RAUHUT ET AL. (1979), S. 9 f.

2) Vgl. HOLLER/ILLING (2006), S. 1; WATSON (2002), S. 90; JOST (2001a), S. 10; AMANN (1999), S. 4; HARSANYI (1994), S. 142; RIECK (1993), S. 16 f.; RENY (1992), S. 103 und SHUBIK (1975), S. 8.

3) Vgl. RIECK (2006), S. 21; CARMICHAEL (2005), S. 3; VAN DAMME (2002), S. 51; LANGERFELDT (2001), S. 1619; AMANN (1999), S. 4 f.; GÜTH (1999), S. 31; SCHWÖDIAUER (1992), S. 7; VAN DAMME (1991), S. 1; LUTZ (1984), S. 5 f.; HARSANYI (1977), S. 113; BURGER (1966), S. 9 und SHUBIK (1965), S. 19. Im Rahmen der vorliegenden Arbeit werden in Anlehnung an RIECK einige (Grund-)Begriffe der Spieltheorie auch auf Englisch verwendet, da die englischen Begriffe viel gebräuchlicher sind als die deutschen Begriffe. Vgl. RIECK (2006), S. 101.

4) Vgl. LUTZ (1984), S. 5.

5) MYERSON (2001), S. 1 (Kursiv-Hervorhebung durch die Verfasserin). Vgl. zudem RASMUSEN (2004), S. 12; LANGERFELDT (2001), S. 1619; SCHWÖDIAUER (1992), S. 7 und VAN DAMME (1983), S. 1.

In der Spieltheorie ist ein *Spiel*[1] als jede soziale Interaktion zwischen mehreren Entscheidungsträgern definiert[2]. Symbolisch wird ein Spiel im Rahmen der vorliegenden Arbeit mit Γ präsentiert. Die in eine Spielsituation involvierten individuellen Entscheidungsträger werden in der Spieltheorie als *Spieler*[3] bezeichnet und im Rahmen der vorliegenden Arbeit formal mit $i \in N$, $N = \{1, ..., n\}$, $n \geq 2$ und $n \in \mathbb{N}$ erfasst[4]. D.h., der Spieler „i" repräsentiert einen *beliebigen* Spieler aus der Spielermenge N. Für die Analyse und Beschreibung des strategischen Entscheidungsverhaltens spielt der jeweilige Name des an einem Spiel Γ beteiligten Spielers keine Rolle. Vielmehr können die Spieler sowohl einen individuellen Entscheidungsträger als auch eine

1) VON NEUMANN/MORGENSTERN nehmen eine begriffliche Abgrenzung der Begriffe *Spiel* und *Partie* vor. Während das Spiel die Gesamtheit aller Spielregeln erfasst, ist die Partie als ein konkretes Spiel definiert, das von Anfang – Startknoten eines Spielbaums – bis zum Ende – Endknoten eines Spielbaums – gespielt wird. Vgl. VON NEUMANN/MORGENSTERN (1973), S. 48 und zudem RIECK (2006), S. 115; WATSON (2002), S. 2; BINMORE (1987), S. 188; RAUHUT ET AL. (1979), S. 10 und SELTEN (1975), S. 26. KUHN/TUCKER nehmen die folgende begriffliche Abgrenzung vor: „*A game is simply the set of rules which describe it, while every particular instance in which the game is played from beginning to end is a play of that game.*" KUHN/TUCKER (1950), S. V (Kursiv-Hervorhebung durch die Verfasserin). Im Rahmen der vorliegenden Arbeit sind Spiele nach SELTEN durch die *Einmaligkeit* gekennzeichnet, so dass im Folgenden grundsätzlich *Einmalspiele* – one shot games – Berücksichtigung finden. D.h., Spiele werden nur einmal gespielt und dasselbe Spiel wird nicht wiederholt. Vgl. SELTEN (1981), S. 96. Zu *wiederholten Spielen*, die *nicht* als Spiele auf der Basis mehrerer Spielstufen, sondern vielmehr als *endliche* Wiederholungen eines bestimmten Spiels zu verstehen sind und für die in der Fachliteratur die Bezeichnung „finitely repeated games" Anwendung findet, vgl. z.B. HOLLER/ILLING (2006), S. 20 ff. und 135 ff.; BERNINGHAUS ET AL. (2006), S. 341 ff.; RASMUSEN (2004), S. 109 ff.; WIESE (2002), S. 395 ff.; WATSON (2002), S. 210 ff.; MYERSON (2001), S. 308 ff.; JOST (2001a), S. 67 ff.; GÜTH (1999), S. 24 und 83 ff.; AUMANN/MASCHLER (1995), S. 65 ff.; RIECK (1993), S. 117 f.; EICHBERGER (1993), S. 208 und 224 ff.; FUDENBERG/TIROLE (1992), S. 145 ff.; GIBBONS (1992), S. 82 ff.; VAN DAMME (1991), S. 195 ff. und MERTENS (1990), S. 77 ff. Zu *wiederholten Spielen*, die als *unendliche* Wiederholungen eines bestimmten Spiels zu verstehen sind und in der Fachliteratur als „Superspiele" – super games or infinitely repeated games – bezeichnet werden, vgl. z.B. HOLLER/ILLING (2006), S. 22; BERNINGHAUS ET AL. (2006), S. 376 ff.; RASMUSEN (2004), S. 111 ff.; WIESE (2002), S. 399 f.; WATSON (2002), S. 216 ff.; JOST (2001a), S. 68 f.; GÜTH (1999), S. 24 und 83 ff.; BAIRD/GERTNER/ PICKER (1998), S. 165 ff.; EICHBERGER (1993), S. 208 und 213 ff.; GIBBONS (1992), S. 88 ff.; VAN DAMME (1991), S. 175 ff. und SORIN (1990), S. 46 ff.

2) Vgl. MYERSON (2001), S. 2; JOST (2001a), S. 10 und 43; SAMUELSON (1997), S. 1; HARSANYI (1994), S. 142; RIECK (1993), S. 16 und VAN DAMME (1991), S. 1.

3) Vgl. RASMUSEN (2004), S. 12; MYERSON (2001), S. 2 und VAN DAMME (1991), S. 1.

4) Vgl. WATSON (2002), S. 16; GIBBONS (1992), S. 3 und GÜTH (1986), S. 283.

Entscheidungs*einheit*[1] mit mehreren „Sub-Spielern" repräsentieren. Deshalb werden die Spieler einfach abgezählt, so dass jeder von ihnen mit einer Nummer bezeichnet wird[2]. Weiterhin gilt, dass *keiner* der Spieler die spieltheoretische Interaktion und das Spielergebnis unabhängig von den Entscheidungen der anderen Spieler bestimmen kann. Vielmehr liegt eine wechselseitige Abhängigkeit der individuellen Entscheidung und der Entscheidungen der anderen Spieler vor, so dass die Entscheidungen der anderen Spieler explizit in das eigene Kalkül einzubeziehen sind[3]. Jeder Spieler ist sich einer solchen Interdependenz zwischen den Entscheidungen bewusst und jeder Spieler geht davon aus, dass alle anderen Spieler sich ebenfalls einer solchen Interdependenz zwischen den Entscheidungen bewusst sind. VAN DAMME unterstreicht diese Annahme wie folgt:

"*Each participating player can partially control the situation, but no player has full control.*"[4]

Die Analyse von strategischen Entscheidungssituationen erfordert die Spezifikation einer Form zur Beschreibung und Darstellung eines Spiels Γ[5]. Im Hinblick auf die Darstellung eines Spiels Γ können folgende zwei *Darstellungsformen* der nicht-

---

1) Eine solche *Entscheidungseinheit* kann ein Land, eine politische Partei, ein Unternehmen oder eine Organisationseinheit innerhalb eines Unternehmens repräsentieren. Vgl. LANGERFELDT (2001), S. 1619; LUTZ (1984), S. 6 und SHUBIK (1965), S. 18 sowie 21 f.

2) Vgl. RAUHUT ET AL. (1979), S. 15.

3) Vgl. JOST (2001a), S. 9 f.; AMANN (1999), S. 4 f.; FEESS (1998), S. 10 und SAMUELSON (1997), S. 1.

4) VAN DAMME (1983), S. 1 (Kursiv-Hervorhebung durch die Verfasserin). Vgl. zudem SHUBIK (1965), S. 18.

5) Vgl. MYERSON (2001), S. 37.

kooperativen Spieltheorie unterschieden werden[1]:

- *Normalform* und
- *Extensivform.*

Für ein Spiel Γ, bei dem die Spieler in jeder strategischen Entscheidungssituation unabhängig voneinander nur *einen* Spielzug auszuführen haben, finden in der Fachliteratur die Bezeichnungen „*Normal*form" eines Spiels sowie „strategische Spielform" und für eine solchermaßen formulierte strategische Entscheidungssituation die Bezeichnung „*Normal*formspiel" Anwendung[2]. Im Rahmen der vorliegenden Arbeit ist ein Spielzug nach RIECK als eine Entscheidung definiert, die ein Spieler i im Verlauf eines Spiels in einer strategischen Entscheidungssituation zu treffen hat[3]. Symbolisch wird ein Normalformspiel im Rahmen der vorliegenden Arbeit mit Γ^{no} [4] präsentiert.

AMANN unterstreicht die Bedeutung der Normalform Γ^{no} wie folgt:

„*Die **Normalform** ist insbesondere dann angebracht, wenn die Spieler lediglich **eine***

---

1) Vgl. BERNINGHAUS ET AL. (2006), S. 91; BAMBERG/COENENBERG (2006), S. 188; HARGREAVES HEAP/ VAROUFAKIS (2004), S. 45; WATSON (2002), S. 8; MYERSON (2001), S. 37; LANGERFELDT (2001), S. 1620; GINTIS (2000), S. 10 ff.; DUTTA (1999), S. 22; BINMORE (1998), S. 21; BAIRD/GERTNER/PICKER (1998), S. 50; VAN DAMME (1991), S. 3; SHUBIK (1975), S. 14 f.; VON NEUMANN/MORGENSTERN (1973), S. 85; SHUBIK (1965), S. 25 und KUHN (1953), S. 193. Eine *dritte Darstellungsform* der Spieltheorie stellt die so genannte „characteristic function form" – auch „coalitional form" genannt – dar. EICHBERGER definiert die characteristic function form wie folgt: „*It (characteristic function form) is a description of social interactions where binding agreements can be made and enforced.*" EICHBERGER (1993), S. 2 (Kursiv-Hervorhebung und Ergänzung in der runden Klammer durch die Verfasserin). Da diese dritte Darstellungsform nur für kooperative Spiele definiert ist, sich die vorliegende Arbeit jedoch auf nicht-kooperative Spiele beschränkt und von Vereinbarungen über die Strategiewahl zwischen den Spielern abstrahiert, findet die characteristic function form im Folgenden keine weitere Berücksichtigung.

2) Vgl. RIECK (2006), S. 27 und 154; RASMUSEN (2004), S. 39; BAMBERG/COENENBERG (2006), S. 188; OSBORNE (2004), S. 13; HARGREAVES HEAP/VAROUFAKIS (2004), S. 45; MYERSON (2001), S. 37; AMANN (1999), S. 7 f.; GÜTH (1999), S. 23; DUTTA (1999), S. 21; BINMORE (1998), S. 21; BAIRD/ GERTNER/PICKER (1998), S. 7; MEHLMANN (1997), S. 6; RIECK (1993), S. 120; GIBBONS (1992), S. 2; FUDENBERG/TIROLE (1992), S. 4; SCHWÖDIAUER (1992), S. 9; VAN DAMME (1987), S. 6; HARSANYI (1977), S. 95; SHUBIK (1965), S. 29 und LUCE/RAIFFA (1957), S. 57.

3) Vgl. RIECK (1993), S. 86 und zudem LUTZ (1984), S. 6 und RAUHUT ET AL. (1979), S. 10 f. VON NEUMANN/MORGENSTERN definieren ein Spielzug dagegen als eine abstrakte „Gelegenheit" zur Wahl zwischen alternativen Strategien, die entweder von einem Spieler getroffen oder von einem Zufallsspieler bestimmt werden. Vgl. VON NEUMANN/MORGENSTERN (1973), S. 49.

4) Im Rahmen der vorliegenden Arbeit steht das Symbol Γ^{no} für Normalformspiele und der Symbolindex no für normal form.

Entscheidung zu treffen haben und diese Festlegung unabhängig von den Mitspielern erfolgt.“[1)]

Nach HARSANYI ist die Normalform Γ^{no} eines Spiels zudem dadurch gekennzeichnet, dass alle Spieler *immer* – „*[...] always [...]*“[2)] – in der Annahme agieren, dass sie ihre Entscheidungen *zeitgleich* zu treffen haben[3)]. Möglichkeiten zur Ausführung einer bestimmten Handlung, die ein Spieler i in seine Entscheidung einbezieht, über die er also tatsächlich seine Entscheidung trifft, werden in der Spieltheorie mit dem Begriff der Handlungsalternativen[4)] erfasst[5)]. Aus spieltheoretischer Perspektive sind an jedem der im Verlauf der sozialen spieltheoretischen Interaktion identifizierten Entscheidungszeitpunkte die Handlungsalternativen, über die ein jeder Spieler i verfügt, zu identifizieren. Die Handlungsalternativen können als alternative Intentionen und alternative Tätigkeiten zur Ausführung einer bestimmten Handlung verstanden werden, von deren Existenz ein individueller Spieler i überzeugt ist und zwischen denen er tatsächlich seine Entscheidung trifft[6)].

In der Normalform Γ^{no} eines Spiels werden die Handlungsalternativen aller Spieler einander gegenüber gestellt. Die Gesamtheit aller möglichen Handlungsalternativen *eines* Spielers i stellt die *Menge* aller *Handlungsalternativen* dieses Spielers i dar. Formal kann der Raum A der Handlungsalternativen für alle Spieler i aus der Spielermenge N

---

1) AMANN (1999), S. 15 (Kursiv-Hervorhebung durch die Verfasserin, Fett-Hervorhebung im Original als Kursiv-Hervorhebung). Vgl. zudem MORGENSTERN (1970), S. 11.

2) HARSANYI (1977), S. 93 (Kursiv-Hervorhebung durch die Verfasserin).

3) Vgl. HARSANYI (1977), S. 93 und zudem HOLLER/ILLING (2006), S. 12 f.; HARGREAVES HEAP/VAROUFAKIS (2004), S. 45; GÜTH (1999), S. 23; VAN DAMME (1987), S. 6 und SHUBIK (1965), S. 29.

4) In der Fachliteratur findet für eine Handlungsalternative auch die Bezeichnung „action“ oder „move“ Anwendung. Vgl. z.B. RASMUSEN (2004), S. 13. LUCE/RAIFFA definieren den letztgenannten Begriff wie folgt: „*[...] each move is a point of decision for a given player from among a set of alternatives.*“ LUCE/RAIFFA (1957), S. 39 (Kursiv-Hervorhebung durch die Verfasserin). Diese Begriffe werden im Rahmen der vorliegenden Arbeit synonym verwendet.

5) Vgl. KESTING (2003), S. 52 und 71; EISENFÜHR/WEBER (2003), S. 17 ff.; JOST (2001a), S. 15; KESTING (2001), S. 17 und RIECK (1993), S. 123.

6) Vgl. KESTING (2003), S. 29 ff., 52 und 71; EISENFÜHR/WEBER (2003), S. 17 ff.; JOST (2001a), S. 15; KESTING (2001), S. 17 ff. und RIECK (1993), S. 123.

wie folgt erfasst werden[1]:

$A_i = \{a_{i.1},...,a_{i.Z}\}$	Menge aller Handlungsalternativen $a_{i.y}$ des Spielers $i \in N$ mit $y = 1,...,Z$, $Z \geq 2$ und $Z \in \mathbb{N}_+$
$A = \bigtimes_{i=1}^{n} A_i$	Raum der Handlungsalternativen für alle Spieler i aus der Spielermenge N

Weiterhin kann die Gesamtheit („Raum") der Handlungsalternativen als die Menge aller Kombinationen von spielerspezifischen Handlungsalternativen definiert werden. Zu bemerken ist jedoch, dass *nicht* die Gesamtheit aller Handlungsalternativen der Spieler gebildet wird, sondern vielmehr für jeden Spieler i jeweils *eine* Handlungsalternative erfasst wird. Während die erste Komponente einer solchen Handlungsalternativenkombination ap_h für den ersten Spieler $1 \in N$ mit $N = \{1,...,n\}$ steht, steht die zweite Komponente für den zweiten Spieler $2 \in N$, die dritte Komponente für den dritten Spieler $3 \in N$ usw. Formal ist die Kombination ap_h von Handlungsalternativen wie folgt definiert:

$ap_h \in A$	eine beliebige Kombination von Handlungsalternativen mit $h \in \mathbb{N}_+$, die gemäß
$ap_h = (a_{1.h(1)},...,a_{n.h(n)})$	jedem Spieler i (mit $i = 1,...,n$) genau eine Handlungsalternative $a_{i.h(i)} = a_{i.y}$ zuordnet

[2].

1) Im Rahmen der vorliegenden Arbeit steht das Symbol A für Actions. Streng genommen müsste es „Z_i" statt Z heißen, weil die Anzahl Z_i der Handlungsalternativen $a_{i.y}$ eines Spielers i von Spieler zu Spieler schwanken kann. Der Übersichtlichkeit halber wird – vereinfachend – von dieser spielerspezifischen Indexierung der Handlungsalternativenanzahl abgesehen.

2) Im Rahmen der vorliegenden Arbeit steht das Symbol ap für action profile.

Für jede Kombination von Handlungsalternativen kann das Spielergebnis angegeben werden. Jeder Spieler i kann seine Handlungsalternative unter Berücksichtigung der ihm jeweils zur Verfügung stehenden Informationen, seiner individuellen Präferenzen[1)] und des Verhaltens der anderen Spieler bewerten. Ein solches Spielergebnis kann aus spieltheoretischer Perspektive als eine (Netto-)Auszahlung für einen jeden Spieler i interpretiert werden[2)].

---

1) Aus spieltheoretischer Perspektive können *Präferenzen* eines Spielers i als bestimmte Einstellungen dieses Spielers zu Handlungsalternativen und zu einem Spielergebnis oder als Wertmaßstab zur Bewertung und zum Vergleich von Handlungsalternativen interpretiert werden. Vgl. z.B. FRIEDRICH (2005), S. 12; EISENFÜHR/WEBER (2003), S. 31; WATSON (2002), S. 13; KESTING (2001), S. 1; KRABS (1997), S. 50 und LUCE/RAIFFA (1957), S. 47. Angenommen, einem Spieler i liegen zwei Handlungsalternativen $a_{i.1}$ und $a_{i.2}$ zur Verfügung. Beispielsweise können im Hinblick auf diese zwei Handlungsalternativen folgende *Präferenzrelationen* unterschieden werden:

- *strenge* Präferenzrelation
  Wenn $a_{i.1} \succ a_{i.2}$, dann präferiert der Spieler i die Handlungsalternative $a_{i.1}$ gegenüber der Handlungsalternative $a_{i.2}$.
- *schwache* Präferenzrelation – *vollständige* Präferenzrelation oder *indifferente* Präferenzrelation Wenn $a_{i.1} \succsim a_{i.2}$, dann präferiert der Spieler i entweder die Handlungsalternative $a_{i.1}$ gegenüber der Handlungsalternative $a_{i.2}$ oder er ist indifferent zwischen den beiden Handlungsalternativen.
- *indifferente* Präferenzrelation
  Wenn $a_{i.1} \sim a_{i.2}$, dann ist der Spieler i indifferent zwischen den beiden Handlungsalternativen.

Liegen einem Spieler i nicht zwei, sondern drei Handlungsalternativen $a_{i.1}$, $a_{i.2}$ und $a_{i.3}$ zur Verfügung, so findet die *transitive* Präferenzrelation Berücksichtigung. Die transitive Präferenzrelation besagt, dass wenn $a_{i.1} \succ a_{i.2} \succ a_{i.3}$, dann gilt $a_{i.1} \succ a_{i.3}$, d.h. wenn der Spieler i zum einen die Handlungsalternative $a_{i.1}$ gegenüber der Handlungsalternative $a_{i.2}$ präferiert und zum anderen die Handlungsalternative $a_{i.2}$ gegenüber der Handlungsalternative $a_{i.3}$ präferiert, dann präferiert er auch die Handlungsalternative $a_{i.1}$ gegenüber der Handlungsalternative $a_{i.3}$.

Vgl. z.B. BERNINGHAUS ET AL. (2006), S. 204 ff.; BAMBERG/COENENBERG (2006), S. 101; OSBORNE (2004), S. 4; HARGREAVES HEAP/VAROUFAKIS (2004), S. 8 f.; EISENFÜHR/WEBER (2003), S. 31 und 98; WIESE (2002), S. 34; MYERSON (2001), S. 9 f.; AMANN (1999), S. 5 f.; GÜTH (1999), S. 6; BRIDGES (1999), S. 7 f.; DUTTA (1999), S. 433 und 440; RIECK (1993), S. 129 f.; HOLLER (1992), S. 13 f.; FISHBURN (1988), S. 10 und LUCE/RAIFFA (1957), S. 16 und 23 ff.

2) Vgl. RIECK (2006), S. 92 f.; BERNINGHAUS ET AL. (2006), S. 12 f., dort in Fn. 2); RASMUSEN (2004), S. 14; BAMBERG/COENENBERG (2006), S. 188; OSBORNE (2004), S. 5; SCHWÖDIAUER (1992), S. 9 f.; VAN DAMME (1991), S. 1; LUTZ (1984), S. 6; SHUBIK (1975), S. 13; MORGENSTERN (1966), S. 77 und SHUBIK (1965), S. 23.

BINMORE definiert die Auszahlung eines jeden Spielers i wie folgt:

„[...] the players' payoffs – can be identified with how much money each player gets at the end of the game."[1)]

Des Weiteren kann ein Spielergebnis sowohl als *Nutzen* als auch als *Gewinn* oder *Verlust* und als *Preis* interpretiert werden[2)].

Jede Handlungsalternative in einem Normalformspiel Γ^{no} wird durch einen Spielergebnis*vektor* bewertet, dessen Komponenten die Spielergebnisse der einzelnen Spieler bezeichnen. Wird eine bestimmte Kombination von Handlungsalternativen für alle Spieler gespielt, so ergibt sich durch diese Kombination von Handlungsalternativen das Spielergebnis.

---

1) BINMORE (1998), S. 23 (Kursiv-Hervorhebung durch die Verfasserin).

2) Vgl. CARMONA (2005), S. 182 f.; RELLSTAB (1992), S. 22; RAUHUT ET AL. (1979), S. 32; MORGENSTERN (1966), S. 79 f. und SHUBIK (1965), S. 23 f. Beispielsweise kann eine Spielergebnisfunktion i.S.e. *Nutzenfunktion* zum einen ordinal skaliert oder zum anderen kardinal skaliert sein. Im Falle einer *ordinal* skalierten Nutzenfunktion kann ein Spieler i bei der Bewertung der Handlungsalternativen eine Präferenzordnung, also eine Rangordnung der Handlungsalternativen, eindeutig festlegen. Auf einer Ordinalskala können dann die Präferenzen eines Spielers i, die keinen quantitativ messbaren Nutzen repräsentieren, abgebildet werden. Demgegenüber kann ein Spieler i im Falle einer *kardinal* skalierten Nutzenfunktion bei der Bewertung der Handlungsalternativen einen quantitativ messbaren Nutzen(-wert) angeben. Gemäß der kardinal skalierten Nutzenfunktion kann die Relation von Nutzendifferenzen numerisch eindeutig bestimmt werden. Vgl. z.B. HOLLER/ILLING (2006), S. 4 und 31; RIECK (2006), S. 39; BERNINGHAUS ET AL. (2006), S. 12 f., dort in Fn. 2); HARGREAVES HEAP/VAROUFAKIS (2004), S. 9 ff.; MYERSON (2001), S. 5; GÜTH (1999), S. 13 und 41; RIECK (1993), S. 126 ff. und BURGER (1966), S. 11. Als ein kardinales Nutzenmaß dafür, wie ein Spieler i die ihm zur Verfügung stehenden Handlungsalternativen bewertet, hat sich die, nach den beiden Autoren benannte, „VON NEUMANN/MORGENSTERN-Nutzenfunktion" etabliert. Vgl. AMANN (1999), S. 6; DUTTA (1999), S. 35; HOLLER (1992), S. 12 und FISHBURN (1988), S. 6 ff. Im Rahmen der vorliegenden Arbeit wird im Rahmen der nichtkooperativen Spieltheorie vereinfachend stets von Spielergebnissen statt von Nutzen und von Nutzenfunktionen ausgegangen, so dass im Folgenden von einer differenzierten Betrachtung von Nutzen und von Nutzenfunktionen abgesehen wird. Zum Begriff *Nutzen* und zur Einführung in die *Nutzentheorie* vgl. z.B. RIECK (2006), S. 159 ff.; HARGREAVES HEAP/VAROUFAKIS (2004), S. 14; OWEN (1995), S. 150 ff.; SIMON (1979), S. 506 f. und VON NEUMANN/MORGENSTERN (1968), S. 215 ff.

Grundsätzlich können eine Spielergebnis*funktion* und ein Spielergebnis*vektor* in einem Normalformspiel Γ^{no} formal wie folgt erfasst werden[1]:

$out: A \rightarrow \mathbb{R}^{n}_{\geq 0}$	Spielergebnisfunktion, die jedem Spieler i aus der Spielermenge N bei der Handlungsalternativenkombination $ap_h = \left(a_{1.h(1)},...,a_{n.h(n)}\right)$ mit $ap_h \in A$ das Spielergebnis
$out\left(a_{1.h(1)},...,a_{n.h(n)}\right) = \left(O_{1.h},...,O_{n.h}\right)$	$O_{i.h}$ mit $O_{i.h} \in \mathbb{R}_{\geq 0}$ zuordnet

Ziel eines jeden Spielers i ist es, sein Spielergebnis zu maximieren, wobei das Verhalten der anderen Spieler mit zu berücksichtigen ist[2].

Eine mögliche graphische Darstellung der Normalform Γ^{no} eines Spiels kann anhand einer *Matrix* erfolgen[3]. In einer Matrix werden die Strategien, die hier bei Spielen in Normalform mit den Handlungsalternativen zusammenfallen, eines Spielers i in den Zeilen der Matrix und die Strategien eines anderen Spielers j mit $j \in N \setminus \{i\}$ in den Spalten der Matrix erfasst. Je nachdem, welche Strategie die Spieler jeweils wählen, ergibt sich eine bestimmte Strategiekombination. Die Kombination von je einer Strategie für jeden Spieler führt zu einem Matrixfeld. In jedem Matrixfeld steht das Spielergebnis für die Spieler. Während sich der erste Wert jeweils auf den einen Spieler i bezieht, gibt der zweite Wert jeweils das Spielergebnis des anderen Spielers j an[4].

Welche Handlungsalternativen einem jeden Spieler i zur Verfügung stehen, in welcher zeitlichen Reihenfolge die jeweiligen Spieler zum Spielzug kommen, welche Informationen den jeweiligen Spielern bei der Realisierung ihrer Spielzüge jeweils zur Verfügung stehen und welches Spielergebnis durch die Strategiekombinationen der

---

1) Im Rahmen der vorliegenden Arbeit steht das Symbol O für Outcomes.

2) Vgl. RIECK (2006), S. 27; RASMUSEN (2004), S. 12; AMANN (1999), S. 8 und NASH (1951), S. 287.

3) Vgl. HARSANYI/SELTEN (1979), S. 10 und SHUBIK (1965), S. 29.

4) Vgl. z.B. JOST (2001a), S. 20 f.; RIECK (1993), S. 21 f. und VAN DAMME (1987), S. 5.

Spieler bestimmt ist, legen schließlich die *Spielregeln*[1)] eines jeden Spiels fest[2)]. Spielregeln sollen ein Spiel möglichst vollständig beschreiben[3)]. BINMORE unterstreicht die Bedeutung von Spielregeln für ein Spiel wie folgt:

„*Noncooperative game theory calls for a complete description of the* ***rules*** *of the game to be given so that strategies available to the players can be studied in detail.*“[4)]

Nach VON NEUMANN/MORGENSTERN besitzen die Spielregeln eines jeden Spiels Γ „*absolute Gültigkeit*“, d.h. die Spieler haben nicht die Möglichkeit, sich über die Spielregeln hinwegzusetzen[5)].

Die Normalform Γ^{no} eines Spiels gibt explizit an[6)]:

- Menge N der *Spieler*,
- Raum A der *Handlungsalternativen* für alle Spieler und
- *Spielergebnisse* für alle Spieler aufgrund der Spielergebnisfunktion out.

---

1) Grundsätzlich erfassen die *Spielregeln* eines jeden Spiels auch die Zulässigkeit von Vereinbarungen zwischen den Spielern und die Möglichkeit des Abschlusses von Vereinbarungen zwischen den Spielern. Vgl. z.B. HOLLER/ILLING (2006), S. 3 und OWEN (1971), S. 159. Im Rahmen der vorliegenden Arbeit wird jedoch von Vereinbarungen über die Wahl der Handlungsalternativen zwischen den Spielern abgesehen, so dass die Spielregeln eines jeden Spiels die Möglichkeit des Abschlusses von Vereinbarungen zwischen den Spielern *nicht* berücksichtigen.

2) Vgl. HOLLER/ILLING (2006), S. 3 f. und 43; RIECK (1993), S. 155; LUTZ (1984), S. 9; HARSANYI (1977), S. 88 und LUCE/RAIFFA (1957), S. 44.

3) Vgl. GÜTH (1999), S. 45 und SELTEN (1981), S. 81.

4) BINMORE (1998), S. 21 (Kursiv-Hervorhebung durch die Verfasserin, Fett-Hervorhebung im Original als Kursiv-Hervorhebung).

5) VON NEUMANN/MORGENSTERN (1973), S. 49 (Kursiv-Hervorhebung durch die Verfasserin). Vgl. zudem HOLLER/ILLING (2006), S. 43; RIECK (1993), S. 34 und HARSANYI (1977), S. 88.

6) Vgl. OSBORNE (2004), S. 13; MYERSON (2001), S. 46; JOST (2001a), S. 44; GINTIS (2000), S. 12; DUTTA (1999), S. 21 und 35; BAIRD/GERTNER/PICKER (1998), S. 8; MEHLMANN (1997), S. 6; RIECK (1993), S. 148; EICHBERGER (1993), S. 28; FUDENBERG/TIROLE (1992), S. 4; HARSANYI (1977), S. 95; BURGER (1966), S. 26 und LUCE/RAIFFA (1957), S. 55. In einem Normalformspiel Γ^{no} sind die *Spielregeln* implizit in der Spielergebnisfunktion enthalten, die jeder Kombination von Handlungsalternativen mit jeweils genau einer Handlungsalternative für jeden Spieler genau ein Spielergebnis zuordnet, das festlegt, welche (Netto-)Auszahlung jeder Spieler bei der betrachteten Kombination von Handlungsalternativen erhält.

Auf der Basis dieser expliziten Angaben kann die Normalform Γ^{no} eines Spiels mit mindestens zwei Spielern, d.h. für $n \geq 2$, formal als folgendes *3-Tupel*[1] definiert werden[2]:

$$\Gamma^{no} = (N, A, out) \text{ mit}$$

$N = \{1, ..., n\}$	Spielermenge mit $i \in N$ als Spieler und $n \geq 2$ sowie $n \in \mathbb{N}$
$A_i = \{a_{i.1}, ..., a_{i.Z}\}$	Menge aller Handlungsalternativen $a_{i.y}$ des Spielers $i \in N$ mit $y = 1, ..., Z$, $Z \geq 2$ und $Z \in \mathbb{N}_+$
$A = \bigtimes_{i=1}^{n} A_i$	Raum der Handlungsalternativen für alle Spieler i aus der Spielermenge N
$out: \ A \rightarrow \mathbb{R}^n_{\geq 0}$	Spielergebnisfunktion, die jedem Spieler i aus der Spielermenge N bei der Handlungsalternativenkombination $ap_h = (a_{1.h(1)}, ..., a_{n.h(n)})$ mit mit $ap_h \in A$ das Spielergebnis
$out(a_{1.h(1)}, ..., a_{n.h(n)}) = (O_{1.h}, ..., O_{n.h})$	$O_{i.h}$ mit $O_{i.h} \in \mathbb{R}_{\geq 0}$ zuordnet

Da die Spieler in der Normalform Γ^{no} eines Spiels nur jeweils eine Entscheidung zu treffen haben und das Normalformspiel Γ^{no} aus einer einzigen Spielsituation besteht, fallen Handlungsalternativen mit dem spieltheoretischen Strategiebegriff inhaltlich zusammen.

---

1) Im Allgemeinen kann ein *Tupel* als eine geordnete Aneinanderreihung von Elementen definiert werden. Vgl. RIECK (2006), S. 145.

2) Vgl. HOLLER/ILLING (2006), S. 4; BERNINGHAUS ET AL. (2006), S. 11 ff.; RIECK (2006), S. 190; CARMONA (2005), S. 182; WIESE (2002), S. 110; WATSON (2002), S. 30; VAN DAMME (2002), S. 55; JOST (2001a), S. 44 f.; MYERSON (2001), S. 46; GINTIS (2000), S. 12; AMANN (1999), S. 7; DUTTA (1999), S. 4 f.; GIBBONS (1992), S. 3 f.; SCHWÖDIAUER (1992), S. 9; SHUBIK (1975), S. 11; VON NEUMANN/MORGENSTERN (1973), S. 49 f.; BORCH (1969), S. 232 und LUCE/RAIFFA (1957), S. 157.

Formalsprachig gilt:

$$a_{i.y} = s_{i.m} \qquad \text{mit } y = m$$
$$\text{für jeden Spieler } i \in N$$

Zwar lässt sich der spieltheoretische Strategiebegriff beispielsweise in *reine* Strategien, *gemischte* Strategien[1)], *kontinuierliche* Strategien[2)], *korrelierte* Strategien[3)] und

---

1) Wenn ein Spieler i zwischen verschiedenen reinen Strategien indifferent ist, dann kann er einen Zufallsmechanismus benutzen, um zwischen den verschiedenen reinen Strategien zu wählen. Der Spieler i wählt eine Wahrscheinlichkeitsverteilung über die verschiedenen reinen Strategien, indem er einen Zufallsmechanismus, wie beispielsweise eine Münze oder einen Würfel, verwendet. Von der Realisation dieses Zufallsmechanismus ist seine Strategiewahl abhängig. Für eine solche, durch einen Zufallsmechanismus gebildete Strategie findet die Bezeichnung „gemischte Strategie" Anwendung. Die Summe aller Wahrscheinlichkeiten summiert sich auf „Eins". Vgl. z.B. BERNINGHAUS ET AL. (2006), S. 29 ff.; HOLLER/ILLING (2006), S. 34; RASMUSEN (2004), S. 66; WIESE (2002), S. 81 und 142 f.; AMANN (1999), S. 13; DUTTA (1999), S. 104; KRABS (1997), S. 54; OWEN (1995), S. 14; EICHBERGER (1993), S. 21; RIECK (1993), S. 54 ff. und 150 ff.; GIBBONS (1992), S. 31; SCHWÖDIAUER (1992), S. 20; HARSANYI (1977), S. 94 f.; VON NEUMANN/ MORGENSTERN (1973), S. 50, dort in Fn. 2) und S. 145 ff.; OWEN (1971), S. 14 ff.; BURGER (1966), S. 27; LUCE/RAIFFA (1957), S. 157 und NASH (1951), S. 286. Zu bemerken ist, dass jede reine Strategie *äquivalent* zu einer gemischten Strategie sein kann. D.h. jede reine Strategie kann als eine gemischte Strategie angesehen werden, wenn beispielsweise eine reine Strategie mit einer Wahrscheinlichkeit von „Eins" und alle anderen reinen Strategien mit einer Wahrscheinlichkeit von „Null" gewählt werden. Vgl. z.B. BERNINGHAUS ET AL. (2006), S. 29; HARGREAVES HEAP/ VAROUFAKIS (2004), S. 44; DUTTA (1999), S. 104 und KRABS (1997), S. 54. Zudem legt DUTTA im Hinblick auf das Spielergebnis einer gemischten Strategie folgende Abhängigkeit fest: *„The payoff to a mixed strategy is computed as the expected payoff to its component pure strategies."* DUTTA (1999), S. 116 (Kursiv-Hervorhebung durch die Verfasserin).

2) Eine kontinuierliche Strategie ist definiert als ein Kontinuum von Strategien, das dadurch entsteht, dass die Wahrscheinlichkeit für die Wahl der einzelnen Strategien kontinuierlich variiert werden kann. Vgl. z.B. RIECK (1993), S. 115 ff.

3) Die Wahl einer korrelierten Strategie setzt ein Zufallsexperiment voraus, dessen Ergebnisse von mehreren Spielern beobachtet werden können. Die individuellen Beobachtungen eines jeden Spielers i können unterschiedlich sein. Beispielsweise kann bei einem Würfelwurf ein Spieler i beobachten, ob die Augenzahl gerade oder ungerade ist, wogegen ein anderer Spieler j mit $j \in N \setminus \{i\}$ beobachten kann, ob die Augenzahl größer oder kleiner als „Drei" ist. Das Verhalten eines jeden Spielers i erfolgt in Abhängigkeit vom Ergebnis des Zufallsexperiments. Vgl. z.B. GÜTH (1999), S. 62 f. und RIECK (1993), S. 68 ff.

*Verhaltens*strategien[1)] differenzieren, jedoch betrachtet die Verfasserin im Rahmen der vorliegenden Arbeit ausschließlich reine Strategien, da sie von stochastischen Spielen absieht.

Eine reine Strategie ist definiert als eine eindeutig determinierte Strategiewahl für jeden Spieler i. OWEN definiert eine reine Strategie wie folgt:

„*[...] the definition of a pure strategy: it is a function, defined on the collection of a particular player's information sets, [...].*"[2)]

Demzufolge gilt, wenn ein Spieler i eine so genannte „Informationsmenge"[3)] und für jede Informationsmenge alternative oder zufällig übereinstimmende Strategien hat, dann stehen diesem Spieler reine Strategien zur Verfügung[4)].

---

1) Die Verhaltensstrategie beruht, wie die gemischte Strategie, auf der Idee, dass ein Spieler i sein Verhalten von einem Zufallsmechanismus abhängig macht. Vgl. SCHWÖDIAUER (1992), S. 66 und SELTEN (1981), S. 92. OWEN definiert die Verhaltensstrategie wie folgt: „*A **behavioral strategy** is a collection of N probability distributions, one each over the set of possible choices at each information set.*" OWEN (1995), S. 91 (Kursiv-Hervorhebung durch die Verfasserin, Fett-Hervorhebung im Original als Kursiv-Hervorhebung). Vgl. zudem KUHN (1953), S. 210. Im Hinblick auf diese Definition kann ein Spieler i statt einer Wahrscheinlichkeitsverteilung über verschiedene reine Strategien auch an jeder seiner Informationsmengen eine Wahrscheinlichkeitsverteilung über alternative Strategien wählen. Die Verhaltensstrategie spezifiziert für jede Informationsmenge und für jede Strategie an der jeweiligen Informationsmenge eine Wahrscheinlichkeit. Die Summe aller Wahrscheinlichkeiten summiert sich auf „Eins". Vgl. HOLLER/ ILLING (2006), S. 44; OSBORNE (2004), S. 324; WIESE (2002), S. 250; JOST (2001a), S. 60 und GÜTH (1999), S. 94. Zu bemerken ist, dass eine Verhaltensstrategie mit einer reinen Strategie zusammenfallen kann, wenn ein Spieler i an jeder seiner Informationsmengen eine bestimmte Strategie mit einer Wahrscheinlichkeit von „Eins" wählt, so dass alle anderen Wahrscheinlichkeitsverteilungen degenerieren. Vgl. z.B. BERNINGHAUS ET AL. (2006), S. 97.

2) OWEN (1995), S. 90 (Kursiv-Hervorhebung durch die Verfasserin).

3) In der Fachliteratur findet sich für eine *Informationsmenge* auch die Bezeichnung „Informationsbezirk". Vgl. z.B. SCHWÖDIAUER (1992), S. 52; LUTZ (1984), S. 9 und SELTEN (1981), S. 85. Diese Begriffe werden im Folgenden synonym verwendet. In Anlehnung an HOLLER/ILLING wird im Rahmen der vorliegenden Arbeit davon ausgegangen, dass die Information eines Spielers i die Strategien bestimmt, über die er verfügt. Vgl. HOLLER/ILLING (2006), S. 43. Unterschiedliche Informationsstände eines Spielers i können dadurch berücksichtigt werden, dass Spielsituationen zu *Informationsmengen* zusammengefasst werden. Vgl. BAMBERG/COENENBERG (2006), S. 192. In Anlehnung an BAMBERG/ COENENBERG werden Spielsituationen im Rahmen der vorliegenden Arbeit mit dem Begriff der Entscheidungsknoten synonym verwendet. Vgl. BAMBERG/COENENBERG (2006), S. 192. Eine Präzisierung des Begriffs der Informationsmenge erfolgt später im Zusammenhang mit den Erläuterungen zu einem Spielbaum.

4) Vgl. OWEN (1995), S. 90.

Der Begriff der reinen Strategien verlangt, dass für jede Informationsmenge ein Spielzug festgelegt wird, d.h. auch für diejenigen Informationsmengen, die nicht erreicht werden, ist ein Spielzug festzulegen[1].

Eine zur Normalform Γ^{no} eines Spiels alternative Darstellung des Spiels Γ führt zu der so genannten „*Extensiv*form" des Spiels[2]. Die Extensivform eines Spiels wird im Rahmen der vorliegenden Arbeit symbolisch mit Γ^{ex} [3] repräsentiert.

In der Extensivform Γ^{ex} eines Spiels haben die Spieler die Möglichkeit, *mehrere* Entscheidungen zu treffen und die Spielzüge der anderen Spieler zu beobachten[4]. HARSANYI geht davon aus, dass in einem Extensivformspiel Γ^{ex} die Spieler ihre Entscheidungen *nie* – „*[...] never [...]*"[5] – zeitgleich, sondern vielmehr nacheinander, d.h. *zeitlich versetzt*, treffen[6].

Im Hinblick auf die Existenz mehrerer Entscheidungen der Spieler und die Möglichkeit der Beobachtung der Spielzüge der anderen Spieler weist das Spiel Γ eine zeitliche Abfolge der Spielzüge auf[7]. Eine solche zeitliche Abfolge der Spielzüge – die *dynamische* oder die *sequentielle* Struktur eines Spiels Γ – wird in der Normalform Γ^{no} eines Spiels nicht explizit berücksichtigt[8]. Demgegenüber wird in der Extensivform Γ^{ex} eines Spiels die Abfolge der Spielzüge explizit formuliert, da der Ablauf des Spiels in einzelne Spielstufen zerlegt wird[9]. In der Fachliteratur sind für eine solche

---

1) Vgl. SELTEN (1981), S. 89.

2) Vgl. HOLLER/ILLING (2006), S. 13; RIECK (2006), S. 112 ff.; BERNINGHAUS ET AL. (2006), S. 91; OSBORNE (2004), S. 153; HARGREAVES HEAP/VAROUFAKIS (2004), S. 45; WIESE (2002), S. 213; MYERSON (2001), S. 46 f.; AMANN (1999), S. 8, dort in Fn. 5); BAIRD/GERTNER/PICKER (1998), S. 52; MEHLMANN (1997), S. 15, dort in Fn. 10); EICHBERGER (1993), S. 2; FUDENBERG/TIROLE (1992), S. 67; SCHWÖDIAUER (1992), S. 11; BICCHIERI (1989), S. 71; VAN DAMME (1983), S. 3 f. und SELTEN (1981), S. 84.

3) Im Rahmen der vorliegenden Arbeit steht das Symbol Γ^{ex} für Extensivformspiele und der Symbolindex ex für <u>ex</u>tensive form.

4) Vgl. HOLLER/ILLING (2006), S. 13 und BAMBERG/COENENBERG (2006), S. 188.

5) HARSANYI (1977), S. 93 (Kursiv-Hervorhebung durch die Verfasserin).

6) Vgl. HARSANYI (1977), S. 93.

7) Vgl. AMANN (1999), S. 15.

8) Vgl. BERNINGHAUS ET AL. (2006), S. 11; HOLLER/ILLING (2006), S. 13; OSBORNE (2004), S. 14 und 153; HARGREAVES HEAP/VAROUFAKIS (2004), S. 45; MYERSON (2001), S. 46; AMANN (1999), S. 15; RIECK (1993), S. 121; EICHBERGER (1993), S. 2 und SHUBIK (1975), S. 15.

9) Vgl. BERNINGHAUS ET AL. (2006), S. 91.

Extensivform Γ^{ex} eines Spiels auch die Bezeichnungen „dynamische Spielform", „sequentielle Spielform", „tree-diagram form" und „multi-stage game" gebräuchlich[1].

Im Hinblick auf den dynamischen Charakter eines Extensivformspiels Γ^{ex} ist der spieltheoretische Strategiebegriff[2] neu zu definieren. Während in der Normalform Γ^{no} eines Spiels Handlungsalternativen mit dem Begriff der Strategien inhaltlich zusammenfallen, sind beide Begriffe in der Extensivform Γ^{ex} eines Spiels abzugrenzen[3]. Eine Strategie eines Spielers i ist nun definiert als ein *„vollständiger Verhaltensplan"*[4], eine beabsichtigte Handlungsabfolge für das individuelle Handeln zu *jedem* seiner Entscheidungszeitpunkte unter Einbeziehen vermuteter Handlungen anderer Spieler im Verlauf der spieltheoretischen Interaktion[5]. Bei vollständiger Information legt eine Strategie für einen Spieler i fest, welche Handlungsalternative er in jedem Entscheidungszeitpunkt auswählt, in dem er am Spielzug ist, und bei unvollständiger Information legt sie für einen Spieler i für jede seiner Informationsmengen fest, welche Handlungsalternative er in dieser Informationsmenge auswählt[6]. Mit einem solchen vollständigen Verhaltensplan ist ein Spieler i für alle Eventualitäten, d.h. für alle denkmöglichen strategischen Entscheidungszeitpunkte, ausgerüstet[7].

Des Weiteren gilt, dass, während ein Normalformspiel Γ^{no} anhand einer Matrix graphisch dargestellt werden kann, eine graphische Darstellung eines Extensiv-

---

1) Vgl. z.B. HOLLER/ILLING (2006), S. 13; HARGREAVES HEAP/VAROUFAKIS (2004), S. 45 und FUDENBERG/TIROLE (1992), S. 70 ff.

2) Im Folgenden wird das Attribut „rein" nicht mehr explizit aufgeführt, sofern nicht ausdrücklich darauf Bezug genommen wird.

3) Vgl. BORCH (1969), S. 126.

4) BAMBERG/COENENBERG (2006), S. 189; GÜTH (1999), S. 51; SELTEN (1981), S. 88; BURGER (1966), S. 10 und SELTEN (1965), S. 310 (Kursiv-Hervorhebung durch die Verfasserin).

5) Vgl. HOLLER/ILLING (2006), S. 34; RIECK (2006), S. 44 und 146; CARMICHAEL (2005), S. 3; BAMBERG/COENENBERG (2006), S. 189; RASMUSEN (2004), S. 12 und 16; HARGREAVES HEAP/ VAROUFAKIS (2004), S. 44; WATSON (2002), S. 23; JOST (2001a), S. 15 und 59; AMANN (1999), S. 7; GÜTH (1999), S. 51 f.; DUTTA (1999), S. 20; SCHNEIDER (1997), S. 134; RIECK (1993), S. 113; RENY (1992), S. 105; WEBER (1983), S. 168; LUTZ (1984), S. 6 und 11; RAUHUT ET AL. (1979), S. 12; HARSANYI (1977), S. 88 und 93; SHUBIK (1975), S. 12; VON NEUMANN/MORGENSTERN (1973), S. 79; MORGENSTERN (1966), S. 82 und SHUBIK (1965), S. 22 f.

6) Vgl. BERNINGHAUS ET AL. (2006), S. 95 f. und BAMBERG/COENENBERG (2006), S. 189. Zur vollständigen und unvollständigen Information vgl. Kapitel 4.1.2.1.2 der vorliegenden Arbeit.

7) Vgl. VON NEUMANN/MORGENSTERN (1973), S. 79.

formspiels Γ^{ex} anhand eines *Spielbaums* möglich ist[1].

Formal kann ein Spielbaum als ein Graph[2] beschrieben werden, der alle möglichen Entscheidungen der Spieler und auf der Basis mehrerer *Spielstufen* die zeitliche Abfolge der Spielzüge innerhalb eines Spiels Γ wiedergibt[3]. Im Hinblick auf die zeitliche Abfolge der Spielzüge innerhalb eines Spiels Γ betont WATSON:

„*[...] we must draw one player's decision before that of the other, but it is important to realize that this does not necessarily correspond to the* ***actual*** *timing of the strategic setting.*"[4]

1) Vgl. RIECK (2006), S. 113; BERNINGHAUS ET AL. (2006), S. 91; WATSON (2002), S. 10 und 133; MYERSON (2001), S. 38; GINTIS (2000), S. 10; GÜTH (1999), S. 35; DUTTA (1999), S. 18; VAN DAMME (1991), S. 3; LUTZ (1984), S. 9; HARSANYI/SELTEN (1979), S. 10 und SHUBIK (1975), S. 20.

2) Im Rahmen der vorliegenden Arbeit wird in einem Spielbaum keine Richtung eingezeichnet, da die Verfasserin ausschließlich von einer Vorwärtsbewegung ausgeht. Im Hinblick auf diese Vorwärtsbewegung kann ein Spielbaum als ein „zusammenhängender, gerichteter und schleifenloser Graph" interpretiert werden. Der Graph ist *zusammenhängend*, wenn jeder Entscheidungsknoten mit jedem anderen Entscheidungsknoten durch einen Streckenzug verbunden ist. Zudem ist der Graph *gerichtet*, so dass der Spielbaum nach unten wächst. Des Weiteren ist der Graph *schleifenlos*, wenn der Streckenzug, der je zwei Entscheidungsknoten verbindet, ohne Rückwärtsbewegungen eindeutig ist. Vgl. RIECK (2006), S. 114 ff.; BERNINGHAUS ET AL. (2006), S. 91 f. und 92 sowie dort in Fn. 2); GÜTH (1999), S. 36; RIECK (1993), S. 86 ff. und LUTZ (1984), S. 9.

3) Vgl. BERNINGHAUS ET AL. (2006), S. 91; EISENFÜHR/WEBER (2003), S. 38 ff. und GÜTH (1999), S. 35 ff.

4) WATSON (2002), S. 17 (Kursiv-Hervorhebung durch die Verfasserin, Fett-Hervorhebung im Original als Kursiv-Hervorhebung).

Grundsätzlich besteht ein Spielbaum aus einem Anfangsknoten (dem ersten Entscheidungsknoten) oder einem Startknoten[1)], aus einer Menge von (weiteren) Entscheidungsknoten und aus einer Menge von Endknoten[2)]. In einem Spielbaum definiert der Startknoten, welcher Spieler i den ersten Spielzug tätigt. Die Entscheidungsknoten kennzeichnen die Entscheidungszeitpunkte, in denen *einer* der Spieler i eine Entscheidung zu treffen hat[3)]. Im Rahmen der vorliegenden Arbeit werden der Startknoten und die jeweiligen Entscheidungsknoten der Spieler im Spielbaum mit dem Symbol „■“ graphisch visualisiert. Um welchen Spieler i es sich an einem Entscheidungsknoten handelt, wird jeweils neben dem Entscheidungsknoten vermerkt[4)]. Denkmöglich ist, dass entweder ein Spieler i an mehreren Entscheidungsknoten aufgeführt wird, weil dieser Spieler i mehrere Entscheidungen zu treffen hat, oder dass ein anderer Spieler j mit $j \in N \setminus \{i\}$ zum Zuge kommt und an einem Entscheidungsknoten vermerkt wird[5)]. Die Handlungsalternativen, die den Spielern jeweils zur Verfügung stehen, werden im Spielbaum an den jeweiligen Ästen oder den jeweiligen Kanten[6)] angezeigt[7)]. Jedem möglichen Spielzug an einem Entscheidungsknoten folgt wiederum ein Knoten. Dieser Knoten kann entweder einen neuen Entscheidungsknoten oder auch einen Endknoten

1) Die Begriffe „Anfangsknoten“ und „Startknoten“ werden im Rahmen der vorliegenden Arbeit synonym verwendet. An dem *Startknoten* beginnt das Spiel Γ. Ein Startknoten weist keine „Vorgeschichte“ auf und ist der oberste Knoten im Spielbaum. Vgl. RIECK (2006), S. 115; RASMUSEN (2004), S. 41; WATSON (2002), S. 10 und 133 f.; JOST (2001a), S. 22; AMANN (1999), S. 15; GÜTH (1999), S. 36; DUTTA (1999), S. 157; MEHLMANN (1997), S. 13; OWEN (1995), S. 2; RIECK (1993), S. 86; EICHBERGER (1993), S. 6; LUTZ (1984), S. 9 und HARSANYI (1977), S. 90.

2) Ein *Endknoten* wird erreicht, wenn auf einem Entscheidungsknoten keine weitere „Geschichte“ folgt und keine Entscheidungen mehr getroffen werden. Im Spielbaum ist ein Endknoten der unterste Knoten. Vgl. RIECK (2006), S. 115; RASMUSEN (2004), S. 41; MYERSON (2001), S. 38 f.; JOST (2001a), S. 22; AMANN (1999), S. 15 f.; DUTTA (1999), S. 157 f.; MEHLMANN (1997), S. 13; RIECK (1993), S. 86; HARSANYI (1977), S. 89 f.; SELTEN (1975), S. 26 und LUCE/RAIFFA (1957), S. 43.

3) Vgl. WATSON (2002), S. 13 und DUTTA (1999), S. 157.

4) Vgl. RIECK (2006), S. 114; BAMBERG/COENENBERG (2006), S. 191; GÜTH (1999), S. 37; RAUHUT ET AL. (1979), S. 17 und SHUBIK (1965), S. 30.

5) Vgl. z.B. BAIRD/GERTNER/PICKER (1998), S. 51.

6) Die Begriffe „Äste“ und „Kanten“ werden im Rahmen der vorliegenden Arbeit synonym verwendet.

7) Vgl. RIECK (2006), S. 114; BAMBERG/COENENBERG (2006), S. 191; MEHLMANN (1997), S. 13; LUTZ (1984), S. 9; RAUHUT ET AL. (1979), S. 16 und SELTEN (1975), S. 26.

repräsentieren[1]. Die Zusammenfassung aller Kanten, die im Startknoten des Spielbaums beginnen und in einem Endknoten enden, wird Pfad oder Partie genannt[2]. Die Menge derjenigen Handlungsalternativen, die dem Spieler i an einem Entscheidungsknoten k oder in einer Informationsmenge k zur Auswahl stehen, bilden seine knotenspezifische Alternativenmenge $A_{i.k}$. Die Gesamtheit aller möglichen Strategien *eines* Spielers i gibt die *Strategiemenge*[3] dieses Spielers i wieder. Formal kann die Strategiemenge eines Spielers i wie folgt erfasst werden[4]:

$s_{i.m} \in \bigtimes_{k=1}^{K} A_{i.k}$	m-te Strategie des Spielers i für jedes $i \in N$ mit $m = 1,...,M,\ M \in \mathbb{N}_+$, $A_{i.k}$ als Menge derjenigen Handlungsalternativen, die dem Spieler i in seiner k-ten Entscheidungssituation zur Auswahl stehen, mit $\varnothing \subset A_{i.k} \subseteq A_i$, $k = 1,...,K,\ K \in \mathbb{N}_+$ und K als der Anzahl aller Entscheidungssituationen des Spielers i
$S_i = \{s_{i.1},...,s_{i.M}\}$	Menge aller Strategien – Strategiemenge – des Spielers i mit $i \in N$ und $M \in \mathbb{N}_+$

1) Vgl. WIESE (2002), S. 301 und AMANN (1999), S. 15.

2) Vgl. BERNINGHAUS ET AL. (2006), S. 94.

3) Vgl. HOLLER/ILLING (2006), S. 4; BERNINGHAUS ET AL. (2006), S. 11; RIECK (2006), S. 145 f.; RASMUSEN (2004), S. 16; WATSON (2002), S. 24 und RIECK (1993), S. 112 f.

4) Streng genommen müsste es „K_i" statt K heißen, weil die Anzahl K_i der Entscheidungssituationen eines Spielers i von Spieler zu Spieler schwanken kann. Der Übersichtlichkeit halber wird – vereinfachend – von dieser spielerspezifischen Indexierung der Entscheidungssituationenanzahl abgesehen. In der Extensivform Γ^{ex} eines Spiels wird eine Entscheidungssituation k durch eine Informationsmenge oder einen Entscheidungsknoten konkretisiert. Dagegen wird in der Normalform Γ^{no} eines Spiels für jeden Spieler genau eine Entscheidungssituation betrachtet, so dass $K = 1$ für alle Spieler $i \in N$ gilt.

Des Weiteren kann die Gesamtheit aller spielerspezifischen Strategien $s_{i.m}$ als eine *Strategiekombination*[1] sp_h definiert werden[2]. Zu bemerken ist jedoch, dass *nicht* die Gesamtheit aller Strategien der Spieler gebildet wird, sondern vielmehr für jeden Spieler i jeweils *eine* Strategie erfasst wird. Während die erste Komponente für den ersten Spieler $1 \in N$ mit $N = \{1,...,n\}$ steht, steht die zweite Komponente für den zweiten Spieler $2 \in N$, die dritte Komponente für den dritten Spieler $3 \in N$ usw. Die Menge aller möglichen Strategiekombinationen der Spieler i aus der Spielermenge N gibt der *Strategieraum*[3] S an. Formal kann die Strategiekombination wie folgt aufgezeigt werden[4]:

$S = \bigtimes_{i=1}^{n} S_i$	Strategieraum aller Spieler i aus der Spielermenge N
$\Leftrightarrow S = S_1 \times ... \times S_n$	mit
$sp_h \in S$	eine beliebige Strategiekombination mit $h \in \mathbb{N}_+$, die gemäß
$sp_h = (s_{1.h(1)}, ..., s_{n.h(n)})$	jedem Spieler i (mit $i = 1,...,n$) genau eine Strategie $s_{i.h(i)} = s_{i.m}$ zuordnet

Um für jeden Entscheidungsknoten festzulegen, welcher Spieler i jeweils am Zuge ist, wird die Menge der Entscheidungsknoten der Spieler in spielerspezifische Mengen von Entscheidungsknoten zerlegt[5]. In der Extensivform Γ^{ex} eines Spiels wird also explizit erkennbar, welcher Spieler eine Entscheidung in einer Spielstufe oder auch mehrere Entscheidungen in unterschiedlichen Spielstufen trifft. Für eine solche Zerlegung der

---

1) Eine Differenzierung des Begriffs der Strategiekombination im Hinblick auf spieltheoretische Strategien, wie beispielsweise gemischte Strategiekombination und Verhaltensstrategiekombination, findet im Folgenden keine Berücksichtigung, da die Verfasserin von stochastischen Spielen absieht. Zur *gemischten Strategiekombination* vgl. z.B. SELTEN (1981), S. 93 f. Zur *Verhaltensstrategiekombination* vgl. z.B. SELTEN (1981), S. 94.

2) Vgl. z.B. RASMUSEN (2004), S. 17; RIECK (1993), S. 38, dort in Fn. 15); EICHBERGER (1993), S. 64; GIBBONS (1992), S. 4; VAN DAMME (1987), S. 6 und SELTEN (1981), S. 89.

3) Vgl. z.B. HOLLER/ILLING (2006), S. 4; FROMEN (2004), S. 74 und EICHBERGER (1993), S. 64.

4) Im Rahmen der vorliegenden Arbeit steht das Symbol S für Scope und das Symbol sp für strategy profile.

5) Vgl. BERNINGHAUS ET AL. (2006), S. 93 und GÜTH (1999), S. 37.

Menge der Entscheidungsknoten der Spieler in spielerspezifische Mengen von Entscheidungsknoten findet in der Fachliteratur die Bezeichnung „Spielerzerlegung“ Anwendung[1)].

Während ein Normalformspiel Γ^{no} explizit keine Angaben bezüglich der Informationen der Spieler zu den Entscheidungszeitpunkten gibt, wird im Spielbaum der Informationsstand eines Spielers explizit beschrieben[2)]. Sind die Spieler auf einigen Spielstufen nicht darüber informiert, welche Strategien die anderen Spieler auf den vorhergehenden Spielstufen gewählt haben, so kann diese Informationslücke im Spielbaum durch Informationsmengen modelliert werden[3)]. *Immer* gehören *alle* Entscheidungsknoten in einer Informationsmenge zu demselben Spieler i[4)]. Die Entscheidungsknoten einer Informationsmenge können beispielsweise in Form einer gestrichelten Umrahmung gekennzeichnet werden[5)].

Jede spielerspezifische Menge von Entscheidungsknoten wird in seine Informationsmengen zerlegt. In jeder Informationsmenge hat ein Spieler i jeweils *nur eine* Entscheidung zu treffen[6)]. Ist die Informationsmenge einelementig, so ist der Spieler über die vorhergehenden Spielzüge der anderen Spieler informiert. Hat die Informationsmenge mehr als ein Element, d.h. sind mehrere Entscheidungsknoten eines Spielers i zu einer Informationsmenge zusammengefasst, so kann dieser Spieler i seine Position im Spielbaum nicht mehr exakt bestimmen[7)]. Der Spieler i weiß zwar, dass er sich an *einem* Entscheidungsknoten aus einer Gruppe von Entscheidungsknoten befindet, jedoch ist er in Unkenntnis darüber, an welchem Entscheidungsknoten er sich tat-

---

1) Vgl. BERNINGHAUS ET AL. (2006), S. 93; GÜTH (1999), S. 37 und SCHWÖDIAUER (1992), S. 52.

2) Vgl. BERNINGHAUS ET AL. (2006), S. 11 und 91.

3) Vgl. RIECK (2006), S. 122; BERNINGHAUS ET AL. (2006), S. 93; RASMUSEN (2004), S. 13 und LUCE/RAIFFA (1957), S. 41 ff.

4) Vgl. z.B. WATSON (2002), S. 13 und 134 sowie LUTZ (1984), S. 9.

5) Vgl. LUCE/RAIFFA (1957), S. 42.

6) Vgl. RASMUSEN (2004), S. 47; WATSON (2002), S. 13; JOST (2001a), S. 25; DUTTA (1999), S. 162 f. und 174; OWEN (1995), S. 3 f.; FUDENBERG/TIROLE (1992), S. 80; SCHWÖDIAUER (1992), S. 53 und KUHN (1953), S. 209.

7) Vgl. BERNINGHAUS ET AL. (2006), S. 93.

sächlich befindet[1)].

Die Einführung von Informationsmengen kann auch als der „Schlüssel" zur graphischen Darstellung der Extensivform Γ^{ex} eines Spiels anhand eines Spielbaums bei simultanen Spielzügen der Spieler angesehen werden, denn WATSON macht darauf aufmerksam, dass in der Extensivform Γ^{ex} eines Spiels die Spieler ihre Entscheidungen auch *simultan*, d.h. zeitgleich treffen können[2)]. Wenn zwei Spieler i, $j \in \{1,2\}$ ihre Spielzüge simultan ausführen können, dann sind sie über die Spielzüge des jeweils anderen Spielers nicht informiert. D.h., weder Spieler i ist über den Spielzug des Spielers j mit $j \in N \setminus \{i\}$ informiert noch ist Spieler j über den Spielzug des Spielers i informiert. In einem Extensivformspiel Γ^{ex} kann dies mittels einer artifiziellen Sequenzialisierung so rekonstruiert werden, dass Spieler i (j) über den zeitlich vorangehenden Spielzug des jeweils anderen Spielers j (i) nicht informiert ist. Folglich bilden die Entscheidungsknoten des Spielers i (j), die auf die zeitlich vorangehenden Spielzüge des jeweils anderen Spielers j (i) folgen, eine Informationsmenge des Spielers i (j). Diese Informationsmengen drücken die Simultanität der Spielzüge von Spieler i und von Spieler j durch eine artifizielle Sequenz der Spielzüge auf mittelbare Weise als unvollständige Information des jeweils nachfolgenden Spielers aus.

Schließlich definiert ein Endknoten das Ende des jeweiligen Spiels Γ. Im Rahmen der vorliegenden Arbeit gibt das Symbol „●" das Ende des jeweiligen Spiels Γ, d.h. einen Endknoten an. Jedes Spielbaumende beendet einen Pfad[3)], der vom Startknoten des Spielbaums bis zum Endknoten des jeweils betrachteten Spielbaumendes gerichtet ist. Jeder Pfad des Spielbaums in einem Extensivformspiel Γ^{ex} wird durch einen Spielergebnis*vektor* bewertet, dessen Komponenten die Spielergebnisse der einzelnen

---

1) Vgl. BAMBERG/COENENBERG (2006), S. 192; RASMUSEN (2004), S. 43; WATSON (2002), S. 13; MYERSON (2001), S. 40 f.; JOST (2001a), S. 24 f.; GINTIS (2000), S. 11; GÜTH (1999), S. 38; AMANN (1999), S. 19; DUTTA (1999), S. 20 und 158; BAIRD/GERTNER/PICKER (1998), S. 53; EICHBERGER (1993), S. 11; LUTZ (1984), S. 9; SELTEN (1981), S. 85; HARSANYI (1977), S. 92; SHUBIK (1965), S. 30 und LUCE/RAIFFA (1957), S. 42. Die Zusammenfassung von Entscheidungsknoten zu einer Informationsmenge fordert die *gleiche* Menge an Handlungsalternativen an den einzelnen Entscheidungsknoten. Bei *ungleicher* Menge an Handlungsalternativen an den einzelnen Entscheidungsknoten könnte ein Spieler i, der eine Entscheidung zu treffen hat, anhand der ihm zur Verfügung stehenden Spielzüge rekonstruieren, an welchem Entscheidungsknoten er sich befindet. Vgl. z.B. RIECK (1993), S. 94 und LUTZ (1984), S. 9 ff.

2) Vgl. WATSON (2002), S. 17.

3) Vgl. BAMBERG/COENENBERG (2006), S. 191; WATSON (2002), S. 13; JOST (2001a), S. 22; AMANN (1999), S. 15 und SELTEN (1988), S. 3.

Spieler bezeichnen[1]. Das Spielergebnis kann in der Extensivform Γ^{ex} eines Spiels für jede Strategiekombination angegeben werden[2]. Wird eine bestimmte Strategiekombination für alle Spieler gespielt, so ergibt sich durch diese Strategiekombination das Spielergebnis[3]. Grundsätzlich können eine Spielergebnis*funktion* und ein Spielergebnis*vektor* in einem Extensivformspiel Γ^{ex} formal wie folgt erfasst werden[4]:

$\text{out}: \ S \rightarrow \mathbb{R}^{n}_{\geq 0}$ $\text{out}\left(s_{1.h(1)},...,s_{n.h(n)}\right) = \left(O_{1.h},...,O_{n.h}\right)$	Spielergebnisfunktion, die jedem Spieler i aus der Spielermenge N bei der Strategiekombination $sp_h = \left(s_{1.h(1)},...,s_{n.h(n)}\right)$ mit $sp_h \in S$ das Spielergebnis $O_{i.h}$ mit $O_{i.h} \in \mathbb{R}_{\geq 0}$ zuordnet

Jedem Endknoten e_w mit $w = 1,...,W$, $W \geq 2$ und $W \in \mathbb{N}_+$ ist das transponierte Bild $O_w = \left(O_{1.h},...,O_{n.h}\right)^T$ der Spielergebnisfunktion out für diejenige Strategiekombination $sp_h = \left(s_{1.h(1)},...,s_{n.h(n)}\right)$ zugeordnet, die im Spielbaum von dessen Startknoten durch Entscheidungen der Spieler i (mit $i = 1,...,n$) in ihren Informationsmengen oder Entscheidungsknoten für jeweils eine Handlungsalternative $a_{i.y}$ gemäß ihren Strategien $s_{i.m} = s_{i.h(i)}$ zum Endknoten e_w führt.

Die Extensivform Γ^{ex} eines Spiels gibt explizit an[5]:

- Menge N der *Spieler*,

---

1) Vgl. BERNINGHAUS ET AL. (2006), S. 94.

2) Vgl. RIECK (1993), S. 120 und VAN DAMME (1991), S. 3.

3) Vgl. HOLLER/ILLING (2006), S. 4; HARGREAVES HEAP/VAROUFAKIS (2004), S. 44; WATSON (2002), S. 29; JOST (2001a), S. 44 f.; GIBBONS (1992), S. 2 und SHUBIK (1975), S. 13.

4) Vgl. NASH (1951), S. 287.

5) Vgl. HOLLER/ILLING (2006), S. 13; RIECK (2006), S. 120; BERNINGHAUS ET AL. (2006), S. 91 ff.; OSBORNE (2004), S. 155; MYERSON (2001), S. 42 f.; JOST (2001a), S. 21 f. und 56 f.; GÜTH (1999), S. 35, 41 und 45; DUTTA (1999), S. 19 f.; BAIRD/GERTNER/PICKER (1998), S. 51; OWEN (1995), S. 2; RIECK (1993), S. 91; FUDENBERG/TIROLE (1992), S. 77; VAN DAMME (1991), S. 102; KREBS/WILSON (1982), S. 865; SELTEN (1981), S. 87 f.; OWEN (1971), S. 1 f. und LUCE/RAIFFA (1957), S. 54. In einem Extensivformspiel Γ^{ex} sind die *Spielregeln* implizit in dem Spielergebnis enthalten, die jeder Strategiekombination mit jeweils genau einer Strategie für jeden Spieler genau ein Spielergebnis zuordnet, das festlegt, welche (Netto-)Auszahlung jeder Spieler bei der betrachteten Strategiekombination erhält.

- Raum A der *Handlungsalternativen* für alle Spieler,
- *Strategieraum* S aller Spieler,
- *Entscheidungsraum* D aller Entscheidungsknoten,
- *Informationsraum* I für alle Spieler,
- Menge der *Endknoten* E eines Spielbaums,
- *Spielergebnisse* für alle Spieler aufgrund der Spielergebnisfunktion out.

Auf der Basis dieser expliziten Angaben kann die Extensivform Γ^{ex} eines Spiels mit mindestens zwei Spielern, d.h. für $n \geq 2$, formal als folgendes *7-Tupel* definiert werden[1]:

1) Im Rahmen der vorliegenden Arbeit steht das Symbol D für Decision Scope, das Symbol I für Information Scope, das Symbol IS für Information Set, das Symbol E für Set of End Nodes. Streng genommen müsste es „X_i" statt X heißen, weil die Anzahl X_i der Entscheidungsknoten $d_{i.x}$ eines Spielers i von Spieler zu Spieler schwanken kann. Der Übersichtlichkeit halber wird – vereinfachend – von dieser spielerspezifischen Indexierung der Entscheidungsknotenanzahl abgesehen. Zudem müsste es streng genommen „K_i" statt K heißen, weil die Anzahl K_i der Informationsmengen eines Spielers i von Spieler zu Spieler schwanken kann. Der Übersichtlichkeit halber wird – vereinfachend – von dieser spielerspezifischen Indexierung der Informationsmengen abgesehen.

$$\Gamma^{ex} = (N, A, S, D, I, out, E) \text{ mit}$$

$N = \{1,...,n\}$	Spielermenge mit $i \in N$ als Spieler und $n \geq 2$ sowie $n \in \mathbb{N}$
$A_i = \{a_{i.1},...,a_{i.Z}\}$	Menge aller Handlungsalternativen $a_{i.y}$ des Spielers $i \in N$ mit $y = 1,...,Z$, $Z \geq 2$ und $Z \in \mathbb{N}_+$
$A = \bigtimes_{i=1}^{n} A_i$	Raum der Handlungsalternativen für alle Spieler i aus der Spielermenge N
$s_{i.m} \in \bigtimes_{k=1}^{K} A_{i.k}$	m-te Strategie des Spielers i für jedes $i \in N$ mit $m = 1,...,M$, $M \in \mathbb{N}_+$, $A_{i.k}$ als Menge derjenigen Handlungsalternativen, die dem Spieler i in seiner k-ten Entscheidungssituation zur Auswahl stehen, mit $\varnothing \subset A_{i.k} \subseteq A_i$, $k = 1,...,K$, $K \in \mathbb{N}_+$ und K als der Anzahl aller Entscheidungssituationen des Spielers i
$S_i = \{s_{i.1},...,s_{i.M}\}$	Menge aller Strategien – Strategiemenge – des Spielers i mit $i \in N$ und $M \in \mathbb{N}_+$
$S = \bigtimes_{i=1}^{n} S_i$	Strategieraum aller Spieler i aus der Spielermenge N
$\Leftrightarrow S = S_1 \times ... \times S_n$	mit
$sp_h \in S$	eine beliebige Strategiekombination mit $h \in \mathbb{N}_+$, die gemäß
$sp_h = (s_{1.h(1)},...,s_{n.h(n)})$	jedem Spieler i (mit $i = 1,...,n$) genau eine Strategie $s_{i.h(i)} = s_{i.m}$ zuordnet

$D_i = \{d_{i.1},...,d_{i.X}\}$	Menge der Entscheidungsknoten des Spielers $i \in N$ mit $X \in \mathbb{N}_+$
$D = \{D_1,...,D_n\}$	Entscheidungsraum als Menge aller spielerspezifischen Entscheidungsknotenmengen D_i
$\hat{D} = \bigcup_{i=1}^{n} D_i$	Menge aller Entscheidungsknoten eines Spielbaums
$I_i = \{IS_{i.1},...,IS_{i.K}\}$	Menge der Informationsmengen $IS_{i.k}$ eines Spielers $i \in N$ und $k = 1,...,K,\ K \in \mathbb{N}_+$, $IS_{i.k_1} \cap IS_{i.k_2} = \varnothing$ für alle $k_1 \neq k_2$, $\varnothing \subset I_i \subseteq \text{pot}(D_i)$, und $D_i = \bigcup_{k=1}^{K} IS_{i.k}$ für jedes $i \in N$
$I = \{I_1,...,I_n\}$	Informationsraum für alle Spieler i aus der Spielermenge N

Jeder Informationsmenge $IS_{i.k}$ eines Spielers i ist eine Menge $A_{i.k}$ zulässiger Handlungsalternativen mit $\varnothing \subset A_{i.k} \subseteq A_i$ zugeordnet. Falls Informationsmengen mit Entscheidungsknoten zusammenfallen, d.h. wenn $IS_{i.k} = \{d_{i.x}\}$ mit $k = x$ und $K = X$ für einen Spieler $i \in N$ gilt, dann gilt ebenso, dass jedem Entscheidungsknoten $d_{i.x}$ des Spielers i eine Menge $A_{i.x}$ zulässiger Handlungsalternativen mit $\varnothing \subset A_{i.x} \subseteq A_i$ zugeordnet wird.

$out: \; S \to \mathbb{R}^n_{\geq 0}$	Spielergebnisfunktion, die jedem Spieler i aus der Spielermenge N bei der Strategiekombination $sp_h = \left(s_{1.h(1)},...,s_{n.h(n)}\right)$ mit $sp_h \in S$ das Spielergebnis
$out\left(s_{1.h(1)},...,s_{n.h(n)}\right) = \left(O_{1.h},...,O_{n.h}\right)$	$O_{i.h}$ mit $O_{i.h} \in \mathbb{R}_{\geq 0}$ zuordnet
$E = \{e_1,...,e_W\}$	Menge der Endknoten eines Spielbaums mit $w = 1,...,W, \; W \geq 2$ und $W \in N_+$

Im Vergleich der Normalform Γ^{no} eines Spiels mit der Extensivform Γ^{ex} eines Spiels wird deutlich, dass ein Normalformspiel Γ^{no} „einfacher" strukturiert ist als ein Extensivformspiel Γ^{ex}, da die Normalform Γ^{no} eines Spiels deutlich weniger Angaben erfasst als die Extensivform Γ^{ex} eines Spiels. MYERSON unterstreicht diese Ansicht wie folgt:

„*A simpler way to represent a game is to use the strategic form (in comparison to the extensive form).*"[1)]

BERNINGHAUS ET AL. machen jedoch darauf aufmerksam, dass es sich bei einer solchen Unterscheidung der nicht-kooperativen Spieltheorie zwischen Normalform Γ^{no} und Extensivform Γ^{ex} eines Spiels *nicht* um zwei disjunkte[2)] Klassen, sondern vielmehr um zwei *verschiedene* Darstellungsformen der *gleichen* strategischen Entscheidungssituation handelt[3)]. Beide Darstellungsformen können als *äquivalent* angesehen werden, und zwar im dem Sinne, dass jedes Normalformspiel Γ^{no} in Extensivform und jedes Ex-

---

1) MYERSON (2001), S. 46 (Kursiv-Hervorhebung und Ergänzung in der runden Klammer durch die Verfasserin).

2) Der Begriff *disjunkt* entstammt dem Lateinischen disiunctus zu disiungere i.S.v. getrennt, geschieden, gesondert.

3) Vgl. BERNINGHAUS ET AL. (2006), S. 91 und zudem WIESE (2002), S. 213 und SHUBIK (1975), S. 15.

tensivformspiel Γ^{ex} in Normalform transformiert werden kann[1].

Wird beispielsweise ein Normalformspiel Γ^{no} in ein Extensivformspiel Γ^{ex} transformiert, so wird der Startknoten und jeder Entscheidungsknoten im Spielbaum mit jeweils einem Spieler beschriftet, der im Normalformspiel Γ^{no} durch die Spalten oder durch die Zeilen einer Matrix spezifiziert wird[2]. Die Handlungsalternativen in einem Normalformspiel Γ^{no}, die den Spielern jeweils zur Verfügung stehen, können im Spielbaum an den jeweiligen Ästen angezeigt werden. Die Kombination jeweils genau einer Strategie für jeden Spieler führt in einer Matrix zu einem Matrixfeld. In jedem Matrixfeld stehen die Spielergebnisse eines jeden Spielers. Diese Spielergebnisse aller Spieler in jedem Matrixfeld werden an den Endknoten des Spielbaums als jeweils ein Spielergebnisvektor für einen jeden Spieler erfasst. Aus einer Matrix kann deshalb ein Spielbaum abgeleitet werden. Eine solche Transformation setzt jedoch voraus, dass alle Entscheidungsknoten eines Spielers i zur selben Informationsmenge dieses Spielers i gehören.

Im Folgenden präsentiert die Verfasserin eine beispielhafte Transformation eines Normalformspiels Γ^{no} in ein Extensivformspiel Γ^{ex}. Diese beispielhafte Transformation wird am Spiel *Gefangenendilemma* mit folgender Geschichte illustriert[3]:
Zwei Kriminelle haben gemeinsam einen Raubüberfall begangen. Der für diesen Raubüberfall zuständige Staatsanwalt verfügt über keine ausreichenden Beweise, um die beiden Kriminellen vor Gericht zu überführen. Gesteht keiner der Kriminellen, so können beide nur wegen des unerlaubten Waffenbesitzes mit einer Gefängnisstrafe von einem Jahr verurteilt werden. Um die beiden dennoch des Raubes überführen zu können, veranlasst der Staatsanwalt ihre Unterbringung in getrennten Zellen und unterbreitet ihnen jeweils folgendes Angebot: Gesteht einer von beiden den gemeinschaftlichen Raubüberfall, so wird er direkt freigelassen, jedoch nur unter der Bedingung, dass der andere Kriminelle nicht gestanden hat. Der andere Kriminelle wird dann

---

1) Vgl. GINTIS (2000), S. 12; DUTTA (1999), S. 22, dort in Fn. 4) und S. 39; FUDENBERG/TIROLE (1992), S. 85 ff.; SCHWÖDIAUER (1992), S. 11; VAN DAMME (1987), S. 3 und LUTZ (1984), S. 11 f.

2) Umgekehrt kann auch ein Extensivformspiel in eine Normalform transformiert werden. In einem solchen Fall findet die Bezeichnung „induzierte Normalform" Anwendung. Vgl. BERNINGHAUS ET AL. (2006), S. 104 f. Der Begriff *induzieren* entstammt dem Lateinischen inducere i.S.v. hineinführen, leiten. BERNINGHAUS ET AL. bemerken jedoch, dass bei der Transformation eines Extensivformspiels in eine Normalform Informationen, beispielsweise über die zeitliche Abfolge der Spielzüge, „verloren" gehen. Vgl. BERNINGHAUS ET AL. (2006), S. 112.

3) Vgl. BAMBERG/COENENBERG (2006), S. 211, dort in Fn. 16) und JOST (2001a), S. 20 f.

wegen mangelnder Kooperation mit dem Staatsanwalt mit einer Höchststrafe von 12 Jahren bestraft. Gestehen dagegen beide, so erhalten sie eine mildere Strafe von jeweils 8 Jahren.

Als ein Normalformspiel Γ^{no} kann das Spiel Gefangenendilemma wie folgt spezifiziert werden:

- bei zwei Kriminellen als Spielern gilt für die Menge N der Spieler:

$$N = \{1, 2\}$$

- jeder Kriminelle hat jeweils zwei Handlungsalternativen – „gestehen" i.S.v. „kooperiert" und „nicht gestehen" i.S.v. „kooperiert nicht" –, die ihm zur Verfügung stehen, so dass für den Raum A der Handlungsalternativen gilt:

$A_i = \{a_{i.1}, a_{i.2}\}$	Menge aller Handlungsalternativen für jedes i (mit $i = 1, 2$) mit
$A = \bigtimes_{i=1}^{2} A_i$	Raum der Handlungsalternativen für alle Spieler i aus der Spielermenge N

im Einzelnen gilt für die Menge der Handlungsalternativen des einen Kriminellen $1 \in N$:

$$A_1 = \{a_{1.1}, a_{1.2}\} \text{ mit}$$
$$a_{1.1}: \text{„gestehen" und}$$
$$a_{1.2}: \text{„nicht gestehen"}$$

und für die Menge der Handlungsalternativen des anderen Kriminellen 2 mit $2 \in N \setminus \{1\}$ gilt:

$$A_2 = \{a_{2.1}, a_{2.2}\} \text{ mit}$$
$$a_{2.1}: \text{„gestehen" und}$$
$$a_{2.2}: \text{„nicht gestehen"}$$

- die Spielergebnisse der beiden Kriminellen entsprechen den Gefängnisstrafen, so dass für die Spielergebnisse gilt:

$out: \ A \rightarrow \mathbb{R}^2_{\geq 0}$	Spielergebnisfunktion, die jedem Spieler i aus der Spielermenge N bei der Handlungsalternativenkombination $ap_h = \left(a_{1.h(1)}, a_{2.h(2)}\right)$ mit $ap_h \in A$ das Spielergebnis
$out\left(a_{1.h(1)}, a_{2.h(2)}\right) = \left(O_{1.h}, O_{2.h}\right)$	zuordnet

Die Handlungsalternativen der beiden Kriminellen fallen jeweils mit den Strategien zusammen, so dass für die Strategiemenge des Kriminellen 1 gilt:

$S_1 = \left\{s_{1.1}, s_{1.2}\right\}$ mit $s_{1.1} = a_{1.1}$ und $s_{1.2} = a_{1.2}$

und für die Strategiemenge des Kriminellen 2 gilt:

$S_2 = \left\{s_{2.1}, s_{2.2}\right\}$ mit $s_{2.1} = a_{2.1}$ und $s_{2.2} = a_{2.2}$.

Im Einzelnen gilt für jede Strategiekombination für beide Kriminelle folgende Spielergebnisfunktion:

$$out\left(s_{1.h_1(1)}, s_{2.h_1(2)}\right) = (8,8)$$
$$\Rightarrow out(\text{„gestehen“}, \text{„gestehen“}) = (8,8)$$

$$out\left(s_{1.h_2(1)}, s_{2.h_2(2)}\right) = (0,12)$$
$$\Rightarrow out(\text{„gestehen“}, \text{„nicht gestehen“}) = (0,12)$$

$$out\left(s_{1.h_3(1)}, s_{2.h_3(2)}\right) = (12,0)$$
$$\Rightarrow out(\text{„nicht gestehen“}, \text{„gestehen“}) = (12,0)$$

$$out\left(s_{1.h_4(1)}, s_{2.h_4(2)}\right) = (1,1)$$
$$\Rightarrow out(\text{„nicht gestehen“}, \text{„nicht gestehen“}) = (1,1)$$

Während sich der erste Wert jeweils auf den einen Kriminellen $1 \in N$ bezieht, gibt der zweite Wert jeweils das Spielergebnis des anderen Kriminellen 2 mit $2 \in N \setminus \{1\}$ an.

Beide Kriminelle werden sich für diejenige Handlungsalternative entscheiden, die die möglichst geringste Gefängnisstrafe zur Folge hat. Als Matrix kann das Gefangenendilemma wie folgt dargestellt werden.

Spielermenge $N=\{1,2\}$	Krimineller $2 \in N \setminus \{1\}$			
Krimineller $1 \in N$	Strategiemenge $S = S_1 \times S_2$		$S_2 = \{s_{2.1}, s_{2.2}\}$	
			$s_{2.1}$: „gestehen“	$s_{2.2}$: „nicht gestehen“
	$S_1 = \{s_{1.1}, s_{1.2}\}$	$s_{1.1}$: „gestehen“	$out(s_{1.h_1(1)}, s_{2.h_1(2)}) = (8,8)$	$out(s_{1.h_3(1)}, s_{2.h_3(2)}) = (12,0)$
		$s_{1.2}$: „nicht gestehen“	$out(s_{1.h_2(1)}, s_{2.h_2(2)}) = (0,12)$	$out(s_{1.h_4(1)}, s_{2.h_4(2)}) = (1,1)$

Tabelle 107: Gefangenendilemma als Normalformspiel

Wird nun das Gefangenendilemma als Normalformspiel Γ^{no} in ein Extensivformspiel Γ^{ex} transformiert, so sind zunächst beide Kriminelle als Spieler im Spielbaum aufzuzeigen. So wird der Startknoten beispielsweise mit dem Kriminellen 1 und jeder auf den Startknoten folgende Entscheidungsknoten im Spielbaum mit dem anderen Kriminellen 2 beschriftet. Das Normalformspiel Γ^{no} gibt explizit keine Angaben bezüglich der zeitlichen Abfolge der Spielzüge. Um die Abfolge der Spielzüge beider Kriminellen explizit formulieren zu können, wird der Ablauf des Spiels Gefangenendilemma in zwei Spielstufen zerlegt. In der 1. Spielstufe hat sich der eine Kriminelle 1 und in der 2. Spielstufe der andere Kriminelle 2 zu entscheiden. Die Handlungsalternativen – „gestehen" i.S.v. „kooperiert" und „nicht gestehen" i.S.v. „kooperiert nicht" –, die beiden Kriminellen zur Verfügung stehen, werden im Spielbaum an den jeweiligen Ästen angezeigt. Das Normalformspiel Γ^{no} gibt keine expliziten Angaben bezüglich der Informationen der beiden Kriminellen zu den Entscheidungszeitpunkten. Unter der Annahme, dass beide Kriminelle nicht darüber informiert sind, welche Handlungsalternative der jeweils andere Kriminelle gewählt hat, werden im Spielbaum Informationsmengen modelliert. D.h., die Entscheidungsknoten eines jeden Kriminellen werden jeweils zu einer Informationsmenge zusammengefasst und im Spielbaum in Form einer gestrichelten Umrahmung gekennzeichnet. Die Spielergebnisse beider Kriminellen werden schließlich an den Endknoten des Spielbaums erfasst. Als Spielbaum kann das Gefangenendilemma wie folgt dargestellt werden.

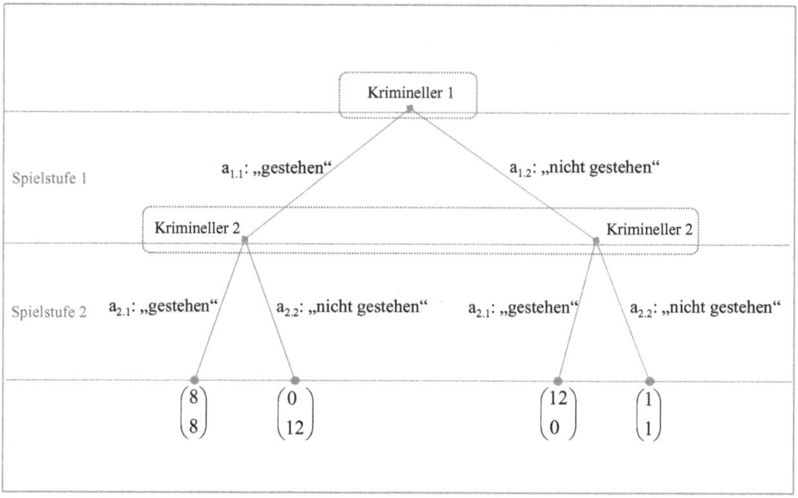

Abbildung 43: Gefangenendilemma als Extensivformspiel Γ^{ex}

Diese graphische Darstellung des Spiels Gefangenendilemma anhand eines Spielbaums ist äquivalent zu der graphischen Darstellung, wenn der Startknoten mit dem Kriminellen 2 und jeder auf den Startknoten folgende Entscheidungsknoten im Spielbaum mit dem anderen Kriminellen 1 beschriftet wird. In diesem Fall würde der eine Kriminelle 2 in der 1. Spielstufe und der andere Kriminelle 1 in der 2. Spielstufe jeweils seine Entscheidung treffen. Da diese graphische Darstellung keine neue Erkenntnis präsentiert, wird sie an dieser Stelle nicht berücksichtigt.

4.1.1.2.3 Das PASOR-Grundkonzept

Die natürlichsprachige und zudem die formalsprachige Beschreibung der Grundelemente eines jeden Spiels Γ erfolgt im Rahmen der vorliegenden Arbeit durch das so genannte PASOR (Players Actions Scope Outcomes Rules)-Grundkonzept.

Ein jedes Spiel Γ kann in Anlehnung an NALEBUFF/BRANDENBURGER in PARTS (Players Added values Rules Tactics Scope) eines jeden Spiels Γ zerlegt und untersucht werden[1)]. Auf der Basis dieser PARTS kann ein Spiel Γ durch ein so genanntes PARTS-Grundkonzept sowohl natürlichsprachig als auch formalsprachig beschrieben und anhand von Spielbäumen modelliert werden.

NALEBUFF/BRANDENBURGER definieren – nach den Anfangsbuchstaben der englischen Ausdrücke – als PARTS eines jeden Spiels Γ die

- Spieler – Players –,
- Mehrwerte – Added values –,
- Regeln – Rules –,
- Taktiken – Tactics – und den
- Spielraum – Scope[2)].

Diese PARTS eines jeden Spiels Γ werden wie folgt definiert: Als *Spieler* legen NALEBUFF/BRANDENBURGER Kunden, Lieferanten, Wettbewerber und Komplementoren fest[3)]. Zudem kann nach NALEBUFF/BRANDENBURGER der *Mehrwert* eines Spielers i erfasst werden[4)]. Der Mehrwert kann als die Differenz zwischen dem Wert, wie z.B. dem Verkaufspreis des zu verkaufenden Gutes *mit* dem Spieler i und dem Wert des zu verkaufenden Gutes *ohne* diesen Spieler i im Spiel Γ, definiert werden[5)]. Der Ablauf eines Spiels Γ wird durch *Regeln* bestimmt, die auf Gesetzen, Vereinbarungen und

1) Vgl. NALEBUFF/BRANDENBURGER (1996), S. 21 ff. und zudem FROMEN (2004), S. 227 ff.

2) Vgl. NALEBUFF/BRANDENBURGER (1996), S. 21.

3) Vgl. NALEBUFF/BRANDENBURGER (1996), S. 28 ff. und zudem FROMEN (2004), S. 228 f.

4) Vgl. NALEBUFF/BRANDENBURGER (1996), S. 56 ff. und zudem FROMEN (2004), S. 229 f.

5) Vgl. NALEBUFF/BRANDENBURGER (1996), S. 56 f.

Gebräuchen basieren können[1]. In einem Spiel Γ basieren *Taktiken* auf den unterschiedlichen Auffassungen der Spieler[2]. Je nachdem, wie ein Spieler ein Spiel Γ auffasst, so wird er sich für eine Handlungsalternative entscheiden und sein Spielzug an einem Entscheidungsknoten ausführen. Weiterhin kann ein Spiel Γ i.d.R. eine Interdependenz mit anderen Spielen aufweisen. Nach NALEBUFF/BRANDENBURGER beeinflusst ein Spiel Γ an einem Ort Spiele woanders, und ein Spiel heute beeinflusst Spiele morgen[3]. Beispielsweise sind NALEBUFF/BRANDENBURGER der Ansicht, dass, wenn ein Spieler i an einem Auktionsspiel beteiligt ist und dieser Spieler i auch an einem Kartenspiel, also an einem anderen Spiel mitspielt, die beiden Spiele – Auktionsspiel und Kartenspiel – miteinander verbunden sind[4]. Um ein Spiel Γ dennoch isoliert zu analysieren, ist das Spielfeld, d.h. z.B. ein Spiel an einem Ort, von Spielen woanders abzugrenzen, so dass ein *Spielraum* festgelegt werden kann[5].

Im Rahmen der vorliegenden Arbeit finden diese PARTS eines jeden Spiels Γ bei der nicht-kooperativen spieltheoretischen Modellierung in teilweise modifizierter Form Berücksichtigung. D.h., im Rahmen der vorliegenden Arbeit wird das PARTS-Grundkonzept[6] nach NALEBUFF/BRANDENBURGER – nach den Anfangsbuchstaben der englischen Ausdrücke – zu einem so genannten PASOR-Grundkonzept modifiziert. Im Hinblick auf eine solche Modifizierung des PARTS-Grundkonzepts zu einem PASOR-

---

1) Vgl. NALEBUFF/BRANDENBURGER (1996), S. 61 ff. und FROMEN (2004), S. 230 f.

2) Vgl. NALEBUFF/BRANDENBURGER (1996), S. 64 ff. und FROMEN (2004), S. 231 f.

3) Vgl. NALEBUFF/BRANDENBURGER (1996), S. 252.

4) Vgl. NALEBUFF/BRANDENBURGER (1996), S. 68 f. und 253.

5) Vgl. NALEBUFF/BRANDENBURGER (1996), S. 68 ff. und zudem FROMEN (2004), S. 232.

6) RASMUSEN legt eine *alternative Modifizierung* des PARTS-Grundkonzepts nach NALEBUFF/BRANDENBURGER fest und geht – nach den Anfangsbuchstaben der englischen Ausdrücke – von einem so genannten „PAPI-Grundkonzept" aus. Das PAPI-Grundkonzept nach RASMUSEN basiert auf den folgenden Grundelementen eines jeden Spiels Γ :

   - Spieler – Players,
   - Handlungsalternativen – Actions,
   - Auszahlungen – Payoffs und
   - Informationen – Informations.

   Vgl. RASMUSEN (2004), S. 12. Sowohl das PARTS-Grundkonzept nach NALEBUFF/BRANDENBURGER als auch das PAPI-Grundkonzept nach RASMUSEN und zudem das im Rahmen der vorliegenden Arbeit definierte PASOR-Grundkonzept können im Hinblick auf die jeweiligen Grundelemente eines jeden Spiels Γ differenziert werden.

Grundkonzept finden zwar *Spieler* eines Spiels Γ weiterhin Beachtung, jedoch finden Taktiken eines Spielers i und der Mehrwert für einen Spieler i im Rahmen der vorliegenden Arbeit keine weitere Berücksichtigung, da sie bei der Modellierung des Realproblems der nationalen Reallokation von Treibhausgas-Emissionsrechten und Treibhausgas-Emissionsgutschriften auf Unternehmensebene keine Rolle spielen. Weiterhin werden Regeln im Folgenden als *Spielregeln* bezeichnet und auch in das PASOR-Grundkonzept integriert. Schließlich wird der *Spielraum* im Hinblick auf das Realproblem der vorliegenden Arbeit festgelegt. Die nationale Reallokation von Treibhausgas-Emissionsrechten und Treibhausgas-Emissionsgutschriften auf Unternehmensebene bestimmt das Spielfeld und grenzt andere Spiele aus, wie beispielsweise die internationale Reallokation von Treibhausgas-Emissionsrechten und Treibhausgas-Emissionsgutschriften auf Unternehmensebene.

Das PASOR-Grundkonzept basiert auf den folgenden Grundelementen eines jeden Spiels Γ:

- Menge N der *Spieler* – Players –

$N = \{1,...,n\}$	Spielermenge mit $i \in N$ als Spieler und $n \geq 2$ sowie $n \in \mathbb{N}$

- Raum A der *Handlungsalternativen* – Actions –

$A_i = \{a_{i.1},...,a_{i.Z}\}$	Menge aller Handlungsalternativen $a_{i.y}$ des Spielers $i \in N$ mit $y = 1,...,Z$, $Z \geq 2$ und $Z \in \mathbb{N}_+$
$A = \bigtimes_{i=1}^{n} A_i$	Raum der Handlungsalternativen für alle Spieler i aus der Spielermenge N

➢ *Strategieraum* S – <u>S</u>cope –

$s_{i.m} \in \bigtimes_{k=1}^{K} A_{i.k}$	m-te Strategie des Spielers i
	für jedes $i \in N$ mit $m = 1,...,M,\ M \in \mathbb{N}_+$, $A_{i.k}$ als Menge derjenigen Handlungsalternativen, die dem Spieler i in seiner k-ten Entscheidungssituation zur Auswahl stehen, mit $\varnothing \subset A_{i.k} \subseteq A_i$, $k = 1,...,K,\ K \in \mathbb{N}_+$ und K als der Anzahl aller Entscheidungssituationen des Spieler i
$S_i = \{s_{i.1},...,s_{i.M}\}$	Menge aller Strategien – Strategiemenge – des Spielers i mit $i \in N$ und $M \in \mathbb{N}_+$
$S = \bigtimes_{i=1}^{n} S_i$	Strategieraum aller Spieler i aus der Spielermenge N
$\Leftrightarrow S = S_1 \times ... \times S_n$	mit
$sp_h \in S$	eine beliebige Strategiekombination mit $h \in \mathbb{N}_+$, die gemäß
$sp_h = \left(s_{1.h(1)},...,s_{n.h(n)}\right)$	jedem Spieler i (mit $i = 1,...,n$) genau eine Strategie $s_{i.h(i)} = s_{i.m}$ zuordnet

➢ *Spielergebnisse* out – <u>O</u>utcomes –

$out:\ S \rightarrow \mathbb{R}^n_{\geq 0}$	Spielergebnisfunktion, die jedem Spieler i aus der Spielermenge N bei der Strategiekombination $sp_h = \left(s_{1.h(1)},...,s_{n.h(n)}\right)$ mit $sp_h \in S$ das Spielergebnis
$out\left(s_{1.h(1)},...,s_{n.h(n)}\right) = \left(O_{1.h},...,O_{n.h}\right)$	$O_{i.h}$ mit $O_{i.h} \in \mathbb{R}_{\geq 0}$ zuordnet

- Menge R der Spielregeln – Rules –[1]

$R = \{R_1, ..., R_G\}$	Menge der Spielregeln Rg für alle Spieler i aus der Spielermenge N mit $g = 1, ..., G,\ G \geq 1$ und $G \in \mathbb{N}_+$

4.1.2 Gestaltungsoptionen der nicht-kooperativen Spieltheorie für die Modellierung von Realproblemen

4.1.2.1 Klassifizierung von Modellen der nicht-kooperativen Spieltheorie

4.1.2.1.1 Grundlagen zur Klassifizierung von Modellen der nicht-kooperativen Spieltheorie

Im Folgenden werden Gestaltungsoptionen der nicht-kooperativen Spieltheorie für die Modellierung von Realproblemen sowohl natürlichsprachig als auch formalsprachig aufgezeigt.

Die folgende Abbildung 44 gibt zunächst einen graphischen Überblick über die Gestaltungsoptionen der nicht-kooperativen Spieltheorie für die Modellierung von Realproblemen, die im Rahmen der vorliegenden Arbeit an Bedeutung gewinnen.

1) Im Rahmen der vorliegenden Arbeit steht das Symbol R für Rules of the game.

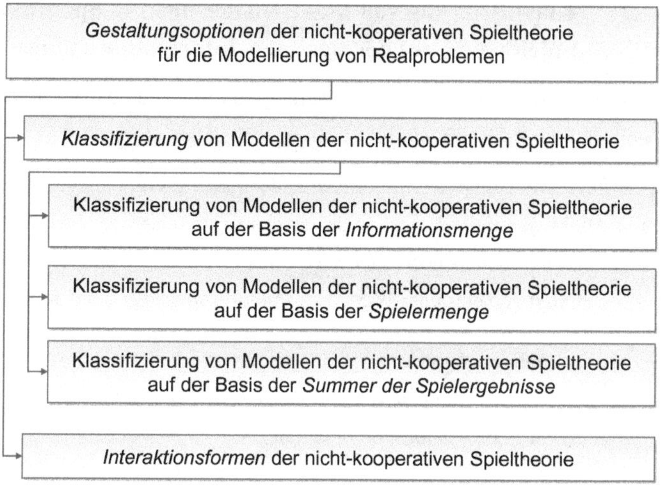

Abbildung 44: Gestaltungsoptionen der nicht-kooperativen Spieltheorie für die Modellierung von Realproblemen

Im Rahmen der vorliegenden Arbeit erfolgt zunächst eine Klassifizierung von Modellen der nicht-kooperativen Spieltheorie. Modelle der nicht-kooperativen Spieltheorie können auf der Basis der

- *Informationsmenge*,
- *Spielermenge* und auf der Basis der
- *Summe* der *Spielergebnisse*

klassifiziert und zudem anhand von *Spielbäumen* graphisch präsentiert werden[1)].

1) Vgl. z.B. VON NEUMANN/MORGENSTERN (1973), S. 85. Weitere denkmögliche Klassifizierungen von Modellen der nicht-kooperativen Spieltheorie, wie beispielsweise die Klassifizierung auf der Basis der *Zulässigkeit von Vereinbarungen* zwischen den Spielern, finden im Rahmen der vorliegenden Arbeit keine Berücksichtigung, da eine solche Klassifizierung für die nicht-kooperative Lösung des Reallokationsproblems von untergeordneter Bedeutung ist.

4.1.2.1.2 Klassifizierung von Modellen der nicht-kooperativen Spieltheorie auf der Basis der Informationsmenge

Im Folgenden wird zunächst die Klassifizierung von Modellen der nicht-kooperativen Spieltheorie auf der Basis der *Informationsmenge* näher beleuchtet.

Neben dem PASOR-Grundkonzept können zudem auch die grundlegenden Modellannahmen im Hinblick auf das Verhalten der Spieler in strategischen Entscheidungssituationen zum *gemeinsamen* oder *gleichverteilten Wissen*[1] aller Spieler gehören[2]. RASMUSEN definiert gemeinsames Wissen – common knowledge – wie folgt:

„*Information is* ***common knowledge*** *if it is known to all the players, if each player knows that all the players know it, if each player knows that all the players know that all the players know it, and so forth ad infinitum.*"[3]

Stellt das unbeschränkt rationale Verhalten der Spieler als grundlegende Modellannahme im Hinblick auf das Verhalten der Spieler in strategischen Entscheidungssituationen gemeinsames Wissen aller Spieler dar, so findet auch die Bezeichnung „common knowledge of rationality" Anwendung[4]. Für die spieltheoretische Analyse und Modellierung von strategischen Entscheidungssituationen und für die spieltheoretische Analyse und Beschreibung des strategischen Entscheidungsverhaltens ist zum einen zu definieren, ob das PASOR-Grundkonzept entweder in seiner *Gesamtheit* oder vielmehr *partiell* zum gemeinsamen Wissen aller Spieler gehört. Zum anderen ist festzulegen, ob die grundlegenden Modellannahmen entweder in ihrer *Gesamtheit* oder aber *partiell* zum gemeinsamen Wissen aller Spieler zu zählen sind.

---

1) Aus spieltheoretischer Perspektive gibt der Begriff *Wissen* wieder, dass ein Spieler i etwas „weiß". Vgl. FUDENBERG/TIROLE (1992), S. 542. AUMANN definiert Wissen wie folgt: „*Knowledge means absolute certainty, not probability [...]*". AUMANN (1995), S. 7 (Kursiv-Hervorhebung durch die Verfasserin). Zu einer *formalen Definition* des *gemeinsamen Wissens* vgl. FUDENBERG/TIROLE (1992), S. 542 ff. und AUMANN (1976), S. 1236 f. Im Rahmen der vorliegenden Arbeit werden die Begriffe „Information" und „Wissen" synonym verwendet.

2) Vgl. HOLLER/ILLING (2006), S. 43; RIECK (2006), S. 129 ff.; MYERSON (2001), S. 63 ff.; JOST (2001a), S. 16 f. und 43; AMANN (1999), S. 7 und 23 ff.; SCHNEIDER (1997), S. 137; RIECK (1993), S. 99 ff.; GÜTH (1999), S. 129; SADRIEH (1998), S. 189; FUDENBERG/TIROLE (1992), S. 4 und AUMANN (1976), S. 1236.

3) RASMUSEN (2004), S. 47 (Kursiv-Hervorhebung durch die Verfasserin).

4) Vgl. z.B. HARGREAVES HEAP/VAROUFAKIS (2004), S. 26 ff.; AUMANN (1995), S. 7 und KOBOLDT (1993), S. 393.

Beispielsweise liegt ein solches gemeinsames Wissen genau dann vor, wenn jeder Spieler i die Spielregeln kennt und dass jeder Spieler i weiß, dass diese Spielregeln allen bekannt sind etc.[1]. Mit einem gemeinsamen Wissen aller Spieler zum einen über das PASOR-Grundkonzept oder Teile des PASOR-Grundkonzepts und zum anderen über die grundlegenden Modellannahmen oder eine bestimmte grundlegende Modellannahme im Hinblick auf das Verhalten der Spieler in strategischen Entscheidungssituationen wird *nicht* unterstellt, dass in einer strategischen Entscheidungssituation jedem Spieler i zum Zeitpunkt seiner jeweiligen Entscheidung dieselben Informationen über die strategische Entscheidungssituation zur Verfügung stehen, und zudem *nicht* unterstellt, dass jeder Spieler i dieselbe Entscheidung trifft[2]. Vielmehr wird lediglich unterstellt, dass in strategischen Entscheidungssituationen jeder Spieler i das PASOR-Grundkonzept oder Teile des PASOR-Grundkonzepts bzw. die grundlegenden Modellannahmen oder eine bestimmte grundlegende Modellannahme im Hinblick auf das Verhalten der Spieler in strategischen Entscheidungssituationen kennt[3].

Im Folgenden werden denkmögliche *Informationsannahmen* aufgezeigt, die für strategische Entscheidungssituationen getroffen werden[4]. Anhand eines Spielbaums können zum einen die Unterschiede zwischen diesen denkmöglichen Informationsannahmen beispielhaft modelliert werden[5].

Zum anderen erfolgt anhand eines Spielbaums die Modellierung der in Kapitel 4.1.1.2.3 präsentierten Grundelemente eines jeden Spiels Γ.

---

1) Vgl. GINTIS (2000), S. 13; DUTTA (1999), S. 18 und AUMANN (1976), S. 1236.

2) Vgl. JOST (2001a), S. 17 und DUTTA (1999), S. 18.

3) Vgl. DUTTA (1999), S. 18 und FUDENBERG/TIROLE (1992), S. 541.

4) Vgl. HOLLER/ILLING (2006), S. 43 ff.; JOST (2001a), S. 17 ff.; HARSANYI (1994), S. 150 f. und RIECK (1993), S. 92 ff. sowie 118.

5) Vgl. BAMBERG/COENENBERG (2006), S. 191 f.; HARSANYI (1977), S. 90 und LUCE/RAIFFA (1957), S. 41.

Aus Gründen der Übersichtlichkeit werden in die folgenden graphischen Darstellungen jeweils nur zwei Spieler $i, j \in \{1,2\}$ einbezogen. Zudem werden die Handlungsalternativen, die dem einen Spieler i und dem zweiten Spieler j mit $j \in N \setminus \{i\}$ zur Verfügung stehen, sowie das Spielergebnis eines jeden Spielers nicht numerisch, sondern nur formal vereinfacht aufgeführt. Während die jeweiligen Entscheidungsknoten der beiden Spieler $i, j \in \{1,2\}$ mit dem Symbol „■" graphisch visualisiert werden, gibt das Symbol „●" das Ende des jeweiligen Spiels Γ, d.h. jeweils einen Endknoten an.

➢ *perfekte* Information

Ein Spiel Γ mit perfekter Information[1] basiert darauf, dass in jeder strategischen Entscheidungssituation alle Spieler die in einem Spiel Γ vorangehenden Spielzüge der anderen Spieler kennen[2]. Im Hinblick auf eine solche Kenntnis aller Spieler kann davon ausgegangen werden, dass keine Unsicherheit über die Spielzüge der Spieler besteht.

In der folgenden Abbildung 45 wird beispielhaft ein Spiels Γ mit perfekter Information anhand eines Spielbaums dargestellt. Es existieren zwei Spieler $i, j \in \{1,2\}$, so dass für die Spielermenge gilt $N = \{1,2\}$. Angenommen, dem Spieler j ist die Entscheidung des Spielers i mit $i \in N \setminus \{j\}$ bekannt. Daher kann der Spieler j seine eigene Entscheidung davon abhängig machen, welche Entscheidung der Spieler i gewählt hat. D.h., wenn der Spieler j in der 2. Spielstufe zum Spielzug kommt, ist er bereits darüber informiert, an welchem Entscheidungsknoten im Spielbaum er sich befindet. Die Entscheidungsknoten des Spielers j werden daher nicht zu einer Informationsmenge zusammengefasst.

Die Strategiemenge legt bei perfekter Information für einen Spieler i für jeden seiner Entscheidungsknoten fest, welche Handlungsalternativen ihm in seinem x-ten Entscheidungsknoten mit $X \in \mathbb{N}_+$ zur Auswahl stehen. Für die Strategiemenge des Spielers i gilt:

---

1) In der Fachliteratur findet für ein Spiel mit *perfekter* Information auch die Bezeichnung „ein Spiel mit *vollkommener* Information" Verwendung. Vgl. z.B. BAMBERG/COENENBERG (2006), S. 192; RIECK (1993), S. 95; LUTZ (1984), S. 8 und VON NEUMANN/MORGENSTERN (1973), S. 51. Diese Begriffe werden im Folgenden synonym verwendet.

2) Vgl. RIECK (2006), S. 116 und 125; MYERSON (2001), S. 44; HARSANYI (1994), S. 150 f.; FUDENBERG/TIROLE (1992), S. 80; HARSANYI/SELTEN (1988), S. 9; HARSANYI (1977), S. 91 und LUCE/RAIFFA (1957), S. 43.

$S_i = \{s_{i.1}, s_{i.2}\}$ mit $s_{i.1} = a_{i.1}$ und $s_{i.2} = a_{i.2}$

und für die Strategiemenge des Spielers j gilt:

$S_j = \{s_{j.1}, s_{j.2}, s_{j.3}, s_{j.4}\}$ mit $s_{j.1} = \{a_{j.1} \mid a_{i.1}, a_{j.1} \mid a_{i.2}\}$, $s_{j.2} = \{a_{j.1} \mid a_{i.1}, a_{j.2} \mid a_{i.2}\}$,

$s_{j.3} = \{a_{j.2} \mid a_{i.1}, a_{j.1} \mid a_{i.2}\}$ und $s_{j.4} = \{a_{j.2} \mid a_{i.1}, a_{j.2} \mid a_{i.2}\}$.

Die *erste* Strategie gibt an: Spieler j wählt $a_{j.1}$, wenn Spieler i $a_{i.1}$ wählt, Spieler j wählt auch dann $a_{j.1}$, wenn Spieler i $a_{i.2}$ wählt.

Die *zweite* Strategie gibt an: Spieler j wählt $a_{j.1}$, wenn Spieler i $a_{i.1}$ wählt, Spieler j wählt $a_{j.2}$, wenn Spieler i $a_{i.2}$ wählt.

Die *dritte* Strategie gibt an: Spieler j wählt $a_{j.2}$, wenn Spieler i $a_{i.1}$ wählt, Spieler j wählt $a_{j.1}$, wenn Spieler i $a_{i.2}$ wählt.

Die *vierte* Strategie gibt an: Spieler j wählt $a_{j.2}$, wenn Spieler i $a_{i.1}$ wählt, Spieler j wählt auch dann $a_{j.2}$, wenn Spieler i $a_{i.2}$ wählt.

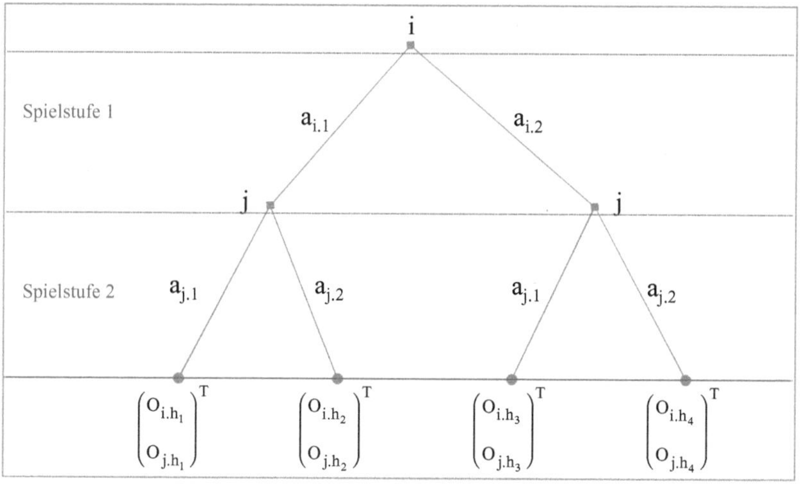

Abbildung 45: Spiel mit perfekter Information

➢ *imperfekte* Information

Im Gegensatz zu einem Spiel Γ mit perfekter Information ist ein Spiel Γ mit imperfekter Information[1)] dadurch gekennzeichnet, dass in einer strategischen Entscheidungssituation mindestens ein Spieler i die in einem Spiel Γ *vorangehenden* Spielzüge der anderen Spieler nicht beobachten kann[2)]. Dieser Spieler i hat deshalb zu seinem Entscheidungszeitpunkt nur partielle Informationen über die vorangehenden Entscheidungen der anderen Spieler.

Die folgende Abbildung 46 repräsentiert beispielhaft ein Spiel Γ mit imperfekter Information. Erneut wird angenommen, dass zwei Spieler $i, j \in \{1,2\}$ an dem Spiel Γ teilnehmen, so dass für die Spielermenge gilt $N = \{1,2\}$. Da der Spieler j mit $j \in N \setminus \{i\}$ zu seinem Entscheidungszeitpunkt in der 2. Spielstufe unter einem Informationsdefizit, d.h. einer Unkenntnis über die vorangehenden Spielzüge des Spielers i, leidet, sind seine Entscheidungsknoten zu einer Informationsmenge zusammengefasst und in Form einer gestrichelten Umrahmung gekennzeichnet[3)]. Die Strategiemenge legt bei imperfekter Information für den Spieler j für jede seiner Informationsmengen fest, welche Handlungsalternativen ihm in seiner k-ten Informationsmenge mit $k = 1,...,K$, $K \in \mathbb{N}_+$ (hier gilt: $K = 1$) zur Auswahl stehen. Für die Strategiemenge des Spielers i gilt:

$S_i = \{s_{i.1}, s_{i.2}\}$ mit $s_{i.1} = a_{i.1}$ und $s_{i.2} = a_{i.2}$

und für die Strategiemenge des Spielers j gilt:

$S_j = \{s_{j.1}, s_{j.2}\}$ mit $s_{j.1} = a_{j.1}$ und $s_{j.2} = a_{j.2}$.

1) In der Fachliteratur findet für ein Spiel mit *imperfekter* Information auch die Bezeichnung „ein Spiel mit *unvollkommener* Information" Verwendung. Vgl. z.B. BAMBERG/COENENBERG (2006), S. 192; AMANN (1999), S. 19 f.; RIECK (1993), S. 95; HOLLER (1992), S. 18; LUTZ (1984), S. 8 und SELTEN (1981), S. 81.

2) Vgl. RIECK (2006), S. 121; AMANN (1999), S. 20; HARSANYI (1994), S. 151; HARSANYI/SELTEN (1988), S. 9; SELTEN (1981), S. 81 und HARSANYI (1977), S. 91.

3) Vgl. HARSANYI (1977), S. 92.

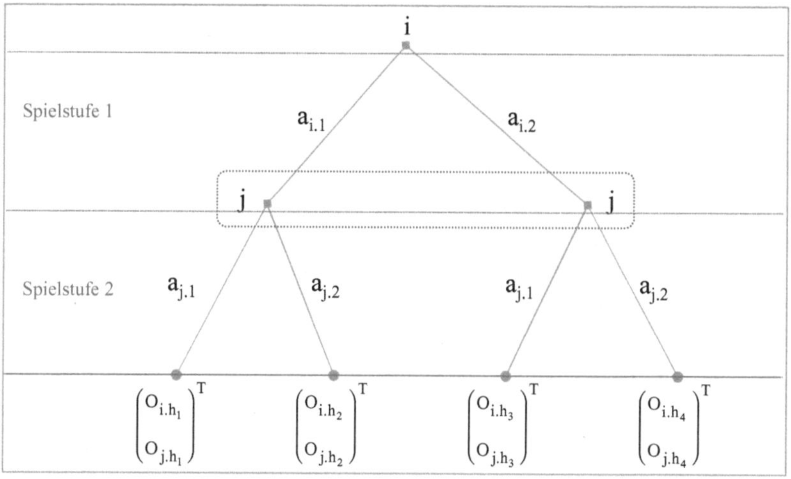

Abbildung 46: Spiel mit imperfekter Information

➢ *vollständige* Information

Währen ein Spiel Γ mit perfekter Information eine Kenntnis aller Spieler über die *vorangehenden* Spielzüge der anderen Spieler voraussetzt, liegt ein Spiel Γ mit vollständiger Information[1)] genau dann vor, wenn sowohl *alle* Grundelemente des PASOR-Grundkonzepts als auch *alle* grundlegenden Modellannahmen im Hinblick auf das Verhalten der Spieler in strategischen Entscheidungssituationen zum gemeinsamen Wissen aller Spieler gehören. Nach MYERSON findet für Spieler eines Spiels Γ mit vollständiger Information auch die Bezeichnung „intelligent players“ Anwendung[2)]. Im Hinblick auf ein solches gemeinsames Wissen aller Spieler kann die Existenz „privater“ Informationen ausgeschlossen werden. Solche privaten Informationen können beispielsweise aus Informationen über den voraussichtlich eintretenden Umweltzustand, aus Informationen über die in die spieltheoretische Interaktion involvierten Spieler, aus der

1) In der Fachliteratur findet für ein Spiel mit *vollständiger* Information auch die Bezeichnung „ein Spiel mit *kompletter* Information“ Verwendung. Vgl. RIECK (1993), S. 102; HOLLER (1992), S. 18; GIBBONS (1992), S. 1; HARSANYI/SELTEN (1988), S. 9; BORM (1987), S. 71; ROSENTHAL (1981), S. 92 und HARSANYI (1977), S. 91. Diese Begriffe werden im Folgenden synonym verwendet.

2) Vgl. MYERSON (2001), S. 65.

Kenntnis der individuellen Präferenzen eines Spielers i, aus den subjektiven Wahrscheinlichkeitseinschätzungen[1)] eines Spielers i über die Präferenzen der anderen Spieler oder in einer Auktion aus der Kenntnis bestehen, dass jeder Spieler seine individuelle Wertschätzung des zum Verkauf angebotenen Gutes, jedoch nicht die Wertschätzung der anderen Spieler kennt[2)]. Da eine Gleichverteilung von Informationen zwischen den Spielern vorliegt, kann in einem Spiel Γ mit vollständiger Information von einer *Informationssymmetrie* ausgegangen werden[3)]. Eine beispielhafte graphische Darstellung eines Spiels Γ mit vollständiger Information wird hier unterlassen, da sie mit der beispielhaften graphischen Darstellung eines Spiels Γ mit perfekter Information, wie bereits in Abbildung 45 aufgezeigt, zusammenfällt.

➢ *unvollständige* Information

In einer strategischen Entscheidungssituation kann jeder Spieler i über private Informationen verfügen, die den anderen Spielern nicht bekannt sind und nicht zum gemeinsamen Wissen aller Spieler gehören. MYERSON unterstreicht diese Ausführung wie folgt:

„*A player's* ***private information*** *is any information that he has that is not common knowledge among all the players in the game.*"[4)]

Im Hinblick auf solche privaten Informationen mindestens eines Spielers i in einer strategischen Entscheidungssituation können *Informationsasymmetrien* entstehen. Informationsasymmetrien können darauf beruhen, dass nicht alle Spieler zum Zeitpunkt der Entscheidung die gleichen Informationen besitzen, ein Spieler i in Unkenntnis über die Verfügbarkeit (einer oder mehrerer) alternativer Strategien für sich selbst ist, ein Spieler i über das mit einer Strategiewahl assoziierte Spielergebnis unsicher ist oder

---

1) *Subjektive* Wahrscheinlichkeitseinschätzungen berücksichtigen, dass der Informationsstand eines Spielers i und der Informationsstand der anderen Spieler voneinander abweichen können. Beispielsweise können subjektive Wahrscheinlichkeitseinschätzungen eines Spielers i aus Erfahrungen dieses Spielers mit der Welt resultieren, die von den Erfahrungen anderer Spieler mit der Welt abweichen. Vgl. FRIEDRICH (2005), S. 52 ff. und RIECK (1993), S. 107.

2) Vgl. z.B. RIECK (2006), S. 132 f.; DUTTA (1999), S. 309; GIBBONS (1992), S. 1 und LUTZ (1984), S. 7.

3) Vgl. z.B. FEESS (1998), S. 12.

4) MYERSON (2001), S. 64 (Kursiv-Hervorhebung durch die Verfasserin, Fett-Hervorhebung im Original als Kursiv-Hervorhebung).

eine Unsicherheit bezüglich der Spielzüge eines anderen Spielers j mit $j \in N \setminus \{i\}$ vorliegt[1]. Demzufolge kann sich eine Ungleichvereilung von Informationen – asymmetrische Informationsverteilung – zwischen mindestens zwei Spielern herauskristallisieren. Eine solche asymmetrische Informationsverteilung ist *nicht* so zu interpretieren, dass ein Spieler i „gut" und ein anderer Spieler j „weniger gut" informiert ist. Vielmehr liegt eine asymmetrische Informationsverteilung dann vor, wenn die Spieler *unterschiedlich* „gut" informiert sind[2]. Da die asymmetrische Informationsverteilung schon vor dem Spiel Γ zu beobachten ist, liegt eine *Ex-ante*-Informationsasymmetrie vor. Für ein auf solchen *einseitigen* Ex-ante-Informationsasymmetrien[3] basierendes Spiel Γ findet die Bezeichnung „Spiel Γ mit unvollständiger Information" Anwendung[4]. DUTTA definiert ein Spiel Γ mit unvollständiger Information wie folgt:

*„[...] a **game of incomplete information** is one in which players do not know some relevant characteristicts of their opponents, which may include their payoff, their available options, and even their beliefs."*[5]

Zu bemerken ist, dass auch eine *symmetrische* Informationsverteilung durchaus mit unvollständiger Information vereinbar ist[6]. Und zwar gilt, dass eine symmetrische Informationsverteilung mit unvollständiger Information dann vorliegt, wenn beispielsweise die Spieler in Unkenntnis über die Verfügbarkeit (einer oder mehrerer) alternativer Strategien sind, jedoch dieser Verfügbarkeit (einer oder mehrerer) alternativer Strategien die *gleiche* Wahrscheinlichkeitsverteilung zugeordnet wird.

Die folgende Abbildung 47 stellt beispielhaft ein Spiel Γ mit unvollständiger Information anhand eines Spielbaums graphisch dar, bei dem nur über einen Spieler

---

1) Vgl. RIECK (2006), S. 121; OWEN (1995), S. 119 und HARSANYI (1994), S. 143 f.

2) Vgl. FEESS (1998), S. 13.

3) Im Gegensatz zu einseitigen Informationsasymmetrien existieren auch *beidseitige* Informationsasymmetrien. Zu beidseitigen Informationsasymmetrien vgl. z.B. SCHWEITZER (1999), S. 87 ff.

4) Vgl. z.B. BAMBERG/COENENBERG (2006), S. 193; JOST (2001a), S. 25 f.; AMANN (1999), S. 20 f.; GÜTH (1999), S. 5; SCHNEIDER (1997), S. 145 f. und HARSANYI/SELTEN (1988), S. 9 f. In der Fachliteratur findet für ein Spiel mit *unvollständiger* Information auch die Bezeichnung „ein Spiel mit *nicht kompletter* Information" Verwendung. Vgl. z.B. DUTTA (1999), S. 309; EICHBERGER (1993), S. 123 ff.; HOLLER (1992), S. 18; VAN DAMME (1991), S. 80 und HARSANYI (1977), S. 91.

5) DUTTA (1999), S. 312 (Kursiv-Hervorhebung durch die Verfasserin, Fett-Hervorhebung im Original).

6) Vgl. z.B. FEESS (1998), S. 13.

eine unvollständige Information besteht. Angenommen, es existieren zwei Spieler $i, j \in \{1, 2\}$, so dass für die Spielermenge gilt: $N = \{1, 2\}$. Weiterhin wird angenommen, dass der Spieler i seine eigene individuelle Wertschätzung des zum Verkauf angebotenen Gutes kennt, jedoch kennt dieser Spieler i die individuelle Wertschätzung des zum Verkauf angebotenen Gutes seitens des Spielers j mit $j \in N \setminus \{i\}$ nicht. Die individuelle Wertschätzung des zum Verkauf angebotenen Gutes des Spielers j ist allein ihm selbst bekannt, so dass dieser Spieler j über private Informationen über seine individuelle Wertschätzung des zum Verkauf angebotenen Gutes verfügt. Da der Spieler i über diese privaten Informationen des Spielers j nicht verfügt, ist der Spieler i uninformiert darüber, zu welchem Spielergebnis seine alternative Strategie im Hinblick auf den Spieler j führt. Deshalb wird der Entscheidungsknoten des Spielers i zu einer Informationsmenge zusammengefasst. Die Strategiemenge legt bei unvollständiger Information für einen Spieler i für jede seiner Informationsmengen fest, welche Handlungsalternativen ihm in seiner k-ten Informationsmenge mit $k = 1, \dots, K,\ K \in \mathbb{N}_+$ (hier gilt: $K = 1$) zur Auswahl stehen. Für die Strategiemenge des Spielers i gilt:

$S_i = \{s_{i.1}, s_{i.2}\}$ mit $s_{i.1} = a_{i.1}$ und $s_{i.2} = a_{i.2}$ und für die Strategiemenge des Spielers j gilt:

$S_j = \{s_{j.1}, s_{j.2}, s_{j.3}, s_{j.4}\}$ mit $s_{j.1} = \{a_{j.1} \mid a_{i.1}, a_{j.1} \mid a_{i.2}\}$, $s_{j.2} = \{a_{j.1} \mid a_{i.1}, a_{j.2} \mid a_{i.2}\}$, $s_{j.3} = \{a_{j.2} \mid a_{i.1}, a_{j.1} \mid a_{i.2}\}$ und $s_{j.4} = \{a_{j.2} \mid a_{i.1}, a_{j.2} \mid a_{i.2}\}$.

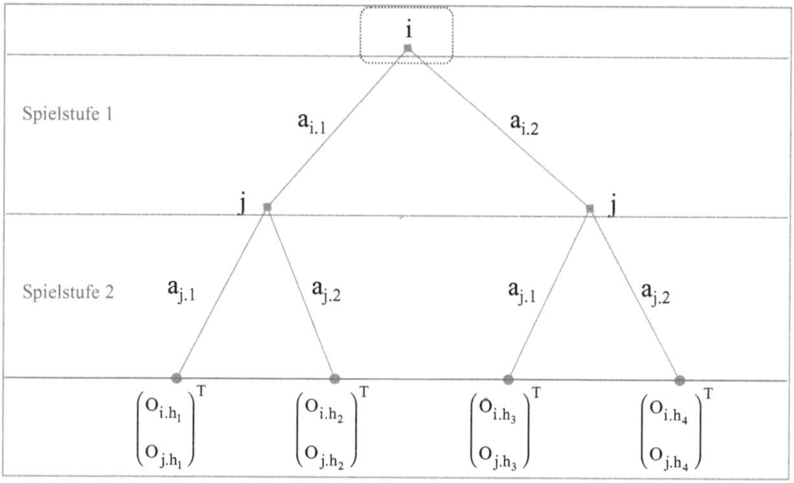

Abbildung 47: Spiel mit unvollständiger Information

➢ *vollkommene Erinnerung*

Kann sich ein Spieler i zu jedem Zeitpunkt der spieltheoretischen Interaktion nicht nur an seine eigenen Spielzüge, sondern zudem an alle Informationen, über die er früher verfügte, erinnern, so zeichnet er sich durch eine vollkommene Erinnerung aus[1]. SELTEN unterstreicht diese Definition wie folgt:

„*Er (der Spieler) vergisst also nichts, was er im Verlaufe des Spiels erfährt.*"[2]

---

1) Vgl. RIECK (2006), S. 125 f.; MYERSON (2001), S. 43; GINTIS (2000), S. 11; GÜTH (1999), S. 19 und 42; FUDENBERG/TIROLE (1992), S. 81; HARSANYI/SELTEN (1988), S. 30; SELTEN (1988), S. 3; VAN DAMME (1987), S. 6; BINMORE (1987), S. 188 f.; HARSANYI (1977), S. 91 und LUCE/RAIFFA (1957), S. 161 f.

2) SELTEN (1981), S. 93 (Kursiv-Hervorhebung und Ergänzung in der runden Klammer durch die Verfasserin).

Wenn sich nicht nur ein Spieler i, sondern alle Spieler zu jedem Zeitpunkt der spieltheoretischen Interaktion an alle ihre Entscheidungen und vergangenen Spielzüge erinnern können, dann liegt ein Spiel Γ mit vollkommener Erinnerung vor.

Ein Spiel Γ mit vollkommener Erinnerung wird in der folgenden Abbildung 48 anhand eines Spielbaums beispielhaft graphisch visualisiert. Der Entscheidung eines Spielers i in der 1. Spielstufe und eines anderen Spielers j mit $j \in N \setminus \{i\}$ in der 2. Spielstufe folgt ein zweiter Spielzug des Spielers i in der 3. Spielstufe. Da sich jeder Spieler zu jedem Entscheidungszeitpunkt an alle seine Entscheidungen und Spieler i sich an seinen vergangenen Spielzug in der 1. Spielstufe erinnern kann, werden die Entscheidungsknoten aller Spieler nicht zu einer Informationsmenge zusammengefasst. Die Strategiemenge legt bei vollkommener Erinnerung für einen Spieler i für jede seiner Entscheidungsknoten fest, welche Handlungsalternativen ihm in seinem x-ten Entscheidungsknoten mit $X \in \mathbb{N}_+$ zur Auswahl stehen. Für die Strategiemenge des Spielers i gilt in der *ersten* Spielstufe:

$S_i = \{s_{i.1}, s_{i.2}\}$ mit $s_{i.1} = a_{i.1}$ und $s_{i.2} = a_{i.2}$,

für die Strategiemenge des Spielers j in der *zweiten* Spielstufe gilt:

$S_j = \{s_{j.1}, s_{j.2}, s_{j.3}, s_{j.4}\}$ mit $s_{j.1} = \{a_{j.1} \mid a_{i.1}, a_{j.1} \mid a_{i.2}\}$, $s_{j.2} = \{a_{j.1} \mid a_{i.1}, a_{j.2} \mid a_{i.2}\}$,

$s_{j.3} = \{a_{j.2} \mid a_{i.1}, a_{j.1} \mid a_{i.2}\}$ und

$s_{j.4} = \{a_{j.2} \mid a_{i.1}, a_{j.2} \mid a_{i.2}\}$

und für die Strategiemenge des Spielers i in der *dritten* Spielstufe gilt:

$S_i = \{s_{i.1}, s_{i.2}, s_{i.3}, s_{i.4}, s_{i.5}, s_{i.6}, s_{i.7}, s_{i.8}\}$ mit

$s_{i.1} = \{a_{i.1} \mid a_{j.1}, a_{i.1} \mid a_{j.2}\}$, $s_{i.2} = \{a_{i.1} \mid a_{j.1}, a_{i.2} \mid a_{j.2}\}$,

$s_{i.3} = \{a_{i.2} \mid a_{j.1}, a_{i.1} \mid a_{j.2}\}$, $s_{i.4} = \{a_{i.2} \mid a_{j.1}, a_{i.2} \mid a_{j.2}\}$, $s_{i.5} = \{a_{i.1} \mid a_{j.2}, a_{i.2} \mid a_{j.2}\}$,

$s_{i.6} = \{a_{i.1} \mid a_{j.1}, a_{i.2} \mid a_{j.1}\}$, $s_{i.7} = \{a_{i.2} \mid a_{j.1}, a_{i.1} \mid a_{j.1}\}$ und $s_{i.8} = \{a_{i.2} \mid a_{j.2}, a_{i.1} \mid a_{j.1}\}$.

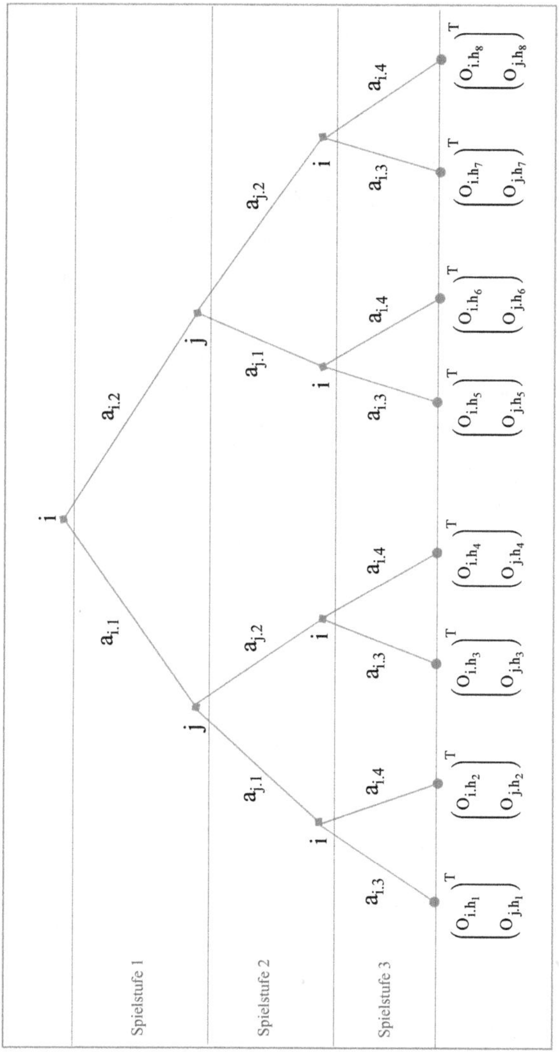

Abbildung 48: Spiel mit vollkommener Erinnerung

- *unvollkommene Erinnerung*

Im Gegensatz zu einem Spiel Γ mit vollkommener Erinnerung kann auch ein Spiel Γ mit unvollkommener Erinnerung existieren. In einem Spiel Γ mit unvollkommener Erinnerung vergisst mindestens ein Spieler im Verlauf des Spiels Γ seine individuellen Entscheidungen und seine vergangenen Spielzüge[1].

Die folgende Abbildung 49 verdeutlicht beispielhaft anhand eines Spielbaums den Unterschied zwischen einem Spiel Γ mit vollkommener Erinnerung und einem Spiel Γ mit unvollkommener Erinnerung. An diesem Spiel Γ nehmen erneut zwei Spieler $i, j \in \{1,2\}$ teil. Nach den Entscheidungen des Spielers i in der 1. Spielstufe und des Spielers j mit $j \in N \setminus \{i\}$ in der 2. Spielstufe folgt ein zweiter Spielzug des Spielers i in der 3. Spielstufe. Dieser Spieler i vergisst jedoch im Verlauf des Spiels Γ seine eigene Entscheidung, die er in der 1. Spielstufe getroffen hat. Da sich der Spieler i an seine eigene vergangene Entscheidung nicht erinnern kann, sind seine Entscheidungsknoten in der 3. Spielstufe zu einer Informationsmenge zusammengefasst und in Form einer gestrichelten Umrahmung gekennzeichnet. Die Strategiemenge legt bei unvollkommener Erinnerung für einen Spieler i für jede seiner Informationsmengen fest, welche Handlungsalternativen ihm in seinem k-ten Informationsmenge mit $k = 1,...,K$, $K \in \mathbb{N}_+$ (hier gilt $K = 1$) zur Auswahl stehen. Für die Strategiemenge des Spielers i gilt in der *ersten* Spielstufe:

$S_i = \{s_{i.1}, s_{i.2}\}$ mit $s_{i.1} = a_{i.1}$ und $s_{i.2} = a_{i.2}$,

für die Strategiemenge des Spielers j in der *zweiten* Spielstufe gilt:

$S_j = \{s_{j.1}, s_{j.2}, s_{j.3}, s_{j.4}\}$ mit $s_{j.1} = \{a_{j.1} \mid a_{i.1}, a_{j.1} \mid a_{i.2}\}$, $s_{j.2} = \{a_{j.1} \mid a_{i.1}, a_{j.2} \mid a_{i.2}\}$,

$s_{j.3} = \{a_{j.2} \mid a_{i.1}, a_{j.1} \mid a_{i.2}\}$ und $s_{j.4} = \{a_{j.2} \mid a_{i.1}, a_{j.2} \mid a_{i.2}\}$ und

für die Strategiemenge des Spielers i in der *dritten* Spielstufe gilt:

$S_i = \{s_{i.1}, s_{i.2}\}$ mit $s_{i.1} = \{a_{i.1} \mid a_{j.1}, a_{i.1} \mid a_{j.2}\}$ und $s_{i.2} = \{a_{i.2} \mid a_{j.1}, a_{i.2} \mid a_{j.2}\}$.

---

1) Vgl. GÜTH (1999), S. 17 und 42; OWEN (1995), S. 91 und HARSANYI (1977), S. 91 f.

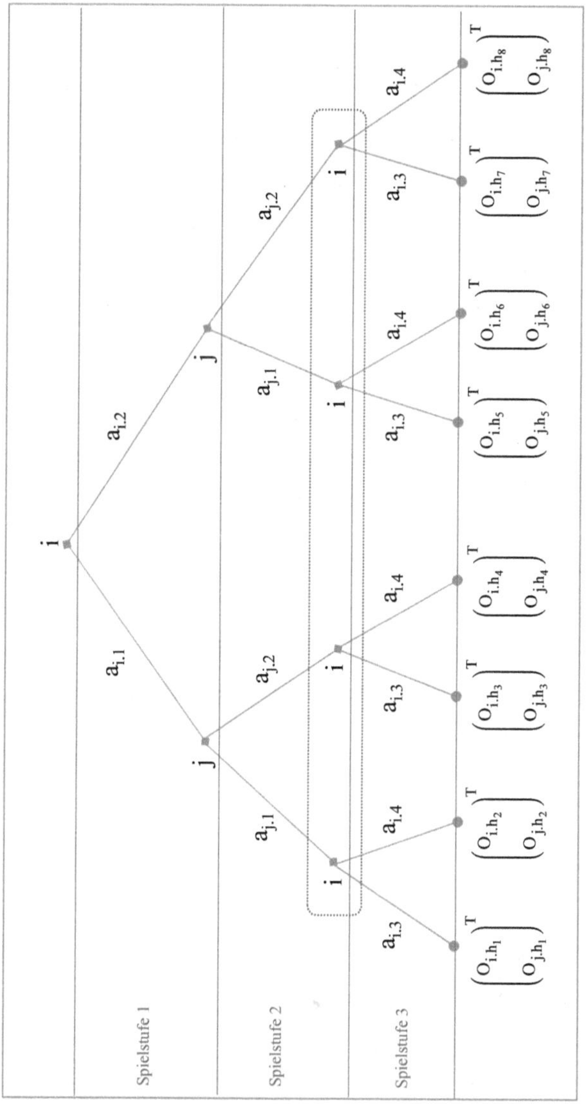

Abbildung 49: Spiel mit unvollkommener Erinnerung

- *closed loop*

Die Informationsannahme der closed loop ist insbesondere in dynamischen Spielen, die in mehreren Spielstufen absolviert werden, von Bedeutung. Kann in strategischen Entscheidungssituationen am Ende einer jeden Spielstufe das Verhalten der anderen Spieler beobachtet und eine Rückmeldung über die Entscheidung der anderen Spieler erhalten werden, so findet die Bezeichnung „closed loop“ oder „feedback“ Anwendung[1].

- *open loop*

Im Gegensatz zu der Informationsannahme der closed loop kann auch die Informationsannahme der so genannten „open loop“ Berücksichtigung finden. Diese Informationsannahme der open loop gewinnt dann an Bedeutung, wenn in strategischen Entscheidungssituationen das Verhalten der anderen Spieler nicht am Ende einer jeden Spielstufe, sondern vielmehr erst am Ende des gesamten Spiels Γ beobachtet werden kann.

4.1.2.1.3 Klassifizierung von Modellen der nicht-kooperativen Spieltheorie auf der Basis der Spielermenge

Wie bereits in Kapitel 4.1.1 der vorliegenden Arbeit dargelegt, analysiert die Spieltheorie strategische Entscheidungssituationen und strategisches Entscheidungsverhalten mehrerer, d.h. mindestens zweier Spieler. Im Hinblick auf die Spielermenge lässt sich die nicht-kooperative Spieltheorie in das

- n-Personen-Spiel und in das
- 2-Personen-Spiel

---

1) Vgl. z.B. RIECK (2006), S. 143 und 152.

klassifizieren[1].

Im Falle von *genau* zwei Spielern oder *mehr als* zwei Spielern, d.h. für $n \geq 2$, die an einem Spiel Γ teilnehmen, findet die Bezeichnung „*n*-Personen-Spiel" Anwendung[2]. In einem solchen n-Personen-Spiel erhöht sich die Komplexität hinsichtlich der Grundelemente eines jeden Spiels Γ, da im Vergleich zu einem 2-Personen-Spiel mehr als zwei Spieler zu berücksichtigen sind, so dass sich die Spielermenge von $N = \{1, 2\}$ auf $N = \{1, ... n\}$, $n \geq 2$ und $n \in \mathbb{N}$ ausweitet. Im Hinblick auf ein n-Personen-Spiel sind die Grundelemente eines jeden Spiels äquivalent mit den in Kapitel 4.1.1.2.3 bereits aufgezeigten Grundelementen des PASOR-Grundkonzepts und werden deshalb in diesem Zusammenhang nicht erneut aufgeführt.

Grundsätzlich kann anhand einer Matrix ein 2-Personen-Spiel graphisch dargestellt werden[3]. Denkmöglich ist jedoch auch die graphische Darstellung eines n-Personen-Spiels anhand einer Matrix. Wenn beispielsweise angenommen wird, dass nicht zwei, sondern drei Spieler i, j, $k \in \{1, 2, 3\}$ an einem Spiel Γ teilnehmen, so hätte der *erste*

---

1) Vgl. CARMICHAEL (2005), S. 17; LANGERFELDT (2001), S. 1620; LUTZ (1984), S. 7; HARSANYI (1977), S. 87; VON NEUMANN/MORGENSTERN (1973), S. 85 und LUCE/RAIFFA (1957), S. 56. MORGENSTERN betrachtet zudem den Fall, dass nur *ein* Spieler an einem Spiel Γ teilnimmt, so dass $n = 1$ gilt. In einem solchen Fall findet die Bezeichnung *1-Personen-Spiel* Anwendung. MORGENSTERN differenziert zwischen folgenden drei Klassen eines 1-Personen-Spiels:

- Das Spiel Γ wird von *einem* Spieler 1 mit $N = \{1\}$ gespielt, der das Spielergebnis determiniert.
- Das Spiel Γ beginnt mit der Entscheidung *eines* Spielers 1 mit $N = \{1\}$. Das Spielergebnis wird nicht von diesem Spieler 1 mit $N = \{1\}$, sondern vielmehr vom Zufall determiniert.
- Das Spiel Γ wird von *einem* Spieler 1 mit $N = \{1\}$ ohne (Vorab-)Informationen über den Zufallszug gespielt.

Vgl. MORGENSTERN (1970), S. 3 ff. und zudem RIECK (2006), S. 22 sowie 128. Im Rahmen der vorliegenden Arbeit wird jedoch von einem 1-Personen-Spiel abgesehen, da an dem Handel mit Treibhausgas-Emissionsrechten und Treibhausgas-Emissionsgutschriften mehrere Unternehmen als Spieler teilnehmen werden, so dass $n \geq 2$ gilt.

2) Vgl. z.B. KRABS (2005), S. 48 f.; CARMICHAEL (2005), S. 17; OWEN (1995), S. 211; RIECK (1993), S. 17; VON NEUMANN/MORGENSTERN (1973), S. 85; OWEN (1971), S. 159; MORGENSTERN (1966), S. 93 ff.; LUCE/RAIFFA (1957), S. 155 und NASH (1951), S. 286. In der Fachliteratur findet für ein *n-Personen-Spiel* auch die Bezeichnung „Mehrpersonenspiel" Anwendung. Vgl. z.B. RIECK (2006), S. 22; LANGERFELDT (2001), S. 1620; RIECK (1993), S. 17; SCHWÖDIAUER (1992), S. 7 und LUTZ (1984), S. 7. Diese Begriffe werden im Folgenden synonym verwendet.

3) Vgl. z.B. RIECK (2006), S. 27.

Spieler i mit $i \in N \setminus \{j,k\}$ die Kontrolle über die *Zeilen* der Matrix, der *zweite* Spieler j mit $j \in N \setminus \{i,k\}$ die Kontrolle über die *Spalten* der Matrix und der *dritte* Spieler k mit $k \in N \setminus \{i,j\}$ die Kontrolle über die (räumliche) *Tiefe* der Matrix[1]. Die graphische Darstellung eines Spiels Γ anhand einer Matrix bei mehr als drei Spielern existiert jedoch in der Fachliteratur nicht.

Nach DUTTA kann ein n-Personen-Spiel anhand einer Matrix graphisch dargestellt werden, wenn ein Spieler i und ein anderer Spieler j mit $j \in N \setminus \{i\}$ *symbolisch* zwei beliebige Spieler aus der Spielermenge $N = \{1,...n\}$, $n \geq 2$ und $n \in \mathbb{N}$ *repräsentieren.* Eine solche symbolische Repräsentation im Hinblick auf die Spielermenge ermöglicht dann die graphische Darstellung eines n-Personen-Spiels anhand einer Matrix, da nicht mehr als zwei Spieler, sondern vielmehr genau 2 Spieler berücksichtigt werden. Für die Spielermenge gilt dann $N = \{1,2\}$. DUTTA unterstreicht die Bedeutung der Idee einer symbolischen Repräsentation wie folgt:

„*When there are more than two players, and each player has more than two strategies, it helps to have a symbolic representation because the matrix representation can become very cumbersome very quickly.*"[2]

In Anlehnung an DUTTA wird in der folgenden graphischen Darstellung angenommen, dass ein Spieler i und ein anderer Spieler j mit $j \in N \setminus \{i\}$ *symbolisch* zwei beliebige Spieler aus der Spielermenge $N = \{1,...n\}$, $n \geq 2$ und $n \in \mathbb{N}$ *repräsentieren.* Da im Folgenden nicht alle möglichen Handlungsalternativen berücksichtigt werden können, erfolgt zur Veranschaulichung eine Beschränkung auf einen kleinen Abschnitt der Handlungsalternativen. Daher gilt als die Menge der Handlungsalternativen $A_i = \{a_{i.1}, a_{i.2}\}$ für den Spieler $i \in N$ und $A_j = \{a_{j.1}, a_{j.2}\}$ für den anderen Spieler j mit $j \in N \setminus \{i\}$. Die Handlungsalternativen der beiden Spieler fallen jeweils mit den Strategien zusammenfallen, so dass für die Strategiemenge des Spielers i gilt: $S_i = \{s_{i.1}, s_{i.2}\}$ mit $s_{i.1} = a_{i.1}$ und $s_{i.2} = a_{i.2}$ und für die Strategiemenge des Spielers j gilt: $S_j = \{s_{j.1}, s_{j.2}\}$ mit $s_{j.1} = \{a_{j.1} | a_{i.1}, a_{j.1} | a_{i.2}\}$ und $s_{j.2} = \{a_{j.2} | a_{i.1}, a_{j.2} | a_{i.2}\}$. Während die Strategien des Spielers i in den Zeilen der Matrix erfasst werden, werden die Strategien des Spielers j in den Spalten der Matrix repräsentiert. Je nachdem, welche Strategien die Spieler wählen, ergibt sich eine bestimmte Strategiekombination. Die

1) Vgl. z.B. RIECK (2006), S. 156.

2) DUTTA (1999), S. 36 (Kursiv-Hervorhebung durch die Verfasserin).

Kombination von je einer Strategie für jeden Spieler führt zu einem Matrixfeld. In jedem Matrixfeld stehen die Spielergebnisse $out(s_{i.h(i)}, s_{j.h(j)})$ eines jeden Spielers. Während sich der erste Wert jeweils auf den Spieler i bezieht, gibt der zweite Wert jeweils das Spielergebnis des Spielers j an.

Spielermenge $N = \{1,2\}$	$j \in N \setminus \{i\}$			
	Strategiemenge $S = S_i \times S_j$		$S_j = \{s_{j.1}, s_{j.2}\}$	
			$s_{j.1}$	$s_{j.2}$
$i \in N$	$S_i = \{s_{i.1}, s_{i.2}\}$	$s_{i.1}$	$out\left(s_{i.h_1(i)}, s_{j.h_1(j)}\right)$	$out\left(s_{i.h_3(i)}, s_{j.h_3(j)}\right)$
		$s_{i.2}$	$out\left(s_{i.h_2(i)}, s_{j.h_2(j)}\right)$	$out\left(s_{i.h_4(i)}, s_{j.h_4(j)}\right)$

Tabelle 108: Symbolisch repräsentiertes Spiel als Normalformspiel

Ein symbolisch repräsentiertes Spiel kann auch als ein Extensivformspiel Γ^{ex} graphisch anhand eines Spielbaums dargestellt werden. Zwei beliebige Spieler $i \in N$ und j mit $j \in N \setminus \{i\}$ aus der Spielermenge $N = \{i, j\}$ werden im Spielbaum aufgeführt. Während der Startknoten beispielsweise mit dem Spieler i beschriftet wird, wird der auf den Startknoten folgende Entscheidungsknoten im Spielbaum mit dem Spieler j beschriftet. Der Ablauf des Spiels wird in zwei Spielstufen zerlegt und so die Abfolge der Spielzüge beider Spieler explizit formuliert. In der 1. Spielstufe hat sich der Spieler i und in der 2. Spielstufe der Spieler j zu entscheiden. Die Handlungsalternativen, die den beiden Spielern jeweils zur Verfügung stehen, werden im Spielbaum an den jeweiligen Ästen angezeigt. Angenommen, beide Spieler sind nicht darüber informiert, welche Handlungsalternative der jeweils andere Spieler gewählt hat. Im Hinblick auf diese Informationslücke der beiden Spieler werden im Spielbaum Informationsmengen modelliert. D.h., im Spielbaum werden die Entscheidungsknoten eines jeden Spielers jeweils zu einer Informationsmenge zusammengefasst und in Form einer gestrichelten Umrahmung gekennzeichnet. An den Endknoten des Spielbaums werden schließlich die Spielergebnisse beider Spieler aufgeführt. Als Spielbaum kann das symbolisch repräsentierte Spiel wie folgt dargestellt werden.

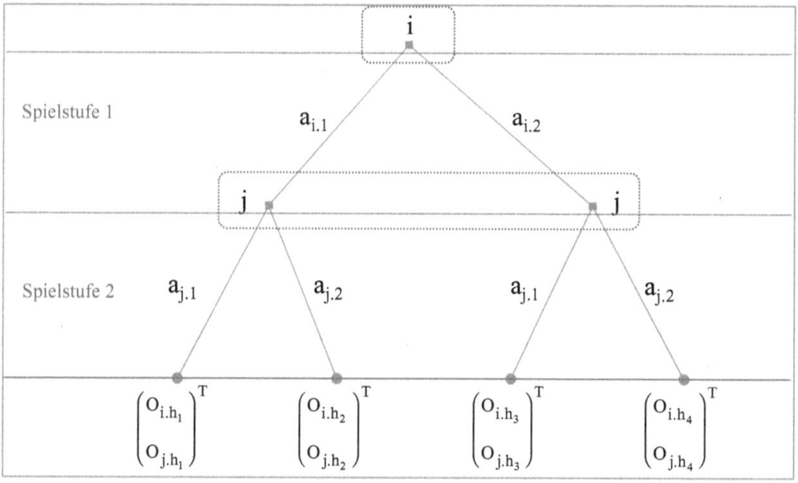

Abbildung 50: Symbolisch repräsentiertes Spiel als Extensivformspiel Γ^{ex}

Zur Vereinfachung des n-Personen-Spiels kann eine Beschränkung des n-Personen-Spiels auf *genau* zwei Spieler erfolgen[1]. Im Falle von genau zwei Spielern, d.h. für $n = 2$, die an einem Spiel Γ teilnehmen, findet die Bezeichnung „2-Personen-Spiel" Anwendung[2]. In einem solchen 2-Personen-Spiel können die Grundelemente eines Spiels Γ relativ leicht überschaubar und vereinfacht aufgezeigt werden[3]. Ein 2-Personen-Spiel basiert auf den folgenden Grundelementen des PASOR-Grundkonzepts:

- Menge N der *Spieler*

$N = \{1, 2\}$	Spielermenge

- Raum A der *Handlungsalternativen*

$A_1 = \{a_{1.1}, ..., a_{1.Q}\}$	Menge aller Handlungsalternativen $a_{1.t}$ des Spielers $1 \in N$ mit $t = 1, ..., Q$, $Q \geq 2$ und $Q \in \mathbb{N}_+$
$A_2 = \{a_{2.1}, ..., a_{2.U}\}$	Menge aller Handlungsalternativen $a_{2.v}$ des Spielers $2 \in N$ mit $v = 1, ..., U$, $U \geq 2$ und $U \in \mathbb{N}_+$
$A = \bigtimes_{i=1}^{2} A_i$	Raum der Handlungsalternativen für alle Spieler i aus der Spielermenge N

1) Vgl. VON NEUMANN/MORGENSTERN (1973), S. 48.

2) Vgl. z.B. CARMICHAEL (2005), S. 17; SCHWÖDIAUER (1992), S. 7; GÜTH/STEPHAN (1984), S. 269 f.; OWEN (1971), S. 142 ff. und LUCE/RAIFFA (1957), S. 57. In der Fachliteratur findet für ein *2-Personen-Spiel* auch die Bezeichnung „Bimatrixspiel" Anwendung, da ein Spiel bei zwei Spielern als Matrix dargestellt werden kann und in jedem Matrixfeld zwei Werte eingetragen sind. Vgl. RIECK (2006), S. 27; BAMBERG/COENENBERG (2006), S. 211, dort in Fn. 14); BAIRD/GERTNER/PICKER (1998), S. 10; OWEN (1995), S. 161 ff. und RIECK (1993), S. 22. Diese Begriffe werden im Folgenden synonym verwendet. Zu einem beispielhaften 2-Personen-Spiel, wie das *Gefangenendilemma*, vgl. MIEBACH (2006), S. 404 f.; HOLLER/ILLING (2006), S. 2 ff.; BAMBERG/COENENBERG (2006), S. 211 ff.; OSBORNE (2004), S. 14 ff.; WIESE (2002), S. 122 ff.; JOST (2001a), S. 20 ff.; AMANN (1999), S. 8 f.; GÜTH (1999), S. 154 f.; DUTTA (1999), S. 11 f.; SCHNEIDER (1997), S. 147 ff.; OWEN (1995), S. 164; RIECK (1993), S. 36 ff. und LUCE/RAIFFA (1957), S. 94 ff.

3) Vgl. z.B. KRABS (2005), S. 1; SCHNEIDER (1997), S. 137 und RIECK (1993), S. 35.

➢ *Strategieraum* S

$s_{1.b} \in \bigtimes_{c=1}^{C} A_{1.c}$	b-te Strategie des Spielers $1 \in N$ mit $b = 1,...,B,\ B \in \mathbb{N}_{+},\ A_{1.c}$ als Menge derjenigen Handlungsalternativen, die dem Spieler 1 in seiner c-ten Entscheidungssituation zur Auswahl stehen, mit $\varnothing \subset A_{1.c} \subseteq A_1$, $c = 1,...,C,\ C \in \mathbb{N}_{+}$ und C als der Anzahl aller Entscheidungssituationen des Spielers 1
$s_{2.ö} \in \bigtimes_{ü=1}^{Ü} A_{2.ü}$	ö-te Strategie des Spielers $2 \in N$ mit $ö = 1,...,Ö,\ Ö \in \mathbb{N}_{+},\ A_{2.ü}$ als Menge derjenigen Handlungsalternativen, die dem Spieler 2 in seiner ü-ten Entscheidungssituation zur Auswahl stehen, mit $\varnothing \subset A_{2.ü} \subseteq A_2$, $ü = 1,...,Ü,\ Ü \in \mathbb{N}_{+}$ und Ü als der Anzahl aller Entscheidungssituationen des Spielers 2
$S_1 = \{s_{1.1},...,s_{1.B}\}$	Menge aller Strategien – Strategiemenge – des Spielers 1 mit $1 \in N$ und $B \in \mathbb{N}_{+}$
$S_2 = \{s_{2.1},...,s_{2.Ö}\}$	Menge aller Strategien – Strategiemenge – des Spielers 2 mit $2 \in N,\ Ö \in \mathbb{N}_{+}$
$S = \bigtimes_{i=1}^{2} S_i$	Strategieraum aller Spieler i aus der Spielermenge N
$\Leftrightarrow S = S_1 \times S_2$	mit
$sp_h \in S$	eine beliebige Strategiekombination mit $h \in \mathbb{N}_{+}$, die gemäß
$sp_h = (s_{1.h(1)}, s_{2.h(2)})$	jedem Spieler i (mit $i = 1,2$) genau eine Strategie zuordnet, sodass für Spieler 1 $s_{1.h(1)} = s_{1.b}$ und für Spieler 2 $s_{2.h(2)} = s_{2.ö}$ gilt

➢ *Spielergebnisse*

$out: \; S \rightarrow \mathbb{R}^2_{\geq 0}$ $out\left(s_{1.h(1)}, s_{2.h(2)}\right) = \left(O_{1.h}, O_{2.h}\right)$	Spielergebnisfunktion, die jedem Spieler i (mit $i = 1,2$) aus der Spielermenge N bei der Strategie-kombination $sp_h = \left(s_{1.h(1)}, s_{2.h(2)}\right)$ mit $sp_h \in S$ das Spielergebnis zuordnet

➢ Menge R der Spielregeln

$R = \{R_1, ..., R_G\}$	Menge der Spielregeln Rg für alle Spieler i (mit $i = 1,2$) aus der Spielermenge N mit $g = 1,...,G,\; G \geq 1$ und $G \in \mathbb{N}_+$

Als ein Normalformspiel Γ^{no} kann ein 2-Personen-Spiel graphisch anhand der folgenden Matrix dargestellt werden. Angenommen, zwei Spieler nehmen an einem Spiel teil, so dass für die Menge N der Spieler gilt: $N = \{1,2\}$. Beide Spieler aus dieser Spielermenge verfügen über jeweils zwei Handlungsalternativen. Für die Menge der Handlungsalternativen des Spielers $1 \in N$ gilt: $A_1 = \{a_{1.1}, a_{1.2}\}$ und für die Menge der Handlungsalternativen des Spielers $2 \in N$ gilt: $A_2 = \{a_{2.1}, a_{2.2}\}$. Die Handlungsalternativen der beiden Spieler fallen jeweils mit den Strategien zusammen. Also gilt für die Strategiemenge des Spielers 1: $S_1 = \{s_{1.1}, s_{1.2}\}$ mit $s_{1.1} = a_{1.1}$ und $s_{1.2} = a_{1.2}$ und für die Strategiemenge des Spielers 2 gilt: $S_2 = \{s_{2.1}, s_{2.2}\}$ mit $s_{2.1} = \{a_{2.1} \mid a_{1.1}, a_{2.1} \mid a_{1.2}\}$ und $s_{2.2} = \{a_{2.2} \mid a_{1.1}, a_{2.2} \mid a_{1.2}\}$. Während die Strategien des Spielers 1 in den Zeilen der Matrix erfasst werden, werden die Strategien des Spielers 2 in den Spalten der Matrix repräsentiert. Je nachdem, welche Strategien die beiden Spieler wählen, ergibt sich eine bestimmte Strategiekombination. Die Kombination von je einer Strategie für jeden Spieler führt zu einem Matrixfeld. In jedem Matrixfeld stehen die Spielergebnisse $out\left(s_{1.h(1)}, s_{2.h(2)}\right) = \left(O_{1.h}, O_{2.h}\right)$ der Spieler. Während sich der erste Wert jeweils auf den Spieler 1 bezieht, gibt der zweite Wert jeweils das Spielergebnis des Spielers 2 an.

Spielermenge $N = \{1,2\}$	$2 \in N \setminus \{1\}$			
$1 \in N$	Strategiemenge $S = S_1 \times S_2$		$S_2 = \{s_{2.1}, s_{2.2}\}$	
			$s_{2.1}$	$s_{2.1}$
	$S_1 = \{s_{1.1}, s_{1.2}\}$	$s_{1.1}$	$\text{out}\left(s_{1.h_1(1)}, s_{2.h_1(2)}\right)$	$\text{out}\left(s_{1.h_3(1)}, s_{2.h_3(2)}\right)$
		$s_{1.2}$	$\text{out}\left(s_{1.h_2(1)}, s_{2.h_2(2)}\right)$	$\text{out}\left(s_{1.h_4(1)}, s_{2.h_4(2)}\right)$

Tabelle 109: 2-Personen-Spiel als Normalformspiel

Ein 2-Personen-Spiel kann auch als ein Extensivformspiel Γ^{ex} graphisch anhand eines Spielbaums präsentiert werden. Beide Spieler aus der Spielermenge $N = \{1,2\}$ sind zunächst im Spielbaum aufzuzeigen. So wird der Startknoten beispielsweise mit dem Spieler $1 \in N$ und der auf den Startknoten folgende Entscheidungsknoten im Spielbaum mit dem Spieler $2 \in N \setminus \{1\}$ beschriftet. Um die Abfolge der Spielzüge beider Spieler explizit formulieren zu können, wird der Ablauf des Spiels in zwei Spielstufen zerlegt. In der 1. Spielstufe hat sich der Spieler 1 und in der 2. Spielstufe der Spieler 2 zu entscheiden. Die Handlungsalternativen, die den beiden Spielern jeweils zur Verfügung stehen, werden im Spielbaum an den jeweiligen Ästen angezeigt. Unter der Annahme, dass beide Spieler nicht darüber informiert sind, welche Handlungsalternative der jeweils andere Spieler gewählt hat, werden im Spielbaum Informationsmengen modelliert. D.h., die Entscheidungsknoten eines jeden Spielers werden jeweils zu einer Informationsmenge zusammengefasst und im Spielbaum in Form einer gestrichelten Umrahmung gekennzeichnet. Die Spielergebnisse beider Spieler werden schließlich an den Endknoten des Spielbaums aufgezeigt. Als Spielbaum kann das 2-Personen-Spiel wie folgt dargestellt werden.

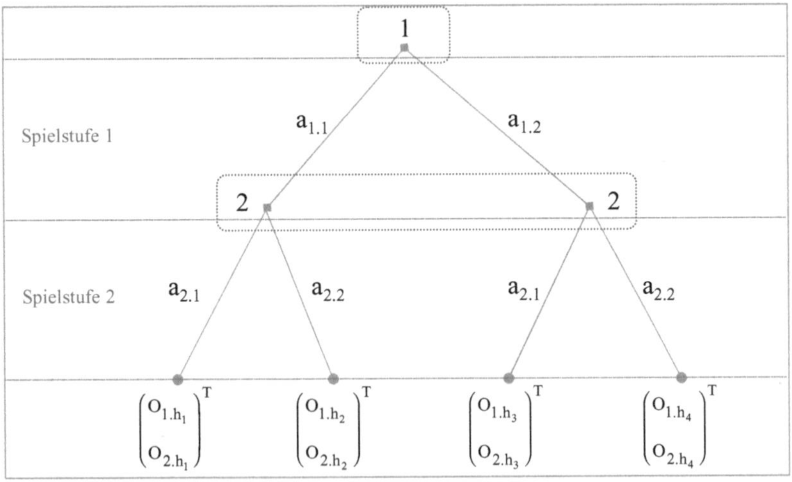

Abbildung 51: 2-Personen-Spiel als Extensivformspiel Γ^{ex}

Diese graphische Darstellung des 2-Personen-Spiels anhand eines Spielbaums ist äquivalent zu der graphischen Darstellung, wenn der Startknoten mit dem Spieler 2 und jeder auf den Startknoten folgende Entscheidungsknoten im Spielbaum mit dem Spieler 1 beschriftet wird. In diesem Fall würde der Spieler 2 in der 1. Spielstufe und der Spieler 1 in der 2. Spielstufe jeweils seine Entscheidung treffen. Da diese graphische Darstellung keine neue Erkenntnis präsentiert, wird sie an dieser Stelle nicht berücksichtigt.

4.1.2.1.4 Klassifizierung von Modellen der nicht-kooperativen Spieltheorie auf der Basis der Summe der Spielergebnisse

Nach VON NEUMANN/MORGENSTERN können Modelle der nicht-kooperativen Spieltheorie auf der Basis der Summe der Spielergebnisse aller Spieler eines jeden Spiels Γ in

- *Nullsummenspiele* und
- *Nicht-Nullsummenspiele*

klassifiziert werden[1].

Für ein n-Personen-Spiel $(\text{mit } n \geq 2)$ oder ein 2-Personen-Spiel $(\text{mit } n = 2)$, die eine so genannte Nullsummenbedingung erfüllt, gilt, dass der Gewinn des einen Spielers i dem Verlust der anderen Spieler bzw. des anderen Spielers j mit $j \in N \setminus \{i\}$ gleicht[2]. Im Hinblick auf die Nullsummenbedingung gilt in einem n-Personen-Spiel für *jede* Strategiekombination:

1) Vgl. VON NEUMANN/MORGENSTERN (1973), S. 46 f., 85 ff., 243 ff. und 523 ff.

2) Vgl. HOLLER/ILLING (2006), S. 56; RIECK (2006), S. 95; CARMICHAEL (2005), S. 12; KRABS (2005), S. 17; DUTTA (1999), S. 139; KRABS (1997), S. 50; OWEN (1995), S. 11; EICHBERGER (1993), S. 41; SCHWÖDIAUER (1992), S. 7; FUDENBERG/TIROLE (1992), S. 4; BORM (1987), S. 72; SHUBIK (1975), S. 15; MORGENSTERN (1966), S. 87; BURGER (1966), S. 12 und 26; LUCE/RAIFFA (1957), S. 64 und KUHN/TUCKER (1950), S. VI. Beispielsweise stellt sowohl das Spiel *Schach* als auch das Spiel *Poker* jeweils ein Nullsummenspiel dar. Vgl. z.B. SHUBIK (1965), S. 25.

$out: \; S \rightarrow \mathbb{R}^n_{\geq 0}$	Spielergebnisfunktion, die jedem Spieler i aus der Spielermenge N bei der Strategiekombination $sp_h = \left(s_{1.h(1)}, \ldots, s_{n.h(n)}\right)$ mit $sp_h \in S$ das Spielergebnis
$out\left(s_{1.h(1)}, \ldots, s_{n.h(n)}\right) = 0$	zuordnet

Und in einem 2-Personen-Spiel gilt im Hinblick auf die Nullsummenbedingung für *jede* Strategiekombination:

$out: \; S \rightarrow \mathbb{R}^2_{\geq 0}$	Spielergebnisfunktion, die jedem Spieler i (mit $i = 1, 2$) aus der Spielermenge N bei der Strategiekombination $sp_h = \left(s_{1.h(1)}, s_{2.h(2)}\right)$ mit $sp_h \in S$ das Spielergebnis
$out\left(s_{1.h(1)}, s_{2.h(2)}\right) = 0$	zuordnet

Definitionsgemäß addieren sich die Spielergebnisse $out\left(s_{1.h(1)}, \ldots, s_{n.h(n)}\right)$ – in einem n-Personen-Spiel $\left(\text{mit } n \geq 2\right)$ – oder $out\left(s_{1.h(1)}, s_{2.h(2)}\right)$ – in einem 2-Personen-Spiel $(\text{mit genau } n = 2)$ – über alle Spieler i, die an dem Spiel Γ teilnehmen, bei jedem Spielausgang zu null[1)].

Ein n-Personen-Spiel $\left(\text{mit } n \geq 2\right)$ oder ein 2-Personen-Spiel $(\text{mit } n = 2)$, das diese Nullsummenbedingung erfüllt, wird als ein „*Nullsummen*spiel" bezeichnet[2)]. MORGENSTERN definiert ein Nullsummenspiel wie folgt:

1) Vgl. z.B. RIECK (2006), S. 96 und HARGREAVES HEAP/VAROUFAKIS (2004), S. 43.

2) Vgl. BAMBERG/COENENBERG (2006), S. 195; GÜTH (1999), S. 153; SCHNEIDER (1997), S. 141; LUTZ (1984), S. 7 und HARSANYI (1977), S. 4. Zu beispielhaften *Nullsummenspielen*, wie die Transaktion zwischen einem Käufer und einem Verkäufer, vgl. DUTTA (1999), S. 139.

„Games in which the interests of the players are diametrically opposed are called zero-sum games.“[1]

Die Nullsummenbedingung kann zum einen durch die so genannte Konstantsummenbedingung gelockert werden[2]. Für ein n-Personen-Spiel $(\text{mit } n \geq 2)$ oder ein 2-Personen-Spiel $(\text{mit } n = 2)$, das die Konstantsummenbedingung erfüllt, existiert eine – von „Null“ verschiedene – Konstante c, so dass gilt[3]:

$\text{out}: \ S \rightarrow \mathbb{R}^{n}_{\geq 0}$	Spielergebnisfunktion, die jedem Spieler i aus der Spielermenge N bei der Strategiekombination $sp_h = \left(s_{1.h(1)}, \ldots, s_{n.h(n)}\right)$ mit $sp_h \in S$ das Spielergebnis
$\text{out}\left(s_{1.h(1)}, \ldots, s_{n.h(n)}\right) = c$	mit $c \in \mathbb{R}$ zuordnet

bzw.

$\text{out}: \ S \rightarrow \mathbb{R}^{2}_{\geq 0}$	Spielergebnisfunktion, die jedem Spieler i (mit $i = 1, 2$) aus der Spielermenge N bei der Strategiekombination $sp_h = \left(s_{1.h(1)}, s_{2.h(2)}\right)$ mit $sp_h \in S$ das Spielergebnis
$\text{out}\left(s_{1.h(1)}, s_{2.h(2)}\right) = 0$	mit $c \in \mathbb{R}$ zuordnet

Definitionsgemäß addieren sich die Spielergebnisse über alle Spieler i, die an dem Spiel Γ teilnehmen, bei jedem Spielausgang zu einer von „Null“ verschiedenen Konstanten.

---

1) MORGENSTERN (1970), S. 9, dort in Fn. °) (Kursiv-Hervorhebung durch die Verfasserin).

2) Vgl. VON NEUMANN/MORGENSTERN (1973), S. 523 und MORGENSTERN (1966), S. 103.

3) Vgl. CARMICHAEL (2005), S. 12; DUTTA (1999), S. 140 und BURGER (1966), S. 26.

Ein n-Personen-Spiel $(\text{mit } n \geq 2)$ oder ein 2-Personen-Spiel (mit $n = 2$), das diese Konstantsummenbedingung erfüllt, wird als ein „*Konstantsummen*spiel" beizeichnet[1].

Zum anderen kann ein Nullsummenspiel durch ein *Nicht-Nullsummen*spiel erweitert werden, so dass alle Spieler entweder gewinnen oder verlieren können[2]. Ein Nicht-Nullsummenspiel ist dadurch gekennzeichnet, dass bei ihm die Nullsummenbedingung „*fallen gelassen wird, ohne dass etwas an deren Stelle tritt*"[3]. Solche n-Personen-Spiele $(\text{mit } n \geq 2)$ oder solche 2-Personen-Spiele (mit $n = 2$) werden dann als „*Nicht-Nullsummen*spiele" oder nach VON NEUMANN/MORGENSTERN als „*allgemeine*"[4] Spiele, also als allgemeine n-Personen-Spiele oder als allgemeine 2-Personen-Spiele, beizeichnet.

4.1.2.2 Interaktionsformen der nicht-kooperativen Spieltheorie

Die nicht-kooperative Spieltheorie kann im Hinblick auf *Interaktionsformen* in

- *simultane* Spiele und in
- *sequentielle* Spiele

unterschieden werden.

Während *simultane* Spiele als *ein*stufige Spiele keine Interaktionsmöglichkeiten zwischen den Spielern zulassen, ermöglichen *sequentielle* Spiele als *mehr*stufige Spiele die Interaktion zwischen den Spielern beim Übergang von einer Spielstufe zur jeweils nächsten Spielstufe[5].

---

1) Vgl. BAMBERG/COENENBERG (2006), S. 195; DUTTA (1999), S. 140; SCHWÖDIAUER (1992), S. 7; LUTZ (1984), S. 7 und LUCE/RAIFFA (1957), S. 158.

2) Vgl. RIECK (2006), S. 96; DUTTA (1999), S. 8 und VON NEUMANN/MORGENSTERN (1973), S. 523.

3) VON NEUMANN/MORGENSTERN (1973), S. 524 (Kursiv-Hervorhebung durch die Verfasserin).

4) VON NEUMANN/MORGENSTERN (1973), S. 525 (Kursiv-Hervorhebung durch die Verfasserin).

5) Vgl. HOLLER/ILLING (2006), S. 13; CARMICHAEL (2005), S. 6 ff.; MYERSON (2001), S. 46 und JOST (2001a), S. 21.

In einstufigen Spielen werden die individuellen Entscheidungen der Spieler jeweils nur *einmal* getroffen[1]. *Kein* Spieler i kennt zum Zeitpunkt seiner jeweiligen Entscheidung die Entscheidungen anderer Spieler oder hat zusätzliche Informationen erhalten, aus denen er die Entscheidung anderer Spieler stochastisch erschließen kann[2]. In der Fachliteratur werden simultane Spiele auch als „statische Spiele" bezeichnet[3]. Unter der Bedingung, dass alle Spieler ihre Entscheidungen nur einmal treffen, geht MYERSON davon aus, dass die Normalform Γ^{no} eines Spiels als ein statisches Spiel angesehen werden kann[4]. Bereits HARSANYI hat einen solchen Zusammenhang zwischen der Darstellungsform – Normalformspiele Γ^{no} – und der Interaktionsform – simultane Spiele – wie folgt hervorgehoben:

„*[...] in the normal-form representation of a game, where all players are* ***always*** *assumed to make their choices at the same time.*"[5]

Eine differenzierte Betrachtung findet sich jedoch bei BERNINGHAUS ET AL., der den Begriff „simultan" nicht wörtlich versteht[6]. In Anlehnung an BERNINGHAUS ET AL. wird im Rahmen der vorliegenden Arbeit davon ausgegangen, dass die Spieler ihre Strategiewahl zu verschiedenen Zeitpunkten vornehmen können und in simultanen Spielen nur vorausgesetzt wird, dass sie zum Zeitpunkt ihrer eigenen Strategiewahl die Strategiewahl der übrigen Spieler nicht kennen.

Demgegenüber können in mehrstufigen Spielen die Entscheidungen der Spieler zu unterschiedlichen Zeiten, also in einem vorher determinierten Zeitraum zeitlich versetzt abgegeben werden. Im Hinblick auf eine solche zeitlich versetzte individuelle Entscheidung der Spieler kann ein Spieler j mit $j \in N \setminus \{i\}$, der seine Entscheidung im Anschluss an die Entscheidung eines anderen Spielers i abgibt, Informationen über den bereits ausgeführten Spielzug dieses Spielers i akquirieren, bevor er seinen eigenen

1) Vgl. FEESS (1998), S. 11.

2) Vgl. RASMUSEN (2004), S. 38; FEESS (1998), S. 11 f. und GIBBONS (1992), S. 4.

3) Vgl. MYERSON (2001), S. 47; JOST (2001a), S. 21; LANGERFELDT (2001), S. 1620; SCHNEIDER (1997), S. 137 und BINMORE (1987), S. 189.

4) Vgl. MYERSON (2001), S. 47.

5) HARSANYI (1977), S. 93 (Kursiv-Hervorhebung durch die Verfasserin, Fett-Hervorhebung im Original als Kursiv-Hervorhebung).

6) Vgl. BERNINGHAUS ET AL. (2006), S. 12.

individuellen Spielzug festlegt[1]. Für sequentielle Spiele findet in der Fachliteratur auch die Bezeichnung „dynamische Spiele“ Anwendung[2]. Geben die Spieler ihre Entscheidungen in einem vorher determinierten Zeitraum zu unterschiedlichen Zeiten ab und kann die zeitliche Abfolge der Spielzüge explizit berücksichtigt werden, so kann nach MYERSON die Extensivform Γ^{ex} eines Spiels als ein dynamisches Spiel interpretiert werden[3].

Ein sequentielles Spiel kann die Interaktion der Spieler durch einen Spielbaum graphisch repräsentieren[4]. Die Aneinanderreichung der Entscheidungsknoten stellt die zeitliche Struktur der strategischen Entscheidungssituationen, also die Zeitpunkte der Entscheidungen, dar[5]. Somit kann die Reihenfolge, in der die individuellen Entscheidungen der Spieler getroffen werden, aufgezeigt werden. Bereits HARSANYI hat den Zusammenhang zwischen der Darstellungsform – Extensivformspiele Γ^{ex} – und der Interaktionsform – sequentielle Spiele – wie folgt beleuchtet:

„The game-tree (or extensive-form) representation formally requires that the players should make their moves in a definite ***time order****, i.e., that two or more players should never make moves at the same time.“*[6]

Zu bemerken ist jedoch, dass im Falle einer *Informationsasymmetrie* die Unterscheidung in simultane und sequentielle Spiele an Bedeutung verlieren kann[7]. Informationsasymmetrien können darauf beruhen, dass nicht alle Spieler zum Zeitpunkt der Entscheidung die gleichen Informationen besitzen und sich eine Ungleichverteilung von Informationen – asymmetrische Informationsverteilung – zwischen mindestens zwei Spielern herauskristallisiert.

---

1) Vgl. RASMUSEN (2004), S. 38.

2) Vgl. MYERSON (2001), S. 46 f.; JOST (2001a), S. 21; SCHNEIDER (1997), S. 137 und RIECK (1993), S. 84 f.

3) Vgl. MYERSON (2001), S. 46 f.

4) Vgl. HOLLER/ILLING (2006), S. 13 und JOST (2001a), S. 22.

5) Vgl. JOST (2001a), S. 22.

6) HARSANYI (1977), S. 93 (Kursiv-Hervorhebung durch die Verfasserin, Fett-Hervorhebung im Original als Kursiv-Hervorhebung).

7) Vgl. HARSANYI (1977), S. 93.

Beispielsweise sei angenommen, dass zwei Spieler i, $j \in \{1,2\}$ an einem Spiel Γ teilnehmen, so dass für die Spielermenge $N = \{1,2\}$ gilt. Weiterhin wird angenommen, dass beide Spieler zum Zeitpunkt ihres jeweils individuellen Handelns in Unkenntnis über die Spielzüge des jeweils anderen Spielers sind. Unter Berücksichtigung einer solchen Unkenntnis beider Spieler werden die Spieler ihre individuellen Entscheidungen entweder zeitgleich oder zeitlich versetzt treffen, so dass entweder ein simultanes oder ein sequentielles Spiel gespielt wird[1].

4.2 Das PASOR-Implementierungskonzept – Rekonstruktion des Reallokationsproblems als Formalproblem der nicht-kooperativen Spieltheorie

Wie bereits in Kapitel 1.1 und in Kapitel 3.1 hat die Verfasserin die nationale Reallokation von Treibhausgas-Emissionsrechten und Treibhausgas-Emissionsgutschriften auf Unternehmensebene als *Real*problem der vorliegenden Arbeit erfasst[2]. Dieses Realproblem stellt nicht nur den Untersuchungsgegenstand der vorliegenden Arbeit, sondern zudem auch den *Spielraum* für die spieltheoretische Rekonstruktion als ein Formalproblem dar. Beispielsweise wird im Hinblick auf diesen Spielraum von der Reallokation von Treibhausgas-Emissionsrechten und Treibhausgas-Emissionsgutschriften auf internationaler Ebene abstrahiert.

Die nicht-kooperative spieltheoretische Modellierung von Auktionen zur nationalen Reallokation von Treibhausgas-Emissionsrechten und Treibhausgas-Emissionsgutschriften auf Unternehmensebene stellt das *Formal*problem der vorliegenden Arbeit dar. Im Folgenden präsentiert die Verfasserin eine denkmögliche, *formal* vereinfachte Rekonstruktion des Reallokationsproblems im spieltheoretischen Rahmen. Diese formal vereinfachte Rekonstruktion erfolgt im Rahmen der vorliegenden Arbeit anhand des im Rahmen der konzeptionellen Grundlagen der nicht-kooperativen Spieltheorie präsentierten PASOR-Grundkonzepts. Zunächst wird das Symbol Γ, das im Rahmen

1) Vgl. DUTTA (1999), S. 20 und 158; HARSANYI (1977), S. 93 sowie LUCE/RAIFFA (1957), S. 57.

2) Vgl. Kapitel 1.1 und Kapitel 3.1 der vorliegenden Arbeit.

der vorliegenden Arbeit für ein allgemeines Spiel steht, durch das Symbol $\Gamma^{B2B\text{-}Au}$[1] ersetzt, um mit diesem neuen Symbol die auktionsbasierte Reallokation von Treibhausgas-Emissionsrechten und Treibhausgas-Emissionsgutschriften auf Unternehmensebene als nicht-kooperatives Spiel zu erfassen.

Weiterhin ist auf der Basis des PASOR-Grundkonzepts die Menge der Spieler des Spiels $\Gamma^{B2B\text{-}Au}$ aufzuführen. Im Spiel $\Gamma^{B2B\text{-}Au}$ stehen *ein* Anbieter und *mehrere* Nachfrager im Verhältnis (1:n) gegenüber. Während ein *Auktionator* die Anbieterperspektive repräsentiert, wird die Nachfragerperspektive von mehreren *Bietern* verkörpert.

Wie bereits in Kapitel 3.2.2.2 dargelegt, erfüllt ein Auktionator als ein „reiner" Auktionator i.S.e. listing-agent u.a. folgende Marktfunktionen: Zum einen steuert er das Aufeinandertreffen von Verkaufsangebot und Verkaufsnachfrage und konzentriert sich zum anderen neben der Bestimmung der Verkaufspreise auf eine kontinuierliche Offenbarung der Verkaufspreisinformationen[2].

Auf *nationaler Ebene* ist mit dem Inkrafttreten des Projekt-Mechanismen-Gesetz (ProMechG) die *Deutsche Emissionshandelsstelle* (DEHSt) als Auktionator und als zuständige nationale Behörde zusätzlich zur Überwachung und zum Vollzug des Handels mit Treibhausgas-Emissionsrechten für die Umsetzung der projektbezogenen Aktivitäten benannt. Diese Aufgaben der Deutschen Emissionshandelsstelle werden in Deutschland aus den Gebühren der an dem Handel mit Treibhausgas-Emissionsrechten teilnehmenden Unternehmen finanziert. Nach Angaben der Deutschen Emissionshandelsstelle beträgt die durchschnittliche Gebührenbelastung pro Treibhausgas-Emissionsrecht bezogen auf die erste Handelsperiode, d.h. bezogen auf den Zeitraum

---

1) Im Rahmen der vorliegenden Arbeit steht das Symbol $\Gamma^{B2B\text{-}Au}$ für die auktionsbasierte Reallokation von Treibhausgas-Emissionsrechten und Treibhausgas-Emissionsgutschriften auf Unternehmensebene als nicht-kooperatives Spiel und der Symbolindex B2B-Auc für Business-2-Business-Auction. Wie bereits in Kapitel 1.1 aufgeführt, wird im Rahmen der vorliegenden Arbeit die nationale Reallokation von Treibhausgas-Emissionsrechten und Treibhausgas-Emissionsgutschriften auf Unternehmensebene über elektronische Auktionen, genauer über *Business-to-Business-Auktionen*, gestaltet. Vgl. Kapitel 1.1 der vorliegenden Arbeit.

2) Vgl. HANSJÜRGENS/GAGELMANN (2003), S. 12 ff.; HANSJÜRGENS/FROMM (1994), S. 481 und LEIPERT (1989), S. 18.

2005 bis 2007, weniger als 0,03 €[1]. Alternativ schlägt der Umweltminister GABRIEL die *Kreditanstalt für Wiederaufbau* (KfW) als Auktionator auf nationaler Ebene vor[2].

Folglich kann festgehalten werden, dass im Rahmen der vorliegenden Arbeit davon ausgegangen wird, dass ein Auktionator einen Repräsentanten der Anbieterperspektive darstellt und auf Unternehmensebene als ein Unternehmen zu interpretieren ist, das überschüssige Treibhausgas-Emissionsrechte und Treibhausgas-Emissionsgutschriften zum Verkauf anbietet.

Auf der Nachfragerseite stehen mehrere Bieter, also

- **Bieter 1**:
  Sektor aus *deutschen energieproduzierenden* und *energieverbrauchenden* Unternehmen,
- **Bieter 2**:
  Wohnbaugesellschaften und zudem
- **Bieter 3**:
  Öffentlicher Personennahverkehr

als *Spieler* gegenüber.

Auf dem Markt für Treibhausgas-Emissionsrechte, auf dem neben Treibhausgas-Emissionsrechten auch mit Treibhausgas-Emissionsgutschriften gehandelt wird, können also explizit *ein* Anbieter und *mehrere* Nachfrager im Verhältnis (1:3) identifiziert werden. Für die Analyse und Beschreibung des strategischen Entscheidungsverhaltens spielt der jeweilige Name des an dem Spiel $\Gamma^{B2B\text{-}Au}$ beteiligten Bieters keine Rolle. Vielmehr wird im Folgenden davon ausgegangen, dass die Bieter sowohl einen Entscheidungsträger, d.h. ein deutsches Unternehmen des energieproduzierenden oder energieverbrauchenden Sektors, als auch eine Entscheidungseinheit, wie zum einen eine Wohnbaugesellschaft und zum anderen den Öffentlichen Personennahverkehr repräsentieren können. Welche *Sub*-Spieler hinter den einzelnen Entscheidungseinheiten verborgen sind, bleibt im Rahmen der vorliegenden Arbeit unberücksichtigt. Daher werden die Spieler in

---

1) Vgl. O.V. (2005f); § 14 ProMechG und FRAUNHOFER ISI ET AL. (2005), S. 133. Zur Gebührenstruktur vgl. Anhang D der vorliegenden Arbeit.

2) Vgl. FAZ (2007b), S. 12.

Anlehnung an RAUHUT ET AL. einfach aufgezählt, so dass jeder von ihnen mit formalen Symbolen bezeichnet wird[1].

Im Folgenden wird der bisher allgemein verwendete Begriff der Spieler aus der nicht-kooperativen Spieltheorie differenziert, da Spieler in Auktionen verschiedene Rollen einnehmen können. Während die Bieter in Auktionen mit den persönlichen Spielern aus der nicht-kooperativen Spieltheorie synonym verwendet werden, fällt der Auktionator in Auktionen mit einem *Dummy-Spieler* aus der nicht-kooperativen Spieltheorie zusammen. Jedoch ist zu bemerken, dass der Auktionator nicht als ein Dummy-Spieler gemäß stochastischer Spieltheorie zu definieren ist, da im Rahmen der vorliegenden Arbeit von Zufallszügen[2] abgesehen wird. Vielmehr kommt der Auktionator als ein „reiner" Auktionator zum Einsatz, der nicht als ein Bieter agiert und sonst nicht die Rolle eines Nachfragers nach Treibhausgas-Emissionsrechten und Treibhausgas-Emissionsgutschriften erfüllt, sondern vielmehr nur die Rolle eines Anbieters der zum Verkauf angebotenen Treibhausgas-Emissionsrechte und Treibhausgas-Emissionsgutschriften annimmt.

Formal gilt im Spiel $\Gamma^{B2B\text{-}Au}$ für die Menge NS^{auct}[3] des Auktionators:

$$\boxed{NS^{auct} = \{N_0\}}$$

Weiterhin gilt für die Menge NS^{bidd}[4] der Bieter, also für die Bietermenge des Spiels $\Gamma^{B2B\text{-}Au}$:

$$\boxed{NS^{bidd} = \{N_1, N_2, N_3\}}$$

Die Menge NS[5] der Spieler des Spiels $\Gamma^{B2B\text{-}Au}$, das sich aus einem Auktionator und mehreren Bietern zusammensetzt, kann wie folgt erfasst werden:

---

1) Vgl. RAUHUT ET AL. (1979), S. 15.

2) Zu *Zufallszügen* vgl. z.B. RASMUSEN (2004), S. 13; HARSANYI (1994), S. 151, dort in Fn. 5); HARSANYI (1977), S. 89 und LUCE/RAIFFA (1957), S. 40.

3) Im Rahmen der vorliegenden Arbeit steht das Symbol NS^{auct} für Number of Players Sets und der Symbolindex auct für auctioneer.

4) Im Rahmen der vorliegenden Arbeit steht das Symbol NS^{bidd} für Number of Players Sets und der Symbolindex bidd für bidder.

5) Im Rahmen der vorliegenden Arbeit steht das Symbol NS für Number of Players Sets.

$$NS = NS^{auct} \cup NS^{bidd}$$
$$\Leftrightarrow NS = \{N_0, N_1, N_2, N_3\}$$

Im Hinblick auf die auktionsbasierte nationale Reallokation von Treibhausgas-Emissionsrechten und Treibhausgas-Emissionsgutschriften auf Unternehmensebene kann die *Bestimmung der Verkaufspreise* als eine strategische Entscheidungssituation angesehen werden. Eine weitere strategische Entscheidungssituation stellt die *Bestimmung der Bieter* dar, deren Nachfrage nach Treibhausgas-Emissionsrechten und nach Treibhausgas-Emissionsgutschriften gedeckt wird, da sie einen Zuschlag für das Verkaufsangebot erhalten. Des Weiteren wird die *Bestimmung der Bieter*, deren Nachfrage nach Treibhausgas-Emissionsrechten und nach Treibhausgas-Emissionsgutschriften nicht gedeckt wird, die also den Zuschlag für das Verkaufsangebot nicht erhalten und somit „leer" ausgehen, als eine strategische Entscheidungssituation einbezogen.

Zwar ist hinsichtlich der in Kapitel 3.2.2.2 aufgezeigten Mindestanforderungen i.S.v. K.o.-Kriterien, die an die Eignung der Auktionen zur Lösung des Reallokationsproblems gestellt werden, grundsätzlich die Perspektive der *Anbieter* der zum Verkauf angebotenen Treibhausgas-Emissionsrechte und Treibhausgas-Emissionsgutschriften zu berücksichtigen[1)]. Jedoch erfolgt die Bestimmung der Verkaufspreise in Abhängigkeit von den abgegebenen Preisgeboten der *Bieter*. D.h., die Bestimmung der Verkaufspreise spiegelt eine Spielsituation wider, in der das Spielergebnis von den Entscheidungen mehrerer, d.h. mindestens zweier Bieter als Entscheidungsträger abhängt. Deshalb wird die Perspektive der Nachfrager im Folgenden nicht ausgeklammert, sondern vielmehr im Schatten der Anbieterperspektive diskutiert.

Das strategische Entscheidungsverhalten ist als das *individuelle Verhalten eines jeden Bieters* definiert, welches bei der Bestimmung der Verkaufspreise das denkmögliche Verhalten anderer Bieter in das eigene Kalkül einbezieht. Deshalb wird davon ausgegangen, dass eine wechselseitige Abhängigkeit der individuellen Entscheidung eines Bieters von den individuellen Entscheidungen der anderen Bieter vorliegt. Jeder Bieter ist sich einer solchen Interdependenz zwischen den Entscheidungen bewusst und jeder Bieter geht davon aus, dass alle anderen Bieter sich ebenfalls einer solchen Interdependenz zwischen den Entscheidungen bewusst sind.

---

1) Vgl. Kapitel 1.3 und Kapitel 3.2.2.2 der vorliegenden Arbeit.

Im Rahmen der vorliegenden Arbeit wird davon ausgegangen, dass das Spiel $\Gamma^{B2B\text{-}Au}$ auf einem Verkauf*sangebot* sowohl von Treibhausgas-Emissionsrechten als auch von Treibhausgas-Emissionsgutschriften basiert. Auf dem Markt für Treibhausgas-Emissionsrechte können neben *zeitlich unbefristeten* Treibhausgas-Emissionsrechten zudem *zeitlich unbefristete* Treibhausgas-Emissionsgutschriften zum Verkauf angeboten werden. Zu bemerken ist an dieser Stelle, dass nicht angenommen wird, dass die Treibhausgas-Emissionsrechte und Treibhausgas-Emissionsgutschriften „Ewigkeitsrechte bzw. -gutschriften" darstellen. Vielmehr ist der Ausdruck „zeitlich unbefristet" so zu interpretieren, dass die Treibhausgas-Emissionsrechte und Treibhausgas-Emissionsgutschriften sich auf einen Zeitraum, wie auf die zweite Handelsperiode von 2008 bis 2012, also über mehrere Jahre beziehen und nicht am Ende eines Jahres auslaufen.

Weiterhin wird davon ausgegangen, dass auf der Basis unterschiedlicher Treibhausgas-Emissionen auf Unternehmensebene Unternehmen ihr Verkaufsangebot nicht auf eine Menge an Treibhausgas-Emissionsrechten oder Treibhausgas-Emissionsgutschriften beschränken, sondern vielmehr *mehrere Mengen* an Treibhausgas-Emissionsrechten und Treibhausgas-Emissionsgutschriften anbieten. Des Weiteren gilt, dass im Rahmen der vorliegenden Arbeit die Treibhausgas-Emissionsrechte aus der nationalen Reallokation von Treibhausgas-Emissionsrechten sowie die Treibhausgas-Emissionsgutschriften aus Joint Implementation und die Treibhausgas-Emissionsgutschriften aus Clean Development Mechanism als drei heterogene Güter[1)] interpretiert werden. Bei der nationalen Reallokation von Treibhausgas-Emissionsrechten und bei projektbezogenen Aktivitäten handelt es sich um zwei separate nicht-fiskalische Eindämmungsaktivitäten, die auf unterschiedlichen Prämissen und auf unterschiedlichen Quellen der Generierung basieren. Wie bereits in Kapitel 1.1 aufgeführt, entsprechen die im Rahmen von Joint Implementation erreichten Treibhausgas-Emissionsgutschriften (Emission Reduction Units) und die im Rahmen von Clean Development Mechanism erreichten Treibhausgas-Emissionsgutschriften (Certified Emission Reductions) jeweils einer gehandelten Menge (CO_2-Äquivalente) und können im Verhältnis (1:1) in Treibhausgas-Emissionsrechte (Allowances) substituiert werden[2)].

---

1) Zu bemerken ist, dass die Anzahl an drei heterogenen Gütern und die Anzahl an drei Bietern „zufällig" identisch ist und daher keine Abhängigkeit aufweist.

2) Vgl. Kapitel 1.1 der vorliegenden Arbeit.

Da im Rahmen der vorliegenden Arbeit die drei heterogenen Güter über die Matrix-Auktion zu verkaufen sind, werden laut Matrix-Konstruktion Güterbündel-Kombinationen versteigert. D.h., das Verkaufsangebot von *mehreren nicht zerlegbaren Mengen (Güterbündeln)* an *Treibhausgas-Emissionsrechten* und *Treibhausgas-Emissionsgutschriften* als *heterogene Güter* erfolgt in der Gestalt von *mehreren* Güterbündel-Kombinationen. Jedes Güterbündel ist eine nicht zerlegbare Menge an Treibhausgas-Emissionsrechten oder an Treibhausgas-Emissionsgutschriften, so dass mehrere Güterbündel angeboten werden. Diese angebotenen Güterbündel-Kombinationen umfassen – trotz der Substituierbarkeit der im Rahmen von Joint Implementation und der im Rahmen von Clean Development Mechanism jeweils erreichten Treibhausgas-Emissionsgutschriften in Treibhausgas-Emissionsrechte – *nicht nur* Treibhausgas-Emissionsrechte, sondern auch Treibhausgas-Emissionsgutschriften aus Joint Implementation und aus Clean Development Mechanism. Mit einem solchen Angebot kann ein Anreiz gegeben werden, in internationale projektbezogene Aktivitäten zu investieren und nicht nur an der nationalen Reallokation von Treibhausgas-Emissionsrechten festzuhalten.

Kein Güterbündel ist in sachlich unzulässiger Weise *mehrfach* zu versteigern. Da für die spieltheoretische Analyse und Modellierung unerheblich ist, welche Menge an Treibhausgas-Emissionsrechten und Treibhausgas-Emissionsgutschriften jeweils verauktioniert wird, werden die der vorliegenden Arbeit zugrunde liegenden Güterbündel-Kombinationen ohne eine Quantifizierung der Mengen (der Güterbündel) an Treibhausgas-Emissionsrechten und Treibhausgas-Emissionsgutschriften formal wie folgt erfasst:

Güterbündel-Kombinationen gc mit $gc = 1,...,7$	*formale Repräsentation* der Güterbündel-Kombinationen
1	$quan^{Allo}$ mit $quan^{Allo} \in \mathbb{R}_+$ [1]
2	$quan^{ERU}$ mit $quan^{ERU} \in \mathbb{R}_+$ [2]
3	$quan^{CER}$ mit $quan^{CER} \in \mathbb{R}_+$ [3]
4	$(quan^{Allo}, quan^{ERU})$
5	$(quan^{Allo}, quan^{CER})$
6	$(quan^{ERU}, quan^{CER})$
7	$(quan^{Allo}, quan^{ERU}, quan^{CER})$

Tabelle 110: Güterbündel-Kombinationen (1)-(7)

Im Folgenden wird davon ausgegangen, dass der Auktionator N_0 die Bieter auffordert, für jede dieser Güterbündel-Kombinationen ein *Preisgebot* abzugeben. Daher verlangt der Auktionator N_0 bei 7 angebotenen Güterbündel-Kombinationen von jedem Bieter 7 Preisgebote. Jedes Preisgebot bezieht sich „ganzheitlich" auf die jeweils gesamte Güterbündel-Kombination. Der Auktionator N_0 versteigert so viele Güterbündel-Kombinationen an die Bieter, dass sein Auktionserlös oder der Auktionserlös für den Anbieter maximiert und kein Güterbündel in sachlich unzulässiger Weise mehrfach versteigert

---

1) Im Rahmen der vorliegenden Arbeit steht das Symbol quan für quantity und der Symbolindex Allo für Allowance.

2) Im Rahmen der vorliegenden Arbeit steht das Symbol quan für quantity und der Symbolindex ERU für Emission Reduction Unit.

3) Im Rahmen der vorliegenden Arbeit steht das Symbol quan für quantity und der Symbolindex CER für Certified Emission Reduction.

wird. Eine Güterbündel-Kombination ist an denjenigen Bieter zu realloziieren, der das höchste Preisgebot für die Güterbündel-Kombination abgibt. Formal können die Preisgebote für die angebotenen Güterbündel-Kombinationen wie folgt erfasst werden:

$\text{price}_i : \mathbb{N}_+^3 \rightarrow \mathbb{R}_{\geq 0}^7$	Preisgebotsfunktion für jeden Bieter i aus der Bietermenge NS^{bidd} [1]
$\left(\text{quan}^{Allo}, \text{quan}^{ERU}, \text{quan}^{CER}\right) \rightarrow \text{price}_i\left(\text{quan}^{Allo}, \text{quan}^{ERU}, \text{quan}^{CER}\right)$	

Zu bemerken ist, dass ein Preisgebot für eine Güterbündel-Kombination nicht auf einzelne Preise je Güterbündel, wie z.B. die nicht-zerlegbare Menge quan^{Allo}, „heruntergebrochen" wird, sondern sich nur „ganzheitlich" auf eine Güterbündel-Kombination bezieht.

In Anlehnung an BERNINGHAUS ET AL. wird davon ausgegangen, dass jeder Bieter seine individuellen Wertschätzungen für die angebotenen Güterbündel-Kombinationen kennt und subjektive Erwartungen bezüglich der individuellen Wertschätzungen der anderen Bieter hat[2]. Alle Bieter sind in der Kenntnis darüber, dass sich die individuellen Wertschätzungen der Bieter unterscheiden können. Jedoch wird davon ausgegangen, dass eine Unkenntnis über die *Höhe* der jeweiligen individuellen Wertschätzungen der Bieter vorliegt. Im Rahmen der vorliegenden Arbeit wird angenommen, dass die Kenntnis über die potentielle Unterschiedlichkeit der individuellen Wertschätzungen der Bieter zum *gemeinsamen Wissen* aller Bieter zählt, auch wenn eine Unkenntnis über die konkreten Höhen der jeweiligen individuellen Wertschätzungen der Bieter existiert.

Im Rahmen der vorliegenden Arbeit wird in Anlehnung an LUTZ angenommen, dass nicht nur die individuellen Wertschätzungen des Auktionators N_0 für die angebotenen Güterbündel-Kombinationen, sondern zudem die individuellen Wertschätzungen der

---

1) Im Rahmen der vorliegenden Arbeit steht das Symbol P für Price of sale.

2) Vgl. BERNINGHAUS ET AL. (2006), S. 230, dort in Fn. 6).

Bieter für die angebotenen Güterbündel-Kombinationen für die Dauer des Spiels $\Gamma^{B2B\text{-}Au}$ unveränderlich sind[1]).

Beispielhaft sei angenommen, dass 4 Mio. t CO_2-Äquivalente an Treibhausgas-Emissionsrechten als Gut *(1)*, 2 Mio. t CO_2-Äquivalente an Treibhausgas-Emissionsgutschriften aus Joint Implementation als Gut *(2)* und 1 Mio. t CO_2-Äquivalente an Treibhausgas-Emissionsgutschriften aus Clean Development Mechanism als Gut *(3)* verauktioniert werden. Bei 3 heterogenen Gütern existieren in Anlehnung an BICHLER ET AL. und in Anlehnung an ABRACHE ET AL. $(2^3 - 1 =) 7$ Güterbündel-Kombinationen[2]), also im Einzelnen folgende Güterbündel-Kombinationen:

- *Güterbündel-Kombination (1)*:

  $\text{quan}^{\text{Allo}}$ mit $\text{quan}^{\text{Allo}} = 4$ Mio. t CO_2 – Äquivalente

- *Güterbündel-Kombination (2)*:

  quan^{ERU} mit $\text{quan}^{\text{ERU}} = 2$ Mio. t CO_2 – Äquivalente

- *Güterbündel-Kombination (3)*:

  quan^{CER} mit $\text{quan}^{\text{CER}} = 1$ Mio. t CO_2 – Äquivalente

- *Güterbündel-Kombination (4)*:

  $(\text{quan}^{\text{Allo}}, \text{quan}^{\text{ERU}})$ mit $\text{quan}^{\text{Allo}} = 4$ Mio. t CO_2 – Äquivalente und
  $\text{quan}^{\text{ERU}} = 2$ Mio. t CO_2 – Äquivalente

- *Güterbündel-Kombination (5)*:

  $(\text{quan}^{\text{Allo}}, \text{quan}^{\text{CER}})$ mit $\text{quan}^{\text{Allo}} = 4$ Mio. t CO_2 – Äquivalente und
  $\text{quan}^{\text{CER}} = 1$ Mio. t CO_2 – Äquivalente,

---

1) Vgl. LUTZ (1984), S. 14 f.

2) Vgl. BICHLER ET AL. (2005), S. 127 und ABRACHE ET AL. (2004), S. 1178 sowie zudem AUSUBEL/MILGROM (2002), S. 392; DIETRICH/FORREST (2002), S. 15 f. und ROTHKOPF ET AL. (1998), S. 1132.

- *Güterbündel-Kombination (6)*:

  $\left(quan^{ERU}, quan^{CER}\right)$ mit $quan^{ERU} = 2$ Mio. t CO_2 – Äquivalente und
  $quan^{CER} = 1$ Mio. t CO_2 – Äquivalente

- *Güterbündel-Kombination (7)*:

  $\left(quan^{Allo}, quan^{ERU}, quan^{CER}\right)$ mit $quan^{Allo} = 4$ Mio. t CO_2 – Äquivalente,
  $quan^{ERU} = 2$ Mio. t CO_2 – Äquivalente und
  $quan^{CER} = 1$ Mio. t CO_2 – Äquivalente

Die Bieter können für jede dieser Güterbündel-Kombinationen (1)-(7) mit der jeweils beispielhaften Menge von 4 Mio. t CO_2-Äquivalente an Treibhausgas-Emissionsrechten, 2 Mio. t CO_2-Äquivalente an Treibhausgas-Emissionsgutschriften aus Joint Implementation und 1 Mio. t CO_2-Äquivalente an Treibhausgas-Emissionsgutschriften aus Clean Development Mechanism ein Preisgebot abgeben.

Im Anschluss an die Preisgebotsabgabe der Bieter erstellt der Auktionator N_0 eine Matrix. Während in die Spalten der Matrix die verschiedenen möglichen Güterbündel-Kombinationen (1)-(7) notiert werden, werden in die Zeilen der Matrix die einzelnen Bieter eingetragen. Die von den Bietern für jede mögliche Güterbündel-Kombination (1)-(7) abgegebenen Preisgebote füllen den Kern der Matrix. Die folgende Tabelle 111 veranschaulicht beispielhaft eine solche „Preisgebotsmatrix" des Auktionators N_0.

angebotene Güterbündel-Kombinationen gc mit gc = 1,...,7 / *Bieter* aus der Bietermenge NS^{bidd}	1	2	3	4	5	6	7
N_1	P_1^{Allo}	P_1^{ERU}	P_1^{CER}	$\left(P_1^{Allo}, P_1^{ERU}\right)$	$\left(P_1^{Allo}, P_1^{CER}\right)$	$\left(P_1^{ERU}, P_1^{CER}\right)$	$\left(P_1^{Allo}, P_1^{ERU}, P_1^{CER}\right)$
N_2	P_2^{Allo}	P_2^{ERU}	P_2^{CER}	$\left(P_2^{Allo}, P_2^{ERU}\right)$	$\left(P_2^{Allo}, P_2^{CER}\right)$	$\left(P_2^{ERU}, P_2^{CER}\right)$	$\left(P_2^{Allo}, P_2^{ERU}, P_2^{CER}\right)$
N_3	P_3^{Allo}	P_3^{ERU}	P_3^{CER}	$\left(P_3^{Allo}, P_3^{ERU}\right)$	$\left(P_3^{Allo}, P_3^{CER}\right)$	$\left(P_3^{ERU}, P_3^{CER}\right)$	$\left(P_3^{Allo}, P_3^{ERU}, P_3^{CER}\right)$

Tabelle 111: Preisgebotsmatrix der verschiedenen möglichen Güterbündel-Kombinationen *(1)-(7)*

Im Rahmen der vorliegenden Arbeit wird als eine wissenschaftliche Arbeitstechnik zur Bearbeitung des Formalproblems die Modellierungstechnik extensiver Spiele herangezogen, so dass die spieltheoretische Modellierung der auktionsbasierten nationalen Reallokation von Treibhausgas-Emissionsrechten und Treibhausgas-Emissionsgutschriften auf Unternehmensebene als Extensivformspiel Anwendung findet. Daher sind zunächst die spieltheoretischen Begriffe Handlungsalternativen und Strategien inhaltlich abzugrenzen.

Mit dem Begriff der Handlungsalternativen aus der nicht-kooperativen Spieltheorie werden die *zulässigen* Preisgebote eines Bieters N_i, die der Auktionator N_0 für jede Güterbündel-Kombination fordert, synonym verwendet. Die zulässigen Preisgebote, über die ein Bieter $N_i \in NS^{bidd}$ mit $i = 1,2,3$ [1] in einem seiner Entscheidungsknoten verfügt, werden als Angebot eines *7-stelligen Preisvektors* für die 7 Güterbündel-Kombinationen, die aus den Güterbündeln der 3 heterogenen Güter gebildet werden, festgelegt. Unter der Annahme, dass jeder Bieter über jeweils zwei Handlungsalternativen verfügt, gilt formal für die Menge aller zulässigen Preisgebote eines Bieters N_i und für den Raum der zulässigen Preisgebote für alle Bieter N_i aus der Bietermenge NS^{bidd}:

$Per_i = \{per_{i.1}, per_{i.2}\}$ Menge aller zulässigen Preisgebote $per_{i.2}$ des Bieters $N_i \in NS^{bidd}$ mit

$$per_{i.1} = \left(P_{i.1}^{Allo}, P_{i.1}^{ERU}, P_{i.1}^{CER}, \left(P_{i.1}^{Allo}, P_{i.1}^{ERU}\right), \left(P_{i.1}^{Allo}, P_{i.1}^{CER}\right), \left(P_{i.1}^{ERU}, P_{i.1}^{CER}\right), \left(P_{i.1}^{Allo}, P_{i.1}^{ERU}, P_{i.1}^{CER}\right)\right)$$ [2]

und

$$per_{i.2} = \left(P_{i.2}^{Allo}, P_{i.2}^{ERU}, P_{i.2}^{CER}, \left(P_{i.2}^{Allo}, P_{i.2}^{ERU}\right), \left(P_{i.2}^{Allo}, P_{i.2}^{CER}\right), \left(P_{i.2}^{ERU}, P_{i.2}^{CER}\right), \left(P_{i.2}^{Allo}, P_{i.2}^{ERU}, P_{i.2}^{CER}\right)\right)$$

$Per = \bigtimes_{i=1}^{3} Per_i$ Raum der zulässigen Preisgebote für alle Bieter N_i aus der Bietermenge NS^{bidd}

Häufig kennt der Auktionator N_0 die Zahlungsbereitschaft der Bieter nicht. Vor der jeweiligen Matrix-Auktion legt der Auktionator N_0 einen Verkaufspreisrahmen oder einen Verkaufspreisspielraum[3] für die angebotenen Güterbündel-Kombinationen fest.

1) Im Folgenden wird der frühere Spielerindex i als Bieterindex „i“ neu definiert.

2) Im Rahmen der vorliegenden Arbeit steht das Symbol per für permissibility.

3) Die Begriffe „Verkaufspreisrahmen“ und „Verkaufspreisspielraum“ werden im Rahmen der vorliegenden Arbeit synonym verwendet.

Ein solcher Verkaufspreisrahmen des Auktionators N_0 wird mit einem Mindestpreisgebot i.S.e. *Mindestverkaufspreises* oder Reservationspreises[1] determiniert. Eine Determinierung des Verkaufspreisrahmens des Auktionators N_0 mit einem Maximalpreisgebot i.S.e. Maximalverkaufspreises unterbleibt, da sich ein solcher Maximalverkaufspreis als der höchst gebotene Verkaufspreis während der Matrix-Auktion zu etablieren hat und nicht *vor* der jeweiligen Matrix-Auktion zu bestimmen ist.

Im Hinblick auf einen solchen Verkaufspreisrahmen des Auktionators N_0 wird im Rahmen der vorliegenden Arbeit angenommen, dass Preisgebote eines Bieters N_i aus Anbieterperspektive genau dann *zulässig* sind, wenn diese Preisgebote größer oder gleich den Reservationspreisen für die angebotenen Güterbündel-Kombinationen des Auktionators N_0 sind. Formal gilt für die zulässigen Preisgebote eines Bieters N_i unter Berücksichtigung der vor der jeweiligen Matrix-Auktion festgelegten Reservationspreise des Auktionators N_0:

$$\boxed{\begin{aligned}
&P_i^{Allo} \geq Res_0^{Allo},\\
&P_i^{ERU} \geq Res_0^{ERU},\\
&P_i^{CER} \geq Res_0^{CER},\\
&\left(P_i^{Allo}, P_i^{ERU}\right) \geq Res_0^{Allo.ERU},\\
&\left(P_i^{Allo}, P_i^{CER}\right) \geq Res_0^{Allo.CER},\\
&\left(P_i^{ERU}, P_i^{CER}\right) \geq Res_0^{ERU.CER} \text{ und}\\
&\left(P_i^{Allo}, P_i^{ERU}, P_i^{CER}\right) \geq Res_0^{Allo.ERU.CER}.
\end{aligned}} \quad [2]$$

---

1) Die Begriffe „Mindestverkaufspreis" und „Reservationspreis" werden im Rahmen der vorliegenden Arbeit synonym verwendet.

2) Im Rahmen der vorliegenden Arbeit steht das Symbol Res für Reserve Price of sale, das Symbol Res_0^{Allo} für den Reservationspreis des Auktionators für Treibhausgas-Emissionsrechte, das Symbol Res_0^{ERU} für den Reservationspreis des Auktionators für Treibhausgas-Emissionsgutschriften (Emission Reduction Unit) und das Symbol Res_0^{CER} für den Reservationspreis des Auktionators für Treibhausgas-Emissionsgutschriften (Certified Emission Reduction).

Die Festlegung der Reservationspreise für die angebotenen Güterbündel-Kombinationen durch den Auktionator N_0 kann als eine weitere Marktfunktion des Auktionators N_0 angesehen werden. Solche Reservationspreise stellen so genannte „Markteinstiegs-barrieren" für Bieter dar, die sich für die angebotenen Güterbündel-Kombinationen interessieren. Aus wettbewerblichen Gründen werden die Reservationspreise für die angebotenen Güterbündel-Kombinationen nicht abweisend hoch angesetzt. Jedoch legt der Auktionator N_0 die Reservationspreise für die angebotenen Güterbündel-Kombinationen auch nicht zu niedrig fest. D.h., der Auktionator N_0 setzt die Reservationspreise für die angebotenen Güterbündel-Kombinationen *nicht niedriger* als seine – für die Dauer des Spiels $\Gamma^{B2B\text{-}Au}$ unveränderlichen – individuellen Wertschätzungen für die angebotenen Güterbündel-Kombinationen. Formal gilt:

$$\begin{aligned}
&Res_0^{Allo} \geq value_0^{estim.Allo},\\
&Res_0^{ERU} \geq value_0^{estim.ERU},\\
&Res_0^{CER} \geq value_0^{estim.CER},\\
&Res_0^{Allo.ERU} \geq value_0^{estim.Allo.ERU},\\
&Res_0^{Allo.CER} \geq value_0^{estim.Allo.CER},\\
&Res_0^{ERU.CER} \geq value_0^{estim.ERU.CER} \text{ und}\\
&Res_0^{Allo.ERU.CER} \geq value_0^{estim.Allo.ERU.CER}.
\end{aligned}$$ [1]

Als Grund dafür, dass der Auktionator N_0 die Reservationspreise für die angebotenen Güterbündel-Kombinationen nicht niedriger festlegen wird als seine individuellen Wertschätzungen, gilt in Anlehnung an BERNINGHAUS ET AL., dass der Auktionator N_0 mit Hilfe der Reservationspreise für die angebotenen Güterbündel-Kombinationen sein Spielergebnis zu satisfizieren anstrebt[2]. D.h., würde der Auktionator N_0 die Reservationspreise für die angebotenen Güterbündel-Kombinationen niedriger ansetzen als seine individuellen Wertschätzungen, so würde er Gefahr laufen, die Güterbündel-

---

1) Im Rahmen der vorliegenden Arbeit steht das Symbol value für value und der Symbolindex estim für estimate sowie das Symbol $value_0^{estim.Allo}$ für die Wertschätzung des Auktionators für Treibhausgas-Emissionsrechte, das Symbol $value_0^{estim.ERU}$ für die Wertschätzung des Auktionators für Treibhausgas-Emissionsgutschriften (Emission Reduction Unit) und das Symbol $value_0^{estim.CER}$ für die Wertschätzung des Auktionators für Treibhausgas-Emissionsgutschriften (Certified Emission Reduction).

2) Vgl. BERNINGHAUS ET AL. (2006), S. 244.

Kombinationen zu niedrigeren Verkaufspreisen zu verkaufen als seine individuellen Wertschätzungen.

In Anlehnung an GÜTH leitet sich aus den zulässigen Preisgeboten eines Bieters N_i für die Güterbündel-Kombinationen in jedem Entscheidungsknoten eines Extensivformspiels, der diesem Bieter N_i zugeordnet ist (sofern keine Informationsmengen existieren, die mehrere Entscheidungsknoten desselben Bieters umfassen), seine *Bietstrategie* ab[1)]. Der Strategiebegriff aus der nicht-kooperativen Spieltheorie wird im Folgenden mit dem Begriff Bietstrategie synonym verwendet. Die Bietstrategie eines Bieters N_i ist definiert als ein vollständiger Verhaltensplan, d.h. eine beabsichtigte Handlungsabfolge für sein individuelles Handeln in jedem Entscheidungsknoten des Spielbaums eines Extensivformspiels. Im Rahmen der vorliegenden Arbeit wird davon ausgegangen, dass jeder Bieter N_i über eine eindeutig determinierte Bietstrategie und deshalb über „reine" Bietstrategien verfügt. Die Gesamtheit aller möglichen Bietstrategien *eines* Bieters N_i stellt in Anlehnung an HOLLER/ILLING und in Anlehnung an BERNINGHAUS ET AL. die *Bietstrategiemenge* dieses Bieters N_i dar[2)]. Eine solche Bietstrategiemenge, die mit dem Begriff Strategiemenge aus der nicht-kooperativen Spieltheorie synonym verwendet wird, kann im Hinblick auf die Güterbündel-Kombinationen als die *Menge aller Bietstrategien* für die Güterbündel-Kombinationen interpretiert werden.

1) Vgl. GÜTH (1986), S. 284.

2) Vgl. HOLLER/ILLING (2006), S. 4 und BERNINGHAUS ET AL. (2006), S. 11 sowie zudem RIECK (2006), S. 145 f.; RASMUSEN (2004), S. 16; WATSON (2002), S. 24 und RIECK (1993), S. 112 f.

Formal gilt:

$\mathrm{bid}_{i.m} \in \bigtimes_{k=1}^{K} \mathrm{Per}_{i.k}$	m-te Bietstrategie des Bieters N_i
	für jedes $N_i \in NS^{bidd}$ mit $m = 1,...,M,\ M \in \mathbb{N}_+$, $\mathrm{Per}_{i.k}$ als Menge derjenigen zulässigen Preisgebote, die dem Bieter N_i in seiner k-ten Informationsmenge (oder Entscheidungsknoten) zur Auswahl stehen, mit $\varnothing \subset \mathrm{Per}_{i.k} \subseteq \mathrm{Per}_i,\ k = 1,...,K,\ K \in \mathbb{N}_+$ und K als der Anzahl aller Informationsmengen (oder Entscheidungsknoten) des Bieters N_i 1)
$\mathrm{Bid}_i = \{\mathrm{bid}_{i.1},...,\mathrm{bid}_{i.M}\}$	Menge aller Bietstrategien – Bietstrategiemenge – des Bieters $N_i \in NS^{bidd}$ und $M \in \mathbb{N}_+$

Die Menge aller möglichen Bietstrategiekombinationen der Bieter N_i aus der Bietermenge NS^{bidd} gibt der *Bietstrategieraum* an. Während der Begriff Strategiekombination aus der nicht-kooperativen Spieltheorie mit dem Begriff der Bietstrategiekombination inhaltlich zusammenfällt, wird der spieltheoretische Begriff des Strategieraums mit dem Begriff Bietstrategieraum erfasst. Formal gilt:

$\mathrm{Bid} = \bigtimes_{i=1}^{3} \mathrm{Bid}_i$	Bietstrategieraum aller Bieter N_i aus der Bietermenge NS^{bidd}
$\Leftrightarrow \mathrm{Bid} = \mathrm{Bid}_1 \times \mathrm{Bid}_2 \times \mathrm{Bid}_3$	mit
$\mathrm{bidp}_h \in \mathrm{Bid}$	eine beliebige Bietstrategiekombination mit $h \in \mathbb{N}_+$, die gemäß 2)
$\mathrm{bidp}_h = (\mathrm{bid}_{1.h(1)}, \mathrm{bid}_{2.h(2)}, \mathrm{bid}_{3.h(3)})$	jedem Bieter N_i mit $i \in \{1,2,3\}$ genau eine Bietstrategie $\mathrm{bid}_{i.h(i)} = \mathrm{bid}_{i.m}$ zuordnet

1) Im Rahmen der vorliegenden Arbeit steht das Symbol bid für bid.

2) Im Rahmen der vorliegenden Arbeit steht das Symbol bidp_h für bid profile.

Neben den bereits aufgeführten Marktfunktionen eines Auktionators N_0 kann als eine weitere Marktfunktion des Auktionators N_0 festgehalten werden, dass der Auktionator N_0 diejenigen Bieter ermittelt, die einen Zuschlag erhalten haben[1)].

Das Spielergebnis aus Nachfragerperspektive bleibt an dieser Stelle unberücksichtigt, da sich die Verfasserin auf die Anbieterperspektive beschränkt[2)]. Daher wird hier nicht die Spielergebnisfunktion $\text{prof}: \text{Per} \rightarrow \mathbb{R}^3_{\geq 0}$[3)], die jedem Bieter aus der Bietermenge NS^{bidd} bei der Kombination von zulässigen Preisgeboten für die angebotenen Güterbündel-Kombinationen $\text{perp}_h = \left(\text{per}_{1.h(1)}, \text{per}_{2.h(2)}, \text{per}_{3.h(3)}\right)$ mit $\text{perp}_h \in \text{Per}$ das Spielergebnis $\text{prof}\left(\text{per}_{1.h(1)}, \text{per}_{2.h(2)}, \text{per}_{3.h(3)}\right) = \left(\text{Prof}_{1.h}, \text{Prof}_{2.h}, \text{Prof}_{3.h}\right)$ zuordnet, sondern es wird vielmehr das Spielergebnis Proc_0[4)] des Auktionators N_0 betrachtet.

Aus *Anbieterperspektive* kann das Spielergebnis des Auktionators N_0 als Gewinn für die angebotenen Güterbündel-Kombinationen interpretiert werden. In das Spielergebnis des Auktionators N_0 fließt der Erlös[5)] aus den tatsächlich versteigerten Güterbündel-Kombinationen in Höhe der Preise ein, die gemäß der Zahlungsregel für die versteigerten Güterbündel-Kombinationen von dem Bieter oder den Bietern, der bzw. die einen Zuschlag erhalten hat bzw. haben, gezahlt werden. Unter Berücksichtigung

---

1) Vgl. ESO (2002), S. 49.

2) Zum Spielergebnis aus *Nachfragerperspektive* vgl. BERNINGHAUS ET AL. (2006), S. 231; OSBORNE (2004), S. 83 und RASMUSEN (2004), S. 327; WIESE (2002), S. 124 f.; GIBBONS (1992), S. 155; VAN DAMME (1991), S. 137; GÜTH (1986), S. 284 und MILGROM/WEBER (1982a), S. 1100. Zu einer *beispielhaften* Modellierung des monetären Gewinns aus Nachfragerperspektive unter Berücksichtigung der den Bietern durch die Teilnahme an einer Mehrgüterauktion entstehenden Kosten und zudem unter Berücksichtigung der den Bietern zur Verfügung stehenden Kapazitäten vgl. z.B. SWIDER/ WEBER (2007), S. 1297 ff.

3) Im Rahmen der vorliegenden Arbeit steht das Symbol prof für profit.

4) Im Rahmen der vorliegenden Arbeit steht das Symbol Proc für Proceed.

5) Auf *nationaler Ebene* kann der *Staat* als Anbieter von Treibhausgas-Emissionsrechten und von Treibhausgas-Emissionsgutschriften oder die *Deutsche Emissionshandelsstelle* als Auktionator der Anbieterperspektive einen Auktionserlös als Ergebnis eines Spiels erhalten. Ein solches Spiel kann einerseits den Staat – Government – als Anbieter von Treibhausgas-Emissionsrechten und Treibhausgas-Emissionsgutschriften und andererseits die Unternehmen – Business – als Nachfrager nach Treibhausgas-Emissionsrechten und Treibhausgas-Emissionsgutschriften erfassen. Für einen Auktionserlös auf nationaler Ebene werden jährlich ca. 500 Millionen € prognostiziert, wenn 10% der Treibhausgas-Emissionsrechte über Auktionen alloziiert würden. Der hessische Wirtschaftsminister RHIEL plädiert dafür, den Auktionserlös auf nationaler Ebene *nicht* dem Staat „zu überlassen". Vielmehr tendiert er dazu, mit einem solchen Auktionserlös die Stromsteuer der Verbraucher zu senken, da die Verbraucher vor Beginn der ersten Handelsperiode die Allokation von Treibhausgas-Emissionsrechten über Auktionen im Hinblick auf ihre Befürchtung, der Strom werde „verteuert", ablehnten. Vgl. FAZ (2007e), S. 13 und FAZ (2007f), S. 13.

der Zahlungsregel der Matrix-Auktion ist zu beachten, dass der Auktionator N_0 den Zuschlag, eine (von insgesamt 7) Güterbündel-Kombination(en) zu erhalten, an denjenigen Bieter N_i erteilt, der das *höchste* Preisgebot für die angebotene Güterbündel-Kombination abgibt. Jedoch entspricht der an den Auktionator N_0 zu zahlende Preis – „Zuschlagpreis" – gemäß der Pricing-per-column-Regel dem *zweithöchsten* Preisgebot, das für die angebotene Güterbündel-Kombination des Bieters N_i, der den Zuschlag erhielt, abgegeben wurde. Daher erhält der Auktionator N_0 formal folgenden Zuschlagpreis:

knock_h^{gc}	Zuschlagspreis für die angebotene Güterbündel-Kombination gc mit $gc = 1,...,7$ bei der Bietstrategie-kombination $h \in \{h_1,...,h_{12}\}$

[1)]

Zudem sind die Gebühr des Auktionators N_0 für die Auktionsdurchführung, die individuellen Wertschätzungen des Auktionators N_0 für die angebotenen Güterbündel-Kombinationen und des Weiteren die fixen Kosten des Auktionators N_0 als alle Kosten für die Auktionsdurchführung zu berücksichtigen und vom Erlös aus den tatsächlich versteigerten Güterbündeln, also vom Auktionserlös, abzuziehen.

Im Hinblick auf die Gebühr für den Auktionator N_0 liegen in der Fachliteratur keine Angaben über die Höhe einer solchen Gebühr für den Auktionator N_0 vor, die explizit bei der Matrix-Auktion anfallen. Im Rahmen der vorliegenden Arbeit wird davon ausgegangen, dass die Gebühr für den Auktionator N_0 mit den variablen und fixen Auktionskosten der jeweiligen Bieter übereinstimmt.

Des Weiteren wird angenommen, dass die variablen und fixen Auktionskosten der Bieter, die auf der Basis empirischer Belege bei Auktionen im Allgemeinen anfallen, auch bei der Matrix-Auktion im Besonderen Berücksichtigung finden können[2)]. In Anlehnung an das *RECLAIM* (Regional Clean Air Incentives Market)-*Program*[3)] der USA können folgende variable und fixe Auktionskosten, die der Auktionator N_0 für die

---

1) Im Rahmen der vorliegenden Arbeit steht das Symbol knock steht für knockdown price.

2) Vgl. MICHAELOWA/STRONZIK (2002), S. 23; LUCKING-REILEY (2000), S. 236 und CASSADY (1967), S. 108 ff.

3) Zum *RECLAIM* (Regional Clean Air Incentives Market)-*Program* vgl. Kapitel 1.1 der vorliegenden Arbeit.

angebotenen Güterbündel-Kombinationen separat berechnet, d.h. nicht in den Verkaufspreis für die angebotenen Güterbündel-Kombinationen integriert, erfasst werden[1]:

Auktionskosten der Bieter	
***variable* Auktionskosten**	$(35{,}00 \cdot 0{,}64937) = 22{,}73$ € pro abgegebenes Preisgebot für jede angebotene Güterbündel-Kombination
***fixe* Auktionskosten**	$(150{,}00 \cdot 0{,}64937) = 97{,}41$ € pro Auktionsstufe

Tabelle 112: Auktionskosten der Bieter als Gebühr für den Auktionator N_0

Im Hinblick auf die *variablen* Auktionskosten der jeweiligen Bieter gilt: Nicht nur die im Rahmen der nationalen Reallokation von Treibhausgas-Emissionsrechten erreichten Treibhausgas-Emissionsrechte (Allowance), sondern zudem die im Rahmen von Joint Implementation erreichten Treibhausgas-Emissionsgutschriften (Emission Reduction Units) und die im Rahmen von Clean Development Mechanism erreichten Treibhausgas-Emissionsgutschriften (Certified Emission Reductions) entsprechen jeweils einer gehandelten Menge (CO_2-Äquivalente). Deshalb kann mit einer Menge an Treibhausgas-Emissionsrechten und mit einer Menge an Treibhausgas-Emissionsgutschriften jeweils eine gehandelte Menge (CO_2-Äquivalente) emittiert werden. Gemäß Tabelle 112 fallen pro gehandelte Menge (CO_2-Äquivalente) variable Auktionskosten i.H.v. 22,73 € an. Im Rahmen der vorliegenden Arbeit werden jedoch Güterbündel in der Gestalt von mehreren Güterbündel-Kombinationen zum Verkauf angeboten. Daher

1) Vgl. WURMAN/WELLMANN (2001), S. 322; DUDEK/WIENER (1996), S. 35 und CASSADY (1967), S. 93 sowie 108. Für die Umrechnung der variablen Auktionskosten i.H.v. 35,00 $ pro Güterbündel-Kombination und der fixen Auktionskosten i.H.v. 150,00 $ für jedes abgegebene Preisgebot in Euro (€) wird ein Wechselkurs verwendet, für den am 24.03.2008 gilt: 1,00 $ $\triangleq$ 0,64937 €. Zudem werden die variablen Auktionskosten pro gehandelte Menge NO_x im Hinblick auf eine Substitutionsmöglichkeit innerhalb der Gruppe der Treibhausgase über CO_2-Äquivalente als variable Auktionskosten pro gehandelte Menge (CO_2-Äquivalente) betrachtet.

beziehen sich die variablen Auktionskosten im Folgenden nicht auf eine gehandelte Tonne Treibhausgas (CO_2-Äquivalente), sondern pro abgegebenes Preisgebot für jede angebotene Güterbündel-Kombination. Im Hinblick auf die variablen Auktionskosten der jeweiligen Bieter ist zu bemerken, dass *nicht* die Höhe der Preisgebote, sondern vielmehr die *Anzahl* der abgegebenen Preisgebote Bedeutung besitzt.

Zudem gilt im Hinblick auf die *fixen* Auktionskosten der jeweiligen Bieter: Der Auktionator N_0 bietet in jeder Auktionsstufe 7 Güterbündel-Kombinationen an und fordert in jeder Auktionsstufe alle Bieter aus der Bietermenge NS^{bidd} auf, für jede Güterbündel-Kombination ein Preisgebot abzugeben. Gemäß Tabelle 112 fallen pro Auktionsstufe fixe Auktionskosten i.H.v. 97,41 € an.

Des Weiteren gilt in Anlehnung an BERNINGHAUS ET AL., dass der Auktionator N_0 mit der Festlegung der Reservationspreise für die angebotenen Güterbündel-Kombinationen nicht nur das Auktionsergebnis, sondern zudem auch sein Spielergebnis beeinflussen kann[1)]. Im Rahmen der vorliegenden Arbeit wird angenommen, dass die Reservationspreise für die angebotenen Güterbündel-Kombinationen größer oder gleich den individuellen Wertschätzungen des Auktionators N_0 für die angebotenen Güterbündel-Kombinationen sind. Diese individuellen Wertschätzungen des Auktionators N_0 sind monetär bewertet und fließen in das Spielergebnis mit ein[2)]. Der Fall, dass die Reservationspreise für die angebotenen Güterbündel-Kombinationen kleiner sind als die individuellen Wertschätzungen des Auktionators N_0, wird im Hinblick auf die Gefahr, dass der Auktionator N_0 die Güterbündel-Kombinationen zu jeweils einem niedrigeren Verkaufspreis als seine individuellen Wertschätzungen verkauft, ausgeklammert.

Zudem sind die fixen Auktionskosten $Cost_0^{fix}$[3)] des Auktionators N_0, die alle Kosten für die Auktionsdurchführung erfassen, zu berücksichtigen.

---

1) Vgl. BERNINGHAUS ET AL. (2006), S. 231 und 243.

2) Vgl. BERNINGHAUS ET AL. (2006), S. 231 und LAFFONT (1997), S. 566.

3) Im Rahmen der vorliegenden Arbeit steht das Symbol Cost für Cost und der Symbolindex fix für fix.

Schließlich kann das Spielergebnis als der Gewinn Proc_0 des Auktionators N_0 für die angebotenen Güterbündel-Kombinationen wie folgt formal erfasst werden:[1)]

$$\mathrm{Proc}_{0.h}\left(\mathrm{bin}^1_{1.h(1)},\ldots,\mathrm{bin}^{gc}_{i.h(i)},\ldots,\mathrm{bin}^7_{3.h(3)}\right)$$
$$=\sum_{gc=1}^{7}\left(\mathrm{knock}^{gc}_h-\mathrm{value}^{estim.gc}_0\right)\bullet\left(\sum_{i=1}^{3}\mathrm{bin}^{gc}_{i.h(i)}\right)+\sum_{i=1}^{3}\sum_{gc=1}^{7}\mathrm{Pg}^{gc}_{i.h(i)}\bullet 22,73+\sum_{i=1}^{3}\sum_{u=1}^{2}\mathrm{ast}^u_{i.h}\bullet 97,41$$
$$-\mathrm{Cost}^{fix}_0$$

mit

$$\mathrm{ast}^u_{i.h}=\begin{cases}1 & \text{falls Bieter } N_i \text{ bei der Bietstrategiekombination} \\ & h\in\{h_1,\ldots,h_{12}\} \text{ an der Auktionsstufe u mit } u=1,\ldots,U \\ & \text{als Anzahl der Auktionsstufen (hier: } U=2\text{) teilnimmt} \\ 0 & \text{falls Bieter } N_i \text{ bei der Bietstrategiekombination} \\ & h\in\{h_1,\ldots,h_{12}\} \text{ an der Auktionsstufe u mit } u=1,\ldots,U \\ & \text{als Anzahl der Auktionsstufen (hier: } U=2\text{) nicht teilnimmt}\end{cases}$$

und mit

$\mathrm{bin}^{gc}_{i.h(i)}$ mit $i=1,2,3$ und $gc=1,\ldots,7$ sowie

$$\mathrm{bin}^{gc}_{i.h(i)}=\begin{cases}1 & \text{falls Bieter } N_i \text{ bei der Bietstrategiekombination} \\ & h\in\{h_1,\ldots,h_{12}\} \text{ einen Zuschlag für eine Güterbündel-} \\ & \text{Kombination gc erhält} \\ 0 & \text{falls Bieter } N_i \text{ bei der Bietstrategiekombination} \\ & h\in\{h_1,\ldots,h_{12}\} \text{ keinen Zuschlag für eine Güterbündel-} \\ & \text{Kombination gc erhält}\end{cases}$$

Des Weiteren dient der Auktionator N_0 zur Festlegung von *Spielregeln* oder Auktionsregeln[2)], die zur Durchführung der Matrix-Auktion erforderlich sind[3)]. Im Rahmen der vorliegenden Arbeit werden diese Spielregeln als „Kontextwissen" außerhalb des Spielbaums modelliert und formal wie folgt erfasst:

---

1) Im Rahmen der vorliegenden Arbeit steht das Symbol Pg für Preisgebote und das Symbol ast für Auktionsstufen.

2) Die Begriffe „Spielregeln" und „Auktionsregeln" werden im Rahmen der vorliegenden Arbeit synonym verwendet.

3) Vgl. ZELEWSKI (1998), S. 319; SCHIMMEL/ZELEWSKI (1996), S. 3 und 8 sowie CASSADY (1967), S. 93.

$Rul = \{Rul_1, ..., Rul_G\}$	Menge der Spielregeln Rul für alle Bieter i aus der Bietermenge NS^{bidd} mit $G = 12$

1)

Im Hinblick auf die Spielregeln wird im Folgenden davon ausgegangen, dass die Spielregeln zum *gemeinsamen Wissen* aller Bieter zählen, so dass „common knowledge about the rules“ vorliegt. Solche Spielregeln geben im Rahmen der vorliegenden Arbeit explizit an:

- Rul_1: Ausschluss der Möglichkeit für Bieter miteinander zu *kommunizieren*.
- Rul_2: Verkaufsangebot in der Gestalt von *7 Güterbündel-Kombinationen*.
- Rul_3: *Reservationspreise* für die angebotenen Güterbündel-Kombinationen des Auktionators N_0.
- Rul_4: Abgabe *eines* Preisgebotes „ganzheitlich“ für die jeweils gesamte Güterbündel-Kombination.
- Rul_5: *Verbot* der *Rücknahme* von Preisgeboten durch die Bieter während der Matrix-Auktion, um Verzerrungen des Spielergebnisses zu Lasten der Bieter zu vermeiden.
- Rul_6: Hinterlegung einer *Kaution* und einer *Bankbürgschaft* zur Sicherstellung der Ernsthaftigkeit der Bieterabsichten und als Mittel gegen die Teilnahme unseriöser Bieter. Derjenige Bieter, der von der Teilnahme an der jeweils nächsten Auktionsstufe der Matrix-Auktion ausgeschlossen wird, erhält seine hinterlegte Kaution im Anschluss an die 1. Auktionsstufe der Matrix-Auktion zurück. Der Auktionator N_0 behält die hinterlegte Kaution, wenn ein Bieter die Möglichkeit der Teilnahme an der 2. Auktionsstufe der Matrix-Auktion nicht wahrnimmt.
- Rul_7: *Zerlegung* der Matrix-Auktion in Auktionsstufen.
- Rul_8: *Eliminierung* desjenigen Bieters N_i aus der Bietermenge NS^{bidd} beim Übergang von der 1. Auktionsstufe in die nächste Auktionsstufe der

1) Im Rahmen der vorliegenden Arbeit steht das Symbol Rul für Rules.

Matrix-Auktion, der in der ersten Auktionsstufe das *niedrigste* Preisgebot für die *Gesamtheit* aller angebotenen Güterbündel-Kombinationen abgegeben hat. Wird das niedrigste Preisgebot für die Gesamtheit aller angebotenen Güterbündel-Kombinationen zufällig von zwei Bietern ausgesprochen, so entscheidet die *Reihenfolge* des Eingangs beim Auktionator N_0 über den Ausschluss von der nächsten Auktionsstufe der Matrix-Auktion. D.h., der Bieter, der das niedrigste Preisgebot für die Gesamtheit aller angebotenen Güterbündel-Kombinationen *zuletzt* abgibt, wird eliminiert.

- Rul_9: *Gespaltene Auktionsregel* der Matrix-Auktion. Die Auktionsregel der Matrix-Auktion ist in die Zuschlagsregel und die Zahlungsregel gespalten. Gemäß der Zuschlagsregel der Matrix-Auktion wird der Zuschlag für ein Güterbündel durch Maximierung des Erlöses des Auktionators über alle Güterbündel-Kombinationen unter der Restriktion, dass keines der drei Güterbündel mehrfach versteigert werden darf, erteilt. Gemäß der Pricing-per-column-Regel der Matrix-Auktion entspricht der an den Auktionator N_0 zu zahlende Preis – Zuschlagpreis – dem *zweithöchsten* Preisgebot, das für die angebotene Güterbündel-Kombination des Bieters, der den Zuschlag erhielt, abgegeben wurde.

- Rul_{10}: *Zuschlagerteilung* erfolgt im Anschluss an die *letzte* Auktionsstufe der Matrix-Auktion. Wird das höchste Preisgebot für eine Güterbündel-Kombination zufällig von zwei Bietern ausgesprochen, so entscheidet die *Reihenfolge* des Eingangs beim Auktionator N_0 über die Zuschlagerteilung. D.h., der Bieter, der das höchste Preisgebot für diese Güterbündel-Kombination *zuerst* abgibt, erhält den Zuschlag.

- Rul_{11}: Der Zuschlagpreis ist ein *Nettopreis*. Auf den Zuschlagpreis wird die gesetzliche Mehrwertsteuer von derzeit 19% erhoben.

- Rul_{12}: Die Zuschlagerteilung verpflichtet unbedingt zur Abnahme. Die *Zahlung* sowohl der fixen Auktionskosten i.H.v. 97,41 € pro Auktionsstufe der Matrix-Auktion und der variablen Auktionskosten i.H.v. 22,73 € für jedes abgegebene Preisgebot als auch des Zuschlagpreises hat – nach Aufforderung durch den Auktionator N_0 – innerhalb von 20 Tagen beim Auktionator N_0 zu erfolgen. Die Übertragung der erteilten Güterbündel-

Kombination(en) erfolgt nach Zahlungseingang beim Auktionator N_0. Erhält der Auktionator N_0 innerhalb der 20 Tage keinen Zahlungseingang, so findet keine Übertragung der erteilten Güterbündel-Kombination(en) statt. Der Bieter verliert seine Rechte aus dem Zuschlag und erhält die hinterlegte Kaution nicht zurück.

Im Rahmen der vorliegenden Arbeit baut das PASOR-Implementierungskonzept zum einen auf dem so genannten PASOR-Grundkonzept auf. Zum anderen wird das PASOR-Implementierungskonzept im Hinblick auf die auktionsbasierte nationale Reallokation von Treibhausgas-Emissionsrechten und Treibhausgas-Emissionsgutschriften auf Unternehmensebene für die im Rahmen der vorliegenden Arbeit spieltheoretisch modellierten Matrix-Auktion entwickelt. Auf der Basis dieser Ausführungen und der aufgezeigten denkmöglichen *formal vereinfachten* Rekonstruktion der auktionsbasierten nationalen Reallokation von Treibhausgas-Emissionsrechten und Treibhausgas-Emissionsgutschriften auf Unternehmensebene im spieltheoretischen Rahmen beruht schließlich das PASOR-Implementierungskonzept auf den folgenden Grundelementen des Spiels $\Gamma^{B2B\text{-}Au}$ [1]:

- Menge NS^{bidd} der *Bieter*,
- Raum Per der *zulässigen Preisgebote* der Bieter,
- *Bietstrategieraum* Bid der Bieter,
- *Spielergebnisse* prof eines jeden Bieters N_i und
- Menge Rul der *Spielregeln* für die Bieter.

1) Eine formalsprachige Präsentation der Grundelemente des Spiels $\Gamma^{B2B\text{-}Au}$ auf der Basis des PASOR-Grundkonzepts wird an dieser Stelle unterlassen, da sie bereits im Einzelnen zu den jeweiligen Erläuterungen aufgeführt wurde und an dieser Stelle lediglich eine Widerholung darstellen würde.

Die folgende Gegenüberstellung der Grundelemente des Spiels Γ im Rahmen des PASOR-Grundkonzepts und der Grundelemente des speziellen Spiels $\Gamma^{B2B\text{-}Au}$ im Rahmen des PASOR-Implementierungskonzepts soll die Unterschiede in den jeweiligen Grundelementen verdeutlichen.

PASOR-Grundkonzept – Grundelemente des Spiels Γ –	**PASOR-Implementierungskonzept** – Grundelemente des Spiels $\Gamma^{B2B\text{-}Au}$ –
➢ Menge N der *Spieler* – <u>P</u>layers – $N = \{1,...,n\}$ mit $n \geq 2$ sowie $n \in \mathbb{N}$	➢ Menge NS^{bidd} der *Bieter* $NS^{bidd} = \{N_1, N_2, N_3\}$
➢ Raum A der *Handlungsalternativen* – <u>A</u>ctions – $A_i = \{a_{i.1},...,a_{i.Z}\}$ mit $i \in N$, $Z \geq 2$ und $Z \in \mathbb{N}_+$ $A = \bigtimes_{i=1}^{n} A_i$ $n \geq 2$ sowie $n \in \mathbb{N}$	➢ Raum Per der *zulässigen Preisgebote* $Per_i = \{per_{i.1}, per_{i.2}\}$ $N_i \in NS^{bidd}$ $Per = \bigtimes_{i=1}^{3} Per_i$
➢ *Strategieraum* S – <u>S</u>cope – $S_i = \{s_{i.1},...,s_{i.M}\}$ mit $i \in N$ und $M \in \mathbb{N}_+$ $S = \bigtimes_{i=1}^{n} S_i$ $n \geq 2$ sowie $n \in \mathbb{N}$	➢ *Bietstrategieraum* Bid $Bid_i = \{bid_{i.1},...,bid_{i.M}\}$ $N_i \in NS^{bidd}$ und $M \in \mathbb{N}_+$ $Bid = \bigtimes_{i=1}^{3} Bid_i$
➢ *Spielergebnisse* out – <u>O</u>utcomes – $out\left(s_{1.h(1)},...,s_{n.h(n)}\right) = \left(O_{1.h},...,O_{n.h}\right)$ mit $n \geq 2$ sowie $n \in \mathbb{N}$	➢ *Spielergebnisse* prof $prof\left(per_{1.h(1)}, per_{2.h(2)}, per_{3.h(3)}\right) = \left(Prof_{1.h}, Prof_{2.h}, Prof_{3.h}\right)$
➢ Menge R der Spielregeln – <u>R</u>ules – $R = \{R_1,...,R_G\}$ mit $g = 1,...,G$, $G \geq 1$ und $G \in \mathbb{N}_+$	➢ Menge Rul der *Spielregeln* $Rul = \{Rul_1,...,Rul_{12}\}$

Die Analyse der Bestimmung der Verkaufspreise für die angebotenen Güterbündel-Kombinationen, der Bestimmung der Bieter, die einen Zuschlag erhalten, sowie der Bestimmung der Bieter, die keinen Zuschlag erhalten, als strategische Entscheidungssituationen erfordert in Anlehnung an MYERSON die Spezifikation einer Form zur Beschreibung des Spiels $\Gamma^{B2B\text{-}Au}$[1]. Im Hinblick auf die in der Fachliteratur existierenden Darstellungsformen der Spieltheorie[2], die Normalform Γ^{no} und die Extensivform Γ^{ex} eines Spiels, gewinnt im Folgenden die *Extensivform* an Bedeutung. Als Grund für die höhere Bedeutung der Extensivform Γ^{ex} als die Normalform Γ^{no} eines Spiels ist zu nennen, dass im Rahmen der vorliegenden Arbeit in Anlehnung an AMANN davon ausgegangen wird, dass die Bieter des Spiels $\Gamma^{B2B\text{-}Au}$ in jeder strategischen Entscheidungssituation auf unterschiedlichen Spielstufen des Spiels $\Gamma^{B2B\text{-}Au}$ unabhängig voneinander *einen* Spielzug auszuführen haben[3]. Auf *einer jeden* Spielstufe wird *ein* Spielzug eines Bieters N_i realisiert, so dass bei drei Bietern aus der Bietermenge $NS^{bidd} = \{N_1, N_2, N_3\}$ für das Spiel $\Gamma^{B2B\text{-}Au}$ drei Spielstufen festgelegt werden.

Weiterhin wird unterstellt, dass alle Bieter des Spiels $\Gamma^{B2B\text{-}Au}$ in der Annahme agieren, dass sie ihre Entscheidungen nicht zeitgleich, sondern vielmehr *zeitlich versetzt* zu treffen haben. Eine zeitlich versetzte Abgabe der Preisgebote für die angebotenen Güterbündel-Kombinationen erscheint der Verfasserin im Hinblick auf die spieltheoretische Modellierung des Realproblems der nationalen Reallokation von Treibhausgas-Emissionsrechten und Treibhausgas-Emissionsgutschriften auf Unternehmensebene realitätsnäher als die zeitgleiche Abgabe der Preisgebote für die angebotenen Güterbündel-Kombinationen. Die zeitgleiche Abgabe der Preisgebote für die angebotenen Güterbündel-Kombinationen wäre zwar denkmöglich, würde aber entweder auf die „zufällige" zeitgleiche Abgabe der Preisgebote für die angebotenen Güterbündel-Kombinationen oder auf Vereinbarungen zwischen den Bietern bezüglich der zeitlichen Abgabe der Preisgebote für die angebotenen Güterbündel-Kombinationen hinweisen.

---

1) Vgl. MYERSON (2001), S. 37.

2) Vgl. BERNINGHAUS ET AL. (2006), S. 91; BAMBERG/COENENBERG (2006), S. 188; HARGREAVES HEAP/ VAROUFAKIS (2004), S. 45; WATSON (2002), S. 8; MYERSON (2001), S. 37; LANGERFELDT (2001), S. 1620; GINTIS (2000), S. 10 ff.; DUTTA (1999), S. 22; BINMORE (1998), S. 21; BAIRD/ GERTNER/PICKER (1998), S. 50; VAN DAMME (1991), S. 3; SHUBIK (1975), S. 14 f.; VON NEUMANN/MORGENSTERN (1973), S. 85; SHUBIK (1965), S. 25 und KUHN (1953), S. 193.

3) Vgl. AMANN (1999), S. 15 und zudem MORGENSTERN (1970), S. 11.

Zwar kann der Auktionator N_0 nicht kontrollieren, ob die Bieter miteinander kommunizieren, jedoch wird die Möglichkeit für Bieter, miteinander zu kommunizieren, mittels der Spielregel Rul_1 ausgeschlossen. Zudem sieht die Verfasserin im Rahmen der vorliegenden Arbeit von stochastischen Spielen und daher von Zufallszügen der Spieler ab, so dass die zeitgleiche Abgabe der Preisgebote für die angebotenen Güterbündel-Kombinationen ausgeschlossen wird.

Da jedoch die Matrix-Auktion eine simultane Abgabe der Preisgebote für die angebotenen Güterbündel-Kombinationen voraussetzt, ist an dieser Stelle zu bemerken, das die Modellierung der zeitlich versetzten Abgabe der Preisgebote für die angebotenen Güterbündel-Kombinationen eines Bieters N_i auf einer artifiziellen Sequenzialisierung der simultanen Abgabe der Preisgebote für die angebotenen Güterbündel-Kombinationen beruht. D.h., die simultane Abgabe der Preisgebote für die angebotenen Güterbündel-Kombinationen kann mittels einer artifiziellen Sequenzialisierung in einem Extensivformspiel Γ^{ex} so rekonstruiert werden, dass ein Bieter N_i über die zeitlich vorangehende Abgabe der Preisgebote für die angebotenen Güterbündel-Kombinationen des jeweils anderen Bieters nicht informiert ist. Also bilden die Entscheidungsknoten des Bieters N_i, die auf die zeitlich vorangehende Abgabe der Preisgebote für die angebotenen Güterbündel-Kombinationen des jeweils anderen Bieters folgen, eine Informationsmenge des Bieters N_i. Diese Informationsmenge drückt die Simultanität der Abgabe der Preisgebote für die angebotenen Güterbündel-Kombinationen der Bieter durch eine artifizielle Sequenz der Abgabe der Preisgebote für die angebotenen Güterbündel-Kombinationen als unvollständige Information des jeweils nachfolgenden Bieters aus.

Wie bereits in Kapitel 4.1.2.2 dargelegt, handelt es sich bei der Unterscheidung der nicht-kooperativen Spieltheorie im Hinblick auf die Darstellungen in der Normalform Γ^{no} eines Spiels und in der Extensivform Γ^{ex} eines Spiels jedoch *nicht* um zwei disjunkte Klassen[1)]. Vielmehr liegen zwei verschiedene Darstellungsformen der gleichen strategischen Entscheidungssituation vor. Die Darstellungsformen sind aber nicht äquivalent i.S.v. „gleichwertig", weil ein Extensivformspiel Γ^{ex} mehr Aspekte des Realproblems zu repräsentieren gestattet und somit einen höheren Informationswert hat als ein Normalformspiel Γ^{no}.

1) Vgl. Kapitel 4.1.2.2 der vorliegenden Arbeit.

Im Folgenden werden beide Darstellungsformen präsentiert und das Symbol Γ^{no}, das im Rahmen der vorliegenden Arbeit für Normalformspiele steht, durch das Symbol $\Gamma^{no/B2B\text{-}Au}$ [1] sowie das Symbol Γ^{ex}, das im Rahmen der vorliegenden Arbeit für Extensivformspiele steht, durch das Symbol $\Gamma^{ex/B2B\text{-}Au}$ [2] ersetzt, um mit diesen neuen Symbolen die auktionsbasierte Reallokation von Treibhausgas-Emissionsrechten und Treibhausgas-Emissionsgutschriften auf Unternehmensebene als nicht-kooperatives Spiel in Normalform bzw. in Extensivform zu erfassen.

In der *Normalform* $\Gamma^{no/B2B\text{-}Au}$ des Spiels werden in Anlehnung an RIECK und in Anlehnung an VAN DAMME die zulässigen Preisgebote für die angebotenen Güterbündel-Kombinationen aller Bieter einander gegenüber gestellt. Die zulässigen Preisgebote für die angebotenen Güterbündel-Kombinationen eines Bieters N_i aus der Bietermenge NS^{bidd} werden als Angebot eines 7-stelligen Preisvektors für die 7 Güterbündel-Kombinationen festgelegt. Die Gesamtheit aller möglichen zulässigen Preisgebote für die angebotenen Güterbündel-Kombinationen *eines* Bieters N_i stellt die Menge Per_i aller zulässigen Preisgebote dieses Bieters N_i für die angebotenen Güterbündel-Kombinationen dar. Im Rahmen der vorliegenden Arbeit erfolgt zur Veranschaulichung eine Beschränkung auf einen kleinen Ausschnitt der zulässigen Preisgebote für die angebotenen Güterbündel-Kombinationen, da nicht alle möglichen zulässigen Preisgebote für die angebotenen Güterbündel-Kombinationen berücksichtigt werden können. Daher wird angenommen, dass jeder Bieter N_i aus der Bietermenge NS^{bidd} über nur zwei zulässige Preisgebote für die angebotenen Güterbündel-Kombinationen verfügt. Formal gilt daher für die Menge aller zulässigen Preisgebote für die angebotenen Güterbündel-Kombinationen

- des Bieters $N_1 \in NS^{bidd}$: $Per_1 = \{per_{1.1}, per_{1.2}\}$,
- des Bieters $N_2 \in NS^{bidd}$: $Per_2 = \{per_{2.1}, per_{2.2}\}$ und

---

1) Im Rahmen der vorliegenden Arbeit steht das Symbol $\Gamma^{no/B2B\text{-}Au}$ für die auktionsbasierte Reallokation von Treibhausgas-Emissionsrechten und Treibhausgas-Emissionsgutschriften auf Unternehmensebene als nicht-kooperatives Spiel in Normalform und der Symbolindex no für normal form sowie der Symbolindex B2B-Auc für Business-2-Business-Auction.

2) Im Rahmen der vorliegenden Arbeit steht das Symbol $\Gamma^{ex/B2B\text{-}Au}$ für die auktionsbasierte Reallokation von Treibhausgas-Emissionsrechten und Treibhausgas-Emissionsgutschriften auf Unternehmensebene als nicht-kooperatives Spiel in Extensivform und der Symbolindex ex für extensive form sowie der Symbolindex B2B-Auc für Business-2-Business-Auction.

- des Bieters $N_3 \in NS^{bidd}$: $Per_3 = \{per_{3.1}, per_{3.2}\}$.

Die zulässigen Preisgebote für die angebotenen Güterbündel-Kombinationen *aller* Bieter N_i aus der Bietermenge NS^{bidd} erfasst der Raum Per. Die Gesamtheit der zulässigen Preisgebote für die angebotenen Güterbündel-Kombinationen wird als eine Kombination $perp_h$ [1] von zulässigen Preisgeboten für die angebotenen Güterbündel-Kombinationen definiert. Für jede Kombination von zulässigen Preisgeboten für die angebotenen Güterbündel-Kombinationen können die Spielergebnisse $Prof_i$ für jeden Bieter N_i mithilfe der Spielergebnisfunktion prof angegeben werden.

Die Normalform $\Gamma^{no/B2B\text{-}Au}$ des Spiels gibt explizit an[2]:

- Menge NS^{bidd} der *Bieter*,
- Raum Per der *zulässigen Preisgebote* der Bieter und
- *Spielergebnisse* für alle Bieter mithilfe der Spielergebnisfunktion prof.

Auf der Basis dieser expliziten Angaben kann die Normalform $\Gamma^{no/B2B\text{-}Au}$ des Spiels mit drei Bietern aus der Bietermenge NS^{bidd} formal als folgendes *3-Tupel* definiert werden:

1) Im Rahmen der vorliegenden Arbeit steht das Symbol perp für permitted profile.

2) In einem Normalformspiel $\Gamma^{no/B2B\text{-}Au}$ sind die *Spielregeln* implizit in den Spielergebnissen für alle Bieter enthalten, die jeder Kombination von zulässigen Preisgeboten für die angebotenen Güterbündel-Kombinationen mit jeweils genau einem 7-stelligen Preisvektor für jeden Bieter genau ein Spielergebnis zuordnen, das festlegt, welche (Netto-)Auszahlung jeder Bieter bei der betrachteten Kombination von zulässigen Preisgeboten für die angebotenen Güterbündel-Kombinationen erhält.

$$\Gamma^{no/B2B\text{-}Au} = \left(NS^{bidd}, Per, prof\right) \text{ mit}$$

$NS^{bidd} = \{N_1, N_2, N_3\}$	Bietermenge
$Per_i = \{per_{i.1}, per_{i.2}\}$	Menge aller zulässigen Preisgebote $per_{i.y}$ mit $y = 1,2$ des Bieters $N_i \in NS^{bidd}$ mit

$per_{i.1} = \left(P_{i.1}^{Allo}, P_{i.1}^{ERU}, P_{i.1}^{CER}, \left(P_{i.1}^{Allo}, P_{i.1}^{ERU}\right), \left(P_{i.1}^{Allo}, P_{i.1}^{CER}\right), \left(P_{i.1}^{ERU}, P_{i.1}^{CER}\right), \left(P_{i.1}^{Allo}, P_{i.1}^{ERU}, P_{i.1}^{CER}\right)\right)$ und

$per_{i.2} = \left(P_{i.2}^{Allo}, P_{i.2}^{ERU}, P_{i.2}^{CER}, \left(P_{i.2}^{Allo}, P_{i.2}^{ERU}\right), \left(P_{i.2}^{Allo}, P_{i.2}^{CER}\right), \left(P_{i.2}^{ERU}, P_{i.2}^{CER}\right), \left(P_{i.2}^{Allo}, P_{i.2}^{ERU}, P_{i.2}^{CER}\right)\right)$

$Per = \bigtimes_{i=1}^{3} Per_i$	Raum der zulässigen Preisgebote für alle Bieter N_i aus der Bietermenge NS^{bidd}
$prof: \; Per \rightarrow \mathbb{R}_{\geq 0}^{3}$	Spielergebnisfunktion, die jedem Bieter N_i aus der Bietermenge NS^{bidd} bei der Kombination von zulässigen Preisgeboten $perp_h = \left(per_{1.h(1)}, per_{2.h(2)}, per_{3.h(3)}\right)$ mit $perp_h \in Per$ das Spielergebnis

$prof\left(per_{1.h(1)}, per_{2.h(2)}, per_{3.h(3)}\right) = \left(Prof_{1.h}, Prof_{2.h}, Prof_{3.h}\right)$

zuordnet

Eine zur Normalform $\Gamma^{no/B2B\text{-}Au}$ des Spiels alternative Darstellung des Spiels $\Gamma^{B2B\text{-}Au}$ unter Berücksichtigung der Modellierung der zeitlichen Abfolge der Spielzüge der Bieter führt beispielsweise in Anlehnung an HOLLER/ILLING und in Anlehnung an RIECK zu der Extensivform $\Gamma^{ex/B2B\text{-}Au}$ des Spiels[1]. In der Extensivform $\Gamma^{ex/B2B\text{-}Au}$ des Spiels wird die zeitliche Abfolge der Spielzüge der Bieter explizit formuliert, indem der Ablauf des Spiels $\Gamma^{ex/B2B\text{-}Au}$ in einzelne Spielstufen zerlegt wird. Eine Spielstufe eines Spiels $\Gamma^{ex/B2B\text{-}Au}$ wird durch das Spielfeld eines Bieters N_i definiert, da in einer

1) Vgl. HOLLER/ILLING (2006), S. 13 und RIECK (2006), S. 112 ff. sowie zudem BERNINGHAUS ET AL. (2006), S. 91; OSBORNE (2004), S. 153; HARGREAVES HEAP/VAROUFAKIS (2004), S. 45; WIESE (2002), S. 213; MYERSON (2001), S. 46 f.; AMANN (1999), S. 8, dort in Fn. 5); BAIRD/ GERTNER/PICKER (1998), S. 52; MEHLMANN (1997), S. 15, dort in Fn. 10); EICHBERGER (1993), S. 2; FUDENBERG/TIROLE (1992), S. 67; SCHWÖDIAUER (1992), S. 11; BICCHIERI (1989), S. 71; VAN DAMME (1983), S. 3 f. und SELTEN (1981), S. 84.

Spielstufe jeweils nur ein Bieter N_i seine Preisgebote für die angebotenen Güterbündel-Kombinationen abgibt. Zu bemerken ist, dass eine Spielstufe nicht die zeitliche Struktur der Abgabe der Preisgebote für die angebotenen Güterbündel-Kombinationen, sondern eine artifizielle Sequenzialisierung der simultanen Abgabe der Preisgebote für die angebotenen Güterbündel-Kombinationen angibt.

Im Hinblick auf eine solche Zerlegung des Spiels $\Gamma^{ex/B2B\text{-}Au}$ in einzelne Spielstufen kann das Spiel $\Gamma^{ex/B2B\text{-}Au}$ in Anlehnung an FUDENBERG/TIROLE als ein „multi-stage game" interpretiert werden[1].

Während in der Normalform $\Gamma^{no/B2B\text{-}Au}$ des Spiels die zulässigen Preisgebote für die angebotenen Güterbündel-Kombinationen als die Handlungsalternativen eines jeden Bieters N_i aus der Bietermenge NS^{bidd} interpretiert werden, die mit dem spieltheoretischen Begriff der Strategie inhaltlich zusammenfallen, gilt in der Extensivform $\Gamma^{ex/B2B\text{-}Au}$ des Spiels folgende neue Definition für den spieltheoretischen Strategiebegriff: Die Bietstrategie $bid_{i,m}$ legt bei unvollständiger Information, die im Rahmen der vorliegenden Arbeit angenommen und im Folgenden noch erläutert wird, für einen Bieter N_i für jede seine Informationsmenge fest, welche zulässigen Preisgebote für die angebotenen Güterbündel-Kombinationen er in dieser Informationsmenge aus der Menge Per_i auswählt. Mit einem solchen vollständigen Verhaltensplan ist ein Bieter N_i für alle denkmöglichen strategischen Entscheidungssituationen ausgerüstet. In der Extensivform $\Gamma^{ex/B2B\text{-}Au}$ des Spiels werden die Bietstrategien aller Bieter einander gegenüber gestellt. Während die Gesamtheit aller möglichen Bietstrategien eines Bieters N_i die Bietstrategiemenge Bid_i dieses Bieters N_i wiedergibt, wird die Gesamtheit von Bietstrategien aller Bieter mithilfe von Bietstrategiekombinationen $bidp_h$ erfasst. Die Menge aller möglichen Bietstrategiekombinationen $bidp_h$ der Bieter N_i aus der Bietermenge NS^{bidd} gibt der Bietstrategieraum Bid an. In Anlehnung an BERNINGHAUS ET AL. und in Anlehnung an GÜTH wird durch die Spielerzerlegung, d.h. durch die Zerlegung der Menge der Entscheidungsknoten, für jeden Entscheidungsknoten festgelegt, welcher Bieter N_i aus der Bietermenge NS^{bidd} jeweils am Zug ist[2]. In der Extensivform $\Gamma^{ex/B2B\text{-}Au}$ des Spiels wird explizit erkennbar, welcher Bieter N_i eine Entscheidung in einer Spielstufe trifft. Unter der Annahme, dass Bieter $N_1 \in NS^{bidd}$ in

1) Vgl. FUDENBERG/TIROLE (1992), S. 70 ff.

2) Vgl. BERNINGHAUS ET AL. (2006), S. 93 und GÜTH (1999), S. 37 sowie zudem SCHWÖDIAUER (1992), S. 52.

der 1. Spielstufe, Bieter $N_2 \in NS^{bidd}$ in der 2. Spielstufe und Bieter $N_3 \in NS^{bidd}$ in der 3. Spielstufe jeweils seine zulässigen Preisgebote für die angebotenen Güterbündel-Kombinationen abgibt, gilt formal für die Menge der Entscheidungsknoten

- des Bieters $N_1 \in NS^{bidd}$: $D_1 = \{d_{1.1}\}$
- des Bieters $N_2 \in NS^{bidd}$: $D_2 = \{d_{2.1}, d_{2.2}\}$ und
- des Bieters $N_3 \in NS^{bidd}$: $D_3 = \{d_{3.1}, d_{3.2}, d_{3.3}, d_{3.4}\}$.

Weiterhin wird in der vorliegenden Arbeit angenommen, dass die Bieter über unvollständige Informationen verfügen, da ein Bieter N_i die Preisgebote für die angebotenen Güterbündel-Kombinationen des jeweils anderen Bieters nicht kennt. Diese Informationslücke wird im Spielbaum durch Informationsmengen modelliert, so dass alle Entscheidungsknoten eines Bieters N_i in einer Informationsmenge zusammengefasst werden. Formal gilt für die Menge der Informationsmengen unter Berücksichtigung der o.a. Spielerzerlegung

- des Bieters $N_1 \in NS^{bidd}$: $I_1 = \{IS_{1.1}\}$ mit $IS_{1.1} = \{d_{1.1}\}$ sowie mit $\varnothing \notin I_1 \subset pot(D_1)$,
- des Bieters $N_2 \in NS^{bidd}$: $I_2 = \{IS_{2.1}\}$ mit $IS_{2.1} = \{d_{2.1}, d_{2.2}\}$ sowie mit $\varnothing \notin I_2 \subset pot(D_2)$ und
- des Bieters $N_3 \in NS^{bidd}$: $I_3 = \{IS_{3.1}\}$ mit $IS_{3.1} = \{d_{3.1}, d_{3.2}, d_{3.3}, d_{3.4}\}$ sowie mit $\varnothing \notin I_3 \subset pot(D_3)$.

Die Endknoten definieren das Ende des Spiels. Im Hinblick auf die drei Bieter mit der Bietermenge $NS^{bidd} = \{N_1, N_2, N_3\}$, die in der 2. Auktionsstufe agieren, und die Annahme, dass drei Spielstufen existieren, in der jeweils ein Bieter N_i seine Preisgebote für die angebotenen Güterbündel-Kombinationen abgibt, liegen im Spielbaum 8 „Ausgänge" vor, die jeweils einen speziellen Spielverlauf bezeichnen. Formal gilt daher für die Menge der Endknoten $E = \{e_1, ..., e_8\}$.

An den Endknoten des Spielbaums werden schließlich die Spielergebnisse $Prof_i$ jedes Bieters N_i erfasst.

In Anlehnung an RIECK und in Anlehnung an BERNINGHAUS ET AL. modelliert der *Spielbaum* als Extensivform $\Gamma^{ex/B2B\text{-}Au}$ des Spiels die auktionsbasierte nationale Reallokation von Treibhausgas-Emissionsrechten und Treibhausgas-Emissionsgutschriften auf Unternehmensebene[1)]. Die Extensivform $\Gamma^{ex/B2B\text{-}Au}$ des Spiels gibt in Anlehnung an HOLLER/ILLING und in Anlehnung an RIECK explizit an[2)]:

- Menge NS^{bidd} der *Bieter*,
- Raum Per der *zulässigen Preisgebote* der Bieter,
- *Bietstrategieraum* Bid der Bieter,
- *Entscheidungsraum* D aller Entscheidungsknoten,
- *Informationsraum* I für alle Bieter,
- Menge der *Endknoten* E eines Spielbaums und
- *Spielergebnisse* für alle Bieter mithilfe der Spielergebnisfunktion prof.

1) Vgl. RIECK (2006), S. 113 und BERNINGHAUS ET AL. (2006), S. 91 sowie zudem WATSON (2002), S. 10 und 133; MYERSON (2001), S. 38; GINTIS (2000), S. 10; GÜTH (1999), S. 35; DUTTA (1999), S. 18; VAN DAMME (1991), S. 3; LUTZ (1984), S. 9; HARSANYI/SELTEN (1979), S. 10 und SHUBIK (1975), S. 20.

2) Vgl. HOLLER/ILLING (2006), S. 13 und RIECK (2006), S. 12 sowie zudem BERNINGHAUS ET AL. (2006), S. 91 ff.; OSBORNE (2004), S. 155; MYERSON (2001), S. 42 f.; JOST (2001a), S. 21 f. und 56 f.; GÜTH (1999), S. 35, 41 und 45; DUTTA (1999), S. 19 f.; BAIRD/GERTNER/PICKER (1998), S. 51; OWEN (1995), S. 2; RIECK (1993), S. 91; FUDENBERG/TIROLE (1992), S. 77; VAN DAMME (1991), S. 102; KREBS/WILSON (1982), S. 865; SELTEN (1981), S. 87 f.; OWEN (1971), S. 1 f. und LUCE/RAIFFA (1957), S. 54.

Auf der Basis dieser expliziten Angaben kann die Extensivform $\Gamma^{ex/B2B\text{-}Au}$ des Spiels mit drei Bietern formal als folgendes *7-Tupel* definiert werden[1]:

$$\Gamma^{ex/B2B\text{-}Au} = \left(NS^{bidd}, Per, Bid, D, I, prof, E\right) \text{ mit}$$

$NS^{bidd} = \{N_1, N_2, N_3\}$ — Bietermenge

$Per_i = \{per_{i.1}, per_{i.2}\}$ — Menge aller zulässigen Preisgebote $per_{i.y}$ mit $y = 1,2$ des Bieters $N_i \in NS^{bidd}$ mit

$$per_{i.1} = \left(P_{i.1}^{Allo}, P_{i.1}^{ERU}, P_{i.1}^{CER}, \left(P_{i.1}^{Allo}, P_{i.1}^{ERU}\right), \left(P_{i.1}^{Allo}, P_{i.1}^{CER}\right), \left(P_{i.1}^{ERU}, P_{i.1}^{CER}\right), \left(P_{i.1}^{Allo}, P_{i.1}^{ERU}, P_{i.1}^{CER}\right)\right) \text{ und}$$

$$per_{i.2} = \left(P_{i.2}^{Allo}, P_{i.2}^{ERU}, P_{i.2}^{CER}, \left(P_{i.2}^{Allo}, P_{i.2}^{ERU}\right), \left(P_{i.2}^{Allo}, P_{i.2}^{CER}\right), \left(P_{i.2}^{ERU}, P_{i.2}^{CER}\right), \left(P_{i.2}^{Allo}, P_{i.2}^{ERU}, P_{i.2}^{CER}\right)\right)$$

$Per = \bigtimes_{i=1}^{3} Per_i$ — Raum der zulässigen Preisgebote für alle Bieter N_i aus der Bietermenge NS^{bidd}

$bid_{i.m} \in \bigtimes_{k=1}^{K} Per_{i.k}$ — m-te Bietstrategie des Bieters N_i für jedes $N_i \in NS^{bidd}$ mit $m = 1,\ldots,M$, $M \in \mathbb{N}_+$, $Per_{i.k}$ als Menge derjenigen zulässigen Preisgebote, die dem Bieter N_i in seiner k-ten Informationsmenge zur Auswahl stehen, mit $\varnothing \neq Per_{i.k} \subseteq Per_i$, $k = 1,\ldots,K$, $K \in \mathbb{N}_+$, $K = 1$ für jeden Bieter und K als der Anzahl aller Informationsmengen des Bieters N_i

$Bid_i = \{bid_{i.1},\ldots,bid_{i.M}\}$ — Menge aller Bietstrategien – Bietstrategiemenge – des Bieters N_i mit $N_i \in NS^{bidd}$ und $M \in \mathbb{N}_+$

1) Vgl. WIESE (2002), S. 307 f. und JOST (2001a), S. 58 f. sowie zudem GÜTH (1999), S. 41; EICHBERGER (1993), S. 14 f.; RENY (1992), S. 103; SCHWÖDIAUER (1992), S. 52 f.; VAN DAMME (1983), S. 114 ff. und SELTEN (1975), S. 25 ff.

$Bid = \bigtimes_{i=1}^{3} Bid_i$	Bietstrategieraum aller Bieter N_i
	aus der Bietermenge NS^{bidd}
$\Leftrightarrow Bid = Bid_1 \times Bid_2 \times Bid_3$	mit
$bidp_h \in Bid$	eine beliebige
	Bietstrategiekombination mit $h \in \mathbb{N}_+$, die gemäß
$bidp_h = \left(bid_{1.h(1)}, bid_{2.h(2)}, bid_{3.h(3)}\right)$	jedem Bieter N_i genau
	eine Bietstrategie $bid_{i.h(i)} = bid_{i.m}$ zuordnet
$D_i = \{d_{i.1}, \ldots, d_{i.X}\}$	Menge der Entscheidungsknoten des
	Bieters $N_i \in NS^{bidd}$ und $X \in \mathbb{N}_+$
$D = \{D_1, D_2, D_3\}$	Entscheidungsraum als Menge aller
	spielerspezifischen Entscheidungsknotenmengen D_i
$\hat{D} = \bigcup_{i=1}^{3} D_i$	Menge aller Entscheidungsknoten
	eines Spielbaums
$I_i = \{IS_{i.k}, \ldots, IS_{i.K}\}$	Menge der Informationsmengen $IS_{i.k}$ eines
	Bieters $N_i \in NS^{bidd}$ und $k = 1, \ldots, K,\ K \in \mathbb{N}_+$,
	$K = 1$ für jeden Bieter, $IS_{i.k_1} \cap IS_{i.k_2} = \varnothing$ für alle
	$k_1 \neq k_2$, $\varnothing \notin I_i \subset pot(D_i)$, und $D_i = \bigcup_{k=1}^{K} IS_{i.k}$
	für jedes $N_i \in NS^{bidd}$
$I = \{I_1, I_2, I_3\}$	Informationsraum für alle Bieter N_i aus der
	Bietermenge NS^{bidd}

Jeder Informationsmenge $IS_{i.k}$ eines Bietes i ist eine Menge $Per_{i.k}$ zulässiger Preisgebote für die angebotenen Güterbündel-Kombinationen mit $\varnothing \neq Per_{i.k} \subseteq Per_i$ zugeordnet. Falls Informationsmengen mit Entscheidungsknoten zusammenfallen, d.h. wenn $IS_{i.k} = \{d_{i.x}\}$ gilt mit $k = x$ und $K = X$ für einen Bieter N_i, dann gilt ebenso, dass jedem Entscheidungsknoten $d_{i.x}$ eines Bieters N_i eine Menge $Per_{i.x}$ zulässiger Preisgebote für die angebotenen Güterbündel-Kombinationen mit $\varnothing \neq Per_{i.k} \subseteq Per_i$ zugeordnet wird.

$\text{prof}: \ \text{Bid} \rightarrow \mathbb{R}^3_{\geq 0}$	Spielergebnisfunktion, die jedem Bieter N_i aus der Bietermenge NS^{bidd} bei der Bietstrategiekombination $\text{bidp}_h = \left(\text{bid}_{1.h(1)}, \text{bid}_{2.h(2)}, \text{bid}_{3.h(3)}\right)$ mit $\text{bidp}_h \in \text{Bid}$ das Spielergebnis
$\text{prof}\left(\text{bid}_{1.h(1)}, \text{bid}_{2.h(2)}, \text{bid}_{3.h(3)}\right) = \left(\text{Prof}_{1.h}, \text{Prof}_{2.h}, \text{Prof}_{3.h}\right)$	zuordnet
$E = \{e_1, ..., e_8\}$	Menge der Endknoten des Spielbaums

Jedem Endknoten e_w mit $w = 1,...,8$ ist das Bild $\text{prof}\left(\text{bid}_{1.h(1)}, \text{bid}_{2.h(2)}, \text{bid}_{3.h(3)}\right)$ der Spielergebnisfunktion prof für diejenige Bietstrategiekombination bidp_h zugeordnet, die im Spielbaum von dessen Startknoten durch Entscheidungen der Bieter N_i in ihren Informationsmengen $IS_{i.k}$ für jeweils einen 7-stelligen Preisvektor mit zulässigen Preisgeboten für die 7 angebotenen Güterbündel-Kombinationen $\text{per}_{i.y}$ mit $y = 1, 2$ gemäß ihren Bietstrategien $\text{bid}_{i.m} = \text{bid}_{i.h(i)}$ zum Endknoten e_w mit $w = 1,...,8$ führt.

Auf der Basis der in Kapitel 4.1.2 aufgezeigten Gestaltungsoptionen der nicht-kooperativen Spieltheorie für die Modellierung von Realproblemen[1)] werden im Folgenden Gestaltungsoptionen für das Spiel $\Gamma^{B2B\text{-}Au}$ dargelegt. Das Realproblem der nationalen Reallokation von Treibhausgas-Emissionsrechten und Treibhausgas-Emissionsgutschriften auf Unternehmensebene wird mit Ausdrucksmitteln der nicht-kooperativen Spieltheorie als ein Formalproblem in der Gestalt des Spiels $\Gamma^{B2B\text{-}Au}$ für die Matrix-Auktion modelliert. Die Gestaltungsoptionen für das Spiel $\Gamma^{B2B\text{-}Au}$ beruhen zum einen auf der

- *Klassifizierung* des Spiels $\Gamma^{B2B\text{-}Au}$ auf der Basis
  - der *Informationsmenge*,
  - der *Spielermenge* und
  - der *Summe* der *Spielergebnisse*

1) Vgl. Kapitel 4.1.2 der vorliegenden Arbeit.

sowie zum anderen auf der ausgewählten *Interaktionsform* für das Spiel $\Gamma^{B2B\text{-}Au}$.

Klassifizierung des Spiels $\Gamma^{B2B\text{-}Au}$ auf der Basis der *Informationsmenge*

Für die spieltheoretische Analyse und Modellierung der Bestimmung der Verkaufspreise für die angebotenen Güterbündel-Kombinationen, der Bestimmung der Bieter, die einen Zuschlag für das Verkaufsangebot erhalten, sowie der Bestimmung der Bieter, die den Zuschlag für das Verkaufsangebot nicht erhalten, als strategische Entscheidungssituationen und für die spieltheoretische Analyse und Beschreibung des *individuellen Verhaltens eines jeden Bieters* als strategisches Entscheidungsverhalten ist zu definieren, welche Art von Informationen den Bietern aus der Bietermenge NS^{bidd} bei der Realisierung ihrer Spielzüge jeweils zur Verfügung stehen. Im Folgenden werden *Annahmen* über *Informationen der Bieter* für das Spiel $\Gamma^{B2B\text{-}Au}$ aufgezeigt.

- *imperfekte* Information der Bieter

Im Rahmen der vorliegenden Arbeit wird für das Spiel $\Gamma^{B2B\text{-}Au}$ von der Informationsannahme der imperfekten Information der Bieter ausgegangen. Das Spiel $\Gamma^{B2B\text{-}Au}$ mit imperfekter Information liegt genau dann vor, wenn mindestens ein Bieter N_i die in dem Spiel $\Gamma^{B2B\text{-}Au}$ *vorangehenden* Spielzüge der anderen Bieter nicht beobachten kann. Die vorangehenden Spielzüge der anderen Bieter sind als die abgegebenen Preisgebote für die angebotenen Güterbündel-Kombinationen zu verstehen. Dieser Bieter N_i hat deshalb zum Zeitpunkt seines Handelns keine Informationen über das vorangehende Handeln der anderen Bieter. Im Hinblick auf eine solche Unkenntnis dieses Bieters N_i über die vorangehenden Spielzüge der anderen Bieter sind seine Entscheidungsknoten zu einer Informationsmenge zusammengefasst und in Anlehnung an HARSANYI in Form einer gestrichelten Umrahmung gekennzeichnet[1)].

Die folgende Abbildung 52 repräsentiert anhand eines Spielbaums eine beispielhafte Modellierung des Realproblems der nationalen Reallokation von Treibhausgas-Emissionsrechten und Treibhausgas-Emissionsgutschriften auf Unternehmensebene als Spiel $\Gamma^{B2B\text{-}Au}$ mit imperfekter Information genau eines Bieters N_3 aus der Bietermenge NS^{bidd}. Es existieren drei Bieter als Spieler, so dass für die Bietermenge NS^{bidd} gilt: $NS^{bidd} = \{N_1, N_2, N_3\}$. Um die Abfolge der Spielzüge explizit zu formulieren, wird der

1) Vgl. HARSANYI (1977), S. 92.

Ablauf des Spiels $\Gamma^{B2B\text{-}Au}$ in einzelne Spielstufen zerlegt. Unter der Annahme, dass jeder Bieter auf einer Spielstufe seine Preisgebote für die angebotenen Güterbündel-Kombinationen abgibt, werden bei drei Bietern drei Spielstufen festgelegt. Während in der 1. Spielstufe Bieter $N_1 \in NS^{bidd}$ seine Preisgebote für die angebotenen Güterbündel-Kombinationen abgibt, gibt Bieter $N_2 \in NS^{bidd}$ in der 2. Spielstufe und Bieter $N_3 \in NS^{bidd}$ in der 3. Spielstufe jeweils seine Preisgebote für die angebotenen Güterbündel-Kombinationen ab[1)].

Weiterhin wird angenommen, dass der Bieter N_3 die vorangehenden Spielzüge der anderen Bieter N_1 und N_2 nicht beobachten kann. Dieser Bieter N_3 hat also zum Zeitpunkt seines Handelns keine Informationen über das vorangehende Handeln der anderen Bieter N_1 und N_2. Im Hinblick auf die Unkenntnis des Bieters N_3 über die vorangehenden Spielzüge der anderen Bieter N_1 und N_2 werden seine Entscheidungsknoten zu einer Informationsmenge zusammengefasst. Die Bietstrategie legt für Bieter N_3 für seine Informationsmenge fest, welche Preisgebote für die angebotenen Güterbündel-Kombinationen ihm in dieser Informationsmenge zur Auswahl stehen. Für die Bietstrategiemenge des Bieters N_1 gilt:

$Bid_1 = \{bid_{1.1}, bid_{1.2}\}$ mit $bid_{1.1} = per_{1.1}$ und $bid_{1.2} = per_{1.2}$,

für die Bietstrategiemenge des Bieters N_2 gilt:

$Bid_2 = \{bid_{2.1}, bid_{2.2}, bid_{2.3}, bid_{2.4}\}$ mit $bid_{2.1} = \{per_{2.1} \mid per_{1.1}, per_{2.1} \mid per_{1.2}\}$,

$bid_{2.2} = \{per_{2.1} \mid per_{1.1}, per_{2.2} \mid per_{1.2}\}$, $bid_{2.3} = \{per_{2.2} \mid per_{1.1}, per_{2.1} \mid per_{1.2}\}$ und

$bid_{2.4} = \{per_{2.2} \mid per_{1.1}, per_{2.2} \mid per_{1.2}\}$

und für die Bietstrategiemenge des Bieters N_3 gilt:

$Bid_3 = \{bid_{3.1}, bid_{3.2}\}$ mit $bid_{3.1} = per_{3.1}$ und $bid_{3.2} = per_{3.2}$.

An jedem Endknoten des Spielbaums wird das Bild $prof\left(bid_{1.h(1)}, bid_{2.h(2)}, bid_{3.h(3)}\right)$ der Spielergebnisfunktion prof für diejenige Bietstrategiekombination $bidp_h$ zugeordnet, die im Spielbaum von dessen Startknoten durch die Entscheidungen der Bieter

1) Diese folgende graphische Darstellung des Spiels $\Gamma^{B2B\text{-}Au}$ mit imperfekter Information genau eines Bieters N_3 aus der Bietermenge NS^{bidd} anhand eines Spielbaums ist äquivalent zu der graphischen Darstellung, wenn der Startknoten und die auf den Startknoten folgenden Entscheidungsknoten im Spielbaum mit jeweils den anderen Bietern aus der Bietermenge NS^{bidd} beschriftet werden. Da diese graphische Darstellung keine neue Erkenntnis präsentiert, wird sie an dieser Stelle nicht berücksichtigt.

N_1 und N_2 an ihren Entscheidungsknoten und des Bieters N_3 in seiner Informationsmenge für jeweils einen 7-stelligen Preisvektor als zulässige Preisgebote für die 7 angebotenen Güterbündel-Kombinationen gemäß ihren Bietstrategien zum Endknoten führt.

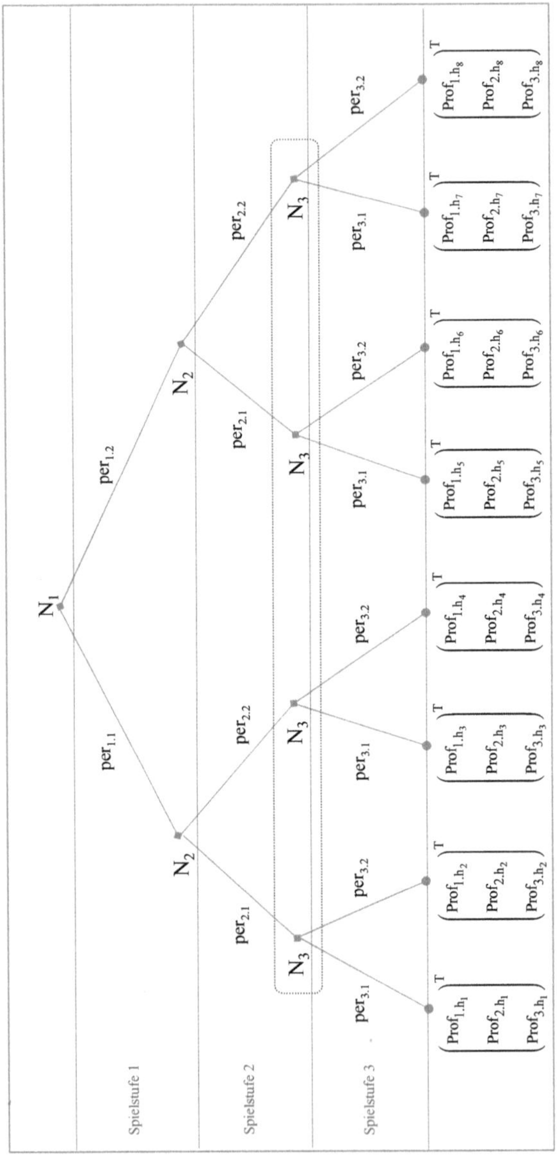

Abbildung 52: Spiel mit imperfekter Information eines Bieters

➢ *unvollständige* Information der Bieter

Weiterhin wird angenommen, dass das Spiel $\Gamma^{B2B\text{-}Au}$ durch unvollständige Information der Bieter gekennzeichnet ist. D.h., im Spiel $\Gamma^{B2B\text{-}Au}$ kann jeder Bieter N_i aus der Bietermenge NS^{bidd} über „private“ Informationen verfügen, die den anderen Bietern nicht bekannt sind und nicht zum gemeinsamen Wissen aller Bieter gehören. Die Existenz privater Informationen, beispielsweise aus der Kenntnis der individuellen Präferenzen eines Bieters N_i bezüglich der angebotenen Güterbündel-Kombinationen, kann bei der Modellierung des Realproblems der nationalen Reallokation von Treibhausgas-Emissionsrechten und Treibhausgas-Emissionsgutschriften auf Unternehmensebene nicht ausgeschlossen werden. Da mindestens ein Bieter N_i private Informationen besitzen kann und daher eine Ungleichverteilung von Informationen zwischen den Bietern vorliegt, wird in dem Spiel $\Gamma^{B2B\text{-}Au}$ von einer Informationsasymmetrie ausgegangen. Im Spiel $\Gamma^{B2B\text{-}Au}$ beruht die Informationsasymmetrie darauf, dass jeder Bieter N_i die Preisgebote für die angebotenen Güterbündel-Kombinationen des jeweils anderen Bieters nicht kennt. Deshalb werden die Entscheidungsknoten eines jeden Bieters N_i im Spielbaum zu einer Informationsmenge zusammengefasst.

Die Bietstrategie legt bei unvollständiger Information eines jeden Bieters N_i für jede seiner Informationsmengen fest, welche Preisgebote er für die angebotenen Güterbündel-Kombinationen in der k-ten Informationsmenge auswählt. Für die Bietstrategiemenge des Bieters N_1 gilt:

$$Bid_1 = \{bid_{1.1}, bid_{1.2}\} \text{ mit } bid_{1.1} = per_{1.1} \text{ und } bid_{1.2} = per_{1.2},$$

für die Bietstrategiemenge des Bieters N_2 gilt:

$$Bid_2 = \{bid_{2.1}, bid_{2.2}\} \text{ mit } bid_{2.1} = per_{2.1},\ bid_{2.2} = per_{2.2}$$

und für die Bietstrategiemenge des Bieters N_3 gilt:

$$Bid_3 = \{bid_{3.1}, bid_{3.2}\} \text{ mit } bid_{3.1} = per_{3.1} \text{ und } bid_{3.2} = per_{3.2}.$$

Die folgende Abbildung 53 zeigt anhand eines Spielbaums eine beispielhafte Graphik für das Realproblem der nationalen Reallokation von Treibhausgas-Emissionsrechten und Treibhausgas-Emissionsgutschriften auf Unternehmensebene als Spiel $\Gamma^{B2B\text{-}Au}$ mit unvollständiger Information der Bieter aus der Bietermenge NS^{bidd} auf. Die drei Bieter geben auf den jeweiligen Spielstufen – also N_1 auf der 1. Spielstufe, N_2 auf der 2.

Spielstufe und N_3 auf der 3. Spielstufe –[1] jeweils ihre Preisgebote für die angebotenen Güterbündel-Kombinationen ab. An den jeweiligen Endknoten des Spielbaums wird das Bild $\text{prof}\left(\text{bid}_{1.h(1)}, \text{bid}_{2.h(2)}, \text{bid}_{3.h(3)}\right)$ der Spielergebnisfunktion prof aufgezeigt.

1) Diese folgende graphische Darstellung des Spiels $\Gamma^{B2B\text{-}Au}$ mit unvollständiger Information der Bieter aus der Bietermenge NS^{bidd} anhand eines Spielbaums ist äquivalent zu der graphischen Darstellung, wenn der Startknoten und die auf den Startknoten folgenden Entscheidungsknoten im Spielbaum mit jeweils den anderen Bietern aus der Bietermenge NS^{bidd} beschriftet werden. Da diese graphische Darstellung keine neue Erkenntnis präsentiert, wird sie an dieser Stelle nicht berücksichtigt.

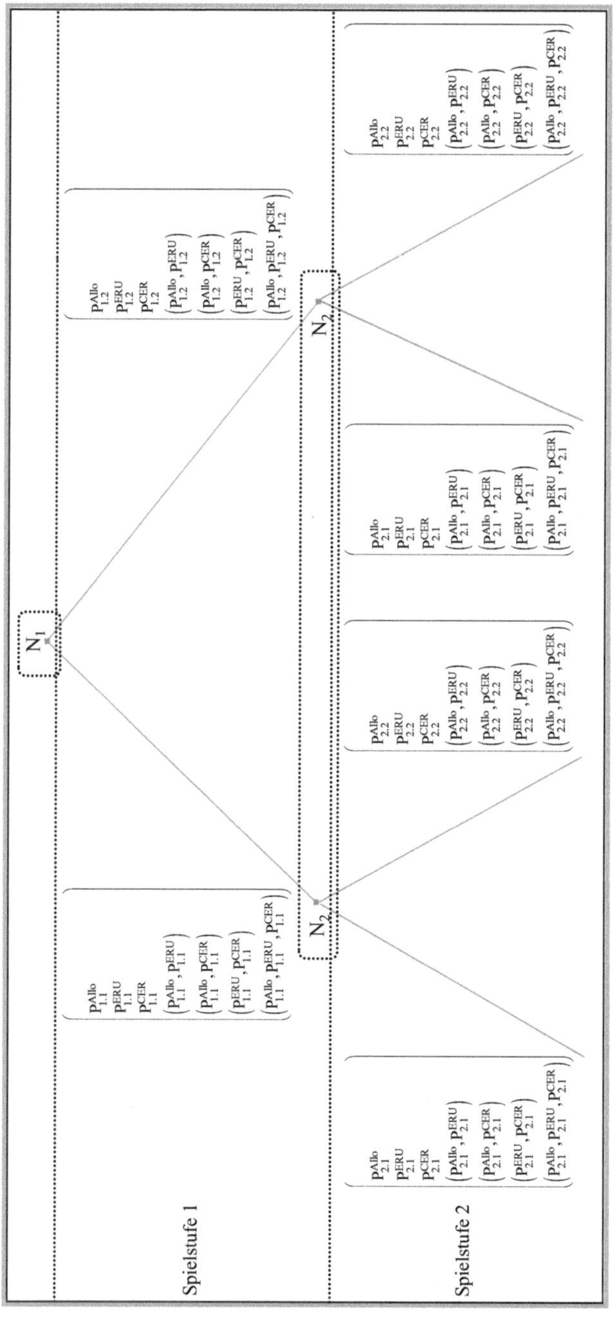

Abbildung 53: Spiel mit unvollständiger Information der Bieter (1/2)

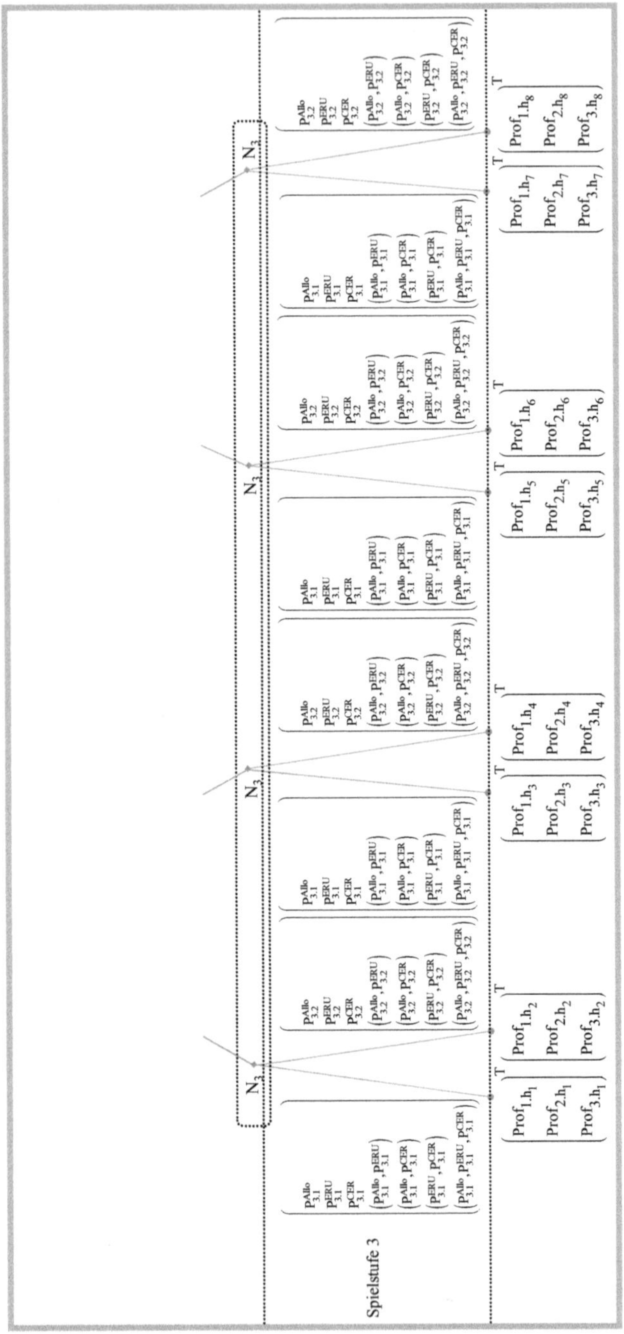

Abbildung 54: Spiel mit unvollständiger Information der Bieter (2/2)

➢ *vollkommene Erinnerung der Bieter*

Zudem liegt die Informationsannahme zugrunde, dass sich ein Bieter N_i zu jedem Zeitpunkt der spieltheoretischen Interaktion nicht nur an seine eigenen Spielzüge, also seine Preisgebote für die angebotenen Güterbündel-Kombinationen, sondern zudem an alle Informationen, über die er früher verfügte, erinnern kann. Deshalb zeichnet sich ein Bieter N_i in Anlehnung an SELTEN durch eine vollkommene Erinnerung aus. Im Rahmen der vorliegenden Arbeit wird davon ausgegangen, dass sich *alle* Bieter zu jedem Zeitpunkt der spieltheoretischen Interaktion an alle ihre Entscheidungen und vergangenen Preisgebote für die angebotenen Güterbündel-Kombinationen erinnern können, so dass das Spiel $\Gamma^{B2B\text{-}Au}$ ein Spiel mit vollkommener Erinnerung darstellt.

➢ *open loop*

Des Weiteren gewinnt im Folgenden die Informationsannahme der open loop an Bedeutung. Mit der vorliegenden Arbeit nimmt die Verfasserin an, dass bei der Bestimmung der Verkaufspreise für die angebotenen Güterbündel-Kombinationen das Bieterverhalten nicht am Ende einer jeden Spielstufe, sondern vielmehr erst am Ende des gesamten Spiels $\Gamma^{B2B\text{-}Au}$ beobachtet werden kann. Eine Rückmeldung über die Entscheidung der anderen Bieter am Ende einer jeden Spielstufe findet nicht statt.

Klassifizierung des Spiels $\Gamma^{B2B\text{-}Au}$ auf der Basis der *Spielermenge*

Die Bestimmung der Verkaufspreise für die angebotenen Güterbündel-Kombinationen als strategische Entscheidungssituation spiegelt eine Spielsituation wider, in der das Spielergebnis von den Entscheidungen mehrerer, d.h. mindestens zweier Bieter als Entscheidungsträger abhängt. Auf dem Markt für Treibhausgas-Emissionsrechte, auf dem neben Treibhausgas-Emissionsrechten auch Treibhausgas-Emissionsgutschriften gehandelt werden, stehen ein Anbieter und mehrere Nachfrager im Verhältnis (1:3) gegenüber. Während der Auktionator N_0 einen Repräsentanten der Anbieterperspektive darstellt, wird die Nachfragerperspektive von mehreren Bietern verkörpert. Der Auktionator N_0, der als ein Unternehmen zu interpretieren ist, das Teile der überschüssigen Treibhausgas-Emissionsrechte und Treibhausgas-Emissionsgutschriften zum Verkauf anbietet und nicht als ein Bieter agiert, kommt als ein „reiner" Auktionator zum Einsatz kommt. Demgegenüber stehen auf der Nachfragerperspektive drei Bieter als Spieler gegenüber. Die Bieter können sowohl einen Entscheidungsträger, d.h. ein deutsches Unternehmen des energieproduzierenden oder energieverbrauchenden Sektors, als auch kollektive Entscheidungseinheiten, wie zum einen eine Wohnbaugesellschaft und zum anderen den Öffentlichen Personennahverkehr, repräsentieren.

Da *mehr* als zwei Bieter als „persönliche" Spieler an dem Spiel $\Gamma^{B2B\text{-}Au}$ teilnehmen, kann das Spiel $\Gamma^{B2B\text{-}Au}$ im Hinblick auf die Bietermenge $NS^{bidd} = \{N_1, N_2, N_3\}$ als die Menge der „persönlichen" Spieler als ein *3-Personen-Spiel* identifiziert werden. Die Menge NS^{auct} mit $NS^{auct} = \{N_0\}$ des Auktionators findet keine Berücksichtigung, da dieser im Spiel $\Gamma^{B2B\text{-}Au}$ nicht als ein Bieter agiert.

Ein solches 3-Personen-Spiel kann graphisch anhand einer Matrix dargestellt werden. Zwar existiert die graphische Darstellung eines Spiels Γ bei mehr als drei Spielern in der Fachliteratur nicht, jedoch nimmt die Verfasserin im Folgenden einen Versuch vor, beispielhaft das 3-Personen-Spiel anhand einer Matrix graphisch darzustellen.

Während beispielsweise in Anlehnung an RIECK der Bieter $N_1 \in NS^{bidd}$ die Kontrolle über die *Zeilen* der Matrix hätte, hätte der Bieter $N_2 \in NS^{bidd}$ die Kontrolle über die *Spalten* der Matrix und der Bieter $N_3 \in NS^{bidd}$ die Kontrolle über die (räumliche) *Tiefe* der Matrix.

Für das 3-Personen-Spiel anhand einer Matrix wird angenommen, dass jedem Bieter N_i aus der Bietermenge NS^{bidd} jeweils zwei Handlungsalternativen zu Verfügung stehen, die jeweils als Angebot eines *7-stelligen Preisvektors* für die 7 Güterbündel-Kombinationen festgelegt sind. Jeder Bieter N_i gibt pro Güterbündel-Kombination nur ein Preisgebot ab, so dass bei insgesamt 7 Güterbündel-Kombinationen jeder Bieter N_i 7 Preisgebote abgibt. Unter der Annahme, dass ein Bieter N_i über unvollständige Informationen bezüglich der Preisgebote für die angebotenen Güterbündel-Kombinationen des jeweils anderen Bieters besitzt, legt die Bietstrategie für einen Bieter N_i für seine Informationsmenge fest, welche zulässigen Preisgebote für die angebotenen Güterbündel-Kombinationen er in dieser einen Informationsmenge auswählt. Je nachdem, welche Bietstrategien die Bieter jeweils wählen, ergibt sich eine bestimmte Bietstrategiekombination. Jede Bietstrategie führt zu einem Matrixfeld.

Die folgenden Abbildungen 55 bis 62 zeigen beispielhaft zunächst für jeweils eine Bietstrategiekombination eine graphische Darstellung des Spiels $\Gamma^{B2B\text{-}Au}$ als ein 3-Personen-Spiel. Anschließend werden in einer weiteren Abbildung 63 die Bietstrategiekombinationen der drei Bieter N_i zu *einer* graphischen Darstellung des Spiels $\Gamma^{B2B\text{-}Au}$ als ein 3-Personen-Spiel zusammengefasst, um die Komplexität des Spiels $\Gamma^{B2B\text{-}Au}$ als ein 3-Personen-Spiel zu visualisieren.

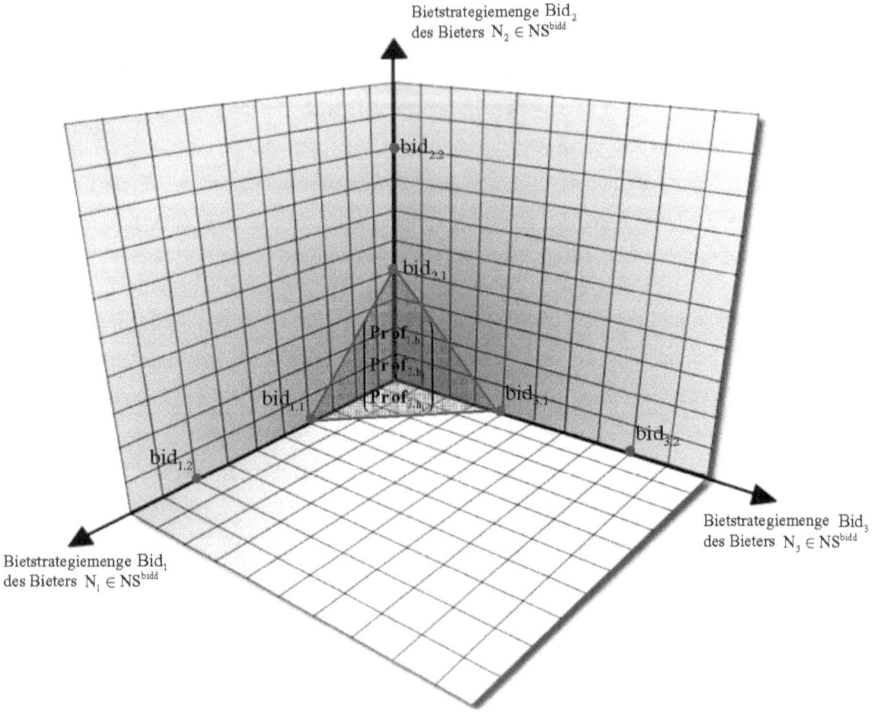

Abbildung 55: Spiel $\Gamma^{B2B\text{-}Au}$ als 3-Personen-Spiel mit der Bietstrategiekombination $bidp_{h_1} = \left(bid_{1.h_1(1)}, bid_{2.h_1(2)}, bid_{3.h_1(3)}\right)$ der Bieter

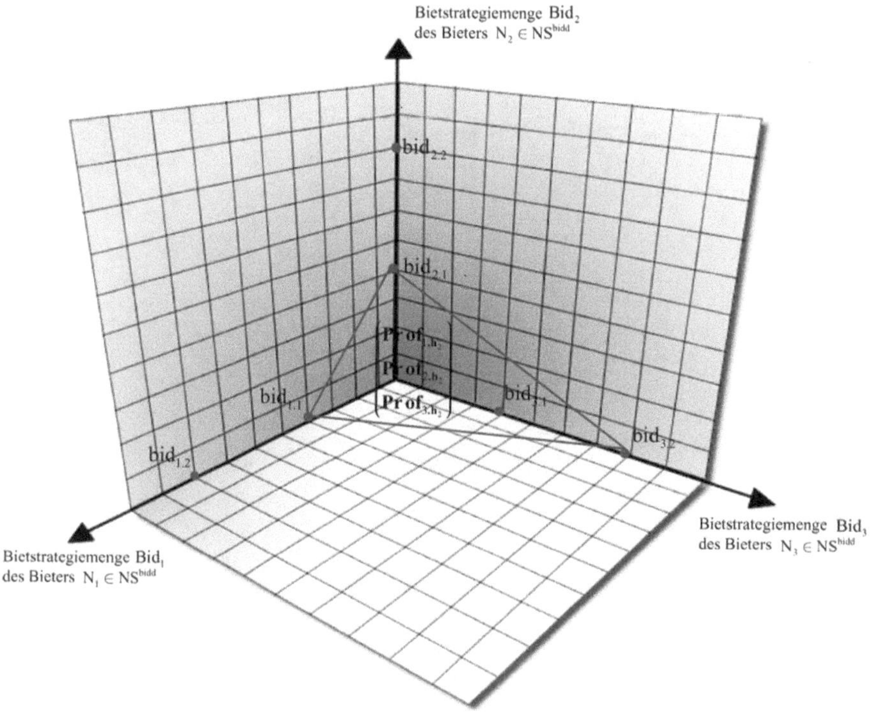

Abbildung 56: Spiel $\Gamma^{B2B\text{-}Au}$ als 3-Personen-Spiel mit der Bietstrategiekombination $bidp_{h_2} = \left(bid_{1.h_2(1)}, bid_{2.h_2(2)}, bid_{3.h_2(3)}\right)$ der Bieter

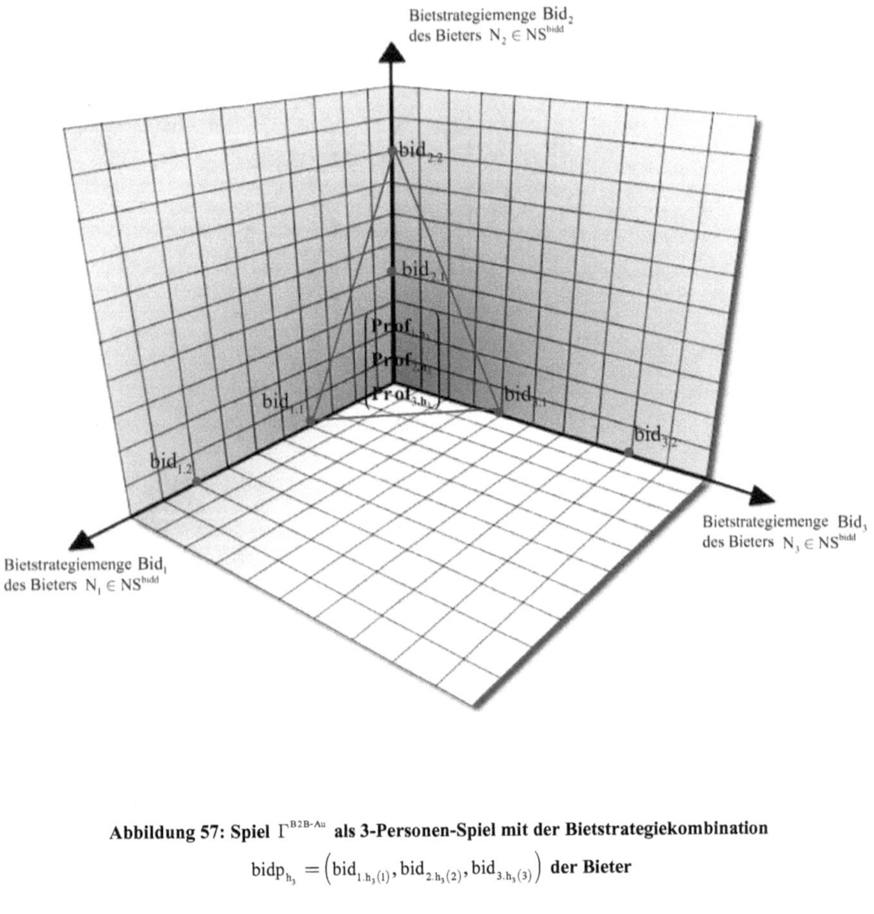

Abbildung 57: Spiel $\Gamma^{B2B\text{-}Au}$ als 3-Personen-Spiel mit der Bietstrategiekombination $bidp_{h_3} = \left(bid_{1.h_3(1)}, bid_{2.h_3(2)}, bid_{3.h_3(3)}\right)$ der Bieter

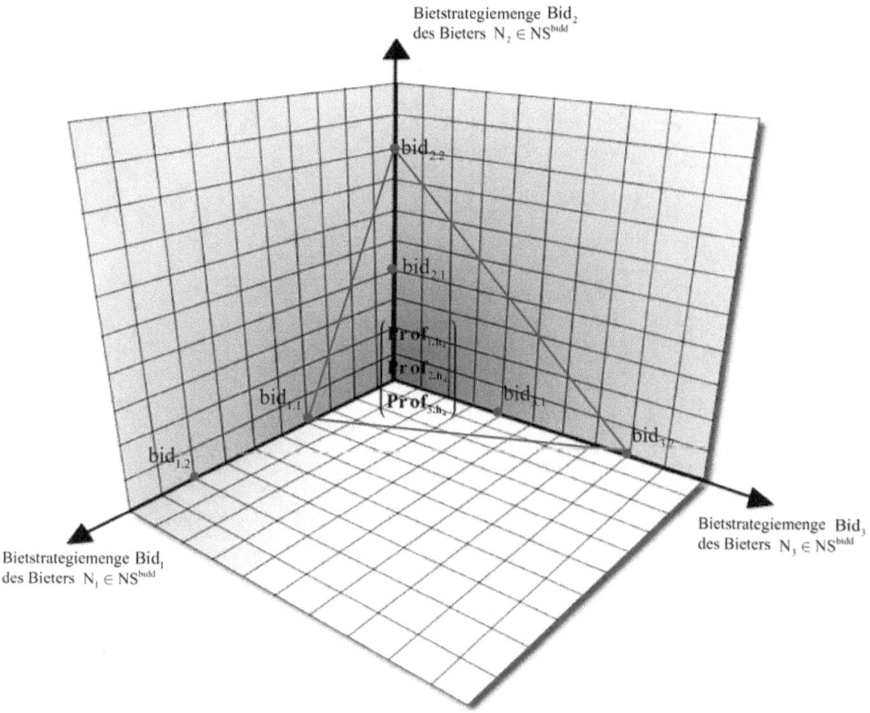

Abbildung 58: Spiel $\Gamma^{B2B\text{-}Au}$ als 3-Personen-Spiel mit der Bietstrategiekombination
$bidp_{h_4} = \left(bid_{1.h_4(1)}, bid_{2.h_4(2)}, bid_{3.h_4(3)}\right)$ der Bieter

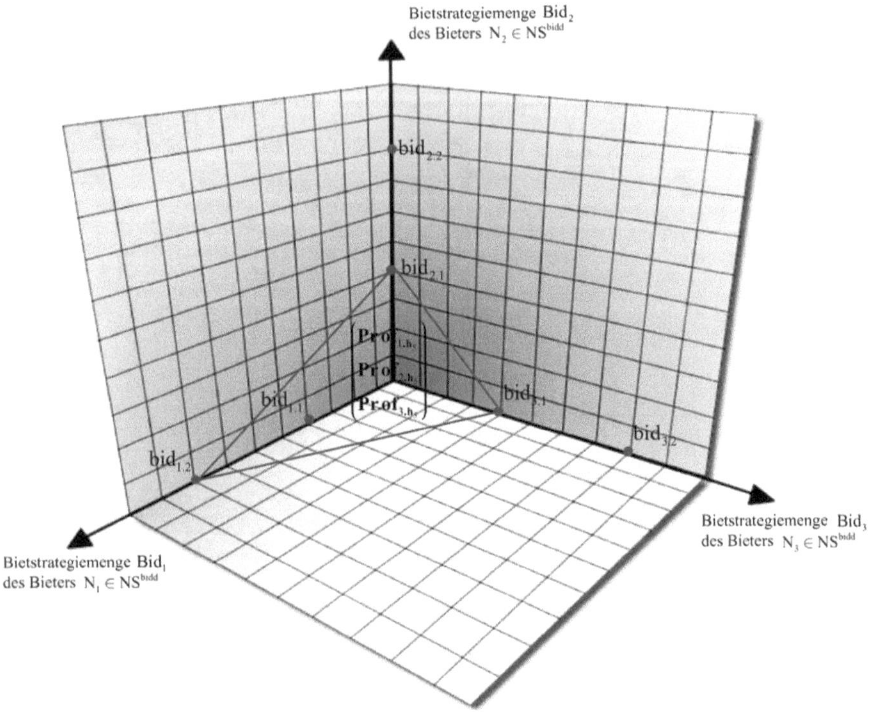

Abbildung 59: Spiel $\Gamma^{B2B\text{-}Au}$ als 3-Personen-Spiel mit der Bietstrategiekombination $bidp_{h_5} = \left(bid_{1.h_5(1)}, bid_{2.h_5(2)}, bid_{3.h_5(3)}\right)$ der Bieter

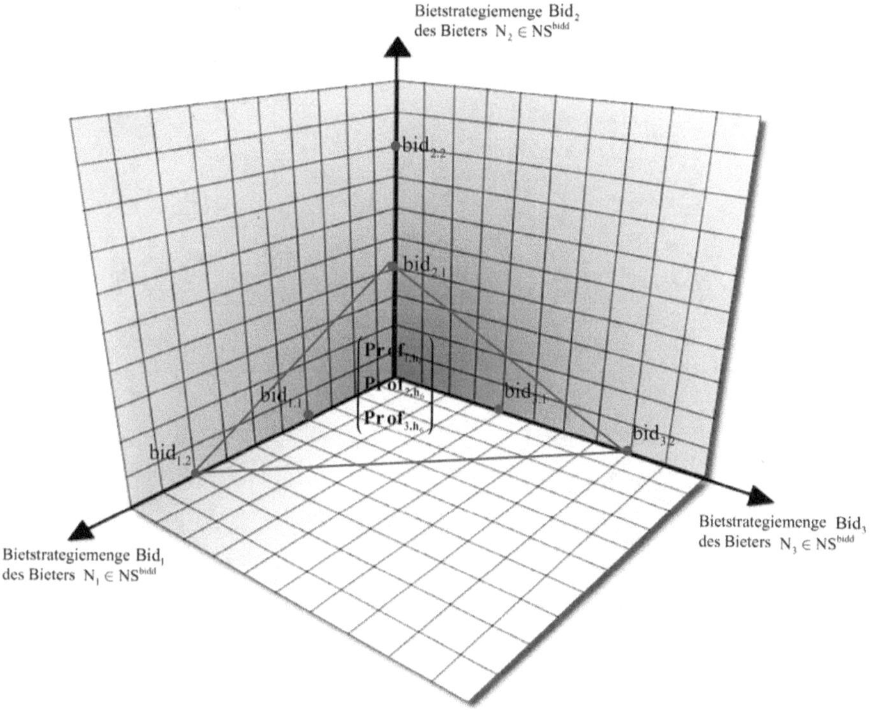

Abbildung 60: Spiel $\Gamma^{B2B\text{-}Au}$ als 3-Personen-Spiel mit der Bietstrategiekombination

$bidp_{h_6} = \left(bid_{1.h_6(1)}, bid_{2.h_6(2)}, bid_{3.h_6(3)}\right)$ **der Bieter**

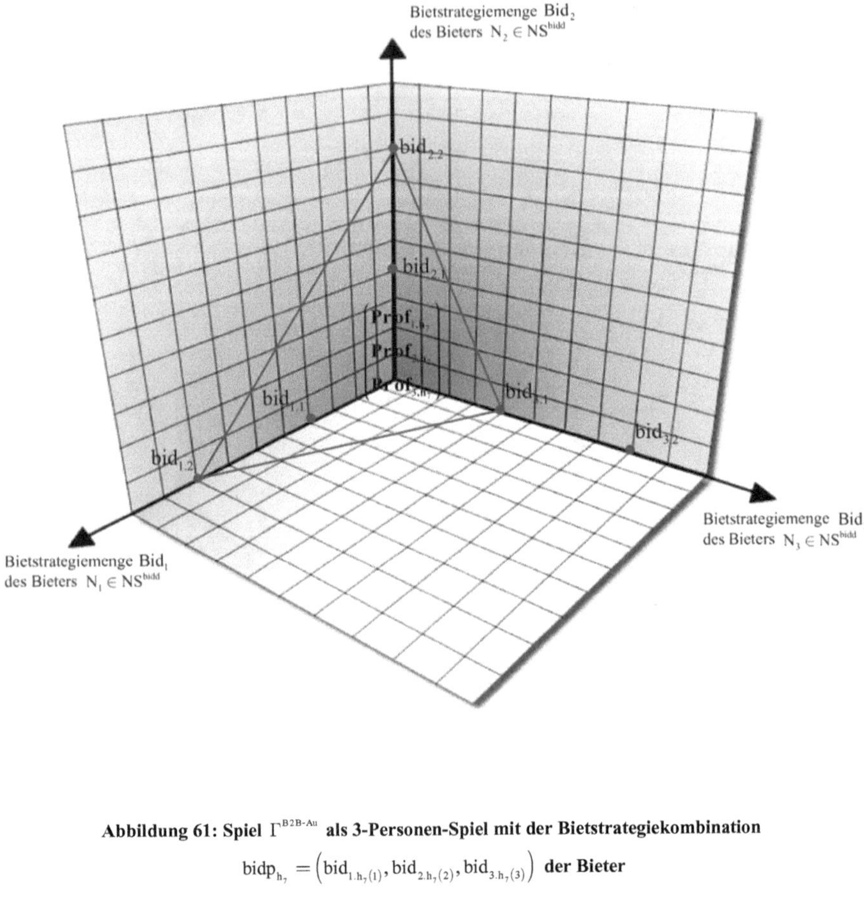

Abbildung 61: Spiel $\Gamma^{B2B\text{-}Au}$ als 3-Personen-Spiel mit der Bietstrategiekombination $bidp_{h_7} = \left(bid_{1.h_7(1)}, bid_{2.h_7(2)}, bid_{3.h_7(3)}\right)$ der Bieter

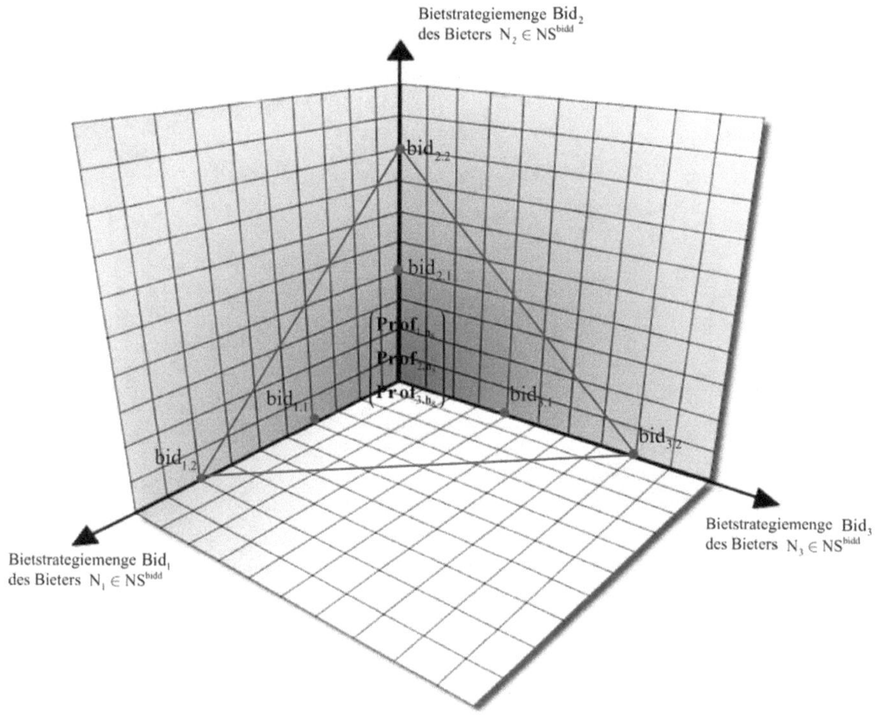

Abbildung 62: Spiel $\Gamma^{B2B\text{-}Au}$ als 3-Personen-Spiel mit der Bietstrategiekombination $bidp_{h_8} = \left(bid_{1.h_8(1)}, bid_{2.h_8(2)}, bid_{3.h_8(3)}\right)$ der Bieter

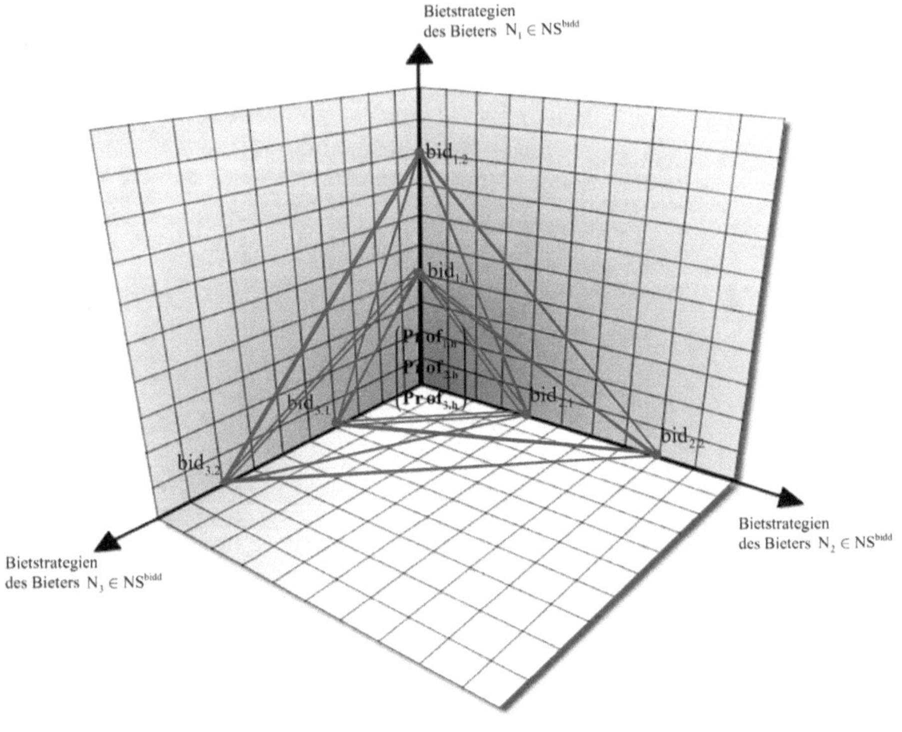

Abbildung 63: Spiel $\Gamma^{B2B\text{-}Au}$ als 3-Personen-Spiel mit der Bietstrategiekombination $bidp_h = \left(bid_{1.h(1)}, bid_{2.h(2)}, bid_{3.h(3)}\right)$ der Bieter

Des Weiteren sei beispielsweise angenommen, dass zwischen den Bietstrategien jeweils folgende *Präferenzrelation* zum einen aus der Auktionatorperspektive und zum anderen aus der Bieterperspektive vorliegt:

Als Repräsentant der Anbieterperspektive zielt der Auktionator N_0 darauf ab, die angebotenen Güterbündel-Kombinationen zu einem jeweils höchsten Preisgebot zu verkaufen. Aus der Perspektive des *Auktionators* N_0 wird vereinfacht davon ausgegangen, dass die jeweils *zweiten* Bietstrategien den jeweils *ersten* Bietstrategien präferiert werden, da diese jeweils zweiten Bietstrategien *höher* sind als die jeweils ersten Bietstrategien.

Die Bieter zielen darauf ab, die angebotenen Güterbündel-Kombinationen zu einem jeweils niedrigen Preisgebot zu erhalten. Aus der Perspektive der Bieter wird vereinfacht davon ausgegangen, dass die jeweils *ersten* Bietstrategien gegenüber den jeweils *zweiten* Bietstrategien präferiert werden, da die jeweils ersten Bietstrategien *niedriger* sind als die jeweils zweiten Bietstrategien.

Die folgende Tabelle 113 zeigt vereinfacht aus der Perspektive der Spieler, d.h. sowohl aus der Perspektive des Auktionators N_0 als auch aus der Perspektive der Bieter N_i mit $i \in \{1, 2, 3\}$, zum einen die jeweils angenommene Präferenzrelation und zum anderen die jeweils unter Berücksichtigung dieser Annahme zugrunde liegende Bietstrategiekombination der Bieter und schließlich – aus den Abbildungen 55 bis 62 zu dem Spiel $\Gamma^{B2B\text{-}Au}$ als 3-Personen-Spiel – die jeweils zugrunde liegende Abbildung auf.

Spieler (-perspektive)	*Präferenzrelation*	*präferierte Bietstrategiekombination*	*Spielergebnisse*	*Abbildung*
Auktionator	$bid_{12} \succ bid_{11}$, $bid_{22} \succ bid_{21}$ und $bid_{32} \succ bid_{31}$.	$bid_{i.h_8(i)} = \begin{pmatrix} bid_{1.h_8(1)} \\ bid_{2.h_8(2)} \\ bid_{3.h_8(3)} \end{pmatrix}$ mit $i = 1,2,3$	$Proc_0$ unter Berücksichtigung von $bid_{i.h_8(i)} = \begin{pmatrix} bid_{1.h_8(1)} \\ bid_{2.h_8(2)} \\ bid_{3.h_8(3)} \end{pmatrix}$	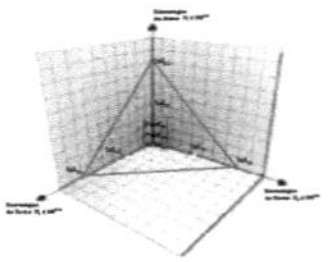
Bieter	$bid_{11} \succ bid_{12}$, $bid_{21} \succ bid_{22}$ und $bid_{31} \succ bid_{32}$.	$bid_{i.h_1(i)} = \begin{pmatrix} bid_{1.h_1(1)} \\ bid_{2.h_1(2)} \\ bid_{3.h_1(3)} \end{pmatrix}$	$\begin{pmatrix} Prof_{1.h_1} \\ Prof_{2.h_1} \\ Prof_{3.h_1} \end{pmatrix}$	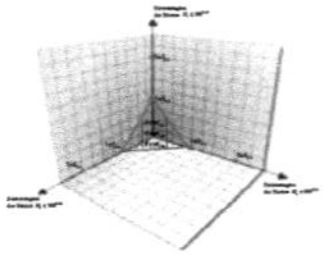

Tabelle 113: Spiel als 3-Personen-Spiel mit präferierten Kombinationen von zulässigen Preisgeboten für die angebotenen Güterbündel-Kombinationen

Klassifizierung des Spiels $\Gamma^{B2B\text{-}Au}$ auf der Basis der Summe der *Spielergebnisse*

Aus der *Anbieterperspektive* existiert ein Auktionator N_0 mit nur *einem* Spielergebnis $Proc_0$. Im Hinblick auf den Auktionator N_0 mit nur einem Spielergebnis $Proc_0$ kann keine „Summe" der Spielergebnisse des Auktionators N_0 gebildet werden. Im Folgenden wird deshalb davon ausgegangen, dass keine Spezifikation des Spiels $\Gamma^{B2B\text{-}Au}$ auf der Basis der Summe der Spielergebnisse des Auktionators N_0 erfolgen kann. Vielmehr gilt, dass der Auktionator N_0 entweder einen Zuschlag für jene Güterbündel-Kombinationen, die seinen Erlös maximieren, erteilt oder er erteilt keinen Zuschlag pro angebotene Güterbündel-Kombination und trägt die fixen Kosten für die Auktionsdurchführung i.H.v. $Cost_0^{fix}$.

- Ausgewählte *Interaktionsform* für das Spiel $\Gamma^{B2B\text{-}Au}$

Im Hinblick auf die in der Fachliteratur existierenden Interaktionsformen der nichtkooperativen Spieltheorie[1)] der simultanen Spiele und der sequentiellen Spiele wird das Spiel $\Gamma^{B2B\text{-}Au}$ im Rahmen der vorliegenden Arbeit als ein *sequentielles Spiel* interpretiert. Während beispielsweise in Anlehnung an HOLLER/ILLING und in Anlehnung an CARMICHAEL simultane Spiele von einer zeitgleichen individuellen Entscheidung der Bieter ausgehen, ermöglichen sequentielle Spiele eine zeitlich versetzte individuelle Entscheidung der Bieter[2)].

Wie bereits erläutert, beruht die Modellierung der zeitlich versetzten Abgabe der Preisgebote für die angebotenen Güterbündel-Kombinationen eines Bieters N_i auf einer artifiziellen Sequenzialisierung der simultanen Abgabe der Preisgebote für die angebotenen Güterbündel-Kombinationen, da die Matrix-Auktion eine simultane Abgabe der Preisgebote für die angebotenen Güterbündel-Kombinationen voraussetzt. Auf der Basis einer zeitlich versetzten Abgabe der Preisgebote für die angebotenen Güterbündel-Kombinationen der Bieter können die Entscheidungen zu unterschiedlichen Zeiten, also in einem vorher determinierten Zeitraum zeitlich versetzt, abgegeben werden. Eine

---

1) Vgl. HOLLER/ILLING (2006), S. 13; CARMICHAEL (2005), S. 6 ff.; MYERSON (2001), S. 46 f.; JOST (2001a), S. 21; LANGERFELDT (2001), S. 1620; SCHNEIDER (1997), S. 137 und BINMORE (1987), S. 189.

2) Vgl. HOLLER/ILLING (2006), S. 13 und CARMICHAEL (2005), S. 6 ff. sowie zudem MYERSON (2001), S. 46 und JOST (2001a), S. 21.

solche zeitlich versetzte Abgabe der Preisgebote für die angebotenen Güterbündel-Kombinationen eines Bieters N_i führt jedoch zu keinen Informationen über die Preisgebote für die angebotenen Güterbündel-Kombinationen der anderen Bieter. Daher kann ein Bieter N_i, der seine Preisgebote für die angebotenen Güterbündel-Kombinationen im Anschluss an die Preisgebote für die angebotenen Güterbündel-Kombinationen eines anderen Bieters aus der Bietermenge NS^{bidd} abgibt, keine Informationen über den bereits ausgeführten Spielzug dieses Bieters akquirieren. Geben die Bieter ihre Entscheidungen in einem vorher determinierten Zeitraum zu unterschiedlichen Zeiten ab und kann die zeitliche Abfolge der Spielzüge explizit berücksichtigt werden, so kann in Anlehnung an MYERSON das Spiel $\Gamma^{B2B\text{-}Au}$ als ein *dynamisches* Spiel interpretiert werden[1)].

Die Interpretation des Spiels $\Gamma^{B2B\text{-}Au}$ als ein sequentielles Spiel erscheint jedoch unter Berücksichtigung der Matrix-Auktion als diskussionswürdig. Zum einen liegen laut State-of-the-art in der Fachliteratur keine Angaben darüber vor, ob die Matrix-Auktion eine statische Auktion i.S.e. statischen Spiels oder eine dynamische Auktion i.S.e. dynamischen Spiels repräsentiert. Hinsichtlich der in Kapitel 3.2.2.2 aufgezeigten Mindestanforderungen i.S.v. K.o.-Kriterien, die an die Eignung von Auktionen zur Lösung des Reallokationsproblems gestellt werden, wird im Rahmen der vorliegenden Arbeit der Matrix-Auktion als eine *statische* Auktion ein *dynamischer Charakter* zugeordnet[2)]. D.h., die Matrix-Auktion wird in zwei Auktionsstufen zerlegt. Auf *einer jeden* Auktionsstufe wird *jeweils ein* Spielzug realisiert. Während in der 1. Auktionsstufe alle Bieter aus der Bietermenge NS^{bidd} jeweils ihre zulässigen Preisgebote für die angebotenen Güterbündel-Kombinationen abgeben, können in der 2. Auktionsstufe nur noch zwei Bieter erneut jeweils zulässige Preisgebote für die angebotenen Güterbündel-Kombinationen abgeben. Beim Übergang von der 1. Auktionsstufe zu der nächsten 2. Auktionsstufe wird derjenige Bieter N_i mit dem niedrigsten Preisgebot für die Gesamtheit aller angebotenen Güterbündel-Kombinationen eliminiert. Zu bemerken ist, dass in der 1. Auktionsstufe bei drei Bietern aus der Bietermenge NS^{bidd} drei Spielstufen und in der 2. Auktionsstufe bei nur noch zwei Bietern zwei Spielstufen festgelegt werden.

---

1) Vgl. MYERSON (2001), S. 46 f.

2) Vgl. Kapitel 1.3 und Kapitel 3.2.2.2 der vorliegenden Arbeit.

Eine „rein" dynamische Betrachtung, d.h. die Interpretation der Matrix-Auktion als eine dynamische Auktion, erscheint der Verfasserin nicht plausibel, da die Matrix-Auktion, die als eine Kombination der Mehrgüterauktion und der VICKREY-Auktion interpretiert werden kann, wie die (Standard-)VICKREY-Auktion eine statische Auktion ist.

Ein sequentielles Spiel kann zwar in Anlehnung an HOLLER/ILLING und in Anlehnung an JOST die sequentielle Interaktion der Bieter durch einen Spielbaum graphisch repräsentieren[1]. Jedoch ist eine solche sequentielle Interaktion der Bieter im Rahmen der Modellierung des Realproblems der nationalen Reallokation von Treibhausgas-Emissionsrechten und Treibhausgas-Emissionsgutschriften auf Unternehmensebene wegen der artifiziellen Sequenzialisierung der simultanen Abgabe der Preisgebote für die angebotenen Güterbündel-Kombinationen nicht gegeben. Daher stellt die Aneinanderreihung der Entscheidungsknoten nicht die zeitliche Struktur der Abgabe der Preisgebote für die angebotenen Güterbündel-Kombinationen, sondern eine artifizielle Sequenzialisierung der simultanen Abgabe der Preisgebote für die angebotenen Güterbündel-Kombinationen dar. Somit kann die Reihenfolge, in der die individuellen Entscheidungen der Bieter getroffen werden, aufgezeigt werden. In Anlehnung an WATSON kann auch die simultane Interaktion der Bieter durch einen Spielbaum graphisch dargestellt werden[2], indem Informationsmengen eingeführt und Entscheidungsknoten jeweils eines Bieters N_i zu einer Informationsmenge zusammengefasst werden.

Im Rahmen dieser denkmöglichen formal vereinfachten Rekonstruktion der auktionsbasierten nationalen Reallokation von Treibhausgas-Emissionsrechten und Treibhausgas-Emissionsgutschriften auf Unternehmensebene im spieltheoretischen Rahmen hat sich die Verfasserin an den in Kapitel 4.1.2 präsentierten Gestaltungsoptionen der nicht-kooperativen Spieltheorie für die Modellierung von Realproblemen im Allgemeinen orientiert[3]. Weiterhin hat die Verfasserin im Hinblick auf die *Umformulierung* der Gestaltungsoptionen der nicht-kooperativen Spieltheorie für die Modellierung von Realproblemen im Allgemeinen im Hinblick auf das Spiel $\Gamma^{B2B\text{-}Au}$ für die nicht-

1) Vgl. HOLLER/ILLING (2006), S. 13 und JOST (2001a), S. 22.

2) Vgl. WATSON (2002), S. 17.

3) Vgl. Kapitel 4.1.2 der vorliegenden Arbeit.

kooperative spieltheoretische Modellierung der auktionsbasierten nationalen Reallokation von Treibhausgas-Emissionsrechten und Treibhausgas-Emissionsgutschriften auf Unternehmensebene *Fokussierungen* vorgenommen. Im Folgenden stellt die Verfasserin eine Übersicht über die *fokussierte Gestaltung* des Spiels $\Gamma^{B2B\text{-}Au}$ auf, die der formal vereinfachten Rekonstruktion der auktionsbasierten nationalen Reallokation von Treibhausgas-Emissionsrechten und Treibhausgas-Emissionsgutschriften auf Unternehmensebene im spieltheoretischen Rahmen zugrunde liegt. Bei der Ausarbeitung dieser Übersicht sind die Forschungsperspektive und der Untersuchungsgegenstand zu präzisieren. Um eine konzeptionelle Einseitigkeit zu vermeiden, werden die fokussierten Aspekte jeweils den alternativen, im „Schatten“ bleibenden Aspekten gegenübergestellt.

Zu bemerken ist, dass die Verfasserin beispielsweise im Hinblick auf die beiden Darstellungsformen der nicht-kooperativen Spieltheorie, der Normalform $\Gamma^{no/B2B\text{-}Au}$ des Spiels und der Extensivform $\Gamma^{ex/B2B\text{-}Au}$ des Spiels, die *nicht* zwei disjunkte Klassen, sondern vielmehr zwei verschiedene Darstellungsformen der gleichen strategischen Entscheidungssituation darstellen, keine „scharfe“ Abgrenzung vorgenommen hat.

Fokussierung auf …	*im Schatten bleibend* …
➢ Spiel $\Gamma^{B2B\text{-}Au}$ mit *imperfekter* Information aller Bieter	➢ Spiel $\Gamma^{B2B\text{-}Au}$ mit *perfekter* Information aller Bieter
➢ Spiel $\Gamma^{B2B\text{-}Au}$ mit *vollständiger* Information aller Bieter	➢ Spiel $\Gamma^{B2B\text{-}Au}$ mit *unvollständiger* Information aller Bieter
➢ Spiel $\Gamma^{B2B\text{-}Au}$ mit *vollkommener Erinnerung* aller Bieter	➢ Spiel $\Gamma^{B2B\text{-}Au}$ mit *unvollkommener Erinnerung* aller Bieter
➢ Spiel $\Gamma^{B2B\text{-}Au}$ mit Rückmeldung über die Entscheidung und das Verhalten der anderen Bieter am Ende des gesamten Spiels $\Gamma^{B2B\text{-}Au}$ ➢ *open loop*	➢ Spiel $\Gamma^{B2B\text{-}Au}$ mit Rückmeldung über die Entscheidung und das Verhalten der anderen Bieter am Ende einer jeden Spielstufe ➢ *closed loop*
➢ Spiel $\Gamma^{B2B\text{-}Au}$ als *2-Personen-Spiel* auf der 2. Auktionsstufe und insgesamt als *3-Personen-Spiel*	➢ Spiel $\Gamma^{B2B\text{-}Au}$ als *2-Personen-Spiel* und als *n-Personen-Spiel* mit $n \geq 4$
➢ Spiel $\Gamma^{B2B\text{-}Au}$ als 2-Personen-*Nicht-Nullsummespiel*	➢ Spiel $\Gamma^{B2B\text{-}Au}$ als 2-Personen-*Nullsummenspiel*, *n*-Personen-*Nullsummenspiel* mit $n \geq 4$, 2-Personen-*Konstantsummenspiel* mit $c \neq 0$, *n*-Personen-*Konstantsummenspiel* mit $c \neq 0$, 2-Personen-*Nicht-Konstantsummenspiel* und *n*-Personen-*Nicht-Konstantsummenspiel*
➢ *Extensivform* $\Gamma^{ex/B2B\text{-}Au}$ des Spiels	➢ *Normalform* $\Gamma^{no/B2B\text{-}Au}$ des Spiels
➢ Spiel $\Gamma^{B2B\text{-}Au}$ als *sequentielles Spiel*	➢ Spiel $\Gamma^{B2B\text{-}Au}$ als *simultanes Spiel*

4.3 Lösungskonzepte der nicht-kooperativen Spieltheorie

Die nicht-kooperative spieltheoretische Modellierung des Reallokationsproblems als *Real*problem stellt das *Formal*problem der vorliegenden Arbeit dar. Zur Lösung des Formalproblems können die laut State-of-the-art in der Fachliteratur existieren *Lösungskonzepte* berücksichtigt werden[1]. Aus spieltheoretischer Perspektive können Lösungskonzepte, Gleichgewichtskonzepte oder Verhaltenskonzepte[2] zur Analyse von strategischen Entscheidungssituationen sowie zur Analyse und Beschreibung des strategischen Entscheidungsverhaltens herangezogen werden, um schließlich eine *Lösung* zu ermitteln[3]. In der nicht-kooperativen Spieltheorie kann eine Lösung als ein „Vorschlag" definiert werden, wie ein gegebenes Spiel Γ gespielt werden kann[4]. VAN DAMME definiert eine Lösung wie folgt:

„A solution is defined as a set of rules which tell each player how to behave in every situation that may conceivably arise […]"[5]

Eine – durch ein Lösungskonzept der nicht-kooperativen Spieltheorie – vorgeschlagene Lösung ist so zu gestalten, dass jeder individuelle Spieler i mit $i \in N$, $N = \{1,...,n\}$, $n \geq 2$ und $n \in \mathbb{N}$ unter der Prämisse, dass jeder andere Spieler j mit $j \in N \setminus \{i\}$ an dieser Lösung festhält, ein Eigeninteresse daran hat, *nicht* von dieser Lösung abzuweichen[6]. In der nicht-kooperativen Spieltheorie wird eine Lösung auch als „Gleichgewicht" bezeichnet[7]. Im Hinblick auf ein solches Gleichgewicht findet in der Fachliteratur auch die Bezeichnung „self-enforcing" – selbst stabilisierend – Anwendung[8]. Demgegenüber

1) Vgl. HOLLER/ILLING (2006), S. 54 ff.; BERNINGHAUS ET AL. (2006), S. 104 ff.; GÜTH (1999), S. 80 ff. und RIECK (1993), S. 155 ff.

2) Vgl. JOST (2001a), S. 43. Die Begriffe „Lösungskonzepte", „Gleichgewichtskonzepte" und „Verhaltenskonzepte" werden im Rahmen der vorliegenden Arbeit synonym verwendet.

3) Vgl. RIECK (2006), S. 23 und BAIRD/GERTNER/PICKER (1998), S. 11.

4) Vgl. RIECK (2006), S. 23.

5) VAN DAMME (1987), S. 2 (Kursiv-Hervorhebung durch die Verfasserin).

6) Vgl. HOLLER/ILLING (2006), S. 6 und BERNINGHAUS ET AL. (2006), S. 17.

7) Vgl. HOLLER/ILLING (2006), S. 6 und EICHBERGER (1993), S. 47.

8) Vgl. BERNINGHAUS ET AL. (2006), S. 17; GÜTH (1999), S. 59; RIECK (1993), S. 237; GIBBONS (1992), S. 8; VAN DAMME (1991), S. 2; LUTZ (1984), S. 19 und HARSANYI/SELTEN (1979), S. 8.

sind alle „Nicht-Gleichgewichte"[1] „self-destabilising" – selbst destabilisierend oder selbst zerstörend, da mindestens ein Spieler i existiert, der sich durch einseitiges Abweichen vom Gleichgewicht zu einer alternativen Strategie verbessern kann[2]. Ein Eigeninteresse kann beispielsweise als das individuelle Ziel eines jeden Spielers i zur Maximierung seines Spielergebnisses definiert sein.

Mit Hilfe existierender *Lösungskonzepte*[3] kann für eine Klasse von Spielen eine Lösung ermittelt werden[4]. Lösungskonzepte können in Abhängigkeit von Interaktionsformen in Lösungskonzepte für *simultane* Spiele und in Lösungskonzepte für *sequentielle* Spiele differenziert werden. Unter Berücksichtigung einer solchen Klassifizierung gibt die folgende Abbildung – ohne einen Anspruch auf Vollständigkeit zu erheben – einen Überblick über die in der Fachliteratur existierenden alternativen Lösungskonzepte sowohl für simultane Spiele als auch für sequentielle Spiele[5].

Zu bemerken ist, dass die folgende Abbildung 63 keine hierarchische Systematisierung der Lösungskonzepte präsentiert, sondern *alternative* Lösungskonzepte ohne „Teilmengencharakter" aufzeigt. Daher gilt, dass, wenn in einem Spiel festgestellt werden konnte, dass keine Lösung existiert, die ein Lösungskonzept erfüllt, der Übergang zu einem alternativen Lösungskonzept denkmöglich ist.

1) Vgl. BERNINGHAUS ET AL. (2006), S. 24.

2) Vgl. BERNINGHAUS ET AL. (2006), S. 24; GÜTH (1999), S. 59; RIECK (1993), S. 236 und HARSANYI/SELTEN (1979), S. 8.

3) Im Folgenden verwendet die Verfasserin statt dem Ausdruck „Lösungskonzepte der nichtkooperativen Spieltheorie" den Begriff „Lösungskonzepte", um mit dieser verkürzten Schreibweise die Ausführungen nicht „aufzublähen" und das Verständnis für Dritte zu erleichtern.

4) Vgl. RIECK (1993), S. 19.

5) Vgl. z.B. HOLLER/ILLING (2006), S. 54 ff. und 113 ff.; RIECK (1993), S. 153 ff. sowie GÜTH (1992), S. 51 ff.

Ein solcher Übergang kann im Hinblick auf Aspekte, wie

- *Erwartungen* über die Strategiewahl des jeweils anderen Spielers,
- simultane Spiele mit *unvollständiger* Information,
- *Zufallsexperimente*,
- simultane Spiele bei *„zitternder“ Strategiewahl*,
- *Wahrscheinlichkeitseinschätzungen* über die Strategiewahl und
- sequentielle Spiele bei *„zitternder“ Strategiewahl*

erfolgen.

Beispielsweise ist ein Übergang vom Lösungskonzept *Gleichgewicht in dominanten Strategien* zum Lösungskonzept des NASH-Gleichgewichts im Hinblick auf *Erwartungen* über die Strategiewahl des jeweils anderen Spielers denkmöglich.

Die zur Anwendung kommenden Aspekte werden in der folgenden Abbildung 64 mit „im Hinblick auf …“ aufgeführt. Die in der Abbildung 64 eingezeichneten Pfeile führen unter Berücksichtigung der jeweiligen Aspekte von einem Lösungskonzept zu den alternativen Lösungskonzepten[1].

1) Zu Lösungskonzepten der nicht-kooperativen Spieltheorie für *simultane Spiele*, wie *Gleichgewicht in dominanten Strategien*, vgl. z.B. HOLLER/ILLING (2006), S. 6 f. und BERNINGHAUS ET AL. (2006), S. 16 ff., *NASH-Gleichgewicht* vgl. z.B. HOLLER/ILLING (2006), S. 54; JOST (2001a), S. 51; AMANN (1999), S. 9; AMANN (1999), S. 35; FEESS (1998), S. 15 und RIECK (1993), S. 153 ff., *Bayes-NASH-Gleichgewichten* vgl. z.B. HOLLER/ILLING (2006), S. 78 ff.; BERNINGHAUS ET AL. (2006), S. 81 ff.; RASMUSEN (2004), S. 137 ff.; OSBORNE (2004), S. 281; HARGREAVES HEAP/VAROUFAKIS (2004), S. 85 ff.; WIESE (2002), S. 349 ff.; WATSON (2002), S. 256 ff.; MYERSON (2001), S. 127 ff.; JOST (2001a), S. 54 f.; DUTTA (1999), S. 332 ff.; RIECK (1993), S. 42 f.; EICHBERGER (1993), S. 132 ff.; FUDENBERG/ TIROLE (1992), S. 209 ff. und GIBBONS (1992), S. 144 ff., zu *Gleichgewichten in korrelierten Strategien* vgl. z.B. HOLLER/ILLING (2006), S. 87 ff.; BERNINGHAUS ET AL. (2006), S. 345, dort in Fn. 5); WIESE (2002), S. 385 ff.; MYERSON (2001), S. 249 ff.; GÜTH (1999), S. 65; OWEN (1995), S. 182 ff. und FUDENBERG/TIROLE (1992), S. 53 ff. sowie zur *Trembling-Hand-Perfektheit* vgl. z.B. HOLLER/ ILLING (2006), S. 103 ff.; RASMUSEN (2004), S. 139; NASH (1994), S. 204; RIECK (1993), S. 180 ff. und VAN DAMME (1987), S. 16. Zu Lösungskonzepten der nicht-kooperativen Spieltheorie für *sequentielle Spiele*, wie *Teilspielperfektheit*, vgl. z.B. SELTEN (1965a), S. 301 ff. und SELTEN (1965b), S. 667 ff. sowie zudem HOLLER/ILLING (2006), S. 111; BERNINGHAUS ET AL. (2006), S. 107; RASMUSEN (2004), S. 90; MYERSON (2001), S. 183; LANGERFELDT (2001), S. 1621; BINMORE (1998), S. 26; FEESS (1998), S. 30; ILLING (1997), S. 331; BINMORE (1994), S. 167; RIECK (1993), S. 170; EICHBERGER (1993), S. 157 und VAN DAMME (1983), S. 7, zu *sequentiellen Gleichgewichten* vgl. z.B. HOLLER/ILLING (2006), S. 113 ff.; BERNINGHAUS ET AL. (2006), S. 117 ff.; RASMUSEN (2004), S. 139 ff.; OSBORNE (2004), S. 323 ff.; HARGREAVES HEAP/VAROUFAKIS (2004), S. 96 ff.; MYERSON (2001), S. 154 ff.; GÜTH (1999), S. 96 ff.; MEHLMANN (1997), S. 56, dort in Fn. 18); RIECK (1993), S. 188 ff.; EICHBERGER (1993), S. 171 ff.; FUDENBERG/TIROLE (1992), S. 337 ff.; SCHWÖDIAUER (1992), S. 63; VAN DAMME (1991), S. 8 ff.; BINMORE (1987), S. 191 f. und KREBS/WILSON (1982), S. 872 ff. sowie zu *Trembling-hand-perfekten Gleichgewichten* vgl. z.B. HOLLER/ILLING (2006), S. 121 ff.; HARGREAVES HEAP/ VAROUFAKIS (2004), S. 80 ff.; FUDENBERG/TIROLE (1992), S. 351 ff. und BINMORE (1987), S. 191.

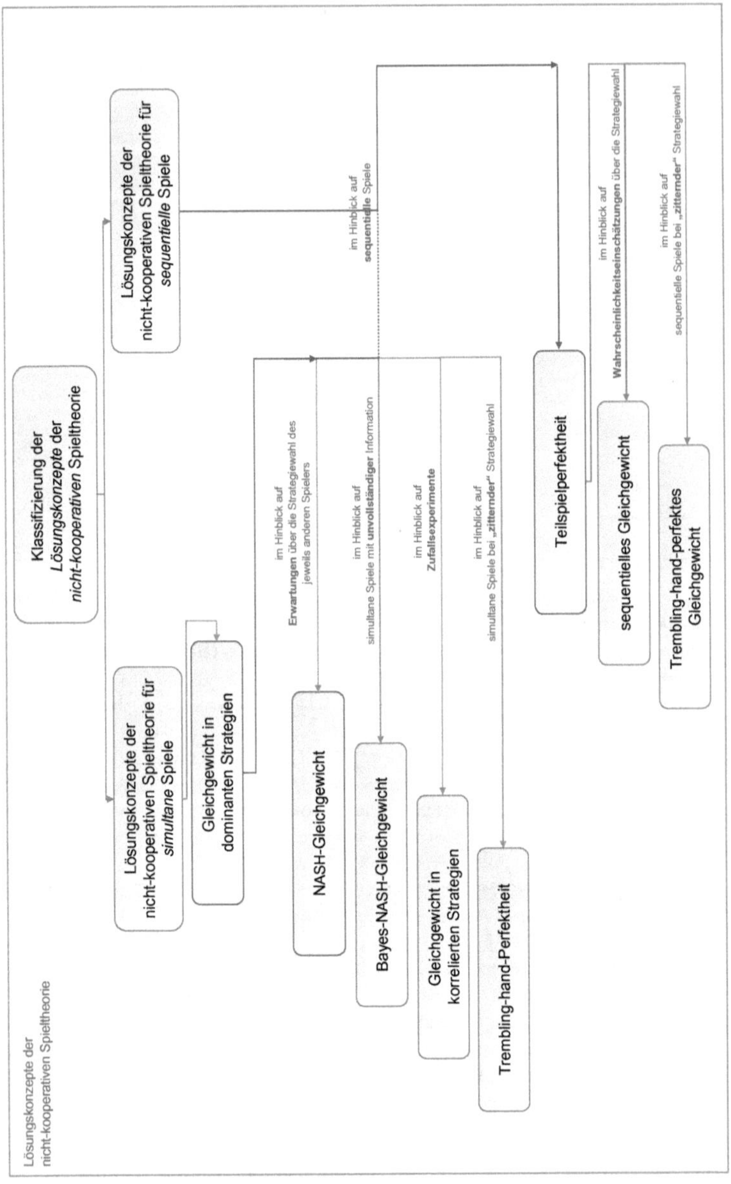

Abbildung 64: Lösungskonzepte der nicht-kooperativen Spieltheorie

Zu bemerken ist, dass eine Bewertung der Eignung der Lösungskonzepte für das Formalproblem der spieltheoretischen Modellierung des Re-Allokationsproblems *nicht* Erkenntnisziel der vorliegenden Arbeit ist. Vielmehr erfolgen im Folgenden eine Einschränkung auf die *Teilspielperfektheit* als ein Lösungskonzept für sequentielle Spiele und eine Abgrenzung von Lösungskonzepten für *simultane* Spiele, wie das Gleichgewicht in korrelierten Strategien, Maximinlösung und das Bayes´sches Gleichgewicht, sowie von Lösungskonzepten für *sequentielle* Spiele, wie das sequentielle Gleichgewicht, perfektes Gleichgewicht und das streng perfektes Gleichgewicht.

In der vorliegenden Arbeit wird die Matrix-Auktion als sequentielles (Auktions-)Spiel durch eine artifizielle Sequenzialisierung der simultanen Abgabe der Preisgebote für die angebotenen Güterbündel-Kombinationen eines jeden Bieters N_i aus der Bietermenge NS^{bidd} modelliert. Da das NASH-Gleichgewicht ein Lösungskonzept für simultane Spiele darstellt, erfolgt die Einschränkung auf die Teilspielperfektheit als ein Lösungskonzept für *sequentielle* Spiele.

Zudem fokussiert sich die Verfasserin auf die Teilspielperfektheit, da die Essenz der Teilspielperfektheit darin liegt, *unplausible* NASH-Gleichgewichte zu eliminieren. Durch die Eliminierung unplausibler NASH-Gleichgewichte kann im günstigsten Fall auf ein betriebwirtschaftlich wünschenswertes, eindeutiges und plausibles NASH-Gleichgewicht eingeschränkt und ein Auktionsspiel gelöst werden.

Demnach rücken im Rahmen der vorliegenden Arbeit Lösungskonzepte für simultane Spiele in den Hintergrund, so dass im Folgenden Lösungskonzepte für *sequentielle Spiele* an Bedeutung gewinnen[1)]. Zu bemerken ist jedoch, dass Lösungskonzepte für simultane Spiele nicht vollkommen ausgeschlossen werden, da die Teilspielperfektheit – ein Lösungskonzept für sequentielle Spiele – als eine *Alternative* des NASH-Gleichgewichts[2)] – ein Lösungskonzept für simultane Spiele mit vollständiger Information – für sequentielle Spiele angesehen wird. Von einer weiteren denkmöglichen Alternative zur Teilspielperfektheit wird im Rahmen der vorliegenden Arbeit abgesehen.

---

1) Vgl. Kapitel 1.1 der vorliegenden Arbeit.

2) Vgl. z.B. HOLLER/ILLING (2006), S. 110 ff.; GÜTH (1999), S. 80 ff.; SELTEN (1994), S. 95; EICHBERGER (1993), S. 157; RIECK (1993), S. 170 und VAN DAMME (1983), S. 113.

In der Abbildung 64 werden die alternativen Lösungskonzepte, die im Folgenden Berücksichtigung finden, mit einer blauen Umrandung hervorgehoben. D.h., das NASH-Gleichgewicht ist erforderlich, um die Teilspielperfektheit zu definieren. Da das NASH-Gleichgewicht auf dem Gleichgewicht in dominanten Strategien basiert, wird auch auf das Gleichgewicht in dominanten Strategien kurz zurückgegriffen. Deshalb gewinnen im Rahmen der vorliegenden Arbeit folgende alternative Lösungskonzepte an Bedeutung:

- *Gleichgewicht in dominanten Strategien* als ein Lösungskonzept für simultane Spiele,
- *NASH-Gleichgewicht* als ein alternatives Lösungskonzept für simultane Spiele mit vollständiger Information im Hinblick auf Erwartungen über die Strategiewahl des jeweils anderen Spielers sowie
- *Teilspielperfektheit* als eine Alternative des NASH-Gleichgewichts für sequentielle Spiele.

Gleichgewicht in dominanten Strategien als ein Lösungskonzept für simultane Spiele

Als ein Lösungskonzept für simultane Spiele als einstufige Spiele, die keine Interaktionsmöglichkeiten zwischen den Spielern zulassen, kann das Gleichgewicht in dominanten Strategien angesehen werden[1]. Das Gleichgewicht in dominanten Strategien fordert, dass jeder Spieler i – unabhängig vom Verhalten der anderen Spieler, d.h. für jede *beliebige* Strategie der anderen Spieler[2] – über jeweils eine dominante Strategie verfügt.

Eine Strategie $s^*_{i.m}$ eines Spielers i heißt *streng* dominant genau dann, wenn sie im Vergleich zu jeder anderen Strategie $s_{i.t}$ (mit $s_{i.t} \neq s^*_{i.m}$) desselben Spielers i und unabhängig davon, welche Strategien $s_{j.q} \in \{s_{j.1}, ..., s_{j.Q}\}$ mit $j \in N, Q \in \mathbb{N}_+$ von allen anderen Spielern j mit $j \in N \setminus \{i\}$ ergriffen werden, dem Spieler i immer ein besseres Spielergebnis (eine höhere Auszahlung) garantiert als jede andere Strategie $s_{i.t}$[3].

---

1) Vgl. z.B. HOLLER/ILLING (2006), S. 54 f.

2) Vgl. EICHBERGER (1993), S. 63 und 65.

3) Vgl. HOLLER/ILLING (2006), S. 6; BERNINGHAUS ET AL. (2006), S. 18 ff. und 20; CARMICHAEL (2005), S. 26; JOST (2001a), S. 45 f.; GÜTH (1999), S. 54 und FEESS (1998), S. 15.

Eine Strategie $s^*_{i.m}$ eines Spielers i heißt *schwach* dominant genau dann, wenn sie im Vergleich zu jeder anderen Strategie $s_{i.t}$ (mit $s_{i.t} \neq s^*_{i.m}$) desselben Spielers i und unabhängig davon, welche Strategien $s_{j.q} \in \{s_{j.1},...,s_{j.Q}\}$ von allen anderen Spielern j ergriffen werden, für den Spieler i ein nicht geringeres Spielergebnis garantiert als jede andere Strategie $s_{i.t}$.

In Anlehnung an BERNINGHAUS ET AL. besteht der Unterschied zwischen einer streng dominanten und einer schwach dominanten Strategie darin, dass es im Gleichgewicht in schwach dominanten Strategien Strategiekombinationen geben kann, bei der sich Spieler i durch die Wahl der dominanten Strategie gegenüber den alternativen Strategiewahlen „nicht echt verbessern kann"[1)], also zwar nicht verschlechtern, aber auch nicht verbessern kann.

In einem Spiel Γ ist eine Strategiekombination sp^*_h mit $sp^*_h = (s^*_{1.h(1)},...,s^*_{n.h(n)})$ eine Lösung, d.h. ein *Gleichgewicht in dominanten Strategien*, wenn *alle* Spieler jeweils ihre dominante Strategie wählen[2)]. Dann besteht für *keinen* Spieler i ein Anreiz, von seinem Gleichgewicht in dominanten Strategien abzuweichen[3)].

1) BERNINGHAUS ET AL. (2006), S. 21.

2) Vgl. EICHBERGER (1993), S. 66.

3) Vgl. BERNINGHAUS ET AL. (2006), S. 18; HOLLER/ILLING (2006), S. 54; RIECK (2006), S. 191; RASMUSEN (2004), S. 19; WATSON (2002), S. 46; GÜTH (1999), S. 58; DUTTA (1999), S. 55 f. und EICHBERGER (1993), S. 47 und 67. Beispielsweise stellt im Spiel *Gefangenendilemma* die Strategiekombination sp^{Gd*}_h = („gestehen", „gestehen") ein Gleichgewicht in streng dominanten Strategien dar. Zu bemerken ist, dass die Differenz zwischen der Maximalgefängnisstrafe von 5 Jahren und der jeweiligen Gefängnisstrafe (ein Jahr Gefängnis, fünf Jahre Gefängnis oder Freispruch) als Spielergebnis erfasst wird. Vgl. z.B. RASMUSEN (2004), S. 20 und RIECK (1993), S. 36 f. Im Rahmen der vorliegenden Arbeit steht der Symbolindex Gd für Gefangenendilemma.

Formal gilt für

➢ ein Gleichgewicht in *streng* dominanten Strategien:

$$\begin{aligned}
&\forall i \in N,\\
&\forall s_{1.\alpha} \in S_1 = \{s_{1.1},\ldots,s_{1.\alpha}\} \text{ und } \alpha \in \mathbb{N}_+,\\
&\forall s_{i-1.\beta} \in S_{i-1} = \{s_{i-1.1},\ldots,s_{i-1.\beta}\} \text{ und } \beta \in \mathbb{N}_+,\\
&\forall s_{i.t} \in S_i = \{s_{i.1},\ldots,s_{i.M}\} \setminus \{s^*_{i.m}\} \text{ und } M \in \mathbb{N}_+,\\
&\forall s_{i+1.\delta} \in S_{i+1} = \{s_{i+1.1},\ldots,s_{i+1.\delta}\} \text{ und } \delta \in \mathbb{N}_+ \text{ sowie}\\
&\forall s_{n.\gamma} \in S_n = \{s_{n.1},\ldots,s_{n.\gamma}\} \text{ und } \gamma \in \mathbb{N}_+ :\\
&\text{out}(s_{1.\alpha},\ldots,s_{i-1.\beta},s^*_{i.m},s_{i+1.\delta},\ldots,s_{n.\gamma}) > \text{out}(s_{1.\alpha},\ldots,s_{i-1.\beta},s_{i.t},s_{i+1.\delta},\ldots,s_{n.\gamma})
\end{aligned}$$

und für

➢ ein Gleichgewicht in *schwach* dominanten Strategien:

$$\begin{aligned}
&\forall i \in N,\\
&\forall s_{1.\alpha} \in S_1 = \{s_{1.1},\ldots,s_{1.\alpha}\} \text{ und } \alpha \in \mathbb{N}_+,\\
&\forall s_{i-1.\beta} \in S_{i-1} = \{s_{i-1.1},\ldots,s_{i-1.\beta}\} \text{ und } \beta \in \mathbb{N}_+,\\
&\forall s_{i.t} \in S_i = \{s_{i.1},\ldots,s_{i.M}\} \setminus \{s^*_{i.m}\} \text{ und } M \in \mathbb{N}_+,\\
&\forall s_{i+1.\delta} \in S_{i+1} = \{s_{i+1.1},\ldots,s_{i+1.\delta}\} \text{ und } \delta \in \mathbb{N}_+ \text{ sowie}\\
&\forall s_{n.\gamma} \in S_n = \{s_{n.1},\ldots,s_{n.\gamma}\} \text{ und } \gamma \in \mathbb{N}_+ :\\
&\text{out}(s_{1.\alpha},\ldots,s_{i-1.\beta},s^*_{i.m},s_{i+1.\delta},\ldots,s_{n.\gamma}) \geq \text{out}(s_{1.\alpha},\ldots,s_{i-1.\beta},s_{i.t},s_{i+1.\delta},\ldots,s_{n.\gamma})
\end{aligned}$$

Jede dominante Strategie wird als „Gleichgewichtsstrategie" bezeichnet. Im Folgenden zielt die Verfasserin darauf ab festzustellen, ob in einem Spiel $\Gamma^{B2B\text{-}Au}$ (mindestens) eine Lösung existiert, die das Lösungskonzept des Gleichgewichts in *schwach* dominanten Strategien erfüllt[1)].

Um Festzustellen, ob (mindestens) eine Lösung existiert, die das Lösungskonzept des Gleichgewichts in dominanten Strategien erfüllt, erfolgt die *Eliminierung* dominierter

1) Im Folgenden wird das Attribut „streng" nicht mehr explizit aufgeführt, sofern nicht ausdrücklich darauf Bezug genommen wird.

Strategien[1]. Denkmöglich ist eine *einmalige* – simultane – oder eine *wiederholte* – sequentielle – Eliminierung dominierter Strategien[2]. Eine einmalige Eliminierung dominierter Strategien ist dadurch gekennzeichnet, dass für jeden Spieler i nur einmal nach dominierten Strategien gesucht wird, um diese dominierten Strategien zu streichen. Dagegen ist eine wiederholte Eliminierung dominierter Strategien dadurch gekennzeichnet, dass für jeden Spieler i mehrfach hintereinander nach dominierten Strategien gesucht wird, um diese dominierten Strategien sequentiell auszusondern[3]. Im Gegensatz zu einer simultanen Eliminierung dominierter Strategien kann eine sequentielle Eliminierung dominierter Strategien für denjenigen Spieler i entweder vorteilhaft oder auch nachteilig sein, der als erstes auf den Gebrauch dominierter Strategien verzichtet. Um die Lösung des Spiels $\Gamma^{B2B\text{-}Au}$ nicht von willkürlichen Festlegungen der Reihenfolge beim Verzicht auf dominierte Strategien abhängig zu machen, wird eine simultane Eliminierung dominierter Strategien präferiert[4]. Ist das Gleichgewicht in dominanten Strategien zur Eliminierung dominierter Strategien[5] erschöpft, d.h., konnte *überhaupt kein* Gleichgewicht in dominanten Strategien identifiziert werden, so kann zur Analyse des Spiels $\Gamma^{B2B\text{-}Au}$ zum alternativen, inhaltlich schwächeren Lösungskonzept des NASH-Gleichgewichts übergegangen werden[6].

---

1) Vgl. z.B. RIECK (2006), S. 25; MYERSON (2001), S. 57 ff. und GINTIS (2000), S. 15 f.

2) Vgl. RIECK (2006), S. 206 ff.; BERNINGHAUS ET AL. (2006), S. 21; MYERSON (2001), S. 89 ff.; GINTIS (2000), S. 16; GÜTH (1999), S. 54 ff.; RIECK (1993), S. 161 ff. und FUDENBERG/TIROLE (1992), S. 9.

3) Vgl. BERNINGHAUS ET AL. (2006), S. 21 f.; HARGREAVES HEAP/VAROUFAKIS (2004), S. 54 und GIBBONS (1992), S. 4 ff.

4) Vgl. GÜTH (1999), S. 54.

5) Vgl. RIECK (1993), S. 153 und 161.

6) Beispielsweise existiert im Spiel *Kampf der Geschlechter* kein Gleichgewicht in streng dominanten Strategien. Vgl. BERNINGHAUS ET AL. (2006), S. 23 ff.; RASMUSEN (2004), S. 28 und WATSON (2002), S. 50.

NASH-Gleichgewicht als ein Lösungskonzept für simultane Spiele mit vollständiger Information im Hinblick auf Erwartungen über die Strategiewahl des jeweils anderen Spielers

Das NASH-Gleichgewicht hat seinen Namen von dem Spieltheoretiker JOHN NASH, der im Jahr 1950 dieses Lösungskonzept für simultane Spiele mit vollständiger Information entwickelt hat[1)]. Dieses NASH-Gleichgewicht kann als eine Alternative zum Gleichgewicht in dominanten Strategien im Hinblick auf simultane Spiele – als einstufige Spiele mit nur jeweils einer Entscheidung eines Spielers – mit vollständiger Information angesehen werden[2)]. Das NASH-Gleichgewicht bestimmt eine NASH-Gleichgewichtsstrategie in Abhängigkeit von Erwartungen über die Strategiewahl aller anderen Spieler[3)]. Im Gegensatz zum Gleichgewicht in dominanten Strategien fordert das NASH-Gleichgewicht *nicht*, dass die NASH-Gleichgewichtsstrategie die „beste Antwort"[4)] i.S.e. Reaktion auf jede beliebige Strategie darstellt, die die anderen Spieler wählen können. Vielmehr fordert das NASH-Gleichgewicht, dass sich jeder Spieler i überlegt, was für ihn jeweils eine beste Antwort auf jede *rational erwartbare* Strategie für alle anderen Spieler ist[5)]. Eine Strategie ist von einem Spieler i rational erwartbar, wenn es sich für diesen Spieler i nicht lohnt, von dieser Strategie abzuweichen, sofern alle anderen Spieler von ihren Strategien im Gleichgewicht nicht abweichen[6)]. Für jeden Spieler i ist einzeln zu prüfen, ob einseitiges Abweichen zu einer alternativen Strategie für ihn vorteilhaft ist[7)]. D.h., wenn ein Spieler i das Verhalten aller anderen Spieler antizipiert und umgekehrt auch alle anderen Spieler das Verhalten des Spielers i antizipieren, so ist die Strategiekombination als Lösung des Spiels Γ insofern *plausibel*, als keiner der

1) Vgl. ILLING (1997), S. 322 und VAN DAMME (1987), S. 2.

2) Vgl. JOST (2001a), S. 51; AMANN (1999), S. 35 und RIECK (1993), S. 154 f.

3) Vgl. HOLLER/ILLING (2006), S. 57 und JOST (2001a), S. 50.

4) Vgl. HOLLER/ILLING (2006), S. 57; HARGREAVES HEAP/VAROUFAKIS (2004), S. 42; WATSON (2002), S. 50; GINTIS (2000), S. 13; EICHBERGER (1993), S. 47 und HARSANYI/SELTEN (1979), S. 8.

5) Vgl. HOLLER/ILLING (2006), S. 57; HARGREAVES HEAP/VAROUFAKIS (2004), S. 41 und 59; WIESE (2002), S. 178; WATSON (2002), S. 83; DUTTA (1999), S. 63; BAIRD/GERTNER/PICKER (1998), S. 22; ILLING (1997), S. 322; GÜTH (1994), S. 72; BINMORE (1994), S. 100 f.; EICHBERGER (1993), S. 83; VAN DAMME (1991), S. 106 und BINMORE (1987), S. 189.

6) Vgl. HOLLER/ILLING (2006), S. 111; RIECK (2006), S. 31; CARMICHAEL (2005), S. 36; RASMUSEN (2004), S. 26; FEESS (1998), S. 18; ILLING (1997), S. 322 und VAN DAMME (1983), S. 2.

7) Vgl. BERNINGHAUS ET AL. (2006), S. 24.

Spieler einen Anreiz hat, von dieser Strategiekombination auszuscheren[1].

Nach SELTEN ist eine Strategiekombination sp_h^* mit $sp_h^* = \left(s_{1.h(1)}^*, \ldots, s_{n.h(n)}^*\right)$ genau dann ein *NASH-Gleichgewicht*, *„wenn sie eine beste Antwort auf sich selber ist“*[2]. KREBS und WILSON definieren ein NASH-Gleichgewicht wie folgt:

„A strategy is a ***Nash equilibrium*** *if each player´s strategy is an optimal response to the other player´s strategies.“*[3]

In einem Spiel Γ heißt eine Strategiekombination sp_h^* mit $sp_h^* = \left(s_{1.h(1)}^*, \ldots, s_{n.h(n)}^*\right)$ ein NASH-Gleichgewicht, wenn formal[4] für

- ein *strenges* oder striktes NASH-Gleichgewicht gilt:

$$\begin{aligned}
&\forall i \in N,\\
&\forall s_{1.\alpha}^* \in S_1 = \{s_{1.1}, \ldots, s_{1.\alpha}\} \text{ und } \alpha \in \mathbb{N}_+,\\
&\forall s_{i-1.\beta}^* \in S_{i-1} = \left\{s_{i-1.1}, \ldots, s_{i-1.\beta}\right\} \text{ und } \beta \in \mathbb{N}_+,\\
&\forall s_{i.t} \in S_i = \{s_{i.1}, \ldots, s_{i.M}\} \setminus \{s_{i.m}^*\} \text{ und } M \in \mathbb{N}_+,\\
&\forall s_{i+1.\delta}^* \in S_{i+1} = \left\{s_{i+1.1}, \ldots, s_{i+1.\delta}\right\} \text{ und } \delta \in \mathbb{N}_+ \text{ sowie}\\
&\forall s_{n.\gamma}^* \in S_n = \left\{s_{n.1}, \ldots, s_{n.\gamma}\right\} \text{ und } \gamma \in \mathbb{N}_+ :\\
&\text{out}\left(s_{1.\alpha}^*, \ldots, s_{i-1.\beta}^*, s_{i.m}^*, s_{i+1.\delta}^*, \ldots, s_{n.\gamma}^*\right) > \text{out}\left(s_{1.\alpha}^*, \ldots, s_{i-1.\beta}^*, s_{i.t}, s_{i+1.\delta}^*, \ldots, s_{n.\gamma}^*\right)
\end{aligned}$$

und für

1) Vgl. HARGREAVES HEAP/VAROUFAKIS (2004), S. 59.

2) SELTEN (1994), S. 107 (Kursiv-Hervorhebung durch die Verfasserin). Vgl. zudem BERNINGHAUS ET AL. (2006), S. 37 und VAN DAMME (1983), S. 25.

3) KREBS/WILSON (1982), S. 869 (Kursiv-Hervorhebung durch die Verfasserin, Fett-Hervorhebung im Original als Kursiv-Hervorhebung).

4) Vgl. HOLLER/ILLING (2006), S. 57; RIECK (2006), S. 192; BERNINGHAUS ET AL. (2006), S. 24; CARMONA (2005), S. 183; RASMUSEN (2004), S. 26; OSBORNE (2004), S. 23; WIESE (2002), S. 178; WATSON (2002), S. 83 f.; JOST (2001a), S. 49 f.; GINTIS (2000), S. 13; DUTTA (1999), S. 64; EICHBERGER (1993), S. 84; GIBBONS (1992), S. 8; FUDENBERG/TIROLE (1992), S. 71 und BURGER (1966), S. 30.

➢ ein *schwaches* NASH-Gleichgewicht gilt:

$$\begin{aligned}
&\forall i \in \mathbb{N},\\
&\forall s^*_{1.\alpha} \in S_1 = \{s_{1.1},\dots,s_{1.\alpha}\} \text{ und } \alpha \in \mathbb{N}_+,\\
&\forall s^*_{i-1.\beta} \in S_{i-1} = \{s_{i-1.1},\dots,s_{i-1.\beta}\} \text{ und } \beta \in \mathbb{N}_+,\\
&\forall s_{i.\iota} \in S_i = \{s_{i.1},\dots,s_{i.M}\} \setminus \{s^*_{i.m}\} \text{ und } M \in \mathbb{N}_+,\\
&\forall s^*_{i+1.\delta} \in S_{i+1} = \{s_{i+1.1},\dots,s_{i+1.\delta}\} \text{ und } \delta \in \mathbb{N}_+ \text{ sowie}\\
&\forall s^*_{n.\gamma} \in S_n = \{s_{n.1},\dots,s_{n.\gamma}\} \text{ und } \gamma \in \mathbb{N}_+ :\\
&\text{out}\left(s^*_{1.\alpha},\dots,s^*_{i-1.\beta},s^*_{i.m},s^*_{i+1.\delta},\dots,s^*_{n.\gamma}\right) \geq \text{out}\left(s^*_{1.\alpha},\dots,s^*_{i-1.\beta},s_{i.\iota},s^*_{i+1.\delta},\dots,s^*_{n.\gamma}\right)
\end{aligned}$$

Eine Strategiekombination sp^*_h mit $sp^*_h = \left(s^*_{1.h(1)},\dots,s^*_{n.h(n)}\right)$ stellt ein strenges oder striktes NASH-Gleichgewicht dar, wenn sich ein Spieler i, gegeben die Gleichgewichtsstrategien aller anderen Spieler, bei der Wahl einer anderen Strategie, die nicht seiner Gleichgewichtsstrategie entspricht, schlechter stellt[1)]. Im Falle eines strengen NASH-Gleichgewichts existieren keine weiteren besten Antworten[2)]. Demgegenüber stellt eine Strategiekombination sp^*_h mit $sp^*_h = \left(s^*_{1.h(1)},\dots,s^*_{n.h(n)}\right)$ ein schwaches NASH-Gleichgewicht dar, wenn sich ein Spieler i durch Abweichen von der Gleichgewichtsstrategie zwar nicht verschlechtert muss, aber auch nicht verbessert kann[3)].

Im Folgenden zielt die Verfasserin darauf ab festzustellen, ob in einem Spiel $\Gamma^{B2B\text{-}Au}$ (mindestens) eine Lösung existiert, die das Lösungskonzept des *schwachen* NASH-Gleichgewichts erfüllt[4)].

---

1) Vgl. HOLLER/ILLING (2006), S. 58 f.

2) Vgl. WIESE (2002), S. 180.

3) Vgl. HOLLER/ILLING (2006), S. 58 f.

4) Im Folgenden wird das Attribut „schwach" nicht mehr explizit aufgeführt, sofern nicht ausdrücklich darauf Bezug genommen wird.

Die Strategie $s^*_{i.m} \in S_i$ eines jeden Spielers i stellt die beste Antwort i.S.e. optimalen Antwort[1] unter Berücksichtigung des Verhaltens aller anderen Spieler dar und wird als „NASH-Gleichgewichtsstrategie“ bezeichnet. Die Forderung nach der *Optimierung* der Antwort eines jeden Spielers i kann so interpretiert werden, dass mit der NASH-Gleichgewichtsstrategie das Spielergebnis eines jeden Spielers i zu maximieren ist[2].

Im Hinblick auf die o.a. formale Definition des NASH-Gleichgewichts besteht für keinen Spieler i ein Anreiz, von seiner Gleichgewichtsstrategie (einseitig) abzuweichen, wenn sich die anderen Spieler an diesem Gleichgewicht orientieren[3]. D.h., jeder Spieler i wählt eine Gleichgewichtsstrategie, gegeben die Gleichgewichtstrategien aller anderen Spieler. Im NASH-Gleichgewicht stimmen die Erwartungen der Spieler über die Strategiewahl der anderen Spieler mit deren tatsächlichem Handeln überein, so dass die den anderen Spielern unterstellten Strategien ihrerseits wiederum beste Antworten auf die Strategien der Spieler sind[4]. Existiert eine solche *Konsistenz* i.S.d. Widerspruchsfreiheit im Hinblick auf die Erwartungen der Spieler über die Strategiewahl der anderen Spieler, so liegen „*wechselseitig beste Antworten*“[5] vor[6]. Jedoch können i.d.R. solche Erwartungen der Spieler von der tatsächlichen Strategiewahl der anderen Spieler abweichen, so dass eine *Inkonsistenz* i.S.d. Widersprüchlichkeit existieren kann[7].

1) KREBS/WILSON (1982), S. 869 (Kursiv-Hervorhebung durch die Verfasserin).

2) Vgl. GÜTH (1999), S. 69.

3) Vgl. OSBORNE (2004), S. 22; WIESE (2002), S. 178; WATSON (2002), S. 83; SCHWÖDIAUER (1992), S. 13 und ROSENTHAL (1981), S. 94 f.

4) Vgl. JOST (2001a), S. 50 und FEESS (1998), S. 18.

5) HOLLER/ILLING (2006), S. 58 (Kursiv-Hervorhebung durch die Verfasserin).

6) Vgl. SAMUELSON (1997), S. 6, dort in Fn. 5); EICHBERGER (1993), S. 63 und HARSANYI/SELTEN (1979), S. 8.

7) Beispielsweise sind zwar im Spiel *Kampf der Geschlechter* die Strategiekombinationen $sp^{KdG*}_{h.1} = („Boxkampf“, „Boxkampf“)$ und $sp^{KdG*}_{h.2} = („Theater“, „Theater“)$ wechselseitig beste Antworten, jedoch ist fraglich, welches der beiden strengen NASH-Gleichgewichte realisiert wird, sofern beide Spieler keine gemeinsamen Erwartungen über die Strategiewahl des jeweils anderen Spielers haben. D.h., wenn beide Spieler in einer Gesellschaft leben, in der die Männer traditionell dominieren, so würden beide Spieler jeweils die Strategie „Boxkampf“ wählen. Wenn aber eine solche Erwartung fehlt, dann sind beide Spieler über die Strategiewahl des jeweils anderen Spielers unsicher und treffen eine Zufallsauswahl bezüglich ihrer Strategien. Im Hinblick auf eine Zufallsauswahl können die Erwartungen der Spieler von der tatsächlichen Strategiewahl des jeweils anderen Spielers abweichen. Vgl. HOLLER/ILLING (2006), S. 11 und 58. Im Rahmen der vorliegenden Arbeit steht der Symbolindex KdG für Kampf der Geschlechter.

Aus betriebswirtschaftlicher Sicht wünschenswert ist es, dass für jedes Spiel Γ genau ein NASH-Gleichgewicht existiert. Die *Existenz-* und *Eindeutigkeitspostulate* sind jedoch nicht notwendig erfüllt. Denn einerseits gibt es Spiele Γ, für die überhaupt kein NASH-Gleichgewicht existiert – Verletzung des Existenzpostulats[1)] – und andererseits gibt es auch Spiele Γ, für die jeweils mehrere NASH-Gleichgewichte existieren – Erfüllung des Existenzpostulats, aber Verletzung des Eindeutigkeitspostulats[2)]. Wenn multiple NASH-Gleichgewichte für ein Spiel Γ existieren, dann existiert für einen beliebigen Spieler i kein rationaler Grund, eines der NASH-Gleichgewichte mit seinen jeweiligen Erwartungen an die rationalen Strategien aller anderen Spieler gegenüber allen anderen NASH-Gleichgewichten zu bevorzugen. Folglich weiß keiner der Spieler, welches der multiplen NASH-Gleichgewichte die übrigen Spieler ihren tatsächlich realisierten Strategien zugrunde liegen. Daher kann es dazu kommen, dass mindestens zwei Spieler Strategien aus verschiedenen NASH-Gleichgewichten wählen, die – zusammen genommen – keine wechselseitig besten Antworten mehr darstellen. Daraus resultiert eine inhärente Instabilität im Falle von multiplen NASH-Gleichgewichten.

Besteht im Allgemeinen für einen Spieler i ein Anreiz, von seiner Gleichgewichtsstrategie einseitig abzuweichen, wenn sich die anderen Spieler an diesem Gleichgewicht orientieren, so ist die Strategiekombination als Lösung des Spiels Γ *unplausibel*[3)].

---

1) Beispielsweise existiert im Spiel *Matching Pennies* kein NASH-Gleichgewicht. Vgl. z.B. BERNINGHAUS ET AL. (2006), S. 28 f.

2) Vgl. BERNINGHAUS ET AL. (2006), S. 25; HOLLER/ILLING (2006), S. 12 und AMANN (1999), S. 12. Wie bereits genannt, stellen beispielsweise im Spiel *Kampf der Geschlechter* die Strategiekombinationen $sp^{KdG*}_{h.1} = (\text{„Boxkampf“}, \text{„Boxkampf“})$ und $sp^{KdG*}_{h.2} = (\text{„Theater“}, \text{„Theater“})$ multiple strenge NASH-Gleichgewichte dar. Vgl. z.B. BERNINGHAUS ET AL. (2006), S. 25.

Als ein weiteres Beispiel mit multiplen strengen NASH-Gleichgewichten ist das Spiel *Hirschjagd* mit der Strategiekombination $sp^{Hj*}_{h.1} = (\text{„Hirsch“}, \text{„Hirsch“})$ und mit der Strategiekombination $sp^{Hj*}_{h.1} = (\text{„Hase“}, \text{„Hase“})$ zu nennen. Vgl. WIESE (2002), S. 180 f. Im Rahmen der vorliegenden Arbeit steht der Symbolindex Hj für Hirschjagd.

3) Beispielsweise existieren im sequentiellen *Markteintrittsspiel* multiple NASH-Gleichgewichte. Sowohl die Strategiekombination $sp^{Me*}_{h.1} = (\text{„Markteintritt“}, \text{„friedliche Politik“})$ als auch die Strategiekombination $sp^{Me*}_{h.2} = (\text{„Nicht-Markteintritt“}, \text{„aggressive Politik“})$ stellen jeweils ein NASH-Gleichgewicht dar. Jedoch wird die Strategiekombination $sp^{Me*}_{h.2}$ als unplausibel angesehen, da der Monopolist seinem Konkurrenten damit droht, bei Markteintritt mit einer aggressiven Politik zu reagieren, obwohl er sich dann schlechter stellen würde. Vgl. BERNINGHAUS ET AL. (2006), S. 107 ff. und WATSON (2002), S. 137. Im Rahmen der vorliegenden Arbeit steht der Symbolindex Me für Markteintritt.

NASH-Gleichgewichte weisen aus betriebswirtschaftlicher Sicht den Nachteil auf, dass sie – falls sie existieren – unter der Voraussetzung rationaler Spieler unplausibel erscheinen können. Aus betriebswirtschaftlicher Sicht wünschenswert ist es, dass für jedes Spiel ein plausibles NASH-Gleichgewicht existiert. Um die Unplausibilität eines NASH-Gleichgewichts zu verdeutlichen, wird im Folgenden auf die Darstellung des Spiels in der Extensivform $\Gamma^{ex/B2B\text{-}Au}$ mit Hilfe eines Spielbaums übergegangen, weil sich mithilfe dieser Extensivform $\Gamma^{ex/B2B\text{-}Au}$ – im Gegensatz zu der bisher verwendeten „induzierten" Normalform" für das Spiel $\Gamma^{ex/B2B\text{-}Au}$ anhand einer Matrix – Plausibilitätsmängel eines Gleichgewichts *besser veranschaulichen* lassen. In der Extensivform $\Gamma^{ex/B2B\text{-}Au}$ des Spiels können unplausible NASH-Gleichgewichte zudem *leichter*[1] *identifiziert* werden als in der Normalform $\Gamma^{no/B2B\text{-}Au}$ eines Spiels. Die leichte Identifizierung unplausibler NASH-Gleichgewichte basiert darauf, dass Strategien, die in der Extensivform $\Gamma^{ex/B2B\text{-}Au}$ des Spiels faktisch ausgeschlossen werden und im *Spielbaum* nicht erreicht werden, in der Normalform $\Gamma^{no/B2B\text{-}Au}$ des Spiels anhand einer *Matrix* – unabhängig davon, ob sie faktisch ausgeschlossen werden oder nicht – aufzuführen sind. Deshalb lassen sich unplausible NASH-Gleichgewichte in der Normalform $\Gamma^{no/B2B\text{-}Au}$ des Spiels nicht leicht erkennen.

Für einen solchen Übergang zur Extensivform $\Gamma^{ex/B2B\text{-}Au}$ spricht auch, dass sie sich nicht nur auf die bisher betrachteten simultanen Spiele anwenden lässt, sondern auch die „natürliche" Darstellungsform für sequentielle Spiele ist. Dies ist in an dieser Stelle von besonderem Vorteil, weil in Kapitel 4.2 für die Modellierung von Auktionen zur nationalen Reallokation von Treibhausgas-Emissionsrechten und Treibhausgas-Emissionsgutschriften auf Unternehmensebene auf den Typ sequentieller Spiele zurückgegriffen wurde. Daher wird auch im Folgenden – um unmittelbar an die Modellierung in Kapitel 4.2 inhaltlich anzuschließen – auf ein sequentielles Spiels in Extensivform $\Gamma^{ex/B2B\text{-}Au}$ Bezug genommen.

Weil NASH-Gleichgewichte existieren können, die unter der Voraussetzung rationaler Spieler unplausibel erscheinen, besteht ein Bedarf für eine Verfeinerung des Lösungskonzepts des NASH-Gleichgewichts, die imstande ist, alle unplausiblen NASH-Gleichgewichte zu eliminieren, jedoch alle plausiblen NASH-Gleichgewichte weiterhin ausweist. Gesucht ist also ein Lösungskonzept, das genau alle plausiblen NASH-Gleichgewichte generiert. Ein Lösungskonzept, das diesen Anspruch erfüllt, ist die Teilspielperfekt-

1) Vgl. AMANN (1999), S. 17.

heit[1].

Teilspielperfektheit als eine Verfeinerung des NASH-Gleichgewichts für sequentielle Spiele

Die Verfeinerung des NASH-Gleichgewichts für sequentielle Spiele basiert auf der Existenz eines unplausiblen NASH-Gleichgewichts oder mehrerer unplausibler NASH-Gleichgewichte. Im Hinblick auf ein existierendes NASH-Gleichgewicht oder existierender multipler NASH-Gleichgewichte in einem Spiel Γ wurde der Versuch unternommen, die Menge der Gleichgewichte in einem solchen Spiel Γ durch den systematischen Ausschluss als unplausibel angesehener Strategiekombinationen einzuschränken. Auf der Basis eines solchen Versuchs entwickelte REINHARD SELTEN im Jahr 1965 die Teilspielperfektheit als eine Verfeinerung des NASH-Gleichgewichts für sequentielle Spiele[2]. Die Teilspielperfektheit hat durch die Zusprechung des Nobelpreises für die grundlegende Analyse des Gleichgewichts in der nicht-kooperativen Spieltheorie an die Spieltheoretiker JOHN F. NASH, JOHN C. HARSANYI und REINHARD SELTEN im Jahr 1994 Interesse der Öffentlichkeit erweckt[3].

KREBS und WILSON definieren die Teilspielperfektheit wie folgt:

„*(A strategy) is* ***subgame perfect*** *if for every proper subgame the strategy [...] restricted to the subgame constitutes a Nash equilibrium for the subgame.*“[4]

Während das NASH-Gleichgewicht fordert, dass ein Spieler i keinen Anreiz haben sollte, von seiner Gleichgewichtsstrategie abzuweichen, wenn die anderen Spieler ihre Gleichgewichtsstrategie spielen, basiert die Teilspielperfektheit auf einer strengeren For-

---

1) Vgl. BERNINGHAUS ET AL. (2006), S. 109 und NASH (1994), S. 203.

2) Vgl. SELTEN (1965a), S. 301 ff. und SELTEN (1965b), S. 667 ff. sowie zudem HOLLER/ILLING (2006), S. 110 ff.; BERNINGHAUS ET AL. (2006), S. 107 ff., 117 ff., 353 ff. und 362 ff.; RASMUSEN (2004), S. 90; MYERSON (2001), S. 183 ff.; LANGERFELDT (2001), S. 1621 f.; BINMORE (1998), S. 26 f.; FEESS (1998), S. 30; ILLING (1997), S. 331 f.; RIECK (1993), S. 170 ff.; KOBOLDT (1993), S. 390 f. und 395 f.; EICHBERGER (1993), S. 157; VAN DAMME (1991), S. 6 ff.; BINMORE (1987), S. 190 ff. und 196 ff. sowie VAN DAMME (1983), S. 7.

3) Vgl. GRÜSKE (1999), S. 11 f. und FEESS (1998), S. 30.

4) KREBS/WILSON (1982), S. 869 (Kursiv-Hervorhebung und Ergänzung in der runden Klammer durch die Verfasserin, Fett-Hervorhebung im Original als Kursiv-Hervorhebung).

derung[1]. Denn die Teilspielperfektheit fordert, dass ein NASH-Gleichgewicht *nur* dann ein teilspielperfektes NASH-Gleichgewicht ist, wenn *kein* Spieler i in Bezug auf irgendein *Teilspiel*, das an einem beliebigen Entscheidungsknoten des Spielbaums beginnt, unabhängig davon, ob dieses Teilspiel im Spielverlauf, der der NASH-Gleichgewichtsstrategie folgt, tatsächlich erreicht wird oder unerreicht bleibt,[2] einen Anreiz verspürt, von seiner NASH-Gleichgewichtsstrategie abzuweichen.

Nach HARSANYI/SELTEN ist ein Teilspiel wie folgt definiert:

„*If the player chooses move [...], then from that point the game will be governed by the remaining part of the original game tree* [...].“[3]

Im Hinblick auf diese Definition eines Teilspiels fängt ein Teilspiel an *einem* bestimmten, „*isolierten*“[4] Entscheidungsknoten in einem Spielbaum genau dann an, wenn der Teil des Spielbaums, der an diesem isolierten Entscheidungsknoten beginnt, mit dem Rest des Spiels Γ ausschließlich über diesen isolierten Entscheidungsknoten verknüpft ist[5]. *Kein* Entscheidungsknoten des Teilspiels darf einer nicht-degenerierten Informationsmenge angehören, die Entscheidungsknoten außerhalb dieses Teilspiels enthält[6]. D.h., beim Abtrennen eines Teilspiels vom Spiel Γ darf keine Informationsmenge „durchgeschnitten“ werden[7]. Ein solches Teilspiel umfasst dann alle diesem einen isolierten Entscheidungsknoten *nachfolgenden* Entscheidungsknoten und

1) Vgl. HOLLER/ILLING (2006), S. 111.

2) Vgl. HOLLER/ILLING (2006), S. 111; ILLING (1997), S. 331 und MEHLMANN (1997), S. 47, dort in Fn. 5).

3) HARSANYI/SELTEN (1988), S. 4 (Kursiv-Hervorhebung durch die Verfasserin). Vgl. zudem KUHN (1953), S. 204.

4) JOST (2001a), S. 66 (Kursiv-Hervorhebung durch die Verfasserin).

5) Vgl. HOLLER/ILLING (2006), S. 109; RIECK (2006), S. 214; RASMUSEN (2004), S. 91; HARGREAVES HEAP/VAROUFAKIS (2004), S. 93; WATSON (2002), S. 141; JOST (2001a), S. 66; MYERSON (2001), S. 184; DUTTA (1999), S. 196 und GÜTH (1999), S. 80.

6) Vgl. BERNINGHAUS ET AL. (2006), S. 109; HARGREAVES HEAP/VAROUFAKIS (2004), S. 93 f.; GÜTH (1994), S. 74; RIECK (1993), S. 171; EICHBERGER (1993), S. 157; SCHWÖDIAUER (1992), S. 61 und HARSANYI/SELTEN (1988), S. 92.

7) Vgl. BERNINGHAUS ET AL. (2006), S. 109 f.

Endknoten[1]. Jedes Spiel in der Extensivform Γ^{ex} eines Spielbaums besitzt entweder genau *ein* oder aber *mehrere* Teilspiele. Im erstgenannten Fall stimmt das gesamte Spiel Γ^{ex} mit seinem genau einen – „degenerierten" – Teilspiel exakt überein.

Gehört ein Entscheidungsknoten des Teilspiels einer nicht-degenerierten Informationsmenge an, so weiß ein Spieler i, der an dieser Informationsmenge am Spielzug ist, nicht, in welchem Teil des Spielbaums er sich befindet[2]. Um diese Informationslücke zu schließen, kommt das Lösungskonzept des *sequentiellen Gleichgewichts* zur Anwendung. Im Rahmen des Lösungskonzepts des sequentiellen Gleichgewichts hat dieser Spieler i eine Wahrscheinlichkeitsverteilung über die Entscheidungsknoten seiner Informationsmenge. Da die Verfasserin im Rahmen der vorliegenden Arbeit von stochastischen Spielen absieht, wird das Lösungskonzept des sequentiellen Gleichgewichts im Folgenden nicht berücksichtigt.

Im zweitgenannten Fall wird das Gesamtspiel Γ^{ex} in mehrere Teilspiele zerlegt. Die zerlegten Teilspiele stellen für sich genommen ein „vollständiges"[3] oder „selbständiges"[4] Spiel dar[5]. D.h., ein Teilspiel ist zwar ein Teil des Spielbaums, jedoch selbst wiederum ein Spielbaum[6]. Diese Teilspiele und das Verhalten der Spieler in jedem Teilspiel können isoliert betrachtet und sukzessive analysiert werden[7]. Von dem Verhalten der Spieler in jedem Teilspiel kann auf das Verhalten der Spieler im Gesamtspiel Γ geschlossen werden[8]. Ist ein Teilspiel *nicht* mit dem Gesamtspiel Γ identisch, so findet die Bezeichnung „echtes" Teilspiel Anwendung[9]. In einem solchen Fall ist zu ermitteln, ob in jedem echten Teilspiel ein NASH-Gleichgewicht existiert. Ein

---

1) Vgl. RIECK (2006), S. 214; RASMUSEN (2004), S. 91; HARGREAVES HEAP/VAROUFAKIS (2004), S. 93; WATSON (2002), S. 141; DUTTA (1999), S. 196; EICHBERGER (1993), S. 159; HARSANYI/SELTEN (1988), S. 91 und SELTEN (1988), S. 8.

2) Vgl. BERNINGHAUS ET AL. (2006), S. 119.

3) Vgl. RIECK (2006), S. 214 und RIECK (1993), S. 171.

4) Vgl. GÜTH (1994), S. 74.

5) Vgl. HOLLER/ILLING (2006), S. 109; GÜTH (1994), S. 74; EICHBERGER (1993), S. 157; SCHWÖDIAUER (1992), S. 61 und VAN DAMME (1983), S. 118.

6) Vgl. AMANN (1999), S. 16 und SCHWÖDIAUER (1992), S. 61.

7) Vgl. JOST (2001a), S. 66 f. und GÜTH (1999), S. 80 f.

8) Vgl. JOST (2001a), S. 67.

9) Vgl. OSBORNE (2004), S. 164; WATSON (2002), S. 141; JOST (2001a), S. 66 und GÜTH (1999), S. 80.

Teilspiel ist demgegenüber genau dann „unecht“, wenn es mit dem Gesamtspiel Γ identisch ist. In einem unechten Teilspiel ist jedes NASH-Gleichgewicht teilspielperfekt[1)].

Im Rahmen der vorliegenden Arbeit werden die jeweiligen Entscheidungsknoten der Spieler im Spielbaum mit dem Symbol „■“ graphisch visualisiert. Da Teilspiele mit einem Entscheidungsknoten beginnen, die zu keiner nicht-degenerierten Informationsmenge gehören, wird ein Teilspiel im Folgenden mit dem Symbolindex „■“ versehen und von einem Spiel Γ symbolisch mit $\Gamma^{■}$ differenziert.

Mit der Forderung nach Teilspielperfektheit kann geprüft werden, wie die später zum Spielzug kommenden Spieler reagieren werden, wenn ein Spieler i von seiner NASH-Gleichgewichtsstrategie abweicht[2)].

---

1) Vgl. BERNINGHAUS ET AL. (2006), S. 118; JOST (2001a), S. 67 und FUDENBERG/TIROLE (1992), S. 96.

2) Vgl. HOLLER/ILLING (2006), S. 111.

Formal[1] gilt für

- ein *strenges* teilspielperfektes NASH-Gleichgewicht bezüglich jedes Teilspiels:

$$\begin{aligned}
&\forall i \in N,\\
&\forall s_{1.\alpha}^{*} \in S_1 = \{s_{1.1},\ldots,s_{1.\alpha}\} \text{ und } \alpha \in \mathbb{N}_{+},\\
&\forall s_{i-1.\beta}^{*} \in S_{i-1} = \left\{s_{i-1.1},\ldots,s_{i-1.\beta}\right\} \text{ und } \beta \in \mathbb{N}_{+},\\
&\forall s_{i.t} \in S_i = \{s_{i.1},\ldots,s_{i.M}\} \setminus \{s_{i.m}^{*}\} \text{ und } M \in \mathbb{N}_{+},\\
&\forall s_{i+1.\delta}^{*} \in S_{i+1} = \left\{s_{i+1.1},\ldots,s_{i+1.\delta}\right\} \text{ und } \delta \in \mathbb{N}_{+} \text{ sowie}\\
&\forall s_{n.\gamma}^{*} \in S_n = \left\{s_{n.1},\ldots,s_{n.\gamma}\right\} \text{ und } \gamma \in \mathbb{N}_{+}:\\
&\text{out}\left(s_{1.\alpha}^{*},\ldots,s_{i-1.\beta}^{*},s_{i.m}^{*},s_{i+1.\delta}^{*},\ldots,s_{n.\gamma}^{*}\right) > \text{out}\left(s_{1.\alpha}^{*},\ldots,s_{i-1.\beta}^{*},s_{i.t},s_{i+1.\delta}^{*},\ldots,s_{n.\gamma}^{*}\right)
\end{aligned}$$

und für

- ein *schwaches* teilspielperfektes NASH-Gleichgewicht bezüglich jedes Teilspiels:

$$\begin{aligned}
&\forall i \in N,\\
&\forall s_{1.\alpha}^{*} \in S_1 = \{s_{1.1},\ldots,s_{1.\alpha}\} \text{ und } \alpha \in \mathbb{N}_{+},\\
&\forall s_{i-1.\beta}^{*} \in S_{i-1} = \left\{s_{i-1.1},\ldots,s_{i-1.\beta}\right\} \text{ und } \beta \in \mathbb{N}_{+},\\
&\forall s_{i.t} \in S_i = \{s_{i.1},\ldots,s_{i.M}\} \setminus \{s_{i.m}^{*}\} \text{ und } M \in \mathbb{N}_{+},\\
&\forall s_{i+1.\delta}^{*} \in S_{i+1} = \left\{s_{i+1.1},\ldots,s_{i+1.\delta}\right\} \text{ und } \delta \in \mathbb{N}_{+} \text{ sowie}\\
&\forall s_{n.\gamma}^{*} \in S_n = \left\{s_{n.1},\ldots,s_{n.\gamma}\right\} \text{ und } \gamma \in \mathbb{N}_{+}:\\
&\text{out}\left(s_{1.\alpha}^{*},\ldots,s_{i-1.\beta}^{*},s_{i.m}^{*},s_{i+1.\delta}^{*},\ldots,s_{n.\gamma}^{*}\right) \geq \text{out}\left(s_{1.\alpha}^{*},\ldots,s_{i-1.\beta}^{*},s_{i.t},s_{i+1.\delta}^{*},\ldots,s_{n.\gamma}^{*}\right)
\end{aligned}$$

Im Folgenden zielt die Verfasserin darauf ab festzustellen, ob in einem Spiel $\Gamma^{B2B\text{-}Au}$ (mindestens) eine Lösung existiert, die das Lösungskonzept des *schwachen* teilspiel-

1) Vgl. z.B. BERNINGHAUS ET AL. (2006), S. 110; WIESE (2002), S. 311; GÜTH (1994), S. 75; SELTEN (1994), S. 108 und EICHBERGER (1993), S. 159 f. Beispielsweise stellt im Spiel *Tausendfüßlerspiel* die Strategiekombination $sp_{h}^{Tf*} =$ („unten", „unten") ein teilspielperfektes NASH-Gleichgewicht dar.

Vgl. z.B. RIECK (2006), S. 217 f.; BINMORE (1998), S. 113 ff.; MEHLMANN (1997), S. 63 f.; WEIKARD (1996), S. 489 f.; BINMORE (1987), S. 194 ff. und ROSENTHAL (1981), S. 96 f. Im Rahmen der vorliegenden Arbeit steht der Symbolindex Tf für Tausendfüßler.

perfekten NASH-Gleichgewichts erfüllt[1].

Gemäß dem teilspielperfekten NASH-Gleichgewicht ist also die Forderung nach einer Gleichgewichtigkeit wechselseitig bester Antworten für alle Spieler *nicht nur* bezüglich des *Gesamt*spiels Γ, sondern *auch* bezüglich jedes seiner *Teil*spiele zu erfüllen[2]. Für die Strategie $s^*_{i.m} \in S_i$ eines jeden Spielers i findet die Bezeichnung „teilspielperfekte NASH-Gleichgewichtsstrategie“[3] Anwendung, sofern die Strategie $s^*_{i.m}$ zu einem teilspielperfekten NASH-Gleichgewicht sp^*_h mit $sp^*_h = \left(s^*_{1.h(1)}, \ldots, s^*_{n.h(n)}\right)$ gehört. *Kein* Spieler i sollte dann in irgendeinem Teilspiel einen Anreiz haben, von seiner teilspielperfekten NASH-Gleichgewichtsstrategie abzuweichen, wenn die anderen Spieler ihre teilspielperfekten NASH-Gleichgewichtsstrategien spielen[4].

Die Teilspielperfektheit kann diejenigen NASH-Gleichgewichte eliminieren, bei denen die Spieler mit Spielzügen drohen, die unplausibel sind, d.h. deren Ausführung nicht wirklich im Interesse der Spieler liegt[5]. Die Unplausibilität eines NASH-Gleichgewichts bezieht sich stets auf *denselben* Spieler und auf Teilspiele, in denen eine (Teil-)Strategiekombination gespielt wird, die *kein* NASH-Gleichgewicht darstellt. Die Verletzung des NASH-Gleichgewichts in mindestens einem Teilspiel stellt den inhaltlichen Kern der Unglaubwürdigkeit eines NASH-Gleichgewichts für das Gesamtspiel dar[6]. D.h., die Strategiekombination sp^*_h ist unglaubwürdig in Bezug auf (mindestens) einen Spieler i, wenn mindestens ein Teilspiel existiert, in dem die Einschränkung der Strategiekombination sp^*_h auf dieses Teilspiel kein NASH-Gleichgewicht für dieses Teilspiel darstellt, weil sich dieser Spieler i durch Abweichen von der Strategie, die in der Strategiekombination sp^*_h für ihn festgelegt ist, bei

---

1) Im Folgenden wird das Attribut „schwach“ nicht mehr explizit aufgeführt, sofern nicht ausdrücklich darauf Bezug genommen wird.

2) Vgl. RIECK (2006), S. 214; HARGREAVES HEAP/VAROUFAKIS (2004), S. 95; WATSON (2002), S. 142; BINMORE (1998), S. 26 f.; GÜTH (1994), S. 75; SCHWÖDIAUER (1992), S. 62; VAN DAMME (1991), S. 7; SELTEN (1988), S. 9; BINMORE (1987), S. 191 und SELTEN (1975), S. 33.

3) Vgl. HOLLER/ILLING (2006), S. 110; OSBORNE (2004), S. 231 ff.; RASMUSEN (2004), S. 91; MYERSON (2001), S. 183 ff.; DUTTA (1999), S. 197 und OWEN (1995), S. 168 ff.

4) Vgl. OSBORNE (2004), S. 165.

5) Vgl. RASMUSEN (2004), S. 92; VARIAN (2001), S. 279; MYERSON (2001), S. 183 ff.; AMANN (1999), S. 17 ff.; NASH (1994), S. 203; ILLING (1997), S. 331; RIECK (1993), S. 170 und VAN DAMME (1983), S. 120.

6) Vgl. VAN DAMME (1991), S. 6 f.

unveränderten Strategien aller anderen Spieler im betrachteten Teilspiel besser stellen würde. Folglich ist es unglaubwürdig, dass der (mindestens) eine Spieler i im Teilspiel an seiner Strategie gemäß der Strategiekombination sp_h^* festhält. Deshalb stellt die Strategiekombination sp_h^* für das Gesamtspiel zwar ein NASH-Gleichgewicht dar, das jedoch im Hinblick auf den Anreiz zum Abweichen für den Spieler i im betrachteten Teilspiels unglaubwürdig ist.

Zur Ermittlung teilspielperfekter NASH-Gleichgewichte wird das Spiel Γ *nicht* vom Startknoten des Spielbaums ausgehend, sondern vielmehr bei den letzten Entscheidungsknoten des Spielbaums oder bei dem letzten Teilspiel $\Gamma^{\blacksquare}$ beginnend bis zum Startknoten oder bis zum Gesamtspiel Γ untersucht[1]. Für jeden Entscheidungsknoten des Spielbaums wird jeweils „*rückwärts gehend*"[2] geprüft, ob die Strategiekombination für ein Teilspiel ein NASH-Gleichgewicht ist. Teilspielperfekte NASH-Gleichgewichte werden also mit der Methode der *Rückwärtsinduktion*[3] ermittelt[4]. Konnte mit der Rückwärtsinduktion eine Strategiekombination für die Spieler identifiziert werden, die für *jedes* Teilspiel $\Gamma^{\blacksquare}$ ein NASH-Gleichgewicht darstellt, so ist diese Strategiekombination für das *gesamte* Spiel Γ teilspielperfekt.

Die Rückwärtsinduktion setzt zum einen voraus, dass sich die Spieler jeweils *rational* verhalten und zudem die Rationalität im Verhalten der Spieler zum gemeinsamen

---

1) Vgl. HOLLER/ILLING (2006), S. 112; WATSON (2002), S. 139; DUTTA (1999), S. 197 f.; BINMORE (1998), S. 27; BRAMS/KILGOUR (1998), S. 263 und BINMORE (1987), S. 192.

2) HOLLER/ILLING (2006), S. 112 (Kursiv-Hervorhebung durch die Verfasserin).

3) Neben der Methode der Rückwärtsinduktion existiert die Methode der *Vorwärtsinduktion*. MYERSON definiert die Vorwärtsinduktion wie folgt: „*A forward induction principle would assert that the behavior of rational intelligent players in a subgame may depend on the options that were available to them in the earlier part of the game, before the subgame.*" MYERSON (2001), S. 191 (Kursiv-Hervorhebung durch die Verfasserin). Zur Methode der *Vorwärtsinduktion* vgl. BERNINGHAUS ET AL. (2006), S. 141 ff.; RIECK (2006), S. 226 ff.; RASMUSEN (2004), S. 158; HARGREAVES HEAP/ VAROUFAKIS (2004), S. 108 ff.; MYERSON (2001), S. 190 ff.; GINTIS (2000), S. 76 ff. und EICHBERGER (1993), S. 181 ff.

4) Vgl. HOLLER/ILLING (2006), S. 112; BERNINGHAUS ET AL. (2006), S. 111 f.; OSBORNE (2004), S. 158; HARGREAVES HEAP/VAROUFAKIS (2004), S. 92 ff.; JOST (2001a), S. 60 ff.; GINTIS (2000), S. 16 f.; CARROLL (2000), S. 64; DUTTA (1999), S. 165 ff.; NASH (1994), S. 203; BINMORE (1998), S. 27; FEESS (1998), S. 30; BAIRD/GERTNER/PICKER (1998), S. 63; SAMUELSON (1997), S. 240 f. und 250 ff. sowie EICHBERGER (1993), S. 155 ff.

Wissen aller Spieler gehört, so dass common knowledge of rationality herrscht[1].

Zwar wäre unter Berücksichtigung des Realproblems der nationalen Reallokation von Treibhausgas-Emissionsrechten und Treibhausgas-Emissionsgutschriften auf Unternehmensebene anzunehmen, dass die Wahl der zulässigen Preisgebote für die angebotenen Güterbündel-Kombinationen eines jeden Bieters N_i auf der beschränkten Rationalität beruht, jedoch wird im Rahmen der vorliegenden Arbeit von der Modellannahme der unbeschränkten Rationalität ausgegangen, da die präskriptive Spieltheorie über keinen formalsprachigen Ansatz unter Berücksichtigung der Modellannahme der beschränkten Rationalität verfügt.

Zum anderen findet die Rückwärtsinduktion ausschließlich für *endliche* Spiele Γ mit einem expliziten Startknoten und mindestens einem expliziten Endknoten Anwendung[2]. Bei unendlichen Spielen Γ kann die Rückwärtsinduktion nicht angewendet werden, da zwar ein expliziter Startknoten, jedoch kein expliziter Endknoten existiert[3].

Im Rahmen der vorliegenden Arbeit wird davon ausgegangen, dass das Spiel $\Gamma^{B2B\text{-}Au}$ über *einen* expliziten Startknoten und *mindestens einen* expliziten Endknoten verfügt, so dass ein endliches Spiel $\Gamma^{B2B\text{-}Au}$ vorliegt. Da im Spiel $\Gamma^{B2B\text{-}Au}$ drei Bieter mit der Bietermenge NS^{bidd} mit $NS^{bidd} = \{N_1, N_2, N_3\}$ und drei Spielstufen existieren, in der jeweils ein Bieter seine zulässigen Preisgebote für die angebotenen Güterbündel-Kombinationen abgibt, liegen im Spielbaum 8 „Ausgänge" vor, die jeweils einen speziellen Spielverlauf bezeichnen. Daher gilt für die Menge der Endknoten: $E = \{e_1, ..., e_8\}$.

Folglich kann davon ausgegangen werden, dass das Spiel $\Gamma^{B2B\text{-}Au}$ sowohl die Voraussetzung der Rückwärtsinduktion nach common knowledge of rationality als auch nach einem endlichen Spiel erfüllt.

1) Vgl. Rieck (2006), S. 216; Berninghaus et al. (2006), S. 112 ff.; Weikard (1996), S. 489; Aumann (1995), S. 7; Vilks (1995), S. 191 und Koboldt (1993), S. 391 ff.

2) Vgl. z.B. Eichberger (1993), S. 155.

3) Vgl. z.B. Brams/Kilgour (1998), S. 264 f.

4.4 Anwendung des Lösungskonzepts der Teilspielperfektheit für Matrix-Auktionen zur Versteigerung von Treibhausgas-Emissionsrechten und Treibhausgas-Emissionsgutschriften

Für den Prozess der teilspielperfekten Lösung eines spieltheoretischen Modells für Matrix-Auktionen ist im Rahmen dieses Kapitels zu zeigen, *wie* ein *teilspielperfektes NASH-Gleichgewicht* für eine Matrix-Auktion im Spiel $\Gamma^{ex/B2B\text{-}Au}$ in Extensivform zu errechnen ist.

An dem Spiel $\Gamma^{ex/B2B\text{-}Au}$ nehmen in der 1. Auktionsstufe ein Auktionator N_0 und vier Bieter aus der Bietermenge $NS^{bidd} = \{N_1, N_2, N_3, N_4\}$ teil, sodass für die Spielermenge gilt: $NS = \{N_0, N_1, N_2, N_3, N_4\}$. Der Auktionator N_0 agiert nicht als ein Bieter, sondern kommt als ein „reiner" Auktionator zum Einsatz, der laut Matrix-Konstruktion Güterbündel-Kombinationen zum Verkauf anbietet. D.h., der Auktionator N_0 bietet mehrere nicht zerlegbare Mengen (Güterbündel) an Treibhausgas-Emissionsrechten und Treibhausgas-Emissionsgutschriften als heterogene Güter in der Gestalt von mehreren Güterbündel-Kombinationen an. Die Bieter, die gemäß der Spielregel Rul_1 nicht miteinander kommunizieren dürfen, stehen sich im Spiel $\Gamma^{ex/B2B\text{-}Au}$ als Nachfrager nach den angebotenen Güterbündel-Kombinationen gegenüber. Die Bieter sind gemäß der Spielregel Rul_2 in Kenntnis über das Verkaufsangebot von *mehreren* Güterbündel-Kombinationen. Der Auktionator N_0 fordert die Bieter auf, für jede dieser Güterbündel-Kombinationen zulässige Preisgebote abzugeben. Die Preisgebote eines Bieters N_i sind aus Auktionatorperspektive genau dann zulässig, wenn sie größer oder gleich den Reservationspreisen für die angebotenen Güterbündel-Kombinationen des Auktionators N_0 sind, die den Bietern gemäß der Spielregel Rul_3 bekannt sind. Die Bieter werden aufgefordert jeweils ein Preisgebot abzugeben, welches sich gemäß der Spielregel Rul_4 „ganzheitlich" für die jeweils gesamte Güterbündel-Kombination bezieht und welches gemäß der Spielregel Rul_5 durch die Bieter während der Matrix-Auktion nicht zurückgenommen werden darf. Bei 7 Güterbündel-Kombinationen, die aus den Güterbündeln der 3 heterogenen Güter gebildet werden, wird jedes zulässige Preisgebot, über das ein Bieter N_i verfügt, als Angebot eines 7-stelligen Preisvektors festgelegt.

Im Anschluss an die 1. Auktionsstufe errechnet der Auktionator N_0 „synthetisch" das höchste Preisgebot für die Gesamtheit aller angebotenen Güterbündel-

Kombinationen pro Bieter. Anschließend ermittelt der Auktionator N_0 von diesen „synthetisch" errechneten Preisgeboten das niedrigste Preisgebot für die Gesamtheit aller angebotenen Güterbündel-Kombinationen. Es wird angenommen, dass das niedrigste Preisgebot für die Gesamtheit aller angebotenen Güterbündel-Kombinationen von Bieter N_4 abgegeben wird. Schließlich schließt der Auktionator N_0 diesen Bieter N_4 gemäß Spielregel Rul_8 am Ende der 1. Auktionsstufe der Matrix-Auktion im Spiel $\Gamma^{ex/B2B\text{-}Au}$ von der weiteren Auktionsteilnahme aus.

Folglich nehmen an der 2. Auktionsstufe der Matrix-Auktion im Spiel $\Gamma^{ex/B2B\text{-}Au}$ ein Auktionator N_0 und drei Bieter aus der Bietermenge $NS^{bidd} = \{N_1, N_2, N_3\}$ teil, sodass für die Spielermenge gilt: $NS = \{N_0, N_1, N_2, N_3\}$. Der Auktionator N_0 fordert die drei Bieter zur Abgabe zulässiger Preisgebote für jede dieser Güterbündel-Kombinationen auf.

Im Rahmen der vorliegenden Arbeit nimmt die Verfasserin zur Veranschaulichung eine Beschränkung auf einen kleinen Ausschnitt der zulässigen Preisgebote für die angebotenen Güterbündel-Kombinationen vor, da nicht alle möglichen zulässigen Preisgebote für die angebotenen Güterbündel-Kombinationen der drei Bieter berücksichtigt werden können. Daher wird für die Menge der zulässigen Preisgebote für die angebotenen Güterbündel-Kombinationen der drei Bieter exemplarisch festgelegt, dass

- dem Bieter N_1 die Menge $Per_1 = \{per_{1.1}, per_{1.2}\}$ der zulässigen Preisgebote für die angebotenen Güterbündel-Kombinationen,
- dem Bieter N_2 mit $N_2 \in NS^{bidd} \setminus \{N_1\}$ die Menge $Per_2 = \{per_{2.1}, per_{2.2}\}$ der zulässigen Preisgebote für die angebotenen Güterbündel-Kombinationen und
- dem Bieter N_3 mit $N_3 \in NS^{bidd} \setminus \{N_1, N_2\}$ die Menge $Per_3 = \{per_{3.1}, per_{3.2}, per_{3.3}\}$ der zulässigen Preisgebote für die angebotenen Güterbündel-Kombinationen

zur Verfügung steht.

Die Bieter besitzen unvollständige Informationen, da ein Bieter $N_i \in NS^{bidd}$ die Preisgebote für die angebotenen Güterbündel-Kombinationen der jeweils anderen Bieter nicht kennt. Unter Berücksichtigung dieser Informationslücke, die im Spielbaum durch Informationsmengen modelliert wird, werden alle Entscheidungsknoten eines Bieters N_i in einer Informationsmenge zusammengefasst. Für die Informationsmenge

- des Bieters N_1 gilt: $I_1 = \{IS_{1.1}\}$ mit $IS_{1.1} = \{d_{1.1}\}$,
- des Bieters N_2 gilt: $I_2 = \{IS_{2.1}\}$ mit $IS_{2.1} = \{d_{2.1}, d_{2.2}\}$ und
- des Bieters N_3 gilt $I_3 = \{IS_{3.1}\}$ mit $IS_{3.1} = \{d_{3.1}, d_{3.2}, d_{3.3}, d_{3.4}\}$.

Bei unvollständiger Information legt die Bietstrategie für einen Bieter N_i für seine Informationsmenge fest, welche zulässigen Preisgebote für die angebotenen Güterbündel-Kombinationen er in seiner k-ten Informationsmenge mit $k = K = 1$ auswählt. Da die Bieter jeweils nur eine Entscheidung zu treffen haben, also nur einen 7-stelligen Preisvektor für die angebotenen Güterbündel-Kombinationen abgeben, gilt im Einzelnen für die Menge aller Bietstrategien

- des Bieters N_1:
  $Bid_1 = \{bid_{1.1}, bid_{1.2}\}$ mit $bid_{1.1} = per_{1.1}$ und $bid_{1.2} = per_{1.2}$,
- des Bieters N_2:
  $Bid_2 = \{bid_{2.1}, bid_{2.2}\}$ mit $bid_{2.1} = per_{2.1}$ und $bid_{2.2} = per_{2.2}$ sowie des
- des Bieters N_3: $Bid_3 = \{bid_{3.1}, bid_{3.2}, bid_{3.3}\}$ mit $bid_{3.1} = per_{3.1}$, $bid_{3.2} = per_{3.2}$ und $bid_{3.3} = per_{3.3}$.

Für den Bietstrategieraum aller Bieter gilt also: $Bid = Bid_1 \times Bid_2 \times Bid_3$.

Die folgenden Tabellen geben exemplarisch Preisgebote für die angebotenen Güterbündel-Kombinationen der drei Bieter in der 2. Auktionsstufe wieder.

Güterbündel-Kombinationen gc mit $gc = 1,...,7$	*Preisgebote* des Bieters N_1 für die jeweils angebotenen Güterbündel-Kombinationen in der 2. Auktionsstufe (in Euro)	
	per_{11}	per_{12}
$quan^{Allo}$	290,00	320,00
$quan^{ERU}$	200,00	240,00
$quan^{CER}$	180,00	0,00
$(quan^{Allo}, quan^{ERU})$	510,00	620,00
$(quan^{Allo}, quan^{CER})$	520,00	430,00
$(quan^{ERU}, quan^{CER})$	430,00	690,00
$(quan^{Allo}, quan^{ERU}, quan^{CER})$	750,00	1.010,00

Tabelle 114:

Preisgebote des Bieters N_1 für die

jeweils angebotenen Güterbündel-Kombinationen

Güterbündel-Kombinationen gc mit $gc = 1,...,7$	*Preisgebote* des Bieters N_2 für die jeweils angebotenen Güterbündel-Kombinationen in der 2. Auktionsstufe (in Euro)	
	per_{21}	per_{22}
$quan^{Allo}$	270,00	280,00
$quan^{ERU}$	210,00	190,00
$quan^{CER}$	220,00	40,00
$(quan^{Allo}, quan^{ERU})$	570,00	550,00
$(quan^{Allo}, quan^{CER})$	600,00	590,00
$(quan^{ERU}, quan^{CER})$	650,00	660,00
$(quan^{Allo}, quan^{ERU}, quan^{CER})$	700,00	1.020,00

Tabelle 115:

Preisgebote des Bieters N_2 für die

jeweils angebotenen Güterbündel-Kombinationen

Güterbündel-Kombinationen gc mit $gc = 1,...,7$	*Preisgebote* des Bieters N_3 für die jeweils angebotenen Güterbündel-Kombinationen in der 2. Auktionsstufe (in Euro)		
	per_{31}	per_{32}	per_{33}
$quan^{Allo}$	140,00	130,00	0,00
$quan^{ERU}$	360,00	400,00	830,00
$quan^{CER}$	390,00	350,00	850,00
$(quan^{Allo}, quan^{ERU})$	700,00	710,00	910,00
$(quan^{Allo}, quan^{CER})$	720,00	730,00	940,00
$(quan^{ERU}, quan^{CER})$	750,00	730,00	0,00
$(quan^{Allo}, quan^{ERU}, quan^{CER})$	800,00	900,00	0,00

Tabelle 116:

Preisgebote des Bieters N_3 für die

jeweils angebotenen Güterbündel-Kombinationen

Des Weiteren setzt die Matrix-Auktion zwar eine simultane Abgabe der Preisgebote für die angebotenen Güterbündel-Kombinationen voraus, jedoch wird angenommen, dass die Bieter ihre zulässigen Preisgebote für die angebotenen Güterbündel-Kombinationen zeitlich versetzt abgeben. Die Modellierung der zeitlich versetzten Abgabe der Preisgebote für die angebotenen Güterbündel-Kombinationen eines Bieters N_i beruht auf einer artifiziellen Sequenzialisierung der simultanen Abgabe der Preisgebote für die angebotenen Güterbündel-Kombinationen. Die ursprüngliche Simultanität der Abgabe der Preisgebote für die angebotenen Güterbündel-Kombinationen der Bieter wird im Spielbaum durch die Informationsmengen ausgedrückt.

Zudem wird für das Spiel $\Gamma^{ex/B2B\text{-}Au}$ in der 2. Auktionsstufe angenommen, dass bei drei Bietern drei Spielstufen gespielt und auf einer jeden Spielstufe jeweils ein Spielzug eines Bieters N_i aus der Bietermenge NS^{bidd} realisiert wird. Weiterhin wird davon ausgegangen, dass Bieter N_1 in der ersten Spielstufe, Bieter N_2 in der zweiten Spielstufe und Bieter N_3 in der dritten Spielstufe jeweils ihre Preisgebote für die angebotenen Güterbündel-Kombinationen abgeben[1)]. Während die Menge D_1 der Entscheidungsknoten des Bieters N_1 den Startknoten des Spiels $\Gamma^{ex/B2B\text{-}Au}$ in der ersten Spielstufe repräsentiert, umfasst die Menge D_2 die Entscheidungsknoten des Bieters N_2 auf der zweiten Spielstufe und die Menge D_3 des Bieters N_3 die auf der dritten Spielstufe.

An den Endknoten des Spielbaums werden schließlich für jeden Bieter aus der Bietermenge NS^{bidd} die Spielergebnisse $Prof_{i.h}$ bei der Bietstrategiekombination $bidp_h = \left(bid_{1.h(1)}, bid_{2.h(2)}, bid_{3.h(3)}\right)$ mit $bidp_h \in Bid$ als Auszahlungen für die Bieter präsentiert.

Die folgenden Abbildungen 65 und 66 zeigen den Spielbaum der 2. Auktionsstufe mit den numerischen Preisgeboten aus Tabelle 114, 115 und 116 für jeden Bieter auf.

---

1) Diese folgende graphische Darstellung des Spiels $\Gamma^{ex/B2B\text{-}Au}$ mit unvollständiger Information der Bieter aus der Bietermenge NS^{bidd} anhand eines Spielbaums ist äquivalent zu der graphischen Darstellung, wenn der Startknoten und die auf den Startknoten folgenden Entscheidungsknoten im Spielbaum mit jeweils anderen Bietern aus der Bietermenge NS^{bidd} beschriftet werden. Da diese graphische Darstellung keine neue Erkenntnis präsentiert, wird sie an dieser Stelle nicht berücksichtigt.

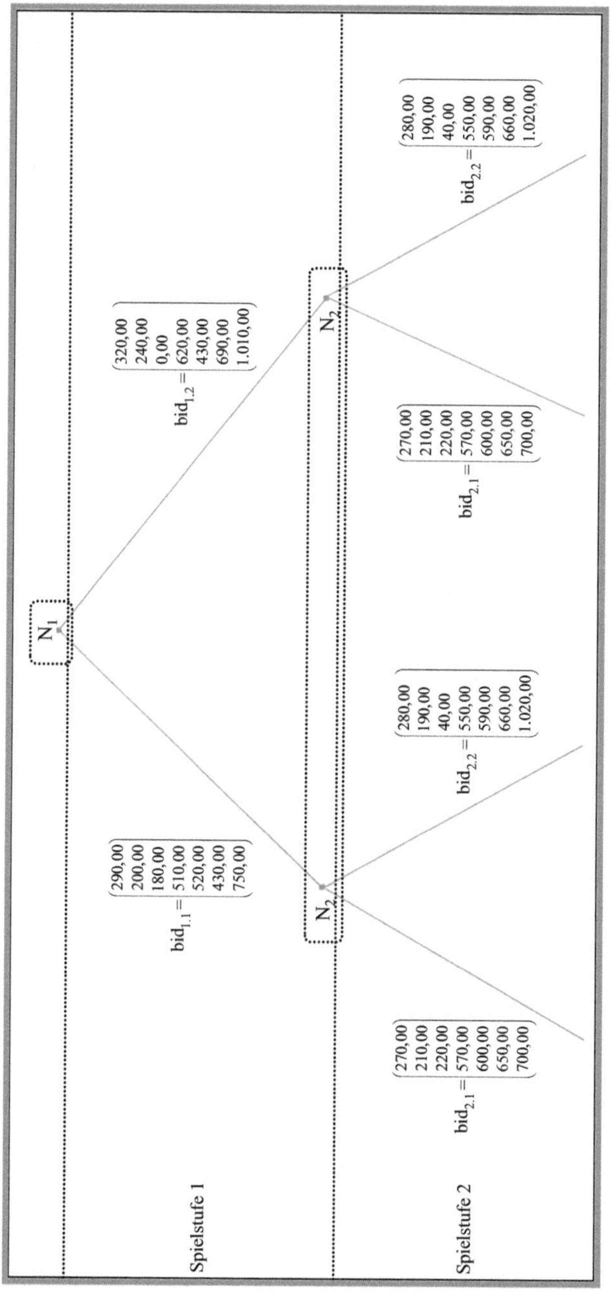

Abbildung 65: Spielbaum für das Spiel mit numerischen Bietstrategien der Bieter (1/2)

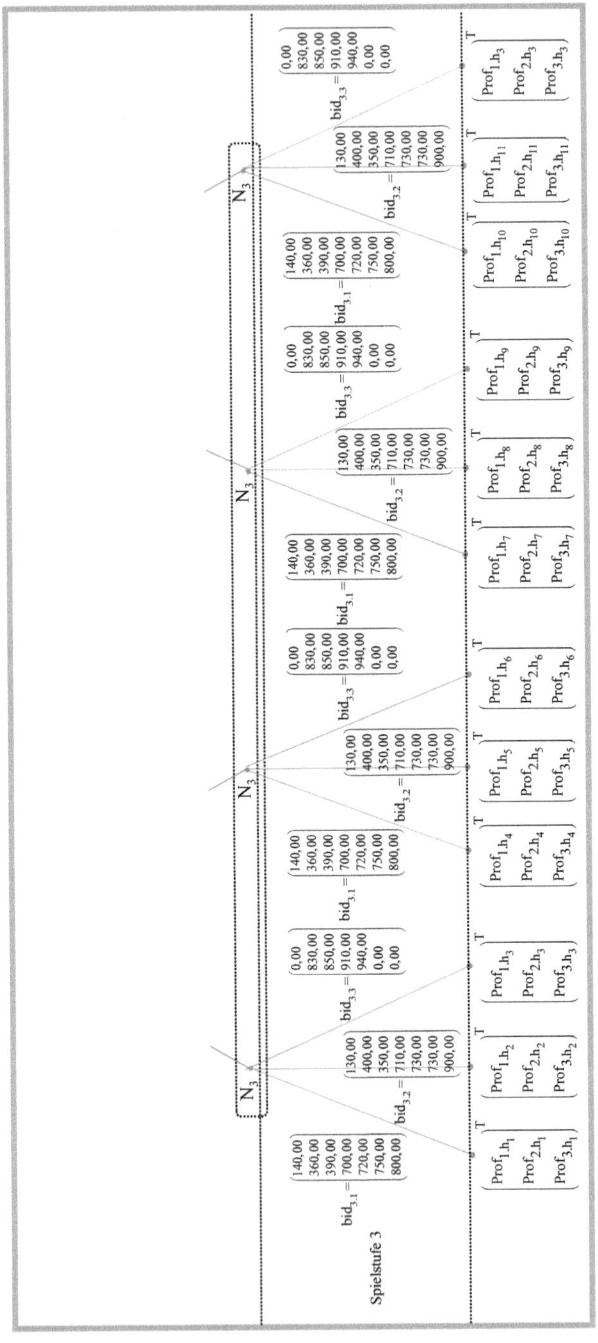

Abbildung 66: Spielbaum für das Spiel mit numerischen Bietstrategien der Bieter (2/2)

Für jede Bietstrategiekombination $bidp_h \in Bid$ (mit $Bid = Bid_1 \times Bid_2 \times Bid_3$) werden die Spielergebnisse $Prof_{i.h}$ der Bieter unter Berücksichtigung der gespaltenen Auktionsregel der Matrix-Auktion gemäß der Spielregel Rul_9 ermittelt. Ziel eines jeden Bieters ist es, sein Spielergebnis zu maximieren.

Das Spielergebnis für jeden einzelnen Bieter N_i ist von dem Zuschlagpreis für die angebotene Güterbündel-Kombination, für die dieser Bieter N_i den Zuschlag erhalten hat, den variablen Auktionskosten i.H.v. 22,73 € pro abgegebenes Preisgebot und den fixen Auktionskosten i.H.v. 97,41 € pro Auktionsstufe sowie von der individuellen Wertschätzung für diese angebotene Güterbündel-Kombination des Bieters N_i abhängig.

Angenommen, Bieter N_1 legt seine individuellen Wertschätzungen für die angebotenen Güterbündel-Kombinationen wie folgt fest:

- $value_1^{estim.Allo} = 700{,}00$ €,
- $value_1^{estim.ERU} = 550{,}00$ €,
- $value_1^{estim.CER} = 500{,}00$ €,
- $value_1^{estim.Allo.ERU} = 950{,}00$ €,
- $value_1^{estim.Allo.CER} = 950{,}00$ €,
- $value_1^{estim.ERU.CER} = 1.000{,}00$ € und
- $value_1^{estim.Allo.ERU.CER} = 1.200{,}00$ €.

Weiterhin wird davon ausgegangen, dass Bieter N_2 seine individuellen Wertschätzungen für die angebotenen Güterbündel-Kombinationen wie folgt fixiert:

- $value_2^{estim.Allo} = 300{,}00$ €,
- $value_2^{estim.ERU} = 230{,}00$ €,
- $value_2^{estim.CER} = 240{,}00$ €,
- $value_2^{estim.Allo.ERU} = 580{,}00$ €,
- $value_2^{estim.Allo.CER} = 610{,}00$ €,
- $value_2^{estim.ERU.CER} = 670{,}00$ € und
- $value_2^{estim.Allo.ERU.CER} = 1.550{,}00$ €.

Für die individuellen Wertschätzungen für die angebotenen Güterbündel-Kombinationen des Bieters N_3 wird folgendes festgelegt:

- $value_3^{estim.Allo} = 150{,}00\ €$,
- $value_3^{estim.ERU} = 850{,}00\ €$,
- $value_3^{estim.CER} = 870{,}00\ €$,
- $value_3^{estim.Allo.ERU} = 950{,}00\ €$,
- $value_3^{estim.Allo.CER} = 1.000{,}00\ €$,
- $value_3^{estim.ERU.CER} = 1.200{,}00\ €$ und
- $value_3^{estim.Allo.ERU.CER} = 1.300{,}00\ €$.

Und für die individuellen Wertschätzungen des Bieters N_4 für die angebotenen Güterbündel-Kombinationen wird wie folgt fixiert:

- $value_4^{estim.Allo} = 80{,}00\ €$,
- $value_4^{estim.ERU} = 150{,}00\ €$,
- $value_4^{estim.CER} = 200{,}00\ €$,
- $value_4^{estim.Allo.ERU} = 500{,}00\ €$,
- $value_4^{estim.Allo.CER} = 520{,}00\ €$,
- $value_4^{estim.ERU.CER} = 600{,}00\ €$ und
- $value_4^{estim.Allo.ERU.CER} = 660{,}00\ €$.

Folglich gilt für das Spielergebnis

- des Bieters N_1:

$$\mathrm{Prof}_{1.h} = \sum_{gc=1}^{7}\left(\left(value_1^{estim.gc} - knock_h^{gc}\right)\bullet bin_{1.h(1)}^{gc}\right) - \left(\sum_{gc=1}^{7} Pg_{1.h(1)}^{gc}\bullet 22,73 + \sum_{u=1}^{2} ast_{1.h}^{u}\bullet 97,41\right)$$

- des Bieters N_2:

$$\mathrm{Prof}_{2.h} = \sum_{gc=1}^{7}\left(\left(value_2^{estim.gc} - knock_h^{gc}\right)\bullet bin_{2.h(2)}^{gc}\right) - \left(\sum_{gc=1}^{7} Pg_{2.h(2)}^{gc}\bullet 22,73 + \sum_{u=1}^{2} ast_{2.h}^{u}\bullet 97,41\right)$$

- des Bieters N_3:

$$\Pr of_{3.h} = \sum_{gc=1}^{7}\left(\left(value_3^{estim.gc} - knock_h^{gc}\right)\bullet bin_{3.h(3)}^{gc}\right) - \left(\sum_{gc=1}^{7} Pg_{3.h(3)}^{gc}\bullet 22,73 + \sum_{u=1}^{2} ast_{3.h}^{u}\bullet 97,41\right)$$

- des Bieters N_4:

$$\Pr of_{4.h} = \sum_{gc=1}^{7}\left(\left(value_4^{estim.gc} - knock_h^{gc}\right)\bullet bin_{4.h(4)}^{gc}\right) - \left(\sum_{gc=1}^{7} Pg_{4.h(4)}^{gc}\bullet 22,73 + \sum_{u=1}^{2} ast_{4.h}^{u}\bullet 97,41\right)$$

Im Hinblick auf die Zielsetzung eines jeden Bieters, der die Maximierung seines Spielergebnisses anstrebt, hat jeder Bieter $N_i \in NS^{bidd}$ in Bezug auf den Preis für die angebotenen Güterbündel-Kombinationen ein preisbezogenes *Optimierungsproblem* zu lösen. Jeder Bieter N_i ist gemäß Spielregel Rul_9 darüber informiert, dass der Zuschlag für eine angebotene Güterbündel-Kombination an denjenigen Bieter oder diejenigen Bieter erteilt wird, der bzw. die das höchste Preisgebot für die angebotene Güterbündel-Kombination abgibt bzw. abgeben.

Mit den Bezeichnungen

- *Bieter*index:

$$i = 1, 2, 3$$

- Index für die angebotenen *Güterbündel-Kombinationen*:

$$gc = 1, ..., 7$$

- *endogene* Binärvariable für Preisgebote:

$$Pg_{i.h(i)}^{gc} = \begin{cases} 1 & \text{falls Bieter } N_i \text{ für die Güterbündel-Kombination gc einen Preis } per_{i.t(h)}^{gc} > 0 \text{ bietet} \\ 0 & \text{falls Bieter } N_i \text{ für die Güterbündel-Kombination gc den Preis } per_{i.t(h)}^{gc} = 0 \text{ oder keinen Preis bietet} \end{cases}$$

unter der Prämisse:

- jedes Preisgebot $per_{i.t(h)}^{gc}$ ist eine Dezimalzahl mit (höchstens) 2 Dezimalstellen (für Cents)

- dann gilt: $100 \cdot per^{gc}_{i.t(h)} \geq 1$ für $per^{gc}_{i.t(h)} > 0{,}01$

unter den Restriktionen:

$100 \cdot per^{gc}_{i.t(h)} - Pg^{gc}_{i.h(i)} \geq 0$	für alle $gc = 1,...,7$ und $i = 1,...,3$ sowie bei gegebener Bietstrategiekombination h
$100 \cdot per^{gc}_{i.t(h)} - Pg^{gc}_{i.h(i)} = 0$	bei $per^{gc}_{i.t(h)} = 0$
$100 \cdot per^{gc}_{i.t(h)} - Pg^{gc}_{i.h(i)} = 0$ oder 1	bei $per^{gc}_{i.t(h)} > 0$
$per^{gc}_{i.t(h)} \geq Pg^{gc}_{i.h(i)} \cdot Res^{gc}_{0}$	für alle $gc = 1,...,7$ und $i = 1,...,3$

- *Preisgebote* für die angebotenen Güterbündel-Kombinationen eines Bieters N_i:

$per^{gc}_{i.t(h)}$	mit $per^{gc}_{i.t(h)} \geq Res^{gc}_{0}$ für alle $i = 1,2,3$, $t = 1,...,Q_i$, $Q_1 = Q_2 = 2$ und $Q_3 = 3$ und $gc = 1,...,7$

- *Binärvariable* der Zuordnung:

$bin^{gc}_{i.h(i)}$ mit $i = 1,2,3$ und $gc = 1,...,7$ sowie

$$bin^{gc}_{i.h(i)} = \begin{cases} 1 & \text{wenn Bieter } N_i \text{ bei der Bietstrategiekombination } h \in \{h_1,...,h_{12}\} \text{ einen Zuschlag für eine Güterbündel-Kombination gc erhält} \\ 0 & \text{wenn Bieter } N_i \text{ bei der Bietstrategiekombination } h \in \{h_1,...,h_{12}\} \text{ keinen Zuschlag für eine Güterbündel-Kombination gc erhält} \end{cases}$$

ergibt sich folgende Modellformulierung für die Zuordnung der angebotenen Güterbündel-Kombinationen auf denjenigen Bieter oder diejenigen Bieter aus der Bietermenge NS^{bidd}, der bzw. die die höchsten Preisgebote für die Güterbündel-Kombinationen abgibt bzw. abgeben:

$$\max \sum_{i=1}^{3} \sum_{gc=1}^{7} per^{gc}_{i.t(h)} \cdot bin^{gc}_{i.h(i)} \qquad \text{mit } h \in \{h_1,...,h_{12}\}$$

unter den Nebenbedingungen:

$$\forall gc=1,...,7: \quad \sum_{i=1}^{3} bin_{i.h(i)}^{gc} \leq 1$$

$$\left(\sum_{i=1}^{3} bin_{i.h(i)}^{7}\right) \bullet \left(\sum_{i=1}^{3}\sum_{gc=1}^{6} bin_{i.h(i)}^{gc}\right) = 0$$

$$\left(\sum_{i=1}^{3} bin_{i.h(i)}^{6}\right) \bullet \left(\sum_{i=1}^{3}\sum_{gc\in\{2,3,4,5\}} bin_{i.h(i)}^{gc}\right) = 0$$

$$\left(\sum_{i=1}^{3} bin_{i.h(i)}^{5}\right) \bullet \left(\sum_{i=1}^{3}\sum_{gc\in\{1,3,4,6\}} bin_{i.h(i)}^{gc}\right) = 0$$

$$\left(\sum_{i=1}^{3} bin_{i.h(i)}^{4}\right) \bullet \left(\sum_{i=1}^{3}\sum_{gc\in\{1,2,5,6\}} bin_{i.h(i)}^{gc}\right) = 0$$

Weiterhin ist jeder Bieter N_i gemäß Spielregel Rul_9 darüber informiert, dass der an den Auktionator N_0 zu zahlende Preis – Zuschlagpreis – dem zweithöchsten Preisgebot, das für die angebotene Güterbündel-Kombination des Bieters, der den Zuschlag erhielt, abgegeben wurde, entspricht. Für den Zuschlagpreis nach der *Pricing-per-column-Regel* der Matrix-Auktion gilt:

$$knock_h^{gc} = \max\left\{per_{i.t(h)}^{gc} \bullet \left(1 - bin_{i.h(i)}^{gc}\right) \middle| i = 1,...,3\right\}$$

für alle $gc = 1,...,7$, mit $1 - bin_{i.h(i)}^{gc} = 0$ für den Bieter N_i, der das höchste Preisgebot $per_{i.t(h)}^{gc}$ für die Güterbündel-Kombination gc abgegeben hat und $1 - bin_{i.h(i)}^{gc} = 1$ für alle Bieter, die den Zuschlag nicht erhalten haben.

Wenn eine Güterbündel-Kombination gc nicht versteigert wird (um physikalisch unzulässige Mehrfachversteigerungen desselben Güterbündels zu verhindert), sind die $bin_{i.h(i)}^{gc}$ für alle N_i gleich „Null" und somit die $1 - bin_{i.h(i)}^{gc} = 1$ für alle Bieter N_i. Dann ist zwar $knock_h^{gc}$ „artifiziell" das höchste Preisgebot für die Güterbündel-Kombination gc, aber in der Zielfunktion $Proc_{0.h}$ sorgt im 1. Summanden der Multiplikator

$$\sum_{i=1}^{3} bin_{i.h(i)}^{gc} = \sum_{i=1}^{3} 0 = 0$$

dafür, dass $knock_h^{gc}$ nicht wirksam wird und der Netto-Nutzen des Auktionators N_0 in diesem Fall für gc „Null" beträgt.

Im Folgenden führt die Verfasserin einen Algorithmus in Pseudocode auf, um für jeden Bietstrategiepfad das Spielergebnis eines jeden Bieters zu beschreiben.

```
Optimierungsproblem (Erlösmaximierung des Auktionators):
Durchlaufe alle Bietstrategiepfade
     Durchlaufe alle möglichen Kombinationen der
     angebotenen Güterbündel-Kombinationen
     Berechne Summe der Zuschlagspreise abzüglich Summe
     der Wertschätzungen des Auktionators der aktuellen
     Kombination der angebotenen Güterbündel-
     Kombinationen
     Ende Durchlauf
     Bestimme Kombination der angebotenen Güterbündel-
     Kombinationen
     mit der höchsten Summe der Zuschlagspreise abzüglich
     Summe der Wertschätzungen des Auktionators
     Durchlaufe die Güterbündel-Kombination der
     ermittelten Kombination der angebotenen Güterbündel-
     Kombinationen
          Ordne demjenigen Bieter mit dem höchsten Gebot
          die Güterbündel-Kombination zu
          Ermittle den Zuschlagspreis für die
          Güterbündel-Kombination
     Ende Durchlauf
Ende Durchlauf
```

```
Ermittlungsproblem (Spielergebnis für jeden Bieter):
Durchlaufe alle Bieterstrategiepfade
     Durchlaufe alle Bieter
          Berechne fixe Auktionskosten
          Berechne variable Auktionskosten
          Nutzen := 0
          Durchlaufe alle Güterbündel-Kombinationen
               Wenn der Bieter den Zuschlag für die
               aktuelle Güterbündel-Kombination erhalten
               hat
                    Addiere die individuelle
                    Wertschätzung des Bieters mit der
                    aktuellen Güterbündel-Kombination zu
                    Nutzen
                    Ziehe den Zuschlagpreis für die
                    aktuelle Güterbündel-Kombination von
                    Nutzen ab
               Ende Wenn
          Ende Durchlauf
          Setze Spielergebnis des Bieters für den
          aktuellen Bietstrategiepfad auf Nutzen - fixe
          Auktionskosten - variable Auktionskosten
     Ende Durchlauf
Ende Durchlauf
```

Berechne Bietstrategiepfad 1 (1.1.1)

Berechne Summen der Zuschlagspreise abzgl. Summe der Wertschätzung des Auktionators für mögliche Kombinationen der angebotenen Güterbündel-Kombinationen

gc mit gc = 1,...,7:

```
1 + 2 + 3:     270,00 + 210,00 + 220,00 - 150,00 - 180,00
- 290,00 = 80,00
4 + 3:         570,00 + 220,00 - 300,00 - 290,00 = 200,00
5 + 2:         600,00 + 210,00 - 350,00 - 180,00 = 280,00
6 + 1:         650,00 + 270,00 - 400,00 - 150,00 = 370,00
7:             750,00 - 500,00 = 250,00
```

Ermittlung des Maximums:

max(80,00;200,00;280,00;370,00;250,00) = 370,00 → 6 + 1 werden verkauft.

Erstellung der Zuordnungsmatrix bin:

Bieter N_1 erhält 1
Bieter N_3 erhält 6

Ermittlung der Zuschlagspreise:

Zuschlagspreis für 1 ist 270,00
Zuschlagspreis für 6 ist 650,00

Berechne Spielergebnis der Bieter:

$Prof_{1.1}$ = (700,00 - 270,00) - 490,31 = -60,31
$Prof_{2.1}$ = -513,04
$Prof_{3.1}$ = (1200,00 - 650,00) - 513,04 = 36,96

Berechne Bietstrategiepfad 2 (1.1.2)

Berechne Summen der Zuschlagspreise abzgl. Summe der Wertschätzung des Auktionators für mögliche Kombinationen der angebotenen Güterbündel-Kombinationen

gc mit gc = 1,...,7:

```
1 + 2 + 3:     270,00 + 210,00 + 220,00 - 150,00 - 180,00
- 290,00 = 80,00
4 + 3:         570,00 + 220,00 - 300,00 - 290,00 = 200,00
5 + 2:         600,00 + 210,00 - 350,00 - 180,00 = 280,00
6 + 1:         650,00 + 270,00 - 400,00 - 150,00 = 370,00
7:             750,00 - 500,00 = 250,00
```

Ermittlung des Maximums:

max(80,00;200,00;280,00;370,00;250,00) = 370,00 → 6 + 1 werden verkauft.

Erstellung der Zuordnungsmatrix bin:

Bieter N_1 erhält 1
Bieter N_3 erhält 6

Ermittlung der Zuschlagspreise:

Zuschlagspreis für 1 ist 270,00
Zuschlagspreis für 6 ist 650,00

Berechne Spielergebnis der Bieter:

$Prof_{1.2}$ = (700,00 - 270,00) - 490,31 = -60,31
$Prof_{2.2}$ = -513,04
$Prof_{3.2}$ = (1200,00 - 650,00) - 513,04 = 36,96

Berechne Bietstrategiepfad 3 (1.1.3)

Berechne Summen der Zuschlagspreise abzgl. Summe der Wertschätzung des Auktionators für mögliche Kombinationen der angebotenen Güterbündel-Kombinationen

gc mit gc = 1,...,7:
1 + 2 + 3: 270,00 + 210,00 + 220,00 - 150,00 - 180,00 - 290,00 = 80,00
4 + 3: 570,00 + 220,00 - 300,00 - 290,00 = 200,00
5 + 2: 600,00 + 210,00 - 350,00 - 180,00 = 280,00
6 + 1: 650,00 + 270,00 - 400,00 - 150,00 = 370,00
7: 700,00 - 500,00 = 200,00

Ermittlung des Maximums:

max(80,00;200,00;280,00;370,00;250,00) = 370,00 → 6 + 1 werden verkauft.

Erstellung der Zuordnungsmatrix bin:

Bieter N_1 erhält 1
Bieter N_3 erhält 6

Ermittlung der Zuschlagspreise:

Zuschlagspreis für 1 ist 270,00
Zuschlagspreis für 6 ist 650,00

Berechne Spielergebnis der Bieter:

$Prof_{1.3}$ = (700,00 - 270,00) - 490,31 = -60,31
$Prof_{2.3}$ = -513,04
$Prof_{3.3}$ = (1200,00 - 650,00) - 444,85 = 105,42

Berechne Bietstrategiepfad 4 (1.2.1)

Berechne Summen der Zuschlagspreise abzgl. Summe der Wertschätzung des Auktionators für mögliche Kombinationen der angebotenen Güterbündel-Kombinationen

gc mit gc = 1,...,7:
1 + 2 + 3: 280,00 + 200,00 + 180,00 - 150,00 - 180,00 - 290,00 = 40,00
4 + 3: 550,00 + 180,00 - 300,00 - 290,00 = 140,00
5 + 2: 590,00 + 200,00 - 350,00 - 180,00 = 260,00
6 + 1: 660,00 + 280,00 - 400,00 - 150,00 = 390,00
7: 800,00 - 500,00 = 300,00

Ermittlung des Maximums:

max(40,00;140,00;260,00;390,00;300,00) = 390,00 → 6 + 1 werden verkauft.

Erstellung der Zuordnungsmatrix bin:

Bieter N_1 erhält 1
Bieter N_3 erhält 6

Ermittlung der Zuschlagspreise:
Zuschlagspreis für 1 ist 280,00
Zuschlagspreis für 6 ist 660,00

Berechne Spielergebnis der Bieter:
$Prof_{1.4}$ = (700,00 - 280,00) - 490,31 = -70,31
$Prof_{2.4}$ = -513,04
$Prof_{3.4}$ = (1200,00 - 660,00) - 513,04 = 26,96

Berechne Bietstrategiepfad 5 (1.2.2)

Berechne Summen der Zuschlagspreise abzgl. Summe der Wertschätzung des Auktionators für mögliche Kombinationen der angebotenen Güterbündel-Kombinationen
gc mit gc = 1,...,7:
1 + 2 + 3: 280,00 + 200,00 + 180,00 - 150,00 - 180,00 - 290,00 = 40,00
4 + 3: 550,00 + 180,00 - 300,00 - 290,00 = 140,00
5 + 2: 590,00 + 200,00 - 350,00 - 180,00 = 260,00
6 + 1: 660,00 + 280,00 - 400,00 - 150,00 = 390,00
7: 900,00 - 500,00 = 400,00

Ermittlung des Maximums:
max(40,00;140,00;260,00;390,00;400,00) = 400,00 → 7 wird verkauft.

Erstellung der Zuordnungsmatrix bin:
Bieter N_2 erhält 7

Ermittlung der Zuschlagspreise:
Zuschlagspreis für 7 ist 900,00

Berechne Spielergebnis der Bieter:
$Prof_{1.5}$ = -490,31
$Prof_{2.5}$ = (1550,00 - 900,00) - 513,04 = 136,96
$Prof_{3.5}$ = -513,04

Berechne Bietstrategiepfad 6 (1.2.3)

Berechne Summen der Zuschlagspreise abzgl. Summe der Wertschätzung des Auktionators für mögliche Kombinationen der angebotenen Güterbündel-Kombinationen
gc mit gc = 1,...,7:
1 + 2 + 3: 280,00 + 200,00 + 180,00 - 150,00 - 180,00 - 290,00 = 40,00
4 + 3: 550,00 + 180,00 - 300,00 - 290,00 = 140,00
5 + 2: 590,00 + 200,00 - 350,00 - 180,00 = 260,00
6 + 1: 430,00 + 280,00 - 400,00 - 150,00 = 160,00
7: 750,00 - 500,00 = 250,00

Ermittlung des Maximums:
max(40,00;140,00;260,00;160,00;250,00) = 260,00 → 5 + 2 werden verkauft.

Erstellung der Zuordnungsmatrix bin:
Bieter N_3 erhält 2 und 5

Ermittlung der Zuschlagspreise:
Zuschlagspreis für 2 ist 200,00
Zuschlagspreis für 5 ist 590,00

Berechne Spielergebnis der Bieter:
$Prof_{1.6}$ = -490,31
$Prof_{2.6}$ = -513,04
$Prof_{3.6}$ = (850,00 - 200,00) + (1000,00 - 590,00) - 444,85 = 615,15

Berechne Bietstrategiepfad 7 (2.1.1)

Berechne Summen der Zuschlagspreise abzgl. Summe der Wertschätzung des Auktionators für mögliche Kombinationen der angebotenen Güterbündel-Kombinationen
gc mit gc = 1,...,7:
1 + 2 + 3: 270,00 + 240,00 + 220,00 - 150,00 - 180,00 - 290,00 = 110,00
4 + 3: 620,00 + 220,00 - 300,00 - 290,00 = 250,00
5 + 2: 600,00 + 240,00 - 350,00 - 180,00 = 310,00
6 + 1: 690,00 + 270,00 - 400,00 - 150,00 = 410,00
7: 800,00 - 500,00 = 300,00

Ermittlung des Maximums:
max(110,00;250,00;310,00;410,00;300,00) = 410,00 → 6 + 1 werden verkauft.

Erstellung der Zuordnungsmatrix bin:
Bieter N_1 erhält 1
Bieter N_3 erhält 6

Ermittlung der Zuschlagspreise:
Zuschlagspreis für 1 ist 270,00
Zuschlagspreis für 6 ist 690,00

Berechne Spielergebnis der Bieter:
$Prof_{1.7}$ = (700,00 - 270,00) - 467,58 = -37,58
$Prof_{2.7}$ = -513,04
$Prof_{3.7}$ = (1200,00 - 690,00) - 513,04 = -3,04

Berechne Bietstrategiepfad 8 (2.1.2)

Berechne Summen der Zuschlagspreise abzgl. Summe der Wertschätzung des Auktionators für mögliche Kombinationen der angebotenen Güterbündel-Kombinationen
gc mit gc = 1,...,7:
1 + 2 + 3: 270,00 + 240,00 + 220,00 - 150,00 - 180,00 - 290,00 = 210,00
4 + 3: 620,00 + 220,00 - 300,00 - 290,00 = 250,00
5 + 2: 600,00 + 240,00 - 350,00 - 180,00 = 310,00
6 + 1: 690,00 + 270,00 - 400,00 - 150,00 = 410,00
7: 900,00 - 500,00 = 400,00

Ermittlung des Maximums:
max(210,00;250,00;310,00;410,00;400,00) = 410,00 → 6 + 1 werden verkauft.

Erstellung der Zuordnungsmatrix bin:
Bieter N_1 erhält 1
Bieter N_3 erhält 6

Ermittlung der Zuschlagspreise:
Zuschlagspreis für 1 ist 270,00
Zuschlagspreis für 6 ist 690,00

Berechne Spielergebnis der Bieter:
$Prof_{1.8}$ = (700,00 - 270,00) - 467,58 = -37,58
$Prof_{2.8}$ = -513,04
$Prof_{3.8}$ = (1200,00 - 690,00) - 513,04 = -3,04

Berechne Bietstrategiepfad 9 (2.1.3)

Berechne Summen der Zuschlagspreise abzgl. Summe der Wertschätzung des Auktionators für mögliche Kombinationen der angebotenen Güterbündel-Kombinationen
gc mit gc = 1,...,7:
1 + 2 + 3: 270,00 + 240,00 + 220,00 - 150,00 - 180,00 - 290,00 = 110,00
4 + 3: 620,00 + 220,00 - 300,00 - 290,00 = 250,00
5 + 2: 600,00 + 240,00 - 350,00 - 180,00 = 310,00
6 + 1: 650,00 + 270,00 - 400,00 - 150,00 = 370,00
7: 700,00 - 500,00 = 200,00

Ermittlung des Maximums:
max(110,00;250,00;310,00;370,00;200,00) = 370,00 → 6 + 1 werden verkauft.

Erstellung der Zuordnungsmatrix bin:
Bieter N_1 erhält 1 und 6

Ermittlung der Zuschlagspreise:
Zuschlagspreis für 1 ist 270,00
Zuschlagspreis für 6 ist 650,00

Berechne Spielergebnis der Bieter:
$Prof_{1.9}$ = (700,00 - 270,00) + (1000,00 - 650,00) - 467,58 = 312,42
$Prof_{2.9}$ = -513,04
$Prof_{3.9}$ = -444,85

Berechne Bietstrategiepfad 10 (2.2.1)

Berechne Summen der Zuschlagspreise abzgl. Summe der Wertschätzung des Auktionators für mögliche Kombinationen der angebotenen Güterbündel-Kombinationen
gc mit gc = 1,...,7:
1 + 2 + 3: 280,00 + 240,00 + 40,00 - 150,00 - 180,00 - 290,00 = -60,00
4 + 3: 620,00 + 40,00 - 300,00 - 290,00 = 70,00

5 + 2: 590,00 + 240,00 - 350,00 - 180,00 = 300,00
6 + 1: 690,00 + 280,00 - 400,00 - 150,00 = 420,00
7: 1010,00 - 500,00 = 510,00

Ermittlung des Maximums:
max(-60,00;70,00;300,00;420,00;510,00) = 510,00 → 7 wird verkauft.

Erstellung der Zuordnungsmatrix bin:
Bieter N_2 erhält 7

Ermittlung der Zuschlagspreise:
Zuschlagspreis für 7 ist 1010,00

Berechne Spielergebnis der Bieter:
$Prof_{1.10}$ = -467,58
$Prof_{2.10}$ = (1550,00 - 1010,00) - 513,04 = 26,95
$Prof_{3.10}$ = -513,04

Berechne Bietstrategiepfad 11 (2.2.2)

Berechne Summen der Zuschlagspreise abzgl. Summe der Wertschätzung des Auktionators für mögliche Kombinationen der angebotenen Güterbündel-Kombinationen
gc mit gc = 1,...,7:
1 + 2 + 3: 280,00 + 240,00 + 40,00 - 150,00 - 180,00 - 290,00 = -60,00
4 + 3: 620,00 + 40,00 - 300,00 - 290,00 = 70,00
5 + 2: 590,00 + 240,00 - 350,00 - 180,00 = 300,00
6 + 1: 690,00 + 280,00 - 400,00 - 150,00 = 420,00
7: 1010,00 - 500,00 = 510,00

Ermittlung des Maximums:
max(-60,00;70,00;300,00;420,00;510,00 = 510,00 → 7 wird verkauft.

Erstellung der Zuordnungsmatrix bin:
Bieter N_2 erhält 7

Ermittlung der Zuschlagspreise:
Zuschlagspreis für 7 ist 1010,00

Berechne Spielergebnis der Bieter:
$Prof_{1.11}$ = -467,58
$Prof_{2.11}$ = (1550,00 - 1010,00) - 513,04 = 26,95
$Prof_{3.11}$ = -513,04

Berechne Bietstrategiepfad 12 (2.2.3)

Berechne Summen der Zuschlagspreise abzgl. Summe der Wertschätzung des Auktionators für mögliche Kombinationen der angebotenen Güterbündel-Kombinationen
gc mit gc = 1,...,7:
1 + 2 + 3: 280,00 + 240,00 + 40,00 - 150,00 - 180,00 - 290,00 = -60,00
4 + 3: 620,00 + 40,00 - 300,00 - 290,00 = 70,00

```
5 + 2:        590,00 + 240,00 - 350,00 - 180,00 = 300,00
6 + 1:        660,00 + 280,00 - 400,00 - 150,00 = 390,00
7:            1010,00 - 500,00 = 510,00
```

Ermittlung des Maximums:
max(-60,00;70,00;300,00;390,00;510,00) = 1010,00 → 7 wird verkauft.

Erstellung der Zuordnungsmatrix bin:
Bieter N_2 erhält 7

Ermittlung der Zuschlagspreise:
Zuschlagspreis für 7 ist 1010,00

Berechne Spielergebnis der Bieter:
$Prof_{1.12}$ = -467,58
$Prof_{2.12}$ = (1550,00 - 1010,00) - 513,04 = 26,95
$Prof_{3.12}$ = -444,85

Im Folgenden untersucht die Verfasserin, ob das Spiel $\Gamma^{ex/B2B\text{-}Au}$ aus einem Teilspiel oder aus mehreren Teilspielen besteht.

Teilspiele beginnen mit einem Entscheidungsknoten, der zu keiner nicht-degenerierten Informationsmenge gehören darf. Jedoch gehört jeder Entscheidungsknoten des Spiels $\Gamma^{ex/B2B\text{-}Au}$ (mit Ausnahme des Startknotens) zu einer nicht-degenerierten Informationsmenge. Folglich sind das Gesamtspiel $\Gamma^{ex/B2B\text{-}Au}$ und das einzige Teilspiel identisch.

Das Symbol $\Gamma^{\blacksquare}$, das im Rahmen der vorliegenden Arbeit für Teilspiele steht, wird durch das Symbol $\Gamma^{\blacksquare/B2B\text{-}Au}$ [1)] konkretisiert, um mit diesem neuen Symbol das einzige Teilspiel des Gesamtspiels $\Gamma^{ex/B2B\text{-}Au}$ zu erfassen.

Das Teilspiel $\Gamma^{\blacksquare/B2B\text{-}Au}$ ist ein *unechtes* Teilspiel. In dem unechten Teilspiel $\Gamma^{\blacksquare/B2B\text{-}Au}$ ist das teilspielperfekte NASH-Gleichgewicht identisch mit dem NASH-Gleichgewicht für das Gesamtspiel $\Gamma^{ex/B2B\text{-}Au}$.

In der folgenden Abbildung 67 stimmt das gesamte Spiel $\Gamma^{ex/B2B\text{-}Au}$ mit seinem genau einem degenerierten Teilspiel $\Gamma^{\blacksquare/B2B\text{-}Au}$, das hier mit einem schwarzen Rahmen hervorgehoben wird, exakt überein. Die Abbildung 67 zeigt den Spielbaum mit den numerischen Preisgeboten aus Tabelle 114, 115 und 116 und die numerischen Spielergebnisse für jeden Bieter auf. Die numerischen Spielergebnisse für jeden

1) Im Rahmen der vorliegenden Arbeit steht das Symbol $\Gamma^{\blacksquare/B2B\text{-}Au}$ für die auktionsbasierte Reallokation von Treibhausgas-Emissionsrechten und Treibhausgas-Emissionsgutschriften auf Unternehmensebene als nicht-kooperatives Teilspiel.

Bieter werden bei der Bietstrategiekombination $h \in \{h_1,...,h_{12}\}$ durch den o.a. Algorithmus ermittelt und an die Endknoten des Spielbaums eingetragen.

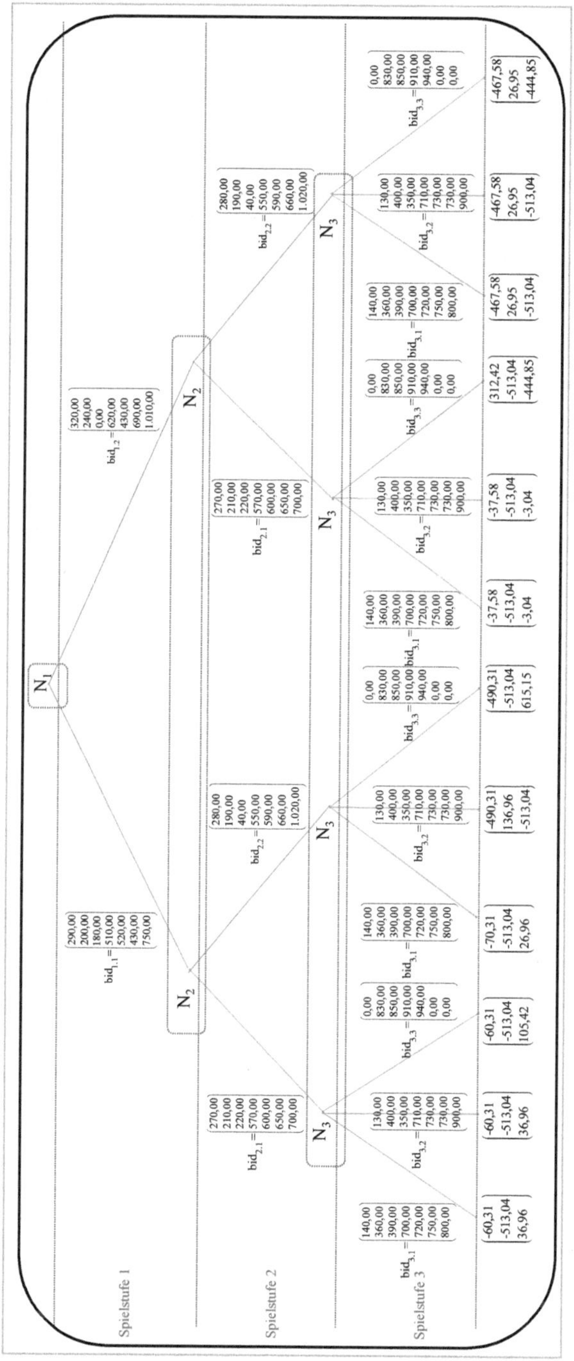

Abbildung 67: Spiel mit einem unechten Teilspiel

Um ein teilspielperfektes NASH-Gleichgewicht für eine Matrix-Auktion im Spiel $\Gamma^{ex/B2B\text{-}Au}$ in Extensivform zu errechnen, wird eine *Matrix* erstellt. Es wird angenommen, dass Bieter N_1 die Kontrolle über die *Zeilen* der Matrix, Bieter N_2 die Kontrolle über die *Spalten* der Matrix und Bieter N_3 die Kontrolle über die (räumliche) *Tiefe* der Matrix hat. Daher werden die Bietstrategien des Bieters N_1 in den Zeilen der Matrix, die Bietstrategien des Bieters N_2 in den Spalten der Matrix und die Bietstrategien des Bieters N_3 in der Tiefe der Matrix aufgezeigt.

Für jede Bietstrategiekombination $bidp_h \in Bid$ (mit $Bid = Bid_1 \times Bid_2 \times Bid_3$) werden die Spielergebnisse $Prof_{i.h}$ der Bieter angegeben. Diese Spielergebnisse stehen dann in jedem Matrixfeld. Beispielhaft stellen die folgenden Abbildungen 68 und 69 für jede Bietstrategiekombination eines jeden Bieters N_i zunächst eine „induzierte Normalform" für das Spiel $\Gamma^{ex/B2B\text{-}Au}$ anhand einer allgemeinen Matrix dar.

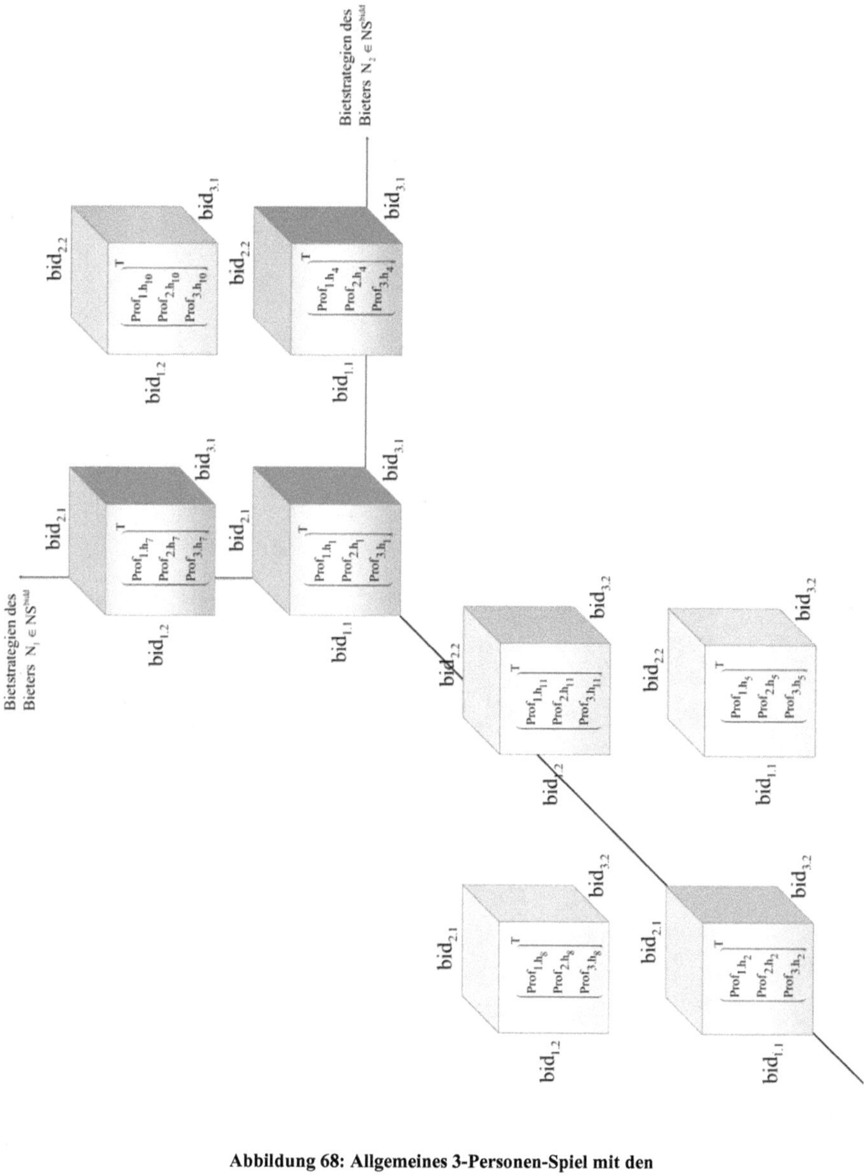

Abbildung 68: Allgemeines 3-Personen-Spiel mit den Bietstrategiekombinationen der Bieter (1/2)

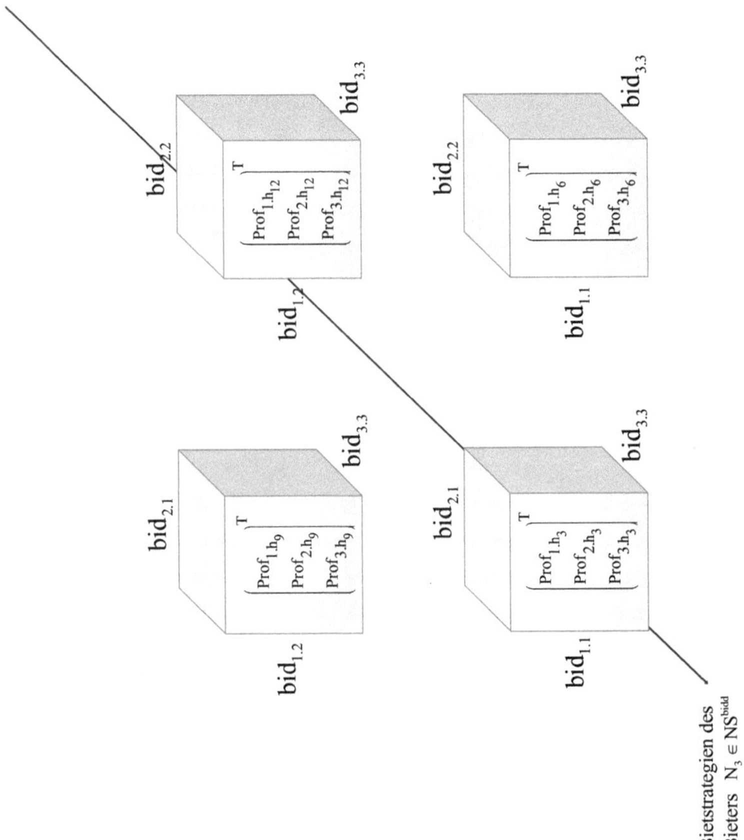

Abbildung 69: Allgemeines 3-Personen-Spiel mit den Bietstrategiekombinationen der Bieter (2/2)

Für jede Bietstrategiekombination $bidp_h \in Bid$ mit den Preisgeboten aus Tabelle 114, 115 und 116 werden die Spielergebnisse $Prof_{i,h}$ der Bieter angegeben. Diese spezifischen Spielergebnisse stehen in jedem Matrixfeld. Beispielhaft stellen die folgenden Abbildungen 70 und 71 für jede Bietstrategiekombination eines jeden Bieters N_i eine „induzierte Normalform" für das Spiel $\Gamma^{ex/B2B\text{-}Au}$ anhand einer spezifischen Matrix dar.

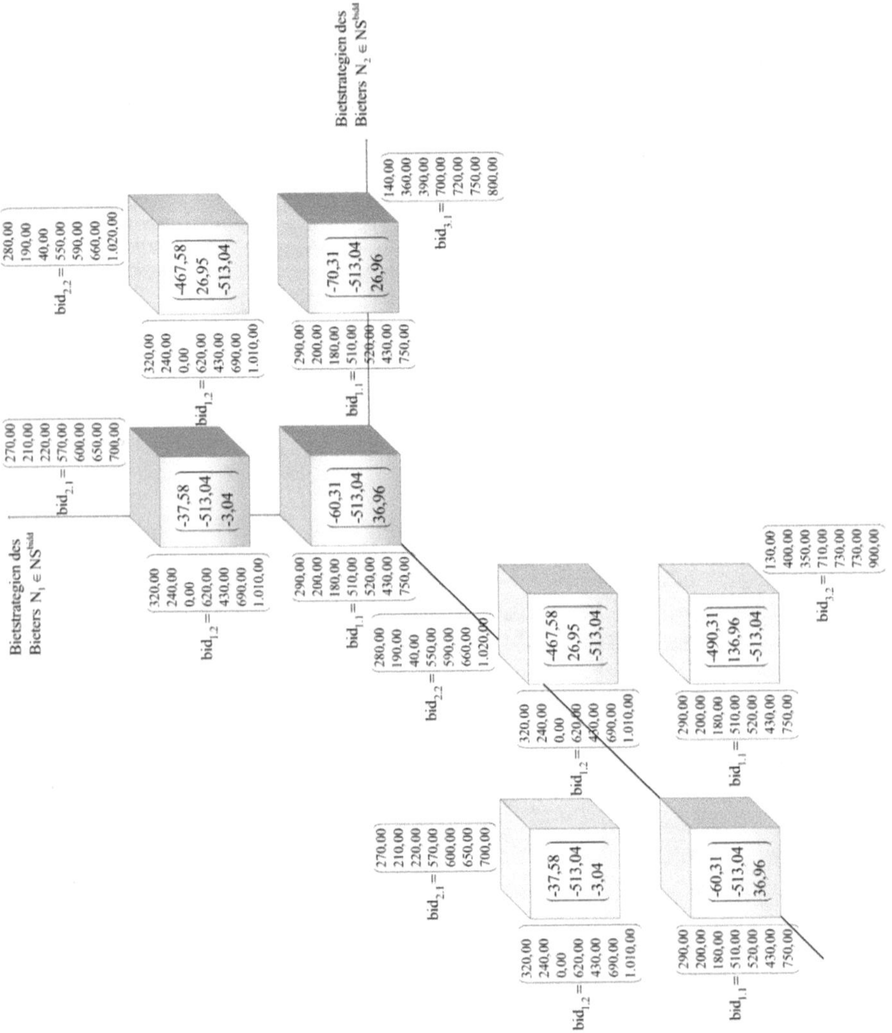

Abbildung 70: Spezifisches 3-Personen-Spiel mit den Bietstrategiekombinationen der Bieter (1/2)

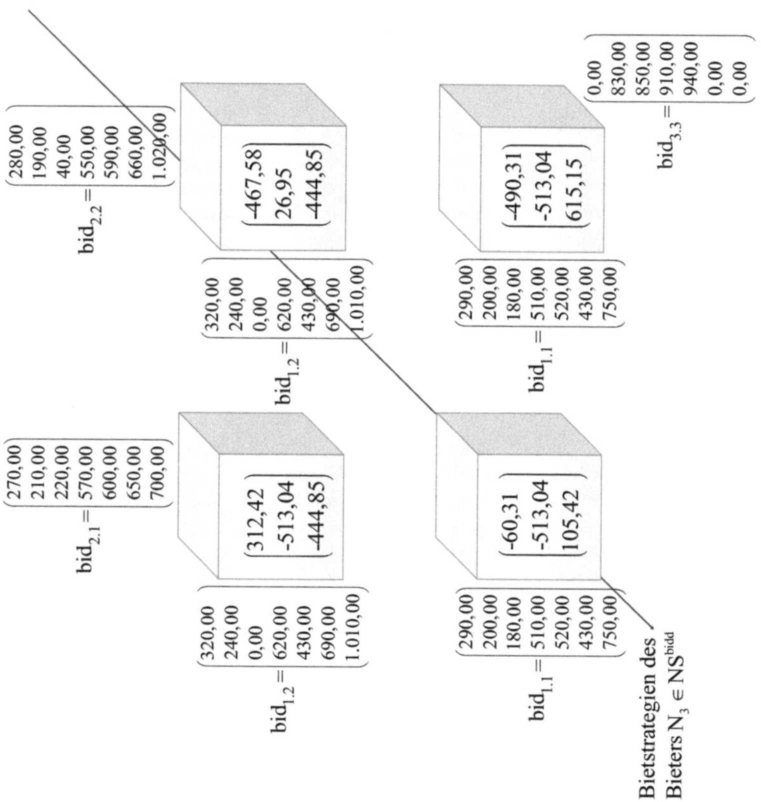

Abbildung 71: Spezifisches 3-Personen-Spiel mit den Bietstrategiekombinationen der Bieter (2/2)

Jede Bietstrategiekombination $bidp_h \in Bid$ ordnet jedem Bieter $N_i \in NS^{bidd}$ gemäß $bidp_h = \left(bid_{1.h(1)}, bid_{2.h(2)}, bid_{3.h(3)}\right)$ jeweils genau eine Bietstrategie zu. Daher gilt

➢ für Bieter N_1:

$bid_{1.h(1)} \in \left\{bid_{1.h_q(1)} \middle| q = 1,...,12\right\}$ mit

$bid_{1.h_1(1)} = bid_{1.1}$, $bid_{1.h_2(1)} = bid_{1.1}$, $bid_{1.h_3(1)} = bid_{1.1}$, $bid_{1.h_4(1)} = bid_{1.1}$, $bid_{1.h_5(1)} = bid_{1.1}$, $bid_{1.h_6(1)} = bid_{1.1}$, $bid_{1.h_7(1)} = bid_{1.2}$, $bid_{1.h_8(1)} = bid_{1.2}$, $bid_{1.h_9(1)} = bid_{1.2}$, $bid_{1.h_{10}(1)} = bid_{1.2}$, $bid_{1.h_{11}(1)} = bid_{1.2}$ und $bid_{1.h_{12}(1)} = bid_{1.2}$

➢ für Bieter N_2:

$bid_{2.h(2)} \in \left\{bid_{2.h_q(2)} \middle| q = 1,...,12\right\}$ mit

$bid_{2.h_1(2)} = bid_{2.1}$, $bid_{2.h_2(2)} = bid_{2.1}$, $bid_{2.h_3(2)} = bid_{2.1}$, $bid_{2.h_4(2)} = bid_{2.2}$, $bid_{2.h_5(2)} = bid_{2.2}$, $bid_{2.h_6(2)} = bid_{2.2}$, $bid_{2.h_7(2)} = bid_{2.1}$, $bid_{2.h_8(2)} = bid_{2.1}$, $bid_{2.h_9(2)} = bid_{2.1}$, $bid_{2.h_{10}(2)} = bid_{2.2}$, $bid_{2.h_{11}(2)} = bid_{2.2}$ und $bid_{2.h_{12}(2)} = bid_{2.2}$

➢ für Bieter N_3:

$bid_{3.h(3)} \in \left\{bid_{3.h_q(3)} \middle| q = 1,...,12\right\}$ mit

$bid_{3.h_1(3)} = bid_{3.1}$, $bid_{3.h_2(3)} = bid_{3.2}$, $bid_{3.h_3(3)} = bid_{3.3}$, $bid_{3.h_4(3)} = bid_{3.1}$, $bid_{3.h_5(3)} = bid_{3.2}$, $bid_{3.h_6(3)} = bid_{3.3}$, $bid_{3.h_7(3)} = bid_{3.1}$, $bid_{3.h_8(3)} = bid_{3.2}$, $bid_{3.h_9(3)} = bid_{3.3}$, $bid_{3.h_{10}(3)} = bid_{3.1}$, $bid_{3.h_{11}(3)} = bid_{3.2}$ und $bid_{3.h_{12}(3)} = bid_{3.3}$

Im Folgenden prüft die Verfasserin, ob im Spiel $\Gamma^{ex/B2B\text{-}Au}$ eine Bietstrategiekombination $bidp_h^*$ mit $bidp_h^* = \left(bid_{1.h(1)}^*, bid_{2.h(2)}^*, bid_{3.h(3)}^*\right)$ existiert, die ein schwaches teilspielperfektes NASH-Gleichgewicht darstellt und sich ein Bieter N_i durch Abweichen von der Gleichgewichtsstrategie zwar nicht verschlechtert, aber auch nicht verbessert.

Da teilspielperfekte NASH-Gleichgewichte mit der Methode der Rückwärtsinduktion ermittelt werden, wird das Spiel $\Gamma^{ex/B2B\text{-}Au}$ nicht vom Startknoten des Spielbaums ausgehend, sondern vielmehr bei der letzten Informationsmenge des Spielbaums beginnend bis zum Startknoten untersucht. Für jede Informationsmenge des Spielbaums wird jeweils „rückwärts gehend“ erst allgemein und anschließend numerisch konkret geprüft, ob die Bietstrategiekombination für das Spiel $\Gamma^{ex/B2B\text{-}Au}$ als Ganzes ein NASH-Gleichgewicht ist. Konnte mit der Rückwärtsinduktion eine Bietstrategiekombination für die Bieter identifiziert werden, so ist diese Bietstrategiekombination für das gesamte Spiel $\Gamma^{ex/B2B\text{-}Au}$ teilspielperfekt.

Bei der letzten Informationsmenge des Spielbaums hat Bieter $N_3 \in NS^{bidd}$ Preisgebote für die angebotenen Güterbündel-Kombinationen abzugeben.
Angenommen, für den Bieter N_3 stellt die Bietstrategiekombination $bidp^*_{h_1}$ mit $bidp^*_{h_1} = \left(bid^*_{1.h_1(1)}, bid^*_{2.h_1(2)}, bid^*_{3.h_1(3)}\right)$ ein schwaches teilspielperfektes NASH-Gleichgewicht dar und formal gilt für

$$\begin{aligned}
&Bid \rightarrow \mathbb{R}_{\geq 0} \\
&prof_i: \; bidp_h = \left(bid_{1.h_1(1)}, bid_{2.h_1(2)}, bid_{3.h_1(3)}\right) \rightarrow prof_i\left(bidp_h\right) = Prof_{i.h} \\
&bid_{1.h_1(1)} - bid_{1.1}, \; bid_{2.h_1(2)} = bid_{2.1}, \; bid_{3.h_1(3)} = bid_{3.1} \\
&prof_i\left(bid^*_{1.1}, bid^*_{2.1}, bid^*_{3.1}\right) \geq prof_i\left(bid^*_{1.1}, bid^*_{2.1}, bid_{3.q}\right) \text{ für alle } q \in \{2,3\}
\end{aligned}$$

Bieter N_3 überlegt sich, was für ihn jeweils eine beste Antwort auf jede rational erwartbare Bietstrategie für Bieter N_1 und für Bieter N_2 ist. Erwartet Bieter N_3, dass sowohl Bieter N_1 als auch Bieter N_2 von jeweils seiner Bietstrategie $bid^*_{1.1}$ bzw. $bid^*_{2.1}$ im Gleichgewicht nicht abweicht, so ist die Gleichgewichtsstrategie $bid^*_{3.1}$ des Bieters N_3 keine beste Antwort auf die Bietstrategie $bid^*_{1.1}$ des Bieters N_1 und auf die Bietstrategie $bid^*_{2.1}$ des Bieters N_2. Bieter N_3 hat einen Anreiz, von seiner Gleichgewichtsstrategie $bid^*_{3.1}$ abzuweichen, da die andere Bietstrategie $bid_{3.3}$ für ihn vorteilhafter ist.

Während der Bieter N_3 in der Bietstrategiekombination $\left(bid_{1.h_1(1)}, bid_{2.h_1(2)}, bid_{3.h_1(3)}\right)$ mit $bid_{3.h_1(3)} = bid_{3.1}$ das Spielergebnis $Prof_{3.h_1} = 36{,}96$ erhält, würde er in der Bietstrategiekombination $\left(bid_{1.h_2(1)}, bid_{2.h_2(2)}, bid_{3.h_2(3)}\right)$ mit $bid_{3.h_2(3)} = bid_{3.2}$ zwar das gleiche Spielergebnis $Prof_{3.h_2} = 36{,}96$, jedoch in der Bietstrategiekombination $\left(bid_{1.h_3(1)}, bid_{2.h_3(2)}, bid_{3.h_3(3)}\right)$ mit $bid_{3.h_3(3)} = bid_{3.3}$ das Spielergebnis $Prof_{3.h_3} = 105{,}42$ erhalten. D.h., würde der Bieter N_3 von seiner Gleichgewichtsstrategie $bid^*_{3.1}$ nicht abweichen und würden die beiden anderen Bieter ihre Gleichgewichtsstrategien unverändert beibehalten, so würde der Bieter N_3 ein niedrigeres Spielergebnis erhalten.

Folglich kann sich Bieter N_3 besser stellen, indem er von seiner Gleichgewichtsstrategie $bid^*_{3.1}$ abweicht.

Im Sinne der Definition des schwachen teilspielperfekten NASH-Gleichgewichts gilt: Die Bietstrategiekombination $\left(bid_{1.h_1(1)}, bid_{2.h_1(2)}, bid_{3.h_1(3)}\right)$, die von Bieter N_3 bevorzugt wird, stellt kein schwaches teilspielperfektes NASH-Gleichgewicht dar, da sich Bieter N_3 durch Abweichen von der Gleichgewichtsstrategie $bid^*_{3.1}$ verbessert.

Demzufolge ist die Annahme, dass die Bietstrategiekombination $bidp^*_{h_1}$ mit $bidp^*_{h_1} = \left(bid^*_{1.h_1(1)}, bid^*_{2.h_1(2)}, bid^*_{3.h_1(3)}\right)$ für den Bieter N_3 ein schwaches teilspielperfektes NASH-Gleichgewicht darstellt, nicht erfüllt.

Angenommen, für den Bieter N_3 stellt die Bietstrategiekombination $bidp^*_{h_2}$ mit $bidp^*_{h_2} = \left(bid^*_{1.h_2(1)}, bid^*_{2.h_2(2)}, bid^*_{3.h_2(3)}\right)$ ein schwaches teilspielperfektes NASH-Gleichgewicht dar und formal gilt für

$$\begin{aligned}
&Bid \rightarrow \mathbb{R}_{\geq 0}\\
&prof_i: \; bidp_h = \left(bid_{1.h_2(1)}, bid_{2.h_2(2)}, bid_{3.h_2(3)}\right) \rightarrow prof_i\left(bidp_h\right) = Prof_{i.h}\\
&bid_{1.h_2(1)} = bid_{1.1},\; bid_{2.h_2(2)} = bid_{2.1},\; bid_{3.h_2(3)} = bid_{3.2}\\
&prof_i\left(bid^*_{1.1}, bid^*_{2.1}, bid^*_{3.2}\right) \geq prof_i\left(bid^*_{1.1}, bid^*_{2.1}, bid_{3.q}\right) \text{ für alle } q \in \{1,3\}
\end{aligned}$$

Erneut überlegt sich Bieter N_3, was für ihn jeweils eine beste Antwort auf jede rational erwartbare Bietstrategie für Bieter N_1 und für Bieter N_2 ist. Erwartet Bieter N_3, dass sowohl Bieter N_1 als auch Bieter N_2 von jeweils seiner Bietstrategie $bid^*_{1.1}$ bzw. $bid^*_{2.1}$ im Gleichgewicht nicht abweicht, so ist die Gleichgewichtsstrategie $bid^*_{3.2}$ des Bieters N_3 keine beste Antwort auf die Bietstrategie $bid^*_{1.1}$ des Bieters N_1 und auf die Bietstrategie $bid^*_{2.1}$ des Bieters N_2. Bieter N_3 hat einen Anreiz, von seiner Gleichgewichtsstrategie $bid^*_{3.2}$ abzuweichen, da die andere Bietstrategie $bid_{3.3}$ für ihn vorteilhafter ist.

Während der Bieter N_3 in der Bietstrategiekombination $\left(bid_{1.h_2(1)}, bid_{2.h_2(2)}, bid_{3.h_2(3)}\right)$ mit $bid_{3.h_2(3)} = bid_{3.2}$ das Spielergebnis $Prof_{3.h_2} = 36{,}96$ erhält, würde er in der Bietstrategiekombination $\left(bid_{1.h_1(1)}, bid_{2.h_1(2)}, bid_{3.h_1(3)}\right)$ mit $bid_{3.h_1(3)} = bid_{3.1}$ zwar das gleiche Spielergebnis $Prof_{3.h_1} = 36{,}96$ jedoch in der Bietstrategiekombination $\left(bid_{1.h_3(1)}, bid_{2.h_3(2)}, bid_{3.h_3(3)}\right)$ mit $bid_{3.h_3(3)} = bid_{3.3}$ das Spielergebnis $Prof_{3.h_3} = 105{,}42$ erhalten. D.h., würde der Bieter N_3 von seiner Gleichgewichtsstrategie $bid^*_{3.2}$ nicht abweichen und würden die beiden anderen Bieter ihre Gleichgewichtsstrategien unverändert beibehalten, so würde der Bieter N_3 ein niedrigeres Spielergebnis erhalten.

Folglich kann sich Bieter N_3 besser stellen, indem er von seiner Gleichgewichtsstrategie $bid^*_{3.2}$ abweicht.

Im Sinne der Definition des schwachen teilspielperfekten NASH-Gleichgewichts gilt: Die Bietstrategiekombination $\left(bid_{1.h_2(1)}, bid_{2.h_2(2)}, bid_{3.h_2(3)}\right)$, die von Bieter N_3 bevorzugt wird, stellt kein schwaches teilspielperfektes NASH-Gleichgewicht dar, da sich Bieter N_3 durch Abweichen von der Gleichgewichtsstrategie $bid^*_{3.2}$ verbessert.

Demzufolge ist die Annahme, dass die Bietstrategiekombination $bidp^*_{h_2}$ mit $bidp^*_{h_2} = \left(bid^*_{1.h_2(1)}, bid^*_{2.h_2(2)}, bid^*_{3.h_2(3)}\right)$ für den Bieter N_3 ein schwaches teilspielperfektes NASH-Gleichgewicht darstellt, nicht erfüllt.

Angenommen, für den Bieter N_3 stellt die Bietstrategiekombination $bidp^*_{h_3}$ mit $bidp^*_{h_3} = \left(bid^*_{1.h_3(1)}, bid^*_{2.h_3(2)}, bid^*_{3.h_3(3)}\right)$ ein schwaches teilspielperfektes NASH-Gleichgewicht dar und formal gilt für

$$\begin{aligned}
&Bid \rightarrow \mathbb{R}_{\geq 0} \\
&prof_i: \ bidp_h = \left(bid_{1.h_3(1)}, bid_{2.h_3(2)}, bid_{3.h_3(3)}\right) \rightarrow prof_i\left(bidp_h\right) = Prof_{i.h} \\
&bid_{1.h_3(1)} = bid_{1.1}, \ bid_{2.h_3(2)} = bid_{2.1}, \ bid_{3.h_3(3)} = bid_{3.3} \\
&prof_i\left(bid^*_{1.1}, bid^*_{2.1}, bid^*_{3.3}\right) \geq prof_i\left(bid^*_{1.1}, bid^*_{2.1}, bid_{3.q}\right) \text{ für alle } q \in \{1,2\}
\end{aligned}$$

Bieter N_3 überlegt sich, was für ihn jeweils eine beste Antwort auf jede rational erwartbare Bietstrategie für Bieter N_1 und für Bieter N_2 ist. Erwartet Bieter N_3, dass sowohl Bieter N_1 als auch Bieter N_2 von jeweils seiner Bietstrategie $bid^*_{1.1}$ bzw. $bid^*_{2.1}$ im Gleichgewicht nicht abweicht, so ist die Gleichgewichtsstrategie $bid^*_{3.3}$ des Bieters N_3 eine beste Antwort auf die Bietstrategie $bid^*_{1.1}$ des Bieters N_1 und auf die Bietstrategie $bid^*_{2.1}$ des Bieters N_2. Bieter N_3 hat keinen Anreiz, von seiner Gleichgewichtsstrategie $bid^*_{3.3}$ abzuweichen, da die andere Bietstrategie $bid_{3.1}$ und auch die andere Bietstrategie $bid_{3.2}$ für ihn nicht vorteilhafter sind.

Während der Bieter N_3 in der Bietstrategiekombination $\left(bid_{1.h_3(1)}, bid_{2.h_3(2)}, bid_{3.h_3(3)}\right)$ mit $bid_{3.h_3(3)} = bid_{3.3}$ das Spielergebnis $Prof_{3.h_3} = 105{,}42$ erhält, würde er in der Bietstrategiekombination $\left(bid_{1.h_1(1)}, bid_{2.h_1(2)}, bid_{3.h_1(3)}\right)$ mit $bid_{3.h_1(3)} = bid_{3.1}$ das Spielergebnis $Prof_{3.h_1} = 36{,}96$ und auch in der Bietstrategiekombination $\left(bid_{1.h_2(1)}, bid_{2.h_2(2)}, bid_{3.h_2(3)}\right)$ mit $bid_{3.h_2(3)} = bid_{3.2}$ das Spielergebnis $Prof_{3.h_2} = 36{,}96$

erhalten. D.h., würde der Bieter N_3 von seiner Gleichgewichtsstrategie $bid^*_{3.3}$ abweichen und würden die beiden anderen Bieter ihre Gleichgewichtsstrategien unverändert beibehalten, so würde der Bieter N_3 ein niedrigeres Spielergebnis erhalten.

Folglich kann sich Bieter N_3 nicht besser stellen, indem er von seiner Gleichgewichtsstrategie $bid^*_{3.3}$ abweicht.

Im Sinne der Definition des schwachen teilspielperfekten NASH-Gleichgewichts gilt: Die Bietstrategiekombination $\left(bid_{1.h_3(1)}, bid_{2.h_3(2)}, bid_{3.h_3(3)}\right)$, die von Bieter N_3 bevorzugt wird, stellt ein schwaches teilspielperfektes NASH-Gleichgewicht dar, da sich Bieter N_3 durch Abweichen von der Gleichgewichtsstrategie $bid^*_{3.3}$ nicht verbessern kann.

Demzufolge ist die Annahme, dass die Bietstrategiekombination $bidp^*_{h_3}$ mit $bidp^*_{h_3} = \left(bid^*_{1.h_3(1)}, bid^*_{2.h_3(2)}, bid^*_{3.h_3(3)}\right)$ für den Bieter N_3 ein schwaches teilspielperfektes NASH-Gleichgewicht darstellt, erfüllt.

Angenommen, für den Bieter N_3 stellt die Bietstrategiekombination $bidp^*_{h_4}$ mit $bidp^*_{h_4} = \left(bid^*_{1.h_4(1)}, bid^*_{2.h_4(2)}, bid^*_{3.h_4(3)}\right)$ ein schwaches teilspielperfektes NASH-Gleichgewicht dar und formal gilt für

$$\begin{array}{|l|}
\hline
Bid \rightarrow \mathbb{R}_{\geq 0} \\
prof_i: \; bidp_h = \left(bid_{1.h_4(1)}, bid_{2.h_4(2)}, bid_{3.h_4(3)}\right) \rightarrow prof_i\left(bidp_h\right) = Prof_{i.h} \\
bid_{1.h_4(1)} = bid_{1.1}, \; bid_{2.h_4(2)} = bid_{2.2}, \; bid_{3.h_4(3)} = bid_{3.1} \\
prof_i\left(bid^*_{1.1}, bid^*_{2.2}, bid^*_{3.1}\right) \geq prof_i\left(bid^*_{1.1}, bid^*_{2.2}, bid_{3.q}\right) \text{ für alle } q \in \{2,3\} \\
\hline
\end{array}$$

Bieter N_3 überlegt sich, was für ihn jeweils eine beste Antwort auf jede rational erwartbare Bietstrategie für Bieter N_1 und für Bieter N_2 ist. Erwartet Bieter N_3, dass sowohl Bieter N_1 als auch Bieter N_2 von jeweils seiner Bietstrategie $bid^*_{1.1}$ bzw. $bid^*_{2.2}$ im Gleichgewicht nicht abweicht, so ist die Gleichgewichtsstrategie $bid^*_{3.1}$ des Bieters N_3 eine beste Antwort auf die Bietstrategie $bid^*_{1.1}$ des Bieters N_1 und auf die Bietstrategie $bid^*_{2.2}$ des Bieters N_2. Bieter N_3 hat keinen Anreiz, von seiner Gleichgewichtsstrategie $bid^*_{3.1}$ abzuweichen, da zwar die andere Bietstrategie $bid_{3.3}$ für ihn vorteilhafter ist, aber die andere Bietstrategie $bid_{3.2}$ für ihn nicht vorteilhafter ist.

Während der Bieter N_3 in der Bietstrategiekombination $\left(bid_{1.h_4(1)}, bid_{2.h_4(2)}, bid_{3.h_4(3)}\right)$ mit $bid_{3.h_4(3)} = bid_{3.1}$ das Spielergebnis $Prof_{3.h_4} = 26{,}96$ erhält, würde zwar er in der Bietstrategiekombination $\left(bid_{1.h_6(1)}, bid_{2.h_6(2)}, bid_{3.h_6(3)}\right)$ mit $bid_{3.h_6(3)} = bid_{3.3}$ das Spielergebnis $Prof_{3.h_6} = 615{,}15$, jedoch in der Bietstrategiekombination $\left(bid_{1.h_5(1)}, bid_{2.h_5(2)}, bid_{3.h_5(3)}\right)$ mit $bid_{3.h_5(3)} = bid_{3.2}$ das Spielergebnis $Prof_{3.h_5} = -513{,}04$ erhalten. D.h., würde der Bieter N_3 von seiner Gleichgewichtsstrategie $bid^*_{3.1}$ abweichen und würden die beiden anderen Bieter ihre Gleichgewichtsstrategien unverändert beibehalten, so würde der Bieter N_3 entweder ein höheres oder aber ein niedrigeres Spielergebnis erhalten.

Folglich kann sich Bieter N_3 nicht (immer) besser stellen, indem er von seiner Gleichgewichtsstrategie $bid^*_{3.1}$ abweicht.

Im Sinne der Definition des schwachen teilspielperfektes NASH-Gleichgewichts gilt: Die Bietstrategiekombination $\left(bid_{1.h_4(1)}, bid_{2.h_4(2)}, bid_{3.h_4(3)}\right)$, die von Bieter N_3 bevorzugt wird, stellt ein schwaches teilspielperfektes NASH-Gleichgewicht dar, da sich Bieter N_3 durch Abweichen von der Gleichgewichtsstrategie $bid^*_{3.1}$ nicht (immer) verbessern kann.

Demzufolge ist die Annahme, dass die Bietstrategiekombination $bidp^*_{h_4}$ mit $bidp^*_{h_4} = \left(bid^*_{1.h_4(1)}, bid^*_{2.h_4(2)}, bid^*_{3.h_4(3)}\right)$ für den Bieter N_3 ein schwaches teilspielperfektes NASH-Gleichgewicht darstellt, erfüllt.

Angenommen, für den Bieter N_3 stellt die Bietstrategiekombination $bidp^*_{h_5}$ mit $bidp^*_{h_5} = \left(bid^*_{1.h_5(1)}, bid^*_{2.h_5(2)}, bid^*_{3.h_5(3)}\right)$ ein schwaches teilspielperfektes NASH-Gleichgewicht dar und formal gilt für

$$
\begin{array}{l}
Bid \rightarrow \mathbb{R}_{\geq 0} \\
prof_i : \; bidp_h = \left(bid_{1.h_5(1)}, bid_{2.h_5(2)}, bid_{3.h_5(3)}\right) \rightarrow prof_i\left(bidp_h\right) = Prof_{i.h} \\
bid_{1.h_5(1)} = bid_{1.1}, \; bid_{2.h_5(2)} = bid_{2.2}, \; bid_{3.h_5(3)} = bid_{3.2} \\
prof_i\left(bid^*_{1.1}, bid^*_{2.2}, bid^*_{3.2}\right) \geq prof_i\left(bid^*_{1.1}, bid^*_{2.2}, bid_{3.q}\right) \text{ für alle } q \in \{1,3\}
\end{array}
$$

Bieter N_3 überlegt sich, was für ihn jeweils eine beste Antwort auf jede rational erwartbare Bietstrategie für Bieter N_1 und für Bieter N_2 ist. Erwartet Bieter N_3, dass sowohl Bieter N_1 als auch Bieter N_2 von jeweils seiner Bietstrategie $bid^*_{1.1}$ bzw. $bid^*_{2.2}$ im Gleichgewicht nicht abweicht, so ist die Gleichgewichtsstrategie $bid^*_{3.2}$ des Bieters N_3 keine beste Antwort auf die Bietstrategie $bid^*_{1.1}$ des Bieters N_1

und auf die Bietstrategie $bid^*_{2.2}$ des Bieters N_2. Bieter N_3 hat einen Anreiz, von seiner Gleichgewichtsstrategie $bid^*_{3.2}$ abzuweichen, da die andere Bietstrategie $bid_{3.1}$ und die andere Bietstrategie $bid_{3.3}$ für ihn vorteilhafter sind.

Während der Bieter N_3 in der Bietstrategiekombination $\left(bid_{1.h_5(1)}, bid_{2.h_5(2)}, bid_{3.h_5(3)}\right)$ mit $bid_{3.h_5(3)} = bid_{3.2}$ das Spielergebnis $Prof_{3.h_5} = \text{-}513{,}04$ erhält, würde er in der Bietstrategiekombination $\left(bid_{1.h_4(1)}, bid_{2.h_4(2)}, bid_{3.h_4(3)}\right)$ mit $bid_{3.h_4(3)} = bid_{3.1}$ das Spielergebnis $Prof_{3.h_4} = 26{,}96$ und in der Bietstrategiekombination $\left(bid_{1.h_6(1)}, bid_{2.h_6(2)}, bid_{3.h_6(3)}\right)$ mit $bid_{3.h_6(3)} = bid_{3.3}$ das Spielergebnis $Prof_{3.h_6} = 615{,}15$ erhalten. D.h., würde der Bieter N_3 von seiner Gleichgewichtsstrategie $bid^*_{3.2}$ nicht abweichen und würden die beiden anderen Bieter ihre Gleichgewichtsstrategie unverändert beibehalten, so würde der Bieter N_3 ein niedrigeres Spielergebnis erhalten.

Folglich kann sich Bieter N_3 besser stellen, indem er von seiner Gleichgewichtsstrategie $bid^*_{3.2}$ abweicht.

Im Sinne der Definition des schwachen teilspielperfekten NASH-Gleichgewichts gilt: Die Bietstrategiekombination $\left(bid_{1.h_5(1)}, bid_{2.h_5(2)}, bid_{3.h_5(3)}\right)$, die von Bieter N_3 bevorzugt wird, stellt kein schwaches teilspielperfektes NASH-Gleichgewicht dar, da sich Bieter N_3 durch Abweichen von der Gleichgewichtsstrategie $bid^*_{3.2}$ verbessert.

Demzufolge ist die Annahme, dass die Bietstrategiekombination $bidp^*_{h_5}$ mit $bidp^*_{h_5} = \left(bid^*_{1.h_5(1)}, bid^*_{2.h_5(2)}, bid^*_{3.h_5(3)}\right)$ für den Bieter N_3 ein schwaches teilspielperfektes NASH-Gleichgewicht darstellt, nicht erfüllt.

Angenommen, für den Bieter N_3 stellt die Bietstrategiekombination $bidp^*_{h_6}$ mit $bidp^*_{h_6} = \left(bid^*_{1.h_6(1)}, bid^*_{2.h_6(2)}, bid^*_{3.h_6(3)}\right)$ ein schwaches teilspielperfektes NASH-Gleichgewicht dar und formal gilt für

$$
\begin{array}{l}
Bid \rightarrow \mathbb{R}_{\geq 0} \\
prof_i: \; bidp_h = \left(bid_{1.h_6(1)}, bid_{2.h_6(2)}, bid_{3.h_6(3)}\right) \rightarrow prof_i\left(bidp_h\right) = Prof_{i.h} \\
bid_{1.h_6(1)} = bid_{1.1}, \; bid_{2.h_6(2)} = bid_{2.2}, \; bid_{3.h_6(3)} = bid_{3.3} \\
prof_i\left(bid^*_{1.1}, bid^*_{2.2}, bid^*_{3.3}\right) \geq prof_i\left(bid^*_{1.1}, bid^*_{2.2}, bid_{3.q}\right) \text{ für alle } q \in \{1,2\}
\end{array}
$$

Bieter N_3 überlegt sich, was für ihn jeweils eine beste Antwort auf jede rational erwartbare Bietstrategie für Bieter N_1 und für Bieter N_2 ist. Erwartet Bieter N_3, dass sowohl Bieter N_1 als auch Bieter N_2 von jeweils seiner Bietstrategie $bid^*_{1.1}$

bzw. $bid^*_{2.2}$ im Gleichgewicht nicht abweicht, so ist die Gleichgewichtsstrategie $bid^*_{3.3}$ des Bieters N_3 eine beste Antwort auf die Bietstrategie $bid^*_{1.1}$ des Bieters N_1 und auf die Bietstrategie $bid^*_{2.2}$ des Bieters N_2. Bieter N_3 hat keinen Anreiz, von seiner Gleichgewichtsstrategie $bid^*_{3.3}$ abzuweichen, da die andere Bietstrategie $bid_{3.1}$ und auch die andere Bietstrategie $bid_{3.2}$ für ihn nicht vorteilhafter sind.

Während der Bieter N_3 in der Bietstrategiekombination $\left(bid_{1.h_6(1)}, bid_{2.h_6(2)}, bid_{3.h_6(3)}\right)$ mit $bid_{3.h_6(3)} = bid_{3.3}$ das Spielergebnis $Prof_{3.h_6} = 615{,}15$ erhält, würde er in der Bietstrategiekombination $\left(bid_{1.h_4(1)}, bid_{2.h_4(2)}, bid_{3.h_4(3)}\right)$ mit $bid_{3.h_4(3)} = bid_{3.1}$ das Spielergebnis $Prof_{3.h_4} = 26{,}96$ und in der Bietstrategiekombination $\left(bid_{1.h_5(1)}, bid_{2.h_5(2)}, bid_{3.h_5(3)}\right)$ mit $bid_{3.h_5(3)} = bid_{3.2}$ das Spielergebnis $Prof_{3.h_5} = \text{-}513{,}04$ erhalten. D.h., würde der Bieter N_3 von seiner Gleichgewichtsstrategie $bid^*_{3.3}$ abweichen und würden die beiden anderen Bieter ihre Gleichgewichtsstrategien unverändert beibehalten, so würde der Bieter N_3 ein niedrigeres Spielergebnis erhalten.

Folglich kann sich Bieter N_3 nicht besser stellen, indem er von seiner Gleichgewichtsstrategie $bid^*_{3.3}$ abweicht.

Im Sinne der Definition des schwachen teilspielperfekten NASH-Gleichgewichts gilt: Die Bietstrategiekombination $\left(bid_{1.h_6(1)}, bid_{2.h_6(2)}, bid_{3.h_6(3)}\right)$, die von Bieter N_3 bevorzugt wird, stellt ein schwaches teilspielperfektes NASH-Gleichgewicht dar, da sich Bieter N_3 durch Abweichen von der Gleichgewichtsstrategie $bid^*_{3.3}$ nicht verbessern kann.

Demzufolge ist die Annahme, dass die Bietstrategiekombination $bidp^*_{h_6}$ mit $bidp^*_{h_6} = \left(bid^*_{1.h_6(1)}, bid^*_{2.h_6(2)}, bid^*_{3.h_6(3)}\right)$ für den Bieter N_3 ein schwaches teilspielperfektes NASH-Gleichgewicht darstellt, erfüllt.

Angenommen, für den Bieter N_3 stellt die Bietstrategiekombination $bidp^*_{h_7}$ mit $bidp^*_{h_7} = \left(bid^*_{1.h_7(1)}, bid^*_{2.h_7(2)}, bid^*_{3.h_7(3)}\right)$ ein schwaches teilspielperfektes NASH-Gleichgewicht dar und formal gilt für

$$
\begin{array}{|l|}
\hline
Bid \rightarrow \mathbb{R}_{\geq 0} \\
prof_i:\ bidp_h = \left(bid_{1.h_7(1)}, bid_{2.h_7(2)}, bid_{3.h_7(3)}\right) \rightarrow prof_i\left(bidp_h\right) = Prof_{i.h} \\
bid_{1.h_7(1)} = bid_{1.2},\ bid_{2.h_7(2)} = bid_{2.1},\ bid_{3.h_7(3)} = bid_{3.1} \\
prof_i\left(bid^*_{1.2}, bid^*_{2.1}, bid^*_{3.1}\right) \geq prof_i\left(bid^*_{1.2}, bid^*_{2.1}, bid_{3.q}\right) \text{ für alle } q \in \{2,3\} \\
\hline
\end{array}
$$

Bieter N_3 überlegt sich, was für ihn jeweils eine beste Antwort auf jede rational erwartbare Bietstrategie für Bieter N_1 und für Bieter N_2 ist. Erwartet Bieter N_3, dass sowohl Bieter N_1 als auch Bieter N_2 von jeweils seiner Bietstrategie $bid^*_{1.2}$ bzw. $bid^*_{2.1}$ im Gleichgewicht nicht abweicht, so ist die Gleichgewichtsstrategie $bid^*_{3.1}$ des Bieters N_3 eine beste Antwort auf die Bietstrategie $bid^*_{1.2}$ des Bieters N_1 und auf die Bietstrategie $bid^*_{2.1}$ des Bieters N_2. Bieter N_3 hat keinen Anreiz, von seiner Gleichgewichtsstrategie $bid^*_{3.1}$ abzuweichen, da die andere Bietstrategie $bid_{3.2}$ und auch die andere Bietstrategie $bid_{3.3}$ für ihn nicht vorteilhafter sind.

Während der Bieter N_3 in der Bietstrategiekombination $(bid_{1.h_7(1)}, bid_{2.h_7(2)}, bid_{3.h_7(3)})$ mit $bid_{3.h_7(3)} = bid_{3.1}$ das Spielergebnis $Prof_{3.h_7} = -3{,}04$ erhält, würde er in der Bietstrategiekombination $(bid_{1.h_8(1)}, bid_{2.h_8(2)}, bid_{3.h_8(3)})$ mit $bid_{3.h_8(3)} = bid_{3.2}$ zwar das gleiche Spielergebnis $Prof_{3.h_8} = -3{,}04$ jedoch in der Bietstrategiekombination $(bid_{1.h_9(1)}, bid_{2.h_9(2)}, bid_{3.h_9(3)})$ mit $bid_{3.h_9(3)} = bid_{3.3}$ das Spielergebnis $Prof_{3.h_9} = -444{,}85$ erhalten. D.h., würde der Bieter N_3 von seiner Gleichgewichtsstrategie $bid^*_{3.1}$ abweichen und würden die beiden anderen Bieter ihre Gleichgewichtsstrategie unverändert beibehalten, so würde der Bieter N_3 entweder das gleiche Spielergebnis oder aber ein niedrigeres Spielergebnis erhalten.

Folglich kann sich Bieter N_3 nicht besser stellen, indem er von seiner Gleichgewichtsstrategie $bid^*_{3.1}$ abweicht.

Im Sinne der Definition des schwachen teilspielperfekten NASH-Gleichgewichts gilt: Die Bietstrategiekombination $(bid_{1.h_7(1)}, bid_{2.h_7(2)}, bid_{3.h_7(3)})$, die von Bieter N_3 bevorzugt wird, stellt ein schwaches teilspielperfektes NASH-Gleichgewicht dar, da sich Bieter N_3 durch Abweichen von der Gleichgewichtsstrategie $bid^*_{3.1}$ nicht verbessern kann.

Demzufolge ist die Annahme, dass die Bietstrategiekombination $bidp^*_{h_7}$ mit $bidp^*_{h_7} = (bid^*_{1.h_7(1)}, bid^*_{2.h_7(2)}, bid^*_{3.h_7(3)})$ für den Bieter N_3 ein schwaches teilspielperfektes NASH-Gleichgewicht darstellt, erfüllt.

Angenommen, für den Bieter N_3 stellt die Bietstrategiekombination $bidp^*_{h_8}$ mit $bidp^*_{h_8} = (bid^*_{1.h_8(1)}, bid^*_{2.h_8(2)}, bid^*_{3.h_8(3)})$ ein schwaches teilspielperfektes NASH-Gleichgewicht dar und formal gilt für

$$\text{Bid} \rightarrow \mathbb{R}_{\geq 0}$$
$$\text{prof}_i: \ \text{bidp}_h = \left(\text{bid}_{1.h_8(1)}, \text{bid}_{2.h_8(2)}, \text{bid}_{3.h_8(3)}\right) \rightarrow \text{prof}_i\left(\text{bidp}_h\right) = \text{Prof}_{i.h}$$
$$\text{bid}_{1.h_8(1)} = \text{bid}_{1.2}, \ \text{bid}_{2.h_8(2)} = \text{bid}_{2.1}, \ \text{bid}_{3.h_8(3)} = \text{bid}_{3.2}$$
$$\text{prof}_i\left(\text{bid}^*_{1.2}, \text{bid}^*_{2.1}, \text{bid}^*_{3.2}\right) \geq \text{prof}_i\left(\text{bid}^*_{1.2}, \text{bid}^*_{2.1}, \text{bid}_{3.q}\right) \text{ für alle } q \in \{1,3\}$$

Bieter N_3 überlegt sich, was für ihn jeweils eine beste Antwort auf jede rational erwartbare Bietstrategie für Bieter N_1 und für Bieter N_2 ist. Erwartet Bieter N_3, dass sowohl Bieter N_1 als auch Bieter N_2 von jeweils seiner Bietstrategie $\text{bid}^*_{1.2}$ bzw. $\text{bid}^*_{2.1}$ im Gleichgewicht nicht abweicht, so ist die Gleichgewichtsstrategie $\text{bid}^*_{3.2}$ des Bieters N_3 eine beste Antwort auf die Bietstrategie $\text{bid}^*_{1.2}$ des Bieters N_1 und auf die Bietstrategie $\text{bid}^*_{2.1}$ des Bieters N_2. Bieter N_3 hat keinen Anreiz, von seiner Gleichgewichtsstrategie $\text{bid}^*_{3.2}$ abzuweichen, da die andere Bietstrategie $\text{bid}_{3.1}$ und auch die andere Bietstrategie $\text{bid}_{3.3}$ für ihn nicht vorteilhafter sind.

Während der Bieter N_3 in der Bietstrategiekombination $\left(\text{bid}_{1.h_8(1)}, \text{bid}_{2.h_8(2)}, \text{bid}_{3.h_8(3)}\right)$ mit $\text{bid}_{3.h_8(3)} = \text{bid}_{3.2}$ das Spielergebnis $\text{Prof}_{3.h_8} = \text{-}3{,}04$ erhält, würde er in der Bietstrategiekombination $\left(\text{bid}_{1.h_7(1)}, \text{bid}_{2.h_7(2)}, \text{bid}_{3.h_7(3)}\right)$ mit $\text{bid}_{3.h_7(3)} = \text{bid}_{3.1}$ zwar das gleiche Spielergebnis $\text{Prof}_{3.h_7} = \text{-}3{,}04$ jedoch in der Bietstrategiekombination $\left(\text{bid}_{1.h_9(1)}, \text{bid}_{2.h_9(2)}, \text{bid}_{3.h_9(3)}\right)$ mit $\text{bid}_{3.h_9(3)} = \text{bid}_{3.3}$ das Spielergebnis $\text{Prof}_{3.h_9} = \text{-}444{,}85$ erhalten. D.h., würde der Bieter N_3 von seiner Gleichgewichtsstrategie $\text{bid}^*_{3.2}$ abweichen und würden die beiden anderen Bieter ihre Gleichgewichtsstrategie unverändert beibehalten, so würde der Bieter N_3 entweder das gleiche Spielergebnis oder aber ein niedrigeres Spielergebnis erhalten.

Folglich kann sich Bieter N_3 nicht besser stellen, indem er von seiner Gleichgewichtsstrategie $\text{bid}^*_{3.2}$ abweicht.

Im Sinne der Definition des schwachen teilspielperfekten NASH-Gleichgewichts gilt: Die Bietstrategiekombination $\left(\text{bid}_{1.h_8(1)}, \text{bid}_{2.h_8(2)}, \text{bid}_{3.h_8(3)}\right)$, die von Bieter N_3 bevorzugt wird, stellt ein schwaches teilspielperfektes NASH-Gleichgewicht dar, da sich Bieter N_3 durch Abweichen von der Gleichgewichtsstrategie $\text{bid}^*_{3.2}$ nicht verbessern kann.

Demzufolge ist die Annahme, dass die Bietstrategiekombination $\text{bidp}^*_{h_8}$ mit $\text{bidp}^*_{h_8} = \left(\text{bid}^*_{1.h_8(1)}, \text{bid}^*_{2.h_8(2)}, \text{bid}^*_{3.h_8(3)}\right)$ für den Bieter N_3 ein schwaches teilspielperfektes NASH-Gleichgewicht darstellt, erfüllt.

Angenommen, für den Bieter N_3 stellt die Bietstrategiekombination $bidp^*_{h_9}$ mit $bidp^*_{h_9} = \left(bid^*_{1.h_9(1)}, bid^*_{2.h_9(2)}, bid^*_{3.h_9(3)}\right)$ ein schwaches teilspielperfektes NASH-Gleichgewicht dar und formal gilt für

$$\begin{array}{|l|}\hline Bid \rightarrow \mathbb{R}_{\geq 0} \\ prof_i: \; bidp_h = \left(bid_{1.h_9(1)}, bid_{2.h_9(2)}, bid_{3.h_9(3)}\right) \rightarrow prof_i\left(bidp_h\right) = Prof_{i.h} \\ bid_{1.h_9(1)} = bid_{1.2}, \; bid_{2.h_9(2)} = bid_{2.1}, \; bid_{3.h_9(3)} = bid_{3.3} \\ prof_i\left(bid^*_{1.2}, bid^*_{2.1}, bid^*_{3.3}\right) \geq prof_i\left(bid^*_{1.2}, bid^*_{2.1}, bid_{3.q}\right) \text{ für alle } q \in \{1,2\} \\ \hline \end{array}$$

Bieter N_3 überlegt sich, was für ihn jeweils eine beste Antwort auf jede rational erwartbare Bietstrategie für Bieter N_1 und für Bieter N_2 ist. Erwartet Bieter N_3, dass sowohl Bieter N_1 als auch Bieter N_2 von jeweils seiner Bietstrategie $bid^*_{1.2}$ bzw. $bid^*_{2.1}$ im Gleichgewicht nicht abweicht, so ist die Gleichgewichtsstrategie $bid^*_{3.3}$ des Bieters N_3 keine beste Antwort auf die Bietstrategie $bid^*_{1.2}$ des Bieters N_1 und auf die Bietstrategie $bid^*_{2.1}$ des Bieters N_2. Bieter N_3 hat einen Anreiz, von seiner Gleichgewichtsstrategie $bid^*_{3.3}$ abzuweichen, da die andere Bietstrategie $bid_{3.1}$ und auch die andere Bietstrategie $bid_{3.2}$ für ihn vorteilhafter sind.

Während der Bieter N_3 in der Bietstrategiekombination $\left(bid_{1.h_9(1)}, bid_{2.h_9(2)}, bid_{3.h_9(3)}\right)$ mit $bid_{3.h_9(3)} = bid_{3.3}$ das Spielergebnis $Prof_{3.h_9} = \text{-}444{,}85$ erhält, würde er in der Bietstrategiekombination $\left(bid_{1.h_7(1)}, bid_{2.h_7(2)}, bid_{3.h_7(3)}\right)$ mit $bid_{3.h_7(3)} = bid_{3.1}$ das Spielergebnis $Prof_{3.h_7} = \text{-}3{,}04$ und auch in der Bietstrategiekombination $\left(bid_{1.h_8(1)}, bid_{2.h_8(2)}, bid_{3.h_8(3)}\right)$ mit $bid_{3.h_8(3)} = bid_{3.2}$ das Spielergebnis $Prof_{3.h_8} = \text{-}3{,}04$ erhalten. D.h., würde der Bieter N_3 von seiner Gleichgewichtsstrategie $bid^*_{3.3}$ nicht abweichen und würden die beiden anderen Bieter ihre Gleichgewichtsstrategien unverändert beibehalten, so würde der Bieter N_3 ein niedrigeres Spielergebnis erhalten.

Folglich kann sich Bieter N_3 besser stellen, indem er von seiner Gleichgewichtsstrategie $bid^*_{3.3}$ abweicht.

Im Sinne der Definition des schwachen teilspielperfekten NASH-Gleichgewichts gilt: Die Bietstrategiekombination $\left(bid_{1.h_9(1)}, bid_{2.h_9(2)}, bid_{3.h_9(3)}\right)$, die von Bieter N_3 bevorzugt wird, stellt kein schwaches teilspielperfektes NASH-Gleichgewicht dar, da sich Bieter N_3 durch Abweichen von der Gleichgewichtsstrategie $bid^*_{3.3}$ verbessert.

Demzufolge ist die Annahme, dass die Bietstrategiekombination $bidp^*_{h_9}$ mit $bidp^*_{h_9} = \left(bid^*_{1.h_9(1)}, bid^*_{2.h_9(2)}, bid^*_{3.h_9(3)}\right)$ für den Bieter N_3 ein schwaches teilspielperfektes NASH-Gleichgewicht darstellt, nicht erfüllt.

Angenommen, für den Bieter N_3 stellt die Bietstrategiekombination $bidp^*_{h_{10}}$ mit $bidp^*_{h_{10}} = \left(bid^*_{1.h_{10}(1)}, bid^*_{2.h_{10}(2)}, bid^*_{3.h_{10}(3)}\right)$ ein schwaches teilspielperfektes NASH-Gleichgewicht dar und formal gilt für

$$
\begin{aligned}
&Bid \to \mathbb{R}_{\geq 0} \\
&prof_i: \; bidp_h = \left(bid_{1.h_{10}(1)}, bid_{2.h_{10}(2)}, bid_{3.h_{10}(3)}\right) \to prof_i\left(bidp_h\right) = Prof_{i.h} \\
&bid_{1.h_{10}(1)} = bid_{1.2}, \; bid_{2.h_{10}(2)} = bid_{2.2}, \; bid_{3.h_{10}(3)} = bid_{3.1} \\
&prof_i\left(bid^*_{1.2}, bid^*_{2.2}, bid^*_{3.1}\right) \geq prof_i\left(bid^*_{1.2}, bid^*_{2.2}, bid_{3.q}\right) \text{ für alle } q \in \{2,3\}
\end{aligned}
$$

Bieter N_3 überlegt sich, was für ihn jeweils eine beste Antwort auf jede rational erwartbare Bietstrategie für Bieter N_1 und für Bieter N_2 ist. Erwartet Bieter N_3, dass sowohl Bieter N_1 als auch Bieter N_2 von jeweils seiner Bietstrategie $bid^*_{1.2}$ bzw. $bid^*_{2.2}$ im Gleichgewicht nicht abweicht, so ist die Gleichgewichtsstrategie $bid^*_{3.1}$ des Bieters N_3 keine beste Antwort auf die Bietstrategie $bid^*_{1.2}$ des Bieters N_1 und auf die Bietstrategie $bid^*_{2.2}$ des Bieters N_2. Bieter N_3 hat einen Anreiz, von seiner Gleichgewichtsstrategie $bid^*_{3.1}$ abzuweichen, da die andere Bietstrategie $bid_{3.2}$ und die andere Bietstrategie $bid_{3.3}$ für ihn vorteilhafter sind.

Während der Bieter N_3 in der Bietstrategiekombination $\left(bid_{1.h_{10}(1)}, bid_{2.h_{10}(2)}, bid_{3.h_{10}(3)}\right)$ mit $bid_{3.h_{10}(3)} = bid_{3.1}$ das Spielergebnis $Prof_{3.h_{10}} = -513{,}04$ erhält, würde er in der Bietstrategiekombination $\left(bid_{1.h_{11}(1)}, bid_{2.h_{11}(2)}, bid_{3.h_{11}(3)}\right)$ mit $bid_{3.h_{11}(3)} = bid_{3.2}$ zwar das gleiche Spielergebnis $Prof_{3.h_{11}} = -513{,}04$ jedoch in der Bietstrategiekombination $\left(bid_{1.h_{12}(1)}, bid_{2.h_{12}(2)}, bid_{3.h_{12}(3)}\right)$ mit $bid_{3.h_{12}(3)} = bid_{3.3}$ das Spielergebnis $Prof_{3.h_{12}} = -444{,}85$ erhalten. D.h., würde der Bieter N_3 von seiner Gleichgewichtsstrategie $bid^*_{3.1}$ nicht abweichen und würden die beiden anderen Bieter ihre Gleichgewichtsstrategien unverändert beibehalten, so würde der Bieter N_3 ein niedrigeres Spielergebnis erhalten.

Folglich kann sich Bieter N_3 besser stellen, indem er von seiner Gleichgewichtsstrategie $bid^*_{3.1}$ abweicht.

Im Sinne der Definition des schwachen teilspielperfekten NASH-Gleichgewichts gilt: Die Bietstrategiekombination $\left(bid_{1.h_{10}(1)}, bid_{2.h_{10}(2)}, bid_{3.h_{10}(3)}\right)$, die von Bieter N_3 bevorzugt wird, stellt kein schwaches teilspielperfektes NASH-Gleichgewicht dar, da sich Bieter N_3 durch Abweichen von der Gleichgewichtsstrategie $bid^*_{3.1}$ verbessert.

Demzufolge ist die Annahme, dass die Bietstrategiekombination $bidp^*_{h_{10}}$ mit $bidp^*_{h_{10}} = \left(bid^*_{1.h_{10}(1)}, bid^*_{2.h_{10}(2)}, bid^*_{3.h_{10}(3)}\right)$ für den Bieter N_3 ein schwaches teilspielperfektes NASH-Gleichgewicht darstellt, nicht erfüllt.

Angenommen, für den Bieter N_3 stellt die Bietstrategiekombination $bidp^*_{h_{11}}$ mit $bidp^*_{h_{11}} = \left(bid^*_{1.h_{11}(1)}, bid^*_{2.h_{11}(2)}, bid^*_{3.h_{11}(3)}\right)$ ein schwaches teilspielperfektes NASH-Gleichgewicht dar und formal gilt für

$$\begin{array}{l} Bid \rightarrow \mathbb{R}_{\geq 0} \\ prof_i:\ bidp_h = \left(bid_{1.h_{11}(1)}, bid_{2.h_{11}(2)}, bid_{3.h_{11}(3)}\right) \rightarrow prof_i\left(bidp_h\right) = Prof_{i.h} \\ bid_{1.h_{11}(1)} = bid_{1.2},\ bid_{2.h_{11}(2)} = bid_{2.2},\ bid_{3.h_{11}(3)} = bid_{3.2} \\ prof_i\left(bid^*_{1.2}, bid^*_{2.2}, bid^*_{3.2}\right) \geq prof_i\left(bid^*_{1.2}, bid^*_{2.2}, bid_{3.q}\right) \text{ für alle } q \in \{1,3\} \end{array}$$

Bieter N_3 überlegt sich, was für ihn jeweils eine beste Antwort auf jede rational erwartbare Bietstrategie für Bieter N_1 und für Bieter N_2 ist. Erwartet Bieter N_3, dass sowohl Bieter N_1 als auch Bieter N_2 von jeweils seiner Bietstrategie $bid^*_{1.2}$ bzw. $bid^*_{2.2}$ im Gleichgewicht nicht abweicht, so ist die Gleichgewichtsstrategie $bid^*_{3.2}$ des Bieters N_3 keine beste Antwort auf die Bietstrategie $bid^*_{1.2}$ des Bieters N_1 und auf die Bietstrategie $bid^*_{2.2}$ des Bieters N_2. Bieter N_3 hat einen Anreiz, von seiner Gleichgewichtsstrategie $bid^*_{3.2}$ abzuweichen, da die andere Bietstrategie $bid_{3.3}$ für ihn vorteilhafter ist.

Während der Bieter N_3 in der Bietstrategiekombination $\left(bid_{1.h_{11}(1)}, bid_{2.h_{11}(2)}, bid_{3.h_{11}(3)}\right)$ mit $bid_{3.h_{11}(3)} = bid_{3.2}$ das Spielergebnis $Prof_{3.h_{11}} = -513{,}04$ erhält, würde er in der Bietstrategiekombination $\left(bid_{1.h_{10}(1)}, bid_{2.h_{10}(2)}, bid_{3.h_{10}(3)}\right)$ mit $bid_{3.h_{10}(3)} = bid_{3.1}$ zwar das gleiche Spielergebnis $Prof_{3.h_{10}} = -513{,}04$ jedoch in der Bietstrategiekombination $\left(bid_{1.h_{12}(1)}, bid_{2.h_{12}(2)}, bid_{3.h_{12}(3)}\right)$ mit $bid_{3.h_{12}(3)} = bid_{3.3}$ das Spielergebnis $Prof_{3.h_{12}} = -444{,}85$ erhalten. D.h., würde der Bieter N_3 von seiner Gleichgewichtsstrategie $bid^*_{3.2}$ nicht abweichen und würden die beiden anderen Bieter ihre Gleichgewichtsstrategien unverändert beibehalten, so würde der Bieter N_3 ein niedrigeres Spielergebnis erhalten.

Folglich kann sich Bieter N_3 besser stellen, indem er von seiner Gleichgewichtsstrategie $bid^*_{3.2}$ abweicht.

Im Sinne der Definition des schwachen teilspielperfekten NASH-Gleichgewichts gilt: Die Bietstrategiekombination $\left(bid_{1.h_{11}(1)}, bid_{2.h_{11}(2)}, bid_{3.h_{11}(3)}\right)$, die von Bieter N_3 bevorzugt wird, stellt kein schwaches teilspielperfektes NASH-Gleichgewicht dar, da sich Bieter N_3 durch Abweichen von der Gleichgewichtsstrategie $bid^*_{3.2}$ verbessert.

Demzufolge ist die Annahme, dass die Bietstrategiekombination $bidp^*_{h_{11}}$ mit $bidp^*_{h_{11}} = \left(bid^*_{1.h_{11}(1)}, bid^*_{2.h_{11}(2)}, bid^*_{3.h_{11}(3)}\right)$ für den Bieter N_3 ein schwaches teilspielperfektes NASH-Gleichgewicht darstellt, nicht erfüllt.

Angenommen, für den Bieter N_3 stellt die Bietstrategiekombination $bidp^*_{h_{12}}$ mit $bidp^*_{h_{12}} = \left(bid^*_{1.h_{12}(1)}, bid^*_{2.h_{12}(2)}, bid^*_{3.h_{12}(3)}\right)$ ein schwaches teilspielperfektes NASH-Gleichgewicht dar und formal gilt für

$$
\begin{aligned}
&Bid \rightarrow \mathbb{R}_{\geq 0} \\
&prof_i : \; bidp_h = \left(bid_{1.h_{12}(1)}, bid_{2.h_{12}(2)}, bid_{3.h_{12}(3)}\right) \rightarrow prof_i\left(bidp_h\right) = Prof_{i.h} \\
&bid_{1.h_{12}(1)} = bid_{1.2},\; bid_{2.h_{12}(2)} = bid_{2.2},\; bid_{3.h_{12}(3)} = bid_{3.3} \\
&prof_i\left(bid^*_{1.2}, bid^*_{2.2}, bid^*_{3.3}\right) \geq prof_i\left(bid^*_{1.2}, bid^*_{2.2}, bid_{3.q}\right) \text{ für alle } q \in \{1,2\}
\end{aligned}
$$

Bieter N_3 überlegt sich, was für ihn jeweils eine beste Antwort auf jede rational erwartbare Bietstrategie für Bieter N_1 und für Bieter N_2 ist. Erwartet Bieter N_3, dass sowohl Bieter N_1 als auch Bieter N_2 von jeweils seiner Bietstrategie $bid^*_{1.2}$ bzw. $bid^*_{2.2}$ im Gleichgewicht nicht abweicht, so ist die Gleichgewichtsstrategie $bid^*_{3.3}$ des Bieters N_3 eine beste Antwort auf die Bietstrategie $bid^*_{1.2}$ des Bieters N_1 und auf die Bietstrategie $bid^*_{2.2}$ des Bieters N_2. Bieter N_3 hat keinen Anreiz, von seiner Gleichgewichtsstrategie $bid^*_{3.3}$ abzuweichen, da die andere Bietstrategie $bid_{3.1}$ und auch die andere Bietstrategie $bid_{3.2}$ für ihn nicht vorteilhafter sind.

Während der Bieter N_3 in der Bietstrategiekombination $\left(bid_{1.h_{12}(1)}, bid_{2.h_{12}(2)}, bid_{3.h_{12}(3)}\right)$ mit $bid_{3.h_{12}(3)} = bid_{3.3}$ das Spielergebnis $Prof_{3.h_{12}} = -444{,}85$ erhält, würde er in der Bietstrategiekombination $\left(bid_{1.h_{10}(1)}, bid_{2.h_{10}(2)}, bid_{3.h_{10}(3)}\right)$ mit $bid_{3.h_{10}(3)} = bid_{3.1}$ das Spielergebnis $Prof_{3.h_{10}} = -513{,}04$ und auch in der Bietstrategiekombination $\left(bid_{1.h_{11}(1)}, bid_{2.h_{11}(2)}, bid_{3.h_{11}(3)}\right)$ mit $bid_{3.h_{11}(3)} = bid_{3.2}$ das Spielergebnis $Prof_{3.h_{11}} = -513{,}04$ erhalten. D.h., würde der Bieter N_3 von seiner Gleichgewichtsstrategie $bid^*_{3.3}$ abweichen und würden die beiden anderen Bieter ihre Gleichgewichtsstrategien unverändert beibehalten, so würde der Bieter N_3 ein niedrigeres Spielergebnis erhalten.

Folglich kann sich Bieter N_3 nicht besser stellen, indem er von seiner Gleichgewichtsstrategie $bid^*_{3.3}$ abweicht.

Im Sinne der Definition des schwachen teilspielperfekten NASH-Gleichgewichts gilt: Die Bietstrategiekombination $\left(bid_{1.h_{12}(1)}, bid_{2.h_{12}(2)}, bid_{3.h_{12}(3)}\right)$, die von Bieter N_3 bevorzugt wird, stellt ein schwaches teilspielperfektes NASH-Gleichgewicht dar, da sich Bieter N_3 durch Abweichen von der Gleichgewichtsstrategie $bid^*_{3.3}$ nicht verbessern kann.

Demzufolge ist die Annahme, dass die Bietstrategiekombination $bidp^*_{h_{12}}$ mit $bidp^*_{h_{12}} = \left(bid^*_{1.h_{12}(1)}, bid^*_{2.h_{12}(2)}, bid^*_{3.h_{12}(3)}\right)$ für den Bieter N_3 ein schwaches teilspielperfektes NASH-Gleichgewicht darstellt, erfüllt.

Bei der vorletzten Informationsmenge des Spielbaums hat Bieter $N_2 \in NS^{bidd}$ Preisgebote für die angebotenen Güterbündel-Kombinationen abzugeben.
Angenommen, für den Bieter N_2 stellt die Bietstrategiekombination $bidp^*_{h_1}$ mit $bidp^*_{h_1} = \left(bid^*_{1.h_1(1)}, bid^*_{2.h_1(2)}, bid^*_{3.h_1(3)}\right)$ ein schwaches teilspielperfektes NASH-Gleichgewicht dar und formal gilt für

$$
\begin{array}{|l|}
\hline
Bid \rightarrow \mathbb{R}_{\geq 0} \\
prof_i: \; bidp_h = \left(bid_{1.h_1(1)}, bid_{2.h_1(2)}, bid_{3.h_1(3)}\right) \rightarrow prof_i\left(bidp_h\right) = Prof_{i.h} \\
bid_{1.h_1(1)} = bid_{1.1}, \; bid_{2.h_1(2)} = bid_{2.1}, \; bid_{3.h_1(3)} = bid_{3.1} \\
prof_i\left(bid^*_{1.1}, bid^*_{2.1}, bid^*_{3.1}\right) \geq prof_i\left(bid^*_{1.1}, bid_{2.2}, bid^*_{3.1}\right) \\
\hline
\end{array}
$$

Bieter N_2 überlegt sich, was für ihn jeweils eine beste Antwort auf jede rational erwartbare Bietstrategie für Bieter N_1 und für Bieter N_3 ist. Erwartet Bieter N_2, dass sowohl Bieter N_1 als auch Bieter N_3 von jeweils seiner Bietstrategie $bid^*_{1.1}$ bzw. $bid^*_{3.1}$ im Gleichgewicht nicht abweicht, so ist die Gleichgewichtsstrategie $bid^*_{2.1}$ des Bieters N_2 eine beste Antwort auf die Bietstrategie $bid^*_{1.1}$ des Bieters N_1 und auf die Bietstrategie $bid^*_{3.1}$ des Bieters N_3. Bieter N_2 hat keinen Anreiz, von seiner Gleichgewichtsstrategie $bid^*_{2.1}$ abzuweichen, da die einzig mögliche andere Bietstrategie $bid_{2.2}$ für ihn nicht vorteilhafter ist.

Während der Bieter N_2 in der Bietstrategiekombination $\left(bid_{1.h_1(1)}, bid_{2.h_1(2)}, bid_{3.h_1(3)}\right)$ mit $bid_{2.h_1(2)} = bid_{2.1}$ das Spielergebnis $Prof_{2.h_1} = \text{-}513{,}04$ erhält, würde er in der Bietstrategiekombination $\left(bid_{1.h_4(1)}, bid_{2.h_4(2)}, bid_{3.h_4(3)}\right)$ mit $bid_{2.h_4(2)} = bid_{2.2}$ das gleiche Spielergebnis $Prof_{2.h_4} = \text{-}513{,}04$ erhalten. D.h., würde der Bieter N_2 von seiner Gleichgewichtsstrategie $bid^*_{2.1}$ abweichen und würden die beiden anderen Bieter ihre Gleichgewichtsstrategien unverändert beibehalten, so würde der Bieter N_2 das gleiche Spielergebnis erhalten.

Folglich kann sich Bieter N_2 nicht besser stellen, indem er von seiner Gleichgewichtsstrategie $bid^*_{2.1}$ abweicht.

Im Sinne der Definition des schwachen teilspielperfekten NASH-Gleichgewichts gilt: Die Bietstrategiekombination $\left(bid_{1.h_1(1)}, bid_{2.h_1(2)}, bid_{3.h_1(3)}\right)$, die von Bieter N_2 bevorzugt wird, stellt ein schwaches teilspielperfektes NASH-Gleichgewicht dar, da sich Bieter N_2 durch Abweichen von der Gleichgewichtsstrategie $bid^*_{2.1}$ nicht verbessern kann.

Demzufolge ist die Annahme, dass die Bietstrategiekombination $bidp^*_{h_1}$ mit $bidp^*_{h_1} = \left(bid^*_{1.h_1(1)}, bid^*_{2.h_1(2)}, bid^*_{3.h_1(3)}\right)$ für den Bieter N_2 ein schwaches teilspielperfektes NASH-Gleichgewicht darstellt, erfüllt.

Angenommen, für den Bieter N_2 stellt die Bietstrategiekombination $bidp^*_{h_2}$ mit $bidp^*_{h_2} = \left(bid^*_{1.h_2(1)}, bid^*_{2.h_2(2)}, bid^*_{3.h_2(3)}\right)$ ein schwaches teilspielperfektes NASH-Gleichgewicht dar und formal gilt für

$$\begin{array}{l}
Bid \rightarrow \mathbb{R}_{\geq 0} \\
prof_i : \ bidp_h = \left(bid_{1.h_2(1)}, bid_{2.h_2(2)}, bid_{3.h_2(3)}\right) \rightarrow prof_i\left(bidp_h\right) = Prof_{i.h} \\
bid_{1.h_2(1)} = bid_{1.1},\ bid_{2.h_2(2)} = bid_{2.1},\ bid_{3.h_2(3)} = bid_{3.2} \\
prof_i\left(bid^*_{1.1}, bid^*_{2.1}, bid^*_{3.2}\right) \geq prof_i\left(bid^*_{1.1}, bid_{2.2}, bid^*_{3.2}\right)
\end{array}$$

Bieter N_2 überlegt sich, was für ihn jeweils eine beste Antwort auf jede rational erwartbare Bietstrategie für Bieter N_1 und für Bieter N_3 ist. Erwartet Bieter N_2, dass sowohl Bieter N_1 als auch Bieter N_3 von jeweils seiner Bietstrategie $bid^*_{1.1}$ bzw. $bid^*_{3.2}$ im Gleichgewicht nicht abweicht, so ist die Gleichgewichtsstrategie $bid^*_{2.1}$ des Bieters N_2 eine beste Antwort auf die Bietstrategie $bid^*_{1.1}$ des Bieters N_1 und auf die Bietstrategie $bid^*_{3.2}$ des Bieters N_3. Bieter N_2 hat keinen Anreiz, von seiner Gleichgewichtsstrategie $bid^*_{2.1}$ abzuweichen, da die einzig mögliche andere Bietstrategie $bid_{2.2}$ für ihn nicht vorteilhafter ist.

Während der Bieter N_2 in der Bietstrategiekombination $\left(bid_{1.h_2(1)}, bid_{2.h_2(2)}, bid_{3.h_2(3)}\right)$ mit $bid_{2.h_2(2)} = bid_{2.1}$ das Spielergebnis $Prof_{2.h_2} = -513{,}04$ erhält, würde er in der Bietstrategiekombination $\left(bid_{1.h_5(1)}, bid_{2.h_5(2)}, bid_{3.h_5(3)}\right)$ mit $bid_{2.h_5(2)} = bid_{2.2}$ das gleiche Spielergebnis $Prof_{2.h_5} = -513{,}04$ erhalten. D.h., würde der Bieter N_2 von seiner Gleichgewichtsstrategie $bid^*_{2.1}$ abweichen und würden die beiden anderen Bieter ihre Gleichgewichtsstrategien unverändert beibehalten, so würde der Bieter N_2 das gleiche Spielergebnis erhalten.

Folglich kann sich Bieter N_2 nicht besser stellen, indem er von seiner Gleichgewichtsstrategie $bid^*_{2.1}$ abweicht.

Im Sinne der Definition des schwachen teilspielperfekten NASH-Gleichgewichts gilt: Die Bietstrategiekombination $\left(bid_{1.h_2(1)}, bid_{2.h_2(2)}, bid_{3.h_2(3)}\right)$, die von Bieter N_2 bevorzugt wird, stellt ein schwaches teilspielperfektes NASH-Gleichgewicht dar, da sich Bieter N_2 durch Abweichen von der Gleichgewichtsstrategie $bid^*_{2.1}$ nicht verbessern kann.

Demzufolge ist die Annahme, dass die Bietstrategiekombination $bidp^*_{h_2}$ mit $bidp^*_{h_2} = \left(bid^*_{1.h_2(1)}, bid^*_{2.h_2(2)}, bid^*_{3.h_2(3)}\right)$ für den Bieter N_2 ein schwaches teilspielperfektes NASH-Gleichgewicht darstellt, erfüllt.

Angenommen, für den Bieter N_2 stellt die Bietstrategiekombination $bidp^*_{h_3}$ mit $bidp^*_{h_3} = \left(bid^*_{1.h_3(1)}, bid^*_{2.h_3(2)}, bid^*_{3.h_3(3)}\right)$ ein schwaches teilspielperfektes NASH-Gleichgewicht dar und formal gilt für

$$\begin{aligned}
&Bid \rightarrow \mathbb{R}_{\geq 0}\\
&prof_i: \ bidp_h = \left(bid_{1.h_3(1)}, bid_{2.h_3(2)}, bid_{3.h_3(3)}\right) \rightarrow prof_i\left(bidp_h\right) = Prof_{i.h}\\
&bid_{1.h_3(1)} = bid_{1.1},\ bid_{2.h_3(2)} = bid_{2.1},\ bid_{3.h_3(3)} = bid_{3.3}\\
&prof_i\left(bid^*_{1.1}, bid^*_{2.1}, bid^*_{3.3}\right) \geq prof_i\left(bid^*_{1.1}, bid_{2.2}, bid^*_{3.3}\right)
\end{aligned}$$

Bieter N_2 überlegt sich, was für ihn jeweils eine beste Antwort auf jede rational erwartbare Bietstrategie für Bieter N_1 und für Bieter N_3 ist. Erwartet Bieter N_2, dass sowohl Bieter N_1 als auch Bieter N_3 von jeweils seiner Bietstrategie $bid^*_{1.1}$ bzw. $bid^*_{3.3}$ im Gleichgewicht nicht abweicht, so ist die Gleichgewichtsstrategie $bid^*_{2.1}$ des Bieters N_2 eine beste Antwort auf die Bietstrategie $bid^*_{1.1}$ des Bieters N_1 und auf die Bietstrategie $bid^*_{3.3}$ des Bieters N_3. Bieter N_2 hat keinen Anreiz, von seiner Gleichgewichtsstrategie $bid^*_{2.1}$ abzuweichen, da die einzig mögliche andere Bietstrategie $bid_{2.2}$ für ihn nicht vorteilhafter ist.

Während der Bieter N_2 in der Bietstrategiekombination $\left(bid_{1.h_3(1)}, bid_{2.h_3(2)}, bid_{3.h_3(3)}\right)$ mit $bid_{2.h_3(2)} = bid_{2.1}$ das Spielergebnis $Prof_{2.h_3} = -513{,}04$ erhält, würde er in der

Bietstrategiekombination $\left(\text{bid}_{1.h_6(1)}, \text{bid}_{2.h_6(2)}, \text{bid}_{3.h_6(3)}\right)$ mit $\text{bid}_{2.h_6(2)} = \text{bid}_{2.2}$ das Spielergebnis $\text{Prof}_{2.h_6} = \text{-}513{,}04$ erhalten. D.h., würde der Bieter N_2 von seiner Gleichgewichtsstrategie $\text{bid}^*_{2.1}$ abweichen und würden die beiden anderen Bieter ihre Gleichgewichtsstrategien unverändert beibehalten, so würde der Bieter N_2 das gleiche Spielergebnis erhalten.

Folglich kann sich Bieter N_2 nicht besser stellen, indem er von seiner Gleichgewichtsstrategie $\text{bid}^*_{2.1}$ abweicht.

Im Sinne der Definition des schwachen teilspielperfekten NASH-Gleichgewichts gilt: Die Bietstrategiekombination $\left(\text{bid}_{1.h_3(1)}, \text{bid}_{2.h_3(2)}, \text{bid}_{3.h_3(3)}\right)$, die von Bieter N_2 bevorzugt wird, stellt ein schwaches teilspielperfektes NASH-Gleichgewicht dar, da sich Bieter N_2 durch Abweichen von der Gleichgewichtsstrategie $\text{bid}^*_{2.1}$ nicht verbessern kann.

Demzufolge ist die Annahme, dass die Bietstrategiekombination $\text{bidp}^*_{h_3}$ mit $\text{bidp}^*_{h_3} = \left(\text{bid}^*_{1.h_3(1)}, \text{bid}^*_{2.h_3(2)}, \text{bid}^*_{3.h_3(3)}\right)$ für den Bieter N_2 ein schwaches teilspielperfektes NASH-Gleichgewicht darstellt, erfüllt.

Angenommen, für den Bieter N_2 stellt die Bietstrategiekombination $\text{bidp}^*_{h_4}$ mit $\text{bidp}^*_{h_4} = \left(\text{bid}^*_{1.h_4(1)}, \text{bid}^*_{2.h_4(2)}, \text{bid}^*_{3.h_4(3)}\right)$ ein schwaches teilspielperfektes NASH-Gleichgewicht dar und formal gilt für

$$\begin{aligned}
&\text{Bid} \rightarrow \mathbb{R}_{\geq 0} \\
&\text{prof}_i : \ \text{bidp}_h = \left(\text{bid}_{1.h_4(1)}, \text{bid}_{2.h_4(2)}, \text{bid}_{3.h_4(3)}\right) \rightarrow \text{prof}_i\left(\text{bidp}_h\right) = \text{Prof}_{i.h} \\
&\text{bid}_{1.h_4(1)} = \text{bid}_{1.1},\ \text{bid}_{2.h_4(2)} = \text{bid}_{2.2},\ \text{bid}_{3.h_4(3)} = \text{bid}_{3.1} \\
&\text{prof}_i\left(\text{bid}^*_{1.1}, \text{bid}^*_{2.2}, \text{bid}^*_{3.1}\right) \geq \text{prof}_i\left(\text{bid}^*_{1.1}, \text{bid}_{2.1}, \text{bid}^*_{3.1}\right)
\end{aligned}$$

Bieter N_2 überlegt sich, was für ihn jeweils eine beste Antwort auf jede rational erwartbare Bietstrategie für Bieter N_1 und für Bieter N_3 ist. Erwartet Bieter N_2, dass sowohl Bieter N_1 als auch Bieter N_3 von jeweils seiner Bietstrategie $\text{bid}^*_{1.1}$ bzw. $\text{bid}^*_{3.1}$ im Gleichgewicht nicht abweicht, so ist die Gleichgewichtsstrategie $\text{bid}^*_{2.2}$ des Bieters N_2 eine beste Antwort auf die Bietstrategie $\text{bid}^*_{1.1}$ des Bieters N_1 und auf die Bietstrategie $\text{bid}^*_{3.1}$ des Bieters N_3. Bieter N_2 hat keinen Anreiz, von seiner Gleichgewichtsstrategie $\text{bid}^*_{2.2}$ abzuweichen, da die einzig mögliche andere Bietstrategie $\text{bid}_{2.1}$ für ihn nicht vorteilhafter ist.

Während der Bieter N_2 in der Bietstrategiekombination $\left(bid_{1.h_4(1)}, bid_{2.h_4(2)}, bid_{3.h_4(3)}\right)$ mit $bid_{2.h_4(2)} = bid_{2.2}$ das Spielergebnis $Prof_{2.h_4} = -513{,}04$ erhält, würde er in der Bietstrategiekombination $\left(bid_{1.h_1(1)}, bid_{2.h_1(2)}, bid_{3.h_1(3)}\right)$ mit $bid_{2.h_1(2)} = bid_{2.1}$ das Spielergebnis $Prof_{2.h_1} = -513{,}04$ erhalten. D.h., würde der Bieter N_2 von seiner Gleichgewichtsstrategie $bid^*_{2.2}$ abweichen und würden die beiden anderen Bieter ihre Gleichgewichtsstrategien unverändert beibehalten, so würde der Bieter N_2 das gleiche Spielergebnis erhalten.

Folglich kann sich Bieter N_2 nicht besser stellen, indem er von seiner Gleichgewichtsstrategie $bid^*_{2.2}$ abweicht.

Im Sinne der Definition des schwachen teilspielperfekten NASH-Gleichgewichts gilt: Die Bietstrategiekombination $\left(bid_{1.h_4(1)}, bid_{2.h_4(2)}, bid_{3.h_4(3)}\right)$, die von Bieter N_2 bevorzugt wird, stellt ein schwaches teilspielperfektes NASH-Gleichgewicht dar, da sich Bieter N_2 durch Abweichen von der Gleichgewichtsstrategie $bid^*_{2.2}$ nicht verbessern kann.

Demzufolge ist die Annahme, dass die Bietstrategiekombination $bidp^*_{h_4}$ mit $bidp^*_{h_4} = \left(bid^*_{1.h_4(1)}, bid^*_{2.h_4(2)}, bid^*_{3.h_4(3)}\right)$ für den Bieter N_2 ein schwaches teilspielperfektes NASH-Gleichgewicht darstellt, erfüllt.

Angenommen, für den Bieter N_2 stellt die Bietstrategiekombination $bidp^*_{h_5}$ mit $bidp^*_{h_5} = \left(bid^*_{1.h_5(1)}, bid^*_{2.h_5(2)}, bid^*_{3.h_5(3)}\right)$ ein schwaches teilspielperfektes NASH-Gleichgewicht dar und formal gilt für

$$
\begin{aligned}
& Bid \rightarrow \mathbb{R}_{\geq 0} \\
& prof_i: \; bidp_h = \left(bid_{1.h_5(1)}, bid_{2.h_5(2)}, bid_{3.h_5(3)}\right) \rightarrow prof_i\left(bidp_h\right) = Prof_{i.h} \\
& bid_{1.h_5(1)} = bid_{1.1}, \; bid_{2.h_5(2)} = bid_{2.2}, \; bid_{3.h_5(3)} = bid_{3.2} \\
& prof_i\left(bid^*_{1.1}, bid^*_{2.2}, bid^*_{3.2}\right) \geq prof_i\left(bid^*_{1.1}, bid_{2.1}, bid^*_{3.2}\right)
\end{aligned}
$$

Bieter N_2 überlegt sich, was für ihn jeweils eine beste Antwort auf jede rational erwartbare Bietstrategie für Bieter N_1 und für Bieter N_3 ist. Erwartet Bieter N_2, dass sowohl Bieter N_1 als auch Bieter N_3 von jeweils seiner Bietstrategie $bid^*_{1.1}$ bzw. $bid^*_{3.2}$ im Gleichgewicht nicht abweicht, so ist die Gleichgewichtsstrategie $bid^*_{2.2}$ des Bieters N_2 eine beste Antwort auf die Bietstrategie $bid^*_{1.1}$ des Bieters N_1 und auf die Bietstrategie $bid^*_{3.2}$ des Bieters N_3. Bieter N_2 hat keinen Anreiz, von seiner Gleichgewichtsstrategie $bid^*_{2.2}$ abzuweichen, da die einzig mögliche andere Bietstrategie $bid_{2.1}$ für ihn nicht vorteilhafter ist.

Während der Bieter N_2 in der Bietstrategiekombination $\left(bid_{1.h_5(1)}, bid_{2.h_5(2)}, bid_{3.h_5(3)}\right)$ mit $bid_{2.h_5(2)} = bid_{2.2}$ das Spielergebnis $Prof_{2.h_5} = 136{,}96$ erhält, würde er in der Bietstrategiekombination $\left(bid_{1.h_2(1)}, bid_{2.h_2(2)}, bid_{3.h_2(3)}\right)$ mit $bid_{2.h_2(2)} = bid_{2.1}$ das Spielergebnis $Prof_{2.h_2} = -513{,}04$ erhalten. D.h., würde der Bieter N_2 von seiner Gleichgewichtsstrategie $bid^*_{2.2}$ abweichen und würden die beiden anderen Bieter ihre Gleichgewichtsstrategien unverändert beibehalten, so würde der Bieter N_2 ein niedrigeres Spielergebnis erhalten.

Folglich kann sich Bieter N_2 nicht besser stellen, indem er von seiner Gleichgewichtsstrategie $bid^*_{2.2}$ abweicht.

Im Sinne der Definition des schwachen teilspielperfekten NASH-Gleichgewichts gilt: Die Bietstrategiekombination $\left(bid_{1.h_5(1)}, bid_{2.h_5(2)}, bid_{3.h_5(3)}\right)$, die von Bieter N_2 bevorzugt wird, stellt ein schwaches teilspielperfektes NASH-Gleichgewicht dar, da sich Bieter N_2 durch Abweichen von der Gleichgewichtsstrategie $bid^*_{2.2}$ nicht verbessern kann.

Demzufolge ist die Annahme, dass die Bietstrategiekombination $bidp^*_{h_5}$ mit $bidp^*_{h_5} = \left(bid^*_{1.h_5(1)}, bid^*_{2.h_5(2)}, bid^*_{3.h_5(3)}\right)$ für den Bieter N_2 ein schwaches teilspielperfektes NASH-Gleichgewicht darstellt, erfüllt.

Angenommen, für den Bieter N_2 stellt die Bietstrategiekombination $bidp^*_{h_6}$ mit $bidp^*_{h_6} = \left(bid^*_{1.h_6(1)}, bid^*_{2.h_6(2)}, bid^*_{3.h_6(3)}\right)$ ein schwaches teilspielperfektes NASH-Gleichgewicht dar und formal gilt für

$$
\begin{aligned}
&Bid \rightarrow \mathbb{R}_{\geq 0} \\
&prof_i:\ bidp_h = \left(bid_{1.h_6(1)}, bid_{2.h_6(2)}, bid_{3.h_6(3)}\right) \rightarrow prof_i\left(bidp_h\right) = Prof_{i.h} \\
&bid_{1.h_6(1)} = bid_{1.1},\ bid_{2.h_6(2)} = bid_{2.2},\ bid_{3.h_6(3)} = bid_{3.3} \\
&prof_i\left(bid^*_{1.1}, bid^*_{2.2}, bid^*_{3.3}\right) \geq prof_i\left(bid^*_{1.1}, bid_{2.1}, bid^*_{3.3}\right)
\end{aligned}
$$

Bieter N_2 überlegt sich, was für ihn jeweils eine beste Antwort auf jede rational erwartbare Bietstrategie für Bieter N_1 und für Bieter N_3 ist. Erwartet Bieter N_2, dass sowohl Bieter N_1 als auch Bieter N_3 von jeweils seiner Bietstrategie $bid^*_{1.1}$ bzw. $bid^*_{3.3}$ im Gleichgewicht nicht abweicht, so ist die Gleichgewichtsstrategie $bid^*_{2.2}$ des Bieters N_2 eine beste Antwort auf die Bietstrategie $bid^*_{1.1}$ des Bieters N_1

und auf die Bietstrategie $bid^*_{3.3}$ des Bieters N_3. Bieter N_2 hat keinen Anreiz, von seiner Gleichgewichtsstrategie $bid^*_{2.2}$ abzuweichen, da die einzig mögliche andere Bietstrategie $bid_{2.1}$ für ihn nicht vorteilhafter ist.

Während der Bieter N_2 in der Bietstrategiekombination $\left(bid_{1.h_6(1)}, bid_{2.h_6(2)}, bid_{3.h_6(3)}\right)$ mit $bid_{2.h_6(2)} = bid_{2.2}$ das Spielergebnis $Prof_{2.h_6} = \text{-}513{,}04$ erhält, würde er in der Bietstrategiekombination $\left(bid_{1.h_3(1)}, bid_{2.h_3(2)}, bid_{3.h_3(3)}\right)$ mit $bid_{2.h_3(2)} = bid_{2.1}$ das gleiche Spielergebnis $Prof_{2.h_3} = \text{-}513{,}04$ erhalten. D.h., würde der Bieter N_2 von seiner Gleichgewichtsstrategie $bid^*_{2.2}$ abweichen und würden die beiden anderen Bieter ihre Gleichgewichtsstrategien unverändert beibehalten, so würde der Bieter N_2 das gleiche Spielergebnis erhalten.

Folglich kann sich Bieter N_2 nicht besser stellen, indem er von seiner Gleichgewichtsstrategie $bid^*_{2.2}$ abweicht.

Im Sinne der Definition des schwachen teilspielperfekten NASH-Gleichgewichts gilt: Die Bietstrategiekombination $\left(bid_{1.h_6(1)}, bid_{2.h_6(2)}, bid_{3.h_6(3)}\right)$, die von Bieter N_2 bevorzugt wird, stellt ein schwaches teilspielperfektes NASH-Gleichgewicht dar, da sich Bieter N_2 durch Abweichen von der Gleichgewichtsstrategie $bid^*_{2.2}$ nicht verbessern kann.

Demzufolge ist die Annahme, dass die Bietstrategiekombination $bidp^*_{h_6}$ mit $bidp^*_{h_6} = \left(bid^*_{1.h_6(1)}, bid^*_{2.h_6(2)}, bid^*_{3.h_6(3)}\right)$ für den Bieter N_2 ein schwaches teilspielperfektes NASH-Gleichgewicht darstellt, erfüllt.

Angenommen, für den Bieter N_2 stellt die Bietstrategiekombination $bidp^*_{h_7}$ mit $bidp^*_{h_7} = \left(bid^*_{1.h_7(1)}, bid^*_{2.h_7(2)}, bid^*_{3.h_7(3)}\right)$ ein schwaches teilspielperfektes NASH-Gleichgewicht dar und formal gilt für

$$
\begin{array}{|l|}
\hline
Bid \rightarrow \mathbb{R}_{\geq 0} \\
prof_i: \; bidp_h = \left(bid_{1.h_7(1)}, bid_{2.h_7(2)}, bid_{3.h_7(3)}\right) \rightarrow prof_i\left(bidp_h\right) = Prof_{i.h} \\
bid_{1.h_7(1)} = bid_{1.2}, \; bid_{2.h_7(2)} = bid_{2.1}, \; bid_{3.h_7(3)} = bid_{3.1} \\
prof_i\left(bid^*_{1.2}, bid^*_{2.1}, bid^*_{3.1}\right) \geq prof_i\left(bid^*_{1.2}, bid_{2.2}, bid^*_{3.1}\right) \\
\hline
\end{array}
$$

Bieter N_2 überlegt sich, was für ihn jeweils eine beste Antwort auf jede rational erwartbare Bietstrategie für Bieter N_1 und für Bieter N_3 ist. Erwartet Bieter N_2, dass sowohl Bieter N_1 als auch Bieter N_3 von jeweils seiner Bietstrategie $bid^*_{1.2}$ bzw. $bid^*_{3.1}$ im Gleichgewicht nicht abweicht, so ist die Gleichgewichtsstrategie

$bid^*_{2.1}$ des Bieters N_2 keine beste Antwort auf die Bietstrategie $bid^*_{1.2}$ des Bieters N_1 und auf die Bietstrategie $bid^*_{3.1}$ des Bieters N_3. Bieter N_2 hat einen Anreiz, von seiner Gleichgewichtsstrategie $bid^*_{2.1}$ abzuweichen, da die einzig mögliche andere Bietstrategie $bid_{2.2}$ für ihn vorteilhafter ist.

Während der Bieter N_2 in der Bietstrategiekombination $\left(bid_{1.h_7(1)}, bid_{2.h_7(2)}, bid_{3.h_7(3)}\right)$ mit $bid_{2.h_7(2)} = bid_{2.1}$ das Spielergebnis $Prof_{2.h_7} = -513{,}04$ erhält, würde er in der Bietstrategiekombination $\left(bid_{1.h_{10}(1)}, bid_{2.h_{10}(2)}, bid_{3.h_{10}(3)}\right)$ mit $bid_{2.h_{10}(2)} = bid_{2.2}$ das Spielergebnis $Prof_{2.h_{10}} = 26{,}95$ erhalten. D.h., würde der Bieter N_2 von seiner Gleichgewichtsstrategie $bid^*_{2.1}$ nicht abweichen und würden die beiden anderen Bieter ihre Gleichgewichtsstrategien unverändert beibehalten, so würde der Bieter N_2 ein niedrigeres Spielergebnis erhalten.

Folglich kann sich Bieter N_2 besser stellen, indem er von seiner Gleichgewichtsstrategie $bid^*_{2.1}$ abweicht.

Im Sinne der Definition des schwachen teilspielperfekten NASH-Gleichgewichts gilt: Die Bietstrategiekombination $\left(bid_{1.h_7(1)}, bid_{2.h_7(2)}, bid_{3.h_7(3)}\right)$, die von Bieter N_2 bevorzugt wird, stellt kein schwaches teilspielperfektes NASH-Gleichgewicht dar, da sich Bieter N_2 durch Abweichen von der Gleichgewichtsstrategie $bid^*_{2.1}$ verbessert.

Demzufolge ist die Annahme, dass die Bietstrategiekombination $bidp^*_{h_7}$ mit $bidp^*_{h_7} = \left(bid^*_{1.h_7(1)}, bid^*_{2.h_7(2)}, bid^*_{3.h_7(3)}\right)$ für den Bieter N_2 ein schwaches teilspielperfektes NASH-Gleichgewicht darstellt, nicht erfüllt.

Angenommen, für den Bieter N_2 stellt die Bietstrategiekombination $bidp^*_{h_8}$ mit $bidp^*_{h_8} = \left(bid^*_{1.h_8(1)}, bid^*_{2.h_8(2)}, bid^*_{3.h_8(3)}\right)$ ein schwaches teilspielperfektes NASH-Gleichgewicht dar und formal gilt für

$$\begin{array}{l}
Bid \rightarrow \mathbb{R}_{\geq 0} \\
prof_i: \; bidp_h = \left(bid_{1.h_8(1)}, bid_{2.h_8(2)}, bid_{3.h_8(3)}\right) \rightarrow prof_i\left(bidp_h\right) = Prof_{i.h} \\
bid_{1.h_8(1)} = bid_{1.2}, \; bid_{2.h_8(2)} = bid_{2.1}, \; bid_{3.h_8(3)} = bid_{3.2} \\
prof_i\left(bid^*_{1.2}, bid^*_{2.1}, bid^*_{3.2}\right) \geq prof_i\left(bid^*_{1.2}, bid_{2.2}, bid^*_{3.2}\right)
\end{array}$$

Bieter N_2 überlegt sich, was für ihn jeweils eine beste Antwort auf jede rational erwartbare Bietstrategie für Bieter N_1 und für Bieter N_3 ist. Erwartet Bieter N_2, dass sowohl Bieter N_1 als auch Bieter N_3 von jeweils seiner Bietstrategie $bid^*_{1.2}$ bzw. $bid^*_{3.2}$ im Gleichgewicht nicht abweicht, so ist die Gleichgewichtsstrategie

$bid^*_{2.1}$ des Bieters N_2 keine beste Antwort auf die Bietstrategie $bid^*_{1.2}$ des Bieters N_1 und auf die Bietstrategie $bid^*_{3.2}$ des Bieters N_3. Bieter N_2 hat einen Anreiz, von seiner Gleichgewichtsstrategie $bid^*_{2.1}$ abzuweichen, da die einzig mögliche andere Bietstrategie $bid_{2.2}$ für ihn vorteilhafter ist.

Während der Bieter N_2 in der Bietstrategiekombination $\left(bid_{1.h_8(1)}, bid_{2.h_8(2)}, bid_{3.h_8(3)}\right)$ mit $bid_{2.h_8(2)} = bid_{2.1}$ das Spielergebnis $Prof_{2.h_8} = -513{,}04$ erhält, würde er in der Bietstrategiekombination $\left(bid_{1.h_{11}(1)}, bid_{2.h_{11}(2)}, bid_{3.h_{11}(3)}\right)$ mit $bid_{2.h_{11}(2)} = bid_{2.2}$ das Spielergebnis $Prof_{2.h_{11}} = 26{,}95$ erhalten. D.h., würde der Bieter N_2 von seiner Gleichgewichtsstrategie $bid^*_{2.1}$ nicht abweichen und würden die beiden anderen Bieter ihre Gleichgewichtsstrategien unverändert beibehalten, so würde der Bieter N_2 ein niedrigeres Spielergebnis erhalten.

Folglich kann sich Bieter N_2 besser stellen, indem er von seiner Gleichgewichtsstrategie $bid^*_{2.1}$ abweicht.

Im Sinne der Definition des schwachen teilspielperfekten NASH-Gleichgewichts gilt: Die Bietstrategiekombination $\left(bid_{1.h_8(1)}, bid_{2.h_8(2)}, bid_{3.h_8(3)}\right)$, die von Bieter N_2 bevorzugt wird, stellt kein schwaches teilspielperfektes NASH-Gleichgewicht dar, da sich Bieter N_2 durch Abweichen von der Gleichgewichtsstrategie $bid^*_{2.1}$ verbessert.

Demzufolge ist die Annahme, dass die Bietstrategiekombination $bidp^*_{h_8}$ mit $bidp^*_{h_8} = \left(bid^*_{1.h_8(1)}, bid^*_{2.h_8(2)}, bid^*_{3.h_8(3)}\right)$ für den Bieter N_2 ein schwaches teilspielperfektes NASH-Gleichgewicht darstellt, nicht erfüllt.

Angenommen, für den Bieter N_2 stellt die Bietstrategiekombination $bidp^*_{h_9}$ mit $bidp^*_{h_9} = \left(bid^*_{1.h_9(1)}, bid^*_{2.h_9(2)}, bid^*_{3.h_9(3)}\right)$ ein schwaches teilspielperfektes NASH-Gleichgewicht dar und formal gilt für

$$\begin{array}{l} Bid \rightarrow \mathbb{R}_{\geq 0} \\ prof_i : \; bidp_h = \left(bid_{1.h_9(1)}, bid_{2.h_9(2)}, bid_{3.h_9(3)}\right) \rightarrow prof_i\left(bidp_h\right) = Prof_{i.h} \\ bid_{1.h_9(1)} = bid_{1.2}, \; bid_{2.h_9(2)} = bid_{2.1}, \; bid_{3.h_9(3)} = bid_{3.3} \\ prof_i\left(bid^*_{1.2}, bid^*_{2.1}, bid^*_{3.3}\right) \geq prof_i\left(bid^*_{1.2}, bid_{2.2}, bid^*_{3.3}\right) \end{array}$$

Bieter N_2 überlegt sich, was für ihn jeweils eine beste Antwort auf jede rational erwartbare Bietstrategie für Bieter N_1 und für Bieter N_3 ist. Erwartet Bieter N_2, dass sowohl Bieter N_1 als auch Bieter N_3 von jeweils seiner Bietstrategie $bid^*_{1.2}$ bzw. $bid^*_{3.3}$ im Gleichgewicht nicht abweicht, so ist die Gleichgewichtsstrategie

$bid^*_{2.1}$ des Bieters N_2 keine beste Antwort auf die Bietstrategie $bid^*_{1.2}$ des Bieters N_1 und auf die Bietstrategie $bid^*_{3.3}$ des Bieters N_3. Bieter N_2 hat einen Anreiz, von seiner Gleichgewichtsstrategie $bid^*_{2.1}$ abzuweichen, da die einzig mögliche andere Bietstrategie $bid_{2.2}$ für ihn vorteilhafter ist.

Während der Bieter N_2 in der Bietstrategiekombination $\left(bid_{1.h_9(1)}, bid_{2.h_9(2)}, bid_{3.h_9(3)}\right)$ mit $bid_{2.h_9(2)} = bid_{2.1}$ das Spielergebnis $Prof_{2.h_9} = -513{,}04$ erhält, würde er in der Bietstrategiekombination $\left(bid_{1.h_{12}(1)}, bid_{2.h_{12}(2)}, bid_{3.h_{12}(3)}\right)$ mit $bid_{2.h_{12}(2)} = bid_{2.2}$ das Spielergebnis $Prof_{2.h_{12}} = 26{,}95$ erhalten. D.h., würde der Bieter N_2 von seiner Gleichgewichtsstrategie $bid^*_{2.1}$ nicht abweichen und würden die beiden anderen Bieter ihre Gleichgewichtsstrategien unverändert beibehalten, so würde der Bieter N_2 ein niedrigeres Spielergebnis erhalten.

Folglich kann sich Bieter N_2 besser stellen, indem er von seiner Gleichgewichtsstrategie $bid^*_{2.1}$ abweicht.

Im Sinne der Definition des schwachen teilspielperfekten NASH-Gleichgewichts gilt: Die Bietstrategiekombination $\left(bid_{1.h_9(1)}, bid_{2.h_9(2)}, bid_{3.h_9(3)}\right)$, die von Bieter N_2 bevorzugt wird, stellt kein schwaches teilspielperfektes NASH-Gleichgewicht dar, da sich Bieter N_2 durch Abweichen von der Gleichgewichtsstrategie $bid^*_{2.1}$ verbessert.

Demzufolge ist die Annahme, dass die Bietstrategiekombination $bidp^*_{h_9}$ mit $bidp^*_{h_9} = \left(bid^*_{1.h_9(1)}, bid^*_{2.h_9(2)}, bid^*_{3.h_9(3)}\right)$ für den Bieter N_2 ein schwaches teilspielperfektes NASH-Gleichgewicht darstellt, nicht erfüllt.

Angenommen, für den Bieter N_2 stellt die Bietstrategiekombination $bidp^*_{h_{10}}$ mit $bidp^*_{h_{10}} = \left(bid^*_{1.h_{10}(1)}, bid^*_{2.h_{10}(2)}, bid^*_{3.h_{10}(3)}\right)$ ein schwaches teilspielperfektes NASH-Gleichgewicht dar und formal gilt für

$$Bid \rightarrow \mathbb{R}_{\geq 0}$$
$$prof_i:\ bidp_h = \left(bid_{1.h_{10}(1)}, bid_{2.h_{10}(2)}, bid_{3.h_{10}(3)}\right) \rightarrow prof_i\left(bidp_h\right) = Prof_{i.h}$$
$$bid_{1.h_{10}(1)} = bid_{1.2},\ bid_{2.h_{10}(2)} = bid_{2.2},\ bid_{3.h_{10}(3)} = bid_{3.1}$$
$$prof_i\left(bid^*_{1.2}, bid^*_{2.2}, bid^*_{3.1}\right) \geq prof_i\left(bid^*_{1.2}, bid_{2.1}, bid^*_{3.1}\right)$$

Bieter N_2 überlegt sich, was für ihn jeweils eine beste Antwort auf jede rational erwartbare Bietstrategie für Bieter N_1 und für Bieter N_3 ist. Erwartet Bieter N_2, dass sowohl Bieter N_1 als auch Bieter N_3 von jeweils seiner Bietstrategie $bid^*_{1.2}$ bzw. $bid^*_{3.1}$ im Gleichgewicht nicht abweicht, so ist die Gleichgewichtsstrategie

$bid^*_{2.2}$ des Bieters N_2 eine beste Antwort auf die Bietstrategie $bid^*_{1.2}$ des Bieters N_1 und auf die Bietstrategie $bid^*_{3.1}$ des Bieters N_3. Bieter N_2 hat keinen Anreiz, von seiner Gleichgewichtsstrategie $bid^*_{2.2}$ abzuweichen, da die einzig mögliche andere Bietstrategie $bid_{2.1}$ für ihn nicht vorteilhafter ist.

Während der Bieter N_2 in der Bietstrategiekombination $\left(bid_{1.h_{10}(1)}, bid_{2.h_{10}(2)}, bid_{3.h_{10}(3)}\right)$ mit $bid_{2.h_{10}(2)} = bid_{2.2}$ das Spielergebnis $Prof_{2.h_{10}} = 26{,}95$ erhält, würde er in der Bietstrategiekombination $\left(bid_{1.h_7(1)}, bid_{2.h_7(2)}, bid_{3.h_7(3)}\right)$ mit $bid_{2.h_7(2)} = bid_{2.1}$ das Spielergebnis $Prof_{2.h_7} = \text{-}513{,}04$ erhalten. D.h., würde der Bieter N_2 von seiner Gleichgewichtsstrategie $bid^*_{2.2}$ abweichen und würden die beiden anderen Bieter ihre Gleichgewichtsstrategien unverändert beibehalten, so würde der Bieter N_2 ein niedrigeres Spielergebnis erhalten.

Folglich kann sich Bieter N_2 nicht besser stellen, indem er von seiner Gleichgewichtsstrategie $bid^*_{2.2}$ abweicht.

Im Sinne der Definition des schwachen teilspielperfekten NASH-Gleichgewichts gilt: Die Bietstrategiekombination $\left(bid_{1.h_{10}(1)}, bid_{2.h_{10}(2)}, bid_{3.h_{10}(3)}\right)$, die von Bieter N_2 bevorzugt wird, stellt ein schwaches teilspielperfektes NASH-Gleichgewicht dar, da sich Bieter N_2 durch Abweichen von der Gleichgewichtsstrategie $bid^*_{2.2}$ nicht verbessern kann.

Demzufolge ist die Annahme, dass die Bietstrategiekombination $bidp^*_{h_{10}}$ mit $bidp^*_{h_{10}} = \left(bid^*_{1.h_{10}(1)}, bid^*_{2.h_{10}(2)}, bid^*_{3.h_{10}(3)}\right)$ für den Bieter N_2 ein schwaches teilspielperfektes NASH-Gleichgewicht darstellt, erfüllt.

Angenommen, für den Bieter N_2 stellt die Bietstrategiekombination $bidp^*_{h_{11}}$ mit $bidp^*_{h_{11}} = \left(bid^*_{1.h_{11}(1)}, bid^*_{2.h_{11}(2)}, bid^*_{3.h_{11}(3)}\right)$ ein schwaches teilspielperfektes NASH-Gleichgewicht dar und formal gilt für

$$
\begin{array}{l}
Bid \rightarrow \mathbb{R}_{\geq 0} \\
prof_i: \ bidp_h = \left(bid_{1.h_{11}(1)}, bid_{2.h_{11}(2)}, bid_{3.h_{11}(3)}\right) \rightarrow prof_i\left(bidp_h\right) = Prof_{i.h} \\
bid_{1.h_{11}(1)} = bid_{1.2},\ bid_{2.h_{11}(2)} = bid_{2.2},\ bid_{3.h_{11}(3)} = bid_{3.2} \\
prof_i\left(bid^*_{1.2}, bid^*_{2.2}, bid^*_{3.2}\right) \geq prof_i\left(bid^*_{1.2}, bid_{2.1}, bid^*_{3.2}\right)
\end{array}
$$

Bieter N_2 überlegt sich, was für ihn jeweils eine beste Antwort auf jede rational erwartbare Bietstrategie für Bieter N_1 und für Bieter N_3 ist. Erwartet Bieter N_2, dass sowohl Bieter N_1 als auch Bieter N_3 von jeweils seiner Bietstrategie $bid^*_{1.2}$ bzw. $bid^*_{3.2}$ im Gleichgewicht nicht abweicht, so ist die Gleichgewichtsstrategie $bid^*_{2.2}$ des Bieters N_2 eine beste Antwort auf die Bietstrategie $bid^*_{1.2}$ des Bieters N_1 und auf die Bietstrategie $bid^*_{3.2}$ des Bieters N_3. Bieter N_2 hat keinen Anreiz, von seiner Gleichgewichtsstrategie $bid^*_{2.2}$ abzuweichen, da die einzig mögliche andere Bietstrategie $bid_{2.1}$ für ihn nicht vorteilhafter ist.

Während der Bieter N_2 in der Bietstrategiekombination $\left(bid_{1.h_{11}(1)}, bid_{2.h_{11}(2)}, bid_{3.h_{11}(3)}\right)$ mit $bid_{2.h_{11}(2)} = bid_{2.2}$ das Spielergebnis $Prof_{2.h_{11}} = 26{,}95$ erhält, würde er in der Bietstrategiekombination $\left(bid_{1.h_8(1)}, bid_{2.h_8(2)}, bid_{3.h_8(3)}\right)$ mit $bid_{2.h_8(2)} = bid_{2.1}$ das Spielergebnis $Prof_{2.h_8} = -513{,}04$ erhalten. D.h., würde der Bieter N_2 von seiner Gleichgewichtsstrategie $bid^*_{2.2}$ abweichen und würden die beiden anderen Bieter ihre Gleichgewichtsstrategien unverändert beibehalten, so würde der Bieter N_2 ein niedrigeres Spielergebnis erhalten.

Folglich kann sich Bieter N_2 nicht besser stellen, indem er von seiner Gleichgewichtsstrategie $bid^*_{2.2}$ abweicht.

Im Sinne der Definition des schwachen teilspielperfekten NASH-Gleichgewichts gilt: Die Bietstrategiekombination $\left(bid_{1.h_{11}(1)}, bid_{2.h_{11}(2)}, bid_{3.h_{11}(3)}\right)$, die von Bieter N_2 bevorzugt wird, stellt ein schwaches teilspielperfektes NASH-Gleichgewicht dar, da sich Bieter N_2 durch Abweichen von der Gleichgewichtsstrategie $bid^*_{2.2}$ nicht verbessern kann.

Demzufolge ist die Annahme, dass die Bietstrategiekombination $bidp^*_{h_{11}}$ mit $bidp^*_{h_{11}} = \left(bid^*_{1.h_{11}(1)}, bid^*_{2.h_{11}(2)}, bid^*_{3.h_{11}(3)}\right)$ für den Bieter N_2 ein schwaches teilspielperfektes NASH-Gleichgewicht darstellt, erfüllt.

Angenommen, für den Bieter N_2 stellt die Bietstrategiekombination $bidp^*_{h_{12}}$ mit $bidp^*_{h_{12}} = \left(bid^*_{1.h_{12}(1)}, bid^*_{2.h_{12}(2)}, bid^*_{3.h_{12}(3)}\right)$ ein schwaches teilspielperfektes NASH-Gleichgewicht dar und formal gilt für

$$Bid \rightarrow \mathbb{R}_{\geq 0}$$

$$prof_i: \; bidp_h = \left(bid_{1.h_{12}(1)}, bid_{2.h_{12}(2)}, bid_{3.h_{12}(3)}\right) \rightarrow prof_i\left(bidp_h\right) = Prof_{i.h}$$

$$bid_{1.h_{12}(1)} = bid_{1.2}, \; bid_{2.h_{12}(2)} = bid_{2.2}, \; bid_{3.h_{12}(3)} = bid_{3.3}$$

$$prof_i\left(bid^*_{1.2}, bid^*_{2.2}, bid^*_{3.3}\right) \geq prof_i\left(bid^*_{1.2}, bid_{2.1}, bid^*_{3.3}\right)$$

Bieter N_2 überlegt sich, was für ihn jeweils eine beste Antwort auf jede rational erwartbare Bietstrategie für Bieter N_1 und für Bieter N_3 ist. Erwartet Bieter N_2, dass sowohl Bieter N_1 als auch Bieter N_3 von jeweils seiner Bietstrategie $bid^*_{1.2}$ bzw. $bid^*_{3.3}$ im Gleichgewicht nicht abweicht, so ist die Gleichgewichtsstrategie $bid^*_{2.2}$ des Bieters N_2 eine beste Antwort auf die Bietstrategie $bid^*_{1.2}$ des Bieters N_1 und auf die Bietstrategie $bid^*_{3.3}$ des Bieters N_3. Bieter N_2 hat keinen Anreiz, von seiner Gleichgewichtsstrategie $bid^*_{2.2}$ abzuweichen, da die einzig mögliche andere Bietstrategie $bid_{2.1}$ für ihn nicht vorteilhafter ist.

Während der Bieter N_2 in der Bietstrategiekombination $\left(bid_{1.h_{12}(1)}, bid_{2.h_{12}(2)}, bid_{3.h_{12}(3)}\right)$ mit $bid_{2.h_{12}(2)} = bid_{2.2}$ das Spielergebnis $Prof_{2.h_{12}} = 26{,}95$ erhält, würde er in der Bietstrategiekombination $\left(bid_{1.h_9(1)}, bid_{2.h_9(2)}, bid_{3.h_9(3)}\right)$ mit $bid_{2.h_9(2)} = bid_{2.1}$ das Spielergebnis $Prof_{2.h_9} = -513{,}04$ erhalten. D.h., würde der Bieter N_2 von seiner Gleichgewichtsstrategie $bid^*_{2.2}$ abweichen und würden die beiden anderen Bieter ihre Gleichgewichtsstrategien unverändert beibehalten, so würde der Bieter N_2 ein niedrigeres Spielergebnis erhalten.

Folglich kann sich Bieter N_2 nicht besser stellen, indem er von seiner Gleichgewichtsstrategie $bid^*_{2.2}$ abweicht.

Im Sinne der Definition des schwachen teilspielperfekten NASH-Gleichgewichts gilt: Die Bietstrategiekombination $\left(bid_{1.h_{12}(1)}, bid_{2.h_{12}(2)}, bid_{3.h_{12}(3)}\right)$, die von Bieter N_2 bevorzugt wird, stellt ein schwaches teilspielperfektes NASH-Gleichgewicht dar, da sich Bieter N_2 durch Abweichen von der Gleichgewichtsstrategie $bid^*_{2.2}$ nicht verbessern kann.

Demzufolge ist die Annahme, dass die Bietstrategiekombination $bidp^*_{h_{12}}$ mit $bidp^*_{h_{12}} = \left(bid^*_{1.h_{12}(1)}, bid^*_{2.h_{12}(2)}, bid^*_{3.h_{12}(3)}\right)$ für den Bieter N_2 ein schwaches teilspielperfektes NASH-Gleichgewicht darstellt, erfüllt.

Am Startknoten hat Bieter $N_1 \in NS^{bidd}$ bei einer Informationsmenge des Spielbaums Preisgebote für die angebotenen Güterbündel-Kombinationen abzugeben.

Angenommen, für den Bieter N_1 stellt die Bietstrategiekombination $bidp^*_{h_1}$ mit $bidp^*_{h_1} = \left(bid^*_{1.h_1(1)}, bid^*_{2.h_1(2)}, bid^*_{3.h_1(3)}\right)$ ein schwaches teilspielperfektes NASH-Gleichgewicht dar und formal gilt für

$$\mathrm{Bid} \rightarrow \mathbb{R}_{\geq 0}$$
$$\mathrm{prof}_i: \ \mathrm{bidp}_h = \left(\mathrm{bid}_{1.h_1(1)}, \mathrm{bid}_{2.h_1(2)}, \mathrm{bid}_{3.h_1(3)}\right) \rightarrow \mathrm{prof}_i\left(\mathrm{bidp}_h\right) = \mathrm{Prof}_{i.h}$$
$$\mathrm{bid}_{1.h_1(1)} = \mathrm{bid}_{1.1}, \ \mathrm{bid}_{2.h_1(2)} = \mathrm{bid}_{2.1}, \ \mathrm{bid}_{3.h_1(3)} = \mathrm{bid}_{3.1}$$
$$\mathrm{prof}_i\left(\mathrm{bid}^*_{1.1}, \mathrm{bid}^*_{2.1}, \mathrm{bid}^*_{3.1}\right) \geq \mathrm{prof}_i\left(\mathrm{bid}_{1.2}, \mathrm{bid}^*_{2.1}, \mathrm{bid}^*_{3.1}\right)$$

Bieter N_1 überlegt sich, was für ihn jeweils eine beste Antwort auf jede rational erwartbare Bietstrategie für Bieter N_2 und für Bieter N_3 ist. Erwartet Bieter N_1, dass sowohl Bieter N_2 als auch Bieter N_3 von jeweils seiner Bietstrategie $\mathrm{bid}^*_{2.1}$ bzw. $\mathrm{bid}^*_{3.1}$ im Gleichgewicht nicht abweicht, so ist die Gleichgewichtsstrategie $\mathrm{bid}^*_{1.1}$ des Bieters N_1 keine beste Antwort auf die Bietstrategie $\mathrm{bid}^*_{2.1}$ des Bieters N_2 und auf die Bietstrategie $\mathrm{bid}^*_{3.1}$ des Bieters N_3. Bieter N_1 hat einen Anreiz, von seiner Gleichgewichtsstrategie $\mathrm{bid}^*_{1.1}$ abzuweichen, da die einzig mögliche andere Bietstrategie $\mathrm{bid}_{1.2}$ für ihn vorteilhafter ist.

Während der Bieter N_1 in der Bietstrategiekombination $\left(\mathrm{bid}_{1.h_1(1)}, \mathrm{bid}_{2.h_1(2)}, \mathrm{bid}_{3.h_1(3)}\right)$ mit $\mathrm{bid}_{1.h_1(1)} = \mathrm{bid}_{1.1}$ das Spielergebnis $\mathrm{Prof}_{1.h_1} = -60{,}31$ erhält, würde er in der Bietstrategiekombination $\left(\mathrm{bid}_{1.h_7(1)}, \mathrm{bid}_{2.h_7(2)}, \mathrm{bid}_{3.h_7(3)}\right)$ mit $\mathrm{bid}_{1.h_7(1)} = \mathrm{bid}_{1.2}$ das Spielergebnis $\mathrm{Prof}_{1.h_7} = -37{,}58$ erhalten. D.h., würde der Bieter N_1 von seiner Gleichgewichtsstrategie $\mathrm{bid}^*_{1.1}$ nicht abweichen und würden die beiden anderen Bieter ihre Gleichgewichtsstrategien unverändert beibehalten, so würde der Bieter N_1 ein niedrigeres Spielergebnis erhalten.

Folglich kann sich Bieter N_1 besser stellen, indem er von seiner Gleichgewichtsstrategie $\mathrm{bid}^*_{1.1}$ abweicht.

Im Sinne der Definition des schwachen teilspielperfekten NASH-Gleichgewichts gilt: Die Bietstrategiekombination $\left(\mathrm{bid}_{1.h_1(1)}, \mathrm{bid}_{2.h_1(2)}, \mathrm{bid}_{3.h_1(3)}\right)$, die von Bieter N_1 bevorzugt wird, stellt kein schwaches teilspielperfektes NASH-Gleichgewicht dar, da sich Bieter N_1 durch Abweichen von der Gleichgewichtsstrategie $\mathrm{bid}^*_{1.1}$ verbessert.

Demzufolge ist die Annahme, dass die Bietstrategiekombination $\mathrm{bidp}^*_{h_1}$ mit $\mathrm{bidp}^*_{h_1} = \left(\mathrm{bid}^*_{1.h_1(1)}, \mathrm{bid}^*_{2.h_1(2)}, \mathrm{bid}^*_{3.h_1(3)}\right)$ für den Bieter N_1 ein schwaches teilspielperfektes NASH-Gleichgewicht darstellt, nicht erfüllt.

Angenommen, für den Bieter N_1 stellt die Bietstrategiekombination $\mathrm{bidp}^*_{h_2}$ mit $\mathrm{bidp}^*_{h_2} = \left(\mathrm{bid}^*_{1.h_2(1)}, \mathrm{bid}^*_{2.h_2(2)}, \mathrm{bid}^*_{3.h_2(3)}\right)$ ein schwaches teilspielperfektes NASH-Gleichgewicht dar und formal gilt für

$$\text{Bid} \rightarrow \mathbb{R}_{\geq 0}$$
$$\text{prof}_i: \ \text{bidp}_h = \left(\text{bid}_{1.h_2(1)}, \text{bid}_{2.h_2(2)}, \text{bid}_{3.h_2(3)}\right) \rightarrow \text{prof}_i\left(\text{bidp}_h\right) = \text{Prof}_{i.h}$$
$$\text{bid}_{1.h_2(1)} = \text{bid}_{1.1}, \ \text{bid}_{2.h_2(2)} = \text{bid}_{2.1}, \ \text{bid}_{3.h_2(3)} = \text{bid}_{3.2}$$
$$\text{prof}_i\left(\text{bid}^*_{1.1}, \text{bid}^*_{2.1}, \text{bid}^*_{3.2}\right) \geq \text{prof}_i\left(\text{bid}_{1.2}, \text{bid}^*_{2.1}, \text{bid}^*_{3.2}\right)$$

Bieter N_1 überlegt sich, was für ihn jeweils eine beste Antwort auf jede rational erwartbare Bietstrategie für Bieter N_2 und für Bieter N_3 ist. Erwartet Bieter N_1, dass sowohl Bieter N_2 als auch Bieter N_3 von jeweils seiner Bietstrategie $\text{bid}^*_{2.1}$ bzw. $\text{bid}^*_{3.2}$ im Gleichgewicht nicht abweicht, so ist die Gleichgewichtsstrategie $\text{bid}^*_{1.1}$ des Bieters N_1 keine beste Antwort auf die Bietstrategie $\text{bid}^*_{2.1}$ des Bieters N_2 und auf die Bietstrategie $\text{bid}^*_{3.2}$ des Bieters N_3. Bieter N_1 hat einen Anreiz, von seiner Gleichgewichtsstrategie $\text{bid}^*_{1.1}$ abzuweichen, da die einzig mögliche andere Bietstrategie $\text{bid}_{1.2}$ für ihn vorteilhafter ist.

Während der Bieter N_1 in der Bietstrategiekombination $\left(\text{bid}_{1.h_2(1)}, \text{bid}_{2.h_2(2)}, \text{bid}_{3.h_2(3)}\right)$ mit $\text{bid}_{1.h_2(1)} = \text{bid}_{1.1}$ das Spielergebnis $\text{Prof}_{1.h_2} = -60{,}31$ erhält, würde er in der Bietstrategiekombination $\left(\text{bid}_{1.h_8(1)}, \text{bid}_{2.h_8(2)}, \text{bid}_{3.h_8(3)}\right)$ mit $\text{bid}_{1.h_8(1)} = \text{bid}_{1.2}$ das Spielergebnis $\text{Prof}_{1.h_8} = -37{,}58$ erhalten. D.h., würde der Bieter N_1 von seiner Gleichgewichtsstrategie $\text{bid}^*_{1.1}$ nicht abweichen und würden die beiden anderen Bieter ihre Gleichgewichtsstrategien unverändert beibehalten, so würde der Bieter N_1 ein niedrigeres Spielergebnis erhalten.

Folglich kann sich Bieter N_1 besser stellen, indem er von seiner Gleichgewichtsstrategie $\text{bid}^*_{1.1}$ abweicht.

Im Sinne der Definition des schwachen teilspielperfekten NASH-Gleichgewichts gilt: Die Bietstrategiekombination $\left(\text{bid}_{1.h_2(1)}, \text{bid}_{2.h_2(2)}, \text{bid}_{3.h_2(3)}\right)$, die von Bieter N_1 bevorzugt wird, stellt kein schwaches teilspielperfektes NASH-Gleichgewicht dar, da sich Bieter N_1 durch Abweichen von der Gleichgewichtsstrategie $\text{bid}^*_{1.1}$ verbessert.

Demzufolge ist die Annahme, dass die Bietstrategiekombination $\text{bidp}^*_{h_2}$ mit $\text{bidp}^*_{h_2} = \left(\text{bid}^*_{1.h_2(1)}, \text{bid}^*_{2.h_2(2)}, \text{bid}^*_{3.h_2(3)}\right)$ für den Bieter N_1 ein schwaches teilspielperfektes NASH-Gleichgewicht darstellt, nicht erfüllt.

Angenommen, für den Bieter N_1 stellt die Bietstrategiekombination $\text{bidp}^*_{h_3}$ mit $\text{bidp}^*_{h_3} = \left(\text{bid}^*_{1.h_3(1)}, \text{bid}^*_{2.h_3(2)}, \text{bid}^*_{3.h_3(3)}\right)$ ein schwaches teilspielperfektes NASH-Gleichgewicht dar und formal gilt für

$$\text{Bid} \to \mathbb{R}_{\geq 0}$$
$$\text{prof}_i : \text{bidp}_h = \left(\text{bid}_{1.h_3(1)}, \text{bid}_{2.h_3(2)}, \text{bid}_{3.h_3(3)}\right) \to \text{prof}_i\left(\text{bidp}_h\right) = \text{Prof}_{i.h}$$
$$\text{bid}_{1.h_3(1)} = \text{bid}_{1.1},\ \text{bid}_{2.h_3(2)} = \text{bid}_{2.1},\ \text{bid}_{3.h_3(3)} = \text{bid}_{3.3}$$
$$\text{prof}_i\left(\text{bid}^*_{1.1}, \text{bid}^*_{2.1}, \text{bid}^*_{3.3}\right) \geq \text{prof}_i\left(\text{bid}_{1.2}, \text{bid}^*_{2.1}, \text{bid}^*_{3.3}\right)$$

Bieter N_1 überlegt sich, was für ihn jeweils eine beste Antwort auf jede rational erwartbare Bietstrategie für Bieter N_2 und für Bieter N_3 ist. Erwartet Bieter N_1, dass sowohl Bieter N_2 als auch Bieter N_3 von jeweils seiner Bietstrategie $\text{bid}^*_{2.1}$ bzw. $\text{bid}^*_{3.3}$ im Gleichgewicht nicht abweicht, so ist die Gleichgewichtsstrategie $\text{bid}^*_{1.1}$ des Bieters N_1 keine beste Antwort auf die Bietstrategie $\text{bid}^*_{2.1}$ des Bieters N_2 und auf die Bietstrategie $\text{bid}^*_{3.3}$ des Bieters N_3. Bieter N_1 hat einen Anreiz, von seiner Gleichgewichtsstrategie $\text{bid}^*_{1.1}$ abzuweichen, da die einzig mögliche andere Bietstrategie $\text{bid}_{1.2}$ für ihn vorteilhafter ist.

Während der Bieter N_1 in der Bietstrategiekombination $\left(\text{bid}_{1.h_3(1)}, \text{bid}_{2.h_3(2)}, \text{bid}_{3.h_3(3)}\right)$ mit $\text{bid}_{1.h_3(1)} = \text{bid}_{1.1}$ das Spielergebnis $\text{Prof}_{1.h_3} = \text{-}60{,}31$ erhält, würde er in der Bietstrategiekombination $\left(\text{bid}_{1.h_9(1)}, \text{bid}_{2.h_9(2)}, \text{bid}_{3.h_9(3)}\right)$ mit $\text{bid}_{1.h_9(1)} = \text{bid}_{1.2}$ das Spielergebnis $\text{Prof}_{1.h_9} = 312{,}42$ erhalten. D.h., würde der Bieter N_1 von seiner Gleichgewichtsstrategie $\text{bid}^*_{1.1}$ nicht abweichen und würden die beiden anderen Bieter ihre Gleichgewichtsstrategien unverändert beibehalten, so würde der Bieter N_1 ein niedrigeres Spielergebnis erhalten.

Folglich kann sich Bieter N_1 besser stellen, indem er von seiner Gleichgewichtsstrategie $\text{bid}^*_{1.1}$ abweicht.

Im Sinne der Definition des schwachen teilspielperfekten NASH-Gleichgewichts gilt: Die Bietstrategiekombination $\left(\text{bid}_{1.h_3(1)}, \text{bid}_{2.h_3(2)}, \text{bid}_{3.h_3(3)}\right)$, die von Bieter N_1 bevorzugt wird, stellt kein schwaches teilspielperfektes NASH-Gleichgewicht dar, da sich Bieter N_1 durch Abweichen von der Gleichgewichtsstrategie $\text{bid}^*_{1.1}$ verbessert.

Demzufolge ist die Annahme, dass die Bietstrategiekombination $\text{bidp}^*_{h_3}$ mit $\text{bidp}^*_{h_3} = \left(\text{bid}^*_{1.h_3(1)}, \text{bid}^*_{2.h_3(2)}, \text{bid}^*_{3.h_3(3)}\right)$ für den Bieter N_1 ein schwaches teilspielperfektes NASH-Gleichgewicht darstellt, nicht erfüllt.

Angenommen, für den Bieter N_1 stellt die Bietstrategiekombination $\text{bidp}^*_{h_4}$ mit $\text{bidp}^*_{h_4} = \left(\text{bid}^*_{1.h_4(1)}, \text{bid}^*_{2.h_4(2)}, \text{bid}^*_{3.h_4(3)}\right)$ ein schwaches teilspielperfektes NASH-Gleichgewicht dar und formal gilt für

$$\text{Bid} \to \mathbb{R}_{\geq 0}$$
$$\text{prof}_i: \ \text{bidp}_h = \left(\text{bid}_{1.h_4(1)}, \text{bid}_{2.h_4(2)}, \text{bid}_{3.h_4(3)}\right) \to \text{prof}_i\left(\text{bidp}_h\right) = \text{Prof}_{i.h}$$
$$\text{bid}_{1.h_4(1)} = \text{bid}_{1.1}, \ \text{bid}_{2.h_4(2)} = \text{bid}_{2.2}, \ \text{bid}_{3.h_4(3)} = \text{bid}_{3.1}$$
$$\text{prof}_i\left(\text{bid}^*_{1.1}, \text{bid}^*_{2.2}, \text{bid}^*_{3.1}\right) \geq \text{prof}_i\left(\text{bid}_{1.2}, \text{bid}^*_{2.2}, \text{bid}^*_{3.1}\right)$$

Bieter N_1 überlegt sich, was für ihn jeweils eine beste Antwort auf jede rational erwartbare Bietstrategie für Bieter N_2 und für Bieter N_3 ist. Erwartet Bieter N_1, dass sowohl Bieter N_2 als auch Bieter N_3 von jeweils seiner Bietstrategie $\text{bid}^*_{2.2}$ bzw. $\text{bid}^*_{3.1}$ im Gleichgewicht nicht abweicht, so ist die Gleichgewichtsstrategie $\text{bid}^*_{1.1}$ des Bieters N_1 eine beste Antwort auf die Bietstrategie $\text{bid}^*_{2.2}$ des Bieters N_2 und auf die Bietstrategie $\text{bid}^*_{3.1}$ des Bieters N_3. Bieter N_1 hat keinen Anreiz, von seiner Gleichgewichtsstrategie $\text{bid}^*_{1.1}$ abzuweichen, da die einzig mögliche andere Bietstrategie $\text{bid}_{1.2}$ für ihn nicht vorteilhafter ist.

Während der Bieter N_1 in der Bietstrategiekombination $\left(\text{bid}_{1.h_4(1)}, \text{bid}_{2.h_4(2)}, \text{bid}_{3.h_4(3)}\right)$ mit $\text{bid}_{1.h_4(1)} = \text{bid}_{1.1}$ das Spielergebnis $\text{Prof}_{1.h_4} = -70{,}31$ erhält, würde er in der Bietstrategiekombination $\left(\text{bid}_{1.h_{10}(1)}, \text{bid}_{2.h_{10}(2)}, \text{bid}_{3.h_{10}(3)}\right)$ mit $\text{bid}_{1.h_{10}(1)} = \text{bid}_{1.2}$ das Spielergebnis $\text{Prof}_{1.h_{10}} = -467{,}58$ erhalten. D.h., würde der Bieter N_1 von seiner Gleichgewichtsstrategie $\text{bid}^*_{1.1}$ abweichen und würden die beiden anderen Bieter ihre Gleichgewichtsstrategien unverändert beibehalten, so würde der Bieter N_1 ein niedrigeres Spielergebnis erhalten.

Folglich kann sich Bieter N_1 nicht besser stellen, indem er von seiner Gleichgewichtsstrategie $\text{bid}^*_{1.1}$ abweicht.

Im Sinne der Definition des schwachen teilspielperfekten NASH-Gleichgewichts gilt: Die Bietstrategiekombination $\left(\text{bid}_{1.h_4(1)}, \text{bid}_{2.h_4(2)}, \text{bid}_{3.h_4(3)}\right)$, die von Bieter N_1 bevorzugt wird, stellt ein schwaches teilspielperfektes NASH-Gleichgewicht dar, da sich Bieter N_1 durch Abweichen von der Gleichgewichtsstrategie $\text{bid}^*_{1.1}$ nicht verbessern kann.

Demzufolge ist die Annahme, dass die Bietstrategiekombination $\text{bidp}^*_{h_4}$ mit $\text{bidp}^*_{h_4} = \left(\text{bid}^*_{1.h_4(1)}, \text{bid}^*_{2.h_4(2)}, \text{bid}^*_{3.h_4(3)}\right)$ für den Bieter N_1 ein schwaches teilspielperfektes NASH-Gleichgewicht darstellt, erfüllt.

Angenommen, für den Bieter N_1 stellt die Bietstrategiekombination $bidp^*_{h_5}$ mit $bidp^*_{h_5} = \left(bid^*_{1.h_5(1)}, bid^*_{2.h_5(2)}, bid^*_{3.h_5(3)}\right)$ ein schwaches teilspielperfektes NASH-Gleichgewicht dar und formal gilt für

$$\begin{aligned}
&Bid \rightarrow \mathbb{R}_{\geq 0} \\
&prof_i: \; bidp_h = \left(bid_{1.h_5(1)}, bid_{2.h_5(2)}, bid_{3.h_5(3)}\right) \rightarrow prof_i\left(bidp_h\right) = Prof_{i.h} \\
&bid_{1.h_5(1)} = bid_{1.1}, \; bid_{2.h_5(2)} = bid_{2.2}, \; bid_{3.h_5(3)} = bid_{3.2} \\
&prof_i\left(bid^*_{1.1}, bid^*_{2.2}, bid^*_{3.2}\right) \geq prof_i\left(bid_{1.2}, bid^*_{2.2}, bid^*_{3.2}\right)
\end{aligned}$$

Bieter N_1 überlegt sich, was für ihn jeweils eine beste Antwort auf jede rational erwartbare Bietstrategie für Bieter N_2 und für Bieter N_3 ist. Erwartet Bieter N_1, dass sowohl Bieter N_2 als auch Bieter N_3 von jeweils seiner Bietstrategie $bid^*_{2.2}$ bzw. $bid^*_{3.2}$ im Gleichgewicht nicht abweicht, so ist die Gleichgewichtsstrategie $bid^*_{1.1}$ des Bieters N_1 keine beste Antwort auf die Bietstrategie $bid^*_{2.2}$ des Bieters N_2 und auf die Bietstrategie $bid^*_{3.2}$ des Bieters N_3. Bieter N_1 hat einen Anreiz, von seiner Gleichgewichtsstrategie $bid^*_{1.1}$ abzuweichen, da die einzig mögliche andere Bietstrategie $bid_{1.2}$ für ihn vorteilhafter ist.

Während der Bieter N_1 in der Bietstrategiekombination $\left(bid_{1.h_5(1)}, bid_{2.h_5(2)}, bid_{3.h_5(3)}\right)$ mit $bid_{1.h_5(1)} = bid_{1.1}$ das Spielergebnis $Prof_{1.h_5} = -490{,}31$ erhält, würde er in der Bietstrategiekombination $\left(bid_{1.h_{11}(1)}, bid_{2.h_{11}(2)}, bid_{3.h_{11}(3)}\right)$ mit $bid_{1.h_{11}(1)} = bid_{1.2}$ das Spielergebnis $Prof_{1.h_{11}} = -467{,}58$ erhalten. D.h., würde der Bieter N_1 von seiner Gleichgewichtsstrategie $bid^*_{1.1}$ nicht abweichen und würden die beiden anderen Bieter ihre Gleichgewichtsstrategien unverändert beibehalten, so würde der Bieter N_1 ein niedrigeres Spielergebnis erhalten.

Folglich kann sich Bieter N_1 besser stellen, indem er von seiner Gleichgewichtsstrategie $bid^*_{1.1}$ abweicht.

Im Sinne der Definition des schwachen teilspielperfekten NASH-Gleichgewichts gilt: Die Bietstrategiekombination $\left(bid_{1.h_5(1)}, bid_{2.h_5(2)}, bid_{3.h_5(3)}\right)$, die von Bieter N_1 bevorzugt wird, stellt kein schwaches teilspielperfektes NASH-Gleichgewicht dar, da sich Bieter N_1 durch Abweichen von der Gleichgewichtsstrategie $bid^*_{1.1}$ verbessert.

Demzufolge ist die Annahme, dass die Bietstrategiekombination $bidp^*_{h_5}$ mit $bidp^*_{h_5} = \left(bid^*_{1.h_5(1)}, bid^*_{2.h_5(2)}, bid^*_{3.h_5(3)}\right)$ für den Bieter N_1 ein schwaches teilspielperfektes NASH-Gleichgewicht darstellt, nicht erfüllt.

Angenommen, für den Bieter N_1 stellt die Bietstrategiekombination $bidp^*_{h_6}$ mit $bidp^*_{h_6} = \left(bid^*_{1.h_6(1)}, bid^*_{2.h_6(2)}, bid^*_{3.h_6(3)}\right)$ ein schwaches teilspielperfektes NASH-Gleichgewicht dar und formal gilt für

$$\begin{array}{l} Bid \rightarrow \mathbb{R}_{\geq 0} \\ prof_i : \ bidp_h = \left(bid_{1.h_6(1)}, bid_{2.h_6(2)}, bid_{3.h_6(3)}\right) \rightarrow prof_i\left(bidp_h\right) = Prof_{i.h} \\ bid_{1.h_6(1)} = bid_{1.1},\ bid_{2.h_6(2)} = bid_{2.2},\ bid_{3.h_6(3)} = bid_{3.3} \\ prof_i\left(bid^*_{1.1}, bid^*_{2.2}, bid^*_{3.3}\right) \geq prof_i\left(bid_{1.2}, bid^*_{2.2}, bid^*_{3.3}\right) \end{array}$$

Bieter N_1 überlegt sich, was für ihn jeweils eine beste Antwort auf jede rational erwartbare Bietstrategie für Bieter N_2 und für Bieter N_3 ist. Erwartet Bieter N_1, dass sowohl Bieter N_2 als auch Bieter N_3 von jeweils seiner Bietstrategie $bid^*_{2.2}$ bzw. $bid^*_{3.3}$ im Gleichgewicht nicht abweicht, so ist die Gleichgewichtsstrategie $bid^*_{1.1}$ des Bieters N_1 keine beste Antwort auf die Bietstrategie $bid^*_{2.2}$ des Bieters N_2 und auf die Bietstrategie $bid^*_{3.3}$ des Bieters N_3. Bieter N_1 hat einen Anreiz, von seiner Gleichgewichtsstrategie $bid^*_{1.1}$ abzuweichen, da die einzig mögliche andere Bietstrategie $bid_{1.2}$ für ihn vorteilhafter ist.

Während der Bieter N_1 in der Bietstrategiekombination $\left(bid_{1.h_6(1)}, bid_{2.h_6(2)}, bid_{3.h_6(3)}\right)$ mit $bid_{1.h_6(1)} = bid_{1.1}$ das Spielergebnis $Prof_{1.h_6} = -490{,}31$ erhält, würde er in der Bietstrategiekombination $\left(bid_{1.h_{12}(1)}, bid_{2.h_{12}(2)}, bid_{3.h_{12}(3)}\right)$ mit $bid_{1.h_{12}(1)} = bid_{1.2}$ das Spielergebnis $Prof_{1.h_{12}} = -467{,}58$ erhalten. D.h., würde der Bieter N_1 von seiner Gleichgewichtsstrategie $bid^*_{1.1}$ nicht abweichen und würden die beiden anderen Bieter ihre Gleichgewichtsstrategien unverändert beibehalten, so würde der Bieter N_1 ein niedrigeres Spielergebnis erhalten.

Folglich kann sich Bieter N_1 besser stellen, indem er von seiner Gleichgewichtsstrategie $bid^*_{1.1}$ abweicht.

Im Sinne der Definition des schwachen teilspielperfekten NASH-Gleichgewichts gilt: Die Bietstrategiekombination $\left(bid_{1.h_6(1)}, bid_{2.h_6(2)}, bid_{3.h_6(3)}\right)$, die von Bieter N_1 bevorzugt wird, stellt kein schwaches teilspielperfektes NASH-Gleichgewicht dar, da sich Bieter N_1 durch Abweichen von der Gleichgewichtsstrategie $bid^*_{1.1}$ verbessert.

Demzufolge ist die Annahme, dass die Bietstrategiekombination $bidp^*_{h_6}$ mit $bidp^*_{h_6} = \left(bid^*_{1.h_6(1)}, bid^*_{2.h_6(2)}, bid^*_{3.h_6(3)}\right)$ für den Bieter N_1 ein schwaches teilspielperfektes NASH-Gleichgewicht darstellt, nicht erfüllt.

Angenommen, für den Bieter N_1 stellt die Bietstrategiekombination $bidp^*_{h_7}$ mit $bidp^*_{h_7} = \left(bid^*_{1.h_7(1)}, bid^*_{2.h_7(2)}, bid^*_{3.h_7(3)}\right)$ ein schwaches teilspielperfektes NASH-Gleichgewicht dar und formal gilt für

$$\begin{aligned}
&Bid \rightarrow \mathbb{R}_{\geq 0} \\
&prof_i : \; bidp_h = \left(bid_{1.h_7(1)}, bid_{2.h_7(2)}, bid_{3.h_7(3)}\right) \rightarrow prof_i\left(bidp_h\right) = Prof_{i.h} \\
&bid_{1.h_7(1)} = bid_{1.2}, \; bid_{2.h_7(2)} = bid_{2.1}, \; bid_{3.h_7(3)} = bid_{3.1} \\
&prof_i\left(bid^*_{1.2}, bid^*_{2.1}, bid^*_{3.1}\right) \geq prof_i\left(bid_{1.1}, bid^*_{2.1}, bid^*_{3.1}\right)
\end{aligned}$$

Bieter N_1 überlegt sich, was für ihn jeweils eine beste Antwort auf jede rational erwartbare Bietstrategie für Bieter N_2 und für Bieter N_3 ist. Erwartet Bieter N_1, dass sowohl Bieter N_2 als auch Bieter N_3 von jeweils seiner Bietstrategie $bid^*_{2.1}$ bzw. $bid^*_{3.1}$ im Gleichgewicht nicht abweicht, so ist die Gleichgewichtsstrategie $bid^*_{1.2}$ des Bieters N_1 eine beste Antwort auf die Bietstrategie $bid^*_{2.1}$ des Bieters N_2 und auf die Bietstrategie $bid^*_{3.1}$ des Bieters N_3. Bieter N_1 hat keinen Anreiz, von seiner Gleichgewichtsstrategie $bid^*_{1.2}$ abzuweichen, da die einzig mögliche andere Bietstrategie $bid_{1.1}$ für ihn nicht vorteilhafter ist.

Während der Bieter N_1 in der Bietstrategiekombination $\left(bid_{1.h_7(1)}, bid_{2.h_7(2)}, bid_{3.h_7(3)}\right)$ mit $bid_{1.h_7(1)} = bid_{1.2}$ das Spielergebnis $Prof_{1.h_7} = -37{,}58$ erhält, würde er in der Bietstrategiekombination $\left(bid_{1.h_1(1)}, bid_{2.h_1(2)}, bid_{3.h_1(3)}\right)$ mit $bid_{1.h_1(1)} = bid_{1.1}$ das Spielergebnis $Prof_{1.h_1} = -60{,}31$ erhalten. D.h., würde der Bieter N_1 von seiner Gleichgewichtsstrategie $bid^*_{1.2}$ abweichen und würden die beiden anderen Bieter ihre Gleichgewichtsstrategien unverändert beibehalten, so würde der Bieter N_1 ein niedrigeres Spielergebnis erhalten.

Folglich kann sich Bieter N_1 nicht besser stellen, indem er von seiner Gleichgewichtsstrategie $bid^*_{1.2}$ abweicht.

Im Sinne der Definition des schwachen teilspielperfekten NASH-Gleichgewichts gilt: Die Bietstrategiekombination $\left(bid_{1.h_7(1)}, bid_{2.h_7(2)}, bid_{3.h_7(3)}\right)$, die von Bieter N_1 bevorzugt wird, stellt ein schwaches teilspielperfektes NASH-Gleichgewicht dar, da sich Bieter N_1 durch Abweichen von der Gleichgewichtsstrategie $bid^*_{1.2}$ nicht verbessern kann.

Demzufolge ist die Annahme, dass die Bietstrategiekombination $bidp^*_{h_7}$ mit $bidp^*_{h_7} = \left(bid^*_{1.h_7(1)}, bid^*_{2.h_7(2)}, bid^*_{3.h_7(3)}\right)$ für den Bieter N_1 ein schwaches teilspielperfektes NASH-Gleichgewicht darstellt, erfüllt.

Angenommen, für den Bieter N_1 stellt die Bietstrategiekombination $bidp^*_{h_8}$ mit $bidp^*_{h_8} = \left(bid^*_{1.h_8(1)}, bid^*_{2.h_8(2)}, bid^*_{3.h_8(3)}\right)$ ein schwaches teilspielperfektes NASH-Gleichgewicht dar und formal gilt für

$$\begin{aligned}
&Bid \to \mathbb{R}_{\geq 0} \\
&prof_i : \; bidp_h = \left(bid_{1.h_8(1)}, bid_{2.h_8(2)}, bid_{3.h_8(3)}\right) \to prof_i\left(bidp_h\right) = Prof_{i.h} \\
&bid_{1.h_8(1)} = bid_{1.2}, \; bid_{2.h_8(2)} = bid_{2.1}, \; bid_{3.h_8(3)} = bid_{3.2} \\
&prof_i\left(bid^*_{1.2}, bid^*_{2.1}, bid^*_{3.2}\right) \geq prof_i\left(bid_{1.1}, bid^*_{2.1}, bid^*_{3.2}\right)
\end{aligned}$$

Bieter N_1 überlegt sich, was für ihn jeweils eine beste Antwort auf jede rational erwartbare Bietstrategie für Bieter N_2 und für Bieter N_3 ist. Erwartet Bieter N_1, dass sowohl Bieter N_2 als auch Bieter N_3 von jeweils seiner Bietstrategie $bid^*_{2.1}$ bzw. $bid^*_{3.2}$ im Gleichgewicht nicht abweicht, so ist die Gleichgewichtsstrategie $bid^*_{1.2}$ des Bieters N_1 eine beste Antwort auf die Bietstrategie $bid^*_{2.1}$ des Bieters N_2 und auf die Bietstrategie $bid^*_{3.2}$ des Bieters N_3. Bieter N_1 hat keinen Anreiz, von seiner Gleichgewichtsstrategie $bid^*_{1.2}$ abzuweichen, da die einzig mögliche andere Bietstrategie $bid_{1.1}$ für ihn nicht vorteilhafter ist.

Während der Bieter N_1 in der Bietstrategiekombination $\left(bid_{1.h_8(1)}, bid_{2.h_8(2)}, bid_{3.h_8(3)}\right)$ mit $bid_{1.h_8(1)} = bid_{1.2}$ das Spielergebnis $Prof_{1.h_8} = -37{,}58$ erhält, würde er in der Bietstrategiekombination $\left(bid_{1.h_2(1)}, bid_{2.h_2(2)}, bid_{3.h_2(3)}\right)$ mit $bid_{1.h_2(1)} = bid_{1.1}$ das Spielergebnis $Prof_{1.h_2} = -60{,}31$ erhalten. D.h., würde der Bieter N_1 von seiner Gleichgewichtsstrategie $bid^*_{1.2}$ abweichen und würden die beiden anderen Bieter ihre Gleichgewichtsstrategien unverändert beibehalten, so würde der Bieter N_1 ein niedrigeres Spielergebnis erhalten.

Folglich kann sich Bieter N_1 nicht besser stellen, indem er von seiner Gleichgewichtsstrategie $bid^*_{1.2}$ abweicht.

Im Sinne der Definition des schwachen teilspielperfekten NASH-Gleichgewichts gilt: Die Bietstrategiekombination $\left(bid_{1.h_8(1)}, bid_{2.h_8(2)}, bid_{3.h_8(3)}\right)$, die von Bieter N_1 bevorzugt wird, stellt ein schwaches teilspielperfektes NASH-Gleichgewicht dar, da sich Bieter N_1 durch Abweichen von der Gleichgewichtsstrategie $bid^*_{1.2}$ nicht verbessern kann.

Demzufolge ist die Annahme, dass die Bietstrategiekombination $bidp^*_{h_8}$ mit $bidp^*_{h_8} = \left(bid^*_{1.h_8(1)}, bid^*_{2.h_8(2)}, bid^*_{3.h_8(3)}\right)$ für den Bieter N_1 ein schwaches teilspielperfektes NASH-Gleichgewicht darstellt, erfüllt.

Angenommen, für den Bieter N_1 stellt die Bietstrategiekombination $bidp^*_{h_9}$ mit $bidp^*_{h_9} = \left(bid^*_{1.h_9(1)}, bid^*_{2.h_9(2)}, bid^*_{3.h_9(3)}\right)$ ein schwaches teilspielperfektes NASH-Gleichgewicht dar und formal gilt für

$$\begin{aligned}
&Bid \rightarrow \mathbb{R}_{\geq 0} \\
&prof_i: \ bidp_h = \left(bid_{1.h_9(1)}, bid_{2.h_9(2)}, bid_{3.h_9(3)}\right) \rightarrow prof_i\left(bidp_h\right) = Prof_{i.h} \\
&bid_{1.h_9(1)} = bid_{1.2},\ bid_{2.h_9(2)} = bid_{2.1},\ bid_{3.h_9(3)} = bid_{3.3} \\
&prof_i\left(bid^*_{1.2}, bid^*_{2.1}, bid^*_{3.3}\right) \geq prof_i\left(bid_{1.1}, bid^*_{2.1}, bid^*_{3.3}\right)
\end{aligned}$$

Bieter N_1 überlegt sich, was für ihn jeweils eine beste Antwort auf jede rational erwartbare Bietstrategie für Bieter N_2 und für Bieter N_3 ist. Erwartet Bieter N_1, dass sowohl Bieter N_2 als auch Bieter N_3 von jeweils seiner Bietstrategie $bid^*_{2.1}$ bzw. $bid^*_{3.3}$ im Gleichgewicht nicht abweicht, so ist die Gleichgewichtsstrategie $bid^*_{1.2}$ des Bieters N_1 eine beste Antwort auf die Bietstrategie $bid^*_{2.1}$ des Bieters N_2 und auf die Bietstrategie $bid^*_{3.3}$ des Bieters N_3. Bieter N_1 hat keinen Anreiz, von seiner Gleichgewichtsstrategie $bid^*_{1.2}$ abzuweichen, da die einzig mögliche andere Bietstrategie $bid_{1.1}$ für ihn nicht vorteilhafter ist.

Während der Bieter N_1 in der Bietstrategiekombination $\left(bid_{1.h_9(1)}, bid_{2.h_9(2)}, bid_{3.h_9(3)}\right)$ mit $bid_{1.h_9(1)} = bid_{1.2}$ das Spielergebnis $Prof_{1.h_9} = 312{,}42$ erhält, würde er in der Bietstrategiekombination $\left(bid_{1.h_3(1)}, bid_{2.h_3(2)}, bid_{3.h_3(3)}\right)$ mit $bid_{1.h_3(1)} = bid_{1.1}$ das Spielergebnis $Prof_{1.h_3} = -60{,}31$ erhalten. D.h., würde der Bieter N_1 von seiner Gleichgewichtsstrategie $bid^*_{1.2}$ abweichen und würden die beiden anderen Bieter ihre Gleichgewichtsstrategien unverändert beibehalten, so würde der Bieter N_1 ein niedrigeres Spielergebnis erhalten.

Folglich kann sich Bieter N_1 nicht besser stellen, indem er von seiner Gleichgewichtsstrategie $bid^*_{1.2}$ abweicht.

Im Sinne der Definition des schwachen teilspielperfekten NASH-Gleichgewichts gilt: Die Bietstrategiekombination $\left(bid_{1.h_9(1)}, bid_{2.h_9(2)}, bid_{3.h_9(3)}\right)$, die von Bieter N_1 bevorzugt wird, stellt ein schwaches teilspielperfektes NASH-Gleichgewicht dar, da sich Bieter N_1 durch Abweichen von der Gleichgewichtsstrategie $bid^*_{1.2}$ nicht verbessern kann.

Demzufolge ist die Annahme, dass die Bietstrategiekombination $bidp^*_{h_9}$ mit $bidp^*_{h_9} = \left(bid^*_{1.h_9(1)}, bid^*_{2.h_9(2)}, bid^*_{3.h_9(3)}\right)$ für den Bieter N_1 ein schwaches teilspielperfektes NASH-Gleichgewicht darstellt, erfüllt.

Angenommen, für den Bieter N_1 stellt die Bietstrategiekombination $bidp^*_{h_{10}}$ mit $bidp^*_{h_{10}} = \left(bid^*_{1.h_{10}(1)}, bid^*_{2.h_{10}(2)}, bid^*_{3.h_{10}(3)}\right)$ ein schwaches teilspielperfektes NASH-Gleichgewicht dar und formal gilt für

$$
\begin{array}{|l|}
\hline
Bid \rightarrow \mathbb{R}_{\geq 0} \\
prof_i : \; bidp_h = \left(bid_{1.h_{10}(1)}, bid_{2.h_{10}(2)}, bid_{3.h_{10}(3)}\right) \rightarrow prof_i\left(bidp_h\right) = Prof_{i.h} \\
bid_{1.h_{10}(1)} = bid_{1.2}, \; bid_{2.h_{10}(2)} = bid_{2.2}, \; bid_{3.h_{10}(3)} = bid_{3.1} \\
prof_i\left(bid^*_{1.2}, bid^*_{2.2}, bid^*_{3.1}\right) \geq prof_i\left(bid_{1.1}, bid^*_{2.2}, bid^*_{3.1}\right) \\
\hline
\end{array}
$$

Bieter N_1 überlegt sich, was für ihn jeweils eine beste Antwort auf jede rational erwartbare Bietstrategie für Bieter N_2 und für Bieter N_3 ist. Erwartet Bieter N_1, dass sowohl Bieter N_2 als auch Bieter N_3 von jeweils seiner Bietstrategie $bid^*_{2.2}$ bzw. $bid^*_{3.1}$ im Gleichgewicht nicht abweicht, so ist die Gleichgewichtsstrategie $bid^*_{1.2}$ des Bieters N_1 keine beste Antwort auf die Bietstrategie $bid^*_{2.2}$ des Bieters N_2 und auf die Bietstrategie $bid^*_{3.1}$ des Bieters N_3. Bieter N_1 hat einen Anreiz, von seiner Gleichgewichtsstrategie $bid^*_{1.2}$ abzuweichen, da die einzig mögliche andere Bietstrategie $bid_{1.1}$ für ihn vorteilhafter ist.

Während der Bieter N_1 in der Bietstrategiekombination $\left(bid_{1.h_{10}(1)}, bid_{2.h_{10}(2)}, bid_{3.h_{10}(3)}\right)$ mit $bid_{1.h_{10}(1)} = bid_{1.2}$ das Spielergebnis $Prof_{1.h_{10}} = -467{,}58$ erhält, würde er in der Bietstrategiekombination $\left(bid_{1.h_4(1)}, bid_{2.h_4(2)}, bid_{3.h_4(3)}\right)$ mit $bid_{1.h_4(1)} = bid_{1.1}$ das Spielergebnis $Prof_{1.h_4} = -70{,}31$ erhalten. D.h., würde der Bieter N_1 von seiner Gleichgewichtsstrategie $bid^*_{1.2}$ nicht abweichen und würden die beiden anderen Bieter ihre Gleichgewichtsstrategien unverändert beibehalten, so würde der Bieter N_1 ein niedrigeres Spielergebnis erhalten.

Folglich kann sich Bieter N_1 besser stellen, indem er von seiner Gleichgewichtsstrategie $bid^*_{1.2}$ abweicht.

Im Sinne der Definition des schwachen teilspielperfekten NASH-Gleichgewichts gilt: Die Bietstrategiekombination $\left(bid_{1.h_{10}(1)}, bid_{2.h_{10}(2)}, bid_{3.h_{10}(3)}\right)$, die von Bieter N_1 bevorzugt wird, stellt kein schwaches teilspielperfektes NASH-Gleichgewicht dar, da sich Bieter N_1 durch Abweichen von der Gleichgewichtsstrategie $bid^*_{1.2}$ verbessert.

Demzufolge ist die Annahme, dass die Bietstrategiekombination $bidp^*_{h_{10}}$ mit $bidp^*_{h_{10}} = \left(bid^*_{1.h_{10}(1)}, bid^*_{2.h_{10}(2)}, bid^*_{3.h_{10}(3)}\right)$ für den Bieter N_1 ein schwaches teilspielperfektes NASH-Gleichgewicht darstellt, nicht erfüllt.

Angenommen, für den Bieter N_1 stellt die Bietstrategiekombination $bidp^*_{h_{11}}$ mit $bidp^*_{h_{11}} = \left(bid^*_{1.h_{11}(1)}, bid^*_{2.h_{11}(2)}, bid^*_{3.h_{11}(3)}\right)$ ein schwaches teilspielperfektes NASH-Gleichgewicht dar und formal gilt für

$$
\begin{array}{l}
Bid \rightarrow \mathbb{R}_{\geq 0} \\
prof_i: \; bidp_h = \left(bid_{1.h_{11}(1)}, bid_{2.h_{11}(2)}, bid_{3.h_{11}(3)}\right) \rightarrow prof_i\left(bidp_h\right) = Prof_{i.h} \\
bid_{1.h_{11}(1)} = bid_{1.2}, \; bid_{2.h_{11}(2)} = bid_{2.2}, \; bid_{3.h_{11}(3)} = bid_{3.2} \\
prof_i\left(bid^*_{1.2}, bid^*_{2.2}, bid^*_{3.2}\right) \geq prof_i\left(bid_{1.1}, bid^*_{2.2}, bid^*_{3.2}\right)
\end{array}
$$

Bieter N_1 überlegt sich, was für ihn jeweils eine beste Antwort auf jede rational erwartbare Bietstrategie für Bieter N_2 und für Bieter N_3 ist. Erwartet Bieter N_1, dass sowohl Bieter N_2 als auch Bieter N_3 von jeweils seiner Bietstrategie $bid^*_{2.2}$ bzw. $bid^*_{3.2}$ im Gleichgewicht nicht abweicht, so ist die Gleichgewichtsstrategie $bid^*_{1.2}$ des Bieters N_1 eine beste Antwort auf die Bietstrategie $bid^*_{2.2}$ des Bieters N_2 und auf die Bietstrategie $bid^*_{3.2}$ des Bieters N_3. Bieter N_1 hat keinen Anreiz, von seiner Gleichgewichtsstrategie $bid^*_{1.2}$ abzuweichen, da die einzig mögliche andere Bietstrategie $bid_{1.1}$ für ihn nicht vorteilhafter ist.

Während der Bieter N_1 in der Bietstrategiekombination $\left(bid_{1.h_{11}(1)}, bid_{2.h_{11}(2)}, bid_{3.h_{11}(3)}\right)$ mit $bid_{1.h_{11}(1)} = bid_{1.2}$ das Spielergebnis $Prof_{1.h_{11}} = \text{-}467{,}58$ erhält, würde er in der Bietstrategiekombination $\left(bid_{1.h_5(1)}, bid_{2.h_5(2)}, bid_{3.h_5(3)}\right)$ mit $bid_{1.h_5(1)} = bid_{1.1}$ das Spielergebnis $Prof_{1.h_5} = \text{-}490{,}31$ erhalten. D.h., würde der Bieter N_1 von seiner Gleichgewichtsstrategie $bid^*_{1.2}$ abweichen und würden die beiden anderen Bieter ihre Gleichgewichtsstrategien unverändert beibehalten, so würde der Bieter N_1 ein niedrigeres Spielergebnis erhalten.

Folglich kann sich Bieter N_1 nicht besser stellen, indem er von seiner Gleichgewichtsstrategie $bid^*_{1.2}$ abweicht.

Im Sinne der Definition des schwachen teilspielperfekten NASH-Gleichgewichts gilt: Die Bietstrategiekombination $\left(bid_{1.h_{11}(1)}, bid_{2.h_{11}(2)}, bid_{3.h_{11}(3)}\right)$, die von Bieter N_1 bevorzugt wird, stellt ein schwaches teilspielperfektes NASH-Gleichgewicht dar, da sich Bieter N_1 durch Abweichen von der Gleichgewichtsstrategie $bid^*_{1.2}$ nicht verbessern kann.

Demzufolge ist die Annahme, dass die Bietstrategiekombination $bidp^*_{h_{11}}$ mit $bidp^*_{h_{11}} = \left(bid^*_{1.h_{11}(1)}, bid^*_{2.h_{11}(2)}, bid^*_{3.h_{11}(3)}\right)$ für den Bieter N_1 ein schwaches teilspielperfektes NASH-Gleichgewicht darstellt, erfüllt.

Angenommen, für den Bieter N_1 stellt die Bietstrategiekombination $bidp^*_{h_{12}}$ mit $bidp^*_{h_{12}} = \left(bid^*_{1.h_{12}(1)}, bid^*_{2.h_{12}(2)}, bid^*_{3.h_{12}(3)}\right)$ ein schwaches teilspielperfektes NASH-Gleichgewicht dar und formal gilt für

$$\begin{array}{l} Bid \rightarrow \mathbb{R}_{\geq 0} \\ prof_i : \; bidp_h = \left(bid_{1.h_{12}(1)}, bid_{2.h_{12}(2)}, bid_{3.h_{12}(3)}\right) \rightarrow prof_i\left(bidp_h\right) = Prof_{i.h} \\ bid_{1.h_{12}(1)} = bid_{1.2},\; bid_{2.h_{12}(2)} = bid_{2.2},\; bid_{3.h_{12}(3)} = bid_{3.3} \\ prof_i\left(bid^*_{1.2}, bid^*_{2.2}, bid^*_{3.3}\right) \geq prof_i\left(bid_{1.1}, bid^*_{2.2}, bid^*_{3.3}\right) \end{array}$$

Bieter N_1 überlegt sich, was für ihn jeweils eine beste Antwort auf jede rational erwartbare Bietstrategie für Bieter N_2 und für Bieter N_3 ist. Erwartet Bieter N_1, dass sowohl Bieter N_2 als auch Bieter N_3 von jeweils seiner Bietstrategie $bid^*_{2.2}$ bzw. $bid^*_{3.3}$ im Gleichgewicht nicht abweicht, so ist die Gleichgewichtsstrategie $bid^*_{1.2}$ des Bieters N_1 eine beste Antwort auf die Bietstrategie $bid^*_{2.2}$ des Bieters N_2 und auf die Bietstrategie $bid^*_{3.3}$ des Bieters N_3. Bieter N_1 hat keinen Anreiz, von seiner Gleichgewichtsstrategie $bid^*_{1.2}$ abzuweichen, da die einzig mögliche andere Bietstrategie $bid_{1.1}$ für ihn nicht vorteilhafter ist.

Während der Bieter N_1 in der Bietstrategiekombination $\left(bid_{1.h_{12}(1)}, bid_{2.h_{12}(2)}, bid_{3.h_{12}(3)}\right)$ mit $bid_{1.h_{12}(1)} = bid_{1.2}$ das Spielergebnis $Prof_{1.h_{12}} = -467{,}58$ erhält, würde er in der Bietstrategiekombination $\left(bid_{1.h_6(1)}, bid_{2.h_6(2)}, bid_{3.h_6(3)}\right)$ mit $bid_{1.h_6(1)} = bid_{1.1}$ das Spielergebnis $Prof_{1.h_6} = -490{,}31$ erhalten. D.h., würde der Bieter N_1 von seiner Gleichgewichtsstrategie $bid^*_{1.2}$ abweichen und würden die beiden anderen Bieter ihre Gleichgewichtsstrategien unverändert beibehalten, so würde der Bieter N_1 ein niedrigeres Spielergebnis erhalten.

Folglich kann sich Bieter N_1 nicht besser stellen, indem er von seiner Gleichgewichtsstrategie $bid^*_{1.2}$ abweicht.

Im Sinne der Definition des schwachen teilspielperfekten NASH-Gleichgewichts gilt: Die Bietstrategiekombination $\left(bid_{1.h_{12}(1)}, bid_{2.h_{12}(2)}, bid_{3.h_{12}(3)}\right)$, die von Bieter N_1 bevorzugt wird, stellt ein schwaches teilspielperfektes NASH-Gleichgewicht dar, da sich Bieter N_1 durch Abweichen von der Gleichgewichtsstrategie $bid^*_{1.2}$ nicht verbessern kann.

Demzufolge ist die Annahme, dass die Bietstrategiekombination $bidp^*_{h_{12}}$ mit $bidp^*_{h_{12}} = \left(bid^*_{1.h_{12}(1)}, bid^*_{2.h_{12}(2)}, bid^*_{3.h_{12}(3)}\right)$ für den Bieter N_1 ein schwaches teilspielperfektes NASH-Gleichgewicht darstellt, erfüllt.

Die folgende Tabelle 117 fasst zusammen, welche der o.g. Annahmen *erfüllt* sowie welche *nicht erfüllt* sind.

Bietstrategiekombination \ *Bieter* N_i aus der Bietermenge NS^{bidd}	Bieter N_1	Bieter N_2	Bieter N_3
$\left(bid_{1.h_1(1)}, bid_{2.h_1(2)}, bid_{3.h_1(3)}\right)$	–	✓	–
$\left(bid_{1.h_2(1)}, bid_{2.h_2(2)}, bid_{3.h_2(3)}\right)$	–	✓	–
$\left(bid_{1.h_3(1)}, bid_{2.h_3(2)}, bid_{3.h_3(3)}\right)$	–	✓	✓
$\left(bid_{1.h_4(1)}, bid_{2.h_4(2)}, bid_{3.h_4(3)}\right)$	✓	✓	✓
$\left(bid_{1.h_5(1)}, bid_{2.h_5(2)}, bid_{3.h_5(3)}\right)$	–	✓	–
$\left(bid_{1.h_6(1)}, bid_{2.h_6(2)}, bid_{3.h_6(3)}\right)$	–	✓	✓
$\left(bid_{1.h_7(1)}, bid_{2.h_7(2)}, bid_{3.h_7(3)}\right)$	✓	–	✓
$\left(bid_{1.h_8(1)}, bid_{2.h_8(2)}, bid_{3.h_8(3)}\right)$	✓	–	✓
$\left(bid_{1.h_9(1)}, bid_{2.h_9(2)}, bid_{3.h_9(3)}\right)$	✓	–	–
$\left(bid_{1.h_{10}(1)}, bid_{2.h_{10}(2)}, bid_{3.h_{10}(3)}\right)$	–	✓	–
$\left(bid_{1.h_{11}(1)}, bid_{2.h_{11}(2)}, bid_{3.h_{11}(3)}\right)$	✓	✓	–
$\left(bid_{1.h_{12}(1)}, bid_{2.h_{12}(2)}, bid_{3.h_{12}(3)}\right)$	✓	✓	✓

Legende:

✓ erfüllt

– nicht erfüllt

Tabelle 117: Erfüllte und nicht erfüllte Annahmen bezüglich der Bietstrategiekombinationen für jeden Bieter im Hinblick auf ein schwaches teilspielperfektes NASH-Gleichgewicht

Tabelle 117 verdeutlicht, dass die Annahmen, dass die beiden Bietstrategiekombination $bidp^*_{h_4}$ mit $bidp^*_{h_4} = \left(bid^*_{1.h_4(1)}, bid^*_{2.h_4(2)}, bid^*_{3.h_4(3)}\right)$ und $bidp^*_{h_{12}}$ mit $bidp^*_{h_{12}} = \left(bid^*_{1.h_{12}(1)}, bid^*_{2.h_{12}(2)}, bid^*_{3.h_{12}(3)}\right)$ für jeden Bieter N_i aus der Bietermenge NS^{bidd} ein schwaches teilspielperfektes NASH-Gleichgewicht darstellen, erfüllt ist.

Folglich ist zum einen die Bietstrategiekombination $bidp^*_{h_4}$ und zum anderen die Bietstrategiekombination $bidp^*_{h_{12}}$ jeweils ein teilspielperfektes NASH-Gleichgewicht für das einzige unechte Teilspiel $\Gamma^{\blacksquare/B2B\text{-}Au}$, das mit dem NASH-Gleichgewicht für das Gesamtspiel $\Gamma^{ex/B2B\text{-}Au}$ identisch ist.

Keiner der Bieter N_i aus der Bietermenge NS^{bidd} kann sich bei der Bietstrategiekombination $bidp^*_{h_4}$ und bei der Bietstrategiekombination $bidp^*_{h_{12}}$ jeweils besser stellen, wenn er bei unveränderter Bietstrategie der jeweils anderen Bieter von seiner eigenen Gleichgewichtsstrategie abweichen würde. Daher liegt jeweils eine Bietstrategiekombination mit wechselseitig besten Antworten der Bieter auf die Bietstrategien der jeweils anderen Bieter vor.

Daher existieren multiple, also zwei schwache teilspielperfekte NASH-Gleichgewichte für das Spiel $\Gamma^{ex/B2B\text{-}Au}$. Für einen Bieter N_i existiert kein rationaler Grund, eines der schwachen teilspielperfekten NASH-Gleichgewichte mit seinen jeweiligen Erwartungen an die rationalen Bietstrategien aller anderen Bieter aus der Bietermenge NS^{bidd} gegenüber dem anderen schwachen teilspielperfekten NASH-Gleichgewicht zu bevorzugen. Folglich weiß keiner der Bieter, welches der zwei schwachen teilspielperfekten NASH-Gleichgewichte die übrigen Bieter ihren tatsächlich realisierten Bietstrategien zugrunde legen. Daher kann es dazu kommen, dass mindestens zwei Bieter Bietstrategien aus verschiedenen schwachen teilspielperfekten NASH-Gleichgewichten wählen, die – zusammen genommen – keine wechselseitig besten Antworten mehr darstellen. Daraus resultiert eine inhärente Instabilität im Falle der zwei schwachen teilspielperfekten NASH-Gleichgewichte.

Die Bietstrategiekombination $bidp^*_{h_4}$ und die Bietstrategiekombination $bidp^*_{h_{12}}$ erscheinen jedoch als *unplausibel*. Die Unplausibilität der beiden Bietstrategiekombinationen wird damit begründet, dass bei der Bietstrategiekombination $bidp^*_{h_4}$ sowohl Bieter N_1 als auch Bieter N_2 und bei der Bietstrategiekombination $bidp^*_{h_{12}}$ zum einen Bieter N_1 und zum anderen Bieter N_3 jeweils ein negatives Spielergebnis erzielen. Die Erzielung eines negativen Spielergebnisses kann jedoch nicht tatsächlich im Interesse dieser Bieter liegen.

Zudem wird die Unplausibilität der Bietstrategiekombination $bidp^*_{h_{12}}$ darin gesehen, dass die abgegebenen Preisgebote des Bieters N_3 für die angebotenen Güterbündel-Kombinationen (2) bis (5) mit jeweils über 800,00 € unglaubwürdig hoch sind.

Im Hinblick auf diese Unplausibilitätsgründe geht die Verfasserin davon aus, dass die Unplausibilität der Bietstrategiekombination $bidp^*_{h_{12}}$ stärker ins Gewicht fällt als die Unplausibilität der Bietstrategiekombination $bidp^*_{h_4}$.

Durch die Eliminierung des unplausiblen schwachen teilspielperfekten NASH-Gleichgewichts $bidp^*_{h_{12}}$ wird für das Gesamtspiel $\Gamma^{ex/B2B\text{-}Au}$ die Bietstrategiekombination $bidp^*_{h_4}$ als ein betriebwirtschaftlich wünschenswertes eindeutiges schwaches teilspielperfektes NASH-Gleichgewicht ermittelt.

Demzufolge erwartet Bieter N_1 bei der Bietstrategiekombination $bidp^*_{h_4}$ ein Spielergebnis i.H.v. -70,31 €, Bieter N_2 ein Spielergebnis i.H.v. -513,04 € und Bieter N_3 ein Spielergebnis i.H.v. 26,96 €.

Für eine gegebene Bietstrategiekombination $bidp^*_{h_4}$ maximiert der Auktionator N_0 seinen Erlös unter der Restriktion, dass kein Güterbündel mehrfach versteigert wird. Für das Spielergebnis als der Gewinn $Proc_0$ des Auktionators N_0 für die angebotenen Güterbündel-Kombinationen gilt:

$$
\begin{aligned}
&Proc_{0.h}\left(bin^1_{1.h(1)},\ldots,bin^{gc}_{i.h(i)},\ldots,bin^7_{3.h(3)}\right)\\
&=\sum_{gc=1}^{7}\left(knock^{gc}_h - value^{estim.gc}_0\right)\bullet\left(\sum_{i=1}^{3} bin^{gc}_{i.h(i)}\right)+\sum_{i=1}^{3}\sum_{gc=1}^{7} Pg^{gc}_{i.h(i)}\bullet 22,73+\\
&\sum_{i=1}^{3}\sum_{u=1}^{2} ast^u_{i.h}\bullet 97,41 - Cost^{fix}_0\\
&=\sum_{gc=1}^{7}\left(knock^{gc}_h - value^{estim.gc}_0\right)\bullet\left(\sum_{i=1}^{3} bin^{gc}_{i.h(i)}\right)+1.659,26-700,00
\end{aligned}
$$

mit

$bin^{gc}_{i.h(i)}$	mit $i = 1,2,3$ und $gc = 1,...,7$ sowie $bin^{gc}_{i.h(i)} = \begin{cases} 1 & \text{falls Bieter } N_i \text{ bei der Bietstrategiekombination } h \in \{h_1,...,h_{12}\} \text{ einen Zuschlag für eine Güterbündel-Kombination gc erhält} \\ 0 & \text{falls Bieter } N_i \text{ bei der Bietstrategiekombination } h \in \{h_1,...,h_{12}\} \text{ keinen Zuschlag für eine Güterbündel-Kombination gc erhält} \end{cases}$

Im Folgenden führt die Verfasserin einen Algorithmus in Pseudocode auf, um das Spielergebnis $Proc_0$ des Auktionators N_0 zu beschreiben.

Zuordnungsproblem (Spielergebnis für den Auktionator):

```
Ermittle fixe Auktionskosten der Bieter
Ermittle variable Auktionskosten der Bieter
Ermittle Auktionskosten des Auktionators
Nutzen := 0
Durchlaufe alle Güterbündel-Kombinationen
     Wenn ein Bieter den Zuschlag für eine Güterbündel-
     Kombination erhalten hat
          Addiere den Zuschlagspreis der aktuellen
          Güterbündel-Kombination zu Nutzen
          Ziehe die Wertschätzung des Auktionators für
          die aktuelle Güterbündel-Kombination von Nutzen
          ab
     Ende Wenn
Ende Durchlauf
Setze Spielergebnis des Auktionators auf Nutzen + fixe
Auktionskosten der Bieter + variable Auktionskosten der
Bieter - Auktionskosten des Auktionators
```

Berechnung des Spielergebnisses des Auktionators

Betrachteter Bietstrategiepfad: 4 (1.2.1)

Berechne Kosten der Bieter
Bieter 1: 13 * 22,73 + 2 * 97,41 = 490,31
Bieter 2: 14 * 22,73 + 2 * 97,41 = 513,04
Bieter 3: 14 * 22,73 + 2 * 97,41 = 513,04
Bieter 4: 6 * 22,73 + 1 * 97,41 = 233,79

Berechne gesamte Kosten der Bieter
Kosten Bieter: 490,31 + 513,04 + 513,04 + 233,79 = 1750,18

Berechne Spielergebnis des Auktionators
$Proc_{0.4}$ = (280,00 - 150,00) + (660,00 - 400,00) + 1750,18 - 700,00 = 1440,18

5 Vorgehensmodell zur Implementierung der Matrix-Auktionen zur Versteigerung von Treibhausgas-Emissionsrechten und Treibhausgas-Emissionsgutschriften

Für den Prozess der Erstellung eines spieltheoretischen Modells für Matrix-Auktionen, in denen Treibhausgas-Emissionsrechte und Treibhausgas-Emissionsgutschriften versteigert werden, wird ein *Vorgehensmodell* entworfen. Dieses Vorgehensmodell stellt eine Empfehlung dafür dar, wie bei diesem Erstellungs- und Konstruktionsprozess sowohl schrittweise als auch systematisch vorgegangen werden sollte, um einerseits ein möglichst *realitätsnahes* Modell erstellen und andererseits auf möglichst effiziente Weise teilspielperfekte Modelllösungen ermitteln zu können.

In Kapitel 4.2 hat die Verfasserin eine nicht-kooperative spieltheoretische Modellierung i.S.e. denkmöglichen, *formal vereinfachten* Rekonstruktion der auktionsbasierten nationalen Reallokation von Treibhausgas-Emissionsrechten und Treibhausgas-Emissionsgutschriften auf Unternehmensebene präsentiert. Im Folgenden zeigt die Verfasserin die nicht-kooperative spieltheoretische Modellierung i.S.e. denkmöglichen, *graphisch vereinfachten* Darstellung der auktionsbasierten nationalen Reallokation von Treibhausgas-Emissionsrechten und Treibhausgas-Emissionsgutschriften auf Unternehmensebene auf. Diese graphisch vereinfachte Darstellung der auktionsbasierten nationalen Reallokation von Treibhausgas-Emissionsrechten und Treibhausgas-Emissionsgutschriften auf Unternehmensebene spiegelt im Rahmen der vorliegenden Arbeit ein *realproblembezogenes Vorgehensmodell* wider.

Als *wissenschaftliche Arbeitstechnik* zur Erstellung eines realproblembezogenen Vorgehensmodells für die auktionsbasierte nationale Reallokation von Treibhausgas-Emissionsrechten und Treibhausgas-Emissionsgutschriften auf Unternehmensebene wird das *Unified-Modeling-Language* (UML)-*Aktivitätsdiagramm* herangezogen.

Denkmöglich wäre bei einem solchen Einsatz eines Unified-Modeling-Language-Aktivitätsdiagramms eine *softwaregestützte* Modellierung beispielsweise mit der *ADONIS-Software*[1)] oder mit der *Visual Paradigm (-Software) for Unified Modeling*

---

1) Zu softwaretechnischen Grundlagen und beispielhaften Anwendungen der ADONIS-Software vgl. z.B. JUNGINGER ET AL. (2000), S. 392 ff.

Language[1]. Jedoch entscheidet sich die Verfasserin gegen eine solche softwaregestützte Modellierung mit der ADONIS-Software oder mit der Visual Paradigm (-Software) for Unified-Modeling-Language und für eine *manuelle* Modellierung auf der Basis der Modellierungselemente eines Unified-Modeling-Language-Aktivitätsdiagramms, die im Folgenden vorgestellt werden. Als Grund für eine solche manuelle Modellierung kann dargelegt werden, dass die Verfasserin die Integration des in Kapitel 4.2 empfohlenen *PASOR-Implementierungskonzepts* und der dort eingeführten *formal vereinfachten* Rekonstruktion der auktionsbasierten nationalen Reallokation von Treibhausgas-Emissionsrechten und Treibhausgas-Emissionsgutschriften auf Unternehmensebene präferiert. Die ADONIS-Software und die Visual Paradigm (-Software) for Unified-Modeling-Language ermöglichen zwar eine natürlichsprachige Integration des PASOR-Implementierungskonzepts, jedoch *keine* Unterstützung der *formal vereinfachten* Rekonstruktion der auktionsbasierten nationalen Reallokation von Treibhausgas-Emissionsrechten und Treibhausgas-Emissionsgutschriften auf Unternehmensebene.

Die nicht-kooperative spieltheoretische Modellierung der auktionsbasierten nationalen Reallokation von Treibhausgas-Emissionsrechten und Treibhausgas-Emissionsgutschriften auf Unternehmensebene basiert im Rahmen der vorliegenden Arbeit *nicht* auf einer Bottom-Up-Modellierung, sondern vielmehr auf einer *Top-Down-Modellierung*. Während die Bottom-Up-Modellierung im Allgemeinen Ausschnitte des Geschäftsprozesses – der Geschäfts-Subprozesse – sehr detailliert darstellt und zu einem Geschäftsprozessmodell aggregiert, beginnt die Top-Down-Modellierung mit der Darstellung des gesamten Geschäftsprozesses, die sukzessive in Geschäfts-Subprozesse zerlegt wird. In Anlehnung an STAUD und an SEIDLMEIER wird ein Geschäftsprozess als ein Bündel von Funktionen oder eine Abfolge von Funktionen definiert, das bzw. die einen definierten Startpunkt und einen definierten Endpunkt aufweist[2]. Im Hinblick auf die auktionsbasierte nationale Reallokation von Treibhausgas-Emissionsrechten und Treibhausgas-Emissionsgutschriften auf Unternehmensebene kann das Spiel $\Gamma^{ex/B2B\text{-}Au}$ als ein gesamter Reallokationsprozess interpretiert werden.

Für die nicht-kooperative spieltheoretische Modellierung der auktionsbasierten nationalen Reallokation von Treibhausgas-Emissionsrechten und Treibhausgas-Emissionsgut-

1) Zu softwaretechnischen Grundlagen und beispielhaften Anwendungen der Visual Paradigm (-Software) for Unified-Modeling-Language vgl. z.B. O.V. (2007).

2) Vgl. STAUD (2006), S. 5 und SEIDLMEIER (2006), S. 76.

schriften auf Unternehmensebene kommt als graphische Modellierungssprache die – von der Object Management Group (OMG)[1] entwickelte – Unified-Modeling-Language und als Modellierungstyp oder Diagrammtyp das Aktivitätsdiagramm zum Einsatz. Die Unified-Modeling-Language stellt eine graphische Modellierungssprache und eine graphische Notation zur Spezifizierung, Konstruktion, Visualisierung und zur Dokumentation komplexer Geschäftsprozesse und komplexer Software-Systeme dar[2]. Die vorliegende Arbeit basiert in Anlehnung an OESTEREICH auf der Version 2.1 der Unified Modeling Language[3]. Ein Aktivitätsdiagramm stellt eine *Spezialisierung* des Verhaltensdiagramms dar, welches wiederum als ein Modelltyp der Unified-Modeling-Language angesehen wird[4]. PILONE/PITMAN definieren Verhaltensdiagramme wie folgt:

„*Behavioral diagrams focus on the behavior of elements in a system.*“[5]

Ein Unified-Modeling-Language-Aktivitätsdiagramm zeigt die Zerlegung von Geschäftsprozessen in einzelne Aktivitäten und die zeitliche Abfolge dieser Aktivitäten auf[6]. Aktivitäten beinhalten einzelne Aktivitätsschritte i.S.v. einzelne Aktionen[7]. Das Resultat eines Unified-Modeling-Language-Aktivitätsdiagramms stellt im Allgemeinen ein Modell i.S.e. graphischen Darstellung von Aktivitäten in Form eines Aktivitätsdiagramms dar[8].

Im Unified-Modeling-Language-Aktivitätsdiagramm kann der gesamte Geschäftsprozess sukzessive in Geschäfts-Subprozesse, die jeweils als eine Sub-Aktivität interpretiert werden können, zerlegt und dadurch verfeinert werden. Im Hinblick auf die auktionsbasierte nationale Reallokation von Treibhausgas-Emissionsrechten und Treib-

---

1) Vgl. OESTEREICH (2006), S. 209 und JECKLE ET AL. (2004), S. 10. Zur *Entwicklung* der Unified-Modeling-Language vgl. z.B. HITZ ET AL. (2005), S. 2 ff.; PILONE/PITMAN (2005), S. 1 ff. und JECKLE ET AL. (2004), S. 10 ff.

2) Vgl. OESTEREICH (2006), S. 209; HITZ ET AL. (2005), S. 5; PILONE/PITMAN (2005), S. 1 und JECKLE ET AL. (2004), S. 10 sowie 207.

3) Vgl. OESTEREICH (2006), S. 209 ff.

4) Zu einer *überblicksartigen Darstellung* der Modellierungstypen oder der Diagrammtypen der Unified-Modeling-Language vgl. z.B. OESTEREICH (2006), S. 211 und HITZ ET AL. (2005), S. 8 dort in Abb. 1-3 und S. 8 ff.

5) PILONE/PITMAN (2005), S. 6 (Kursiv-Hervorhebung durch die Verfasserin).

6) Vgl. HITZ ET AL. (2005), S. 31 und PILONE/PITMAN (2005), S. 104.

7) Vgl. JECKLE ET AL. (2004), S. 200 f. und 216.

8) Vgl. HITZ ET AL. (2005), S. 5 f.

hausgas-Emissionsgutschriften auf Unternehmensebene ist das Spiel $\Gamma^{ex/B2B\text{-}Au}$ als eine Aktivität zu verstehen. Der Reallokationsprozess ist genau eine Aktivität und kann in die folgenden Reallokations-Subprozesse zerlegt werden, die jeweils eine Sub-Aktivität repräsentieren:

- Sub-Aktivität (1): *Auktionsvorbereitungs*prozess
- Sub-Aktivität (2): *Verkaufsangebotserstellungs*- und *Verkaufsangebotsofferierungs*prozess
- Sub-Aktivität (3): *Bieterermittlungs*prozess
- Sub-Aktivität (4): *Spielregelnoffenlegungs*prozess
- Sub-Aktivität (5): *Gebotsaufforderungs*- und *Gebotsauswertungs*prozess
- Sub-Aktivität (6): *Verkaufspreisermittlungs*prozess und
- Sub-Aktivität (7): *Auktionserlösermittlungs*prozess.

Diese Reallokations-Subprozesse als jeweils eine Sub-Aktivität werden bei der nichtkooperativen spieltheoretischen Modellierung der auktionsbasierten nationalen Reallokation von Treibhausgas-Emissionsrechten und Treibhausgas-Emissionsgutschriften auf Unternehmensebene jeweils in Form einer Überschrift aufgeführt.

Im Rahmen der vorliegenden Arbeit werden die Begriffe der Reallokations-Sub-Prozesse für die Modellierung denkmöglicher Konnektoren des Unified-Modeling-Language-Aktivitätsdiagramms auch auf Englisch verwendet. Auf der Basis dieser englischen Begriffe werden die „Namen" der Konnektoren des Unified-Modeling-Language-Aktivitätsdiagramms mit einem Index spezifiziert und eindeutig angewendet. Die eindeutige Anwendung denkmöglicher Konnektoren des Unified-Modeling-Language-Aktivitätsdiagramms wird darin gesehen, dass mit den Konnektoren des Unified-Modeling-Language-Aktivitätsdiagramms nicht nur der Übergang von einem Modellausschnitt zu einem weiteren Modellausschnitt angezeigt werden kann, sondern zudem auch Abhängigkeiten zwischen Modellausschnitten und Modellierungselementen veranschaulicht werden können. Im Hinblick auf eine solche Spezifizierung der „Namen" der Konnektoren des Unified-Modeling-Language-Aktivitätsdiagramms werden folgende Symbolindizes erfasst:

- „Avp“[1],
- „Vap“[2],
- „Bep“[3],
- „Sop“[4],
- „Gap“[5],
- „Vep“[6] und
- „Aep“[7].

Durch den Einsatz von Modellierungselementen können komplexe Geschäftsprozesse *graphisch vereinfacht* beschrieben werden. Im Folgenden werden die Modellierungselemente eines Unified-Modeling-Language-Aktivitätsdiagramms und ihre jeweilige Semantik überblicksartig dargestellt[8]. Die Kombination dieser Modellierungselemente ermöglicht die Modellierung komplexer Geschäftsprozesse.

---

1) Im Rahmen der vorliegenden Arbeit steht der Symbolindex Avp für Auktionsvorbereitungsprozess.

2) Im Rahmen der vorliegenden Arbeit steht der Symbolindex Vap für Verkaufsangebotserstellungs- und Verkaufsangebotsofferierungsprozess.

3) Im Rahmen der vorliegenden Arbeit steht der Symbolindex Bep für Bieterermittlungsprozess.

4) Im Rahmen der vorliegenden Arbeit steht der Symbolindex Sop für Spielregelnoffenlegungsprozess.

5) Im Rahmen der vorliegenden Arbeit steht der Symbolindex Gap für Gebotsaufforderungs- und Gebotsauswertungsprozess.

6) Im Rahmen der vorliegenden Arbeit steht der Symbolindex Vep für Verkaufspreisermittlungsprozess.

7) Im Rahmen der vorliegenden Arbeit steht der Symbolindex Aep für Auktionserlösermittlungsprozess.

8) Vgl. Oestereich (2006), S. 306 ff.; Hitz et al. (2005), S. 190 ff.; Pilone/Pitman (2005), S. 104 ff. und Jeckle et al. (2004), S. 201 ff.

Modellierungselemente eines Unified-Modeling-Language-Aktivitätsdiagramms	graphische Notation i.S.e. symbolischen Präsentation der Modellierungselemente eines Unified-Modeling-Language-Aktivitätsdiagramms	Beschreibung der Modellierungselemente eines Unified-Modeling-Language-Aktivitätsdiagramms
Aktion		*Aktionen* stellen die einzelnen Aktivitätsschritte dar, aus denen eine Aktivität besteht. Zum besseren Verständnis kann eine Aktion jeweils im Kern optional mit einem „Namen“ oder einem ausführlichen Text versehen werden.
Sub-Aktion		Aktionen können sukzessive in einzelne *Sub-Aktionen* zerlegt werden. Während symbolisch eine Aktion mit einem abgerundeten Rechteck als eine geometrische Form präsentiert wird, wird eine Sub-Aktion mit einem abgerundeten Rechteck als eine geometrische Form *und* zudem mit einem Pfeil rechts unten hervorgehoben, der von einer Kreisform zu einer anderen Kreisform führt sowie mit der Pfeilspitze nach oben zeigt. Im Hinblick auf eine solche Zerlegung der Aktionen in einzelne Sub-Aktionen wird eine Aktionshierarchie angedeutet und Details werden in eine tiefere Ebene ausgelagert. Dadurch wird die Komplexität des Modells verringert und seine Lesbarkeit erhöht. Zum besseren Verständnis

		kann eine Sub-Aktion jeweils im Kern optional mit einem „Namen“ oder einem ausführlichen Text versehen werden.
Objekt	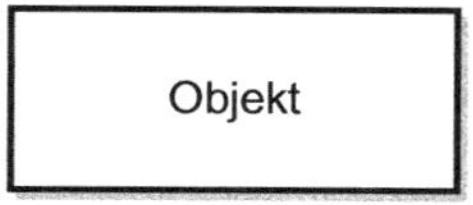	Ein *Objekt* symbolisiert einen Datenspeicher und enthält durch Datenelemente repräsentierte Informationen. Wenn sich ein Objekt zwischen zwei Aktionen befindet, werden von der ausgehenden Aktion Informationen in den Speicher und von dort in die nächste Aktion transportiert. Zum besseren Verständnis kann ein Objekt im Kern optional mit einem „Namen“ oder einem ausführlichen Text versehen werden.
Notiz		Mit *Notizen* können Kommentare, Erläuterungen und zusätzliche Beschreibungen zu beliebigen Modellierungselementen eines Unified-Modeling-Language-Aktivitätsdiagramms gemacht werden. Symbolisch wird eine Notiz mit einem farblich gefüllten Rechteck als eine geometrische Form und einer rechts oben geknickten Form präsentiert. Zum besseren Verständnis kann eine Notiz im Kern optional mit einem „Namen“ oder einem ausführlichen Text versehen werden.

Kanten Graphisch werden Kanten mit Linien präsentiert, die entweder durchgezogen oder gestrichelt dargestellt werden sowie entweder mit oder ohne Pfeilspitze eintreten können.		
durchgezogene Kante mit Pfeilspitze	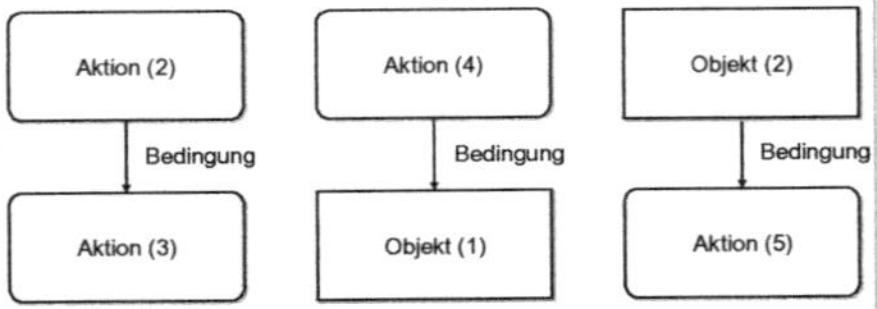	Die *durchgezogene Kante* mit einer Pfeilspitze kann zum einen eine Aktion mit einer anderen Aktion (Bild links) und zum anderen entweder eine Aktion mit einem Objekt (Bild mittig) oder ein Objekt mit einer Aktion (Bild rechts) verbinden. Die Bedingung für die jeweilige Verbindung kann optional mit einem „Namen" oder einem ausführlichen Text jeweils links oder rechts neben der durchgezogenen Kante aufgeführt werden.
gestrichelte Kante mit Pfeilspitze	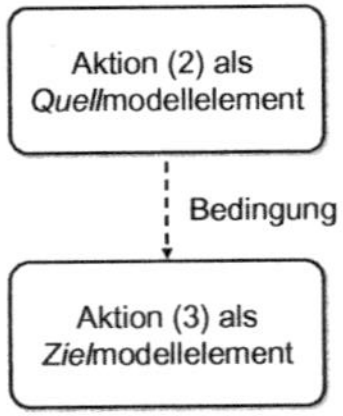	Die *gestrichelte Kante* mit einer Pfeilspitze spiegelt eine Abhängigkeit zwischen mehreren Modellelementen wider. Eine solche Abhängigkeit ist eine Beziehung von einem *Quell*modellelement und einem *Ziel*modellelement. Die Bedingung für eine solche Abhängigkeit kann optional mit einem „Namen" oder einem ausführlichen Text jeweils links oder rechts neben der gestrichelten Kante aufgezeigt werden.
gestrichelte Kante ohne Pfeilspitze	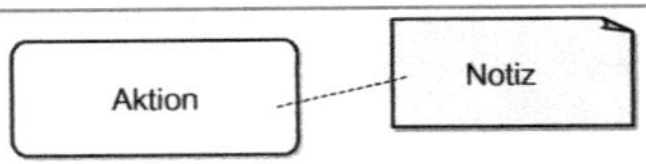	Die *gestrichelte Kante* ohne eine Pfeilspitze verbindet eine Aktion mit einer Notiz.

Knoten		
Startknoten		Der *Startknoten* löst in einem Unified-Modeling-Language-Aktivitätsdiagramm eine Aktion aus und startet damit die gesamte modellierte Aktivität.
Endknoten		Der *Endknoten* beendet in einem Unified-Modeling-Language-Aktivitätsdiagramm entweder alle Aktionen und somit die gesamte modellierte Aktivität (Bild links) oder nur eine Aktion (Bild rechts).
Verzweigungsknoten	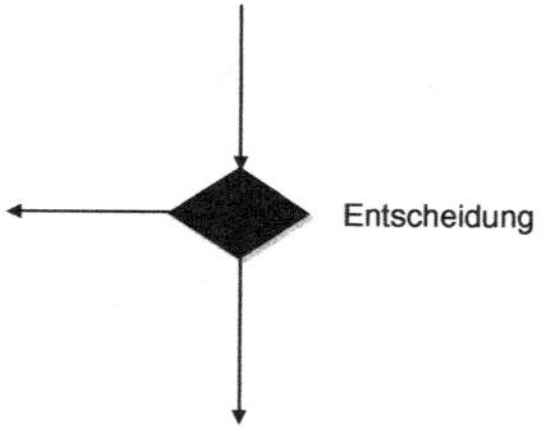	Ein *Verzweigungsknoten* verzweigt immer genau eine eingehende Kante zu mehreren ausgehenden Kanten. Die Entscheidung, die zu den ausgehenden Kanten führt, kann optional mit einem „Namen“ oder einem ausführlichen Text links oder rechts der schwarzen Raute, die einen Verzweigungsknoten symbolisiert, aufgeführt werden.

Verbindungsknoten	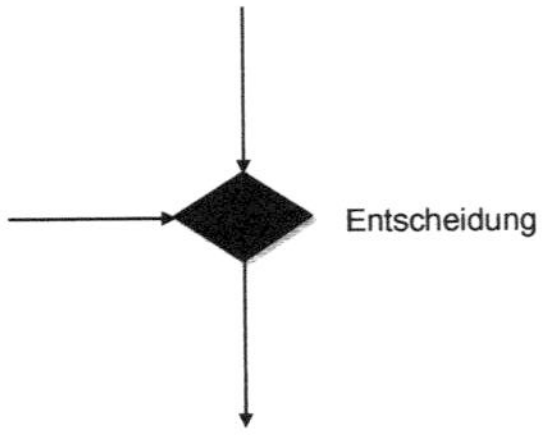	Ein *Verbindungsknoten* führt mehrere Kanten zu einer Kante zusammen. D.h., ein Verbindungsknoten ermöglicht den Eintritt in eine Aktion durch nur eine Kante. Die Entscheidung zur Ausführung dieser Aktion kann optional mit einem „Namen“ oder einem ausführlichen Text links oder rechts neben der schwarzen Raute, die neben dem Verzweigungsknoten auch den Verbindungsknoten symbolisiert, aufgezeigt werden.
Verbindungsknoten und Verzweigungsknoten	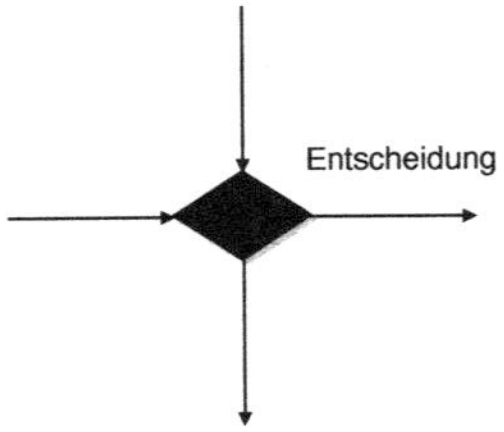	Denkmöglich ist auch die *Kombination* eines *Verbindungsknotens* und eines *Verzweigungsknotens*, wenn mehrere eingehende Kanten zu mehreren ausgehenden Kanten führen. Die Bedingung für eine solche Verbindung und Verzweigung kann optional mit einem „Namen“ oder einem ausführlichen Text links oder rechts der schwarzen Raute, die den Verbindungsknoten und den Verzweigungsknoten symbolisiert, präsentiert werden.
Synchronisationsknoten		Ein *Synchronisationsknoten* modelliert die Verschmelzung des Kontrollflusses, die über mehrere eingehende Kanten geführt wird, zu einer Aktion, die über genau eine ausgehende Kante geführt wird. Die Bedingung für die Synchronisation kann optional mit einem „Namen“ oder einem ausführlichen Text links oder rechts neben dem waagerechten schwarzen Balken, der den Synchronisa-

		tionsknoten symbolisiert, beleuchtet werden.
Parallelisierungsknoten		An einem *Parallelisierungsknoten* wird der Kontrollfluss nach der Ausführung einer Aktion in mehrere simultan ausführbare Aktionen aufgespalten. Die Bedingung für die Aufspaltung kann optional mit einem „Namen“ oder einem ausführlichen Text links oder rechts neben dem waagerechten schwarzen Balken, der den Parallelisierungsknoten symbolisiert, aufgezeigt werden.
Synchronisationsknoten und Parallelisierungsknoten		Denkmöglich ist auch die *Kombination* eines *Synchronisationsknotens* und eines *Parallelisierungsknotens*, wenn mehrere simultane Aktionen, die über mehrere eingehende Kanten geführt werden, mehrere simultane Aktionen, die über mehrere ausgehende Kanten geführt werden, herbeiführen. Die Bedingung für eine solche Verschmelzung und Aufspaltung kann optional mit einem „Namen“ oder einem ausführlichen Text links oder rechts neben dem waagerechten schwarzen Balken, der den Synchronisationsknoten und den Parallelisierungsknoten symbolisiert, aufgeführt werden.

Konnektoren	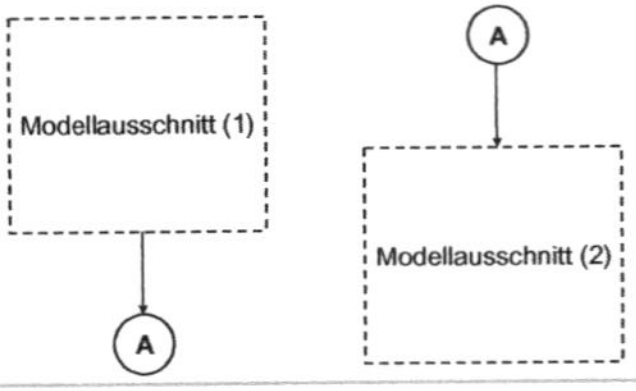	Mit einem *Konnektor* kann der Übergang von einem Modellausschnitt zu einem weiteren Modellausschnitt angezeigt werden. Ein Konnektor ist ein Kreis, in dem ein eindeutiger Name steht, der immer ein gleichnamiges Gegenstück hat.
Rückkopplung	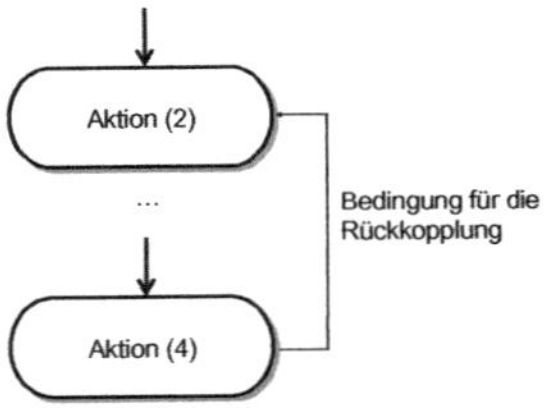	Die Wiederholung einer Aktion erfolgt auf der Basis der *Rückkopplung*. Die Bedingung für eine solche Rückkopplung kann optional mit einem „Namen“ oder einem ausführlichen Text jeweils links oder rechts neben der durchgezogenen Kante aufgeführt werden.

Im Folgenden erfolgt unter Berücksichtigung des Spiels $\Gamma^{ex/B2B\text{-}Au}$ *keine* Modifizierung der graphischen Notation i.S.d. symbolischen Präsentation der jeweiligen Modellierungselemente eines Unified-Modeling-Language-Aktivitätsdiagramms. Vielmehr kann der Inhalt eines jeden Modellierungselements eines Unified-Modeling-Language-Aktivitätsdiagramms im Hinblick auf das Spiel $\Gamma^{ex/B2B\text{-}Au}$ wie folgt spezifiziert werden.

Als ein Modellierungselement eines Unified-Modeling-Language-Aktivitätsdiagramms finden *Aktionen* und ihre Zerlegung in *Sub-Aktionen* Verwendung. In Anlehnung an JECKLE ET AL. steht eine Aktion bzw. eine Sub-Aktion jeweils für den *„Aufruf eines Verhaltens“*[1]. D.h., eine Aktion beschreibt *nicht* das Verhalten selbst, sondern vielmehr den Aufruf eines Verhaltens[2].

Im Hinblick auf das Spiel $\Gamma^{ex/B2B\text{-}Au}$ kann beispielsweise als eine Aktion „Auktionator N_0 erstellt das Verkaufsangebot für das Spiel $\Gamma^{ex/B2B\text{-}Au}$“ aufgefasst werden. Als eine Sub-Aktion kann „Auktionator N_0 legt Treibhausgas-Emissionsrechte und Treibhausgas-Emissionsgutschriften als heterogene Güter fest“ erfasst werden, da eine solche Sub-Aktion als eine Spezifizierung der beispielhaft aufgeführten Aktion des Auktionators N_0 zu verstehen ist.

Ein weiteres Modellierungselement eines Unified-Modeling-Language-Aktivitätsdiagramms ist ein *Objekt*. Unter Berücksichtigung des Spiels $\Gamma^{ex/B2B\text{-}Au}$ repräsentiert ein Objekt die Spielregeln des Spiels $\Gamma^{ex/B2B\text{-}Au}$, wie z.B. den Ausschluss der Möglichkeit für Bieter miteinander zu kommunizieren.

Des Weiteren stellt eine *Notiz* ein Modellierungselement eines Unified-Modeling-Language-Aktivitätsdiagramms dar. Im Hinblick auf das Spiel $\Gamma^{ex/B2B\text{-}Au}$ kann beispielsweise eine Notiz wie folgt erfasst werden: „Das Spiel $\Gamma^{ex/B2B\text{-}Au}$ bezieht sich auf das Jahr 2010 innerhalb der zweiten Handelsperiode, d.h. von 2008 bis 2012.“ Mit einer solchen Notiz an der Aktion „Auktionator N_0 legt das Spiel $\Gamma^{ex/B2B\text{-}Au}$ fest“ kann der Inhalt der Aktion – das Spiel $\Gamma^{ex/B2B\text{-}Au}$ mit einem Bezug auf das Jahr 2010 – erläutert werden.

---

1) JECKLE ET AL. (2004), S. 212 (Kursiv-Hervorhebung durch die Verfasserin). Vgl. zudem PILONE/PITMAN (2005), S. 104.

2) Vgl. HITZ ET AL. (2005), S. 37 und JECKLE ET AL. (2004), S. 264.

Modellierungselemente eines Unified-Modeling-Language-Aktivitätsdiagramms, wie Aktionen und Objekte, werden *hierarchisch* über Verbindungslinien, die so genannten *Kanten*, in Beziehung gesetzt[1]. Zu unterscheiden sind die

- *durchgezogene* Kante mit Pfeilspitze,
- *gestrichelte* Kante mit Pfeilspitze und die
- *gestrichelte* Kante ohne Pfeilspitze.

Solche Kanten verbinden einzelne Modellierungselemente eines Unified-Modeling-Language-Aktivitätsdiagramms und stellen die zeitliche Reihenfolge der Aktionen her[2].

Die *durchgezogene* Kante mit Pfeilspitze kann zum einen eine Aktion mit einer anderen Aktion und zum anderen entweder eine Aktion mit einem Objekt oder ein Objekt mit einer Aktion verbinden.

Im ersten Fall kann beispielsweise die *Aktion* „Auktionator N_0 legt das Spiel $\Gamma^{ex/B2B\text{-}Au}$ fest" mittels einer durchgezogenen Kante mit Pfeilspitze mit der *Aktion* „Auktionator N_0 determiniert den Zeitraum von 01.01.2010 bis 31.12.2010 für das Spiel $\Gamma^{ex/B2B\text{-}Au}$" verbunden werden. In einem solchen Fall „trägt" eine durchgezogene Kante mit Pfeilspitze *keine* Daten i.S.v. Informationen, sondern aktiviert „nur" die Ausführung einer Aktion.

Im zweiten Fall kann der Auktionator N_0 beispielsweise durch die *Aktion* der Ausarbeitung der Spielregeln des Spiels $\Gamma^{ex/B2B\text{-}Au}$ Informationen über die jeweiligen Spielregeln festhalten. Diese Informationen über die jeweiligen Spielregeln des Spiels $\Gamma^{ex/B2B\text{-}Au}$ können in einem elektronischen Dokument gespeichert werden und stellen ein *Objekt* dar. In einem solchen Fall spiegelt eine durchgezogene Kante mit Pfeilspitze einen Informationsfluss wider. Da die Pfeilspitze an dem Objekt liegt, fließen Informationen in das Objekt hinein.

Im dritten Fall können beispielsweise Informationen über die Preisgebote für die angebotenen Güterbündel-Kombinationen eines jeden Bieters N_i aus der Bietermenge NS^{bidd} i.H.d. jeweiligen Zahlungsbereitschaft als ein *Objekt* in die *Aktion* „Auktionator N_0 ordnet die Preisgebote für die angebotenen Güterbündel-Kombinationen aller Bieter

---

1) Vgl. PILONE/PITMAN (2005), S. 107 ff.

2) Vgl. HITZ ET AL. (2005), S. 190 und JECKLE ET AL. (2004), S. 201.

nach ihrer Höhe“ einfließen. In einem solchen Fall gibt eine durchgezogene Kante mit Pfeilspitze erneut einen Informationsfluss wieder. Da die Informationen an die Aktion weitergegeben werden, führt die Pfeilspitze von diesem Objekt weg.

Die *gestrichelte* Kante mit Pfeilspitze spiegelt eine Beziehung von einem *Quell*modellelement und einem *Ziel*modellelement als jeweils eine Aktion wider. Beispielsweise können die Spielregeln des Spiels $\Gamma^{ex/B2B\text{-}Au}$, die der Auktionator N_0 in einer Aktion festlegt als ein Quellmodellelement und die Aktion „Auktionator N_0 legt den Bietern des Spiels $\Gamma^{ex/B2B\text{-}Au}$ die diesem Spiel zugrunde liegenden Spielregeln offen“ als ein Zielmodellelement interpretiert werden, da die Festlegung der Spielregeln für die Offenlegung dieser Spielregeln an die Bieter des Spiels $\Gamma^{ex/B2B\text{-}Au}$ grundlegend ist.

Die *gestrichelte* Kante ohne Pfeilspitze verbindet eine Aktion mit einer Notiz. Im Hinblick auf das Spiel $\Gamma^{ex/B2B\text{-}Au}$ kann beispielsweise zu der Aktion „Auktionator N_0 legt Treibhausgas-Emissionsrechte und Treibhausgas-Emissiongutschriften als heterogene Güter fest“ eine Notiz aufgeführt werden. Mit der Notiz „Während Treibhausgas-Emissionsrechte aus der nationalen Allokation von Treibhausgas-Emissionsrechten erreicht werden, werden Treibhausgas-Emissionsgutschriften zum einen aus Joint Implementation und zum anderen aus Clean Development Mechanism bezogen“ können Erläuterungen aufgeführt werden.

In einem Unified-Modeling-Language-Aktivitätsdiagramm existieren folgende diverse *Knoten*, die entweder alternative Aktionen oder parallele i.S.v. simultane Aktionen repräsentieren[1)]:

Jedes Unified-Modeling-Language-Aktivitätsdiagramm hat mindestens einen *Startknoten* und mindestens einen *Endknoten*[2)]. Beispielsweise kann im Hinblick auf das Spiel $\Gamma^{ex/B2B\text{-}Au}$ als ein Startknoten „Auktionator N_0 eröffnet Aktionsvorbereitungsprozess“ und als ein Endknoten „Auktionator N_0 beendet Aktionsvorbereitungsprozess“ erfasst werden.

---

1) Vgl. OESTEREICH (2006), S. 307 ff.; HITZ ET AL. (2005), S. 198 ff.; PILONE/PITMAN (2005), S. 111 ff. und JECKLE ET AL. (2004), S. 231 ff.

2) Vgl. OESTEREICH (2006), S. 306; HITZ ET AL. (2005), S. 194; PILONE/PITMAN (2005), S. 105 und JECKLE ET AL. (2004), S. 229 ff.

Des Weiteren existiert ein *Verzweigungsknoten* – auch Entscheidungsknoten genannt[1] – , der immer genau *eine* eingehende Kante zu *mehreren* ausgehenden Kanten verzweigt. Im Spiel $\Gamma^{ex/B2B\text{-}Au}$ kann eine Verzweigung beispielsweise darauf basieren, dass entweder *alle* Preisgebote für die angebotenen Güterbündel-Kombinationen unter den Reservationspreisen für die angebotenen Güterbündel-Kombinationen des Auktionators N_0 liegen – eine ausgehende Kante – oder *nicht alle* Preisgebote für die angebotenen Güterbündel-Kombinationen unter den Reservationspreisen für die angebotenen Güterbündel-Kombinationen des Auktionators N_0 liegen – eine weitere ausgehende Kante. Während im ersten Fall der Auktionator N_0 das Spiel $\Gamma^{ex/B2B\text{-}Au}$ beendet, kann im zweiten Fall das Spiel $\Gamma^{ex/B2B\text{-}Au}$ fortgeführt werden.

Als ein weiteres Modellierungselement eines Unified-Modeling-Language-Aktivitätsdiagramms kann ein *Verbindungsknoten mehrere Kanten* zu *einer* ausgehenden *Kante* zusammenführen[2]. Im Hinblick auf das Spiel $\Gamma^{ex/B2B\text{-}Au}$ kann beispielsweise ein Verbindungsknoten dann Verwendung finden, wenn der Auktionator N_0 in zwei Aktionen für die angebotenen Güterbündel-Kombinationen die höchsten Preisgebote und die zweithöchsten Preisgebote kalkuliert – mehrere eingehende Kanten –, um anschließend denjenigen oder diejenigen Bieter N_i aus der 2. Auktionsstufe der Matrix-Auktion im Spiel $\Gamma^{ex/B2B\text{-}Au}$ zu ermitteln, der bzw. die den Zuschlag für die angebotenen Güterbündel-Kombinationen erhalten werden – eine ausgehende Kante.

Denkmöglich ist auch die *Kombination* eines *Verbindungsknotens* und eines *Verzweigungsknotens*. Beispielsweise erhält der Auktionator N_0 bis zum determinierten Monatszeitraum von demjenigen Bieter N_i oder denjenigen Bieters N_i aus der Bietermenge NS^{bidd}, der bzw. die für die angebotenen Güterbündel-Kombinationen jeweils den Zuschlag erhalten, einen Zahlungseingang oder auch nicht. Im Anschluss an den determinierten Monatszeitraum – je nachdem, ob ein Zahlungseingang beim Auktionator N_0 erfolgt oder nicht erfolgt ist – kalkuliert der Auktionator N_0 sein Spielergebnis $Proc_0$ als Gewinn.

Ein *Synchronisationsknoten* modelliert als ein Modellierungselement eines Unified-Modeling-Language-Aktivitätsdiagramms die Verschmelzung des Kontrollflusses zu einer Aktion. Beispielsweise gibt der Auktionator N_0 ein Startsignal für die Eröffnung

---

1) Vgl. PILONE/PITMAN (2005), S. 114.

2) Vgl. HITZ ET AL. (2005), S. 197 und PILONE/PITMAN (2005), S. 115.

der 1. Auktionsstufe der Matrix-Auktion und startet die Stoppuhr für diese 1. Auktionsstufe der Matrix-Auktion. Zeitgleich fordert der Auktionator N_0 von allen Bietern aus der Bietermenge NS^{bidd} die Abgabe eines zulässigen Preisgebots für jede angebotene Güterbündel-Kombination auf. Diese Aktionen werden vom Auktionator N_0 simultan ausgeführt. An diese Aktionen schließt dann die Aktion „Auktionator N_0 erhält von den Bietern jeweils Preisgebote für die angebotenen Güterbündel-Kombinationen" an.

In einem Unified-Modeling-Language-Aktivitätsdiagramm kann an einem *Parallelisierungsknoten* – auch Teilung genannt – der Kontrollfluss nach der Ausführung einer Aktion in mehrere simultan ausführbare Aktionen aufgespalten werden[1]. Beispielsweise hat sich der Auktionator N_0 zur Eröffnung der 2. Auktionsstufe der Matrix-Auktion entschieden, so sind in den folgenden Aktionen alle Bieter des Spiels $\Gamma^{ex/B2B\text{-}Au}$ mit einem „Startsignal" über die Eröffnung der 2. Auktionsstufe der Matrix-Auktion zu informieren und simultan ist die „Stoppuhr" für den determinierten Monatszeitraum, innerhalb derer die zulässigen Preisgebote für die angebotenen Güterbündel-Kombinationen aller Bieter abzugeben sind, zu starten.

Denkmöglich ist auch die *Kombination* eines *Synchronisationsknotens* und eines *Parallelisierungsknotens*, wenn mehrere simultane Aktionen mehrere simultane Aktionen herbeiführen[2]. Im Hinblick auf das Spiel $\Gamma^{ex/B2B\text{-}Au}$ kann der Auktionator N_0 beispielsweise zunächst die Bieter des Spiels $\Gamma^{ex/B2B\text{-}Au}$ festlegen und die „Stoppuhr" für den determinierten Monatszeitraum der 1. Auktionsstufe der Matrix-Auktion, innerhalb dessen die zulässigen Preisgebote für die angebotenen Güterbündel-Kombinationen abzugeben sind, vorbereiten. Anschließend eröffnet der Auktionator N_0 mit einem „Startsignal" die 1. Auktionsstufe der Matrix-Auktion und startet simultan die „Stoppuhr" für den determinierten Monatszeitraum.

Ein Unified-Modeling-Language-Aktivitätsdiagramm kann komplex dargestellt werden. Zur übersichtlichen Modellierung einer Aktivität erscheint die Zerlegung einer Aktivität in mehrere Sub-Aktivitäten, die dann in separaten Unified-Modeling-Language-Aktivitätsdiagrammen repräsentiert werden, wünschenswert[3]. Im Hinblick auf eine komplexe

1) Vgl. PILONE/PITMAN (2005), S. 116.

2) Vgl. HITZ ET AL. (2005), S. 200.

3) Vgl. JECKLE ET AL. (2004), S. 227 f.

Darstellung eines Unified-Modeling-Language-Aktivitätsdiagramms existieren *Konnektoren* – auch Sprungmarken oder Fortsetzungsmarken genannt – als ein Modellierungselement eines Unified-Modeling-Language-Aktivitätsdiagramms[1)]. Mit einem Konnektor kann der Übergang von einer Sub-Aktivität zu einer weiteren Sub-Aktivität modelliert werden. Graphisch wird ein Konnektor in Form eines Kreises präsentiert, in dem ein eindeutiger „Name“ steht und der immer ein gleichnamiges Gegenstück hat. Daher treten Konnektoren immer paarweise auf.

Beispielsweise ist eine Zerlegung des Spiels $\Gamma^{ex/B2B\text{-}Au}$ als ein Reallokationsprozess in einzelne Reallokations-Subprozesse denkmöglich. Diese einzelnen Reallokations-Subprozesse werden als jeweils eine Sub-Aktivität verstanden. Jede Sub-Aktivität ist ein Modellausschnitt aus dem (Gesamt-)Modell für den Reallokationsprozess. Der Übergang zwischen den einzelnen Modellausschnitten kann mit einem Konnektor dargestellt werden.

In einem Unified-Modeling-Language-Aktivitätsdiagramm ist die Wiederholung einer Aktion denkmöglich. Die Modellierung der Wiederholung einer Aktion erfolgt auf der Basis einer *Rückkopplung* – auch Schleife genannt –. Eine Rückkopplung beginnt aus einer Aktion heraus, die den Bedarf an der Wiederholung einer Aktion aufzeigt. Graphisch wird eine Rückkopplung durch eine durchgezogene Kante mit Pfeilspitze gezeichnet. Die Pfeilspitze führt dann zu der Aktion, die zu wiederholen ist. Zum besseren Verständnis kann eine Bedingung, bei deren Erfüllung die Wiederholung einer Aktion erfolgt, optional mit einem „Namen“ oder einem ausführlichen Text links oder rechts neben der jeweils durchgezogenen Kante mit Pfeilspitze aufgeführt werden.

Im Hinblick auf das Spiel $\Gamma^{ex/B2B\text{-}Au}$ kann sich der Bedarf an der Wiederholung einer oder mehrerer Aktionen des Auktionators N_0 herauskristallisieren, wenn der Auktionator N_0 beispielsweise zu seinen aktuellen Reservationspreisen für die angebotenen Güterbündel-Kombinationen keinen Bieter findet und erneut – und eventuell auch mehrmals – Interessierte auffordern muss, sich für eine Bieterlaubnis mit gesenkten Reservationspreisen für die angebotenen Güterbündel-Kombinationen zu bewerben.

Des Weiteren kann bei jedem Unified-Modeling-Language-Aktivitätsdiagramm der *Zeitfaktor* Berücksichtigung finden. Zwar wird der Zeitfaktor in einem Unified-Modeling-Language-Aktivitätsdiagramm nicht explizit angegeben, jedoch ist er *implizit*

---

1) Vgl. HITZ ET AL. (2005), S. 191 und PILONE/PITMAN (2005), S. 109.

immer enthalten, da eine Aktion nur begonnen wird, wenn die vorherige Aktion abgeschlossen ist. Durch die nacheinander angeordneten Aktionen ist ihre Reihenfolge festgelegt, auch wenn eine solche Festlegung nur eine – zu den anderen Aktionen – relative Festlegung darstellt.

Bei der nicht-kooperativen spieltheoretischen Modellierung der auktionsbasierten nationalen Reallokation von Treibhausgas-Emissionsrechten und Treibhausgas-Emissionsgutschriften auf Unternehmensebene findet der Zeitfaktor *keine explizite*, sondern nur eine implizite Berücksichtigung.

Als ein weiteres Modellierungselement eines Unified-Modeling-Language-Aktivitätsdiagramms kann der *Verantwortlichkeitsbereich* – auch Partition oder „Schwimmbahn" genannt – angesehen werden[1)]. In Anlehnung an OESTEREICH und in Anlehnung an JECKLE ET AL. können Unified-Modeling-Language-Aktivitätsdiagramme in Verantwortlichkeitsbereiche unterteilt werden und jede Aktion kann mehreren Verantwortlichkeitsbereichen zugeordnet werden[2)]. Ein Verantwortlichkeitsbereich beschreibt, wer, d.h. welcher Akteur, für einen Teil des Unified-Modeling-Language-Aktivitätsdiagramms verantwortlich ist. Graphisch kann ein Verantwortlichkeitsbereich durch vertikale oder horizontale parallel zueinander verlaufende Linien dargestellt werden[3)], wodurch das Unified-Modeling-Language-Aktivitätsdiagramm in Bahnen unterteilt wird, die aussehen wie Schwimmbahnen. Jede dieser Bahnen wird am Kopfende mit einem eigenen Rechteck inklusive einem „Namen" – Partitionsnamen – oder einem ausführlichen Text versehen. Die Aktionen werden dann innerhalb der jeweiligen Verantwortlichkeitsbereiche notiert. Bei einer solchen Unterteilung findet keine semantische Veränderung der Aktionen statt[4)]. Vielmehr werden die Verantwortlichkeitsbereiche eines Unified-Modeling-Language-Aktivitätsdiagramms kenntlich gemacht.

Im Rahmen der vorliegenden Arbeit setzt sich das Spiel $\Gamma^{ex/B2B\text{-}Au}$ aus einem Auktionator N_0 und mehreren Bietern als *Akteure* zusammen. Jedoch wird bei der nicht-kooperativen spieltheoretischen Modellierung der auktionsbasierten nationalen Reallo-

---

1) Vgl. HITZ ET AL. (2005), S. 211 und PILONE/PITMAN (2005), S. 118.

2) Vgl. OESTEREICH (2006), S. 307 und 312 f.; HITZ ET AL. (2005), S. 211; PILONE/PITMAN (2005), S. 120 und JECKLE ET AL. (2004), S. 246.

3) Vgl. HITZ ET AL. (2005), S. 211 f. und PILONE/PITMAN (2005), S. 118.

4) Vgl. JECKLE ET AL. (2004), S. 245.

kation von Treibhausgas-Emissionsrechten und Treibhausgas-Emissionsgutschriften auf Unternehmensebene *keine* Unterteilung des Unified-Modeling-Language-Aktivitätsdiagramms in Verantwortlichkeitsbereiche vorgenommen. Vielmehr wird das Unified-Modeling-Language-Aktivitätsdiagramm – soweit möglich – ausschließlich aus der Perspektive des Auktionators N_0, also *eines* Verantwortlichen, beleuchtet, so dass die Aktionen *nicht* mehreren, sondern vielmehr nur *einem* Verantwortlichkeitsbereich – dem Verantwortlichkeitsbereich des Auktionators N_0 – zuzuordnen sind. Der Verantwortlichkeitsbereich des Auktionator N_0 wird in der Form aufgeführt, dass der Auktionator N_0 vor dem „Namen" oder dem ausführlichen Text der jeweiligen Aktion geschrieben wird[1)].

Der spieltheoretischen Modellierung der Matrix-Auktion liegen im Rahmen der vorliegenden Arbeit folgende *Modellierungsprämissen* eines Unified-Modeling-Language-Aktivitätsdiagramms zugrunde:

- Abstraktion von *Vereinbarungen* über die Wahl der Preisgebote für die angebotenen Güterbündel-Kombinationen zwischen den Bietern,
- Existenz des gemeinsamen Wissens aller Bieter im Hinblick auf die *Grundelemente* des Spiels $\Gamma^{ex/B2B\text{-}Au}$ in der Gesamtheit,
- Existenz des gemeinsamen Wissens aller Bieter im Hinblick auf das *Bieterverhalten* bei der Abgabe der zulässigen Preisgebote für die Güterbündel-Kombinationen in der Gesamtheit, d.h. Existenz des
  - *zielorientierten* Bieterverhaltens,
  - *konsequenzorientierten* Bieterverhaltens,
  - *zeitkonsistenten* Bieterverhaltens und des
  - *unbeschränkt rationales* Bieterverhaltens

als gemeinsames Wissen aller Bieter.

- Kenntnis im Hinblick auf die Arten der *Informationen* der Bieter an jedem Entscheidungsknoten im Spielbaum, d.h. Kenntnis im Hinblick auf die
  - *imperfekte* Information der Bieter,
  - *unvollständige* Informationen der Bieter,

---

1) Vgl. JECKLE ET AL. (2004), S. 245.

  - *vollkommene Erinnerung* der Bieter und auf die
  - *open loop.*

- jedes Unified-Modeling-Language-Aktivitätsdiagramm *beginnt* mit genau einem Startknoten und *endet* mit genau einem Endknoten,

- jedes Unified-Modeling-Language-Aktivitätsdiagramm *wird* von einem Auktionator N_0 *eröffnet,*

- *kein* Modellierungselement eines Unified-Modeling-Language-Aktivitätsdiagramms steht *ohne* eine Kante im Modell,

- eine Kante verbindet *genau zwei* (inhaltlich) verschiedene Modellierungselemente eines Unified-Modeling-Language-Aktivitätsdiagramms.

Im Folgenden präsentiert die Verfasserin eine nicht-kooperative spieltheoretische Modellierung i.S.e. *graphisch vereinfachten* Darstellung der auktionsbasierten nationalen Reallokation von Treibhausgas-Emissionsrechten und Treibhausgas-Emissionsgutschriften auf Unternehmensebene. Zur Erstellung dieses realproblembezogenen Vorgehensmodells wird ein Unified-Modeling-Language-Aktivitätsdiagramm angewendet. Für die folgenden Reallokations-Subprozesse – Sub-Aktivitäten – werden im Einzelnen Unified-Modeling-Language-Aktivitätsdiagramme i.S.e. jeweils einzelnen Modellausschnitts aus dem (Gesamt-)Modell für den Reallokationsprozess erstellt. Im Hinblick auf die Komplexität der einzelnen Unified-Modeling-Language-Aktivitätsdiagramme wird ein Reallokationsprozess – Aktivität – in der folgenden Abbildung 72 als ein Gesamtmodell auf hohem Abstraktionsniveau erfasst und in den darauffolgenden Abbildungen durch Modellausschnitte für jeweils einen Sub-Prozess verfeinert.

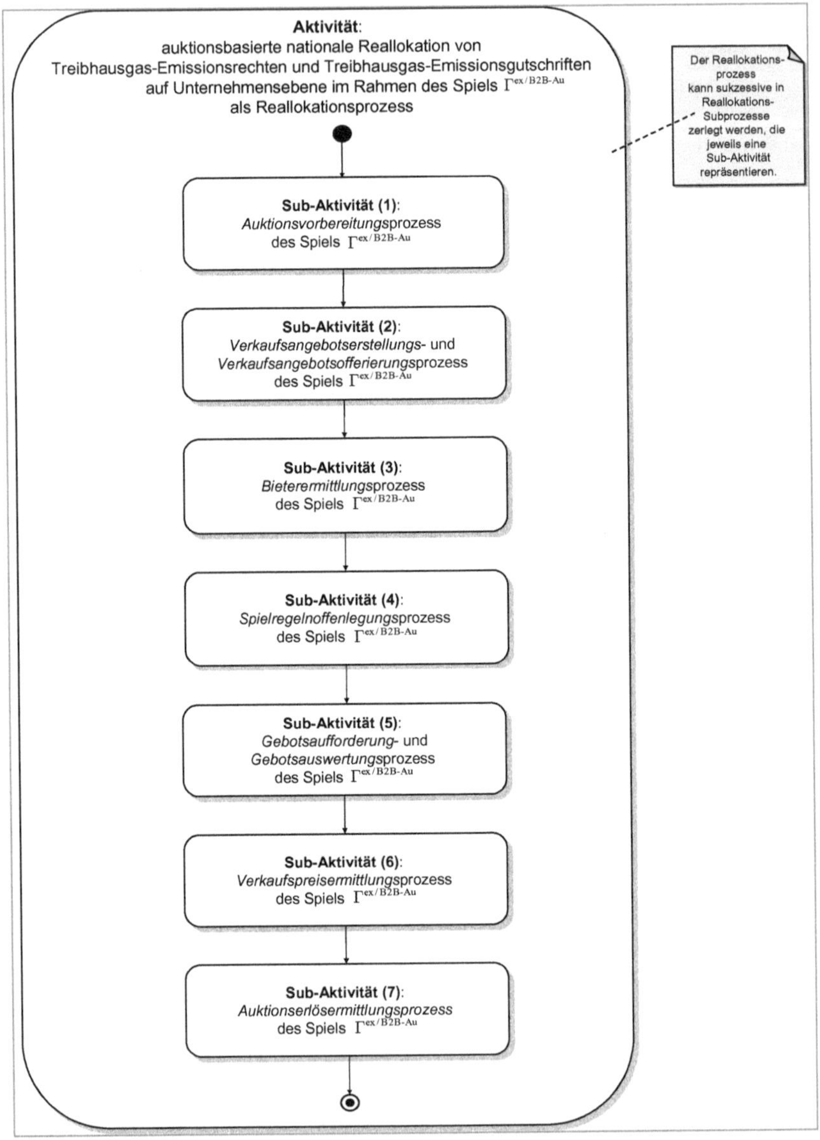

Abbildung 72: Reallokationsprozess mit Reallokations-Subprozessen

Die auktionsbasierte nationale Reallokation von Treibhausgas-Emissionsrechten und Treibhausgas-Emissionsgutschriften auf Unternehmensebene stellt im Rahmen des Spiels $\Gamma^{ex/B2B\text{-}Au}$ als Reallokationsprozess eine Aktivität dar. Eine solche Aktivität kann zunächst in den *Auktionsvorbereitungs*prozess des Spiels $\Gamma^{ex/B2B\text{-}Au}$ als eine Sub-Aktivität zerlegt werden. Der Auktionator N_0 eröffnet den Auktionsvorbereitungsprozess und legt dann das Spiel $\Gamma^{ex/B2B\text{-}Au}$ fest. Das Spiel $\Gamma^{ex/B2B\text{-}Au}$ bezieht sich auf das Jahr 2010 innerhalb der zweiten Handelsperiode, d.h. von 2008 bis 2012. Anschließend determiniert der Auktionator N_0 für das Spiel $\Gamma^{ex/B2B\text{-}Au}$ explizit den Monatszeitraum von 01.01.2010 bis 31.12.2010. Dieser Monatszeitraum erfasst den gesamten Reallokationsprozess und gilt somit von Beginn des Auktionsvorbereitungsprozesses bis zum Ende des Auktionserlösermittlungsprozesses. Weiterhin arbeitet der Auktionator N_0 die Spielregeln, die das Spiel $\Gamma^{ex/B2B\text{-}Au}$ möglichst vollständig beschreiben und „absolute Gültigkeit" haben, aus. Die Spielregeln zählen zum gemeinsamen Wissen aller Bieter und geben explizit an:

- Rul_1: Ausschluss der Möglichkeit für Bieter miteinander zu *kommunizieren.*
- Rul_2: Verkaufsangebot in der Gestalt von *7 Güterbündel-Kombinationen.*
- Rul_3: *Reservationspreise* für die angebotenen Güterbündel-Kombinationen des Auktionators N_0.
- Rul_4: Abgabe *eines* Preisgebotes „ganzheitlich" für die jeweils gesamte Güterbündel-Kombination.
- Rul_5: *Verbot* der *Rücknahme* von Preisgeboten durch die Bieter während der Matrix-Auktion, um Verzerrungen des Spielergebnisses zu Lasten der Bieter zu vermeiden.
- Rul_6: Hinterlegung einer *Kaution* und einer *Bankbürgschaft* zur Sicherstellung der Ernsthaftigkeit der Bieterabsichten und als Mittel gegen die Teilnahme unseriöser Bieter. Derjenige Bieter, der von der Teilnahme an der jeweils nächsten Auktionsstufe der Matrix-Auktion ausgeschlossen wird, erhält seine hinterlegte Kaution im Anschluss an die 1. Auktionsstufe der Matrix-Auktion zurück. Der Auktionator N_0 behält die hinterlegte Kaution, wenn ein Bieter die Möglichkeit der Teilnahme an der 2. Auktionsstufe der Matrix-Auktion nicht wahrnimmt.
- Rul_7: *Zerlegung* der Matrix-Auktion in Auktionsstufen.

- Rul_8: *Eliminierung* desjenigen Bieters N_i aus der Bietermenge NS^{bidd} beim Übergang von der 1. Auktionsstufe in die nächste Auktionsstufe der Matrix-Auktion, der in der ersten Auktionsstufe das *niedrigste* Preisgebot für die *Gesamtheit* aller angebotenen Güterbündel-Kombinationen abgegeben hat. Wird das niedrigste Preisgebot für die Gesamtheit aller angebotenen Güterbündel-Kombinationen zufällig von zwei Bietern ausgesprochen, so entscheidet die *Reihenfolge* des Eingangs beim Auktionator N_0 über den Ausschluss von der nächsten Auktionsstufe der Matrix-Auktion. D.h., der Bieter, der das niedrigste Preisgebot für die Gesamtheit aller angebotenen Güterbündel-Kombinationen *zuletzt* abgibt, wird eliminiert.

- Rul_9: *Gespaltene Auktionsregel* der Matrix-Auktion. Die Auktionsregel der Matrix-Auktion ist in die Zuschlagsregel und die Zahlungsregel gespalten. Gemäß der Zuschlagsregel der Matrix-Auktion wird der Zuschlag für ein Güterbündel durch Maximierung des Erlöses des Auktionators über alle Güterbündel-Kombinationen unter der Restriktion, dass keines der drei Güterbündel mehrfach versteigert werden darf, erteilt. Gemäß der Pricing-per-column-Regel der Matrix-Auktion entspricht der an den Auktionator N_0 zu zahlende Preis – Zuschlagpreis – dem *zweithöchsten* Preisgebot, das für die angebotene Güterbündel-Kombination des Bieters, der den Zuschlag erhielt, abgegeben wurde.

- Rul_{10}: *Zuschlagerteilung* erfolgt im Anschluss an die *letzte* Auktionsstufe der Matrix-Auktion. Wird das höchste Preisgebot für eine Güterbündel-Kombination zufällig von zwei Bietern ausgesprochen, so entscheidet die *Reihenfolge* des Eingangs beim Auktionator N_0 über die Zuschlagerteilung. D.h., der Bieter, der das höchste Preisgebot für diese Güterbündel-Kombination *zuerst* abgibt, erhält den Zuschlag.

- Rul_{11}: Der Zuschlagpreis ist ein *Nettopreis*. Auf den Zuschlagpreis wird die gesetzliche Mehrwertsteuer von derzeit 19% erhoben.

- Rul_{12}: Die Zuschlagerteilung verpflichtet unbedingt zur Abnahme. Die *Zahlung* sowohl der fixen Auktionskosten i.H.v. 97,41 € pro Auktionsstufe der Matrix-Auktion und der variablen Auktionskosten i.H.v. 22,73 € für jedes abgegebene Preisgebot als auch des Zuschlagpreises hat – nach

Aufforderung durch den Auktionator N_0 – innerhalb von 20 Tagen beim Auktionator N_0 zu erfolgen. Die Übertragung der erteilten Güterbündel-Kombination(en) erfolgt nach Zahlungseingang beim Auktionator N_0. Erhält der Auktionator N_0 innerhalb der 20 Tage keinen Zahlungseingang, so findet keine Übertragung der erteilten Güterbündel-Kombination(en) statt. Der Bieter verliert seine Rechte aus dem Zuschlag und erhält die hinterlegte Kaution nicht zurück.

Diese Spielregeln des Spiels $\Gamma^{ex/B2B\text{-}Au}$ werden zu einem späteren Zeitpunkt – im *Spielregelnoffenlegungs*prozess des Spiels $\Gamma^{ex/B2B\text{-}Au}$ – den Bietern veröffentlicht.

Schließlich beendet der Auktionator N_0 den Auktionsvorbereitungsprozess des Spiels $\Gamma^{ex/B2B\text{-}Au}$.

Die folgende Abbildung 73 präsentiert eine *graphisch* vereinfachte Darstellung des Auktionsvorbereitungsprozesses des Spiels $\Gamma^{ex/B2B\text{-}Au}$ mit einem Unified-Modeling-Language-Aktivitätsdiagramm.

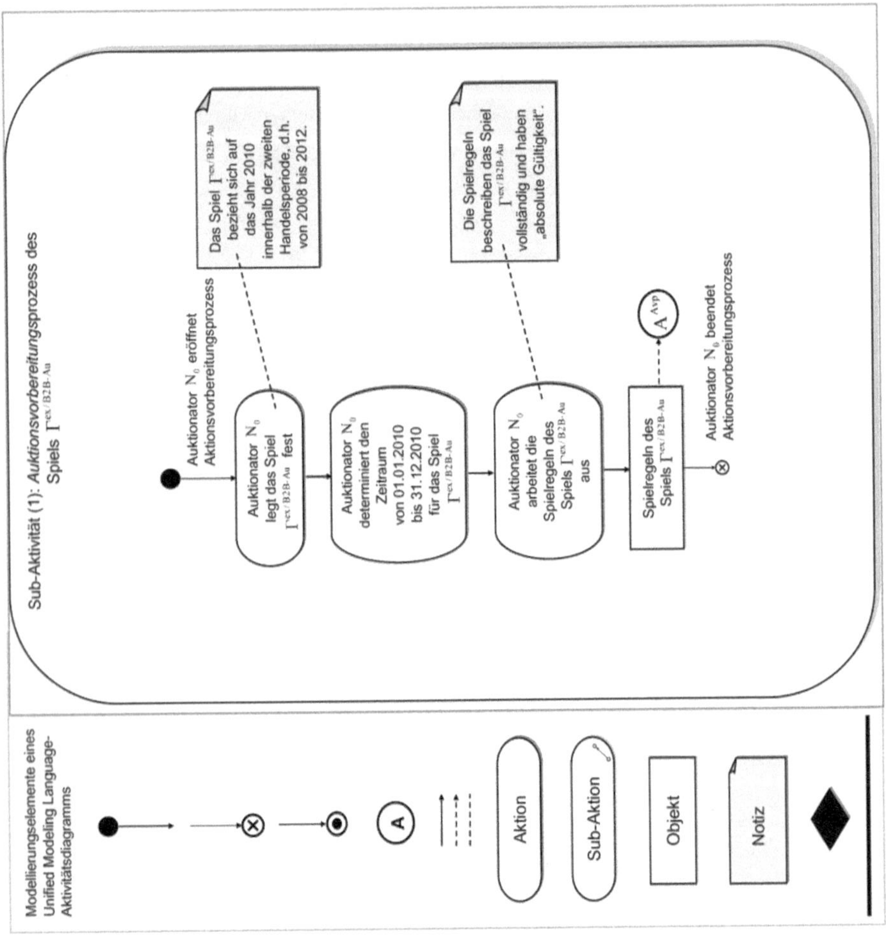

Abbildung 73: *Auktionsvorbereitungs*prozess des Spiels

Dem Auktionsvorbereitungsprozess des Spiels $\Gamma^{ex/B2B\text{-}Au}$ folgt der *Verkaufsangebots-erstellungs-* und *Verkaufsangebotsofferierungs*prozess des Spiels $\Gamma^{ex/B2B\text{-}Au}$ als eine weitere Sub-Aktivität. Der Auktionator N_0 eröffnet den Verkaufsangebotserstellungs- und Verkaufsangebotsofferierungsprozess und erstellt dann das Verkaufsangebot für das Spiel $\Gamma^{ex/B2B\text{-}Au}$. Die Aktion „Auktionator N_0 erstellt das Verkaufsangebot für das Spiel $\Gamma^{ex/B2B\text{-}Au}$" kann in die folgenden Sub-Aktionen zerlegt werden: Zunächst legt der Auktionator N_0 Treibhausgas-Emissionsrechte, die über die Reallokation von Treibhausgas-Emissionsrechten zu erhalten sind, und Treibhausgas-Emissionsgutschriften, die über die Durchführung projektbezogener Aktivitäten, wie Joint Implementation und Clean Development Mechanism, zu generieren sind, als heterogene Güter fest. In einer nächsten Sub-Aktion fixiert der Auktionator N_0 mehrere nicht zerlegbare Mengen, also Güterbündel an Treibhausgas-Emissionsrechten und Treibhausgas-Emissionsgutschriften. Weiterhin gestaltet der Auktionator N_0 gemäß Spielregel Rul_2 im Hinblick auf diese Güterbündel mehrere Güterbündel-Kombinationen. Die Güterbündel-Kombinationen lassen sich im Hinblick auf die Anzahl heterogener Güter berechnen. Bei 3 heterogenen Gütern existieren $(2^3 - 1) = 7$ Güterbündel-Kombinationen. Im Anschluss an eine solche Bestimmung der Güterbündel-Kombinationen steht das Verkaufsangebot in der Gestalt von 7 Güterbündel-Kombinationen des Auktionators N_0 im Spiel $\Gamma^{ex/B2B\text{-}Au}$ fest. Der Auktionator N_0 speichert die angebotenen Güterbündel-Kombinationen auf sein elektronisches Konto, um die angebotenen Güterbündel-Kombinationen für den Handel verfügbar zu machen.

Des Weiteren fixiert der Auktionator N_0 pro Güterbündel-Kombination einen Reservationspreis, also gemäß Spielregel Rul_3 insgesamt 7 Reservationspreise i.H.v.

- $Res_0^{Allo} = 100{,}00$ €,
- $Res_0^{ERU} = 200{,}00$ €,
- $Res_0^{CER} = 200{,}00$ €,
- $Res_0^{Allo.ERU} = 450{,}00$ €,
- $Res_0^{Allo.CER} = 500{,}00$ €,
- $Res_0^{ERU.CER} = 600{,}00$ € und
- $Res_0^{Allo.ERU.CER} = 800{,}00$ €

sowie eine individuelle Wertschätzung pro Güterbündel-Kombination, also 7 individuelle Wertschätzungen i.H.v.

- $value_0^{estim.Allo} = 150{,}00\ €$,
- $value_0^{estim.ERU} = 180{,}00\ €$,
- $value_0^{estim.CER} = 290{,}00\ €$,
- $value_0^{estim.Allo.ERU} = 300{,}00\ €$,
- $value_0^{estim.Allo.CER} = 350{,}00\ €$,
- $value_0^{estim.ERU.CER} = 400{,}00\ €$ und
- $value_0^{estim.Allo.ERU.CER} = 500{,}00\ €$.

Reservationspreise können als Markteinstiegsbarrieren angesehen werden. Bei der Festlegung der Höhe der Reservationspreise für die angebotenen Güterbündel-Kombinationen wird sich der Auktionator N_0 an seinen individuellen Wertschätzungen für die angebotenen Güterbündel-Kombinationen orientieren und die Reservationspreise nicht niedriger als diese individuellen Wertschätzungen setzen. Die Höhe der individuellen Wertschätzungen kann der Auktionator N_0 unter Berücksichtigung seiner fixen Auktionskosten bestimmen. Der Auktionator N_0 sollte die individuellen Wertschätzungen je Güterbündel-Kombination nicht niedriger setzen als seine fixen Auktionskosten. Im Falle, dass er den Zuschlag für die angebotenen Güterbündel-Kombinationen nicht erteilen kann, hätte er ansonsten einen negativen Gewinn zu befürchten. Und im Falle, dass eine Zuschlagserteilung für die angebotenen Güterbündel-Kombinationen erfolgt, könnte der Gewinn niedriger ausfallen als bei einer Zuschlagserteilung mit individuellen Wertschätzungen, die höher bewertet werden als die fixen Auktionskosten.

Sowohl das Verkaufsangebot in der Gestalt von mehreren Güterbündel-Kombinationen als auch die Reservationspreise für die angebotenen Güterbündel-Kombinationen des Auktionators N_0 werden anschließend auf einem elektronischen Auktionsmarktplatz über einen Online-Auktionskatalog veröffentlicht. Der elektronische Auktionsmarktplatz ist zentral organisiert und wird durch den Auktionator N_0 koordiniert. Die Offerierung und Veröffentlichung über den Online-Auktionskatalog erfolgt inklusive der Präsentation der nicht zerlegbaren Mengen, also der Güterbündel an Treibhausgas-Emissionsrechten und Treibhausgas-Emissionsgutschriften sowie der Quellen der Generierung der Treibhausgas-Emissionsrechte und Treibhausgas-Emissionsgutschriften, um den Interessierten detaillierte Informationen über das Verkaufsangebot zu geben. Eine Online-Anmeldung für die Einsicht in den Online-Auktionskatalog erwartet der Auktionator N_0 nicht, so dass alle Interessierten freien Zugang zum Online-Auktionskatalog haben.

Die individuellen Wertschätzungen für die angebotenen Güterbündel-Kombinationen des Auktionators N_0 pro Güterbündel sind demgegenüber den Bietern nicht ersichtlich.

In Anschluss an diese Offerierung und diese Veröffentlichung beendet der Auktionator N_0 das Verkaufsangebotserstellungs- und Verkaufsangebotsofferierungsprozess des Spiels $\Gamma^{ex/B2B\text{-}Au}$.

Die folgenden Abbildungen präsentieren eine *graphisch vereinfachte* Darstellung des Verkaufsangebotserstellungs- und Verkaufsangebotsofferierungsprozesses des Spiels $\Gamma^{ex/B2B\text{-}Au}$ mit jeweils einem Unified-Modeling-Language-Aktivitätsdiagramm.

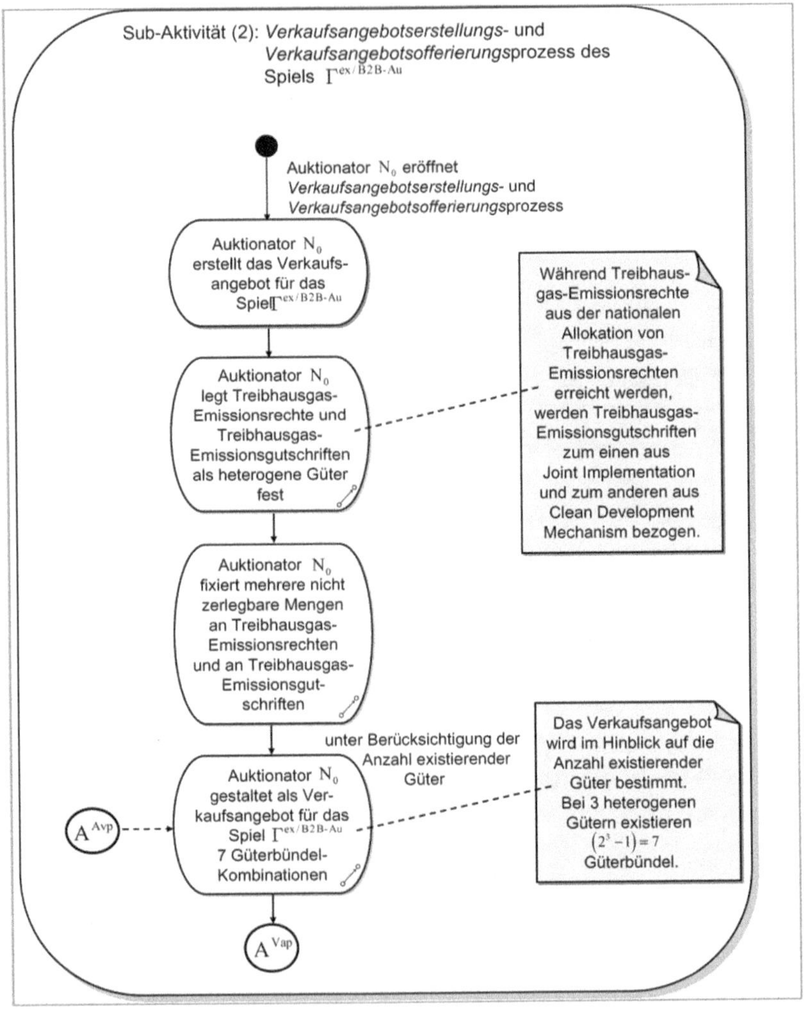

Abbildung 74: ***Verkaufsangebotserstellungs-*** **und** ***Verkaufsangebotsofferierungs*****prozess des Spiels (1/3)**

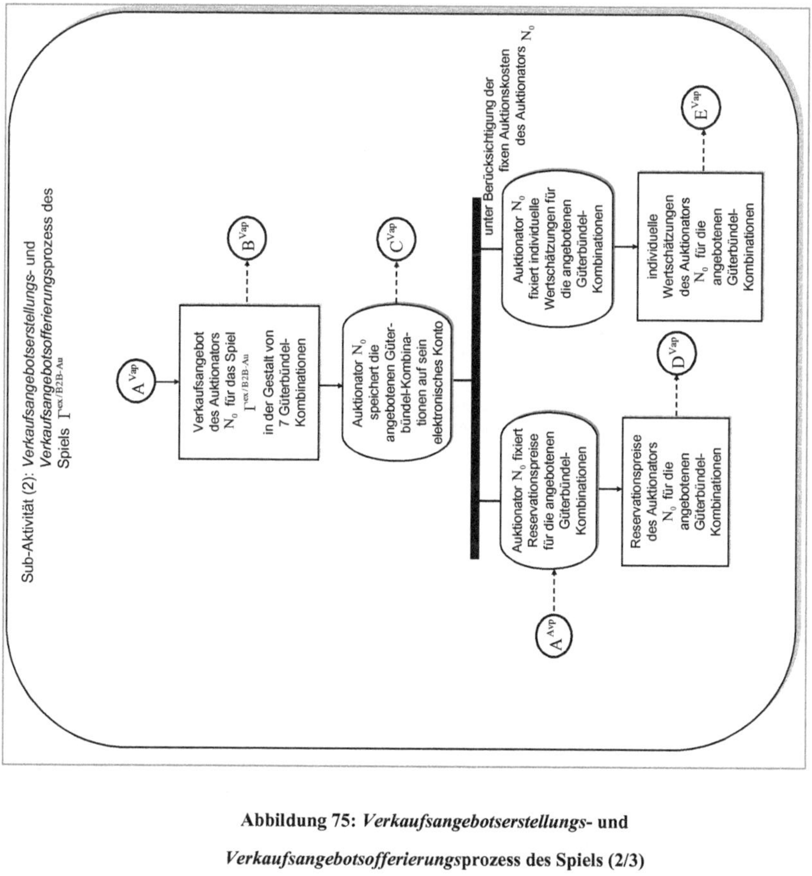

Abbildung 75: *Verkaufsangebotserstellungs-* und *Verkaufsangebotsofferierungs*prozess des Spiels (2/3)

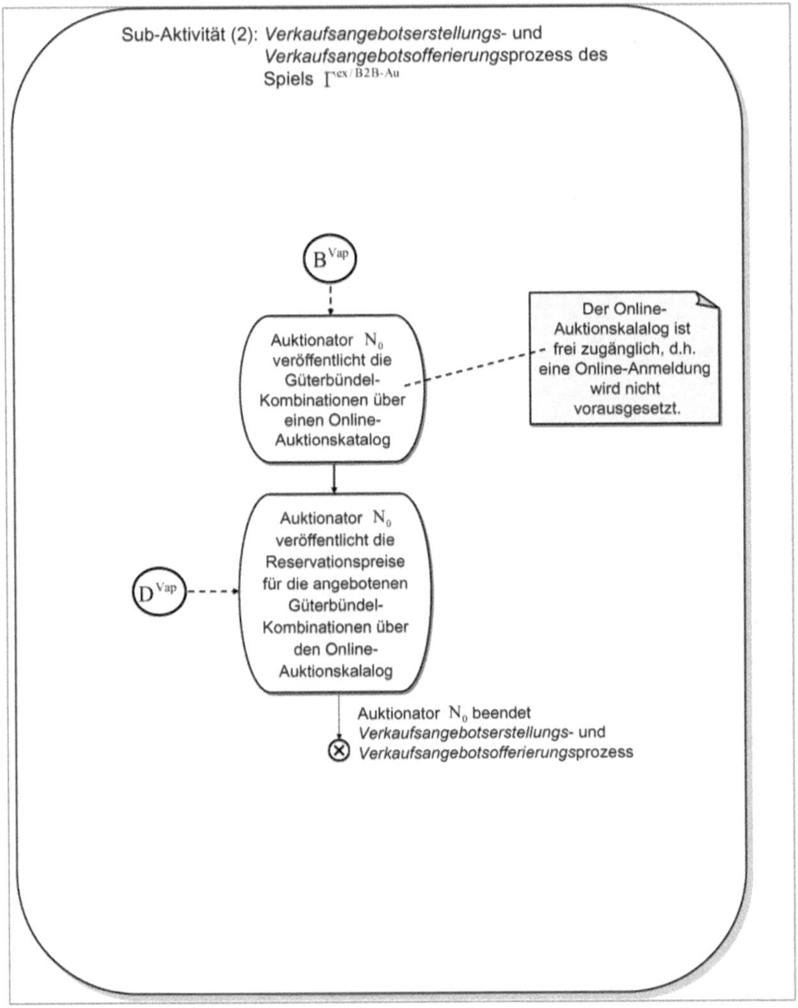

Abbildung 76: *Verkaufsangebotserstellungs-* und *Verkaufsangebotsofferierungs*prozess des Spiels (3/3)

Im Anschluss an den Verkaufsangebotserstellungs- und Verkaufsangebotsofferierungsprozess des Spiels $\Gamma^{ex/B2B\text{-}Au}$ finden der *Bieterermittlungs*prozess des Spiels $\Gamma^{ex/B2B\text{-}Au}$ als eine Sub-Aktivität Berücksichtigung. Der Auktionator N_0 eröffnet den Bieterermittlungsprozess. Der Auktionator N_0 determiniert im Spiel $\Gamma^{ex/B2B\text{-}Au}$ für die Bewerbung der Interessierten um eine Bieterlaubnis explizit den Monatszeitraum vom 01.02.2010 bis (einschließlich) zum 28.02.2010. Alle Termine der Versteigerung des Verkaufsangebots werden auf dem elektronischen Auktionsmarktplatz unter einer Rubrik „Auktionszeitraum" erfasst. Daher trägt der Auktionator N_0 zunächst diesen Bewerbungszeitraum unter die Rubrik Auktionszeitraum für alle Interessierten frei zugänglich ein. Für die Online-Bewerbung um eine Bieterlaubnis bringt der Auktionator N_0 auf dem elektronischen Auktionsmarktplatz eine Rubrik „Bewerbung um Bieterlaubnis" ein. Unter dieser Rubrik stellt der Auktionator N_0 den Interessierten folgendes Online-Bewerbungsformular zur Verfügung:

Bewerbung um Bieterlaubnis Die mit „*" gekennzeichneten Felder müssen ausgefüllt werden.	
Sektor*	Bitte auswählen ▼ Bitte auswählen deutsches Unternehmen des energieproduzierenden und energieverbrauchenden Sektors Wohnbaugesellschaft Öffentlicher Personennahverkehr andere
Anrede*	Bitte auswählen ▼ Bitte auswählen Herr Frau
Vorname*	
Nachname*	

Straße / Hausnummer*	Straße	Hausnummer
PLZ / Ort*	PLZ	Ort
Telefon-Nr. *	Vorwahl	Rufnummer
Telefax-Nr.	Vorwahl	Rufnummer
E-Mail*		

Interesse an folgenden Güterbündel-Kombinationen* (bitte ankreuzen)

- Güterbündel-Kombination (1)
- Güterbündel-Kombination (2)
- Güterbündel-Kombination (3)
- Güterbündel-Kombination (4)
- Güterbündel-Kombination (5)
- Güterbündel-Kombination (6)
- Güterbündel-Kombination (7)

Bemerkungen

◄ zurücksetzen ► senden

Anschließend fordert der Auktionator N_0 Interessierte an den angebotenen Güterbündel-Kombinationen auf, sich bis zu diesem determinierten Monatszeitraum über das Online-Bewerbungsformular um eine Bieterlaubnis zu bewerben. Solche Interessierte an den angebotenen Güterbündel-Kombinationen des Auktionators N_0 verkörpern die Bieter als Spieler für das Spiel $\Gamma^{ex/B2B\text{-}Au}$. Der Auktionator N_0 sucht nach potentiellen Bietern aus dem Kreis der Hauptverursacher anthropogener Treibhauseffekte und drohender globaler Umweltschäden, wie z.B. deutsche Unternehmen des energieproduzierenden und energieverbrauchenden Sektors, Wohnbaugesellschaften, Öffentlicher Personennahverkehr und anderen Sektoren, wie dem Luftverkehr. In einem folgenden Prozessschritt sind folgende zwei Fälle denkmöglich: Entweder der Auktionator N_0 findet *keinen* Bieter für das Spiel $\Gamma^{ex/B2B\text{-}Au}$. In einem solchen Fall entscheidet sich der Auktionator N_0 zunächst zur Senkung der Reservationspreise für die angebotenen Güterbündel-Kombinationen, solange sie über seinen individuellen Wertschätzungen für die angebotenen Güterbündel-Kombinationen bleiben oder mindestens gleich seinen individuellen Wertschätzungen für die angebotenen Güterbündel-Kombinationen sind. Also senkt der Auktionator N_0 seine Reservationspreise für die angebotenen Güterbündel-Kombinationen wie folgt.

- von $Res_0^{Allo} = 100{,}00\,€$ auf $Res_0^{Allo} = 90{,}00\,€$,
- von $Res_0^{ERU} = 200{,}00\,€$ auf $Res_0^{ERU} = 190{,}00\,€$,
- von $Res_0^{CER} = 200{,}00\,€$ auf $Res_0^{CER} = 190{,}00\,€$,
- von $Res_0^{Allo.ERU} = 450{,}00\,€$ auf $Res_0^{Allo.ERU} = 440{,}00\,€$,
- von $Res_0^{Allo.CER} = 500{,}00\,€$ auf $Res_0^{Allo.CER} = 490{,}00\,€$,
- von $Res_0^{ERU.CER} = 600{,}00\,€$ auf $Res_0^{ERU.CER} = 590{,}00\,€$ und
- von $Res_0^{Allo.ERU.CER} = 800{,}00\,€$ auf $Res_0^{Allo.ERU.CER} = 790{,}00\,€$.

Daher werden die Aktionen des Auktionators N_0, in denen er einen Monatzeitraum für die Bewerbung um eine Bieterlaubnis determiniert und Interessierte auffordert, sich um eine Bieterlaubnis online zu bewerben, wiederholt. Sind die Reservationspreise für die angebotenen Güterbündel-Kombinationen unter den individuellen Wertschätzungen für die angebotenen Güterbündel-Kombinationen und hat der Auktionator N_0 bei wiederholter Aufforderung, sich um eine Bieterlaubnis online zu bewerben, weiterhin keinen Bieter gefunden, so entscheidet er sich für die Beendigung des Spiels $\Gamma^{ex/B2B\text{-}Au}$ und kann seine angebotenen Güterbündel-Kombinationen nicht verauktionieren.

Oder der Auktionator N_0 erhält im Anschluss an seine erste Aufforderungsaktion eine Online-Bewerbung mindestens eines potentiellen Bieters für das Spiel $\Gamma^{ex/B2B\text{-}Au}$, so dass er im Hinblick auf existierende Nachfrager für die angebotenen Güterbündel-Kombinationen zu seinen eigentlichen, also nicht gesenkten Reservationspreisen für die angebotenen Güterbündel-Kombinationen einen Verkauf realisieren kann. Die potentiellen Bieter erhalten jeweils eine automatische Antwort über den Eingang ihrer Online-Bewerbung um eine Bieterlaubnis beim Auktionator N_0. Mit einer Nachricht auf dem elektronischen Auktionsmarktplatz, dass derzeit keine Bewerbungen mehr um eine Bieterlaubnis möglich sind, beendet der Auktionator N_0 den Bewerbungszeitraum. Um die Interessierten in den Kreis der Verursacher anthropogener Treibhauseffekte und drohender globaler Umweltschäden einzustufen, ordnet der Auktionator N_0 anhand der Online-Bewerbungsformulare die Interessierten zunächst nach den vier Sektoren

- *deutsche energieproduzierende und energieverbrauchende Unternehmen,*
- *Wohnbaugesellschaften,*
- *Öffentlicher Personennahverkehr* und
- *andere, wie Luftverkehr,*

und legt dann die Bieter wie folgt explizit fest:

- deutsche Unternehmen der energieproduzierenden und energieverbrauchenden Sektoren als *Bieter* N_1 für das Spiel $\Gamma^{ex/B2B\text{-}Au}$,
- Wohnbaugesellschaften als *Bieter* N_2 für das Spiel $\Gamma^{ex/B2B\text{-}Au}$,
- Öffentlicher Personennahverkehr als *Bieter* N_3 für das Spiel $\Gamma^{ex/B2B\text{-}Au}$ und den
- andere als *Bieter* N_4 für das Spiel $\Gamma^{ex/B2B\text{-}Au}$.

Im Anschluss an die Festlegung der Bieter steht die Bietermenge NS^{bidd} mit $NS^{bidd} = \{N_1, N_2, N_3, N_4\}$ für das Spiel $\Gamma^{ex/B2B\text{-}Au}$ fest. Der Auktionator N_0 zerlegt das Spiel $\Gamma^{ex/B2B\text{-}Au}$ gemäß Spielregel Rul_7 in zwei Auktionsstufen. D.h., der Auktionator N_0 zerlegt den Zeitraum für die Abgabe der Preisgebote für die angebotenen Güterbündel-Kombinationen in zwei Auktionsstufen. Für die zwei Auktionsstufen der Matrix-Auktion im Spiel $\Gamma^{ex/B2B\text{-}Au}$ gilt im Einzelnen folgender Monatszeitraum:

- 1. Auktionsstufe der Matrix-Auktion im Spiel $\Gamma^{ex/B2B\text{-}Au}$:
  vom 01.04.2010 bis (einschließlich) zum 30.04.2010,
- „Pause": vom 01.05.2010 bis (einschließlich) zum 31.05.2010 und
- 2. Auktionsstufe der Matrix-Auktion im Spiel $\Gamma^{ex/B2B\text{-}Au}$:
  vom 01.06.2010 bis (einschließlich) zum 30.06.2010.

Im Spiel $\Gamma^{ex/B2B\text{-}Au}$ wird dem Auktionator N_0 für den *Übergang* von der 1. Auktionsstufe der Matrix-Auktion in die 2. Auktionsstufe der Matrix-Auktion für die Ordnung der Preisgebote für die angebotenen Güterbündel-Kombinationen der Bieter und die Eliminierung desjenigen Bieters N_i, der das niedrigste Preisgebot für die Gesamtheit aller angebotenen Güterbündel-Kombinationen abgegeben hat, ein Monatszeitraum von 01.05.2010 bis (einschließlich) zum 31.05.2010 eingeräumt. *Vor* der 1. Auktionsstufe der Matrix-Auktion im Spiel $\Gamma^{ex/B2B\text{-}Au}$, d.h. vom 01.01.2010 bis (einschließlich) zum 31.03.2010, wird der Auktionator N_0 den Auktionsvorbereitungsprozess, Verkaufsangebotserstellungs- und Verkaufsangebotsofferierungsprozess, Bieterermittlungsprozess, Spielregelnoffenlegungsprozess und den Gebotsaufforderungsprozess durchführen. *Im Anschluss* an die 2. Auktionsstufe der Matrix-Auktion im Spiel $\Gamma^{ex/B2B\text{-}Au}$, d.h. vom 01.07.2010 bis (einschließlich) zum 31.12.2010, wird der Auktionator N_0 schließlich den Gebotsauswertungsprozess, Verkaufspreisermittlungsrozess und den Auktionserlösermittlungsprozess des Spiels $\Gamma^{ex/B2B\text{-}Au}$ realisieren.

Auf *einer jeden* Auktionsstufe ist *jeweils ein* Preisgebot für jede angebotene Güterbündel-Kombination abzugeben. Bei 7 Güterbündel-Kombinationen hat jeder Bieter also 7 Preisgebote abzugeben. Während in der 1. Auktionsstufe alle vier Bieter aus der Bietermenge NS^{bidd} jeweils ihre Preisgebote für die angebotenen Güterbündel-Kombinationen abgeben sollen, werden zur 2. Auktionsstufe nur noch drei Bieter erneut zugelassen. Beim Übergang von der 1. Auktionsstufe zu der nächsten 2. Auktionsstufe zielt der Auktionator N_0 darauf ab, denjenigen Bieter N_i mit dem niedrigsten Preisgebot für die Gesamtheit aller angebotenen Güterbündel-Kombinationen von der weiteren Auktionsteilnahme auszuschließen. Mit dieser Eliminierung beabsichtigt der Auktionator N_0, den Bietern einen Anreiz zur Abgabe „wahrer" Preisgebote für die angebotenen Güterbündel-Kombinationen zu geben. Mit der Durchführung der 2. Auktionsstufe erhofft sich der Auktionator N_0 höhere Preisgebote für die angebotenen Güterbündel-Kombinationen zu erhalten, da er annimt, dass die drei Bieter den Zuschlag für die angebotenen Güterbündel-Kombinationen erhalten möchten und im Hinblick auf die Teilnahme an der 2. Auktionsstufe „motiviert" sind, ihre Zahlungsbereitschaft pro Güterbündel zu erhöhen.

Der Auktionator N_0 veröffentlicht den Bietern die zwei Auktionsstufen der Matrix-Auktion im Spiel $\Gamma^{ex/B2B\text{-}Au}$ unter der Rubrik Auktionszeitraum. Im Anschluss an die

Bestimmung der Auktionsstufen der Matrix-Auktion im Spiel $\Gamma^{ex/B2B\text{-}Au}$ beendet der Auktionator N_0 den Bieterermittlungsprozess.

Denkmöglich ist auch das Interesse von nur zwei Bietern statt von drei oder vier Bietern. Da aus spieltheoretischer Perspektive grundsätzlich für die Spielermenge $N = \{1,...n\}$, $n \geq 2$ und $n \in \mathbb{N}$ gilt, wird jedoch der Fall mit nur einem Bieter ausgeklammert. Beispielsweise sind im Spiel $\Gamma^{ex/B2B\text{-}Au}$ neben dem Fall mit drei Bietern in der 2. Auktionsstufe der Matrix-Auktion folgende Fälle denkmöglich:

- während Bieter N_1 und Bieter N_2 als *Interessierte* an den angebotenen Güterbündel-Kombinationen des Auktionators N_0 auftreten, zeigt Bieter N_3 *sein Desinteresse*, wenn für diesen Bieter N_3 z.B. die Reservationspreise für die angebotenen Güterbündel-Kombinationen des Auktionators N_0 höher sind als die Zahlungsbereitschaft pro angebotene Güterbündel-Kombination des Bieters N_3 oder er ein Interesse nur vorgetäuscht hat, um die Spielergebnisse zu Lasten der anderen Bieter zu verzerren,
- während Bieter N_1 und Bieter N_3 als *Interessierte* an den angebotenen Güterbündel-Kombinationen des Auktionators N_0 gegenübertreten, zeigt Bieter N_2 *sein Desinteresse*, wenn für diesen Bieter N_2 die Reservationspreise für die angebotenen Güterbündel-Kombinationen des Auktionators N_0 höher sind als die Zahlungsbereitschaft pro angebotene Güterbündel-Kombination des Bieters N_2 oder er ein Interesse nur vorgetäuscht hat, um die Spielergebnisse zu Lasten der anderen Bieter zu verzerren oder
- während Bieter N_2 und Bieter N_3 ein *Interesse* an den angebotenen Güterbündel-Kombinationen des Auktionators N_0 signalisieren, zeigt Bieter N_1 *kein Interesse*, wenn für diesen Bieter N_1 die Reservationspreise für die angebotenen Güterbündel-Kombinationen des Auktionators N_0 höher sind als die Zahlungsbereitschaft pro angebotene Güterbündel-Kombination des Bieters N_1 oder er ein Interesse nur vorgetäuscht hat, um die Spielergebnisse zu Lasten der anderen Bieter zu verzerren.

Beim Auftreten dieser denkmöglichen Fälle hat der Auktionator N_0 nicht mehr 2 Auktionsstufen, sondern nur noch eine Auktionsstufe der Matrix-Auktion im Spiel $\Gamma^{ex/B2B\text{-}Au}$ zu bestimmen. Nur in dieser einen Auktionsstufe der Matrix-Auktion im Spiel $\Gamma^{ex/B2B\text{-}Au}$ spielen dann beide Bieter jeweils ihre Spielzüge, da im Anschluss an die Eliminierung eines Bieters N_i, der das niedrigste Preisgebot für die Gesamtheit aller angebotenen Güterbündel-Kombinationen abgegeben hat, nur noch ein Bieter übrig bleibt, der in einer weiteren Auktionsstufe der Matrix-Auktion im Spiel $\Gamma^{ex/B2B\text{-}Au}$ nicht ohne einen Gegenspieler agieren kann. Vielmehr erteilt der Auktionator N_0 dann diesem Bieter den Zuschlag für die angebotenen Güterbündel-Kombinationen.

Zu bemerken ist, dass in einem Spiel $\Gamma^{ex/B2B\text{-}Au}$ *nicht* zwingend alle Bieter aus der Bietermenge NS^{bidd} ein Interesse an *allen* angebotenen Güterbündel-Kombinationen signalisieren müssen, sondern sich ihr Interesse auch *partiell*, also auf einzelne, aber nicht alle der angebotenen Güterbündel-Kombinationen beschränken kann. Das Desinteresse eines Bieters N_i bezüglich einer einzelnen angebotenen Güterbündel-Kombination wird dadurch ersichtlich, dass entweder dieser Bieter N_i oder nachträglich der Auktionator N_0 für die nicht präferierte Güterbündel-Kombination ein Preisgebot i.H.v. „0,00“ abgibt bzw. einträgt.

Die folgenden Abbildungen präsentieren eine *graphisch vereinfachte* Darstellung des Bieterermittlungsprozesses des Spiels $\Gamma^{ex/B2B\text{-}Au}$ mit einem Unified-Modeling-Language-Aktivitätsdiagramm für den Fall, dass sich vier Bieter gegenübertreten, weil die Reservationspreise für die angebotenen Güterbündel-Kombinationen des Auktionators N_0 nicht höher sind als ihre jeweiligen Zahlungsbereitschaften pro Güterbündel-Kombination.

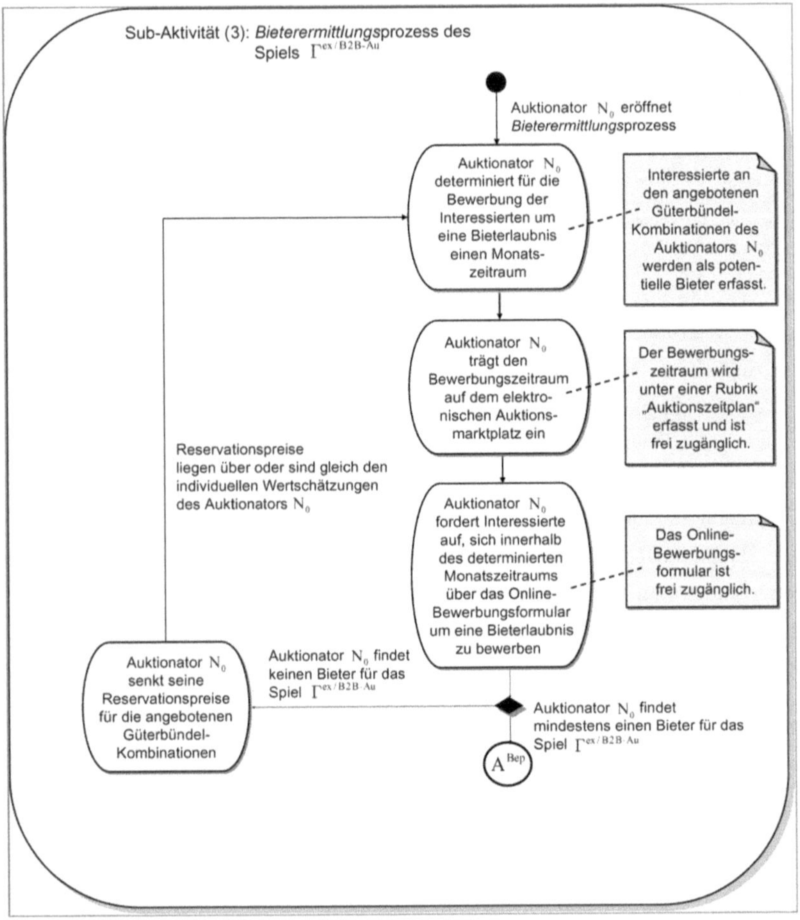

Abbildung 77: ***Bieterermittlungs*****prozess**

des Spiels (1/3)

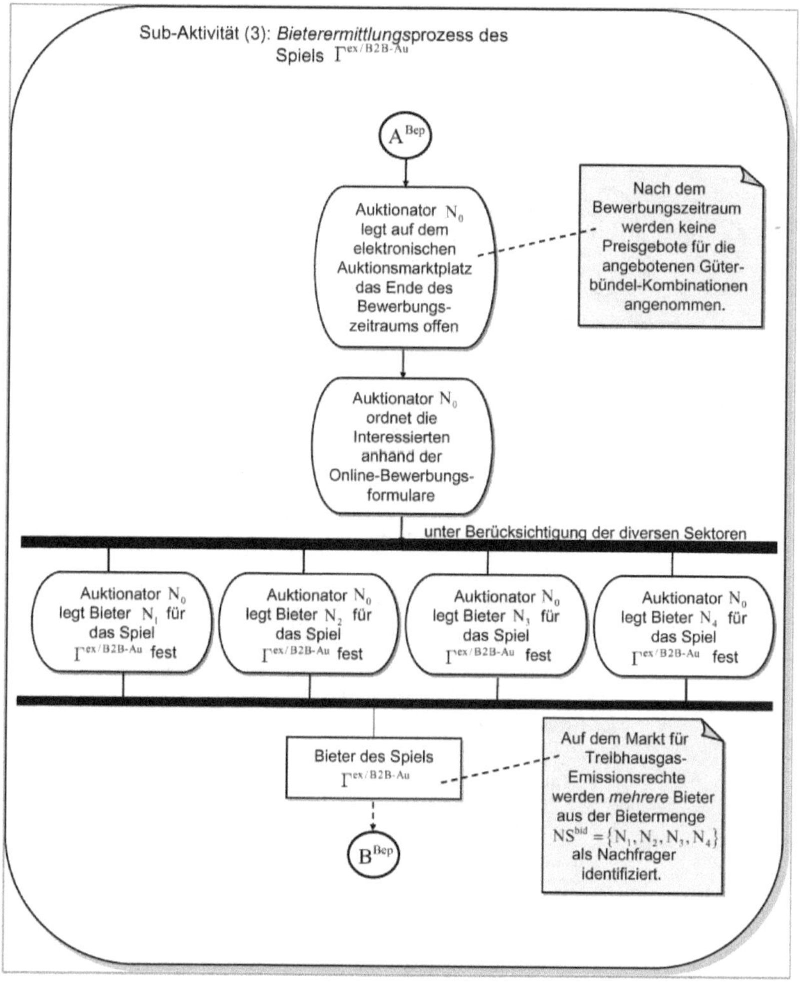

Abbildung 78: *Bieterermittlungs*prozess des Spiels (2/3)

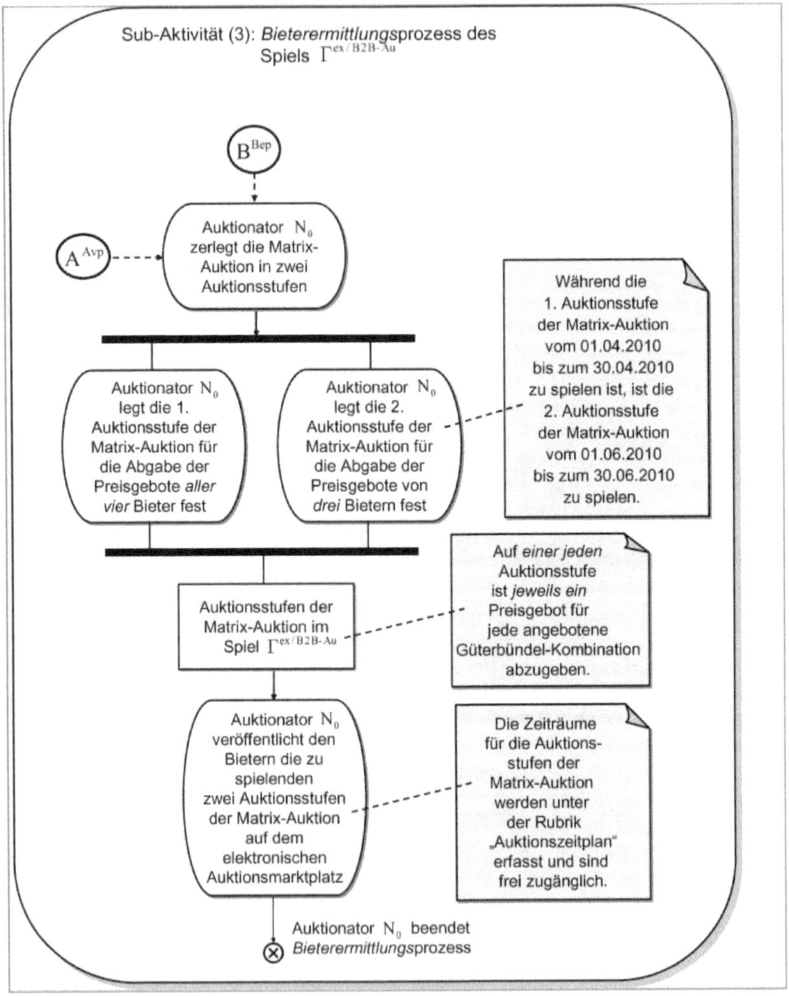

Abbildung 79: *Bieterermittlungs*prozess des Spiels (3/3)

Dem Bieterermittlungsprozess des Spiels $\Gamma^{ex/B2B\text{-}Au}$ schließt der *Spielregelnoffenlegungs*prozess des Spiels $\Gamma^{ex/B2B\text{-}Au}$ als eine folgende Sub-Aktivität an. Wie die bereits vorgestellten Sub-Prozesse eröffnet der Auktionator N_0 auch den Spielregelnoffenlegungsprozess. An eine solche Eröffnung des Spielregelnoffenlegungsprozesses folgt die Offenlegung der dem Spiel $\Gamma^{ex/B2B\text{-}Au}$ zugrunde liegenden Spielregeln durch den Auktionator N_0. Diese Offenlegung wird in Abhängigkeit von den im Auktionsvorbereitungsprozess des Spiels $\Gamma^{ex/B2B\text{-}Au}$ ausgearbeiteten Spielregeln des Spiels $\Gamma^{ex/B2B\text{-}Au}$ realisiert.

Hat der Auktionator N_0 den Bietern die Spielregeln des Spiels $\Gamma^{ex/B2B\text{-}Au}$ offengelegt, so hat er im Folgenden eine Entscheidung zu treffen. Entweder der Auktionator N_0 erhält *keine* Akzeptanz für die Spielregeln des Spiels $\Gamma^{ex/B2B\text{-}Au}$ von mindestens zwei Bietern oder er erhält eine Akzeptanz für diese Spielregeln. Im Falle der Nicht-Akzeptanz von mindestens zwei Bietern für die Spielregeln des Spiel $\Gamma^{ex/B2B\text{-}Au}$ entscheidet sich der Auktionator N_0 für die Beendigung des Spiels $\Gamma^{ex/B2B\text{-}Au}$. Demgegenüber kann der Auktionator N_0 im Falle der Akzeptanz der Bieter für die Spielregeln des Spiels $\Gamma^{ex/B2B\text{-}Au}$ mit dem Spiel $\Gamma^{ex/B2B\text{-}Au}$ fortfahren. In einer weiteren Aktion informiert der Auktionator N_0 per Electronic Mail die Bieter darüber, dass alle Bieter die Spielregeln akzeptiert haben und das Spiel $\Gamma^{ex/B2B\text{-}Au}$ weitergespielt wird. Anschließend beendet der Auktionator N_0 den Spielregelnoffenlegungsprozess.

Zu bemerken ist, dass der Auktionator N_0 bewusst keinen Verteiler für Electronic Mails erstellt, um gemäß Spielregel Rul_1 die Möglichkeit für Bieter, per Electronic Mail miteinander zu kommunizieren, auszuschließen. Denn jedes Mitglied der Verteilerliste könnte ansonsten Mitteilungen an alle Mitglieder derselben Verteilerliste verschicken oder auf Mitteilungen anderer Mitglieder antworten und auf diesem Wege über die Abgabe der Preisgebote für die angebotenen Güterbündel-Kombinationen Vereinbarungen treffen.

Die folgende Abbildung präsentiert eine *graphisch vereinfachte* Darstellung des Spielregelnoffenlegungsprozesses des Spiels $\Gamma^{ex/B2B\text{-}Au}$ mit einem Unified-Modeling-Language-Aktivitätsdiagramm.

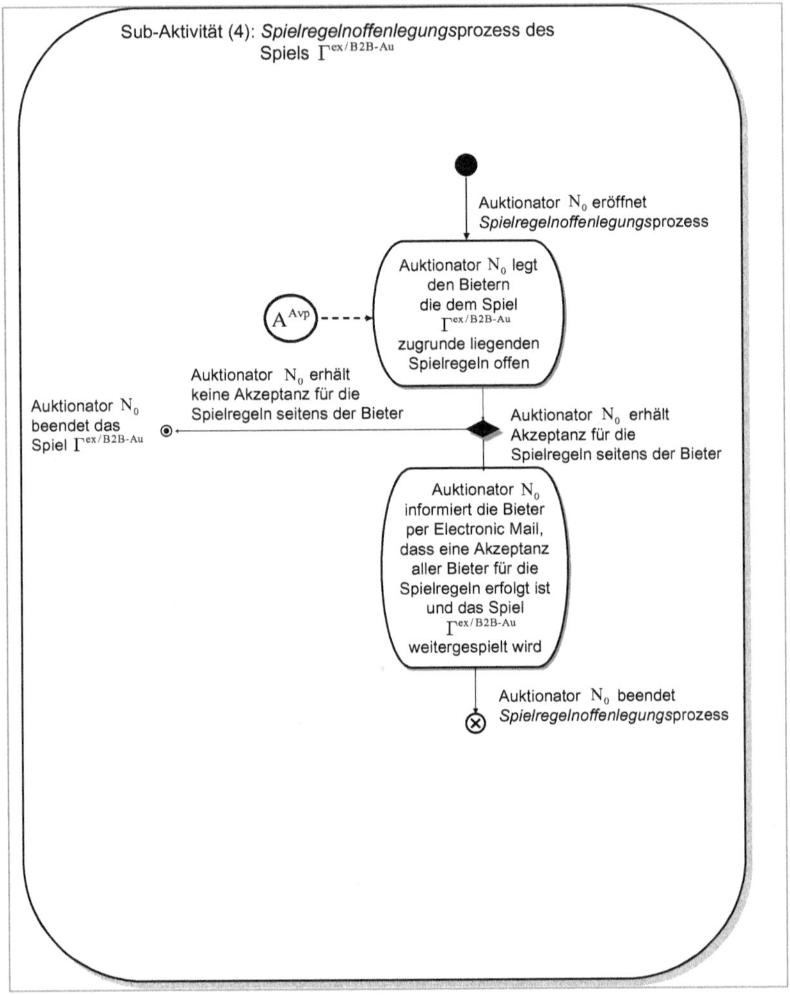

Abbildung 80: *Spielregelnoffenlegungs*prozess

des Spiels

Im Anschluss an den Spielregelnoffenlegungsprozess des Spiels $\Gamma^{ex/B2B\text{-}Au}$ fängt der *Gebotsaufforderungs-* und der *Gebotsauswertungs*prozess des Spiels $\Gamma^{ex/B2B\text{-}Au}$ an. Der Auktionator N_0 eröffnet den Gebotsaufforderungs- und Gebotsauswertungsprozess des Spiels $\Gamma^{ex/B2B\text{-}Au}$. Da nun alle Bieter des Spiels $\Gamma^{ex/B2B\text{-}Au}$ bekannt sind und diese Bieter die Spielregeln des Spiels $\Gamma^{ex/B2B\text{-}Au}$ akzeptiert haben, geht der Auktionator N_0 davon aus, dass die Bieter tatsächlich an dem Kauf der angebotenen Güterbündel-Kombinationen interessiert sind. Zunächst richtet der Auktionator N_0 für jeden Bieter einen Account, also ein elektronisches Konto mit einem von ihm frei gewählten Benutzernamen und einem von ihm frei gewählten Passwort, ein. Mit diesem Benutzernamen und diesem Passwort hat der jeweilige Bieter zum einen einen Zugang auf sein elektronisches Konto und zum anderen kann er sich hiermit für die Online-Abgabe der Preisgebote für die angebotenen Güterbündel-Kombinationen auf dem elektronischen Auktionsmarktplatz registrieren. Die Registierung auf dem elektronischen Auktionsmarktplatz ist zur Identifizierung des jeweiligen Bieters durch den Auktionator N_0 erforderlich. Das elektronische Konto wird im Falle der Zuschlagerteilung für die Übertragung der jeweils zugeschlagenen Güterbündel-Kombination(en) von dem elektronischen Konto des Auktionators N_0 auf das elektronische Konto des jeweiligen Bieters, der den Zuschlag erhalten hat, benötigt. Anschließend veröffentlicht der Auktionator N_0 einzeln den eingerichteten Account an den jeweiligen Bieter per Electronic Mail. Die Veröffentlichung per Electronic Mail soll verhindern, dass ein Bieter Zugang zu den elektronischen Konten der jeweils anderen Bieter erhält. Die Aktivierung der elektronischen Konten erfolgt automatisch, wenn die Bieter eine Electronic Mail erhalten und dort auf den Aktivierungslink geklickt haben.

Nun fordert der Auktionator N_0 von jedem Bieter gemäß der Spielregel Rul_6 die Hinterlegung der Kaution i.H.v. 100,00 € innerhalb von 20 Tagen per Banküberweisung, per Kreditkarte oder per Paypal. Wird die Kaution von mindestens zwei Bietern innerhalb dieser 20 Tage beim Auktionator N_0 hinterlegt, so setzt der Auktionator N_0 das Spiel $\Gamma^{ex/B2B\text{-}Au}$ fort. Wird demgegenüber die Kaution von mindestens zwei Bietern nicht beim Auktionator N_0 hinterlegt, so beendet der Auktionator N_0 das Spiel $\Gamma^{ex/B2B\text{-}Au}$. Je nachdem, ob beim Auktionator N_0 eine Hinterlegung der Kaution erfolgt oder nicht erfolgt, werden die Bieter über das Weiterspielen des Spiels $\Gamma^{ex/B2B\text{-}Au}$ bzw. über die Beendigung des Spiels $\Gamma^{ex/B2B\text{-}Au}$ informiert. Denkmöglich ist auch ein weiterer Fall, dass genau zwei Bieter die Kaution beim Auktionator N_0 hinterlegen. In einem solchen Fall schließt der Auktionator N_0 diejenigen Bieter, die die Kaution nicht hinterlegt haben, von der Teilnahme am Spiel $\Gamma^{ex/B2B\text{-}Au}$ aus und spielt das Spiel $\Gamma^{ex/B2B\text{-}Au}$ mit den beiden Bietern, die die Kaution jeweils hinterlegt haben, weiter.

Für die Online-Abgabe der Preisgebote für die angebotenen Güterbündel-Kombinationen stellt der Auktionator N_0 den Bietern unter einer Rubrik „Preisgebote für Güterbündel-Kombinationen" folgendes Online-Gebotsformular zur Verfügung:

Preisgebote für Güterbündel-Kombinationen

Bitte auswählen ▼	Ihr (Netto-)Preisgebot (in Euro)	
Bitte auswählen		
Güterbündel-Kombination (1)		▶ Bieten
Güterbündel-Kombination (2)		▶ Bieten
Güterbündel-Kombination (3)		▶ Bieten
Güterbündel-Kombination (4)		▶ Bieten
Güterbündel-Kombination (5)		▶ Bieten
Güterbündel-Kombination (6)		▶ Bieten
Güterbündel-Kombination (7)		▶ Bieten

Nun gibt der Auktionator N_0 am 01.04.2010 in simultanen Aktionen zum einen ein Startsignal für die Eröffnung der 1. Auktionsstufe der Matrix-Auktion im Spiel $\Gamma^{ex/B2B\text{-}Au}$ und zum anderen startet er die Stoppuhr für die 1. Auktionsstufe der Matrix-Auktion im Spiel $\Gamma^{ex/B2B\text{-}Au}$ vom 01.04.2010 bis (einschließlich) zum 30.04.2010. Die Stoppuhr ist auf dem elektronischen Auktionsmarktplatz unter der Rubrik Auktionszeitplan ersichtlich, so dass die Bieter jederzeit über die noch verbleibende Zeit für die 1. Auktionsstufe der Matrix-Auktion im Spiel $\Gamma^{ex/B2B\text{-}Au}$ informiert sind.

Anschliend fordert der Auktionator N_0 am 01.04.2010 gemäß Spielregel Rul_4 alle Bieter zur Abgabe eines zulässigen (Netto-)Preisgebots für jede angebotene Güterbündel-Kombination über das Online-Gebotsformular auf. Die Preisgebote für die angebotenen Güterbündel-Kombinationen eines Bieters N_i sind aus Anbieterperspektive genau dann *zulässig*, wenn diese Preisgebote größer oder gleich den Reservationspreisen des Auktionators N_0 für die angebotenen Güterbündel-Kombinationen sind.

Grundsätzlich wird in der Matrix-Auktion die simultane Abgabe der Preisgebote für die angebotenen Güterbündel-Kombinationen gefordert. Jedoch können die Preisgebote für die angebotenen Güterbündel-Kombinationen unter Berücksichtigung der imperfekten und unvollständigen Information der Bieter des Spiels $\Gamma^{ex/B2B\text{-}Au}$ – in diesem für die 1. Auktionsstufe der Matrix-Auktion im Spiel $\Gamma^{ex/B2B\text{-}Au}$ determinierten Monatszeitraum – entweder „zufällig" zeitgleich – simultan – oder zu unterschiedlichen Zeiten – sequentiell – abgegeben werden.

Am Ende der 1. Auktionsstufe der Matrix-Auktion im Spiel $\Gamma^{ex/B2B\text{-}Au}$, also am 30.04.2010, stoppt der Auktionator N_0 die Stoppuhr für die Beendigung der 1. Auktionsstufe der Matrix-Auktion. Unabhängig davon, ob die Bieter für *jede* angebotene Güterbündel-Kombination, nur für *einzelne* angebotene Güterbündel-Kombinationen oder aber für *keine* angebotene Güterbündel-Kombination des Auktionators N_0 ein Preisgebot abgegeben haben, gibt der Auktionator N_0 am 30.04.2010 allen Bietern ein Signal für die Beendigung der 1. Auktionsstufe der Matrix-Auktion im Spiel $\Gamma^{ex/B2B\text{-}Au}$. Im Anschluss an die 1. Auktionsstufe der Matrix-Auktion im Spiel $\Gamma^{ex/B2B\text{-}Au}$ ordnet der Auktionator N_0 tabellarisch für jede angebotene Güterbündel-Kombination einzeln die Preisgebote nach ihrer Höhe. Auf der Basis der Ordnung der Preisgebote für die angebotenen Güterbündel-Kombinationen hat der Auktionator N_0 für jede einzelne Güterbündel-Kombination einen groben Überblick über die abgegebenen Preisgebote. Liegen *alle* Preisgebote für die angebotenen Güterbündel-Kombinationen *unter* den Reservationspreisen für die angebotenen Güterbündel-Kombinationen des Auktionators N_0, so entscheidet sich der Auktionator N_0 für die Beendigung des Spiels $\Gamma^{ex/B2B\text{-}Au}$. Demgegenüber spielt der Auktionator N_0 das Spiel $\Gamma^{ex/B2B\text{-}Au}$ weiter, wenn *nicht alle* Preisgebote für die angebotenen Güterbündel-Kombinationen *unter* seinen Reservationspreisen für die angebotenen Güterbündel-Kombinationen liegen. Im Falle der Entscheidung des Auktionators N_0 für das Weiterspielen des Spiels $\Gamma^{ex/B2B\text{-}Au}$ werden zunächst alle Bieter per Electronic Mail darüber informiert, dass das Spiel $\Gamma^{ex/B2B\text{-}Au}$ weitergespielt wird.

Beispielhaft erfasst die folgende Tabelle 118 einzeln für jede angebotene Güterbündel-Kombination die Preisgebote nach ihrer Höhe[1)]. Gibt ein Bieter N_i *kein* Preisgebot für eine Güterbündel-Kombination ab, so trägt der Auktionator N_0 an dieser Güterbündel-

1) In Formeln und in Tabellen wird im Rahmen der vorliegenden Arbeit im Interesse ihrer Übersichtlichkeit auf die Angabe von Maßeinheiten und Währungseinheiten verzichtet.

Kombination ein Preisgebot i.H.v. „0,00 €“ ein. Die höchsten Preisgebote pro Güterbündel-Kombination markiert der Auktionator N_0 „fett“ und die Preisgebote für die Güterbündel-Kombinationen, die niedriger sind als seine Reservationspreise für die angebotenen Güterbündel-Kombinationen, hebt der Auktionator N_0 „kursiv“ hervor.

angebotene Güterbündel-Kombinationen gc mit gc = 1,...,7	*Preisgebote* für die angebotenen Güterbündel-Kombinationen in der 1. Auktionsstufe der Matrix-Auktion (in Euro)	*Bieter* der 1. Auktionsstufe der Matrix-Auktion
1	**480,00**	N_2
	470,00	N_3
	450,00	N_1
	0,00	N_4
2	**520,00**	N_2
	490,00	N_1
	280,00	N_4
	250,00	N_3
3	**650,00**	N_3
	530,00	N_2
	470,00	N_1
	300,00	N_4
4	**670,00**	N_3
	540,00	N_2
	510,00	N_1
	320,00	N_4
5	**700,00**	N_3
	580,00	N_2
	340,00	N_4
	0,00	N_1
6	**730,00**	N_4
	710,00	N_3
	600,00	N_2
	520,00	N_1
7	**720,00**	N_3
	650,00	N_2
	540,00	N_1
	350,00	N_4

Tabelle 118: Preisgebote für die angebotenen Güterbündel-Kombinationen der Bieter in der 1. Auktionsstufe der Matrix-Auktion im Spiel $\Gamma^{ex/B2B\text{-}Au}$

Der Auktionator N_0 zielt darauf ab, das Verkaufsangebot in der Gestalt von mehreren Güterbündel-Kombinationen über die Matrix-Auktion durch Maximierung seines Erlöses über alle Güterbündel-Kombinationen unter der Restriktion, dass keines der drei Güterbündel mehrfach versteigert werden darf, zu reallozieren. Er betrachtet sowohl die *Kombinationen* der Preisgebote pro Güterbündel-Kombination – also für die angebotenen Güterbündel-Kombinationen *(1)-(6)* – als auch *das* Preisgebot für *die* angebotene Güterbündel-Kombination *(7)*.

Während für die Kombinationen der Preisgebote für die angebotenen Güterbündel-Kombinationen (1)-(6) der Bieter im Einzelnen gilt:

- P_i^{Allo}, P_i^{ERU} und P_i^{CER},
- P_i^{Allo} und $\left(P_i^{ERU}, P_i^{CER}\right)$,
- P_i^{ERU} und $\left(P_i^{Allo}, P_i^{CER}\right)$ und
- P_i^{CER} und $\left(P_i^{Allo}, P_i^{ERU}\right)$ mit $i = \{1,2,3\}$,

gilt $\left(P_i^{Allo}, P_i^{ERU}, P_i^{CER}\right)$ mit $i = \{1,2,3\}$ für die angebotene Güterbündel-Kombination (7).

Da es sich bei den Güterbündeln um heterogene und somit nicht-substituierbare Güter handelt, wird im Folgenden von weiteren denkmöglichen Kombinationen der Preisgebote für die angebotenen Güterbündel-Kombinationen (1)-(6), wie beispielsweise die Kombination P_i^{Allo} und $\left(P_i^{Allo}, P_i^{ERU}\right)$ abgesehen. Da in der angebotenen Güterbündel-Kombination $\left(P_i^{Allo}, P_i^{ERU}\right)$ die angebotene Güterbündel-Kombination P_i^{Allo} bereits enthalten ist, erscheint diese Kombination der Verfasserin *nicht plausibel.* Bei der Kombination der Preisgebote für die angebotenen Güterbündel-Kombinationen (1)-(6) ist daher zu beachten, dass kein Güterbündel in sachlich unzulässiger Weise *mehrfach* versteigert wird.

Nun stellt der Auktionator N_0 jeweils für jeden Bieter N_i die Kombinationen der Preisgebote für die angebotenen Güterbündel-Kombinationen (1)-(6) und das Preisgebot für die angebotene Güterbündel-Kombination (7) als die Preisgebote für die „Gesamtheit" aller angebotenen Güterbündel-Kombinationen gegenüber. Der Auktionator N_0 errechnet „synthetisch" das höchste Preisgebot für die Gesamtheit aller angebotenen

Güterbündel-Kombinationen pro Bieter. Von diesen „synthetisch“ errechneten Preisgeboten ermittelt der Auktionator N_0 dann das niedrigste Preisgebot für die Gesamtheit aller angebotenen Güterbündel-Kombinationen. Mit dieser Ermittlung zielt der Auktionator N_0 darauf ab, denjenigen Bieter N_i, der das niedrigste Preisgebot für die Gesamtheit aller angebotenen Güterbündel-Kombinationen abgegeben hat, zu ermitteln und am Ende der 1. Auktionsstufe der Matrix-Auktion im Spiel $\Gamma^{ex/B2B\text{-}Au}$ diesen Bieter N_i von der weiteren Auktionsteilnahme auszuschließen.

Im Hinblick auf die beispielhafte tabellarische Ordnung der Preisgebote für die angebotenen Güterbündel-Kombinationen wertet der Auktionator N_0 zunächst die Preisgebote pro Güterbündel-Kombination für den Bieter N_1 aus. Für

- die *Kombinationen* der Preisgebote für die angebotenen Güterbündel-Kombinationen (1)-(6) des Bieters N_1 in der 1. Auktionsstufe der Matrix-Auktion im Spiel $\Gamma^{ex/B2B\text{-}Au}$ gilt im Einzelnen:

  - P_1^{Allo}, P_1^{ERU} und $P_1^{CER} = [450{,}00,\ 490{,}00 \text{ und } 470{,}00]\ 1.410{,}00$,

  - P_1^{Allo} und $\left(P_1^{ERU}, P_1^{CER}\right) = [450{,}00 \text{ und } 520{,}00]\ 970{,}00$,

  - P_1^{ERU} und $\left(P_1^{Allo}, P_1^{CER}\right) = [490{,}00 \text{ und } 0{,}00]\ 490{,}00$ und

  - P_1^{CER} und $\left(P_1^{Allo}, P_1^{ERU}\right) = [470{,}00 \text{ und } 510{,}00]\ 980{,}00$ sowie für

- *das* Preisgebot für die angebotene Güterbündel-Kombination (7) des Bieters N_1 in der 1. Auktionsstufe der Matrix-Auktion im Spiel $\Gamma^{ex/B2B\text{-}Au}$ gilt: $\left(P_1^{Allo}, P_1^{ERU}, P_1^{CER}\right) = 540{,}00\ €$.

Also ermittelt der Auktionator N_0 für die Kombination P_1^{Allo}, P_1^{ERU} und P_1^{CER} das Preisgebot i.H.v. **1.410,00 €** des Bieters N_1 als sein höchstes Preisgebot für die Gesamtheit aller angebotenen Güterbündel-Kombinationen.

Weiterhin wertet der Auktionator N_0 die Preisgebote pro Güterbündel-Kombination für den Bieter N_2 aus. Für

- die *Kombinationen* der Preisgebote für die angebotenen Güterbündel-Kombinationen (1)-(6) des Bieters N_2 in der 1. Auktionsstufe der Matrix-Auktion im Spiel $\Gamma^{ex/B2B\text{-}Au}$ gilt im Einzelnen:

  - P_2^{Allo}, P_2^{ERU} und $P_2^{CER} = [480{,}00,\ 520{,}00 \text{ und } 530{,}00]\ 1.530{,}00$,

  - P_2^{Allo} und $\left(P_2^{ERU}, P_2^{CER}\right) = [480{,}00 \text{ und } 600{,}00]\ 1.080{,}00$,

  - P_2^{ERU} und $\left(P_2^{Allo}, P_2^{CER}\right) = [520{,}00 \text{ und } 580{,}00]\ 1.100{,}00$ und

  - P_2^{CER} und $\left(P_2^{Allo}, P_2^{ERU}\right) = [530{,}00 \text{ und } 540{,}00]\ 1.070{,}00$ sowie für

- *das* Preisgebot für die angebotene Güterbündel-Kombination (7) des Bieters N_2 in der 1. Auktionsstufe der Matrix-Auktion im Spiel $\Gamma^{ex/B2B\text{-}Au}$ gilt: $\left(P_2^{Allo}, P_2^{ERU}, P_2^{CER}\right) = 650{,}00\ €$.

Folglich ermittelt der Auktionator N_0 für die Kombination P_2^{Allo}, P_2^{ERU} und P_2^{CER} das Preisgebot i.H.v. **1.530,00 €** des Bieters N_2 als sein höchstes Preisgebot für die Gesamtheit aller angebotenen Güterbündel-Kombinationen.

Dann wertet der Auktionator N_0 die Preisgebote pro Güterbündel-Kombination für den Bieter N_3 aus. Für

- die *Kombinationen* der Preisgebote für die angebotenen Güterbündel-Kombinationen (1)-(6) des Bieters N_3 in der 1. Auktionsstufe der Matrix-Auktion im Spiel $\Gamma^{ex/B2B\text{-}Au}$ gilt im Einzelnen:

  - P_3^{Allo}, P_3^{ERU} und $P_3^{CER} = [470{,}00,\ 250{,}00 \text{ und } 650{,}00]\ 1.370{,}00$,

  - P_3^{Allo} und $\left(P_3^{ERU}, P_3^{CER}\right) = [470{,}00 \text{ und } 710{,}00]\ 1.180{,}00$,

  - P_3^{ERU} und $\left(P_3^{Allo}, P_3^{CER}\right) = [250{,}00 \text{ und } 700{,}00]\ 950{,}00$ und

  - P_3^{CER} und $\left(P_3^{Allo}, P_3^{ERU}\right) = [650{,}00 \text{ und } 670{,}00]\ 1.320{,}00$ sowie für

- *das* Preisgebot für die angebotene Güterbündel-Kombination (7) des Bieters N_3 in der 1. Auktionsstufe der Matrix-Auktion im Spiel $\Gamma^{ex/B2B\text{-}Au}$ gilt: $\left(P_3^{Allo}, P_3^{ERU}, P_3^{CER}\right) = 720{,}00$ €.

Der Auktionator N_0 ermittelt für die Kombination P_3^{Allo}, P_3^{ERU} und P_3^{CER} das Preisgebot i.H.v. **1.370,00 €** des Bieters N_3 als sein höchstes Preisgebot für die Gesamtheit aller angebotenen Güterbündel-Kombinationen.

Schließlich wertet der Auktionator N_0 die Preisgebote pro Güterbündel-Kombination für den Bieter N_4 aus. Für

- die *Kombinationen* der Preisgebote für die angebotenen Güterbündel-Kombinationen (1)-(6) des Bieters N_4 in der 1. Auktionsstufe der Matrix-Auktion im Spiel $\Gamma^{ex/B2B\text{-}Au}$ gilt im Einzelnen:

  - P_4^{Allo}, P_4^{ERU} und $P_4^{CER} = [0{,}00,\ 280{,}00 \text{ und } 300{,}00]\ 580{,}00$,

  - P_4^{Allo} und $\left(P_4^{ERU}, P_4^{CER}\right) = [0{,}00 \text{ und } 730{,}00]\ 730{,}00$,

  - P_4^{ERU} und $\left(P_4^{Allo}, P_4^{CER}\right) = [280{,}00 \text{ und } 340{,}00]\ 620{,}00$ und

  - P_4^{CER} und $\left(P_4^{Allo}, P_4^{ERU}\right) = [300{,}00 \text{ und } 320{,}00]\ 620{,}00$ sowie für

- *das* Preisgebot für die angebotene Güterbündel-Kombination (7) des Bieters N_4 in der 1. Auktionsstufe der Matrix-Auktion im Spiel $\Gamma^{ex/B2B\text{-}Au}$ gilt: $\left(P_4^{Allo}, P_4^{ERU}, P_4^{CER}\right) = 350{,}00$ €.

Schließlich ermittelt der Auktionator N_0 für die Kombination P_4^{Allo} und $\left(P_4^{ERU}, P_4^{CER}\right)$ das Preisgebot i.H.v. **730,00 €** des Bieters N_4 als sein höchstes Preisgebot für die Gesamtheit aller angebotenen Güterbündel-Kombinationen.

Von diesen vier höchsten Preisgeboten der Bieter in der 1. Auktionsstufe der Matrix-Auktion im Spiel $\Gamma^{ex/B2B\text{-}Au}$ errechnet der Auktionator N_0 das niedrigste Preisgebot i.H.v. **730,00 €** für die Gesamtheit aller angebotenen Güterbündel-Kombinationen. Da dieses niedrigste Preisgebot für die Gesamtheit aller angebotenen Güterbündel-Kombinationen von Bieter N_4 abgegeben wird, schließt der Auktionator N_0 gemäß Spielregel Rul_8 am Ende der 1. Auktionsstufe der Matrix-Auktion im Spiel $\Gamma^{ex/B2B-Au}$ diesen Bieter N_4 von der weiteren Auktionsteilnahme aus. In einer Aktion informiert der Auktionator N_0 per Electronic Mail den Bieter N_4 mit dem niedrigsten Preisgebot für die Gesamtheit aller angebotenen Güterbündel-Kombinationen, dass er von der Teilnahme an der 2. Auktionsstufe der Matrix-Auktion im Spiel $\Gamma^{ex/B2B-Au}$ ausgeschlossen ist. Im Anschluss an diese Benachrichtigung erhebt der Auktionator N_0 von Bieter N_4 fixe Auktionskosten für die 1. Auktionsstufe der Matrix-Auktion i.H.v. 97,41 € und fordert anschließend per Electronic Mail von diesem Bieter N_4 gemäß Spielregel Rul_{12} die Zahlung innerhalb von 20 Tagen. Erhält der Auktionator N_0 innerhalb dieser 20 Tage die Zahlung der fixen Auktionskosten nicht, so behält er die von von diesem Bieter N_4 hinterlegte Kaution i.H.v. 100,00 € ein. Wenn demgegenüber die Zahlung der fixen Auktionskosten an den Auktionator N_0 erfolgt, so erstattet er dem Bieter N_4 die von ihm hinterlegte Kaution zurück. Die Überweisung kann nach der Präferenz des Bieters N_4 per Banküberweisung, per Kreditparte oder per Paypal erfolgen.

Zudem informiert der Auktionator N_0 auch die übrig gebliebenen Bieter – also Bieter N_1, N_2 und N_3 – per Electronic Mail darüber, dass sie in der 2. Auktionsstufe der Matrix-Auktion im Spiel $\Gamma^{ex/B2B-Au}$ erneut jeweils Preisgebote für die angebotenen Güterbündel-Kombinationen abgeben können. Eine Änderung der Reservationspreise für die angebotenen Güterbündel-Kombinationen nimmt der Auktionator N_0 nicht vor.

Zu bemerken ist, dass sich der Auktionator N_0 keine Einverständnisse der Bieter für die Teilnahme an der 2. Auktionsstufe der Matrix-Auktion im Spiel $\Gamma^{ex/B2B-Au}$ einholt. Signalisieren zwei oder alle Bieter dem Auktionator N_0, dass sie an der 2. Auktionsstufe der Matrix-Auktion im Spiel $\Gamma^{ex/B2B-Au}$ nicht teilnehmen möchten, so beendet der Auktionator N_0 das Spiel $\Gamma^{ex/B2B-Au}$ und behält die Kaution, die er von den Bietern erhalten hat, ein. Sofern die Bieter nicht signalisieren, dass sie mit ihrer Teilnahme an der 2. Auktionsstufe der Matrix-Auktion im Spiel $\Gamma^{ex/B2B-Au}$ nicht einverstanden sind, gibt der Auktionator N_0 am 01.06.2010 in simultanen Aktionen zum einen ein Startsignal für die Eröffnung der 2. Auktionsstufe der Matrix-Auktion und zum anderen startet er die Stoppuhr für die 2. Auktionsstufe der Matrix-Auktion vom 01.06.2010 bis (einschließlich) zum 30.06.2010. Zudem fordert der Auktionator N_0 am 01.06.2010 alle drei Bieter jeweils zur Abgabe von Preisgeboten für die angebotenen Güterbündel-Kombinationen über das Online-Gebotsformular im determinierten Monatszeitraum auf. Nun läuft die Stoppuhr auf dem elektronischen Auktionsmarktplatz unter der Rubrik Auktionszeitplan für die 2. Auktionsstufe der Matrix-Auktion im Spiel $\Gamma^{ex/B2B\text{-}Au}$ und informiert die Bieter jederzeit über die noch verbleibende Zeit für die Abgabe der Preisgebote für die angebotenen Güterbündel-Kombinationen.

Unter Berücksichtigung der imperfekten und unvollständigen Information der Bieter der 2. Auktionsstufe der Matrix-Auktion im Spiel $\Gamma^{ex/B2B\text{-}Au}$ können die Bieter ihre Preisgebote für die angebotenen Güterbündel-Kombinationen entweder „zufällig" zeitgleich oder zu unterschiedlichen Zeiten abgeben.

Am Ende der 2. Auktionsstufe der Matrix-Auktion im Spiel $\Gamma^{ex/B2B\text{-}Au}$, also am 30.06.2010, stoppt der Auktionator N_0 die Stoppuhr für die Beendigung der 2. Auktionsstufe der Matrix-Auktion im Spiel $\Gamma^{ex/B2B\text{-}Au}$. In einer weiteren simultanen Aktion gibt der Auktionator N_0 am 30.06.2010 – unabhängig davon, ob die Bieter für *jede* angebotene Güterbündel-Kombination, nur für *einzelne* angebotene Güterbündel-Kombinationen oder aber für *keine* angebotene Güterbündel-Kombination ein Preisgebot abgegeben haben – den Bietern ein Signal für die Beendigung der 2. Auktionsstufe der Matrix-Auktion im Spiel $\Gamma^{ex/B2B\text{-}Au}$. Anschließend ordnet der Auktionator N_0 erneut tabellarisch für jede angebotene Güterbündel-Kombination einzeln die Preisgebote nach ihrer Höhe. Wird für eine Güterbündel-Kombination kein Preisgebot abgegeben, so wird an dieser Güterbündel-Kombination ein Preisgebot i.H.v. „0,00 €" eingetragen. Die höchsten Preisgebote pro Güterbündel-Kombination markiert der Auktionator N_0 „fett" und die Preisgebote für die Güterbündel-Kombinationen, die niedriger sind als seine Reservationspreise für die angebotenen Güterbündel-Kombinationen, hebt der Auktionator N_0 „kursiv" hervor.

Die folgende Tabelle 119 stellt beispielhaft die Preisgebote für die angebotenen Güterbündel-Kombinationen der drei Bieter in der 2. Auktionsstufe der Matrix-Auktion im Spiel $\Gamma^{ex/B2B\text{-}Au}$ dar[1)].

1) In Formeln und in Tabellen wird im Rahmen der vorliegenden Arbeit im Interesse ihrer Übersichtlichkeit auf die Angabe von Maßeinheiten und Währungseinheiten verzichtet.

angebotene Güterbündel-Kombinationen gc mit gc = 1,...,7	*Preisgebote* für die angebotenen Güterbündel-Kombinationen in der 2. Auktionsstufe der Matrix-Auktion (in Euro)	*Bieter* der 2. Auktionsstufe der Matrix-Auktion
1	**320,00**	N_1
	280,00	N_2
	0,00	N_3
2	**830,00**	N_3
	240,00	N_1
	190,00	N_2
3	**850,00**	N_3
	40,00	N_2
	0,00	N_1
4	**910,00**	N_3
	620,00	N_1
	550,00	N_2
5	**940,00**	N_3
	590,00	N_2
	430,00	N_1
6	**690,00**	N_1
	660,00	N_2
	0,00	N_3
7	**1.020,00**	N_2
	1.010,00	N_1
	0,00	N_3

Tabelle 119:

Preisgebote für die angebotenen Güterbündel-Kombinationen der Bieter in der 2. Auktionsstufe der Matrix-Auktion im Spiel $\Gamma^{ex/B2B\text{-}Au}$

Hat der Auktionator N_0 die Preisgebote für die angebotenen Güterbündel-Kombinationen der drei Bieter aus der 2. Auktionsstufe der Matrix-Auktion im Spiel $\Gamma^{ex/B2B\text{-}Au}$ tabellarisch geordnet und ausgewertet, so informiert er die Bieter über den Termin, an dem die Ergebnisse der Matrix-Auktion im Spiel $\Gamma^{ex/B2B\text{-}Au}$ auf dem elektronischen Auktionsmarktplatz unter einer Rubrik „Auktionsergebnisse" anonymisiert veröffentlicht werden. Der Auktionator N_0 präferiert eine anoymisierte Veröffentlichung der Auktionsergebnisse gegenüber einer Benachrichtigung der Bieter per Electronic Mail, um den Verkauf der angebotenen Güterbündel-Kombinationen auch denjenigen Unternehmen bekannt zu machen, die an dieser Matrix-Auktion im Spiel $\Gamma^{ex/B2B\text{-}Au}$ nicht teilgenommen haben oder nicht teilnehmen konnten, weil sie beispielsweise im Anschluss an die 1. Auktionsstufe der Matrix-Auktion im Spiel $\Gamma^{ex/B2B\text{-}Au}$ von der weiteren Auktionsteilnahmen ausgeschlossen wurden. Die anonymisierte Veröffentlichung erfolgt formalsprachig, d.h. mit Bieter „N_1", „N_2" oder / und „N_3" je nachdem, welcher oder welche Bieter den Zuschlag für die angebotenen Güterbündel-Kombinationen erhält bzw. erhalten.

Schließlich beendet der Auktionator N_0 den Gebotsaufforderungs- und Gebotsauswertungsprozess des Spiels $\Gamma^{ex/B2B\text{-}Au}$.

Die folgenden Abbildungen präsentieren eine *graphisch vereinfachte* Darstellung des Gebotsaufforderungs- und Gebotsauswertungsprozesses des Spiels $\Gamma^{ex/B2B\text{-}Au}$ mit jeweils einem Unified-Modeling-Language-Aktivitätsdiagramm.

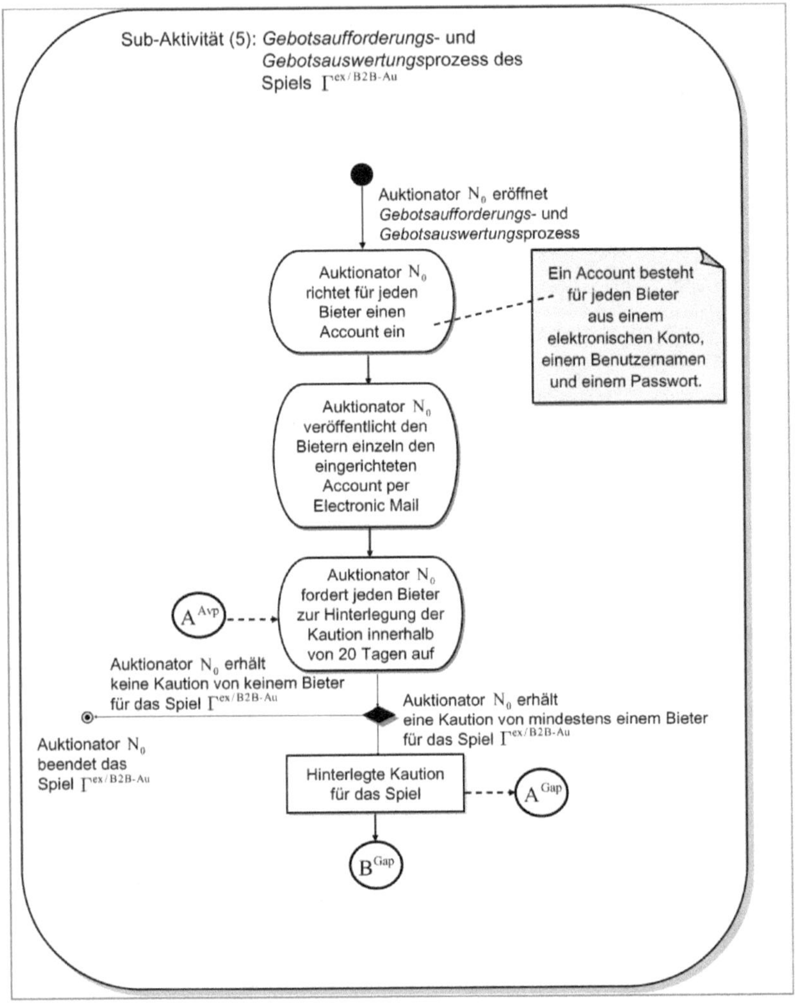

Abbildung 81: ***Gebotsaufforderungs- und Gebotsauswertungs*****prozess des Spiels (1/12)**

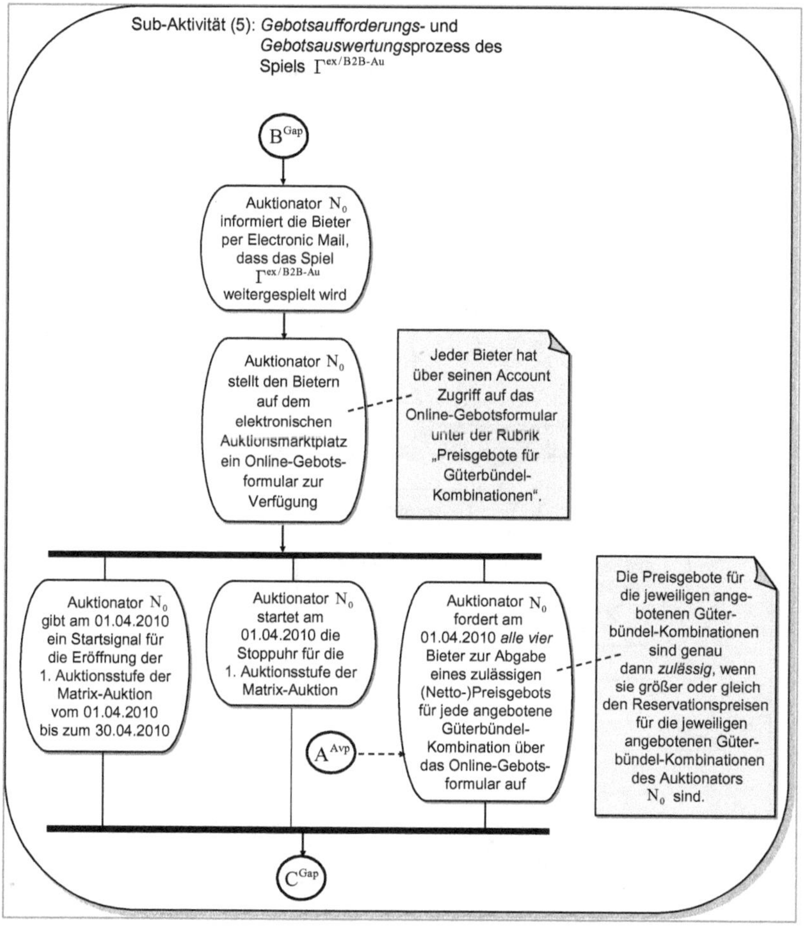

Abbildung 82: ***Gebotsaufforderungs- und Gebotsauswertungs*prozess des Spiels (2/12)**

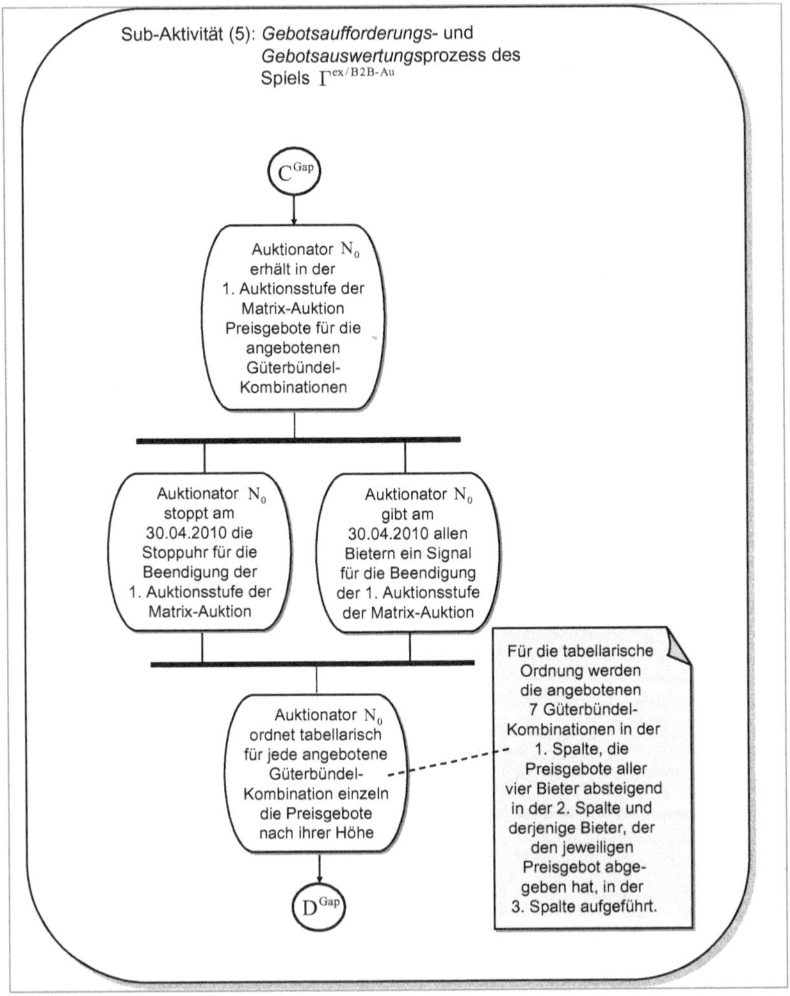

Abbildung 83: *Gebotsaufforderungs- und Gebotsauswertungs*prozess des Spiels (3/12)

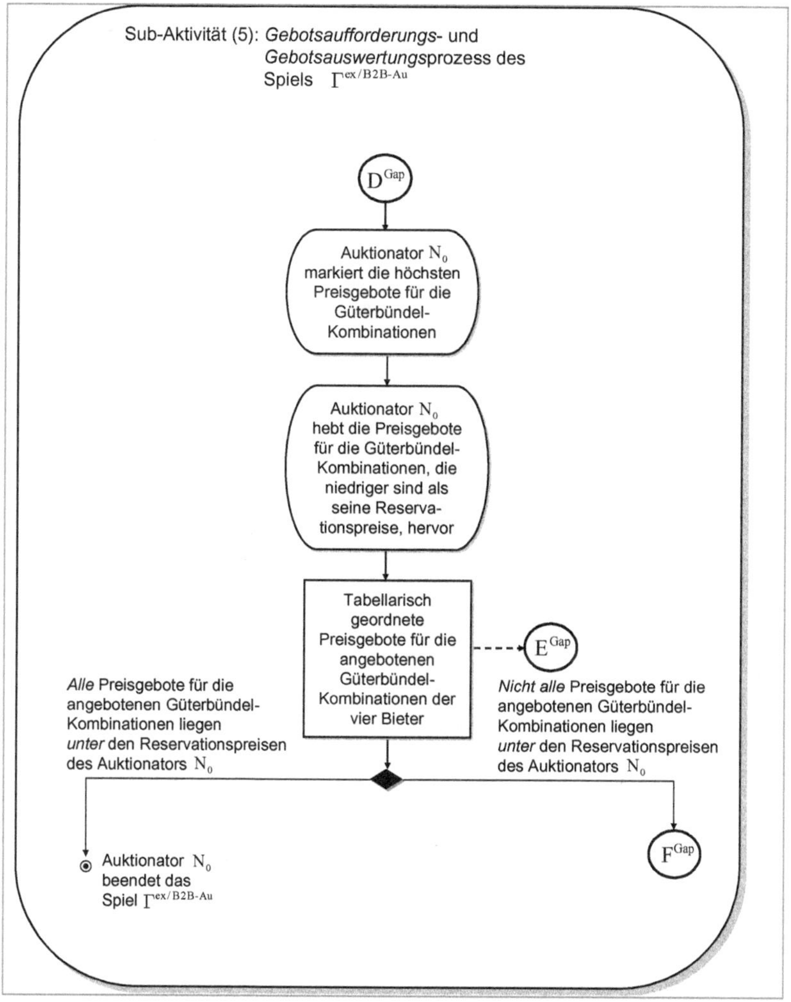

Abbildung 84: ***Gebotsaufforderungs- und Gebotsauswertungs*****prozess des Spiels (4/12)**

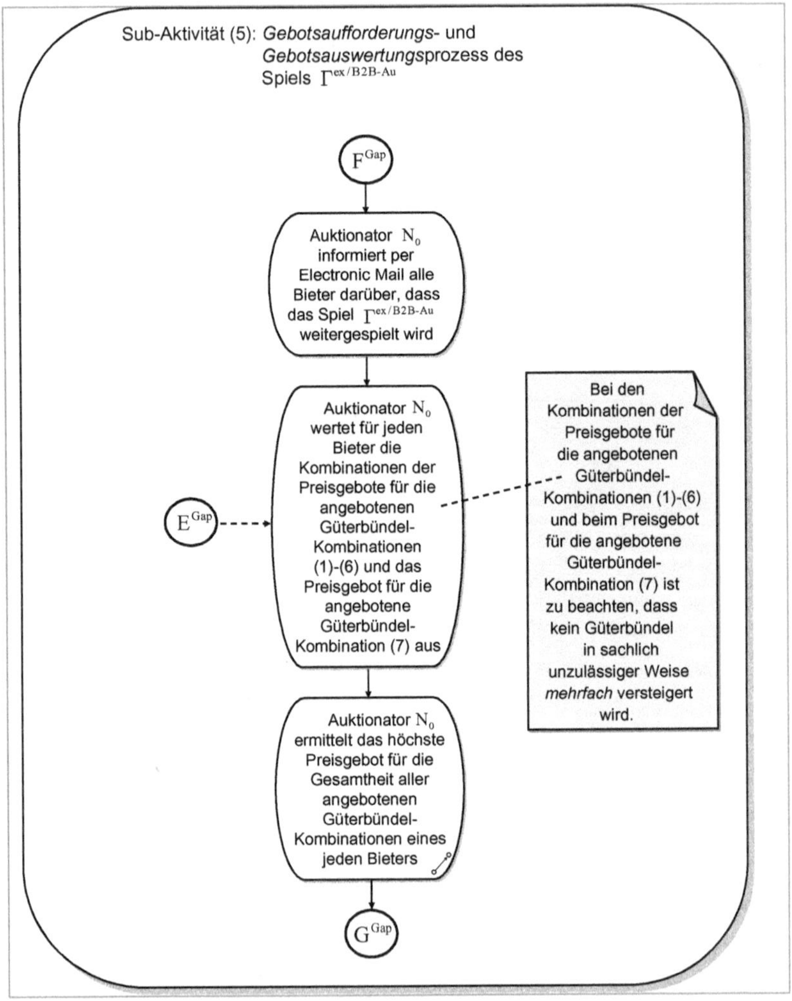

Abbildung 85: *Gebotsaufforderungs- und Gebotsauswertungs*prozess des Spiels (5/12)

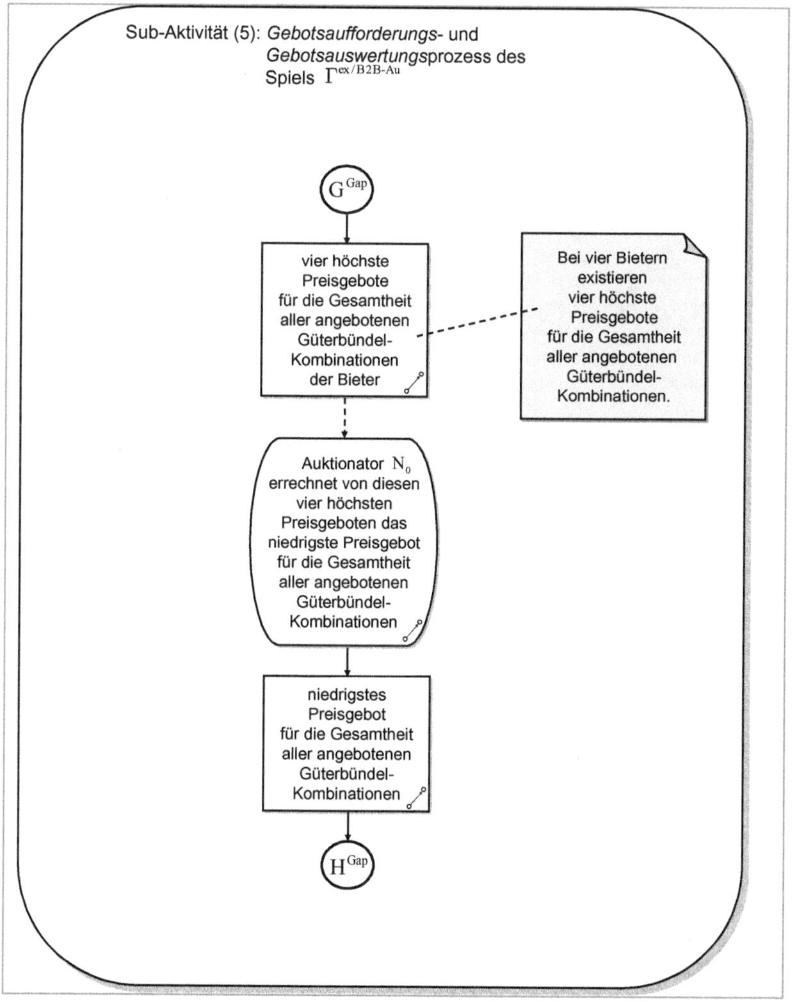

Abbildung 86: *Gebotsaufforderungs- und Gebotsauswertungs*prozess des Spiels (6/12)

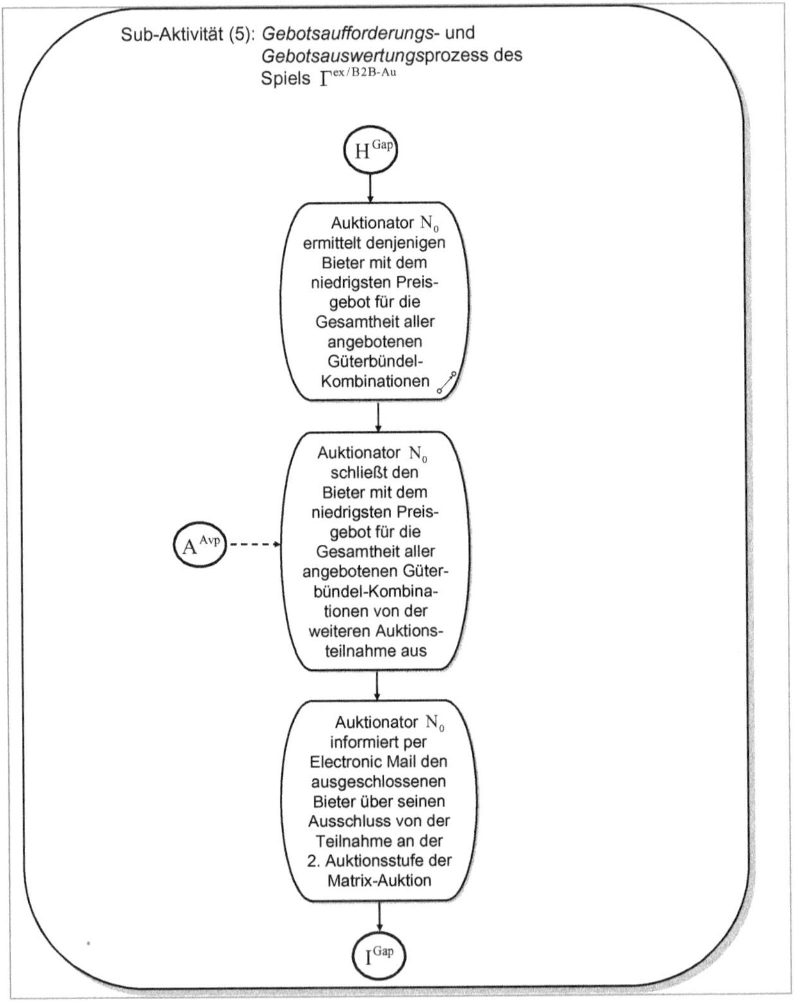

Abbildung 87: *Gebotsaufforderungs- und Gebotsauswertungs*prozess des Spiels (7/12)

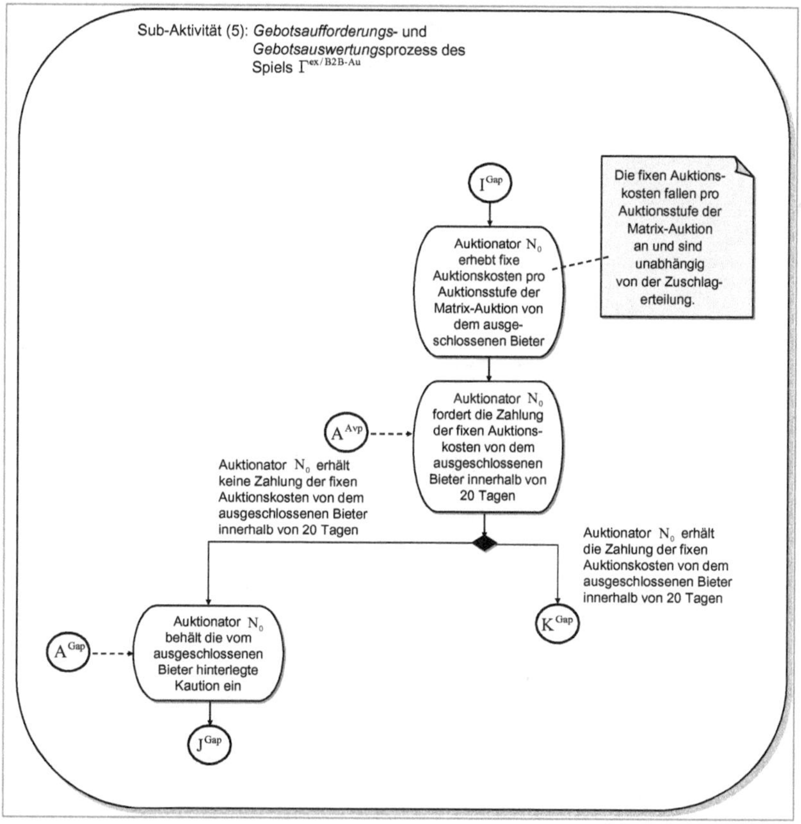

Abbildung 88: ***Gebotsaufforderungs- und Gebotsauswertungs*prozess des Spiels (8/12)**

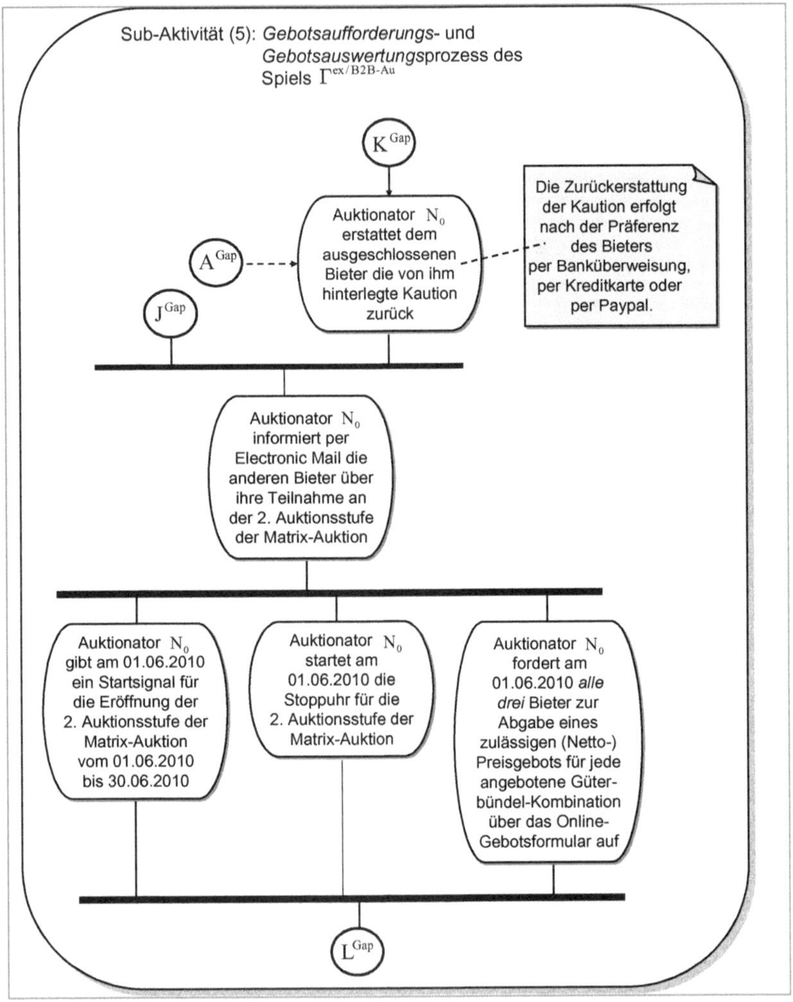

Abbildung 89: ***Gebotsaufforderungs- und Gebotsauswertungs*****prozess des Spiels (9/12)**

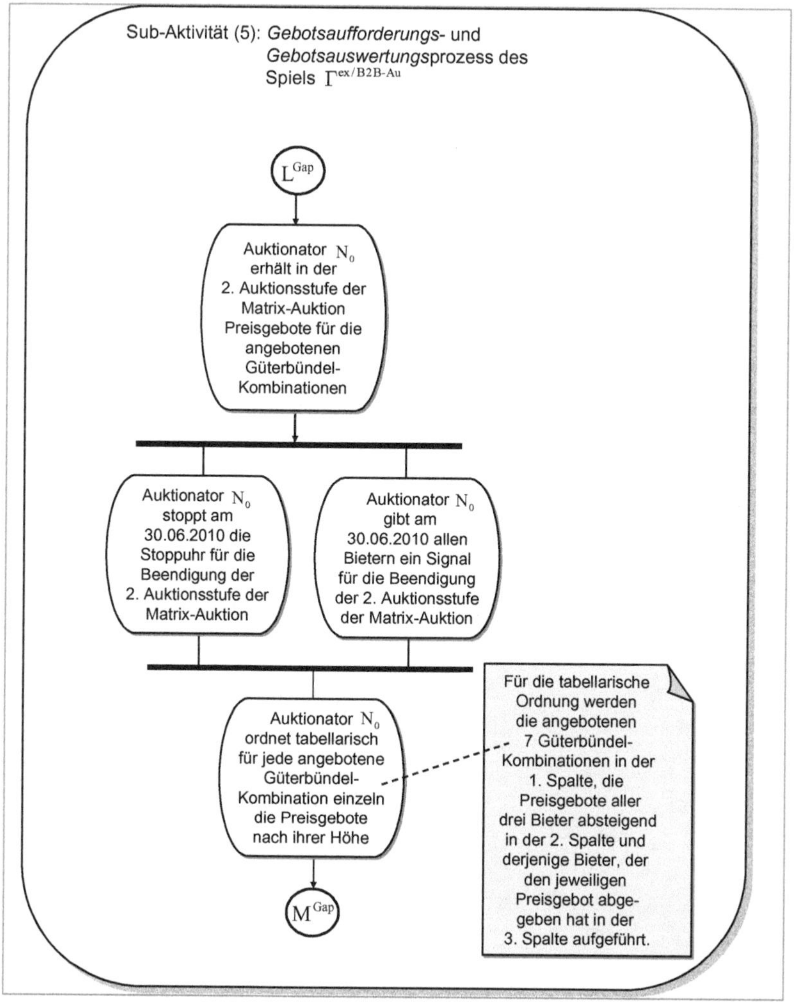

Abbildung 90: ***Gebotsaufforderungs- und Gebotsauswertungs*prozess des Spiels (10/12)**

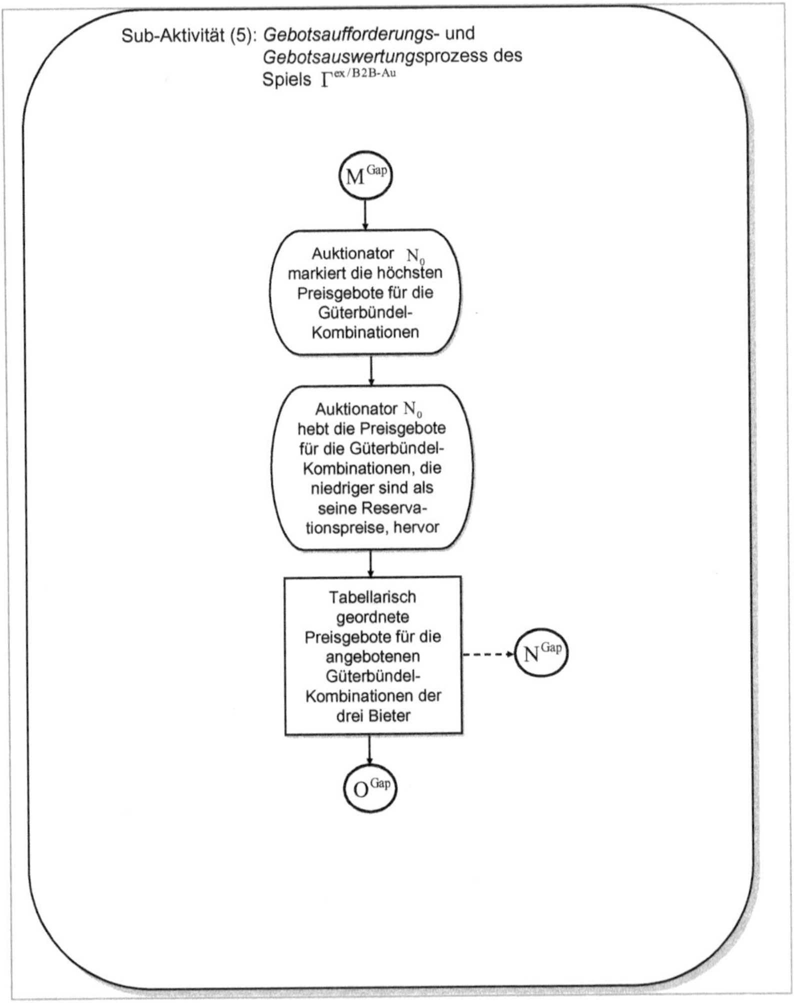

Abbildung 91: *Gebotsaufforderungs- und Gebotsauswertungs*prozess des Spiels (11/12)

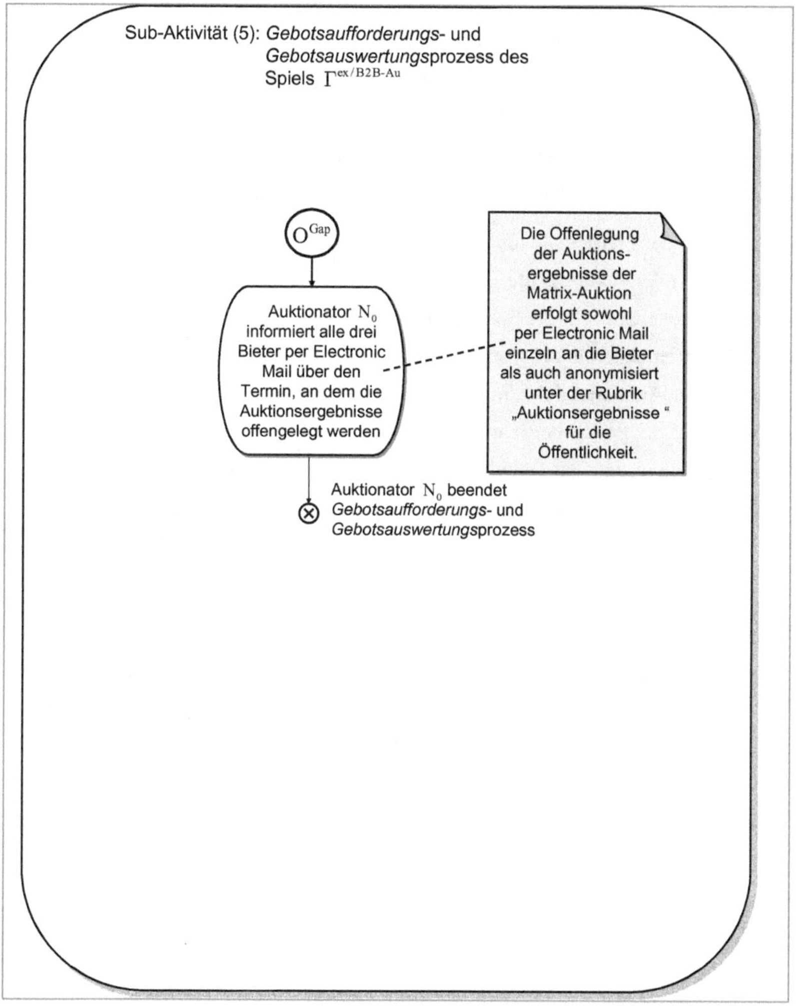

Abbildung 92: ***Gebotsaufforderungs- und Gebotsauswertungs*prozess des Spiels (12/12)**

Im Gebotsaufforderungs- und Gebotsauswertungsprozess des Spiels $\Gamma^{ex/B2B-Au}$ hat der Auktionator N_0 die Preisgebote für die angebotenen Güterbündel-Kombinationen der drei Bieter, die an der 2. Auktionsstufe der Matrix-Auktion im Spiel $\Gamma^{ex/B2B-Au}$ teilgenommen haben, tabellarisch geordnet und ausgewertet. Diesem Gebotsaufforderungs- und Gebotsauswertungsprozess des Spiels $\Gamma^{ex/B2B-Au}$ folgt nun der *Verkaufspreisermittlungs*prozesses des Spiels $\Gamma^{ex/B2B-Au}$. Der Auktionator N_0 eröffnet den Verkaufspreisermittlungsprozesses des Spiels $\Gamma^{ex/B2B-Au}$, um in diesem Sub-Prozess die Verkaufspreise für die angebotenen Güterbündel-Kombinationen zu ermitteln.

Auf der Basis der Preisgebote für die angebotenen Güterbündel-Kombinationen der drei Bieter aus der 2. Auktionsstufe der Matrix-Auktion erstellt der Auktionator N_0 nun eine Preisgebotsmatrix. In die Spalten der Preisgebotsmatrix trägt der Auktionator N_0 die angebotenen Güterbündel-Kombinationen ein und die Zeilen der Preisgebotsmatrix beschriftet der Auktionator N_0 mit den jeweiligen Bietern – also mit N_1, N_2 und mit N_3. Den Kern der Preisgebotsmatrix füllt der Auktionator N_0 mit den Preisgeboten der Bieter für die angebotenen Güterbündel-Kombinationen. Schließlich erhält er im Hinblick auf die beispielhaften Preisgebote für die angebotenen Güterbündel-Kombinationen aus der 2. Auktionsstufe der Matrix-Auktion im Spiel $\Gamma^{ex/B2B-Au}$ folgende Preisgebotsmatrix.

Unter Berücksichtigung der gespaltenen Auktionsregel der Matrix-Auktion – der Pricing-per-column-Regel – wird in Tabelle 120 das höchste Preisgebot je Güterbündel-Kombination „fett“ und das zweithöchste Preisgebot je Güterbündel-Kombination „kursiv“ hervorgehoben.

Bieter der 2. Auktionsstufe der Matrix-Auktion	*angebotene Güterbündel-Kombinationen* gc mit $gc = 1,...,7$						
	1	2	3	4	5	6	7
Bieter N_1	**290,00**	*200,00*	*180,00*	510,00	520,00	430,00	750,00
Bieter N_2	*280,00*	190,00	40,00	*550,00*	*590,00*	*660,00*	**1.020,00**
Bieter N_3	140,00	**360,00**	**390,00**	**700,00**	**720,00**	**750,00**	*800,00*

Tabelle 120: Preisgebotsmatrix des Auktionators N_0

Auf der Basis dieser Preisgebote ermittelt der Auktionator N_0 gemäß Spielregel Rul_9 das Erlösmaximum über alle Güterbündel-Kombinationen unter der Restriktion, dass kein Güterbündel mehrfach versteigert wird.

In Anlehnung an die in Kapitel 4.4 ermittelten Bietstrategiekombination $bidp^*_{h_4}$ mit $bidp^*_{h_4} = \left(bid^*_{1.h_4(1)}, bid^*_{2.h_4(2)}, bid^*_{3.h_4(3)}\right)$, die für jeden Bieter N_i aus der Bietermenge NS^{bidd} ein schwaches NASH-Gleichgewicht darstellt, wird unter der Restriktion, dass kein Güterbündel mehrfach versteigert wird, folgender Zuschlagpreis für die angebotenen Güterbündel-Kombinationen festgelegt:

angebotene Güterbündel-Kombinationen	*Zuschlagpreis* (exkl. MwSt von 19% in Euro)
Güterbündel-Kombination 1	280,00
Güterbündel-Kombination 2	–
Güterbündel-Kombination 3	–
Güterbündel-Kombination 4	–
Güterbündel-Kombination 5	–
Güterbündel-Kombination 6	660,00
Güterbündel-Kombination 7	–

Anschließend legt der Auktionator N_0 denjenigen Bieter fest, der das höchste Preisgebot für die angebotene Güterbündel-Kombination abgegeben hat.

Für die Bietstrategiekombination $\text{bidp}^{*}_{h_4}$ in Kapitel 4.4 gilt folgende Bieterzuordnung:

angebotene Güterbündel-Kombinationen	*Zuschlagpreis* (exkl. MwSt von 19% in Euro)	*Bieter*
Güterbündel-Kombination 1	280,00	N_1
Güterbündel-Kombination 2	–	–
Güterbündel-Kombination 3	–	–
Güterbündel-Kombination 4	–	–
Güterbündel-Kombination 5	–	–
Güterbündel-Kombination 6	660,00	N_3
Güterbündel-Kombination 7	–	–

Sowohl der Bieter, der den Zuschlag für eine angebotene Güterbündel-Kombination erhalten hat, als auch alle anderen Bieter, die keinen Zuschlag für eine angebotene Güterbündel-Kombination erhalten haben, werden per Electronic Mail informiert. Dem Bieter, der den Zuschlag für eine angebotene Güterbündel-Kombination erhalten hat, gibt der Auktionator zudem den Zuschlagpreis (exkl. MwSt von 19%) bekannt. Unter der Rubrik Auktionsergebnisse erfolgt die anonymisierte Veröffentlichung der Auktionsergebnisse für jede angebotene Güterbündel-Kombination des Auktionators N_0 in der folgenden Gestalt:

Auktionsergebnisse

angebotene Güterbündel-Kombination	*Bieter*	*Zuschlag* erteilt	*Zuschlagpreis* (exkl. MwSt von 19% in Euro)
Güterbündel-Kombination (1)		ja nein	
Güterbündel-Kombination (2)		ja nein	
Güterbündel-Kombination (3)		ja nein	
Güterbündel-Kombination (4)		ja nein	
Güterbündel-Kombination (5)		ja nein	
Güterbündel-Kombination (6)		ja nein	
Güterbündel-Kombination (7)		ja nein	

Im Falle der Zuschlagserteilung kreuzt der Auktionator N_0 jeweils das Feld „ja" an und legt den Zuschlagpreis (exkl. MwSt von 19%) für jede angebotene Güterbündel-Kombination offen. Und im Falle, dass der Auktionator N_0 keinen Zuschlag für einzelne angebotene Güterbündel-Kombinationen erteilt, kreuzt er das Feld „nein" an und trägt keinen Zuschlagpreis ein.

Schließlich beendet der Auktionator N_0 den Verkaufspreisermittlungsprozesses des Spiels $\Gamma^{ex/B2B\text{-}Au}$.

Die folgenden Abbildungen präsentieren eine *graphisch vereinfachte* Darstellung des *Verkaufspreisermittlungs*prozesses des Spiels $\Gamma^{ex/B2B\text{-}Au}$ mit jeweils einem Unified-Modeling-Language-Aktivitätsdiagramm.

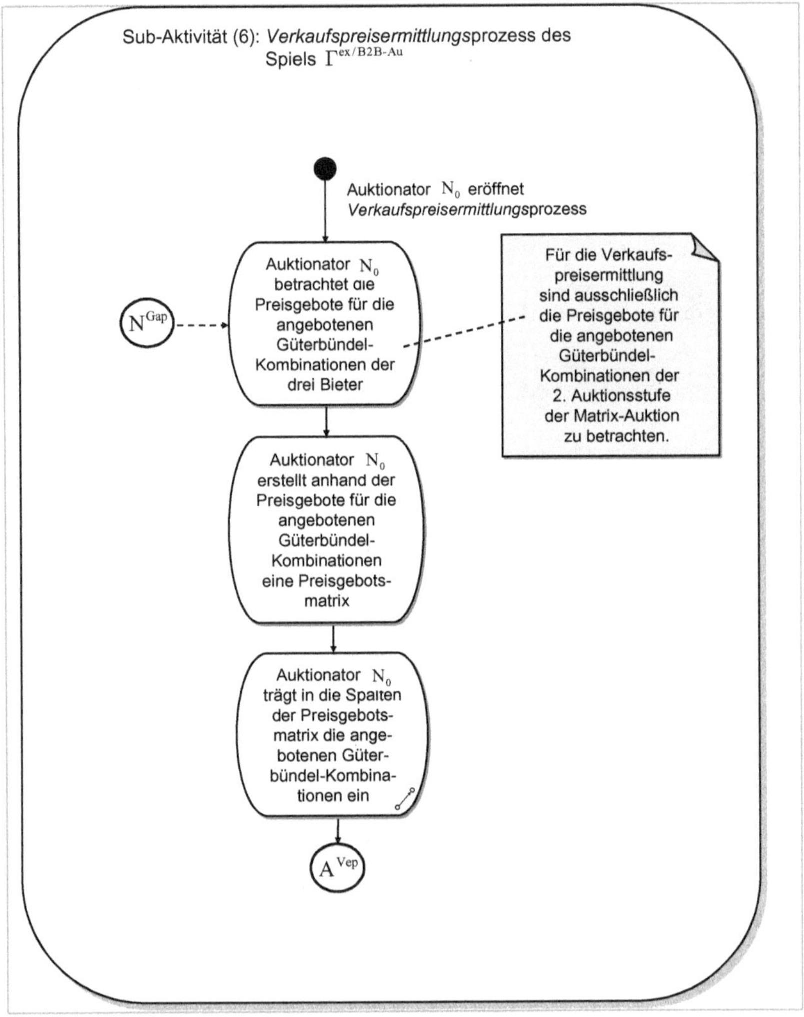

Abbildung 93: *Verkaufspreisermittlungs*prozess des Spiels (1/5)

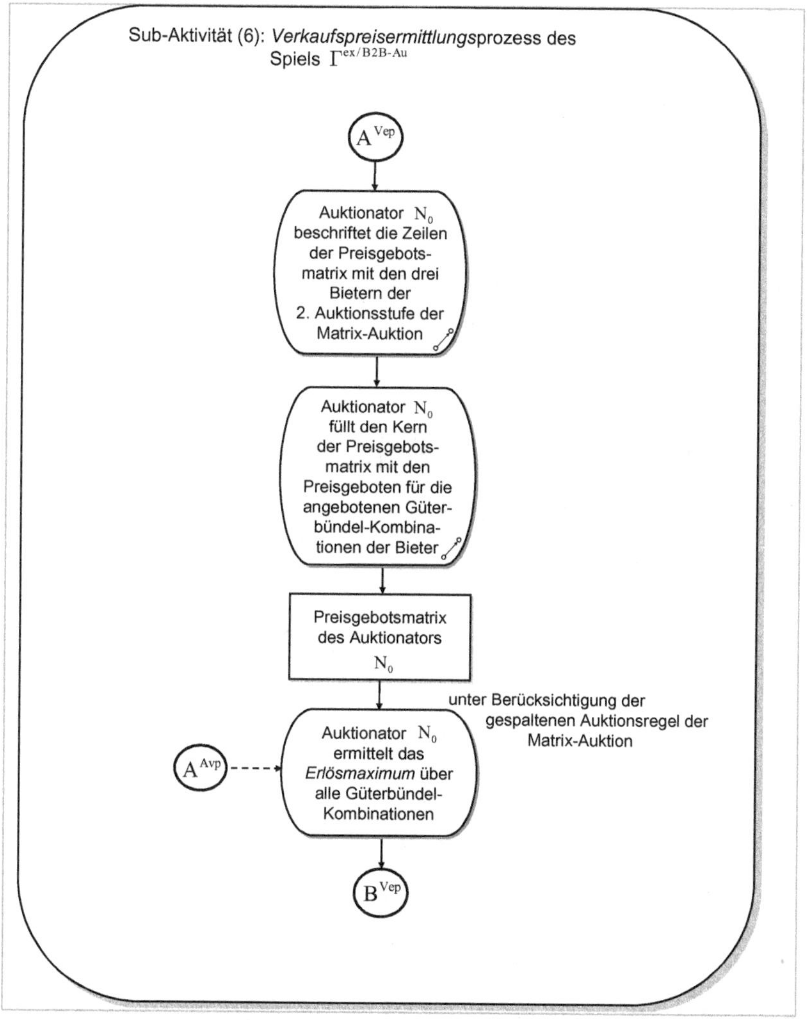

Abbildung 94: *Verkaufspreisermittlungs*prozess des Spiels (2/5)

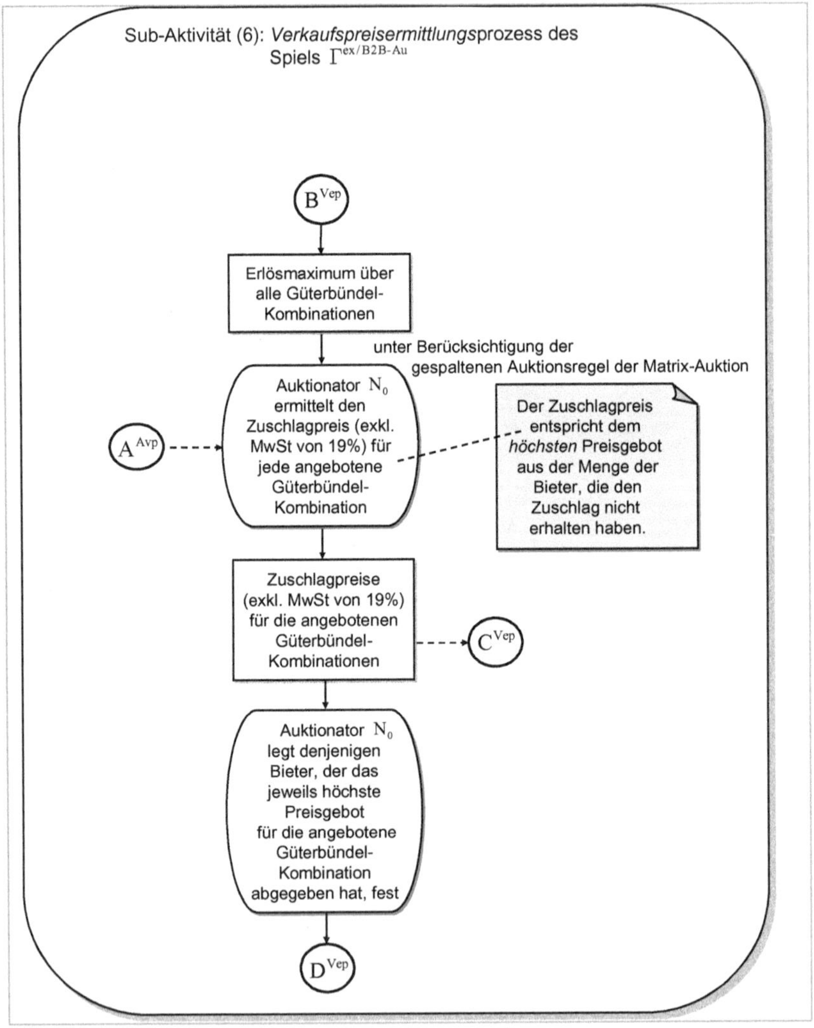

Abbildung 95: *Verkaufspreisermittlungs*prozess des Spiels (3/5)

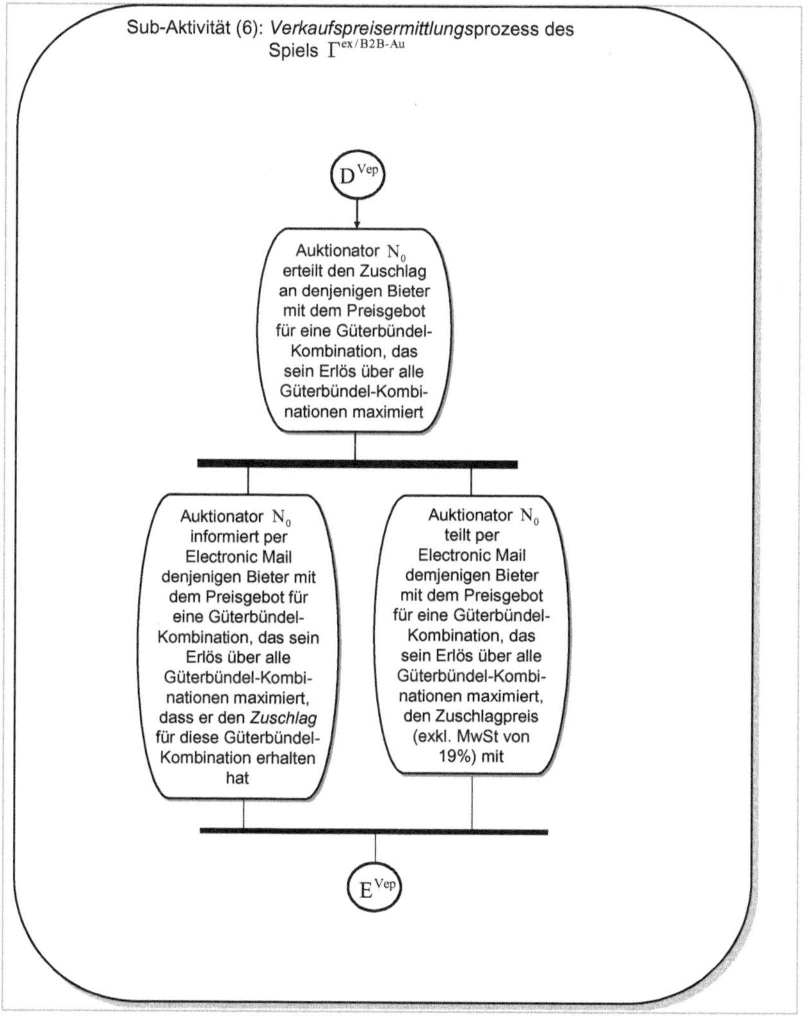

Abbildung 96: *Verkaufspreisermittlungs*prozess des Spiels (4/5)

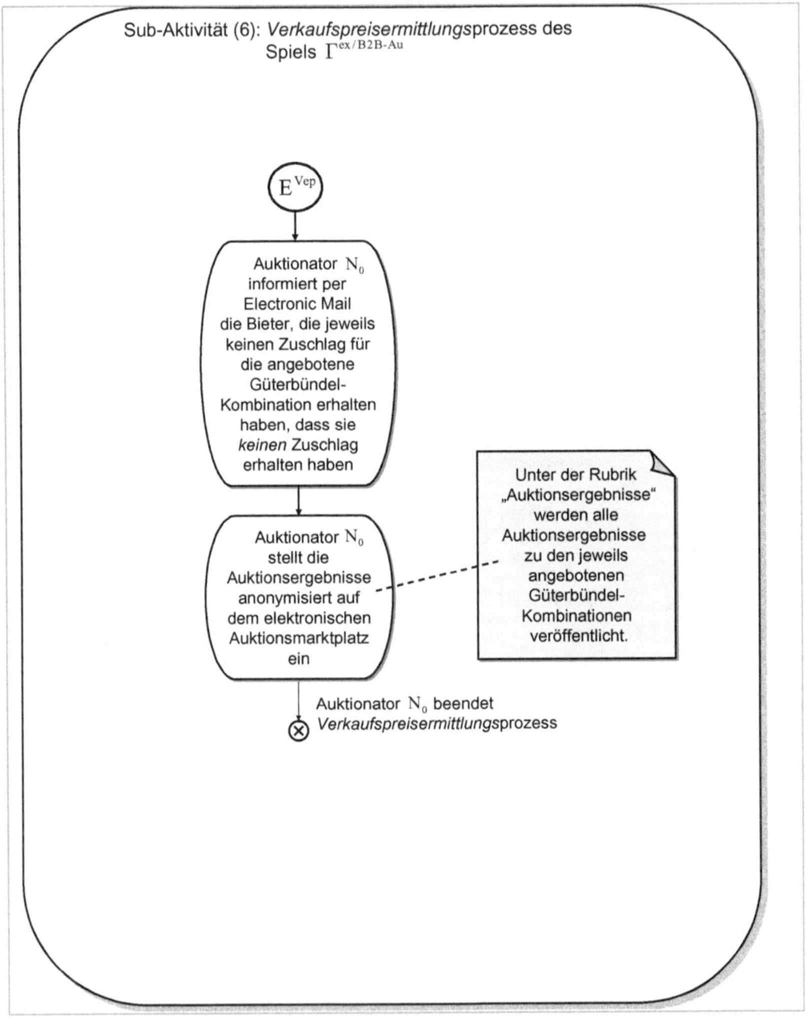

Abbildung 97: *Verkaufspreisermittlungs*prozess des Spiels (5/5)

Im Anschluss an den Verkaufspreisermittlungsprozesses des Spiels $\Gamma^{ex/B2B\text{-}Au}$ hat der Auktionator N_0 im *Auktionserlösermittlungs*prozess des Spiels $\Gamma^{ex/B2B\text{-}Au}$ sein Spielergebnis $Proc_0$ als Gewinn zu ermitteln. Also eröffnet der Auktionator N_0 den Auktionserlösermittlungsprozesses des Spiels $\Gamma^{ex/B2B\text{-}Au}$. Der Auktionator N_0 stellt zunächst sein Spielergebnis $Proc_0$ auf. Im Falle der Zuschlagserteilung ist das Spielergebnis $Proc_0$ des Auktionators N_0 sowohl von den variablen und fixen Auktionskosten der Bieter als auch von dem Erlös aus den tatsächlich versteigerten Güterbündel-Kombinationen – dem Auktionserlös –, seinen individuellen Wertschätzungen für die angebotenen Güterbündel-Kombinationen und von seinen fixen Auktionskosten abhängig. Demgegenüber hat der Auktionator N_0 im Falle einer „erfolglosen" Auktionsdurchführung die fixen Auktionskosten zu tragen. Daher kalkuliert der Auktionator N_0 schrittweise die einzelnen Komponenten seines Spielergebnisses $Proc_0$.

Die Aktion des Auktionators N_0 zur Festlegung seines Spielergebnisses $Proc_0$ kann in die folgenden Sub-Aktionen differenziert werden: Zunächst kalkuliert der Auktionator N_0 die variablen Auktionskosten i.H.v. 22,73 € pro abgegebenes Preisgebot für die angebotenen Güterbündel-Kombinationen desjenigen Bieters oder derjenigen Bieter, der bzw. die ein Zuschlag für eine angebotene Güterbündel-Kombination erhalten hat bzw. haben.

Dann errechnet der Auktionator N_0 die fixen Auktionskosten i.H.v. 97,41 € pro Auktionsstufe. Diese fixen Auktionskosten fallen in einer jeden Auktionsstufe der Matrix-Auktion an und sind von *allen* Bietern zu zahlen. D.h., auch derjenige Bieter, der im Anschluss an die 1. Auktionsstufe der Matrix-Auktion von der weiteren Auktionsteilnahme ausgeschlossen wurde und keinen Zuschlag für eine angebotene Güterbündel-Kombination erhalten hat, ist zur Zahlung der fixen Auktionskosten verpflichtet. Diejenigen Bieter, die sowohl an der 1. Auktionsstufe als auch an der 2. Auktionsstufe der Matrix-Auktion teilgenommen haben, haben für beide Auktionsstufen der Matrix-Auktion jeweils fixe Auktionskosten zu zahlen.

Seine individuellen Wertschätzungen für die angebotenen Güterbündel-Kombinationen hatte der Auktionator N_0 bereits im Rahmen des Verkaufsangebotserstellungs- und Verkaufsangebotsofferierungsprozess festgelegt. Für diese individuellen Wertschätzungen pro angebotene Güterbündel-Kombination gilt weiterhin:

- $\text{value}_0^{\text{estim.Allo}} = 150{,}00\ €$,
- $\text{value}_0^{\text{estim.ERU}} = 180{,}00\ €$,
- $\text{value}_0^{\text{estim.CER}} = 290{,}00\ €$,
- $\text{value}_0^{\text{estim.Allo.ERU}} = 300{,}00\ €$,
- $\text{value}_0^{\text{estim.Allo.CER}} = 350{,}00\ €$,
- $\text{value}_0^{\text{estim.ERU.CER}} = 400{,}00\ €$ und
- $\text{value}_0^{\text{estim.Allo.ERU.CER}} = 500{,}00\ €$.

Der Auktionator N_0 stellt sein Spielergebnis $Proc_0$ auf. Weiterhin erhebt der Auktionator N_0 in simultanen Aktionen von demjenigen Bieter oder von denjenigen Bietern, der bzw. die einen Zuschlag für eine angebotene Güterbündel-Kombination erhalten hat bzw. haben, sowohl variable Auktionskosten pro Güterbündel und fixe Auktionskosten für jedes abgegebene Preisgebot als auch den Zuschlagpreis (exkl. MwSt von 19%) für die Güterbündel-Kombination. Zudem fordert der Auktionator N_0 gemäß Spielregel Rul_{12} die Zahlung innerhalb von 20 Tagen.

Folgende drei Fälle können nun auftreten: Entweder der Auktionator N_0 erhält innerhalb von 20 Tagen die

- *vollständige* Zahlung von dem Bieter oder von allen Bietern, der bzw. die den Zuschlag für eine angebotene Güterbündel-Kombination erhalten hat bzw. haben, oder eine
- *partielle* Zahlung, also die Zahlung nicht von allen Bietern, sondern von einzelnen Bietern oder von nur einem Bieter, die bzw. der den Zuschlag für eine angebotene Güterbündel-Kombination erhalten haben bzw. hat, oder aber
- *keine* Zahlung von einem Bieter oder von den Bietern, der bzw. die den Zuschlag für eine angebotene Güterbündel-Kombination erhalten hat bzw. haben.

Im Falle, dass der Auktionator N_0 die vollständige Zahlung für die jeweils versteigerte Güterbündel-Kombination erhält, informiert er per Electronic Mail den oder die jeweiligen Bieter über den Zahlungseingang. Anschließend überträgt der Auktionator N_0 die jeweils erteilte Güterbündel-Kombination von seinem elektronischen Konto auf das jeweilige elektronische Konto des Bieters bzw. der Bieter.

Im diesem Fall ermittelt der Auktionator N_0 sein Spielergebnis $Proc_0$ als Gewinn in Abhängigkeit von dem Erlös aus den tatsächlich versteigerten Güterbündel-Kombinationen, den variablen Auktionskosten pro Güterbündel und den fixen Auktionskosten für jedes abgegebene Preisgebot, seinen individuellen Wertschätzungen und seinen fixen Auktionskosten i.H.v. 700,00 €.

Im Hinblick auf die Zielsetzung des Auktionators N_0, der die Maximierung seines Auktionserlöses anstrebt, könnte angenommen werden, dass im Folgenden ein *Erlösmaximierungsproblem* zu lösen ist. Der Auktionator N_0 hat ein Erlösmaximierungsproblem. Dieses Erlösmaximierungsproblem bezieht sich auf die Auswahl jener Güterbündel-Kombination oder Güterbündel-Kombinationen, die seinen Auktionserlös maximieren. Zu bemerken ist, dass der Auktionator N_0 kein Erlösmaximierungsproblem in Bezug auf den Preis für die Güterbündel-Kombinationen hat, weil es keine Handlungsalternative des Auktionators N_0 gibt, in dem der Auktionator N_0 einen Preis festlegen oder fordern könnte. Da der Auktionator N_0 nicht disponieren kann, stellt sich ihm überhaupt kein preisbezogenes Erlösmaximierungs- und Optimierungsproblem. Stattdessen steht der Preis in der Gestalt von Preisgeboten i.S.v. Kombinationsgeboten für die Güterbündel-Kombinationen nur den Bietern als Handlungs- und Optimierungsvariablen zur Verfügung.

Der Auktionator N_0 hat ein Erlösmaximierungsproblem derart, dass er auswählen muss, welche der 7 Güterbündel-Kombinationen er tatsächlich versteigert, weil nicht alle Güterbündel-Kombinationen versteigert werden dürfen (Unzulässigkeit der Mehrfachversteigerung desselben Güterbündels), aber die zulässige Versteigerung von Güterbündel-Kombinationen zu verschiedenen Erlösen führen.

Im Falle der partiellen Zahlung und im Falle, dass keine Zahlung für die jeweils versteigerte Güterbündel-Kombination beim Auktionator N_0 eingeht, informiert der Auktionator N_0 gemäß Spielregel Rul_{12} den oder die jeweiligen Bieter, dass er bzw. sie seine bzw. ihre Rechte aus dem Zuschlag verloren haben. Zudem behält der Auktionator N_0 gemäß Spielregel Rul_{12} die hinterlegte Kaution des jeweiligen Bieters ein. Denkmöglich ist im Falle des Nicht-Verkaufs der angebotenen Güterbündel-Kombination(en) im Rahmen des Spiels $\Gamma^{ex/B2B\text{-}Au}$ beispielsweise die Verlagerung dieser angebotenen Güterbündel-Kombination(en) auf das nächste Spiel im Jahr 2011 oder im Jahr 2012, da die Güterbündel innerhalb der zweiten Handelsperiode zeitlich „unbefristet" sind und daher erst im Anschluss an das Jahr 2012 verfallen.

Bei „erfolgloser“ Auktionsdurchführung kalkuliert der Auktionator N_0 sein Spielergebnis $Proc_0$ als Differenz zwischen den hinterlegten Kautionen aller Bieter und seinen fixen Auktionskosten.
Beispielhaft kalkuliert der Auktionator N_0 bei einer zu hinterlegenden Kaution i.H.v. $(100,00 \cdot 3) = 300,00$ € von drei Bietern und bei seinen fixen Auktionskosten i.H.v. 700,00 € ein negatives Spielergebnis i.H.v. -400,00 €.

Im Anschluss an die Kalkulation seines Spielergebnisses $Proc_0$ beendet der Auktionator N_0 sowohl das Spiel $\Gamma^{ex/B2B\text{-}Au}$ als auch den Auktionserlösermittlungsprozess des Spiels $\Gamma^{ex/B2B\text{-}Au}$.

Die folgenden Abbildungen präsentieren eine *graphisch vereinfachte* Darstellung des *Auktionserlösermittlungs*prozess des Spiels $\Gamma^{ex/B2B\text{-}Au}$ mit jeweils einem Unified Modeling Language-Aktivitätsdiagramm.

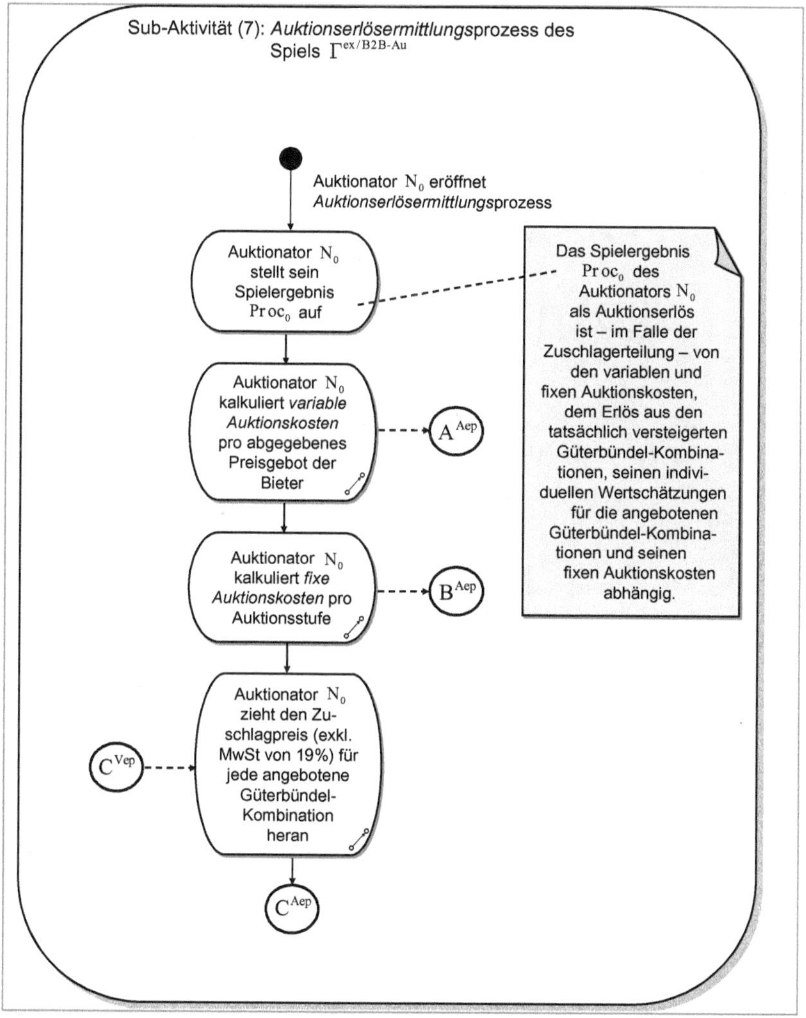

Abbildung 98: *Auktionserlösermittlungs*prozess des Spiels (1/5)

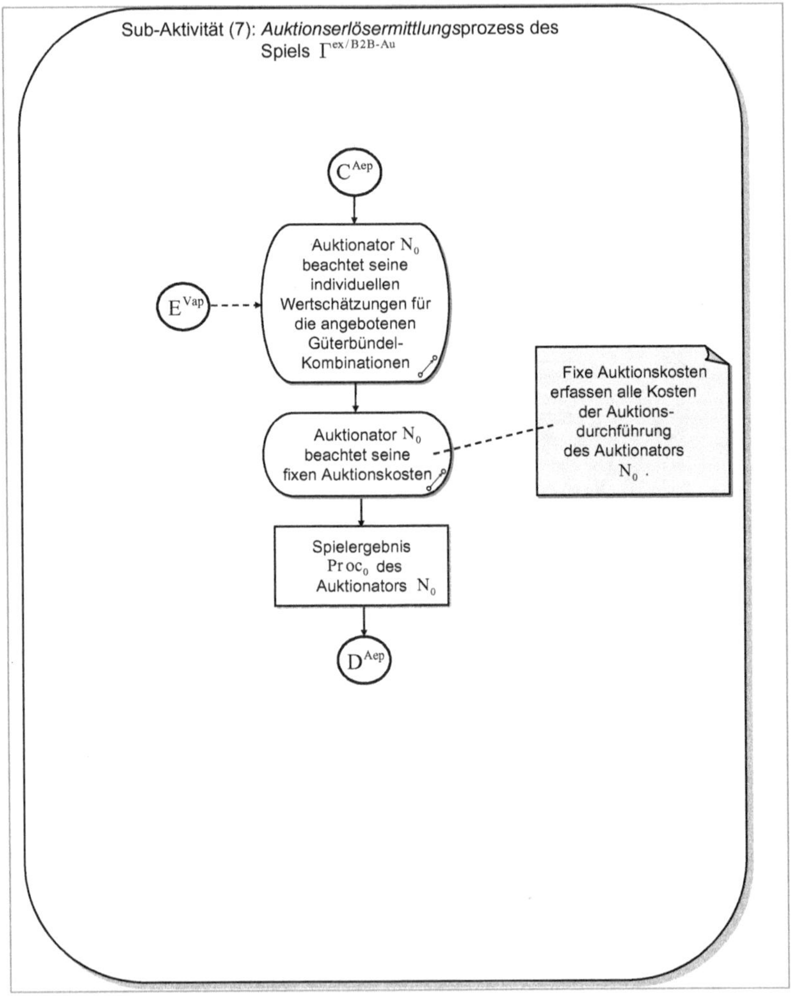

Abbildung 99: *Auktionserlösermittlungs*prozess des Spiels (2/5)

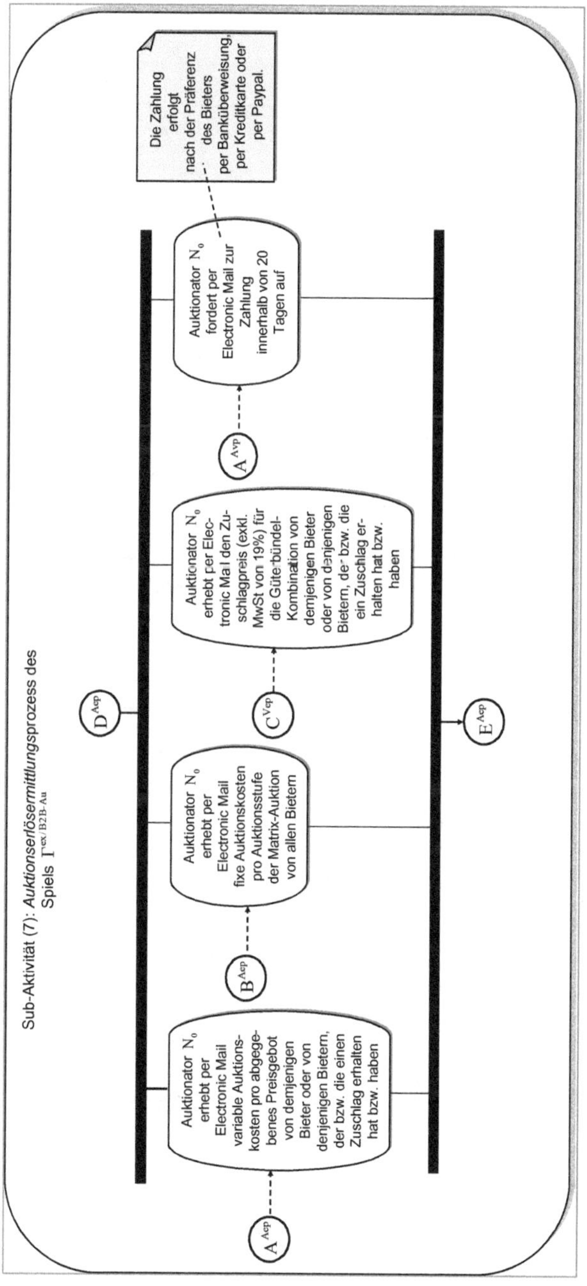

Abbildung 100: ***Auktionserlösermittlungs*prozess des Spiels (3/5)**

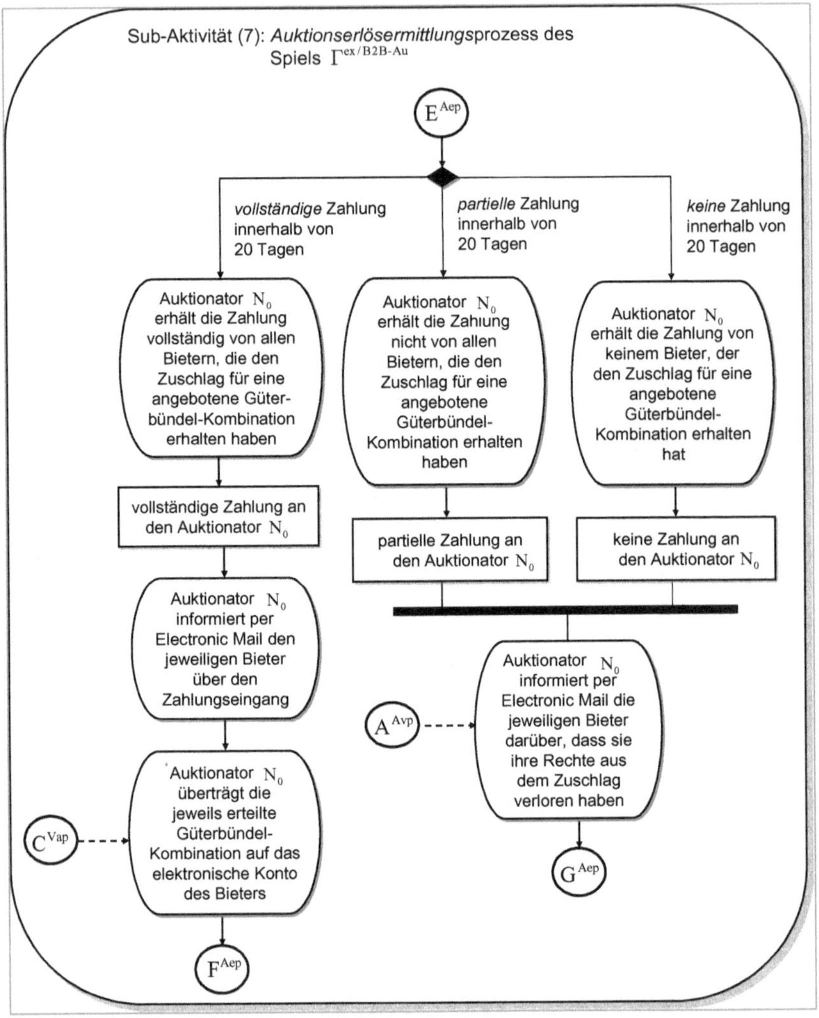

Abbildung 101: ***Auktionserlösermittlungs*prozess des Spiels (4/5)**

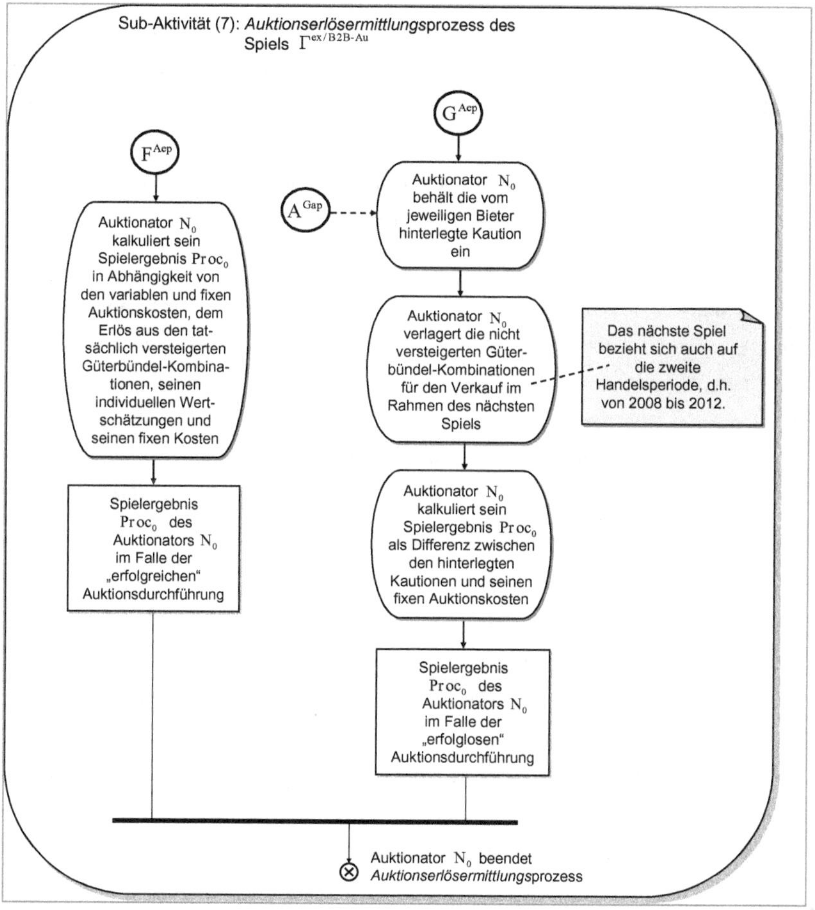

Abbildung 102: *Auktionserlösermittlungs*prozess des Spiels (5/5)

6 Fazit und Ausblick

Mit der vorliegenden Arbeit hat die Verfasserin zum einen für die Frage, *welche* Auktionsform oder Auktionsformen aus betriebswirtschaftlicher Perspektive zur Lösung des Reallokationsproblems gemäß dem hier etablierten Katalog betriebswirtschaftlicher Eignungskriterien am besten geeignet ist bzw. sind, und zum anderen für die Frage, *wie* die Implementierung der (praktisch noch nicht angewandten, jedoch „theoretisch" als *bestgeeignet* erkannten) Auktionsform in der betrieblichen Praxis zu erfolgen hat, eine beispielhafte Antwort präsentiert.

Die intendierten Ergebnisse, zum einen einen Katalog betriebswirtschaftlicher Eignungskriterien für Auktionen zu erstellen und zum anderen die bestmögliche Auktionsform festzulegen, konnten zur Lösung des Erkenntnisproblems erreicht werden. Denn die Bewertung der Eignung von Auktionsformen auf der Basis des Katalogs betriebswirtschaftlicher Eignungskriterien und anhand der Bewertungstechnik Analytic Hierarchy Process hat gezeigt, dass genau eine Auktionsform, und zwar die Matrix-Auktion, diejenige Auktionsform darstellt, die aus betriebswirtschaftlicher Perspektive zur Lösung des Reallokationsproblems am besten geeignet ist.

Weiterhin konnten die intendierten Ergebnisse, zum einen ein PASOR-Implementierungskonzept aufzustellen und zum anderen ein realproblembezogenes Vorgehensmodell zu erstellen, erlangt werden, um eine Lösung für das Problem der Auktionsimplementierung aufzuzeigen. Mit dem PASOR-Implementierungskonzept konnte das Reallokationsproblem rekonstruiert werden. Des Weiteren konnte mit der Modellierungstechnik extensiver Spiele und der Teilspielperfektheit die auktionsbasierte nationale Reallokation von Treibhausgas-Emissionsrechten und Treibhausgas-Emissionsgutschriften mit Ausdrucksmitteln der nicht-kooperativen Spieltheorie modelliert werden. Zudem hat das erstellte realproblembezogene Vorgehensmodell auf der Basis eines Unified-Modeling-Language-Aktivitätsdiagramms zur Lösung des Problems der Auktionsimplementierung beigetragen und schrittweise den Prozess der Erstellung eines spieltheoretischen Modells für Matrix-Auktionen unterstützt.

Die intendierten Ergebnisse der vorliegenden Arbeit sind jedoch nicht allgemeingültig, sondern unterliegen „einschränkenden Basisannahmen"[1]. Denn im Rahmen der vorliegenden Arbeit hat die Verfasserin die *Forschungsperspektive* und den *Untersuchungsgegenstand* präzisiert.

Beispielsweise hat sich die Verfasserin mit der vorliegenden Arbeit zum einen auf die Anbieterperspektive fokussiert und die Perspektive der Nachfrager zwar nicht ausgeklammert, jedoch im Schatten der Anbieterperspektive diskutiert. Denkmöglich ist eine Ausweitung dieses Forschungsansatzes in Folgearbeiten, die an diesen Abgrenzungen ansetzen und beispielsweise die *Nachfragerperspektive* in den Vordergrund rücken lassen, so dass primär die Bieter als Nachfrager nach Treibhausgas-Emissionsrechten und Treibhausgas-Emissionsgutschriften diskutiert werden.

Da davon ausgegangen wird, dass Auktionen aus spieltheoretischer Perspektive als nicht-kooperative Spiele zwischen den Bietern modelliert werden können, hat sich die Verfasserin zum anderen auf die nicht-kooperative Spieltheorie beschränkt und die kooperative Spieltheorie ausgeklammert. Daher kann im Rahmen einer weiteren Forschungsarbeit eine Diskussion über die Möglichkeit von Absprachen und von bindenden Vereinbarungen über die Strategiewahl zwischen den Bietern eröffnet werden, so dass die *kooperative* Spieltheorie in den Vordergrund rückt.

Mit der Fokussierung auf die nationale Reallokation von Treibhausgas-Emissionsrechten und Treibhausgas-Emissionsgutschriften auf Unternehmensebene hat die Verfasserin zudem die „grenzüberschreitende" Reallokation von Treibhausgas-Emissionsrechten und Treibhausgas-Emissionsgutschriften auf *internationaler* Ebene ausgeschlossen. Da sich Treibhaugas-Emissionen aber nicht auf die Grenzen von Nationalstaaten einschränken lassen, wird hier der Bedarf der Erweiterung des Forschungsansatzes auf die internationale Reallokation von Treibhausgas-Emissionsrechten und Treibhausgas-Emissionsgutschriften auf Unternehmensebene gesehen.

Da die präskriptive Spieltheorie über keinen formalsprachigen Ansatz unter Berücksichtigung der Modellannahme der beschränkten Rationalität verfügt, ist die Verfasserin im Rahmen der vorliegenden Arbeit zudem von der Modellannahme der unbeschränkten Rationalität ausgegangen. Daher ist eine Ausweitung des Forschungsansatzes in Folge-

---

1) In der Fachliteratur lassen sich einschränkende Basisannahmen auch unter dem Begriff „Bezugsrahmen" wiederfinden. Vgl. z.B. RIEDL (2005), S. 126 f.; WRONA (2005), S. 19 ff. und KUBICEK (1977), S. 17 ff.

arbeiten unter Einbeziehung des *beschränkt rationalen* Verhaltens der Spieler, die nach lediglich akzeptablen Handlungsalternativen mit Anpassungen an die Anspruchniveaus im Zeitablauf suchen, als Modellannahme in die spieltheoretische Modellierung von Auktionen diskussionswürdig.

Um in einem Spiel $\Gamma^{B2B\text{-}Au}$ unplausible NASH-Gleichgewichte auszuschließen, hat die Verfasserin des Weiteren für die nicht-kooperative spieltheoretische Modellierung der auktionsbasierten nationalen Reallokation von Treibhausgas-Emissionsrechten und Treibhausgas-Emissionsgutschriften die Teilspielperfektheit angewendet. Jedoch ist zu bemerken, dass nicht alle teilspielperfekten NASH-Gleichgewichte plausible Gleichgewichte darstellen müssen. Beispiele, im Hinblick auf unechte Teilspiele, die jeweils mit dem Gesamtspiel Γ identisch sind und in denen jedes NASH-Gleichgewicht teilspielperfekt ist, zeigen, dass sogar teilspielperfekte NASH-Gleichgewichte unplausibel sein können[1)]. Um die unplausiblen teilspielperfekten NASH-Gleichgewichte auszuschließen, könnte ein zur Teilspielperfektheit alternatives Lösungskonzept angewendet werden. Das *sequentielle Gleichgewicht*[2)] stellt ein solches alternatives Lösungskonzept dar, das im Hinblick auf unvollständige Informationen der Spieler Wahrscheinlichkeitseinschätzungen über die Strategiewahl der Spieler in einer bestimmten Informationsmenge einbezieht[3)]. Daher erscheint der Verfasserin die Betrachtung des sequentiellen Gleichgewichts zur Lösung der nicht-kooperativen spieltheoretischen Modellierung der auktionsbasierten nationalen Reallokation von Treibhausgas-Emissionsrechten und Treibhausgas-Emissionsgutschriften in einer Folgearbeit als ein interessanter Forschungsansatz.

Eine weitere Möglichkeit der Ausweitung des Forschungsansatzes wäre die *experimentelle* spieltheoretische Betrachtung, um beispielsweise die subjektiven Wertvorstellungen der Spieler experimentell zu erheben oder die Risikoeinstellungen der Spieler im Experiment zu beobachten. Zu bemerken ist, dass die experimentelle spieltheoretische Forschung auf einigen Schwächen beruht. Beispielsweise können die Teilnehmer eines

---

1) Vgl. z.B. HOLLER/ILLING (2006), S. 114 f. und BERNINGHAUS ET AL. (2006), S. 117 f.

2) Zu *sequentiellen Gleichgewichten* vgl. z.B. HOLLER/ILLING (2006), S. 113 ff.; BERNINGHAUS ET AL. (2006), S. 117 ff.; RASMUSEN (2004), S. 139 ff.; OSBORNE (2004), S. 323 ff.; HARGREAVES HEAP/VAROUFAKIS (2004), S. 96 ff.; MYERSON (2001), S. 154 ff.; GÜTH (1999), S. 96 ff.; MEHLMANN (1997), S. 56, dort in Fn. 18); RIECK (1993), S. 188 ff.; EICHBERGER (1993), S. 171 ff.; FUDENBERG/TIROLE (1992), S. 337 ff.; SCHWÖDIAUER (1992), S. 63; VAN DAMME (1991), S. 8 ff.; BINMORE (1987), S. 191 f. und KREBS/WILSON (1982), S. 872 ff.

3) Vgl. z.B. HOLLER/ILLING (2006), S. 115.

Experiments ihre subjektiven Erfahrungen und ihre kognitiven Fähigkeiten einbringen, die jedoch von einem Experimentator nicht vollständig erfasst und kontrolliert werden können[1].

Die Verfasserin stellt im Folgenden eine Übersicht über die *einschränkenden Basisannahmen* auf, die der vorliegenden Arbeit zugrunde liegen und die Forschungsperspektive sowie den Untersuchungsgegenstand präzisieren. Um die konzeptionelle Einseitigkeit zu vermeiden und Möglichkeiten für weitere Forschungsansätze in Folgearbeiten zu präsentieren, werden die einschränkenden Analyseeinheiten jeweils den alternativen abgegrenzten Analyseeinheiten gegenübergestellt.

1) Zu weiteren *Schwächen* der experimentellen spieltheoretischen Forschung vgl. BERNINGHAUS ET AL. (20006), S. 414 ff.

einschränkende Basisannahmen (1/2)	
Einschränkungen auf …	*Abgrenzungen* von …
➢ *nationale* Reallokation von Treibhausgas-Emissionsrechten und Treibhausgas-Emissionsgutschriften auf Unternehmensebene	➢ *internationaler* Handel mit Treibhausgas-Emissionsrechten und Treibhausgas-Emissionsgutschriften auf Unternehmensebene
➢ *Produktions*bereich	➢ *Konsum*bereich[1)]
➢ *Anbieter*perspektive	➢ *Nachfrager*perspektive
➢ elektronische *Auktionen* als ausgewählte marktlicher Reallokationsmechanismus	➢ marktliche Reallokationsmechanismen, *wie* der elektronische bilaterale Handel, elektronische Ausschreibungen und der elektronische Börsenhandel
➢ *nicht-kooperative* Spieltheorie	➢ *kooperative* Spieltheorie[2)]
➢ *dynamische* Spiele	➢ *statische* Spiele
➢ *Teilspielperfektheit* als ein Lösungskonzept der nicht-kooperativen Spieltheorie für *sequentielle* Spiele	➢ Lösungskonzepte der nicht-kooperativen Spieltheorie für *simultane* Spiele, wie das Gleichgewicht in korrelierten Strategien, Maximinlösung und das Bayes´sche Gleichgewicht, sowie andere Lösungskonzepte der nicht-kooperativen Spieltheorie für *sequentielle* Spiele, wie das sequentielle Gleichgewicht, das perfekte Gleichgewicht und das streng perfekte Gleichgewicht[3)]

---

1) Vgl. z.B. CANSIER (1996), S. 13 und KNÜPPEL (1989), S. 15.

2) Vgl. HOLLER/ILLING (2006), S. 23 ff. und 189 ff.; KRABS (2005), S. 65 ff.; RASMUSEN (2004), S. 21 f.; BAMBERG/COENENBERG (2006), S. 224 ff.; FROMEN (2004), S. 80 ff.; OSBORNE (2004), S. 239 ff.; WIESE (2002), S. 3 ff.; MYERSON (2001), S. 370 ff.; GÜTH (1999), S. 215 ff.; OWEN (1999), S. 1 ff.; CURIEL (1997), S. 1 ff.; OWEN (1995), S. 190 ff.; RIECK (1993), S. 27 ff.; HOLLER (1992), S. 20 ff.; HARSANYI/SELTEN (1988), S. 1 ff. und 21 ff.; HARSANYI (1977), S. 110 ff. und 167 ff.; OWEN (1971), S. 159 ff.; BURGER (1966), S. 129 ff. und LUCE/RAIFFA (1957), S. 89 und 114 ff.

3) Vgl. z.B. HOLLER/ILLING (2006), S. 54 ff. und 113 ff.; RIECK (1993), S. 153 ff. und GÜTH (1992), S. 51 ff.

einschränkende Basisannahmen (2/2)	
Einschränkungen auf ...	*Abgrenzungen* von ...
➢ *Analytic Hierarchy Process* (AHP) als Bewertungstechnik	➢ andere Bewertungstechniken[1], *wie* Scoring-Konzept, Multi-Attributive Nutzentechnik (MAUT) und Analytic Network Process (ANP) sowie Szenario- und Delphi-Technik
➢ *Unified-Modeling-Language-Aktivitätsdiagramm*	➢ andere Modellierungstechniken[2], *wie* Petri-Netze, Systematische CIM-Analyse-Tools (SYCAT), Integrated Computer Aided Manufacturing (ICAM) und Modellierungs- und Simulationsssystem (MOSYS)

1) Zu einer überblicksartigen Darstellung von *Bewertungstechniken* vgl. z.B. HÄDER (2000), S. 1 ff.; DELLMANN/GRÜNIG (1999), S. 33 ff.; WOTTAWA/THIERAU (1998), S. 102 ff.; REIBNITZ (1992), S. 1 ff. und SCHIMMEL/ZELEWSKI (1996), S. 1 ff.

2) Zu einer überblicksartigen Darstellung von *Modellierungstechniken* vgl. z.B. DESEL/JUHÁS (2000), S. 1 ff.; ZELEWSKI (1997), S. 15 ff.; BAUMGARTEN (1996), S. 1 ff.; ZELEWSKI (1995a), S. 1 ff.; ZELEWSKI (1995b), S. 1 ff.; ZELEWSKI (1995c), S. 1 ff.; ZELEWSKI (1995d), S. 1 ff.; ZELEWSKI (1995e), S. 1 ff.; ZELEWSKI (1995f), S. 1 ff.; ZELEWSKI (1995g), S. 1 ff.; ZELEWSKI (1995h), S. 1 ff.; ZELEWSKI (1995i), S. 1 ff.; ZELEWSKI (1995j), S. 1 ff.; ZELEWSKI (1995k), S. 1 ff. und MERTINS ET AL. (1994), S. 104 ff.

Literaturverzeichnis

Vorbemerkungen:

- Alle Quellen im Literaturverzeichnis werden wie folgt aufgeführt: In der ersten Zeile wird der *Referenztitel* der Quelle angegeben. Er entspricht der Form, die im Text Verwendung findet, wenn auf die Quelle hingewiesen wird.
- Bei der Vergabe der Referenztitel wird bei *einem* Autor dessen Nachname, gefolgt von dem Erscheinungsjahr der Quelle in Klammern, verwendet. Bei *zwei* Autoren werden beide getrennt von einem Schrägstrich („/“) aufgeführt. Bei *mindestens drei* Autoren wird der erste Autor mit dem Zusatz „et al.“ („und andere“) aufgeführt.
- Zu *Internetquellen* wird die dafür verantwortliche Instanz aufgeführt. Dies können sowohl natürliche als auch juristische Personen sein. Zu den Internetquellen wird die zum Aufrufdatum gültige Internetadresse (URL) angegeben. Gegebenenfalls nicht mehr abrufbare Seiten können von der Autorin in einer Offline-Version erfragt werden.

ABRACHE ET AL. (2004)
Abrache, J./Bourbeau, B./Crainic, T.G./Gendreau, M.: A new bidding framework for combinatorial e-auctions. In: Computers & Operations Research, Vol. 31 (2004), S. 1177-1203.

AGE (2002a)
Arbeitsgruppe „Emissionshandel zur Bekämpfung des Treibhauseffektes" (AGE): Zwischenbericht der Unterarbeitsgruppe II Allokation. Berlin 2002.

AGE (2002b)
Arbeitsgruppe „Emissionshandel zur Bekämpfung des Treibhauseffektes" (AGE): Bericht der Unterarbeitsgruppe I. Verbindung des Emissionshandels mit anderen Instrumenten. Erstellung eines Gesamtkonzepts. Berlin 2002.

AL-HARBI (2001)
Al-Harbi, K.M.A.-S.: Application of the AHP in project management. In: International Journal of Project Management, Vol. 19 (2001), S. 19-27.

AL-LAHAM (2003)
Al-Laham, A.: Organisationales Wissensmanagement – Eine strategische Perspektive. München 2003.

ALVESSON/LINDKVIST (1993)
Alvesson, M./Lindkvist, L.: Transaction costs, clans and corporate culture. In: Journal of Management Studies, Vol. 30 (1993), No. 3, S. 427-452.

AMANN (1999)
Amann, E.: Evolutionäre Spieltheorie: Grundlagen und neue Ansätze. Habilitationsschrift, Universität Dortmund. Dortmund 1999.

AMANN/LEININGER (1996)
Amann, E./Leininger, W.: Asymmetric All-Pay Auctions with Incomplete Information: The Two-Player case. In: Games and Economic Behavior, Vol. 14 (1996), S. 1-18.

AMANN/LEININGER (1995)
Amann, E./Leininger, W.: Expected Revenue of All-Pay and First-Price Sealed-Bid Auctions with Affiliated Signals. In: Journal of Economics, Vol. 61 (1995), No. 3, S. 273-279.

AMELUNG (1997)
Amelung, T.: Globaler Umweltschutz als Verteilungsproblem im Nord-Süd-Konflikt. Ursachen und Lösungsmöglichkeiten dargestellt am Beispiel der Rodung tropischer Regenwälder. Frankfurt am Main - Berlin - Bern - New York - Paris - Wien 1997.

AMOR (2000)
Amor, D.: Dynamic Commerce. Online-Auktionen – Handeln mit Waren und Dienstleistungen in der Neuen Wirtschaft. Bonn 2000.

ANSCHOBER ET AL. (2007)
Anschober, R., Gasperl, W., Kunst, K.H.: Die enormen Kosten der Klimaveränderung. Online-Dokument, im Internet unter der URL: http://www.anschober.at/presse_ots.php ?id=378. Zugriff am 11.04.2008.

AUMANN (1995)
Aumann, R.J.: Backward induction and common knowledge of rationality. In: Games and Economic Behavior, Vol. 8 (1995), S. 6-19.

AUMANN (1990)

Aumann, R.J.: The Shapley value. In: Ichiishi, T./Neyman, A./Tauman, Y.: Game theory and applications. San Diego - New York - Boston - London - Sydney - Tokyo - Toronto 1990, S. 158-165.

AUMANN (1976)

Aumann, R.J.: Agreeing to Disagree. In: The Annals of Statistics, Vol. 4 (1976), No. 6, S. 1236-1239.

AUMANN/MASCHLER (1995)

Aumann, R.J./Maschler, M.B.: Repeated Games with Incomplete Information. Cambridge - London 1995.

AUSUBEL (2004)

Ausubel, L.M.: An Efficient Ascending-Bid Auction for Multiple Objects. In: The American Economic Review, Vol. 94 (2004), No. 5, S. 1452-1475.

AUSUBEL/CRAMTON (2004)

Ausubel, L.M./Cramton, P.: Vickrey Auctions with Reserve Pricing. In: Economic Theory, Vol. 23 (2004), No. 3, S. 493-505.

AUSUBEL/MILGROM (2002)

Ausubel, L.M./Milgrom, P.R.: Package bidding: Vickrey vs. Ascending Auctions. In: Revue Économique, Vol. 53 (2002), No. 3, S. 391-402.

AVENALI/BASSANINI (2007)

Avenali, A./Bassanini, A.: Simulating combinatorial auctions with dominance requirement and loll bids through automated agents. In: Decision Support Systems, Vol. 43 (2007), S. 211-228.

BACK/ZENDER (1993)

Back, K./Zender, J.F.: Auctions of divisible goods: on the rationale for the treasury experiment. In: The Review of Financiel Studies, Vol. 6 (1993), No. 4, S. 733-764.

BADRI (1999)

Badri, M.A.: Combining the analytic hierarchy process and goal programming for global facility location-allocation problem. In: International Journal of Production Economics, Vol. 62 (1999), S. 237-248.

BAIRD/GERTNER/PICKER (1998)
Baird, D.G./Gertner, R.H./Picker, R.C.: Game Theory and the Law. Cambridge – London 1998.

BALLING (1998)
Balling, R.: Kooperation. 2. Aufl., Frankfurt am Main 1998.

BALZER (2003)
Balzer, W.: Wissen und Wissenschaft als Waren. In: Erkenntnis, 58. Jg. (2003), S. 87-110.

BAMBERG/COENENBERG (2006)
Bamberg, G./Coenenberg, A.G.: Betriebswirtschaftliche Entscheidungslehre. 13. Aufl., München 2006.

BARBER (1983)
Barber, B. (1983): The Logic and Limits of Trust. New Brunswick - New Jersey 1983.

BARTH (2002)
Barth, H.-J.: Klima. Eine Einführung in die Dynamik der Atmosphäre. Paderborn 2002.

BAUER (1993)
Bauer, A.: Der Treibhauseffekt. Tübingen - Mohr 1993.

BAUMGARTEN (1996)
Baumgarten, B.: Petri-Netze. 2. Aufl., Mannheim - Wien - Zürich 1996.

BAYER (1991)
Bayer, D.: Einfache mathematische Modelle zur Beschreibung globaler Klimaänderungen. Hamburg 1991.

BAYER/CANSIER (1999)
Bayer, S./Cansier, D.: Kyoto-Mechanismen und globaler Klimaschutz: Die Rolle handelbarer Emissionsrechte. In: Hamburger Jahrbuch für Wirtschafts- und Gesellschaftspolitik, 44. Jg. (1999), S. 255-273.

BayLfU (2004)

BayLfU (Bayerisches Landesamt für Umweltschutz): Treibhausgase. Umweltberatung Bayern. Bayern 2004.

Bernheim/Whinston (1986)

Bernheim, B.D./Whinston, M.: Menu Auctions, Resource Allocation and Economic Influence. In: Quarterly Journal of Economics, Vol. 101 (1986), No. 1, S. 1-31.

Berninghaus et al. (2006)

Berninghaus, S.K./Ehrhart, K.-M./Güth, W.: Strategische Spiele. Eine Einführung in die Spieltheorie. 2. Aufl., Berlin - Heidelberg 2006.

Bicchieri (1989)

Bicchieri, C.: Self-refuting theories of strategic interaction: A paradox of common knowledge. In: Erkenntnis, Vol. 30 (1989), S. 69-85.

Bichler/Pikovsky (2005)

Bichler, M./Pikovsky, A.: Information Feedback in Iterative Combinatorial Auctions. In: Ferstl, O.K./Sinz, E.J./Eckert, S./Isselhorst, T. (Hrsg.): Wirtschaftsinformatik 2005. eEconomy, eGovernment, eSociety. Heidelberg 2005, S. 329-348.

Bichler et al. (2005)

Bichler, M./Pikovsky, A./Setzer, T.: Kombinatorische Auktionen in der betrieblichen Beschaffung. Eine Analyse grundlegender Entwurfsprobleme. In: Wirtschaftsinformatik, 47. Jg. (2005), Nr. 2, S. 126-134.

Bick (2004)

Bick, M.: Knowledge Management Support System – nachhaltige Einführung organisationsspezifischen Wissensmanagements. Dissertation, Universität Duisburg-Essen, Campus Essen. Essen 2004.

Bieberbach/Hermann (1999)

Bieberbach, F./Hermann, M.: Die Substitution von Dienstleistungen durch Informationsprodukte auf elektronischen Märkten. In: Scheer, A.-W. (Hrsg.): Electronic Business Engineering. Heidelberg 1999, S. 68-82.

BIERMAN/FERNANDEZ (1998)
Bierman, H.S./Fernandez, L.: Game Theory with Economic Applications. New York 1998.

BILBAO ET AL. (2002)
Bilbao, J.M./Driessen, T.S.H./Jiménez-Losada, A./Lebrón, E.: The Shapley value for games on matroids: The dynamic model. In: Mathematical Methods of Operations Research, Vol. 56 (2002), S. 287-301.

BINMORE (1998)
Binmore, K.: Game Theory and the Social Contract II. Cambridge - London 1998.

BINMORE (1994)
Binmore, K.: Game Theory and the Social Contract I. Cambridge - London 1994.

BINMORE (1988)
Binmore, K.: Modeling rational players, Part II. In: Economics and Philosophy, Vol. 4 (1988), S. 9-55.

BINMORE (1987)
Binmore, K.: Modeling Rational Players, Part I. In: Economics and Philosophy, Vol. 3 (1987), S. 179-214.

BLÜMEL (1987)
Blümel, W.: Die Allokation öffentlicher Güter in unterschiedlichen Allokationsverfahren. Berlin 1987.

BMF (2006)
BMF (Bundesministerium der Finanzen): Ertragsteuerliche Behandlung von Emissionsberechtigungen nach dem Gesetz über den Handel mit Berechtigungen zur Emission von Treibhausgasen (Treibhausgas-Emissionshandelsgesetz – TEHG) vom 08.07.2004. In: Betriebs-Berater (BB), 61. Jg. (2006), H. 7, S. 374-377.

BMU (2005)

BMU (Bundesministerium für Umwelt, Naturschutz und Reaktorsicherheit): Nationales Klimaschutzprogramm 2005. Sechster Bericht der Interministeriellen Arbeitsgruppe „CO_2-Reduktion". Berlin 2005. Online-Dokument, im Internet unter der URL: http://www.bmu.de/files/klimaschutz/downloads/application/pdf/klimaschutzprogramm_2005_lang.pdf. Zugriff am 02.02.2008.

BMU (2004)

BMU (Bundesministerium für Umwelt, Naturschutz und Reaktorsicherheit): Nationaler Allokationsplan für die Bundesrepublik Deutschland 2005-2007. Berlin 2004. Online-Dokument, im Internet unter der URL: http://www.bmu.de/files/pdfs/allgemein/ application/pdf/nap_kabinettsbeschluss.pdf. Zugriff am 02.02.2008.

BODE ET AL. (2002)

Bode, S./Greiner, S./Butzengeiger. S.: Referenzszenarien. Eine offene Frage im Klimaschutz. In: Wirtschaftswissenschaftliches Studium, 31. Jg. (2002), H. 2, S. 111-113.

BODE/BUTZENGEIGER (2003)

Bode, S./Butzengeiger, S.: Zur kostenlosen Allokation von Emissionsrechten in Deutschland. In: Zeitschrift für Umweltpolitik und Umweltrecht, 26. Jg. (2003), H. 3, S. 287-308.

BODIN/GASS (2003)

Bodin, L./Gass, S.I.: On teaching the analytic hierarchy process. In: Computers & Operations Research, Vol. 30 (2003), S. 1487–1497.

BONUS/HÄDER (1998)

Bonus, H./Häder, M.: Zertifikate und Neue Institutionenökonomik. In: Bonus, H. (Hrsg.): Umweltzertifikate: Der steinige Weg zur Marktwirtschaft. Berlin 1998, S. 32-44.

BONUS/NIEBAUM (1998)

Bonus, H./Niebaum, H.: Voraussetzungen für Umweltzertifikate in Deutschland. In: Bonus, H. (Hrsg.): Umweltzertifikate: Der steinige Weg zur Marktwirtschaft. Berlin 1998, S. 225-234.

Borch (1969)
Borch, K.H.: Wirtschaftliches Verhalten bei Unsicherheit. Wien - München 1969.

Borm (1987)
Borm, P.: Games with Incomplete Information. In: Peters, H.J.M./Vrieze, O.J. (Hrsg.): Surveys in Game Theory and Related Topics. Amsterdam 1987, S. 71-102.

Brams/Kilgour (1998)
Brams, S.J./Kilgour, D.M.: Backward Induction Is Not Robust: The Parity Problem and the Uncertainty Problem. In: Theory and Decision, Vol. 45 (1998), No. 3, S. 263-289.

Brandt (1988)
Brandt, H.: Ökologie, Politik und Wissenschaft. Einige grundlegende Gedanken. In: Simonis, U.E. (Hrsg.): Ökologische Orientierungen. Vorträge zur Strukturanpassung von Wirtschaft, Technik und Wissenschaft. 2. Aufl., Berlin 1988.

Brent et al. (2007)
Brent, A.C./Rogers, D.E.C./Ramabitsa-Siimane, T.S.M./Rohwer, M.B.: Application of the analytical hierarchy process to establish health care waste management systems that minimise infection risks in developing countries. In: European Journal of Operational Research, Vol. 181 (2007), S. 403-424.

Breton et al. (2006)
Breton, M./Zaccour, G./Zahaf, M.: A game-theoretic formulation of joint implementation of environmental projects. In: European Journal of Operational Research. Vol. 168 (2006), No. 1, S. 221-239.

Breton et al. (2004)
Breton, M./Zaccour, G./Zahaf, M.: A Differential Game of Joint Implementation of Environmental Projects. Canada 2004. Online-Dokument, im Internet unter der URL: http://www.sceco.umontreal.ca/syllabus/2004H/7923A/zahafessai2_JI.pdf. Zugriff am 02.02.2008.

Bridges (1999)
Bridges, D.S.: Constructive methods in mathematical economics. In: Herden, G./ Knoche, N./Seidl, C./Trockel, W. (Hrsg.): Mathematical Utility Theory. Utility Functions, Models, and Applications in the Social sciences. Wien - New York, S. 1-21.

BRINGEZU (1997)
Bringezu, S.: Umweltpolitik. Grundlagen, Strategien und Ansätze ökologisch zukunftsfähigen Wirtschaftens. München - Wien 1997.

BROCKMANN ET AL. (2000)
Brockmann, K.L./Stronzik, M./Dette, B./Herold. A.: Der Handel mit Treibhausgasemissionen in der Europäischen Union. Diskussionsbeitrag zum Grünbuch. Berlin - Darmstadt 2000.

BROCKMANN ET AL. (1999)
Brockmann, K.L./Stronzik, M./Bergmann, H.: Emissionsrechtehandel – eine neue Perspektive für die deutsche Klimapolitik nach Kioto. Heidelberg 1999.

BULOW/ROBERTS (1989)
Bulow, J./Roberts, J.: The Simple Economics of Optimal Auctions. In: Journal of Political Economy, Vol. 97 (1989), No. 5, S. 1060-1090.

BUNDESUMWELTMINISTERIUM (1991)
Bundesumweltministerium: Information des Bundesministers für Umwelt, Naturschutz und Reaktorsicherheit. Nutzen des Umweltschutzes / Kosten der Umweltverschmutzung. Bonn 1991.

BURGER (1966)
Burger, E.: Einführung in die Theorie der Spiele. Mit Anwendungsbeispielen, insbesondere aus Wirtschaftslehre und Soziologie. Berlin 1966.

CAMES ET AL. (2001)
Cames, M./Herold, A./Kohlhaas, M./Schumacher, K./Timpe, C.: Analyse und Vergleich der flexiblen Instrumente des Kyoto-Protokolls. Endbericht zum Gutachten „Instrumentenvergleich" für die Enquete-Kommission „Nachhaltige Energieversorgung unter den Bedingungen der Globalisierung und der Liberalisierung" des Deutschen Bundestages des Öko-Instituts (Institut für angewandte Ökologie) und des DIW (Deutsches Institut für Wirtschaftsforschung). Berlin - Freiburg 2001. Online-Dokument, im Internet unter der URL: http://www.oeko.de/oekodoc/188/2001-017-de.pdf. Zugriff am 02.02.2008.

CANSIER (1998)
Cansier, D.: Ausgestaltungsformen handelbarer Emissionsrechte und ihre politische Durchsetzbarkeit. In: Bonus, H. (Hrsg.): Umweltzertifikate: Der steinige Weg zur Marktwirtschaft. Berlin 1998, S. 97-112.

CANSIER (1996)
Cansier, D.: Umweltökonomie. 2. Aufl., Stuttgart 1996.

CARMICHAEL (2005)
Carmichael, F.: A Guide to Game Theory. Harlow 2005.

CARMONA (2005)
Carmona, G.: On the existence of equilibria in discontinuous games: three counterexamples. In: International Journal of Game Theory, Vol. 33 (2005), S. 181-187.

CARROLL (2000)
Carroll, J.W.: The Backward Induction Argument. In: Theory and Decision, Vol. 48 (2000), S. 61-84.

CASSADY (1967)
Cassady, R.: Auctions and Auctioneering. London 1967.

CHE (1993)
Che, Y.-K.: Design competition through multidimensional auctions. In: Rand Journal of Economics, Vol. 24 (1993), No. 4, S. 669-680.

CHENG (2006)
Cheng, H.: Ranking sealed high-bid and open asymmetric auctions. In: Journal of Mathematical Economics, Vol. 42 (2006), S. 471-498.

CONEN/SANDHOLM (2003)
Conen, W./Sandholm, T.: Differential-revelation VCG (Vickrey-Clarke-Groves) mechanisms for combinatorial auctions. Online-Dokument, im Internet unter der URL: http://portal.acm.org/citation.cfm?doid=779928.779956. Zugriff am 02.02.2008.

CONEN/SANDHOLM (2001)

Conen, W./Sandholm, T.: Preference elicitation in combinatorial auctions. Online-Dokument, im Internet unter der URL: http://www.cs.cmu.edu/~sandholm/elicitation. acmec01.pdf. Zugriff am 02.02.2008.

CESAR (1994)

Cesar, H.S.J.: Control and Game Models of the Greenhouse Effect. Economics Essays on the Comedy and Tragedy of the Commons. Berlin - Heidelberg 1994.

CHAKRAVARTI ET AL. (2002)

Chakravarti, D./Greenleaf, E./Sinha, A./Cheema, A./Cox, J.C./Friedman, D./Ho, T.H./ Isaac, R.M./Mitchell, A.A./Rapoport, A./Rothkopf, M.H./Srivastava, J./Zwick, R.: Auctions: Research Opportunities in Marketing. In: Marketing Letters, Vol. 13 (2002), No. 3, 281-296.

CHILES/MCMACKIN (1996)

Chiles, T.H./McMackin, J.F.: Integrating Variable Risk Preferences, Trust, and Transaction Cost Economics. In: Academy of Management Review, Vol. 21 (1996), No. 1, S. 73-99.

CLEMENS (1992)

Clemens, C.: Die Klimaproblematik. Materialien und Diskussionsstand. Beiträge zur Wirtschafts- und Sozialpolitik, Institut der deutschen Wirtschaft Köln. Köln 1992.

COASE (1937)

Coase, R.: The nature of the Firm. In: Economica, Vol. 4 (1937), No. 13-16, S. 386-405.

COMIN/RODRIGUEZ-ARIAS (2003)

Comin, F.A./Rodriguez-Arias, M.A.: What we know about the climate system? A brief review of current research. In: Rodó, X./Comin, F.A. (Hrsg.): Global Climate. Current Research and Uncertainties in the Climate System. Berlin - Heidelberg - New York 2003, S. 3-16.

CORSTEN (2001)

Corsten, H.: Grundlagen der Koordination in Unternehmensnetzwerken. In: Corsten, H. (Hrsg.): Unternehmensnetzwerke. Formen unternehmungsübergreifender Zusammenarbeit. München - Wien 2001, S. 1-57.

CORSTEN/GÖSSINGER (2001)
Corsten, H./Gössinger, R.: Auktionen zur marktlichen Koordination in Unternehmensnetzwerken. In: Corsten, H. (Hrsg.): Unternehmensnetzwerke, München - Wien 2001, S. 60-81.

COX (2007)
Cox, M.A.A.: Examining alternatives in the interval analytic hierarchy process using complete enumeration. In: European Journal of Operational Research, Vol. 180 (2007), S. 957-962.

CRAMTON (1998)
Cramton, P.: Applications of Auction Theory – Ascending Auctions. In: European Economic Review, Vol. 42 (1998), No. 3-5, S. 745-756.

CUBASCH/KASANG (2000)
Cubasch, U./Kasang, D.: Anthropogener Klimawandel. Gotha - Stuttgart 2000.

CURIEL (1997)
Curiel, I.: Cooperative Game Theory and Applications. Cooperative Games Arising from Combinatorial Optimization Problems. Boston - Dordrecht - London 1997.

VAN DAMME (2002)
van Damme, E.: Game Theory and the Market. In: Borm, P./Peters, H. (Hrsg.): Chapters in Game Theory. Boston - Dordrecht - London 2002, S. 51-81.

VAN DAMME (1991)
van Damme, E.: Stability and Perfection of Nash Equilibria. 2. Aufl., Berlin - Heidelberg 1991.

VAN DAMME (1987)
van Damme, E.: Equilibria in noncooperative games. In: Peters, H.J.M./Vrieze, O.J. (Hrsg.): Surveys in Game Theory and Related Topics. Amsterdam 1987, S. 1-35.

VAN DAMME (1983)
van Damme, E.: Refinements of the Nash equilibrium concept. Berlin - Heidelberg - New York - Tokyo 1983.

DANS (2002)

Dans, E.: Existing Business Models for Auctions and their Adaptation to Electronic Markets. In: Journal of Electronic Commerce Research, Vol. 3 (2002), No. 2, S. 23-31.

DAS/TENG (2001)

Das, T.K./Teng, B.-S.: Trust, Control, and Risk in Strategic Alliances: An Integrated Framework. In: Organization Studies, Vol. 22 (2001), No. 2, S. 251-283.

DASGUPTA/MASKIN (2000)

Dasgupta, P./Maskin, E.S.: Efficient Auctions. In: The Quarterly Journal of Economics, Vol. 115 (2000), No. 2, S. 341-388.

DELLMANN/GRÜNIG (1999)

Dellmann, K./Grünig, R.: Die Bewertung von Gesamtunternehmensstrategien mit Hilfe des Analytischen Netzwerkprozesses respektive des Analytischen Hierarchischen Prozesses. In: Grünig, R./Pasquier, M. (Hrsg.): Strategisches Management und Marketing. Bern - Stuttgart - Wien 1999, S. 33-56.

DERKS/PETERS (1998)

Derks, J./Peters, H.: Orderings, excess functions, and the nucleolus. In: Mathematical Social Sciences, Vol. 36 (1998), No. 2, S. 175-182.

DESEL/JUHÁS (2000)

Desel, J./Juhás, G.: „What Is a Petri Net?" In: Ehrig, H./Juhás, G./Padberg, J./Rozenberg, G. (Hrsg.): Unifying Petri Nets, Advances in Petri Nets. Berlin 2001, S. 1-25.

DIETRICH/FORREST (2002)

Dietrich, B./Forrest, J.J.: A column generation approach for combinatorial auctions. In: Dietrich, B./Vohra, R.V. (Hrsg.): Mathematics of the Internet. E-Auction and Markets. New York 2002, S. 15-27.

DITTMANN ET AL. (2005)

Dittmann, L./Peters, M.L./Zelewski, S.: Wissenstransfermotivation und ontologiebasierte Kompetenzmanagementsysteme. In: Meyer, J.-A. (Hrsg.): Wissens- und Informationsmanagement in kleinen und mittleren Unternehmen. Jahrbuch der KMU-Forschung und -Praxis 2005. Lohmar - Köln 2005, S. 143-160.

DKRZ (2005)
DKRZ: Erste Modellrechnungen für den neuen IPCC-Bericht fertiggestellt. Pressemitteilung von MPI-M, DKRZ und der Gruppe „Modelle und Daten“ (15.02.2005). Online-Dokument, im Internet unter der URL: http://idw-online.de/pages/de/ news100813. Zugriff am 02.02.2008.

DOHR (1999)
Dohr, M.: Vom Individuellen zum kollektiven Wissen. In: Office Management, 47. Jg. (1999), H. 4, S. 34-35.

DÖRING/EWRINGMANN (2004)
Döring, T./Ewringmann, D.: Europäischer CO_2-Emissionshandel, nationale Gestaltungsspielräume bei der Vergabe von Emissionsberechtigungen und EU-Beihilfenkontrolle. In: Zeitschrift für Umweltpolitik, 27. Jg. (2004), H. 1, S. 27-46.

DRIESSEN/PAULUSMA (2001)
Driessen, T.S.H./Paulusma, D.: Two extensions of the Shapley value for cooperative games. In: Mathematical Methods of Operations Research, Vol. 53 (2001), No. 1, S. 35-49.

DUDEK/WIENER (1996)
Dudek, D.J./Wiener, J.B.: Joint Implementation, Transaction Costs, and Climate Change. Paris 1996. Online-Dokument, im Internet unter der URL: http://www.oecd.org/dataoecd/17/33/2392058.pdf. Zugriff am 02.02.2008.

DUTRA/MENEZES (2002)
Dutra, J.C./Menezes, F.M.: Hybrid auctions. In: Economics Letters, Vol. 77 (2002), No. 3, S. 301-307.

DUTRA/MENEZES (2001a)
Dutra, J.C./Menezes, F.M.: Hybrid Auctions I: Theory. The Australian National University, Working Paper No. 393, Brazil 2001.

DUTRA/MENEZES (2001b)
Dutra, J.C./Menezes, F.M.: Hybrid Auctions II: Experimental Evidence. The Australian National University, Working Paper No. 393, Brazil 2001.

DUTTA (1999)

Dutta, P.K.: Strategies and Games. Theory and Practice. Cambridge - London 1999.

EEX (2008)

EEX (European Energy Exchange): Preisverzeichnis. Online-Dokument, im Internet unter der URL: http://www.eex.com/de/document/31636. Zugriff am 11.04.2008.

EHKOSTV (2007)

EHKostV (Emissionshandelskostenverordnung): Kostenverordnung zum Treibhausgas-Emissionshandelsgesetz und zum Zuteilungsgesetz 2007. Online-Dokument, im Internet unter der URL: http://bundesrecht.juris.de/bundesrecht/ehkostv_2007/gesamt.pdf. Zugriff am 31.01.2008.

EHRHARDT (2002)

Ehrhardt, C.: Beziehungsgestaltung und Rationalität. Eine linguistische Theorie der Höflichkeit. Triest 2002.

EHRHART ET AL. (2003)

Ehrhart, K-M./Hoppe, C./Schleich, J./Seifert, S.: Strategic Aspects of CO_2-Emissions Trading: Theoretical Concepts and Empirical Findings. In: Energy and Environment, Vol. 14 (2003), S. 579-597.

EICHBERGER (1993)

Eichberger, J.: Game Theory for Economists. San Diego - New York - Boston - London - Sydney - Tokyo - Toronto 1993.

EISENFÜHR/WEBER (2003)

Eisenführ, F./Weber, E.: Rationales Entscheiden. 4. Aufl., Berlin - Heidelberg - New York 2003.

ENDRES (2007)

Endres, A.: Umweltökonomie. 3. Aufl., Stuttgart 2007.

ENDRES (1994)

Endres, A.: Umweltzertifikate: Eine marktwirtschaftliche Alternative im Widerstreit. In: Endres, A./Rehbinder, E./Schwarze, R. (Hrsg.): Umweltzertifikate und Kompensationslösungen aus ökonomischer und juristischer Sicht. Bonn 1994, S. 1-27.

ENERGIEAGENTUR NRW (2005)
Energieagentur NRW: Übersicht CO_2-Handelsplattformen. Wuppertal 2005. Online-Dokument, im Internet unter der URL: http://www.energieagentur.nrw.de/_database/_data/datainfopool/Co2-Handelsplattformen.pdf. Zugriff am 02.02.2008.

ENERGIE UND MANAGEMENT (2005)
Energie und Management: RWE bemüht sich um CER aus Indien. Stand: 19.12.2005. Online-Dokument, im Internet unter der URL: http://www.co2-handel.de/article160_1258.html. Zugriff am 02.02.2008.

ENGELBRECHT-WIGGANS (1983)
Engelbrecht-Wiggans, R.: An Introduction to the Theory of Bidding for a Single Object. In: Engelbrecht-Wiggans, R./Shubik, M./Stark, R.M. (Hrsg.): Auctions, Bidding, and Contracting: Uses and Theory. New York 1983, S. 53-103.

ENGELBRECHT-WIGGANS/MENEZES (2000)
Engelbrecht-Wiggans, R./Menezes, F.M.: Why do Bidders Drop Out from a Sequential Auction. Online-Dokument, im Internet unter der URL: http://www.scielo.br/pdf/rbe/v55n1/a02v55n1.pdf. Zugriff am 02.02.2008.

ENKVIST ET AL. (2007)
Enkvist, P.-A./Nauclér, T./Rosander, J.: A cost curve for greenhouse gas reduction. A global study of the size and cost of measures to reduce greenhouse gas emissions yields important insights for businesses and policy makers. In: TheMcKinsey Quarterly, without Vol. (2007), No. 1, S. 35-45.

ENQUETE-KOMMISSION (1992)
Enquete-Kommission: Klimaänderung gefährdet globale Entwicklung: Zukunft sichern – jetzt handeln. Bonn 1992.

ENQUETE-KOMMISSION (1990)
Enquete-Kommission: Schutz der Erdatmosphäre. Eine internationale Herausforderung. Bonn 1990.

ERM-LI (2001)
ERM-LI (Lahmeyer International): Pilotprojekt „Planspiel zum CO_2-Emissionshandel". Abschlussbericht – Ergebnisse und Empfehlungen. Wiesbaden 2001.

Eso (2002)

Eso, M.: An Iterative Online Auction for Airline Seats. In: Dietrich, B./Vohra, R.V. (Hrsg.): Mathematics of the Internet. E-Auctions and Markets. New York 2002, S. 45-59.

Ewerhart/Moldovanu (2002)

Ewerhart, C./Moldovanu, B.: The German UMTS Design: Insights from Multi-Object Auction Theory. In: CESifo (Center for Economic Studies & institute for economic research) Working paper, No. 680 (9).

Fabian (2002)

Fabian, P.: Leben im Treibhaus. Unser Klimasystem – und was wir daraus machen. Berlin - Heidelberg - New York 2002.

Faure et al. (2005)

Faure, C./Hildebrandt, A./Rogge, K./Schleich, J.: Reputational impact of businesses′ compliance strategies under the EU emissions trading scheme. Online-Dokument, im Internet unter der URL: http://www.co2-handel.de/media/docs/Lehre_Forschung/summary__reputational_impact_eu_ets1.pdf. Zugriff am 02.02.2008.

FAZ (2008a)

FAZ (Frankfurter Allgemeine Zeitung): Das Klimapaket irritiert industrielle Investoren. 02.02.2008, S. 12.

FAZ (2008b)

FAZ (Frankfurter Allgemeine Zeitung): Stahlproduzenten fürchten Brüsseler Pläne zum Emissionshandel. 07.01.2008, S. 13.

FAZ (2007a)

FAZ (Frankfurter Allgemeine Zeitung): Zertifikatehandel für die Luftfahrt. 13.02.2007, S. 13.

FAZ (2007b)

FAZ (Frankfurter Allgemeine Zeitung): Neben der Kyoto-Straße braucht es andere Wege im Klimaschutz. 07.04.2007, S. 12.

FAZ (2007c)
FAZ (Frankfurter Allgemeine Zeitung): Mehr Mut beim Emissionshandel. 18.04.2007, S. 13.

FAZ (2007d)
FAZ (Frankfurter Allgemeine Zeitung): EU plant Emissionshandel für die Schifffahrt. 18.04.2007, S. 14.

FAZ (2007e)
FAZ (Frankfurter Allgemeine Zeitung): Gabriel will 9 Milliarden Euro für den Klimaschutz. 27.04.2007, S. 13.

FAZ (2007f)
FAZ (Frankfurter Allgemeine Zeitung): Emissionszertifikate sollen Stromsteuer senken. 30.04.2007, S. 13.

FAZ (2007g)
FAZ (Frankfurter Allgemeine Zeitung): Weltrettung hat ihren Preis. Online-Dokument, im Internet unter der URL: http://www.faz.net/s/RubC5406E1142284FB6BB79CE581A20766E/Doc~E9C63C5DD73EF4BB180143BE3D807CE92~ATpl~Ecommon~Scontent.html. Zugriff am 11.04.2008.

FAZ (2006a)
FAZ (Frankfurter Allgemeine Zeitung): WWF wirft Stromerzeugern Bereicherung vor. Konzerne verdienen am Emissionshandel / SPD will die Kunden entlasten. 15.02.2006, S. 13.

FAZ (2006b)
FAZ (Frankfurter Allgemeine Zeitung): Emissionszertifikate sollen zum Teil versteigert werden. 03.04.2006, S. 15.

FAZ (2006c)
FAZ (Frankfurter Allgemeine Zeitung): Hoffnung auf niedrigere Strompreise geplatzt. Die Preise für Emissionszertifikate sind stark gefallen / Haushaltsstrom wird aber nicht billiger. 09.05.2006, S. 13.

FAZ (2006d)
FAZ (Frankfurter Allgemeine Zeitung): FDP will die Ökostrom-Förderung beenden. 09.05.2006, S. 14.

FAZ (2006e)
FAZ (Frankfurter Allgemeine Zeitung): EU will Luftverkehr in Emissionshandel einbeziehen. Kommissar Dimas kündigt Vorschlag an / Kritik an nationalen Allokationsplänen. 10.11.2006, S. 14.

FAZ (2005a)
FAZ (Frankfurter Allgemeine Zeitung): Immer mehr Klimaschutzinvestitionen in Entwicklungsländern. Zahl der Projekte wächst rasch / Auch in Deutschland hat die Suche nach Einsparpotentialen begonnen. 12.02.2005, S. 12.

FAZ (2005b)
FAZ (Frankfurter Allgemeine Zeitung): Die Energiebranche relativiert die Bedeutung der Strompreise. 23.08.2005, S. 11.

FAZ (2005c)
FAZ (Frankfurter Allgemeine Zeitung): Nobelpreis für Ökonomie geht an Spieltheoretiker. Online-Dokument, im Internet unter der URL: http://www.faz.net/s/RubC9401175958F4DE28E143E68888825F6/Doc~EF06BC01E2DED4784B7D64D8C704DF5FA~ATpl~Ecommon~Scontent.html. Zugriff am 31.01.2008.

FAZ (2000)
FAZ (Frankfurter Allgemeine Zeitung): Für ein Plätzchen am Himmel der Funker. 29.07.2000, S. 15.

FEESS (2007)
Feess, E.: Umweltökonomie und Umweltpolitik. 3. Aufl., München 2007.

FEESS/STOCKER (1998)
Feess, E./Stocker, A.: Handelbare Emissionsrechte und Joint Implementation als komplementäre Instrumente gegen den Treibhauseffekt. In: Zeitschrift für Umweltpolitik und Umweltrecht, 21. Jg. (1998), H. 2, S. 145-160.

FINKE (2005)
Finke, R.: Grundlagen des Risikomanagements. Quantitative Risikomanagement-Methoden für Einsteiger und Praktiker. Weinheim 2005.

FISHBURN (1988)
Fishburn, P.C.: Nonlinear Preference and Utility Theory. Brighton 1988.

FONTANARI (1996)
Fontanari, M.: Kooperationsgestaltungsprozesse in Theorie und Praxis. Berlin 1996.

FRAEDRICH (1978)
Fraedrich. K.: Structural and stochastic analysis of a zero-dimensional climate system. In: Quarterly Journal of the Royal Meteorological Society, Vol. 104 (1978), S. 461-474.

FRANK/SCHAUER (2001)
Frank, U./Schauer, H.: Potentiale und Herausforderungen des Wissensmanagements aus der Sicht der Wirtschaftsinformatik. In: Schreyögg,G. (Hrsg.): Wissen in Unternehmen. Konzepte, Maßnahmen, Methoden. Berlin 2001, S. 163-182.

FRAUNHOFER ISI (1992)
Fraunhofer ISI (Fraunhofer Institut für Systemtechnik und Innovationsforschung): The Costs of Climate Change. A Rough Estimate of Orders of Magnitude. Karlsruhe 1992.

FRAUNHOFER ISI ET AL. (2005)
Fraunhofer ISI (Fraunhofer Institut für Systemtechnik und Innovationsforschung)/ Stadtwerke Karlsruhe/HeidelbergCement/MVV Energie: Flexible Instrumente im Klimaschutz. Emissionsrechtehandel, Clean Development Mechanism, Joint Implementation. Eine Anleitung für Unternehmen. Stuttgart 2005.

FREY (1990)
Frey, B.S.: Ökonomie ist Sozialwissenschaft. Die Anwendung der Ökonomie auf neue Gebiete. München 1990.

FREY (1991)
Frey, R.L.: Umweltschutz mit Marktwirtschaft. In: Lendi, M. (Hrsg.): Umweltpolitik. Strukturelemente in einem dynamischen Prozess. Zürich 1991, S. 43-61.

FRIEDRICH (2005)
Friedrich, C.: Vertrauenswürdiges Verhalten von Transaktionspartnern. Determinanten der Einschätzung. Wiesbaden 2005.

FRIEDRICH (1992)
Friedrich, R.: Darstellung und Effizienz verschiedener Internalisierungsmaßnahmen. In: Prognos-Schriftenreihe „Identifizierung und Internalisierung externer Kosten der Energieversorgung", Institut für Energiewirtschaft und Rationelle Energieanwendung. Universität Stuttgart, Stuttgart 1992.

FRITSCH ET AL. (2005)
Fritsch, M./Wein, T./Ewers, H.-J.: Marktversagen und Wirtschaftspolitik. 6. Aufl., München 2005.

FROMEN (2004)
Fromen, B.: Faire Aufteilung in Unternehmensnetzwerken. Lösungsvorschläge auf der Basis der kooperativen Spieltheorie. Dissertation, Universität Duisburg-Essen, Campus Essen 2004.

FROMM/HANSJÜRGENS (1998)
Fromm, O./Hansjürgens, B.: Zertifikatemärkte der „zweiten Generation" – Die amerikanischen Erfahrungen mit dem Acid Rain- und dem RECLAIM-Program. In: Bonus, H. (Hrsg.): Umweltzertifikate: Der steinige Weg zur Marktwirtschaft. Berlin 1998, S. 150-165.

FROMM/HANSJÜRGENS (1996)
Fromm, O./Hansjürgens, B.: Emission trading in theory and practice: an analysis of RECLAIM in Southern California. In: Environment and Planning C: Government and Policy, Vol. 14 (1996), S. 367-384.

FUDENBERG/TIROLE (1992)
Fudenberg, D./Tirole, J.: Game Theory. Cambridge - London 1992.

FUTURECAMP GMBH (2004)
FutureCamp GmbH: Emissionsrechtehandel für die unternehmerische Praxis. Kissing 2004.

GABRIEL/DITTMAR (2001)
Gabriel, R./Dittmar, C.: Der Ansatz des Knowledge Managements im Rahmen des Business Intelligence. In: HMD (Handbuch der modernen Datenverarbeitung) – Praxis der Wirtschaftsinformatik, 38. Jg. (2001), H. 222, S. 17-28.

GAGELMANN (2003)
Gagelmann, F.: E.T. and innovation – science fiction or reality? An assessment of the impact of emissions trading on innovation. UFZ (Umweltforschungszentrum)-Diskussionspapier 13/2003. Online-Dokument, im Internet unter der URL: http://www.eumon.ufz.de/data/Disk_Pap_2003-131049.pdf. Zugriff am 02.02.2008.

GAGELMANN/HANSJÜRGENS (2002)
Gagelmann, F./Hansjürgens, B.: Climate protection through tradable permits: The EU proposal for a CO_2 emissions trading system in europe. In: European Environment, Vol. 12 (2002), No.4, S. 185-202.

GAMPERL ET AL. (2001)
Gamperl, J./Seifried, R./Strangmann, U.: Klimaschutz. Die Kyoto-Instrumente „Clean Development Mechanism" und „Joint Implementation" und die mögliche Rolle von Banken bei ihrer Umsetzung. Frankfurt am Main 2001.

GARRATT/TRÖGER (2006)
Garratt, R./Tröger, T.: Notes and Comments. Speculation in Standard Auctions with Resale. In: Econometrica, Vol. 74 (2006), No. 3, S. 753-769.

GASSMANN/FUCHS (2001)
Gassmann, O./Fuchs, M.: Führung von multilateralen Kooperationen. In: Zeitschrift Führung und Organisation, 70. Jg. (2001), S. 346-353.

GAWEL (1998)
Gawel, E.: Akzeptanzprobleme von Zertifikaten. In: Bonus, H. (Hrsg.): Umweltzertifikate: Der steinige Weg zur Marktwirtschaft. Berlin 1998, S. 113-134.

GAWEL (1991)
Gawel, E.: Umweltpolitik durch gemischten Instrumenteneinsatz: Allokative Effekte instrumentell diversifizierter Lenkungsstrategien für Umweltgüter. Berlin 1991.

GHOSHAL/MORAN (1996)

Ghoshal, S./Moran, P.: Bad for Practice: A Critique of the Transaction Cost Theory. In: Academy of Management Review, 21. Vol. (1996), No. 1, S. 13-47.

GIBBONS (1992)

Gibbons, R.: Game Theory for Applied Economists. Princeton - New Jersey 1992.

GIL (2000)

Gil, T.: Handlungen – Rationalität – Moral. Berlin 2000.

GILLIES (1959)

Gillies, D.B.: Solutions to General Non-Zero-Sum Games. In: Tucker, A.W./Luce, R.D. (Hrsg.): Contributions to the Theory of Games IV, Annals of Mathematical Studies, Princeton - New Jersey 1959, S. 47-85.

GINTIS (2000)

Gintis, H.: Game Theory Evolving: A Problem-Centered Introduction to Modeling Strategic Behavior. New Jersey 2000.

GLEIßNER/ROMEIKE (2005)

Gleißner, W./Romeike, F.: Risikomanagement. Umsetzung, Werkzeuge, Risikobewertung. Freiburg - Berlin - München - Zürich 2005.

GRAWE (2004)

Grawe, J.: Was besagt und was bedeutet das Kyoto-Protokoll zum Klimaschutz? Stand: 14.08.2004. Online-Dokument, im Internet unter der URL: http://www.energie-fakten.de/html/kyoto.html. Zugriff am 02.02.2008.

GRIEßHAMMER ET AL. (1990)

Grießhammer, R./Hey, C./Hennicke, P./Kalberlah, F.: Ozonloch und Treibhauseffekt. Ein Report des Öko-Insituts. Reinbek bei Hamburg 1990.

GRIMM/SCHMIDT (1999)

Grimm, V./Schmidt, U.: Optimale Auktionen. In: Wirtschaftswissenschaftliches Studium, 28. Jg. (1999), H. 12, S. 670-675.

GOMBER ET AL. (1997)
Gomber, P./Schmidt, C./Weinhardt,C.: Elektronische Märkte für die dezentrale Transportplanung. Wirtschaftsinformatik, 39. Jg. (1997), Nr. 2, S. 137-145.

GOMBER ET AL. (1996)
Gomber, P./Schmidt, C./Weinhardt,C.: Efficiency and Incentives in MAS-Coordination. In: International Journal of Cooperative Information Systems, Vol. 8 (1999), No. 1, S. 1-14.

GRÜNIG/KÜHN (2004)
Grünig, R./Kühn R.: Entscheidungsverfahren für komplexe Probleme. Ein heuristischer Ansatz. Berlin - Heidelberg 2004.

GRÜSKE (1999)
Grüske, K.-D.: Die Nobelpreisträger von 1994 bis 1998. In: Grüske, K.-D. (Hrsg.): Die Nobelpreisträger der ökonomischen Wissenschaft. Band 4: 1994-1998, Düsseldorf 1999, S. 7-19.

GÜTH (1999)
Güth, W.: Spieltheorie und ökonomische (Bei)Spiele. 2. Aufl., Berlin - Heidelberg 1999.

GÜTH (1994)
Güth, W.: Markt- und Preistheorie. Berlin - Heidelberg 1994.

GÜTH (1986)
Güth, W.: Auctions, public tenders, and fair division games: An axiomatic approach. In: Mathematical Social Sciences, Vol. 11 (1986), No. 3, S. 283-294.

GÜTH (1979)
Güth, W.: Kriterien für die Konstruktion fairer Aufteilungsspiele. In: Albers, W./-Bamberg, G./Selten, R. (Hrsg.): Entscheidungen in kleinen Gruppen. Hain 1979, S. 57-89.

GÜTH/KLIEMT (2001)
Güth, W./Kliemt, H.: Allgemein bekannte, einseitige und eingeschränkte Formen der Rationalität. In: Jost, P.-J. (Hrsg.): Die Spieltheorie in der Betriebswirtschaftslehre. Stuttgart 2001, S. 447-474.

Güth/Stephan (1984)
Güth, W./Stephan, J.: Equilibrium selection in the one seller and many buyers-game. In: Journal of Economics, Vol. 44 (1984), No. 3, S. 267-281.

Hafeez et al. (2007)
Hafeez, K./Malak, N./Zhang, Y.B.: Outsourcing non-core assets and competences of a firm using analytic hierarchy process. In: Computers & Operations Research, Vol. 34 (2007), S. 3592-3608.

Häder (2000)
Häder, M.: Die Delphi-Technik in den Sozialwissenschaften. Wiesbaden 2000.

Hansjürgens (1998)
Hansjürgens, B.: Steuern versus Zertifikate in der Umweltpolitik: Anmerkungen aus institutionenökonomischer Sicht. In: Zeitschrift für angewandte Umweltpolitik, 11. Jg. (1998), H. 3/4, S. 378-389.

Hansjürgens (1998/99)
Hansjürgens, B.: Handelbare Umweltlizenzen – Funktionsbedingungen und Anwendungsmöglichkeiten. In: Zentrum für interdisziplinäre Forschung (ZiF). Jahresbericht 1998/ 99, S. 30-44.

Hansjürgens/Fromm (1994)
Hansjürgens, B./Fromm, O.: Erfolgsbedingungen von Zertifikatelösungen in der Umweltpolitik – am Beispiel der Novelle des US-Clean Air Act von 1990. In: Zeitschrift für Umweltpolitik und Umweltrecht, 4. Jg. (1994), S. 473-505.

Hansjürgens/Gagelmann (2003)
Hansjürgens, B./Gagelmann, F.: Das Handelssystem im europäischen CO_2-Emissionsrechtemarkt – Vorschläge zur institutionellen Ausgestaltung in Deutschland. UFZ-(Umweltforschungszentrum) Diskussionspapiere, Department Ökonomie, Soziologie und Recht, 12/2003. Leipzig 2003.

Hargreaves Heap/Varoufakis (2004)
Hargreaves Heap, S.P./Varoufakis, Y.: Game Theory. A Critical Text. 2. Aufl., London - New York 2004.

Harris/Raviv (1981)
Harris, M./Raviv, A.: Allocation Mechanism and the Design of Auctions. In: Econometrica, Vol. 49 (1981), No. 6, S. 1477-1499.

Harsanyi (1994)
Harsanyi, J.C.: Spiele mit unvollständiger Information. In: Grüske, K.-D. (Hrsg.): Die Nobelpreisträger der ökonomischen Wissenschaft. Band 4: 1994-1998, Düsseldorf 1999, S. 142-163.

Harsanyi (1982a)
Harsanyi, J.C.: Solutions for some bargaining games under the Harsanyi-Selten solution theory, Part I, theoretical preliminaries. In: Mathematical Social Sciences, Vol. 3 (1982), No. 2, S. 179-191.

Harsanyi (1982b)
Harsanyi, J.C.: Solutions for some bargaining games under the Harsanyi-Selten solution theory, Part II, analysis of specific bargaining games. In: Mathematical Social Sciences, Vol. 3 (1982), No. 3, S. 259-279.

Harsanyi (1977)
Harsanyi, J.C.: Rational behavior and bargaining equilibrium in games and social situations. Cambridge - London 1977.

Harsanyi (1967)
Harsanyi, J.C.: Games with incomplete information played by ´Bayesian players`, Part I-III. The basic probability distribution of the game. In: Management Science, Vol. 14 (1967), No. 3, S. 159-182.

Harsanyi/Selten (1988)
Harsanyi, J.C./Selten, R.: A General Theory of Equilibrium Selection in Games. Cambridge - London 1988.

Harsanyi/Selten (1979)
Harsanyi, J.C./Selten, R.: A new solution concept for both cooperative and noncooperative games. Opladen 1979.

HAUSCH (1986)

Hausch, D.B.: Multi-object auctions: Sequential vs. simultaneous sales. In: Management Science, Vol. 32 (1986), No. 12, S. 1599-1610.

VON HAYEK (1937)

von Hayek, F.A.: Economics and Knowledge. In: Economica, Vol. 4 (1937), No. 13, S. 33-54.

HEINEN (1971)

Heinen, E.: Grundlagen betriebswirtschaftlicher Entscheidungen. 2. Aufl., Wiesbaden 1971.

HEINEN (1985)

Heinen, E.: Einführung in die Betriebswirtschaftslehre. 9. Aufl., Wiesbaden 1985.

HEISTER/MICHAELIS (1991)

Heister, J./Michaelis, P.: Handelbare Emissionsrechte für Kohlendioxid. In: Zeitschrift für angewandte Umweltforschung, 4. Jg. (1991), H. 1, S. 68-80.

HEISTER ET AL. (1991)

Heister, J./Klepper, G./Krämer, H.R./Michaelis, P./Mohr, E./Neu, A.D./Schmidt, R./ Weichert, R.: Umweltpolitik mit handelbaren Emissionsrechten. Möglichkeiten zur Verringerung der Kohlendioxid- und Stickoxidemissionen. Tübingen - Mohr 1991.

HENNART (1991)

Hennart, J.-F.: The Transaction Costs Theory of Joint Ventures: An Empirical Study of Japanese Subsidiaries in the United States. In: Management Science, Vol. 37 (1991), No. 4, S. 483-497.

HILL (2002)

Hill, P.B.: Rational-Choice-Theorie. Bielefeld 2002.

HILLEBRAND ET AL. (2002)

Hillebrand, B./Smajgl, A./Ströbele, W./Behringer, J.-M./Heins, B./Meyer, E.-C.: Zertifikatehandel für CO_2-Emissionen auf dem Prüfstand. Ausgestaltungsprobleme des Vorschlags der EU für eine „Richtlinie zum Emissionshandel“. Münster - Hamburg - London 2002.

HITZ ET AL. (2005)
Hitz, M./Kappel, G./Kapsammer, E./Retschitzegger, W.: UML@Work. Objektorientierte Modellierung mit UML 2. 3. Aufl., Heidelberg 2005.

HOLLER (1992)
Holler, M.J.: Ökonomische Theorie der Verhandlungen. 3. Aufl., München - Wien 1992.

HOLLER/ILLING (2006)
Holler, M.J./Illing, G.: Einführung in die Spieltheorie. 6. Aufl., Berlin - Heidelberg - New York 2006.

HOLDGATE ET AL. (1989)
Holdgate, M.W./Bruce, J./Desai, N./Mascarenhas, O./Shihab, H./Camacho, R.F./Mahtab, F.U./Maunder, W.J./Tewungwa, S.: Climate Change. Meeting the Challenge. Report by a Commonwealth Group of Experts. London 1989.

HOLZINGER (1987)
Holzinger, K.: Umweltpolitische Instrumente aus der Sicht der staatlichen Bürokratie. Versuch einer Anwendung der „Ökonomischen Theorie der Bürokratie“. München 1987.

ILLING (1997)
Illing, G.: Theorie der Geldpolitik. Eine spieltheoretische Einführung. Berlin – Heidelberg - New York 1997.

IPCC (2001)
IPCC (Intergovernmental Panel on Climate Change): Climate change 2001: Synthesis report. Cambridge - United Kingdom - New York 2001.

IW (2006)
IW (Institut der deutschen Wirtschaft Köln): Deutschland in Zahlen 2006. Köln 2006.

JECKLE ET AL. (2004)
Jeckle, M./Rupp, C./Hahn, J./Zengler, B./Queins, S.: UML 2 glasklar. München - Wien 2004.

JEITSCHKO (1998)

Jeitschko, T.D.: Learning in Sequential Auctions. In: Southern Economic Journal, Vol. 65 (1998), No. 1, S. 98-112.

JIN ET AL. (2006)

Jin, M./Wu, S.D./Erkoc, M.: Multiple unit auctions with economics and diseconomics of scale. In: European Journal of Operational Research, Vol. 174 (2006), S. 816-834.

JONES (1993)

Jones, T.: Operational criteria for joint implementation. Paper presented to the international conference on the economics of climate change, OECD (Organisation for Economic Cooperation and Development) IEA (International Energy Agency), Paris, June 14-16.

JOSKOW/SCHMALENSEE (1998)

Joskow, P.L./Schmalensee, R.: The Political Economy of Market-Based Environmental Policy: The U.S. Acid Rain Program. In: Journal of Law and Economics. Vol. 41 (1998), No. 1, S. 37-83.

JOST (2001a)

Jost, P.-J.: Die Spieltheorie in der Betriebswirtschaftslehre. Stuttgart 2001.

JOST (2001b)

Jost, P.-J.: Einführung in die Prinzipal-Agenten-Theorie. In: Jost, P.-J. (Hrsg.): Die Prinzipal-Agenten-Theorie in der Betriebswirtschaftslehre. Stuttgart 2001, S. 9-43.

JUNGINGER ET AL. (2000)

Junginger, S./Kühn, H./Strobl, R./Karagiannis, D.: Ein Geschäftsprozessmanagement-Werkzeug der nächsten Generation – ADONIS: Konzeption und Anwendungen. In: Wirtschaftsinformatik, 42. Jg. (2000), Nr. 5, S. 392-401.

KAGEL (1995)

Kagel, J.H.: Auctions: A Survey of Experimental Research. In: Kagel, J.H./Roth, A.E. (Hrsg.): The Handbook of Experimental Economics. Princeton - New Jersey 1995, S. 501-585.

KAMRAN/ZAHEDI (1993)
Kamran/Zahedi: A mathematical treatment of inconsistency in the analytic hierarchy process. In: Mathematical and Computer Modelling, Vol. 17 (1993), No. 4/5, S. 111-122.

KARMANN (2000)
Karmann, A.: Mathematik für Wirtschaftswissenschaftler – Problemorientierte Einführung. 4. Aufl., München - Wien 2000.

KEMPER (1989)
Kemper, M.: Das Umweltproblem in der Marktwirtschaft. Berlin 1989.

KESER/WILLINGER (2000)
Keser, C./Willinger, M.: Principals′ principles when agents′ actions are hidden. In: International Journal of Industrial Organization, Vol. 18 (2000), No. 1, S. 163-185.

KESTING (2003)
Kesting, P.: Handlungsalternativen. Eine Untersuchung über die Gestalt und Gestaltung ökonomischer Entscheidungsprobleme. Marburg 2003.

KESTING (2001)
Kesting, P.: Was sind Handlungsmöglichkeiten? Fundierung eines ökonomischen Grundbegriffs, HHL (Handelshochschule Leipzig)-Arbeitspapier Nr. 39, Handelshochschule Leipzig (HHL), Leipzig 2001.

KIRCHGÄSSNER (1991)
Kirchgässner, G.: Homo Oeconomicus. Das ökonomische Modell individuellen Verhaltens und seine Anwendung in den Wirtschafts- und Sozialwissenschaften. Tübingen 1991.

KLEMPERER (2007)
Klemperer, P.: Bidding Markets. In: Journal of Competition Law and Economics, Vol. 3 (2007), No. 1, S. 1-47.

KLEMPERER (2002)
Klemperer, P.: Spectrum Auctions. How (not) to run auctions: The European 3G telecom auctions. In: European Economic Review, Vol. 46 (2002), No. 4/5, S. 829-845.

KLEMPERER (2000)
Klemperer, P.: Auctions: Theory and Practice. Oxford 2000.

KLEMPERER (1998)
Klemperer, P.: Auction Theory: A Guide to the Literature. In: Journal of Economic Surveys, Vol. 13 (1998), No. 3, S. 228-286.

KLEMPERER (1998)
Klemperer, P.: Auctions with almost common values: The 'Wallet Game' and its applications. In: European Economic Review, Vol. 42 (1998), No. 3-5, S. 757-769.

KLEPPER (1998)
Klepper, G.: Anwendungspotential für Umweltzertifikate. In: Bonus, H. (Hrsg.): Umweltzertifikate: Der steinige Weg zur Marktwirtschaft. Berlin 1998, S. 137-149.

KNÜPPEL (1989)
Knüppel, H.: Umweltpolitische Instrumente: Analyse der Bewertungskriterien und Aspekte einer Bewertung. Baden-Baden 1989.

KOBOLDT (1993)
Koboldt, C.: Zeitinkonsistenz, Separabilität und Teilspielperfektheit. In: Homo Oeconomicus, Vol. 10 (1993), No. 3, S. 383-412.

KRABS (2005)
Krabs, W.: Spieltheorie – Dynamische Behandlung von Spielen. Stuttgart - Leipzig - Wiesbaden 2005.

KRABS (1997)
Krabs, W.: Mathematische Modellierung. Eine Einführung in die Problematik. Stuttgart 1997.

KRABS/PICKL (2004)
Krabs, W./Pickl, S.: A Game-Theoretic Treatment of a Time-Discrete Emission Reduction Model. In: International Game Theory Review, Vol. 6 (2004), No. 1, S. 21-34.

KREBS/WILSON (1982)
Krebs, D.M./Wilson, R.: Sequential Equilibria. In: Econometrica, Vol. 50 (1982), No. 4, S. 863-894.

KREY (2005)
Krey, M.: Transaction costs of unilateral CDM projects in India – results from an empirical survey. In: Energy Policy, Vol. 33 (2005), S. 2385-2397.

KRISHNA (2002)
Krishna, V.: Auction Theory. San Diego - San Francisco - New York - Boston - London - Sydney - Tokyo 2002.

KRISHNA/MORGAN (1997)
Krishna, V./Morgan, J.: An Analysis of the War of Attrition and the All-Pay Auction. In: Journal of Economic Theory, Vol. 72 (1997), No. 2, S. 343-362.

KUBICEK (1977)
Kubicek, H.: Heuristische Bezugsrahmen und heuristisch angelegte Forschungsdesigns als Elemente einer Konstruktionsstrategie empirischer Forschung. In: Köhler, R. (Hrsg.): Empirische und handlungstheoretische Forschungskonzeption in der Betriebswirtschaftslehre. Kommission Wissenschaftstheorie im Verband der Hochschullehrer für Betriebswirtschaft e.V./Bericht über die Tagung in Aachen, März 1976. Stuttgart 1977, S. 3-36.

KUHN (1953)
Kuhn, H.W.: Extensive Games and the Problem of Information. In: Kuhn, H.W./Tucker, A.W. (Hrsg.): Contributions to the Theory of Games II, Annals of Mathematical Studies, Princeton - New Jersey 1953, S. 193-216.

KUHN/TUCKER (1950)
Kuhn, H.W./Tucker, A.W.: Preface. In: Kuhn, H.W./Tucker, A.W. (Hrsg.): Contributions to the Theory of Games I, Annals of Mathematical Studies, Princeton - New Jersey 1950, S. V-XIII.

KUHN (1990)
Kuhn, M.: Klimaänderungen: Treibhauseffekt und Ozon. Tatsachen, Erklärungen und Zahlenbeispiele zur menschlichen Beeinflussung des Klimas durch Spurengase. Thaur/Tirol 1990.

KWIESIELEWICZ/UDEN (2004)

Kwiesielewicz, M./Uden van, E.: Inconsistent and contradictory judgements in pairwise comparison method in the AHP. In: Computers & Operations Research, Vol. 31 (2004), No. 5, S. 713-719.

LAFFONT (1997)

Laffont, J.-J.: Game theory and empirical economics: The case of auction data. In: Klemperer, P. (Hrsg.): The Economic Theory of Auctions, Volume II. Cambridge 2000, S. 563-597.

LAHNO (2002)

Lahno, B: Der Begriff des Vertrauens. Paderborn 2002.

LAI ET AL. (1999)

Lai, V.S./Trueblood, R.P./Wong, B.K.: Software selection: a case study of the application of the analytical hierarchical process to the selection of a multimedia authoring system. In: Information and Management, Vol. 36 (1999), No. 4, S. 221-232.

LANGE (1978)

Lange, C.: Umweltschutz und Unternehmensplanung. Die betriebliche Anpassung an den Einsatz umweltpolitischer Instrumente. Wiesbaden 1978.

LANGERFELDT (2001)

Langerfeldt, M.: Spieltheorie. In: Das Wirtschaftsstudium, 12. Jg. (2001), Nr. 1, S. 1619-1621.

LEDYARD/SZAKALY-MOORE (1994)

Ledyard, J.O./Szakaly-Moore, K.: Designing organizations for trading pollution rights. In: Journal of Economic Behavior and Organization, Vol. 25 (1994), No. 2, S. 167-196.

LEIPERT (1989)

Leipert, C.: Die Aufnahme der Umweltproblematik in der ökonomischen Theorie. 2. Aufl., Frankfurt am Main 1989.

LESKELÄ ET AL. (2007)

Leskelä, R.L./Teich, J./Wallenius, H./Wallenius, J.: Decision support for multi-unit combinatorial bundle auctions. In: Decision Support Systems, Vol. 43 (2007), No. 2, S. 420-434.

LEVIN/SMITH (1996)
Levin, D./Smith, J.L.: Optimal Reservation Prices in Auctions. In: Economic Journal, Vol. 106 (1996), S. 1271-1283.

LINTZ (1993)
Lintz, G.: Die umweltpolitischen Verteilungsprinzipien. Eigentumstheoretisch orientierte Systematik und Ergänzung um das Aufteilungsprinzip. Trier 1993.

LUCE/RAIFFA (1957)
Luce, R.D./Raiffa, H.: Games and Decisions. New York 1957.

LUCHT (2005)
Lucht, M.: Das Umfeld des Emissionshandels im Überblick. In: Lucht, M./Spangardt, G. (Hrsg.): Emissionshandel. Ökonomische Prinzipien, rechtliche Regelungen und technische Lösungen für den Klimaschutz. Berlin - Heidelberg - New York 2005, S. 1-28.

LUCKING-REILEY (2000)
Lucking-Reiley, D.: Auctions on the Internet: What´s being auctioned, and how? In: The Journal of Industrial Economics, Vol. 48 (2000), No. 3, S. 227-252.

LUCKING-REILEY (1999)
Lucking-Reiley, D.: Using Field Experiments to Test Equivalence Between Auction Formats: Magic on the Internet. In: American Economic Review, Vol. 89 (1999), No. 5, S. 1063-1080.

LUHMANN (2000)
Luhmann, N.: Vertrauen. Ein Mechanismus der Reduktion sozialer Komplexität. 4. Aufl., Stuttgart 2000.

LUHMANN ET AL. (1997)
Luhmann, H.-J./Ott, H.E./Beuermann, C./Fischedick, M./Hennicke, P./Bakker, L.: Joint Implemenation – Projektsimulation und Organisation. Operationalisierung eines neuen Instruments der internationalen Klimapolitik. Forschungsbericht Nr. 104 01 001, Umweltbundesamt. Berlin 1997.

LUTZ (1984)
Lutz, B.: Spieltheoretische Elemente bei der Entscheidungsfindung in der Energiepolitik. Stuttgart 1984.

MANELLI ET AL. (2000)
Manelli, A.M./Sefton, M./Wilner, B.S.: Multi-Unit Auctions: a Comparison of Static and Dynamic Mechanisms. Arizona State University, University of Nottingham and LECG, Navigant Consulting. Working Paper 2000.

MASCHLER/POTTERS/TIJS (1993)
Maschler, M./Potters, J./Tijs, S.: The General Nucleolus and the Reduced-Game Property. In: Binmore, K./Kirman, A./Tani, P. (Hrsg.): Frontiers of Game Theory. Cambridge - London 1993, S. 117-132.

MASKIN/RILEY (1989)
Maskin, E.S./Riley, J.G.: Optimal Multi-Unit Auctions. In: Hahn, F. (Hrsg.): The Economics of Missing Markets, Information, and Games. Oxford 1989, S. 312-335.

MCAFEE/MCMILLAN (1987)
McAfee, R.P./McMillan, J.: Auctions and Bidding. In: Journal of Economic Literature, Vol. 25 (1987), No. 2, S. 699-738.

MCKENZIE/TULLOCK (1984)
McKenzie, R.B./Tullock, G.: Homo Oeconomicus. Ökonomische Dimensionen des Alltags. Frankfurt am Main - New York 1984.

MEIXNER/HAAS (2002)
Meixner, O./Haas, R.: Computergestützte Entscheidungsfindung. Expert Choice und AHP – innovative Werkzeuge zur Lösung komplexer Probleme. Frankfurt - Wien 2002.

MEHLMANN (1997)
Mehlmann, A.: Wer gewinnt das Spiel? Spieltheorie in Fabeln und Paradoxa. Wiesbaden 1997.

MENEZES/MONTEIRO (2005)
Menezes, F.M./Monteiro, P.K.: An Introduction to Auction Theory. New York 2005.

MERTENS (1990)
Mertens, J.-F.: Repeated games. In: Ichiishi, T./Neyman, A./Tauman, Y. (Hrsg.): Game Theory and Applications. San Diego - New York - Boston - London - Sydney - Tokyo - Toronto 1990, S. 77-130.

MERTINS ET AL. (1994)
Mertins, K./Süssenguth, W./Jochem, R.: Modellierungsmethoden für rechnerintegrierte Produktionsprozesse: Unternehmensmodellierung, Softwareentwurf, Schnittstellendefinition, Simulation. München - Wien 1994.

MEYER (2002)
Meyer, J.: IT-gestütztes Wissensmanagement. In: Das Wirtschaftsstudium, 31. Jg. (2002), H. 1, S. 61-64.

MICHAELOWA (2005)
Michaelowa, A.: Clean Development Mechanism und Joint Implementation. In: Lucht, M./Spangardt, G. (Hrsg.): Emissionshandel. Ökonomische Prinzipien, rechtliche Regelungen und technische Lösungen für den Klimaschutz. Berlin - Heidelberg - New York 2005, S. 137-151.

MICHAELOWA ET AL. (2003)
Michaelowa, A./Stronzik, M./Eckermann, F./Hunt, A.: Transaction costs of the Kyoto Mechanisms. In: Climate Policy, Vol. 3 (2003), S. 261-278.

MICHAELOWA/STRONZIK (2002)
Michaelowa, A./Stronzik, M.: Transaction costs of the Kyoto Mechanism. HWWA (Hamburgisches Welt-Wirtschafts-Archiv) Diskussionspapier Nr. 175, Hamburg 2002. Online-Dokument, im Internet unter der URL: http://www.hwwa.de/Forschung/Publikationen/Discussion_Paper/2002/175.pdf. Zugriff am 02.02.2008.

MIEBACH (2006)
Miebach, B.: Soziologische Handlungstheorie. Eine Einführung. 2. Aufl., Wiesbaden 2006.

MILGROM (2004)
Milgrom, P.: Putting Auction Theory to Work. Cambridge 2004.

MILGROM (1998)
Milgrom, P.: Game theory and the spectrum auctions. In: European Economic Review, Vol. 42 (1998), S. 771-778.

MILGROM (1996)
Milgrom, P.: Die Universaldienstvergabe: Ein Anwendungsfeld der Auktionstheorie. In: Grüske, K.-D. (Hrsg.): Die Nobelpreisträger der ökonomischen Wissenschaft. Band 4: 1994-1998. Düsseldorf 1999, S. 310-324.

MILGROM (1989)
Milgrom, P.: Auctions and bidding: A primer. In: Journal of Economic Perspectives, Vol. 3 (1989), No. 3, S. 3-22.

MILGROM (1985)
Milgrom, P.: Auction Theory. Cowles Foundation for Research in Economics at Yale University, Discussion Paper No. 779, New Haven 1985.

MILGROM/WEBER (1982a)
Milgrom, P./Weber, R.J.: A Theory of Auctions and Competitive Bidding I. In: Econometrica, Vol. 50 (1982), No. 5, S. 1089-1122.

MILGROM/WEBER (1982b)
Milgrom, P./Weber, R.J.: A Theory of Auctions and Competitive Bidding II. In: Klemperer, P. (Hrsg.): The Economic Theory of Auctions, Volume II. Cambridge 2000, S. 179-194.

MILLET/SAATY (2000)
Millet, I./Saaty, T.L.: On the relativity of relative measures – accommodating both rank preservation and rank reversals in the AHP. In: European Journal of Operational Research, Vol. 121 (2000), S. 205-212.

MISHRA/VEERAMANI (2007)
Mishra, D./Veeramani, D.: Vickrey-Dutch procurement auction for multiple items. In: European Journal of Operational Research, Vol. 180 (2007), No. 2, S. 617-629.

MIRRLEES (1996)
Mirrlees, J.A.: Information und Anreize: Die Ökonomik von Zuckerbrot und Peitsche. In: Grüske, K.-D. (Hrsg.): Die Nobelpreisträger der ökonomischen Wissenschaft. Band 4: 1994-1998. Düsseldorf 1999, S. 278-306.

MORGENSTERN (1970)
Morgenstern, O.: Game Theory. A Nontechnical Introduction. New York 1997.

Morgenstern (1966)
Morgenstern, O.: Spieltheorie und Wirtschaftswissenschaft. München - Wien 1966.

Morschett (2003)
Morschett, D.: Formen von Kooperationen, Allianzen und Netzwerken. In: Zentes, J./Swoboda, B./Morschett, D. (Hrsg.): Kooperationen, Allianzen und Netzwerke – Grundlagen - Ansätze - Perspektiven. Wiesbaden 2003, S. 387-413.

MPI-M (2005)
MPI-M: Klimaänderung so rasant wie noch nie – Hamburger Klimaforscher präsentieren neueste Modellergebnisse für das kommende Jahrhundert. Online-Dokument, im Internet unter der URL: http://www.mpimet.mpg.de/dynindex.php?s=http://www.mpimet.mpg.de/de/web/news/newsdetail.php?id=76&suchwort=. Zugriff am 31.01.2008.

MPI-M (2001)
MPI-M: Das Klima des 20. und 21. Jahrhunderts. Aktueller Forschungsschwerpunkt 2001 des Max-Planck-Instituts für Meteorologie, Abteilung Klimamodellierung. Hamburg 2001. Online-Dokument, im Internet unter der URL: http://www.mpimet.mpg.de/institut/jahresberichte/jahresbericht-2001.html. Zugriff am 02.02.2008.

MPI-M (1999)
MPI-M: Quellen und Senken des atmosphärischen Kohlendioxids. Aktueller Forschungsschwerpunkt 1999 des Max-Planck-Instituts für Meteorologie, Abteilung Klimamodellierung. Hamburg 1999. Online-Dokument, im Internet unter der URL: http://www.mpimet.mpg.de/institut/jahresberichte/jahresbericht-1999.html. Zugriff am 02.02.2008.

von Mrasek (2007)
von Mrasek, V.: Treibhausgase bleiben Jahrtausende in der Luft. Online-Dokument, im Internet unter der URL: http://www.spiegel.de/wissenschaft/natur/0,1518,512305,00.html. Zugriff am 11.04.2008.

Müller/Rothe (2004)
Müller, M./Rothe, M.: Informationspaket Emissionshandel. Teil 1 – Emissionshandel-Chancen und Nutzen für Unternehmen. Energieagentur NRW. Wuppertal 2004.

MYERSON (2001)
Myerson, R.B.: Game Theory. Analysis of Conflict. 4. Aufl., Cambridge - London 2001.

MYERSON (1983)
Myerson, R.B.: The Basic Theory of Optimal Auctions. In: Engelbrecht-Wiggans, R./ Shubik, M./Stark, R.M. (Hrsg.): Auctions, Bidding, and Contracting: Uses and Theory. 3. Aufl., New York 1983, S. 149-163.

MYERSON (1981)
Myerson, R.B.: Optimal Auction Design. In: Mathematics of Operations Research, Vol. 6 (1981), No. 1, S. 58-73.

NALEBUFF/BRANDENBURGER (1996)
Nalebuff, B./Brandenburger, A.: Coopetition – kooperativ konkurrieren. Mit der Spieltheorie zum Unternehmenserfolg. Frankfurt am Main - New York 1996.

NASH (1994)
Nash, J: John Nashs Werk auf dem Gebiet der Spieltheorie. In: Grüske, K.-D. (Hrsg.): Die Nobelpreisträger der ökonomischen Wissenschaft. Band 4: 1994-1998. Düsseldorf 1999, S. 173-214.

NASH (1953)
Nash, J: Two-Person Cooperative Games. In: Econometrica, Vol. 21 (1953), No. 1, S. 128-140.

NASH (1951)
Nash, J: Non-cooperative games. In: Annals of Mathematics, Vol. 54 (1951), No. 2, S. 286-295.

NEUBAUER/ROSEMANN (2006)
Neubauer, W./Rosemann, B.: Führung, Macht und Vertrauen in Organisationen. Stuttgart 2006.

NEUGEBAUER/PEZANIS-CHRISTOU (2007)
Neugebauer, T./Pezanis-Christou, P.: Bidding behavior at sequential first-price auctions with(out) supply uncertainty: A laboratory analysis. In: Journal of Economic Behavior and Organization, Vol. 63 (2007), No. 1, S. 55-72.

NEUGEBAUER/SELTEN (2006)
Neugebauer, T./Selten, R.: Individual behavior of first-price auctions: The importance of information feedback in computerized experimental markets. In: Games and Economic Behavior, Vol. 54 (2006), S. 183-204.

VON NEUMANN/MORGENSTERN (1973)
von Neumann, J./Morgenstern, O.: Spieltheorie und wirtschaftliches Verhalten. 3. Aufl., Würzburg 1973.

VON NEUMANN/MORGENSTERN (1968)
von Neumann, J./Morgenstern, O.: The notion of utility. In: Page, A.N. (Hrsg.): Utility Theory: A book of Readings. New York - London - Sydney, S. 215-233.

NEUS (2005)
Neus, W.: Einführung in die Betriebswirtschaftslehre. 4. Aufl., Tübingen 2005.

NICKLISCH (1991)
Nicklisch, F.: Umweltschutz durch privatrechtliche Haftung – Umwelthaftung, Gentechnikhaftung, Abfallhaftung. In: Lendi, M. (Hrsg.): Umweltpolitik. Strukturelemente in einem dynamischen Prozess. Zürich 1991, S. 105-114.

NIEDER (1997)
Nieder, P.: Erfolg durch Vertrauen – Abschied vom Management des Misstrauens. Wiesbaden 1997.

NIEMEIER (2002)
Niemeier, S.: Die deutsche UMTS-Auktion. Eine spieltheoretische Analyse. Wiesbaden 2002.

NOBELPRIZE (2005)
Nobelprize: The Sveriges Riksbank Prize in Economic Sciences in Memory of Alfred Nobel 2005. Online-Dokument, im Internet unter der URL: http://nobelprize.org/nobel_prizes/economics/laureates/2005/index.html. Zugriff am 02.02.2008.

NOOTEBOOM (1996)
Nooteboom, B.: Trust, Opportunism and governance: A process and control model. In: Organization Studies, Vol. 17 (1996), No. 6, S. 985-1010.

Oberhauser (1974)

Oberhauser, A.: Abgrenzung des Verursacherprinzips und seine Einordnung in die Umweltpolitik. In: Bullinger, M./Rincke, G./Oberhausser, A./Schmidt, R.B. (Hrsg.): Das Verursacherprinzip und seine Instrumente. Berlin 1974, S. 27-49.

Oestereich (2006)

Oestereich, B.: Analyse und Design mit UML 2.1. Objektorientierte Softwareentwicklung. 8. Aufl., München 2006.

Opschoor (1989)

Opschoor, J.B.: Economic Instruments for Environmental protection. Paris 1989.

Oren/Rothkopf (1975)

Oren, S.S./Rothkopf, M.H.: Optimal Bidding in Sequential Auctions. In: Operations Research, Vol. 23 (1975), No. 6, S. 1080-1090.

Osborn/Baughn (1990)

Osborn, R.N./Baughn, C.C.: Forms of Interorganizational Governance for Multinational Alliances. In: Academy of Management Journal, Vol. 33 (1990), S. 503-519.

Osborne (2004)

Osborne, M.J.: An Introduction to Game Theory. New York - Oxford 2004.

o.V. (2008a)

o.V.: Mehr Effizienz durch Rechteversteigerung. Online-Dokument, im Internet unter der URL: http://www.co2-handel.de/article58_3674.html. Zugriff am 10.01.2008.

o.V. (2008b)

o.V.: Bundestag will 10 Prozent der CO_2-Verschmutzungsrechte versteigern. Online-Dokument, im Internet unter der URL: http://www.co2-handel.de/article304_5455.html. Zugriff am 10.01.2008.

o.V. (2008c)

o.V.: Nun doch Versteigerung von Emissionsrechten? Online-Dokument, im Internet unter der URL: http://www.co2-handel.de/article186_4174.html. Zugriff am 10.01.2008.

o.V. (2008d)
o.V.: EU-Kommission will Luftfahrt in den Emissionshandel einbeziehen. Online-Dokument, im Internet unter der URL: http://www.co2-handel.de/article185_3957.html. Zugriff am 10.01.2008.

o.V. (2008e)
o.V.: Luftverkehr muss Beitrag zum Klimaschutz leisten. Online-Dokument, im Internet unter der URL: http://www.co2-handel.de/article186_5436.html. Zugriff am 10.01.2008.

o.V. (2008f)
o.V.: Die unter Atmosphäre. Online-Dokument, im Internet unter der URL: http://www.atmosphere.mpg.de/enid/Klima_kurz_gefasst/-_Troposphaere_2kz.html. Zugriff am 11.04.2008.

o.V. (2007a)
o.V.: GAMBIT – Software Tools for Game Theory. Online-Dokument, im Internet unter der URL: http://econweb.tamu.edu/gambit/. Zugriff am 02.02.2008.

o.V. (2007b)
o.V.: Visual Paradigm. Online-Dokument, im Internet unter der URL: http://www.visual-paradigm.com/. Zugriff am 02.02.2008.

o.V. (2006)
o.V.: Übersicht über die Handelsplattformen. Online-Dokument, im Internet unter der URL: http://www.co2-handel.de/article60_300.html. Zugriff am 02.02.2008.

o.V. (2005a)
o.V.: UN-Klimakonferenz zieht Bilanz und blickt in die Zukunft. In: Umwelt (2005), Nr. 2, S. 88-91.

o.V. (2005b)
o.V.: Emissionshandel pünktlich gestartet: Berechtigungen an 1849 Anlagen verteilt. In: Umwelt (2005), Nr. 2, S. 91-93.

o.V. (2005c)
o.V.: Nationale Umsetzung der flexiblen Mechanismen des Kyoto-Protokolls. Online-Dokument, im Internet unter der URL: http://www.dehst.de/nn_477488/SharedDocs/Presse/Presseinformationen/2005/026-2005__Nationale_20Umsetzung_20der_20flexiblen_20Mechanismen_20des_20Kyoto-Protokolls.html. Zugriff am 02.02.2008.

o.V. (2005d)
o.V.: Emissionshandel in Deutschland - laues Interesse der Industrie. Online-Dokument, im Internet unter der URL: http://www.co2-handel.de/article38_816.html. Zugriff am 02.02.2008.

o.V. (2005e)
o.V.: dena baut Klimaschutz-Projektpool in der Ukraine auf. Stand: 24.11.2005. Online-Dokument, im Internet unter der URL: http://www.co2-handel.de/article160_1096.html. Zugriff am 02.02.2008.

o.V. (2005f)
o.V.: Finanzierung der DEHSt – Allgemeine Informationen. Vollzug des Emissionshandels wird aus Gebühren der teilnehmenden Unternehmen finanziert. Transparenz und kontrollierter Mitteleinsatz gewährleistet. Online-Dokument, im Internet unter der URL: http://www.dehst.de/nn_973852/__Archiv/DE__Archiv/Archiv__DEHSt/Finanzierung/Finanzierung__node.html?__nnn=true. Zugriff am 02.02.2008.

o.V. (2003)
o.V.: Vorschlag für eine Richtlinie des Europäischen Parlaments und des Rates zur Änderung der Richtlinie über ein System für den Handel mit Treibhausgasemissionsberechtigungen in der Gemeinschaft im Sinne der projektbezogenen Mechanismen des Kyoto-Protokolls. Online-Dokument, im Internet unter der URL: http://eur-lex.europa.eu/smartapi/cgi/sga_doc?smartapi!celexapi!prod!CELEXnumdoc&lg=DE&numdoc=52003PC0403&model=guichett. Zugriff am 04.04.2008.

OWEN (1999)
Owen, G.: Applications of Game Theory to Economic Equilibrium. In: International Game Theory Review, Vol. 1 (1999), No. 1, S. 1-8.

OWEN (1995)
Owen, G.: Game Theory. 3. Aufl., New York 1995.

OWEN (1971)
Owen, G.: Spieltheorie. Berlin - Heidelberg - New York 1971.

PALFREY (1983)
Palfrey, T.R.: Bundling decisions by a multiproduct monopolist with incomplete information. In: Econometrica, Vol. 51 (1983), No. 2, S. 463-483.

PEARCE ET AL. (1990)
Pearce, D./Barbier, E./Markandya, A.: Sustainable Development. Economics and Environment in the Third World. London 1990.

PELEG (1990)
Peleg, B.: Axiomatizations of the core, the nucleolus, and the prekernel. In: Ichiishi, T./Neyman, A./Tauman, Y. (Hrsg.): Game Theory and Applications. San Diego - New York - Boston - London - Sydney - Tokyo - Toronto 1990, S. 176-182.

PEREZ DOMÍNGUEZ (2006)
Perez Domínguez, I.: Greenhouse Gases: Inventories, Abatement Costs and markets for Emission Permits in European Agriculture. A modelling Approach. Frankfurt am Main 2006.

PERRY/RENY (2005)
Perry, M./Reny, P.J.: An Efficient Multi-Unit Ascending Auction. In: Review of Economic Studies, Vol. 72 (2005), S. 567-592.

PETERS (2008)
Peters, M.L.: Vertrauen in Wertschöpfungspartnerschaften zum Transfer von retentivem Wissen. Eine Analyse auf Basis realwissenschaftlicher Theorien und Operationalisierung mithilfe des Fuzzy Analytic Network Process und der Data Envelopment Analysis. Wiesbaden 2008.

PETERS/ZELEWSKI (2007)
Peters, M.L./Zelewski, S.: Assignment of employees to workplaces under consideration of employee competences and preferences. In: Management Research News, Vol. 30 (2007), No. 2, S. 84-99.

PETERS ET AL. (2007)
Peters, M.L./Hügens, T./Zelewski, S.: Betriebswirtschaftliche Bewertungstechniken: ein softwaregestützter Integrationsansatz für KMU. In: Letmathe, P./Eigler, J./Welter, F./ Kathan, D./Heupel, T. (Hrsg.): Management kleiner und mittlerer Unternehmen. Wiesbaden 2007, S. 657-672.

PETERS ET AL. (2006)
Peters, M.L./Schütte, R./Zelewski, S.: Erweiterte Wirtschaftlichkeitsanalyse mithilfe des Analytic Hierarchy Process (AHP) unter Berücksichtigung des Wissensmanagements zur Beurteilung von Filialen eines Handelsunternehmens. Arbeitsbericht Nr. 30, Institut für Produktion und Industrielles Informationsmanagement, Universität Duisburg-Essen, Campus Essen. Essen 2006.

PETERS/ZELEWSKI (2004)
Peters, M.L./Zelewski, S.: Möglichkeiten und Grenzen des „Analytic Hierarchy Process“ (AHP) als Verfahren zur Wirtschaftlichkeitsanalyse. In: Zeitschrift für Planung und Unternehmenssteuerung, Vol. 15 (2004), S. 295-324.

PETERS/ZELEWSKI (2003)
Peters, M.L./Zelewski, S.: Lösung multikriterieller Entscheidungsprobleme mit Hilfe des Analytical Hierarchy Process. In: Das Wirtschaftsstudium, 32. Jg. (2003), H. 10, S. 1210-1218 u. 1298.

PETERS/ZELEWSKI (2002)
Peters, M.L./Zelewski, S.: Analytical Hierarchy Processs (AHP) – dargestellt am Beispiel der Auswahl von Projektmanagement-Software zum Multiprojektmanagement. Arbeitsbericht Nr. 14, Institut für Produktion und Industrielles Informationsmanagement, Universität Duisburg-Essen, Campus Essen. Essen 2002.

PICOT ET AL. (2003)
Picot, A./Reichwald, R./Wigand, R.T.: Die grenzenlose Unternehmung. 5. Aufl., Wiesbaden 2003.

PICOT/DIETL (1990)
Picot. A./Dietl, H.: Transaktionskostentheorie. In: Wirtschaftswissenschaftliches Studium, 19. Jg. (1990), Nr. 4, S. 178-184.

PILONE/PITMAN (2005)
Pilone, D./Pitman, N.: UML 2.0 in a Nutshell. A Desktop Quick Reference. Beijing - Cambridge - Farnham - Köln - Paris - Sebastopol - Taipei - Tokyo 2005.

PINKER ET AL. (2003)
Pinker, E.J./Seidmann, A./Vakrat, Y.: Managing Online Auctions: Current Business and Research Issues. In: Management Science, Vol. 49 (2003), No. 11, S. 1457-1484.

RAHMEYER (1997)
Rahmeyer, F.: Volkswirtschaftstheoretische Grundlagen der Umweltökonomie. Ein Überblick, Beitrag Nr. 164, Institut für Volkswirtschaftslehre, Universität Augsburg, Augsburg 1997.

RASMUSEN (2004)
Rasmusen, E.: Games and Information. An Introduction to Game Theory. 3. Aufl., Cambridge 2004.

RAUHUT ET AL. (1979)
Rauhut, B./Schmitz, N./Zachow, E.-W.: Spieltheorie. Stuttgart 1979.

REHÄUSER/KRCMAR (1996)
Rehäuser, J./Krcmar, H.: Wissensmanagement im Unternehmen. In: Schreyögg, G./ Conrad, P. (Hrsg.): Managementforschung 6 – Wissensmanagement. Berlin - New York 1996, S. 1-40.

REHBINDER (1973)
Rehbinder, E.: Politische und rechtliche Probleme des Verursacherprinzips. Berlin 1973.

REHBINDER/SCHMALHOLZ (2002)
Rehbinder, E./Schmalholz, M.: Handel mit Emissionsrechten für Treibhausgase in der Europäischen Union. In: UPR (Umwelt- und Planungsrecht), o.Jg. (2002), H. 1, S. 1-10.

REIBNITZ (1992)
Reibnitz, U.: Szenario-Technik. Wiesbaden 1992.

REICHWALD ET AL. (2000)
Reichwald, R./Hermann, M./Bieberbach, F.: Auktionen als Preisfindungsmechanismen auf elektronischen Märkten, Arbeitsbericht Nr. 21, Lehrstuhl für Allgemeine und Industrielle Betriebswirtschaftslehre, Technische Universität München, München 2000.

RELLSTAB (1992)
Rellstab, U.: Ökonomie und Spiele. Die Entstehungsgeschichte der Spieltheorie aus dem Blickwinkel des Ökonomen Oskar Morgenstern. Zürich 1992.

RENNINGS ET AL. (1996)
Rennings, K./Brockmann, K.L./Koschel, H./Bergmann, H./Kühn, I.: Nachhaltigkeit, Ordungspolitik und freiwillige Selbstverpflichtung. Ordnungspolitische Grundregeln für eine Politik der Nachhaltigkeit und das Instrument der freiwilligen Selbstverpflichtung im Umweltschutz. Heidelberg 1996.

RENY (1992)
Reny, P.J.: Rationality in Extensive-Form Games. In: Journal of Economic Perspectives, Vol. 6 (1992), No. 4, S. 103-118.

RENTZ (1995)
Rentz, H.: Kompensationen im Klimaschutz. Ein erster Schritt zu einem nachhaltigen Schutz der Erdatmosphäre. Berlin 1995.

RENTZ ET AL. (1998)
Rentz, O./Wietschel, M./Ardone, A./Fichtner, W./Göbelt, M.: Zur Effizienz einer länderübergreifenden Zusammenarbeit bei der Klimavorsorge. Analyse von Joint Implementation unter Einbezug eines Emissionsrechtehandels für die Bundesrepublik Deutschland, die Russische Föderation und Indonesien. Endbericht zu einem Forschungsvorhaben des Instituts für Industriebetriebslehre und Industrielle Produktion der Universität Karlsruhe im Auftrag der Volkswagen Stiftung, Karlsruhe 1998.

RICHARDSON (1972)
Richardson, G.B.: The Organization of Industry. In: The Economic Journal, Vol. 82 (1972), S. 883-896.

RIECK (2006)
Rieck, C.: Spieltheorie. Eine Einführung. Eschborn 2006.

Rieck (1993)
Rieck, C.: Spieltheorie. Einführung für Wirtschafts- und Sozialwissenschaftler. Wiesbaden 1993.

Riedl (2005)
Riedl, R.: Erkenntnisfortschritt durch Forschungsfallstudien. Überlegungen am Beispiel der Wirtschaftsinformatik. In: Zelewski, S./Akca, N. (Hrsg.): Fortschritt in den Wirtschaftswissenschaften. Wissenschaftstheoretische Grundlagen und exemplarische Anwendungen. Wiesbaden 2006, S. 113-145.

Ripperger (1998)
Ripperger, T.: Ökonomik des Vertrauens – Analyse eines Organisationsprinzips. Tübingen 1998.

Robinson (1985)
Robinson, M.S.: Collusion and the choice of auction. In: RAND Journal of Economics, Vol. 16 (1985), No. 1, S. 141-145.

Rode (2001)
Rode, N.: Wissensmarketing – Strategische Entscheidungsoptionen für Anbieter von Wissen. Wiesbaden 2001.

Rogall (2000)
Rogall, H.: Bausteine einer zukunftsfähigen Umwelt- und Wirtschaftspolitik. Eine praxisorientierte Einführung in die Neue Umweltökonomie und Ökologische Ökonomie. Berlin 2000.

Rosenthal (1981)
Rosenthal, R.W.: Games of Perfect Information, Predatory Pricing and the Chain-Store Paradox. In: Journal of Economic Theory, Vol. 25 (1981), S. 92-100.

Roth (1995)
Roth, A.E.: Introduction to Experimental Economics. In: Kagel, J.H./Roth, A.E. (Hrsg.): The Handbook of Experimental Economics. Princeton - New Jersey 1995, S. 3-109.

Rothkopf (2002)
Rothkopf, M.H.: Modeling Opportunities in Auctions. In: Dietrich, B./Vohra, R.V. (Hrsg.): Mathematics of the Internet. E-Auctions and Markets. New York 2002, S. 1-14.

ROTHKOPF ET AL. (1998)
Rothkopf, M.H./Pekeč, A./Harstad, R.M.: Computationally Manageable Combinational Auctions. In: Management Science, Vol. 44 (1998), No. 8, S. 1131-1147.

ROTTE (2001)
Rotte, R.: Global Warming, nationale Sicherheit und internationale politische Ökonomie. Überlegungen zu den Konsequenzen der weltweiten Klimaveränderung für Deutschland und Europa. München 2001.

RUß/VIERKE (1999)
Ruß, C./Vierke, G.: The matrix auction: A mechanism for the market-based coordination of enterprise networks. Research Report RR-99-04 des Deutschen Forschungszentrums für Künstliche Intelligenz. Saarbrücken 1999 (eigene Paginierung).

SAATY (2001a)
Saaty, T.L.: Decision Making for Leaders. The Analytic Hierarchy Process for Decisions in a Complex World. 3. Aufl., 4. Druck, Pittsburgh 2001.

SAATY (2001b)
Saaty, T.L.: Decision Making with Dependence and Feedback. The Analytic Network Process. The Organization and Prioritization of Complexity. 2. Aufl., Pittsburgh 2001.

SAATY (2000)
Saaty, T.L.: Fundamentals of Decision Making and Priority Theory with the Analytic Hierarchy Process. Pittsburgh 2000.

SAATY (1994)
Saaty, T.L.: How to Make a Decision: The Analytic Hierarchy process. In: Interfaces, Vol. 24 (1994), No. 6, S. 19-43.

SAATY (1986)
Saaty, T.L.: Axiomatic Foundation of the Analytic Hierarchy Process. In: Management Science, Vol. 32 (1986), No. 7, S. 841-855.

SAATY/VARGAS (2001)
Saaty, T.L./Vargas, L.G.: Models, Methods, Concepts and Applications of the Analytic Hierarchy Process. Bosten - Dordrecht - London 2001.

SAATY/VARGAS (1994)
Saaty, T.L./Vargas, L.G.: Decision Making in Economic, Political, Social and Technological Environments with the Analytic Hierarchy Process. Pittsburgh 1994.

SADRIEH (1998)
Sadrieh, A.: The Alternating Double Auction Market. A Game Theoretic and Experimental Investigation. Berlin - Heidelberg - New York 1998.

SAMUELSON (1997)
Samuelson, L.: Evolutionary Games and Equilibrium Selection. Cambridge - London 1997.

SANDHÖVEL (2003)
Sandhövel, A.: Klimaschutz, Emissionshandel und Energiemanagement als strategischer Kern des Umweltmanagements bei Banken. In: Zabel, H.-U. (Hrsg.): Theoretische Grundlagen und Ansätze einer nachhaltigen Umweltwirtschaft. Halle 2003, S. 199-213.

SCHALTEGGER/STURM (1994)
Schaltegger, S./Sturm, A.: Ökologieorientierte Entscheidungen in Unternehmen – Ökologisches Rechnungswesen statt Ökobilanzierung: Notwendigkeit, Kriterien, Konzepte. 2. Aufl., Bern - Stuttgart - Wien 1994.

SCHEELE (1997)
Scheele, M.: Institutionelle und ökonomische Grundlagen des Natur- und Ressourcenschutzes. Berlin 1997.

SCHEFFRAN/PICKL (2000)
Scheffran, J./Pickl, S.: Control and game-theoretic assessment of climate change: Options for Joint Implementation. In: Annals of Operations Research, Vol. 97 (2000), 203-212.

SCHEIBLER (1974)
Scheibler, A.: Zielsysteme und Zielstrategien der Unternehmensführung. Wiesbaden 1974.

Schimmel/Zelewski (1996)

Schimmel, K./Zelewski, S.: Untersuchung alternativer Auktionsformen hinsichtlich ihrer Eignung zur Koordination verteilter Agenten auf Elektronischen Märkten, Arbeitsbericht Nr. 19, Institut für Produktionswirtschaft und Industrielle Informationswirtschaft, Universität Leipzig, Leipzig 1996.

Schleich et al. (2004)

Schleich, J./Ehrhart, K.-M./Hoppe, C./Seifert, S.: Banning banking in EU emissions trading? Diskussionspapier Nr. 04-60 des Sonderforschungsbereichs 504 „Rationalitätskonzepte, Entscheidungsverhalten und ökonomische Modellierung", Fakultät für Volkswirtschaftslehre, Universität Mannheim, Mannheim 2004.

Schleich et al. (2002)

Schleich, J./Betz, R./Wartmann, S.C./Ehrhart, K.-M./Hoppe, C./Seifert, S.: Simulation eines Emissionshandels für Treibhausgase in der baden-württembergischen Unternehmenspraxis (SET UP). Im Auftrag des Ministeriums für Umwelt und Verkehr Baden-Württemberg. Karlsruhe 2002.

Schmeidler (1969)

Schmeidler, D.: The Nucleolus of a Characteristic Function Game. In: Journal of Applied Mathematics, Vol. 17 (1969), No. 6, S. 1163-1170.

Schmidt (2000)

Schmidt, B.: Die Modellierung menschlichen Verhaltens. Delft - Erlangen - Ghent - San Diego 2000.

Schmidt (1999)

Schmidt, C.: Marktliche Koordination in der dezentralen Produktionsplanung. Effizienz – Komplexität – Performance. Dissertation Universität Gießen, Gießen 1999.

Schmidt et al. (1998)

Schmidt, C./Weinhardt, C./Hortsmann, R.: Internet-Auktionen – Eine Übersicht für Online-Versteigerungen im Hard- und Softwarebereich. In: Wirtschaftsinformatik, 40. Jg. (1998), H. 5, S. 1-16.

Schneider (1997)
Schneider, D.: Betriebswirtschaftslehre. Band 3: Theorie der Unternehmung. München - Wien 1997.

Schönwiese (2003)
Schönwiese, C.-D.: Klimatologie. Stuttgart 2003.

Schönwiese (1991)
Schönwiese, C.-D.: Das Problem menschlicher Eingriffe in das Globalklima („Treibhauseffekt") in aktueller Übersicht. Frankfurt am Main 1991.

Schönwiese/Diekmann (1987)
Schönwiese, C.-D./Diekmann, B.: Der Treibhauseffekt. Der Mensch ändert das Klima. Stuttgart 1987.

Schreier/Werfer (2007)
Schreier, M./Werfer, J.: Auktionen versus Lotterien. Ein empirischer Vergleich zur Messung von Zahlungsbereitschaften. In: Die Betriebswirtschaft, 67. Jg. (2007), Nr. 1, S. 22-40.

Schreyögg (2001)
Schreyögg, G.: Wissen, Wissenschaftstheorie und Wissensmanagement. In: Schreyögg, G. (Hrsg.): Wissen in Unternehmen. Konzepte, Maßnahmen, Methoden. Berlin 2001, S. 3-18.

Schröder et al. (2002)
Schröder, M./Clausen, M./Grunwald, A./Hense, A./Klepper, G./Lingner, S./Ott, K./ Schmitt, D./Sprinz, D.: Klimavorhersage und Klimavorsorge. Berlin - Heidelberg - New York 2002.

Schürmann (1978)
Schürmann, H.J.: Ökonomische Ansätze zu einer rationalen Umweltpolitik und wirtschaftspolitische Konsequenzen. 2. Aufl., München 1978.

Schwarze/Zapfel (1998)
Schwarze, R./Zapfel, P.: Klimaschutzzertifikate ante portas. Eine Analyse der Instrumente der internationalen Klimaschutzpolitik nach Kyoto. In: Zeitschrift für Umweltpolitik und Umweltrecht, 21. Jg. (1998), H. 4, S. 493-509.

Schweer/Thies (2005)

Schweer, M.K.W./Thies, B.: Vertrauen durch Glaubwürdigkeit – Möglichkeiten der (Wieder-)Gewinnung von Vertrauen aus psychologischer Perspektive. In: Dernbach, B./ Meyer, M. (Hrsg.): Vertrauen und Glaubwürdigkeit. Interdisziplinäre Perspektiven. Wiesbaden 2005, S. 47-63.

Schweitzer (1999)

Schweitzer, U.: Vertragstheorie. Tübingen 1999.

Schwinger (1980)

Schwinger, T.: Gerechte Güter-Verteilung: Entscheidungen zwischen drei Prinzipien. In: Mikula, G. (Hrsg.): Gerechtigkeit und sozial Interaktion. Experimentelle und theoretische Beiträge aus der psychologischen Forschung. Bern - Stuttgart - Wien 1980, S. 107-140.

Schwödiauer (1992)

Schwödiauer, G.: Spieltheorie. In: Gal, T. (Hrsg.): Grundlagen des Operations Research 3. 3. Aufl., Berlin - Heidelberg - New York - Tokyo 1992, S. 1-68.

Seidl (1978)

Seidl, C.: Allokationsmechanismen. Ein Überblick über dynamische mikroökonomische Totalmodelle. In: Eschenburg, R./Leipold, H./Schüller, A./Seidl, C. (Hrsg.): Ökonomische Verfügungsrechte und Allokationsmechanismen in Wirtschaftssystemen. Berlin 1978, S. 123-205.

Selten (2002)

Selten, R.: What Is Bounded Rationality? In: Gigerenzer, G./Selten, R. (Hrsg.): Bounded Rationality. The Adaptive Toolbox. Cambridge - London 2002, S. 13-36.

Selten (2000)

Selten, R.: Eingeschränkte Rationalität und ökonomische Motivation. In: Zeitschrift für Wirtschafts- und Sozialwissenschaften, 120. Jg. (2000), Beiheft 9, S. 129-157.

Selten (1994)

Selten, R.: Modelle mehrstufiger Spiele und verzögerter Superspiele. In: Grüske, K.-D. (Hrsg.): Die Nobelpreisträger der ökonomischen Wissenschaft. Band 4: 1994-1998. Düsseldorf 1999, S. 94-133.

SELTEN (1988)
Selten, R.: Models of Strategic Rationality. Dordrecht - Boston - London 1988.

SELTEN (1981)
Selten, R.: Einführung in die Theorie der Spiele mit unvollständiger Information. In: Streißler, E. (Hrsg.): Verhandlungen auf der Arbeitstagung der Gesellschaft für Wirtschafts- und Sozialwissenschaften. Verein für Sozialpolitik. Graz 1981, S. 81-161.

SELTEN (1975)
Selten, R.: Reexamination of the perfectness concept for equilibrium points in extensive games. In: International Journal of Game Theory, Vol. 4 (1975), No. 1, S. 25-55.

SELTEN (1965a)
Selten, R.: Spieltheoretische Behandlung eines Oligopolmodells mit Nachfrageträgheit. Teil I: Bestimmung des dynamischen Preisgleichgewichts. In: Zeitschrift für die gesamte Staatswissenschaft, 12. Jg. (1965), S. 301-324.

SELTEN (1965b)
Selten, R.: Spieltheoretische Behandlung eines Oligopolmodells mit Nachfrageträgheit. Teil II: Eigenschaften des dynamischen Preisgleichgewichts. In: Zeitschrift für die gesamte Staatswissenschaft, 12. Jg. (1965), S. 667-689.

SHAPLEY (1953)
Shapley, L.S.: A value for n-person games. In: Kuhn, H.W./Tucker, A.W. (Hrgs.): Contributions to the Theory of Games II, Annals of Mathematical Studies, Princeton - New Jersey 1953, S. 307-317.

SHUBIK (1975)
Shubik, M.: Game Theory and the Study of Social Behavior: An Introductory Exposition. In: Shubik, M. (Hrsg.): Game Theory and Related Approaches to Social Behavior. Huntington - New York 1975, S. 3-77.

SHUBIK (1965)
Shubik, M.: Spieltheorie und die Untersuchung des sozialen Verhaltens: Eine einführende Darstellung. In: Shubik, M. (Hrsg.): Spieltheorie und Sozialwissenschaften. Frankfurt am Main 1965, S. 13-87.

SIEBERT (1978)

Siebert, H.: Ökonomische Theorie der Umwelt. Tübingen 1978.

SIMON (1993)

Simon, H.A.: Homo Rationalis: Die Vernunft im menschlichen Leben. Frankfurt am Main - New York 1993.

SIMON (1979)

Simon, H.A.: Rational Decision Making in Business Organizations. In: The American Economic Review, Vol. 69 (1979), No. 4, S. 493-513.

SIMON (1977)

Simon, H.A.: Rationale Entscheidungsfindung in Wirtschaftswissenschaften. Nobel-Lesung vom 08. Dezember 1977. In: Recktenwald, H.C. (Hrsg.): Die Nobelpreisträger der ökonomischen Wissenschaft 1969-1988. Kritisches zum Werden neuer Tradition. Selbstporträt – Lesung – Auswahl – Kritik. Stockholm 1989, S. 592-633.

SIMONIS (2000a)

Simonis, U.E.: Existentielle ökologische Risiken, Bedrohungen, Gefahren. In: Simonis, U.E. (Hrsg.): Ökonomie und Ökologie. Berlin 2000, S. 31-34.

SIMONIS (2000b)

Simonis, U.E.: Internalisierung der Umweltpolitik. In: Simonis, U.E. (Hrsg.): Ökonomie und Ökologie. Berlin 2000, S. 85-100.

SJURTS (1998)

Sjurts, I.: Kontrolle ist gut, ist Vertrauen besser? In: Die Betriebswirtschaft, 58. Jg. (1998), H. 3, S. 283-298.

SORIN (1990)

Sorin, S.: Supergames. In: Ichiishi, T./Neyman, A./Tauman, Y. (Hrsg.): Game Theory and Applications. San Diego - New York - Boston - London - Sydney - Tokyo - Toronto 1990, S. 46-63.

SPINNER (2000)

Spinner, H.F.: Ordnungen des Wissens. Wissensorganisation, Wissensrepräsentation, Wissensordung. In: Ohly, H.P./Rahmstorf, G./Sigel, A. (Hrsg.): Globalisierung und Wissensorganisation: Neue Aspekte für Wissen, Wissenschaft und Informationssysteme. Proceedings der 6. Tagung der Deutschen Sektion der Internationalen Gesellschaft für Wissensorganisation Hamburg, 23.-25. September 1999. Würzburg 2000, S. 3-23.

SRDJEVIC (2007)
Srdjevic, B.: Linking analytic hierarchy process and social choice methods to support group decision-making in water management. In: Decision Support Systems, Vol. 42 (2007), S. 2261-2273.

STAMER (1976)
Stamer, P.: Niveau- und strukturorientierte Umweltpolitik. Instrumentenanalyse und internationaler Vergleich. Göttingen 1976.

STAVINS (1995)
Stavins. R.: Transaction costs and tradeable permits. In: Journal of Environmental Economics and Management, Vol. 29 (1995), No. 2, S. 133-148.

STEPHAN/AHLHEIM (1996)
Stephan, G./Ahlheim, M.: Ökonomische Ökologie. Berlin - Heidelberg - New York 1996.

STORCH VON ET AL. (1999)
Storch von, H./Güss, S./Heimann, M.: Das Klimasystem und seine Modellierung. Berlin - Heidelberg - New York 1999.

STRECKER (2004)
Strecker, S.E.: Muliattribute Auctions in Electronic Procurement – Theory and Experiment. Dissertation, Fakultät für Wirtschaftswissenschaften, Universität Karlsruhe (TH), Karlsruhe 2004.

STRÖBLE/MEYER (2001)
Ströble, W./Meyer, E.C.: Ökonomische und institutionelle Beurteilung des Zertifikatehandels für CO_2 in der EU. In: Rengeling, H.-W. (Hrsg.): Klimaschutz durch Emissionshandel: Achte Osnabrücker Gespräche zum deutschen und europäischen Umweltrecht am 26. und 27. April 2001. Köln 2001, S. 57-93.

SWIDER/WEBER (2007)
Swider, D.J./Weber, C.: Bidding under price uncertainty in multi-unit pay-as-bid procurement auctions for power systems reserve. In: European Journal of Operational Research, Vol. 181 (2007), No. 3, S. 1297-1308.

Sydow (2001)

Sydow, J.: Management von Netzwerkorganisationen – Zum Stand der Forschung. In: Sydow, J. (Hrsg.): Management von Netzwerkorganisationen. Wiesbaden 2001, S. 293-324.

Sydow (1992)

Sydow, J.: Strategische Netzwerke. Wiesbaden 1992.

Teich et al. (2006)

Teich, J.E./Wallenius, H./Wallenius, J./Zaitsev, A.: A multi-attribute e-auction mechanism for procurement: Theoretical foundations. In: European Journal of Operational Research, Vol. 175 (2006), S. 90-100.

Teich et al. (2004)

Teich, J.E./Wallenius, H./Wallenius, J./Koppius, O.R.: Emerging multiple issue e-auctions. In: European Journal of Operational Research, Vol. 159 (2004), S. 1-16.

Tietenberg (1998)

Tietenberg, T.: Tradable Permits and the Control of Air Pollution – Lessons from the United States. In: Bonus, H. (Hrsg.): Umweltzertifikate: Der steinige Weg zur Marktwirtschaft. Berlin 1998, S. 11-31.

Tijs (1981)

Tijs, S.H.: Bounds for the core and the τ-value. In: Moeschlin, O./Pallaschke, D. (Hrsg.): Game Theory and Mathematical Economics. Amsterdam 1981, S. 123-132.

Turban (1997)

Turban, E.: Auctions and Bidding on the Internet: An assessment. In: Electronic markets: The International Journal of Electronic Markets, Vol. 7 (1997), No. 4, S. 7-11.

Umweltbundesamt (2005a)

Umweltbundesamt: Funktionsweise des Handels. Online-Dokument, im Internet unter der URL: http://www.dehst.de/nn_476210/DE/Emissionshandel/Funktionsweise_20des_20Handels/Funktionsweise_20des_20Handels__node.html?__nnn=true. Zugriff am 02.02.2008.

UMWELTBUNDESAMT (2005b)
Umweltbundesamt: Emissionshandel in Deutschland. Verteilung der Emissionsberechtigungen für die erste Handelsperiode 2005-2007. Online-Dokument, im Internet unter der URL: http://www.umweltdaten.de/uba-info-presse/hintergrund/zuteilungen.pdf. Zugriff am 02.02.2008.

UMWELTBUNDESAMT (2005c)
Umweltbundesamt: Deutsches Treibhausgasinventar 1990-2003. Nationaler Inventarbericht 2005. Dessau 2005.

UMWELTBUNDESAMT (2005d)
Umweltbundesamt: Klimaschutz: Joint Implementation und Clean Development Mechanism. Die projektbasierten Mechanismen des Kyoto-Protokolls. Online-Dokument, im Internet unter der URL: http://www.umweltoekonomie-hohenheim.de/Informationen_zu_JI_und_CDM.pdf. Zugriff am 02.02.2008.

VICKREY (1961)
Vickrey, W.: Counterspeculation, Auctions, and Competitive Sealed Tenders. In: Journal of Finance, Vol. 16 (1961), S. 8-37.

VIGUIER ET AL. (2006)
Viguier, L./Vielle, M./Haurie, A./Bernard, A.: A two-level computable equilibrium model to assess the strategic allocation of emission allowances within the european union. In: Computers & Operations Research. Vol. 33 (2006), No. 2, S. 369-385.

VILKS (1995)
Vilks, A.: Game Theory meets Formal Logic: Ein neuer Ansatz in der Spieltheorie. In: Homo Oeconomicus, Vol. 12 (1995), No. 1, S. 185-205.

VOIGT ET AL. (2003)
Voigt, K.-I./Landwehr, S./Zech, A.: Elektronische Marktplätze. Heidelberg 2003.

WALRAS (1972)
Walras, L.: Mathematische Theorie der Preisbestimmung der wirtschaftlichen Güter. Auvermann 1972.

WANG/ELHAG (2007)

Wang, Y./Elhag, T.M.: A goal programming method for obtaining interval weights from an interval comparison matrix. In: European Journal of Operational Research, Vol. 177 (2007), No. 1, S. 458-471.

WATSON (2002)

Watson, J.: Strategy. An Introduction to Game Theory. New York - London 2002.

WEBER (1993)

Weber, K.: Mehrkriterielle Entscheidungen. München - Wien 1993.

WEBER (1983)

Weber, R.J.: Multiple-Object Auctions. In. Engelbrecht-Wiggans, R./Shubik, M./Stark, R.M. (Hrsg.): Auctions, Bidding and Contracting: Uses and theory. 3. Aufl., New York 1983, S. 165-191.

WEIKARD (1996)

Weikard, H.-P.: Rationalität, Rückwärtsinduktion und Grundlagen der Spieltheorie. In: Homo Oeconomicus, Vol. 13 (1996), No. 4, S. 483-500.

WEIL/GLATZEL (2002)

Weil, W./Glatzel, W.-D.: Klimaschutz als Herausforderung für die Abfallwirtschaft. In: Klöcking, H.-P. (Hrsg.): Anthropogene Umweltprobleme. 5. Symposium Mensch – Umwelt. Akadamie Gemeinnütziger Wissenschaften zur Erfurt. Erfurt 2002, S. 19-39.

WEIMANN (1998)

Weimann, J.: Wettbewerbspolitische Aspekte von Zertifikaten. In: Bonus, H. (Hrsg.): Umweltzertifikate: Der steinige Weg zur Marktwirtschaft. Berlin 1998, S. 61-69.

WEINHARDT/GOMBER (1996)

Weinhardt, C./Gomber, P.: Domänenunabhängige Koordinationsmechanismen für die dezentrale betriebliche Planung. In: Information Management, 11. Jg. (1996), H. 1, S. 6-16.

WERBIK (1978)

Werbik, H.: Handlungstheorien. Stuttgart 1978.

Wicke (1993)

Wicke, L.: Umweltökonomie: eine praxisorientierte Einführung. 4. Aufl., München 1993.

Wiese (2005)

Wiese, H.: Kooperative Spieltheorie. München - Wien 2005.

Wiese (2002)

Wiese, H.: Entscheidungs- und Spieltheorie. Berlin - Heidelberg - New York 2002.

Wildemann (1997)

Wildemann, H.: Koordination von Unternehmensnetzwerken. In: Zeitschrift für Betriebswirtschaft, 67. Jg. (1997), H. 4, S. 417-439.

Williamson (1992)

Willamson, O.E.: Markets, hierarchies and the modern corporation: An unfolding perspective. In: Journal of Economic Behaviour and Organisation, Vol. 17 (1992), No. 3, S. 335-352.

Williamson (1990)

Willamson, O.E.: Die ökonomischen Institutionen des Kapitalismus. Tübingen 1990.

Williamson (1975)

Williamson, O.E.: Market and Hierarchies, Analysis and Antitrust Implications. New York 1975.

Wilson (1992)

Wilson, R.: Strategic Analysis of Auctions. In: Aumann, R.J./Hart, S. (Hrsg.): Handbook of Game Theory, Vol. 1 (1992), S. 227-280.

Wilson (1979)

Wilson, R.: Auctions of Shares. In: Quarterly Journal of Economics, Vol. 93 (1979), No. 4, S. 675-689.

Wippermann (1988)

Wippermann, F.: Physikalische Grundlagen des Klimas und Klimamodelle. Weinheim 1988.

Wittmann (1959)
Wittmann, W.: Unternehmung und unvollkommene Information, Köln 1959.

Woerdman (2001)
Woerdman, E.: Emissions trading and transaction costs: analyzing the flaws in the discussion. In: Ecological Economics, Vol. 38 (2001), S. 293-304.

Wohlgemuth (2002)
Wohlgemuth, O.: Management netzwerkartiger Kooperationen. Wiesbaden 2002.

Wolf (1994)
Wolf, S.: Auktionen. In: Wirtschaftswissenschaftliches Studium, 23. Jg. (1994), H. 2, S. 99-101.

Wottawa/Thierau (1998)
Wottawa, H./Thierau, H.: Lehrbuch Evaluation. 2. Aufl., Bern - Göttingen - Toronto - Seattle 1998.

Wrona (2005)
Wrona, T.: Die Fallstudienanalyse als wissenschaftliche Forschungsmethode, ESCP-EAP Europäische Wirtschaftshochschule Berlin, Working Paper Nr. 10, Berlin 2005.

Wüstehube (1999)
Wüstehube, A.: Rationalität und Hermeneutik. Zur Relevanz der Hermeneutik für einen Begriff pragmatischer Rationalität. In: Gloy, K. (Hrsg.): Rationalitätstypen. München 1999, S. 71-87.

Wurman/Wellmann (2001)
Wurman, P.R./Wellmann, M.P.: A Parametrization of the Auction Design Space. In: Games and Economic Behavior, Vol. 35 (2001), No. 1, S. 304-338.

Zelewski (2007)
Zelewski, S.: Faire Verteilung von Effizienzgewinnen in Supply Webs – ein spieltheoretischer Ansatz auf der Basis des τ-Werts. In: Corsten, H./Missbauer, H. (Hrsg.): Produktions- und Logistikmanagement – Festschrift für Günther Zäpfel zum 65. Geburtstag. München 2007, S. 551-572.

ZELEWSKI (1998)
Zelewski, S.: Auktionsverfahren zur Koordinierung von Agenten auf elektronischen Märkten. In: Becker, M./Klook, J./Schmidt, R./Wäscher, G. (Hrsg.): Unternehmen im Wandel und Umbruch: Transformation, Evolution und Neugestaltung privater und öffentlicher Institutionen. Stuttgart 1998, S. 305-337.

ZELEWSKI (1997)
Zelewski, S.: Modellierung und Koordinierung Flexibler Fertigungssysteme mit Petrinetzen. In: Stucky, W./Winand, U. (Hrsg.): Petri-Netze zur Modellierung verteilter DV-Systeme – Erfahrungen im Rahmen des DFG-Schwerpunktprogramms „Verteilte DV-Systeme in der Betriebswirtschaft“. Bericht Nr. 350, Institut für Angewandte Informatik und Formale Beschreibungssprachen, Universität Karlsruhe (TH). Karlsruhe 1997, S. 15-39.

ZELEWSKI (1995a)
Zelewski, S.: Petrinetzbasierte Modellierung komplexer Produktionssysteme – Eine Untersuchung des Beitrags von Petrinetzen zur Prozeßkoordinierung in komplexen Produktionssystemen, insbesondere Flexiblen Fertigungssystemen, Band 1: Exposition (LVIII + 113 Seiten). Arbeitsbericht Nr. 5, Institut für Produktionswirtschaft und Industrielle Informationswirtschaft, Universität Leipzig. Leipzig 1995.

ZELEWSKI (1995b)
Zelewski, S.: Petrinetzbasierte Modellierung komplexer Produktionssysteme – Eine Untersuchung des Beitrags von Petrinetzen zur Prozeßkoordinierung in komplexen Produktionssystemen, insbesondere Flexiblen Fertigungssystemen, Band 2: Bezugsrahmen (I + 503 Seiten). Arbeitsbericht Nr. 6, Institut für Produktionswirtschaft und Industrielle Informationswirtschaft, Universität Leipzig. Leipzig 1995.

ZELEWSKI (1995c)
Zelewski, S.: Petrinetzbasierte Modellierung komplexer Produktionssysteme – Eine Untersuchung des Beitrags von Petrinetzen zur Prozeßkoordinierung in komplexen Produktionssystemen, insbesondere Flexiblen Fertigungssystemen, Band 3: Einführung in Stelle/Transition-Netze (I + 196 Seiten). Arbeitsbericht Nr. 7, Institut für Produktionswirtschaft und Industrielle Informationswirtschaft, Universität Leipzig. Leipzig 1995.

Zelewski (1995d)
Zelewski, S.: Petrinetzbasierte Modellierung komplexer Produktionssysteme – Eine Untersuchung des Beitrags von Petrinetzen zur Prozeßkoordinierung in komplexen Produktionssystemen, insbesondere Flexiblen Fertigungssystemen, Band 4: Verfeinerungen von Stelle/Transition-Netzen (I + 348 Seiten). Arbeitsbericht Nr. 8, Institut für Produktionswirtschaft und Industrielle Informationswirtschaft, Universität Leipzig. Leipzig 1995.

Zelewski (1995e)
Zelewski, S.: Petrinetzbasierte Modellierung komplexer Produktionssysteme – Eine Untersuchung des Beitrags von Petrinetzen zur Prozeßkoordinierung in komplexen Produktionssystemen, insbesondere Flexiblen Fertigungssystemen, Band 5, Teilband 5.1: Darstellung des Kernkonzepts (I + 254 Seiten). Arbeitsbericht Nr. 9, Institut für Produktionswirtschaft und Industrielle Informationswirtschaft, Universität Leipzig. Leipzig 1995.

Zelewski (1995f)
Zelewski, S.: Petrinetzbasierte Modellierung komplexer Produktionssysteme – Eine Untersuchung des Beitrags von Petrinetzen zur Prozeßkoordinierung in komplexen Produktionssystemen, insbesondere Flexiblen Fertigungssystemen, Band 5, Teilband 5.2: Auswertungsmöglichkeiten (I + 390 Seiten). Arbeitsbericht Nr. 10, Institut für Produktionswirtschaft und Industrielle Informationswirtschaft, Universität Leipzig. Leipzig 1995.

Zelewski (1995g)
Zelewski, S.: Petrinetzbasierte Modellierung komplexer Produktionssysteme – Eine Untersuchung des Beitrags von Petrinetzen zur Prozeßkoordinierung in komplexen Produktionssystemen, insbesondere Flexiblen Fertigungssystemen, Band 6: Erweiterungen von Synthetischen Netzen (I + 200 Seiten). Arbeitsbericht Nr. 11, Institut für Produktionswirtschaft und Industrielle Informationswirtschaft, Universität Leipzig. Leipzig 1995.

Zelewski (1995h)

Zelewski, S.: Petrinetzbasierte Modellierung komplexer Produktionssysteme – Eine Untersuchung des Beitrags von Petrinetzen zur Prozeßkoordinierung in komplexen Produktionssystemen, insbesondere Flexiblen Fertigungssystemen, Band 7: Fallstudie (I + 407 Seiten). Arbeitsbericht Nr. 12, Institut für Produktionswirtschaft und Industrielle Informationswirtschaft, Universität Leipzig. Leipzig 1995.

Zelewski (1995i)

Zelewski, S.: Petrinetzbasierte Modellierung komplexer Produktionssysteme – Eine Untersuchung des Beitrags von Petrinetzen zur Prozeßkoordinierung in komplexen Produktionssystemen, insbesondere Flexiblen Fertigungssystemen, Band 8: Charakterisierung des Petrinetz-Konzepts (I + 90 Seiten). Arbeitsbericht Nr. 13, Institut für Produktionswirtschaft und Industrielle Informationswirtschaft, Universität Leipzig. Leipzig 1995.

Zelewski (1995j)

Zelewski, S.: Petrinetzbasierte Modellierung komplexer Produktionssysteme – Eine Untersuchung des Beitrags von Petrinetzen zur Prozeßkoordinierung in komplexen Produktionssystemen, insbesondere Flexiblen Fertigungssystemen, Band 9: Beurteilung des Petrinetz-Konzepts (II + 260 Seiten). Arbeitsbericht Nr. 14, Institut für Produktionswirtschaft und Industrielle Informationswirtschaft, Universität Leipzig. Leipzig 1995.

Zelewski (1995k)

Zelewski, S.: Petrinetzbasierte Modellierung komplexer Produktionssysteme – Eine Untersuchung des Beitrags von Petrinetzen zur Prozeßkoordinierung in komplexen Produktionssystemen, insbesondere Flexiblen Fertigungssystemen, Band 10: Petrinetz-Literatur (II + 304 Seiten). Arbeitsbericht Nr. 15, Institut für Produktionswirtschaft und Industrielle Informationswirtschaft, Universität Leipzig. Leipzig 1995.

Zelewski (1988)

Zelewski, S.: Competitive Bidding aus der Sicht des Ausschreibers – ein spieltheoretischer Ansatz. In: Zeitschrift für betriebswirtschaftliche Forschung, 40. Jg. (1988), Nr. 5, S. 407-421.

ZELEWSKI (1987)
Zelewski, S.: Der tau-Wert: Ein spieltheoretischer Ansatz zur fairen Preisbildung aus kostenrechnerischer Perspektive. Arbeitsberichte des Industrieseminars der Universität zu Köln, Nr. 9. Köln 1987.

ZELEWSKI/PETERS (2007)
Zelewski, S./Peters, M.L.: Die Fallstudie aus der Betriebswirtschaftslehre – Wirtschaftlichkeitsanalyse mithilfe des Analytic Hierarchy Process (AHP). In: Das Wirtschaftsstudium, 36. Jg. (2007), H. 3, S. 349-351.

ZELEWSKI ET AL. (2004)
Zelewski, S./Peters, M.L./Dittmann, L.: Wissensträger identifizieren und motivieren. In: Wissensmanagement, 6. Jg. (2004), Nr. 4, S. 51-53.

ZENTES ET AL. (2003)
Zentes, J./Swoboda, B./Morschett, D.: Kooperationen, Allianzen und Netzwerke – Grundlagen, „Metaanalyse“ und Kurzabriss. In: Zentes, J./Swoboda, B./Morschett, D. (Hrsg.): Kooperationen, Allianzen und Netzwerke - Grundlagen – Ansätze – Perspektiven. Wiesbaden 2003, S. 3-32.

ZIMMERMANN (2000)
Zimmermann, H.: Vorzüge von Zertifikaten als Instrument der Umweltpolitik. In: DtA (Deutsche Ausgleichsbank)-Dokumentation Umweltforum ’99. Umweltlizenzen und Umweltzertifikate. Ein marktwirtschaftliches Instrument mit Zukunft für Deutschland? Tagungsband des 26. Umweltforums der Arbeitsgemeinschaft für Umweltfragen e.V. (AGU) am 25. November 1999 in Bonn in Zusammenarbeit mit der DtA, S. 19-26.

ZIMMERMANN/HANSJÜRGENS (1998)
Zimmermann, H./Hansjürgens, B.: Zertifikate im Instrumentvergleich aus ordnungspolitischer Sicht. In: Bonus, H. (Hrsg.): Umweltzertifikate: Der steinige Weg zur Marktwirtschaft. Berlin 1998, S. 47-60.

Anhang

Anhang A: Emissionsziele auf nationaler Ebene

A.1: Emissionsziele auf nationaler Ebene und deren Verteilung auf die Sektoren

Sektoren	Handelsperiode **2005-2007** (in Mio. t CO_2 -Äquivalente/Jahr)	Handelsperiode **2008-2012** (in Mio. t CO_2 -Äquivalente/Jahr)
Sektor aus energie-produzierenden und energieverbrauchenden Unternehmen	503	495
andere Sektoren, wie Chemiesektor, Luftverkehr und Schiffverkehr	356	351
insgesamt	**859**	**846**

A.2: weitere Emissionsziele auf nationaler Ebene

	Handelsperiode **2005-2007** (in Mio. t CO_2 -Äquivalente/Jahr)	Handelsperiode **2008-2012** (in Mio. t CO_2 -Äquivalente/Jahr)
insgesamt	**982**	**962**

Quellen:

- Vgl. IW (2006), S. 152 und
- BMU (2004), S. 17 ff.

Anhang B: Annex-I-Länder

Als Annex-I-Länder werden die folgenden OECD (Organization for Economic Cooperation and Development)-Mitglieder, die EU (Europäische Union)-Mitglieder und die Transformationsländer bezeichnet, die sich im Kyoto-Protokoll zur Reduzierung der Treibhausgas-Emissionen verpflichtet *und* das Kyoto-Protokoll ratifiziert haben. Die folgende Tabelle zeigt die Annex-I-Länder nicht nur überblicksartig auf, sondern nimmt zudem eine farbliche Differenzierung zwischen den OECD- und EU-Mitgliedern sowie den Transformationsländern vor.

Beispielsweise werden Annex-I-Länder, wie Polen und die Slowakei, die sowohl Mitglied der OECD als auch der EU sind und zudem zu den Transformationsländern zählen, durch drei verschiedene Farben hervorgehoben.

Annex-I-Länder, wie	
OECD-Mitgliedsstaaten	
Australien	Kanada
Europäische Union	Neuseeland
Island	Schweiz
Japan	Türkei
EU	
Belgien	Niederlande
Dänemark	Norwegen
Deutschland	Österreich
Estland	Polen
Finnland	Portugal
Frankreich	Schweden
Großbritannien	Slowakei
Griechenland	Slowenien
Irland	Spanien
Italien	Tschechien
Lettland	Ungarn

Litauen		Luxemburg	
Transformationsländer			
Bulgarien		Rumänien	
Kasachstan		Russland	
Kroatien		Weißrussland	
Ukraine			
weitere Annex-I-Länder			
Liechtenstein		Monaco	

Legende:

OECD-Mitgliedsstaaten

EU

Transformationsländer

weitere Annex-I-Länder

Quelle:

Vgl. Anlage B des Kyoto-Protokolls im Internet unter der URL:

- http://www.bmu.de/klimaschutz/doc/5802.php;
- http://unfccc.int/files/essential_background/convention/status_of_ratification/application/pdf/ratlist.pdf;
- http://www.paris-oecd.diplo.de/de/03/OECD__uebersicht/download__oecd__ms,property=Daten.pdf und
- http://www.paris-oecd.diplo.de/de/03/Oecd__uebersicht.html.

Anhang C: Nicht-Annex-I-Länder

Nicht-Annex-I-Länder sind u.a. folgende Entwicklungsländer und kleine Inselstaaten (AOSIS [Alliance of small island states]-Staaten), die sich zwar *nicht* im Kyoto-Protokoll zur Reduzierung der Treibhausgas-Emissionen verpflichtet, *aber* das Kyoto-Protokoll ratifiziert haben.

Nicht-Annex-I-Länder	
Entwicklungsländer, wie	
Ägypten	Israel
Afrika	Lateinamerika
Albanien	Mexiko
Algerien	Malaysia
Armenien	Malta
Argentinien	Nigeria
Aserbaidschan	Pakistan
Asien	Saint Lucia
Brasilien	Südkorea
China	Uganda
Indien	Vietnam
AOSIS-Staaten	
Antigua und Barbuda	Bahrain
Bahamas	Barbados

Legende:

Entwicklungsländer

AOSIS-Staaten

Quelle:

- Vgl. im Internet unter der URL: http://unfccc.int/national_reports/non-annex_i_natcom/items/2979.php.

Anhang D: Gebührenstruktur beim Handel mit Treibhausgas-Emissionsrechten

Gemäß der Kostenverordnung zum Treibhausgas-Emissionshandelsgesetz und zum Zuteilungsgesetz 2007 (EHKostV [Emissionshandelskostenverordnung] 2007) fallen beim Handel mit Treibhausgas-Emissionsrechten im Einzelnen folgende Gebühren an:

- allgemeine Emissionshandelsgebühr,
- Kontoeinrichtungsgebühr,
- Gebühr für Formfehler bei Zuteilungsanträgen und
- Widerspruchsgebühr.

Die allgemeine Emissionshandelsgebühr wird für Amtshandlungen der Deutschen Emissionshandelsstelle, wie die Überwachung und den Vollzug des Handels mit Treibhausgas-Emissionsrechten, erhoben. Sie setzt sich aus einem fixen *Grundbetrag* und einem *variablen Betrag* zusammen. Während der Grundbetrag von der Größe einer Anlage abhängt, berechnet sich der variable Betrag anlagenbezogen aus der Anzahl der zugeteilten Treibhausgas-Emissionsrechte. Die folgende Tabelle beleuchtet die Beträge.

Anlagengröße	fixer Grundbetrag pro Anlage
Anlagen mit einer allozierten Menge an Treibhausgas-Emissionsrechten *unter* **150.000 t** CO_2 -Äquivalente	**3.200,00 €**
Anlagen mit einer allozierten Menge an Treibhausgas-Emissionsrechten *über* **150.000 t** CO_2 -Äquivalente, **jedoch** *unter* **1,5 Mio. t** CO_2 -Äquivalente	**6.400,00 €**

Anlagen mit einer allozierten Menge an Treibhausgas-Emissionsrechten *über* **1,5 Mio. t** CO_2 -Äquivalente	**9.600,00 €**
allozierte Anzahl an Treibhausgas-Emissionsrechten in Abhängigkeit von der Anlagengröße	**variabler Betrag pro Treibhausgas-Emissionsrecht**
unter **150.000 t** CO_2 -Äquivalente an Treibhausgas-Emissionsrechten	**0,0350 €**
über **150.000 t** CO_2 -Äquivalente, **jedoch** *unter* **1,5 Mio. t** CO_2 -Äquivalente an Treibhausgas-Emissionsrechten	**0,0300 €**
über **1,5 Mio. t** CO_2 -Äquivalente, **jedoch** *unter* **15 Mio. t** CO_2 -Äquivalente an Treibhausgas-Emissionsrechten	**0,0250 €**
über **15 Mio. t** CO_2 -Äquivalente an Treibhausgas-Emissionsrechten	**0,0150 €**

Anlagen mit Zuteilungen von unter 30.000 t CO_2-Äquivalenten Treibhausgas-Emissionsrechten erhalten im Rahmen der allgemeinen Emissionshandelsgebühr Ermäßigungen der Gebühr. Solche Ermäßigungen der Gebühr können gemäß § 2 Kostenermäßigung und Kostenbefreiung der EHKostV (2007) *beispielsweise* darauf basieren, dass von der Erhebung der Gebühr abgesehen wird.

Für die Einrichtung eines Kontos wird im deutschen Emissionshandelsregister eine einheitliche Gebühr von **200,00 €** für die gesamte erste Handelsperiode, d.h. für den Zeitraum von 2005 bis 2007, erhoben.

Zudem fallen für die Bereinigung von Formfehlern bei Zuteilungsanträgen und die Bearbeitung von Widersprüchen aufwandsabhängige Gebühren an, die sich zwischen **50,00 €** und **400,00 €** bzw. zwischen **50,00 €** und **4.000,00 €** bewegen.

Quellen:

- Vgl. o.V. (2005f) und
- EHKostV (2007)

SPRINGER NATURE

GPSR Compliance

The European Union's (EU) General Product Safety Regulation (GPSR) is a set of rules that requires consumer products to be safe and our obligations to ensure this.

If you have any concerns about our products, you can contact us on ProductSafety@springernature.com

In case Publisher is established outside the EU, the EU authorized representative is:

Springer Nature Customer Service Center GmbH
Europaplatz 3
69115 Heidelberg, Germany

Kolibri 360 GmbH
Ferdinand-Jühlke-Straße 7
99095 Erfurt, Deutschland
produktsicherheit@kolibri360.de